国家科学技术学术著作出版基金资助出版

岩土地震工程及工程振动

Geotechnical Earthquake Engineering and Engineering Vibration

张克绪 凌贤长 等 著

科学出版社

北 京

内 容 简 介

本书对岩土地震工程及工程振动的基础理论和解决实际工程问题的途径、手段、方法进行较为全面系统深入的介绍。全书共 23 章：第 1～4 章讲述与岩土地震工程及工程振动有关的基本知识；第 5～13 章讲述岩土地震工程与工程振动的基础理论；第 14～18 章讲述岩土地震工程问题；第 19～23 章讲述岩土工程振动问题。

本书可供在岩土工程、地震工程和工程振动领域中从事教学、科研、设计和勘测的人员学习和参考，也可作为有关专业研究生课程的教材或参考资料。

图书在版编目(CIP)数据

岩土地震工程及工程振动 ＝ Geotechnical Earthquake Engineering and Engineering Vibration/张克绪等著. —北京：科学出版社，2016.9
 ISBN 978-7-03-049672-0

Ⅰ.①岩⋯ Ⅱ.①张⋯ Ⅲ.①岩土工程-工程地震-研究②工程振动学-研究 Ⅳ.①TU4②P315.9③TB123

中国版本图书馆 CIP 数据核字(2016)第 201897 号

责任编辑：吴凡洁　乔丽维／责任校对：桂伟利
责任印制：徐晓晨／封面设计：天极书装

科 学 出 版 社 出版
北京东黄城根北街 16 号
邮政编码：100717
http://www.sciencep.com
北京厚诚则铭印刷科技有限公司 印刷
科学出版社发行　各地新华书店经销
*
2016 年 9 月第 一 版　　开本：787×1092 1/16
2024 年 1 月第五次印刷　　印张：59 1/4
字数：1 380 000
定价：298.00 元
(如有印装质量问题，我社负责调换)

前　言

顾名思义,本书讲述与岩土工程有关的地震工程及工程振动问题,对岩土地震工程及工程振动的基础理论和解决实际工程问题的途径、手段、方法进行较为全面系统深入的介绍。本书的作者均长期从事与岩土地震工程、工程振动有关的教学、研究和工程咨询工作。作者根据对岩土地震工程及工程振动学科的认识、理解和实践,构建了本书的写作体系。全书共 23 章,可分为以下四大部分。

(1) 与岩土地震工程及工程振动有关的基本知识。这部分内容主要是为初学者或未曾从事过岩土地震工程及工程振动工作的人员设置的,这些人员对从事岩土地震工程及工程振动工作所应具备的基本知识掌握可能不足。这部分内容主要包括动荷载的特性、土所受的动力作用水平与工作状态、工程地震的基本知识、土体中波传播的基础知识。

(2) 岩土地震工程及工程振动的基础理论。这部分内容主要包括:作为力学介质和工程材料的土在动荷载作用下的变形、强度、耗能特性;土的动力学计算模型;土体动力形状分析,包括应力、变形、稳定性、饱和土体中孔隙水压力;土-结构动力相互作用分析。

(3) 岩土地震工程。这部分内容讲述与岩土有关的地震工程问题,主要包括与地震小区划及场地划分有关的岩土工程问题、地基基础抗震、土工结构物抗震、近岸或跨河建筑物抗震的特殊问题、地下结构及沉埋管线抗震等。

(4) 岩土工程振动。这部分内容讲述与岩土工程有关的工程振动问题,主要包括动力机械地基基础的振动、车辆行驶引起的土体振动、波浪荷载对海底土层的作用、爆炸荷载对土体的作用、桩基力学性能的动力检测等。

本书的大部分内容曾在哈尔滨工业大学为攻读岩土工程专业方向的硕士研究生讲述过,并做过多次修改。

本书的读者对象是在岩土工程、地震工程、工程振动领域从事教学、科研、设计和勘测工作的高等学校教师、科技人员和相关专业的研究生,希望本书的出版对他们的工作和学习有所帮助。本书的写作起点较高,为了便于广大工程技术人员阅读,尽量采用易于被广大工程技术人员接受的方式由浅入深地讲述。

本书从 2010 年 5 月第一作者退休开始,历时近四年,共经历了三个写作阶段。

(1) 根据作者对这门学科的理解构建写作框架。编制写作大纲初稿,包括章节的设置和各节的写作要点。作者意识到了这一阶段工作的重要性,因此经过充分酝酿、反复修改,花了近一年的时间才完成写作大纲的初稿。

(2) 根据写作大纲分工编写各章的内容,并在编写过程中对写作大纲中某些章节的设置和写作要点做了适当的调整和修改。

(3) 修改和统稿,主要是文字上的修改和校核、图表的完善,但对个别章节的内容也做了一些调整和修改。

本书写作的分工如下:第 1、2、4~12、14、15、19、22 章由张克绪教授承担;第 3、20 章由凌贤长教授承担;第13、17、21章由凌贤长教授和张克绪教授共同承担;第16章由唐亮博士和张克绪教授共同承担;第18章由汤爱萍教授承担;第23章由胡庆立副教授承担。

　　本书得到2013年度国家科学技术学术著作出版基金的资助,在此表示衷心的感谢。此外,感谢科学出版社和编辑为本书出版所做的大量工作和付出的劳动;感谢中国地震局工程力学研究所谢礼立院士、南京工业大学陈国兴教授和哈尔滨工业大学王伟教授对本书出版的支持和帮助;感谢凌贤长教授的许多研究生为本书的出版所付出的辛苦劳动,由于参与人员较多,恕不在此逐一列出他们的名字。

　　由于作者水平有限,书中难免存在不足之处,欢迎专家和广大读者予以指正。

　　本书的第一作者请求允许以下面一段感言作为前言的结尾:

　　没有想到,我以古稀之年作为第一作者完成这部著作。愿将此书献给我的老师——已故的大连理工大学章守恭教授和我的夫人——已故的中国地震局工程力学研究所王治琨副研究员。章守恭教授于我有再造之恩,他使我有机会于1962年投其门下攻读土力学地基基础专业(现称岩土工程专业)研究生。这段经历使我终身受益,如果没有这段经历,也许就不会有本书的问世。王治琨女士与我牵手同甘共苦走完了近半个世纪的人生旅途,此间,对我的关怀和帮助是难以言表的,我的每项工作都包含她的贡献,她一直关心本书的写作,遗憾地,她于2013年2月辞世了,没能见到本书的出版。

张克绪

2014年元月于哈尔滨

目 录

第1章 概　　述

1.1　动荷作用及在土体中引起的效应

建筑物地基和土工结构物中的土体除受静荷载作用,还会受动荷载作用。通常,动荷载是在静荷载之上附加作用于土体的。也就是说,在动荷载作用之前土体已经受到了静荷载作用;相对而言,动荷载是附加荷载,而静荷载是初始荷载。

产生动荷载的原因是多种多样的。就工程而言,主要有如下几种:地震、动力机械运转、车辆行驶、波浪、爆炸等。虽然产生动荷载的原因不同,但是大多数动荷载是由运动的惯性力引起的。由于运动的多样性,相应的动荷载也具有不同的特性。

动荷载作用于土体之后,将使土体产生运动,在土体中每一点引起位移、速度、加速度以及附加的动应变、动应力,这些都是动荷载作用在土体中引起的效应。当动荷载作用达到一定程度时,土体可能产生不允许的附加变形或在附加的动应力下发生破坏。

但是,动荷载作用在土体中引起的效应不仅取决于动荷载的大小,还取决于在动荷载作用下土的变形和强度特性。相应地,在动荷载作用下土体是否发生不允许的附加变形或破坏,同样也取决于在动荷载作用下土的变形和强度特性。应指出,在动荷载作用下土的变形和强度特性与其静荷载作用下的特性有显著不同。

在工程设计中,不仅应保证土体在静荷载作用下的变形和稳定性满足要求,还要保证土体在静荷载和动荷载共同作用下的变形和稳定性满足要求。因此,确定在动荷载作用下土体中的效应和土的变形及强度性能是两个重要课题。动荷载作用在土体中产生的效应通常由土体或土体-结构体系的动力分析确定,而在动荷载作用下土的变形及强度性能则由土的动力试验(包括室内和现场试验)来确定。

1.2　岩土地震工程及工程振动的研究内容

从学科而言,岩土地震工程及岩土工程振动是两个学科分支。岩土地震工程是岩土工程与地震工程交叉而形成的一个学科分支;岩土工程振动则是岩土工程与工程振动交叉而形成的一个学科分支。虽然它们所涉及的动荷载类型不同,但都涉及在动荷载作用下土和土体的性能,具有相同的理论基础,而研究解决问题的途径也相似,因此本书将它们结合起来讲述。

顾名思义,岩土地震工程是研究与岩土工程有关的地震工程问题。当然这是一个很笼统的定义,但指明它所研究的主要问题比给出更精确的定义更有助于对这个学科分支的理解。具体地讲,岩土地震工程大致包含如下问题:①地震小区划和建筑场地分类中的岩土工程问题;②建筑物地基基础抗震;③土工结构抗震;④跨河及近岸建筑物抗震的岩土工程问题;⑤地下工程及埋藏管线抗震的岩土工程问题。

岩土工程振动是研究与岩土工程有关的工程振动问题。同样,这也是一个很笼统的定义。岩土工程振动所涉的面更为广泛,具体地讲,大致包括如下问题:①动力机械的地基基础振动;②车辆行驶引起的振动;③波浪荷载对海底土层的作用;④爆炸荷载对土体的作用;⑤桩基力学性能的动力检测。

应该指出,上述列举的岩土地震工程和工程振动问题并不是问题的全部,但应该是工程最为关注的问题。因此,本书选取这些问题作为讲述的重点内容。

很显然,岩土地震工程和工程振动所研究对象的主体应为土体。不言而喻,土体是由土组成的。因此,土和土体在岩土地震工程和工程振动的问题中具有特别重要的作用。在解决岩土地震工程和工程振动问题时,土被视为一种力学介质或工程材料,必须研究和确定它在动荷载作用下的变形、强度和耗能等性能。关于土体的作用,首先,动荷载作用引起的振动在土体中传播,在传播过程中不仅振动的幅值会发生变化,振动的频率成分也会发生变化,土体好像是放大器和滤波器,具有放大和滤波的作用;此外,土体的另一个作用是保持它所支承的或相邻的结构物以及其自身在动荷载作用下的稳定性。工程经验表明,一旦在动荷载作用下土体丧失稳定性,将会造成重大的生命和财产损失及不良的社会影响。

岩土地震工程和工程振动所研究的体系,除少数只由土体组成,大多数是由土体和结构组成的,结构建在土体之上、之侧或之中。因此,岩土地震工程和工程振动往往涉及在动荷载作用下土体与结构的相互作用。可认为,在动荷载作用下土的性能、土体的变形及稳定性,以及土体与结构相互作用是岩土地震工程及工程振动的理论基础。这些内容属于土动力学的范畴,为了深入系统地讲述岩土地震工程和工程振动,本书用了较多篇幅讲述这部分内容。

最后,必须强调,岩土地震工程和工程振动都是一个工程学科的分支,它所研究的问题都是由工程实践提出的。尽管由于问题的难度较大,要用较多和较深的数学和力学知识,但是它解决问题的途径、方法和结果必须尽量地适合和满足工程实用的要求。

1.3　学科的特点

前面已经指出,岩土地震工程及工程振动都是学科交叉而形成的学科分支,它们有许多共同的特点。

(1) 它们所研究的问题大多是 20 世纪 60 年代以后提出的一些专门工程问题。这些问题不仅新,而且难度较大。

(2) 它们都是伴随 20 世纪 60 年代开始的新技术革命而发展形成的学科分支。由于问题的难度较大,在研究和解决问题时采用了许多新知识和新手段。这方面,应特别指出如下两点:①计算机及数值分析方法的应用,使得过去不能求解的问题可以得到满足工程要求的数值解答;②新的测试设备和测试方法的采用,由计算机控制的数字采集系统及数据处理系统为动态地记录、处理试验资料和显示试验结果提供了可能。

(3) 由于岩土地震工程和工程振动分别是岩土工程与地震工程和工程振动交叉形成

的学科分支,对于研究和解决这两个学科分支的问题,一般从事岩土工程的人员往往缺乏地震工程及工程振动的知识,而一般从事地震工程及工程振动的人员又往往缺乏岩土工程的知识。因此,专门从事岩土地震工程及工程振动的人员比较少,它们是广大工程技术人员不很了解的较陌生的学科分支。

(4) 它们所研究的内容广泛,甚至可以说有些庞杂,而且所涉及的学科也很多,这一点从上述这两个学科分支所要研究的问题就可以看出来。因此,广泛深厚的基础理论和全面系统的专业知识是研究和解决岩土地震工程及工程振动问题的基础。

(5) 从前述可以看出,岩土地震工程及工程振动所涉及的主要力学介质和工程材料是土。土是由土颗粒排列形成的骨架、孔隙及孔隙中的流体组成的,它的组成决定了土的结构在动荷载作用下容易受到破坏。土的工作状态与其结构破坏的程度有关,而土的结构破坏程度则与其受力水平有关。因此,通常要将岩土地震工程及工程振动问题作为一个非线性问题来研究。当把它们作为一个非线性问题时,不可避免地要涉及如下两个问题:①土的动力学计算模型;②土体的动力非线性分析方法。这些正是解决岩土地震工程及工程振动问题的难点之一。

(6) 前面已经指出,岩土地震工程及工程振动所研究对象的主体是土体。由此,如下两个问题必须予以考虑:①土体是由物理力学性质不同的土层组成的,在建立分析体系模型时必须把土体视为非均匀体;②由于所要考虑的土体尺寸很大,相应的分析体系的规模庞大,使数值分析的计算工作量很大。这两点也给岩土地震工程及工程振动问题的解决带来了一定的困难和麻烦。

(7) 在许多情况下,在土体之上、之侧或之内建有结构,因此岩土地震工程及工程振动问题往往是一个动荷载作用下的土-结构相互作用的问题。动荷载作用或是通过土体传给结构,或是通过结构传给土体,在这种情况下,在动荷载作用下土体-结构体系的性能取决于土体-结构体系的质量和刚度的分布。这样,分析体系的规模更为庞大,而且往往是一个三维问题。由于土体和结构之间存在相互作用,在研究和解决这样的问题时,应关注整个土体-结构体系在动荷载作用下的性能,而不只是土体部分或结构部分的性能。这样,所建立的分析体系的质量和刚度分布必须与实际土体-结构体系的相符合,而不只是与土体部分或结构部分的刚度和质量的分布相符合。

(8) 岩土地震工程及工程振动与环境有密切关系。首先,动荷载本身就是一种工程环境,动荷载作用引起的振动以波的形式通过土体传播,对周围环境产生影响。如果其影响超过防护或保护标准,反过来将对工程产生制约,必须采用工程措施减少对周围环境的影响。因此,很多岩土地震工程及工程振动问题就是由环境保护提出来的。在解决岩土地震工程及工程振动问题时,不仅应满足自身变形及稳定性要求,还要满足环境保护的要求。

1.4　研究途径

和任何工程学科一样,岩土地震工程及工程振动也必须采取试验、理论分析和工程实践经验相结合的研究途径。这是由所研究问题的复杂性决定的,无论采用哪种单一的手段都不会使问题得以恰当的解决。在此,只结合这两学科分支的特点讲述一下每种研究手段的作用及它们之间的关系。

1. 勘察及试验

由于这两个学科分支所研究的问题都与岩土工程有关,因此勘察及试验是必不可少的研究手段。勘察与试验的重要性在于为岩土地震工程及工程振动问题的研究提供必需的基础资料。由于土的多样性及土层分布的局部性,每个问题的土层条件都不相同,都应进行必要的勘察及试验。

1) 勘察

对于每个问题,勘察的工作内容不尽相同,但至少应包括如下两项工作。

(1) 查清所研究问题的土类、土层的组成,沿深度及水平方向的分布,以及地下水位等。这些是建立分析体系所必需的基础资料。

(2) 采取土样,为室内土的物理力学性能试验提供必需的试件。

2) 试验

试验包括室内试验和现场试验。室内试验可分为土性试验及模型试验,现场试验可分为原位土性试验及现场荷载试验。

(1) 室内土性试验及原位土性试验的主要工作内容是测试土的变形、强度及耗能性能。测试资料的用处是多方面的,特别值得指出的是,这些资料是研究或选择土动力学模型及确定模型参数所必需的依据。

(2) 室内模型试验及现场荷载试验的作用可以归纳为如下两点:①了解所研究体系的工作机制、破坏过程及形式,为理论分析引进必要的假定和对分析体系做必要的简化提供依据;②有些试验,特别是现场荷载试验,可以直接测试所研究体系的变形、承载和耗能特性,所确定的刚度和承载力可用于实际工程的计算。

2. 理论分析

理论分析是岩土地震工程及工程振动研究的重要手段,理论分析的结果是评估在动荷载作用下分析体系自身性能及其对周围环境影响的重要依据。由于问题的复杂性,数值模拟分析方法被广泛采用,其优点是假定和简化相对较少。尽管如此,在土的动力学模型及分析体系方面仍需做一些必要的假定及简化。

无论采用哪种分析方法,都要涉及如下一些方面:①土及结构材料动力学模型的建立及其参数的确定;②分析体系的建立;③求解方程式的建立;④求解的初始条件及边界条件的确定;⑤方程式的求解方法;⑥影响因素的研究;⑦分析结果及评估。

分析结果的评估是指对结果的正确性和可靠性做出评估,这是应用分析结果时最为关心的问题。毫无疑问,分析结果的正确性和可靠性主要取决于分析所采用的基础资料和分析方法的正确性和可靠性,即取决于上述的前五个方面。必须指出,有一个好的分析方法但没有做好基础资料工作,也不会给出正确和可靠的结果。在解决岩土地震工程及工程振动实际问题时,基础资料工作必须予以足够的重视。

评估理论分析结果的方法一般是将理论分析结果与相应的室内模型试验或现场荷载

试验的测试结果,或实际工程观测结果相比较。但应指出,这种比较是为了评估所采用的整个理论分析途径,而不是只为了评估其中的求解方法。由于在整个理论分析途径中,特别是在基础资料工作中,包含许多不确定性,可以预料理论分析结果与试验测试结果或实际工程观测结果的误差可能较大。像一般岩土工程问题那样,20%～30%的误差是可以接受的,如果误差只有百分之几,反而被怀疑了。

如前所述,由于问题的复杂性,理论分析通常采用数值模拟分析方法。现在有许多通用商业计算程序可资利用,这些程序只是提供了一个计算手段,正确恰当地使用这个手段则是一项非常重要的事情。任何一个通用商业计算程序,一般来说,使用者是不能改变的。使用者所能做的事情是模拟,包括土力学性能、分析体系、边界条件,以及荷载过程等方面的模拟。显然,做好上述诸方面的模拟是提高理论分析结果正确性和可靠性的重要手段。

特别应指出,在使用一个通用商业计算程序时,必须很好地了解该程序的功能,特别是在模拟方面的功能。所谓的通用程序,都有其局限性;由于一些岩土地震工程及工程振动问题的特殊性,所选用的通用商业程序也可能满足不了某些模拟方面的要求。在这种情况下,应对所选用的通用商业计算程序进行二次开发或扩充,但在二次开发和扩充时应注意不要破坏程序原来的功能。

数值模拟分析的一个重要缺点是不便于工程应用,特别是为一般工程师所不熟悉。在岩土地震工程和工程振动的理论研究中,发展便于工程应用的简化分析方法是一个重要的课题。一个具有工程实用价值的简化分析方法必须建立在如下基础之上。

(1) 合理的假定,使问题得以简化。

(2) 合理的简单的理论框架,以建立一个定性的计算公式。

(3) 进行充分的参数研究,以定量地确定简化计算公式中的参数。通常,参数研究由数值模拟分析或其他复杂的分析完成。

在此应指出,虽然有些研究者在这方面做了很好的工作,但由于岩土地震工程及工程振动问题的复杂性,并不是所有的问题都能建立简化分析方法。

此外,寻求精确的闭合形式的解答也是理论分析的一个重要课题。然而,目前只对某些边界条件简单的均质线弹性问题获得了解答。实际的岩土地震工程及工程振动问题一般是非均质非线性的问题,而且边界条件也很复杂,很难求得精确的闭合形式的解答。尽管如此,寻求理想情况下的简单问题的精确闭合形式的解答仍有其意义。借助求得的闭合形式的解答可以定性地研究参数的影响,并且研究得到的规律有助于定性地解释在岩土地震工程和工程振动问题中所观察的一些重要现象,深化对所研究问题的认识和理解。

3. 工程实践经验

与任何工程问题一样,总结工程实践经验也是岩土地震工程和工程振动研究的重要手段。工程实践经验的重要性体现在如下方面。

(1) 总结工程实践经验可对所研究的问题在工作机制、破坏过程以及破坏形式等方面获得定性的认识,为引进假定简化问题提供依据。

(2) 总结工程实践经验在某些情况下还可对所研究的问题获得定量的认识,并建立定量的规律直接用于工程实践。

（3）任何分析方法总会有一些因素不能或不能较好地考虑，理论分析的结果虽是解决问题的重要依据，但不是唯一的依据。由于理论分析的不完善性，在解决问题时必须根据工程实践经验做如下两项工作以弥补理论分析的不足：①对理论分析结果做定量的修正；②采取有效的工程措施。

应指出，在研究一个具体岩土工程及工程振动问题时，上述三个手段并不是并重的，在大多数情况下，只有其中一个或两个手段是主要的，而其他是辅助的。

1.5　相关学科

前面已经指出，岩土地震工程及工程振动都是学科交叉出现的学科分支，它们必然与许多学科相关。在此只将与其直接相关的学科分支开列如下：工程勘察、土力学与地基基础、结构动力学、土动力学、工程地震、土-结构相互作用、数值模拟分析、地震工程、工程振动。

在上述学科或学科分支中，前七个是与岩土地震工程及工程振动的基础有关的学科或学科分支，后两个是与岩土地震工程及工程振动的具体工程问题有关的学科或学科分支。关于这些学科或学科分支与岩土地震工程及工程振动的具体关系，在本书讲述中将有所体现，在此不做进一步说明。还应指出，与这些学科或学科分支有关的一些课程是在本科学习期间没有上过的，或上过但深度不够。因此，就这一点而言，岩土地震工程及工程振动的讲述起点较高。本书在选材的内容安排及讲述方式上注意了这个特点，尽量做到通俗易懂。

1.6　学科发展的简述

与任何学科的形成发展一样，岩土地震工程及工程振动学科分支的形成和发展取决于如下两个方面：①工程实践提出了需要；②科学技术进步提供了可能。

岩土地震工程及工程振动学科分支的形成和发展，按发展阶段和每阶段研究的课题及成果大致可概括如下。

（1）1940年以前只是对个别的问题（如地震土压力）进行了研究。

（2）1940年以后至1960年年初，由于大型动力机械基础设计的要求，对动力机械基础的振动问题进行了较系统的研究。在该项研究中，德国和苏联学者分别做了大量的工作。这一阶段标志性的成果是动力机械基础土的反力系数的确定及相应的黏-质-弹分析体系的建立。

（3）20世纪40年代中期至60年代在防护工程方面进行了大量研究。这一阶段主要研究在爆炸荷载下土的动力性能和爆炸荷载对土体及地下工程的影响。相信美国和苏联在这方面做了大量工作。由于众所周知的原因，其研究成果很少在公开的刊物发表，人们对这方面的了解甚少。

（4）20世纪60年代至70年代采用半空间无限体理论对动力机械基础振动进行了大

量研究。主要的研究工作是在美国进行的,主要成果是按半空间无限体理论确定了地基动刚度,特别是地基动扭转刚度的确定,以及关于大型雷达站地基基础扭转振动问题。此外,以半空间无限体理论的研究结果为基础,提出了等效地基弹性系数的简化计算公式,建立了集总参数法,补充和完善了黏-质-弹理论。

(5) 20 世纪 60 年代至 90 年代在土动力学、地震工程和海洋工程方向进行了大量卓有成效的研究。应指出,这一阶段研究所取得的成果与 60 年代开始的新技术革命有密切关系。在这一阶段,美国、日本以及我国均做了大量工作。在此,按三个方面分述如下。

第一,土动力学方面的研究。①土的动力试验仪器的研制及采用。特别应指出,现在土动三轴仪已作为常规土动力试验仪器装备出现在各大土工实验室中。②土动力性能试验方法的制定及采用。现在许多国家和地区的土工试验规程中都有土动力试验方法的规定。③关于在动载作用下土的变形、强度,以及耗能特性的研究成果。特别应指出,土动力学计算模型的研究成果使土的动力非线性性能得到考虑,为土体非线性动力分析提供了基础。④数值分析方法的采用。数值分析方法的采用使得在复杂边界条件下土体非均质、非线性动力分析成为可能,其结果成为评估土体变形和稳定性的主要依据之一。特别应指出,在诸多数值计算方法中,由于具有更强的适应性,有限元法更为普遍地被采用。

第二,地震工程方面的研究。1964 年日本新潟地震和美国阿拉斯加地震,以及我国 1966 年两次邢台地震引起的与岩土工程有关的震害大大促进了岩土地震工程的研究。①土层条件对地面运动的影响研究。发现土层的软硬及厚度是对地面运动加速度峰值及反应谱有重要影响的两个因素,并在建筑场地类别划分中予以考虑。②地面破坏机制及形式研究。其成果用于评估地震时场地地面变形及稳定性。③饱和砂土及粉土层的液化机制、液化判别方法、液化危害性评估以及减轻或避免液化危害措施的研究。这些研究成果已经纳入一些国家或地区的抗震设计规范或规程中。④地震引起的地基基础变形及稳定性研究。其主要成果是动力分析方法的建立及应用。动力分析方法的结果作为拟静力分析结果的验证及补充,是大型建筑物地基基础抗震设计的主要依据之一。⑤地震引起的土工结构物(如土堤、土坝、尾矿坝,以及加筋土结构等)的变形及稳定性研究。与地基基础研究相似,发展了动力分析方法,其结果作为拟静力分析结果的验证及补充,是大型土工结构物抗震设计的重要依据之一。⑥地震时土体-结构相互作用及影响研究。该问题的研究包括如下一些方面:土体-结构相互作用对地震时上部结构运动的影响,或所受的惯性力的影响;土体-结构相互作用对土体运动的影响,或所受的惯性力的影响,以及对土体的变形和稳定性的影响;地震时土体变形,包括永久变形,在与土体相邻或之内的结构中所引起附加内力,以及其对结构的影响。由于众多学者的努力,建立了土体-结构体系的分析模型及相应的动力分析方法,并应用于重大工程,例如,非岩地基核电站工程中,以评估土体-结构相互作用的影响。

第三,海洋工程方面的研究。位于地震区的海洋工程,除受地震荷载作用,还受波浪荷载作用。这里所说的海洋工程方面的研究是指与波浪荷载作用相关的研究。这方面的研究可概括如下:在波浪荷载作用下海洋土的动力性能研究;波浪荷载作用在海底土层中引起的动应力;在波浪荷载作用下海底土层的变形及稳定性,包括波浪荷载引起的海底土层液化问题。这些研究成果用于海洋工程设计中,以评估在波浪荷载作用下海底土层的性能。

(6) 1990 年以来对在交通荷载作用下与岩土工程有关的振动问题进行了研究。主要研究工作及成果如下。①车辆行驶引起的振动及其影响的现场测量,获得了很多有价值的测量资料。②车辆、道轨、枕木、路渣以及路基土体体系分析模型的建立及模型参数的确定。③按一定的模型求解车辆行驶引起的振动的方法。④振动对车辆行驶安全度及舒适度的影响及评估方法。⑤振动对周围环境的影响及评估方法。

上述工作的研究成果对铁路、城市轻轨和地铁的建设具有重要意义。

从上述可见,20 世纪 60～90 年代是岩土地震工程及工程振动学科分支迅速全面发展的时期,也正是在这个时期岩土地震工程及工程振动才发展成为一个独立的学科分支。

最后,应指出,由于篇幅的限制,上面的简述中不能对有关学者及其研究工作做具体的介绍,希望予以谅解。

思　考　题

1. 为什么把动荷载视为附加荷载? 产生动荷载的原因有哪些? 动荷载作用在土体中会产生哪些效应? 为什么要研究动荷载对土体的作用?

2. 在岩土地震工程及工程振动问题中土体起什么作用?

3. 岩土地震工程及工程振动研究有哪几种基本手段? 它们起什么作用?

4. 按时间次序和研究的问题简述一下岩土工程及工程振动研究的发展。

第2章 动荷载的特点及土的工作状态

2.1 动荷载及其特点

如前所述,在许多情况下土体除受静荷载作用,还可能受动荷载作用。动荷载是一种大小、作用点和作用方向均可随时间变化的荷载。通常,动荷载用大小、作用点和作用方向随时间变化的函数表示。因此,动荷载作用是一个时间过程。

众所周知,一个静荷载需要大小、作用点和作用方向三个基本要素来描写。由于动荷载的大小、作用点及作用方向均可随时间变化,描写一个动荷载就不像静荷载那么简单。通常,一个动荷载可用如下指标描写。

(1) 最大幅值或等价等幅幅值。动荷载大小随时间的变化形式可能很简单,如按常幅正弦或余弦函数变化;也可能很复杂,如按不规则的变幅函数变化,但是,总可以找到一个最大幅值。一般来说,最大幅值越大,动荷载的作用就越强。因此,通常将最大值作为描写动荷载的一个要素。

但是,不规则变幅动荷载的作用不仅取决于最大幅值,还取决于整个时间过程。当考虑动荷载时间过程时,常把不规则的变幅动荷载按某种等价准则转变成等幅动荷载,以等价的等幅值作为描写动荷载的一个要素。

(2) 频率含量。常幅正弦或余弦形式的动荷载只含有一个频率,但是不规则的变幅动荷载则包含许多频率成分。对于一个具体的动荷载,所含的起主要作用的频率总是在一定范围之内,并称为相应动荷载的主要频段。因此,通常以主要频段表示动荷载的频率含量。

(3) 作用持时或等价作用次数。如前所述,动荷载是一个时间过程,一个动荷载对土的影响取决于相应的时间过程。动荷载的持时表示其作用的时间长短。动荷载的持时越长,其对土体的变形及稳定性影响就越大。因此,通常以动荷载的持时作为描写动荷载的一个要素。实际上,当一个动荷载的主要频率确定后,持时越长,其作用次数就越多;当把它转化成等价等幅动荷载时,其等价作用次数也就越多。因此,在工程上还常用等价作用次数代替作用持时,并作为描写动荷载的一个要素。

这些动荷载要素对动荷载作用在土体中引起的效应,或土的动力性能有重要影响。

(1) 最大幅值或等价幅值的影响。为了便于说明,以线弹性为例。在线弹性情况下,动荷载作用在土体中引起的位移、速度、加速度,以及应变和应力的最大幅值或等价幅值均与动荷载最大幅值或等价幅值成正比。在非线性情况下,不同之处在于它们之间的关系更为复杂。

(2) 频率含量的影响。由动力学可知,动荷载作用具有动力放大效应,而动力放大效应与动荷载的频率有关。因此,动荷载作用在土体中引起的效应也与动荷载的频率或主要频段有关。也就是说,动荷载作用在土体中引起的位移、速度、加速度,以及应变和应力的最大幅值或等价幅值不仅取决于动荷载的最大幅值,还取决于动荷载的频率或主要频段。

另外,当动荷载幅值一定时,频率越高,动荷载的加荷速率越高,则在动荷作用下土的速率效应影响越大。

(3)持时或等价作用次数的影响。动荷载的持时越长或作用次数越多,在动荷载作用下土的疲劳效应的影响就越大。

关于在动荷载作用下的速率效应和疲劳效应将在下面做进一步的讲述。

2.2 动荷载的类型

1. 动荷载的类型及特点

如前所述,动荷载通常由运动的惯性力产生。由于运动的多样性,动荷载也有各种不同的类型。动荷载的类型可根据动荷载的某些特点划分。

1) 按动荷载作用点是否移动划分

按动荷载作用点是否移动,动荷载可划分如下。

(1)作用点固定的动荷载。这类动荷载的典型是动力机械振动产生的动荷载。这种动荷载的作用点是不随时间变化的,只有大小随时间变化。

(2)作用点移动的动荷载。这类动荷载的典型是车辆行驶产生的动荷载及波浪产生的动荷载。常值的集中力以指定速度移动的动荷载是这种动荷载的最简单和最理想的情况,如图 2.1(a)所示。图中,v 为荷载的移动速度,S 为在 t 时段中荷载移动的距离。以指定速度移动的谐波荷载也是这种动荷载的典型情况,如图 2.1(b)所示。图中,L 为简谐波波长,等于 vT,T 为谐波的周期,其他符号同图 2.1(a)。

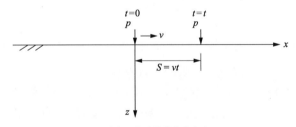

(a) 以速度 v 移动的常值集中力

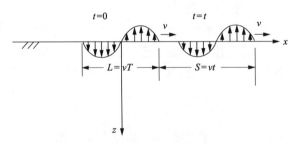

(b) 以指定速度移动的常幅谐波力

图 2.1 作用点移动的动荷载

2) 按动荷载的波形划分

按动荷载的波形,动荷载可划分如下。

(1) 一次作用的单向冲击荷载。这种动荷载的典型是爆炸产生的动荷载,其波形如图 2.2 所示。从图 2.2 可见,这种动荷载具有如下特点:①整个荷载过程是由增压和降压两个阶段组成的,降压阶段也称为荷载延迟阶段;②以最大压力 $p_{\max}$、增压时段 T_1 和降压或荷载延迟时段 T_2 为参数描写这种动荷载;③增压和降压的速率很高,尤其是增压速率。增压时段只有几毫秒到几十毫秒,通常为 $10 \sim 20 \mathrm{ms}$,降压或延迟时段是增压时段的几倍,通常为 $4 \sim 5$ 倍;④这种荷载只有单向的增压或降压,没有往返作用。也就是,如果压力为正,其数值总是正值,只有大小的变化,没有方向的变化。

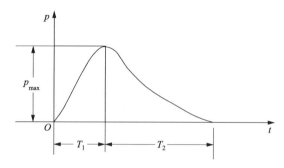

图 2.2　一次作用的单向冲击荷载

(2) 有限作用次数的变幅往返荷载。这种动荷载的典型是地震荷载,其波形如图 2.3 所示。从图 2.3 可见,这种荷载具有如下特点:①荷载的幅值是不规则变化的,或随机变化的;②荷载作用的持续时间是一定的,或等价作用次数是有限的;③荷载不仅有大小的变化,还有正负的变化,也就是还有作用方向的变化;④荷载的主要频段在某个范围内。

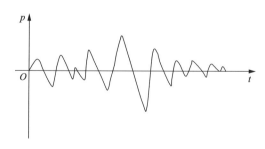

图 2.3　有限作用次数的变幅往返荷载

(3) 无限作用次数的常幅谐波荷载。这种动荷载的典型是动力机械稳态振动产生的动荷载,其波形如图 2.4 所示。从图 2.4 可以看出,这种动荷载具有如下特点:①幅值不变,为常数;②频率单一,只含有一个频率;③作用次数非常多,通常大于 10^3,这里称为无限作用次数的动荷载,是指作用次数大于 10^3。实际上,没有哪种动荷载的作用次数是无限的。前面已经指出,作用次数的影响主要表现在土的疲劳效应上。像后面将要叙述的那样,试验研究表明,土的疲劳效应影响主要出现在 $100 \sim 200$ 次作用之内,当作用次数再增加时,土的疲劳效应的影响趋于平稳,不会出现令人关注的增加。因此,通常可以将大于 10^3 的作用次数称作无限作用次数。

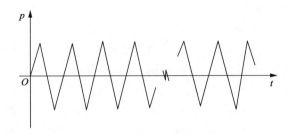

图 2.4　无限作用次数的常幅动荷载

2. 地震荷载的类型及特点

如前所述,地震荷载是典型的有限作用次数的变幅往返荷载。地震荷载是由地震运动惯性产生的,因此可用地震运动加速度时程表示地震荷载过程。显然,地震运动加速度时程与发震断层的破裂过程有关。一般说,震级越高,发震断层破裂的长度越长,相应的加速度时程的持时越长,主要作用次数也越多。对于引起工程震害的地震,其持时为十几秒至几十秒,主要作用次数为几次至几十次,取决于地震的震级。另外,地震加速度时程的主要频段为 $0.1 \sim 10 \text{Hz}$。

根据地震加速度时程的主要作用次数,可把地震荷载划为冲击型地震荷载和往返型地震荷载[1]。

(1) 冲击型地震荷载,如图 2.5(a)所示,主要作用次数很少。按日本学者的定义,如果在最大幅值之前,幅值大于 0.6 倍最大幅值的作用次数不大于两次的地震荷载,称为冲击型地震荷载。

(2) 往返型地震荷载,如图 2.5(b)所示,主要作用次数较多。同样,按日本学者的定义,如果在最大幅值之前,幅值大于 0.6 倍最大幅值的作用次数大于两次的地震荷载,称为往返型地震荷载。

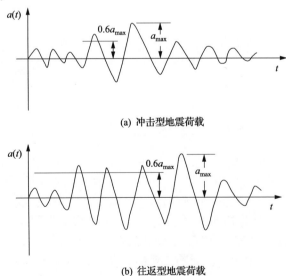

(a) 冲击型地震荷载

(b) 往返型地震荷载

图 2.5　冲击型及往返型地震荷载

2.3　有限作用次数变幅荷载的等价等幅荷载

这里所说的等价等幅荷载是指有限作用次数变幅往返荷载,如地震荷载的等价等幅荷载。为什么要确定它的等价等幅荷载呢? 主要原因如下。

(1) 在 1960 年研制动三轴试验仪时,由于技术上的限制,仅能施加等幅往返荷载。从那时起,用动三轴仪进行了大量的有限作用次数的等幅往返荷载试验。当把由有限作用次数等幅往返荷载试验测得的土动力性能用于有限作用次数变幅往返荷载时,就提出了如何将后者转换成前者的问题。

(2) 由于上述原因,采用等幅往返荷载下的动三轴试验来研究在变幅往返荷载下土的动力性能已经成为一个被认可的常规方法。虽然,由于技术进步,后来研制出了可以施加变幅往返荷载的动三轴仪,但这种试验通常为研究目的而进行,其中就包括研究有限作用次数的变幅往返荷载与等价的等幅往返荷载之间的关系。另外,由于幅值变化的随机性,在试验施加什么样的变幅荷载也是一个问题。因此,至今特别是为工程目的所做的土动力性能试验仍在等幅往返荷载下进行。

(3) 实践证明,将有限作用次数的变幅往返荷载转换成等价等幅往返荷载是可行的,并在这方面积累了许多经验。

应指出,这里所说的等价是指在某种意义下的等价,例如,两种荷载作用引起土的变形是相等的,或者在饱和土中引起的孔隙水压力是相等的,或者使土的破坏程度是相同的。但是,这只是概念上的提法,实际确定这两种荷载关系时,在很大程度上包含经验和人的主观判断,并且这些经验和判断被后来的实践证明是可采用的。

由于有限作用次数的等幅往返荷载作用对土的影响不仅取决于幅值,还取决于作用次数。因此,可以有多种幅值与作用次数的组合与某一指定的有限作用次数的变幅往返荷载是等价的。这样,在确定地震荷载的等价等幅荷载时就出现了如下两种方法。

1) 先确定地震荷载的等价幅值,再确定等价作用次数

这是 Seed 教授提出的方法。Seed 提出的方法是一个很粗略的统计方法,实际上并没有很明确的等价含义,但被后来实践和研究证明该法给出的结果是相当好的,现被广泛采用。该法包括如下两个步骤。

(1) 由收集的每一条地震加速度记录确定出比较大的幅值与最大幅值之比。然后,将由所有地震加速度记录确定出的幅值比进行平均,求出平均幅值比为 0.65。这样,Seed 建议,将 0.65 倍最大幅值作为等价等幅之值。

(2) 将收集到的地震加速度记录,按震级分成若干档次确定出每条地震加速度记录的主要作用次数,并在主要作用次数之上加一、两次作用,以考虑较小的幅值作用的影响。然后,再按档次求出作用次数的平均值,作为该档次地震荷载的等价作用次数。按该方法求得地震震级与等价作用次数的关系如表 2.1 所示[2]。

表 2.1 地震荷载等价作用次数与地震震级的关系

次数	震级		
	7.0	7.5	8.0
等价作用次数	10	20	30

2）先确定等价作用次数，再确定等价幅值

这是日本学者采用的方法。像下面将看到的那样，这个方法的优点在于可根据变幅往返荷载动三轴试验结果确定等价幅值，有较明确的等价含义。这个方法也包括两个步骤。

（1）不考虑地震震级的影响。假定地震荷载的等价作用次数为 20。与表 2.1 比较可见，此假定对于震级较低的地震高估了等价作用的次数，而对于震级很高的地震则低估了等价作用的次数。

（2）将地震分成上述冲击型和往返型两种类型，并分别选择两种类型地震的代表性加速度曲线。以所选取的加速度时程曲线的波形作为变幅往返荷载波形进行变幅往返荷载动三轴试验。在试验中，调整波形的幅值，使土试样在变幅往返荷载作用下发生破坏，并记录相应的最大幅值。然后，由等幅往返荷载动三轴试验确定在 20 次作用下使土试样发生破坏的等幅幅值。这样按两种类型地震分别求出 20 次作用使土试样发生破坏的等幅幅值与土试样发生破坏的变幅往返荷载最大幅值之比，并将其作为等价的等幅幅值之比。上述试验结果如表 2.2 所示[3,4]。从表 2.2 可见：①对于冲击型地震，等价等幅幅值比要大于往返型地震的等价等幅幅值比；②虽然与 Seed 的研究途径有所不同，但所得的研究结果大致相符，没有令人关注的矛盾。

表 2.2 冲击型和往返型地震荷载的等价等幅幅值比

波的类型	地点	最大加速度/g	方向	比值	
				试验值	平均值
冲击型	新潟[1]	155	NS	0.54	0.555
		159	EW	0.53	
	室兰[2]	95	NS	0.63	
	八户[3]	235	NS	0.60	
往返型	青森[2]	56	NS	0.71	0.70
		86	EW	0.71	
	八户[2]	30	EW	0.36	

注：1）十胜近海地震（1963 年），主震。

2）十胜近海地震（1963 年），余震。

3）新潟地震（1964 年），主震

上面叙述了确定等价等幅荷载的两种方法，这两种方法得到的结果均表明，地震本身的特点（如震级或类型）对等价等幅荷载的等幅幅值比或等价作用次数有重要的影响。但是，相对而言，以震级考虑的地震本身特点的影响更为方便些，因此 Seed 的方法在工程上的应用更为广泛。

　　此外,Annaki 和 Lee[5]还采用疲劳理论研究了地震荷载的等价等幅荷载的确定方法。关于具体的确定方法将在第 10 章中给出。在他们的研究中,仍然令等价幅值比为 0.65,按疲劳理论求出不同震级地震的等价等幅荷载的等价作用次数。根据疲劳理论的研究结果,Seed 细化和调整了表 2.1 所示的等价作用次数与震级的关系,如表 2.3 所示[6]。

表 2.3　细化和调整后的地震荷载的等价作用次数与地震震级的关系

次数	地震震级				
	5.5～6.0	6.5	7.0	7.5	8.0
等价作用次数	5	8	12	20	30

2.4　土所受的动力作用水平

　　动力作用水平即为动力作用的大小,这里指的是土所受到的动力作用的大小。由土力学可知,土是由土颗粒形成的骨架,骨架之间孔隙中的水和空气组成的。由于土颗粒之间的联结很弱,在动荷载作用下,土的结构容易受到某种程度的破坏,土颗粒发生某种程度的重新排列,使土骨架发生不可恢复的变形。在动力作用下,土在微观上发生结构破坏,在宏观上则表现为发生塑性变形,甚至发生流动或破坏。很显然,土受到的动力作用水平越高,土的结构所受到的破坏程度越大,所引起的塑性变形也越大,当动力作用水平达到某种程度时,就发生流动或破坏。因此,动力作用水平是评估在动荷载作用下土的结构破坏程度及动力特性的一个重要指标。

　　既然动力作用水平是评估在动荷载作用下土的结构破坏程度及动力性能的一个重要指标,那么就有必要引进一个量并将其作为度量土所受到的动力作用水平的定量指标。表示土的动力作用水平的定量指标可以有不同的选择,但是必须注意,土一般是在剪切作用下发生流动或破坏的。因此,选取土的动力作用水平的定量指标应该是与剪切有关的指标。现在,表示土的动力作用水平的定量指标大致有如下几种。

　　(1) 动剪应力幅值或等价幅值。很显然,动剪应力幅值越大,土所受到的结构破坏越大,所受的动力作用水平就越高。但是,动剪应力作用引起的土的结构破坏的程度还与土的类型、状态、固结压力等因素有关。这样,同样的动剪应力幅值对不同类型、状态和固结压力的土所引起的结构破坏程度是不相同的,也就是所处的动力作用水平不同。因此,对于指定的一种土,动剪应力幅值越大,其所受的动力作用水平也越大;但是,对于不同类型、状态和固结压力的土,即使动剪应力幅值相同,受到的动力作用水平也是不相同的。

　　(2) 动剪应力幅值与相应静正应力之比。根据上述,以动剪应力幅值与相应静正应力之比表示土所受的动力作用水平可以消除固结压力的影响。但是,对于不同类型和状态的土,当动应力幅值与相应静正应力之比相同时,其所受到的动力作用水平仍是不相同的。

　　(3) 动剪应力幅值与静力抗剪强度之比。由于静力抗剪强度与土的类型、状态和固结压力有关,因此采用动剪应力幅值与静力抗剪强度之比表示土所受的动力作用水平可以消除或部分消除土的类型、状态和固结压力的影响。但是,当采用该比值表示土所受的动力作用水平时,必须确定土的静力抗剪强度。相对而言,以这个定量指标表示土的动力作用水平比前两个指标更适合。

(4) 动剪应变幅值或等价幅值。在动剪应力作用下土的动剪应变幅值与土的类型、状态和固结压力等因素有关,因此动剪应变幅值包括了这些因素的影响,采用剪应变幅值表示动力作用水平可以消除或部分消除土的类型、状态及固结压力的影响。像后面将要看到的那样,这一点已被试验所证实。

(5) 动剪应变幅值与静剪切破坏时剪应变之比。由于动剪应变幅值与静剪切破坏时剪应变之比包括土的类型、状态和固结压力的影响,以这个指标表示土所受的动力作用水平也许比动剪应变幅值更好些,但是必须确定土静剪切破坏时的剪应变。

应指出,上述五种表示动力作用水平的定量指标,在不同场合均有应用,但是更为普遍采用的指标是动剪应变幅值。

2.5 动荷作用下土的工作状态及屈服剪应变

如果动剪应变幅值越大,那么土的变形就越大。因此,可根据动剪应变幅值将土的变形划分成几个阶段。通常将土的变形划分成三个阶段:小变形阶段、中等变形阶段、大变形阶段。

每个阶段对应一定的动剪应变幅值范围,如图 2.6 所示。从图可见,如果动剪应变幅值小于或等于 10^{-5},则土处于小变形阶段;如果动剪应变幅值大于 10^{-5} 且小于或等于 10^{-3},则土处于中等变形阶段;如果动剪应变幅值大于 10^{-3},则土处于大变形阶段。也就是说,随着土所受动力作用水平的提高,土所处的变形阶段也相应提高。

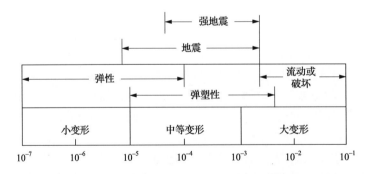

图 2.6 土的变形阶段及所处工作状态与剪应变幅值关系

由于土的结构破坏程度取决于动剪应变幅值的大小,处于不同变形阶段的土的结构破坏程度也不同。在小变形阶段,土的结构只发生很轻微的破坏;在中等变形阶段,土的结构受到明显的破坏;而在大变形阶段,土的结构受到严重的破坏,甚至崩落。土的结构破坏将引起塑性变形,甚至流动或破坏。在小变形阶段,土的变形基本上是弹性的,土基本处于弹性工作状态;在中等变形阶段,土将发生明显的塑性变形,土处于非线性弹性或弹塑性工作状态;在大变形阶段,土将发生非常大的塑性变形,土处于流动或破坏工作状态。图 2.6 还给出了土的工作状态与动剪应变幅值或其所处的变形阶段的对应关系。此外,还给出了在地震荷载作用下土所处的变形阶段及相应的工作状态[7]。从图 2.6 可见,在地震荷载下土处于中等变形或大变形阶段,其工作状态为弹塑性工作状态或流动或破坏工作状态。

这些结果对于评价在不同类型动荷载作用下土的动力性能,建立或选用相应的动力学模型具有指导意义。

应指出,图 2.6 给出的划分土变形阶段及工作状态界限的动剪应变幅值只是一个大约的数值。因此,在文献中发现所给出的限界值可能有所不同。

下面,引进土的两个界限剪应变,这两个界限剪应变在评估土的动力性能中有重要的意义[8]。

1. 弹性限 γ_e

如果动剪应变幅值小于弹性限 γ_e,土不发生塑性变形,其变形是完全可恢复的弹性变形,土处于弹性工作状态,通常认为弹性限 γ_e 等于 10^{-6} 或 10^{-7}。与上述小变形阶段与中等变形阶段的界限剪应变幅值 10^{-5} 相比,弹性限更小。也就是说,当土所受的动剪应变幅值大于弹性限时,即使处于小变形阶段,也会有某些塑性变形发生。这就是前面只说在小变形阶段土基本处于弹性工作状态,而不说处于线弹性工作状态的原因。

2. 屈服限 γ_y

如果动剪应变幅值小于屈服限 γ_y,土的结构没有受到显著的破坏,土不会在动荷载作用下发展到破坏。也就是说,只有当动剪应变幅值大于屈服限 γ_y 时,土在动荷作用下才可能发展到破坏。但是,可能发展到破坏并不意味着一定发展到破坏,是否会发展到破坏还取决于作用次数。按上述,当动剪应变幅值大于屈服限 γ_y 时,会发生如下现象:①发生残余塑性变形,并随作用次数而增大;②对于饱和土,特别是饱和砂土发生残余孔隙水压力,并随作用次数而增大;③在等幅动应力作用下,其应变幅值随作用次数而增大,不能再保持常数。

试验研究表明,不同类型土的屈服剪应变变化范围不大,为 $1 \times 10^{-4} \sim 2 \times 10^{-4}$。由此可见,屈服剪应变大于小变形与中等变形的界限剪应变 10^{-5}。由上述,可得如下结论。

(1) 当土处于中等变形阶段时,虽然是弹塑性工作状态,但是只要其动剪应变幅值小于屈服限,就不会发展到破坏。

(2) 当土的受力水平处于弹性限和屈服限范围内时,可认为其工作状态是非线性弹性或弹塑性的,但是可不考虑作用次数的影响。

2.6　动荷作用的速率效应及疲劳效应

在第 1 章已经提到了土的速率效应和疲劳效应,这里对这两种效应进行较详细的说明。

1. 速率效应

土的速率效应是指当加荷速率提高时,土抵抗变形的能力及抗剪强度随之提高的现象。实际上,在静荷条件下就存在速率效应,只是在动荷载条件下加荷速率更高,速率效应更为明显。

土的速率效应与土的结构有关。在荷载作用下土的变形是以土颗粒排列的调整(即土结构的改变)为前提的,但土颗粒排列的调整需要一个过程,即需要一定的时间才能完成。因此,在动荷作用下土的变形也有一个发展过程,需要一定时间才能完成。当加荷速率大时,土的变形不能充分发展。如果施加同样大小的荷载,加荷速率大时的变形比加荷速率小时的变形要小,即表现出更高的抵抗变形的能力。同样,欲使土发生破坏,加荷速率大时所需施加的荷载要比加荷速率小时所需的荷载大,即表现出更高的抗剪强度。

2. 疲劳效应

土的疲劳效应是指随动荷载作用次数的增加,土产生的不可恢复的变形逐次积累而增加,当作用次数达到一定值时使土发生破坏的现象。由于一次往返作用引起的土的不恢复变形随往返荷载幅值的增大而增大,因此当动荷载幅值大时,使土破坏所需加的作用次数要比动荷载幅值小时所需加的作用次数少。

前面曾指出,只有当土所受的动力作用水平大于屈服界限 γ_y 时,动荷作用才会引起随作用次数而增大的塑性变形。因此,只有当土所受的动力作用水平大于屈服界限 γ_y 时,才会表现出明显的疲劳效应。

实际上,任何材料均具有速率效应和疲劳效应,只不过是由于土的特殊结构,这两种效应更为显著而具有更重要的作用。

从上述可见,速率效应和疲劳效应对土的动力性能具有两种相反的影响。速率效应使土表现出更好的动力性能,而疲劳效应使土表现出较差的动力性能。实际上,一种土会同时具有这两种效应,土所表现出的动力性能取决于这两种效应的综合影响。相对而言,如果速率效应的影响大于疲劳效应,土将表现出较好的动力性能;相反,土将表现出较差的动力性能。

那么,都有哪些因素影响土的速率效应和疲劳效应呢? 在此,可指出如下因素。

(1)土的类型。一般来说,主要靠重力保持颗粒之间联结的土,即砂性土,其颗粒排列的调整较快,而土颗粒之间的联结则较容易受到破坏。因此,这种类型土的速率效应较弱,疲劳效应较强。相对而言,靠电化学力保持颗粒之间联结的土,即黏性土,其颗粒排列的调整较慢,而土颗粒之间联结的破坏则困难些。因此,这种类型土的速率效应较强,疲劳效应较弱些。

(2)土的状态。无论哪种类型的土,如果其物理状态较好,如砂性土的密度较大、黏性土孔隙比较小且含水量较低,会表现出比较强的速率效应和较弱的疲劳效应。

(3)动荷载的类型。对于具体的某一种土,动荷载类型对这两种效应有较大的影响。在一次冲击型动荷载作用下,土主要表现出速率效应,而在有限作用次数,特别是无很多作用次数的动荷作用下,土可能主要表现出疲劳效应。

（4）动荷作用水平。动荷作用水平的影响主要表现在对疲劳效应的影响上。如前所述，只有当土所受的动荷作用水平大于屈服限 γ_y 时，土才会表现出明显的疲劳效应。另外，动荷作用水平越高，每一次动荷作用引起的不可恢复的变形越大，引起破坏所需的作用次数越少。

在动荷作用下，具体的一种土的速率效应和疲劳效应可由试验测定。

2.7　动荷作用下两大类土及划分

这里所说的动荷作用下两大类土及划分主要是指在有限次数往返荷载作用下的两大类土及划分。在这种动荷作用下，土将同时具有速率效应和疲劳效应，但对某些土以速率效应为主，而对另一些土则以疲劳效应为主。因此，在动荷作用下，不同的土表现出来的动力性能是不相同的。根据它们所表现出来的动力性能，可归纳为对动荷作用敏感的土类和不敏感的土类[9]。对动荷作用敏感的土类是指在动荷作用下会发生显著的不可恢复的变形或显著的孔隙水压力升高，抵抗剪切作用的能力可能大部分或完全丧失的土；与此相反，对动荷作用不敏感的土类是指在动荷作用下不会发生显著的不可恢复的变形或显著的孔隙水压力升高，能基本保持抵抗剪切作用的能力的土。可归纳出，对动荷作用敏感的土类包括：松-中密状态的饱和砂土、黏土颗粒含量小于 10%～15% 的粉质黏土，特别是轻粉黏土、淤泥质黏性土和淤泥、砾粒含量小于 70%～80% 的饱和砂砾石等土类；对动荷作用不敏感的土类包括：干砂、密实状态的饱和砂土、黏土颗粒含量小于 15% 的压密的粉质黏土和黏土、砾粒含量大于 70%～80% 的饱和砂砾石。从上述可见，一般说，静力性能不好的土的动力性能也较差。但是，砂砾石是个例外，通常认为砂砾石的静力性能是好的，但其动力性能却与其砾粒含量有关，只有当砾粒含量大于 70%～80% 时，才会表现出良好的动力性能。

上面将土划分为对动荷作用敏感的土和对动荷作用不敏感的土，其根据如下。

（1）划分敏感土和不敏感土的理论根据是上述的速率效应和疲劳效应。如果疲劳效应对土的动力性能的影响超过速率效应，那么该种土应属于敏感的土类；否则，属于不敏感的土类。

（2）已进行的大量土动力试验资料表明，在动荷作用下有些土能产生显著不可恢复变形，或孔隙水压力升高，或大部分或完全丧失对剪切抵抗能力，而有些土则不能。前者均属于敏感的土，后者均属于不敏感的土。

（3）地震震害现场调查资料显示，在地震作用下发生显著的不可恢复变形或丧失稳定性的地基或土工结构中，几乎均含有上述敏感的土层或土体，地震时产生的不可恢复的变形和破坏正是发生在这些土层和土体中。有关具体实例，将在后面有关章节中给出。

必须指出，上述两大类土的划分是一种很粗略的划分。虽然如此，其对理论研究和工程实践还是很有指导意义的。

（1）在现行的一些抗震设计规范中，其中场地、地基基础部分开列了一些可以不考虑地震作用的条文。上述敏感土类和不敏感土类的划分为其中的一些条文规定提供了依据。

（2）对于评估一个具体工程在地震作用下是否可能发生显著的不可恢复变形或丧失稳定性有指导意义。当地基或土工结构物中存在上述敏感土类时，应特别注意，并对可能发生不可恢复变形或丧失稳定性问题进行进一步深入研究。

（3）不同类型的土发生震害的机制、破坏形式是不同的，两大类土的划分有助于按不同震害机制和破坏形式研究和发展相应的理论分析方法。

思 考 题

1. 动荷载的三要素是什么？试说明三要素对动荷载作用的影响。

2. 动荷载有哪些类型？每种类型的动荷载的特点是什么？试说明地震荷载的特点及分类。

3. 什么是有限作用次数变幅荷载的等价等幅荷载？地震荷载的等价均幅荷载如何确定？

4. 什么是动荷载作用水平？表示动荷载作用水平的指标有哪些？以剪应变幅值表示动荷载作用水平有哪些优点？

5. 如何按剪应变幅值划分土的变形阶段和所处的工作状态？

6. 什么是土的屈服剪应变？当土的剪应变达到屈服剪应变时会出现哪些现象？土的屈服剪应变的数值大约等于多少？

7. 什么是动荷作用的速率效应？什么是动荷作用的疲劳效应？两种效应对土的动力性能有何影响？影响两种效应的因素是什么？

8. 将动荷作用下的土划分成两大类的依据是什么？两大类土各包括哪些？两大类土划分有什么意义？

参 考 文 献

[1] 石原研而. 土質動力學の基礎. 東京:鹿島出版會,1979.

[2] Seed H B,Idriss I M. Simplified procedure for evaluating soil liquefaction potential. Journal of the Soil Mechanics and Foundations Division,1971,97(9):1249-1273.

[3] Ishihara K,Yasuda S. Sand liquefaction in hollow cylinder torsion under irregular excitation. Soils and Foundations, 1975,15(1):45-59.

[4] Ishihara K,Yasuda S. Sand liquefaction under Random earthquake loading condition//Proceedings of the 5th World Conference on Earthquake Engineering,Rome,1973.

[5] Annaki K,Lee K L. Experimental verification of the equivalent uniform cycle concept for soils//Paper Submitted to the ASCE National Convention,Session on Soil Dynamics,Philadelphia,1976.

[6] Seed H B,Idriss I M,Madisi F,et al. Representation of irregular stress time histories by equivient uniform stress series in liquefaction analysis. Berkeley:University of California,1992.

[7] Seed H B,Idriss I M. Soil moduli and damping factor for dynamic response analysis. Berkeley:Earthquake Engineering Research Center,University of California,1970.

[8] Vucetic M. Cyclic threshold shear strains in soil. Journal of Geotechnical Engineering Division,1994,120(12): 2208-2228.

[9] Makdisi F I,Seed H B. Simplified procedure for estimating dam and embankment earthquake-induced deformations. Journal of Geotechnical Engineering Division,1978,104(7):849-867.

第3章 工程地震的基本知识

顾名思义,本章将表述与工程有关的地震学知识。在文献[1]中,关于工程地震做了全面系统的讲述。工程地震主要内容包括地震与地震动的特点、地震动对工程的影响,以及地震设防及相应的地震动参数的确定。这里只讲述工程地震必要的基本知识。

3.1 地震机制与成因类型

1. 岩石圈板块运动与地震

早期的研究与深部地球物理探测表明,地球的层圈结构分为地核、地幔、地壳,地核分为内核、外核,地幔分为下地幔、上地幔,地壳与地幔的分界为莫霍面,地幔与地核的分界为古登堡面,如图 3.1 所示。后来的研究认为,上地幔的顶部为固态岩石,上地幔的顶部与地壳合称为岩石圈,平均厚度约 100km,岩石圈之下为一种半黏性且不断发生对流运动的软流圈(位于地幔上部,深度为 70～100km,最深达 1000km),见图 3.1。在地球演化中,由于软流圈的对流作用而导致岩石圈发生以水平为主的"漂移"运动,如图 3.2 所示。岩石圈由一系列不同厚度与不同规模的块体组成,这些块

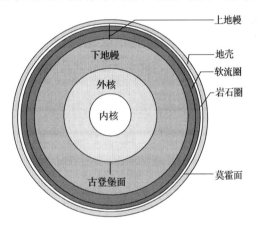

图 3.1 地球层圈结构

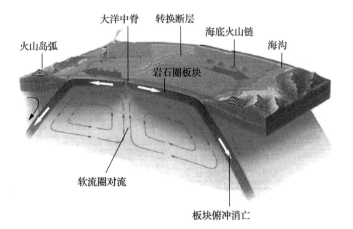

图 3.2 软流圈对流与岩石圈板块运动

体又称为板块,主要划分为六大板块,即欧亚板块、太平洋板块、美洲板块、非洲板块、印度洋板块、南极洲板块,各大板块边缘还镶嵌一些较小的板块,如图 3.3 所示。板块的边界分为海岭-洋脊板块发散带、岛弧-海沟板块消减带、转换断层带、大陆碰撞带四种类型。岩石圈运动本质上是不同板块之间发生相对"漂移"运动、俯冲运动,而不同板块之间相对运动又引起板块的边部断层(断裂带或超岩石圈深大断裂带、俯冲带、碰撞带)、内部断层(断裂带或超壳深大断裂带、碰撞带)发生运动。岩石圈运动连续不停,但是分为缓慢的宁静期、快速的激变期,而即使是"激变期",延续时间也在百万年以上。

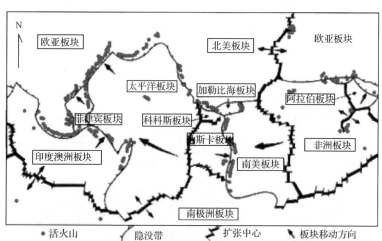

图 3.3　全球六大板块与镶嵌小板块分布(6500 万年以来)

地震是岩石圈激变期板块运动中发生的一种突发性颤动。地震的发生机制可表示如下:由于岩石圈板块的边部断层、内部断层是一种存在各种规模凸起与凹陷的三维地质体,所以运动中的断层很可能被某一部位的凸起与凹陷"卡住",使得运动受阻或停止运动,"卡住"的部位称为锁固端,如图 3.4 所示,锁固端的岩石将因断层运动受阻或停止运动而发生变形,便在锁固端岩石中不断储存弹性势能,又因为任何岩石对能量的储存均有限,所以当锁固端岩石储存的弹性势能达到一定值时便发生瞬时破坏,瞬时破坏将引起岩石圈发生突发性颤动,即为地震。破坏释放的弹性势能以波的形式向远处或地表传播,这种波称为地震波,锁固端称为震源,如图 3.4 所示。应该说,地震是地球岩石圈演化中的一种正常现象,在岩石圈演化与调整中地震从未间断。据统计,全球每年发生不少于 500 万次地震,其中有感地震约 5 万次、破坏性地震 100 多次、严重灾害地震几十次,几乎每天发生一次 6 级地震、一两个星期发生一次 7 级地震、几年发生一次 8 级地震。绝大多数地震均发生于大陆很深部位或大洋远处深部,因而不被人所感知。发生一次 7 级地震需要蓄积能量几十年,发生一次 8 级地震需要蓄积能量几百年。由此可见,地震蓄积能量的过程,对地球演化历史来说极其短暂,而对人类历史来说则较为漫长。

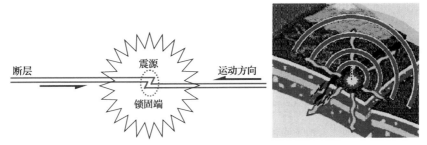

图 3.4　地震成因机制

2. 地震分类与成因机制

根据成因,可以将地震划分为构造地震、火山地震、塌陷地震、潮汐地震、水库地震、深井注水地震、爆炸地震、地下采动地震、其他人工地震九种类型,前四种为自然地震,后五种为人工诱发地震,分别简述如下:

(1) 构造地震:由于现代活动断层或断裂带运动而发生的地震作用,一般呈带状分布,绝大多数自然发生的有感地震、破坏性地震与所有的强烈地震、特大地震均属于构造地震,这种地震具有显著的时间演化、空间分布的变化规律。

(2) 火山地震:由于火山岩浆喷发而引起的地震作用,发生于火山口附近,震源很浅、震级较小、影响范围很小、破坏性不大,在岩浆喷发过程中间歇发生。来自于岩石圈深部或软流圈的岩浆属于一种含有大量气态物质的高温硅酸盐熔融体,这些气态物质在深部处于很高压或极高压状态,当岩浆由火山口喷发时,气态物质因瞬时释放压力而发生爆炸作用,由此触发火山口及其附近岩石中发生地震作用,如图 3.5 所示。

(3) 塌陷地震:由于地下岩溶塌陷而引起的地震作用,发生于塌陷处及其附近,震源浅、震级小、影响范围小、破坏性小,在塌陷过程中或稍后发生,如 1935 年广西寿县发生的塌陷地震。在高地应力地区,特别是处于极限平衡状态的高水平地应力地区(侧压力系数 k 远大于 1,甚至超过 10 或更大),当发生地下岩溶塌陷时,将引起地应力瞬时释放,由此触发塌陷处及其附近发生地震作用。

(4) 潮汐地震:由于天体对地球产生潮汐力而引起的地震作用,一般为浅源地震,震级范围从微震到特大地震。当岩石圈板块边缘或板内断裂带的构造应力积累很大且处于临界状态时,天体潮汐力对地震具有突出的触发作用,特别是在潮汐应力超过临界构造应

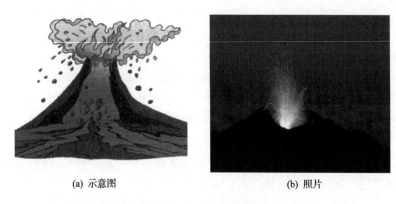

(a) 示意图　　　　　　　　　　(b) 照片

图 3.5　火山喷发与地震

力两个数量级条件下。据中国 70 多个断层强震调查结果,若潮汐剪应力沿断层错动方向作用,则容易触发地震。研究表明,月球对地球引潮力作用最大,朔望时引潮力对浅源地震发生概率存在明显正相关,即在满月、新月时段,太阳、月球、地球几乎在一条直线上,如图 3.6 所示,叠加的引潮力的合力达到最大值,触发的震源深度一般为 5～20km,但是对 5km 深度的触发作用较明显。历史上曾发生与满月时段、新月时段引潮力关系密切的地震有 1971 年长江口 4.9 级地震、1979 年溧阳 6.0 级地震、2004 年苏门答腊岛 9.0 级地震,以及 20 世纪 70 年代末至 2000 年全球板块交界处发生的 1923 次 5.5 级以上地震、喜马拉雅与周边区域 1900～2013 年发生的 13 次 7.6 级以上强震、堪察加—日本东北部地区 1913～2013 年发生的 22 次 7.7 级以上地震等。

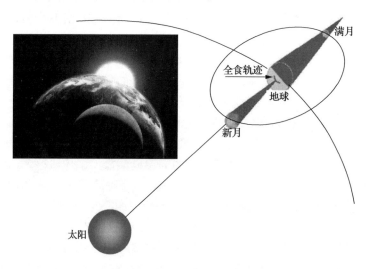

图 3.6　满月与新月时段

（5）水库地震:由于水库蓄水而引起的地震作用,发生于库区与邻近地区范围,影响范围很小,与自然地震相比具有较高的频率、较高的地面峰值加速度、较高的震中烈度、较小的极震区、较快的烈度衰减,震级绝大多数小于 5 级、少数为 5.0～6.5 级,5.0～5.9 级地震占 14%,4.0～4.9 级地震占 24%,3.0～3.9 级地震占 25%,小于 3.0 级地震占

32%。多数发生于水库建成蓄水之后不长时间,有的也发生于水库建成蓄水之后很长时间。例如,中国广东新丰江水库建成蓄水 2 年后于 1962 年发生 6.1 级地震、4 年后于 1964 年发生 6.4 级地震、42 年后于 2012 年发生 4.8 级地震且这期间小震不断,中国湖南湖冲水库 1964 年蓄水后随即发生 3.8 级地震,希腊克里马斯塔水库蓄水后于 1966 年发生 6.3 级地震,赞比亚卡里巴水库蓄水后于 1963 年发生 6.1 级地震,印度柯依纳水库建成蓄水后不久于 1967 年发生 6.5 级地震,2012 年中国广东河源人工湖蓄水诱发 4.8 级地震。据统计,世界上 2‰~3‰ 水库均发生过蓄水诱发地震,弱震或微震在 80% 以上,较强震不到 20%,5.0~5.9 级地震 10 例,6.0~6.5 级地震仅 4 例。表 3.1 给出了世界上若干水库蓄水后诱发的地震记录。水库地震的破坏性一般不大,但是若大坝被震坏将引起下游水灾,还可能引起库区滑坡灾害。水库地震发生于库区岩石处理高地应力——特别是处于极限平衡状态的高水平地应力条件下。蓄水后诱发地震主要有两方面原因:一是水体的重力作用破坏了原有地应力平衡状态而导致高地应力瞬时释放;二是水进入岩石断层中降低断层面的抗剪强度而触发断层活动。

表 3.1　世界上若干水库地震记录

水库名称	最大地震			首次地震时间	坝高/m	库容/$10^8 m^3$	开始蓄水时间
	发震时间	震源深度/km	震级				
希腊马拉松	1938		5.0	1931	63	0.41	1929
美国胡佛	1939	<9	5.0	1936	221	375	1935
中国新丰江	1962	4~7	6.1	1959	105	115	1959
法国蒙台纳特	1963	极浅	5.0	1963	155	2.75	1962
赞比亚卡里巴	1963	20	6.1	1959	128	1604	1958
希腊克里马斯塔	1966	4~5	6.3	1965	165	47.5	1965
南斯拉夫巴依纳巴什塔	1967		5.0		89	3.4	1967
印度柯依那	1967	4~5	6.5	1963	103	27.8	1962
日本黑部第四	1968		5.0		186	2	1965
印度基尼萨尼	1969		5.0	1965	31.75		1965
巴西奥尔塔格兰德	1973		5.0	1973	56	23	1973
美国奥罗维尔	1975	12	5.7	1975	236	42	1967
苏联齐尔克依	1974		5.1		233	27.8	1974
埃及阿斯旺	1981		5.6		111	1640	1968

(6)深井注水地震:由于向穿入岩石中的深井注水而引起的地震作用,发生于注水井附近区域,震源深度较浅或很浅,震级一般不超过 6.0 级,影响范围小、破坏性小或无破坏性。在采油过程中,经常向深井中注水以增加开采量,由此往往触发地震。20 世纪 60 年代中期,美国丹佛一口处理废液的 3671m 深井,停止注液后连续发生了 3 次震级 5 级以上地震,从而引起对深井注水与抽水诱发地震的注意。美国兰吉利油田为增产而于 1957年采取向油井中注水加压措施,1962 年起便发生一系列地震活动;中国大庆油田、吉林油田等均多次发生采油深井注水地震;1971 年 9 月,中国武汉,一口深井在钻进过程中因钻井液大量渗漏而触发地震,1972 年 2 月记录到 2.2 级以下地震 120 多次,震源深度在

4km 左右。当深井附近岩石中地应力为高地应力或高水平地应力且处于极限平衡状态时,注水压力和注水引起岩石抗剪强度降低,可能破坏岩石原有地应力平衡状态而导致地应力瞬时释放,由此触发地震作用。

(7) 爆炸地震:由于爆炸活动而引起的地震作用,主要包括开采爆破、工程爆破、地下核爆炸、事故爆炸、武器轰炸五大类,震源深度较浅或很浅,发生于爆炸的同时或稍后,影响范围小且一般为爆炸点附近区域。地下核爆炸地震在爆炸地震中显得尤为突出,如1964 年美国内华达地下核试验曾触发大量地震活动,如图 3.7 所示。爆炸地震有两方面原因:一是炸药在地表或在岩土中爆炸,一部分爆炸能量转化为以弹性波形式在地层中传播,从而对地基、边坡、工程结构等产生类似于自然地震的安全影响与破坏作用;二是若爆炸点附近岩石中地应力为高地应力或高水平地应力且处于极限平衡状态,因爆炸破坏原有地应力平衡状态而导致地应力瞬时释放,由此触发地震作用。根据工程爆破统计经验,爆破产生的地震能量占爆炸总能量的 2%～6%,全封闭地下核爆炸近场的地震能量也在这个范围之内。尽管地震能量仅为总能量的很小部分,但是若爆炸当量很大,将足以对爆炸中心附近地面建筑、地下工程造成不同程度的破坏作用。露天采矿、地下采矿一次爆破的药量可达几百吨、几千吨,甚至万吨,一次事故爆炸的能量有的相当于几十吨、几百吨TNT 炸药的爆炸当量,而一次地下核爆炸的当量将更大。因此,爆炸地震效应一直成为世界人工诱发地震与工程抗振研究的热点课题。

图 3.7 核爆炸触发地震示意图

(8) 地下采动地震:由于矿产开采、石材开采、地热开采等而引起的地震作用,震源较浅或很浅,多数为微震或有感地震,少数为破坏性地震,影响范围小。世界上,煤炭、铁矿等固体矿产开采中往往发生采动地震,如中国大同塔山煤矿经常发生因开采而引起的微震或有感地震。在现代活动断层或高地应力地区,由于开采扰动而导致地应力瞬时释放、重新调整,由此触发地震作用。

(9) 人工诱发地震的基本特点:①时间上,与诱发活动时间明显相关;②空间上,发生于诱发活动地点附近,震源较浅或很浅;③强度上,多数属于微震或有感地震,危害较小;④机制上,在现代活动断层带或高地应力条件下,扰动诱发岩石圈中局部地应力瞬时释放与调整、构造活动,由此引发地震。人工诱发地震有时也可造成较大破坏作用。例如,1935年塞尔维亚裔美籍科学家尼古拉·特斯拉(1856年7月~1943年1月)向一口试验深井中输入不同频率的振动,在某一特定频率振动诱发下,地面突然发生强烈振动且造成附近房屋倒塌。当时的一些杂志评论说:特斯拉利用一次人工诱发地震,几乎将纽约夷为平地。这就是著名的特斯拉实验。如此小输入、强输出的超级传输效应称为特斯拉效应,也是地球物理武器的关键,所以特斯拉自然成为超距武器的奠基人。人工诱发地震虽然具有一定危害性,但是也有很好的学术与防灾减灾意义。主要体现于三方面:①通过人工诱发地震,研究地震的成因机制、能量蓄积过程、震源形成过程与地震形成发展的主要影响因素;②在未来可能发生自然强烈地震或特大地震地区,利用人工诱发地震,事先人为逐步释放高地应力、调整地应力状态,以控制或避免破坏性地震发生;③利用人工诱发地震,探测断层或现代活动断层的分布。

3.2　构造地震分布

1. 全球地震分布

在各种成因地震中,人们更关心构造地震,这是由于构造地震多数具有显著的或极大的破坏性,往往造成人类生命、生产、财产难以估量的损失。构造地震一般呈带状分布,称为地震带。全球地震带主要分布于各板块边缘、次之分布于板块内部现代活动断层或断裂带(图3.8和图3.9),划分为环太平洋地震带、喜马拉雅-地中海地震带、大陆断裂地震带、大洋海岭地震带(包括板间地震、板内地震、洋脊地震、俯冲碰撞带地震),其中环太平洋地震带、喜马拉雅-地中海地震带是目前活跃最强烈的两大地震带。环太平洋地震带:成因于新生代以来太平洋板块向欧亚大陆下发生俯冲与碰撞作用,集中全球80%浅源地震、90%中源地震、几乎全部深源地震,震中集中、活动性强。喜马拉雅-地中海地震带:成因于喜山期以来印度洋板块与欧亚大陆碰撞造山作用,集中全球15%地震,以浅源地震

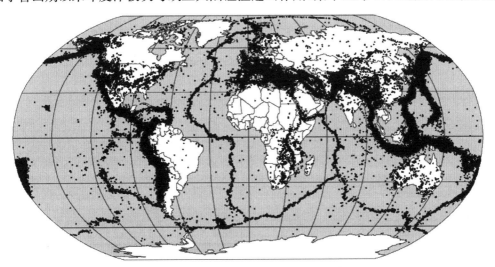

图3.8　全球地震带分布(1963~1998年)

为主,震中较分散,宽度大且分支。表 3.2 给出了全球有地震记录以来若干强震记录。20 世纪 50 年代以来,全球进入强烈地震活动的新时期,不同强度的地震在各处频繁发生,平均每年发生 7 级以上地震 21 次(其中 8 级以上地震 9 次),而仅 1950 年以来就发生 5 次 9 级以上特大地震,即 1952 年堪察加半岛 9.0 级特大地震、1957 年阿拉斯加 9.1 级特大地震、1960 年智利 9.5 级特大地震、1964 年阿拉斯加 9.2 级特大地震、2004 年印尼苏门答腊 9.3 级特大地震,由此造成人类生命、生产、财产的极大损失与环境的极大破坏,特别是强烈地震与特大地震的破坏作用更是触目惊心。图 3.8 给出了 1963～1998 年全球地震分布,图 3.9 给出了 1970～2004 年全球 5.0 级以上地震分布。

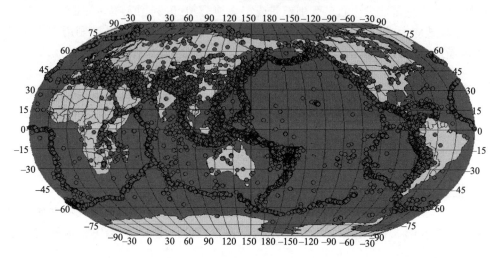

图 3.9　全球地震带分布(1970～2004 年)

表 3.2　全球若干强震记录(1556～2008 年)

序号	发震时间	发震地点	震级
01	1556 年 1 月	中国陕西华县	8.0
02	1575 年 12 月	瓦尔迪维亚	8.5
03	1868 年 7 月	中国山东郯城	8.5
04	1700 年 1 月	美国—加拿大卡斯卡迪亚	9.0
05	1737 年 10 月	俄罗斯堪察加	9.3
06	1755 年 11 月	葡萄牙里斯本	8.7
07	1833 年 11 月	印尼苏门答腊	8.7
08	1896 年 6 月	日本三陆	8.5
09	1906 年 1 月	哥伦比亚—厄瓜多尔	8.8
10	1906 年 3 月	中国台湾嘉义	7.1
11	1906 年 4 月	美国旧金山	7.8
12	1906 年 8 月	智利瓦尔帕莱索	8.2
13	1908 年 12 月	意大利墨西拿	7.2
14	1920 年 12 月	中国宁夏—甘肃	7.8

续表

序号	发震时间	发震地点	震级
15	1920 年 12 月	中国宁夏海源	8.6
16	1923 年 9 月	日本关东	7.9
17	1927 年 5 月	中国甘肃古浪	7.9
18	1932 年 12 月	中国甘肃昌马	7.6
19	1935 年 4 月	中国台湾新竹—台中	7.1
20	1939 年 12 月	土耳其埃尔津詹	7.8
21	1950 年 8 月	中国西藏察隅	8.6
22	1952 年 11 月	俄罗斯堪察加	9.0
23	1957 年 3 月	美国阿拉斯加安德里诺夫群岛	8.6
24	1957 年 3 月	美国阿拉斯加	9.1
25	1960 年 5 月	智利瓦尔迪维亚	9.5
26	1964 年 3 月	美国阿拉斯加威廉王子湾	9.2
27	1965 年 2 月	美国阿拉斯加	8.7
28	1970 年 5 月	秘鲁	7.9
29	1976 年 7 月	中国唐山	7.5
30	1985 年 9 月	墨西哥墨西哥城	8.0
31	1988 年 12 月	亚美尼亚	6.8
32	1989 年 10 月	美国旧金山	6.9
33	1993 年 9 月	印度马哈拉斯特拉	6.2
34	1994 年 1 月	美国洛杉矶	6.7
35	1994 年 12 月	日本八户市	7.5
36	1995 年 1 月	日本神户	6.9
37	1999 年 8 月	土耳其伊兹麦	7.6
38	1999 年 9 月	中国台湾南投	7.6
39	2001 年 1 月	印度古吉拉特邦	7.6
40	2001 年 9 月	中国昆仑山	8.1
41	2003 年 12 月	伊朗巴姆	6.6
42	2004 年 12 月	印尼苏门答腊	9.1
43	2004 年 12 月	印尼苏门答腊	9.3
44	2005 年 3 月	印尼苏门答腊	8.6
45	2005 年 10 月	巴基斯坦克什米尔	7.6
46	2006 年 3 月	印尼塞兰	6.7
47	2006 年 3 月	西伊朗	6.1
48	2006 年 5 月	印尼爪哇	6.3
49	2006 年 7 月	印尼爪哇	7.7
50	2006 年 12 月	中国台湾吕宋海峡	7.1

序号	发震时间	发震地点	震级
51	2007 年 1 月	中国千岛群岛	8.1
52	2007 年 1 月	摩鹿加海	7.5
53	2007 年 3 月	印尼苏门答腊	6.4
54	2007 年 3 月	日本本州西海岸	6.7
55	2007 年 4 月	所罗门群岛	8.1
56	2007 年 7 月	日本本州西海岸	6.6
57	2007 年 8 月	中秘鲁海岸	8.0
58	2007 年 9 月	印尼苏门答腊	8.5
59	2008 年 5 月	中国四川汶川	8.0

2. 中国地震分布

文献[2]表述了中国的大地构造。特殊的大地构造背景与格架决定了中国是世界上地震发生最多的国家之一,主要原因在于第四纪以来北美板块、太平洋板块、印度洋板块、菲律宾板块与欧亚板块(欧亚大陆)发生频繁而强烈的碰撞与俯冲作用,而中国正位于这一碰撞与俯冲区域(欧亚大陆东部);此外,中国大陆、台湾岛分布大量板块边缘断层、板内断层等现代活动断层。全球目前最活跃的两大地震带——环太平洋地震带、喜马拉雅-地中海地震带均通过中国,自世界有地震记录起共发生 41 次 8.0 级以上特大地震,其中 19 次在中国,如表 3.3 所示。20 世纪中国大陆共发生 6.0～6.9 级地震 380 次、7.0～7.9 级地震 65 次、8.0 级以上地震 8 次、8.5 级以上地震 2 次,6.0 级以上地震袭击 28 个省。20 世纪 50 年代以来,中国大陆破坏性地震次数越来越多,1957～1978 年共发生 4.0 级以上地震 5276 次。表 3.4 和表 3.5 分别给出了北京地区在这期间 5.0 级以上的地震,以及各年 2.0 级以上地震的次数,足见中国地震的严峻形势。

表 3.3　中国 8.0 级以上特大地震历史记录

序号	发震时间	发震地点	震级
01	1303 年 9 月	山西洪洞	8.0
02	1556 年 1 月	陕西华县	8.0
03	1604 年 12 月	福建泉州	8.0
04	1668 年 7 月	山东郯城	8.5
05	1679 年 9 月	河北三河	8.0
06	1739 年 1 月	宁夏银川	8.0
07	1833 年 9 月	云南嵩明	8.0
08	1902 年 8 月	新疆阿图什	8.2
09	1906 年 12 月	新疆玛纳斯	8.0
10	1920 年 6 月	台湾花莲	8.0
11	1920 年 12 月	宁夏海源	8.6

续表

序号	发震时间	发震地点	震级
12	1927 年 5 月	甘肃古浪	8.0
13	1931 年 8 月	宁夏银川	8.0
14	1950 年 8 月	西藏察隅	8.5
15	1951 年 11 月	西藏当雄	8.0
16	1972 年 1 月	台湾新港	8.0
17	2001 年 11 月	新疆若羌	8.1
18	2007 年 1 月	千岛群岛	8.1
19	2008 年 5 月	四川汶川	8.0

表 3.4　北京及其邻区 5.0 级以上地震历史记录

序号	发震时间	发震地点	震级
01	1057 年 3 月	大兴	6.7
02	1068 年 8 月	沧县	6.0
03	1337 年 9 月	延庆	5.5
04	1484 年 1 月	居庸关	5.7
05	1536 年 10 月	通县	6.0
06	1568 年 4 月	渤海	6.0
07	1585 年 5 月	蔚县	6.0
08	1597 年 10 月	渤海	7.5
09	1618 年 11 月	蔚县	5.0
10	1624 年 4 月	滦县	5.2
11	1626 年 6 月	灵丘	7.0
12	1658 年 2 月	涞水	6.0
13	1665 年 4 月	通县	5.5
14	1679 年 9 月	三河	8.0
15	1720 年 7 月	沙城	5.7
16	1730 年 9 月	西郊	5.5
17	1830 年 6 月	磁县	7.5
18	1882 年 12 月	深县	5.0
19	1888 年 6 月	渤海	7.5
20	1945 年 9 月	滦县	5.2
21	1956 年 3 月	隆尧	6.8
22	1956 年 3 月	宁晋	7.2
23	1957 年 3 月	河间	5.3
24	1969 年 7 月	渤海	7.1

续表

序号	发震时间	发震地点	震级
25	1976 年 7 月	唐山	7.3
26	1976 年 7 月	滦县	7.1
27	1976 年 11 月	宁河	7.2

表 3.5　北京及其邻区 2.0 级以上地震历史记录

年份	地震记录	年份	地震记录
1957 年	5 次	1968 年	526 次
1958 年	29 次	1969 年	347 次
1959 年	37 次	1970 年	258 次
1960 年	291 次	1971 年	254 次
1961 年	223 次	1972 年	408 次
1962 年	17 次	1973 年	298 次
1963 年	20 次	1974 年	245 次
1964 年	19 次	1975 年	334 次
1965 年	48 次	1976 年	744 次
1966 年	304 次	1977 年	468 次
1967 年	216 次		

　　中国大陆与台湾岛主要地震带有东南沿海地震带(环太平洋地震带的一部分)、郯庐断裂地震带、华北地震带、南北地震带、滇西-西藏地震带(喜马拉雅-地中海地震带的一部分)。此外,还有秦岭地震带、祁连山地震带、阿尔泰山地震带、北天山地震带、天山地震带、阿尔金山地震带、昆仑山地震带等。目前,中国最活跃的地震带是东南沿海地震带、滇西-西藏地震带、郯庐断裂地震带,云南、西藏、贵州、川西等近期发生的地震均为滇西-西藏地震带的活动,台湾岛近期发生的几次强震为东南沿海地震带的活动,郯庐断裂地震带19 世纪以来一直处于强烈活动期,如 1868 年 8.5 级郯城地震、1966 年 6.8 级邢台地震、1975 年 7.3 级海城地震、1976 年 7.8 级唐山地震,以及近期在辽宁辽阳、吉林汪清、吉林四平等地发生的地震。

　　图 3.10 给出了中国各地震区地震活动的平静期与活跃期的时间分布。北京及其邻区位于中国华北地震带与南北地震带交汇区域(燕山地震带与华北平原中部地震带交汇区域),并且紧邻汾渭地震带、郯庐地震带,地震作用一直很活跃,历史上曾遭受过多次强烈地震袭击(表 3.4,以 1679 年三河地震、1730 年西郊地震影响最大),1957~1977 年 20 年间共发生 2.0 级以上地震 5091 次(表 3.5,7 级以上地震 67 次),近年来地震仪记录的 3.5 级以上地震多达数千次。我国地震大多数为浅源地震或浅源直下型地震,中源地震主要分布于我中台湾东部沿海地区、西藏雅鲁藏布江以南地区、新疆西南帕米尔地区,深源地震主要集中于黑龙江省与吉林省交界的牡丹江—延吉以东地区(震源深度达 400~600km)。

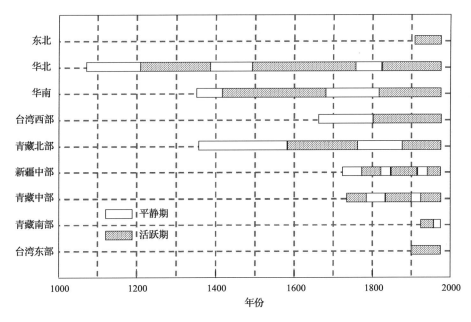

图 3.10　中国各地震区地震活动划分

3.3　震源与地震波

1. 震源及其相关概念

地球岩石圈中发生地震的位置称为震源,如图 3.11 所示。震源是岩石圈演化与板块运动中蓄积地震能量的部位,属于发震断层某一位置的锁固端,震源储存大量弹性势能,震源瞬时释放储存的弹性势能便发生地震作用。一次地震,无论自然地震还是人工诱发

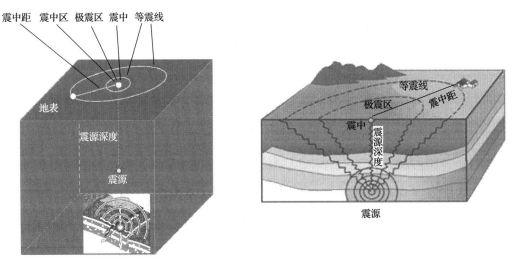

图 3.11　地震及其相关概念

地震,也无论主震还是前震、余震,分别只有一个震源,并且各自的位置固定不变。理论上震源只是一个点,而实际上震源是一个很小的范围,因此将震源称为震源"点"显然不妥。震源到地表的垂直投影点称为震中,震中附近破坏最强烈的很小区域称为极震区或震中区,地表任意一点到震中的直线距离称为震中距,震源到地表的垂直距离称为震源深度,如图 3.11 所示。根据震源深度,将地震划分为深源地震(震源深度超过 360km)、中源地震(震源深度为 70~360km)、浅源地震(浅源直下型地震,震源深度小于 70km)。

2. 地震波及其分类

地震时,震源释放的大量能量(弹性势能)以波的形式在地球内部或向地表传播而引起地震动,这种波称为地震波。传播地震波的介质称为载波介质,如固体、液体、气体。地震波的传播是载波介质的质点的振动形式的传播,而介质本身并未传播,载波介质的质点运动是指质点相对原有的平衡位置发生往返随机运动。地震波分为体波和面波,在同一性质的介质内部传播的地震波称为体波,沿着两种性质不同的介质分界面传播的地震波称为面波(如不同岩层分界面、不同土层分界面、岩层与土层分界面、地表与空气分界面),面波是由体波传播到两种性质不同的介质的分界面而产生的次生波。

体波分为纵波和横波,如图 3.12(a)所示。纵波(P 波)为质点在原有的平衡位置沿着波的传播方向发生往返随机运动,使岩石、土体等发生反复压缩作用(实际为纯剪切作用),因此又称为压缩波,如图 3.12(b)、(d)所示;能够在固体、液体、气体三种介质中传播,并且传播速度最快,地震中最初到达某一指定位置,因此也称为初波,如图 3.12(f)、(g)所示;振幅小(图 3.12(f)),周期短、频率高、衰减快、传播距离短、影响范围小。横波(S 波)为质点的随机振动方向与波的传播方向垂直,使岩石、土体等发生反复简单剪切作用,如图 3.12(c)、(e)所示,因此又称为剪切波;只能在固体中传播,并且传播速度比纵波慢,地震中比纵波稍后到达某一指定位置,因此也称为次波,如图 3.12(f)、(g)所示;与纵波相比,振幅较大(图 3.12(f))、周期较长、频率较高、衰减较慢、传播距离较长、影响范围较大。

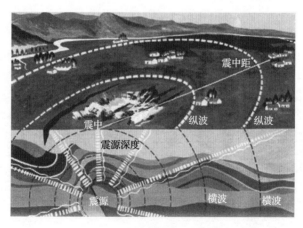

(a)

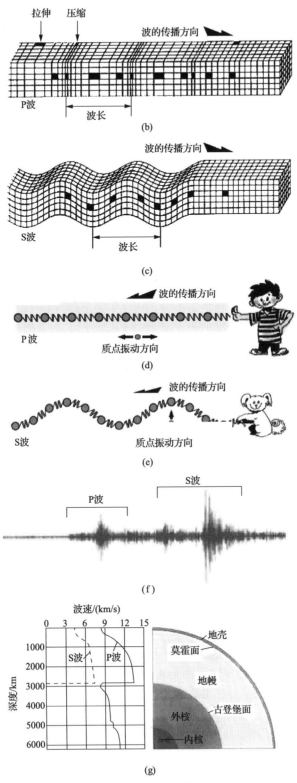

图 3.12　纵波与横波

面波（Q波）分为瑞利波（R波）、勒夫波（L波）等，与体波相比，振幅较大，周期较长，频率较低，衰减较慢，传播距离很远，因此破坏性更大且影响范围也较大。瑞利波为质点沿着界面的法向方向振动（振动方向垂直于波的传播方向），单个质点振动的轨迹近似于椭圆，各个质点振动轨迹的椭圆位于同一垂直于介质分界面或地面的竖向面内，各个轨迹椭圆的长轴均垂直于介质分界面或地面，如图3.13(a)所示。勒夫波为质点在界面内垂直于波的传播方向振动，单个质点振动的轨迹近似于正弦、余弦曲线或蛇行痕迹，如图3.13(b)所示。

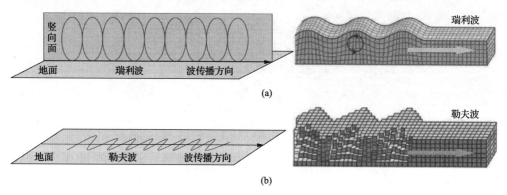

图3.13　瑞利波与勒夫波

3. 地震波运动特点

地震波的基本特点：①往返作用，每次脉冲幅值与频率随机变化，往返作用次数有限（一般小于10^3次）；②一种随机波，如图3.14所示，由一系列频率、振幅不同的简谐波（接近于正弦波、余弦波）叠加而成，通过傅里叶变换可以对各个简谐波实现解耦，即分别解出一系列频率、振幅不同的简谐波；③每次往返周期一般为$T=0.2\sim1.0\mathrm{s}$（频率$\omega=1\sim5\mathrm{Hz}$），少数地震波的频率可达10Hz以上，甚至超过25Hz（称之为高频地震波，如El Cen-

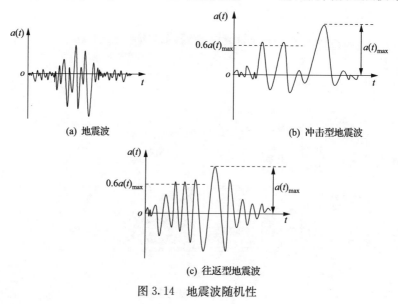

(a) 地震波

(b) 冲击型地震波

(c) 往返型地震波

图3.14　地震波随机性

tro 波、Taft 波);④地震持时、主震次数与震级关系密切,震级越大,地震的持时越长、次数越多。地震波又进一步分为冲击型地震波和往返型地震波。冲击型地震波:最大幅值 $a(t)_{max}$ 出现之前,最多有 2 个幅值大于 $0.6a(t)_{max}$ 的脉冲,如图 3.14(b)所示。往返型地震波:最大幅值 $a(t)_{max}$ 出现之前,至少有 3 个幅值大于 $0.6a(t)_{max}$ 的脉冲,如图 3.14(c)所示。

4. 地震现象

地震时伴随地震波到达某处引起的地震影响与地震效应统称为地震现象。地震影响指地震的作用过程,地震效应指地震的作用后果。地震现象又分为宏观地震现象和微观地震现象,前者指人的观感能够察觉到的地震影响与地震效应,后者指借助观测仪器才能了解的地震影响与地震效应。工程上,将地震现象刻画为地震动,即由于地震波作用而引起土体、岩体、地基、基础、上部结构、构筑物等发生地震运动,也就是对地震的反应。一般采用地震反应的位移、速度、加速度描述地震动的过程、强度、效应(后果),而地震时位移、速度、加速度均属于随机过程,因此实际采用地震反应的位移时程与峰值位移、速度时程与峰值速度、加速度时程与峰值加速度及其相应的反应谱或傅里叶谱表示地震动的过程、强度、效应,如图 3.15 所示。

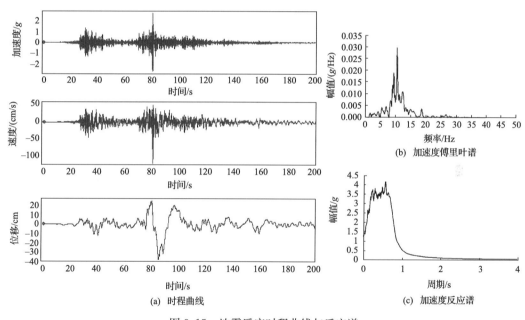

(a) 时程曲线　　(b) 加速度傅里叶谱　　(c) 加速度反应谱

图 3.15　地震反应时程曲线与反应谱

3.4　震级、震害与地震烈度

1. 震级及其评定方法

由于震害、地震烈度与震级密切相关,所以在讨论震害与地震烈度之前,应首先了解震级方面的基本知识。震级是指一次地震释放能量大小的等级。一次地震释放的能量一定,因此一次地震只有一个震级。一般以地震波记录图中最大幅值来刻画一次地震释放能量的大小,虽然国际上的具体表示方法较多,但是里氏震级(记为 M)一直被国内外广泛采用。里氏震级是由加州理工学院地震学家里克特(Richter)、古登堡(Gutenberg)于1935年提出的一种震级标度,成为目前国际通用的地震震级标准。里氏震级 M 定义为距离震中100km处由标准地震记录仪记录的最大振幅 A(单位:μm)以10为底的对数值,即

$$M = \lg A \tag{3.1}$$

然而,当某一地区发生地震时,不一定在距离震中100km处有一台标准地震记录仪,但是只要在不位于同一直线上任意三个不同位置分别有标准地震记录仪记录地震波,便可以换算出距离震中100km处地震波的最大振幅 A。根据里氏震级 M 的计算方法,一次地震释放的能量 E 与震级 M 之间关系为

$$\lg E = 4.8 + 1.5M \tag{3.2}$$

标准地震记录仪:自振周期0.8s,阻尼系数0.8,放大倍率2800。里氏震级 M 的计算方法考虑了地震记录仪的自振特性(自振周期或频率、阻尼系数)、震中距与所观测到的地震波的幅度、周期,以及震源到观测点的地震波衰减。里氏震级 M 的刻画标准将地震分为12级(即 $M1 \sim M12$),但是迄今为止,全球发生的最大地震为里氏9.5级(1960年智利特大地震),从未发生超过 $M9.5$ 或 $M10 \sim M12$ 的特大地震,根本原因在于任何岩石对能量(弹性势能)的储存均存在一个极限值(不同岩石储存能量的极限值不同),当岩石储存的能量达到这一极限值时便发生破坏而释放能量。在原先的里氏震级 M 基础上,后来里克特、古登堡又进一步发展了两种新的震级计算方法:一是采用地震体波计算震级,称为近震体波震级,记为 M_L,计算岩石圈深部的地震,计算式见式(3.3);二是采用地震面波计算震级,称为远震面波震级,记为 M_S,计算式见式(3.4)。

$$M_L = \lg A_\mu + R(\Delta) \tag{3.3}$$

式中, A_μ 为水平最大地震动位移(以微米表示的最大振幅除以地震记录仪的放大倍率); $R(\Delta)$ 为起算函数(因地震仪不同、震中距不同而不同)。

$$M_S = \lg(A_\mu/T) + \sigma(\Delta) + C \tag{3.4}$$

式中, A_μ 为以微米表示的最大地震动位移; T 为面波周期; $\sigma(\Delta)$ 为面波起算函数; C 为地震台站校正值。

体波震级与面波震级之间关系为

$$M_S = 1.13 M_L + 1.08 \tag{3.5}$$

根据里氏震级计算方法,震级每增加一级,震源释放的能量约增加32倍,如图3.16所示,2级以下地震为微震(人感觉不到,只有地震记录仪才记录到),2~4级地震为有感地震,5级以上地震为破坏性地震,7级以上地震为强烈地震,8级以上地震为特大地震。震级与释放能量、发生频次之间经验关系如表3.6所示。

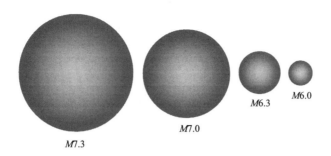

图 3.16　不同震级之间能量对比(引自 1995 年阪神地震纪念馆)

表 3.6　震级与发生频次之间经验关系

强度	里氏震级 M	相应 TNT 当量/kg		比较实例	全球发生频次
极微	<2.0	0.5	6	手榴弹爆炸	8000 次/天
		1.0	30	建筑爆破	
		1.5	180	二战常规炸弹爆炸	
甚微	2.0～2.9	2.0	1000	二战常规炸弹爆炸	1000 次/天
		2.5	6.0×10^3	二战 cookie 巨型炸弹爆炸	
微小	3.0～3.9	3.0	3.0×10^4	2003 年大型燃料空气炸弹 MOAB 爆炸	4.9×10^4 次/年
		3.5	1.8×10^5	1986 年苏联切尔诺贝利核爆炸事故	
弱	4.0～4.9	4.0	1.0×10^6	小型原子弹爆炸	6.2×10^3 次/年
		4.5	0.6×10^7	一般龙卷风	
中	5.0～5.9	5.0	1.0×10^7	二战广岛与长崎原子弹爆炸	800 次/年
		5.5	3.3×10^7	1992 年 Little Skull Mtn 地震	
强	6.0～6.9	6.0	1.0×10^8	1994 年 Double Spring Flat 地震	120 次/年
		6.5	6.0×10^8	1994 年 Northridge 地震	
甚强	7.0～7.9	7.0	3.4×10^9	5000 万吨级氢弹(最大型原子弹)爆炸	18 次/年
		7.5	1.9×10^{10}	1992 年 Landers 地震	
极强	8.0～8.9	8.0	1.1×10^{12}	2008 年汶川特大地震与 2014 年尼泊尔特大地震	1 次/年
		8.5	6.2×10^{12}	1964 年阿拉斯加安克雷奇特大地震	
超强	>9.0	9.0	3.5×10^{13}	2004 年印度洋大地震	1 次/20 年
		10.0	1.1×10^{15}	直径 100km 陨石以 25km/s 速度撞击地球地震	

Gutenberg 和 Richter[3] 建议的震级 M 与发生频次 N 之间关系的经验式为

$$\lg N = a - bM \tag{3.6}$$

式中,a、b 为与当地历史地震资料有关的拟合系数。

基于式(3.6),于斌等[4] 依据青藏铁路沿线地震资料得到了震级 M 与发生频次 N 之间关系的经验式,即

$$\lg N = 5.89 - 0.72M \tag{3.7}$$

2. 烈度及其分类

在地震工程中,对现场震害调查的评定结果,普遍采用"烈度"刻画一次地震对某一地区的地基、边坡、建筑物、构筑物等的破坏程度。烈度进一步分为基本烈度、场地烈度、设计烈度。①基本烈度:某一地区,在一般场地条件下,在今后一定时期(以 50 年为基准期),遭受地震的最大一次破坏作用。基本烈度本质上是指某一地区的平均地震烈度,在某一地区内因各处场地条件不同而导致出现不同的地震烈度。例如,哈尔滨市区,沿松花江两岸的道里、道外、松北、群力一般为深厚砂土与粉土且地下水位较浅或很浅的可液化场地条件;南岗、香坊、平房、太平较多为深厚粉质黏土与黏土且地下水位较深的非液化场地条件;小荒山一带则为存在一定边坡的场地条件,所以在同一次地震中,这三种不同场地条件下的地震烈度显然不同,甚至差别较大。也就是说,基本烈度不能真实刻画某一地区内各处具体场地条件下的实际地震烈度。因此,为了描述具体场地条件下的地震烈度,又提出了场地烈度。②场地烈度是在某一地区基本烈度基础上,针对某一场地的地形地貌、地层组成、地质构造、地下水位等具体条件,对基本烈度进行适当修正,提出的地震烈度。然而,即使在同一场地条件下,由于不同建筑物或构筑物的重要性、震害后果、震坏修复难易程度等不同,出于保护生命、生产、财产且减轻地震损失的需要,为了给具体场地条件下不同工程抗震设计提供必要的依据,进一步提出了设计烈度。显然,设计烈度是将烈度作为一种抗震设防标准而提出的,目的是通过设计将地震对工程造成的震害控制在一定程度。③设计烈度又称为(抗震)设防烈度,是在场地烈度基础上,根据某一具体工程的重要性、震害后果、震坏修复难易程度等,对场地烈度进行适当修正,提出的地震烈度。

在震害调查中,为了宏观表示一次地震对所影响范围的破坏程度,还提出了等烈度线(等震线)、等烈度线图(等震线图)。等烈度线图(等震线图):首先将一次地震影响范围的烈度评定结果,按照一定比例表示地形图或地质图上,然后由高到低勾画出烈度相同各区的外包线,这种外包线即为等烈度线或等震线,所形成的图称为等烈度线图或等震线图;此外,为了更直观刻画不同烈度的分布范围,也可以采用不同颜色分别表示不同烈度分布的面积范围,如图 3.17 所示。一次地震只有一个震级,但是有不同烈度。地震烈度的影响因素较多,如震级、震源深度、震中距、地震类型、地震持时、场地条件与工程的地基条件、基础型式、结构类型、自振特性、抗震性能、服役年限、老化程度、损伤状态等,其中场地与地基条件又包括地形地貌、地层组成、地层产状、土的类型、土层厚度、岩石类型、地质构造、活动断层、发震断层、隔震断层、断层埋深、断层产状、地下水、地表水、冻融状况、冻层厚度、植被情况等。

震级与震中烈度之间经验关系如表 3.7 所示。根据中国 1920~1967 年发生的 17 次地震资料统计分析结果,陈培善和刘家森[5]获得了震级与震中烈度之间经验关系,见式(3.8)。采用同样方法,马骏驰等[6]获得了中国东南沿海地区震级与震中烈度之间统计关系,见式(3.9)。王阜[7]依据历史地震资料,通过模糊识别方法,获得了震级与震中烈度之间关系,见式(3.10)。

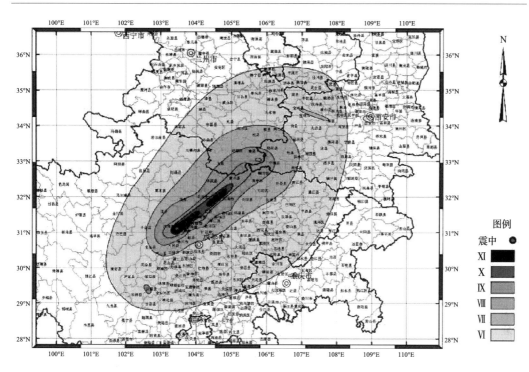

图 3.17　汶川 8.0 级地震烈度分布

表 3.7　震级与震中烈度之间经验关系（参考）

烈度	震级 M							
	2	3	4	5	6	7	8	>8
震中烈度 I	Ⅰ～Ⅱ	Ⅲ	Ⅳ～Ⅴ	Ⅵ～Ⅶ	Ⅶ～Ⅷ	Ⅸ～Ⅹ	Ⅺ	Ⅻ

$$M = 3.53 + 0.039 I_0^2 + 0.0178 (\lg A_0)^3 \tag{3.8}$$

式中，M 为震级；I_0 为震中烈度；A_0 为极震区面积。

$$M = 0.65 I_0 + 0.84 \tag{3.9}$$

$$\mu(M) = \mathrm{e}^{-\left(\frac{M-a_I}{b_I}\right)^2}, \qquad I = 6,7,8,9,10,11,12 \tag{3.10}$$

式中，M 为震级；I 为震中烈度；a_I、b_I 为待定系数，根据历史地震样本计算，若震中烈度为 I 的地震样本个数为 N，则 a_I、b_I 的计算式为

$$\begin{cases} a_I = \dfrac{1}{N}\sum_{j=1}^{N} M_j \\ b_I^2 = \dfrac{1}{N}\sum_{j=1}^{N} (M_j - a_I)^2 \end{cases} \tag{3.11}$$

式中，M_j 为第 j 个样本的震级。

　　地震烈度随震中距增大发生显著衰减，并且存在一定可寻的衰减规律。考虑地震烈度不同方向衰减存在差异，一般采用椭圆衰减模型刻画地震烈度随震中距的衰减规律，不

同地区地震烈度与震中距之间衰减关系的差异体现在回归系数上,见式(3.12)[8]。又如,中国东部地震烈度随震中距增大的衰减关系见式(3.13)[9],中国西部地震烈度随震中距增大的衰减关系见式(3.14)[10],川滇地区地震烈度随震中距增大的衰减关系见式(3.15)[11],重庆及临近地区地震烈度随震中距增大的衰减关系见式(3.16)[12],上海地区地震烈度随震中距增大的衰减关系见式(3.17)[13],美国西部地震烈度随震中距增大的衰减关系见式(3.18)[14]和式(3.19)[15]。

$$I = a + bM + c_1 \lg(R_1 + R_{0a}) + c_2 \lg(R_2 + R_{0b}) + \varepsilon \quad (标准差:\sigma) \quad (3.12)$$

式中,M 为震级;I 为烈度;R_{0a}、R_{0b} 分别为等烈度线椭圆长轴、短轴两个方向烈度衰减的近场饱和因子;R_1、R_2 分别为烈度 I 的等烈度线椭圆的长半轴、短半轴的长度(震中距),km;a、b、c_1、c_2 为回归系数;ε 为回归分析中不确定性随机变量(通常假定为正态分布,均值为零)。

$$\begin{cases} I_a = 5.019 + 1.446M - 4.136\ln(R_a + 24) \\ I_b = 2.24 + 1.446M - 3.070\ln(R_b + 9) \end{cases} \quad (3.13)$$

式中,I_a、I_b 分别为等烈度线椭圆的长轴、短轴方向烈度;R_a、R_b 分别为等烈度线椭圆的长半轴、短半轴的长度(震中距),km;M 为震级。

$$\begin{cases} I_a = 6.2513 + 1.3046M - 4.4496\ln(R_a + 25), & \sigma = 0.6761 \\ I_b = 3.4575 + 1.3046M - 3.4264\ln(R_b + 10), & \sigma = 0.6761 \end{cases} \quad (3.14)$$

$$\begin{cases} I_a = 3.296 + 1.647M - 1.699\ln(R_a + 30.845), & \sigma = 0.634 \\ I_b = 1.661 + 1.392M - 1.142\ln(R_b + 7.346), & \sigma = 0.600 \end{cases} \quad (3.15)$$

$$\begin{cases} I_a = 1.9390 + 1.7403M - 1.7543\ln(R_a + 15) + \varepsilon, & \sigma = 0.6333 \\ I_b = -0.1403 + 1.7403M - 1.3729\ln(R_b + 7) + \varepsilon, & \sigma = 0.6333 \end{cases} \quad (3.16)$$

$$\begin{cases} I_a = 4.108 + 1.235M - 1.275\ln(R_a + 15) \\ I_b = 3.037 + 1.266M - 1.890\ln(R_b + 10) \end{cases} \quad (3.17)$$

$$I = -0.626 + 1.5M + 0.422\ln R - 0.0186R \quad (3.18)$$

$$I = 0.514 + 1.5M - 2.014\lg(R + 10) - 0.00659R \quad (3.19)$$

式中,R 代表震中距,km;其他符号意义如上述。

值得指出的是,地震烈度只是一种定性或半定性的概念而无量化意义,对地震烈度的评定存在较大的主观性与一定的盲目性。主要表现在六个方面:①不同人对同一次地震破坏程度的认识存在偏差;②在基本烈度定义中,提出"一般场地条件",何为"一般场地条件",无明确的界定标准;③在基本烈度定义中,提出"今后一定时期",何为"今后一定时期",根据目前的地震活动特点与发生频次,一直沿用过去的"以 50 年为基准期"可能不妥;④在基本烈度定义中,提出"遭受地震的最大一次破坏作用",何为"最大一次破坏作用",无明确的界定标准;⑤通过对基本烈度的适当修正而获得场地烈度,不同人对同一场地的具体条件的认识无疑存在一定偏差;⑥通过对场地烈度的适当修正而获得设计烈度,而各人对某一具体工程的重要性、震害后果、震坏修复难易程度等的认识也存在一定偏差。鉴于上述,长期以来,一直对将地震烈度作为工程抗震的设计标准提出质疑。

3. 震害及其分类

地震是人类面临最严重的自然灾害之一。地震具有突发性、毁灭性、难以预测预报性、次生灾害严重、无灾有害等特点。地震对人类的危害主要有三方面:①造成生命、生产、财产损失,主要是人员伤亡与工程破坏、倒塌,世界有地震伤亡记录以来历次重大地震死亡人数如表 3.8 所示,数字触目惊心;②破坏人类赖以生存的自然环境;③冲击人类社会的正常运行秩序。地震灾害分为直接灾害、间接灾害、次生灾害:①直接灾害,直接由地震动引起的地基、房屋、道路、桥梁、隧道、地铁、管网等破坏与倒塌,以及由此造成的生命、生产、财产损失。②间接灾害,主要指因地震引起滑坡、崩塌、地面塌陷、砂土液化、堰塞湖、海啸、核泄漏、火灾、爆炸等,从而造成生命、生产、财产损失。③次生灾害,主要指因地震造成环境植被、地下水环境、地表水环境、地形地貌等破坏,而这种破坏的自然修复往往需要几十年甚至几百年,因此将对生命、生产、财产可能产生长期难以恢复的灾害性影响。地震灾害简称震害。在工程层面,震害是指地震造成的场地破坏、地基破坏与失效、边坡破坏与滑坡(崩塌)、堤坝破坏与决堤、上部结构破坏与倒塌、地下结构破坏、生命线工程破坏与失效、道路与桥梁破坏、港口码头破坏等。总的来看,工程震害分为两大类:一是地面与地基破坏、失效;二是建筑物、构筑物破坏与倒塌。影响震害的主要因素有震级、震源深度、震中距、地震类型、发震时间、地震持时、场地条件与工程的地基条件、基础型式、结构类型、自振特性、抗震性能、服役年限、老化程度、损伤状态等,其中场地与地基条件又包括地形地貌、地层组成、地层产状、土的类型、土层厚度、岩石类型、地质构造、活动断层、发震断层、隔震断层、断层埋深、断层产状、地下水、地表水、冻融状况、冻层厚度、植被情况等。工程上,对震害的评定标准通常采用地震烈度,即震害评定的烈度标准。

表 3.8　世界历次重大地震死亡人数纪录

排序	地震名称	发震时间	死亡人数	震级
1	埃及-叙利亚特大地震	1201 年 7 月	1100000	
2	中国关中特大地震	1556 年 1 月	830000	8.0
3	印度加尔各答大地震	1737 年 10 月	300000	
4	中国唐山大地震	1976 年 7 月	255000	7.5
5	叙利亚安提阿克亚特大地震	1526 年 5 月	250000	
6	印度洋特大地震	2004 年 12 月	230210	9.1
7	叙利亚阿勒颇特大地震	1138 年 8 月	230000	
8	伊朗 Damghan 特大地震	1856 年 12 月	200000	
9	中国海源特大地震	1920 年 12 月	200000	8.6
10	中国洪洞特大地震	1303 年 9 月	200000	8.0
11	中国泉州特大地震	1604 年 12 月	197000	8.0
12	印度乌代浦尔大地震	1893 年 4 月	180000	

排序	地震名称	发震时间	死亡人数	震级
13	希腊斯巴达大地震	BC 464	174000	
14	伊朗 Ardabil 大地震	1893 年 3 月	150000	
15	日本关东大地震	1923 年 9 月	143000	7.9
16	日本北海道大地震	1730 年 12 月	137000	
17	希腊罗德岛大地震	BC 226	126000	
18	土库曼斯坦阿什哈巴德大地震	1948 年 10 月	110000	7.3
19	中国河北大地震	1290 年 9 月	100000	
20	巴基斯坦克什米尔大地震	2005 年 10 月	100000	7.8
21	苏联亚塞拜然大地震	1667 年 11 月	80000	
22	中国昌马堡大地震	1932 年 12 月	70000	7.6
23	意大利西西里岛大地震	1693 年 1 月	70000	
24	中国郯城特大地震	1668 年 7 月	50000	8.5
25	中国平罗大地震	1739 年 1 月	50000	
26	希腊科林斯大地震	1856 年 11 月	45000	
27	中国西昌大地震	1850 年 9 月	20000	
28	中国武都大地震	1879 年 7 月	20000	
29	中国琼山大地震	1605 年 7 月	3300	
30	中国新竹大地震	1935 年 4 月	3279	7.1
31	中国嘉义大地震	1906 年 3 月	1260	7.1

4. 中国地震及其灾害特点

如前所述,中国地震及其灾害具有五大特点:①强度大,中国较多发生 6.0 级以上破坏性地震、强烈地震、特大地震,如 20 世纪以来全球发生 9 次 8.0 级以上特大地震 4 次在中国大陆,20 世纪中国大陆共发生 6.0～6.9 级地震 380 次、7.0～7.9 级地震 65 次、8.0 级以上地震 8 次、8.5 级以上地震 2 次;②分布广,中国大陆 41％国土、50％城市、70％百万人口城市均经历过 5 级以上破坏性地震的袭击或面临未来破坏性地震、强烈地震、特大地震的威胁,如 20 世纪中国大陆 28 个省被 6 级以上地震袭击,而台湾岛几乎全境均经历过或面临 5 级以上破坏性地震;③震源浅,中国地震的震源深度多数小于 30km、绝大多数为 10～20km,并且很多为破坏性极大的浅源直下型地震;④发震多,20 世纪中国大陆发生地震次数约占世界大陆地震次数的 1/3,20 世纪以来中国大陆与台湾岛发生微震、有感地震、破坏性地震、强烈地震、特大地震等累计 1526174 次(平均每天发生 37 次地震),2001 年 1 月～2005 年 5 月仅 5 年时间中国共发生 6.0 级以上强烈地震、大地震、特大地震 27 次,如表 3.9 所示;⑤灾情重,中国大陆地震灾情远超过世界任何国家,20 世纪死亡人数超过 20 万的两次大地震发生在中国,20 世纪中国大陆地震死亡人数约占世界大陆地震死亡人数的 1/2,20 世纪中国大陆地震死亡人数 59 万人、伤残人数 76 万人、倒塌房屋 600 余万间、破损房屋 1700 余万间、受灾人数数亿人次、直接经济损失数百亿元、间接经济损失数千亿元,1976 年 7.8 级唐山大地震中死亡 24 万人,2008 年 8.0 级汶川特大地震中死亡 8 万人,20 世纪中国人口、地震次数、地震死亡人数与世界比较如图 3.18 所示。

表 3.9　2001 年 1 月～2008 年 5 月中国发生 6.0 级以上地震记录

序号	发生时间	发生地点	震级
1	2000 年 1 月 25 日	云南镇安	6.5
2	2001 年 6 月 14 日	台湾以东海	6.4
3	2001 年 10 月 27 日	云南永歇	6.0
4	2002 年 3 月 31 日	台湾以东海	7.5
5	2002 年 5 月 15 日	台湾以东海	6.5
6	2002 年 5 月 29 日	台湾以东海	6.2
7	2002 年 6 月 29 日	吉林汪清	7.2
8	2003 年 2 月 24 日	新疆伽狮	6.8
9	2003 年 4 月 27 日	青海湾令哈	6.6
10	2003 年 7 月 7 日	西藏青海交界	6.1
11	2003 年 7 月 24 日	云南大理	6.2
12	2003 年 10 月 25 日	甘肃民乐	6.1
13	2003 年 12 月 10 日	台湾以东海	7.0
14	2004 年 3 月 28 日	西藏梅戈	6.3
15	2004 年 4 月 6 日	冀都摩杆山峰	6.2
16	2004 年 5 月 19 日	台湾以东海	6.7
17	2004 年 7 月 12 日	西藏特巴	6.7
18	2004 年 10 月 15 日	台湾以东海	6.2
19	2004 年 11 月 8 日	台湾以东海	6.5
20	2005 年 2 月 15 日	新疆卡什	6.2
21	2005 年 3 月 6 日	台湾宜兰沿岸	6.3
22	2005 年 4 月 8 日	西藏特巴	6.5
23	2006 年 4 月 1 日	台湾台东	6.5
24	2007 年 5 月 5 日	西藏日土改则交界	6.1
25	2007 年 6 月 3 日	云南宁寓	6.4
26	2007 年 9 月 7 日	台湾宜兰以东海	6.3
27	2008 年 5 月 12 日	四川汶川	8.0

　　中国地震灾情重的主要原因在于:①地震的强度大、分布广、震源浅、发震多;②中国具有较多的山地、丘陵、河流、湖泊、水库、堤防、湿地、盐碱地、黄土地、滩涂地、岩溶地等且多年冻土、季节冻土大面积分布,加之地质构造普遍发育,因此决定了广泛存在边坡、软弱土、可液化土、断层或断裂带、浅地下水等场地条件,强震中往往发生大量滑坡、崩塌、地基

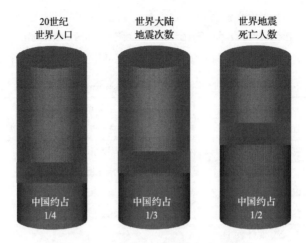

图 3.18　20 世纪中国与世界地震对比

液化、地基沉降、地基错移、地裂缝且形成堰塞湖、出现大坝决堤等;③过去的工程设计抗震等级过低,不少古旧建筑或农村民房甚至无抗震设计,还存在非合理设计、粗放施工、偷工减料等缺陷,很多校舍、医院、道路、桥梁等公共建筑尤其如此,加之历史上又可能遭受过破坏性地震或强震作用,致使这些工程难以或无法再经历强震袭击;④人口众多且好喜群居生活;⑤人们抗震减灾意识淡薄;⑥地震科普教育与地震知识普及不够,因而民众对地震前兆无知且绝大多数缺乏地震应急措施和震害自救能力;⑦过去,政府、部队与民间组织的抗震救援水平较低、能力较差、经验不足、设备简陋;⑧对很多现代活动断层或地震带的研究水平较差,甚至无研究工作,导致对很多强震危险地区缺乏科学合理的预测或未做地震预测。

5. 抗震设防及其分类

为了减轻或避免震害,要求依据一定的抗震设防标准(规范规定),对破坏性地震或强震危险区的工程建设进行合理的抗震设计。抗震设防是指为达到拟建工程的抗震效果,对工程进行抗震设计及据设计结果采取一定抗震措施。抗震措施是指针对抗震设计所采取的抗震构造方法。抗震设防标准与一个国家的科学水平、经济条件密切相关。目前,中国实行抗震设防依据的"双轨制",即采用设防烈度(一般采用基本烈度)、设计地震参数(如地面地震动加速度峰值等)。根据中国《建筑抗震设计规范》规定(适用于烈度为 6～9 度地区),工程建筑设防烈度为 6 度或超过 6 度地区必须做抗震设计,设防烈度小于 6 度地区可不做抗震设防,设防烈度超过 9 度地区应依据专门规定做抗震设防。抗震设防一般通过三个环节实现:①确定设防要求,即工程建筑必须达到的抗御地震灾害的能力;②进行抗震设计,即采取适当的基础型式、结构类型等抗震措施,以达到设防要求;③完成抗震施工,即严格按照抗震设计施工,以保证工程质量。这三个环节相辅相成、密不可分,必须认真而有序执行。

抗震设防分类依据:①因建筑震害而造成的人员伤亡、直接经济损失、间接经济损失、社会影响等大小;②城镇的大小、行业的特点、企业的规模;③因建筑震害功能失效而对全局影响的范围大小、抗震救灾的影响程度与恢复重建的难易程度;④若建筑各区段的重要性存在显著不同,可以按照区段划分设防类别,下部区段的类别不应低于上部区段,区段指由防震缝分开的结构单元、平面使用功能不同的部分、上下使用功能不同的部分;⑤不同行业的相同建筑,若所处的地位、震害的后果、影响的程度等不同,设防类别可以不相同。

抗震设防分为四个类别,即特殊设防类、重点设防类、标准设防类、适度设防类。①特殊设防类(甲类建筑),在使用上有特殊设施,涉及国家公共安全的重大建筑,震害可能发生严重次生灾害等特别重大后果,需要做特殊设防。②重点设防类(乙类建筑),地震中使用功能不能中断或需尽快恢复的生命线相关建筑,震害可能导致大量人员伤亡等重大后果,需要提高设防标准。③标准设防类(丙类建筑),除了甲类、乙类、丁类建筑之外的其他大量建筑,按照标准要求做设防。④适度设防类(丁类建筑),在使用上人员稀少且震损不致产生次生灾害,允许在一定条件下适度降低设防要求。

依据以上四个抗震设防类别,分别确定了四个抗震设防标准,即甲类建筑设防标准、乙类建筑设防标准、丙类建筑设防标准、丁类建筑设防标准。①甲类建筑设防标准,地震作用应高于当地设防烈度的要求,具体依据批准的地震安全性评价结果确定;抗震措施,若设防烈度为 6~8 度,应满足当地设防烈度提高 1 度的要求,若设防烈度为 9 度,应符合高于 9 度设防的要求。②乙类建筑设防标准,地震作用应满足当地设防烈度的要求;抗震措施,一般情况下,若设防烈度为 6~8 度,应符合当地设防烈度提高 1 度的要求,若设防烈度为 9 度,应符合高于 9 度设防的要求;而对于较小的建筑,若采用抗震性能较好的结构类型,应允许依据当地设防烈度的要求,采取抗震措施。③丙类建筑设防标准,地震作用、抗震措施均应符合当地设防烈度的要求。④丁类建筑,一般情况下,地震作用应满足当地设防烈度的要求;抗震措施,应允许适当低于当地设防烈度的要求,但是若设防烈度为 6 度,则不应低于当地设防烈度的要求。

抗震设防应遵照如下要求:①建筑在使用期间对不同频率与强度的地震作用应有不同的抵抗能力;②对一般强度较小且发生可能性大的多遇地震作用,要求结构不受损坏,在技术与经济上均可做到;③对强度大而发生可能性小的罕遇强烈地震作用,允许有所损坏而不倒塌,则具有一定经济合理性。基于这一总要求,中国《建筑抗震设计规范》根据这些原则要求,将设防目标与三种烈度对应,划分为三个设防目标水准,即第一设防目标水准、第二设防目标水准、第三设防目标水准。第一设防目标水准:遭受低于当地设防烈度的多遇地震作用(小震),建筑一般不受损坏或无需维修便可继续使用。第二设防目标水准:遭受当地设防烈度的地震作用(中震),建筑可能产生一定损坏,但是经过一般维修或无需维修便可继续使用。第三设防目标水准:遭受高于当地设防烈度的罕遇地震作用(大震),建筑可能产生重大破坏,但是不发生倒塌或危及生命的严重后果。这三个设防目标水准可以概括为"小震不坏、中震可修、大震不倒",称为目前工程抗震设防的新理念。根据震害调查统计结果,可以归纳出小震、基本烈度、大震之间的一般关系:小震比基本烈度低 1.55 度左右,大震比基本烈度高 1 度左右。

　　鉴于采用地震烈度作为抗震设计校标存在的问题,在中国工程抗震设计中,已采用的地面地震动参数作为抗震设计标准(地面地震动参数)为与指定期限内超越概率水平相应的地面地震动最大水平加速度峰值及其水平加速度反应谱特征周期。应指出,在抗震设计中,抗震措施是一个重要方面,关于抗震措施的规定要求来自于大量国内外震害经验的总结,而在总结震害经验时往往将震害与烈度相关联。所以,现行的各种抗震设计规范大多数仍以设防烈度或设计烈度为依据,采取抗震措施。因此,在中国抗震设计中,烈度和地面地震动参数这两个设防标准起着不同的作用,但是二者也相互补充。

3.5　地面运动与衰减规律

1. 地面运动影响因素与近断层效应

　　在工程地震反应分析中,需要针对特定地震灾害环境预估工程可能遭受的最大地震作用与相应的地震反应、破坏规律,并量化预估结果。在可能遭遇的最大地震预估中,存在较多不确定性因素直接影响地面运动的变异性。地面运动是指地层对地震作用的反应而引起的地面地震动(也称为地震地面运动)。地面运动的特性与强度,可以采用运动的幅值、频谱、持时三个基本要素合理描述,对于幅值更关心最大幅值(最大峰值幅值),对于频谱更关心与卓越周期对应的频谱、主要反应与最大反应时段的频谱。更为合理的方法则是采用地面地震反应的位移、速度、加速度与相应的反应谱、傅里叶谱刻画地面运动的特征、过程、强度。图 3.19 给出了美国 1935 年海伦娜地震南北(SN)向、东西(EW)向、上下(UD)的地震加速度时程及东西向加速度反应谱。

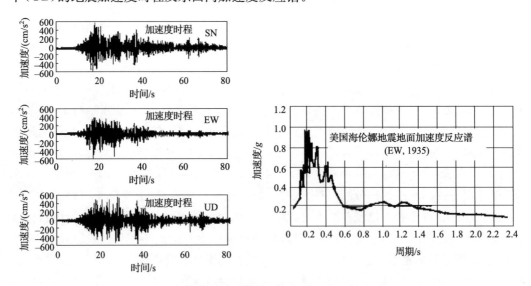

图 3.19　地面地震加速度曲线及反应谱

　　强震观测与研究表明,地面运动的影响因素较多,具体包括地震和场地两大方面因素,其中地震方面因素主要有震级、震源深度、震中距、地震类型(如高频地震、低频地震、冲击型地震、往返型地震、主震型地震、群震型地震、孤立型地震、浅源直下型地震等)、地震持时等,场地方面因素有地形地貌(存在谷地效应、盆地效应)、地层组成、地层产状、岩石类型与产状(存在波导效应)、土的类型、冻融状况、地质构造、断层活动与性质(存在断层效应)、地下水、基岩埋深、覆盖层厚度等。特别指出,在地震方面的因素中还有断层因素。关于断层因素,特别关心近断层效应问题,这是因为近断层地面运动的幅值分布受断层几何影响很大。近断层地面运动的断层效应包括断层的走向效应、上盘效应。走向效应归因于断层对地震波的传播与辐射的影响,尤其对周期大于 1s 的地震波影响最显著,并且这种影响集中于断层顶部边缘及其上方附近。上盘效应主要是对断层上盘场地地面运动的影响,由于断层位于上盘场地之下,对由深部或远处传至场地的地震波将产生很大的影响,还可能严重阻隔地震波对场地的传播,这种影响对周期小于 1s 的地震波最显著,并且集中发生于断层顶部边缘之外。据 Northridge 地震(1994 年)与 Kobe 地震(1995年)强震记录,近断层地面运动存在巨大破坏力,倾斜断层效应比走向滑移断层的效应大1.3~1.4 倍,并且垂直断层走向的水平地面运动大于平行断层走向的水平地面运动,如图 3.20 所示,而前者主震段的频率显著低于后者主震段的频率。若断层位于盆地或谷地边缘,则断层对盆地效应、谷地效应将产生重要影响,这种影响一般表现为断层对盆地效应、谷地效应的加强作用。断层的走向效应与上盘效应之间存在时、空互补关系,从而显著增加了倾斜断层附近强地面运动的时、空间变异性,特别是时间变异性。由图 3.20 可见,在 Northridge 地震中,地面竖直方向加速度接近于垂直断层方向加速度,远大于平行断层方向加速度,地面运动的速度由垂直断层方向→平行断层方向→竖直方向依次减小;而在 Kobe 地震中,地面运动的加速度、速度均由垂直断层方向→平行断层方向→竖直方向依次减小,但是加速度、速度垂直断层方向均远大于平行断层方向、竖直方向。主要原因在于二者的场地地层、覆盖层、断层性质与产状、震级、震中距、地震类型等存在一定差异。图 3.20 括号中的数值为最大值。

　　近断层地面运动的断层效应还应分两种情况,一是断层为非发震断层,二是断层为发震断层。即使为第一种情况,邻近非发震断层的地面运动,既可因断层存在而使地面运动加强,也可因断层存在而使地面运动减弱,前者是因为地震中地层地震反应与断层地震运动发生了叠加而诱发地面运动加强,后者是因为断层对地震波的传播产生一定阻隔作用而导致断层另一侧(断盘)受地震作用有所减小。对于第二种情况,由于断层为发震断层,致使邻近断层的地面运动被显著加强。鉴于上述,近断层地面运动的断层效益应针对具体情况做具体分析,主要考虑断层、场地、地震三方面,断层方面有断层性质、断层产状、断层埋深、断层规模与是否为活动断层或非活动断层、是否为发震断层与非发震断层等;场地方面有地形地貌、地层组成与产状、基岩类型与埋深、覆盖层(土层)类型与厚度、土的形成时代与固结压密程度、地层导波与阻尼效应、地下水储量与埋深、上盘场地与下盘场地(对于倾斜断层)、左盘场地与右盘场地(对于走向滑移断层)、是否为来震一侧场地等,地震方面有震级、震源深度、震中距(远震,近震)、地震类型(如高频地震、低频地震、冲击型地震、往返型地震、主震型地震、群震型地震、孤立型地震、浅源直下型地震等)、地震持时、历史地震与地面运动记录、近期地震与地面运动记录、未来地震预估结果等。

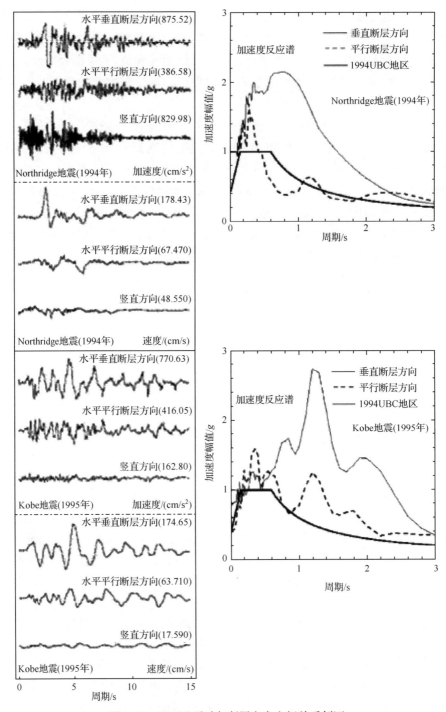

图 3.20　地面地震动与断层方向之间关系例证

2. 地面运动衰减及其影响因素

地震波在传播过程中,不仅存在黏性阻尼、塑性阻尼(塑性历程阻尼)等阻尼耗能作用,还存在辐射效应,即几何阻尼,其中辐射效应又受到断层或断裂带(具有一定张开度)、节理结构面(具有一定张开度)、软弱带或软弱夹层、地下溶洞、地下水、地层分界面等一定阻隔作用,此外由于在地层中产生新的地震破坏裂缝也将消耗一部分地震波弹性能(用于产生新裂缝需要的裂缝表面自由能、裂缝扩展动能),而土层或覆盖层可能有一定减震作用,因此自震中至周围远处,地面运动无疑发生一定衰减。在工程抗震中,地震地面运动衰减作用及其影响因素是一个重要的研究课题,其中近断层区域地面地震动的峰值衰减规律尤其被高度重视。在重大工程地震危险性分析与抗震设计中,衰减规律直接关系工程抗震设防的合理性与地震安全性评价的准确性。近 30 年来,世界上先后发生的一系列大地震或特大地震对一些近断层区域——特别是发震断层区域造成了十分严重的灾害,足以说明近断层两侧地面运动显著不同于中远场区域地面运动,呈现出明显的地震动增强作用。目前,根据近断层地面运动的观测记录与相应的统计结果,研究地震地面运动,对地面运动的峰值加速度、峰值速度、峰值位移的回归分析,考虑震级与震源深度、断层性质与断距(断层距)、场地类型与地形(硬土场地、软土场地)、土层性质与覆盖层厚度对地面运动的影响,致力于客观揭示地面运动峰值的衰减规律且提出科学合理的衰减模型,如不同震级下地面峰值加速度(PGA)随断距、震源深度变化的衰减模型,以及竖向 PGA 与水平 PGA 之比(V/H)的衰减规律等。在 2008 年汶川特大地震中,地震区断层对 PGA 具有重要影响,上盘区、下盘区 PGA 随断距 R 增大的衰减关系,水平向分别见式(3.20)、式(3.21),竖向分别见式(3.22)、式(3.23)[16];兰州地区 PGA 随震中距 R 增大的衰减关系见式(3.24)[17];华北地区 PGA 随震中距 R 增大的衰减关系见式(3.25)[18,19]和式(3.26)[20]。

$$\lg PGA = 4.3278 - 0.001R - 1.10471\lg R \qquad (3.20)$$

$$\lg PGA = 3.0016 - 0.002R - 0.33871\lg R \qquad (3.21)$$

$$\lg PGA = 4.3278 - 0.0015R - 1.1254\lg R \qquad (3.22)$$

$$\lg PGA = 3.7969 - 0.0009R - 0.9876\lg R \qquad (3.23)$$

$$\ln PGA = -3.066 + 0.2347M - 0.4137\ln R - 0.00127R \qquad (3.24)$$

$$PGA = 348e^{1.06M}(R + 20) \qquad (3.25)$$

$$\ln PGA = 1.078 + 0.567M - 1.88\ln(R + 10) \qquad (3.26)$$

3. 地面运动与强震观测

研究地面运动与衰减规律、影响因素等基础资料均来自于强震观测记录。因此,在地震带或强震影响范围,建立强震观测站与布置强震观测仪器(图 3.21),以记录强震发生时地面地震运动,如地震反应加速度时程、速度时程、位移时程等。当今,强震观测已成为地震观测的一个重要组成部分,主要目的在于获取强震发生时地面震动的记录,为研究地面地震动、地震危险性、地震区划等提供必要的实测依据与计算输入。

从工程角度提出对地震运动的测量是在 1923 年日本关东大地震之后,日本地震学家末广恭二首次设计了记录地震加速度时程的仪器方案,1932 年美国研制了第一台 US-

(a) 强震观测站　　　　　　　　　　　　　　(b) 强震观测仪

图 3.21　强震观测站与强震观测仪

CGS 型强震加速度仪,并于次年将第一批 4 台 USCGS 型仪器布置于南加州地区,1933年 3 月 10 日在加州长滩地震中取得了世界上第一个加速度记录。之后,强震观测逐渐引起地震工程界与地震界的广泛重视。20 世纪 60 年代以来,强震观测取得了很大的飞跃,特别是数字技术的引进又使强震观测进入一个新的大发展时代。中国强震观测起步较晚,开始于 20 世纪 60 年代,70 年代以结构观测为主,进入 80 年代以自由场地地面观测为主,并开展了局部场地条件对地震动影响的观测、峡谷地形对地震动影响的观测等。1976 年唐山大地震之后,中国强震观测台网建设有了较大发展,并建立了国家强震数据中心。近十几年来,随着强震观测的应用日益广泛,为了使强震观测更具针对性,根据不同的观测目的,各国又分别建立了不同的强震观测台阵(strong motion observation array),即由多台相同或不同型号的强震观测仪组成的仪器群体,一般分为地面地震动观测台阵、结构地震反应观测台阵。强震观测台网系统如图 3.22 所示。

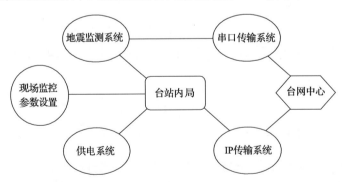

图 3.22　强震观测台网系统

　　强震观测包括两方面,一是观测强震下地面地震动(记录地面运动),二是观测强震下结构地震反应(记录结构运动)。观测地面地震动的强震观测仪一般布置于基岩表面或土层表面,有的布置于井下一定深度(接近于地面),结构地震反应的强震观测仪布置于工程结构内部。强震观测仪布置于基岩表面,观测结果的主要影响因素包括震级、震源深度、震中距、地形与地貌、地下含水层厚度与分布、岩石类型与动力性能、岩石水理性与含水量、岩石分层与产状、断层性质与产状、断层埋深与断距、地震波传播方向与断层产状之间关系、发震断层与非发震断层、强震观测仪布置点与断层之间距离、强震观测仪位于断层上盘与下盘（左盘与右盘）、强震观测仪类型与自振特性，以及强震观测仪、震中是否位于断层同一侧等。强震观测仪布置于土层表面，观测结果的主要影响因素除了上述影响因素外，还有土层方面因素，如土层厚度与分层、土的类型与动力性能、土的形成时代与固结密实度、土的成分来源与形成环境、土的含水量与饱和度等。强震观测仪布置于工程结构内部，观测结果的主要影响因素除了以上场地与地基方面因素之外，还包括结构自身因素、土-结构相互作用因素。应指出，强震观测是一项非常重要的基础工作，当代地震工程学的发展在一定程度上以强震观测为基础。布设各种强震观测台阵，获得不同地震作用与不同场地条件的地面地震动观测数据、结构地震反应观测数据，是验证与修改现行各种理论分析、抗震设计方法最重要的依据和最有效的措施。

3.6　地震加速度时程与频谱特性

1. 强震观测加速度记录及其应用

强震观测的目的在于获得地震加速度时程。自 20 世纪 60 年代开始强震观测以来，通过固定观测、流动观测，全球共获得各种强度地震加速度时程记录 60000 余条。图 3.23 给出了世界范围部分典型强震观测加速度时程。近 50 年来，中国累计获得中、强地震观测的加速度时程的有效记录 5900 余条，其中地面峰值加速度超过 $50\mathrm{cm/s^2}$ 的 570 余条时程记录、超过 $100\mathrm{cm/s^2}$ 的 240 余条时程记录、超过 $200\mathrm{cm/s^2}$ 的 90 余条时程记录、超过 $500\mathrm{cm/s^2}$ 的 70 余条时程记录，记录的地面最大水平峰值加速度为 $637\mathrm{cm/s^2}$、地面最大竖向峰值加速度为 $591\mathrm{cm/s^2}$。

强震观测数据主要用于三方面：一是抗震工学，用于地面地震动分析、工程地震反应分析、地震危险性分析、地震区划、震害预测、抗震设计等；二是地震学基础，用于研究震源模式、震源参数、发展机理、地震波传播、近场强地面地震动、震源破裂过程等；三是震害救援与大震预警，用于震后抗震救灾、震害快速评估与建立大震应急系统、大震预警机制等。中国强震记录广泛应用于各类工程抗震设计与规范编制、烈度与地震动参数区划图编制、烈度定量标准制定、地震危险区预测与地震安全性评价、地震动特征与地震动衰减规律分析、震害与抗震机理研究、地基与结构抗震试验、震源模式与震源破裂过程模拟、发震机制与震源参数分析、近场强地面地震动与近断层分析等。其中，1976 年唐山 7.8 级地震的5.8 级余震记录（1976 年 8 月 31 日，迁安台基岩记录）、1976 年宁河 7.1 级地震记录（1976 年 11 月 15 日，天津医院楼一层记录），作为典型的基岩记录、土层记录，经常用于土-结地震相互作用、地基动力性能与地震反应、结构动力性能与抗震等计算输入，以及振动台试验输入；唐山地震、密云水库白河主坝地震记录，用于震后白河主坝抗震加固分析；1962 年新丰江水库 6.1 级水库地震记录，用于震后新丰江水库大坝抗震加固分析。

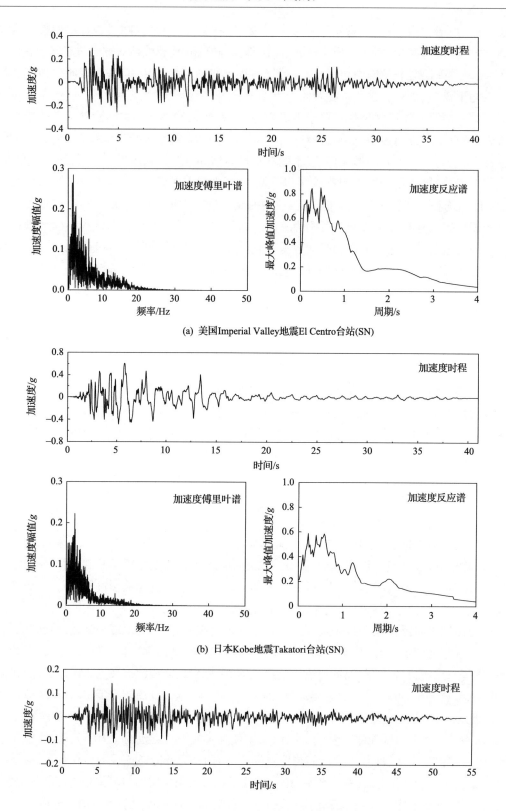

(a) 美国Imperial Valley地震El Centro台站(SN)

(b) 日本Kobe地震Takatori台站(SN)

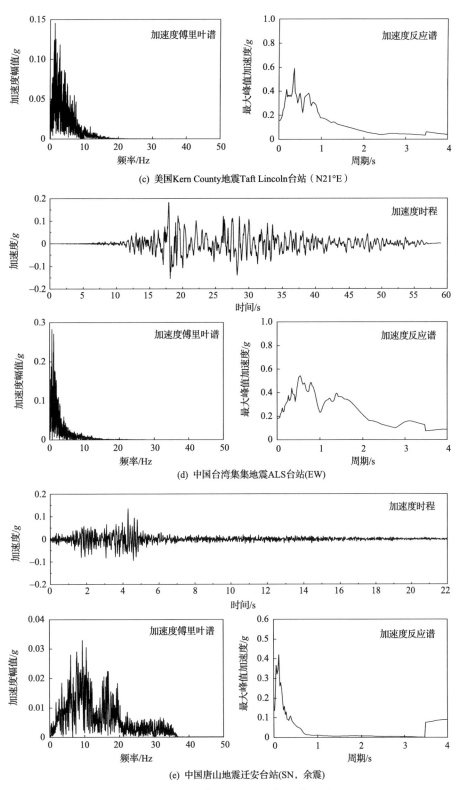

(c) 美国Kern County地震Taft Lincoln台站（N21°E）

(d) 中国台湾集集地震ALS台站(EW)

(e) 中国唐山地震迁安台站(SN，余震)

图 3.23　世界典型强震观测加速度记录

2. 地震加速度反应谱

震害调查与研究表明,地震下,地基与土工结构的变形、稳定性不仅与土的类型、组成、结构、物理性质、动力性能有关,还与土的分布、厚度、高度、坡度等几何轮廓关系密切,仅从土的材料角度考察问题尚不够,还应从"土体"角度进一步认识这些问题。在岩土工程与岩土地震工程中,土被理解为一种由颗粒、水、气三相介质组成的特殊力学材料,而不包括土的几何轮廓。因此,有必要引入"土体"的概念。土体不仅指土的三相介质特殊力学材料,还具备土的分布、厚度、高度、坡度等几何轮廓意义。地基与土工结构中的土体属于整个"土体-结构体系"的必要组成部分。

土体与土工结构的地震反应,除了与地震因素、场地条件有关之外,还与土体与土工结构的自振特性(自振频率、阻尼系数)关系密切。地震加速度反应谱能够很好地刻画土体与土工结构地震反应的自振特性影响。

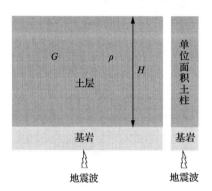

图 3.24　水平自由场地土层地震反应求解简图

首先,考察一种最简单情况——水平自由场地地震反应问题。对于水平成层的水平自由场地,假设地震波由基岩垂直向上传播且以水平剪切为主,则土层与地表对基岩地震动的反应包括位移反应、速度反应、加速度反应等,但是更注重地震加速度时程反应。在这种假设条件下,将土层简化为单位面积土柱求解土层的地震反应,如图 3.24 所示。根据土柱横向振动理论,土柱顶端对基岩震动反应与土柱自振特性有关。若土体为理想弹性体,则土柱自振频率可按式(3.27)计算。由土柱自振频率计算式可以看出,土层表面地震反应不仅取决于土的力学性质,还与土层的几何尺寸(土柱的高度)有关

$$\omega = \frac{n\pi}{2H}\sqrt{\frac{G}{\rho}}, \qquad n = 1,3,5,\cdots \tag{3.27}$$

式中,ω 为土柱的自振频率;H 为土柱的高度;G 为土的动剪切模量;ρ 为土的密度;π 为圆频率;n 为计算阶数。

对于非水平自由场地条件,如含建筑物的水平场地或边坡场地,土层表面或地表的地震反应将受到建筑物、场地地形等一定影响。如图 3.25 所示,A 点远离建筑物,B、C 点远离边坡,可以采用以上水平自由场地条件地震反应分析方法,计算这 3 个点所在土柱的自振频率;D 点接近于建筑物,E、F 点分别位于坡顶、坡脚,G 点位于坡面,由于存在地基-基础-上部结构地震相互作用、边坡土体-两侧土体地震相互作用,致使这 4 个点地震反应较复杂,不能采用以上水平自由场地条件地震反应分析方法,这两个动力体系的地震反应取决于体系的质量及其分布、刚度及其分布,因而这 4 个点地震反应必受土层与结构的动力性质、几何尺寸、土-结动力相互作用等影响。

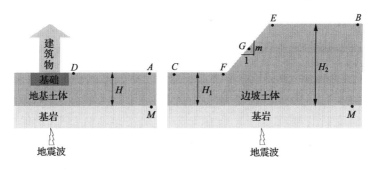

图 3.25　非水平自由场地条件地表地震反应影响示意图

在图 3.25 中，地表 A、B、C、D、E、F、G 点地震反应时程与基岩面地震动时程之间存在两点明显不同：①这 7 个点地震反应的最大值大于基岩面地震动的最大值，这种现象称为土体放大效应，描述为地震加速度放大系数 α，见式(3.28)，一般情况下 $\alpha>1$，有的可能 $\alpha<1$；②这 7 个点地震反应的频率成分与基岩面地震动的频率成分也不同，可以采用地震加速度放大系数 α 区别。

$$\alpha = \frac{a_{\max}^{A(B,C,D,E,F,G)}}{a_{\max}^{M}} \tag{3.28}$$

式中，α 为地表 $A(B、C、D、E、F、G)$ 点地震加速度放大系数；$a_{\max}^{M}$ 为基岩面 M 点地震最大加速度峰值，$a_{\max}^{A(B,C,D,E,F,G)}$ 为 $A(B、C、D、E、F、G)$ 点地震反应最大峰值加速度。

由于具有不同自振特性的土体或结构对地震具有不同的放大作用，仅采用地震加速度放大系数 α 表示土体或结构不同位置点的地震反应尚不够，还需要考虑具有不同自振特性的土体或结构对基岩地震加速度的放大作用，即不同位置点地震加速度放大系数 α 与所在土体或结构的自振特性关系密切，地震加速度反应谱可以刻画这种关系。另一种理解：由于这些点受土体或结构的影响不同，在这些点获得的地震加速度时程的频率特性也不同，这些点地震反应的加速度时程的频率特性可以采用地震加速度反应谱说明。

地震加速度反应谱(acceleration response spectra)是一个极其重要的动力学概念。为了更清晰地阐述地震加速度反应谱的概念，假定一个刚度为 k、质量为 m 的剪切弹簧的单质点体系位于刚性地基上，二者之间为刚性连接，刚性地基按照指定的地震加速度时程运动，则质点将在刚性地基运动作用下发生运动。在这种简化假定下，根据单质点体系振动理论，可以计算建筑物体系的自振周期、自振圆频率，以及相对于基岩面地震反应的位移、速度、加速度等，如图 3.26 所示，$\ddot{a}$ 为基岩面的地震加速度(即由基岩面输入建筑物底端的加速度)，$\ddot{a}_0$ 为质点相对于基岩面地震反应的加速度(即地震反应的相对加速度)，$\ddot{a}+\ddot{a}_0$ 为质点地震反应的绝对加速度。在基岩面地震 $\ddot{a}$ 输入下，单质点体系(质点-弹簧体系)的振动平衡微分方程为

$$\ddot{a}_0 m + \eta \dot{a}_0 + k a_0 = -\ddot{a} m \tag{3.29}$$

式中，η 为单质点体系的黏滞系数；$\dot{a}_0$、a_0 分别为建筑物顶端相对于基岩面地震反应的速度、位移；其他符号的意义如上所述。

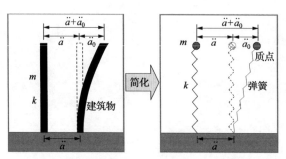

图 3.26　建筑物简化为单质点体系示意图

在式(3.29)中,左端第一项为单质点体系地震反应的惯性力、第二项为单质点体系地震反应的阻尼力、第三项为单质点体系地震反应的恢复力(即弹性恢复力),右端为基岩面对单质点体系输入的地震力。

设 $\omega^2 = k/m$、$2\lambda\omega = \eta/m$,ω、λ 分别为单质点体系的自振圆频率、阻尼比。将 $\omega^2 = k/m$、$2\lambda\omega = \eta/m$ 代入式(3.29),可得

$$\ddot{a}_0 + 2\lambda\omega\dot{a}_0 + \omega^2 a_0 = -\ddot{a} \tag{3.30}$$

单质点体系的动力放大系数 β 的定义如下:单质点体系地震反应的绝对加速度的最大值 $(\ddot{a}+\ddot{a}_0)_{\max}$ 与由基岩面输入单质点体系地震加速度的最大值 $\ddot{a}_{\max}$ 之比,即

$$\beta = \frac{(\ddot{a}_0 + \ddot{a})_{\max}}{\ddot{a}_{\max}} \tag{3.31}$$

式中,$\ddot{a}_{\max}$ 为强震观测的已知值;$\ddot{a}_0$ 与单质点体系的 ω、λ 有关。若 $\ddot{a}$、ω、λ 已知,则 $\ddot{a}_0$ 可由式(3.30) 解得,进而可求出 $(\ddot{a}_0+\ddot{a})_{\max}$。因此,当基岩地震运动已知时,动力放大系数 β 仅取决于单质点体系的自振圆频率 ω 或自振周期 T、阻尼比 λ,其中自振周期的计算式为 $T = 2\pi/\sqrt{k/m}$。

为了更好地刻画单质点体系对基岩面地震输入的反应特性,特别是地震反应与体系自振特性之间的关系,可绘制单质点体系的动力放大系数 β 与体系的自振频率 ω 或自振周期 T 之间的关系曲线,如图 3.27 所示,横坐标表示体系的自振周期 T,纵坐标表示体系动力放大系数的最大值 β,这种曲线即为地震加速度反应谱,也可直接表示为周期为 T 的单质点体系地震反应的最大绝对加速度与其自振周期 T 之间的关系。

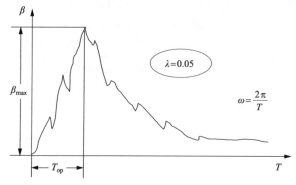

图 3.27　地震加速度反应谱示意图

　　根据地震加速度反应谱,可以得出地震中土体的一个重要作用:土体作为地震的传播介质,地震波通过土体后,地震波的重要参数(如加速度、频率成分、卓越周期等)均发生显著变化,而这种变化的程度取决于土体的质量、动力性能;此外,若土体之上或内部存在建筑物、构筑物,这些地震参数的变化还与结构物的质量、动力性能有关。

　　通过式(3.30)可以看出,单质点体系的地震加速度反应还与体系的阻尼比 λ 关系密切,实际上体系的阻尼比 λ 对地震加速度反应谱影响很大,所以在反应谱中应标注体系阻尼比 λ 的具体值,如在图 3.27 中标注了 $\lambda = 0.05$。

　　图 3.27 还给出了单质点体系地震加速度反应的卓越周期 T_{op} 的意义。卓越周期 T_{op} 是在地震加速度反应谱中,动力放大系数 β 的最大值对应的体系自振周期,是一个极其重要的参数。

　　特别值得说明的是,在基岩地震输入一定的条件下,图 3.27 中地震加速度反应谱的横坐标的每一个自振周期 T 值对应一个单质点体系,每一个自振周期 T 值对应纵坐标的一个动力放大系数 β 值,也就是说,一个地震加速度反应谱并非仅描述一个单质点体系的最大地震反应与自振周期 T、阻尼比 λ 之间的关系,而是表示具有不同自振特性的一些不同单质点体系的最大地震反应与自振周期 T、阻尼比 λ 之间的关系。但是,从式(3.30)可以看出,不同的地震加速度反应谱各不同,如图 3.23 为各强震观测记录对应的加速度反应谱。地震加速度反应谱的不同,来自于输入的地震运动的频率特性的不同。因此,可以采用地震加速度反应谱表示输入的地震频率特性。

　　目前,地震加速度反应谱是各种工程地震反应分析与结构抗震设计的一个重要基础。应指出,根据强震观测得到的地面加速度时程记录而计算的地震加速度反应谱非常不规则,如图 3.28 所示。但是,在各国抗震规范中给出的地震加速度反应谱则为规则曲线,称为标准反应谱(图 3.28)。显然,标准反应谱是实际地震反应谱的某种平均意义上的反应谱。中国现行抗震规范中采用的标准反应谱由三段组成:第一段为上升直线段,第二段为水平直线段,第三段为下降双曲线段。因此,整个反应谱有两个转折点,分别为水平直线段的开始点和结束点,与这两个点对应的周期分别称为 T_0、T_g。水平直线段对应的放大

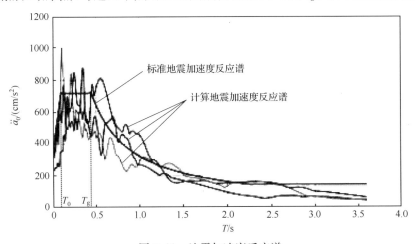

图 3.28　地震加速度反应谱

系数为 β_{max}。显然，T_0、T_g、β_{max} 为标准反应谱的三个参数。研究表明，这三个参数与地震类型、场地地层条件有关。按照相同地震类型、场地类别，将实测地震加速度归类，并计算出相应的反应谱，再进行平均以便确定出相应的标准反应谱及其参数。因此，中国现行建筑抗震规范的标准反应谱的参数按照地震类型、场地类别分别给出。但是，无论何种地震类型、场地类别，标准反应谱的最大动力放大系数 β_{max} 均采用 2.25。

3. 地震加速度傅里叶谱

傅里叶谱(Fourier spectrum)属于数学上表示复杂函数的一种经典方法。在地震工程中，采用傅里叶变换(Fourier transform)方法，将复杂的地震动过程 $a(t)$ 展开为 N 个不同频率 ω_j 的震动(振动)分量的组合，即

$$a(t) = \sum_{j=1}^{N} A_j \sin(\omega_j t + \theta_j) \tag{3.32}$$

式中，$a(t)$ 为地震加速度时程；t 为时间；A_j、θ_j 分别为频率 ω_j 的振动分量的振幅、相角位。A、θ 均为频率 ω 的函数，即 $A(\omega)$、$\theta(\omega)$。$A(\omega)$ 为傅里叶幅谱，$\theta(\omega)$ 为傅里叶相位角，二者合称为傅里叶谱，图 3.23 给出了各强震观测记录对应的加速度傅里叶谱。将式(3.32)改写为复函数形式，即

$$a(t) = \sum_{j=1}^{N} A(i\omega_j) e^{i\omega_j t} \tag{3.33}$$

式中，$i = \sqrt{-1}$，复函数 $A(i\omega)$ 即为傅里叶谱，其模 $|A(\omega)|$ 为幅谱，也写为 $F(\omega)$。频域中的傅里叶谱 $A(i\omega)$ 与时域中的过程 $a(t)$ 完全等价，若 $N \to \infty$，则二者之间的关系即为傅里叶变换对，即

$$\begin{cases} A(i\omega) = \int_{-\infty}^{\infty} a(t) e^{-i\omega t} \, dt \\ a(t) = \dfrac{1}{2\pi} \int_{-\infty}^{\infty} A(i\omega) e^{i\omega t} \, d\omega \end{cases} \tag{3.34}$$

由于一次地震只是一次随机实现(随机过程)，根据一次随机实现求得的傅里叶谱也具有随机性。若能够获得同一条件下地震动的多次记录 $a(t)$，便可求得多个傅里叶谱，进而基于"大数法则"求得傅里叶谱的期望值 $E(A(i\omega))$，作为统计特征，用于描述地震动的特征。然而，获得同一条件下同一地点一次地震动的多次记录 $a(t)$ 的可能性很小。因此，若能够获得同一条件下同一地点一次地震动记录 $a(t)$ 的持时较长(如几十秒，实际可以获得)，则可以将持时几十秒的地震动记录 $a(t)$ 合理分为若干时段，先求得各分段的傅里叶谱 $A(i\omega)$，再对各时段的傅里叶谱 $A(i\omega)$ 求平均值，在周期小于各时段时长的条件下，求得的傅里叶谱 $A(i\omega)$ 的平均值具有极大的可靠性，可用于描述地震动的特征。

与反应谱一样，描述一次地震动特征或结构体系地震反应特征，除了加速度傅里叶谱之外，还可以采用速度傅里叶谱、位移傅里叶谱。在傅里叶谱中，横坐标为频率(Hz)，纵坐标为最大加速度幅值或最大速度幅值、最大位移幅值。

4. 人工加速度时程——目标反应谱

在地震工程与工程抗震问题研究中,由于自然地震的发生与特点具有随机性、稀有性、偶然性,所以实际能够记录到且又满足同一集系要求的地震动往往过少(即实际取样数过少),致使难从实际强震记录中选择与指定地震类型、场地类别相应的地面运动加速度记录作为输入的地面运动。由此提出了一个问题,即能否人工制造出一个与指定地震类型、场地类别相应的地面运动加速度记录。自 20 世纪 60 年代开始,对这一问题进行了大量研究。人工制造地震加速度时程通常采用两种方法,即比例法和数值法,以数值法应用最普遍[21]。

1) 人造地震动的比例法

首先,从地震地质和场地条件类似的实际地震记录中选择一条地震动参数相近的地震记录 $a(t) \sim t$;若地震动参数不完全满足要求,则将时间坐标 t、加速度坐标 $a(t)$ 分别乘以某一适当常数(如 t 乘以常数 m、$a(t)$ 乘以 n),即进行时间坐标 t、加速度坐标 $a(t)$ 的适当压缩($m < 1, n < 1$)或放大($m > 1, n > 1$),以使二者满足各项要求。由于这种方法可供调整的参数仅有两个比例常数(m、n),所以只能满足最大加速度和卓越周期两个要求。假定要求的地震动具有最大加速度 $a_{\max}^0$、卓越周期 T^0、持续时间 T_d^0,则可以采用两个比例常数 $n = a_{\max}^0 / a_{\max}$($a_{\max}$ 为实际地震记录的最大加速度)、$m = T_0 / T$(T 为实际地震记录的卓越周期)分别调整加速度坐标 $a(t)$、时间坐标 t,即 $n \times a(t)$、$m \times t$,以使之满足最大加速度和卓越周期的要求;然而,调整后的持续时间 $m \times T_d$ 并不等于 T_d^0,因此,选择实际地震动记录 $a(t) \sim t$,一般使 $m \times T_d$ 稍大于 T_d^0,则调整后可以截去后面较小的记录而不影响卓越周期。

应该说明,比例法无法满足反应谱或频谱的其他要求,这些要求只能通过合理选择实际地震动记录 $a(t) \sim t$ 近似满足。但是,由于比例法利用实际地震动记录 $a(t) \sim t$,所以可望由此获得的人造地震动能够继承实际地震动的某些未知特性。

2) 人造地震动的数值法

人造地震动的数值法进一步分为三种方法,即随机脉冲法、自回归法、三角级数法。第三种方法应用最普遍。以下简要介绍第三种方法的基本步骤。

假定基于某一特定场地及其邻区地震活动情况,已合理确定了待求地震动 $a(t) \sim t$ 的反应谱 $S_a(T)$、持续时间 T_d、振幅非平稳性函数 $f(t)$,则制造出满足这些条件的地震动 $a(t) \sim t$,基本步骤如下。

第一步:依据需要与可能,合理确定应控制的反应谱 $S_a(T)(T = T_1, T_2, \cdots, T_M)$ 的坐标点数 M、反应谱控制的容许误差 ε_0,而三角级数的项数 N 由频率增量 $\Delta \omega$ 选择控制,国际上一般取 $M = 40 \sim 60$(可达 100)、$\varepsilon_0 = 5\% \sim 10\%$、$N = 200 \sim 2000$(可达几千)。

第二步:选择一个初始函数 $a_0(t)$,即

$$
\begin{cases}
a_0(t) = f(t) \sum_{k=N_1}^{N_2} A_k \mathrm{e}^{\mathrm{i}(\omega_k t + \varphi_k)} \\[2mm]
A_k = A(\omega_k) = \left[4S(\omega_k)\Delta\omega\right]^{\frac{1}{2}} = \left[4S(k\Delta\omega)\Delta\omega\right]^{\frac{1}{2}} \\[2mm]
S(\omega_k) = \dfrac{\dfrac{2\zeta}{\pi\omega_k}S_a^2(\omega_k)}{-2\ln\left(-\dfrac{\pi}{\omega_k T_\mathrm{d}}\ln p\right)}
\end{cases}
\tag{3.35}
$$

式中，ω_k、A_k 分别为第 k 个傅里叶分量的频率、振幅；φ_k 为相位角在 $0\sim2\pi$ 均匀分布的随机量；$N = N_2 \sim N_1$，$N_1\Delta\omega < 2\pi/T_M$，$N_2\Delta\omega < 2\pi/T_1$；$S(\omega)$ 为功率谱；$S_a(\omega)$ 为加速度反应谱；ζ 为阻尼比；T_d 为持续时间；p 为反应不超过反应谱值的概率（一般取 $p \geqslant 0.85$）。式(3.35)中的第二式和第三式为功率谱 $S(\omega)$ 与加速度反应谱 $S_a(\omega)$ 之间的近似关系；k 在 $N_1 \sim N_2$ 依据连续整数变化，但是实际应用中，在每一坐标 T_i 左右均有足够数量的三角级数，特别应注意反应谱控制坐标 $T_i(i = 1,2,\cdots,M)$ 中的长周期段（$i = M$ 附近），因此 $\Delta\omega$ 应选择足够小；但是，若要求长周期段的三角级数有较多项，则短周期段的三角级数项将过多，从而不必要增加了 N 值。式(3.35)中的 $f(t)$ 为控制 $a(t)$ 外包线形状的函数，称为非平稳性函数，是指定的先验函数。

第三步：采用迭代方法修正傅里叶谱 $A_0(\omega) = A_k^0$。根据第二步获得的初始函数 $a_0(t)$，计算反应谱 $S_{a0}(\omega)$；通过对比计算的反应谱 $S_{a0}(\omega)$ 与目标反应谱 $S_a(\omega)$，以修改 $A(\omega) = A_k$，具体修改方法可以为 $A_1(\omega) = A_0(\omega)[S_a(\omega)/S_{a0}(\omega)]$ 或其他方法；由于反应谱的控制点数少于三角级数的项数，所以对于一个反应谱控制坐标 T_i，应修改 ΔT_i 中全部三角级数项，修改的原则可以在每一 ΔT_i 段中为常比例数，也可以在 T_{i-1}、T_i、T_{i+1} 三者之间线性内插。这一步的结果为修正后的地震动 $a_1(t)$。

第四步：重复以上迭代过程，直至反应谱在控制点的最大误差不大于给定的误差 ε。误差 ε 要求以满足反应谱纵坐标的最大值的某一百分比为宜，如 $\varepsilon = 5\% S_{a\max} = 0.05 S_{a\max}$。由于在长周期段 $T \geqslant 2\mathrm{s}$ 之后，反应谱值一般已很小，这一要求不易满足，所以若非对长周期段的地震动有特殊要求，可以容许较大误差 ε。

3）人造地震动数值法的控制条件

采用数值法制造地震动时程，要求满足的条件（即控制条件）因应用目的不同而不同。不同应用目的的要求满足的条件：①要求人造地震动具有给定的反应谱或功率谱；②要求人造地震动具有给定的最大加速度、最大速度、最大位移，这一条件与①要求满足的条件接近，但是远低于规定整个谱的限制条件；③要求人造地震动具有给定的卓越周期，这一条件只规定谱的峰值位置，即使再增加一个限制参数，如地基阻尼比，也仍为限制程度很低的要求；④要求人造地震动具有给定的最大加速度、加速度反应谱，这一条件应注意加速度与高频反应的放大比例相匹配；⑤要求人造地震动具有给定的振幅非平稳性函数 $f(t)$、持续时间 T_d，由于可以认为 $f(t)$ 与 T_d 等价，并且 T_d 的规定尚包含更不确定因素、T_d 的限制程度远低于 $f(t)$ 的限制程度，因此提出这一条件且要求 $f(t)$ 与 T_d 相适应（即 T_d 应大于 $f(t)$ 中平稳段）。人造地震动要求满足的条件（控制条件）一般来自对未来地震的持续时间、空间分布、发生强度、震动特性的合理估计。

4）人造地震动数值法的目标反应谱

如上述，采用数值法制造的地震动时程（即人工地震波）要求满足某一给定的反应谱（要求满足的首要条件），称为目标反应谱。也就是说，人工地震波的合成存在一个基本控制条件，即要求模拟结果与目标反应谱较好吻合。

应该说明两点：①人造地震动的反应谱拟合主要针对绝对加速度反应谱；②通常采用三角级数法合成的人工地震波的反应谱与平滑的目标反应谱之间往往存在较大误差，必须进行一定修正或迭代，因此，为了使人工地震波的反应谱更好拟合于目标反应谱，可以在幅值谱修正基础上，对高频段再进行功率谱的调整，从而获得较为满意的结果，如图 3.29 所示。

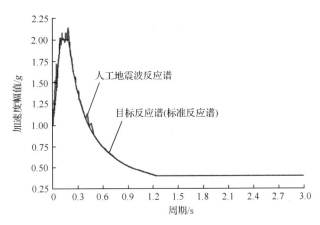

图 3.29 人工地震波反应谱拟合于目标反应谱

3.7 地震动与地震区划

1. 地震动观测与地震动特性参数

1）地震动定义

由于地震波传播而引起地表附近地层（土层、岩层）的振动称为地震动或地面运动。地震动是一种随机性大、复杂多变且影响因素多、难以准确预估的地震现象（即一种随机震动过程），是引起土体、地基与堤坝、边坡、道路、桥梁、隧道、建筑等各种工程震害的根本原因。因此，地震动早已成为工程抗震设防必须考虑的一项重要依据，并被认为是地震与工程抗震之间的联系桥梁，20 世纪 60 年代诞生的"强震地震学"即以地震动为主要研究对象。在地震工程中，主要有 3 个研究对象，即地震动（输入）、地基-结构（体系）、地基-结构反应（输出），因为只有清楚知道地基-结构体系的地震反应，才可能对地基-结构体系做出科学合理的抗震设计，而为了可靠掌握地基-结构体系的地震反应，又必须详细了解地震动的特性、地基-结构体系的动力特性（二者缺一不可）。然而，由于对地震动特性的认识不足，致使现今工程抗震设计应具有的安全性缺乏确切的度量。但是，随着世界范围地震动观测的快速发展,对由强震作用引起的地震动的认识正在深化。

2) 地震动观测

地震动观测分两大类:一是服务于地震工程,目的在于确定震源位置、震源深度、震源特性、发震时间、震级大小等,据此研究震源机制、震源动力过程、地震波特性、地震波传播介质、地震波传播衰减规律、地球结构等;二是服务于工程抗震,目的在于确定测点处的地震动、工程地震反应等,据此研究工程的地震动输入特性、抗震性能等。由于地震动观测的目的不同,各自采用的地震仪的性能也不同,前者采用的仪器称为地震仪,后者采用的仪器称为强震仪或强震加速度仪。地震仪以弱震动为主要观测对象,记录微小的地震动位移;而强震仪以强震动为主要观测对象,绝大多数均记录强烈的地震动加速度,仅少数记录强烈的地震动速度,这是因为从地震动加速度过程 $a(t)$ 推算速度过程 $v(t)$、位移过程 $u(t)$ 较容易且计算精度较高,反之,从地震动位移过程 $u(t)$ 推算速度过程 $v(t)$、加速度过程 $a(t)$ 较困难且计算精度较低。近 30 多年来,在工程抗震研究中,也越来越重视强地震动位移的观测。地震仪、强震仪或强震加速度仪能够同时记录测点处三个互相垂直方向的地震动(三个互相垂直分量的地震动),即一个竖向地震动、两个水平向地震动,如图 3.30 所示。

采用强震加速度仪观测因强震作用而引起的地面地震动特性称为地震动观测,观测的目的在于取得强震下地震动记录(图 3.30),并通过对地震动记录分析,了解地震动特性,以及地震动特性参数与震级、震中距、场地条件之间的关系,进而估计未来可能出现的最大地震动。强震观测因应用目的不同而分为六种类型:①地震动衰减台阵,一个台阵由几台至几十台强震加速度仪组成,跨越可能发震的断层呈线状布置(布置线与断层走向垂直或大角度相交),观测目的在于了解地震动随与断层之间距离或震中距而衰减的变化规律;②区域地震动台阵,一个台阵由几十台强震加速度仪组成,呈区域性大范围纵、横网格状布置(布置线长度可达几百公里),观测目的在于获得某一区域地震动资料,包括不同场地条件对地震动影响等;③断层地震动台阵,一个台阵由几台至几十台强震加速度仪组成,一般与“地震动衰减台阵”联合布置,布置于现代活动断层与可能发震断层或断层带上,观测目的在于了解震中区、极震区、近震区的地震动特性与断层的地震效应;④结构地震反应台阵,一个台阵由几台至十几台强震加速度仪组成,根据楼房、桥梁、堤坝、隧道、核电站、近海平台等工程结构类型不同,要求将强震加速度仪分别布置于结构内部不同高度与不同位置、内部地面、外部附近地面,观测目的在于了解工程结构的强震反应与震害性态,包括弯剪水平振动、扭转振动、竖向振动与土-结地震相互作用等;⑤地震动密集台阵(差动台阵),一个台阵由几台至几十台强震加速度仪组成,呈纵横网格状、或同心圆状、或线状布置于一个不大范围,观测目的在于了解地面几十米至几百米范围各点地震动之间的相关性,据此研究这种相关性对大跨、多支点、大体积结构物地震反应与震害的影响;⑥地下地震动台阵(三维台阵),一个台阵由几台至几十台强震加速度仪、速度仪、位移仪组成,自地表至地下按照一定竖向间距依次布置,必要时还布置于上部结构内部,观测目的在于了解地下几十米至 200m 范围的近地表区域强震动加速度随埋深的变化规律,据此研究地下工程的强震反应与震害、土-结地震相互作用且进行地下工程抗震设计。

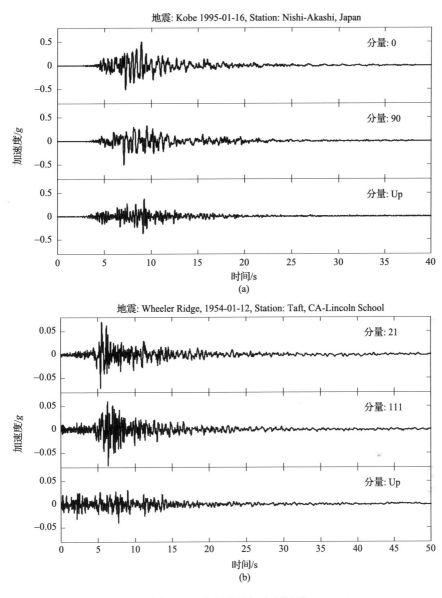

图 3.30　典型强震加速度记录

3) 地震动特性及参数

从历次地震动观测结果获得的四点重要启示：①强地震动的加速度富于高频成分、位移富于低频成分、速度频率成分介于二者之间，即加速度过程的主周期短、位移过程的主周期长、速度过程的主周期介于二者之间，如图 3.31 所示；②地震动的强震动阶段的持时有的几十秒、有的仅几秒，如图 3.31 和图 3.32 所示；③地震动的最大加速度有的仅出现一次至二次，次大加速度值比最大加速度值小得多（称为冲击型地震动），有的最大加速度值与次大加速度值相差较小且二者频繁出现（称为往返型地震动），如图 3.32 所示；④地震动的主周期有的较长、有的较短，如图 3.31 和图 3.32 所示。进一步研究表明，强地震动的这四个特点并非偶然,而与震源特性、发震机制、震级、震源深度、震中距、场地条件等关系密切。近40多年来,随着对地震动的宏观现象、震害经验、记录数据等认识的不断深入,认为从工程抗震角度,应采用振幅、频率、持时三要素描述具有一定破坏性的强地震动特性(即强地震动的工程特性),这三个要素的不同组合决定了工程的强震反应与地震安全性。以下简要介绍刻画强地震动特性的三要素。

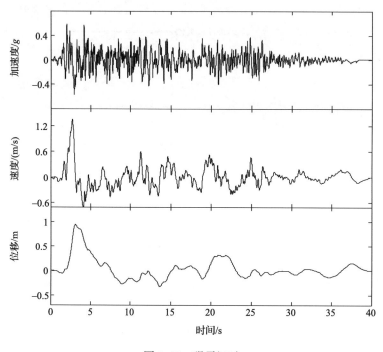

图 3.31　强震记录

(1)振幅。地震动的振幅可以是加速度、速度、位移三者之一的峰值、最大值或具有某一种意义的有效值。加速度很早被视为表示地震动强弱的一个重要指标,并且在取得大量强震观测记录之后,对最大加速度的研究最多。并非加速度的整个时程均对工程地震稳定性有显著影响,某一时段的影响可能很大,而另一时段的影响也许可以忽略不计,所以从工程抗震来看,只有对结构地震反应有明显影响的地震动指标,才有重要意义,因此提出了加速度的有效峰值的概念。现有多种加速度、速度的有效峰值的提法,但是各自均带有一定主观性,并且不同提法的有效峰值之间也存在一定关系。

ATC-3 有效峰值加速度(EPA)与有效峰值速度(EPV):将 5％阻尼比的加速度反应谱在周期 $T=0.1\sim0.5$s 平均为一个常数 S_a,将 5％阻尼比的速度反应谱在周期 $T=0.1$s 附近平均为一个常数 S_v,则 EPA 的计算式为

$$\begin{cases} \text{EPA} = S_a/2.5 \\ \text{EPV} = S_v/2.5 \end{cases} \qquad (3.36)$$

式中,S_a 为谱加速度;2.5 是一个经验系数。

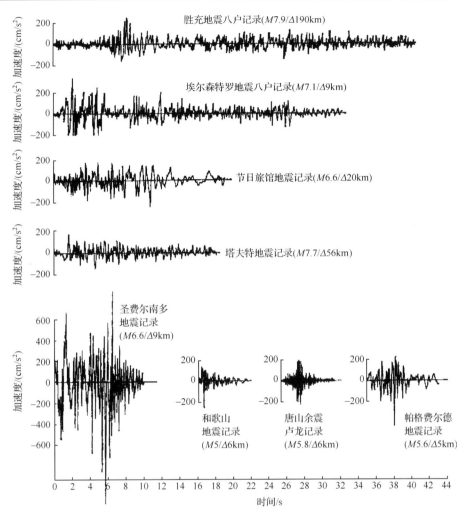

图 3.32　典型强震加速度记录对比

静力等效加速度 SEA：基于牛顿第二定律，根据地震时简单的刚体结构发生倾倒、移动（不考虑结构的地震变形作用），反推计算所需的加速度，称为静力等效加速度。事实上，如此获得的静力等效加速度远小于地震动加速度时程 $a(t)$ 中的最大值。目前，日本、印度等国仍然沿用这一概念。

均方根加速度 a_{rms}：由于地震动是一个随机振动过程，所以加速度过程 $a(t)$ 中的最大峰值也是一个随机量，不应作为描述地震动特性的定量指标。因此，提出了均方根加速度 a_{rms} 的概念，作为一个统计特征，用于表示振幅的大小，即

$$a_{\text{rms}}^2 = \sigma_a^2 = \frac{1}{T_d} \int_0^{T_d} a^2(t)\,\mathrm{d}t \tag{3.37}$$

式中，T_d 为地震动持时（取强震动阶段的持时，地震动过程在这一持时内可以近似认为是一个平稳过程）；σ_a^2 为方差。在地震动过程 $a(t)$ 中，最大加速度 $a_{\max}$ 与均方根加速度 a_{rms} 之间的关系为

$$a_{\max}^2 = a_{\mathrm{rms}}^2 \left(2\ln\frac{2T_d}{T_p} \right) \tag{3.38}$$

式中，T_p 为地震动卓越周期。

值得注意的是，将峰值加速度作为描述地震动强度的指标，存在两方面重要缺陷：一是峰值加速度实际为地震动高频成分的振幅，仅取决于发震断层的局部特性，而不能很好地反映整个震源的特性；二是峰值加速度离散性极大，即使震级、震源深度、震中距、场地条件等发生很小改变，也将引起峰值加速度发生很大变化。

谱强度 SI：SI 也称为谱烈度，定义见式（3.39）。SI 不涉及任何宏观地震现象，完全不同于烈度。

$$\mathrm{SI}_\zeta = \int_{0.1}^{2.5} S_v(T,\zeta)\mathrm{d}T \tag{3.39}$$

式中，ζ 为阻尼比（常取 0 或 0.2）；S_v 为在 ζ 阻尼比条件下单质点体系的相对速度反应谱；T 为周期。

（2）频谱。表示一次地震动中振幅与频率之间关系的曲线称为频谱。震害调查与研究表明，地震动的频谱（即频率组成）对工程的地震反应具有重要影响。由于共振效应，若地震动集中于低频段，则长周期柔性结构将发生大反应；反之，若地震动集中于高频段，则对短周期刚性结构产生较大危害。历次强震的地震动的频谱组成各不相同，地震动的频谱组成取决于震级、震源深度、震中距、场地条件等，震级越大、震源越深、震中距越远、场地土越软且厚，地震动频谱组成中低频成分越突出。震害调查结果直接证明了地震动频谱组成对工程结构地震反应与震害的决定性影响。1966 年 10 月 17 日秘鲁地震，利马市的震害主要集中于单层房屋，而多层房屋几乎未破坏，当地的强震记录显示地震动以高频为主，主周期为 0.1s，单层房屋的自振周期正好接近 0.1s。高频地震波随传播距离的衰减比低频地震波快，距离震中较远或很远处地震动的频谱组成以低频成分为主。在地震工程与工程抗震中，刻画地震动的频谱常有三种，即傅里叶谱、反应谱、功率谱。傅里叶谱、反应谱已表述于 3.6.2 节，在此不赘述。以下仅对功率谱进行简要介绍。

功率谱又称为功率谱密度或功率谱密度函数，属于在频域中描述随机地震动过程的一种物理量（即函数），定义为地震动过程 $a(t)$ 的傅里叶谱的平方平均值，即

$$S(\omega) = \frac{1}{2\pi T_d} E\big[A^2(\omega)\big] \tag{3.40}$$

式中，T_d 为地震动的持时。

频谱的若干说明：①反应谱描述的是地震动的频谱特性，并不是描述结构的频谱特性；②傅里叶谱永远也不会超过零阻尼的速度谱，即 $S_v(0,\omega) \geqslant |A(\omega)|$；③与傅里叶谱相比，由于反应谱失去了地震动各频率分量之间的相位差，所以从反应谱无法再回到地震动过程 $a(t)$；④反应谱具有显著的非线性特性，即在任一频率 ω 处反应谱值并不与傅里叶谱值成比例，这一特性对人工模拟地震动有重要意义；⑤与反应谱、傅里叶谱相比，功率谱的突出优点在于具有明确的统计意义，由于是一种平均，所以比傅里叶谱更平滑，但是也失去了相位信息，因而也不能再回到地震动过程 $a(t)$，然而从随机过程来看，这并非缺

陷,因为一条曲线 $a(t)$ 只是一次取样,而并不要从平均值再返回到某一次取样;⑥无论哪一种频谱,谱函数均有无数个独立变量(频率、周期),这是因为谱是频率(周期)的连续函数,反之,每一个频率(周期)对应的谱值也均为一个独立变量,这一点更是频谱简化的必要依据;⑦地震动幅值与反应谱值之间并无确定的函数关系,而只存在一种近似对应关系,因为反应谱失去了相位信息,采用简化后的反应谱参数更如此。

应指出,频谱给出了振幅与其相应频率之间的关系。若对幅值做某种规格化,则给出规格化的振幅与其相应频率之间的关系,称为规格化的频谱或相对频谱,在中国常采用的规格化的频谱形式为 $\beta(T) = S_a(T)/a_{\max}$。然而,规格化的频谱(放大谱)仅表示频谱的形状,而不能反映频谱的绝对值。谱形的最简单表示方法,可以只用一个卓越周期,泛指放大谱中最卓越的周期,有时也指放大谱中较卓越的那一段,有时还将放大谱中相对较高的几个峰值点的周期统称为卓越周期。卓越周期是谱形的一个最重要的特征,而谱形的另一重要特征是胖、瘦。

(3) 持时。在震害调查中,往往听到经历地震的人常说的一句类似话:若震动时间再长一点,这栋楼或这座桥肯定倒塌。这是一般人对地震动持时(即持续时间)的重要影响的一种朴素认识。根据历次强震的大量震害调查资料及试验、理论研究结果,地震工程与工程抗震领域专家坚信,地震动的持时是地震动工程特性的三要素之一,直接影响工程的地震破坏与震害危险性。若地震动的持时很长(如超过 30s),即使地震动的加速度较小,也将对工程产生较大的震害。地震动的“持时”绝非简单意义的地震动全过程的持续时间,而是指在地震动全过程中对工程震害与破坏有重要影响或起决定性作用的某一时段。然而,尽管地震动的持时很重要,但是对“持时”的定义至今尚未统一。地震动持时的定义可以分为两大类,即地震动加速度绝对值的持时定义、地震动加速度相对值的持时定义。假定某一地震动过程为 $a(t)$、最大加速度为 $a_{\max}$,绘制两条水平线 $a(t) = \pm a_0$,下面给出 a_0 的取值方法,如图 3.33 所示。根据图 3.33,目前常用的一种地震动持时的定义为

$$T_d = T_1 - T_2 \tag{3.41}$$

式中,T_d 为定义的地震动持时;T_1 为水平线 $a(t) = a_0$ 首次与地震动过程 $a(t)$ 曲线相交点对应的时间;T_2 为水平线 $a(t) = -a_0$ 最后一次与地震动过程 $a(t)$ 曲线相交点对应的时间。据式(3.41),若以 a_0 的绝对值定义的持时 T_d 称为 a_0 持时,a_0 的绝对值一般取 $a_0 = 0.05g \sim 0.1g$ (g 为重力加速度),因为更小的地震动不引起工程结构破坏;若以

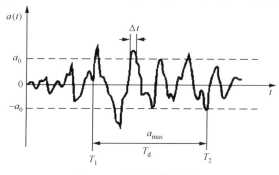

图 3.33　强震动持时定义

a_0 的相对值 a_0/a_{max} 定义的持时 T_d 称为分数持时或 a_0/a_{max} 持时,如寻求 1/3 持时 T_d,即取 $a_0/a_{max} = 1/3$,目前常用 $a_0/a_{max} = 1/5 \sim 1/2$。

　　地震动的能量随时间增长的一种计算方法见式(3.42),相应的正规化表示见式(3.43)。

$$E(t) = \int_0^t a^2(t)\,\mathrm{d}t \tag{3.42}$$

$$I(t) = \frac{\int_0^t a^2(t)\,\mathrm{d}t}{\int_0^T a^2(t)\,\mathrm{d}t} \tag{3.43}$$

式中,T 为地震动的总持时(即地震动全过程的持续时间,由强震观测获得,属于已知量);$E(t)$ 为在 $0 \sim t$ 时段地震动的能量;$I(t)$ 为在 $0 \sim t$ 时段地震动的能量占地震动全过程的能量的份额(一个从 $0 \sim 1$ 的函数)。目前,根据地震能量定义,地震动的相对持时 T_d 也依据式(3.41)确定,但是要求 T_1、T_2 由式(3.44)或式(3.45)确定。式(3.44)计算的持时 T_d 称为 90% 持时,式(3.45)计算的 T_d 称为 70% 持时。

$$\begin{cases} I(T_1) = \dfrac{\int_0^{T_1} a^2(t)\,\mathrm{d}t}{\int_0^T a^2(t)\,\mathrm{d}t} = 0.05 \\[4mm] I(T_2) = \dfrac{\int_0^{T_2} a^2(t)\,\mathrm{d}t}{\int_0^T a^2(t)\,\mathrm{d}t} = 0.95 \end{cases} \tag{3.44}$$

$$\begin{cases} I(T_1) = \dfrac{\int_0^{T_1} a^2(t)\,\mathrm{d}t}{\int_0^T a^2(t)\,\mathrm{d}t} = 0.15 \\[4mm] I(T_2) = \dfrac{\int_0^{T_2} a^2(t)\,\mathrm{d}t}{\int_0^T a^2(t)\,\mathrm{d}t} = 0.85 \end{cases} \tag{3.45}$$

　　目前,国际上地震动的相对持时应用最广泛。这是因为:①持时只是地震动的参数之一,往往与地震动的其他参数(如振幅、频率、反应谱等)一并使用,因而持时中无需再包含地震动的其他参数(绝对持时、相对持时均如此),很方便应用;②若为绝对持时,需要采用加速度具体的某一绝对值定义持时,如 $0.1g$ 持时,则在距离震中较远处,当最大加速度 $a_{max} < 0.1g$ 时,确定的地震动持时为零,容易被误解为无地震动,显然与事实不符,而相对持时不存在这种尴尬情况;③采用绝对持时,如 $0.1g$ 持时,若某一处地震动的最大加速度 $a_{max} < 0.1g$,甚至 $a_{max} < 0.05g$,则确定的地震动持时为零,而即使 $a_{max} < 0.1g$,甚至 $a_{max} < 0.05g$,也可能引起破坏,如墨西哥 1962 年 5 月 19 日发生了 7.1 级强烈地震,距离震中 260km 的墨西哥市某一公园的烈度达 Ⅵ～Ⅶ,而当地地震动最大加速度的观测值仅为 $0.039g$,$0.1g$ 持时肯定为零,一个持时为零的地震动还引起破坏显然不可思议。

　　描述地震动持时的另一种方法是地震动所要包括的主要作用次数 N。地震作用次数 N 与地震类型及震级有关，Seed 通过统计不同震级的地震记录，给出了主要作用次数与震级之间的关系，见第 10 章。地震的震级越大，持时便越长，主要作用次数也越多；由于材料的疲劳效应，地震作用次数越多，材料越容易破坏。采用作用次数描述地震的持时，容易将其与材料的疲劳试验结果联系起来，这是一个优点。

　　以上简要介绍了公认的刻画强地震动特性的振幅、频率、持时三要素。除此之外，还有其他的量对描述地震作用也可能很重要。如：①速度脉冲，图 3.34 给出了 1971 年圣费尔南多地震近断层帕科伊马坝上一个强地震动加速度过程 $a(t)$ 观测记录与通过对加速度过程 $a(t)$ 积分得到的速度过程 $v(t)$，可见一个较大的速度脉冲，而这种脉冲虽然在反应谱中也有反映，但是工程结构对其反应并不能通过反应谱很好表示；②串波，即几个频率特性相近的地震动加速度脉冲紧密相连的特殊排列，从而形成短时段接近简谐波的地震动过程，如图 3.35 所示，对工程地震反应与震害的影响远不同于将这些串波或脉冲串分开的影响，并且特殊的串波还可以对结构产生类似共振的效应而加大结构地震反应。

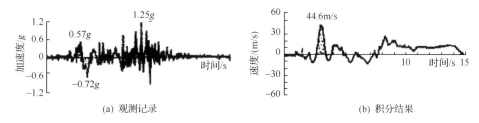

(a) 观测记录　　　　　　　　　　　(b) 积分结果

图 3.34　圣费尔南多地震近断层帕科伊马坝强地震动过程

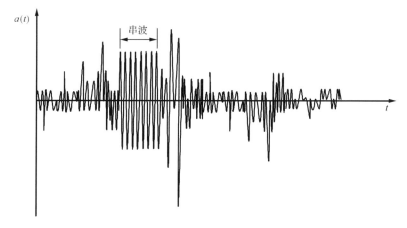

图 3.35　串波示意图

　　长期以来，对于强地震动特性的考虑，绝大多数仅限于三个互相垂直的移动分量，即一个竖向分量、两个水平分量，均刻画为地震动的加速度 $a_{x,y,z}(t)$、速度 $v_{x,y,z}(t)$、位移 $u_{x,y,z}(t)$。而事实上，除了这三个互相垂直的移动分量之外，还存在三个转动分量，即沿三个互相垂直轴转动的转动分量，分别表示为角加速度 $\ddot{\theta}_{x,y,z}(t)$、角速度 $\dot{\theta}_{x,y,z}(t)$、转角 $\theta_{x,y,z}(t)$。但是，关于地震扭动分量的研究较少，在此不做进一步表述。

4）地震加速度时程的平均值、标准差、平稳化函数

事实上，无论如何定义"强地震动持时"均有一定主观性，而这种主观性的关键在于如何界定这个"强"字。例如，在以上"持时"讨论中，如何合理确定 a_0、a_0/a_{max}、$I(T_1)$、$I(T_2)$ 的取值。若采用另一种方法研究强地震动的持时，则可以避免这一概念，即采用地震动振幅标准差函数 $g(t)$ 分析强地震动的持时。如图 3.40 所示，地震动振幅标准差函数 $g(t)$ 的定义为

$$g^2(t) = \frac{1}{\Delta t} \int_{t-\frac{\Delta t}{2}}^{t+\frac{\Delta t}{2}} a^2(t)\,\mathrm{d}t \tag{3.46}$$

式中，Δt 为时间微分段（即移动窗宽）。取 Δt 为一个最短的时段，以使得在 Δt 变化不大条件下，据式（3.46）求得的函数 $g(t)$ 的形状不变或变化很小，此时，$g^2(t)$ 即为时刻 t 处 $a(t)$ 的方差 σ^2。以上阐述的两类"持时"均可以通过地震动振幅标准差函数 $g(t)$ 予以确定。

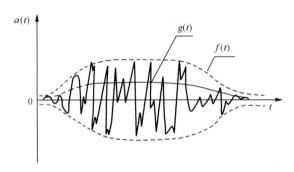

图 3.36　地震动振幅强度标准差与包线函数

此外，由于备受地震与场地方面多种因素影响，导致即使是某一具体场地的地震动也属于一种非平稳的随机振动过程，而任一非平稳随机振动过程总可以寻求到某一平稳化函数 $f(t)$（图 3.36）。由此可见，平稳化函数曲线为加速度时程曲线的外包线。

基于概率意义，方差 σ^2 与标准差 σ 均为统计特征，在统计的数据足够多的条件下，二者可以近似看成确定量，而最大值（如地震动的最大加速度 a_{max}）则是一个随机量，必须与发生的概率相联系。假定地震动的加速度 $a(t)$ 服从正态分布，则不超过最大值 $a_{max} = \bar{a} + \sigma$ 的概率为 68.3%、不超过最大值 $a_{max} = \bar{a} + 2\sigma$ 的概率为 95.5%、不超过最大值 $a_{max} = \bar{a} + 3\sigma$ 的概率为 99.7%（$\bar{a}$ 为地震动加速度的平均值）。当然，对于整个地震动过程，可以近似认为加速度的平均值 $\bar{a} = 0$，并且一般情况下 $f(t)$ 与 $g(t)$ 大致成正比，如图 3.36 所示。

原则上，振幅标准差函数 $g(t)$ 地震动的强度随时间的变化规律，不仅包含强震动持时的全部概念，还更准确地描述了振幅的强度随时间变化的许多细节，因此或许可以直接采用 $g(t)$ 或 $f(t)$ 的少数几个特征参数代替"持时"这个粗糙的概念。

5）地震动影响因素

影响地震动特性的因素主要包括三大类，即震源特性与机制、传播介质与途径、场地条件，与影响地震烈度的因素基本一致。

（1）振幅的影响因素。

地震动振幅的主要影响因素有震级、震源深度、震中距、断层性质与产状、基岩埋深与产状、土的类型与土层厚度、含水层埋深与产状等。在场地条件不变的情况下，震级越大、震源深度越浅、震中距越小，振幅越大。场地土层对地震运动具有放大器与过滤器的作用，地震波通过土层，地震动幅值可能放大，但是若土层深厚，幅值也可能减小。若场地存在基岩断层，问题分两种情况：一是发震断层将加大振幅；二是非发震断层因对地震波有阻隔作用而使振幅减小（震源或震中与所考察的场地分别位于断层两侧），或者非发震断层因对地震波有射散作用而使振幅加大（震源或震中与所考察的场地位于断层同一侧），至于断层产状的影响也较复杂。在以上考虑中，还应注意地震波的频谱组成与场地（基岩、断层）的自振频率之间的关系，若存在共振效应，无疑将显著加大振幅。

（2）频谱的影响因素。

地震动频谱的主要影响因素有震级、震源深度、震中距、场地条件等。历次震害调查与强震观测结果表明，在局部场地条件中，场地土层对频谱的形状具有一定甚至显著的影响，这一影响首先被各国抗震规范接受，中国抗震规范早在 1964 年的草案中就明确了这一影响，当然从震动理论上也可以接受这一影响的规定，因此，目前一些国家（如日本、美国）的抗震规范已采用了按照场地类别给出相应的反应谱。此外，波的传播理论分析与强震观测结果表明，对反应谱的形状具有重要影响的因素还有震级、震中距，大地震的震源谱有更多长周期成分，地震波的传播距离越远，频谱中高频成分衰减越多、长周期成分占份额越大，因此震级越大、传播距离越远（即震源深度越大、震中距越大），地震动反应谱在长周期部分的值低，如图 3.37 所示。目前，较多国家的抗震规范均原则上考虑了这一点。

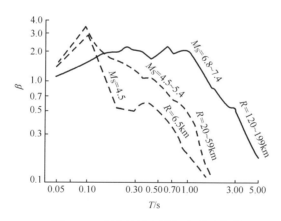

图 3.37 唐山地震主震与余震反应谱

一些地震记录的反应谱的卓越周期可达 0.7～1.0s 的中长周期，究其原因尚不确知。但是，目前已基本公认，震级的大小、震源的特性、距离的远近、场地的条件四方面应成为影响反应谱形状的重要原因。

（3）持时的影响因素。

地震动的持时主要取决于震源"锁固端"破坏所需的时间，见图 3.4。根据地震学知识，可以由震级粗略估计锁固端破坏的断裂面积或断裂长度。目前已知发震时锁固端破

坏的断裂扩展速度 $v_f=2\sim2\text{km/s}$、扩展距离 $s_f=0.5L\sim1L$（L 为最大断裂长度，$1L$ 为单侧破裂，$0.5L$ 为对称双侧破裂），因此持时 $t=s_f/v_f$。若采用相对持时或强度标准差函数计算持时，由于地震波在传播过程中存在反射、折射等，致使获得的持时偏大，而对这一影响尚只能依据实测数据寻求经验规律。强震观测结果表明，地震动振幅包线（即振幅强度包线）的形状与震级、距离（包括震源深度、震中距、方位）、场地条件三者关系密切，如图 3.30～图 3.32 所示，小震且为近震的包线一般表现为总持时短、平稳段短、振幅小，大震且为远震的包线一般表现为总持时长、平稳段长、振幅大，不过，也获得过其少的例外记录，即大震且为近震的包线表现为总持时长、平稳段短、振幅大，如 1971 年圣费尔南多地震中 Pocoima 加速度记录。

2. 地震区划与区划原则

国际上，地震区划开始于 20 世纪 30 年代。而后，随着震害调查资料、强震观测记录、实际抗震经验等不断丰富，各项研究工作逐步深入，区划的目的、内容、方法均在日益改进与发展。进入 80 年代，一些地震活动性大且有一定地震资料的国家均划定了自己的地震区划图，作为工程抗震设计与土地利用的重要依据。我国也做了大量的地震区划工作[22]。

1) 地震区划与区划的必要性

地震区域划分简称地震区划（seismic zoning），即针对某一大区域（如一个国家或一个省），依据该地区的地震活动性、地震动强度、震害危险性等的差异，在一定比例尺的地图上将其划分出若干不同的小区域，每一小区域的地震情况基本一致或相同。地震区划可以分为三种不同的目的与指标，即地震活动性区划、地震动区划、震害区划。地震活动性区划：以震源参数为指标，包括过去至未来一定时期地震的最大震级、震级范围、震级频度、释放能量、发生频次等，目的在于展示岩石圈现代构造运动、现代活动断层与现代地震活动性的地理分布。据此，大地构造学家可以了解岩石圈结构与现代构造运动、现代活动断层分布，地震学家可以了解现代地震活动性，工程师可以了解现代地震活动危险性。图 3.38 为中国 20 世纪 70 年代地震活动性区划的一部分，给出了 1973～2073 年可能出现的最大地震的震级分布。地震动区划：以地震动的振幅、频谱、持时三要素为指标，包括各要素的出现或被超越的概率的区划，也称为地震危险性区划，目的在于为设计新建工程、鉴定既有工程（抗震性能与震害危险性）、加固既有工程（进一步提高抗震性能）等提供必要的依据。震害区划：以地震造成的灾害为指标，包括生命伤亡、生产损失、财产损失、环境破坏等，目的在于为土地利用、建设规划、防灾减灾、社会保险等提供依据与决策参考，这种区划的内容主要有历史地震时空强度与概率分布、未来地震时空强度与概率分布、历史各类震害地区分布、未来各类震害地区分布等，据此，政府机构可以对土地利用、建设规划、防灾减灾、地震救援等做出科学合理的决策，地震学家可以参照进行地震的发生地点预测与发生时间中长期预报，工程师可以参照进行工程灾害评估与建筑抗震设计、结构抗震加固。在地震活动性区划中必须给出地震发生的时间、空间、强度、概率与发震断层的类型、产状、埋深、活动性等，因为这些对地震动均有重要影响；此外，从工程使用寿命或安全服役期来看，还要求地震动区划给出未来 20 年、50 年、100 年、200 年地震动三要素的不同概率的合理估计。地震工程专家、工程师直接关心的是地震动区划，这是因为在地震工程与工程抗震中,只有地震动区划(地震危险性区划)给出的参数,才是设计新建工程、鉴定既有工程、加固既有工程的必要依据。

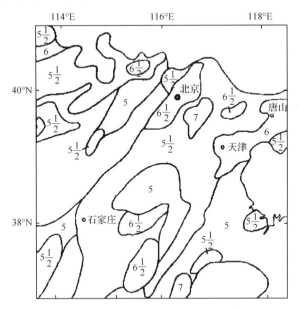

图 3.38　中国华北局部地震活动性区划图

地震区划的结果是绘制的地震区划图,从而使当地政府与有关部门对所管辖区域地震活动性、地震动强度、震害危险性等形成一个全貌与局域相结合的认识,以指导土地利用、建设规划、工程选址、抗震管理、抗震设防、抗震设计、工程鉴定、工程加固等。鉴于上述,地震区划是对大区域地震情况的全貌认识,适用于一般工程建设,而对于特殊工程、高危工程、重大工程与大城市、特大城市的规划、选址、建设等,必须对这些工程另外进行专项的地震动评估。

2)地震烈度区划及其优势、缺陷

地震烈度区划是地震动区划的早期形式,其结果为以地震烈度为指标的地震区划图。显然,地震烈度是地震动的一种表示形式,因此地震烈度区划也属于地震动区划。苏联自 1937 年起一直以地震烈度为指标,1937 年颁布的地震烈度区划图被抗震规范正式采纳,除了无地震区之外,将全国分为Ⅵ、Ⅶ、Ⅷ、≥Ⅸ四个地震区,一直沿用。美国,1948 年编制了地震概率图,将全国划分为<Ⅴ、Ⅴ~Ⅵ、Ⅶ、≥Ⅷ四个烈度区,相当于无损害区、轻度损害区、中等损害区、严重损害区,如图 3.39 所示。1959 年依据苏联方法编制了地震烈度区划图,将全国划分为Ⅴ、Ⅵ、Ⅶ、Ⅷ、Ⅸ、Ⅹ六个烈度区。印度 1980 年提出了以震级、烈度、加速度为指标的喜马拉雅山附近的地震区划图,以及 50 年重现期的地震烈度区划图(分为Ⅴ、Ⅵ~Ⅶ、Ⅷ、Ⅸ四个烈度区)。中国地震烈度区划的研究与实践起步较晚,1978 年颁布了地震烈度区划图,如图 3.40 所示(以图 3.38 为依据),但是该图采用确定性方法绘制,无概率意义。应指出,制定以烈度为指标的区划图,必须确定地震烈度的衰减规律。地震烈度衰减规律包括两方面:一是震中烈度与震级之间的关系,二是烈度与距离(含震源深度、震中距、断层距离)之间的关系。

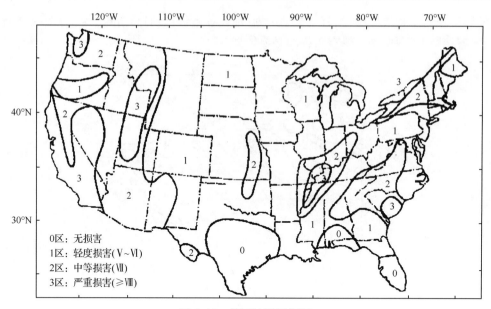

图 3.39 美国地震区划图

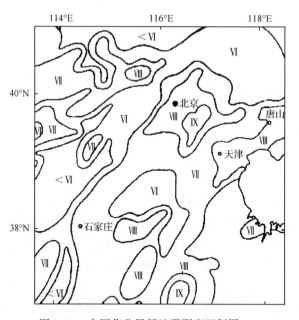

图 3.40 中国华北局部地震烈度区划图

地震烈度区划具有四方面突出优势：①烈度是地震动效应的最直接体现，更是对震害的最朴素与最宏观的认识；②烈度是影响地震动效应多方面因素联合作用的综合结果，这些影响因素包括地震方面、场地方面、结构方面，特别是烈度与地震动的频谱组成、加速度、速度、位移等关系密切；③烈度评定、烈度区划直接来自于震害调查，因此与实际关系密切；④烈度、烈度评定、烈度区划概念清晰、容易掌握且无复杂的计算过程，因而工程师很感兴趣，适于且容易在实际中推广应用。正因为如此，国际上地震烈度区划一直沿用至今，成为各种工程抗震设计的一个主要依据。

　　长期以来,尽管以烈度作为地震区划指标,但是也存在一些重要缺陷。主要表现在对烈度的认识与评定存在较多的人为因素,以及烈度衰减关系中具有很大的不确定性,而这种不确定性又主要来自于五方面:一是烈度具有多方面不确定性影响因素(如地震、场地、结构、建材、服役与历史地震等方面);二是烈度分布的不均匀性与随机性;三是对烈度的评定存在较大的主观性与一定的盲目性;四是形成烈度区划图时对等震线勾绘得过于理想化与主观性;五是因等震线分布(形状)的规律性不明而导致成图时需要做具有一定随意性的较大简化或等效处理。

　　3) 地震加速度区划及其优势、缺陷

　　以地震动参数作为地震动区划的指标提出于 20 世纪 60 年代,迅速发展于 70 年代,并见之于抗震规范中。而后,地震动参数区划逐步代替地震烈度区划很快成为一个发展趋势。在地震动参数区划中,通常以地震动的加速度或速度作为区划指标。以加速度或速度作为指标的地震动区划图,可以分为两类:一是利用烈度与地震动参数之间的关系,首先按照烈度做区划,然后再将烈度换算为地震动加速度或速度,以形成地震动区划图;二是直接利用地震动加速度或速度编制地震动区划图,而不涉及烈度。目前,应用最普遍的是以加速度作为指标做地震动参数区划。

　　利用烈度与地震加速度之间的关系做地震动区划的基本步骤:①依据震害调查与地震观测数据,建立加速度 a 与烈度 I 之间的统计关系(a 一般取地震动的最大水平加速度),许多学者给出了地面运动最大水平加速度 $a_{h max}$ 与烈度之间的关系,见式(3.47)、表 3.10;②采用烈度做地震区划;③通过地震观测资料获得地震动衰减关系;④根据所建立的加速度 a 与烈度 I 之间的统计关系,采用加速度 a 代替烈度 I,并依据烈度区划结果,再做地震动危险性分析;⑤按照选定的超过概率求出加速度 a 的等值线(可以取任何增量值),从而得到地震加速度区划图。采用这种方法做地震动区划的事例较多,如日本地震加速度区划图、加拿大地震加速度区划图、喜马拉雅地震加速度区划图、土耳其地震加速度区划图、世界地震加速度区划图等。

$$\begin{cases} \lg a_{h\,max} = \dfrac{I}{3} - \dfrac{1}{2} \\[2mm] \lg a_{h\,max} = \dfrac{I}{2} - \dfrac{3}{5} \\[2mm] \lg a_{h\,max} = \dfrac{3I}{7} - \dfrac{9}{10} \end{cases} \tag{3.47}$$

表 3.10　地震动参数烈度 I 之间关系

I	$a/(cm/s^2)$	$v/(cm/s)$	s/cm
V	12～25	1～2	0.5～1
VI	25～50	2.1～4	1.1～2
VII	50～100	4.1～8	2.1～4
VIII	100～200	8.1～16	4.1～8
IX	200～400	16.1～32	8.1～16
X	400～800	32.1～64	16.1～32

注:据美国强震记录分析结果。

　　直接利用地震动加速度做地震动区划,地震动的加速度衰减关系一般来自于当地强震观测资料,若当地无强震观测资料,也可直接借用地震地质条件、地震活动性相近的邻区或外地强震观测资料,或者根据当地地震地质条件与地震情况对邻区或外地强震观测资料做适当修正而应用。从 1970 年开始,各国在这方面进行了大量工作,相继给出了以地震动参数为划分指标的地震动区划图。我国从 1990 年也开展了这方面工作,并颁布了以地震动加速度为划分指标的全国地震动区划图,为我国各专业抗震设计规范所采用。应指出,中国地面运动最大加速度区划图,除了给出各地最大加速度之外,还给出了标准反应谱的特征周期 T_g。

　　显然,若利用烈度与地震动加速度之间关系的地震加速度编制区划(地震动区划),虽然较纯粹的地震烈度区划更客观、更合理、更科学,但是也避免不了地震烈度区划的上述缺陷。相比之下,直接利用地震动加速度的地震加速度区划(地震动区划)具有四方面显著优势:一是摆脱了烈度,当然也就避免了地震烈度区划的一些缺陷;二是因直接利用强震观测资料(即地震动加速度记录)而极其切合实际;三是避开各种具体的工程结构,给出的只是某一大区域不同场地的地震动强、弱的划分结果,至于各个场地分别适合做何种工程、如何做抗震设计、如何做地震加固、如何做震灾救援预案等均交由政府机构、设计单位、工程师决策。不过,直接利用地震动加速度的地震加速度区划也存在一些重要缺陷:一是这种区划方法依赖于强震观测资料,但是强震观测资料缺乏、不足、或失真将直接影响区划的可靠性;二是在加速度记录不足情况下,需要对地震动衰减做出可靠估计,而这一般很困难或难以获得可靠的估计结果,从而影响区划结果的可靠性;三是在加速度记录缺乏情况下,即当地无强震观测资料,需要借用与当地地震地质条件、地震情况比较接近的邻区或外地强震观测资料,或者根据当地地震地质条件、地震情况对邻区或外地强震观测资料做适当修正而应用,在这种情况下,存在一个对地震地质条件与地震活动性、相似程度的准确判定问题;四是在加速度记录失真情况下,如何正确判定失真的数据且予以补救也是一个重要问题,尤其是频率失真或最大峰值失真。

　　毫无疑问,地震动区划必然由较简单粗略的烈度区划转向更复杂精细的区划。地震动加速度区划已被广泛接受与应用,即使是加速度观测记录较少或缺乏地区,也可以通过对当地地震动做衰减估计、或借用与修正邻区(外地)地震动资料,获得所需足够的数据编制地震动加速度区划图。

3.8　地震地质条件与地震活动性

1. 地震地质条件

　　震源的产生与蓄积能量、地震波的传播均需要一定条件,即在一定条件下才能发生地震及地震作用,这种条件称为地震地质条件。无论何种地震均需要岩石圈板块中存在高地应力;此外,地震波在传播过程中将发生一定衰减作用,地震波在不同地层中传播的衰减速度不同,而存在的非发震断层或软弱带、地下水、石油天然气层等对地震波传播又具有显著的阻隔与消减作用,因此地震影响范围与作用效应还应取决于地震波的传播距离、到达强度、到达波类型。上述均取决于地震地质条件。地震地质条件有:①岩石圈板块运动,是各种地震的能量蓄积与发生的首要地质条件,只有板块运动,才能形成新的现代活动断层,才能使过去的死断层重新复活,才能孕育火山活动,才能产生高地应力——特别是高水平地应力,才能蓄积地震能量(弹性势能),从而为地震的形成奠定必要的基础;②板块内部、板块边缘、造山带的现代活动断层或活动深大断裂带,是各种自然地震——特别是破坏性较大或很大的构造地震的形成与演化的一个必要地质条件,所有的构造地震均发生于现代活动断层或现代活动深大断裂带上,如 1868 年 8.5 级郯城地震、1966 年6.8 级邢台地震、1975 年 7.3 级海城地震、1976 年 7.8 级唐山地震发生于华北板块内部现代活动的郯庐断裂带上,2008 年 8.0 级汶川地震发生于扬子板块边缘现代活动的龙门山断裂带上;③板块内部、板块边缘、造山带的高地应力——尤其是高水平地应力是各种自然地震(火山地震除外)、人工诱发地震发生的另一必要地质条件,各种地震发生首先必须在岩石圈中某一部位蓄积大量弹性势能,而只有高地应力条件,才能使这种能量蓄积成为可能;④现代火山作用可能伴随发生火山地震;⑤天体(如月球)对地球的引潮力作用可能触发高地应力地区发生潮汐地震;⑥高地应力岩溶地区因岩溶塌陷作用可能触发塌陷地震;⑦特别值得提出而尚未引起注意的是,由于地震孕育发生需要蓄积足够大的弹性势能,而一些软岩(如泥石、蒸发岩、膏岩、灰岩等)有的因强度过低而很难蓄积很大的弹性势能,也就是说,这些岩石在弹性势能蓄积还未达到发生地震所需的量级之前便被破坏,因此岩石圈中较高强度岩石也是孕育发生地震的一个重要条件;⑧对于构造地震,还要求现代活动断层或现代活动深大断裂带上存在阻止断层或断裂带运动的锁固端。对于人工诱发地震,尚需要由人工活动而诱发产生的次生地质条件,如水库蓄水渗漏而降低库区岩石中断层的抗剪强度、扰动岩石中高地应力的原有平衡状态(触发断层活动而发生水库地震)、开采爆炸作用扰动岩石中高地应力的原有平衡状态而引发爆炸地震或地下采动地震等,这些可以成为人工诱发的地震地质条件。

2. 地震活动性及其三要素

地震活动性是指一个地区地震活动在时间、空间、强度三方面的一般规律。描述地震活动性的指标有时间、空间、强度,称为地震活动性三要素。时间是指某一地震区或地震带上地震活动的周期性、序列性;空间是指地震区或地震带的区域分布,即震源在空间上具有迁移、重复、填空等移动特征;强度是指地震的大小或强烈程度,一般采用震级或烈度描述,震级表示地震释放能量的大小,烈度表示地震宏观影响与效应的强烈程度。

地震的时间规律与强度序列:①地震的周期性,同一地震区或地震带,在长期地震活动中表现为活跃期与平静期的交替重复过程,由一个平静期开始到下一个活跃期结束为一个地震活动期,活动期交替的时间间隔称为地震周期;②地震的序列性,一系列在成因上有内在联系的地震活动称为一个地震序列,进一步分为主震型、群震型、孤立型,主震型又分为前震-主震-余震型、主震-余震型,前震-主震-余震型表现为在一个地震序列中有一个震级很突出的主震(释放的能量超过全序列能量的 90%)、主震前有明显的前震、主震后余震丰富且余震的能量与频次迅速衰减(存在于震源区介质不均匀且处于极高度应力集中条件下),主震-余震型表现为主震前无前震、主震后余震能量与频次衰减很快(存在于震源区介均匀条件下），群震型表现为一个地震序列由许多震级相近的地震组成而无明显的主震、地震频次高、衰减慢、持续时间长（存在于震源区介质极不均匀且局部应力集中非常明显条件下），孤立型表现为很少有前震、余震且全序列时间很短（存在于震源区介质均匀且无很明显应力高度集中条件下）。

地震的空间规律与强度序列：①地震的迁移性，在一定地震区或地震带上，一定强度的地震按照一定方向相继发生的现象，不仅应考虑沿断裂带或地震带的迁移，还要考虑历史上震中迁移特点，如迁移方向、时间、强度等，从而为预测地震提供借鉴；②地震的重复性，在以往发生过地震的区域再重复发生地震的现象，包括同一活动构造带或地震带上不同部位的重复、同一构造地段原地的重复、强震重复性较小且原地重复更少三种情况；③地震的围空性，大震后，未来震中区逐渐平静下来，而外围弱震活动则逐渐加强，从而形成有感地震的围空区，未来大震必将发生在围空区内，主震越大，围空区越大且形成空区时间也越长。据中国地震资料，围空区面积、围空区长度与未来地震震级之间的统计关系为

$$\begin{cases} M_S = 1.79 \lg A - 0.53 \\ M_S = 3.16 \lg L - 0.31 \end{cases} \tag{3.48}$$

式中，A 为围空区面积，km^2；L 为围空区长轴的长度，km；M_S 为未来地震的震级。

思　考　题

1. 地震及其基本特点是什么？
2. 简述岩石圈板块运动与地震孕育之间的关系。
3. 简述地震的成因类型及其孕育机理。
4. 全球现代主要地震带及其形成的大地构造机制有哪些？
5. 环太平洋地震带的成因及其主要特征是什么？
6. 喜马拉雅-地中海地震带的成因及其主要特征是什么？
7. 中国地震多发的主要原因是什么？
8. 中国现代主要地震带及其形成的大地构造机制有哪些？
9. 简述震源、震源深度、极震区（震中区）。
10. 地震的震源深度分类有哪些？
11. 中国浅源地震、中源地震、深源地震的分布区域有哪些？
12. 地震波是一种什么波？简述地震波的基本特点及分类，纵波、横波、面波及其特点。体波与面波的主要区别是什么？什么是冲击型地震波、往返型地震波？地震波随机性的具体体现有哪些？
13. 简述地震现象、宏观地震现象、微观地震现象。什么是地震效应？
14. 简述震级及其评定方法，里氏震级 M 及其计算方法？什么是标准地震记录仪？简述震级 M 与释放能量 E、发生频次 N 之间的关系，近震体波震级 M_L、远震面波震级 M_S 及其关系。
15. 震级 M 分为 12 级，但是迄今全球发生的最大地震为 9.5 级，从未发生超过 9.5

级的地震,这是为什么?

16. 震级 M 每增加一级,释放能量约增加多少倍?

17. 微震、有感地震、破坏性地震、强烈地震、特大地震的震级 M 界定标准是什么?

18. 什么是烈度、基本烈度、场地烈度、设计烈度(设防烈度)、等烈度线(等震线)、等烈度线图(等震线图)?等烈度线(等震线)、等烈度线图(等震线图)、设计烈度的工程抗震意义及其应用如何?

19. 烈度的评定方法有哪些?烈度的主要影响因素有哪些?

20. 简述烈度与震级之间的关系,烈度与震源深度之间的关系,烈度与断层距离之间的关系,烈度随震中距增大的衰减规律,震中烈度与震级之间的关系。

21. 为什么将烈度(设计烈度)作为工程抗震的设计标准缺乏足够的科学性(存在较大的主观性与一定的盲目性)?

22. 地震的危害主要体现在哪几方面?简述地震的灾害类型及其特点、工程的震害类型及其特点。震害的主要影响因素有哪些?

23. 试述中国地震灾害的主要特点。中国地震灾情重的主要原因有哪些?

24. 什么是抗震设防、抗震设防标准、抗震措施?影响抗震设防标准确定的主要因素有哪些?实现抗震设防的主要环节有哪些?何为中国实行抗震设防依据的“双轨制”?

25. 抗震设防的要求有哪些?抗震设防(抗震设防标准)的分类及其依据是什么?试述中国抗震设防的目标水准、新理念。中国抗震设计采用的地面地震动参数(抗震设计参数)有哪些?

26. 地面地震动的主要影响因素有哪些?地面地震动的近断层效应及其分析方法有哪些?近断层效应的主要影响因素有哪些?

27. 试述地面地震动的衰减规律及其主要影响因素。简述地面地震动的衰减规律的合理确定对工程抗震设防与地震安全性评价的科学意义。

28. 什么是强震观测?试述强震观测的目的、意义、分类、途径。强震观测有哪些具体应用?强震观测在评定地面地震动的衰减规律及其主要影响因素中应用如何?简述强震观测发展的历史沿革,中国强震观测的发展过程,地面地震动、结构地震动的强震观测方法与要求。

29. 针对地面地震动与工程地震反应分析,为什么提出“土体”的概念?

30. 土体、土工结构的自振特性要素有哪些?

31. 什么是土体地震放大效应、绝对加速度、相对加速度、加速度放大系数、动力放大系数、加速度反应谱、标准反应谱、卓越周期?

32. 简述中国标准反应谱的基本特征、确定方法、重要参数。

33. 地震加速度反应谱对土体与土工结构地震反应分析的科学意义如何?

34. 简述地震加速度傅里叶谱及其确定方法。傅里叶谱与反应谱之间的区别是什么?

35. 简述人工加速度时程及其确定方法。人工加速度时程的意义与应用如何?比例法、数值法制造人造地震动的具体实施有哪些?简述数值法制造人造地震动的进一步分类。三角级数法制造人造地震动的具体实施有哪些?人造地震动数值法的控制条件是什么？什么是人造地震动数值法的目标反应谱(标准反应谱)？

36. 什么是地震动观测？简述地震动观测的目的、意义、分类、应用、途径。

37. 强地震动特性的三要素是什么？

38. 什么是地震加速度、速度的有效峰值？简述 ATC-3 有效峰值加速度 EPA、有效峰值速度 EPV 的计算方法？什么是地震动的静力等效加速度 SEA？什么是地震动的均方根加速度 a_{rms}？什么是谱强度 SI(谱烈度)？

39. 分别针对地震动的低频段、高频段，柔性结构、刚性结构的地震反应特点有哪些？

40. 频谱的分类如何？简述功率谱的意义。试比较反应谱、傅里叶谱、功率谱。

41. 简述持时及其定义方法？地震动加速度的绝对值的持时(绝对持时)、相对值的持时(相对持时)是什么？

42. 为什么国际上地震动的相对持时应用最广泛？

43. 地震作用次数与地震类型、震级之间的关系如何？

44. 简述地震的速度脉冲、串波及其效应。

45. 强地震动特性的移动分量、转动分量是什么？

46. 什么是地震加速度时程的平均值、标准差、平稳化函数？

47. 地震动特性的主要影响因素有哪些？

48. 地震动振幅的主要影响因素有哪些？地震动持时的主要影响因素有哪些？地震动频谱的主要影响因素有哪些？

49. 简述地震区划及其必要性。地震区划的分类有哪些？简述地震活动性区划、地震动区划、震害区划的目的与指标。地震区划图的工程应用如何？工程区划如何？

50. 试述地震烈度区划及其优势、缺陷。

51. 试述地震加速度区划及其优势、缺陷。地震动参数区划的指标、主要依据来源有哪些？

52. 什么是地震地质条件？存在哪些地震地质条件？

53. 地震影响范围与作用效应的主要影响因素有哪些？

54. 简述地震活动性及其三要素。描述地震活动性的"时间"指标、"空间"指标、"强度"指标具体是什么？

55. 试述地震的时间规律与强度序列、地震的周期、地震的序列、地震序列的分类、余震型地震及其分类、余震型地震及其分类。前震-主震-余震型地震及其孕育条件有哪些？主震-余震型地震及其孕育条件有哪些？群震型地震及其孕育条件有哪些？孤立型地震及其孕育条件有哪些？

56. 试述地震的空间规律与强度序列，地震的迁移性及其意义，地震的重复性及其三种情况，地震的围空性及其影响因素，地震围空区的面积、长度与未来地震震级之间的关系。

参 考 文 献

[1] 胡聿贤. 地震工程学. 2 版. 北京:地震出版社,2006.

[2] 万天丰. 中国大地构造学. 北京:地质出版社,2011.

[3] Gutenberg B, Richter C F. Frequency of earthquakes in California. Bulletin of the Seismological Society of America,1944,34(4): 1985-1988.

[4] 于斌,梁留科,朱连奇,等. 青藏铁路沿线近 100 年地震震级与频次变化分析. 赤峰学院学报:自然科学版,2011, (10):125-127.

[5] 陈培善,刘家森. 用位错模型研究震级与烈度的关系. 地球物理学报,1975,(3):183-195.

[6] 马骏驰,窦远明,苏经宇,等. 东南沿海地区震级与震中烈度统计关系. 世界地震工程,2005,21(4): 119-122.

[7] 王卓. 震中烈度与震级关系的模糊识别. 地震工程与工程振动,1983,(3):84-96.

[8] 陈达生,刘汉兴. 地震烈度椭圆衰减关系. 华北地震科学,1989,7(3):31-42.

[9] 汪素云,俞言祥,高阿甲,等. 中国分区地震动衰减关系的确定. 中国地震,2000,16(2):99-106.

[10] 肖亮,俞言祥. 中国西部地区地震烈度衰减关系. 震灾防御技术,2011,6(4):358-371.

[11] 孙继浩. 川滇及邻区中强地震烈度衰减关系的适用性研究. 北京:中国地震局地震预测研究所硕士学位论文,2011.

[12] 李英民,蔡辉腾,韩军,等. 重庆及邻近地区地震烈度衰减关系研究. 防灾减灾工程学报,2007,27(1):17-22.

[13] 上海市地震局. 上海地区地震烈度危险性分析与基本烈度复核. 北京:地震出版社,1992.

[14] Howell B F,Schultz T R. Attenuation of modified mercalli intensity with distance from the epicenter. BSSA,1975, 65(3):651-665.

[15] Chandra U. Attenuation of intensities in the United States. BSSA,1979,69(6):2003-2024.

[16] 刘浪,李小军. 汶川 8.0 级地震地震动峰值加速度衰减特性分析. 北京工业大学学报,2012,(2):173-179.

[17] 丁伯阳,雷中生,方淑兰. 中国黄土地区基岩地震动经验衰减关系. 西北地震学报,1988,10(3):56-65.

[18] 郭学玉,王国新. 华北地区地震动参数的确定方法(上). 世界地震工程,1989,(3):13-17.

[19] 郭学玉,王国新. 华北地区地震动参数的确定方法(下). 世界地震工程,1989,(4):26-34.

[20] 胡聿贤,汪素云,刘汉兴,等. 参考唐山地震确定的华北地区地震动衰减关系. 土木工程学报,1986,19(3):1-10.

[21] 陈永祁,刘锡荟,龚思礼. 拟合标准反应谱的人工地震波. 建筑结构学报,1981,2(4):34-42.

[22] 国家地震局震害防御司. 中国地震区划文集. 北京:地震出版社,1993:179-184.

第4章 土体中波传播的基础知识

4.1 概　述

首先应指出,本章假定土为各向同性线弹性介质,波在土体中传播被视为波在弹性体中的传播问题。由于假定土为各向同性的线弹性介质,其动力学参数以动杨氏模量 E 或动剪切模量 G 和泊松比 μ 表示。应指出,土的动杨氏模量或动剪切模量在数值上与静力杨氏模量和静剪切模量不同,通常要高许多。众所周知,波定义为振动在物体中的传播。相应地,振动在弹性体中的传播定义为弹性波。虽然本章所讨论的是弹性波传播问题,但对认识波在土体中传播的规律及发生的现象并不失一般意义。

本章将介绍弹性波传播的基本知识,而不是对弹性波传播问题进行系统深入的讲述。本章所介绍的弹性波基本知识是岩土地震工程和工程振动问题研究所必备的。从工程上讲,掌握土体中波传播的基本知识的意义大致包括以下几点。

(1) 如第1章指出那样,波在土体中传播时土体具有放大效应和滤波效应。土中波的传播规律有助于理解这两种效应的机制及其影响因素。

(2) 当波传至两种土层界面时要发生反射和折射等现象,这些现象对土体中的振动有重要影响,可用来解释在动力试验或现场观测和调查中所发现的一些重要现象。

(3) 现场或实验室振动试验的测试资料含有大量的有价值的信息,如土的动力学参数、土体中存在的空洞、裂纹的位置及范围等,这些信息可以根据波传播的理论提取出来,作为基础资料应用于实际工程。

(4) 当土体的振动大于允许的数值时,必须采取减振或隔振的工程措施。所采取的工程措施应该符合波传播的理论,只有这样的工程措施才会是有效的。

(5) 在数值分析时总是截取有限的土体参与分析。如何处理截取出来的土体边界对数值分析结果有重要的影响。为了减少或消除截取边界的影响,处理边界的方法应该根据波传播理论采取。

4.2　土体中弹性波的基本方程

首先指出,本书的写作对象主要是广大工程技术人员,波动的基本方程是以广大工程技术人员较为熟悉的微分方程组的形式给出的,而不采用张量形式。

土体中一点的运动状态可用沿 x、y、z 轴方向的位移 u、v、w 来描写。如果 u、v、w 已知,本节主要参考文献[1]、[2]来建立土体中弹性波的运动方程,那么沿 x、y、z 轴方向的运动速度和加速度就可确定,即

$$\begin{cases} \dot{u} = \dfrac{\partial u}{\partial t}, & \ddot{u} = \dfrac{\partial^2 u}{\partial t^2} \\[2mm] \dot{v} = \dfrac{\partial v}{\partial t}, & \ddot{v} = \dfrac{\partial^2 v}{\partial t^2} \\[2mm] \dot{w} = \dfrac{\partial w}{\partial t}, & \ddot{w} = \dfrac{\partial^2 w}{\partial t^2} \end{cases} \tag{4.1}$$

式中，$\dot{u}$、$\dot{v}$、$\dot{w}$ 和 $\ddot{u}$、$\ddot{v}$、$\ddot{w}$ 分别为沿 x、y、z 轴方向的运动速度和加速度。本章采用通常的右手旋转坐标系统，如图 4.1 所示。

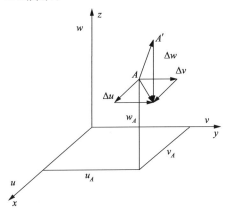

图 4.1　坐标及位移的规定

土体中一点的应力可用 9 个应力分量表示，即 σ_x、τ_{xy}、τ_{xz}、σ_y、τ_{yz}、τ_{yx}、σ_z、τ_{zx}、τ_{zy}，其中 σ_x、σ_y、σ_z 为正应力分量，其他为剪应力分量。但是 $\tau_{xy} = \tau_{yx}$、$\tau_{xz} = \tau_{zx}$、$\tau_{yz} = \tau_{zy}$，因此，可只用 6 个应力分量 σ_x、σ_y、σ_z、τ_{xy}、τ_{xz}、τ_{yz} 来表示。如果按图 4.1 所示的坐标及位移的规定，上述应力分量的正方向如图 4.2 所示。当作用面的外法线与相应的坐标轴方向相同时，取与坐标轴相同方向为应力的正方向；当作用面的外法线与相应的坐标轴方向相反时，取与坐标轴相反方向为应力的正方向。为清晰起见，图 4.2 中另一面上的应力分量没有画出。

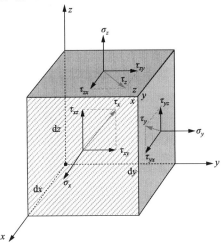

图 4.2　一点的应力分量

与一点的应力状态相应，一点的应变状态可用 9 个应变分量表示，即 ε_x、γ_{xy}、γ_{xz}、ε_y、γ_{yz}、γ_{yx}、ε_z、γ_{zx}、γ_{zy}，其中 ε_x、ε_y、ε_z 为正应变，其他为剪应变，并且 $\gamma_{xy} = \gamma_{yx}$、$\gamma_{xz} = \gamma_{zx}$、$\gamma_{yz} = \gamma_{zy}$，也可只用 6 个应变分量 ε_x、ε_y、ε_z、γ_{xy}、γ_{xz}、γ_{yz} 来表示。

按上述，一点的运动状态需要 3 个位移分量来描写，一点的应力状态需要 6 个应力分量来描写，一点的应变状态需要 6 个应变分量描写。这样，如果要确定一点的运动、应力和应变状态，必须确定这 15 个未知量。由于所研究的是动力问题，这 15 个量不仅是坐标的函数，还是时间的函数。

为了确定上述 15 个未知量，必须建立 15 个求解方程，即所谓的动力学基本方程。如下面所述，这 15 个方程由如下三个方程组组成。

1. 动力平衡方程组

首先，看一下作用于微元体 $\mathrm{d}x\mathrm{d}y\mathrm{d}z$ 上的 x 方向的力。图 4.3 给出了沿 x 方向作用于微元体上的力。应指出，$\rho\ddot{u}\mathrm{d}x\mathrm{d}y\mathrm{d}z$ 为沿 x 方向运动加速度的惯性力，是按达朗贝尔原理施加的，其中 ρ 为质量密度。同样，也可画出沿 y 方向和 z 方向作用于微元体上的力。这样，由 x、y、z 方向的动力平衡条件可得出如下三个方程，即动力平衡方程组：

$$\begin{cases} \rho\,\dfrac{\partial^2 u}{\partial t^2} - \dfrac{\partial \sigma_x}{\partial x} - \dfrac{\partial \tau_{xy}}{\partial y} - \dfrac{\partial \tau_{xz}}{\partial z} = 0 \\[2mm] \rho\,\dfrac{\partial^2 v}{\partial t^2} - \dfrac{\partial \sigma_y}{\partial y} - \dfrac{\partial \tau_{yz}}{\partial z} - \dfrac{\partial \tau_{xy}}{\partial x} = 0 \\[2mm] \rho\,\dfrac{\partial^2 w}{\partial t^2} - \dfrac{\partial \sigma_z}{\partial z} - \dfrac{\partial \tau_{xz}}{\partial x} - \dfrac{\partial \tau_{yz}}{\partial y} = 0 \end{cases} \tag{4.2}$$

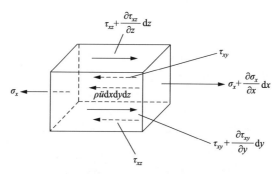

图 4.3　沿 x 方向作用于微元体上的力

2. 连续性条件或相容条件方程组

连续条件可由如下的应变分量与位移分量之间的关系表示：

$$\begin{cases} \varepsilon_x = \dfrac{\partial u}{\partial x}, \quad \gamma_{xy} = \dfrac{\partial v}{\partial x} + \dfrac{\partial u}{\partial y} \\[2mm] \varepsilon_y = \dfrac{\partial v}{\partial y}, \quad \gamma_{xy} = \dfrac{\partial w}{\partial x} + \dfrac{\partial u}{\partial z} \\[2mm] \varepsilon_z = \dfrac{\partial w}{\partial x}, \quad \gamma_{xy} = \dfrac{\partial w}{\partial y} + \dfrac{\partial v}{\partial z} \end{cases} \tag{4.3}$$

3. 应力-应变关系方程组

如前所述,本章将土视为各向同性线弹性介质,其应力-应变关系符合胡克定律。广义的胡克定律有两种形式。

(1) 应变表示成应力的函数,按这种形式,两者关系如下:

$$\begin{cases} \varepsilon_x = \dfrac{1}{E}\big[\sigma_x - \mu(\sigma_y + \sigma_z)\big], & \gamma_{xy} = \dfrac{\tau_{xy}}{G} \\[2mm] \varepsilon_y = \dfrac{1}{E}\big[\sigma_y - \mu(\sigma_z + \sigma_x)\big], & \gamma_{xz} = \dfrac{\tau_{xz}}{G} \\[2mm] \varepsilon_z = \dfrac{1}{E}\big[\sigma_z - \mu(\sigma_x + \sigma_y)\big], & \gamma_{yz} = \dfrac{\tau_{yz}}{G} \end{cases} \tag{4.4}$$

(2) 应力表示成应变的函数,按这种形式,两者关系如下:

$$\begin{cases} \sigma_x = \lambda\varepsilon + 2G\varepsilon_x, & \tau_{xy} = G\gamma_{xy} \\ \sigma_y = \lambda\varepsilon + 2G\varepsilon_y, & \tau_{xz} = G\gamma_{xz} \\ \sigma_x = \lambda\varepsilon + 2G\varepsilon_z, & \tau_{yz} = G\gamma_{yz} \end{cases} \tag{4.5}$$

式中,$\varepsilon = \varepsilon_x + \varepsilon_y + \varepsilon_z$,为体应变;$\lambda$ 为拉梅系数,按式(4.6)确定:

$$\lambda = \frac{\mu E}{(1+\mu)(1-2\mu)} \tag{4.6}$$

式(4.4)或式(4.5)称为各向同性线弹性应力-应变关系方程组。

在讨论波的传播时,采用位移法求解动力基本方程较为方便,因此,式(4.5)是更普遍采用的形式。

下面,来建立位移法求解方程。

第一步,将连续性方程式(4.3)代入应力-应变关系方程式(4.5),得到以位移表示的应力表达式。

第二步,将以位移表示的应力表达式代入动力平衡方程式(4.2),得到以位移表示的动力平衡方程,即位移法求解的动力方程组。

按上述步骤建立的动力方程组的形式如下:

$$\begin{cases} \rho\,\dfrac{\partial^2 u}{\partial t^2} - (\lambda + G)\dfrac{\partial\varepsilon}{\partial x} - G\,\mathbf{V}^2 u = 0 \\[2mm] \rho\,\dfrac{\partial^2 v}{\partial t^2} - (\lambda + G)\dfrac{\partial\varepsilon}{\partial y} - G\,\mathbf{V}^2 v = 0 \\[2mm] \rho\,\dfrac{\partial^2 w}{\partial t^2} - (\lambda + G)\dfrac{\partial\varepsilon}{\partial z} - G\,\mathbf{V}^2 w = 0 \end{cases} \tag{4.7}$$

式中,$\mathbf{V}^2$ 为拉普拉斯算子,定义如下:

$$\mathbf{V}^2 = \frac{\partial^2}{\partial x^2} + \frac{\partial^2}{\partial y^2} + \frac{\partial^2}{\partial z^2} \tag{4.8}$$

如果按波动方程式(4.7)求一个具体问题的解,还应给出该问题的特解条件。特解条件包括初始条件和边界条件两部分。

(1) 初始条件。初始条件是指当 $t=0$ 时,位移 u、v、w 的数值分布。由于这里的 u、v、w 是动位移,一般假定在动荷开始作用时刻(即 $t=0$)的动位移为零,通常称为零初始条件。

(2) 边界条件。边界条件一般分为力的边界条件、位移边界条件和混合边界条件。力的边界条件是在边界上给出指定的力或应力;位移边界条件是在边界上给出指定的位移;混合边界条件是在一部分边界上给出指定的力或应力,而在另一部分边界上给出指定的位移。

4.3　波的类型及波速

4.3.1　波的类型

由变形分析可知,一点的变形包括体积变形、剪切变形和刚体转动变形。下面,来讨论如果没有体积变形或没有刚体转动变形,波动方程式(4.7)会变成什么形式。

1. 畸变波

如果没有体积变形,则 $\varepsilon = 0$,令

$$V_s = \sqrt{\frac{G}{\rho}} \tag{4.9}$$

则方程式(4.7)变成

$$\begin{cases} \dfrac{\partial^2 u}{\partial t^2} = V_s^2 \mathbf{\nabla}^2 u \\[2mm] \dfrac{\partial^2 v}{\partial t^2} = V_s^2 \mathbf{\nabla}^2 v \\[2mm] \dfrac{\partial^2 w}{\partial t^2} = V_s^2 \mathbf{\nabla}^2 w \end{cases} \tag{4.10}$$

下面,把波动方程式(4.10)所代表的波称为畸变波。按上述,这种波相应的变形不包含体积变形,只包含剪切变形和刚体转动变形。从式(4.10)可见,描写畸变波的方程是解耦方程。显然,畸变波在物体传播中不能引起体积应变,只引起偏应变。

2. 无旋波

由变形分析可知,绕 x、y、z 轴的转动由式(4.11)确定

$$\begin{cases} \bar{w}_x = \dfrac{1}{2}\left(\dfrac{\partial w}{\partial y} - \dfrac{\partial v}{\partial z} \right) \\[2mm] \bar{w}_y = \dfrac{1}{2}\left(\dfrac{\partial u}{\partial z} - \dfrac{\partial w}{\partial x} \right) \\[2mm] \bar{w}_z = \dfrac{1}{2}\left(\dfrac{\partial v}{\partial x} - \dfrac{\partial u}{\partial y} \right) \end{cases} \tag{4.11}$$

式中，$\bar{w}_x$、$\bar{w}_y$、$\bar{w}_z$ 分别为绕 x、y、z 轴的转动。如果变形不包括转动，则

$$\begin{cases} \dfrac{\partial w}{\partial y} - \dfrac{\partial v}{\partial z} = 0 \\[2mm] \dfrac{\partial u}{\partial z} - \dfrac{\partial w}{\partial x} = 0 \\[2mm] \dfrac{\partial v}{\partial x} - \dfrac{\partial u}{\partial y} = 0 \end{cases} \tag{4.12}$$

可以验证，如果位移可由单一函数 ϕ 按式(4.13)确定：

$$u = \frac{\partial \phi}{\partial x}, \quad v = \frac{\partial \phi}{\partial y}, \quad w = \frac{\partial \phi}{\partial z} \tag{4.13}$$

则无转动变形条件式(4.12)可自动满足。在这种情况，由式(4.13)可得到体积应变的表达式如下：

$$\varepsilon = \boldsymbol{\nabla}^2 \phi$$

这样

$$\frac{\partial \varepsilon}{\partial x} = \frac{\partial}{\partial x} \boldsymbol{\nabla}^2 \phi = \boldsymbol{\nabla}^2 \frac{\partial \phi}{\partial x} = \boldsymbol{\nabla}^2 u$$

同理

$$\frac{\partial \varepsilon}{\partial y} = \boldsymbol{\nabla}^2 v, \quad \frac{\partial \varepsilon}{\partial z} = \boldsymbol{\nabla}^2 w$$

将这些关系式代入式(4.7)，并令

$$V_p = \sqrt{\frac{\lambda + 2G}{\rho}} \tag{4.14}$$

则得

$$\begin{cases} \dfrac{\partial^2 u}{\partial t^2} = V_p^2 \boldsymbol{\nabla}^2 u \\[2mm] \dfrac{\partial^2 v}{\partial t^2} = V_p^2 \boldsymbol{\nabla}^2 v \\[2mm] \dfrac{\partial^2 w}{\partial t^2} = V_p^2 \boldsymbol{\nabla}^2 w \end{cases} \tag{4.15}$$

下面，把方程式(4.15)所代表的波称为无旋波(或膨胀波)。从式(4.15)可见，描写无旋波的方程也是解耦的。在此应指出，无旋波或膨胀波在物体中传播，不仅要引起体应变，通常还会引起偏应变。

如果式(4.15)中的三个方程分别对 x、y、z 微分再相加，则得

$$\frac{\partial^2 \varepsilon}{\partial t^2} = V_p \boldsymbol{\nabla}^2 \varepsilon \tag{4.16}$$

式(4.16)所代表的波称为体波。

3. 一般情况

在一般情况下,物体中同时存在无旋波和畸变波。无旋波的传播将引起体应变和偏应变,而畸变波的传播不能引起体应变,只能引起偏应变。从前述可见,如果能将这两种波分解开,则波传播问题的求解会容易些。下面,将以平面波为例,进一步说明这个问题。

4.3.2 波速

下面,来说明式(4.9)和式(4.14)所定义的参数 V_s 和 V_p 的力学意义。

如果弹性介质中某一点发生扰动,这个扰动就以波的形式向各方向传播。质点的运动方向平行于波的传播方向,称为纵波;质点的运动方向垂直于波的传播方向,称为横波。也就是,对于纵波,质点只有沿波传播方向的运动,其他方向运动为零;对于横波,质点只有垂直波传播方向的运动,其他方向为零。很显然,纵波属于膨胀波,横波属于畸变波。

为了简单起见,下面以沿 x 方向传播的一维纵波和横波为例说明波速的意义。沿 x 方向传播的一维纵波的方程式如下:

$$\frac{\partial^2 u}{\partial t^2} = V_p^2 \frac{\partial^2 u}{\partial x^2} \qquad (4.17)$$

横波的方程式如下:

$$\frac{\partial^2 w}{\partial t^2} = V_s^2 \frac{\partial^2 w}{\partial x^2} \qquad (4.18)$$

现在来看,式(4.17)和式(4.18)中参数 V_p 和 V_s 的力学意义。

首先,来研究参数 V_p 的力学意义。令 f 为任一函数,下面证明 $f(x - V_p t)$ 是方程式(4.17)的解。由于

$$\frac{\partial^2 f}{\partial t^2} = V_p^2 f'', \quad \frac{\partial^2 f}{\partial x^2} = f''$$

式中,f'' 是函数对变量 $x - V_p t$ 的二次微分。将上两式代入方程式(4.17)显然是满足的。这样,只要

$$x_1 - V_p t_1 = x_2 - V_p t_2 \qquad (4.19)$$

则 x_1 点在 t_1 时刻的位移就与 x_2 点在 t_2 时刻的位移相等,即 x_1 点在 t_1 时刻位移经 $t_2 - t_1$ 时段传到了 x_2 点。由式(4.19)可求得

$$V_p = \frac{x_2 - x_1}{t_2 - t_1} \qquad (4.20)$$

该式揭示了参数 V_p 的力学意义是无旋波或纵波的传播速度,即无旋波或纵波的波速。

同样,可证明任意函数 $f(x - V_s t)$ 是方程式(4.18)的解,V_s 是畸变波或横波的波速。

由式(4.9)和式(4.14)可求得横波波速与纵波波速之比:

$$\alpha = \frac{V_s}{V_p} = \sqrt{\frac{1-2\mu}{2(1-\mu)}} \qquad (4.21)$$

由式(4.21)可见,两种波速之比只与泊松比 μ 有关:

当 $\mu=0.25$ 时

$$V_s/V_p = \frac{1}{\sqrt{3}}$$

当 $\mu=0.5$ 时

$$V_s/V_p = 0$$

由式(4.21)可知,当 $\mu = 0.5$ 时,$\frac{V_s}{V_p} = 0$,则 $V_p \to \infty$。

研究土的波速的重要性如下。

(1) 由式(4.9)和式(4.14)可见,土的波速与土的动剪切模量 G 或动杨氏模量 E 有关。特别,由式(4.19)可得

$$G = \rho V_s^2 \qquad (4.22)$$

因此,许多实际工程问题,常在现场测试剪切波波速 V_s 和纵波波速 V_p,然后分别按式(4.22)和式(4.21)确定土的动剪切模量和泊松比,进而确定动杨氏模量。

(2) 由于波速与土的动剪切模量或动杨氏模量有直接的关系,许多影响土动力性能的因素都会影响土的波速数值。反而言之,现场测得的土的波速包含这些因素的影响。因此,在许多实际工程(如建筑场地类别划分和饱和砂土液化判别问题)中,常把土的波速,特别是动剪切波速作为一个表示土动力性能的定量指标。

但是必须指出,由于土的非线性性能,土的动杨氏模量和动剪切模量随土所处的变形阶段而变化。相应地,土的剪切波波速和纵波波速也随土所处的变形阶段而变化。在此应指出,现场测得的作为表示土动力性能定量指标的波速相应于土处于小变形阶段呈线弹性工作状态时的波速,其相应的剪应变幅值为 $10^{-6} \sim 10^{-7}$。

(3) 地震时,膨胀波和畸变波以各自的速度 V_p 和 V_s 在地壳中传播,这两种波到达地震台址可用地震仪记录下来,并确定出两种波到达的时间差。这样,就可根据两种波的波速及到达的时间差来确定地震台站到震中的距离。

4.3.3　平面波的分解

1. 平面波定义及特点

如果一个波只在平面(如 Oxz 平面)内传播,则称为平面波。但是,运动可以发生在平面内,如 x、z 方向,也可发生在出平面方向,如 y 方向。前者称为平面内问题,后者称为出平面问题。显然,无论平面内问题还是出平面问题,运动只与平面内的坐标(如 x、z)有关,而与出平面方向坐标(如 y)无关。

2. 平面波的分解及势函数

按前述,在一般情况下,平面波包括无旋波和畸变波。下面将无旋波传播引起的 x 方向和 z 方向位移以 u_1、w_1 表示,将畸变波传播引起 x、z 方向的位移以 u_2、w_2 表示,则 x、z 方向的总位移 u、w 可表示如下:

$$u = u_1 + u_2$$
$$w = w_1 + w_2$$

可以证明,如果令

$$u_1 = \frac{\partial \varphi}{\partial x}, \quad w_1 = \frac{\partial \varphi}{\partial z}$$
$$u_2 = \frac{\partial \psi}{\partial z}, \quad w_2 = -\frac{\partial \psi}{\partial x}$$

则 u_1、w_1 和 u_2、w_2 可分别自动满足无旋波和畸变波的条件。下面,将函数 φ、ψ 称为势函数。这样,可得如下关系式:

$$\begin{cases} u = \dfrac{\partial \varphi}{\partial x} + \dfrac{\partial \psi}{\partial y} \\ v = \dfrac{\partial \varphi}{\partial z} - \dfrac{\partial \psi}{\partial x} \end{cases} \tag{4.23}$$

根据体应变及绕 y 轴转动的定义,得

$$\varepsilon = \mathbf{V}^2 \varphi, \quad 2\bar{w}_y = \mathbf{V}^2 \psi \tag{4.24}$$

将式(4.23)代入式(4.7)第一式和第三式得

$$\frac{\partial^2 \varphi}{\partial t^2} = V_p^2 \mathbf{V}^2 \varphi, \quad \frac{\partial^2 \psi}{\partial t^2} = V_s^2 \mathbf{V}^2 \psi \tag{4.25}$$

式(4.25)即势函数求解方程。从式(4.25)可知,势函数 φ、ψ 不是交联的,因此按式(4.25)求解波传播问题要更容易些。

4.4 表 面 波

前面研究了在弹性半空间内部波的传播,现在研究在半空间表面附近波的传播。下面将看到,这种波的特点是随深度的增加而迅速衰减,局限于表面附近,被称为表面波。瑞利首先对这种波进行了研究,因此又称为瑞利波。

为了方便,下面取 z 坐标向下为正,仍采用右手旋转坐标系统,如图 4.4 所示。

本节主要参考文献[1]、[3]来表述表面波有关的主要内容。设一个平面波沿 x 方向传播,与传播方向相同和相垂直的位移分别为 u、w。由于考虑的是平面波,位移 u、w 只与 x、z 坐标有关,而与 y 坐标无关。按前述,位移 u、w 可用两个势函数 φ、ψ 表示。

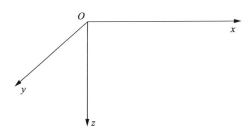

图 4.4 坐标系统

不失一般性,假定位移 u、w 随时间 t 按谐波形式变化,其圆频率为 p,并沿 x 轴的传播速度为 V_r,则式(4.25)的解可取如下形式:

$$\varphi = F(z) \cdot \exp[\mathrm{i}(pt - nx)]$$
$$\psi = G(z) \cdot \exp[\mathrm{i}(pt - nx)]$$

$$(4.26)$$

式中,$\mathrm{i} = \sqrt{-1}$;n 为波数,定义如下:

$$\begin{cases} n = \dfrac{2\pi}{L_r} \\[2mm] L_r = V_r \dfrac{2\pi}{p} \\[2mm] n = \dfrac{p}{V_r} \end{cases}$$

$$(4.27)$$

式中,L_r 为瑞利波波长;$F(z)$ 和 $G(z)$ 为随坐标 z 变化的待定函数。将式(4.26)代入式(4.25)得求解 $F(z)$ 和 $G(z)$ 的方程式如下:

$$\begin{cases} \ddot{F}(z) - (n^2 - h^2)F(z) = 0 \\[2mm] \ddot{G}(z) - (n^2 - k^2)G(z) = 0 \end{cases}$$

$$(4.28)$$

式中

$$\begin{cases} h = \dfrac{p^2}{V_p^2} \\[2mm] k = \dfrac{p^2}{V_s^2} \end{cases}$$

$$(4.29)$$

令

$$\begin{cases} q^2 = n^2 - h^2 \\[1mm] s^2 = n^2 - k^2 \end{cases}$$

$$(4.30)$$

由式(4.28)求得

$$\begin{cases} F(z) = A_1 \exp(-qz) + B_1 \exp(qz) \\[2mm] G(z) = A_2 \exp(-sz) + B_2 \exp(sz) \end{cases}$$

$$(4.31)$$

因为位移幅值不能随深度的增加而无限增大,所以

$$B_1 = B_2 = 0$$

由此,求得势函数的表达式如下:

$$\begin{cases} \varphi = A_1 \exp[-qz + i(pt - nx)] \\ \psi = A_2 \exp[-sz + i(pt - nx)] \end{cases} \tag{4.32}$$

由自由表面条件

$$z = 0, \quad \sigma_z = \tau_{xz} = 0 \tag{4.33}$$

可得到式(4.32)中 A_1、A_2 的关系如下:

$$\begin{cases} \dfrac{A_1}{A_2} \dfrac{(\lambda + 2G)q^2 - \lambda n^2}{2iGns} - 1 = 0 \\ \dfrac{A_1}{A_2} \dfrac{2qin}{(s^2 + n^2)} + 1 = 0 \end{cases} \tag{4.34}$$

由式(4.34),可得如下关系式:

$$4qsGn^2 = (s^2 + n^2)[(\lambda + 2G)q^2 - \lambda n^2] \tag{4.35}$$

令

$$\chi = \frac{V_r}{V_s} \tag{4.36}$$

则由式(4.35)得

$$\chi^6 - 8\chi^4 + (24 - 16\alpha^2)\chi^2 + 16(\alpha^2 - 1) = 0 \tag{4.37}$$

式中,α 按式(4.21)确定,可认为是已知的。如果 $\mu = 0.25$,方程式(4.37)可写成

$$3\chi^6 - 24\chi^4 + 56\chi^2 - 32 = 0$$

由该方程可求出三个根:

$$x^2 = 4, \quad x^2 = 2 + \frac{2}{\sqrt{3}}, \quad x^2 = 2 - \frac{2}{\sqrt{3}}$$

其中,只有最后一个根能使 q、s 为正数,取这个根得

$$\chi = 0.9194$$

如果取 $\mu = 0.5$,方程式(4.37)可写成

$$\chi^6 - 8\chi^4 + 24\chi^2 - 16 = 0$$

由该方程求得

$$\chi = 0.955$$

土的纵波波速与剪切波波速之比 $V_{\mathrm{p}}/V_{\mathrm{s}}$ 及表面波波速与剪切波波速之比 $V_{\mathrm{r}}/V_{\mathrm{s}}$ 随泊松比 μ 的变化如图 4.5 所示。

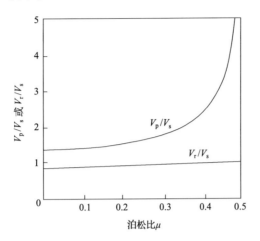

图 4.5 $\dfrac{V_{\mathrm{p}}}{V_{\mathrm{s}}}$ 和 $\dfrac{V_{\mathrm{r}}}{V_{\mathrm{s}}}$ 随泊松比的变化

将式(4.32)代入式(4.23),可求得

$$
\begin{cases}
u = A_1 n_i\left\{-\exp\left[-\dfrac{q}{n}(nz)\right] + \dfrac{2\dfrac{q}{n}\dfrac{s}{n}}{\left(\dfrac{s^2}{n^2}\right)+1}\exp\left[-\dfrac{s}{n}(nz)\right]\right\}\exp[\mathrm{i}(pt-nx)] \\[4mm]
w = A_1 n_i\left\{\dfrac{2\dfrac{q}{n}}{\left(\dfrac{s^2}{n^2}\right)+1}\exp\left[-\dfrac{s}{n}(nz)\right] - \dfrac{q}{n}\exp\left[-\dfrac{q}{n}(nz)\right]\right\}\exp[\mathrm{i}(pt-nx)]
\end{cases}
$$

$$(4.38)$$

由式(4.38)可分别求出表面以下深度 z 处一点的水平和垂直位移幅值与表面上一点水平和垂直位移幅值之比 $\alpha_u(z)$ 和 $\alpha_w(z)$ 与深度 z 的关系:

$$
\begin{cases}
\alpha_u(z) = -\exp\left[-\dfrac{q}{n}(nz)\right] + \dfrac{2\dfrac{q}{n}\dfrac{s}{n}}{\dfrac{s^2}{n^2}+1}\exp\left[-\dfrac{q}{n}(nz)\right] \\[4mm]
\alpha_w(z) = \dfrac{2\dfrac{q}{n}}{\dfrac{s^2}{n^2}+1}\exp\left[-\dfrac{s}{n}(nz)\right] - \dfrac{q}{n}\exp\left[-\dfrac{q}{n}(nz)\right]
\end{cases}
$$

$$(4.39)$$

显然,这两个比值也随泊松比而变化。图 4.6 给出了不同泊松比时 α_u 和 α_w 与 z/Lr 的关系。由图 4.6 可见,当深度等于一个瑞利波波长时, α_u 约为 0.2,而 α_w 约为 0.3。

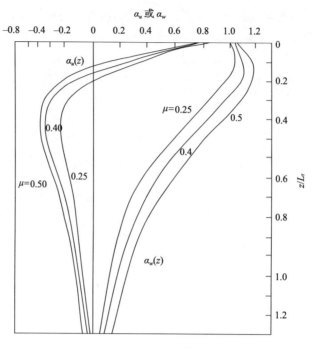

图 4.6　α_u 和 α_w 与 $\dfrac{z}{L_r}$ 的关系

综上所述,关于表面波可以得出如下三点结论。

(1) 无论与传播方向相同运动的表面波还是与传播方向相垂直运动的表面波,它们均以表面波波速在表面附近传播。

(2) 表面波的波速数值既不等于剪切波波速也不等于纵波波速,它与剪切波波速或纵波波速之比与泊松比有关。当泊松比等于 0.25 和 0.5 时,表面波波速与剪切波波速之比分别等于 0.9194 和 0.955。因此表面波波速小于剪切波波速,但较接近剪切波波速。

(3) 表面波的幅值随深度迅速衰减,其在表面之下主要影响范围约为一个表面波波长。由式(4.27)第二式可知,运动的周期越短,其波长越短,在表面之下表面波的范围也越小。

4.5　波的反射和折射

前面叙述了波在各向同性均质线弹性体内部及表面的传播。实际上,土体是成层的,如果把土体视为各向同性成层弹性体,那么当波传到两层土的界面或从内部传到自由表面时,要发生反射和折射。本节主要参考文献[2]表述的波的反射和折射。

1. 在自由表面的反射

当波传到自由表面时要发生反射现象,下面,分无旋波和畸变波两种情况来讨论。

1) 无旋波入射

不失一般性,设一简谐无旋波,如图 4.7 所示,在 Oxy 平面内沿与 x 轴成 α_1 角方向射入。设沿该方向传播 r 距离所需时间为 t_r，则 $t_r = \dfrac{r}{V_{\mathrm{p}}}$。由于 $r = x\cos\alpha_1 + y\sin\alpha_1$，则 $t_r = \dfrac{\cos\alpha_1}{V_{\mathrm{p}}}x + \dfrac{\sin\alpha_1}{V_{\mathrm{p}}}y$。由此，该简谐波可写成如下形式：

$$\varphi_1 = A_1 \sin(pt + f_1 x + g_1 y) \tag{4.40}$$

式中

$$\begin{cases} f_1 = \dfrac{p\cos\alpha_1}{V_{\mathrm{p}}} \\[2mm] g_1 = \dfrac{p\sin\alpha_1}{V_{\mathrm{p}}} \end{cases} \tag{4.41}$$

由图 4.7 可得在 x 方向的位移 u_1 和 y 方向的位移 v_1 分别为

$$\begin{cases} u_1 = \varphi_1 \cos\alpha_1 \\ v_1 = \varphi_1 \sin\alpha_1 \end{cases} \tag{4.42}$$

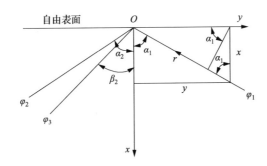

图 4.7   无旋波在自由表面的反射

当无旋波传到自由表面时，在自由表面发生反射，设反射的无旋波传播方向与 x 轴成 α_2 角，α_2 角称为反射角，则反射无旋波可表示为

$$\varphi_2 = A_2 \sin(pt - f_2 x + g_2 y + \delta_1) \tag{4.43}$$

式中，δ_1 为相角差。

$$\begin{cases} f_2 = \dfrac{p\cos\alpha_2}{V_{\mathrm{p}}} \\[2mm] g_2 = \dfrac{p\sin\alpha_2}{V_{\mathrm{p}}} \end{cases} \tag{4.44}$$

而反射无旋波在 x 方向的位移 u_2 和 y 轴方向的位移 v_2 分别为

$$\begin{cases} u_2 = -\varphi_2 \cos\alpha_2 \\ v_2 = \varphi_2 \sin\alpha_2 \end{cases} \tag{4.45}$$

因此，在 x 方向的总位移 u 和 y 方向的总位移 v 分别为

$$\begin{cases} u = u_1 + u_2 \\ v = v_1 + v_2 \end{cases} \tag{4.46}$$

由自由表面边界条件得 $x = 0$，所以

$$\begin{cases} \sigma_x = 0 \\ \tau_{xy} = 0 \end{cases} \tag{4.47}$$

由式(4.47)第一式得

$$A_1(\lambda + 2G\cos^2\alpha_1)\cos(pt + g_1 y) + A_2(\lambda + 2G\cos^2\alpha_2)\cos(pt + g_2 y + \delta_1) = 0$$

不难看出，当

$$\begin{cases} \alpha_1 = \alpha_2 \\ \delta_1 = 0, A_1 = -A_2 \text{ 或 } \delta_1 = \pi, A_1 = A_2 \end{cases} \tag{4.48}$$

时，式(4.47)第一式得以满足。然而，在 $x = 0$ 时，剪应力 τ_{xy} 的表达式如下：

$$\tau_{xy} = \frac{G}{V_p}[A_1\sin 2\alpha_1\cos(pt + g_1 y) - A_2\sin 2\alpha_2\cos(pt + g_2 y)]$$

显然，式(4.48)的取值不能满足式(4.47)第二式。因此，还应有一个传播方向与 x 轴成 β_2 角的反射畸变波，令其表达式如下：

$$\varphi_3 = A_3(pt - f_3 x + g_3 y + \delta_2) \tag{4.49}$$

式中

$$\begin{cases} f_3 = \dfrac{p\cos\beta_2}{V_s} \\ g_3 = \dfrac{p\sin\beta_2}{V_s} \end{cases} \tag{4.50}$$

反射的畸变波在 x 方向位移 u_3 和 y 方向位移 v_3 分别如下：

$$\begin{cases} u_3 = -\varphi_3\cos\beta_2 \\ v_3 = \varphi_3\sin\beta_2 \end{cases} \tag{4.51}$$

这样，在 x 方向的总位移 u 和 y 方向的总位移 v 为

$$\begin{cases} u = u_1 + u_2 + u_3 \\ v = v_1 + v_2 + v_3 \end{cases} \tag{4.52}$$

由式(4.47)第二式得

$$\frac{A_1}{V_p}\sin 2\alpha_1\cos(pt + g_1 y) - \frac{A_2}{V_p}\sin 2\alpha_2\cos(pt + g_2 y + \delta_1)$$

$$- \frac{A_3}{V_p}\sin 2\beta_2\cos(pt + g_3 y + \delta_2) = 0 \tag{4.53}$$

如果

$$\begin{cases} \alpha_1 = \alpha_2 \\ \delta_1 = \delta_2 \\ \sin\alpha_1/V_p = \sin\beta_2/V_s \end{cases} \tag{4.54}$$

则式(4.53)简化成

$$2(A_1 - A_2)\cos\alpha_1\cos\beta_2 - A_3\cos2\beta_2 = 0 \tag{4.55}$$

而由式(4.47)第一式得

$$(A_1 + A_2)\cos2\beta_2\sin\alpha_1 - A_3\sin\beta_2\sin2\beta_2 = 0 \tag{4.56}$$

这样,满足边界条件式(4.47)的 A_2、A_3 值可由式(4.55)和式(4.56)确定。

当无旋波垂直入射,即 $\alpha_1 = 0$ 时,由式(4.55)和式(4.56)得到

$$\begin{cases} A_1 = A_2 \\ \delta_1 = \pi \\ A_3 = 0 \end{cases} \tag{4.57}$$

综上所述,当一个无旋入射波传到表面时,一般情况下在表面将产生一个无旋反射波和一个畸变反射波,无旋反射波的反射角等于无旋入射波的入射角,畸变反射波的反射角由式(4.54)第三式确定,无旋反射波和畸变反射波的幅值由联立求解式(4.55)和式(4.56)确定。当无旋入射波垂直入射时,在表面只发生无旋反射波,其幅值与无旋入射波幅值相等,但相角差为 π。

2) 畸变波入射

设一畸变波以与 x 轴成 β_1' 角入射,如图 4.8 所示,当传到自由表面时在表面的反射将随其位移方向是沿出平面方向与 z 轴平行还是在平面内与 z 轴垂直而不同。

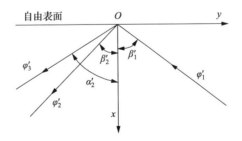

图 4.8　畸变波在自由表面的反射

(1) 位移沿出平面方向与 z 轴平行。对于这种情况,采用上述相同的方法可以得到如下结论。

① 在自由表面只应产生畸变反射波。

② 设入射畸变波的入射角为 β_1',幅值为 B_1,反射畸变波的反射角为 β_2',幅值为 B_2,则

$$\begin{cases} \beta_1' = \beta_2' \\ B_1 = B_2 \end{cases} \tag{4.58}$$

但反射畸变波与入射畸变波的相角差为 π。

（2）位移在平面内与 z 轴垂直。对于这种情况，采用上述相同的方法可以得到如下结论。

① 一般情况下，在表面将发生一个畸变反射波和无旋反射波。

② 设畸变反射波的反射角为 β_2'，幅值为 B_2，无旋反射波反射角为 α_2'，幅值为 B_3，它们可由式（4.59）确定：

$$\begin{cases} \beta_1' = \beta_2' \\ \dfrac{\sin\alpha_2'}{V_p} = \dfrac{\sin\beta_1'}{V_s} \\ (B_1 + B_2)\sin2\beta_1'\sin\beta_1' - B_2\sin\alpha_2'\cos2\beta_1' = 0 \\ (B_1 - B_2)\cos2\beta_1'\sin\beta_1' - 2B_3\sin\beta_1'\cos2\alpha_2' = 0 \end{cases} \tag{4.59}$$

③ 当入射畸变波垂直入射时，只发生畸变反射波，且

$$\begin{cases} \beta_1' = \beta_2' \\ B_2 = B_1 \end{cases} \tag{4.60}$$

但畸变反射波与入射波的相角差为 π。

2. 在两层介质界面的反射和折射

当一个波传到两层介质界面时，与传到自由表面不同之处如下：

（1）在两层介质界面不仅要发生反射，还要发生折射，波传到相邻介质中。

（2）在两层介质界面应满足的条件比自由表面应满足的条件更复杂，所满足的条件如下：界面两侧法向位移相等；界面两侧切向位移相等；界面两侧法向应力相等；界面两侧切向应力相等。

与自由表面情况相似，无旋波入射与畸变波入射在两层介质界面发生的反射与折射是不相同的，下面也分这两种情况表述。

1）无旋波入射

当无旋波传到两种介质界面时，按前述方法可得到如下结论：

（1）一般情况下，在界面要产生一个反射的无旋波和反射的畸变波，同时还要产生一个折射的无旋波和折射的畸变波。

（2）设无旋入射波的入射角为 α_1，幅值为 A_1；无旋反射波的反射角为 α_2，幅值为 A_2；畸变反射波的反射角为 β_2，幅值为 A_3；无旋折射波的折射角为 α_3，幅值为 A_4；畸变折射波的折射角为 β_3，幅值为 A_5，如图 4.9 所示，则

$$\begin{cases} \alpha_1 = \alpha_2 \\ \dfrac{\sin\alpha_1}{V_{p,1}} = \dfrac{\sin\beta_2}{V_{s,1}} = \dfrac{\sin\alpha_3}{V_{p,2}} = \dfrac{\sin\beta_3}{V_{s,2}} \end{cases} \tag{4.61}$$

式中，$V_{p,1}$、$V_{s,1}$、$V_{p,2}$、$V_{s,2}$ 分别为第一种和第二种介质的无旋波波速和畸变波波速。

另外，幅值 A_2、A_3、A_4、A_5 可由式(4.61)及上述界面条件确定。

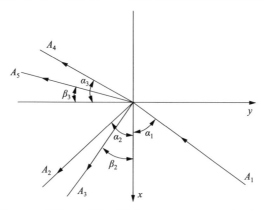

图 4.9　无旋波入射在两种介质界面发生的反射和折射

（3）当无旋波垂直入射时，不产生畸变反射波和畸变折射波，并且

$$\begin{cases} A_2 = A_1 \dfrac{\rho_1 V_{\mathrm{p},2} - \rho_1 V_{\mathrm{p},1}}{\rho_2 V_{\mathrm{p},2} + \rho_1 V_{\mathrm{p},1}} \\[3mm] A_4 = A_1 \dfrac{2\rho_1 V_{\mathrm{p},1}}{\rho_2 V_{\mathrm{p},2} + \rho_1 V_{\mathrm{p},1}} \end{cases} \tag{4.62}$$

式中，ρ_1、ρ_2 分别为第一种和第二种介质的质量密度。

2）畸变入射波

当畸变波传至两种介质界面时，按上述方法可以得到如下结论。

（1）当入射的畸变波的振动方向沿出平面方向时，在界面只发生畸变反射波和畸变折射波；当入射的畸变波的振动方向在平面内垂直 z 轴时，在界面不仅要产生畸变的反射波和折射波，还要产生无旋的反射波和折射波。

（2）设畸变入射波的入射角为 β_1'，幅值为 B_1；无旋反射波的反射角为 α_2'，幅值为 B_3；畸变反射波的反射角为 β_2'，幅值为 B_2；无旋折射波的折射角为 α_3'，幅值为 B_4；畸变折射波的折射角为 β_3'，幅值为 B_5，如图 4.10 所示，则

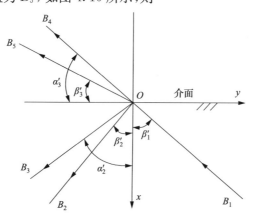

图 4.10　畸变波入射在两种介质界面发生的发射和折射

$$\begin{cases} \beta'_1 = \beta'_2 \\ \dfrac{\sin\beta'_1}{V_{s,1}} = \dfrac{\sin\alpha'_2}{V_{p,1}} = \dfrac{\sin\beta'_3}{V_{s,2}} = \dfrac{\sin\alpha'_3}{V_{p,2}} \end{cases} \tag{4.63}$$

另外,幅值 B_2、B_3、B_4 可由上述边界条件确定出来。

(3) 当畸变波垂直入射时,不产生无旋的反射波和折射波,并可由式(4.64)确定 B_2 和 B_5：

$$\begin{cases} B_1 + B_2 - B_5 = 0 \\ \rho_1 V_{s,2}(B_1 - B_2) - \rho_2 V_{s,2} B_5 = 0 \end{cases} \tag{4.64}$$

下面来研究在两种介质界面上发生的一种特殊的反射与折射现象。下面来确定,如果无旋入射波的入射角 α_1 正好使无旋折射波的折射角为 $90°$,那么无旋波的入射角 α_1 该取什么值? 令满足这个条件的无旋波入射角以 $\alpha_{1,c}$ 表示,并称为临界入射角。由式(4.61)得

$$\sin\alpha_{1,c} = \frac{V_{p,1}}{V_{p,2}} \tag{4.65}$$

因为 $\sin\alpha_{1,c}$ 不应该大于 1,所以只有当 $V_{p,1} \leqslant V_{p,2}$ 时,才可能发生这种情况。在这种情况下,由于折射波的折射角等于 $90°$,无旋折射波将沿两种介质的界面以第二种介质的纵波波速传播。波动理论表明,这种折射波会沿着界面引起一种扰动,在第一种介质中产生一种新的波,这种波称为头波,并将沿着与界面成 $90° - \alpha_{1,c}$ 的方向以第一种介质的纵波波速传播。如果这种现象发生在两层水平成层的土层中,则在第一种介质中传播的头波将会到达地面,如图 4.11 所示。

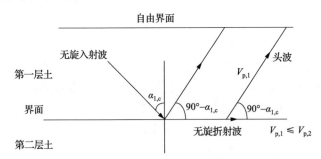

图 4.11　在两层水平土层界面产生的头波

4.6　一维波传播问题

一维波传播问题是最简单但又是最基本的波传播问题。虽然如此,从一维波传播问题研究中得到的一些概念却具有一般意义,有助于对波传播问题的理解。另外,如在后面将看到的那样,一些实际问题可以简化成一维波传播问题,因此研究一维波传播问题很有必要。本节主要参考文献[1]、[3]来表述一维波的传播问题。

一维波传播问题可以纵向振动、剪切振动和扭转振动在杆中的传播来说明。

1. 纵向振动在杆中的传播

下面分别以允许杆侧向自由变形和不允许杆侧向变形两种情况来讨论纵向振动在杆中的传播。

1）允许侧向自由变形情况

设杆的轴向与 z 坐标轴方向相同,沿杆轴向的位移为 w,杆的弹性模量为 E,质量密度为 ρ,在这种情况下纵向振动方程为

$$\begin{cases} \dfrac{\partial^2 w}{\partial t^2} = V_c^2 \dfrac{\partial^2 w}{\partial z^2} \\ V_c = \sqrt{\dfrac{E}{\rho}} \end{cases} \tag{4.66}$$

式中,V_c 为压缩波波速,与式(4.14)纵波波速 V_p 相比可发现,$V_c < V_p$。这是因为杆的侧向可自由发生变形,而在半无限体内部,单元的侧向变形要受相邻单元的约束。

按前述,纵向振动方程式(4.66)的解可写成如下形式:

$$w(t,z) = f(V_c t - z) + g(V_c t + z) \tag{4.67}$$

式中,f 是沿 z 正向传播的波,或称入射波;g 是沿 z 反向传播的波,或称反射波。该解应满足边界条件,下面分自由端和固端两种情况来说明。

（1）自由端情况。

令端部的坐标为 z_0,则

$$z = z_0, \quad \sigma(t,z_0) = 0 \tag{4.68}$$

在下面的推导中,令

$$\begin{cases} z_1 = V_c t - z \\ z_2 = V_c t + z \end{cases} \tag{4.69}$$

则杆的轴向应变 ε_z 为

$$\varepsilon_z = -\frac{\partial f}{\partial z_1} + \frac{\partial g}{\partial z_2} \tag{4.70}$$

杆中的应力 σ_z 为

$$\sigma_z = E\left(-\frac{\partial f}{\partial z_1} + \frac{\partial g}{\partial z_2}\right) \tag{4.71}$$

式中,$-E\dfrac{\partial f}{\partial z_1}$ 和 $E\dfrac{\partial g}{\partial z_2}$ 分别为沿杆正向和负向传播的应力波。下面分别以 $\sigma_{z,c}$ 和 $\sigma_{z,p}$ 表示,则

$$\sigma_z = \sigma_{z,c} + \sigma_{z,p} \tag{4.72}$$

将其代入边界条件式(4.68),得

$$\sigma_{z,c} = -\sigma_{z,p} \tag{4.73}$$

式(4.73)表明,沿杆正向传播的应力波在杆端产生的应力与沿负向传播的应力波在杆端产生的应力大小相等、方向相反。如果沿杆正向传播的应力波是压缩波,那么沿杆负向传播的应力波就是拉伸波;如果沿杆正向传播的应力波是拉伸波,那么沿杆负向传播的应力波就是压缩波。

(2) 固端情况。

在该种情况下,端部边界条件为

$$z = z_0, \quad w(t, z_0) = 0 \tag{4.74}$$

将式(4.67)代入上述边界条件,得

$$\begin{cases} f(V_c t - z_0) = -g(V_c t + z_0) \\ \sigma_c(t, z) = \sigma_p(t, z) \end{cases} \tag{4.75}$$

式(4.75)的第二式表明,如果沿 z 正向传播的应力波是压缩波,那么由端部反射回来沿 z 方向传播的应力波也是压缩波;如果沿 z 正向传播的应力波是拉伸波,那么由端部反射回来沿 z 方向传播的应力波也是拉伸波。这样,无论沿杆正向传播的应力波是压缩波还是拉伸波,当波在固端反射回来之后,杆中的应力将加倍。

2) 不允许侧向变形情况

由胡克定律可以导出,当不允许杆侧向变形时,杆的轴向应力与轴向应变关系如下:

$$\begin{cases} \varepsilon_z = \dfrac{1-2\mu^2}{1+\mu} \dfrac{\sigma_z}{E} \\ E_c = \dfrac{1+\mu}{1-2\mu^2} E \\ \varepsilon_z = \dfrac{\sigma_z}{E_c} \end{cases} \tag{4.76}$$

式(4.76)中的 E_c 即为土力学称之的压缩模量。这样,当不允许侧向变形时,纵向振动方程为

$$\begin{cases} \dfrac{\partial^2 w}{\partial t^2} = V_c'^2 \dfrac{\partial^2 w}{\partial z^2} \\ V_c' = \sqrt{\dfrac{E_c}{\rho}} \end{cases} \tag{4.77}$$

从 V_c' 及 E_c 的定义可见,波速 $V_c' > V_p > V_c$,这是因为杆侧向变形完全受约束。

从上述可见,只要将式(4.66)中 E 改为 E_c,V_c 改为 V_c',其关于允许侧向自由变形情况的所有结果均适用于不允许侧向变形情况,在此不再赘述。

2. 剪切振动在杆中的传播

设杆的轴向与 z 轴方向相同，与杆轴向垂直的位移为 u，杆的弹性模量为 G，质量密度为 ρ，杆的剪切振动方程为

$$\frac{\partial^2 u}{\partial t^2} = V_{\mathrm{s}}^2 \frac{\partial^2 u}{\partial z^2} \tag{4.78}$$

按前述，剪切振动方程式(4.78)的解如下：

$$u(t,z) = f(V_{\mathrm{s}}t - z) + g(V_{\mathrm{s}}t + z) \tag{4.79}$$

令

$$\begin{cases} z_1 = V_{\mathrm{s}}t + z \\ z_2 = V_{\mathrm{s}}t - z \end{cases} \tag{4.80}$$

杆的剪应变 γ_{xz} 如下：

$$\gamma_{xz} = -\frac{\partial f}{\partial z_1} + \frac{\partial g}{\partial z_1} \tag{4.81}$$

相应的应变力 τ_{xz} 如下：

$$\tau_{xz} = G\left(-\frac{\partial f}{\partial z_1} + \frac{\partial g}{\partial z_1}\right) \tag{4.82}$$

式中，$-E\dfrac{\partial f}{\partial z_1}$ 和 $E\dfrac{\partial g}{\partial z_2}$ 分别为沿杆正向和反向传播的应力波。除上述之外，前面关于杆纵向振动的讨论均适用于杆的剪切振动，在此不再赘述。

3. 扭转振动在杆中的传播

下面讨论圆形断面杆绕其轴扭转振动在杆中的传播。设与轴垂直的截面绕轴扭转的角度为 θ，则扭转角 θ 为时间 t 及坐标 z 的函数，即

$$\theta = \theta(t,z) \tag{4.83}$$

设截面上一点与杆轴相距为 r，则由于扭转该点沿切向的水平位移 u 可表示为

$$u = r\theta \tag{4.84}$$

由式(4.84)可见，切向位移随 r 的增大而增大，在杆轴上任一点由于 $r = 0$，则 $u = 0$。由于剪应变 $\gamma_{z\theta} = \dfrac{\partial u}{\partial z}$，则得

$$\gamma_{z\theta} = r\frac{\partial \theta}{\partial z} \tag{4.85}$$

与其相应的在截面作用的切向剪应力 $\tau_{r\theta}$ 为

$$\tau_{r\theta} = Gr\,\frac{\partial \theta}{\partial z} \tag{4.86}$$

从式(4.85)和式(4.86)可见,与切向位移 u 相似,剪应变和剪应力也随 r 的增大而增大,在杆轴上任一点均为零。在截面上作用的切向剪应力相对杆轴产生一个扭转力矩,如果以 T_θ 表示,则

$$T_\theta = \int_s r\tau_{r\theta}\mathrm{d}s$$

将式(4.86)代入得

$$T_\theta = G\,\frac{\partial \theta}{\partial z}\int_s r^2 \mathrm{d}s$$

显然公式中的积分为截面的极面积矩,如果以 I_s 表示,则

$$T_\theta = GI_s\,\frac{\partial \theta}{\partial z} \tag{4.87}$$

设从杆中截取一段微分体,长度为 $\mathrm{d}z$,如图 4.12 所示,则在 z 截面作用的扭矩为 T_θ,在 $z + \mathrm{d}z$ 截面作用的扭矩为 $T_\theta + \mathrm{d}T_\theta$。由(4.87)可得

$$\mathrm{d}T_\theta = GI_s\,\frac{\mathrm{d}^2\theta}{\mathrm{d}z^2}\mathrm{d}z \tag{4.88}$$

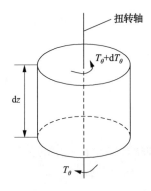

图 4.12　作用于微元体截面上的扭转力矩

另外,由式(4.84)可得切向运动加速度

$$\frac{\partial^2 u}{\partial t^2} = r\,\frac{\partial^2 \theta}{\partial t^2} \tag{4.89}$$

由此可得微元体 $\mathrm{d}z\mathrm{d}s$ 切向运动惯性力 $\mathrm{d}F_\theta$ 为

$$\mathrm{d}F_\theta = \rho r\,\frac{\mathrm{d}^2\theta}{\mathrm{d}t^2}\mathrm{d}z\mathrm{d}s \tag{4.90}$$

相应地,微元体切向运动惯性力相对杆轴的扭转力矩,如果以 $\mathrm{d}T_\rho$ 表示,则

$$dT_\rho = \int_s r \, dF_\theta$$

将式(4.90)代入得

$$dT_\rho = \rho \frac{d^2\theta}{dt^2} dz \int_s r^2 \, ds$$

注意式中微分项的力学意义,则得

$$dT_\rho = \rho I_s \frac{d^2\theta}{dt^2} dz \tag{4.91}$$

这样,由微元体 dz 的动力平衡,可得扭转振动方程为

$$\frac{\partial^2\theta}{\partial t^2} = V_s^2 \frac{\partial^2\theta}{\partial z^2} \tag{4.92}$$

从式(4.92)可见,扭转振动的波传播方程与水平剪切振动的波传播方程相似,只是将其中的水平位移 u 改为扭转角 θ。因此,水平剪切振动波传播的研究结论均适用于扭转振动,在此不再赘述。

4.7　应力、应变、运动速度和波速之间的关系

现在,利用 4.6 节的研究结果讨论应力、应变、运动速度和波速之间的关系。它们之间的关系具有重要的理论和实际应用意义,如在土体动力数值分析中采用的黏性边界就是以此为基础的。

首先,以允许侧向自由变形的杆的纵向振动为例说明这个问题,并且分正向传播波或入射波和反向传播波或反射波两种情况来讨论。

令正向传播波的位移为 w_f,则

$$w_f = f(ct - z)$$

相应的,正向传播波的运动速度为

$$\frac{\partial w_f}{\partial t} = \frac{\partial f}{\partial z_1} \frac{\partial z_1}{\partial t}$$

式中, $z_1 = ct - z$。

注意式(4.69),则得正向传播波的运动速度为

$$\frac{\partial w_f}{\partial t} = V_c \frac{\partial f}{\partial z_1} \tag{4.93}$$

由于,沿正向传播波的应变 ε_f 为

$$\varepsilon_f = \frac{\partial f}{\partial z_1} \frac{\partial z_1}{\partial z}$$

同样,注意式(4.69),则得沿正向传播波的应变为

$$\varepsilon_f = -\frac{\partial f}{\partial z_1} \tag{4.94}$$

由式(4.93)和式(4.94)得沿正向传播波的运动速度与其波速 V_c 和应变 ε_f 的关系如下:

$$
\begin{cases}
\dfrac{\partial w_f}{\partial t} = -V_c \varepsilon_f \\[3mm]
\varepsilon_f = -\dfrac{1}{V_c}\dfrac{\partial w_f}{\partial t}
\end{cases} \tag{4.95}
$$

从式(4.95)第二式可见,波速将应变与运动速度联系了起来。相应地,沿正向传播波的应力 $\sigma_{z,f}$ 如下:

$$\sigma_{z,f} = -\frac{E}{V_c}\frac{\partial w_f}{\partial t} \tag{4.96}$$

将式(4.66)的第二式代入式(4.96)得

$$\sigma_{z,f} = -\sqrt{\rho E}\,\frac{\partial w_f}{\partial t} \tag{4.97}$$

式中, $\sqrt{\rho E}$ 称为纵向振动的阻抗,它将应力与运动速度联系起来,其量纲为力·时间/长度。根据量纲,可以把阻抗视为一种黏滞常数。

相似的,沿相反方向传播波的运动速度 $\dfrac{\partial w_g}{\partial t}$、应变 ε_g、应力 $\sigma_{z,g}$ 分别为

$$\frac{\partial w_g}{\partial t} = V_c \frac{\partial g}{\partial z_2}$$

$$\varepsilon_g = \frac{\partial g}{\partial z_2}$$

式中, $z_2 = t - ct$。

$$
\begin{cases}
\dfrac{\partial w_g}{\partial t} = V_c \varepsilon_g \\[3mm]
\sigma_{z,g} = \dfrac{E}{V_c}\dfrac{\partial w_g}{\partial t}\ \text{或}\ \sigma_{z,g} = \sqrt{\rho E}\,\dfrac{\partial w_g}{\partial t}
\end{cases} \tag{4.98}
$$

从式(4.98)可见,与沿正向传播情况不同之处仅是应变 ε_g 和应力 $\sigma_{z,g}$ 计算公式中没有了负号。

对于不允许杆侧向变形的情况,只要把上面各式中的弹性模量 E 改为压缩模量 E_c 即可。对于剪切振动情况,只需将上述各式中的 w_f、w_g 换成 u_f、u_g,E 换成 G,ε_f、ε_g 换成 $\gamma_{xz,f}$、$\gamma_{xz,g}$,$\sigma_{z,f}$、$\sigma_{z,g}$ 换成 $\tau_{xz,f}$、$\tau_{xz,g}$。显然,在这种情况下,阻抗应为 $\sqrt{\rho G}$,相应地称为剪

切振动的阻抗。

综上,不论哪种振动情况,波速都将应变与运动的速度联系了起来,阻抗将应力与运动速度联系了起来。

4.8 土波速的现场测量

按上述,如果把土视为线弹性介质,根据波速与土的动杨氏模量 E 和剪切模量 G 的关系,只要由现场测得土的波速,就可按式(4.99)确定土的动杨氏模量、剪切模量及泊松比:

$$\begin{cases} G = \rho V_s^2 \\ E = \rho \dfrac{(1+\mu)(1-2\mu)}{1-\mu} V_p^2 \\ \dfrac{1-2\mu}{2(1-\mu)} = \left(\dfrac{V_s}{V_p}\right)2 \end{cases} \qquad (4.99)$$

因此,现场测试土的波速是一项重要的试验。由现场测试的波速确定土的动杨氏模量和剪切模量具有一个优点,那就是在土的原状结构没有破坏的情况下测得的数值,因此更具有代表性。但是,像前面指出的那样,由现场测得的波速相应于土处于线性工作状态时的值,在测试时土所受的动力作用水平很低,相应于剪应变幅值为 $10^{-6} \sim 10^{-7}$。如果把土视为非线性弹性体,处在比较高的动力作用水平下,其模量要显著降低,相应的波速也要比现场测试到的值低得多。本节主要参考文献[3]、[4]来表述土波速的现场测量问题。

1. 土波速现场测试原理及设备

现场波速测试的基本原理是测定波传播指定距离 s 所需的时间 t。由于距离 s 是已知的,只要测出所需的时间 t,则由式(4.100)可确定出波速:

$$V = \frac{s}{t} \qquad (4.100)$$

式中,V 为土的波速,可以是 V_p、V_s 或 V_r。如果指定一系列距离,则可测得传播这些距离所需的一系列时间,这样可绘制出 t-s 关系线,称为时距关系线。由于

$$t = \frac{1}{V}s$$

则时距关系线斜率的倒数即为波速。

测试波速可采用不同的方法,但是不管采用什么测试方法,所用试验设备基本上由如下几部分组成。

(1) 激振设备。不同的试验方法所采用的激振方法不同,相应的,所采用的激振设备也不同。激振方法可采用爆炸、敲击或起振器激振。激振的目的是产生一个振源,然后振动以波的形式从振源传播出去。

（2）振动传感器。振动传感器一般采用加速度计。加速度计可把一点的振动加速度转变成模拟的电量变化，即模拟电信号，并传送出来。

（3）放大器。一般由振动传感器传送出来的模拟电信号很微弱，必须予以放大。放大器的作用就是将由振动传感器传送出来的模拟电信号予以放大。

（4）数字采集装置。数字采集装置的功能如下：

① 将由放大器传送出来的连续的模拟电信号按指定的时间间隔采集下来，每秒内采集的次数称为采集频率。

② 将采集下来的模拟电信号转变为电数字信号，以便输入计算机中。数字采集装置的工作由计算机控制，采集的开始时间、采集频率及结束时间等均由计算机按控制软件自动完成。

（5）计时器。计时器的作用是确定从激振时刻开始，波到达测点所需的时间。现在，不需另外装置计时器，计算机就是一个计时器。

（6）输出装置。一般为绘图仪或打印机，将输入计算机的数值信号以曲线的形式输出和打印出来，输出装置工作也是由计算机控制的。

（7）计算机。计算机的作用如下：①控制现场测试的流程；②控制数值采集装置工作；③控制数值输出装置工作；④分析处理测试资料。

根据上述，各种测试方法所采用的试验设备的主要不同在于激振设备的不同，这是各种测试方法所采用的激振方法不同引起的。

2. 测试方法

1）地震法

如果振动是由爆炸激起的，则这种测试方法称为地震法。在地表面上的爆炸形成了一个脉冲振源，如前述，所产生的扰动将分别以纵波、横波和瑞利波三种形式向外传播。在离爆炸源距离为 x 处一点的水平运动和竖向运动如图 4.13 所示。图 4.13 中有三处突出的扰动，由于 $V_p > V_s > V_r$，纵波首先到达测点，然后依次是横波和瑞利波。因此，图 4.13 中的三处突出点依次表示纵波、横波和瑞利波的到达。但是，图 4.13 所示的是一种理想情况，实测记录是错综复杂的，通常可辨别清楚的是首先到达的纵波。因此，地震法所测得的波速通常是纵波波速。

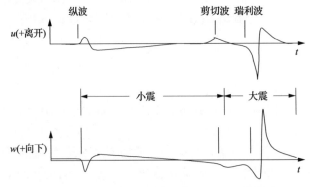

图 4.13　地表脉冲振动引起地面上一点的运动

纵波从爆炸源传到测点有如下三条途径。

（1）沿表面传到测点，称为直达波途径，如图 4.14 所示。

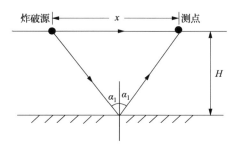

图 4.14　直达波和反射波途径

（2）第二条途径，当地面下存在第二层土时，首先沿与两层土界面法线成 α_1 角的方向在第一层土中传播，到达界面后反射到达测点，称为反射波途径，如图 4.14 所示，α_1 按式（4.101）确定：

$$\tan\alpha_1 = \frac{1}{2}\frac{x}{H} \tag{4.101}$$

式中，H 为第一层土厚度。

（3）第三条途径，也是当地表面下存在第二层土且 $V_{p,2} > V_{p,1}$ 时，首先沿临界入射角在第一层土中传播，到达界面后沿界面以第二层土纵向波速传播，然后头波再沿临界入射角方向在第一层土中传播到达测点，称为折射波途径，如图 4.15 所示。临界入射角按式（4.65）确定。

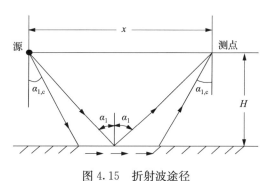

图 4.15　折射波途径

从图 4.14 可分别确定出扰动沿直达波途径和反射波途径到达测点的传播长度 s_1、s_2，即

$$s_1 = x$$

$$s_2 = \sqrt{x^2 + 4H^2} \quad \text{或} \quad s_2 = 2H\sqrt{1 + \frac{x^2}{4H^2}}$$

而由图 4.15 可确定出扰动沿折射波途径到达测点的传播长度 s_3 为

$$s_3 = \frac{2H}{\cos\alpha_{1,\text{c}}} + (x - 2H\tan\alpha_{1,\text{c}})$$

由此,可得分别沿直达波途径、反射波途径和折射波途径到达测点的时间 t_1、t_2 和 t_3 如下:

$$\begin{cases} t_1 = \dfrac{x}{V_{\text{p},1}} \\[3mm] t_2 = \dfrac{2H}{V_{\text{p},1}}\sqrt{1 + \dfrac{x^2}{4H^2}} \\[3mm] t_3 = \dfrac{x}{V_{\text{p},2}} + 2H\sqrt{\dfrac{1}{V_{\text{p},1}^2} - \dfrac{1}{V_{\text{p},2}^2}} \end{cases} \tag{4.102}$$

　　如果采用地震法,在测试时要沿地表面上设置一系列的测点。这样,可由这些测点的测试记录辨别出沿直达波、反射波和折射波途径到达测点的扰动及相应的时间。由此,对直达波和反射波途径可分别绘制 t_1-x 和 t_2-x 关系线,如图 4.16 所示。显然,t_1-x 关系线的斜率为第一层土的纵波波速,t_2-x 关系线的截距 $t_{2,0}$ 应为

$$t_{2,0} = \frac{2H}{V_{\text{p},1}}$$

由此,得第一层土厚度 H 为

$$H = \frac{V_{\text{p},1}t_{2,0}}{2} \tag{4.103}$$

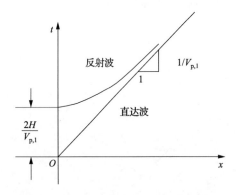

图 4.16　直达波途径的 t_1-x 关系线和反射波途径的 t_2-x 关系线

　　同样,可以绘出直达波途径和折射波途径的 t_1-x 和 t_3-x 关系线,如图 4.17 所示。显然,t_1-x 关系线的斜率倒数为第一层土的纵波波速,t_3-x 关系线的斜率倒数为第二层土的纵波波速。由式(4.102)第三式可知,t_3-x 关系线的截距 $t_{3,0}$ 为

$$t_{3,0} = 2H\sqrt{\frac{1}{V_{\text{p},1}^2} - \frac{1}{V_{\text{p},2}^2}} = \frac{2H\cos\alpha_{1,\text{c}}}{V_{\text{p},1}} \tag{4.104}$$

这样由式(4.104)可进一步确定出第一层土的厚度。

　　关于折射波途径可以指出如下几点:

（1）可以记录到折射波的点与震源的距离应等于或大于 $2H\sin\alpha_{1,c}$。

（2）t_1-x 关系线与 t_3-x 关系线有一个交点，在该点 $t_1=t_3$。由此条件可求出该点与震距的距离 x_c，称为跨越距离：

$$x_c = 2H\sqrt{\frac{V_{p,2}+V_{p,1}}{V_{p,2}-V_{p,1}}} \tag{4.105}$$

显然，$x<x_c$ 时直达波首先到达该点，$x\geqslant x_c$ 时折射波首先到达该点。这样，直达波或折射波的到达均可明确地辨别出来。

最后，关于地震法应指出以下几点。

（1）反射波总是在直达波或折射波到达之后才到达。因此，往往难以明确地辨别出来它到达的时间。这就是按反射波途径确定出波速的缺点。

（2）为了能较精确地绘出 t_1-x、t_2-x、t_3-x 关系线，在地表面上布置的测点至少不能少于 8 个。这样，要求的试验场地比较大。

（3）地震法测得的第一层土的纵波波速是该层土的平均纵波波速，而测得的第二层土的纵波波速是两层土界面附近第二层土的纵波波速。

（4）地震法采用爆炸来激振，对周围环境有一定的影响，它的应用受到一定的限制。

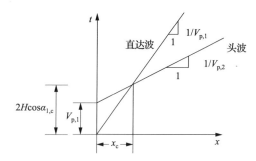

图 4.17　直达波途径的 t_1-x 关系线和折射波途径的 t_3-x 关系线

2）表面波法

表面波法是使扰动以表面波的形式在地表面传播，测试的量是表面波波速 V_r。

表面波法的激振设备是底面为圆形的起振器，它可以使底面下土体产生竖向振动，且振动的频率是可调的。底面下土体的振动以纵波、横波和瑞利波三种波向外传播。三种波所占的能量如表 4.1 所示。可见，大部分能量是以瑞利波形式传播的。

表 4.1　圆形基础振动时三种波所占的能量

波的类型	所占的能量/%
纵波	7
横波	26
瑞利波	67

在稳态振动情况下，起振器底座的竖向振动可表示成

$$w(t) = w_0\sin(pt) \tag{4.106}$$

地表面上其他点的振动可表示为

$$w(t) = w_0 \sin(pt - \varphi)$$

式中，φ 为该点的相角差。按波传播理论，该点的竖向振动也可写成

$$w(t,r) = w_0 \sin p\left(t - \frac{r}{V_r}\right)$$

由于 $p = 2\pi f$，f 为振动频率，将其代入得

$$w(t,r) = w \sin\left(pt - \frac{2\pi f r}{V_r}\right) \tag{4.107}$$

比较式(4.106)和式(4.107)得

$$\varphi = \frac{2\pi f r}{V_r} \tag{4.108}$$

设一点与起振器中心距离为一个瑞利波长 L_r，则该点的相角差为 2π，如图 4.18 所示。这样，由式(4.108)得

$$V_r = f L_r \quad \text{或} \quad V_r = \frac{1}{T} L_r \tag{4.109}$$

式中，T 为起振器的振动周期，可预先设定，为已知值。这样，只要由试验确定出瑞利波波长，就可由式(4.109)确定出瑞利波波速，进而可确定出剪切波波速和纵波波速。

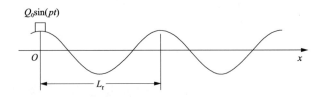

图 4.18　圆形底面起振器引起的地面竖向运动

由前面关于表面波的表述可知，瑞利波在表面以下迅速衰减。通常认为，表面波在地面以下的影响深度为一个波长。因此，由表面波传播确定出来的波速可看成地表下深度为一个瑞利波波长范围内土的波速平均值。

从式(4.109)可见，瑞利波波长随起振器频率的增高而缩短。因此，所指定的起振器频率越高，波长越短。因此，指定不同的起振器频率可测得地下不同深度内土的平均波速。对于一个指定的起振频率，可由试验结果得到从起振中心到某个测点距离内所包含的瑞利波个数，并绘制波数与距离之间的关系曲线。图 4.19 给出了由一个粉砂层试验结果绘制出的波数与振源距的关系线。这是一组以起振频率为参数的直线，每条直线的斜率的倒数即为相应的瑞利波波长。

从上述可知，表面波测试方法的关键是确定瑞利波长度。为此，必须在地面沿径向设置一系列的测点。为了能较好地确定出瑞利波波长，测点的数目不能少于 8 个。因此，表面波法试验所要求的场地也较大。

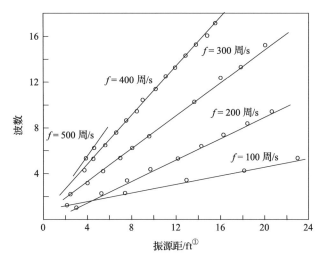

图 4.19　波数与振源距的关系线

3）单孔逐层检波法

单孔逐层检波法试验是在钻孔内进行的，通常利用钻探工作的钻孔，而不需要专门的钻孔。

关于单孔逐层检波法试验设备有如下几点需另外说明。

（1）测头及辅助装置。试验时测头被放置在孔内指定测点处，测头是一个外形为圆柱体的密封容器，内部放置两个接受水平运动的加速度计和一个接受竖向运动的加速度计。测头外壳被一个橡皮膜包裹，两者之间的缝隙可以充气，充气后橡皮囊膨胀，贴在孔壁上将测头固定在测点处。为了给橡皮囊充气，有一个塑料管与两者的缝隙相通，塑料管的上端与地面的充气设备相同，充气设备可以是一个气泵或者一个打气筒。另外，还有一根绳子系在测头的上端，绳子的另一端通往地面。绳子的作用是将测头下放或提升到指定的测点。在试验时，测头内加速度计接受的扰动产生模拟电信号并通过电缆传到地面上的放大装置。

（2）激振装置。单孔逐层检波法试验采用敲击法激振，主要的设备包括：一块压板、压重和一个铁锤。压板可以是厚木板或混凝土板，沿钻孔的切向放置于距孔中心 2～3m 的地面上，在放置前应将地面平整，必要时可铺一层薄砂层，以增加与板之间的摩擦力。压重一般为重约 200kg 的重块，规整地放置在压板上，也是为了增加板与地面的摩擦力。重锤为一个长把铁锤，沿压板放置方向水平击打压板的一端，由于压板与地面之间的摩擦力作用，压板下的土体发生沿钻孔切向的水平振动，并以剪切波形式向下传播。

（3）测点的布置。单孔逐层检波法试验要沿孔深设置一系列测点。在布置测点时应将该孔的土柱状图要来，根据土的分层及地下水位来布置，其原则如下：①在两层土分界处及地下水位处必须布置测点；②如果一个土层比较厚，可在层内设置测点，其间距为 2～3m。

---

① 1ft＝0.3048m。

这样,测点把土层分成许多子层。钻孔、测点的布置、子层的划分、激振装置的布置如图 4.20 所示。试验时,一般从上到下逐个测点进行试验。由每个测点的试验可测得扰动传到测点所用的时间 t。

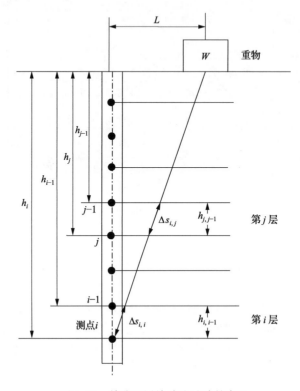

图 4.20　单孔逐层检波法试验的布置

（4）波速的计算。下面来讨论如何根据测试结果确定每个子层的剪切波波速。令压板中心与钻孔中心的距离为 L。现在,来确定第 i 子层的剪切波波速 $V_{s,i}$,并假定第 i 子层以上各个子层的剪切波波速是已知的。由于测试点的深度是已知的,令以 h 表示,则由压板中心到测点 i 的传播距离 s_i 为

$$\begin{cases} s_i = \dfrac{h_i}{\cos\alpha_i} \\ \cos\alpha_i = \dfrac{h_i}{\sqrt{h_i^2 + L^2}} \end{cases} \tag{4.110}$$

由于土被划分成许多子层,每个子层的剪切波波速可以是不同的。波从压板中心传到测点的过程中,在第 j 子层传播的距离 $\Delta s_{i,j}$ 如下:

$$\Delta s_{i,j} = \dfrac{h_j - h_{j-1}}{\cos\alpha_i} \tag{4.111}$$

令第 j 子层的剪切波波速以 $V_{s,j}$ 表示,则在第 j 子层传播所需的时间 $\Delta t_{i,j}$ 如下:

$$\Delta t_{i,j} = \frac{\Delta s_{i,j}}{V_{s,j}} = \frac{h_j - h_{j-1}}{\cos\alpha_i V_{s,j}}$$

这样，波传到第 i 子层之前所需的时间为 $\sum_{j=1}^{i-1} t_{i,j}$，而在第 i 子层传播的时间 $\Delta t_{i,i}$ 如下：

$$\Delta t_{i,i} = t_i - \frac{1}{\cos\alpha_i}\sum_{j=1}^{i-1}\frac{h_j - h_{j-1}}{\cos\alpha_i V_{s,j}}$$

按式(4.111)，波在第 i 子层传播的距离如下：

$$\Delta s_{i,i} = \frac{h_j - h_{j-1}}{\cos\alpha_i}$$

按波速的定义，得第 i 子层的剪切波波速 $V_{s,i}$ 如下：

$$V_{s,i} = \frac{h_j - h_{j-1}}{\cos\alpha_i\left(t_i - \frac{1}{\cos\alpha_i}\sum_{j=1}^{i-1}\frac{h_j - h_{j-1}}{V_{s,j}}\right)} \tag{4.112}$$

如果根据测试结果及式(4.112)确定出各子层的剪切波波速 V_s，则可绘出剪切波波速随深度的变化，称为土层的波速结构。

4）跨孔法

上面介绍了三种测试波速的方法。这三种方法有一个共同的局限性，即仅适用于陆上土层波速的测试，而不适用于水下土层波速的测试。但是，跨孔法不仅适用于陆上土层波速的测试，也适用于水下土层波速的测试。因此，跨孔法在海洋、水利、桥梁工程中得到广泛的应用；但由于测试费用高，跨孔法在陆上土层波速的测试中应用相对较少。

下面，关于跨孔法的测试方法的要点说明如下。

（1）跨孔法测试也是在钻孔内进行的。通常，跨孔法试验需要三个钻孔，其中一个是发振孔，其他两个是接收孔。发振孔一般位于中间，在平面上三个孔可布置在一条直线上，也可按三角形布置，如图 4.21 所示。

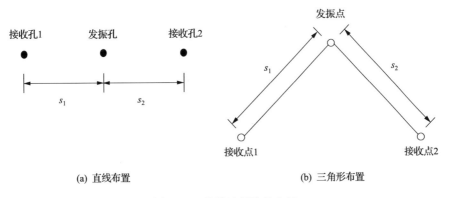

(a) 直线布置　　　　　　　　　　(b) 三角形布置

图 4.21　跨孔法钻孔的布置

在跨孔法试验中，接收孔与发振孔的水平距离是已知的。如果发振孔的激振点与接收孔的接收点在同水平高程上,那么接收孔与发振孔的水平距离就是扰动由发振点传到接收点所通过的距离。这样,只要由试验测得扰动由发振点传到接收点所需要的时间,按定义就可确定出波速。

接收孔与发振孔的距离通常为 20~30m,或更大些。但是,当土层界面为斜面时,应避免扰动从发振孔传到接收孔时通过两层土。在这种情况下,接收孔与发振孔的距离应小些。

(2)跨孔法的测试是在孔内进行的。在试验时,应从上到下在发振孔布置一系列激振点,而在接收孔相应地布置一系列接收点。如前所述,第 i 激振点与接收点的高程相同。激振点和接收点的布置应根据钻孔土柱状图,按与上述单孔逐层检验法同样的原则确定。

(3)为跨孔法试验所打的钻孔应尽量保持垂直以保证扰动从激振点传播到接收点的距离等于激振孔到接收孔的距离。特别是当测试深度很深时,要钻的孔也很深,在这种情况下应对钻孔进行测斜,以便根据测斜资料修正激振点到接收点的距离。

(4)如果采用三角形布置钻孔,则可以对波速在平面上的变化有一定的了解。这一点是跨孔法相对单孔逐层检验法的一个优点。

最后指出,从工程建设而言,单孔逐层检波法和跨孔法应用更为普遍,而跨孔法更是测试水下土层剪切波波速的有效方法。这两种方法可根据需要确定出任何指定深度处土的剪切波波速。

4.9 影响土剪切波波速的因素及确定剪切波波速的经验公式

在动力问题中,与任何力学介质一样,土的剪切波波速是一个重要的力学参数。但是,与其他力学介质不同,土的剪切波波速受到更多的因素影响,在数值上呈现出更大的变化。

1. 影响剪切波波速的因素

根据式(4.9)可知,凡是对土动剪切模量有影响的因素,对剪切波波速均有影响。概括地说,对剪切波波速有影响的主要因素如下。

(1)土的类型。不同类型的土,其颗粒组成及结构不同,必然影响剪切波波速。

(2)土的成因。土的成因不同意味着土形成环境不同,即使属于同一种土类,其结构不同,也必然影响剪切波波速。

(3)土的埋藏条件。埋藏条件是指土在地面下的埋藏深度,埋藏深度影响土所受的上覆压力,因此必然影响土的剪切波波速。埋藏深度越大,有效上覆压力越大,土的剪切波波速则越大。

(4)地下水位。与土的埋藏深度相似,地下水位在地面以下的深度影响土所受的上覆压力,因此必影响土的剪切波波速。地下水埋深越大,有效上覆压力越大,土的剪切波波速也越大。

(5)土的状态。土的状态,对于砂土指的是密实程度,对于黏性土指的是软硬程度。很显然,越密实和越硬的土的剪切波波速越大。土的状态通常可用现场测试的标准贯入击数表示。土的标准贯入击数越大,则土越密实或越硬,相应的剪切波波速也越大。

(6)土的超固结比。当上覆压力相同时,超固结的土要比正常固结的土更密实或更硬,因此具有更高的剪切波波速,且随固结比的增大而增高。

因此,在确定土的剪切波波速时必须考虑这些因素的影响。

2. 确定土剪切波波速的经验公式

在许多情况下,为满足工程需要必须估计出土的剪切波波速。为此,人们研究了由现场测试得到的剪切波波速与上述影响因素之间的关系,提出一些估算土的剪切波波速的经验公式。

(1) 考虑土的类型的影响,所提出的计算剪切波波速的公式均是按土的类型分别给出的,大多数将土分为黏性土、粉土和砂土三类。虽然估算这些土剪切波波速公式的形式相同,但公式中的参数随土的类型取值不同。

(2) 估算土剪切波波速公式的形式大致有如下几种:

① 剪切波波速与土的埋深关系,其形式如下:

$$V_s = \alpha H^\beta \tag{4.113}$$

式中, H 为土的埋深; α、β 为两个参数,按土的类型取值,可由按土的类型统计现场测得剪切波波速与其埋深的关系确定。我国有些抗震设计规范或程序按土的类型推荐了上述形式剪切波波速的经验公式。显然,按式(4.113)确定土剪切波波速忽略了地下水位埋深、土的状态及超固结比等因素的影响。但是,对于正常固结的土,土的埋深对其状态有重要的影响,埋深越深,一般来说土越密实或越硬。因此,式(4.113)暗含有土状态的影响。

② 剪切波波速与的埋深及标准贯入击数关系,其形式如下:

$$V_s = \alpha H^\beta N^\gamma \tag{4.114}$$

式中, N 为标准贯入试验测得的标贯击数; α、β、γ 为三个参数,可由按土的类型统计现场测得的剪切波波速与埋深及标准贯入击数之间的关系确定。应指出,式(4.114)中的参数 α、β 值与式(4.113)中的参数 α、β 值是不相同的。式(4.114)引入了标准贯入击数 N,这样按式(4.114)确定剪切波波速可以明确地考虑土状态的影响,比式(4.113)更为合理。但是,该式仍忽略了地下水位及超固结比的影响。

③ 剪切波波速与土所受的有效上覆压力 σ_v 及标准贯入击数关系,其形式如下[5]:

$$V_s = \alpha \sigma_v^\beta N^\gamma \tag{4.115}$$

式中, α、β、γ 为三个参数,可由按土类型统计现场测得的剪切波波速与有效上覆压力及标贯击数之间的关系确定。显然,式(4.115)中的参数 α、β、γ 的值与式(4.114)中的参数 α、β、γ 的值不相同。由于

$$\sigma_v = \sum_i \gamma'_i \Delta h_i \tag{4.116}$$

式中, γ'_i 为第 i 层土的有效重力密度,地下水位以上土层取天然湿重力密度,地下水位以下取浮重力密度; Δh_i 为第 i 层土的厚度。显然式(4.114)更为合理。

可能是由于超固结土现场剪切波波速测试试验不够多,很少见到在估算剪切波波速的经验公式中包括超固结比的影响。

上面讨论了土剪切波波速的经验公式的形式及每种形式的优缺点。下面给出一组如式(4.116)所示形式的确定土剪切波波速的公式。这些公式的基础资料是一些地区地震小区规划工作中现场测试的各类土的剪切波波速。由这些基础资料统计得到的确定土剪切波速的公式如下：

$$
\begin{cases}
V_s = 62.50 N^{0.263} \sigma_2^{0.286}, & 黏性土 \\
V_s = 107.13 N^{0.078} \sigma_2^{0.236}, & 粉土 \\
V_s = 84.63 N^{0.179} \sigma_2^{0.229}, & 砂土
\end{cases}
\tag{4.117}
$$

应指出，根据不同基础资料统计得出的公式中的参数会有相当的不同，式(4.117)仅供参考。

思 考 题

1. 以位移为未知数的土体三维弹性波动方程是如何建立的？什么是求解的初始条件和边界条件？

2. 什么是无旋波或体积压缩波？相应的波速公式是什么？什么是畸变波或剪切波？相应的波速公式是什么？

3. 什么是表面波？有哪两种类型？试推求表面波波速的公式。表面波波速与剪切波波速的关系如何？

4. 以平面波为例，试说明波的分解、势函数与位移的关系，势函数的求解方程及特点，采用势函数方程式求解波传播问题的优点。

5. 试说明波在自由表面和两层界面的反射和折射。波的反射定理和折射定理是什么？

6. 试建立杆的剪切振动、压缩振动以及圆柱的扭转振动方程式。在侧向约束及无约束两种情况下杆的压缩振动有何不同？其压缩波速度与三维体积压缩波速度有何不同？

7. 试说明土中的应变、应力、运动速度及波速之间的关系。

8. 为什么研究和测试土的波速？有何意义？影响土剪切波波速的因素有哪些？确定土的剪切波波速的经验公式有哪些类型？

9. 试述现场测试土的剪切波波速都有哪些方法。比较说明它们的优缺点及适用性。

参 考 文 献

[1] 铁木辛柯,古德尔. 弹性理论. 北京:人民教育出版社,1964.

[2] Kolsky H. Stress Waves in Solids. New York:Dover Publications,1963.

[3] 小理查特,伍兹 R D,小霍尔 J R. 土与基础的振动. 北京:中国建筑工业出版社,1978.

[4] 石原研而. 土質動力學の基礎. 東京:鹿島出版會,1979.

[5] 王治琨,王绍博. 剪切波速与标准贯入击数的经验关系及其在地震工程中的应用//第四届全国地震工程会议论文集(二),哈尔滨,1994.

第5章　土的动力性能试验

5.1　概　　述

1. 试验目的及测试内容

作为一种力学介质和工程材料,土在动荷作用下要发生变形,甚至可能破坏。为了解土在动荷作用的变形和强度等性能必须进行动力试验,由土动力试验测得的资料是定性和定量描写土动力性能的基础。

和其他力学介质和工程材料一样,土的动力性能主要包括变形特性、强度特性和耗能特性。与其他力学介质和工程材料不同的是,土在动荷作用下可能会发生孔隙水压力升高。孔隙水压力升高对土的变形和强度特性具有重要的影响。因此,土的动力性能还应包括孔隙水压力特性。

由于土的特殊结构,土是一种变形大、强度低的力学介质和工程材料。像土的静力性能试验一样,土的动力性能试验必须在特制的土动力试验设备上进行。关于土的动力试验设备将在5.2节专门介绍。

2. 试验应考虑的主要影响因素

与其他力学介质和工程材料相比,影响土动力性能的因素较多,土的动力性能也更为复杂。为定性和定量了解这些因素对土动力性能的影响,在试验中必须予以恰当的考虑。为了考虑这些因素的影响,土动力试验设备应满足一些特殊要求。另外,由于影响因素较多,动力试验的组合较多,相应的试验工作量较大。

根据经验,影响土动力性能的主要因素如下:

1) 土类

不同土类土的动力性能在定性上可能是不同的,而同一土类土的动力性能在定量上也可能是不同的。为了在定性和定量上描写土的动力性能,必须对每一种土或每个土层的土都要取样进行试验。另外,对于不同种类的土,试验的内容、组合及试验操作方法也可能有所不同。

2) 土的状态

这里的所谓土的状态,砂性土是指密实程度,通常以孔隙比、相对密度等指标表示;黏性土指软硬程度,通常以含水量或液性指数表示。对于同一种土,状态是影响土动力性能的重要因素。特别应指出,对于实际工程问题,试验的土的状态必须与其现场埋藏密度相同。

3) 初始静应力

在受动荷作用之前,土就已受到静荷作用。在土动力学研究中,通常把土体受的静应力称为初始静应力,并认为土体在静荷作用之下变形已经完成,任何一点土所受的静应力已完全由上骨架承受,应视为有效应力。任何一点的静应力可以分解成球应力和偏应力。根据土力学常识可判断,土所受到的静有效球应力越高,其动力性能应越好。另外,像后面将要看到的那样,土的静偏应力对土的动力性能也有重要影响。

4)动荷载特性

在前面曾指出,动荷载的特性应包括幅值、频率成分及作用时间或作用次数。动荷载的幅值决定土所受到的动力作用水平,而动力作用水平又决定土的工作状态,处于不同工作状态的土的动力性能是不一样的。因此,动荷载幅值是必须考虑的一个重要因素。从土动力试验而言,施加的动荷载频率主要影响加荷速率,而由于速率效应,加荷速率将对土动力性能产生影响。动荷载作用时间或次数对土的动力性能的影响主要是由疲劳效应引起的。特别,对有限作用次数类型的动荷载,作用次数是一个影响土动力性能的重要因素,在动力试验中必须予以考虑。

5)排水条件

土动力试验的排水条件是指在施加动荷载过程中是否允许土试样排水。如果允许土试样排水称为排水条件;否则,称为不排水条件。排水条件对饱和土动力性能影响特别大。在排水条件下试验,在动荷载作用过程中土试样会发生压密,减少了土试样的变形及孔隙水压力,与不排水条件下试验相比,土要呈现出较好的动力性能。

3. 土动力性能试验的基本资料

在动力试验中,施加给土试样的动荷载是一个时间过程。相应地,在动荷载作用下土试样产生的变形、孔隙水压力等也是一个时间过程。在土动力试验过程中必须测试的主要资料如下:①土试样的动应力与时间关系线;②土试样的变形与时间关系线;③土试样产生孔隙水压力与时间关系线。

通常土动力试验设备为应力式的,土试样所受的动荷载是预先指定的,相应的动应力是已知的,但土试样实际所受的动应力还必须测定。如果土动力试验设备是应变式的,土试样所受的动变形是预先指定的,相应的动应变是已知的,但土试样实际的动应变同样还必须测定。

一般来说,只有饱和土动力试验才测孔隙水压力,特别是饱和砂土。在此应指出,由于黏性土孔隙水压力测量的滞后效应,由动力试验测得的黏性土孔隙水压力与时间的关系线是不准确的,甚至没有价值。

由试验测得的上述三条过程线是土动力性能试验的最基本试验资料。根据这三条过程线可研究土的动力应力-应变关系、土的动强度特性、耗能特性以及孔隙水压力特性。因此,这三条过程线对研究土的动力性能甚为重要,土的动力试验设备必须保证所测得的过程线具有足够的精确性。

5.2　土的动力试验设备的组成及要求

1. 土动力试验应模拟的条件及试验设备的组成

根据 5.1 节表述的影响土动力性能的因素,在土动力性能试验中应恰当地模拟如下条件:①土的密度状态;②土的饱和度或含水量;③土的结构;④土所受的初始静应力状态及数值;⑤土所受的动应力状态及数值;⑥动荷载作用过程中土的排水条件。

前三个模拟条件可由土试样的制取来实现。在此应指出,为获得原状土在取样、运输、制样过程中应尽量避免扰动破坏土的原状结构,一旦土的结构受到破坏,在短期内难以恢复。由于土结构的影响,重新制备土样的动力试验结果不能代表密度状态、含水量相同的原状土的动力试验结果。为了从土层取出原状土样,有时必须采取特殊的技术措施,如冻结法等。

后三个条件的模拟必须依靠动力试验设备来实现。毫无疑问,土所受的静应力状态及数值的模拟和动应力状态及数值的模拟应分别依靠动力试验设备的静力荷载系统和动力荷载系统来实现,动荷载作用过程中排水条件的模拟应依靠动力试验设备的排水控制系统来实现。在此应指出如下几点:

(1) 现在存在不同类型的土动力试验设备,像下面将看到的那样,任何一种类型的动力试验设备通常只能使土试样受到特定的一种静应力状态和动应力状态,其试验结果是土在特定的静应力状态和动应力状态下呈现出的动力性能。如果要了解静应力状态和动应力状态对土动力性能的影响,必须比较由不同类型的土动力试验设备试验所获得的结果。

(2) 前面已经指出,土所受的初始静应力包括球应力和偏应力两部分。为能考虑这两部分初始静应力对土动力性能的影响,土动力试验设备的静荷系统施加于土试样的球应力及偏应力必须能够变化。

(3) 由于技术上的原因,每种土动力试验设备的动荷系统施加给土试样的动力作用水平只能在一定范围内变化,如从小变形到中等变形范围内或从中等到大变形范围内变化。因此,每种土动力试验设备通常只适用于研究在一定动力作用水平下土的动力性能。

(4) 土的动力试验是在排水条件或不排水条件下进行的,主要取决于动荷载作用的持续时间或作用次数。如果动荷载作用的持续时间很短或作用次数很少,在动荷载作用时段内土来不及排水,则动力试验应在不排水条件下进行。因此,像爆炸、地震等动荷载,土动力试验在不排水条件下进行是适宜的。

2. 土动力试验设备组成

从功能而言,无论哪种土的动力试验设备必须包括如下几部分。

1) 土试样盒或土试样室

土试样盒或土试样室的功能是安置土试样,同时也往往是给土试样施加静荷载或者动荷载所不可缺少的部分。

2）静荷载系统

静荷载系统的功能是给土试样施加静荷载,使土试样在受动荷载之前就承受静应力作用。为了使土试样承受的静球应力分量和偏应力能够变化,静荷载系统通常包括侧向静荷载和竖向静荷载两部分,它们分别在侧向和竖向给土试样施静荷载。在侧向和竖向静荷载作用下,土试样分别承受侧向应力和竖向应力,通常以 σ_3 和 σ_1 表示。如前所述,认为土所受的初始静应力是有效应力,土试样必须在侧向应力和竖向应力作用下固结,因此把 σ_3 和 σ_1 称为固结应力。如令

$$K_c = \frac{\sigma_1}{\sigma_3} \tag{5.1}$$

则称为 K_c 为固结比。当 $K_c = 1$ 时,$\sigma_1 = \sigma_3$,在这样条件下固结称为各向均等固结;当 $K_c > 1$ 时,$\sigma_1 > \sigma_3$,在这样条件下固结称为非均等固结。从上可见,在均等固结时,土试样只承受静球应力作用;在非均等固结时,土试样不仅承受球应力作用还承受偏应力作用。当侧向应力保持不变时,所承受的偏应力随固结比 K_c 的增大而增大。这样,借助静荷载系统改变所施加的侧向静荷载和竖向静荷载就可改变其所受的静球应力和偏应力数值。

另外,像下面将看到的那样,有的动力试验仪器的土试样盒是侧壁刚性的盒,静荷载在竖向施加于放置盒中的土试样。在竖向施加的静荷作用下,土试样承受静竖向应力 σ_v。由于试样盒的侧壁是刚性的,土试样在竖向荷载作用下不能发生侧向变形,土试样承受的静水平应力 σ_h 应为

$$\sigma_h = K_0 \sigma_v \tag{5.2}$$

式中,K_0 为静止土压力系数。如果土试样处于这样的静力条件则称为 K_0 条件。显然,土试样在这样条件下应属于非均等固结,其固结比 K_c 为

$$K_c = \frac{1}{K_0} \tag{5.3}$$

3）动荷载系统

动荷载系统是给土试样施加一个动荷载,土试样在动荷载作用下承受动应力。大多数动力试验设备是应力式的,施加给土试样的是动应力。但是,也有的动力试验设备是应变式的,施加给土试样的是动变形。另外,有的动力试验设备将动荷载沿土试样轴向方向施加于土试样,在土试样中产生轴向动应力;有的动力试验设备将动荷载垂直于土试样轴向方向施加于土试样,在土试样中产生水平的动剪应力。

为了考虑动荷载特性对土动力性能的影响,动荷载系统应具备如下功能:①动荷载的幅值是可调的;②动荷载的频率是可调的;③至少能产生等幅正弦波形的动荷载,如果还能产生变幅波形的荷载则更好;④作用的持续时间或作用次数是可控的。

按产生动荷载的方法,动荷载系统主要有三种制式:电磁式、液压伺服式和气动式。

由于动荷载系统是动力试验的关键组成部分,按所采用的动荷系统的制式,土动力试验设备相应地分为电磁式动力试验设备、液压伺服式动力试验设备及气动式动力试验设

备。由于篇幅的限制,在此不对每种制式的动荷系统做进一步介绍。但应指出,电磁式动力试验设备是我国所特有的。

4) 测示及记录系统

土动力试验的测示及记录系统的功能是将在试验过程中土试样所受的动应力、动变形及孔隙水压力随时间的变化测量、记录下来并显示出来。测示及记录系统的组成部分如下:

(1) 测量部分。测量部分的功能是将动应力、变形及孔隙水压力测出来。测量部分的关键部件是传感器,测动应力的传感器称为应力传感器,测变形的传感器称为位移传感器,测孔隙水压力的传感器称为孔隙水压力传感器,它们分别将动应力、变形及孔隙水压力等物理量转变成相应的模拟电量输出。在布置上,应力传感器应与土试样串联,位移传感器应与土试样并联,孔隙水压力传感器应经管路与土试样中的孔隙水相通。

(2) 放大器。由传感器输出的模拟电信号非常微弱,放大器将输入的微弱的电信号按指定的倍数放大,然后再输出。

(3) 记录和显示部分。记录和显示部分的功能是将放大后的电信号记录和显示出来。现在,这部分由计算机控制的数字采集装置及绘图仪或打印机组成。数字采集装置接收由放大器输出的电信号,并把接收到的连续电信号按一定的采样频率或时间间隔采集下来,并把它变成数字信号输入计算机存储起来。绘图仪或打印机是显示装置,也是由计算机控制工作。计算机把存储器存储的数字信号调出来输入绘图仪或打印机,并以图形的形式显示出来或按采集的时间间隔打印出来。

5) 排水控制系统

排水控制系统是由排水阀门、与土试样孔隙相通的管路及量水管组成的。此外,在连接排水阀门与土试样的管路上设置孔隙水压力传感器及一个控制阀门。排水控制系统的布置如图 5.1 所示。

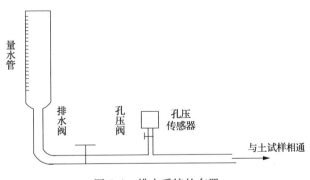

图 5.1　排水系统的布置

排水控制系统的功能如下:

(1) 在静荷载施加后,打开排水阀门,土试样可以排水完成固结,并将作用于土试样上的静应力完全转变成有效应力。

(2) 在动荷载施加后,如果打开排水阀门,则土试样在动荷作用过程中可以排水,使动力试验在排水条件下进行;如果关闭排水阀门,则土试样在动荷作用过程中不能排水,使动力试验在不排水条件下进行。

（3）在动荷载施加后关闭排水阀，打开孔压阀门则可测量动荷载作用在土试样中引起的孔隙水压力。

3. 计算机在土动力试验中的应用

如前所述，在土动力试验中要测试的是一个时间过程。通常要在十分之一甚至几毫秒的时间间隔同时测出几个量，这就要求自动测读。另外，由于测试的结果是一个时间过程，需要处理的数据很大，人工处理这些数据效率太低。因此，现在的土动力试验设备都配置计算机系统。具体地讲，在土动力试验中计算机系统的作用如下。

（1）从试验开始到试验结束，控制整个试验的流程。

（2）控制数字采集装置工作，如通道的分配、采集的开始和结束、采集的频率或时间间隔等。

（3）处理和分析试验结果。

（4）显示和输出所需要的试验资料和分析结果。

根据上述，在土动力试验中，计算机系统应由如下硬件组成：①计算机；②数字采集系统；③绘图仪及打印机。当配置计算机系统时，土动力试验设备与计算机系统的布置如图5.2所示。

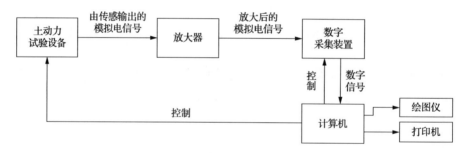

图5.2　土动力试验设备与计算机系统的分布

很显然，要实现计算机系统的上述功能还应配备如下一些必需的软件：①控制土动力试验流程的软件；②控制数字采集装置工作的软件；③处理试验数据及分析试验结果的软件；④显示和打印试验数据及分析结果的软件。但是，对于不同类型的土动力试验设备及试验项目，这些软件是不一样的。

5.3　土动力三轴试验

1. 土动力三轴试验仪

土动力三轴试验是在土动力三轴试验仪上完成的。土动力三轴试验仪在1960年就已研究出来了，是最早开发出来的土动力试验设备，现已作为一种常规土动力试验仪器装备出现在岩土工程实验室中。

土动力三轴仪作为一种土动力试验仪器，和其他土动力试验设备一样，也是由5.2节所述的几个部分组成的。为了说明土动力三轴试验的特点，下面只对三轴压力室及土试样等做必要的表述。

　　三轴压力室由底座、顶盖及有机玻璃筒组成,如图 5.3 所示。它的主要功能如下:
①安置土试验;②配合静荷载系统给土试样施加静荷载;③配合动荷载系统给土试样施加
动荷载;④配合排水系统控制排水条件;⑤配合测试土试样的孔隙水压力。

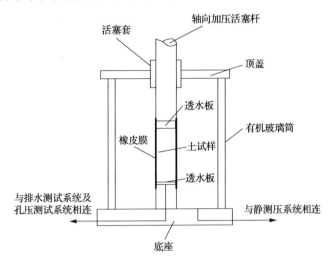

图 5.3　三轴压力室

　　由图 5.3 可见,圆柱形土试样安置在三轴室底座上,在土试样与底座之间放置透水
板,便于土试样排水。土试样的上端与轴向加压活塞杆相连接。土试样外包橡皮膜,使土
试样与三轴室内的流体相隔绝。

　　三轴室底座上开有两个孔道。一个孔道与静侧荷载装置相连,通过这个孔道将压力
流体注入三轴室,使土试样承受静侧压力 σ_3 作用。另一个孔道与图 5.1 所示的排水控制
系统及孔隙水压力测量装置相连。这样,可控制土试样在试验时所处的排水条件,并为测
量土试样中的孔隙水压力提供了可能。

　　由于土试样上端与轴向加压杆相连,轴向静荷载系统及轴向动荷载系统可通过轴向
加压杆施加于土试样,使土试样承受轴向静压力 σ_1 和轴向动应力 σ_{ad} 作用。

　　在三轴室顶盖上有一个活塞套,它要与轴向加压活塞杆相匹配以减少两者之间的摩
擦,使施加于活塞杆上的轴向静荷载和动荷载有效地作用于土试样;另一方面,可减少三
轴压力室中有压的流体从两者缝隙之间渗出,以保证三轴室内压力的稳定。

　　2. 动三轴试验土试样的受力特点

　　按上述,在动三轴试验中土试样承受的静应力和动应力状态均为轴对称应力状态,如
图 5.4 所示。图 5.4(a)所示的是静应力状态,图 5.4(b)所示的是动应力状态,图 5.4(c)
所示的是静动合成应力状态。

　　在动三轴试验中,按均等固结和非均等固结两种情况土试样的受力特点如下:

　　1) 均等固结情况

　　在均匀固结情况下,轴向静应力 σ_1 等于侧向静应力 σ_3。轴向动应力叠加在轴向静应

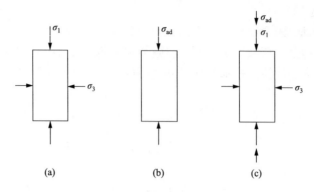

图 5.4　动三轴试验土试样的受力状态

力之后,合成的侧向应力仍为 σ_3,而合成的轴向应力为 $\sigma_1 \pm \sigma_{ad}$。如果以压为正,当轴向动应力为正时,合成的轴向应力为 $\sigma_1 + \sigma_{ad}$,大于 σ_3,这表明轴向为合成应力的最大主应力方向,侧向为合成应力的最小主应力方向。当轴向动应力为负时,合成的轴向应力为 $\sigma_1 - \sigma_{ad}$,小于 σ_3,这表明轴向为合成应力的最小主应力方向,侧向为合成应力的最大主应力方向。因此,当轴向动应力发生正负转变时,土试样的主应力方向突然发生 90°转动。

　　这个特点可用土试样 45°面上的应力分量的变化进一步说明,如图 5.5 所示。在均等固结情况下,45°面上的静正应力等于 σ_3,静剪应力为零。轴向应力叠加上之后,当轴向动应力为正时,45°面上合成正应力为 $\sigma_3 + \dfrac{\sigma_{ad}}{2}$,剪应力为 $+\dfrac{\sigma_{ad}}{2}$,"+"表示沿 45°面向下作用;当轴向动应力为负时,45°面上的合成正应力为 $\sigma_3 - \dfrac{\sigma_{ad}}{2}$,剪应力为 $\dfrac{-\sigma_{ad}}{2}$,"−"表示沿 45°面向上作用。这表明,当轴向动力应力发生正负转变时,土试样 45°面上的合成剪力作用方向将发生突然转变。因此,在均等固结情况下,当轴向动荷载作用时,土试样 45°面上的合成剪应力不仅有大小的变化,还有方向上的突然变化。另外,当轴动应力为负时,合成应力的最小主应力为 $\sigma_3 - \sigma_{ad}$。由于合成应力的最小主应力不能为负,所以轴向动应力 σ_{ad} 不能大于 σ_3,如果 $\sigma_{ad} > \sigma_3$,则 $\sigma_3 - \sigma_{ad}$ 部分不能施于土试样之上。

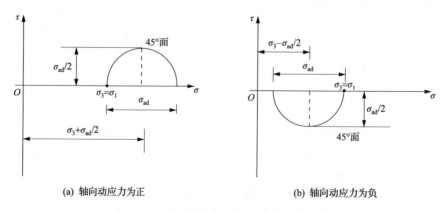

图 5.5　均等固结时 45°面上合成应力分量

2) 非均等固结情况

在非均等固结情况下,轴向静应力大于侧向静应力,并且 $\sigma_1 = K_c\sigma_3$。轴向动应力叠加在轴向静应力之后,合成的侧向应力仍为 σ_3,而合成的轴向应力为 $\sigma_1 \pm \sigma_{ad}$ 或 $K_c\sigma_3 \pm \sigma_{ad}$。当轴向动应力为正时,合成的轴向应力为 $\sigma_1 + \sigma_{ad}$,轴向仍为最大主应力方向,侧向仍为最小主应力方向。当轴向动应力为负时,合成的轴向应力为 $\sigma_1 - \sigma_{ad}$,这时可能有两种情况。

(1) 当 $\sigma_1 - \sigma_{ad} > \sigma_3$ 或 $\sigma_{ad} < \sigma_1 - \sigma_3$,即 $\sigma_{ad} < (K_c - 1)\sigma_3$ 时,合成的轴向应力仍大于 σ_3,轴向仍为最大主应力方向,侧向仍为最小主应力方向。

(2) 当 $\sigma_1 - \sigma_{ad} < \sigma_3$ 或 $\sigma_{ad} > \sigma_1 - \sigma_3$,即 $\sigma_{ad} > (K_c - 1)\sigma_3$ 时,合成的轴向应力则小于 σ_3,轴向变成最小主应力方向,侧向变成最大主应力方向。

从上述可见,当从 $\sigma_1 - \sigma_{ad} > \sigma_3$ 变成 $\sigma_1 - \sigma_{ad} < \sigma_3$ 时,土试样的主应力方向突然发生 90°转动。

同样,这个特点也可用土试样 45°面上的应力分量的变化进一步解说,如图 5.6 所示。在非均等固结情况下,45°面上的静正应力等于 $\dfrac{\sigma_1 + \sigma_3}{2}$ 或 $\dfrac{(1+K_c)\sigma_3}{2}$,静剪应力等于 $\dfrac{\sigma_1 - \sigma_3}{2}$ 或 $\dfrac{(1-K_c)\sigma_3}{2}$。当轴向动应力为正时,45°面上的合成正应力等于 $\dfrac{\sigma_1 + \sigma_3 + \sigma_{ad}}{2}$ 或 $\dfrac{(1+K_c)\sigma_3}{2} + \dfrac{\sigma_{ad}}{2}$,剪应力等于 $\dfrac{\sigma_1 - \sigma_3 + \sigma_{ad}}{2}$ 或 $\dfrac{(1-K_c)\sigma_3}{2} + \dfrac{\sigma_{ad}}{2}$,沿 45°面向下作用,如图 5.6(a) 所示。当轴向动应力为负时,45°面上的合成正应力等于 $\dfrac{\sigma_1 + \sigma_3 - \sigma_{ad}}{2}$ 或 $\dfrac{(1+K_c)\sigma_3}{2} - \dfrac{\sigma_{ad}}{2}$,剪应力等于 $\dfrac{\sigma_1 - \sigma_3 - \sigma_{ad}}{2}$ 或 $\dfrac{(1-K_c)\sigma_3}{2} - \dfrac{\sigma_{ad}}{2}$,这时有两种情况。

(1) 当 $\sigma_{ad} < \sigma_1 - \sigma_3$ 或 $\sigma_{ad} < (K_c - 1)\sigma_3$ 时,45°面上的合成剪应力为正,即仍沿 45°面向下作用,剪应力作用方向没有变化,如图 5.6(b) 所示。

(2) 当 $\sigma_{ad} > \sigma_1 - \sigma_3$ 或 $\sigma_{ad} > (K_c - 1)\sigma_3$ 时,45°面上的合成剪应力为负,即沿 45°面向上作用,剪应力作用方向发生变化,如图 5.6(c) 所示。

综上所述,在均等固结情况下,施加的轴向动荷载不仅使土试样的剪应力发生大小的变化,还使土试样剪应力的作用方向发生突然变化。在非均等固结情况下,当 $\sigma_{ad} < \sigma_1 - \sigma_3$ 时,施加的轴向动荷载仅使土试样的剪应力发生大小的变化;当 $\sigma_{ad} > \sigma_1 - \sigma_3$ 时,施加的轴向动荷载还会使土试样合成剪应力作用方向发生突然变化。像后面看到的那样,在均等固结和非均等固结情况下,同一种土的动三轴试验结果不同,其原因与上述土试样的受力特点有关。

3. 动三轴试验土试样的受力水平

前面已指出,由于技术上的原因,每种土动力试验设备只能使土试样所受的动力作用水平处于某一定范围。在动三轴试验中,土试样所受的动力作用水平通常在剪应变幅值范围内($10^{-5} \sim 10^{-2}$)。在这样的动力作用水平下,土处于中等变形至大变形阶段。因此,动三轴试验适用于研究处于中等变形至大变形阶段时的土的动力性能。如果欲研究在小变形阶段土的动力性能,不宜采用动三轴试验。

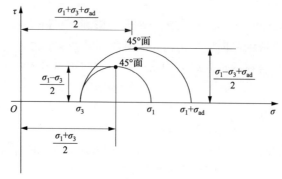

(a) 轴向动应力为正

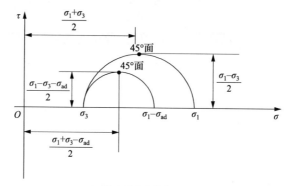

(b) 轴向动应力为负，$\sigma_{ad} < \sigma_1 - \sigma_3$

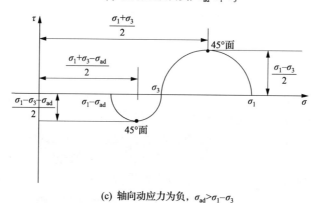

(c) 轴向动应力为负，$\sigma_{ad} > \sigma_1 - \sigma_3$

图 5.6　非均等固结时 45°面上应力分量

4. 动三轴试验测试项目

前面曾指出，动三轴试验土试样所受的动力作用水平在剪应变幅值范围内($10^{-5} \sim 10^{-2}$)，土的屈服剪应变大约为 10^{-4}，正处在其中。按前述，当土所受的动力作用水平大于屈服剪应变时，由于土的结构受到明显的破坏，动荷作用可能使土发生破坏。此外，土的应变幅值要随作用次数增加而增大，并产生单向累积的永久应变和残余孔隙水压力。因此，动三轴试验可测试如下项目：

　　（1）土的动强度性能，包括饱和砂土抗液化的性能。

　　（2）当动力作用水平大于屈服剪应变时，土的变形特性，即应变幅值及单向累积永久应变随作用次数增加的发展规律。

　　（3）当动力作用水平大于屈服剪应变时，饱和土，特别是饱和砂土的残余孔隙水压力随作用次数增加的发展规律。

　　（4）按前述，当动力作用水平在剪应变幅值范围内（$10^{-5} \sim 10^{-2}$）时，土将呈现出动力非线性性能或弹塑性性能。当土所受的动力作用水平高于屈服剪应变时，作用次数对土的非线性性能或弹塑性性能的影响是不可以忽略的。

　　关于动三轴试验的方法将在5.6节中表述。

5.4　土共振柱试验

1. 共振柱试验仪

　　土共振柱试验是在土共振柱试验仪上完成的，现在也作为一种常规土动力试验仪器装备出现在岩土工程实验室中。

　　同样，土共振试验仪也是由5.2节所述的几个部分组成的，下面只对土共振柱试验仪的压力室、土试样及扭转振动驱动装置做必要的表述。

　　土共振柱试验仪的压力室与动三轴压力室几乎相同，也是由底座、顶盖及有机玻璃筒组成的，不同之处如下：

　　（1）由于在压力室内要放置扭转振动驱动器，土共振柱试验仪的压力室尺寸比较大。

　　（2）扭转振动驱动器在压力室内部并放置在土试样的顶端，直接将扭矩施加于土试样上，因此压力室顶盖是一块完整的钢板，其上不设有活塞套。但是，为了将按指定波形变化的电流输送给设置在压力室中的驱动器线圈及将设置在压力室内的振动传感器测得的扭转振动信号从压力室中输送出来，在压力室顶盖设有密封的导线孔。

　　（3）在压力室内对称地设置两个扭转振动驱动器的线圈支架。支架一般是用有机玻璃制作的，其底固定在压力室底座上。

　　共振柱试验所用的土试样与动三轴试验的土试样相同，也是圆柱形的，放置在底座上并用橡皮膜包裹起来，不同之处如下：

　　（1）在放置土试样的底座上设置许多尖齿，刺入土试样的底面，以保证在扭矩作用下将试样固定在底座上。

　　（2）土试样的顶端放置扭转振动驱动器。在驱动器底面上也设置许多尖齿，刺入土试样的顶面，以保证驱动器将扭矩有效地作用于土试样。

　　扭转振动驱动器是一个电磁式装置，驱动器设置在土试样顶部，如图5.7所示。这个电磁装置有两块磁铁，固定在土样帽上，每块上外套两个线圈。线圈通入按指定波形变化的电流可使两块磁铁绕其轴发生扭转，并将扭矩施加于土试样顶端。在磁铁外的线圈固定在压力室中的线圈支架上。

　　为了使土试验在静荷作用下固结及控制动荷作用过程中土试样的排水条件，在压力室底座上也设置排水通道,与排水系统相连。由于在共振柱试样中土试样所受的动力作用水平通常低于屈服剪应变,动荷作用不会使土样产生残余孔隙水压力。因此土共振柱试验仪一般不测孔隙水压力。

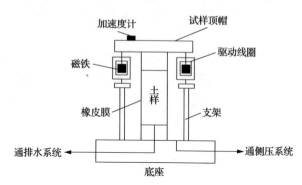

图 5.7　土共振柱试验仪驱动器及试样

2. 土共振柱试验土试样的受力状态及受力水平

土共振柱试验仪一般没有单独的轴向静力加载系统,因此土试样承受的轴向静应力与侧向静应力相等,即 $\sigma_1 = \sigma_3$,$K_c = 1$。这样,土共振柱试验一般只能在均等固结条件下进行,固结时土试样只受静球应力分量作用,静偏应力等于零,如图 5.8(a)所示。图 5.8 为从圆柱形土样中取出的一个微元体。当动扭矩作用于土试样时,只在试样的水平面上和以切向为法向的侧面上产生动剪应力,如果 5.7(b)所示。图 5.8 中 $\tau_{hv,d}$ 表示作用于水平面和以切向为法向的侧面上的动剪应力。从图 5.8 可见,在动荷作用下,土试样处于纯剪应力状态。

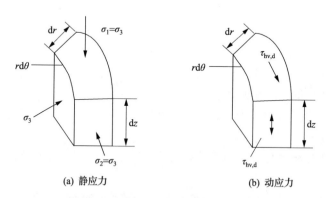

图 5.8　共振柱试验土试样的受力状态

共振柱试验土试样的受力水平通常在剪应变幅值范围内($10^{-6} \sim 10^{-4}$),小于土的屈服剪应变,土处于小变形至中等变形开始阶段,土呈现线弹性性能和一定的非线性弹性性能。但是,由于受力水平低于屈服剪应变,土的变形幅值不随作用次数的增大而增大,也不会产生残余孔隙水压力。

3. 共振柱试验原理[1,2]

如果将土视为非线性黏弹性介质,共振柱试验主要用来测定土的动力作用水平在剪应变幅值范围内($10^{-6} \sim 10^{-4}$)土的动剪切模量 G 随剪应变幅值增大而减小,阻尼比 λ 随剪应变幅值增大而增大的规律。土共振柱试验原理是以圆柱形土柱扭转振动为基础的,在第 4 章中,已建立了圆柱形土柱的扭转振动方程,在此重复如下:

$$\frac{\partial^2 \theta}{\partial t^2} = V_s \frac{\partial^2 \theta}{\partial z^2} \tag{5.4}$$

下面来确定圆柱形土柱扭转振动的边界条件。

(1) 底端固定,即

$$z = 0, \quad \theta = 0 \tag{5.5a}$$

(2) 顶端。由于在共振柱试验中土试样的顶端设置一个扭转振动驱动器,相对土试样而言,扭转驱动器的刚度很大,可假定为一个刚体,如图 5.9 所示。令其质量极惯性矩为 I_0,为已知。放置于土试样顶端的刚块也要发生扭转振动,并且由于它与土试样顶面之间有尖齿嵌固,可认为刚块的扭转振动角与土试样顶面相等。刚块的扭转振动产生一个惯性扭转力矩作用于刚块,另外在扭转振动过程中,土试样顶面对刚块也作用一个扭转力矩。由刚块的动力平衡,得土试样顶端的边界条件如下:

$$z = L, \quad M_L = -I_0 \frac{\partial^2 \theta}{\partial t^2} \tag{5.5b}$$

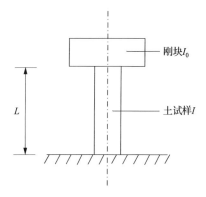

图 5.9　土试样与驱动器体系的简化

下面采用分离变量法来解扭转振动方程式(5.4)。

令

$$\theta(z,t) = Z(z)T(t) \tag{5.6}$$

式中,Z、T 分别为坐标 z 和时间 t 的函数。将式(5.6)代入式(5.4)得

$$\begin{cases} \ddot{Z} + A^2 Z = 0 \\ \ddot{T} + A^2 V_s^2 T = 0 \end{cases} \tag{5.7}$$

式(5.7)第一式的解为

$$Z = a\sin Az + b\cos Az$$

由底端边界条件式(5.5a),得

$$b = 0$$

则

$$Z = a\sin Az \tag{5.8}$$

式中,A 为待定的参数。式(5.7)第二式的解为

$$T = c\sin(\omega t + \delta) \tag{5.9}$$

式中,c 为待定的参数;δ 为相位差;ω 为圆柱形土试样与刚块体系的无阻尼扭转振动的自振圆频率,为待定的参数,并且

$$\omega = AV_s \tag{5.10}$$

这样,由式(5.6)得

$$\theta = d\sin\frac{\omega}{V_s}z\sin(\omega t + \delta) \tag{5.11}$$

式中,d 为待定的参数。将式(5.10)代入顶端边界条件式(5.5b),经过推导及简化得

$$\frac{I}{I_0} = \frac{\omega L}{V_s}\tan\frac{\omega L}{V_s} \tag{5.12}$$

式中,I 为圆柱形土试样的质量极惯性矩,为已知。

令

$$\beta = \frac{\omega L}{V_s} \tag{5.13}$$

则得

$$\frac{I}{I_0} = \beta\tan\beta \tag{5.14}$$

式中,I/I_0 为已知,由此式可以确定出待求参数 β 值。这是一个超越方程,可用迭代法求解。根据迭代法求得的 $\beta\text{-}I/I_0$ 关系线如图 5.10 所示。

当 β 求解出来之后,将 $V_s = \sqrt{\dfrac{G}{\rho}}$ 代入式(5.13)则得

$$G = \rho\left(\frac{\omega L}{\beta}\right)^2 \tag{5.15}$$

由于 $\omega = 2\pi f$ ，式中 f 为土试样与刚块体系的自振频率，则得

$$G = \rho \left(\frac{2\pi f L}{\beta} \right)^2 \tag{5.16}$$

由于土的质量密度 ρ、土试样长度 L、参数 β 值均为已知，只要由共振柱试验测出土试样与刚块体系的自振频率 f 或自振周期 T，就可由式(5.16)确定出土的动剪切模量。

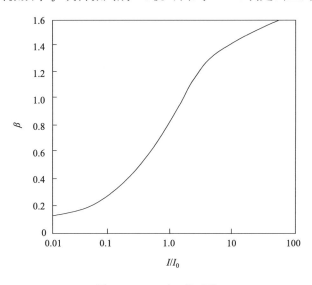

图 5.10　$\beta\text{-}I/I_0$ 关系线

4. 测试土试样与刚块体系自振频率或周期的方法

在土共振柱试验中，在驱动器上设置一个加速度传感器来测量该点的加速度，如图 5.7 所示。由于该点与中心轴的距离是已知的，测得的加速度除以该点距中心轴的距离即可求得相应的角加速度，并且等于土试样顶面的角加速度。

由土共振柱试验测试土试样与刚块体系的自振频率可采用强迫振动和自由振动两种方法。

1）强迫振动法

前面曾指出，动荷载系统所产生的动荷载的频率是可调的，土共振柱试验仪的驱动器产生的动扭矩的频率则是可调的。强迫振动法就是逐次给土试样施加幅值相同但频率不同的扭矩，使土试样达到稳态振动，并测量稳态振动时的振动幅值。这样，根据在不同频率时测量的振动幅值可绘出幅值频率关系线，如图 5.11 所示。在图 5.11 中可求出与最大幅值相应的频率，该频率就是所谓的共振频率。由发生共振的条件可知，该频率就是土试样与刚块体系的自振频率。将它代入式(5.16)就可计算出土的动剪切模量 G。

由图 5.11 不仅可以确定出土试样与刚块体系的自振频率，还可确定出土的阻尼比 λ。首先，从图 5.11 确定出最大幅值，然后再从图 5.11 中找出与最大幅值一半的幅值相

应的两个频率 p_1 和 p_2。确定出 p_1 和 p_2 之后,按式(5.17)计算阻尼比 λ:

$$\lambda = \frac{1}{2\sqrt{3}}\frac{p_1 - p_2}{\omega} \tag{5.17}$$

式中,ω 为土试样与刚块体系的自振圆频率,按下面公式计算:

$$\omega = 2\pi f$$

关于式(5.17)的来源,将在第 6 章中给出。

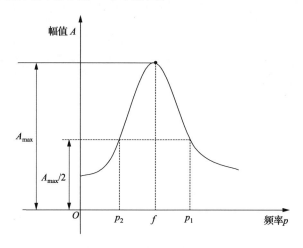

图 5.11　幅值-频率关系线

由上述可知,强迫振动法采用共振原理确定土试样与刚块体系的自振频率。这就是土共振柱试验名称的来源。但是,按强迫振动法确定共振动频率必须指定一系列频率进行试验,因此试验量较大。

2) 自由振动法

自由振动法是为克服强迫振动法试验量较大的缺点而提出的确定土试样与刚块体系自振频率的试验方法。自由振动法是由驱动器给土试样施加一个扭矩,然后突然释放使土试样及刚块体系产生自由振动。设置在驱动器上的加速度传感器可以测量出体系的自由振动过程,如图 5.12 所示。这样,由图 5.12 就可确定出自由振动的周期及相应的频率,将其代入式(5.16)就可确定出土的动剪切模量 G。此外,还可由图 5.12 确定出同一侧相邻的两个幅值的比值,并按式(5.18)计算出土的阻尼比 λ:

$$\lambda = \frac{1}{2\pi}\ln\frac{A_i}{A_{i+1}} \tag{5.18}$$

式中,A_i 及 A_{i+1} 分别为第 i 个波与第 $i+1$ 个波的幅值;$\ln\dfrac{A_i}{A_{i+1}}$ 称为对数衰减率,通常以 Δ 表示。关于式(5.18)的来源也将在第 6 章给出。

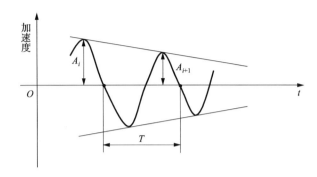

图 5.12　土试样及刚块体系的自由振动曲线

5. 土试样所受到的剪应变幅值的确定

无论由强迫振动法还是自由振动法确定出来的动剪切模量均取决于驱动器施加于土试样的动扭矩。同样,土试样所受的相应动力作用水平或动剪应变幅值也取决于施加于土试样的动扭矩。为了建立从小变形到中等变形开始阶段内土的动剪切模量 G 与动剪应变幅值的关系,必须确定土试样所受到的动剪应变幅值。

在第 4 章曾指出,圆柱形土试样一点在扭转振动时的剪应变与坐标 z 和坐标 r 有关。因此,土试样中每一点的剪应变是不同的。这样,只能将土试样所承受的平均剪应变作为土试样所受的剪应变的代表值。确定土试样平均剪应变幅值的方法和步骤如下。

（1）沿土试样高度从上到下均等地选择 n 个断面,一般可取 $n=5$。

（2）由测得的顶面加速度时程确定出顶面扭转角幅值。

（3）假定每个断面的扭转角幅值与该断面的坐标 z 成正比,确定出每个断面的扭转角幅值。

（4）对每个断面从土试样轴线向外沿径向均等地选择 m 个坐标点,按本节所述方法计算出相应的剪应变幅值,一般可取 $m=5$。

（5）对每个断面求其平均剪应变幅值。

（6）最后,由 n 个断面的平均剪应变幅值求整个土试样的平均剪应变幅值。

按上述方法根据自由振动法的试验资料确定整个土试样的平均剪应变时遇到了一个问题。由于土的阻尼作用,试验测得的加速度幅值随作用次数增大而逐次减小,那么应采用哪一次振动加速度幅值来确定土试样的平均剪应变幅值呢? 通常的做法是采用第一次记录到的幅值来计算。这是因为如果没有阻尼作用,土试样的振动幅值应保持第一次记录到的幅值。

5.5　土动剪切试验

土动剪切试验是在动剪切仪上进行的。土动剪切仪的研制开发晚于土动三轴仪。虽然,土动剪切仪还不是一种土动力试验的常规仪器,但是它在土动力学发展中起了重要作用。像下面将看到的那样,在土动剪切仪中土试样所受的静应力和动应力状态不同于在土动三轴仪中土试样所受的,但是很接近在水平自由场地下土层所受的静应力状态和地震时的动应力状态。这样,如果能在这两种试验结果之间建立起定量的关系,就可将常规的土动三轴试验结果用于评估水平自由场地下土层的动力性能。土动剪切仪分为应力式和应变式两种,相应地,土动剪切试验也分为应力式和应变式两种试验方法。

1. 应力式土动剪切试验

在应力式土动剪切试验中,外面用橡胶膜包裹的圆形断面的土试样放置在一个特制的侧壁为刚性的土试样盒中,土试样顶端放置一个底面粗糙的加载板,土试样盒的底座有通道与排水系统及孔隙水压力测量系统相连接。静荷载系统将竖向荷载施加于加载板上,在土试样中产生竖向应力 σ_v。由于土试样盒侧壁是刚性的,在竖向荷载作用下土试样不能发生侧向变形,则土试样承受的水平向静应力 σ_h 等于静止土压力,即

$$\sigma_h = K_0 \sigma_v \tag{5.19}$$

因此,土动剪切试验中土试样的静应力状态为 K_0 状态,如图 5.13(a)所示,并在所承受的静应力下固结。动荷载系统将一个动水平荷载作用于土试样顶端的加载板上,并靠加载板底面与土试样顶面之间的摩擦力作用于土试样。在动水平荷载作用下,土试样在水平方向上受剪切作用,并在水平面上产生动水平剪应力 $\tau_{hv,d}$。这样,在土动剪切试验中土试样的动应力状态为剪切应力状态,如图 5.13(b)所示。在土动剪切试验中,土试样所受的静动合成应力状态如图 5.13(c)所示。

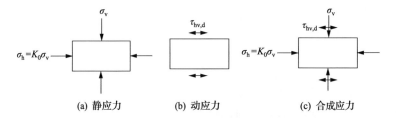

图 5.13　在土动剪切仪中土试样的受力状态

从上述可见,在土动剪切试验中只在水平面上施动水平荷载,因此,称为剪切。虽然沿竖向面也有动剪应力作用,但并不一定像纯剪那样与水平面上的动剪应力相等。

在土动剪切试验中,一般不在水平面上施加静水平荷载,因此水平面上的静剪应力为零,水平面和侧面分别为静应力的最大主应力和最小主应力面,静应力莫尔圆如图 5.14(a)所示。

动荷载施加后,当水平面上的动剪应力为正时,合成应力莫尔圆如图 5.14(b)所示。由图 5.13(b)可见,合成应力的最大主应力方向相对最大静主应力方向顺时针转动了 α 角;当水平面上的动剪应力为负时,合成应力莫尔圆如图 5.14(c)所示,合成应力的最大主应力方向相对最大静主应力方向逆时针转动了 α 角。设 $\tau_{hv,d}$ 为水平面上动剪应力的最大值,α 为主应力的最大转动角,由图 5.14 可得

$$\tan 2\alpha = \frac{2\tau_{hv,d}}{(1-K_0)\sigma_c} \tag{5.20}$$

综上所述,在土动剪切试验中,施加水平动荷载使土试样的主应力方向在 $\pm\alpha$ 之间连续变化。

由于在应力式土动剪切试验中施加的动荷载是已知的,试验要测量的量是土试样顶面的位移。如果假定水平剪切应变是均匀的,则动剪应变可按式(5.21)确定:

$$\gamma_d = \frac{u}{H} \tag{5.21}$$

式中,u 为试样顶面的水平位移;H 为土试样高度。此外,如果有必要,还要测量非饱和土试样的竖向变形(即体积变形)或饱和土的孔隙水压力。

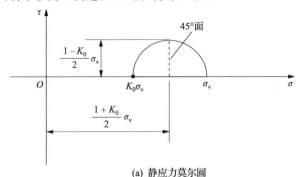

(a) 静应力莫尔圆

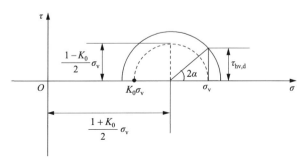

(b) 合成应力莫尔圆($\tau_{hv,d}$ 为正)

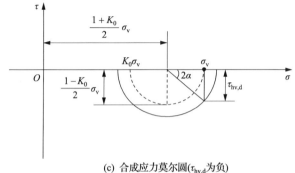

(c) 合成应力莫尔圆($\tau_{hv,d}$ 为负)

图 5.14　土动剪切试验土试样的应力莫尔圆

2. 应变式土动剪切试验

应变式土动剪切试验也是将外包裹橡皮膜的土试样放置于特制的侧壁为刚性的土试样盒内。与应力式动剪切仪不同之处在于,应变式动剪切仪的动荷载系统使土试样盒的两侧壁按指定形式发生转动。这样,放置在土试样盒中的土试样按指定形式产生剪应变,并且是已知的。在应变式剪切试验中,要测试的量是土试样承受的水平动剪应力,如果有必要,还要测量非饱和土试样的竖向变形(即体积变形)或饱和土试样的孔隙水压力。

在应变式土动剪切试验中,土试样的静应力状态、动应力状态以及合成应力状态与应力式动剪切试验中的相同。

3. 土动剪切试验土试样的受力水平及适用条件

在土动剪切试验中土试样的受力水平与土动三轴试验中土试样的受力水平大致相同,处于中等变形和大变形阶段,呈现出非线性弹性或弹塑性性能,甚至发生流动或破坏。土的屈服剪应变处于动剪切试验土试样承受的剪应变幅值范围内,如果土试样的受力水平大于土的屈服剪应变,土将发生逐次累积的永久变形及孔隙水压力。

按上述,土动剪切试验所适用的测试项目与土动三轴试验基本相同。在这里只需要指出应力式与应变式土动剪切试验在测试项目上的一些不同。

(1) 应力式动剪切试验更适用于测试土的动强度。试验表明,在动荷载作用下土通常呈现塑性破坏形式,将变形达到指定的数值作为破坏标准。在应力式动剪切试验中测试的量为变形,根据测得的变形数值很容易判别土是否发生破坏。

(2) 应变式动剪切试验更适用于测试土逐次累积的变形或孔隙水压力。如前所述,应变式动剪切试验施加土试样的是动剪切变形,其幅值即为土所受的动力作用水平,因此根据应变式动剪切试验测试结果可直接建立土的逐次累积的体积变形或孔隙水压力与受其所受的动力水平之间的关系。试验表明,由应变式动剪切试验结果建立的逐次累积的体积变形或孔隙水压力与最大剪应变幅值的关系不随静竖向应力 σ_v 而改变。也就是说,在所建立的关系中消除了静竖向应力 σ_v 的影响,因此排除了这个影响因素。这是应变式剪切试验的一个很大的优点。

另外,当土试样所受到的动力作用水平高于屈服剪应变时,应力式与应变式动剪切试验的测试结果也有不同。在应力式动剪切试验中,一般将一个指定幅值的等幅剪应力施加于土试样,测量土试样发生的相应剪应变。由于土试样受力水平高于屈服剪应变,测得的剪应变幅值逐次增大,其滞回曲线如图 5.15(b)所示。但在应变式动剪切试验中,一般将一个指定幅值的剪切变形施加于土试样,测量土试样发生的相应剪应力。由于土试样受力水平高于屈服剪应变,测得的动剪应力幅值逐次降低,其滞回曲线如图 5.15(a)所示。但是,无论在应力式动剪切试验测得的剪应变幅值逐次增大还是在应变式动剪切试验测得的剪应力幅值逐次降低,都表明土随作用次数的增大而逐渐破坏。

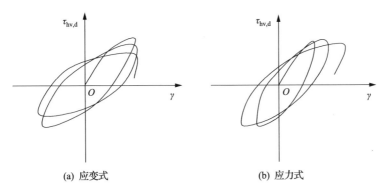

(a) 应变式　　　　　　　　　　　　(b) 应力式

图 5.15　应力式和应变式动剪切试验的测试结果

5.6　土动力试验方法及适用条件

1. 土动力试验步骤

无论采用哪种土动力试验仪器进行试验,其试验步骤基本相同,都包括如下几个步骤:

(1) 调试好试验设备,使其处于正常工作状态。

(2) 制备土试样,测量土试样尺寸及重力密度。

(3) 安装土试样。

(4) 施加静荷载。

(5) 土试样在静荷载下完成固结,测量土试样体积变化。

(6) 在排水或不排水条件下施加动荷载。

(7) 测量在动荷载作用过程中土试样的应力、变形,以及在排水条件下试验时测量土试样的体积变形,或不排水条件下试验时测量土试样的孔隙水压力。

(8) 停止施加动荷载,卸掉静荷载。

(9) 卸下土试样,测量土试样的重力密度。

但是,对于不同的土动力试验仪器及不同的测试项目,上述每个步骤的具体操作方法将有所不同,在此仅对静荷载及动荷载的施加方法做进一步说明。

2. 静荷载的施加方式

如果土试样在均等压力状态或 K_0 状态下固结,可将静荷载一次施加于土试样。在这种情况下,在静荷载作用下土试样只发生压密变形,而不产生剪切变形。如果土试样在不均等压力下固结,那么首先应施加与侧向压力相等的各向均等压力,待土试样在各向均等压力下固结完成后,再分级增加轴向静应力,使其达到指定的轴向静应力的数值。当分级增加轴向静应力时,应待土试样在上一级轴向应力作用下完成固结后再增加下一级轴向应力。采取这样的加载方式可避免土试样在非均等固结期间产生过大的剪切变形。

3. 动荷载的施加方式

在土动力试验中，常用的动荷载施加方式有如下两种。

1) 逐级施加动荷载

这种动荷载施加方式是按动荷载幅值由小至大分几级施加给土试样，每级的作用次数是指定的，并测量在每级动荷载作用下土的变形及孔隙水压力。在施加动荷载时需要确定三个参数。

(1) 施加的级数。通常，施加的级数为 8~10 级。级数太少，不能获得足够的试验资料；级数太多，不仅试验工作量增加，而且前后两级荷载不易拉开档次。

(2) 荷载的级差。如果级数确定了，级差原则上取决于土承受动荷载的能力，进一步说，取决于土的类型及土试样所能承受的动应力。比较密实的土或比较硬的土级差可大些；当土试样所承载的动应力较大时，级差也可大些。但是，级差的具体数值则往往根据经验确定，如果缺乏经验，应由预先试验来确定。

(3) 每级荷载下作用次数。每级荷载下的作用次数由动荷载的类型确定。对于地震这种有限次数的动荷载，通常取作用次数为 20 次。

如果采用逐级施加动荷载的方式，将存在一个问题，那就是前几级施加的动荷载对在本级动荷载作用下土的动力性能的影响。虽然指定了每级动荷载的作用次数，但由于前几级动荷载作用的影响，土所受的作用次数并不只是每级荷载的作用次数。因此，根据疲劳效应，前几级动荷载的作用一定会对本级动荷作用下土的土动力性能产生影响。但是，如果土所受的动力作用水平低于其屈服剪应变，则作用次数对土的动力性能没有显著影响，在这种情况下可忽略前几级动荷载作用的影响。因此，逐级施加动荷载方式对于研究动力作用水平低于屈服剪应变时土的动力性能是适宜的。按上述，如果在某一级荷载作用下土发生了明显的累积变形或累积孔隙水压力，则应停止施加下一级动荷载而结束试验。

但是，如果采用逐级施加动荷载方式，则土动力试验可在一个土试样上完成。这样，不仅减小了土动力试验所需的土试样个数，还可减小由于土试样之间的不均匀性而引起的试验结果的离散。

2) 施加指定幅值的荷载直到土试样破坏

这种加荷方式是将指定幅值的动荷载施加于土试样，直至土试样发生破坏，并记录下土试样发生破坏时动荷载的作用次数，以 N_f 表示。对这种加荷方式有如下三个问题需要确定。

(1) 土试样破坏标准。通常，土试样的破坏按如下两种标准确定：

① 如果土动力试验能够正确地测定孔隙水压，如饱和砂土动力试验，则认为在动三轴试验或动剪切试验中，当动荷作用引起的孔隙水压力分别升高到侧向固结压力或竖向固结压力时，土试样发生了破坏。但是，试验资料表明，此时土试样的变形较小，通常仅为 1%~2%。

② 更为一般的破坏标准，认为动荷作用引起的土试样变形达到指定数值时土试样发生了破坏，通常取最大变形达到 5%。

从上可见,无论采用哪种标准都必须根据土动力试验的测试资料来判断土试样何时发生破坏。实际上,土试样的破坏是一个发展过程,当发展到某种程度时就可认为发生了破坏。因此,不同的破坏标准相应于不同的破坏程度。

(2) 选择动荷载幅值的个数。选择的幅值个数不少于 5 个,但不宜大于 10 个。如果个数太少,则试验资料不充足;如果太多,则试验的工作量太大。

(3) 幅值的范围和分布。幅值的范围取决于土类及土的密实或软硬程度。但是,具体的幅值范围往往由经验确定。如果缺乏经验,则可由预先试验来确定。

按这种加荷方式的土动力试验,每施加一个指定幅值的动荷载就可得到一个相应的破坏次数,因此在半对数坐标中可绘制出动荷载幅值与相应破坏次数之间的关系线,如图 5.16 所示。由图 5.16 可见,当破坏次数大于 50 次时,该关系线就渐成平缓的直线。因此,在破坏次数达到 50 次之前,应多选择几个幅值,以保证在 50 次之前关系线的精确性。

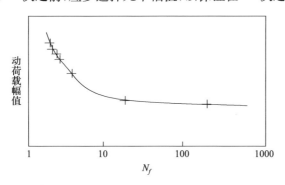

图 5.16　动荷载幅值与相应破坏次数之间的关系线

由上述可见,这种动荷载加载方式特别适用于研究土的动力作用水平大于屈服剪应变时在动荷作用下土的变形或孔隙水压力逐次累积的规律,以及发生破坏的过程。

5.7　土动力试验的计划

1. 计划的目的

土动力试验制定的主要目的如下:
(1) 进行试验分组便于进行影响因素研究。
(2) 确定试验所需的土试样的数量。当研究原状土动力性能时,以便向勘探单位提出必须从土层采取的土试样的数量要求。
(3) 确定试验的工作量、所需的试验时间以及计算所需的费用。

2. 分组及分组方法

从上述可见,分组是第一个目的所必需的。因此,在分组之前必须先确定要研究哪些因素的影响。

试验的分组除了取决于拟研究哪些影响因素,还与所用的土动力试验设备有关。当土类及其密实或软硬状态一定时,土动力试验所要考虑的主要影响因素如下:①静荷载下土试样所受的固结压力比,即 K_c;②静荷载下土试样所受的侧向压力或竖向压力;③动荷载下土试样所受的动应力幅值;④土试样所受的动荷作用次数。

下面以土动三轴试验为例来说明分组方法。首先,以固结比为参数将试验分成几大组。通常,指定三个固结比,可分别取 1.0、1.5 和 2.0,将试验分成三大组。在每个大组中再以侧向固结压力为参数将试验分成几个小组。通常,指定三个侧向固结压力,可分别取 100kPa、200kPa 和 300kPa。然后,在每个小组中再指定 5~10 个动应力幅值进行试验。这样,每个小组要进行 5~10 次试验。按上述分组可知,对于指定的一种土类及密实状态或软硬状态,共需进行 45~90 次试验。

但是,有些土动力试验仪器只能在一种固结比下进行,例如,土共振柱试验仪只能取 $K_c = 1$,土动剪切试验仪只能取 $K_c = \dfrac{1}{K_0}$。在这种情况下,就没有必要按固结比再分大组了。

3. 土动力试验所需的土试样数量

在确定土动力试验所需的土试样数量时,应考虑土试样所受的动力作用水平是否高于屈服剪应变。当土试样所受的动力作用水平低于屈服剪应变时,如土共振动试验,可将指定的几级荷载或几个动应力幅值都在一个土试样试验中,这样就大大减小了试验所需的土试样数量;当土试样所受的动力作用水平高于屈服剪应变时,如采用动三轴仪或动剪切仪研究逐次累积的变形或逐次累积的孔隙水压力或破坏过程,则必须每改变一次动应力幅值就得更换一个新的土试样,这样就大大增加了试验所需的土试样数量。

4. 试验所需的时间

如果完成一个土试样试验所需的时间确定了,那么总的试验所需的时间就很容易确定出来。按上述试验步骤,完成一个土试样试验所需的时间主要由如下四部分组成:

(1) 制备土试样的时间;

(2) 在静荷载下土试样完成固结所需的时间;

(3) 施加动荷载完成动力测试所需的时间;

(4) 卸掉静荷载、拆卸土试样、清理试验仪器的时间。

在此应指出,其中在静荷载下土试样完成固结所需的时间所占的比例很大。对于砂性土,大约为 30min;对于饱和的黏性土,一般不少于 6h,当非均等固结时,完成固结所需的时间更长。

思　考　题

1. 土动力性能包括哪些内容?影响土动力性能的主要因素有哪些?

2. 在土的动力试验中要模拟哪些条件?

3. 土动力试验设备由哪几部分组成?对每一部分有些什么要求?

4. 试述计算机在土动力试验中的应用。

5. 试述土动三轴试验仪的组成及性能。

6. 试述动三轴试验中土试样所受的静力和动力的应力状态及土试样所处的受力水平和工作状态。

7. 土动三轴试验可测试土的哪些动力性能?

8. 试述土共振柱试验仪的组成及功能。

9. 试述土共振柱试验中土试样所受的静力和动力应力状态及土试样所处的受力水平和工作状态。

10. 试述土共振柱试验原理。测定土试样及驱动器体系的自振频率有哪两种试验方法? 各有哪些优缺点?

11. 试述在动剪切试验中土试样所处的静力和动力的应力状态及土试样的受力水平和工作状态。

12. 试述土动力试验的基本试验步骤。动荷载有哪两种施加方式? 各适用于测试土的什么动力性能? 如何进行试验分组?

参 考 文 献

［1］铁木辛柯. 机械振动学. 北京:中国工业出版社,1958.

［2］小理查德 F E,伍兹 R D,小霍尔 J R. 土与基础的振动. 北京:中国建筑工业出版社,1976.

第6章 土的动力学模型

6.1 概 述

本章拟表述的内容是土的动力学模型。因此,首先应了解什么是土的动力学模型。土的动力学模型是指根据土的动力试验所呈现出来的性能,将在动荷载作用下的土假定为某种理想的力学介质,建立相应的应力-应变关系,并确定关系中所包含的参数,即模型参数。与土动力学模型有关的一个概念是土的动力本构关系。土的动力本构关系是指为建立某个动力学模型的应力-应变关系所必要的一组物理力学关系式。由土动力学模型建立起来的土动应力-应变关系是土体动力分析不可缺少的基本关系式。

按上述,关于土的动力学模型可做进一步说明。

(1)建立土的动力学模型必须以土的动力性能试验资料为依据。

(2)因为土的实际动力性能很复杂,所以必须忽略某些相对次要的影响因素进行简化,把土视为某种理想的力学介质,以建立一个确定土的动应力-应变关系的理论框架。

(3)当按所建立的理论框架确定土的动应力-应变关系时,必须与土动力试验所获得的结果相结合,以确定动应力-应变关系式中的参数。

(4)建立土的动力学模型应包括两项同等重要的工作,即确定土的动应力-应变关系的数学表达式及正确地确定数学表达式的参数。如上述,土的动应力-应变关系中的参数应该根据土的动力试验资料确定,如果不能由土的动力试验资料适当确定出这些参数,那么所建立的土的动应力-应变关系没有实际应用的价值。

在此特别指出,在土的动力学模型中必须包括在动荷载作用下土的耗能性能。根据土动力试验资料可以确定同一时刻土试样的动应力和动应变。如果把一次往返荷载期间各时刻的动应力和动应变绘制在以动应力为纵坐标、动应变为横坐标的坐标系中,则得到如图 6.1 所示的曲线,并将其称为滞回曲线。根据应变能知识,滞回曲线所围成的面积就是在一次往返荷载作用期间单位土体所耗损的能量,即

$$\Delta W = \oint \tau_d d\gamma_d \tag{6.1}$$

式中,ΔW 为在一次往返荷载作用期间单位土体所耗损的能量;τ_d 和 γ_d 分别为土的动剪应力和动剪应变。

还应指出,如果土所受的动力作用小于屈服剪应变,土的动变形不随作用次数的增加而增大,则其滞回曲线是闭合的,如图 6.1(a)所示;如果大于屈服剪应变,土的动变形将随作用次数的增加而增大,则其滞回曲线是不闭合的,如图 6.1(b)所示。显然,在等幅动荷载作用下如果滞回曲线是闭合的,则前后两次动荷载作用的耗能是相等的;如果滞回曲线是不闭合的,则后一次动荷载作用的耗能要大于前一次动荷载作用的耗能。

在土的动力学模型中,通常假定土为黏性体,土的耗能是由土的黏性引起的。还有一种假定,将土假定为塑性体,土的耗能是由土的塑性变形引起的。这些将在后面做详细的表述。

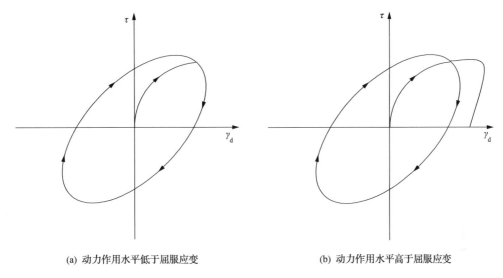

(a) 动力作用水平低于屈服应变　　　　　　　　(b) 动力作用水平高于屈服应变

图 6.1　土的滞回曲线

在土动力试验中,如果使土试样受到由小到大不同幅值的动荷载作用,对每一个幅值都可测出相应的滞回曲线,将这些滞回曲线的端点连接起来,就得到所谓的骨架线,如图6.2 所示。如果得到的骨架线是一条直线,则称土的动力性能为线性的;如果得到的骨架线是一条曲线,则称土的动力性能为非线性的;如果得到的骨架线是一条曲线,只在开始很短的一段可认为是直线,总体上土的动力性能是非线性的。显然,对于等幅往返荷载的土骨架曲线,在第一象限和第三象限各有一个分支,并且是关于原点对称的曲线。

按前述,当土所受的动力作用低于屈服剪应变时,所得的滞回曲线是闭合的。显然,在这种情况下滞回曲线不随作用次数而变化。因此,在土所受的动力作用水平低于屈服剪应变时,相应的骨架线也与作用次数无关,如图 6.2 中的实线所示。但是,如果土所受动力作用水平高于屈服剪应变,所得的滞回曲线是不闭合的。在这种情况下,滞回曲线将随着作用次数而变化,它与水平轴的倾斜度逐次趋于平缓。因此,在土所受的动力作用水平高于屈服剪应变时,不同作用次数相应的滞回曲线的端点连线是不同的,如图 6.2 中的虚线所示。

在第 5 章中,指出了影响土动力性能的主要因素。那么,所建立的土动力学模型必须能够考虑这些因素的影响。一般来说,这些因素影响表现在如下两方面:

(1) 影响由动力学模型建立起来的土动应力-应变关系的数学表达式形式,如土类、土的密实状态或软硬状态等因素的影响。

(2) 影响土动应力-应变关系的数学表达式中的参数值,如土类、土的密实状态或软硬状态、土所受的静应力等因素的影响。

最后应指出,土动力学模型都是根据等幅动荷载的试验结果建立的。当把土动力学

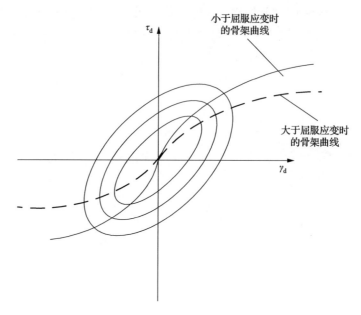

图 6.2　土的滞回曲线与骨架线

模型用于变幅动荷载作用下土体动力分析时，必须要做一些特殊的处理。这是有关土动力学模型应用的一个重要问题，本章也将予以讨论。

由于土体动力分析的需要，从 1970 年开始土动力学模型受到了人们的重视，在理论和试验方面对土动力学模型进行了深入的研究，建立了一些具有理论和工程应用价值的土动力学模型。这些模型可归纳成如下四种类型：①线性黏弹模型；②等效线性化模型；③弹塑性模型；④逐渐破损模型。

实际上，逐渐破损模型也应属于弹塑性模型，但是该模型的建立途径有其特点，因此将其独立出来表述。下面将分别表述上述几种土动力学模型。

6.2　线性黏弹模型及适用条件

6.2.1　基本概念及关系式

线性黏弹模型将在动力作用下的土视为线性弹性体和线性黏性体，由线性的弹性元件和黏性元件并联而成，如图 6.3 所示。弹性元件表示土对变形的抵抗，其系数代表土的模量；黏性元件表示土对应变速率或变形速度的抵抗，其系数代表土的黏性系数。两个元件并联表示土所受的应力由弹性恢复力和黏性阻力共同承受。下面，以正应力 σ 为例，则土所受的正应力 σ 由弹性恢复力 σ_e 和黏性阻力 σ_c 共同承受，即

$$\sigma = \sigma_e + \sigma_c \tag{6.2}$$

设土的弹性模量为 E，黏性系数为 c，则

$$\begin{cases} \sigma_e = E\varepsilon \\ \sigma_c = c\dot{\varepsilon} \end{cases} \tag{6.3}$$

式中，ε、$\dot{\varepsilon}$ 分别为土的应变和应变速率。将式(6.3)代入式(6.2)得

$$\sigma = E\varepsilon + c\dot{\varepsilon} \tag{6.4}$$

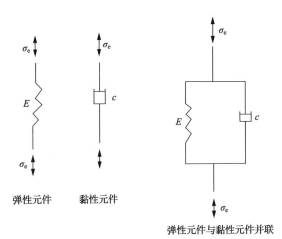

图 6.3　线性黏弹模型

为了说明线性黏弹模型的性能，首先来说明线性弹性元件的性能。假如一个线性弹性元件受到一周往返应力作用，可以得到如图 6.4(a) 所示的应变随时间变化曲线。由于线性元件满足式 (6.3) 的第一式，其应力-应变轨迹线为两条重合的直线，如图 6.4(b) 所示。由此可得线性弹性元件的应力-应变轨迹线的特点如下：

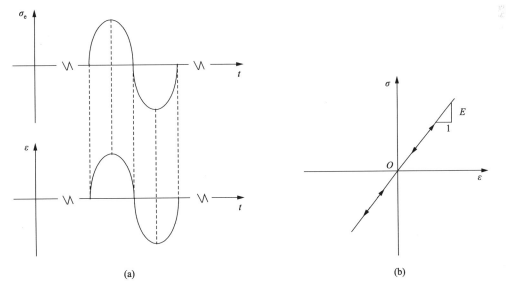

图 6.4　线性弹性元件的应力-应变轨迹线

　　（1）轨迹线为两条重合的直线，直线的斜率等于土的弹性模量。

　　（2）轨迹线所围成的面积为零。按前述，在一周往返荷载作用下的耗能ΔW为零。

　　（3）应力和应变之间没有相位差，即应力为零时应变也为零，应力为最大值时刻应变也为最大值。

　　下面再来说明线性黏性元件的性能。假如一个线性黏性元件受一周往返荷载的作用，由式（6.3）的第二式得

$$\varepsilon = \frac{1}{c}\int \sigma_c \mathrm{d}t + b$$

式中，b为积分常数。设应力随时间按正弦变化，即

$$\sigma_c = \bar{\sigma}_c \sin(pt) \tag{6.5}$$

式中，p为应力σ_c的圆频率，则得

$$\varepsilon = -\frac{\bar{\sigma}_c}{cp}\cos(pt) + b$$

　　为了消除常数b，设满足如下初始条件：

$$t = 0, \quad \varepsilon = -\frac{\bar{\sigma}_c}{cp} \tag{6.6}$$

由此得应变表达式为

$$\varepsilon = -\frac{\bar{\sigma}_c}{cp}\cos(pt) \tag{6.7}$$

　　改写式（6.5）和式（6.7）得

$$\frac{\sigma_c}{\bar{\sigma}_c} = \sin(pt)$$

$$\frac{\varepsilon}{\bar{\sigma}_c/(cp)} = -\cos(pt)$$

将上面两式两边平方再相加，得

$$\left(\frac{\sigma_c}{\bar{\sigma}_c}\right)^2 + \left[\frac{\varepsilon}{\bar{\sigma}_c/(cp)}\right]^2 = 1 \tag{6.8}$$

　　式（6.8）表明，在一周往返荷载作用下黏性元件的应力-应变轨迹线为一椭圆，两个轴长分别为$\bar{\sigma}_c$和$\bar{\sigma}_c/(cp)$，如图6.5（b）所示。

　　另外，式（6.7）可改写成如下形式：

$$\varepsilon = \frac{\bar{\sigma}_c}{cp}\sin\left(pt - \frac{\pi}{2}\right) \tag{6.9}$$

由式（6.9）可绘出应变与时间关系线，如图6.5（a）所示。

　　按上述，在一周往返荷载作用下黏性元件耗损的能量ΔW等于图6.5（b）所示的椭圆

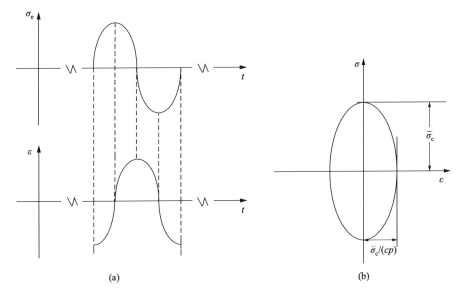

图 6.5　线性黏性元件的应力-应变关系轨迹线

面积,将式 (6.5) 和式 (6.7) 代入式 (6.1) 得

$$\Delta W = \oint \frac{\bar{\sigma}_c^2}{c} \sin(pt)\mathrm{d}t$$

由于周期 $T = \dfrac{2\pi}{p}$,则上面公式可写成

$$\Delta W = \int_0^{\frac{2\pi}{p}} \frac{\bar{\sigma}_c^2}{c} \sin(pt)\mathrm{d}t$$

完成积分运算得到

$$\begin{cases} \Delta W = \dfrac{\pi \bar{\sigma}_c^2}{cp} \\ \Delta W = \dfrac{T \bar{\sigma}_c^2}{\pi c} \end{cases} \tag{6.10}$$

由此,可得线性黏性元件应力-应变轨迹线的特点如下:

(1) 轨迹线为一正椭圆,两个轴长分别为 $\bar{\sigma}_c$ 和 $\bar{\sigma}_c/(cp)$。

(2) 椭圆面积为线性黏性元件在一周往返荷载作用下的耗能。

(3) 应变相对于应力滞后一个相位角,其数值等于 $\dfrac{\pi}{2}$。

下面,按文献[1]来表述线性黏弹模型的性能。由弹性元件与黏性元件并联,这两个元件的变形相等,均为 ε。设

$$\sigma = \bar{\sigma}\sin(pt) \tag{6.11}$$

由式 (6.2) 得

$$c\dot{\varepsilon} + E\varepsilon = \bar{\sigma}\sin(pt) \tag{6.12}$$

这是一个一阶常系数非齐次微分方程。设其初始条件可取

$$t = 0, \quad \varepsilon = 0$$

由常微分方程式理论可知,满足初始条件微分方程式 (6.12) 的稳态解如下:

$$\varepsilon = \frac{\bar{\sigma}}{(cp)^2 + E^2}\left[E\sin(pt) - cp\cos(pt)\right] \tag{6.13}$$

式(6.13)可改写为

$$\varepsilon = \frac{\bar{\sigma}}{\sqrt{(cp)^2 + E^2}}\sin(pt - \delta) \tag{6.14}$$

式中,δ 为应变相对应力的相角差,按式(6.15)确定:

$$\tan\delta = \frac{cp}{E} \tag{6.15}$$

由式 (6.14) 可知,应变的幅值 $\bar{\varepsilon}$ 为

$$\bar{\varepsilon} = \frac{\bar{\sigma}}{\sqrt{(cp)^2 + E^2}} \tag{6.16}$$

将式 (6.16) 代入式 (6.14) 得

$$\varepsilon = \bar{\varepsilon}\sin(pt - \delta) \tag{6.17}$$

由式(6.17)可绘制出应变随时间的变化曲线,如图 6.6(a)所示

从式 (6.15) 可见,相角差 δ 与土的黏性系数与弹性模量 E 的比值有关,两者的比值越大,相角差越大。此外,相角差还与土承受的动荷载的圆频率 p 有关,圆频率越高,相角差也越大。

由式 (6.5) 和式 (6.17) 可得

$$\left(\frac{\sigma}{\sigma}\right)^2 + \left(\frac{\varepsilon}{\varepsilon}\right)^2 = \sin^2(pt) + \sin^2(pt - \delta)$$

由于 $\sin^2(pt) + \sin^2(pt - \delta) = \sin^2\delta + 2\cos\delta\left(\frac{\sigma}{\sigma}\right)\left(\frac{\varepsilon}{\varepsilon}\right)$,得到

$$\left(\frac{\sigma}{\sigma}\right)^2 - 2\cos\delta\left(\frac{\sigma}{\sigma}\right)\left(\frac{\varepsilon}{\varepsilon}\right) + \left(\frac{\varepsilon}{\varepsilon}\right)^2 = \sin^2\delta \tag{6.18}$$

由解析几何可知,式 (6.18) 在以 σ 为纵坐标、ε 为横坐标的坐标中表示一个倾斜的椭圆,如图 6.6(b) 所示。如果采用坐标转换

$$\varepsilon = \varepsilon'\cos\alpha - \sigma'\sin\alpha$$
$$\sigma = \varepsilon'\sin\alpha + \sigma'\cos\alpha$$

则在以 σ' 为纵坐标、ε' 为横坐标的坐标系中为一个正椭圆,如图 6.6(b) 所示。

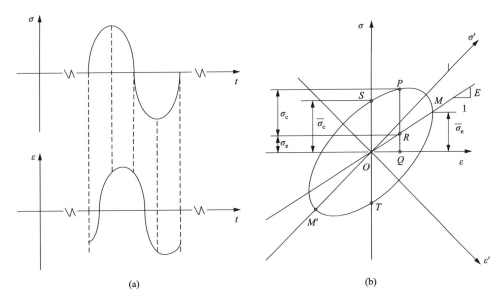

图 6.6　线性黏弹模型的应力-应轨迹线变

从图 6.6(b) 可得出如下结果。

(1) 应力-应变轨迹线上可找到应变的绝对值最大的两个点 M 和 M'。由于这两点的应变的绝对值最大,则应变速率为零。如图 6.6(a) 所示,相应的黏性元件承受的应力为零,即这两点的应力完全由弹性元件承受,并等于弹性元件承受的应力幅值 $\bar{\sigma}_e$。根据弹性模量的定义,MM' 直线的斜率应等于弹性模量。

(2) 应力-应变轨迹线与纵坐标轴 σ 的交点 S 和 T 的应变为零,相应的弹性元件承受的应力为零,即这两点的应力完全由黏性元件承受。由式 (6.17) 可知,在这两点应变速率最大,因此这两点的应力等于黏性元件承受的应力幅值 $\bar{\sigma}_c$。

(3) 在应力-应变轨迹线上任意一点 P 的应力 σ 由弹性应力 σ_e 和黏性应力 σ_c 共同承受,RP 表示黏性应力,RQ 表示弹性应力,R、Q 分别为由 P 点向下引的垂直线与 MM' 线和横坐标轴 ε 的交点,如图 6.6(b) 所示。

6.2.2　能量耗损系数

按上述,应力-应变轨迹线所围成的面积等于单位体积的线性黏弹性体在一周动荷载作用下的耗能 ΔW。根据式 (6.3),ΔW 按如下公式计算:

$$\Delta W = \int_{\frac{\delta}{p}}^{\frac{\delta}{p}+\frac{2\pi}{p}} \sigma \mathrm{d}\varepsilon$$

将式 (6.11) 及式 (6.14) 代入,完成积分得

$$\begin{cases} \Delta W = \dfrac{\pi \bar{\sigma}^2}{\sqrt{(cp)^2 + E^2}} \sin\delta \\[4mm] \Delta W = \dfrac{\pi \bar{\sigma}^2}{(cp)^2 + E^2} cp \end{cases} \tag{6.19}$$

另外,弹性能按如下公式计算:

$$W = \int_{\frac{\delta}{p}}^{\frac{\delta}{p}+t} E \varepsilon \, \mathrm{d}\varepsilon$$

将式(6.14)代入,完成积分得

$$W = \frac{1}{2} E \frac{\pi \bar{\sigma}^2}{(cp)^2 + E^2} \sin(pt)$$

由此,得最大弹性能为

$$W = \frac{1}{2} E \frac{\pi \bar{\sigma}^2}{(cp)^2 + E^2} \tag{6.20}$$

下面,引进一个概念。将一周往返荷载作用期间土的耗损能量 ΔW 与其最大弹性能之比称为能量耗损系数,以 η 表示,则

$$\eta = \frac{\Delta W}{W} \tag{6.21}$$

将式(6.19)及式(6.20)代入式(6.21)得

$$\begin{cases} \eta = 2\pi \dfrac{cp}{E} \\ \eta = 2\pi \tan\delta \end{cases} \tag{6.22}$$

能量耗损系数是线性黏弹模型的一个重要的概念,像下面将看到的那样,该系数有很多应用。

6.2.3　复模量

由式(6.2)及式(6.14)得

$$\sigma = E \frac{\bar{\sigma}}{\sqrt{(cp)^2 + E^2}} \sin(pt - \delta) + cp \frac{\bar{\sigma}}{\sqrt{(cp)^2 + E^2}} \cos(pt - \delta) \tag{6.23}$$

在式(6.23)右端第一项与第二项相位差为 $\pi/2$,因此可将应力视为一个复数量,在复平面中表示,其实部为第一项,即弹性力,其虚部为第二项,即黏性力。这样,式(6.23)可改写成复数形式:

$$\sigma = E\varepsilon + \mathrm{i}cp\varepsilon = (E + \mathrm{i}cp)\varepsilon \tag{6.24}$$

如令

$$E^* = \sigma/\varepsilon$$

则

$$E^* = E + \mathrm{i}cp \tag{6.25}$$

式中,E^* 称为土的复模量。令 $|E^*|$ 表示复模量的模,则

$$|E^*| = \sqrt{E^2 + (cp)^2} \tag{6.26}$$

代入式 (6.14) 得

$$\varepsilon = \frac{\bar{\sigma}}{|E^*|} \sin(pt - \delta) \tag{6.27}$$

6.2.4　黏性力的另一种表达形式

式 (6.3) 的第二式给出了黏性应力与应变速率的关系式。这种关系式一般应用于微元体的动力分析。但是,在许多问题中要对有限体进行动力分析。如果对有限体进行动力分析,那么有限体单位截面上所受的黏性应力应与有限体的运动速度成正比,即

$$\sigma_c = c\dot{u} \tag{6.28}$$

式中, $\dot{u}$ 为沿某个方向的运动速度; σ_c 为沿该方向所受的黏性力; c 为黏性系数。但是应指出,式 (6.28) 中的黏性系数与式 (6.3) 中的黏性系数是不一样的。式 (6.3) 中黏性系数的量纲为力·秒/长度^2,而式 (6.28) 中的黏性系数的量纲为力·秒/长度^3。

像在后面将看到的那样,在土体动力数值分析中一般采用式 (6.28) 来确定黏性力。

6.2.5　线性黏弹模型力学参数的确定

1. 土试样及线性黏弹单质点体系

由上述可知,土的线性黏弹模型包含两个参数,即土的动弹性模量 E 及黏性系数 c。但是,像下面将看到的那样,土的黏性系数 c 将被阻尼比 λ 代替,因此要测定的不是土的黏性系数而是土的阻尼比。

土的动模量及阻尼比这两个参数要由土动力试验测定。设图 6.7(a) 为一个圆柱形土试样,其高度为 h,断面积为 S,弹性模量为 E,黏滞系数为 c,质量密度为 ρ。下面以一个线性黏弹单质点体系来模拟这个土试样,如图 6.7(b) 所示。土试样的刚度以体系中的弹簧系数 k 表示,按式 (6.29) 确定:

$$k = \frac{S}{h}E \tag{6.29}$$

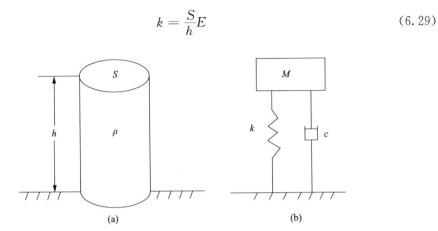

图 6.7　土试样及线性黏弹性质点体系

土试样的黏性系数以体系中的黏性元件的黏性系数 c 表示，按式(6.30)确定

$$c = Sc_s \tag{6.30}$$

式中，c_s 为土的黏性系数。土试样的质量集中于体系中的质点 M 上，按式(6.31)确定其质量：

$$M = \rho Sh \tag{6.31}$$

令质点的位移、速度及加速度分别为 u、du/dt 及 du^2/dt^2。在此，按式(6.28)计算黏性力，则得线性黏弹性单质点体系的自由振动方程为

$$M\frac{d^2u}{dt^2} + c\frac{du}{dt} + ku = 0 \tag{6.32}$$

令

$$\begin{cases} \omega^2 = k/M \\ 2\lambda\omega = c/M \end{cases} \tag{6.33}$$

则得

$$\frac{d^2u}{dt^2} + 2\lambda\omega\frac{du}{dt} + \omega^2 u = 0 \tag{6.34}$$

式(6.32)的解为

$$u = Ae^{-\lambda\omega t}\sin(\omega_1 t + \delta) \tag{6.35}$$

式中

$$\omega_1 = \sqrt{1-\lambda^2}\,\omega \tag{6.36}$$

通常 λ 值较小，则有

$$\omega_1 = \omega \tag{6.37}$$

而 A、δ 为两个待定常数，取决于初始条件。由式(6.36)及式(6.37)可见，ω 为线性弹性单质点体系的自由振动圆频率，ω_1 为线性黏弹性单质点体系的自由振动圆频率。

　　2. 阻尼比的意义

当 $\lambda = 1$ 时，由式(6.36)得 $\omega_1 = 0$，将其代入式(6.35)得

$$u = Ae^{-\lambda\omega t}\sin\delta \tag{6.38}$$

式(6.38)表明，在这种情况下式(6.34)的解不再是周期变化的，而是单调递减的，如图6.8所示。因此，将 $\lambda = 1$ 代入式(6.33)可得

$$c_r = 2\sqrt{kM} \tag{6.39}$$

$$\lambda = \frac{c}{2\sqrt{kM}} = \frac{c}{c_r} \tag{6.40}$$

式(6.39)定义的 c_r 称为临界黏性系数,当黏性系数等于 c_r 时,体系不再发生周期性运动。由式 (6.40) 可见,λ 的物理意义是黏性系数与临界黏性系数之比,下面将其定义为体系阻尼比。

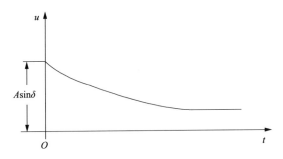

图 6.8　$\lambda = 1$ 时方程式 (6.34) 解的形式

将式 (6.29) 及式 (6.31) 代入式 (6.39) 得

$$\begin{cases} c_r = S c_{r,s} \\ c_{r,s} = 2\sqrt{E\rho} \end{cases} \tag{6.41}$$

式中,$c_{r,s}$ 为土的临界黏性系数,土的阻尼比用 λ_s 表示,则

$$\lambda_s = \frac{c_s}{c_{r,s}} = \frac{c}{c_r} = \lambda \tag{6.42}$$

式 (6.42) 表明,体系的阻尼比 λ 与土的阻尼比 λ_s 相等,如果由试验测土体系的阻尼比,其数值即为土的阻尼比。

3. 阻尼比的确定

1) 由自由振动试验结果确定阻尼比

由式 (6.35) 可得同一侧相邻两个幅值之比为

$$\frac{\bar{u}_n}{\bar{u}_{n+1}} = e^{\lambda \omega T} \tag{6.43}$$

式中,T 为自振周期;$\bar{u}_n$、$\bar{u}_{n+1}$ 分别为第 n 次和第 $n+1$ 次的振幅幅值。

由于

$$T = \frac{2\pi}{\omega_1}$$

将其代入式 (6.43),并注意 $\omega_1 \approx \omega$,则得

$$\frac{\bar{u}_n}{\bar{u}_{n+1}} = e^{2\pi\lambda}$$

两边取自然对数得

$$\lambda = \frac{1}{2\pi} \ln \frac{\bar{u}_n}{\bar{u}_{n+1}}$$

式中,$\ln \dfrac{\bar{u}_n}{\bar{u}_{n+1}}$ 称为对数衰减率,以 Δ 表示,则得

$$\begin{cases} \Delta = \ln \dfrac{\bar{u}_n}{\bar{u}_{n+1}} \\ \lambda = \dfrac{1}{2\pi} \Delta \end{cases} \tag{6.44}$$

另外,在自由振动过程中振幅逐渐衰减表示每振动一次就耗损了一部应变能。这部分能量耗损用于克服黏性阻力做功。由此,得

$$\Delta W = \frac{k(\bar{u}_n^2 - \bar{u}_{n+1}^2)}{2} \tag{6.45}$$

而弹性能 W 为

$$W = \frac{k\bar{u}_{n+1}^2}{2}$$

由此,能量耗损系数 η 为

$$\eta = \frac{\bar{u}_n^2 - \bar{u}_{n+1}^2}{\bar{u}_{n+1}^2}$$

改写为

$$\eta = \left(\frac{\bar{u}_n}{\bar{u}_{n+1}} - 1 \right)^2 + 2 \left(\frac{\bar{u}_n}{\bar{u}_{n+1}} - 1 \right)$$

略去第一项,则得

$$\eta = -2 \left(1 - \frac{\bar{u}_n}{\bar{u}_{n+1}} \right) \tag{6.46}$$

由级数

$$\ln x = (x-1) - (x-1)/2$$

如仅取右侧第一项,则

$$x - 1 = \ln x$$

按上式,式(6.46)可写成如下形式:

$$\eta = 2\ln \frac{\bar{u}_n}{\bar{u}_{n+1}} = 2\Delta \tag{6.47}$$

将式(6.47)代入式(6.44),得

$$\begin{cases} \lambda = \dfrac{1}{4\pi}\eta \\ \lambda = \dfrac{1}{4\pi}\dfrac{\Delta W}{W} \end{cases} \tag{6.48}$$

2）由强迫振动试验结果确定阻尼比

设强迫力

$$Q = Q_0 \sin(pt) \tag{6.49}$$

线性黏弹单质点体系的强迫振动方程为

$$M\frac{\mathrm{d}^2 u}{\mathrm{d}t^2} + c\frac{\mathrm{d}u}{\mathrm{d}t} + ku = Q_0 \sin(pt)$$

将式（6.33）代入，可改写为

$$\frac{\mathrm{d}^2 u}{\mathrm{d}t^2} + 2\lambda\omega\frac{\mathrm{d}u}{\mathrm{d}t} + \omega^2 u = \frac{Q_0}{M}\sin(pt) \tag{6.50}$$

式（6.50）稳态解为

$$\begin{cases} u = \dfrac{Q_0}{M}\dfrac{1}{\sqrt{(\omega^2 - p^2)^2 + 4\lambda^2\omega^2 p^2}}\sin(pt - \delta) \\ u = \dfrac{Q_0}{k}\dfrac{1}{\sqrt{(1 - p^2/\omega^2)^2 + 4\lambda^2 p^2/\omega^2}}\sin(pt - \delta) \end{cases} \tag{6.51}$$

式中，δ 为相角差，按式（6.52）确定：

$$\tan\delta = \frac{2\lambda\omega p}{\omega^2 - p^2} \tag{6.52}$$

由式（6.51）得稳态时位移幅值

$$\bar{u} = \frac{Q_0}{k}\frac{1}{\sqrt{(1 - p^2/\omega^2)^2 + 4\lambda^2 p^2/\omega^2}} \tag{6.53}$$

由此可知，位移幅值是强迫力频率与自振频率之比的函数。位移幅值最大的条件为

$$\frac{\mathrm{d}\bar{u}}{\mathrm{d}(p/\omega)} = 0 \tag{6.54}$$

将式（6.53）代入式（6.54），并完成微分运算，得幅值最大或发生共振的条件为

$$(p/\omega)^2 = 1 - 2\lambda^2$$

由此，如果位移幅值最大，强迫力的圆频率为

$$p = \sqrt{1 - 2\lambda^2}\,\omega \tag{6.55}$$

由于 $2\lambda^2$ 值很小，则得

$$p \doteq \omega \tag{6.56}$$

这样,最大幅值为

$$\bar{u}_{\max} = \frac{Q_0}{2\lambda k} \tag{6.57}$$

如果指定阻尼比的数值,根据式(6.53)可绘制出幅值与圆频率比 p/ω 的关系线,如图 6.9 所示。在图 6.9 中,关系线的峰值点,即共振点,相应的 $p/\omega = 1$。

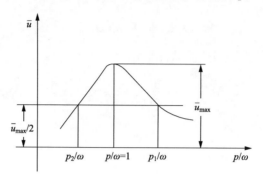

图 6.9　幅值与频率比关系线

下面,令 $\bar{u} = \dfrac{\bar{u}_{\max}}{2}$,则可由图 6.9 求得与其相应的两个圆频率比 p_1/ω 及 p_2/ω。此外,令式(6.53)的左侧等于 $\bar{u}_{\max}/2$,则得如下关系式:

$$\sqrt{(1 - p^2/\omega^2)^2 + 4\lambda^2 p^2/\omega^2} = 4\lambda$$

简化得

$$(p/\omega)^4 - 2(1 - 2\lambda^2)(p/\omega) + (1 - 16\lambda^2) = 0 \tag{6.58}$$

求解此式,得两个圆频率比分别为

$$\begin{cases} p_1/\omega = (1 + 2\sqrt{3}\lambda)^{\frac{1}{2}} \\ p_2/\omega = (1 - 2\sqrt{3}\lambda)^{\frac{1}{2}} \end{cases} \tag{6.59}$$

由于

$$(1 \pm 2\sqrt{3}\lambda)^{\frac{1}{2}} \approx 1 \pm \frac{1}{2}(2\sqrt{3}\lambda)$$

将其代入式(6.59)得

$$\lambda = \frac{1}{2\sqrt{3}}(p_1/\omega - p_2/\omega) \tag{6.60}$$

式(6.60)中 p_1/ω 及 p_2/ω 已由图 6.9 确定出来,因此可按此式计算出阻尼比 λ。由式(6.60)可见,如果 $p_1/\omega - p_2/\omega$ 越大,则阻尼比越大,$p_1/\omega - p_2/\omega$ 称为半幅值频率宽度比。

在强迫振动情况下,应用式(6.49)和式(6.51)可计算一周往返振动所耗损的能

量为

$$\Delta W = \frac{\pi Q_0^2}{k} \frac{2\lambda p/\omega}{[1-(p/\omega)^2]^2 + 4\lambda^2 (p/\omega)^2}$$

而最大弹性能为

$$W = \frac{\pi Q_0^2}{k} \frac{1}{[1-(p/\omega)^2]^2 + 4\lambda^2 (p/\omega)^2}$$

由此,可求得能量耗损系数 η 为

$$\eta = 4\pi\lambda p/\omega \tag{6.61}$$

由于

$$c/k = 2\lambda/\omega$$

则得 η 的另一表达式为

$$\eta = \frac{2\pi pc}{\omega} \tag{6.62}$$

考尔斯基指出,在强迫振动下阻尼比与耗损系数之间的关系式 (6.48) 仍然成立。按式 (6.39),在自由振动情况下线性黏弹体系系数 c_r 可写成如下形式:

$$c_r = 2\frac{k}{\omega} \tag{6.63}$$

那么,在强迫振动下应将自由振动的圆频率 ω 改为强迫振动的圆频率 p,则线性黏弹体系的临界阻尼为

$$c_r = 2\frac{k}{p} \tag{6.64}$$

由此

$$2\frac{pc}{k} = \lambda$$

代入式 (6.62) 中,即为式 (6.48)。

在稳态强迫振动中,振幅保持不变,即最大弹性能保持不变,那么在一周往返振动期间耗损的能量必须由强迫力做功来补充。如果认为阻尼比与振动的频率有关,那么由自由振动试验资料按式 (6.48) 求得的阻尼比是与自振频率相应的阻尼比,而由强迫振动试验资料按式 (6.48) 求得的阻尼比是与强迫力频率相应的阻尼比。

4. 动模量 E 的确定

1) 由自由振动试验结果确定

由自由振动试验可测土振动衰减过程线,并由此确定出自由振动的周期 T。因此,可确定出相应的自由圆频率 $\omega = \frac{2\pi}{T}$。按式 (6.33) 得

$$k = M\omega^2$$

将式（6.29）及式（6.31）代入得

$$E = \rho h^2 \omega^2 \tag{6.65}$$

2) 由强迫振动试验结果确定

由强迫振动试验可确定出共振时强迫力的圆频率 p。按前述，共振时强迫力圆频率应与自振动圆频率相等。因此，以共振时强迫力圆频率 p 代替式（6.65）中的 ω 就可确定 E。

但是确定共振圆频率的试验很麻烦，一般不采用这种方法。通常，按式（6.66）计算土试样所受的动应力幅值：

$$\bar{\sigma} = \frac{Q_0}{S} \tag{6.66}$$

再由强迫振动试验测得位移幅值 $\bar{u}$，按如下公式计算土试样的应变幅值：

$$\bar{\varepsilon} = \frac{\bar{u}}{h}$$

然后，按式（6.67）计算的动模量：

$$E = \frac{\bar{\sigma}}{\bar{\varepsilon}} \tag{6.67}$$

很显然，这样确定出来的土动力模量是个近似值。将式（6.29）、式（6.66）及式（6.67）代入式（6.53），则可得

$$E = \frac{\bar{\sigma}}{\bar{\varepsilon}} \frac{1}{\sqrt{[1 - (p/\omega)^2]^2 + 4\lambda^2 p^2/\omega^2}}$$

由此可见，按式（6.67）确定的土动模量忽略了根号中量的影响。这就要求土试样的自振频率 ω 要远远大于强迫力的频率 p。

除了由室内动力试验确定土动模量，还可由第 4 章所述的现场波速试验确定土的动模量。

3) 静应力对土动模量的影响

按前述，静应力的影响应包括静应力球应力分量的影响及偏应力分量的影响。当动力作用水平低时，静应力偏量对土的动模量可能没有明显影响。但是，关于静应力偏量对土动模量的影响研究较少，在实际问题中很少考虑。

大量的土动力试验表明，球应力分量对土的动模量有重要的影响。文献[2]认为，对于很多非扰动的黏性土和砂，最大剪切模量 $G_{\max}$ 与静平均应力 σ_0 和超固结 OCR 的关系可表示为

$$G_{\max} = 1230 \frac{(2.973 - e)^2}{1 + e} (\mathrm{OCR})^K \sigma_0^{\frac{1}{2}} \tag{6.68}$$

式中，e 为土的孔隙比；K 为与土塑性指数有关的参数，如表 6.1 所示；$G_{\max}$、σ_0 均按 lb/h（1lb＝0.453592kg）计。

表 6.1　参数 K 与土塑性指数 PI 关系

PI	0	20	40	60	80	$\geqslant 100$
K	0	0.18	0.30	0.41	0.48	0.50

Seed 等[3]提出用式(6.69)表示球应力分量对土的动剪切模量的影响：

$$G = 1000K_2 \, (\sigma_0)^{\frac{1}{2}} \tag{6.69}$$

式中，σ_0 单位采用 lb/ft²（1lb/ft² = 4.88243kg/m²）；K_2 为试验参数。从式(6.68)可见，由于 K_2 的取值与 σ_0 的单位有关，现在一般采用式(6.70)表示静应力球分量对土动模量的影响

$$E = KP_a \left(\frac{\sigma_0}{P_a}\right)^n \tag{6.70}$$

式中，P_a 为大气压力；K、n 分别为无量纲的试验参数。如果土的动模量为剪切模量，式(6.70)的形式也适用，只是参数 K 不同。

6.2.6　线性黏弹模型的使用条件

前面曾指出，在动荷载作用下土的骨架线在总体上是曲线，但是如果土体所受的动力作用水平很低，土处于小变形阶段将表现出线性性能。在这种情况下，可以采用线性黏弹模型进行土体的动力分析，如动力机械基础振动下地基土体则可能属于这种情况。

另外，由线性黏弹模型研究所得到的一些基本概念具有重要的理论意义，它们可引申到非线性黏弹模型中。

但是，如果土体所受的动力作用水平很高，土处于中等到大变形阶段将表现出明显的非线性性能，如地震作用下的土体就不宜采用线性黏弹模型进行动力分析。在这些情况下，应采用非线性黏弹模型或弹塑性模型进行土体动力分析。

6.3　等效线性化模型及适用条件

6.3.1　试验依据及基本概念

6.2 节表述了线性黏弹模型。这种模型的参数（即动模量及阻尼比）与土所受的动力作用水平无关，为常数。但是，试验资料显示并非如此。如果由小至大逐级施加等幅动荷载于土试样，可测得每级荷载下土试样所受的动应力幅值及相应的动应变幅值，以动三轴试验为例，如图 6.10 所示。该图给出了土试样所受的动力作用水平低于屈服剪应变时相邻两级动荷试验结果。从图可见，在每一级动荷载作用下测得的动应变幅值不随作用次数的增加而增加。这样，在每一级荷载作用下其动模量及阻尼比为常数。但是，比较前后两级荷载作用下的动模量及阻尼比可发现，前一级荷载相应的动模量大于后一级相应的动模量，而前一级荷载相应的阻尼比则小于后一级相应的阻尼比。如果以 E^{i-1} 和 E^i、λ^{i-1} 和 λ^i 分别表示第 $i-1$ 级和第 i 级动荷载相应的动模量及阻尼比，则

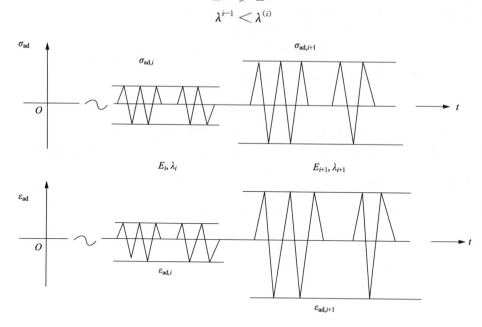

图 6.10　相邻两级动荷载下的动模量及阻尼比

如果把每级等幅荷载视为一个动力作用过程,则与每一个动力作用过程相应的动模量随土试验样所受的动力作用水平的增高而降低,而相应的土的阻尼比随土样所受的动力作用水平的增高而增大。上述的试样资料表明以下两点:

(1) 在每级动荷载下,也就是在每一个动力作用过程中,土的弹性模量和阻尼比为一常数,可将土视为线性黏弹性体。

(2) 每一级荷载下,也就是每一个动力作用过程相应的土弹性模量和阻尼比分别随该级动荷载下土所受的动力作用水平的增高而降低和增大。

前一点与 6.2 节所述线性黏弹模型相同,而后一点则与 6.2 节所述的线性黏弹模型不同,但更符合土的实际动力性能。将上述两点结合起来,就是本节所述的等效线性化模型。显然,等效线性化模型是一个近似的非线性黏弹模型。

等效线性化模型是 Seed 首先提出的。这里的“等效”应具有如下两个含义:

(1) 等效线性化模型是基于等幅荷载试验结果建立起来的,当将其用于变幅动荷载动力分析时,必须将土所受的变幅动力作用转化成与其等效的等幅动力作用。

(2) 由于土呈现出了动力非线性,土发生了某种程度的塑性变形。因此,土的耗能实际上不仅是黏性的,还包括塑性的。但在等效线性化模量中,认为土的全部耗能为黏性的,并使黏性耗能在数值上与土实际耗能相等。

按上述,建立土等效线性化模型应完成如下三项工作:

(1) 由试验资料确定动模量与土所受的动力作用水平之间的关系。

(2) 由试验资料确定阻尼比与土所受的动力作用水平之间的关系。

(3) 将土所受的变幅动力作用转变成等幅动力作用。

在等效线性化模型中,土所受的动力作用水平通常以其所受的等价剪应变幅值表示。在实际问题中,土的动模量和阻尼比与等价剪应变幅值的关系通常以解析式和插值曲线两种形式表示。

6.3.2　等效线性化模型的解析表示法

1) 模型的解析表达式

根据试验资料,Hardin 和 Drnevich[2]首先提出了剪应力幅值和剪应变幅值之间的关系可以用双曲线表示。Kondner[4]最早提出的双曲线表示土的应力-应变关系。根据双曲线关系,由动三轴试验测得的轴向应力幅值和轴向应变幅值之间的关系:

$$\bar{\sigma}_{ad} = \frac{\bar{\varepsilon}_{ad}}{a + b\bar{\varepsilon}_{ad}} \tag{6.71}$$

由式 (6.71) 得

$$E = \frac{1}{a + b\bar{\varepsilon}_{ad}} \tag{6.72}$$

如果令

$$\bar{\varepsilon}_{ad} = 0$$

则得

$$E_{max} = \frac{1}{a} \tag{6.73}$$

式中,E_{max} 为 $\bar{\varepsilon}_{ad} = 0$ 时的动杨氏模量,此时动杨氏模量值最大,如图 6.11 所示。将式 (6.71) 右端项的分子和分母同时除以 $\bar{\varepsilon}_{ad}$ 并令 $\bar{\varepsilon}_{ad} \to \infty$,则得

$$\bar{\sigma}_{ad,ult} = \frac{1}{b} \tag{6.74}$$

式中,$\bar{\sigma}_{ad,ult}$ 为 $\bar{\varepsilon}_{ad} \to \infty$ 时轴向动应力幅值,即土的最终强度,如图 6.11 所示。从图 6.11 可见,E_{max} 或 $1/a$ 为 $\bar{\sigma}_{ad}$-$\bar{\varepsilon}_{ad}$ 关系线在原点引的切线的斜率;$\bar{\sigma}_{ad,ult}$ 或 $1/b$ 为 $\bar{\sigma}_{ad}$-$\bar{\varepsilon}_{ad}$ 关系线的水平渐近线与 $\bar{\sigma}_{ad}$ 轴的截距。

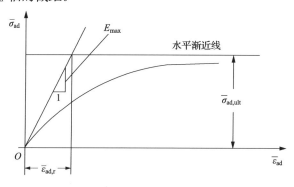

图 6.11　双曲线参数 a、b 的几何及力学意义

将式 (6.72)改写成如下形式:

$$1/E = a + b\bar{\varepsilon}_{ad} \tag{6.75}$$

式 (6.75)具有两个用处。

(1) 验证试验测得的动应力幅值和动应变幅值之间是否符合双曲线关系。将试验得的各级动荷载作用下的动应变幅值及计算得到的动杨氏模量的倒数可点在以 $1/E$ 为纵坐标、$\bar{\varepsilon}_{ad}$ 为横坐标的坐标系中,如图 6.12 所示。如果通过这些点可做出一条直线,则表示可用双曲线表示动应力幅值和动应变幅值的关系。

(2) 如果通过这些点可做出一条直线,则由式 (6.75) 可知,该直线的截距为 a,斜率为 b。进而,由式 (6.73) 和式 (6.74) 可分别确定出最大动杨氏模量 E_{max} 和最终强度 $\bar{\sigma}_{ad,ult}$。

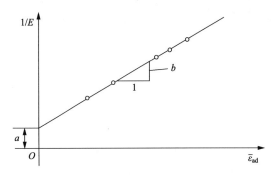

图 6.12　参数 a、b 的确定

下面引进一个概念,令

$$\bar{\varepsilon}_{ad,r} = \frac{\bar{\sigma}_{ad,ult}}{E_{max}} = \frac{a}{b} \tag{6.76}$$

式中,$\bar{\varepsilon}_{ad,r}$ 称为轴向参考应变。图 6.11 给出了轴向参考应变的力学意义,它是由原点引出切线与 $\bar{\sigma}_{ad}$-$\bar{\varepsilon}_{ad}$ 关系线的水平渐近线交点相应的轴向应变幅值。改写式 (6.72),并将式 (6.73) 和式 (6.76) 代入,则得

$$E = E_{max} \frac{1}{1 + \bar{\varepsilon}_{ad}/\bar{\varepsilon}_{ad,r}} \tag{6.77}$$

式中,$\bar{\varepsilon}_{ad,r}$ 按式 (6.76) 确定。

前面已经提过,通常以动剪应变幅值表示土所受的动力作用水平,因此要确定动杨氏模量 E 与动剪应变幅值的关系。在动三轴试验中,土的侧向动应变为 $\mu\bar{\varepsilon}_{ad}$。这样,可绘出如图 6.13 所示的应变莫尔圆,并按式(6.77)确定出相应的最大动剪应变幅值 $\bar{\gamma}$:

$$\bar{\gamma} = (1+\mu)\bar{\varepsilon}_{ad} \tag{6.78}$$

式中,μ 为泊松比,对饱和土取 0.5,其他土按经验选取。

显然,按式 (6.78) 可得

$$\bar{\gamma}_r = (1+\mu)\bar{\varepsilon}_{ad,r} \tag{6.79}$$

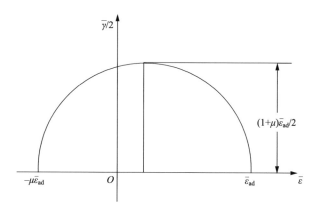

图 6.13　最大动剪应变幅值 $\bar{\gamma}$

式中，$\bar{\gamma}_r$ 称为参数剪应变。将式（6.78）及式（6.79）代入式（6.77）得

$$E = E_{\max} \frac{1}{1 + \bar{\gamma}/\bar{\gamma}_r} \tag{6.80}$$

在土体动力分析中式（6.80）得到广泛的应用。式中的 $E_{\max}$ 和 $\bar{\gamma}_r$ 是两个重要参数。最大杨氏模量 $E_{\max}$ 可按式（6.70）确定，式中的 k、n 可由动力试验资料确定。为此，在动力试验中应至少选取 3 个侧向固结压力，土试样在所选择的固结压力下固结，然后进行分级荷载动力试验。按上述，可由试验确定出每个固结压力下的最大动杨氏模量，然后将试验资料点在如图 6.14 所示的双对数坐标系中，通过这些点可绘出一条直线。该直线的截距即为参数 k 的对数，斜率即为参数 n。同样，参数 $\bar{\gamma}_r$ 可表示成如下形式：

$$\bar{\gamma}_r = k_r \left(\frac{\sigma_0}{P_a}\right)^{n_r} \tag{6.81}$$

式中，k_r、n_r 为两个参数，可按上述确定 k、n 的相同方法由试验资料确定，不需赘述。

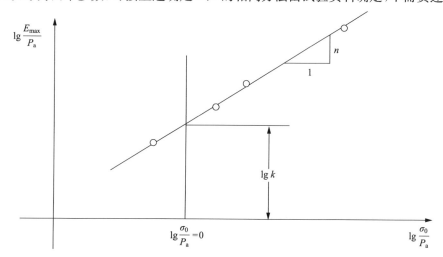

图 6.14　式（6.70）中参数 k、n 的确定

2) 阻尼比的数学表达式[2]

图 6.15 为某一级等幅荷载作用下应力-应变轨迹线，即前面所谓的滞回曲线。显然，阴影部分为滞回曲线所围成的面积的一半。由滞回曲线端点 a 引 ac 曲线的切线，该切线与由端点 c 引出的水平线相交于 b 点。按后面将表述的曼辛准则，该切线的斜率为 G_{max}。另外，直线 ac 的斜率为 G。这样 $\triangle abc$ 面积 A_{abc} 及 $\triangle aod$ 的面积 A_{aod} 可由 G、G_{max} 和 ac 算得。假定阴影部分的面积是 $\triangle abc$ 面积的一个比例常数，则滞回曲线的面积 A_L 为

$$A_L = 2k_1 A_{abc}$$

式中，k_1 为待定参数。这样，根据上述公式及阻尼比与能量耗损系数的关系，可得

$$\lambda = \frac{2k_1}{\pi}(1 - G/G_{max})$$

当 $E = 0$ 时，λ 最大，由此得

$$\lambda_{max} = \frac{2k_1}{\pi}$$

进而，得

$$\lambda = \lambda_{max}(1 - G/G_{max}) \tag{6.82}$$

从上述可见，在建立式（6.82）时做了一些假定。为了更好地拟合动力试验资料，将式（6.82）修改成如下形式：

$$\lambda = \lambda_{max}(1 - G/G_{max})^{n_\lambda} \tag{6.83}$$

由于 $E/E_{max} = G/G_{max}$，则式（6.82）和式（6.83）也可以写成如下形式：

$$\lambda = \lambda_{max}(1 - E/E_{max}) \quad \text{或} \quad \lambda = \lambda_{max}(1 - E/E_{max})^{n_\lambda}$$

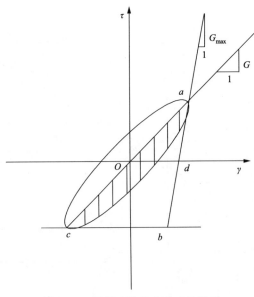

图 6.15　阻尼比数学表达式的推导

在阻尼比数学表达式中,包含两个参数 $\lambda_{\max}$、n_λ 必须由动力试验资料确定。根据土动力试验结果,对每一级荷载均可确定出相应的 λ、E。如果取应变幅值为 10^{-6} 时的 E 为 $E_{\max}$,则可求得每级荷载下的 $E/E_{\max}$ 值,将式 (6.82) 两边取对数,得

$$\lg\lambda = \lg\lambda_{\max} + n_\lambda\lg(1 - E/E_{\max})$$

这样,将每一级的 λ 和 $(1-E/E_{\max})$ 点在图 6.16 所示的双对数坐标中,则得到一条直线。按上式,过这些点引的直线截距为 $\lg\lambda_{\max}$,斜率为 n_λ。

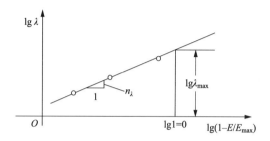

图 6.16 参数 $\lambda_{\max}$ 及 n_λ 的确定

6.3.3 等效线性化模型的插值点曲线表示法

在实际土体动力分析中,等效线性化模型还经常采用插值点曲线表示方法,给出与指定的一系列剪应变幅值相应的动模量和阻尼比。指定的剪应变幅值通常取 10^{-7}、10^{-6}、10^{-5}、10^{-4}、10^{-3}、10^{-2},如果需要的话,可在相邻的两个点之间再加上一个插值点。由于指定的剪应变幅值的范围达几个数量级,通常取剪应变幅值的对数为横坐标。另外,为了消除静平均有效应力的影响,通常取动模量比 $E/E_{\max}$ 或 $G/G_{\max}$ 为纵坐标。如果插值点给出了,那么与剪应变幅值 γ 相应的模量比和阻尼比可按式 (6.84) 确定:

$$\begin{cases} E/E_{\max} = (E/E_{\max})_{i-1} + \dfrac{(E/E_{\max})_i - (E/E_{\max})_{i-1}}{\lg\bar\gamma_i - \lg\bar\gamma_{i-1}}(\lg\bar\gamma - \lg\bar\gamma_{i-1}) \\ \lambda = \lambda_{i+1} + \dfrac{\lambda_i - \lambda_{i-1}}{\lg\bar\gamma_i + \lg\bar\gamma_{i-1}}(\lg\bar\gamma_i - \lg\bar\gamma_{i-1}) \end{cases} \tag{6.84}$$

式中,$(E/E_{\max})_i$、$(E/E_{\max})_{i-1}$ 分别为 i 和 $i-1$ 插值点相应的模量比;λ_i、λ_{i-1} 分别为 i 和 $i-1$ 插值点相应的阻尼比;下标 i、$i-1$ 为实际剪应变幅值所在区间的两个插值点。如果按式 (6.84) 第一式确定出模量比后,则土的模量按式 (6.85) 计算:

$$E = E_{\max}(E/E_{\max}) \tag{6.85}$$

式 (6.85) 中的 $E/E_{\max}$ 为由式 (6.84) 确定出来的与实际剪应变幅值 γ 相应的动模量比。

按上述,为了给出指定插值点相应的模量比及阻尼比,必须由试验资料确定 $(E/E_{\max})$-$\lg\bar\gamma$ 关系线及 λ-$\lg\bar\gamma$ 关系。为此,可将动力试验在各级荷载下测得的 $(E/E_{\max})$ 和 $\lg\bar\gamma$ 点在以 $(E/E_{\max})$ 为纵坐标、$\lg\bar\gamma$ 为横坐标的半对数坐标系统中,通过这些点可以画出

E/E_{max}-$\lg\bar{\gamma}$ 曲线。但是,按前述,现有的动力试验只能做出 E/E_{max}-$\lg\bar{\gamma}$ 中的一段,如图 6.17 中所示的实线段,而图 6.17 中的虚线段必须采用外延线法补出来。同样,λ-$\lg\bar{\gamma}$ 关系线也存在上述问题。

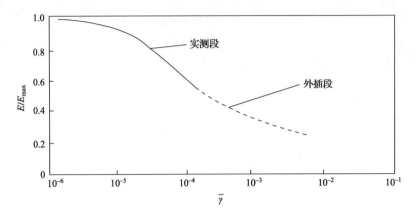

图 6.17　E/E_{max}-$\lg\bar{\gamma}$ 关系线

为了外延出 E/E_{max}-$\lg\bar{\gamma}$ 关系线中的虚线段,可利用式 (6.80),改写式 (6.80) 得

$$E/E_{max} = \frac{1}{1+\bar{\gamma}/\bar{\gamma}_r} \tag{6.86}$$

如果在虚线段的 $\bar{\gamma}$ 范围内指定一系列 $\bar{\gamma}$ 值,按式 (6.85) 计算出相应的 E/E_{max},并将它们点在图 6.17 中,则可补出虚线段。但是,式 (6.86) 中的参数 $\bar{\gamma}$ 则应根据图 6.17 实线段所示的动力试验资料来确定。

6.3.4　确定等效线性化模型参数的经验公式及图

按式 (6.80) 和式 (6.83),等效线性化模型参数主要包括四个:最大动杨氏模量 E_{max}、参考剪应变 $\bar{\gamma}_r$、最大阻尼比 λ_{max} 及参数 n_λ。这些参数应与土的类型、密实状态或软硬状态以及所受的静应力有关。下面给出一些确定这些参数的经验公式及图。当没有进行土动力试验时,可用这些经验公式及图来近似地确定这些参数。

1) 最大动模量

当缺少试验资料时,土的最大动剪切模量 G_{max} 可按式 (6.68) 计算。

当最大动剪切模量 G_{max} 按式 (6.68) 确定出来之后,如果需要可根据与剪切模量之间的关系确定出最大动杨氏模量。

2) 参考剪应变

Vucetic 和 Dobry[5] 的研究表明,E/E_{max}-$\bar{\gamma}$ 关系线与土的塑性指数有关。按式 (6.86) 可推断,参考应变也应与土的塑性指数有关。文献[6]利用 Vucetic 资料确定出了参考剪应变与塑性指数的关系,如图 6.18 所示。从图 6.18 可见,参考剪应变 $\bar{\gamma}$ 随塑性指数的增大而增大,其变化范围为 $10^{-4} \sim 10^{-3}$。

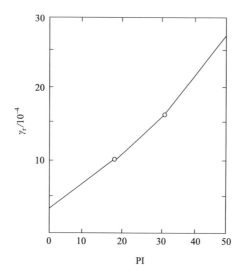

图 6.18　参考剪应变 $\bar{\gamma}_r$ 与土的塑性指数关系

3）最大阻尼比 $\lambda_{\max}$ 及参数 n_λ

如果没有进行动力试验，土的最大阻尼可按下述经验公式确定。

清洁的外饱和砂

$$\lambda_{\max} = 32 - 1.5\lg N$$

清洁的饱和砂

$$\lambda_{\max} = 28 - 1.5\lg N$$

饱和的粉质土

$$\lambda_{\max} = 26 - 4\sigma_0^{\frac{1}{2}} + 0.7p^{\frac{1}{2}} - 1.5\lg N$$

饱和的黏性土

$$\lambda_{\max} = 31 - (3 + 0.03p)\sigma_0^{\frac{1}{2}} + 1.5p^{\frac{1}{2}} - 1.5\lg N$$

式中，p 为试验选用的动荷载圆频率；N 为作用次数；σ_0 为静有效平均应力。

另外，Vucetic 的研究表明，λ-$\bar{\gamma}$ 关系线与土的塑性指数有关。按式（6.83）可推知，最大阻尼比 $\lambda_{\max}$ 及参数 n_λ 也应与土的塑性指数有关。文献[6]利用 Vucetic 的资料，确定出了最大阻尼比 $\lambda_{\max}$ 与土的塑性指数 PI 的关系，如图 6.19 所示。从图 6.19 可见，最大阻尼比 $\lambda_{\max}$ 随土的塑性指数的增大而减小，其变化范围为 0.17～0.28。相应地，确定出参数 n_λ 与土的塑性指数 PI 的关系，如图 6.20 所示。从图 6.20 可见，参数 n_λ 也随土的塑性指数的增大而减小，其变化范围为 0.7～1.2。

6.3.5　等效线性化模型的经验曲线

Seed 等收集了大量的试验资料，按砂土和黏性土分别研究了等效线性化模型的 $E/E_{\max}$-$\lg\bar{\gamma}$ 关系线及 λ-$\lg\bar{\gamma}$ 关系线的变化范围，并分别确定出了砂土和黏性土的平均的 $E/E_{\max}$-$\lg\bar{\gamma}$ 关系线及 λ-$\lg\bar{\gamma}$ 关系线，作为它们的代表性关系线[3]。

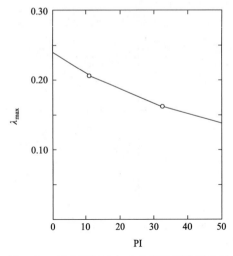

图 6.19　最大阻尼比与土的塑性指数的关系　　图 6.20　参数 n_λ 与土的塑性指数的关系

1) 砂土

Seed 等给出的砂土 E/E_{max}-$\lg\bar{\gamma}$ 关系线的变化范围,如图 6.21 中的虚线所示,平均的关系线如图 6.21 中的实线所示。

Seed 等收集的砂土阻尼比与剪应变幅值之间的关系资料,如图 6.22 所示。图 6.22 中虚线给出了砂土的 λ-$\lg\bar{\gamma}$ 关系线的变化范围,其中的实线为平均的关系线。相对而言,砂土的 λ-$\lg\bar{\gamma}$ 关系线的变化范围要比 E/E_{max}-$\lg\bar{\gamma}$ 关系线的变化范围大。但是,阻尼比 λ 随剪应变幅值的增大而增大的趋势是显著的。

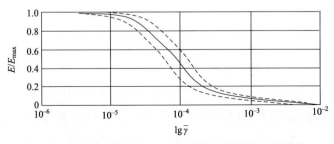

图 6.21　砂土的 E/E_{max}-$\lg\bar{\gamma}$ 关系线范围及平均关系线

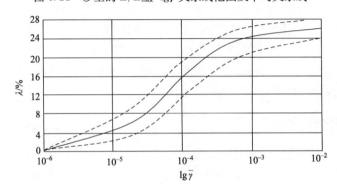

图 6.22　砂土的 λ-$\lg\bar{\gamma}$ 关系线范围及平均关系线

2）黏土

Seed 等收集了黏性土动剪切模量 G 与其不排水剪切强度 s_u 之比 G/s_u 与剪应变幅值之间关系的资料，如图 6.23 所示[3]。应指出，图 6.23 是在双对数坐标中绘出的。图 6.23 中的虚线给出了变化范围，实线给出了平均的变化曲线。这样，将平均曲线的纵坐标除其最大值，则可得平均 G/G_{max}-$\lg\bar\gamma$ 关系线，如图 6.24 所示。由于 G/G_{max} 等于 E/E_{max}，则该曲线即为平均 E/E_{max}-$\lg\bar\gamma$ 关系线。

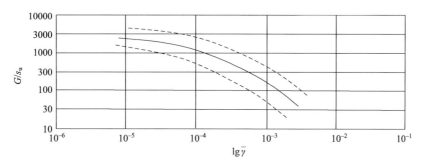

图 6.23　黏性土 G/s_u 与 $\lg\bar\gamma$ 之间的关系试验资料

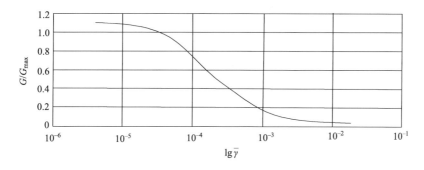

图 6.24　黏性土平均的 G/G_{max}-$\lg\bar\gamma$ 关系线

Seed 等收集的黏性土的阻尼比与剪应变幅值之间关系的资料如图 6.25 所示。图 6.25 中的虚线给出了黏性土 λ-$\lg\bar\gamma$ 关系线的变化范围，实线给出了平均的关系线。与砂性土的 λ-$\lg\bar\gamma$ 关系线的变化范围相比，黏性土的变化范围更大。但是，黏性土的阻尼比随剪应变幅值的增大而增大的趋势也是显著的。

3）砂砾石

Seed 等[7]总结了砂砾石的试验资料，指出其 E/E_{max}-$\lg\bar\gamma$ 关系线与砂土的非常相似，只是其平均的曲线要比砂土的低 10%～30%。Rollins 等[8]对砂砾石的试验资料做了更进一步的分析，给出了标准差为 ±1 时 E/E_{max}-$\lg\bar\gamma$ 的范围及最佳绘制曲线，如图 6.26 中虚线及实线所示，与图 6.21 所示的砂土的 E/E_{max}-$\lg\bar\gamma$ 平均关系线是很接近的。另外，还给出了校准差为 ±1 时 λ-$\lg\bar\gamma$ 范围及最佳绘制曲线，如图 6.27 的虚线及实线所示，明显地低于图 6.22 所示的砂土的 λ-$\lg\bar\gamma$ 关系线。

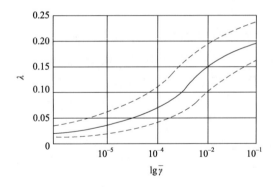

图 6.25　黏性土的 $\lambda\text{-}\lg\bar{\gamma}$ 关系线的
范围及平均关系线

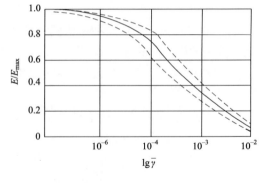

图 6.26　砂砾石的 $E/E_{max}\text{-}\lg\bar{\gamma}$ 关系曲线

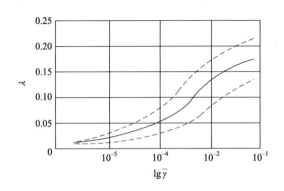

图 6.27　砂砾石的 $\lambda\text{-}\lg\bar{\gamma}$ 关系线

6.3.6　等效线性化模型在变幅动荷作用下土体动力分析中的应用

如果作用于土体之上的动荷载是变幅的动荷载,那么由动力分析得到土体中一点的剪应变也是一个幅值随时间变幅变化的过程。但是,等效线性化模型是在等幅动荷载作用下的试验结果基础上建立的。因此,当将等效线性化模型用于在变幅动荷载作用下的土体动力分析时,必须将分析得到的变幅剪应变时程转变成等幅剪应变时程,并称该等幅剪应变幅值为等效的剪应变幅值。在实际土体动力分析中,按 Seed 的建议,等效的等幅剪应变幅值取变幅剪应变最大幅值的 0.65 倍,即

$$\bar{\gamma}_{eq} = 0.65\bar{\gamma}_{max}$$

式中, $\bar{\gamma}_{max}$ 为变幅剪应变最大幅值; $\bar{\gamma}_{eq}$ 为与变幅剪应变时程相应的等效的等幅剪应变幅值。

6.3.7　等效线性化模型的适用性

关于等效线性化模型的适用性可归纳如下几点。

(1)与线性黏弹模型相比,等效线性化模型近似地考虑了土动力性能的非线性。除了适用于在小变形阶段土体的动力分析,还可用来进行中等变形阶段和大变形阶段,特别

是在中等变形阶段土体的动力分析。

（2）上述给出的各种土的 $E/E_{\max}$-$\lg\bar{\gamma}$ 及 λ-$\lg\bar{\gamma}$ 关系的试验资料具有很大的离散性。这些离散性是由于一些主要因素，如土的静固结压力、土的状态等造成的。因此，如果条件具备，应尽量由试验来确定与实际条件相应的关系线。

（3）由于该模型是一种弹性模型，所以采用该模型进行动力分析不能求出在动荷载作用下土体的塑性变形。

（4）由于假定在动荷载作用下土的变形与作用次数无关，严格地讲，等效线性化模型更适用于分析动力作用水平低于屈服剪应变时的土体动力性能。当把该模型延伸到动力作用水平高于屈服剪应变情况时，由于忽视了作用次数对变形的影响，动力分析给出的土体变形将有较大误差。显然，土体所受到的动力作用水平越高，这个误差就越大；因而在土体中动力作用水平较高的部位，这个误差就越大。

6.4　曼辛准则下土的动弹塑性模型

6.4.1　概述

与土的静力弹塑性模型相似，在土的动力弹塑性模型中也假定无论变形大小，土的变形总是由弹性变形和塑性变形两部分组成。以剪切变形为例，如果荷载从零增加到 1 点，则

$$\gamma^1 = \gamma_e^1 + \gamma_p^1 \tag{6.87}$$

式中，γ^1、γ_e^1 及 γ_p^1 分别为 1 点的总的剪应变、弹性剪应变及塑性剪应变，如图 6.28 所示。

如果荷载从 1 点开始减小，则只有弹性变形可以恢复，塑性变形将保留下来，即卸掉的荷载只引起弹性变形，并且要发生方向的改变。这样，假如荷载从 1 点减小到 2 点，则

$$\begin{cases} \gamma^{12} = \gamma_e^{12} \\ \gamma^2 = \gamma^r + \gamma_{12} = \gamma_p^1 + \gamma_e^1 + \gamma_e^{12} \\ \gamma_p^2 = \gamma_p^1 \end{cases} \tag{6.88}$$

显然，当荷载从 1 点减小到 3 点，即减小到零时，γ_e^1 完全恢复，只剩下 γ_p^1，即

$$\begin{cases} \gamma^{13} = \gamma_e^{13} \\ \gamma^3 = \gamma_p^1 \end{cases} \tag{6.89}$$

如果荷载从 1 点减小到 3 点之后，再反向加荷，则反向加荷所引起的变形也包括弹性变形和塑性变形两部分，但所引起的变形的方向也随荷载方向的改变而改变，设加荷到 4 点，则

$$\begin{cases} \gamma^{34} = \gamma_e^{34} + \gamma_p^{34} \\ \gamma^4 = \gamma^3 + \gamma^{34} = \gamma_p^1 + \gamma_e^{34} + \gamma_p^{34} \end{cases} \tag{6.90}$$

如果反向加载至 4 点之后减小荷载至 5 点，卸掉的荷载只引起弹性变形，并发生方向

改变,这样,荷载从 4 点减小到 5 点时,则

$$
\begin{cases}
\gamma^{45} = \gamma_{\mathrm{e}}^{45} \\
\gamma^5 = \gamma^4 + \gamma^{45}
\end{cases}
\tag{6.91}
$$

如果反向加载至 4 点之后减小荷载至 6 点,即减小到零,则

$$
\begin{cases}
\gamma^{46} = \gamma_{\mathrm{e}}^{46} \\
\gamma^6 = \gamma^4 + \gamma^{46}
\end{cases}
\tag{6.92}
$$

由上述分析可得到

$$
\begin{cases}
\gamma_{\mathrm{p}}^1 = \gamma_{\mathrm{p}}^2 = \gamma_{\mathrm{p}}^3 = \gamma_3 \\
\gamma_{\mathrm{p}}^4 = \gamma_{\mathrm{p}}^5 = \gamma_{\mathrm{p}}^6 = \gamma_6
\end{cases}
\tag{6.93}
$$

由图 6.28 可见,由于在动荷作用下发生了塑性变形,加荷时的应力应变途径与卸荷反向加荷时的应力应变途径不相同,在经历一次加荷—卸荷—再加荷—卸荷—再加荷过程时土的应力-应变轨迹线就形成了一个滞回曲线。显然,滞回曲线所围成的面积就是在这个过程中单位土体耗损的能量。这种能量耗损是由加卸荷载的应力-应变途径不同引起的,因而将其称为路径阻尼,其机制是塑性耗能。

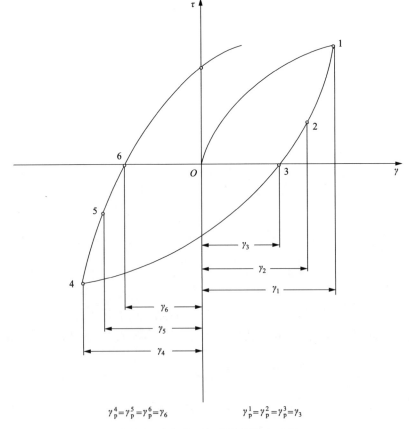

图 6.28　加荷及卸荷应力应变途径

下面,将动荷载第一次从零增大到最大值时所走的应力应变途径称为初始荷载途径,如图 6.28 中从 0 点到 1 点的应力应变途径;将动荷载第一次达到最大值以后走的应力应变途径统称为后继荷载途径,如图 6.28 中 1-2-3-4 及 4-5-6 的应力应变途径。按上述,如果将初始荷载途径曲线及后继荷载途径曲线确定出来,则在动荷载作用下土的应力应变关系就建立了。因此,建立一个土的动力弹塑性模型包括如下两项基本工作:

(1) 根据土动力试验资料建立初始荷载途径曲线。

(2) 根据土动力试验资料及某些基本动力学原则,建立后继荷载途径曲线。

本节所述的土动力弹塑性模型,其后继荷载途径曲线是根据后面将表述的曼辛准则建立的,因此称为曼辛准则下的土的动力弹塑性模型。

6.4.2　初始荷载途径曲线

初始荷载途径应该是从原点到等幅往返荷载滞回曲线端点的连线,即图 6.2 所示的骨架线曲线。如果土是各向均质的,它有两个关于原点对称的分支,分别分布在第一象限和第三象限。在第一象限分支的走向是向右上方的,第三象限分支的走向是向左下方的。下面的问题是如何在数学上拟合由试验资料绘出的这两个分支。这里将给出三种拟合模型。

1. 双曲线模型

采用双曲线表示初始荷载途径曲线的数学表达式,以剪应力与剪应变关系为例,其公式如下:

$$\tau = G_{\max} \frac{\gamma}{1 + \gamma/\gamma_{\mathrm{r}}} \tag{6.94}$$

式中,$G_{\max}$ 为最大动剪切模量,按前述方法确定;γ_{r} 为参数剪应变,第一象限分支 γ_{r} 取正值,第三象限分支的 γ_{r} 取负值,如图 6.29 所示,γ_{r} 的绝对值取前述的 $\bar{\gamma}_{\mathrm{r}}$ 值。由图 6.29 可见,第一象限和第三象限分支分别有一个最终强度 τ_{ult},并且

$$\tau_{\mathrm{ult}} = G_{\max} \gamma_{\mathrm{r}}$$

相应地,第一象限的 τ_{ult} 为正,第三象限的 τ_{ult} 为负。因此,初始加载曲线的两个分支各存在一条水平渐近线,不能无限上升或下降。此外,从式 (6.94) 可见,双曲线模型是将剪应力作为剪应变的函数表示的。

2. Ranberg-Osgood 双曲线模型

弹塑性模型认为,无论变形的大小,总是由弹性变形和塑性变形两部分组成的。因此,如以剪应变为例,则

$$\gamma = \gamma_{\mathrm{e}} + \gamma_{\mathrm{p}}$$

令 $R_{\mathrm{p}} = \gamma_{\mathrm{p}}/\gamma_{\mathrm{e}}$,称为塑性应变比,将其代入上述公式,得

$$\gamma = \gamma_{\mathrm{e}}(1 + R_{\mathrm{p}})$$

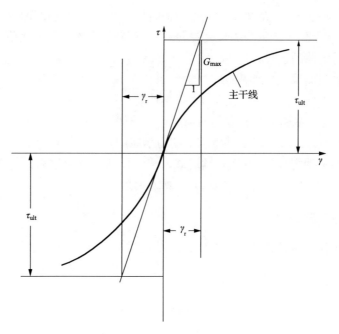

图 6.29　双曲线模型初始加荷途径

显然,土所受的动力作用水平越高,塑性变形越大,即 R_p 越大。如果以动剪应力 τ 与引起破坏所需要的动剪应力 τ_f 之比表示土的动力作用水平,则 R_p 可表示成

$$R_p = \alpha \left(\frac{\tau}{\tau_f} \right)^R$$

另外,弹性剪应变 γ_e 可按如下公式确定:

$$\gamma_e = \tau / G_{max}$$

这样,就得到 Ramberg-Osgood 曲线:

$$\gamma = \frac{\tau}{G_{max}} \left[1 + \alpha \left(\frac{\tau}{\tau_f} \right)^R \right] \tag{6.95}$$

式中,G_{max} 为最大剪切模量,如前;τ_f 为土的动剪切强度,根据试验资料绘出 τ-γ 曲线,按指的变形破坏标准确定;α、R 为两个待定的参数。这两个参数可按下述方法由逐级加荷动力试验资料确定。

(1) 确定出每级荷载下 G_{max}/G 的值及相应的 $G_{max}/G-1$ 的值。

(2) 将各级荷载的 $G_{max}/G-1$ 及 τ/τ_f 值点在双对数坐标系中,如图 6.30 所示。根据式 (6.95) 可知,在双对数坐标中 $G_{max}/G-1$ 与 τ/τ_f 之间为直线关系。

(3) 过双对数坐标中的试验点画一条直线,则该直线的截距为 $\lg\alpha$,斜率为 R。

显然,在第一象限中的 Ramberg-Osgood 曲线的参数 τ_f 取正值,而第二象限中的 Ramberg-Osgood 曲线的参数 τ_f 取负值。在此应指出,Ramberg-Osgood 曲线模型与双曲线模型有如下两点不同:

(1) Ramberg-Osgood 曲线是将剪应变作为剪应力的函数表示的。

（2）Ramberg-Osgood 曲线是一条不断上升的曲线，它没有水平渐近线。

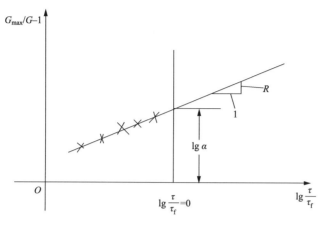

图 6.30   参数 α、R 的确定

3. 逐渐破损模型

逐渐破损模型首先由 Iwan 引进到土动力学模型中[9]。下面来看图 6.31(a) 所示的基本力学元件组合，它是由一个剪切模量为 G 弹性元件和屈服剪应变为 γ_y 的塑性元件串联组成的。当剪应变小于 γ_y 时，剪应力与剪应变之间为线性关系

$$\tau = G\gamma$$

当剪应变大于 γ_y 时，$\tau = G\gamma_y$，保持不变。这样，这个基本力学元件组合可将图 6.31(b) 所示的实测的应力-应变关系线近似地表示成两段直线，其中的一段为水平线。下面将看到，如果将几个这样的基本元件组合并联起来，可将实测的剪应力-剪应变关系近似表示成几段直线，其中最后的一段为水平线。

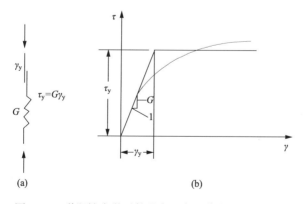

图 6.31   弹塑性力学元件基本组合及其应力-应变关系

设有 n 个弹塑性力学元件组合，其中第 j 个基本组合的弹塑性元件模量为 G_j，屈服剪应变为 $\gamma_{y,j}$。如果按 $\gamma_{y,i}$ 从小到大的次序将 n 个基本组合从左到右并联起来，则得到如图 6.32 所示的力学模型。设剪应力作用于图 6.32 所示的力学模型上，则其中的每个基

本组合的剪应变相等,但剪应力不相等。随着剪切变形的增加,这些基本组合从左到右逐个屈服。屈服的基本组合承受的剪应力不再随剪应变的增加而增加,保持常数为 τ_y;没屈服的基本组合承受的剪应力随剪应变的增加继续增加,为 $G\gamma$。这样,当剪应变为 γ 时的剪应力为

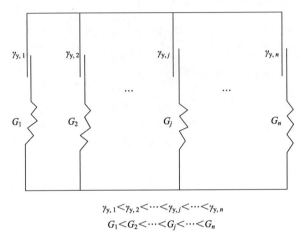

$$\gamma_{y,1} < \gamma_{y,2} < \cdots < \gamma_{y,j} < \cdots < \gamma_{y,n}$$
$$G_1 < G_2 < \cdots < G_j < \cdots < G_n$$

图 6.32　并联的逐渐破损模型

$$\tau = \sum_{j=1}^{m} G_j \gamma_{y,j} + \sum_{j=m+1}^{n} G_j \gamma \tag{6.96}$$

式中,m 为屈服的基本组合个数。式 (6.96) 就是逐渐破损模型的应力-应变关系式。在第一象限中的分支,γ_y 取正值;在第三象限中的分支,γ_y 取负值。

从图 6.32 可见,逐渐破损模型包括 $2n$ 个参数,其中 n 个参数为 G,另外 n 个参数为 γ_y。由于弹塑性模型假定无论变形大小均包含弹性变形和塑性变形两部分,因此 γ_y 可在 $10^{-6} \sim 10^{-2}$ 由小到大逐个指定。在实际问题中,n 通常取不小于 40 个。下面,表述如何确定参数 G。首先指出,确定参数 G 所必需的动力试验资料如下:①土的最大剪切模量 G_{max};②由逐级加载试验测得的 G/G_{max}-$\bar{\gamma}$ 关系线。

由式 (6.96) 可得

$$G = \sum_{j=1}^{m} G_j \frac{\gamma_{y,j}}{\gamma} + \sum_{j=m+1}^{n} G_j$$

两边除以 G_{max},得

$$G/G_{max} = \sum_{j=1}^{m} \frac{G_j}{G_{max}} \frac{\gamma_{y,j}}{\gamma} + \sum_{j=m+1}^{n} \frac{G_j}{G_{max}}$$

令

$$\begin{cases} \alpha_G = G/G_{max} \\ \alpha_{G,j} = G_j/G_{max} \end{cases} \tag{6.97}$$

则可得

$$\alpha_G = \sum_{j=1}^{m} \frac{\gamma_{y,j}}{\gamma} \alpha_{G,j} + \sum_{j=m+1}^{n} \alpha_{G,j} \tag{6.98}$$

如果令式（6.98）中的剪应变分别等于上面预先指定的屈服剪应变，令其为 $\gamma_{y,i}$，则由 G/G_{max}-γ 关系线可确定出与 $\gamma_{y,i}$ 相应的 α_G，下面以 α_G^i 表示，则由式（6.98）得

$$\sum_{j=1}^{i} \frac{\gamma_{y,j}}{\gamma_{y,i}} \alpha_{G,j} + \sum_{j=i+1}^{n} \alpha_{G,j} = \alpha_G^i, \qquad i = 1, 2, \cdots, n \tag{6.99}$$

显然，式（6.99）是以 $\alpha_{G,j}$ 为未知数的方程组，共有 n 个方程，求解该方程组则可确定出 $\alpha_{G,j}$。然后，根据式（6.97）的第二式就可确定出参数 G_j。

4. 曼辛准则及后继荷载途径曲线的确定

通常，认为后继荷载途径曲线是走向相同的初始荷载曲线的平移和放大。这句话有如下三点含义：

（1）后继荷载曲线的函数形式与初始荷载曲线的函数形式相同。

（2）在确定后继荷载曲线时，首先要将走向相同的初始荷载曲线从原点平移到卸载点。

（3）然后，再按一定的准则将平移到卸载点的走向相同的初始荷载曲线放大。

曼辛首先提出了将初始荷载曲线放大的准则，通常称为曼辛准则，如图 6.33 所示，包括如下两点：

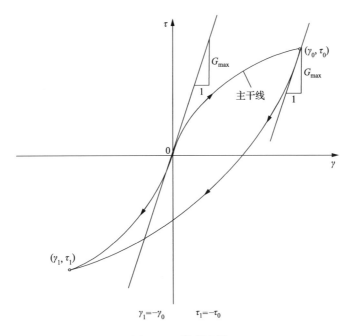

图 6.33　曼辛准则

（1）后继荷载曲线在卸载点的斜率与初始荷载曲线在原点的斜率相同，即后继荷载曲线的最大动模量与初始荷载曲线的最大动模量相等。

（2）在等幅动荷载作用下，后继荷载曲线与走向相同的初始荷载曲线的交点是卸点关于原点相对称的点。设初始荷载曲线函数为 $y = F(x)$，则

$$\begin{cases} x_1 = x_0 \\ F(-2x_0) = -2F(x_0) \end{cases} \tag{6.100}$$

式中，x_0 为卸荷点的横坐标；x_1 为后继荷载曲线与走向相同的初始荷载曲线的交点的横坐标。

如果后继荷载曲线是按上述曼辛准则确定的，则称为曼辛准则下的弹塑性模型。下面，以初始荷载曲线为双曲线和 Ramberg-Osgood 曲线为例来说明按曼辛准则建立后继荷载曲线的方法。

1）双曲线

按曼辛准则的第一点，从 (γ_0, τ_0) 点卸荷的后继荷载曲线可以写成如下形式：

$$\tau - \tau_0 = G_{max} \frac{\gamma - \gamma_0}{1 + \dfrac{\gamma - \gamma_0}{\gamma'_r}} \tag{6.101}$$

式中，γ'_r 为后继荷载曲线的参考应变。

按式（6.101），由曼辛准则的第二点得

$$\tau_1 - \tau_0 = G_{max} \frac{\gamma_1 - \gamma_0}{1 + \dfrac{\gamma_1 - \gamma_0}{\gamma_r}}$$

由于 $\tau_1 = -\tau_0$，$\gamma_1 = -\gamma_0$，则得

$$\tau_0 = G_{max} \frac{\gamma_0}{1 + \dfrac{-2\gamma_0}{\gamma'_r}}$$

然而由主干线得

$$\tau_0 = G_{max} \frac{\gamma_0}{1 + \dfrac{\gamma_0}{\gamma_r}}$$

比较上述两式得

$$-\frac{2}{\gamma'_r} = \frac{1}{\gamma_r}$$

即

$$\gamma'_r = -2\gamma_r \tag{6.102}$$

式（6.102）中的负号表示后继荷载曲线参考剪应变 γ'_r 的符号应与其走向相同的初始荷载曲线的参考剪应变符号相同，而与卸荷前荷载曲线的参考剪应变符号相反。这样，按式（6.102）和上述关于 γ'_r 符号的规定，后继荷载曲线可以写成如下形式：

$$\tau = \tau_0 + G_{\max} \frac{\gamma - \gamma_0}{1 + \dfrac{\gamma - \gamma_0}{2\gamma_r}} \tag{6.103}$$

如果后继荷载曲线的走向与第一象限的初始荷载曲线走向相同,式(6.103)中的 γ_r 取正值;而与第三象限的初始荷载曲线走向相同,式(6.103)中的 γ_r 取负值。

2) Ramberg-Osgood 曲线

按曼辛准则的第一点,从 (γ_0, τ_0) 点卸荷的后继荷载曲线可以写成如下形式:

$$\gamma - \gamma_0 = \frac{\tau - \tau_0}{G_{\max}} \left[1 + \alpha \left(\frac{\tau - \tau_0}{\tau'_f} \right)^R \right] \tag{6.104}$$

式中,τ'_f 为后继荷载曲线的剪切强度。

按式(6.104),由曼辛准则第二点得

$$\gamma_1 - \gamma_0 = \frac{\tau_1 - \tau_0}{G_{\max}} \left[1 + \alpha \left(\frac{\tau_1 - \tau_0}{\tau'_f} \right)^R \right]$$

由于 $\gamma_1 = -\gamma_0$,$\tau_1 = -\tau_0$,则得

$$\gamma_0 = \frac{\tau_0}{G_{\max}} \left[1 + \alpha \left(\frac{-2\tau_0}{\tau'_f} \right)^R \right]$$

然而由主干线得

$$\gamma_0 = \frac{\tau_0}{G_{\max}} \left[1 + \alpha \left(\frac{\tau_0}{\tau_f} \right)^R \right]$$

比较上述两式得

$$-\frac{2}{\tau'_f} = \frac{1}{\tau_f}$$

即

$$\tau'_f = -2\tau_f \tag{6.105}$$

这样,与初始荷载为双曲线情况相似,当初始荷载曲线为 Remberg-Osgood 曲线时,其后继荷载曲线可写成如下形式:

$$\gamma = \gamma_0 + \frac{\tau - \tau_0}{G_{\max}} \left[1 + \alpha \left(\frac{\tau - \tau_0}{2\tau_f} \right)^R \right] \tag{6.106}$$

式中,τ_f 的符号规定与式(6.104)中 γ_r 的符号规定相同。

从式(6.102)和式(6.105)可见,由曼辛准则得的后继荷载曲线的参数 γ_r' 及 τ'_f 均为初始荷载曲线相应参数的 2 倍,因此曼辛准则又称为"二倍法"准则。

像静力弹塑性分析那样,如果采用弹塑性模型进行土体的动力分析,则必须按增量法进行。在增量法分析中,应采用切线模量。如图 6.34 所示,切线模量按式(6.107)确定:

$$G = \frac{\mathrm{d}\tau}{\mathrm{d}\gamma} \tag{6.107}$$

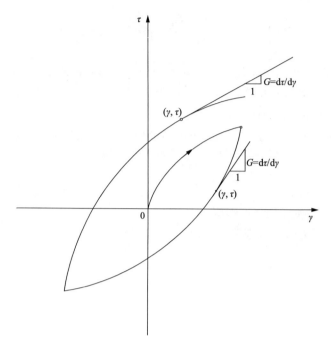

图 6.34　土动力弹塑性模型的切线模量

　　将上述初始荷载曲线和后继荷载曲线的应变关系式代入式(6.107)，就可确定出相应的切线模量。从式（6.107）可见，在动力作用过程中，切线模量在不断地变化。但是，等效线性化模型的模量在动力作用过程中是一个常数。这一点是这两个模型的根本不同。

　　5. 在变幅动荷载作用下模型的应用

　　以双曲线为例，初始荷载曲线的最终剪切强度为 τ_{ult}，而走向相同的后继荷载曲线的最终剪切强度为 $\tau'_{ult} = 2\tau_{ult}$。这样，从卸荷点开始的后继荷载曲线可能超过初始荷载曲线的最终剪切强度 τ_{ult}。如果后继荷载曲线超过走向相同的初始荷载曲线的最终剪切强度 τ_{ult}，土就发生了破坏。因此，后继荷载曲线超过走向相同的初始荷载曲线的最终强度是不允许的。

　　但是应指出，后继荷载曲线的 τ 超过走向相同的初始荷载曲线的最终强度情况只能发生在变幅荷载情况下。在等幅荷载下不会发生这种情况，如图 6.35 所示。在等幅荷载情况下，第一次卸荷的卸荷点位于初始荷载曲线上，卸荷点的应力 τ_0 和应变 γ_0 分别为已达到的最大动应力和最大动应变。按曼辛准则的第二点，从卸荷点 (γ_0, τ_0) 开始，后继荷载曲线与走向相同的初始荷载曲线的交点 (γ_1, τ_1) 与卸荷点 (γ_0, τ_0) 关于原点对称，交点的动应力和动应变分别为在相反方向达到最大值。这样，这个点也位于初始荷载曲线上的交点又成为一个新的卸荷点。而按曼辛准则的第二点，从这个卸荷点开始的后继荷载曲线与走向相同的初始荷载曲线的交点，正是前一个卸荷点 (γ_0, τ_0)。因此，在等幅荷载作用下应力应变轨迹线将沿上述途径周而复始地变化，即不论作用多少次，其应力应变的轨迹线是相同的。

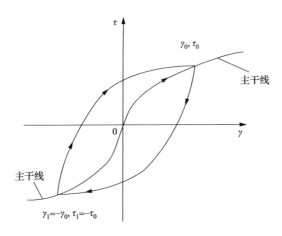

图 6.35　等幅荷载下的应力应变轨迹线

为了使按曼辛准则建立的后继荷载曲线的剪应力在变幅荷载下不超过走向相同的初始荷载曲线的最终强度,必须对其加以限制。这些附加的限制条件可概括为如下两点:

(1) 第一次从初始荷载曲线上的 a 点卸荷的后继荷载曲线,当在 b 点又开始卸荷时,从 b 点卸荷的后继荷载曲线如果与走向相同的初始荷载曲线在 c 点相交,应力应变途径不再遵循后继荷载曲线,而遵循初始荷载曲线,如图 6.36 所示。

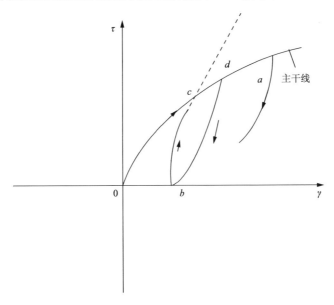

图 6.36　附加限制 (1)

(2) 设 ab 为从 a 点卸荷的后继荷载曲线,在 b 点又开始卸荷,从 b 点卸荷的后继荷载曲线与其走向相同的最大的后继荷载曲线相交于 c 点,如图 6.37 所示。从 c 点以后,应力应变途径不再遵循该后继荷载曲线 cb,而遵循与其走向相同的最大的后继荷载曲线 cd。

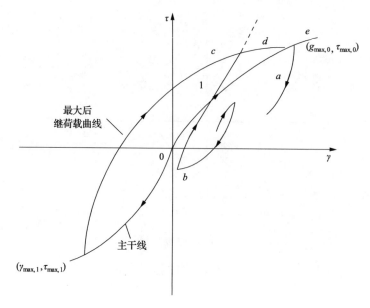

图 6.37　附加限制(2)

　　在变幅荷载情况下,在动荷作用过程中最大的后继荷载曲线可能要多次更新了。这样,在实施附加限制(2)时很麻烦。为了避免上述操作上的麻烦,可将上述两点限制合并成一点,即只要后继的载荷曲线与走向相同的初始荷载曲线相交,其后的应力应变途径不再遵循后继荷载曲线,而遵循走向的初始载荷曲线,如图 6.38 所示。这样,最大的后继荷载曲线的卸荷点总是位于主干线上。

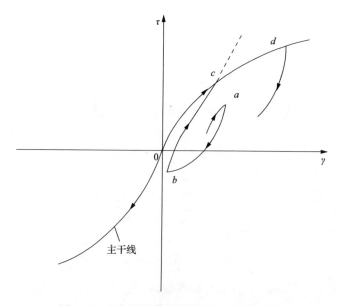

图 6.38　以初始荷载曲线限制后继载荷曲线

6.5 非曼辛准则下土的动力弹塑性模型

6.4 节表述了按曼辛准则确定后继载荷曲线的方法,前面表述了限制后继荷载曲线的应力不超过初始载荷曲线最终强度的方法。但是,为确定交点必须按时刻逐一进行比较,操作起来比较麻烦。为了避免这些麻烦而又能限制后继载荷曲线的应力不超过初始荷载曲线的最终强度,人们提出不完全按曼辛准则确定后继载荷曲线的方法。实际上,曼辛准则是根据金属材料动力试验资料建立的,将其引申用于土就不一定很适宜,如后继荷载曲线所构成的滞回曲线的面积不一定等于土的实际耗损能量。因此,人们提出了不按或不完全按曼辛准则来确定后继荷载曲线,并将其称为非曼辛准则下的弹塑性模型。

Pyke[10] 提出一个可以自动限制后继荷载面不超过最终强度的非辛曼准则模型。该模型按下述准则确定后继荷载曲线。

(1)后继荷载曲线在卸荷点处的斜率等于初始载荷曲线在原点的斜率,这一点与曼辛准则相同。

(2)以初始荷载曲线为双曲线为例,后继荷载曲线的水平渐近线与走向相同的初始荷载曲线的水平渐近线为同一条水平线,如图 6.39 所示,这一点保证了后继荷载曲线不超过最终强度。按第一点,式(6.101)仍成立。假如卸荷点在第一象限,从卸荷点开始的后继载荷曲线与第三象限的初始荷载曲线走向相同。按第二点,当 $\gamma \to \infty$ 时,$\tau \to \tau_{ult}$,由式(6.101)可得

$$\gamma'_r = \frac{1}{G_{max}}(\tau_{ult} - \tau_0) \tag{6.108}$$

式中,τ_{ult} 为第三象限中的初始荷载曲线 τ_{ult},取负值。相似,假如卸荷点在第三象限,则后继荷载曲线的走向与第一象限初始荷载曲线的走向相同,式(6.108)仍成立,但其中 τ_{ult} 取正值。在此应指出,如果卸荷点(γ_0, τ_0)位于初始荷载曲线上,从(γ_0, τ_0)开始的后继荷载曲线与走向相同的初始荷载曲线也有一个交点(γ_1, τ_1)。但是,该点不再是卸荷点(γ_0, τ_0)关于原点相对称的一点。

文献[11]曾研究过非曼辛准则模型。下面的表述参考了文献[11],而又有所不同,但应更合理。下面以双曲线骨架模型为例,对这个问题做一些表达。像前述,在这种情况下,后继荷载曲线仍为双曲线,其中包括两个参数,即退荷点处的切线模量 G'_{max} 及其最终强度 τ'_{ult}。如果设 $G'_{max} = n_1 G_{max}$,$\tau'_{ult} = n_2 G_{max}$,则需要对后继荷载曲线施加两个限制条件来确定参数 n_1 和 n_2。假定 n_1 和 n_2 已确定出来,则后继荷载曲线方程如下:

$$\tau - \tau_0 = n_1 G_{max} \frac{\gamma - \gamma_0}{1 + \dfrac{\gamma - \gamma_0}{n_2 \gamma_r}} \tag{6.109}$$

确定参数 n_1 和 n_2 的条件可根据试验观察到的现象施加。显然,按试验观察到的现象来施加确定参数 n_1 和 n_2 的条件,可获得更有根据的后继荷载曲线。在所观察到的试验现

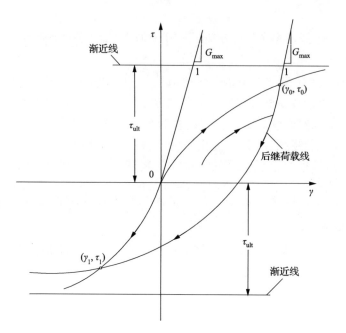

图 6.39　Pyke 模型的后继荷载曲线

象中,以下三点特别重要。

（1）卸载后再加载时的应力-应变关系曲线通常奔向此前与其走向相同的应力-应变关系曲线的最大卸荷点,如图 6.40 所示。

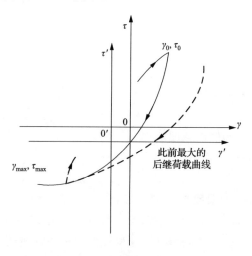

图 6.40　新坐标 γ'、τ'

（2）后继荷载曲线不应超过走向相同的初始荷载曲线的渐近线。

（3）由后继荷载曲线围成的滞回曲线确定出的耗能与试验测得的规律相符合。

因此,可根据上述试验观察现象来确定参数 n_1 和 n_2 的条件。这样组合出如下两种方案:

1）第一种方案

该方案的限制条件如下：

（1）后继荷载曲线奔向此前与其走向相同的后继荷载曲线的最大卸载点，即上述的第一点。

（2）后继荷载曲线不超过走向相同的初始荷载曲线的渐近线，即上述的第二点，该点与 Pyke 模型的第二点相同。因此，n_2 的取值与 Pyke 模型相同。

从上述确定 n_1 和 n_2 两个参数的条件可见，由该方案所确定的后继荷载曲线能自动满足限制图的受力水平不超过最大强度的要求，又能满足第一点限制条件。因此，可认为是上述 Pyke 模型的改进，但没有考虑耗能方面的要求。

2）第二种方案

该种方案的限制条件如下：

（1）后继荷载曲线奔向此前与其走向相同的初始荷载曲线，这一点与修正 Pyke 模型相同。

（2）模型的耗能与由动力试验测得的阻尼比与剪应变幅值 $\bar{\gamma}$ 之间的关系相一致，这一点与前述方案不相同。这里应指出，阻尼比是黏弹性模型中的一个概念，在这里只是引用来表示耗能的数值，并不是认为耗能就是黏性的。

另外，按式（6.109）可计算出滞回曲线所围成的面积，即能量耗损 ΔW。显然，ΔW 随卸荷点的 γ_0 增大而增大，进而可计算出相应的阻尼比 λ 与卸荷点的 γ_0，即应变幅值 $\bar{\gamma}$ 的关系如下：

$$\lambda = \frac{1}{\pi}\left\{\frac{n_2^2\left(1+\dfrac{2\bar{\gamma}}{n_2\gamma_r}\right)}{\left(\dfrac{\bar{\gamma}}{\gamma_r}\right)^2}\left[\frac{2\bar{\gamma}}{n_2\gamma_r}-\ln\left(1+\frac{2\bar{\gamma}}{n_2\gamma_r}\right)\right]-2\right\} \tag{6.110}$$

式中，如果 γ_0 是在第一象限的初始荷载曲线上，γ_r 取正值；如果是在第三象限的初始荷载曲线上，γ_r 取负值。这样，按上述第二点，可根据 γ_0 由动力试验测得的 $\lambda\text{-}\bar{\gamma}$ 关系曲线确定出相应的 λ 值，代入式（6.110）的左端，则可再由式（6.110）确定出参数 n_2。从式（6.110）可见，参数 n_2 与阻尼比 λ 的关系很复杂，并且与 γ_0/γ_r 有关。如果 λ、γ_0/γ_r 给定，可采用试算法确定参数 n_2。

应指出，当动荷载为等幅荷载时，卸荷点在初始荷载曲线之上，式（6.110）中 $\bar{\gamma}$ 取卸荷点的应变 γ_0。当用变幅荷载时，卸荷点不一定在初始载荷曲线上，设卸荷点为 (γ_0,τ_0)，在此之前走向相同的后继荷载曲线曾达到的最大点为 $(\gamma_{\max}^3,\tau_{\max}^3)$。按第一点，过 (γ_0,τ_0) 的后继荷载曲线应通过最大载荷点 $(\gamma_{\max}^3,\tau_{\max}^3)$。为了应用上述等幅荷载的结果，下面引进以 $\left(\gamma=\dfrac{\gamma_{\max}+\gamma_0}{2},\tau=\dfrac{\tau_{\max}+\tau_0}{2}\right)$ 为原点的坐标 γ'、τ'，如图 6.40 所示，在坐标 γ'、τ' 中从 (γ_0,τ_0) 点到原点的距离可取为应变幅值，则

$$\bar{\gamma}=\left|\frac{\gamma_{\max}^3-\gamma_0}{2}\right| \tag{6.111}$$

6.6　土动力弹塑性模型的评论

（1）土动力弹塑性模型所建立的以滞回曲线形式表达的应力-应变关系，与等效线性化模型相比，能更好地考虑土的动力非线性性能。

（2）采用土动力弹塑性模型进行土体动力分析时可以计算出在动荷载作用下土体产生的塑性变形，但是等效线性化模型不能计算土的塑性变形。

（3）必须明确，本章所述的土动力弹塑性模型不能考虑当土所受的动力作用水平高于其屈服剪应变时作用次数对土动力性能的影响。因此，只有当土所受的动力作用水平低于其屈服剪应变时，上述的土动力弹塑性模型才能较好地描写土的实际动力性能。但是，在实际问题中，土的动力弹塑性模型一般被延伸到土所受的动力作用水平高于其屈服剪应变情况。在这种情况下，该模型所描写的土的动力性能将与其实际的动力性能有相当大的差别。这一点与等效线性化模型相同。

（4）必须指出，当土所受的动力作用水平高于屈服剪应变时，采用本章所述的土的动力弹塑性模型由动力分析求得的土体塑性变形只是总的塑性变形的一部分，甚至不是主要的部分。这是因为土所受的动力作用水平高于其屈服剪应变时，土还要产生逐次累积的塑性变形，而正是这部分塑性变形引起土的破坏。由于本章所述的土的动力弹塑性模型没有考虑作用次数的影响，则其塑性变形不包括这部分逐次累积的塑性变形。

（5）由本章所述的建立土动力弹塑性模型的方法可知，所建立的土动力弹塑性模型描写土动力性能的能力在很大程度上取决于确定后继荷载途径线的方法。相比之下，本章所讨论的两个变参数 n_1、n_2 的非曼辛准则模型更可取。

（6）本章所述的土动力弹塑性模型适用于简单的应力状态，如欲延伸到一般应力状态要做进一步研究工作。如果按一般弹塑性理论作为描述土动力性能的理论框架，则需要确定在动荷载作用下的屈服函数、流动准则，以及硬化和软化定律等。但是，目前无论从理论上还是试验上，在这些方面均缺乏在动荷载条件下的基本研究。因此只能说，一般性的土动力弹塑性模型是一个很有价值的研究方向。

思　考　题

1. 土的力学模型至少应表述土的哪两种力学性能？根据耗能机制对试验测得的滞回曲线通常有哪两种解释？

2. 在建立土的动力学模型时应考虑哪些影响因素？

3. 试述线性黏弹模型的力学元件的组成及等价的作用。

4. 滞回曲线的力学意义是什么？在线性黏弹模型中如何定义耗能系数？

5. 对微元体和有限体如何确定其黏性阻力？

6. 什么是临界阻尼？什么是阻尼比？

7. 如何由自由振动试验测土的阻尼比？试给出耗能系数、衰减率及阻尼比之间的关系。

8. 如何由强迫振动试验测试土的阻尼比？

9. 什么是等效线性化模型？等效线性化模型的试验依据是什么？等效线性化模型通常有哪两种表述方式？

10. 如何由试验测定等效线性化模型的参数？

11. 试说明按弹塑性模型土的滞回曲线是如何形成的。什么是土骨架曲线？什么是初始荷载曲线？什么是后继荷载曲线？

12. 什么是曼辛准则？如何按曼辛准则建立土的动弹塑性模型？

13. 按曼辛准则建立的土弹塑性模型存在哪些问题？为使计算的应力不超过土的强度应加一些什么限制条件？

14. 试述 Pyke 及修正的 Pyke 非曼辛准则的弹塑性模型及存在的缺点。

15. 试述耗能协调的非曼辛准则的弹塑性模型。

16. 修正的 Pyke 及耗能协调模型如何用于变幅动荷载分析？

17. 试述逐渐破损模型的基本概念。如何由力学元件构建逐渐破损模型？其力学元件参数如何确定？

18. 试比较上述几种土动力学模型的优缺点及适用性。它们共同存在的一个问题是什么？

参 考 文 献

[1] Kolsky H. Stress Waves in Soils. New York: Dover Publications, 1963.

[2] Hardin B O, Drnevich V P. Shear modulus and damping in soils design equations and curves. Journal of the Soil Mechanics and Foundations Division, 1992, 98(7): 667-692.

[3] Seed H B, Idriss I M. Soil moduli and damping factors for dynamic response analysis. Berkeley: Earthquake Engineering Response Center, University of California, 1970.

[4] Kondner R L. Hyperbolic stress strain response: cohesive soils. Journal of the Soil Mechanics and Foundations Division, 1963, 89(1): 115-144.

[5] Vucetic M, Dobry R. Effect of soil plasticity on cyclic response. Journal of Geotechnical Engineering, 1991, 117(1): 89-107.

[6] 张克绪. 土体-结构体系地震性能的整体分析方法. 哈尔滨建筑大学学报, 1995, 28(96): 161-170.

[7] Seed H B, Wong R T, Idriss I M, et al. Moduli and damping factor for dynamic analysis of cohesionless soils. Journal of Geotechnical Engineering, 1986, 112(11), 1016-1032.

[8] Rollins K, Evans M D, Diehl N B, et al. Shear modulus and damping relationship for gravels. Journal of Geotechnical and Geoenvironmental Engineering, 1998, (5): 396-405.

[9] Iwan W D. On a class of models for the yielding behavior of contions and composite systems. Journal of Applied Mechanics, 1967, 34(3): 612.

[10] Pyke R M. Nonlinear soil models for irregular cyclic loading. Journal of the Geotechnical and Geoenvironmental Engineering, 1979, 105(6): 1277-1282.

[11] 张克绪, 李明宰, 王治琨. 基于非曼辛准则的土动弹塑性模型. 地震工程与工程振动, 1997, 17(2): 74-81.

第7章　动荷作用下土的变形、孔隙水压力及强度性能

7.1　概　　述

前面曾指出,当土所受的动力作用水平低于屈服剪应变时,在动荷作用下土不会发生随作用次数增加逐次累积的变形,即不会引起土的破坏。但是,当土所受的动力作用水平高于屈服剪应变时,在动荷作用下则要发生随作用次数增加逐次累积的变形。当逐次累积的变形达到一定数值后,土就发生了破坏。显然,当土所受的动力作用水平高于屈服剪应变时,其动力性能将与作用次数有关。因此,研究土在这种情况下的动力性能具有重要的意义。

从动力试验资料可发现,如果土所受的动力作用水平高于屈服剪应变,当等幅的动应力作用于土试样时,则随作用次数增加变形逐次增大,如图 7.1(a)所示;而当等幅的动应变作用于土试样时,则随作用次数增加应力逐渐减小,如图 7.1(b)所示。这表明,当土所受的动力作用水平高于屈服剪应变时,土在动荷作用下发生了软化。在第 6 章所述的土动力学模型都没有考虑这个软化过程,从建立一个更完善的土动力学模型而言,必须深入

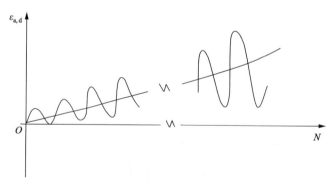

(a) 等幅动应力作用下变形随作用次数的增加

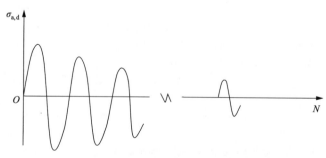

(b) 等幅动应变作用下动应力随作用次数的增加而减小

图 7.1　当所受的动力作用水平高于屈服剪应变时土的软化

地研究这个软化过程。除了动力作用水平,这个软化过程还应与土类、土的密度或软硬程度、土所受的静应力等因素有关。

本章拟表述当所受的动力作用水平高于屈服剪应变时土的动力性能,主要包括如下:①土的体应变的发展过程;②饱和土孔隙水压力的发展过程;③土的偏应变的发展过程;④土的破坏过程及动强度特性。

下面,在表述这些问题之前,首先必须做如下几点说明:

(1) 由土动力试验测得的无论是体应变还是偏应变都包括永久或塑性应变和往返或可恢复应变两部分,如图 7.2 所示。本章着重研究的是永久或塑性的体应变和偏应变。如果不存在黏性作用,由于发生永久变形,当动应力为零时,相应的应变则不能为零,因此永久变形或塑性的应变应是每周往返作用后动应力为零时刻所对应的应变值,即图 7.2 中 t_{i-1}、t_i、t_{i+1} 等时刻对应的应变。

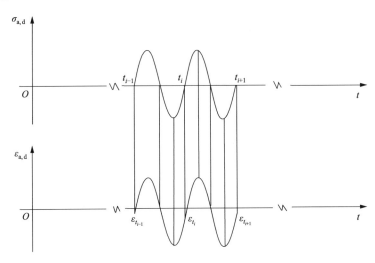

图 7.2　永久或塑性应变的确定

(2) 与应变相似,动力试验所测得的孔隙水压力也包括残余孔隙水压力和往返孔隙水压力两部分。本章所要研究的孔隙水压力也是着重残余孔隙水压力。按上述确定永久或塑性应变的同样方法,可确定出残余孔隙水压力。

(3) 本章所要研究的体应变和孔隙水压力是由动剪切作用引起的体应变和孔隙水压力。像后面将要看到的那样,干砂在动剪切作用下产生的体应变与不排水状态下饱和砂土在动剪切作用下产生的孔隙水压力之间有着密切的关系。当动荷作用停止之后,随着排水和孔隙水压消散,饱和砂土也要发生相应的体应变。

(4) 如果土动力试验是在应力式动力试验仪器上做的,所施加的动应力包括球应力和偏应力两部分,则由试验测得的孔隙水压力 u 也包括由球应力作用引起的孔隙水压力 u_0 和由偏应力作用引起的孔隙水压力 u_d 两部分,即

$$u = u_0 + u_d \tag{7.1}$$

以应力式动三轴仪为例,如图 7.3 所示,施加给土样的轴向动应力为 $\sigma_{a,d}$,其球应力部

分为 $\dfrac{\sigma_{a,d}}{3}$，偏应力的两个分量为 $\left(-\dfrac{1}{3}\sigma_{a,d},\dfrac{2}{3}\sigma_{a,d}\right)$。动三轴试验所测得的孔隙水压力（即 $\sigma_{a,d}$）作用引起的孔隙水压力为 u，包括由球应力 $\dfrac{\sigma_{a,d}}{3}$ 作用引起的孔隙水压力 u_0 和由偏应力 $\left(-\dfrac{1}{3}\sigma_{a,d},\dfrac{2}{3}\sigma_{a,d}\right)$ 作用引起的孔隙水压力 u_d。对于饱和土，由球应力 $\dfrac{\sigma_{a,d}}{3}$ 作用引起的孔隙水压力 u_0 应等于球应力 $\dfrac{\sigma_{a,d}}{3}$。这样由式（7.2）可确定出偏应力作用引起的孔隙水压力如下：

$$u_d = u - \frac{1}{3}\sigma_{a,d} \tag{7.2}$$

有的文献将按式（7.2）确定的孔隙水压力称为修正孔隙水压力，实际上就是由动偏应力作用引起的孔隙水压力。

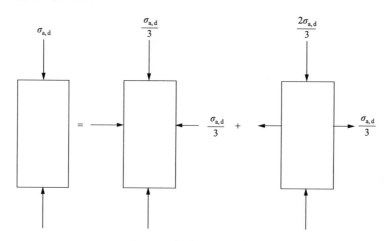

图 7.3   在动三轴试验中土样所受的动应力的分解

（5）前面曾指出，当所受的动力作用水平高于屈服剪应变时，随作用次数增加变形逐次累积，当变形达到指定的破坏标准时则认为土发生了破坏。因此，土的动强度与土的静强度的一个重要差别是它与作用次数有关。这样，土的动剪切强度应该定义为在指定的作用次数下使土发生破坏，在破坏面上所必须施加的等幅动剪应力幅值或静剪应力与等幅动剪应力幅值之和。显然，为了由动强度试验资料确定土的动剪切强度，必须确定土试样破坏时破坏面及其上的静应力和动应力分量。

7.2   屈服剪应变的确定

前面已经给出了屈服剪应变的定义，它是评估土动力性能的一个重要的界限指标，其重要意义可概括为如下两点。

（1）判断在动荷作用下土是否可能发生破坏。当土所受的动力作用水平低于屈服剪应变时，土不可能发生破坏；当土所受的动力作用水平高于屈服剪应变时，土可能发生破坏。但应指出,这里只是说可能发生破坏,是否真的发生破坏取决于作用次数及动应力的数值。

(2) 判断是否应考虑动荷作用次数对土动力性能的影响。当所受的动力作用水平低于屈服剪应变时,可不考虑作用次数对土动力性能的影响;当所受的动力作用水平高于屈服剪应变时,则应考虑作用次数对土的动力性能的影响。

土的屈服剪应变可由土动力试验测定。无论采用哪种动力试验仪器,都应采用由小到大分级施加等幅动荷载的试验方法来测定,每级荷载下的作用次数可在20～100次内选择。在试验过程中测每级荷载下土的往返应变幅值、永久应变和孔隙水压力。根据这些资料和土屈服剪应变定义,可按下述方法之一来确定屈服剪应变。

(1) 由试验资料确定出每级动荷载下第一次作用和最后一次作用土试样的往返应变幅值,并计算出最后一次作用与第一次作用的往返应变幅值之差与第一次往返作用应变幅值之比。然后,以每一级动荷载下的该比值为纵坐标,以第一次往返作用应变幅值为横坐标,画出两者的关系线。显然,该关系线与横坐标的交点所对应的应变幅值就是屈服应变幅值。

(2) 由试验资料确定出每级动荷载作用下土试样产生的永久变形,并计算出永久变形与第一次作用土试样的往返应变幅值之比。然后,以每一级动荷载下的该比值为纵坐标,以第一次往返作用应变幅值为横坐标,画出两者的关系线。同样,该关系线与横坐标的交点所对应的应变幅值就是屈服应变幅值。

(3) 由试验资料确定出每级动荷载作用下土试样的残余孔隙水压力,并计算出残余孔隙水压力与侧向固结压力之比。然后,以每一级动荷载下的该比值为纵坐标,以第一次作用土试样的往返应变幅值为横坐标,画出两者的关系线。同样,该关系线与横坐标的交点所对应的应变幅值就是屈服应变幅值。

在此应指出,如果试验测得的应变幅值是剪应变,则按上述方法确定出来的屈服应变幅值就是屈服剪应变;如果试验测得的应变幅值为轴向应变,如动三轴试验,则按如下公式确定土的屈服剪应变幅值:

$$\gamma_y = (1 + \mu)\varepsilon_y$$

式中,ε_y 为按上述方法确定出来的屈服应变幅值;μ 为泊松比。

最后,土的屈服剪应变应与土的类型、土的密实状态或软硬状态等因素有关。试验资料表明,土的屈服剪应变的范围为 $10^{-4} \sim 10^{-3}$。

7.3　动剪切作用引起干砂的永久体积变形

文献[1]和[2]对动荷作用下干砂的永久体积变形做了研究,下面表述其主要研究成果。

1. 动荷作用下干砂永久体积变形机制

干砂在动荷作用下发生体积变形是众所周知的现象。1971年圣菲南多地震中,一个40ft(1ft=0.3048m)厚的砂层发生了永久体积变形,使其上具有扩大基础的建筑物下沉了 4～6ft。但是,干砂的永久体积变形主要是由往返的正应力作用引起的,还是由往返的剪应力作用引起的呢? 试验表明,将幅值等于初始上覆压力 50% 的往返正应力施加于相对密度为 0.6 不允许发生侧向变形的砂样上,往返作用 100 次后测得的永久体积应变小于 0.4%,而当往返正应力幅值等于初始上覆压力的 20% 时,实际上没有永久体积应变发生。因此可以认为,当往返正应力幅值与其上覆压力之比较小时,往返正应力作用不会使干砂发生永久体积变形;地震垂直加速度分量可能引起的干砂永久体积变形是轻微的。这样,地震时干砂的永久体积应变主要是由地震水平加速度分量引起的。水平场地土层在地震水平加速度分量作用下的地震应力以水平剪应力为主。因此,可认为干砂的永久体积应变主要是由水平地震剪应力作用引起的。

2. 干砂永久体积变形的试验研究结果

Seed 和 Silver 采用应变式动单剪仪进行了动力试验,研究干砂在往返剪切作用下的永久体积变形。在试验中,首先使砂样在指定的竖向静应力下固结,待固结完成后将指定幅值的等幅应变施加于不允许发生侧向变形的砂样上,并测定砂样所产生的体应变。试验的主要结果如下:

(1) 当砂的密度和往返作用次数一定时,干砂的体应变与竖向静应力无关,只取决于往返剪应变幅值,如图 7.4 所示,图中 D_r 为相对密度,N 为作用次数。从图 7.4 可见,与指定作用次数相应的体应变与往返剪应变幅值在双对数坐标中是直线关系。显然,在这里往返剪应变幅值表示砂所受到的动力作用水平。

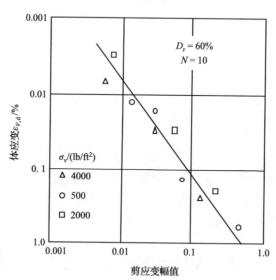

图 7.4　体应变与往返剪应变幅值的关系

(2) 在指定的往返剪应变幅值作用下干砂的体应变与往返作用次数的关系如图 7.5 所示。从图 7.5 可见,体应变随作用次数的增加而增大,但是,增加的速率随作用次数的增加而减小。这表明,随体应变的逐次增大,砂逐次发生了硬化。

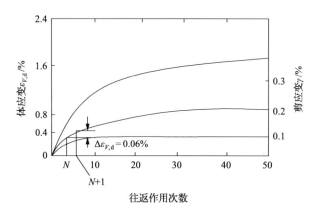

图 7.5　体应变与往返作用次数的关系

（3）从图 7.5 所示的体应变与往返作用次数的关系线,可确定出体积变形达到某一个指定数值时,下一次往返作用所引起的体应变增量。按上述,由试验确定出来的体应变增量随已发生的体应变的增大而减小,但随往返剪应变幅值的增大而增大,如图 7.6 所示。图 7.6 给出了以已发生的体积应变为参数,体应变增量与往返剪应变幅值的关系。

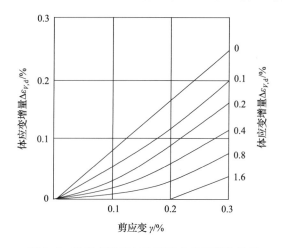

图 7.6　体应变增量与往返剪应变幅值的关系

（4）图 7.6 中每一条体应变增量与往返剪应变幅值的关系均与横坐标有一个交点,交点相应的往返剪应变幅值可视为临界剪应变幅值。它表明,当体应变达到某一个数值后,如果应变幅值小于相应的临界剪应变幅值,体应变增量为零,即不会进一步产生体应变。从图 7.6 可见,临界剪应变幅值随已发生的体应变的增大而增大。

（5）拟合图 7.6 所示的关系线,体应变增量可用下述关系式表示:

$$\Delta\varepsilon_{V,\mathrm{d}} = c_1(\gamma - c_2\varepsilon_{V,\mathrm{d}}) + \frac{c_3\varepsilon_{V,\mathrm{d}}^2}{\gamma + c_4\varepsilon_{V,\mathrm{d}}} \tag{7.3}$$

式中,$\Delta\varepsilon_{V,\mathrm{d}}$ 为体应变增量;c_1、c_2、c_3、c_4 为四个参数,由拟合试验资料来确定。

3. 在变幅剪应变下的适用性

上面以已发生的永久体应变表示此前的动力作用过程的影响,只要一个变幅的动力作用过程所引起的永久体应变与一个等幅的动力作用过程所引起的永久体应变相等,则认为这两个动力作用过程是等价的。这样,就可将上述的由等幅动力作用的研究结果很方便地用于变幅动力作用的情况。为验证这一点,进行了变幅剪应变试验,并测定所引起的永久体应变。图 7.7(上)给出了试验所施加的变幅剪应变随作用次数的变化,共四种情况。图 7.7(中)的点表示由所施加的变幅剪应变按式(7.4)计算的体积应变:

$$\varepsilon_{V,d,i} = \varepsilon_{V,d,i-1} + \Delta\varepsilon_{V,d,i} \qquad (7.4)$$

式中,$\Delta\varepsilon_{V,d,i}$ 按式(7.3)计算,在计算时将式(7.3)中的 $\varepsilon_{V,d}$ 以 $\varepsilon_{V,d,i-1}$ 代替。图 7.7(中)的实线为试验测得的体积应变。比较表明,计算与实测的结果拟合很好。图 7.7(下)的点表示由所施加变幅剪应变计算出的剪切模量,而实线为由试验测得的剪切模量。可见,计算与实测的结果也拟合得很好。这里关于计算剪切模量的方法表述如下:

$$\tau_d = \sigma_v^{\frac{1}{2}} \frac{\gamma}{a + b\gamma} \qquad (7.5)$$

式中,σ_v 为竖向静应力;a、b 为两个参数,由于在剪切过程中随体应变的增加砂发生硬化,这个参数在剪切过程中不为常数,而是随体应变的增加而减小。图 7.8 给出了由试验测得的以体积应变为参数的往返剪应力与往返剪应变的关系线。由该关系线可求得不同体积应变相应的参数 a、b 数值,并发现 a、b 与体积应变的关系可用式(7.6)表示:

$$\begin{cases} a = A_1 - \dfrac{\varepsilon_{V,d}}{A_2 + A_3\varepsilon_{V,d}} \\[2mm] b = B_1 - \dfrac{\varepsilon_{V,d}}{B_1 + B_2\varepsilon_{V,d}} \end{cases} \qquad (7.6)$$

式中,A_1、B_1 为体应变为零时的 a、b 值;A_2、A_3 和 B_2、B_3 分别为计算 a、b 的两个参数。这些参数可由图 7.8 所示的试验资料确定出来。这样,按式(7.6)可确定出在剪切试验过程中参数 a、b 的数值。将确定的参数 a、b 代入式(7.5)就可计算出在变幅应变作用下砂试样所承受的动应力 τ_d。然后,就可按定义计算出动剪切模量。

上述比较表明,等幅剪切作用情况下的研究结果可用于变幅剪切作用情况。

最后应指出,本节所述的干砂永久体应变的研究结果只适用静力上处于 K_0 状态,动力上处于剪切或纯剪应力状态的土体。这是因为上述研究结果是由动剪切仪的试验资料得到的,在动剪切仪中砂样所处的静应力和动应力状态分别为 K_0 状态和剪切状态。如果土所处的应力状态不同于上述应力状态,本节所述的研究永久应变的途径仍然适用,但具体的试验应有所不同。

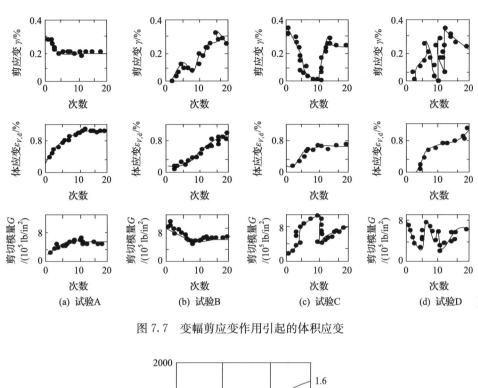

图 7.7 变幅剪应变作用引起的体积应变

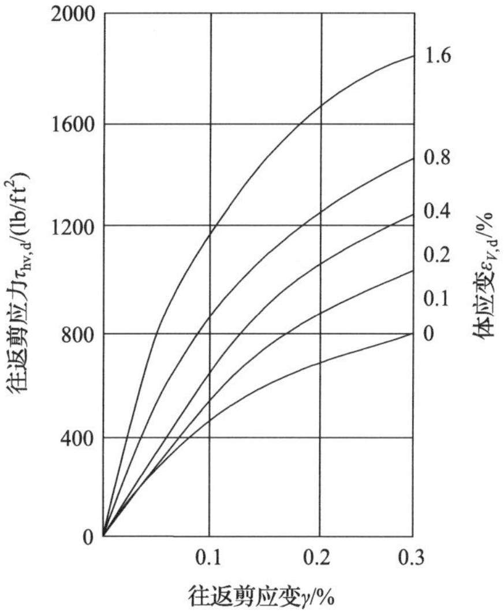

图 7.8 不同体应变时往返剪应力与往返剪应变的关系

7.4 在不排水动剪切作用下饱和砂土产生的孔隙水压力

1. 动荷作用下孔隙水压力产生的机制及影响

震害调查表明,喷砂冒水是地震引起的最常见的地面破坏现象。这个现象说明,在地震时地面下的饱和砂层中的孔隙水压力发生了显著的升高。Ishihara 测得了地震时地面下饱和砂层中的孔隙水压力[3]。关于在动荷载作用下饱和砂土孔隙水压力产生的原因可做如下说明：首先，饱和砂土像干砂那样，在动荷作用下要发生永久体积压缩变形。假定孔隙水是不可压缩的，产生体积压缩变形则要求从土的孔隙中排出相同体积的水。然而，水从孔隙中排出的速度取决于土的渗透系数和渗径的长短。虽然砂土的渗透系数大于黏性土，但是动荷作用引起的永久体积压缩变形速率仍大于水从孔隙中排出的速率。这样，水在孔隙中处于受阻状态，使孔隙水压力升高。

在动荷作用下产生的孔隙水压力将影响土所受的有效应力。设在动荷作用之前土所受的静应力分量为 σ_x、σ_y、σ_z、τ_{xy}、τ_{xz}、τ_{yz}，并完全由土骨架承受，为有效应力；在动荷作用下土的动应力分量为 $\sigma_{x,d}$、$\sigma_{y,d}$、$\sigma_{z,d}$、$\tau_{xy,d}$、$\tau_{xz,d}$、$\tau_{yz,d}$，则土所受的静动合成的总应力为 $\sigma_x +\sigma_{x,d}$、$\sigma_y +\sigma_{y,d}$、$\sigma_z +\sigma_{z,d}$、$\tau_{xy} +\tau_{xy,d}$、$\tau_{xz} +\tau_{xz,d}$、$\tau_{yz} +\tau_{yz,d}$。如果以 u_g 表示动荷作用引起的孔隙水压力，以 $u_{g,o}$ 表示动球应力分量作用引起的孔隙水压力，以 $u_{g,d}$ 表示动偏应力分量作用引起的孔隙水压力，则

$$u_g = u_{g,o} + u_{g,d} \tag{7.7}$$

设土体处于不排水状态，则土的静动合成有效正应力为

$$\begin{cases} \sigma'_{x,s,d} = \sigma_x + \sigma_{x,d} - (u_{g,o} + u_{g,d}) \\ \sigma'_{y,s,d} = \sigma_y + \sigma_{y,d} - (u_{g,o} + u_{g,d}) \\ \sigma'_{z,s,d} = \sigma_z + \sigma_{z,d} - (u_{g,o} + u_{g,d}) \end{cases} \tag{7.8}$$

对于饱和土，动球应力分量引起的孔隙水压力 $u_{g,o}$ 可按式(7.9)确定：

$$u_{g,o} = \frac{1}{3}(\sigma_{x,d} + \sigma_{y,d} + \sigma_{z,d}) \tag{7.9}$$

由此，得

$$\begin{cases} \sigma'_{x,s,d} = \sigma_x + \frac{1}{3}(2\sigma_{x,d} - \sigma_{y,d} - \sigma_{z,d}) - u_{g,d} \\ \sigma'_{y,s,d} = \sigma_y + \frac{1}{3}(-\sigma_{x,d} + 2\sigma_{y,d} - \sigma_{z,d}) - u_{g,d} \\ \sigma'_{z,s,d} = \sigma_z + \frac{1}{3}(-\sigma_{x,d} - \sigma_{y,d} + 2\sigma_{z,d}) - u_{g,d} \end{cases} \tag{7.10}$$

如果动荷作用只产生动剪应力，由式(7.8)得

$$\begin{aligned} \sigma'_{x,s,d} &= \sigma_x - u_{g,d} \\ \sigma'_{y,s,d} &= \sigma_y - u_{g,d} \\ \sigma'_{z,s,d} &= \sigma_z - u_{g,d} \end{aligned} \tag{7.11}$$

由上述，关于动荷作用引起的孔隙水压力的影响，可得到如下的结论。

(1) 式(7.8)表明，在不排水条件下，动偏应力分量作用引起的孔隙水压力完全由静有效正应力的相应降低来补偿，而动球应力分量作用引起的孔隙水压力的一部分由相应

动正应力分量来平衡,其余部分则由静有效正应力的相应变化来补偿。

(2) 在动荷作用期间,由动偏应力分量引起的残余孔隙水压力 $u_{s,d}$ 是单调递增的,而由动球应力分量引起的孔隙水压力 $u_{g,o}$ 是往返变化的。

(3) 在不排水条件下,当地震停止后动应力变成零,由式(7.6)可知,地震停止后动球应力引起的孔隙水压力 $u_{g,o}$ 也变成零,而静动合成有效正应力则可由式(7.11)确定,即等于静应力减动偏应力分量引起的孔隙水压力 $u_{g,d}$。

(4) 如果在动荷作用期间土体处于排水状态,根据达西定律,水在土中的渗透速度在 l 方向的分量取决于 $\partial u/\partial l$,其中 u 为考虑排水消散影响后动荷作用引起的孔隙水压力的数值。

按上述,只要由土体动力分析确定出来动应力分量,动球应力分量作用引起的孔隙水压力 $u_{g,o}$ 就可由式(7.9)计算出来。因此,下面将着重表述如何确定由动偏应力分量作用引起的孔隙水压力 $u_{g,d}$。

2. 动剪切作用引起的孔隙水压力

下面表述几种有代表性的确定饱和砂土在动剪切作用下产生的孔隙水压力模型。

1) Seed-Martin 模型[2]

Seed-Martin 模型是基于前述的在动荷作用下饱和砂土孔隙水压力升高机制及体积变化连续性条件建立的。首先,分析一下在动剪切作用下饱和砂土要发生哪几种体积变形。

(1) 像干砂那样,饱和砂土在动剪切作用下要发生永久体积应变 $\varepsilon_{V,d}$,并可按 7.3 节所述的方法确定。

(2) 由于孔隙水压力升高,静有效应力发生相应的降低,土体积发生回弹而产生回弹体积应变 $\varepsilon_{V,r}$。

(3) 由于土体中孔隙水压力分布不均匀发生渗流,当土骨架发生压缩时,从单位土体中流出的水体积应大于流入的水体积,下面以 $\varepsilon_{V,f}$ 表示由于排水单位土体中孔隙水体积的减少量。

假定水是不可压缩的,并以体积压缩为正,根据土体积变化的连续性条件,得

$$\varepsilon_{V,d} + \varepsilon_{V,r} = \varepsilon_{V,f} \tag{7.12}$$

设静有效应力的减小为 σ_r,则相应的回弹体积应变 $\varepsilon_{V,r}$ 如下:

$$\varepsilon_{V,r} = \frac{\sigma_r}{E_r}$$

式中,E_r 为土体积回弹模量。在不排水条件下,对于饱和土

$$\sigma_r = -u_{g,d}, \quad \varepsilon_{V,f} = 0$$

这样,将上面两式代入式(7.12)得

$$u_{g,d} = E_r \varepsilon_{V,d} \tag{7.13}$$

式(7.13)即为 Seed-Martin 孔隙水压力模型计算在动剪切作用下饱和砂土产生的残余孔隙水压力公式。前面已指出，E_r 为土体积回弹模量，可由卸荷单轴压缩试验资料来确定。首先，将竖向应力 $\sigma_{v,0}$ 施加给土试样，并使土试样完成压缩变形；然后，逐渐卸掉竖向应力 $\sigma_{v,0}$ 并测量回弹变形。设完全卸掉竖向应力 $\sigma_{v,0}$ 后总的回弹体应变为 $\varepsilon_{V,r,0}$，则根据试验资料，可绘出 $\sigma_{v,0}$ 与 $\varepsilon_{V,r,0}$ 关系线，如图 7.9 中的虚线所示。图 7.9 的纵坐标表示卸掉的竖向荷载，横坐标表示卸掉的竖向荷载所引起的回弹应变。这条虚线可用式(7.14)表示：

$$\varepsilon_{V,r,0} = k_2 \, (\sigma_{v,0})^n \tag{7.14}$$

式中，k_2、n 为两个参数，可由试验资料确定。

另外，根据试验资料还可确定从 $\sigma_{v,0}$ 卸掉 σ_v 所引起的体积回弹应变 $\varepsilon_{V,r}$，并可绘出 σ_v 与 $\varepsilon_{V,r}$ 关系线，如图 7.9 中的实线所示。设这条实线可用式(7.15)表示：

$$\varepsilon_{V,r} = k_1 \, (\sigma_v)^m \tag{7.15}$$

式中，k_1、m 为两个参数，可由试验确定。但是，它们与 k_2、n 应该有一定的关系。令式(7.15)的右端 $\sigma_v = \sigma_{v,0}$，则左端应为 $\varepsilon_{V,r,0}$。由此，得

$$k_2 \, (\sigma_{v,0})^n = k_1 \, (\sigma_{v,0})^m$$

改写为

$$k_1 = k_2 \, (\sigma_{v,0})^{n-m} \tag{7.16}$$

按切线回弹模量定义

$$E_r = \frac{\mathrm{d}\sigma_v}{\mathrm{d}\varepsilon_{V,r}}$$

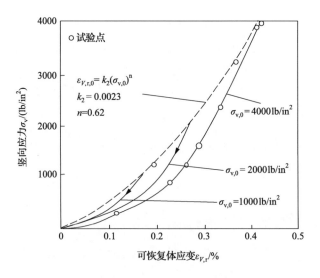

图 7.9　卸掉的竖向应力与回弹体应变关系线

将式(7.15)代入,并完成微分运算,得

$$E_r = \frac{(\sigma_v)^{1-m}}{mk_2\,(\sigma_{v,0})^{n-m}} \tag{7.17}$$

应指出,在上述方法中式(7.12)中的体积永久应变是根据动剪切试验资料按式(7.2)确定的,土体积回弹模量是根据卸荷单轴压缩试验资料按式(7.17)确定的,因此该方法只适用于确定静力处于 K_0 状态,动力处于剪切状态下的饱和砂在动剪切作用下产生的孔隙水压力。但是上述方法关于确定在动荷作用下饱和砂产生孔隙水压力的基本关系式(7.12)是普遍成立的,即该法所述的基本途径是普遍适用的。

2) Ishihara 模型

Ishihara 等根据饱和砂土静力不排水剪切试验资料、土的塑性理论以及有效应力原理提出了一个确定在动偏应力作用下饱和砂土产生的残余孔隙水压力的方法[4-6]。这个方法有如下两点基本假定:

(1) 只要饱和砂土发生塑性屈服,就要产生残余孔隙水压力。

(2) 控制残余孔隙水压力产生的主要因素是有效应力途径,动力作用的速率在一定范围内影响很小。因此,静力试验结果可用来确定在动力作用下饱和砂土产生的孔隙水压力。

按上述两点,首先应根据饱和砂不排水静力剪切试验资料确定其发生塑性屈服的条件及在剪切过程中的有效应力途径。

(1) 等体积剪切有效应力轨迹线。

假设一个饱和砂土试样在各项均等压力 σ_3 下固结,当固结完成后在不排水条件下在轴向施加 $\Delta\sigma_1$ 并测量土试样产生的孔隙水压力 u_g。根据试验资料可按式(7.18)计算出在剪切过程中土试样的有效平均应力 p':

$$p' = \frac{1}{3}\left[2\sigma_3 + (\sigma_3 + \Delta\sigma_1)\right] - u_g \tag{7.18}$$

简化式(7.18)得

$$p' = \sigma_3 - \left(u_g - \frac{\Delta\sigma_1}{3}\right)$$

按前述,在偏应力分量作用下饱和砂土产生的孔隙水压力等于测量的孔隙水压力减去动球应力分量作用下饱和砂土上产生的孔隙水压力,即

$$u_{g,d} = u_g - \frac{\Delta\sigma_1}{3}$$

由此,得

$$p' = \sigma_3 - u_{g,d} \tag{7.19}$$

另外,在剪切过程中土试样承受的动偏应力 q 可按式(7.20)确定:

$$q = \sigma_1 - \sigma_3 = \Delta\sigma_1 \tag{7.20}$$

这样,按式(7.18)和式(7.20)分别计算出土试样的有效平均应力 p' 和偏应力 q 后,就可绘制在不排水剪切过程中的 q-p' 关系线,即不排水剪切过程中的有效应力途径,或称为等体积剪切有效应力轨迹。由静力不排水剪切试验资料确定出的在等体积剪切过程中的有效应力轨迹线如图 7.10 所示。由图 7.10 可见,在剪切过程中随偏应力 q 的增大,有效平均应力 p' 减小。但当减小到某一点时,随偏应力的增大而增大。下面,把这一点称为相转换点;把每条有效应力轨迹线相转换点的连线称为相转换线;把相转换线以上的有效应力轨迹线的包线称为破坏线。

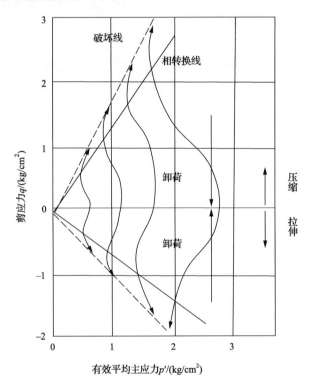

图 7.10　不排水条件下等体积剪切有效应力轨迹

由上述可知,等体积剪切有效应力轨迹线给出了在不排水剪切过程中有效平均应力 p' 随偏应力的变化关系。按式(7.19)则可以说,它给出了在不排水剪切过程中饱和砂土在偏应力分量作用下产生的孔隙水压力随偏应力的变化关系。根据式(7.19),得

$$\Delta u_{g,d} = -\Delta p' \tag{7.21}$$

式(7.21)表明,在不排水剪切过程中沿有效应力轨迹线有效平均应力的减小值就是在偏应力分量作用下饱和砂土所产生的孔隙水压力值。

根据实测的不排水剪切过程中的有效应力轨迹线的形状,最初石原研而等认为可用圆弧近似地表示。这样,等体积剪切有效应力轨迹线是一簇圆,圆心的横坐标 p' 与半径 R 之间的关系可由试验确定出来,令

$$R = F(p') \tag{7.22}$$

设 p_1' 为圆与横坐标交点相应的有效应力,如图 7.11 所示,则得

$$p' = p_1' - R \tag{7.23}$$

这样,如果 p_1' 已知,则可由式(7.22)及式(7.23)确定出圆心横坐标 p' 及圆的半径 R。令 p_0' 为静的有效平均正应力,受动偏应力分量作用产生的孔隙水压力为 $u_{\mathrm{g,d}}$,则式(7.23)中的 p_1' 可按式(7.24)确定:

$$p_1' = p_0' - u_{\mathrm{g,d}} \tag{7.24}$$

上面表述了由三轴压缩试验得到的等体积剪切有效应力轨迹线,它位于第一象限,偏应力 q 为正。同样,由三轴拉伸试验也得到相应的等体积剪切的有效应力轨迹线,它位于第四象限,偏应力 q 为负,如图 7.10 所示。由于土的压缩剪切与拉伸剪切的性能不相同,偏应力 q 为正与偏应力 q 为负时的等体积有效应力轨迹线虽然形状相似,但有所不同。但是,Ishihara 模型忽略了这一点。最初,Ishihara 等用圆来表示等体积剪切有效应力轨迹线(图 7.11),后来将其改为椭圆来表示。

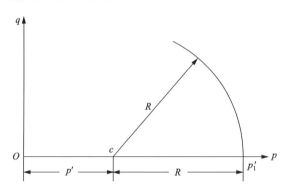

图 7.11　表示等体积剪切的有效应力轨迹线的圆

(2) 不排水剪切条件的等剪应变轨迹线。

根据不排水三轴剪切试验所测得的轴向应变可以确定土试样 $45°$ 面上的剪应变 γ。指定一个剪应变,将与该剪应变相应的偏应力 q 和有效平均应力 p' 点在 p'-q 坐标中。通过剪应变相等的点可以画出一条线,这条线称为等剪应变轨迹线。这样,指定不同的剪应变,可绘出一簇等剪应变轨迹线,它们是一簇通过 p'-q 坐标原点的射线,如图 7.12 所示。根据图 7.12 所示的结果,等应变轨迹线可近似地用过原点的一簇直线表示。假如以过原点的直线表示等剪应变轨迹线,则每条等应变轨迹线相应的 q/p' 值为常数。如果从等剪应变轨迹线 a 上的一点 A 沿过 A 点的等体积有效应力轨迹线变化到位于其上面的另一条等剪应变轨迹线 b 上的 B 点,则由 A 到 B 发生了塑性剪切变形。按前面的假定,则要产生孔隙水压力 $\Delta u_{\mathrm{g,d}}$,其数值等于 A、B 点的有效平均应力之差,如图 7.13 所示。因此,可将每一条等剪应变轨迹线都视为一个屈服面,而所得到的一簇屈服面则表示随剪应变的增大或 q/p' 的增加,屈服面从最初的位置不断地扩张。如果初始的剪应变或 q/p' 为零,则初始屈服面即为横坐标轴。

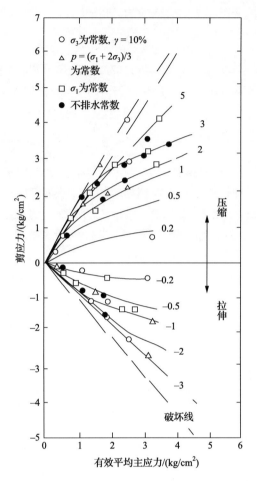

图 7.12 等剪应变轨迹线

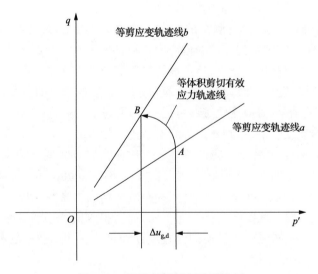

图 7.13 塑性屈服引起孔隙水压

当饱和砂土受动偏应力分量作用时,根据塑性力学原理,石原等对饱和砂土塑性屈服做了如下规定。

① 在偏应力 q 为正和负时,饱和砂土上的塑性屈服是各自独立的,即在 p'-q 坐标系中,第一象限和第四象限各自以一条等剪应变轨迹线作为偏应力 q 为正和为负时的塑性屈服面,如图 7.14 所示。

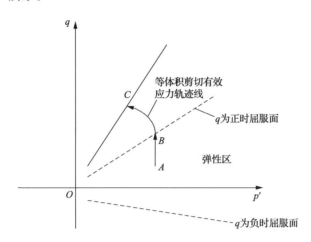

图 7.14　偏应力为正和为负时屈服面的独立性

② 在动荷作用过程中任一时刻,在第一象限和第四象限分别存在一个最外侧的塑性屈服面。当偏应力 q 在这两个塑性屈服面之间变化时,土呈现弹性性能不发生塑性剪切变形,按前面的假定不产生残余孔隙水压力,有效应力途径沿与横坐标轴相垂直的垂线变化。但当偏应力在这两个塑性屈服面之外变化时,土体继续屈服发生塑性剪切变形而产生残余孔隙水压力,其数值等于 $-\Delta p'$。等体积剪切有效应力途径的变化如图 7.14 所示。

③ 在动荷作用过程中,当偏应力在最外的屈服面以内变化时,最外的屈服面保持不变,一旦偏应力在最外的屈服面以外变化,由于发生了新的塑性屈服,最外的屈服面随之发生扩展,原来的最外屈服面被新的等剪应变轨迹线所代替。如图 7.15 所示,设过 B 点

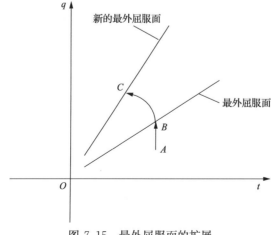

图 7.15　最外屈服面的扩展

的等剪应变轨迹线为最外屈服面,当偏应力在最外屈服面以内的 A 点变化到 B 点时,由于土呈现弹性性能没有发生塑性剪切变形,则最外屈服保持不变,仍为过 B 点的等剪应变轨迹线。但是,当偏应力从 B 点在最外屈服面之外变化到 C 点时,由于发生新的塑性剪切变形,则最外屈服面随之扩展到过 C 点的等体积剪切有效应力轨迹线。

（3）孔隙水压力的确定方法。

设土所受的初始有效平均应力为 p'_0,所受到的动偏应力时程为 q,如图 7.16 所示。在所受动偏应力作用之前,孔隙水压力 $u_{g,d}=0$,第一象限和第四象限的屈服面均与图 7.17(a)中的横坐标轴相重合,图 7.17(a)中位于横坐标上的 1 点相应于图 7.16 中的 1 点。在图 7.16 中,当偏应力从 1 点升高至 2 点时,在图 7.17(a)中有效应力途径从 1 点沿等体积剪切有效应力轨迹线变化到 2 点,所引起的孔隙水压力等于 1 点与 2 点的横坐标之差,并将其绘于图 7.17(b)中。这时第一象限的屈服面从横坐标轴扩展到通过 2 点的等剪应变轨迹线,即 O2。当偏应力从 2 点减小到 3 点时,由于 q 在屈服面 O2 之下变化,在图 7.17(a)中有效应力途径从 2 点沿竖直线变化到 3 点,不产生孔隙水压力,并且第一象限的屈服面仍为 O2。当偏应力从 3 点升高时,在图 7.21(a)中有效应力途径首先沿竖直线上升并且不产生孔隙水压力。设在 4 点与屈服面 O2 相交,当偏应力从 4 点继续升高到 5 点时,由于 q 在屈服面 O2 之上变化,则有效应力途径沿过 4 点的等体积剪切有效应力轨迹线变化到 5 点,所引起的孔隙水压力为第 5 点与第 2 点的横坐标之差,并将其绘于图 7.17(b)中。这时,第一象限屈服面由 O2 扩展到通过 5 点的等剪应变轨迹线,即 O5。当偏应力从 5 点下降到零,即 6 点时,在图 7.17(a)中有效应力途径沿竖直线下降到 6 点,不产生孔隙水压力,并且第一象限中的屈服面仍为 O5。当偏应力从 6 点成为负值变化到 7 点时,由于 q 在第四象限的屈服面,即横坐标之下变化,则在图 7.17(a)中有效应力途径从 6 点沿等体积剪切有效应力途径变化到 7 点,所引起的孔隙水压力为 7 点与 6 点的横坐标之差,并将其绘于图 7.17(b)中。这时,第四象限的屈服面从横坐标轴扩展到通过 7 点的等剪应变轨迹线,即 O7。如此类推,可在图 7.17(a)中绘出偏应力从 7 点到 8 点、从 8

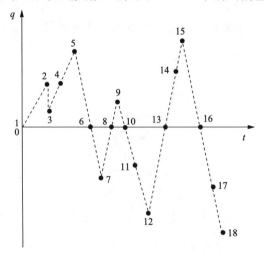

图 7.16　动偏应力时程

点到 9 点、从 9 点到 10 点、从 10 点到 11 点、从 11 点到 12 点、从 12 点到 13 点、从 13 点到 14 点、从 14 点到 15 点、从 15 点到 16 点、从 16 点到 17 点、从 17 点到 18 点变化时的有效应力途径并确定所引起的孔隙水压力,并绘于图 7.17(b)中。从图 7.17 可见,只有偏应力从 1 点到 2 点、从 4 点到 5 点、从 6 点到 7 点、从 11 点到 12 点、从 14 点到 15 点及从 17 点到 18 点变化时,才使饱和砂土产生孔隙水压力升高。

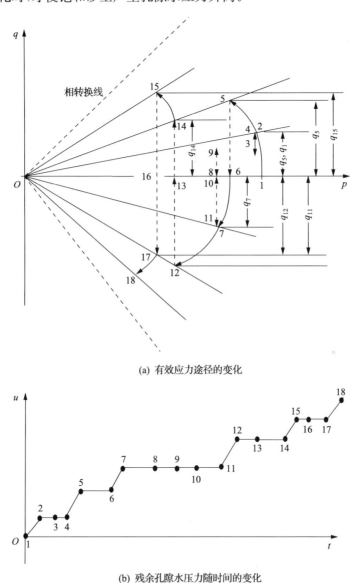

(a) 有效应力途径的变化

(b) 残余孔隙水压力随时间的变化

图 7.17　动偏应力作用引起的残余孔隙水压力

关于石原模型应指出如下两点:

① 虽然 Ishihara 模型是根据不排水静三轴剪切试验资料建立的,但该模型符合塑性力学原理及剪切作用引起孔隙水压力的机制。

② 在实际应用上,Ishihara 模型的一个主要的缺点是只能确定屈服面扩展到相转换线以前的孔隙水压力。当屈服面扩展到相转换线时,剪切作用所引起的孔隙水压力 $u_{g,d}$ 小于初始有效平均应力 p_0'。然而,动力试验表明,在不排水条件下动剪切作用引起的孔隙水压力可以达到初始有效平均应力 p_0'。

3) Ishibashi 等模型[7,8]

Ishibashi 和 Sherif 根据均等固结等幅荷载动扭剪试验结果研究了孔隙水压力增大与作用次数的关系。在他们的研究中引进了孔隙水压力增量比和往返剪应力比的概念。第 N 次作用的孔隙水压力增量比 $\Delta\alpha'_{u,N}$ 定义为在第 N 次往返剪应力作用下产生的孔隙水增量 $\Delta u_{g,d,N}$ 与第 N 次作用之前的有效压力 $\sigma_3 - u_{g,d,N-1}$ 之比,即

$$\Delta\alpha'_{u,N} = \frac{\Delta u_{g,d,N}}{\sigma_3 - u_{g,d,N-1}} \tag{7.25}$$

式中,$u_{g,d,N}$ 为第 N 次作用之前的孔隙水压力。第 N 次作用的往返剪应力之比 $\alpha'_{\tau,N}$ 定义为往返剪应力幅值 $\overline{\tau}_{hv,d}$ 与第 N 次作用之前的有效压力 $\sigma_3 - u_{g,d,N-1}$ 之比,即

$$\alpha'_{\tau,N} = \frac{\overline{\tau}_{hv,d}}{\sigma_3 - u_{g,d,N-1}} \tag{7.26}$$

根据试验资料可确定出 $\Delta\alpha'_{u,N}$ 及 $\alpha'_{\tau,N}$。将这两个量绘在双对数坐标中,如图 7.18(a)、图 7.19(a) 和图 7.20(a) 所示,它们分别给出了在指定作用次数下松砂、中密砂和密实砂的结果。从所示结果可见,在双对数坐标中 $\Delta\alpha'_{u,N}$ 及 $\alpha'_{\tau,N}$ 为直线关系,即

$$\Delta\alpha'_{u,N} = b(N) (\alpha'_{\tau,N})^a \tag{7.27}$$

式中,a、$b(N)$ 分别为在双对数坐标中 $\Delta\alpha'_{u,N}$-$\alpha'_{\tau,N}$ 关系线的斜率及它们与 $\alpha'_{\tau,N} = 1$ 竖向直线交点的纵坐标值。从上述各图可见,a 与作用次数无关,而 $b(N)$ 随作用次数的增大而减

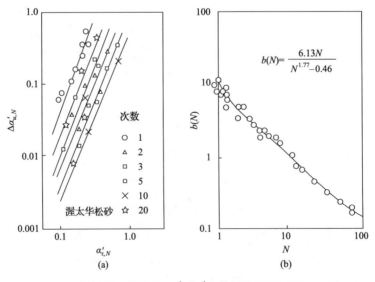

图 7.18　松砂的 $\Delta\alpha'_{u,N}$-$\alpha'_{\tau,N}$ 关系及 $b(N)$-N

小。当参数 a 确定之后,对指定的作用次数 N,$b(N)$可由如下公式确定:

$$b(N) = \frac{\Delta\alpha'_{u,N}}{(\alpha'_{\tau,N})^a}$$

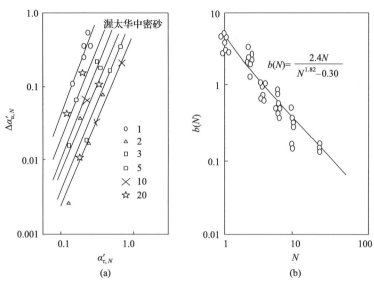

图 7.19　中密砂的 $\Delta\alpha'_{u,N}$-$\alpha'_{\tau,N}$ 关系及 $b(N)$-N 关系

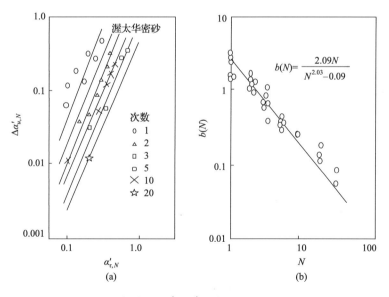

图 7.20　密砂的 $\Delta\alpha'_{u,N}$-$\alpha'_{\tau,N}$ 关系及 $b(N)$-N 关系

将按上述公式计算出来的 $b(N)$ 与指定的作用次数 N 绘在双对数坐标中,如图 7.18(b)、图 7.19(b)和图 7.20(b)所示。拟合这些关系,得

$$b(N) = \frac{c_1 N}{N^{c_2} - c_3} \tag{7.28}$$

式中，c_1、c_2、c_3 为与密度有关的三个参数，如图 7.18(b)、图 7.19(b)和图 7.20(b)所示。这样，由式(7.27)及式(7.28)得

$$\Delta u_{\mathrm{g,d},N} = (\sigma_3 - u_{\mathrm{g,d},N-1}) \frac{c_1 N}{N^{c_2} - c_3} \left(\frac{\bar{\tau}_{\mathrm{hv},d}}{\sigma_3 - u_{\mathrm{g,d},N-1}} \right)^a \tag{7.29}$$

令

$$\Delta \alpha_{u,N} = \frac{\Delta u_{\mathrm{g,d},N}}{\sigma_3}$$

$$\alpha_{u,N-1} = \frac{u_{\mathrm{g,d},N-1}}{\sigma_3} \tag{7.30}$$

则得

$$\begin{cases} \Delta \alpha_{u,N} = (1 - \alpha_{u,N-1}) \dfrac{c_1 N}{N^{c_2} - c_3} \left(\dfrac{\bar{\tau}_{\mathrm{hv},d}}{\sigma_3 - u_{\mathrm{g,d},N-1}} \right)^a \\ \alpha_{u,N} = \alpha_{u,N-1} + \Delta \alpha_{u,N} \\ u_{\mathrm{g,d},N} = \alpha_{u,N} \sigma_3 \end{cases} \tag{7.31}$$

上述 Ishibashi 等模型也可用于分析其他等幅荷载动剪切试验测得的孔隙水压力资料，如动三轴试验和动剪切试验。

4）Seed 等[9]的经验模型

Seed 等研究了在不排水均等固结等幅动三轴剪切试验和 K_0 固结等幅动剪切试验过程中孔隙水压力的发展过程。在研究中，引进了孔隙水压力比 α_u 和作用次数比 α_N 的概念。孔隙水压力比 α_u 对动三轴试验定义为动偏应力作用引起的孔隙水压力 $u_{\mathrm{g,d}}$ 与固结压力 σ_3 之比，对动剪切试验定义为动剪切作用引起的孔隙水压力 $u_{\mathrm{g,d}}$ 与竖向固结压力 σ_v 之比，即

$$\alpha_u = \frac{u_{\mathrm{g,d}}}{\sigma_3}$$

或

$$\alpha_u = \frac{u_{\mathrm{g,d}}}{\sigma_\mathrm{v}} \tag{7.32}$$

作用次数比 α_N 对动三轴试验定义为作用次数 N 与使孔隙水压力等于固结压力 σ_3 所要求的作用次数 N_l 之比；对动剪切试验定义为作用次数 N 与使孔隙水压力等于竖向固结压力所要求的作用次数 N_l 之比，即

$$\alpha_N = \frac{N}{N_l} \tag{7.33}$$

根据动三轴试验和动剪切试验资料可确定出作用次数比 α_N 和相应的孔隙水压力比 α_u，并将它们点在以 α_u 为纵坐标、α_N 为横坐标的坐标系中。发现，对于大量动三轴试验

结果,这些点均分布在如图 7.21 所示的条带范围内,而对于大量动剪切试验结果,这些点均分布在图 7.22 所示的条带范围内。Seed 等根据图 7.22 确定出这个条带的平均线,并将其作为动剪切作用孔隙水压力比 α_u 与作用次数比 α_N 的关系线,拟合该关系线,得

$$\alpha_N = \left[\frac{1}{2}(1 - \cos\pi\alpha_u)\right]^a \tag{7.34}$$

改写式(7.34)得

$$\alpha_u = \frac{1}{2} + \frac{1}{\pi}\sin^{-1}(2\alpha_N^{\frac{1}{a}} - 1) \tag{7.35}$$

式中,a 为一个参数,可取 0.7。

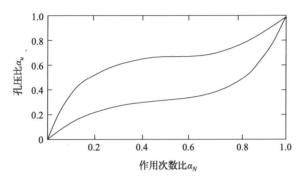

图 7.21 动三轴试验 α_u 与 α_N 的变化范围

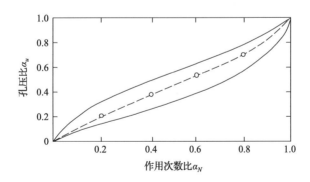

图 7.22 动剪切试验的变化范围及平均的 α_u-α_N 关系线

从上述可见,为了确定作用次数比,必须要确定在动荷作用下孔隙水压力 $u_{g,d}$ 等于固结压力 σ_3 或 σ_v 所要求的作用次数 N_l。N_l 可由动三轴试验或动剪切试验确定。试验资料表明,对于动剪切试验,N_l 随动水平剪应比 $\bar{\tau}_{hv,d}/\sigma_v$ 的增大而减小,如图 7.23 所示,其中 $\bar{\tau}_{hv,d}$ 为动水平剪应力幅值。

这样,按上述 Seed 等的模型,确定在 K_0 固结状态下的饱和砂土在幅值为 $\bar{\tau}_{hv,d}$ 的 N 次等幅动水平剪应力作用下产生的孔隙水压力的步骤如下:

(1) 根据 $\bar{\tau}_{hv,d}/\sigma_v$ 确定出相应的 N_l。

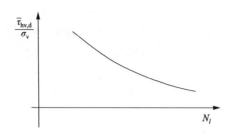

图 7.23　动剪切试验 N_l 与 $\dfrac{\overline{\tau}_{hv,d}}{\sigma_v}$ 的关系

(2) 确定出 N 次作用相应的作用次数比 α_N。

(3) 由图 7.22 所示的平均 α_u - α_N 关系确定出与作用次数比 α_N 相应的孔隙水压力比 α_u。

(4) 按式(7.32)确定出与 α_u 相应的孔隙水压力 $u_{g,d}$。

应指出,上述 Seed 等的模型仅适用于确定静力上处于 K_0 状态、动力上处于剪切状态的饱和砂土在动荷作用下孔隙水压力的升高。

5) 柴田彻模型

柴田彻和行友浩[10]研究了不排水等幅动三轴剪切试验测得的孔隙水压力随作用次数的增长过程,发现孔隙水压力的增加速率首先随作用次数的增大而逐渐减低,但当孔隙水压力增加到一定数值后,孔隙水压力的增加速率突然加大,这个现象称为孔隙水压力飞跃。对于饱和松砂,这个现象尤为明显。可以指出,孔隙水压力飞跃现象大致发生在有效应力途径达到相转换线时刻。

按前述,由动三轴试验测得的孔隙水压力包括由动球应力分量作用引起的和动偏应力分量作用引起的两部分。动偏应力作用引起的孔隙水压力 $u_{g,d}$ 为

$$u_{g,d} = u - \frac{\sigma_{a,d}}{3}$$

下面,以动八面体剪应力 $\tau_{oct,d}$ 表示动偏应力,对于动三轴试验,动八面体剪应力按式(7.36)确定:

$$\tau_{oct,d} = \frac{\sqrt{2}}{3}\sigma_{a,d} \tag{7.36}$$

设以 $u_{g,d,j}$ 表示孔隙水压力飞跃时动偏应力作用引起的孔隙水压力,以 N_j 表示孔隙水压力飞跃时的作用次数。这样,根据试验结果可以确定出在孔隙水压力飞跃之前每次往返作用引起的孔隙水压力增量的平均值 $\Delta \overline{u}_{g,d,j}$,即

$$\Delta \overline{u}_{g,d,j} = \frac{u_{g,d,j}}{N_j} \tag{7.37}$$

柴田彻以 $\overline{\tau}_{oct,d}/\sigma_{0,s}$ 表示动偏应力分量作用水平,绘制 $\Delta u_{g,d,j}$ 与 $\overline{\tau}_{oct,d}/\sigma_0$ 关系,如图 7.24 所示,两者呈直线关系,其中 $\sigma_{0,s}$ 和 $\overline{\tau}_{oct,d}$ 分别表示静平均应力及动八面体剪应力幅值。从图 7.24 可见,孔隙水压力平均增量随动偏应力作用水平的提高而增大;当动偏应

力作用水平低于某一个数值时,动偏应力作用不会引起孔隙水压力。这个动偏应力称为临界动偏应力。由此,得

$$\Delta \bar{u}_{g,d,j} = \left[a \left(\frac{\bar{\tau}_{oct,d}}{\sigma_{0,s}} \right) + b \right] \tau_{oct,d} \tag{7.38}$$

式中,a、b 为两个参数,由图 7.24 可确定出来。这样,孔隙水压力飞跃时由动偏应力分量作用引起的孔隙水压力可表示为

$$u_{g,d,j} = N_j \Delta \bar{u}_{g,d,j} \tag{7.39}$$

式中,N_j 与 $\bar{\tau}_{oct,d}/\sigma_{0,s}$ 有关,可由试验确定。

　　柴田彻模型只能计算在孔隙水压飞跃时刻由动偏应力分量引起的孔隙水压力。但是,该模型以动八面体剪应力幅值与静平均之比来表示动偏应力作用水平,因此可将该模型应用到一般应力状态。另外,在柴田彻模型中首次指出了孔隙水压力飞跃现象,以及首次提出了临界动偏应力概念。

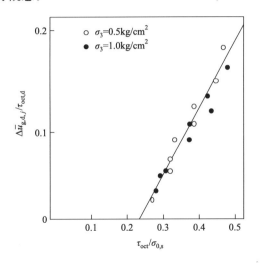

图 7.24　$\Delta \bar{u}_{g,d,j}/\tau_{oct,d}$ 与 $\bar{\tau}_{oct,d}/\sigma_0$ 的关系

3. 其他问题

1) 关于动三轴剪切试验和动剪切试验测得的最大孔隙水压力数值

(1) 在各向均等固结条件下,不排水动三轴剪切试验所测得的最大孔隙水压力应等于侧向固结压力 σ_3。

(2) 在 K_0 状态下固结的不排水动剪切试验所测得的最大孔隙水压力等于竖向固结压力 σ_v,也就是测得的最大孔隙水压力要高于侧向固结压力 $K_0\sigma_v$。当测量的孔隙水压力等于侧向固结压力 $K_0\sigma_v$ 时,侧向有效正应力为零;当测量的孔隙水压力大于侧向固结压力 $K_0\sigma_v$ 时,侧向有效正应力仍为零,大于侧向固结压力 $K_0\sigma_v$ 的部分由试样盒刚性侧壁承受。

2）关于初始剪切对动剪切作用引起的孔隙水压力的影响

（1）在非均等固结条件下的动三轴试验，土试样受初始剪切作用，固结比越大土试样所受的初始剪应力越大。孔隙水压力测试资料表明，测量得到的最大孔隙水压力只能等于或小于侧向固结压力 σ_3，如图 7.25 所示，不会等于竖向固结压力 σ_1。这是因为当孔隙水压力升高到侧向固结压力 σ_3 时，侧向有效应力为零，如果孔隙水压力再升高，在侧向没有外力与其平衡。因此，这是由动三轴试验中土试样的侧向应力的边界条件所决定的。

（2）在非均等固结条件下的动三轴试验，动剪切作用所引起的最大孔隙水压力小于还是等于侧向固结压力 σ_3，则取决于静剪应力与动剪应力的合成剪应力。如果合成剪应力只有数值大小的改变，即动剪应力幅值小于初始剪应力，则动剪切作用所引起的最大孔隙水压力小于侧向固结压力 σ_3；如果合成剪应力不仅有数值大小的改变还有方向的改变，即动剪应力幅值大于初始剪应力，则动剪切作用所引起的最大孔隙水压力等于侧向固结压力 σ_3。这表明，动剪应力幅值与初始剪应力的相对大小对动剪切作用引起的孔隙水压力有重要的影响。通常，可用土试样 45°面的静剪应力和动剪应力幅值表示两者的相对大小。

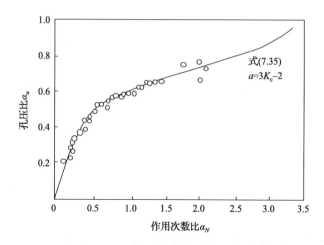

图 7.25　非均等固结等幅动三轴试验的孔隙水压力

（3）考虑不均等固结情况下，由动三轴测得的动剪切作用引起的最大孔隙水压力可能小于侧向固结压力，N_l 不好确定，文献[11]重新定义了作用次数比：

$$\alpha_N = \frac{N}{N_{50}} \tag{7.40}$$

式中，N_{50} 为动剪切引起的孔隙水压力等于侧向固结压力 50% 时的作用次数。然后，以与式（7.35）相似的公式确定动剪切作用引起的孔隙水压力：

$$\alpha_u = \frac{1}{2} + \frac{1}{\pi} \sin^{-1}(\alpha_N^{\frac{1}{a}} - 1) \tag{7.41}$$

式中，参数 a 随固结比 K_c 的增大而增大，按式（7.42）确定：

$$a = a_1 K_c - a_2 \tag{7.42}$$

式中，a_1、a_2 为两个参数，由试验测定。对于相对密度为 $35\% \sim 63\%$ 的尾矿砂，$a_1 = 3$、$a_2 = 2$。图 7.25 给出了按式(7.41)计算的孔隙水压力与实测的比较。可见两者是很吻合的。试验的砂的相对密度为 54%。应指出，按式(7.41)计算的孔隙水压力值可以达到侧向固结压力，但是试验测得的孔隙水压力不一定达到侧向固结压力。

7.5　饱和土液化的机制及类型

1. 液化的定义

液化是指在某种作用，如地震、爆炸、风浪等的触发下，饱和砂土和粉质土由固态转变成具有流动性的液态，并丧失抵抗剪切作用的能力的一种物理力学现象。

按上述，液化只是一种物理力学现象，它的重要性在于对工程的危害。由上述液化定义可知，由于发生液化的饱和砂土和粉质土丧失抵抗剪切作用的能力，由饱和砂土和粉质土组成的土体可能不再能支承其上面的结构或保持自身的稳定性，从而使其上的结构或自身发生某种程度的破坏。

2. 液化的机制和类型

液化按其机制可分为两种类型。

1) 渗透液化

当土体中发生渗流时，在向上的渗透力分量作用下土体处于悬浮状态，竖向有效正应力变为零，饱和砂土和粉质土丧失抵抗剪切作用的能力，这种液化现象称为渗透液化。因此，发生渗透液化的一个前提条件是土体处于排水状态产生渗流。渗透液化对工程的影响通常作为土体的渗流稳定性问题加以研究。本章不做进一步表述。

2) 剪切液化

当受到静剪切或动剪切作用时，饱和砂土或粉土层产生残余的孔隙水压力，使有效应力变成零丧失抵抗剪切作用的能力，这种液化现象称为剪切液化。本章主要研究在动剪切作用下的液化。剪切液化可以发生在土体处于不排水状态。但是，由于剪切作用在土体中产生的孔隙水压力不均匀，在土体中要发生渗流，这样可能诱发渗透液化。在地震现场地面上观察到的喷砂冒水现象就是其诱发渗透液化的结果。但是，诱发渗透液化的根本原因还是剪切液化。因此，在地震现场液化调查时，通常以地面有无喷砂冒水现象作为判断是否发生地震剪切液化的根据。

关于动剪切液化的机制的要点如下。

(1) 土具有剪胀或剪缩性，即在动偏应力分量作用下要产生体积减小。

(2) 作用于土单元的动应力可分解为球应力分量和偏应力分量两部分。在动偏应力分量作用下砂土和粉土的体积发生剪缩。

(3) 饱和砂土和粉土要发生体积减小必须从孔隙中排出等量的水才可能。但是，孔隙水从孔隙中排出的速率取决于砂土和粉土的渗透系数和排水途径的长短，而排出的孔隙水量还取决于动荷载作用时段的长短。

（4）砂土的渗透系数通常在 $10^{-3}\sim10^{-2}$ cm/s，相对较小，而粉土的渗透系数更小，有些动荷载作用的主要时段也较短，如地震通常小于 45s，而且土体的排水途径也较长，因而在动荷作用期间孔隙水不能顺畅地从孔隙中排出。这样，孔隙水在孔隙中处于受阻状态而引起孔隙水压力升高。

（5）按前所述，偏应力分量作用引起的孔隙水压力升高由静有效应力相应降低来补偿。这样，考虑动偏应力分量作用引起的孔隙水压力，土所受的有效应力 σ' 为

$$\sigma' = \sigma - u \tag{7.43}$$

式中，σ 为初始有效应力；u 为动偏应力分量作用期间的孔隙水压力，当土处于不排水状态时 $u = u_{g,d}$。

（6）按有效应力抗剪强度公式：

$$\tau = \sigma' \tan\varphi' \tag{7.44}$$

如果

$$\sigma' = 0 \text{ 或 } u = \sigma \tag{7.45}$$

则饱和砂土或粉土的抗剪强度为零，即完全丧失了对剪切作用的能力，发生了液化。

上面以式（7.44）和式（7.45）来说明饱和砂土或粉土丧失对剪切作用的抵抗能力的原因，当然这是一种静力上的解释。像后面将指出的那样，这种静力上的解释有一定的欠缺。但是，尽管如此，无论在理论上还是逻辑上均是可以接受的。

7.6　液化和循环流动性

1. 液化过程

饱和砂土或粉土在动剪切作用下由固态变成具有流动性的液态的过程称为液化过程。饱和砂土或粉质土动力试验资料表明，在砂土液化过程中伴随着孔隙水压力升高及变形的增加。因此，可用在动剪切作用下变形或孔隙水压力随作用次数的发展来表示液化过程。从观察饱和砂土或粉质土抵抗剪切变形能力的降低而言，以在动剪切作用下变形随作用次数的发展来表示液化过程更为适宜。均等固结不排水等幅动三轴试验表明，饱和砂土或粉质土的变形随作用次数的发展如图 7.26 所示。根据图 7.26，在液化过程中变形随作用次数的发展可分为两个阶段。第一阶段，变形幅值很小且随作用次数增加也没有明显的增大。这表明，在第一阶段抵抗剪切作用的能力没有明显的降低。当作用次数达到某一个数值后，变形幅值随作用次数开始明显地快速增大，这时进入第二变形阶段。这表明，在第二阶段抵抗剪切作用的能力开始快速地降低，最终导致大部分或完全丧失。

图 7.26　在均等固结不排水等幅动三轴试验中变形的发展

2. 液化与循环流动性

试验资料还表明,从第一阶段过渡到第二阶段所需要的作用次数和在第二阶段变形发展的速率,或从抵抗剪切作用的能力开始明显降低到完全丧失所要求的作用次数,与砂土或粉土的密度有关。密度越大,从第一阶段过渡到第二阶段所要求的作用次数越多,而在第二阶段变形发展的速率越低,或从抵抗剪切作用的能力开始降低到完全丧失所要求的作用次数越多,如图 7.27 所示。从图 7.27 可见,松砂从第一阶段过渡到第二阶段很快,特别在第二阶段变形的加快速率很大,抵抗剪切作用能力很快就丧失了,表现出液化所具有的突发性。但是,密砂从第一阶段过渡到第二变形阶段很慢,特别在第二阶段变形发展速率很小,甚至变形会稳定下来,仍然具有一定的抵抗剪切作用的能力。另外,试验还表明,无论饱和的松砂还是密砂,随作用次数的增加孔隙水压力都会增加到固结压力。这就是说,当动剪切作用引起的孔隙水压力升高到固结压力时,密砂仍具有一定的抵抗剪切作用的能力,而松砂则完全丧失了。下面,将饱和的密砂在动剪切作用下孔隙水压力升高到固结压力后仍保持一定的抵抗剪切变形的能力,只产生有限的变形现象称为循环流动性,以与液化相区别。孔隙水压力升高到固结压力后密砂仍保持一定的抵抗剪切变形的能力是式(7.44)和式(7.45)所不能解释的。这就是上面所指出的液化静力解释的欠缺。

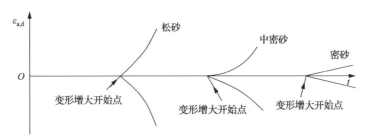

图 7.27　松砂、中等密实砂和密砂的变形发展过程比较

按上述,在动剪切作用下饱和松砂可能发生液化,与液化相关联的工程问题不仅是变形问题,更是稳定性问题;而密砂可能发生循环流动性,与循环流动性相关联的工程问题则是有限的变形问题。

在动剪切作用下,松砂和密砂在性能上的差别与它们孔隙水压力升高到固结压力后随作用次数变化的不同有关。下面,引用图 7.28 和图 7.29 分别说明松砂和密砂孔隙水压力随作用次数的发展过程。从这两个图都可发现孔隙水压力飞跃现象,但松砂更为明显。还可发现，在孔隙水压力飞跃之前，孔隙水压的峰值和谷值分别与动荷载的峰值和谷值相对应；而发生孔隙水压力飞跃后，动荷载为零时刻孔隙水压力最高并等于固结压力，而动荷载为峰值和谷值时的孔隙水压力相差不多并且远低于固结压力。但是，孔隙水压力飞跃之后动荷载为峰值和谷值时的孔隙水压力值与饱和砂土的密度相关，松砂的孔隙水压力值为 $0.6 \sim 0.7 \mathrm{kg/cm^2}$，密砂的孔隙水压力值为 $0.3 \sim 0.4 \mathrm{kg/cm^2}$，松砂的孔隙水压力值显著高于密砂的孔隙水压力值。由于在动荷载峰值和谷值时密砂的孔隙水压力相当低，因此仍具有相当大的抵抗剪切作用的能力。那么，为什么在动荷为峰值和谷值时密砂的孔隙水压力比松砂的低呢？ 这可能是在孔隙水压力飞跃之后，在动剪切作用下饱和砂土发生剪胀，而密砂的剪胀性高于松砂。

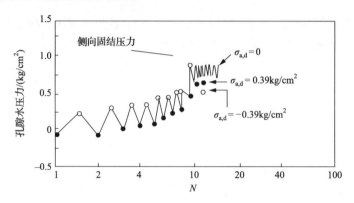

图 7.28　松砂孔隙水压力的发展（初始孔隙比 $\varepsilon_0 = 38.2\%$）

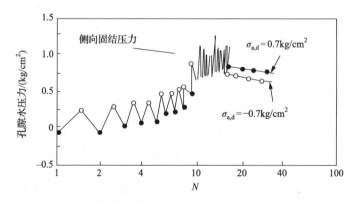

图 7.29　密砂的孔隙水压力发展（初始孔隙比 $\varepsilon_0 = 71\%$）

7.7　影响饱和砂土液化的因素

1. 液化试验的基本结果

饱和砂土液化是一个复杂的物理力学现象，受许多因素的影响。这些因素的影响可通过饱和砂土试验来研究。饱和砂土液化试验的方法与前述的土动强度试验方法相同。以动三轴液化试验为例，首先使饱和砂土试样在指定的固结比 K_c 及侧向固结压力 σ_3 作用下固结,待固结完成后,在不排水条件下施加等幅轴向动应力 $\sigma_{a,d}$,并在动应力作用过程中,测量孔隙水压力及轴向变形。当达到指定的液化标准时,相应的作用次数称为液化所要求的作用次数,以 N_l 表示。通常,指定的液化标准有两种。

(1) 当测量的孔隙水压力等于固结压力 σ_3 时,被认为发生了液化。

(2) 当最大变形达到指定数值时,被认为发生了液化。指定的变形数值一般取轴向应变等于 5%。

液化试验表明,当固结比 K_c 及侧向固结压力 σ_3 一定时,饱和砂土试样所受的动轴向应力幅值 $\bar{\sigma}_{a,d}$ 越小,液化所要求的作用次数 N_l 则越大。这样可由试验确定出动应力幅值 $\bar{\sigma}_{a,d}$ 与相应液化次数 N_l 的关系,如图 7.30 所示。图 7.30 即为液化试验的基本结果。在图 7.30 中,$\bar{\sigma}_{a,d}$-N_l 关系线上的 1 点($\bar{\sigma}_{a,d}^{(1)}$,$N_l^{(1)}$)与 2 点($\bar{\sigma}_{a,d}^{(2)}$,$N_l^{(2)}$),从引起液化而言,它们对饱和砂土试样的作用是等价的。因此,在同一条 $\bar{\sigma}_{a,d}$-N_l 关系线上的任何两点,从引起液化而言,它们都是等价的。

如果在液化试验中改变所要考虑的影响因素,就可研究这些因素对液化的影响。

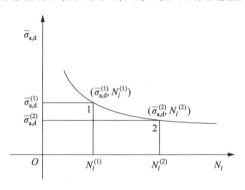

图 7.30　液化试验基本结果

2. 砂土的物理指标对液化的影响

1) 砂土颗粒组成的影响

砂土颗粒组成可用下述三个指标表示:①平均粒径 d_{50};②不均匀系数 η;③细颗粒或黏性颗粒含量。

(1) 平均粒径 d_{50} 的影响。

文献[12]根据大量的动三轴液化试验结果给出了当相对密度为 50%、液化作用次数为 10 和 30 次时相应的液化应力比 $\bar{\sigma}_{a,d}/(2\sigma_3)$ 与平均粒径 d_{50} 的关系,如图 7.31 所示。从图 7.31 可见,随平均粒径的减少,液化应力比首先降低,当平均粒径约等于 0.08mm 时,液化应力比最小,然后又开始增大。这表明,平均颗粒等于 0.07~0.1mm 的饱和砂最容易液化。当液化应力比达到最小后,随平均粒径减小液化应力比又开始增大。这是砂中的细粒含量,特别是黏粒含量增加的原因。细粒特别是黏粒之间电化学作用增加了抗液化的能力。

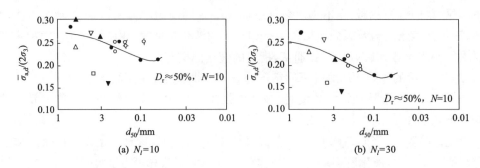

图 7.31　液化应力比 $\bar{\sigma}_{a,d}/(2\sigma_3)$ 与平均颗粒粒径关系

（2）不均匀系数 η 的影响。

一般认为不均匀系数 η 小的砂土容易液化。这种认识来源于对喷出地面的液化砂的不均匀系数的测量，发现液化冒出的砂土的不均匀系数均较小。但是，液化冒出地面的砂土的组成不能代表地层中液化砂土的组成，显然其中细粒颗粒容易被喷出的水流带到地面。因此，冒出的砂子的不均匀系数均较小。但是，三轴液化试验资料不能支持不均匀系数小的砂土容易液化的说法。根据液化试验资料，文献[12]指出，不均匀系数对饱和砂土液化的影响可以忽视不计。

（3）细粒或黏粒含量的影响。

细粒或黏粒含量对饱和轻粉质土的抗液化能力有重要的影响。海城地震现场液化调查资料表明，当标准贯入锤击数相同时，饱和粉土的抗液化能力随黏粒含量（<0.005mm）的增加而提高。Seed 则认为饱和轻粉质土的抗液化能力随细粒含量的增加而提高，其细颗粒定义为粒径小于 0.075 mm 的颗粒。从图 7.31 所示的液化应力比随平均粒径的变化关系线也可看出这一点。当随平均粒径的减小抗液化应力比减小到最小值后，抗液化应力比反而增大。实际上，平均粒径的减小暗示细粒含量的增加。

关于如何定量地考虑细粒含量或黏粒含量的影响，将在液化判别中进一步表述。

2）密度的影响

在液化研究中，通常以相对密度 D_r 为定量指标表示密度对饱和砂土抗液化能力的影响。引用图 7.32 可以说明密度对液化的影响。图 7.32 给出了作用次数为 10 时采用不同液化标准确定的液化应力比 $\bar{\sigma}_{a,d}/(2\sigma_3)$ 与相对密度的关系线。从图 7.32 可见，在开始一段液化应力比与相对密度的关系线为一条直线，然后变成一条上翘的曲线，随相对密度的增大液化应力比迅速增大。但是，直线段保持的范围与采用的液化标准有关。如果液化标准采用孔隙水压力 u 等于侧向固结压力 σ_3 或最大轴向应变 $\varepsilon_{a,d}=5\%$，则直线段可达到相对密度 $D_r=80\%$。如果液化标准采用更大的轴向应变，则随所采用的轴向应变的提高，直线段的范围显著地减小。当液化标准取最大轴向应变 $\varepsilon_{a,d}=25\%$ 时，直线段仅达到相对密度 $D_r=45\%$。如果液化应力比 $\bar{\sigma}_{a,d}/(2\sigma_3)$ 与相对密度 D_r 可用直线关系表示，则得

$$\frac{\left(\dfrac{\bar{\sigma}_{a,d}}{2\sigma_3}\right)^{(1)}}{\left(\dfrac{\bar{\sigma}_{a,d}}{2\sigma_3}\right)^{(2)}} = \frac{D_r^{(1)}}{D_r^{(2)}} \tag{7.46}$$

式中，$D_r^{(1)}$、$D_r^{(2)}$ 分别为两个相对密度；$(\bar{\sigma}_{a,d}/2\sigma_3)^{(1)}$、$(\bar{\sigma}_{a,d}/2\sigma_3)^{(2)}$ 分别为与两个相对密度相应的液化应力比。

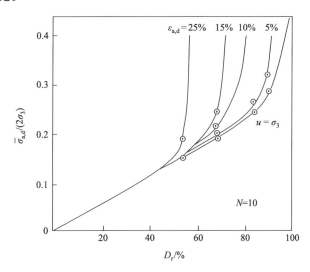

图 7.32　液化应力比与相对密度关系

3）饱和度的影响

在完全饱和的条件下，可认为水是不可压缩的。然而，在欠饱和的情况下，孔隙中含有气泡的水具有一定的压缩性。令 k_w 表示含气泡水的压缩模量，则前述的 Seed-Martin 孔隙水压力模型的孔隙水压力计算公式可改为[13]

$$\Delta u = \frac{E_r \Delta \varepsilon_{V,d}}{1 + \dfrac{n E_r}{k_w}} \tag{7.47}$$

式中，Δu 和 $\Delta \varepsilon_{V,d}$ 分别为一次剪切作用引起的孔隙水压力增量及体积变形增量；n 为砂土的孔隙度。孔隙水的压缩模量是砂土饱和度 S_r 的函数，两者之间的关系可用如下的简化公式表示[14]：

$$\frac{1}{k_w} = \frac{S_r}{k_{w,0}} + \frac{1 - S_r}{u} \tag{7.48}$$

式中，$k_{w,0}$ 为不含气的水的压缩模量。指定不同饱和度 S_r 和等幅剪应力幅值 $\bar{\tau}_{hv,d}$，可以按式(7.47)计算出孔隙水压力等于竖向固结压力 σ_v 时的作用次数 N_l。式(7.47)中的 $\Delta \varepsilon_{V,d}$ 按式(7.2)确定。这样，可确定出不同饱和度 S_r 时液化应力比 $\bar{\tau}_{hv,d}/\sigma_v$ 与引起液化要求的作用次数 N_l 的关系，如图 7.33 所示。从图 7.33 可见，饱和度 S_r 的稍有降低，砂土的抗液化能力就会显著提高。

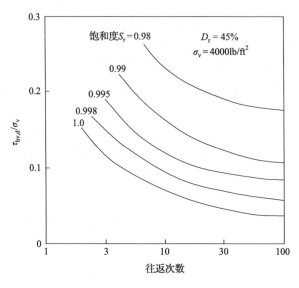

图 7.33　饱和度对液化性能的影响

　　上述结果表明,在液化试验中使砂土充分饱和是很重要的。在试验中,饱和度通常用孔隙水压力系数 B 来间接地度量。孔隙水压力系数 B 与饱和度 S_r 之间的关系如图 7.34 所示。从图 7.33 和图 7.34 可见,只有当孔隙水压力系数 B 达到 0.96 以上时,试验结果才能代表饱和砂土的液化性能。

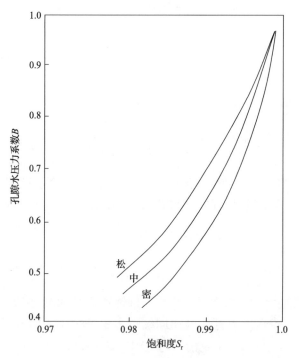

图 7.34　孔隙水压力系数 B 与饱和度 S_r 的关系

3. 静应力的影响

地震现场液化调查表明,当饱和砂层埋藏较深时就不易液化。均等固结动三轴液化试验及 K_0 状态下固结的动剪切液化试验资料证明了这个事实。静应力的影响包括如下四个方面:①侧向固结压力 σ_3 或竖向固结压力 σ_v 的影响;②固结比 K_c 的影响;③超固结比 ORC 的影响;④静力作用持续时间的影响。

1) 侧向固结压力 σ_3 的影响

均等固结等幅动三轴液化试验资料表明,当作用次数一定时,引起液化所要求的轴向动应力幅值 $\bar{\sigma}_{a,d}$ 随固结压力 σ_3 的增大而增大,引用图 7.35 和图 7.36 可说明这一点。比较图 7.35 和图 7.36 的结果还可发现,液化所要求的轴向动应力幅值与侧向固结压力的关系随采用的液化标准及砂土的密度有关。当采用孔隙水压力等于侧向固结压力作为液化标准时,无论砂土的密度多大,两者均为直线关系。

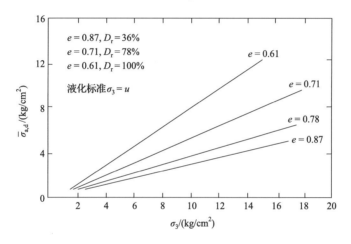

图 7.35　固结压力对液化要求的动应力的影响 ($u = \sigma_3$)

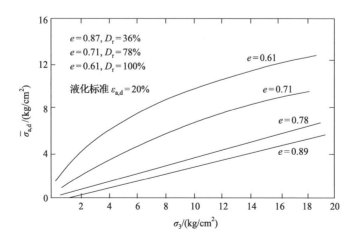

图 7.36　固结压力对液化要求的动应力的影响 ($\varepsilon_{a,d} = 20\%$)

当采用应变等于 20% 作为液化标准时,只有当砂土的孔隙比大于 0.75 时两者才为直线关系,而当孔隙比小于 0.75 时两者为逐渐变平缓的曲线关系。但是,无论采用哪种液化标准,当侧向固结压力小于 $5\text{kg}/\text{cm}^2$ 时,均可认为两者为直线关系。如果液化所要求的轴向动应力幅值 $\bar{\sigma}_{a,d}$ 与侧向固结压力 σ_3 为直线关系,则液化应力比 $\bar{\sigma}_{a,d}/(2\sigma_3)$ 与固结压力 σ_3 无关。这是一个非常重要的结论。正因为如此,一般都以 $\bar{\sigma}_{a,d}/(2\sigma_3)$-$N_l$ 或 $\bar{\tau}_{hv,d}/\sigma_v$-$N_l$ 关系代替 $\bar{\sigma}_{a,d}$-N_l 或 $\bar{\tau}_{hv,d}/\sigma_v$-$N_l$ 关系来表示液化试验结果。

2) 固结比 K_c 的影响

固结比 K_c 对饱和砂土液化的影响可用不同固结比的等幅动三轴液化试验资料来说明。试验资料表明,固结比 K_c 越大,所要求的液化应力比 $\bar{\sigma}_{a,d}/(2\sigma_3)$ 就越大,如图 7.37 所示。

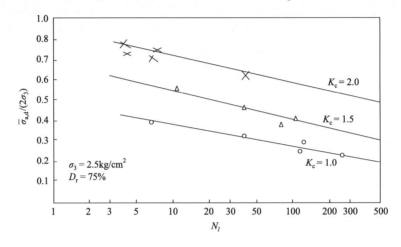

图 7.37　固结比对液化应力比的影响

固结比 K_c 越大,则在静力下砂土所受的静力剪切作用就越大。这表明,随所受的静力剪切作用增大,饱和砂土的抗液化能力提高,这一点似乎与常识相违背。那么,如何解释这样的结果呢? 这里大概有如下两个原因:

(1) 静力剪切作用使砂土颗粒的排列发生变化,形成更稳定的结构。

(2) 在非均等固结情况下,轴向动应力的往返剪切作用在为负半周时不能充分发挥。以土样 45° 面的剪应力分量来说明这个问题。在土样 45° 面上所受的静剪应力 $\tau_s = (K_c-1)\sigma_3/2$,所受的动剪应力为 $\pm\sigma_{a,d}/2$。当轴向动应力为正半周时,合成剪应力 $\tau_{sd} = \sigma_{a,d}/2 + (K_c-1)\sigma_3/2$;当轴向动应力为负半周时,合成剪应力 $\tau_{sd} = -\sigma_{a,d}/2 + (K_c-1)\sigma_3/2$。因此,当轴向动应力为负半周时,动剪应力被静剪应力部分地抵消,且随固结比的增大抵消得就越多。当固结比 K_c 达到一定值时,合成剪应力就只有数值变化而没有方向变化。

3) 超固结比 OCR 的影响

超固结比 OCR 是静力影响液化的一个重要因素。Finn[15]引用 Bhitia 的常体积等幅剪切试验资料研究了超固结比对液化影响的结果,如图 7.38 所示。可以看出,液化动剪应力比 $\bar{\tau}_{hv,a}/\sigma_v$ 随超固结比 OCR 的增加而增加。Finn 认为,这是由于静侧向压力系数 K_0 或静侧向压力随固结比 OCR 的增加而增加。在分析试验资料时,为了消除超固结比 OCR 对试验结果的影响,Finn 将液化动剪应力比定义为 $\bar{\tau}_{hv,d}/\sigma_0$,其中 σ_0 按式(7.49)

计算：

$$\sigma_0 = \frac{1+2K_0}{3}\sigma_v \tag{7.49}$$

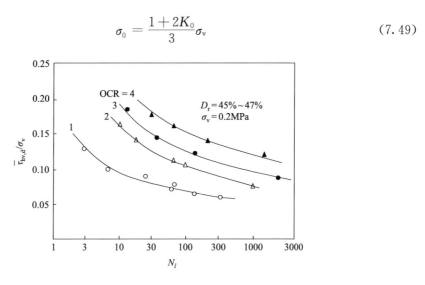

图 7.38　超固结比 OCR 对液化的影响

　　在研究中采用实测的静侧向压力系数 K_0 按式(7.49)计算出 σ_0，并绘制液化应力比 $\bar{\tau}_{hv,d}/\sigma_0$ 与作用次数的关系线，如图 7.39 所示。与图 7.38 比较可见，不同超固结比的 $\bar{\tau}_{hv,d}/\sigma_0$-$N_l$ 关系线被压缩在一个较窄的带内，但液化应力比 $\bar{\tau}_{hv,d}/\sigma_0$ 仍随超固结比 OCR 的增加而增加。因此，采用液化应力比 $\bar{\tau}_{hv,d}/\sigma_0$ 代替 $\bar{\tau}_{hv,d}/\sigma_v$ 仍不能完全消除超固结比 OCR 的影响。

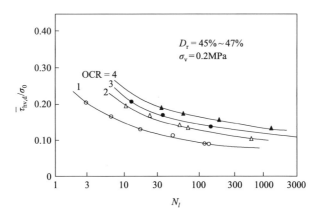

图 7.39　液化应力比 $\bar{\tau}_{hv,d}/\sigma_0$-$N_l$ 关系

4）静力作用持续时间的影响

　　文献[16]试验研究了静力作用持续时间对液化的影响。在试验中分别将重新制备的砂样在侧向压力 $\sigma_3 = 22\mathrm{lb/ft^2}$ 下固结 20min、1 天、10 天和 100 天，然后在不排水条件下施加等幅轴向动应力 $\sigma_{a,d}$ 直到试样发生液化。所采用的液化标准为孔隙水压力等于固结压力。根据试验资料，可以确定出在不同静力作用持续时间下的液化应力比与在静力作

用持续时间为 20min 下的液化应力比的比值。绘制该比值与静力作用持续时间的关系图如图 7.40 所示。从图 7.40 可见,静力作用持续时间从 1 天到 100 天,液化应力有明显的增大,当静力作用持续时间达到 100 天时,液化应力比要增加 20%～30%。为了研究更长的静力作用持续时间的影响,从不同沉积年代的砂层中采取原状砂样进行了液化试验,并与相应的重新制备的砂样的试验结果进行了比较。将这些试验结果与图 7.40 所示的结果绘在一起,如图 7.41 所示。在图 7.41 中包括了奥洛维尔坝密实砂砾石的试验结果。砂砾石最大粒径为 1/2in,相对密度为 87%,试验的侧向固结压力为 14kg/cm^2。从图 7.41 可见,尽管材料的类型、相对密度和固结压力不同,试验结果显示出相同的倾向性。与静力作用持续时间为 20min 的试验结果相比,静力作用持续时间为 100 天的液化应力比大约增加 25%,沉积年代很久的砂(55～2500 年)的液化应力比增加 50%～100%,平均为 75%。

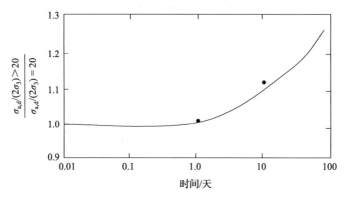

图 7.40　静力作用持续时间对重新制备砂试样液化的影响

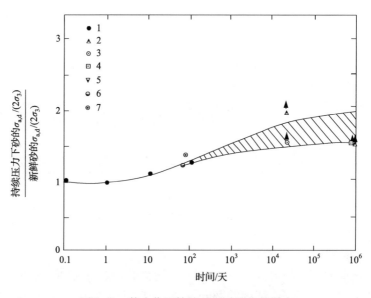

图 7.41　静力作用持续时间对液化的影响

1. No. 0 Monterey 砂;2. Lower San Fernando 坝水力冲填砂;3. Upper San Fernando 坝水力冲填砂;
4. South Texas 砂;5. San Mateo 砂;6. 紧密砂砾石 $u=\sigma_3$;7. 紧密砂砾石 $\varepsilon_{a,d}=\pm5\%$

从砂土的结构而言,液化应力比随静力作用持续时间的增长而增加的原因可能如下。

(1) 随静力作用持续时间的增长,砂土颗粒的排列逐渐调整形成更稳定的结构。

(2) 随静力作用持续时间的增长,在砂土颗粒接触点形成了某种胶结作用。

(3) 天然砂层在沉积时由于有比较大的侧向运动能形成更稳定的结构。

4. 动应力的影响

动应力的影响包括许多方面,这里只表述如下几个主要方面的影响:①动应力幅值与作用次数的影响;②动应力波形的影响;③双向剪切的影响;④动差应力与动剪应力组合的影响;⑤先期动应力作用的影响;

1) 动应力幅值与作用次数的影响

前面曾指出,动应力幅值与作用次数是描写动荷载特性的两个要素。动应力幅值表示动力作用的大小,为了消除固结压力的影响,下面以动应力幅值与固结压力之比 $\bar{\sigma}_{a,d}/(2\sigma_3)$ 或 $\bar{\tau}_{hv,d}/\sigma_v$ 代替动应力幅值表示动力作用水平。由液化试验资料可确定出引起液化的应力比 $\bar{\sigma}_{a,d}/(2\sigma_3)$ 或 $\bar{\tau}_{hv,d}/\sigma_v$ 与作用次数 N_l 之间的关系,如图 7.37 所示。从引起液化而言,$\bar{\sigma}_{a,d}/(2\sigma_3)$-$N_l$ 或 $\bar{\tau}_{hv,d}/\sigma_v$-$N_l$ 关系线上的任意两点的作用是等价的,也就是必须以动应力比和作用次数两个量,即 $(\bar{\sigma}_{a,d}/(2\sigma_3)$,$N_l)$ 或 $(\bar{\tau}_{hv,d}/\sigma_v$,$N_l)$ 表示动应力作用。这就是为什么将动应力幅值与作用次数作为一个整体来研究对液化的影响。从图 7.37 可见,动应力比越小,引起液化所要求的作用次数越多。这一点与材料和疲劳强度试验结果相类似。像图 7.37 所示的那样,液化应力比与作用次数在单对数坐标中应呈直线关系,即

$$\bar{\sigma}_{a,d}/(2\sigma_3)(\text{或}\bar{\tau}_{hv,d}/\sigma_v) = a + b\lg N_l \tag{7.50}$$

式中,a、b 为两个参数,由试验确定。但是,有的试验结果显示,当作用次数小时引起液化所要求的应力比更高,即关系线向上翘。这样,液化应力比与作用次数在双对数坐标中呈直线关系,即

$$\bar{\sigma}_{a,d}/(2\sigma_3)(\text{或}\bar{\tau}_{hv,d}/\sigma_v) = \alpha N_l^\beta \tag{7.51}$$

式中,α、β 为两个参数,由试验确定。

2) 动应力波形的影响

动应力波形的影响可通过动力试验施加给土试样的动荷载波形来研究。无论动三轴液化试验还是动剪切液化试验,试验所采用的动荷载一般都是等幅的动荷载,其试验结果以 $\bar{\sigma}_{a,d}/(2\sigma_3)$-$N_l$ 或 $\bar{\tau}_{hv,d}/\sigma_v$-$N_l$ 关系线表示。实际上,有些动荷载不是等幅的动荷载,而是变幅有限作用次数的动荷载,如地震荷载。当将等幅动荷载的试验结果用于变幅有限作用次数的动荷载时,必须将变幅有限作用次数的动荷载转换成等幅有限作用次数的动荷载。转换得到的等幅有限作用次数的动荷载的作用应与变幅有限作用次数的动荷载的作用相同,因此将其称为等价的等幅动荷载,它的幅值称为等价幅值,相应的作用次数称为等价作用次数。

Seed 和 Idriss[17]最早研究了地震荷载的等价等幅荷,确定出等价幅值及相应作用次

数。他们收集了不同地震震级的强震记录,求出每条强震记录中较大的幅值的平均值及其最大幅值之比。发现,这个比值的平均值为 0.65。这样,他们将强震记录中较大幅值的平均值作为等价幅值,并令其等于最大幅值的 0.65 倍。考虑到震级越大,地震的持时越长,作用的次数越多,他们认为地震荷载的等价作用次数应与地震震级有关。为了确定等价作用次数与震级的关系,他们求出每条强震记录中幅值较大的作用次数,然后按震级的大小将强震记录分成若干组,求出每组的平均作用次数,并将其作为等价作用次数。由此得到等价作用次数与震级的关系如表 7.1 所示。

表 7.1　等价作用次数与震级的关系

地震震级	7.0	7.5	8.0
等价作用次数	10	20	30

显然,上面所述的确定地震荷载等价幅值和作用次数的方法比较粗糙,难以评估等价的程度。文献[18]将等价幅值取最大幅值的某个倍数,采用线性疲劳理论确定等价的作用次数。为此,必须首先定义等价的概念。在该研究中,将等价定义为等幅荷载作用所引起的应变与变幅有限次数荷载作用所引起的应变相等。线性疲劳理论包括如下两点假定。

(1) 每次作用对土的破坏作用正比于该次作用的能量。由此得到,每次作用的破坏能力只正比于应力幅值。

(2) 每次作用对土的破坏与其先后次序无关。

为确定变幅有限次数动应力的等价作用次数,首先从变幅有限次数动应力时程中,确定出幅值等于 $\bar{\sigma}_i$ 的作用次数,并以 N_i 表示。根据上述假定,N_i 次幅值为 $\bar{\sigma}_i$ 的破坏作用为 $\wp N_i \bar{\sigma}_i$,其中 $\wp$ 为比例常数。令与 $\wp N_i \bar{\sigma}_i$ 破坏作用等价的作用次数为 x_i,则得

$$\wp x_i \bar{\sigma}_{eq} = \wp N_i \bar{\sigma}_i$$

由此,得

$$x_i = N_i \frac{\bar{\sigma}_i}{\bar{\sigma}_{eq}} \tag{7.52}$$

图 7.42 给出了土达到破坏标准所要求的应力与作用次数的关系。按上述,在该图中任意两点对土的破坏作用是等价的。由上述的等价的概念,得

$$N_{e,f} \bar{\sigma}_{eq} = N_{i,f} \bar{\sigma}_i$$

或

$$\frac{N_{e,f}}{N_{i,f}} = \frac{\bar{\sigma}_i}{\bar{\sigma}_{eq}} \tag{7.53}$$

式中,$N_{e,f}$、$N_{i,f}$ 分别为在幅值等于 $\bar{\sigma}_{eq}$ 和幅值等于 $\bar{\sigma}_i$ 的等幅动应力作用下土破坏所要求的作用次数。将式(7.53)代入式(7.52),得

$$x_i = N_{e,f} \frac{N_i}{N_{i,f}} \tag{7.54}$$

在变幅有限次数动应力时程中,还有其他的幅值和相应的次数,按式(7.54)同样可以求出与其相应的等价作用次数。这样,整个变幅有限次数动应力的等价作用次数 N_{eq} 可由如下公式确定:

$$N_{eq} = \sum x_i$$

将式(7.54)代入得

$$N_{eq} = N_{e,f} \sum_i \frac{N_i}{N_{i,f}} \tag{7.55}$$

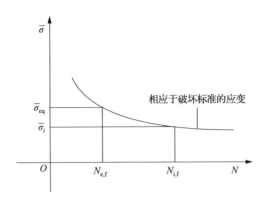

图 7.42　等价的概念

为确定式(7.55)的正确性,进行了验证试验。在试验中,将指定波形的变幅应力反复施加于土试样,直到达到破坏标准轴向应变 $\varepsilon = 5\%$。然后,对最终的变幅应力时程按式(7.55)确定其等价作用次数。在按式(7.55)确定等价作用次数时,将等价幅值指定不同的值,确定相应的等价次数。图 7.43 给出了松砂三种波形的验证试验结果,其中的实线为等幅动力试验确定出的破坏应力与作用次数关系,空心圆点为按上述方法确定出来的等价破坏应力比与作用次数的关系。可以看出,两者是相当一致的。

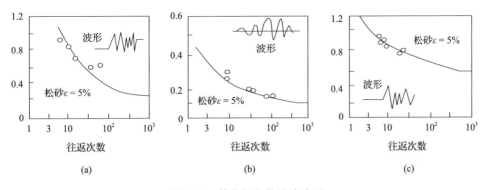

图 7.43　等价概念的试验验证

Seed 等[19]利用上述方法对不同震级的地震记录计算了等价作用次数,在计算时取等值幅值为最大幅值的 0.65 倍。计算的结果如图 7.44 所示,并建议了如表 7.2 所示的数值,其结果与他最早给出的结果基本符合。

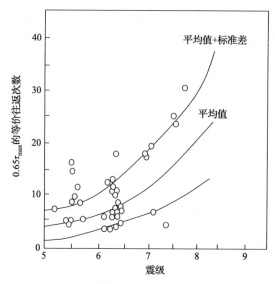

图 7.44　按疲劳理论确定的等价次数与震级的关系

表 7.2　建议的不同震级相应的等价次数

震级 M	5.5～6.0	6.5	7.0	7.5	8.0
等价作用次数 N_{eq}	5	8	12	20	30

日本学者进行了变幅有限作用次数的动三轴试验研究等效等幅荷载的确定[20,21]。在研究中,按前述的冲击型和往返型两类地震选取代表性的加速度时程作为动荷载的时程,如表 7.3 所示。设定不同的最大轴向动应力幅值,可求出在变幅荷载作用下土试样的孔隙水压力升高值,如图 7.45 所示。从图 7.45 可见,在冲击型地震作用下使土试样液化所要求的应力比 $\bar{\sigma}_{a,d,max}/(2\sigma_3)$ 要高于往返型地震的,其中 $\bar{\sigma}_{a,d,max}$ 为施加于试样上的最大轴向动应力幅值。日本学者将等价作用次数取为定值,等于 20 次,将等幅荷载作用 20 次土试样液化所要求的应力比 $\bar{\sigma}_{a,d}/(2\sigma_3)$ 与变幅荷载的 $\bar{\sigma}_{a,d,max}/(2\sigma_3)$ 相比,则可求得两种类型地震荷载的等效等幅值与最大幅值之比,如表 7.3 所示。从表 7.3 可见,等效等幅

表 7.3　变幅有限次数荷载试验确定的等效等幅幅值与最大幅值之比

波的类型	地点	最大加速度 /Gal	方向	比值 测定值	比值 平均值
冲击型	新潟[1]	155	NS	0.54	0.55
		159	EW	0.53	
	室兰[2]	95	NS	0.63	
	八户[3]	235	NS	0.50	
往返型	麦森[2]	56	NS	0.71	0.70
		86	EW	0.71	
	八户[2]	30	EW	0.68	

1) 十胜近海地震(1968 年),主震。

2) 十胜近海地震(1968 年),余震。

3) 新潟地震(1964 年),主震。

幅值与变幅最大幅值之比对冲击型地震为 0.53～0.63,平均为 0.55;对往返型地震为 0.68～0.71,平均为 0.70。可见,这个试验研究结果也与上述 Seed 的结果基本相符。

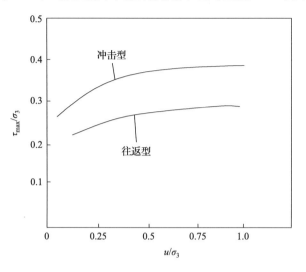

图 7.45　冲击型和往返型地震荷载试验结果比较

3) 双向剪切的影响

现有的动力试验设备一般只能在一个方向施加动剪切作用。然而,在一个微面上地震剪应力通常有两个分量,并且它们的幅值和相位可有不同的组合。为了确定在两个方向施加的剪应力以及它们的幅值、相位不同组合的影响,石原等用多向动剪切仪和动真三轴仪进行了试验研究[22,23]。在研究中,两个方向的动剪应力按如下两种方式施加。

(1) 旋转方式,按这种方式施加的两个方向剪应力相位差为 $\pi/2$,如图 7.46(a)所示。

(2) 交替方式,按这种方式先在一个方向施加一次往返剪切作用,然后再在另一个方向施加一次往返剪切作用,如此重复下去,如图 7.46(b)所示。

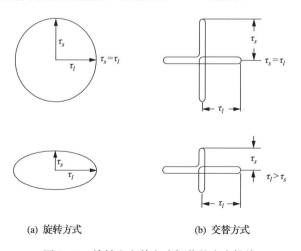

(a) 旋转方式　　　　　　(b) 交替方式

图 7.46　旋转和交替方式加荷的应力轨线

　　在研究中,以两个方向剪应力幅值比表示两个方向剪应力组合的影响,指定不同幅值比进行试验。图7.47和图7.48分别给出了旋转式加载和交替式加载的双向动剪切试验结果。在这两个图中,纵坐标为液化应力比,以幅值较大的那个方向上的剪应比 $\tau_{hv,d,l}/\sigma_v$ 表示。从这两图可看出,随两个方向剪应力幅值比的增大,液化应力比 $\tau_{hv,d,l}/\sigma_v$ 减小,即在两个方向剪切情况下饱和砂更容易液化。在这两图中,剪应力幅值为零的结果相应于一个方向剪切的结果。这样,由图7.47和图7.48可求出两个方向剪切的液化应力比 $\tau_{hv,d,l}/\sigma_v$ 与单向剪切的液化应力比 $\tau_{hv,d}/\sigma_v$ 的比值与剪应力幅值比 $\tau_{hv,d,s}/\tau_{hv,d,l}$ 的关系,如图7.49所示。图7.49中还包括由动真三轴试验旋转方式加荷的试验结果。此外,Seed等曾预言过双向往返剪切的影响,其研究结果也绘于图7.49中[24]。由此可见,双向剪切与单向剪切的液化应力比的比值随剪应力幅值比的增大而减小。当剪应力幅值比为1时,液化应力比要减小25%～30%。

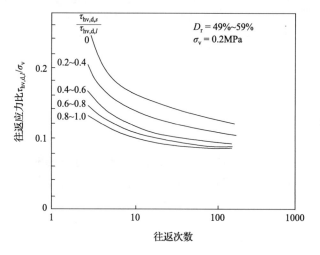

图7.47　旋转方式加荷的试验结果

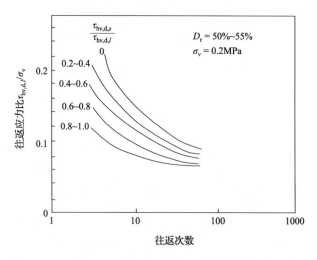

图7.48　交替方式加荷的试验结果

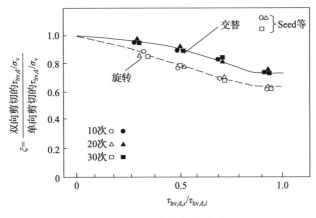

图 7.49　双向剪切的影响

从上述结果可得出如下结论：

（1）双向剪切荷载的施加方式虽有一定影响，但影响较小。

（2）双向剪切的主要影响因素可用两个方向的剪应力幅值比为指标表示。随幅值比的增大，液化应力比有明显的降低，最大可达 $25\%\sim30\%$。

4）动差应力和动剪应力共同作用的影响

在动三轴试验中，仅施加轴向差应力 $\sigma_{a,d}$，即仅考虑了动偏应力中的差应力分量的影响；在动剪切试验中，仅施加动剪应力 $\tau_{hv,d}$，即仅考虑了动偏应力中的剪应力的影响。然而，一点的动偏应力一般既包括差应力分量也包括剪应力分量。同样，动差应力分量与动剪应力分量的幅值和相位可以有不同的组合。以平面应变问题为例，以 $(\sigma_{x,d}-\sigma_{y,d})/2$ 表示动差应力分量，以 $\tau_{xy,d}$ 表示动剪应力分量，则动偏应力的轨迹线可能有三种典型情况，如图 7.50 所示。

（1）动差应力与动剪应力没有相位差，只有幅值比的不同，如图 7.50(a)所示。

（2）动差应力与动剪应力不仅有幅值比的不同，还有一定的相位差。

（3）动差应力与动剪应力的相位差为 $\pi/2$，并有幅值比的不同。这种情况可视为是第二种情况的一种特殊情况。

显然，第二种情况是一般情况。但是，由于动力试验设备的功能限制，对动偏应力两个分量共同作用的影响尚缺乏试验研究，在此仅提出这个问题，而液化判别中如何考虑这个影响将在后面表述。

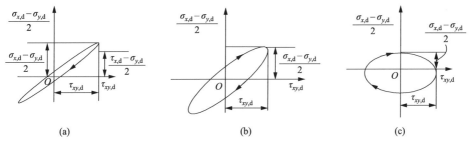

图 7.50　动差应力与动剪应力的三种典型组合

5）先期动荷作用的影响

先期动荷作用是指在受到动荷作用以前已经受到一定大小的动荷载作用，如历史地震或前震都可认为是先期动荷作用。为了研究先期动荷作用的影响，先使土试样在不排水条件下受到一定大小的等幅剪切作用，然后排水，当孔隙水压力消散后再在不排水条件下使土试样受到等幅剪切作用，直至达到液化标准，确定出液化应力比，并与没受到先期动荷作用的结果相比较。研究表明[25]，当先期动剪切作用较小时，先期动剪切使液化应力比增大，图7.51给出了先期动荷作用较小时振动台式剪切试验结果。但是，当先期动剪切作用较大时，则使液化应力比减小。这个界限先期剪切作用的剪应变幅值大约为0.01。

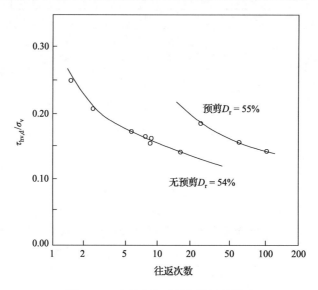

图 7.51　小的先期动剪切作用的影响

衡量先期动剪切作用大小的另一个指标是先期动剪切作用所引起的孔隙水压力比，即孔隙水压力与固结压力比。研究表明，如果先期动剪切引起的孔隙水压力比小于0.6，先期动剪切将使液化应力比提高[26]。

小的先期动剪切作用使液化应力比提高的原因可能是先前动剪切作用使侧压力系数K_0增大，以及由于在先期动剪切过程中土颗粒排列方式的调整形成更稳定的结构。

5. 应力状态的影响

1）问题的提出

在饱和砂土液化研究中，最先关注的是水平地面下饱和砂土的液化问题。在水平地面下一点的静力处于K_0状态，即水平面和侧面分别为静力最大主应力和最小主应力面，且作用在侧面上的水平主应力σ_h等于静止土压力系数K_0乘以作用于水平面上的最大主应力σ_v，即

$$\sigma_h = K_0 \sigma_v \tag{7.56}$$

显然，在水平面及侧面上的静剪力τ_{hv}等于零。假如地震是由下向上传播的水平剪切

运动,则在水平地面下一点只有动剪切应力 $\tau_{\mathrm{hv,d}}$ 作用于水平面及侧面上,而在这两个面上的动正应力为零。

另一方面,最早研究出来的动力试验设备是动三轴仪。在动三轴试验中,土试样所受的静力处于轴对称应力状态,轴向应力和径向应力分别为最大主应力 σ_1 和最小主应力 σ_3。在均等固结情况下,即 $\sigma_1 = \sigma_3$,过土试样任意一个面上的静剪应力均为零;而在非均等固结情况下,则不为零。在动三轴试验中,通常在轴向施加动荷载,土试样只受轴向动应力 $\sigma_{\mathrm{a,d}}$ 作用。

按上述,为了能将动三轴试验结果用于水平地面下饱和砂土的液化判别,在动三轴试验中必须模拟如下两点:

(1) 水平地面下的饱和砂土在水平面上所受的静剪应力为零。

(2) 水平地面下的饱和砂土在水平面上所受的动正应力为零。

根据上述,如果在均等固结条件下进行动三轴试验,45°面上的静剪应力为零。另外,如果在轴向施加数值等于 $\sigma_{\mathrm{a,d}}/2$ 的轴向动应力,而在侧向施加相位差为 π 而数值也等于 $\sigma_{\mathrm{a,d}}/2$ 的侧向动应力,则在 45°面上动正应力为零,如图 7.52 所示。这样,无论在静力上还是在动力上,可用均等固结条件下动三轴试验中土试样的 45°面上的受力条件来模拟水平地面下一点水平面上的受力条件,这就要求动三轴仪能够在轴向和侧向同时施加动荷载。前面已指出,一般的动三轴仪只能在轴向施加荷载。然而,从图 7.52 可见,只在轴向施加动应力 $\sigma_{\mathrm{a,d}}$ 与在轴向和侧向同时施加相位差为 π、数值为 $\sigma_{\mathrm{a,d}}/2$ 的动应力,对饱和砂土骨架的作用是等价的,只是两者引起的孔隙水压力相差 $\sigma_{\mathrm{a,d}}/2$。显然,这部分孔隙水压是由各向均等的动应力 $\sigma_{\mathrm{a,d}}/2$ 作用引起的,由孔隙水承受,对液化没有影响。由于上述两种动荷载施加方式对饱和砂土骨架的作用是等价的,可采用只在轴向施加动荷载的动三轴试验来研究水平地面下一点的饱和砂土液化。按上述,45°面上的静正应力为 σ_3,动剪应力为 $\sigma_{\mathrm{a,d}}/2$,其上的动剪应力幅值与其静正应力之比为 $\bar\sigma_{\mathrm{a,d}}/(2\sigma_3)$。

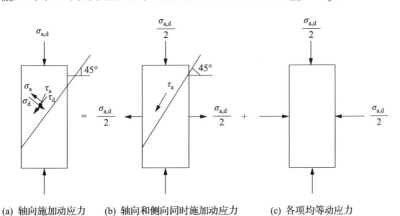

图 7.52　轴向施加的动应力的分解

后来,研制成功动剪切仪。在动剪切仪中,土试样在 K_0 条件下固结,土试样水平面及侧面分别为静力最大主应力 σ_{v} 作用面及最小主应力 σ_{h} 作用面,在这两个面上静剪应力为零。土试样所受的静力状态与水平地面下一点土所受的静力状态完全相同。另外,在动剪切试验中土试样只在水平面上承受动剪应力 $\tau_{hv,d}$，且该面上动正应力为零。土试样所受的动应力状态也与水平地面下一点土所受的动力状态相同。按上述，在动剪切试验中土试样的静正应力为 σ_v，动剪应力为 $\tau_{hv,d}$，水平面上动剪应力幅值与其静正应力之比为 $\bar{\tau}_{hv,d}/\sigma_v$。显然，动剪切液化试验的结果可直接用来判别水平地面下饱和砂土的液化。

由此，产生了一个问题，即均等固结动三轴液化试验以 45°面应力条件定义的液化应力比 $\bar{\sigma}_{a,d}/(2\sigma_3)$ 与动剪切液化试验以水平面应力条件定义的液化应力比 $\bar{\tau}_{hv,d}/\sigma_v$ 是否等价？如果不等价，两者的关系如何，以及如何将均等固结动三轴液化试验结果用于判别水平面下饱和砂土的液化？显然，这些问题是由动三轴试验中土试样所受的静力和动力状态与水平地面下一点土所受的静力和动力状态不同引起的。如果不考虑它们之间的受力状态不同的影响，将会导致错误。

2）不同应力状态下试验结果的比较

图 7.53 给出了相对密度为 50% 均匀中砂的等幅动剪切试验结果[27,28]。显然，图中所示的改进成型方法粗糙底板的试验结果更可靠。然而，动剪切试验也有其固有的缺点：①在不排水条件下保持体积不变有困难；②剪应变沿高度分布不均匀；③剪应力在水平面上分布不均匀；④在试样的侧面上没有施加与水平面互等的剪应力。

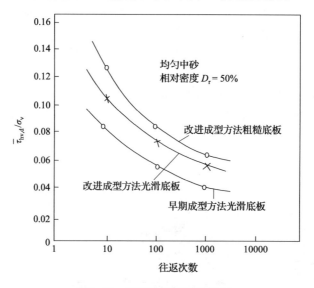

图 7.53　等幅动剪切试验结果

为了估计这些缺欠对试验结果可靠性的影响，DeAlba 等[29]又进行了振动台式剪切试验。振动台式剪切试验是在振动台上铺置一层砂层，在 DeAlba 的试验中，试样的长高比为 22.5∶1。将薄砂层用橡胶膜密封并在其上设置顶帽，再将薄砂层饱和，待饱和完成后在不排水条件下开启振动台使薄砂层受到等幅水平振动作用。在振动过程中，试件及其上的顶帽的惯性作用使薄砂层受到水平动剪切作用，根据振动过程中测得的顶帽水平加速度可计算出薄砂层所受到的等幅剪应力的幅值 $\bar{\tau}_{hv,d}$。另外，根据振动过程中测得的孔隙水压力可确定发生液化时的作用次数。文献[29]给出了图 7.54 和图 7.55 所涉及资料的参考文献。振动台式剪切验结果如图 7.54 所示，显然，做橡胶膜修正的试验结果更为可靠。图 7.55 给出了动剪切仪与振动台式剪切试验结果的比较。从图 7.55 可发现，两者是相当的一致的，有的结果高些是侧压力系数 K_0 值较大的缘故。这表明，上述动剪切仪的缺欠对试验结果的影响有正有负，大体上相互抵消。

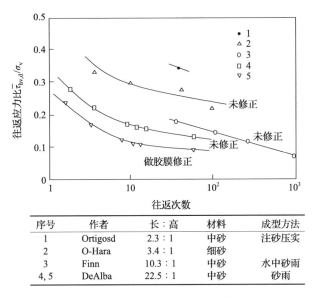

序号	作者	长∶高	材料	成型方法
1	Ortigosd	2.3∶1	中砂	注砂压实
2	O-Hara	3.4∶1	细砂	
3	Finn	10.3∶1	中砂	水中砂雨
4, 5	DeAlba	22.5∶1	中砂	砂雨

图 7.54　振动台式动剪切试验结果

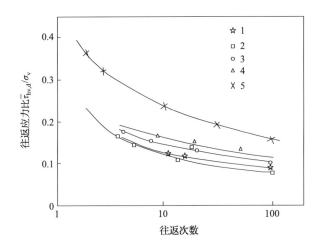

图 7.55　振动台式剪切试验与往返荷载剪切试验结果的比较

1. DeAlba，振动台试验，中砂，砂雨；2. Seed，剪切试验均匀中砂，水中倒砂振动；3. Finn，剪切试验，渥太华砂；4. Yoshimi，环剪试验，新潟砂，水中倒砂；5. Ishibashi 等，扭剪试验，渥太华砂，水中倒砂

　　为了比较振动台式剪切试验与动三轴试验结果，下面引进一个系数 C_{st}，其定义为与指定作用次数相应的振动台式剪切试验的液化应力比以及动三轴液化应力比。图 7.56 给出了在 10 次作用下振动台剪切试验的液化应力比与均等固结动三轴试验液化应力比的比较。从图 7.56 可见，动三轴的试验结果显著高于振动台式剪切试验结果，两者的比值 C_{st} 约为 0.63，与密度没有什么关系。当然，也可由试验结果求出与其他作用次数相应

的比值 C_{st}，如图 7.57 所示。由图 7.57 可见，两者的比值随作用次数的增大略有减少。

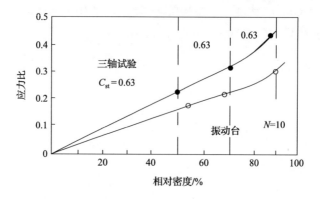

图 7.56　振动台剪切试验与均等固结动三轴试验结果的比较

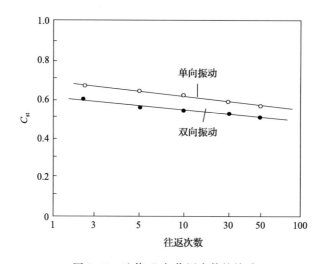

图 7.57　比值 C_{st} 与作用次数的关系

从上述可见，动剪切试验或振动台式动剪切试验确定的液化应力比 $\bar{\tau}_{hv,d}/\sigma_v$ 与均等固结动三轴试验确定的液化应力比 $\bar{\sigma}_{a,d}/(2\sigma_3)$ 两者并不等价，前者是后者的 C_{st} 倍，C_{st} 小于 1.0，为 0.53～0.68。

3）不同应力状态下试验结果的统一解释

动剪切或振动台动剪切试验的液化应力比是以水平面上的等幅动剪应力幅值与该面上静正应力的比值定义的，而均等固结动三轴试验的液化应力比是以 45°面上的等幅静剪应力幅值与该面上静正应力的比值定义的。但是，在这两种试验中土试样应该存在一个相应的或等价的面，这个面应是对液化具有控制作用的面。实际上，过一点一定存在一个面，在过该点的诸多面中，该面上的等幅动剪应力幅值与该面静正应力之比是最大的。显然，这个面上的应力应该对液化起控制作用，这就是说，不论什么应力状态，液化应力比应该以这个面上的等幅剪应力幅值与其上静正应力之比来定义。下面，将这个面称为最大动剪切作用面[30,31]。现在分别来确定动三轴试验和动剪切试验或振动台动剪切试验土试样的最大动剪切作用面及其上的应力分量。

(1) 动三轴试验土试样的最大动剪切作用面。

假定在动三轴试验中土试样在不均等固结条件下固结,其固结比为 K_c,侧向固结压力为 σ_3。由此,可绘出土试样的静应力莫尔圆,如图 7.58 中 O_s 所示。固结完成后在不排水条件下施加的轴向动应力,以压半周情况为例,静应力与动应力合成应力的莫尔圆如图 7.58 中的 O_{sd} 所示。由于轴向动应力附加作用没有使主应力面转动,即静应力与静动合成应力的主应力面相同。设静应力圆上的 C 点与静主应力面的夹角为 β,该点在静动合成应力圆上以 E 点代表。从图 7.58 可确定出该面上的静应力及合成应力的分量如下:

$$
\begin{cases}
\sigma_s = \dfrac{\sigma_3 + \sigma_1}{2} + \dfrac{\sigma_1 - \sigma_3}{2}\cos2\beta \\[2mm]
\tau_s = \dfrac{\sigma_1 - \sigma_3}{2}\sin2\beta \\[2mm]
\tau_{s,d} = \dfrac{\sigma_1 - \sigma_3 + \sigma_{a,d}}{2}\sin2\beta
\end{cases}
\tag{7.57}
$$

式中,σ_s、τ_s 和 $\tau_{s,d}$ 分别为该面上的静正应力、静剪应力和静动合成剪应力分量。此外,从图 7.58 可见,该面上的动剪应力 τ_d 可按式(7.58)确定:

$$
\tau_d = \tau_{s,d} - \tau_s
\tag{7.58}
$$

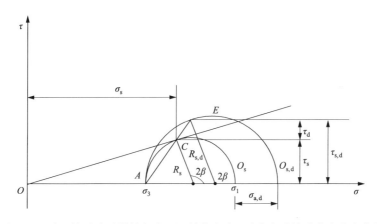

图 7.58　动三轴试验试样的任意面上的静应力、动应力及静动合成应力分量

由此可求出当轴向动应力等于其幅值 $\bar{\sigma}_{a,d}$ 时相应的动剪应力幅值 $\bar{\tau}_d$。令

$$
\alpha_d = \frac{\bar{\tau}_d}{\sigma_s}
\tag{7.59}
$$

式中,α_d 称为该面的动剪应力比。将式(7.57)和式(7.58)代入式(7.59),得该面的动剪应力比如下:

$$
\alpha_d = \frac{\bar{\sigma}_{a,d}\sin2\beta}{(\sigma_1 + \sigma_3)(\sigma_1 - \sigma_3)\cos2\beta}
\tag{7.60}
$$

由该式可见,当 σ_1、σ_3 和 $\bar{\sigma}_{a,d}$ 一定时,动剪应力比是该面与主应力面夹角 β 的函数。因此,可由式(7.61)确定出动剪应力比为最大时相应的夹角 β:

$$\frac{\mathrm{d}\alpha_d}{\mathrm{d}\beta} = 0 \tag{7.61}$$

完成上述计算得

$$\cos 2\beta = -\frac{\sigma_1 - \sigma_3}{\sigma_1 + \sigma_3} \tag{7.62}$$

令 γ 为由原点引出的固结应力圆的切线与横轴的夹角,如图 7.59 所示,可以证明:

$$\sin\gamma = -\cos 2\beta \tag{7.63}$$

式(7.63)表明,由原点引静应力圆的切线,切点 C 相应的面即为最大剪切作用面,如图 7.59 所示。可以证明,AC 两点的连线与合成应力圆的交点 E 即为最大剪切作用面在合成应力圆上的位置。将式(7.62)代入式(7.57)及式(7.59)得

$$\begin{cases} \sigma_s = \dfrac{2\sigma_3\sigma_1}{\sigma_3 + \sigma_1} = 2\dfrac{K_c}{1+K_c}\sigma_3 \\[2mm] \tau_s = \dfrac{\sigma_1 - \sigma_3}{\sigma_1 + \sigma_3}\sqrt{\sigma_1\sigma_3} = \dfrac{K_c - 1}{K_c + 1}\sqrt{K_c}\sigma_3 \\[2mm] \bar{\tau}_d = \dfrac{\sqrt{K_c}}{K_c + 1}\bar{\sigma}_{a,d} \\[2mm] \alpha_d = \dfrac{1}{2\sqrt{K_c}}\dfrac{\bar{\sigma}_{a,d}}{\sigma_3} \\[2mm] \alpha_s = \dfrac{K_c - 1}{2\sqrt{K_c}} \end{cases} \tag{7.64}$$

式中,α_s 为最大剪切作用面上的静剪应力比,可见随固结比 K_c 的增大而增大。在均等固结条件下,$K_c = 1$,代入式(7.64)得

$$\begin{cases} \sigma_s = \sigma_3 \\[2mm] \tau_s = 0, \quad \alpha_s = 0 \\[2mm] \bar{\tau}_d = \dfrac{\bar{\sigma}_{a,d}}{2} \\[2mm] \alpha_d = \dfrac{\bar{\sigma}_{a,d}}{2\sigma_3} \end{cases} \tag{7.65}$$

式(7.62)表明,在均等固结条件下,动三轴试验的最大剪切作用面就是 45°面。

(2) 动剪切或振动台式动剪切试验土试样的最大动剪切作用面。

在动剪切试验中,土试样的最大和最小主应力分别为 σ_2 和 $K_0\sigma_v$,静应力莫尔圆为 O_s,水平动剪应力附加作用于最大静主应力面上,静动合成应力图为 $O_{s,d}$,动剪应力附加

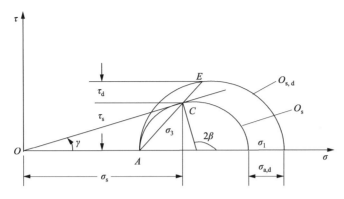

图 7.59　动三轴试验试样最大剪切作用面确定方法

作用使最大静正应力面转动 θ 角，如图 7.60 所示。静应力与合成应力的莫尔圆为两个同心圆。转角 θ 按式(7.66)确定：

$$\tan2\theta = \frac{2\tau_{\mathrm{hv,d}}}{(1-K_0)\sigma_{\mathrm{v}}} \tag{7.66}$$

设静应力圆上的一点 C 与最大静主应力面成 β 角。动剪应力附加作用后，该面在合成应力圆上相应的点为 E，如图 7.60 所示。设静应力莫尔圆的半径为 R_{s}，合成应力莫尔圆半径为 $R_{\mathrm{s,d}}$，两个同心圆圆心的横坐标 σ_0 按式(7.67)确定：

$$\sigma_0 = \frac{1+K_0}{2}\sigma_2 \tag{7.67}$$

由图 7.60 可按式(7.68)确定出该面上的应力分量：

$$\begin{cases} \sigma_{\mathrm{s}} = \sigma_0 + R_{\mathrm{s}}\cos2\beta \\ \tau_{\mathrm{s}} = R_{\mathrm{s}}\sin2\beta \\ \tau_{\mathrm{s,d}} = R_{\mathrm{s,d}}\sin2(\theta+\beta) \\ \tau_{\mathrm{d}} = \tau_{\mathrm{s,d}} - \tau_{\mathrm{s}} \end{cases} \tag{7.68}$$

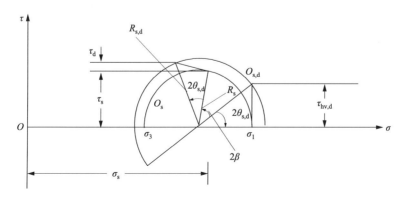

图 7.60　动剪切试验试样的任意面上的静应力、动应力及动静合成应力分量

由式(7.66)可求出当水平动剪应力等于其幅值 $\bar{\tau}_{hv,d}$ 时相应的转角 $\bar{\theta}$。由此,得

$$\alpha_d = \frac{R_{s,d}\sin2(\bar{\theta}+\beta) - R_s\sin2\beta}{\sigma_0 + R_s\cos2\beta} \tag{7.69}$$

同样,按式(7.61)可得到动剪应力比为最大时相应的夹角 β 的条件如下:

$$R_{s,d}\cos2(\bar{\theta}+\beta) - R_s\cos2\beta = 0 \tag{7.70}$$

由于

$$R_{s,d}\cos2(\bar{\theta}+\beta) = \frac{1-K_0}{2}\sigma_2\cos2\beta - \bar{\tau}_{hv,d}\sin2\beta$$

$$R_s\cos2\beta = \frac{1-K_0}{2}\sigma_2\cos2\beta$$

代入式(7.70)得

$$\begin{cases} \sin2\beta = 0 \\ \cos2\beta = -1 \end{cases} \tag{7.71}$$

将式(7.71)代入式(7.68)得最大剪切作用面上应力分量为

$$\begin{cases} \sigma_s = K_0\sigma_v \\ \tau_s = 0, \quad \alpha_s = 0 \\ \bar{\tau}_d = \bar{\tau}_{hv,d} \\ \alpha_d = \dfrac{\bar{\tau}_{hv,d}}{K_0\sigma_v} \end{cases} \tag{7.72}$$

式(7.72)表明,在动剪切试验中试样的最大剪切作用面为侧面。如果以最大剪切作用面上的动剪切比表示液化应力比,则动三轴试验的液化应力比为 $\bar{\sigma}_{a,d}/(2\sigma_3)$,动剪切试验的液化应力比为 $\bar{\tau}_{hv,d}/(K_0\sigma_v)$。这两个应力比应该是相应或等价的,由此得

$$\frac{\bar{\sigma}_{a,d}}{2\sigma_3} = \frac{\bar{\tau}_{hv,d}}{K_0\sigma_v} \tag{7.73}$$

改写式(7.73)得

$$\frac{\bar{\tau}_{hv,d}}{\sigma_v} = C_{st}\frac{\bar{\sigma}_{a,d}}{2\sigma_3}, \quad C_{st} = K_0 \tag{7.74}$$

这样,式(7.74)将以水平面上的应力条件表示的动剪切试验的液化应力比与以 45°面上的应力条件表示的均等固结动三轴试验的液化应力比联系了起来。

(3) 最大动剪切作用面方法的验证。

① 系数 C_{st} 的取值。

前面由动剪切试验与动三轴试验结果的比较得到了系数 C_{st} 的取值范围为 $0.53 \sim 0.68$。按最大动剪切作用面的方法,$C_{st}=K_0$,对于正常固结的砂土,K_0 可按如下公式确定:

$$K_0 = 1 - \sin\varphi'$$

式中，φ' 为峰值有效应力强度摩擦角。将砂土的 φ' 代入，得到的 C_{st} 值与试验确定的 C_{st} 值相当一致。

②超固结对液化试验结果的影响。

前面，图 7.38 给出了超固结比 OCR 对动剪切液化试验结果的影响，液化应力比随超固结比 OCR 的增大而增大。为了消除超固结比 OCR 的影响，将动剪切的应力比定义为水平面上的动剪应力幅值 $\bar{\tau}_{hv,d}$ 与平均静应力 σ_0 之比，图 7.39 给出不同超固结比的 $\bar{\tau}_{hv,d}/\sigma_0$-$N_l$ 关系。由图可见，液化应力比 $\bar{\tau}_{hv,d}/\sigma_0$ 仍随超固结比 OCR 的增大而增大，其影响并没完全消除。但是，如果以最大剪切作用面上的动剪应力比表示液化应力比，由图 7.38 的结果绘制出液化应力比 $\bar{\tau}_{hv,d}/(K_0\sigma_v)$-$N_l$ 关系，如图 7.61 所示。从图 7.61 可见，不同超固结比的试验结果均分布在一条线上，即将超固结比的影响完全消除。这就表明，按最大剪切作用面方法表示和解释液化试验是正确的。

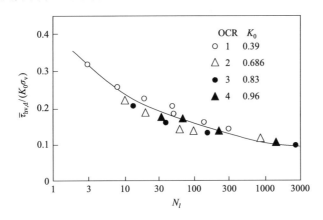

图 7.61　不同超固结比的 $\bar{\tau}_{hv,d}/(K_0\sigma_v)$-$N_l$ 关系

6. 砂土结构的影响

砂土的结构是指砂土颗粒的排列及在颗粒接触点形成的某种缪结。砂土结构对液化的影响表现在许多方面，例如：①固结比 K_c 的影响；②固结持时的影响；③超固结比 OCR 的影响；④重新制备的砂土与原状砂土液化性能的不同；⑤先期动剪切的影响；⑥试验砂样制备方法的影响。

现在，通常是将砂土结构作为一个定性的原因来解释一些因素对液化的影响。关于砂土结构对液化定量影响的研究尚存在一些困难，其中最主要的是还没有找到一个容易测定的公认的表示砂土结构的定量指标，以及砂土结构在实验室内难以复制。

但是，从前述与砂土结构有关的液化影响研究中，可以得到以下两点重要的结论：

(1) 在实验室内用重新制备的砂土进行液化试验所得到的液化性能，不能代表地面下砂层中密度相同的原状砂土的液化性能。

(2) 在液化研究中，由地震现场液化调查资料确定的地面下原状砂土的液化性能具有重要的意义。这一点，将在后面详细表述。

7.8　土的动强度及影响因素

1. 土的动强度定义

与土的静强度的定义相似,土的动强度是土破坏时在破坏面上所要求施加的动剪应力幅值或静剪应力与动剪应力幅值之和。然而,关于动强度必须指出如下两点:

(1) 在动荷作用之前土已受到静荷载作用,土体所受到的静应力要影响土的动强度。因此,土的动强度应与破坏面上的静应力分量,即静正应力 σ_s 及剪应力 τ_s 有关,而静剪应力 τ_s 又常常用静剪应力比 α_s(即 τ_s/σ_s)代替。这样,土的动强度不仅取决于破坏面上的静正应力,还取决于破坏面上的静剪应力比。如前指出,动荷作用之前土所受的静应力通常认为是有效应力。

(2) 土的动强度与作用次数有关。

2. 黏性土不排水剪切动强度与静强度比较

Seed 等最早采用动三轴试验研究了黏性土的不排水剪切动强度,并与其静强度进行了比较[32,33]。在试验中,首先使土样固结,然后在不排水条件下施加静轴向荷载,其数值等于其静强度的一个指定的百分数,待变形稳定后再施加往返轴向荷载,其幅值也等于其静强度的一个指定的百分数。随作用次数的增加,轴向变形也增加,直到达到破坏标准,如图 7.62 所示。

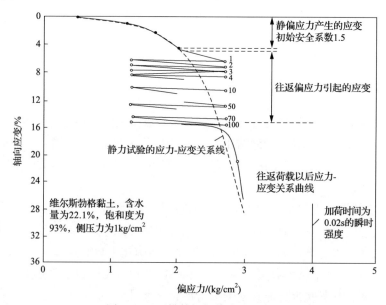

图 7.62　不排剪切加载过程及变形

根据在不排水剪切时所施加的静轴向应力 σ_1 和往返轴向应力幅值 $\bar{\sigma}_{a,d}$ 的大小,可分为单向剪切和双向剪切,如图 7.63 所示。如果 $\sigma_1 - \sigma_3 \geqslant \bar{\sigma}_{a,d}$ 则剪切方向不发生改变。在这种情况下，土样 45°面上的静剪应力与往返剪应力的合成剪应力只有大小的变化，没有方向的改变。如果 $\sigma_1 - \sigma_3 < \overline{\sigma}_{a,d}$，则剪切方向发生改变。在双向剪切情况下，土样 45°面上的静剪应力与往返剪应力的合成剪应力不仅有大小的变化，而且还有方向的改变。在图 7.63(b)中，在阴影所示的那些时段，合成剪应力的方向发生了改变。

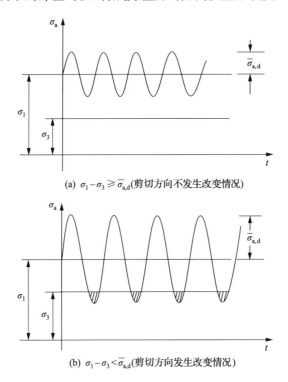

(a) $\sigma_1 - \sigma_3 \geqslant \overline{\sigma}_{a,d}$(剪切方向不发生改变情况)

(b) $\sigma_1 - \sigma_3 < \overline{\sigma}_{a,d}$(剪切方向发生改变情况)

图 7.63　剪切方向不发生改变和发生改变情况

图 7.64 给出了试验结果，即土样破坏所需施加的往返轴向应力幅值与作用次数的关系，其中往返轴向应力幅值是以与静强度的百分比表示的。从图 7.64 可见以下两点：

（1）使土样破坏所要施加的往返轴向应力幅值随作用次数的增加而减小。

（2）对指定的作用次数，使土样破坏所要施加的往返轴向应力幅值随所施加的静轴向应力的增加而减小。

根据图 7.64 所示的结果，可绘出在指定作用次数下发生破坏所要求施加的往返轴向应力幅值及静轴向应力幅值的关系。三种土当指定的作用次数为 1 次及 30 次时两者的关系分别如图 7.65 所示。在 1 次作用下，三种土破坏所需的总的轴向荷载均大于静强度，但灵敏性的不扰动粉质黏土显示出更高的相对强度值。在 30 次作用下，灵敏性的不扰动粉质黏土显示出了较低的相对强度值，约为其静强度的 80%。

根据上述比较试验研究成果，Seed 做出如下结论。

（1）对于压密的黏性土，在地震荷载作用下引起破坏所需的总的应力为其静力强度的 100%～120%。

（2）对于灵敏的黏土，引起破坏所需的总的应力为其静力强度的 80%～100%。

　　（3）在设计中,如果静力安全系数对于压密黏性土及灵敏黏性土分别在1.0和1.15以上,就可避免地震时发生破坏,但可能产生较大的变形。

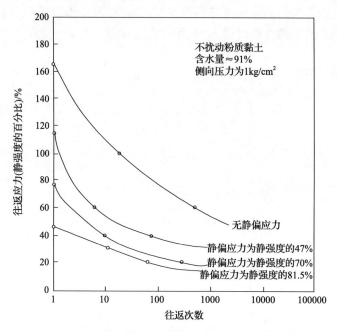

图 7.64　土破坏所要求的轴向动应力幅值与作用次数关系

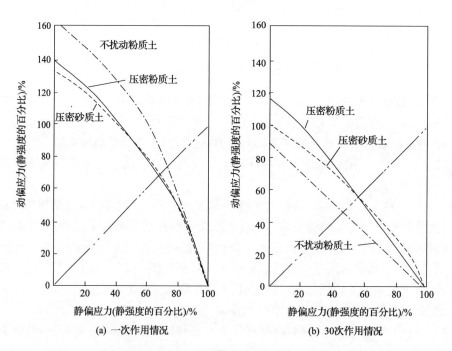

图 7.65　指定作用次数时土破坏所需的轴向静应力及轴向动应力幅值

3. 影响土动抗剪强度因素及表达式

与饱和砂土抗液化能力相似，土的动强度应是破坏面上的静正应力 σ_s、静剪应力比 α_s 以及引起土破坏所要施加的作用次数 N_f 的函数。这三个因素的影响可由动三轴试验结果确定出来。如前述，动三轴强度试验的基本结果一般以在指定固结比 K_c、固结压力 σ_3 下使土破坏所需要施加的轴向动应力幅值 $\bar\sigma_{a,d}$ 与作用次数 N 之间的关系表示。为了确定在指定作用次数下土动强度与破坏面上静正应力 σ_s、静剪应力比 α_s 的关系，必须确定出动三轴试验土试样的破坏面及其上的静应力和动应力分量。如前所述，像控制砂土液化的应力条件那样，控制土破坏的应力条件也应以最大动剪切作用面上的应力条件来表示。最大动剪切作用面上的应力分量可由式(7.65)或由图 7.59 所示方法确定。唯一要补充说明一点，对于黏性土，式(7.65)应改为

$$K_c = \frac{\sigma_c + \sigma_1}{\sigma_c + \sigma_3}$$

$$\sigma_s = 2\frac{K_c}{1+K_c}(\sigma_3 + \sigma_c) - \sigma_c$$

$$\tau_s = \frac{K_c - 1}{K_c + 1}\sqrt{K_c}(\sigma_3 + \sigma_c)$$

$$\bar\tau_d = \frac{\sqrt{K_c}}{K_c + 1}\bar\sigma_{a,d}$$

$$\alpha_d = \frac{\bar\tau_d}{\sigma_s}$$

$$\alpha_s = \frac{\tau_s}{\sigma_s} \tag{7.75}$$

式中

$$\sigma_c = c\cot\varphi \tag{7.76}$$

其中，c、φ 为黏性土静抗剪强度指标黏结力及摩擦角。

相应地，代替图 7.59，应由图 7.66 来确定破坏面及其上的应力分量。这样，从式(7.75)可见，对于砂性土，最大动剪切作用面上的静剪应力比 α_s 只与固结比 K_c 有关，而与固结压力 σ_3 无关；对于黏性土，静剪应力比 α_s 不仅与固结比 K_c 有关，还受固结压力 σ_3 的影响。但是计算表明，对指定的固结比由 $100\sim300\mathrm{kPa}$ 不同固结压力计算出的静剪应力比变化范围不大，可求出一个平均值作为与指定固结比相应的静应力比值。

Seed 认为，在不排水条件下土的动强度特别是饱和土的动强度取决于破坏面上的静正应力 σ_s。这是因为对饱和土在不排水条件下破坏面上的动正应力由孔隙水承受，不能使土发生压密。这样，对指定的作用次数，根据指定固结比 K_c 的一组动三轴试验结果可绘制一条静剪应力比 α_s 为一定时 τ_d-σ_s 关系线或 $\tau_{s,d}$-σ_3 关系线，而根据不同固结比的动三轴试验结果可绘制以静剪应力比 α_s 为参数的一簇 τ_d-σ_s 关系线或 $\tau_{s,d}$-σ_s 关系线，分别如图 7.67 所示。像图 7.67 所示那样，与指定作用次数相应的动抗剪强度 τ_d

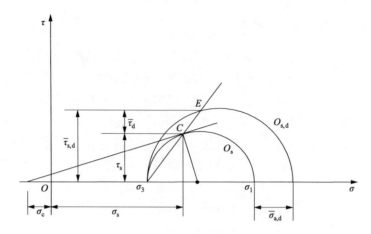

图 7.66　黏性土的破坏面及其上应力分量的确定

或 $\tau_{s,d}$ 随破坏面上的静正应力的增大而增大,通常可用类似库仑公式的线性关系表示两者之间的关系。相应地,将 τ_d - σ_s 关系线的截距和斜率以 c_d 和 $\tan\varphi_d$ 表示,将 $\tau_{s,d}$ - σ_3 关系线的截距和斜率以 $c_{s,d}$ 和 $\tan\varphi_{s,d}$ 表示,并将 c_d、$c_{s,d}$ 和 φ_d、$\varphi_{s,d}$ 分别称为动抗剪强度指标,即动黏结力和动摩擦角。显然,对指定的作用次数可由动三轴试验结果求出以静

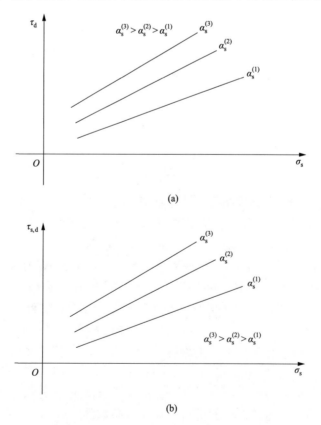

图 7.67　以破坏面静剪应力比 α_s 为参数的 τ_d - σ_s 关系线和 $\tau_{s,d}$ - σ_s 关系线

剪应力比 α_s 相应的一组动黏结力和动摩擦角。如果改变作用次数,则可求出另一组动黏结力与动摩擦角。

根据以往大量的动三轴试验结果,关于影响土动抗剪强度的因素及规律可归纳如下:

(1) 土的动抗剪强度 τ_d 或 $\tau_{s,d}$ 随破坏面上的静正应力 σ_s 的增大而增加,通常可用类似库仑公式的线性关系线表示。

(2) 土的动抗剪强度指标,即黏结力 c_d 或 $c_{s,d}$、φ_d 或 $\varphi_{s,d}$ 与破坏面上的静剪应力比 α_s 有关。对指定的作用次数,可由试验求出一组以 α_s 为参数的动抗剪强度指标。以往试验结果表明,动抗剪强度指标 c_d 或 $c_{s,d}$、φ_d 或 $\varphi_{s,d}$ 均随破坏面上的静剪应力比的增大而增大,而 φ_d 或 $\varphi_{s,d}$ 更为明显。土的动抗剪强度指标随破坏面上的静剪应力比增大而增大的原因,与前述的饱和砂土抗液化强度随最大剪切作用面上静剪应力比增大而增大的原因相同。

(3) 土的抗剪强度指标 c_d 或 $c_{s,d}$、φ_d 或 $\varphi_{s,d}$ 随动力作用次数的增多而降低。当破坏面上的静剪应力比 α_s 相同时,作用次数越多,与指定的静剪应力比相应的动剪强度指标 c_d 或 $c_{s,d}$、φ_d 或 $\varphi_{s,d}$ 就越小。

4. 两种形式的土动抗剪强度公式的应用

根据上述,在指定作用次数下,土的动抗剪强度公式可以写成两种与库仑公式相似的形式,即

$$\begin{cases} \tau_d = c_d + \sigma_s \tan\varphi_d \\ \tau_{s,d} = c_{s,d} + \sigma_s \tan\varphi_{s,d} \end{cases} \tag{7.77}$$

与库仑抗剪强度公式不同的是,土动抗剪强度指标随作用次数及破坏面上的静剪应力比而变化。因此,在应用这两个公式确定动抗剪强度指标时,必须首先确定动荷载的等价作用次数及破坏面上的静剪应力比和静正应力。破坏面上的静剪应力比及静正应力可由土体静力分析和动力分析结果确定出来,这个问题将在后面表述。

在此应指出,式(7.77)给出的两种形式的土动抗剪强度公式实际上是相同的。将土抗剪强度表示成这两种不同形式只是为了应用上的方便。在土体动力稳定分析中,通常进行如下两种分析:

(1) 土体破坏区域的确定。在土体破坏区域的确定中,要判别土体中每个单元在动剪应力附加作用下是否发生了破坏。在这种分析中,应用式(7.77)的第一式更为方便。

(2) 部分土体沿某个滑动面整体滑动分析。在这种分析中,要计算滑动面以上的土体在静力和动力共同作用下,沿滑动面是否会滑动,必须确定滑动面上包括静剪应力作用在内的动抗剪强度,因此应用式(7.77)的第二式较为方便。

5. 振后强度-屈服强度

下面,表述一定大小的往返荷载作用一定次数后对不排水条件下土的静强度的影响。为此,使土样固结后在不排水条件下先受指定的往返荷载作用到一定次数,然后再单调地

加载使其破坏。图 7.68 给出了试验结果[34]。从图 7.68 可看出,当往返应力幅值等于静强度的 80% 时,100 次往返作用只引起很小的永久变形,在往返荷载作用下土基本上是弹性性能;当往返应力幅值等于静强度的 95% 时,10 次往返作用则产生了大的永久变形,在往返荷载作用下土发生了屈服。这表明,在往返荷载作用下土是否发生屈服与往返荷载的相对值有关,只有往返荷载相对值达到一定数值,土才会发生屈服,并对静强度产生影响。因此,把振后强度也称为屈服强度。

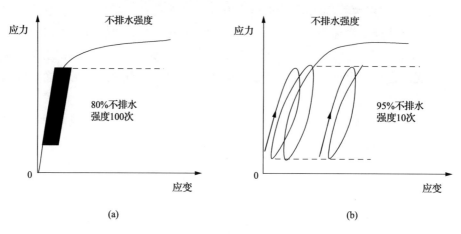

图 7.68　往返荷载作用下引起的土的永久变形

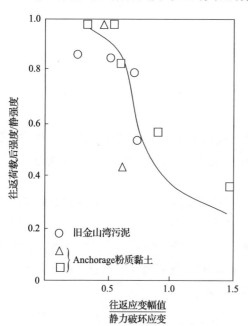

图 7.69　往返剪应力对土不排水强度的影响

试验研究发现,振后强度与土的类型有关。例如,一种液限为 28、塑限为 10 的原状黏土共振后的不排水强度为其不排水静强度的 60%;而另一种液限为 91、塑限为 49 的重粉质黏土进行了试验,发现在实际的有效压力范围内振后的不排水强度为其不排水强度的 80%～95%。如果首先使土样受 200 次指定幅值的往返剪应变作用,然后以每分钟 3% 的应变速率单调剪切至破坏,发现振后不排水强度与其静剪切强度之比是往返剪应变幅值与其静剪切破坏时应变之比的函数,如图 7.69 所示。从图 7.69 可见,如果往返剪应变幅值小于静剪切破坏时应变的一半,往返剪切作用 200 次,土仍可保持其不排水静剪切强度的 90%。

7.9　不排水条件下动剪切作用引起的饱和土永久偏应变

如前所述,当所受的动力作用水平高于屈服剪应变时,在不排水条件下动剪切作用会引起逐渐累积的永久变形。当土处于不排水条件下,饱和土所发生的逐渐累积的永久变形属于偏斜变形,相应的土单元永久应变则属偏应变。这种永久偏应变对动荷作用敏感的土类(如淤泥、粉质软黏土、松至中密状态的砂土等)特别明显,会使其上的建筑物发生永久沉降或使与其侧向相邻的建筑物发生永久水平位移,并在建筑物的结构中产生附加内力,使结构发生某种程度的破坏,甚至垮掉。

不排水条件下动剪切作用引起的饱和土永久偏应变可由动力试验来研究。现在,通常采用动三轴试验来研究,试验方法与土动强度试验方法相同,因此,一般与土动强度试验一起进行,不另外布置试验。在试验中测试在不排水条件下轴向动荷载作用引起的轴向变形。根据记录的轴向变形时程可确定出逐渐累积的永久变形。图 7.2 给出了第 $i-1$ 次作用的和第 i 次作用相应的轴向应变。它们分别相应于轴向动应力 $\sigma_{a,d}$ 等于零时刻的轴向变形值,显然第 i 次作用所引起的永久轴向应变增量为

$$\Delta\varepsilon_{p,i} = \varepsilon_{p,i} - \varepsilon_{p,i-1} \tag{7.78}$$

而动剪切作用引起的总的永久轴向应变 ε_p 按式(7.78)确定:

$$\varepsilon_p = \sum_{i=1}^{N} \Delta\varepsilon_{p,i} \tag{7.79}$$

应指出,在不排水条件下轴向动应力作用引起的轴向永久应变应是作用次数、轴向动应力幅值、固结压力及固结比的函数,即

$$\varepsilon_p = f(N, \bar{\sigma}_{a,d}, \sigma_3, K_c) \tag{7.80}$$

Lee 和 Albaisi[35]最早提出来一个确定永久轴向应变的经验公式:

$$\varepsilon_p = 10\left(\frac{N}{10}\right)^{\frac{-s_1}{s_2}}\left(\frac{\bar{\sigma}_{a,d}}{c_2}\right)^{\frac{1}{s_2}} \tag{7.81}$$

式中,s_1、s_2、c_2 为与固结压力 σ_3 及固结比 K_c 有关的参数,可由试验资料确定。

谢君斐等[36],在 Lee 提出的式(7.81)基础上,提出了一个修正的公式:

$$\varepsilon_p = 10\left(\frac{N}{10}\right)^{\frac{-s_1}{s_3}}\left(\frac{\bar{\sigma}_{a,d}}{\sigma_3}\frac{1}{c_4}\right)^{\frac{1}{s_3}} \tag{7.82}$$

式中,s_1、s_3、c_4 为与固结比 K_c 有关的三个参数,可由试验资料确定。

张克绪也提出了一个确定永久轴向应变的公式。该方法引进一个时间参数 λ 综合表示作用次数及最大剪切作用面上动剪应力比对轴向永久变形的影响。在本书第 12 章将对相应公式做详细介绍。

思 考 题

1. 从变形和孔隙水压力两方面说明当土的受力水平小于和大于屈服应变时土的动

力性的不同。

2. 在动荷作用下土的结构破坏在宏观上表现出哪些现象? 如何由动力试验确定土的屈服应变? 屈服剪应变的数值范围多大?

3. 干砂的永久体应变与剪应变幅值之间的关系受哪些因素的影响?

4. 在研究干砂永久体应变性能时动荷作用过程的影响是如何考虑的? 动荷作用过程对干砂屈服剪应变有何影响?

5. 试说明在不排水条件下剪切作用引起的孔隙水压力升高机制。

6. 试说明 Seed-Martin 和石原孔隙水压力模型的要点。

7. 静初始剪应力对动剪切作用引起的孔隙水压力有何影响? 为什么会有这样的影响?

8. 砂土液化的定义是什么? 液化的机制是什么? 有哪几种类型的液化?

9. 为什么说动剪切引起的液化是一个过程? 砂土的密度对这个过程有何影响?

10. 试比较液化和循环流动性这两个概念的异同。

11. 如何表示液化试验的基本结果?

12. 土的物理性能对液化的影响表现在哪些方面?

13. 土所受的静应力对液化的影响表现在哪些方面?

14. 土所受的动应力对液化的影响表现在哪些方面?

15. 土所处的应力状态对液化有什么影响? 在液化试验中固结和固结比与最大剪作用面上哪个应力分量有关?

16. 土的结构对液化的影响表现在哪些方面?

17. 如何定义土的动强度? 土的动强度与静强度有何重要不同?

18. 如何由动三轴试验确定土的动强度: 即在指定作用次数下以静剪应力比 α_{sf} 为参数的 τ_{sd}-σ_{sf} 及 $\tau_{d,sf}$-σ 关系线?

19. 如何定义饱和土的永久偏应变? 如何由动力试验测定永久偏应变?

20. 初始剪应力为零及初始剪应力不为零两种条件下饱和土的永久偏应变有何不同?

21. 影响饱和土的永久偏应变的因素有哪些?

参 考 文 献

[1] Seed H B, Silver M L. Settlement of dry sands during earthquakes. Journal of the Soil Mechanics and Foundations Division, 1972, 98(4): 381-397.

[2] Martin G R, Finn W D L, Seed H B. Foundamentals of liquefaction under cyclic loading. Journal of the Geotechnical Engineering Division, 1975, 101(5): 423-438.

[3] Ishihara K. Measurements of In-Situ water pressures during earthquakes//International Conference on Recent Advances in Geotechnical Earthquake Engineering and Soil Dynamics, Missouri, 1981.

[4] Ishihara K, Tatsouka F, Yasuo S. Undrained deformation and liquefaction of sand under cyclic stress. Soils and Foundations, 1975, 15(1): 29-44.

[5] Tatsiuka F, Ishihara K. Stress path and dilatancy sand//Proceeding of the 8th International Conference on Soil Me-

chanics and Foundation Engineering,Moscow,1973.

[6] Ishihara K,Lysmer J,Yasudo S,et al. Prediction of liquefaction in sand deposits during earthquake. Soils and Foundations,1976,16(1):1-16.

[7] Ishibashi I,Sherif M A,Tsuchiya C. Pore-pressure rise mechanism and soil liquefaction. Soils and Foundations,1977,17(2):17-27.

[8] Sherif M A,Ishibashi I,Tsuchiya C. Pore-pressure prediction during earthquake loading. Soils and Foundations,1978,18(4):19-30.

[9] Seed H B,Martin G R,Lysmer J. Pore-water changes during soil liquefaction. Journal of the Geotechnical Engineering Division,1976,102(1):323-346.

[10] 柴田彻,行友浩. 饱和砂返液化现象. 土木学会论文报告集,1970.

[11] Finn W D L,Lee K W,Martman C H,et al. Cyclic pore-pressures under anisotropic conditions//Conference on Earthquake Engineering and Soil Dynamics,California,1978.

[12] Lee K L,Focht J A. Factors Affecting Dynamic Strength of Soil. Philadelphia:America Society for Testing Materials,1968.

[13] Martin G R,Finn W D L,Seed H B. Effects of system compliance on liquefaction tests. Journal of Geotechnical Engineering Division,1978,104(4):463-479.

[14] Koning H L. Some Obserations on the modulus of compressibility of water//Proceeding European Conference on Soil Mechanics and Foundation Engineering,1963,1:33-36.

[15] Finn W D L. Liquefaction potential:Developments since 1976//International Conference on Recent Advances in Geotechnical Earthquake Engineering and Soil Dynamics,Missouri,1981:655-680.

[16] Mulilis J P,Mori K,Seed H B,et al. Resistance to liquefaction due to Sustained Pressure. Journal of the Geotechnical Division,1977,103(7):793-797.

[17] Seed H B,Idriss I M. Simplified procedure for evaluating soil liquefaction potential. Journal of Soil Mechanics and Foundation Division,1971,97(9):1249-1273.

[18] Annaki M,Lee K L. Experimental verification of the equivalent uniform cycle concept for soil. Session on Soil Dynamics,Phliadelphia,1976.

[19] Seed H B,Idriss I M,Makdisi F,et al. Representation of irregular stress time histories by equivalent uniform stress series in liquefaction analysis. Berekely:University of California,1975.

[20] Ishihara K,Yasuda S. Soil liquefaction hollow cylinder torsion under irregular excitation. Soils and Foundations,1975,15(1):45-59.

[21] Ishihara K,Yasuda S. Sand liquefaction under random earthquake loading condition//Proceedings of 5th World Conference on Earthquake Engineering,Rome,1973.

[22] Ishihara K,Yamazaki F. Cyclic simple shear tests on saturated sand in multi directional loading. Soils and Foundations,1980,20(1):45-49.

[23] Ishihara K,Yamada Y. Liquefaction tests using a true triaxial apparatus//Proceeding of the 10th International Conference on Soil Mechanics and Foundation Engineering,Balkema,1981.

[24] Seed H B,Pyke R M,Martin G R. Effect of multi-directional shaking on pore pressure development in sands. Journal of the Geotechnical Engineering Division,1978,104(1):21-44.

[25] Finn W D L,Bransby L,Pickering D J. Effect of strain history on liquefaction of sand. Journal of the Soil Mechanics and Foundations Division,96(6):1917-1934.

[26] Singh S,Donovan N C,Park F. A Re-examination of the effect of prior loading on the liquefaction of sands//Proceedings 7th World Conference on Earthquake Engineering,Istantul,1980.

[27] Peacock W H,Seed H B. Sand liquefaction under cyclic loading simple shear conditions. Journal of the Soil Mechanics and Foundations Division,1968,94(3):689-707.

[28] Finn W D L,Pickering D J,Bransby P L. Sand liquefaction in triaxial and simple shear tests. Journal of the Soil

Mechanics and Foundations Division,1971,97(4):639-659.

[29] DeAlba P,Seed H B,Chan C K. Sand liquefaction in large-scale simple shear tests. Journal of the Geotechnical Engineering Division,1976,102(9):909-927.

[30] 张克绪. 饱和非黏性土坝坡地震稳定性分析. 岩土工程学报,1980,(3):1-9.

[31] 张克绪. 饱和砂土的液化应力条件. 地震工程和工程振动,1984,(1):99-109.

[32] Seed H B. Soil Strength during Earthquakes//Proceedings of Second World Conference on Earthquake Engineering,London,1966.

[33] Seed H B,Chan C K. Clay strength under earthquake loading conditions. Journal of Soil Mechanics and Foundation Division,1966,92(2):53-78.

[34] Makdisi F I,Seed H B. Simplified procedure for estimating dam and embankment earthquake-induced deformations. Journal of the Geotechnical Engineering Division,1978,104(7):849-867.

[35] Lee K L,Albaisi A. Earthquake induced settlement in saturated sands. Journal of the Geotechnical Engineering Division,1979,100(4):387-406.

[36] 谢君斐,石兆吉,郁寿松,等. 液化危害性分析. 地震工程与工程振动,1988,(1):61-77.

第8章　土体的初始静应力及其对土体动力性能的影响

8.1　概　　述

如前所述,在动荷载作用之前,土体已受到静荷载作用。相对于已受到的静荷载,动荷载是附加荷载。土体所受到的静荷载主要包括土自重荷载、外荷载及渗透水流引起的渗透力等。这些静荷载作用在土体中产生静应力,相对于动荷载作用所引起的附加动应力,土体中的静应力称为初始应力。由于动荷载作用之前,静荷载通常早已作用于土体,在静荷载作用下土体的变形在动荷载作用之前已经达到稳定。相应地,土体中的静应力完全由土骨架承受。因此,通常认为,土体中的初始静应力为有效应力。

确定土体中的初始静应力是一个静力分析问题,那么为什么将其作为本书的一章来表述呢? 这是因为确定土体中的初始静应力是岩土地震工程及工程振动分析途径中的一个不可缺少的步骤,而这步骤的重要性往往被忽视。确定土体中的初始静应力的重要性将在8.2节进一步表述。

确定土体中初始静应力的方法可能很简单,也可能很复杂,取决于所研究的问题。在一般情况下,确定土体中的初始静应力还是较复杂的,需要采用数值分析方法。有限元方法求解土体中初始静应力的方程如下:

$$[K]\{r\} = \{R\} \tag{8.1}$$

式中,$[K]$为静力分析体系的总刚度矩阵,由土单元刚度矩阵叠加而成;$\{R\}$为静力荷载向量,应包括土自重、外荷载及渗透力作用;$\{r\}$为待求的结点位移向量。求解式(8.1)可得到结点位移向量,将其代入土单元应力矩阵就求得土单元的应力。

土体的静力分析通常应包括如下步骤和工作。

(1) 确定出土体中土的类型及分布,地下水埋藏深度。

(2) 在室内进行土的物理力学性能试验,测定土的物理力学指标。

(3) 进行必要的现场试验,如标准贯入试验、静力触探试验等,以便根据现场试验结果确定土的某些物理力学指标,如砂土的密度,特别是饱和松砂的密度。

(4) 选取土的适当静力学模型,并确定模型参数。

(5) 建立土体体系的静力分析模型,所建立的静力分析模型应与土体体系动力分析模型基本相同,以便将静力分析结果施用于动力分析。

(6) 根据土体体系的静力分析模型,建立相应的静力数值分析方程,如式(8.1)。

(7) 求解静力数值分析方程。

从上述可见,在一般情况下,确定土体的初始静应力需要在勘测、试验、建模和数值计算等方面做许多工作。做好每项工作是土体静力数值分析结果可靠性的重要保证。

除此之外,在土体静力分析中还应考虑如下问题。

1）土体的非均质性

一般情况下,如果静力分析采用数值分析方法,如有限元法,考虑土体的非均质性没有什么困难。但是,一般的解析方法难以考虑土体的非均质性。

2）土的非线性力学性能

在数值静力分析中考虑土的非线性力学性能也不存在什么困难,关键的问题是选择适当的土的非线性力学模型及参数。现有的土非线性力学模型可以分成如下三类。

（1）线弹性-理想塑性模型,如德鲁克-普拉格模型[1]。这种模型没有考虑土塑性变形所引起的硬化。一旦发生屈服,土就发生流动变形趋向无穷大。在静三轴试验应力条件下,其应力-应变关系如图 8.1 所示。

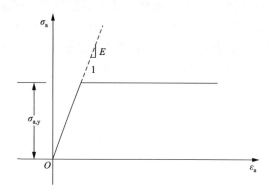

图 8.1　线弹性-理想塑性模型应力-应变关系

从上述可见,如采用线弹性-理想塑性模型必须确定土的弹性模量 E、土的屈服准则及流动规律,最后建立一个增量形式的应力-应变关系。

（2）线弹性-塑性硬化模型[2],如修正的剑桥模型[3]。与线弹性-理想塑性模型不同,线弹性-塑性模型考虑了土塑性变形所引起的硬化或软化,其本构关系由如下几部分组成。

① 屈服准则。根据屈服准则可以判断土的应力状态是处于现屈服面之下还是其上,如果处于其下,土则处于弹性工作状态,只能产生弹性应变增量;如果处于其上,土则处于弹塑性工作状态,不仅产生弹性应变增量还产生塑性应变增量。

② 流动规律。流动规律的作用是给出了各塑性应变增量分量之间的定量比例关系。在流动规律中包括一个塑性应变势函数。如果将塑性应变势函数取为屈服函数,则称为相关联的流动规律;如果将塑性应变势函数取为不同于屈服函数,则称为非相关联的流动规律。

③ 硬化或软化规律。硬化或软化规律的作用是确定随塑性应变的增大,屈服面的扩展、收缩或移动的规律。如果屈服面发生扩展,则土发生硬化;如果屈服面发生收缩,则土发生软化。土的硬化或软化规律可以由试验资料来确定。

根据上述的三部分本构关系,可以建立起增量形式的弹塑性应力-应变关系:

$$\{\Delta\sigma\} = [D]_{\mathrm{ep}}\{\Delta\varepsilon\} \tag{8.2}$$

式中,$\{\Delta\sigma\}$、$\{\Delta\varepsilon\}$ 分别为应力增量和应变增量向量;$[D]_{\mathrm{ep}}$ 为按上述本构关系建立的弹塑性应力-应变矩阵。

（3）非线性弹性模型,如邓肯-张模型[4]。这种模型认为土的弹性模型不是常数,而随土的静力受力水平的增大而降低。在静三轴试验应力条件下，其应力-应变关系如图 8.2 所示。在此应指出，如果采用非线性弹性模型，除确定加载时的应力-应变关系，还必须作出如下规定。

① 加载或卸载准则，用来判别土是处于加荷还是卸荷状态。

② 卸荷时的应力-应变关系。如果根据加荷或卸荷准则判别土处于卸荷状态，则应遵循卸荷的应力-应变关系。一般认为，卸荷的应力-应变关系是线性的，相应的模量称为卸荷模量，以 E_r 表示。

③ 土的破坏准则，用来判别土是否发生了破坏。

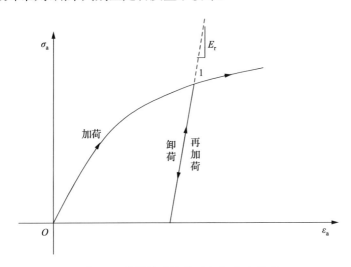

图 8.2　非线性弹性模型应力-应变关系

从上述可见，在土体静力分析中考虑土的非线性，选择一个适当非线性力学模型及恰当地确定模型参数是一个关键。在此应指出，在实际问题中，对力学模型的功能都能予以足够的注意，但对模型参数的确定关注不够。分析所采用的模型参数往往不是由试验测定的，而是参考一些资料确定的，参数的选取较为随意。这样，即使采用较好的数值分析方法和土的非线性力学模型，也不会取得可信的分析结果。

还应指出一点，土体静力非线性分析方法取决于所选择的非线性模型。具体地说，如果采用线弹性-理想塑性模型或线弹性-塑性硬化模型，所建立的应力-应变关系为增量形式的，因此应采用增量法进行非线性分析，相应的土体体系的静力数值分析方程也应为如下所示的增量形式：

$$[K]\{\Delta r\} = \{\Delta R\} \tag{8.3}$$

式中，$[K]$ 为体系的总刚度矩阵，在确定时采用式(8.2)给出的增量形式的弹塑性应力-应变关系；$\{\Delta r\}$ 为体系位移增量向量；$\{\Delta R\}$ 为荷载增量向量。如果采用非线性弹性模型，则可采用全量法也可采用增量法进行非线性分析。当采用全量法进行分析时，数值分析方程为式(8.1)，其中体系的总刚度矩阵应采用全量形式的应力-应变关系来确定；当采用增量法进行分析时，土体数值分析方程为式(8.3)，其中体系的总刚度矩阵应采用相应的增量形式的应力-应变关系式来确定。

现在,有许多商业计算机程序可用来完成土体静力数值分析。在此,应指出,在上述静力分析所需做的各项工作中,计算机只能完成基本资料的前处理、按指定方法计算、计算结果的后处理以及建立土体体系静力分析模型中的部分工作,如网格的划分等。但是,基础资料的获取、在建立静力分析模型时体系中单元和结点类型的选取以及边界条件等都必须由程序的使用者根据分析体系的工作机制加以确定,是计算机无法完成的。具有一定工作经验的人都知道,基础资料和建立分析体系模型这两项工作对数值分析结果的可靠性有决定性的作用。这就是为什么不同的人采用同一计算程序分析同一个问题会得到不同结果的主要原因。因此,如果没有做好这两项工作,即使采用很好的计算机程序来完成数值分析,也可能得不到可靠的结果。实际上,采用计算机来完成土体静力数值分析是在这两项工作的基础上进行的。尽管分析中计算机代替人完成了大量的甚至是人所不能完成的工作,但终究还不能代替人,其中一些具有决定意义的工作仍需由人来完成,在上述两项工作中就能体现出人的能动作用。

8.2　初始静应力对土体动力分析的影响

从第 6 章和第 7 章可见,初始静应力对土的动力性能具有重要的影响。在研究初始静应力对土的动力性能影响时,常以固结压力、固结比、平均静应力或破坏面上的静正应力以及其上的剪应力与静正应力之比等作为初始静应力的定量指标。初始静应力对土动力性能的影响直接表现在这些定量指标对土的动力性能参数的影响上。初始静应力对土体的动力性能,包括土体的变形和稳定性两方面,具体可从如下几方面说明。

(1) 静平均正应力对土动力学模型参数最大动杨氏模量 $E_{\max}$ 或剪切模量 $G_{\max}$ 的影响。由第 6 章可知,最大动杨氏模量 $E_{\max}$ 或剪切模量 $G_{\max}$ 随静平均正应力 σ_0 的增大而增大。由于影响土的最大动模量,那么静平均正应力则会影响土体的刚度,进而影响土体的动力分析结果,如土体运动加速度、动应变和动应力,最终影响土体所受的动力作用水平,以及在动荷作用下土体的变形及稳定性。在此应指出,即使同一土层,由于埋深的不同,各点的静平均正应力不等,其最大动模量也不会相等,在动力分析中应采用不同的数值。

(2) 静平均正应力对土动力学模型参数参考剪应变 γ_r 的影响。由第 6 章可知,参考剪应变 γ_r 随静平均正应力 σ_0 的增大而增大。但与对最大动模量的影响相比,静平均正应力 σ_0 对参考剪应变 γ_r 的影响较小,在许多情况下不予考虑。实际上,参考剪应变 γ_r 影响等效线性化模型的 $E/E_{\max}$-γ 或 $G/G_{\max}$-γ 关系线,或影响弹塑性模型的骨架曲线及滞回曲线。因此,通过动力学模型参数参考剪应变 γ_r,初始静应力将对土体动力分析结果有所影响。如果土动力试验能提供参考剪应变 γ_r 与静平均正应力 σ_0 的关系,那么在土体动力分析中还是应该考虑这一点的影响。

(3) 固结压力和固结比,或破坏面上的静正应力及其上的静剪应力与静正应力之比对土的动强度的影响。由第 7 章可知,土的动强度随固结压力和固结比,或破坏面上的静正应力及其上的静剪应力与静正应力之比的增大而增大。因此,通过土的动强度,初始静应力将对在动荷作用下土体中的破坏面的位置和分布有所影响,还会对土体滑动稳定性有所影响。

（4）静应力对动剪切作用引起的孔隙水压力及永久变形的影响，由第 7 章可知，动剪切作用引起的孔隙水压力取决于固结压力 σ_3、固结比 K_c 及动剪应力比。因此，初始静应力将影响土体动剪切作用下产生的永久变形的大小和分布。特别是在近岸和跨河地段，岸坡土体沿着斜坡方向产生的水平永久变形可能使相邻结构发生严重的破坏。显然，初始静应力将对土体永久变形所造成的灾害有重要的影响。

上述诸方面足以说明初始静应力对土体动力性能的重要影响。虽然确定静应力是土体静力分析的一项工作，但在岩土地震工程和工程振动的动力分析途径中，确定静应力是绝不可缺少的步骤或环节。

8.3　水平场地地面下土体初始静应力的确定

水平场地地面下土体的初始静应力是由土体自重作用引起的。在这种情况下，土体的水平面和竖向侧面分别为最大和最小主应力面，并且不能发生水平位移，即处于 K_0 状态，K_0 为静止土压力系数，根据竖向力平衡，可求得作用水平面上最大主应力 σ_v 如下：

$$\sigma_v = \sum_i \gamma'_i h_i \tag{8.4}$$

式中，γ'_i 和 h_i 分别为水平面以上第 i 层土的有效重力密度和厚度。由于处于 K_0 状态，作用侧面上的最小主应力 σ_h 按式（8.5）确定：

$$\sigma_h = K_0 \sigma_v \tag{8.5}$$

式中，静止土压力系数 K_0 按如下公式确定。
（1）正常固结土

$$K_0 = 1 - \sin\varphi' \tag{8.6}$$

式中，φ' 为与土的峰值强度相应的有效摩擦角。
（2）超固结土

超固结土静止土压力系数 K_0 随超固结比 OCR 的增大而增大，可由式（8.7）来确定：

$$K_0 = (1 - \sin\varphi') \text{OCR}^K \tag{8.7}$$

式中，K 是一个经验参数，可由试验确定。显然，由于在这种情况下水平面和竖向侧面分别为最大和最小主应力面，这两个面上的剪应力 $\tau_{hv} = 0$。

从上述可见，为了按式（8.4）及式（8.5）正确地计算出水平场地地面下土体的初始静应力，必须做好如下工作：①正确地确定地面下土层的组成及划分；②正确地确定地下水位的埋深；③正确地确定各层土的有效重力密度；④正确地确定各层土的静止土压力系数。

8.4　地基中土体初始静应力的确定

无论采用什么方法确定地基中土体的初始静应力，都应该按下述两步进行。
（1）在建筑修建之前，地基中土体的自重应力，这部分初始静应力可按 8.3 节中的方法确定,不需再讲。

(2) 在建筑修建之后,在各种荷载,包括建筑物的重力、设备重力、人的重力等作用下在地基土体中产生的应力,这部分初始静应力的确定比较复杂,下面将进一步表述。

地基中土体所受的总的初始静应力应为上述两部分初始静应力之和,将上述两步求得的初始静应力叠加起来就是总的初始静应力。

地基中的土体支撑着坐落在上面的结构。在确定第二部分初始静应力时,应根据具体问题决定是否考虑土-结构相互作用。如果考虑土-结构相互作用,必须采用上述的数值分析方法。通常,整体分析方法比较方便。在整体分析方法中,将地基土体和上部结构作为一个体系建立分析模型,并将各种荷载作用于结构之上。如果不考虑相互作用,则把作用于上部结构的各种荷载按静力平衡施加于基底面上作为表面荷载。如果不考虑土-结构相互作用,第二部分初始静应力可采用如下两种方法之一来确定。

1) 上述的数值求解方法

由于不考虑土-结构相互作用,在这种情况下分析体系只包括地基土体,并把上部荷载施加于基底面上,作为力的边界条件来考虑。

2) 常规方法

常规方法是将地基土体视为均质弹性体,按弹性半空间理论的基本解来确定基底面上静荷载所引起的初始静应力。在土力学教材中,这种方法已经表述了,但主要表述的是土体中竖向正应力的 σ_z 确定,以满足沉降计算的要求。但是,作为土体动力分析所必需的一个环节,静力分析应确定出土体中一点的所有应力分量。

许多工程问题的初始静力分析可以简化成平面应变问题。在平面应变情况下,弹性半空间理论的基本解如下。

(1) 竖向集中力作用的解答。

竖向集中力作用表面上在土体中任一点 A 产生的应力分量如下:

$$\begin{cases} \sigma_z = \dfrac{2P}{\pi z}\cos^3\theta \\[2mm] \sigma_x = \dfrac{2P}{\pi z}\sin^2\theta\cos\theta \\[2mm] \tau_{xz} = \dfrac{2P}{\pi z}\sin\theta\cos^2\theta \end{cases} \tag{8.8}$$

式中,P 为竖向集中荷载;z 为任一点 A 的竖向坐标;θ 为任一点与原点连线与竖向坐标轴的夹角,如图 8.3 所示,$\sin\theta$ 和 $\cos\theta$ 可按式(8.9)确定:

$$\begin{cases} \sin\theta = \dfrac{x}{\sqrt{x^2+z^2}} \\[2mm] \cos\theta = \dfrac{z}{\sqrt{x^2+z^2}} \end{cases} \tag{8.9}$$

(2) 水平集中荷载作用的解答。

水平集中力作用表面上在土体中任一点 A 产生的应力分量如下:

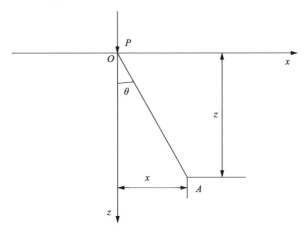

图 8.3　平面应变问题竖向集中力作用情况

$$
\begin{cases}
\sigma_z = \dfrac{2Q}{\pi z}\sin\theta_1\,\cos^2\theta_1 \\[2mm]
\sigma_x = \dfrac{2Q}{\pi z}\sin^3\theta_1 \\[2mm]
\tau_{xz} = \dfrac{2Q}{\pi z}\sin^2\theta_1\cos\theta_1
\end{cases}
\tag{8.10}
$$

式中，Q 为水平集中力；θ_1 为任一点 A 与原点连线与水平轴的夹角，如图 8.4 所示。按图 8.4，$\sin\theta_1$ 和 $\cos\theta_1$ 可按式 (8.11) 确定：

$$
\begin{cases}
\sin\theta_1 = \dfrac{z}{\sqrt{x^2+z^2}} \\[3mm]
\cos\theta_1 = \dfrac{x}{\sqrt{x^2+z^2}}
\end{cases}
\tag{8.11}
$$

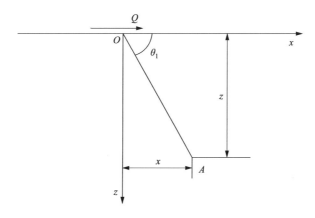

图 8.4　平面应变问题水平集中力作用

如果把问题作为一个空间问题处理，竖向集中力作用的解答于表面，则弹性半空间理论基本解如下：

$$
\begin{cases}
\sigma_z = \dfrac{3P}{2\pi}\dfrac{z^3}{R^5} \\[2mm]
\sigma_x = \dfrac{P}{2\pi}\left\{3\,\dfrac{x^2 z}{R^5} + (1-2r)\left[\dfrac{R^2-Rz-z^2}{R^3(R+z)} - \dfrac{x^2(2R+z)}{R^3(R+z)^2}\right]\right\} \\[3mm]
\sigma_y = \dfrac{P}{2\pi}\left\{3\,\dfrac{y^2 z}{R^5} - (1-2r)\left[\dfrac{R^2-Rz-z^2}{R^3(R+z)} - \dfrac{y^2(2R+z)}{R^3(R+z)^2}\right]\right\} \\[3mm]
\tau_{zx} = -\dfrac{3P}{2\pi}\dfrac{z^2 x}{R^5} \\[2mm]
\tau_{zy} = -\dfrac{3P}{2\pi}\dfrac{z^2 y}{R^5} \\[2mm]
\tau_{xy} = \dfrac{3P}{2\pi}\left[\dfrac{xyz}{R^5} - \dfrac{1-2\mu}{3}\dfrac{xy(2R+z)}{R^3(R+z)^2}\right]
\end{cases}
\tag{8.12}
$$

式中，μ 为泊松比；R、γ 分别为任一点 A 距原点的距离及水平面上的距离，如图 8.5 所示，按式(8.13)确定：

$$
\begin{cases}
R = \sqrt{x^2+y^2+z^2} \\[2mm]
r = \sqrt{x^2+y^2}
\end{cases}
\tag{8.13}
$$

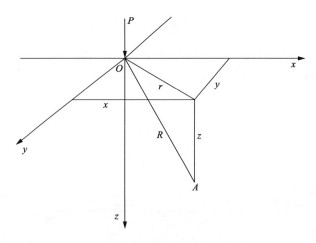

图 8.5　空间问题竖向集中力作用

　　基于上述半空间体的基本解，可确定出在基底面上作用任意分布的竖向荷载或水平荷载在土体中所引起的初始静应力。为此，必须将基底面等分成若干个子区，将每个子区的分布荷载转化成集中荷载作用于子区的中心点。这样，可由上述的基本解求出每个子区集中荷载在土体中任一点产生的应力 σ_i，整个基底面上作用的荷载在该点产生的初始静应力 σ 可按式(8.14)确定：

$$
\sigma = \sum_{i=1}^{n}\sigma_i
\tag{8.14}
$$

式中，σ_i 和 σ 分别为土体中任一点的某个应力分量，其中 σ_i 按上述基本解计算。按上述，常规方法是以弹性半空间无限体理论为基础的。因此，常规方法的缺点如下。

（1）不能考虑地基土体的非均匀性，在求解时认为地基土体是均质弹性体。

（2）不能考虑土的静力非线性，在求解时认为土体为线弹性体。

（3）假定表面是水平的，不能考虑地基挖槽的影响

8.5　斜坡及坝体中的初始静应力的确定

斜坡及坝体中的初始静应力主要是由土自重及渗透力作用引起的。土坝作为挡水建筑物，渗透水流从上游面通过坝体流向下游面，在坝体中形成一个浸润面或浸润线。因此当考虑渗流对坝体的初始静应力影响时，必须先完成坝体的渗流分析。由渗流分析确定出如下两方面资料：①在坝体中浸润面或浸润线的位置；②在坝体中渗透水流的水力坡降的分布。

由于假定初始静应力是有效应力，在静力分析中浸润线以下土体的重力密度应取有效重力密度。此外，在静力分析中还应将渗透力作为体积力施加于浸润线以下的土体。单位土体所受的渗透力可按式（8.15）确定：

$$f_l = \gamma_w j_l \tag{8.15}$$

式中，f_l 为渗透力在 l 方向的分量；γ_w 为水的重力密度；j_l 为渗流在 l 方向的水力坡降，按式（8.16）确定：

$$j_l = \frac{\partial h}{\partial l} \tag{8.16}$$

式中，h 为测压管水头，由渗流分析确定。显然，如果坡体中水力坡降很小，则可不计渗透力的作用。

斜坡及坝体的初始静应力分析方法取决于工程的重要性，对于重大工程通常应采用上述的数值分析方法，特别是重大的土坝工程。由于功能上的要求，在大型土坝的坝体中不同类型的土料是分区布置的。对于非匀质土坝，黏土防渗体在坝体中的布置有三种主要形式：黏土心墙、黏土斜墙、黏土斜心墙，如图 8.6 所示。

应指出，渗流通过防渗体后浸润线将发生陡然降低，甚至在防渗体下游的坝体中不能形成浸润线。在这种情况下，在土坝静力分析中可在上游水位之下黏土防渗体的上游面施加静水压力代替上述的渗透力的作用，如图 8.6 所示。

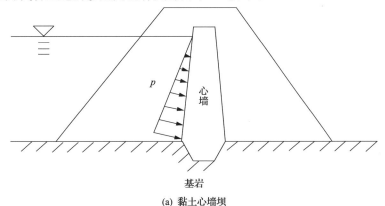

(a) 黏土心墙坝

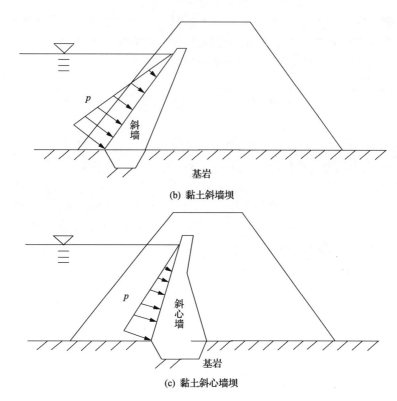

(b) 黏土斜墙坝

(c) 黏土斜心墙坝

图 8.6　防渗体的形式及作用其上的上游面的水压力

一般的斜坡及坝体的初始静应力分析可以采用简化分析方法。简化分析常将斜坡及土坝作为一个平面应变问题处理,如图 8.7 所示。坡面以下任一点 A 的竖向应力 σ_z 及侧面应力 σ_x 可按式(8.17)计算:

$$\begin{cases} \sigma_z = \sum_i \gamma'_i h_i \\ \sigma_x = K_0 \sigma_z \end{cases} \tag{8.17}$$

式中,符号与式(8.4)及式(8.5)相同。如果从 A 点到坡面取一个单位面积的土柱,作用于土柱上的力如图 8.7 所示。当认为两侧面上的剪力相互抵消时,由土柱的竖向力的平衡就可得到式(8.17)的第一式。按式(8.17)第二式计算侧向应力实际上是假定不允许土柱发生侧向变形。与水平场地情况不同,在斜坡或坝体中水平面及侧面不是主应力面,由式(8.17)确定出来的是作用在这两个面上的静正应力。除此之外,还应确定作用在这两个面上的静剪应力 τ_{zx}。

确定坝体中一点剪应力的简化方法要复杂些。确定任一水平面上的静剪应力方法的原则如下。

(1) 从任一水平面的中点作一条垂直线,该竖直线将坝体分成上、下游两部分坡体。以上游坡体为例,如图 8.8 所示,作用于上游坡体上的水平力包括:①坡体水平底面上的静剪应力 τ_{zx},是未知的;②坡体竖直面上的侧向压力 P_x,该力可按式(8.18)计算:

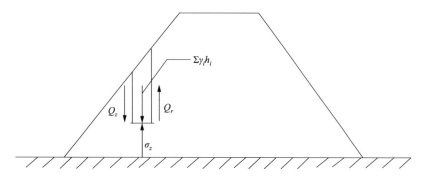

图 8.7　作用于坝体中土柱的竖向力

$$P_x = \sum_i \sigma_{x,i} h_i \tag{8.18}$$

式中，$\sigma_{x,i}$ 为第 i 层土的侧向应力，按式（8.17）第二式确定。设作用于坡体水平底面上的静剪应力 τ_{xz} 的合力为 T，则由坡体的水平力平衡得

$$T = P_x \tag{8.19}$$

因此，虽然上游坡体水平面上的剪应力 τ_{xz} 未知，但其合力 T 可由式（8.19）确定。

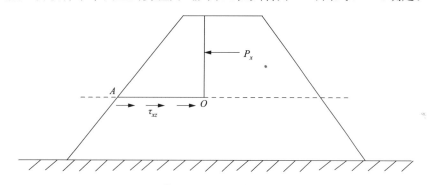

图 8.8　作用于上游坝坡体上的水平力

（2）假定。

① 水平面与坡面交点及水平面的中点处静剪应力 τ_{xz} 应为零。

② 在坡面交点与中点之间静剪应力 τ_{xz} 呈凸形分布，其最大值位于这两点之间，可用满足上述要求的某种函数形式近似表示。

最简单的分布函数取为椭圆。如图 8.9 所示，设上游坝体水平底面 OA 的长度为 $2l$，取 OA 的中点 O_1 为坐标原点，ξ 定义如下：

$$\xi = x_1/l \tag{8.20}$$

此外，令水平底面上的最大静剪应力为 $\tau_{xz,\max}$，并作用在原点 O_1 处，ζ 定义如下：

$$\zeta = \tau_{xz}/\tau_{xz,\max} \tag{8.21}$$

如果认为 ζ-ξ 关系是如图 8.9 所示的椭圆，则

$$\xi^2 + \zeta^2 = 1 \tag{8.22}$$

将式(8.20)及式(8.21)代入式(8.22),简化后得

$$\begin{cases} (\tau_{xz}/\tau_{xz,\max})^2 + (x_1/l)^2 = 1 \\ \tau_{xz} = \tau_{xz,\max} \sqrt{1-(x_1/l)^2} \end{cases} \tag{8.23}$$

由此,得

$$T = \tau_{xz,\max} \int_{-l}^{l} \sqrt{1-(x_1/l)^2}\, \mathrm{d}x_1$$

由于 T 为已知,则可求出 $\tau_{xz,\max}$

$$\tau_{xz,\max} = \frac{T}{\int_{-l}^{l} \sqrt{1-(x_1/l)^2}\, \mathrm{d}x_1} \tag{8.24}$$

这样,将 $\tau_{xz,\max}$ 代入式(8.23),就可求出上游坝体水平面上的静剪应力。同样,可求出右侧坝体水平面上的静剪应力的分布。

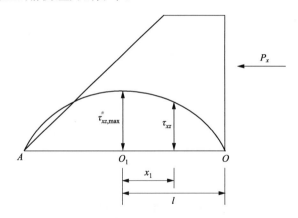

图 8.9　坝体水平面上静剪应力的分布

8.6　与破坏面上的静剪应力比相应的转换固结比

1. 转换固结比的概念

前面曾指出,在研究静应力对土动力性能影响时通常以固结压力及固结比,或以破坏面上的静正应力及静剪应力比作为初始静应力的定量指标。现在,常规的土动力性能试验通常是在动三轴仪上完成的,显然以固结压力及固结比作为定量指标来表示初始静应力对土动力性能的影响更直接和方便。然而,在实际土体中土所处的静应力状态不同于动三轴试验土试样固结时的静应力状态,在应用时必须考虑这一点。在动三轴试验条件下,破坏面上的静正应力及静剪应力比与固结压力及固结比有一定的关系。在动三轴试验条件下,破坏面上的静剪应力比 α_s 可按式(8.25)确定:

$$\alpha_s = \frac{\sigma_1 - \sigma_3}{2\sqrt{(\sigma_1 + \sigma_c)(\sigma_3 + \sigma_c)}} \tag{8.25}$$

式中，σ_c 为土的黏结压力，按式(8.26)确定：

$$\sigma_c = c\cos\varphi \tag{8.26}$$

其中，c、φ 分别为土的黏结力及摩擦角。对砂土，$\sigma_c = 0$。改写式(8.25)得

$$\alpha_s = \frac{K_c - 1}{2\sqrt{(K_c + \sigma_c/\sigma_3)(1 + \sigma_c/\sigma_3)}} \tag{8.27}$$

令 $\alpha_c = \sigma_c/\sigma_3$，改写式(8.27)得

$$2\alpha_s\sqrt{(1 + \alpha_c)(K_c + \alpha_c)} = K_c - 1$$

如令 $X = \sqrt{K_c + \alpha_c}$，则有

$$X^2 - 2\alpha_s\sqrt{1 + \alpha_c}X - (1 + \alpha_s) = 0$$

求解得

$$X = \sqrt{1 + \alpha_c}(\alpha_s + \sqrt{1 + \alpha_s^2})$$

由此式得

$$K_c = (1 + \alpha_c)(1 + 2\alpha_s^2 + 2\alpha_s\sqrt{1 + \alpha_s^2}) - \alpha_c \tag{8.28}$$

对于砂土，$\sigma_c = 0$，则得

$$K_c = 1 + 2\alpha_s^2 + 2\alpha_s\sqrt{1 + \alpha_s^2} \tag{8.29}$$

下面，将根据破坏面上静剪应力比 α_s 按式(8.28)和式(8.29)确定的固结比称为与破坏面上静剪应力比 α_s 相应的转换固结比，以 $K_{c,t}$ 表示。

2. 转换固结比的应用

由于动三轴仪是一种常规的土动力学性能试验设备，被广泛用于土动力学性能研究。人们根据动三轴仪的试验结果建立了许多确定土动力性能的模型，如变形、孔隙水压力及强度等经验的计算模型。在这些模型中，常常以固结比作为初始静应力的一个定量影响指标。在应用这些计算模型时，人们往往以静力分析求得的最大主应力与最小主应力比作为固结比代入计算模型。下面来说明这种做法是不正确的，正确的做法是将由式(8.29)确定的转换固结比 $K_{c,t}$ 代入计算模型。

实际上，在动三轴试验中固结比是表示静应力剪切作用的定量指标。如第 6 章所示，它与动三轴试验土试样最大剪切作用面上的静剪应力比的关系如式(8.25)所示。在土三轴试验中土试样在静力和动力作用下均处于轴对称应力状态。但在实际问题中，土体在静力和动力作用下一般并不处于轴对称应力状态，如处于平面应变应力状态。按第 6 章所述的最大剪切作用面方法，如果两种应力状态下的静应力的剪切作用等价，则在两种应

力状态下最大剪切面上的静剪应力比相等。这样,将在实际应力状态下土最大剪切作用面上的静剪应力比代入式(8.29)可确定出相应的转换固结比 $K_{c,t}$。在转换固结比下,动三轴试验土试样最大剪切作用面上的静剪应力比与实际应力状态下最大剪切作用面上的静剪应力比应相等。但是,转换固结比不会与实际的静力最大主应力与最小主应力比相等。如果以静力最大主应力比作为固结比代入计算模型,相当于改变了实际应力状态下土最大剪切作用面上的静剪应力比。显然,这种做法是不正确的。

为了便于理解,下面以一个实例来进一步说明这个问题。在水平场地地面下,在静力下,土处于 K_0 状态,其静主应力比等于 $1/K_0$。如果地面下的土层处于正常固结状态,当取有效应力摩擦角 φ' 为 $30°$ 时,主应力比等于 2。根据第 6 章所述,在水平地面下土的最大剪切破坏面上的初始剪应力比 $\alpha_3=0$,将其代入式(8.29)得到转换固结比等于 1,并不等于实际的主应力比 2。众所周知,在判别水平地面下饱和砂土在地震作用下液化时,采用的是与转换固结比等于 1 相应的动三轴试验结果,而不是与实际主应力比相应的动三轴试验结果。因而,如果在其他一些问题将实际的主应力比取为固结比,显然是没有考虑应力状态对土动力性能的影响。这表明,人们关于应力状态对土动力性能的影响还没有予以充分的关注,或尚缺乏深入的理解。

思 考 题

1. 土所受的静应力是由哪些静荷载作用引起的? 为什么将动荷载视为附加的动力作用?

2. 为什么通常将土体所受的初始静应力视为有效应力? 为什么要确定土体所受的初始静应力?

3. 初始静应力对土动力学模型参数有何影响?

4. 初始静应力对动强度的影响表现在哪些方面?

5. 初始静应力对孔隙水压模型参数有何影响?

6. 初始静应力对永久变形模型参数有何影响?

7. 如何确定在水平场地下土体中的自重应力?

8. 影响地基中初始静应力的因素有哪些?

9. 试述不考虑土体相互作用和考虑土结构相互作用两种情况下确定地基土体中的应力的基本方法。

10. 斜坡和坝体中初始静应力的特点有哪些? 试述确定斜坡土体中的初始静应力的基本方法。

11. 试说明转换固结比的概念、确定方法及应用。

参 考 文 献

[1] Druker D C, Prager W. Soil mechanics and plastic analysis or limit design. Quarterly of Applied Mathematics, 1962,10(2):157-165.

[2] Drucker D C, Gibson R E, Henkel D J. Soil mechanics and work-hardening theories of plasticity. Transactions of the American Society of Civil Engineerings, 1957, 122: 338-346.

[3] Burland J B. The yielding and dilation of clay. Géotechnique, 1965, 15(2): 211-214.

[4] Duncan J M, Chang C Y. Nonlinear analysis of stress and strain in soils. Journal of Soil Mechanics and Foundations Division, 1970, 96(5): 1629-1653.

第 9 章 土体的动力分析

9.1 概　　述

1. 土体动力分析的内容及要求

与土体的静力分析相似,土体动力分析的任务在通常意义上是确定在动力荷载作用下土体中任一点的位移、应变及应力。由于动荷载作用是时间的函数,土体动力分析至少有以下三点与静力分析不同。

(1) 除求解土体中各点的位移、应变和应力,动力分析还要确定各点的速度和加速度,特别是加速度,它决定了土体的惯性作用。

(2) 在动力分析中所要确定的是上述各量随时间的变化过程,或至少要给出在动荷载作用过程中上述各量的峰值。

(3) 静力分析所给出的求解量只与静荷载的大小有关,但动力分析所给出的求解量不仅与动荷载的大小(如动荷载的峰值)有关,还与动荷载随时间的变化,即动荷载的频率特性有关。

从广义上讲,土体动力分析还应包括动荷作用引起的累积永久变形、破坏的部位和范围,如果是饱和土还应包括动剪切作用引起的孔隙水压力。如果动力分析包括求解这些量,那就要求更为完美的土动力学模型及考虑土骨架与孔隙水的耦合作用。由于土动力模型的局限,这样的土体动力分析还很不成熟和普遍。本章所述的土动力分析主要是通常意义上的动力分析,所求解的量是土体中的位移、速度、加速度、应变及应力。至于在动力作用下土体的累积永久变形、破坏部位和范围以及孔隙水压力等将作为一个独立问题,并在本书后面的章节中讲述。

应指出,通常意义上的土体动力分析只是整个动力分析途径的一个不可或缺的步骤。从上述可见,即使通常意义上的土体动力分析,也必须在土的静力试验、动力试验和土体静力分析的基础上完成。因此,在进行土体动力分析之前必须很好地完成这些前期工作;否则,不会得到可靠的动力分析结果。

由于土的性能具有明显的动力非线性,在土体动力分析中通常应该考虑土的动力非线性性能。土动力非线性的考虑是借助土动力模型实现的,在本书第 6 章已较详细地表述了土动力非线性力学模型。但是,土体线性动力分析有时也可以采用,如动力机械基础的振动分析。因为在这种情况下,土体所受的动力作用水平通常很低,处于小应变阶段,土呈现线弹性性能。

和土体静力分析一样,土体动力分析有时必须考虑与坐落其上或相邻的结构的相互作用。由于土-结构相互作用的复杂性,土-结构动力相互作用分析在本书将作为独立一章来表述,本章所述的土体动力分析不考虑土-结构相互作用。

2. 土体动力分析问题的类型

土体动力分析问题可分为源问题和场地反应问题两种类型[1]。

1) 源问题

源问题的特点如下。

(1) 动荷载的时程可完全确定,即它的幅值、频率特性及作用的持续时间是已知的。

(2) 动荷载作为集中荷载或分布荷载作用于所分析体系上指定的点或边界上。

这样,土体在指定位置上作用的动荷载激振下发生振动,并把作用在指定位置上的动荷载称为振源。在这类问题中,激振源是完全清楚的,因此把这类问题称为源问题。

在源问题中,激振源作为力的边界条件包括在分析体系之中。源问题的一个典型的例子是动力机械基础的振动问题。在动力机械基础振动分析中,动力机械基础与其下土体构成分析体系,而由机械运转产生的动荷载作为激振源。

2) 场地反应问题

场地反应问题的特点如下。

(1) 振源的位置不能很好地确定。

(2) 振源产生的荷载时程,即它的幅值、频率成分和作用的持续时间不能很好地确定。

(3) 振源距离所要分析的土体很远。

(4) 振动从振源传到所要分析的土体的传播途径及所通过的介质的力学性能不能很好地确定。

(5) 振源在所要分析的土体场地的基岩上所激起的振动具有大量的观测资料。根据观测到的振动资料可经验地确定出场地的基岩的振动特性。经验确定出来的基岩振动可用两种方式表示:①基岩振动加速度时程;②基岩振动的峰值加速度及加速度反应谱。

在这类土体动力分析问题中,由于上述的特点在其动力分析体系中不能将振源包括在内,而是把按上述方法确定的基岩运动作为位移边界条件施加于土体的底面。因此,把这类土体动力分析问题称为场地反应问题。场地反应问题的典型例子是在地震作用下土体的动力分析,在分析时将指定的场地的基岩运动施加于土体的底面。

3. 土体动力分析方程

土体的动力分析方程可由土微元体的动力平衡建立。当采用数值分析方法(如有限元法)时,可由单元结点的动力平衡建立。下面分源问题和场地反应问题分别给出。

1) 源问题的动力分析方程

(1) 全量法求解方程。

根据动力学可知,如果土的动力模型采用线性黏弹性模型或非线性黏弹模型,一般应用全量法进行土体动力分析。全量法的动力分析方程如下:

$$[M]\{\ddot{r}\} + [C]\{\dot{r}\} + [K]\{r\} = \{R\} \tag{9.1}$$

式中,$[M]$、$[C]$、$[K]$分别为分析体系的质量矩阵、阻尼矩阵和刚度矩阵,其中刚度矩阵可

由单元刚度矩阵叠加形成,阻尼矩阵由瑞利阻尼公式确定:

$$\begin{cases} [C] = \alpha[M] + \beta[K] \\ [C]_e = \alpha[M]_e + \beta[M]_e \end{cases} \tag{9.2}$$

式中,$[C]_e$、$[M]_e$ 和 $[K]_e$ 分别为单元阻尼矩阵、单元质量矩阵和单元刚度矩阵。当采用式(9.2)第二式时,体系的阻尼矩阵由单元阻尼矩阵叠加形成,其叠加方法与形成体系刚度矩阵的叠加方法相同。式(9.2)中的系数 α 和 β 由式(9.3)确定:

$$\begin{cases} \alpha = \lambda\omega \\ \beta = \lambda/\omega \end{cases} \tag{9.3}$$

式中,λ 为土的阻尼;ω 为分析体系的自振圆频率,一般采用第一振型的圆频率。式(9.1)中的 $\{\ddot{r}\}$、$\{\dot{r}\}$、$\{r\}$ 分别为体系的加速度、速度和位移向量。以平面应变问题为例,一点的加速度、速度和位移分量如下:

$$r = \begin{Bmatrix} u \\ v \end{Bmatrix}, \quad \dot{r} = \begin{Bmatrix} \dot{u} \\ \dot{v} \end{Bmatrix}, \quad \ddot{r} = \begin{Bmatrix} \ddot{u} \\ \ddot{v} \end{Bmatrix} \tag{9.4}$$

式(9.1)中,$\{R\}$ 为体系的荷载向量,由作用于指定位置上的动荷载形成。因此,在 $\{R\}$ 中只有与作用有动荷载的结点相应的元素不为零,其他元素均为零。

在此应指出一点,如果采用式(9.2)第一式形成体系的阻尼矩阵,则所形成的体系阻尼矩阵具有与振型的正交性,如果采用式(9.2)第二式形成单元阻尼矩阵,再由单元阻尼矩阵叠加形成体系的阻尼矩阵,则所形成的体系阻尼矩阵不再具有与振型的正交性。

(2) 增量法求解方程。

如果土的动力学模型采用弹塑性模型,则采用增量法进行土体动力分析。增量法的动力分析方程如下:

$$[M]\{\Delta\ddot{r}\} + [K]\{\Delta r\} = \{\Delta R\} \tag{9.5}$$

式中,$[K]$ 也称为体系的刚度矩阵,由单元刚度矩阵叠加形成,与式(9.1)中的刚度矩阵不同,在计算单元刚度矩阵时所用的模量取滞回曲线上从 t 到 $t+\Delta t$ 时刻的切线模量。在此应特别指出,在弹塑性分析中土的模量是遵循滞回曲线变化的,因此在分析中自然包括了耗能的影响,像式(9.5)所示那样,在求解方程中通常不包括黏性阻尼矩阵项。如果在求解方程中包括黏性阻尼矩阵项,按式(9.2)确定阻尼矩阵,并采用实测的阻尼比按式(9.3)计算参数 α、β,那就加倍地考虑了耗能的影响。然而,有时在弹塑性求解方程中含有黏性阻尼项。但是,其目的不是考虑黏性耗能而为了消除在滞回曲线顶点处由于切线模量陡然变化引起的振荡,是作为一种计算技巧采取的。因此,采用的阻尼比也不是实测的数值,通常取一个很小的数值。式(9.5)中的 $[\Delta\ddot{r}]$ 和 $\{\Delta r\}$ 分别为从 t 到 $t+\Delta t$ 时刻体系的加速度增量和位移增量向量。式(9.5)中的 $\{R\}$ 为从 t 到 $t+\Delta t$ 时刻荷载增量,与式(9.1)中的 $\{R\}$ 相似,只有与作用有动荷载的结点相应的元素不为零,其他元素均为零。

2) 场地反应问题的动力分析方程

如上述,场地反应问题通常是在土体的底面施加一个指定运动。这样,土体的运动由两部分组成,第一部分为土体与其底面一起的运动,称为刚体运动,第二部分为土体相对其底面的运动,称为相对运动。设以 $\{\bar{r}\}$ 表示土体的总位移,以平面应变为例,以 u_g 和 v_g 分别表示在土体底面施加 x 和 y 方向的位移分量,以 $\{r\}$ 表示土体相对于底面的位移,则

$$\{\ddot{\bar{r}}\} = \{\ddot{r}\} + \{I\}_x \ddot{u}_g + \{I\}_y \ddot{v}_g \tag{9.6}$$

式中

$$\begin{cases} \{I\}_x = \{1 \quad 0 \quad 1 \quad 0 \quad 1 \quad 0\}^{\mathrm{T}} \\ \{I\}_y = \{0 \quad 1 \quad 0 \quad 1 \quad 0 \quad 1\}^{\mathrm{T}} \end{cases} \tag{9.7}$$

(1) 全量法求解方程。

如果在场地反应分析中,土的动力学模型采用线性或者非线性黏弹模型,通常采用全量法求解。由结构动力学可知,结点的动力平衡方程如下:

$$[M]\{\ddot{\bar{r}}\} + [C]\{\dot{r}\} + [K]\{r\} = 0$$

将式(9.6)代入得

$$[M]\{\ddot{r}\} + [C]\{\dot{r}\} + [K]\{r\} = -[M]\{I\}_x \ddot{u}_g - [M]\{I\}_y \ddot{v}_g$$

将

$$\begin{cases} \{E\}_x = -[M]\{I\}_x \\ \{E\}_y = -[M]\{I\}_y \end{cases} \tag{9.8}$$

代入得

$$[M]\{\ddot{r}\} + [C]\{\dot{r}\} + [K]\{r\} = \{E\}_x \ddot{u}_g + \{E\}_y \ddot{v}_g \tag{9.9}$$

式中,$\{E\}_x$、$\{E\}_y$ 分别为 x 方向和 y 方向惯性力的质量列阵。

令

$$\{R\} = \{E\}_x \ddot{u}_g + \{E\}_y \ddot{v}_g \tag{9.10}$$

代入式(9.9),可得到式(9.1)。这表明,场地反应问题全量法的求解方程在形式上与源问题全量法的求解方程相同。

(2) 增量法求解方程。

如果在场地反应分析中土的动力学模型采用弹塑性模型,则应采用增量法求解。增量法的求解方程如下:

$$[M]\{\Delta\ddot{r}\} + [K]\{\Delta r\} = \{E\}_x \Delta\ddot{u}_g + \{E\}_y \Delta\ddot{v}_g \tag{9.11}$$

式中,$\Delta\ddot{u}_g$ 和 $\Delta\ddot{v}_g$ 分别为 t 到 $t + \Delta t$ 时刻土体底面运动加速度的水平分量和竖向分量的增量。

令

$$\{\Delta R\} = \{E\}_x \Delta\ddot{u}_g + \{E\}_y \Delta\ddot{v}_g \tag{9.12}$$

将其代入式(9.11)即得到式(9.5)。这表明,场地反应问题的增量法求解方程在形式上与源问题的增量法求解方程相同。

根据上述,可得到如下结论。

(1) 无论全量法还是增量法,源问题和场地反应问题的求解方程可写成统一的形式。这样,源问题和场地反应问题可按相同的方法求解。

(2) 由源问题求解方程得到的位移、速度、加速度就是所要求解的位移、速度和加速度,而场地反应问题的求解方程是对相对运动建立的,得到的是相对的位移、速度、加速度,当相对位移、速度、加速度确定后,总的位移、速度、加速度还应按式(9.6)计算。显然,在场地反应分析中,土的惯性力取决于总的加速度。

(3) 源问题的荷载向量$\{R\}$或荷载增量$\{\Delta R\}$取决于施加动荷载的部位,像前面指出的那样,只有与动荷作用的结点相应的元素不为零,其他均为零。然而,场地反应问题的荷载向量$\{R\}$或荷载增量$\{\Delta R\}$取决于刚体运动在各结点产生的惯性力,它们的每个元素均不为零。

(4) 在源问题中,距离振动源很远的点的位移、速度、加速度趋于零。然而,在场地反应问题中,距离分析土体很远的侧面上的点的相对位移、速度、加速度并不趋于零,而趋于水平场地下土层相应点的相对位移、速度、加速度,如图9.1所示。图9.1给出了一个坐落在覆盖土层上土坝的地震反应问题。在这个问题中,在距离土坝很远的竖向侧面的点,其相对位移u、v,速度$\dot{u}$、$\dot{v}$,加速度$\ddot{u}$、$\ddot{v}$并不趋于零而趋于水平覆盖土层的相应点的相对位移u_f、v_f,速度$\dot{u}_f$、$\dot{v}_f$,加速度$\ddot{u}_f$、$\ddot{v}_f$。

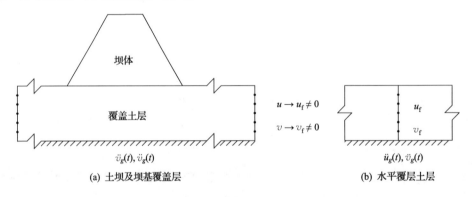

(a) 土坝及坝基覆盖层　　　　　　　　(b) 水平覆层土层

图 9.1　远离坝体及覆盖层竖向侧面上点的相对运动

(5) 与上述的第4点相似,在源问题中距离振动源很远的一点,土所受的动力作用水平趋于零,处于小变形阶段,呈线性工作状态。然而,在场地反应问题中距离分析土体很远的侧面上的点,土所受的动力作用水平并不趋于零,而趋于水平场地下土层相应点的动力作用水平。在这种情况下,距离土体很远的侧面上的点,土可能处于中到大变形阶段,甚至可能处于流动或破坏状态,呈显著非线性工作状态。

4. 动力分析方程的求解方法及适用性

求解动力方程的方法主要有如下三种。

　　1) 振型分解法

　　振型分解法是求解线性动力分析方程的经典解法。它是利用振型的正交性把动力方程解耦,变成许多单质点振动方程,然后求解单质点振动方程,并把这些单质点振动的解叠加起来。振型分解法利用了叠加原理,因此只适用于线性黏弹性分析。振型分解法的一个优点是,无论源问题还是场地反应问题,所输入的动荷载或指定的运动可以是时程曲线,也可以是加速度反应谱曲线及其最大峰值。

　　另外,像前面指出的那样,如果体系的阻尼矩阵采用式(9.2)第一式的形成,振型关于阻尼矩阵是正交的,则可以用振型分解法求解。如果体系阻尼矩阵采用式(9.2)第二式计算单元阻尼矩阵再叠加形成,振型关于阻尼矩阵不再是正交的,即使线性黏弹性分析,也不能将动力分析方程解耦,不能应用振型分解法求解动力分析方程。

　　2) 时域逐步积分法

　　时域逐步积分法假定 t 时刻体系的位移向量、速度向量、加速度向量是已知的,采用某种积分格式将 $t+\Delta t$ 时刻体系的速度向量、加速度向量以 t 时刻的位移向量、速度向量、加速度向量及 $t+\Delta t$ 时刻的位移向量表示,并代入动力求解方程。这样,将微分方程形式的求解方程转化成以 $t+\Delta t$ 时刻的位移向量为未知量的线性代数方程组。求解该方程组可求得 $t+\Delta t$ 时刻的位移向量,进而可求得 $t+\Delta t$ 时刻的速度向量及加速度向量。如此,一步接一步地进行下去,故称为逐步积分法。

　　逐步积分法可求解全量法的动力方程,也可求解增量法的动力方程。因此,不仅可用于线性黏弹性分析,也可用于非线性弹性分析或弹塑性分析。

　　逐步积分法,无论源问题还是场地反应问题,所输入的动荷载或指定的运动都必须是时程曲线。

　　3) 频域求解方法

　　频域求解方法是将全量法的动力分析方程两边同时进行有限形式的傅里叶变换,将微分方程形式的求解方程转换成以位移向量的傅里叶变换为未知量的线性代数方程组。解该方程组可求出位移向量的傅里叶变换。然后,再进行有限形式的傅里叶逆变换可求位移向量。进而,求出速度向量及加速度向量。

　　傅里叶变换应用了叠加原理,和振型分解法一样,频域求解方法只适用于线性黏弹性分析。另外,频域求解方法,无论源问题还是场地反应问题,所输入的动荷载或指定运动必须是时程曲线。

　　频域求解方法具有一个优点,场地反应问题所输入的指定运动不仅可在土体底部输入,也可以在土体中任何一点输入,并可反演出基底的地震运动。

　　在此,仅对动力分析方程的三种主要求解方法的基本原理及适用条件进行简要的表述。关于这三种求解方法的具体推导和细节将在本章后面各节中进一步表述。

9.2　水平场地土层的地震反应分析——解析法

　　文献[2]研究了水平土层的地震反应,在研究中,假定土为线性黏弹体,在水平方向土的性质是均匀的,基岩或相对硬层与其上土层的接触面为水平面,基岩或相对硬层只做水平运动。在这种情况下,水平土层只产生水平的剪切运动,并且只与竖向坐标 z 有关而与水平坐标 x 无关。这样,水平场地土层的地震反应分析就可简化成一维问题,只需从土层中取出一个高度为 H 的单位面积的土柱来研究,如图 9.2(a)所示。

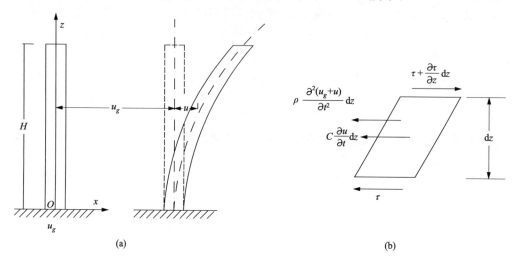

图 9.2 水平场地土层地震反应的简化

下面分以下两种情况来研究。

1. 土的性质不随深度 z 变化的情况

1) 求解方程式

设土的重力密度为 γ,剪切模量为 G,黏滞系数为 C,相应的阻尼比为 λ,将竖向坐标原点取在土层底面,并取向上为 z 坐标的正向,如图 9.2(a)所示。在图 9.2(a)中,$\ddot{u}_g$ 为基岩或相对硬层的水平运动,即土的刚体运动,u 为土柱相对基岩或相对硬层的相对运动。从土柱中取出一个高度为 $\mathrm{d}z$ 的微元体,如图 9.2(b)所示,作用于微元体上的力包括:①作用于微元体底面的剪力,等于 τ;②作用于微元体顶面上的剪力,等于 $\tau+\frac{\partial \tau}{\partial z}\mathrm{d}z$;③作用于微元体质心的惯性力,等于 $\rho \frac{\partial^2 (u_g+u)}{\partial t^2}\mathrm{d}z$;④作用于微元体质心的黏性阻力,等于 $C \frac{\partial u}{\partial t}\mathrm{d}z$。

由微元体水平方向的动力平衡可得

$$\rho \frac{\partial^2 (u_g+u)}{\partial t^2} + C \frac{\partial u}{\partial t} = \frac{\partial \tau}{\partial z}$$

由于

$$\frac{\partial \tau}{\partial z} = G \frac{\partial^2 u}{\partial z^2}$$

将其代入则得到水平场地土层地震反应分析方程如下:

$$\frac{\partial^2 u}{\partial t^2} - \frac{G}{\rho}\frac{\partial^2 u}{\partial z^2} + \frac{C}{\rho}\frac{\partial u}{\partial t} = -\frac{\mathrm{d}^2 u_g}{\mathrm{d}t^2} \tag{9.13}$$

水平场地土层地震反应问题的求解条件如下。

边界条件：

$$\begin{cases} z = 0, & u = 0 \\ z = H, & \dfrac{\partial u}{\partial z} = 0 \end{cases} \tag{9.14}$$

初始条件：

$$t = 0, \quad u = 0, \quad \frac{\partial u}{\partial t} = 0 \tag{9.15}$$

2）水平场地的自由振动

如果令式(9.13)的右端项为零,则可得水平场地土层的自由振动方程如下：

$$\frac{\partial^2 u}{\partial t^2} - \frac{G}{\rho}\frac{\partial^2 u}{\partial z^2} + \frac{C}{\rho}\frac{\partial u}{\partial t} = 0 \tag{9.16}$$

按分离变量法,令

$$u = ZT \tag{9.17}$$

式中, Z 只为坐标 z 的函数; T 只为时间 t 的函数。将式(9.17)代入式(9.16),则得

$$\begin{cases} \dfrac{\mathrm{d}^2 Z}{\mathrm{d}z^2} + A^2 z = 0 \\ \dfrac{\mathrm{d}^2 T}{\mathrm{d}t^2} + \dfrac{C}{\rho}\dfrac{\mathrm{d}T}{\mathrm{d}t} + A^2 \dfrac{G}{\rho}T = 0 \end{cases} \tag{9.18}$$

式中, A 为待定系数。

由边界条件式(9.14)得

$$\begin{cases} z = 0, & Z = 0 \\ z = H, & \dfrac{\partial Z}{\partial z} = 0 \end{cases} \tag{9.19}$$

由初始条件得

$$t = 0, \quad T = 0, \quad \frac{\mathrm{d}T}{\mathrm{d}t} = 0 \tag{9.20}$$

由常微分方程理论,可得式(9.18)第一式的解为

$$Z = C_1 \sin(Az) + C_2 \cos(Az)$$

由边界条件式(9.19)第一式得

$$C_2 = 0$$

则得

$$Z = C_1 \sin(Az) \tag{9.21}$$

由边界条件式(9.19)的第二式得

$$\cos(AH) = 0$$

由此得

$$A_i = \frac{i\pi}{2H}, \qquad i = 1, 3, 5, \cdots \tag{9.22}$$

将 A 值代入式(9.21)得

$$Z_i = C_{1,i} \sin\left(\frac{i\pi}{2H}z\right), \qquad i = 1, 3, 5, \cdots \tag{9.23}$$

下面令

$$\begin{cases} \omega_i = A_i \sqrt{\dfrac{G}{\rho}} \\ 2\lambda_i \omega_i = \dfrac{C}{\rho} \end{cases} \tag{9.24}$$

将式(9.24)代入式(9.18)第二式得

$$\frac{\mathrm{d}^2 T}{\mathrm{d}t^2} + 2\lambda_i \omega_i \frac{\mathrm{d}T}{\mathrm{d}t} + \omega_i^2 T = 0 \tag{9.25}$$

解式(9.25)得

$$u = \sum_{i=1}^{\infty} \mathrm{e}^{-\lambda_i \omega_i t} \left[d_{1,i} \cos(w_{1,i}t) + d_{2,i} \sin(w_{1,i}t) \right] C_{1,i} \sin\left(\frac{i\pi}{2H}z\right) \tag{9.26}$$

式中, $d_{1,i}$、$d_{2,i}$ 为两个待定系数; $\omega_{1,i}$ 按式(9.27)确定:

$$\omega_{1,i} = (1 - \lambda_i)^{\frac{1}{2}} \omega_i \tag{9.27}$$

由式(9.26)可知, $\omega_{1,i}$ 为有黏性阻力时水平场地土层的自由振动圆频率。当没有黏性阻尼时, $C_1 = 0$, $\lambda_i = 0$, 因此, $\omega_{1,i} = \omega_1$, 即式(9.24)定义的 ω_i 为无阻尼时水平场地土层的自由振动圆频率。将 A_i 值代入式(9.24), 则得无阻尼自由振动圆频率如下:

$$\omega_i = \frac{i\pi}{2H} \sqrt{\frac{G}{\rho}}, \qquad i = 1, 3, 5, \cdots \tag{9.28}$$

令 V_s 为土的剪切波波速, 则 $V_s = \sqrt{\dfrac{G}{\rho}}$。

由于

$$\omega_i = \frac{2\pi}{T_i}$$

式中，T_i 为与 ω_i 相应的自振周期，由式(9.28)得

$$T_i = \frac{4H}{iV_s}, \qquad i = 1, 3, 5, \cdots \tag{9.29}$$

在此应指出，式(9.23)则为水平场地土层与自振周期 T_i 相应的振型函数。从式(9.23)可见，振型函数给出了振动位移沿坐标 z 的分布，它与时间无关。

由于 λ_i 值通常小于 0.3，从式(9.27)可得

$$\omega_{1,i} = \omega_i$$

另外，由式(9.27)可知，当 $\lambda_i = 1$ 时，$\omega_{1,i} = 0$。这表明，有阻尼的自振周期成为无穷大，式(9.26)的解变成了随时间单调衰减的函数。因此，将 $\lambda_i = 1$ 时相应的黏性系数称为临界黏性系数，以 $C_{cr,i}$ 表示。由式(9.24)第二式得，临界黏性系数为

$$C_{cr,i} = 2\rho\omega_i \tag{9.30}$$

由此得

$$\lambda_i = \frac{C}{C_{cr,i}} \tag{9.31}$$

式(9.31)表明，系数 λ_i 为土的黏性系数与其临界黏性系数之比，将其称为阻尼比。

根据式(9.17)及叠加原理得水平场地的自由振动的解如下：

$$u = \sum_{i=1}^{\infty} Z_i T_i, \qquad i = 1, 3, 5, \cdots \tag{9.32}$$

将式(9.23)及式(9.26)代入，并取式(9.23)中的 $C_{1,i} = 1$，得

$$u = \sum_{i=1}^{\infty} e^{-\lambda_i \omega_i t} \left[d_{1,i} \cos(w_{1,i} t) + d_{2,i} \sin(w_{1,i} t) \right] \sin\left(\frac{i\pi}{2H}z\right) \tag{9.33}$$

式中，$d_{1,i}$ 和 $d_{2,i}$ 可由初始条件确定。对于式(9.15)给出的零初始条件，$d_{1,i} = d_{2,i} = 0$，则得 $u = 0$，即零解。

3) 水平场地土层的地震反应

水平场地土层的地震反应可由求解方程式(9.13)得到。首先应指出，在强迫振动下振型函数并不改变，仍可取式(9.23)的形式。这样，方程式(9.13)的解可取如下形式：

$$u = \sum_{i=1}^{\infty} T_i \sin\left(\frac{i\pi}{2H}z\right) \tag{9.34}$$

另外，振型函数具有正交性质，即

$$\begin{cases} \int_0^H \sin\left(\frac{i\pi}{2H}z\right) \sin\left(\frac{j\pi}{2H}z\right) \mathrm{d}z = 0, & i \neq j \\ \int_0^H \sin\left(\frac{i\pi}{2H}z\right) \sin\left(\frac{j\pi}{2H}z\right) \mathrm{d}z = 1, & i = j \end{cases} \tag{9.35}$$

这样，可将 1 展开成振型函数的级数，即

$$\begin{cases} 1 = \sum_{i=1}^{\infty} b_i \sin\left(\dfrac{i\pi}{2H}z\right), \\ b_i = \dfrac{4}{i\pi}, \end{cases} \qquad i = 1,3,5,\cdots \tag{9.36}$$

由此,可得

$$\frac{\partial^2 u_g}{\partial t^2} = \frac{\partial^2 u_g}{\partial t^2} \sum_{i=1}^{\infty} \frac{4}{i\pi} \sin\left(\frac{i\pi}{2H}z\right), \qquad i = 1,3,5,\cdots \tag{9.37}$$

将式(9.34)和式(9.37)代入式(9.13),并利用振型函数的正交性可得式(9.34)中 T_i 的求解方程:

$$\ddot{T}_i + 2\lambda_i\omega_i\dot{T}_i + \omega_i^2 T_i = -\frac{4}{i\pi}\frac{\partial^2 u_g}{\partial t^2}, \qquad i = 1,3,5,\cdots \tag{9.38}$$

求解式(9.38)得

$$T_i = d_{1,i}\cos(\omega_{1,i}t) + d_{2,i}\sin(\omega_{1,i}t) - \frac{4}{i\pi\omega_{1,i}}\int_0^t \frac{\mathrm{d}^2 u_g}{\mathrm{d}t^2}\mathrm{e}^{-\lambda_i\omega_i(t-t_1)}\sin(\omega_{1,i}(t-t_1))\mathrm{d}t_1,$$
$$i = 1,3,5,\cdots$$

由初始条件式(9.20)得

$$d_{1,i} = d_{2,i} = 0$$

则得

$$T_i = -\frac{4}{i\pi\omega_{1,i}}\int_0^t \frac{\mathrm{d}^2 u_g}{\mathrm{d}t^2}\mathrm{e}^{-\lambda_i\omega_i(t-t_1)}\sin(\omega_{1,i}(t-t_1))\mathrm{d}t_1, \qquad i = 1,3,5,\cdots \tag{9.39}$$

这样

$$u_i = -\left[\frac{4}{i\pi\omega_{1,i}}\int_0^t \frac{\mathrm{d}^2 u_g}{\mathrm{d}t^2}\mathrm{e}^{-\lambda_i\omega_i(t-t_1)}\sin(\omega_1(t-t_1))\mathrm{d}t_1\right]\sin\left(\frac{i\pi}{2H}z\right) \tag{9.40}$$

$$u = -\sum_{i=1}^{\infty}\left[\frac{4}{i\pi\omega_{1,i}}\int_0^t \frac{\mathrm{d}^2 u_g}{\mathrm{d}t^2}\mathrm{e}^{-\lambda_i\omega_i(t-t_1)}\sin(\omega_1(t-t_1))\mathrm{d}t_1\right]\sin\left(\frac{i\pi}{2H}z\right), \qquad i = 1,3,5,\cdots \tag{9.41}$$

下面令

$$\phi_i(z) = \frac{4\sin\left(\dfrac{i\pi}{2H}z\right)}{i\pi} \tag{9.42}$$

$$V_i(t) = \int_0^t \frac{\mathrm{d}^2 u_g}{\mathrm{d}t^2}\mathrm{e}^{-\lambda_i\omega_i(t-t_1)}\sin(\omega_i(t-t_1))\mathrm{d}t_1 \tag{9.43}$$

并取 $w_{1,i} \approx \omega_i$,则式(9.41)和式(9.42)可分别写成如下形式:

$$u_i = -\frac{1}{\omega_i}\phi_i(z)V_i(t) \tag{9.44}$$

$$u = -\sum_{i=1}^{\infty} \frac{\phi_i(z)}{\omega_i} V_i(t), \qquad i = 1,3,5,\cdots \tag{9.45}$$

下面，把 $\phi_i(z)$ 称为振型参与函数。

根据式(9.45)可求土层所受的水平动剪应力。由于

$$\tau = G \frac{\partial u}{\partial z}$$

将式(9.45)代入，则得到

$$\tau = -G \sum_{i=1}^{\infty} \frac{2\cos\left(\dfrac{i\pi}{2H}z\right)}{H\omega_i} V_i(t), \qquad i = 1,3,5,\cdots$$

令

$$\phi_{1,i}(z) = \frac{2\cos\left(\dfrac{i\pi}{2H}z\right)}{H\omega_i}, \qquad i = 1,3,5,\cdots \tag{9.46}$$

则得

$$\tau = -G \sum_{i=1}^{\infty} \phi_{1,i}(z) V_i(t) \tag{9.47}$$

下面，来求土层的水平运动加速度，改写式(9.38)可得

$$\ddot{T}_i = -\frac{4}{i\pi} \frac{\mathrm{d}^2 u_g}{\mathrm{d}t^2} - 2\lambda_i \omega_i \dot{T}_i - \omega_i^2 T_i, \qquad i = 1,3,5,\cdots \tag{9.48}$$

另外，由式(9.34)得相对运动加速度为

$$\ddot{u} = \sum_{i=1}^{\infty} \ddot{T}_i \sin\left(\frac{i\pi}{2H}z\right), \qquad i = 1,3,5,\cdots$$

将式(9.48)代入得

$$\ddot{u} = -\frac{\mathrm{d}^2 u_g}{\mathrm{d}t^2} \sum_{i=1}^{\infty} \frac{4}{i\pi} \sin\left(\frac{i\pi}{2H}z\right) - \sum_{i=1}^{\infty} (2\lambda_i\omega_i\dot{T} + \omega_i^2 T) \sin\left(\frac{i\pi}{2H}z\right), \qquad i = 1,3,5,\cdots$$

按式(9.36)，有

$$\sum_{i=1} \frac{4}{i\pi} \sin\left(\frac{i\pi}{2H}z\right) = 1, \qquad i = 1,3,5,\cdots$$

则得

$$\ddot{u} = -\frac{\mathrm{d}^2 u_g}{\mathrm{d}t^2} - \sum_{i=1}^{\infty} (2\lambda_i\omega_i\dot{T} + \omega_i^2 T_i) \sin\left(\frac{i\pi}{2H}z\right), \qquad i = 1,3,5,\cdots \tag{9.49}$$

将式(9.39)微分得

$$\dot{T}_i = -\lambda_i\omega_i T_i - \frac{4}{i\pi} \int_0^t \frac{\mathrm{d}^2 u_g}{\mathrm{d}t^2} \mathrm{e}^{-\lambda_i\omega_i(t-t_1)} \cos(\omega_i(t-t_1)) \mathrm{d}t_1, \qquad i = 1,3,5,\cdots$$

将 T_i 和 $\dot{T}_i$ 的表达式代入式(9.49),并取 $\omega_{ii} = \omega_i$,则得

$$\ddot{u} = -\ddot{u}_g(t) + \sum_{i=1} \left\{ \frac{4\sin\left(\dfrac{i\pi}{2H}z\right)}{i\pi} \left[\omega_i \int_0^t \frac{\mathrm{d}^2 u_g}{\mathrm{d}t^2} \mathrm{e}^{-\lambda_i \omega_i (t-t_1)} \sin(\omega_i(t-t_1)) \mathrm{d}t_1 \right. \right.$$

$$\left. \left. + 2\lambda_1 \int_0^t \frac{\mathrm{d}^2 u_g}{\mathrm{d}t^2} \mathrm{e}^{-\lambda_i \omega_i(t-t_1)} \cos(\omega_i(t-t_1)) \mathrm{d}t_1 \right] \right\} \qquad i = 1,3,5,\cdots$$

式中,方括号的第二项与第一项相比可以忽略,则得

$$\ddot{u} = -\ddot{u}_g(t) + \sum_{i=1} \left[\frac{4\sin\left(\dfrac{i\pi}{2H}z\right)}{i\pi} \omega_i \int_0^t \frac{\mathrm{d}^2 u_g}{\mathrm{d}t^2} \mathrm{e}^{-\lambda_i \omega_i(t-t_1)} \sin(\omega_i(t-t_1)) \mathrm{d}t_1 \right], \qquad i = 1,3,5,\cdots$$

$$(9.50)$$

再将式(9.42)及式(9.43)代入式(9.50)得

$$\ddot{u} = -\ddot{u}_g(t) + \sum_{i=1}^{\infty} \phi_i(z)\omega_i V_i(t), \qquad i = 1,3,5,\cdots \tag{9.51}$$

如果以 $\ddot{u}$ 表示总的土层运动加速度,则得

$$\ddot{u} = \sum_{i=1}^{\infty} \phi_i(z)\omega_i V_i(t), \qquad i = 1,3,5,\cdots \tag{9.52}$$

由于从土层底输入的地表运动加速度 $\ddot{u}_g(t)$ 是一个变幅的时间函数,$V_i(t)$ 的计算通常要用数值积分来完成。但算得 $V_i(t)$ 后就可分别由式(9.52)和式(9.47)计算出土层的地震运动加速度和地震作用引起的水平剪应力。

4)求水平场地土层地震反应的反应谱法

在一般情况下,只给出输入的地震运动加速度的最大值 $\ddot{u}_{g,\max}$ 及加速度反应谱。输入地震运动的加速度反应谱给出了单质点运动加速度的动力放大系数 β 与单质点体系自振周期 T 之间的关系线,加速度动力放大系数定义为在输入的地震运动作用下单质点运动的最大加速度 S_a 与输入的地震运动加速度的最大值 $\ddot{u}_{g,\max}$ 之比。在这种情况下,可采用反应谱法求出土层的最大加速度及最大水平剪应力等。

由式(9.52)得,土层第 i 振型总的最大加速度 $\ddot{u}_{i,\max}$ 如下:

$$\ddot{u}_{i,\max} = \phi_i(z)\omega_i V_{v,i} \tag{9.53}$$

式中,$V_{v,i}$ 为 $V_i(t)$ 的最大值,称为谱速度。令

$$S_{a,i} = \omega_i V_{v,i} \tag{9.54}$$

称为谱加速度。按前述,谱速度 $V_{v,i}$ 和谱加速度 $S_{a,i}$ 均与振型有关。现将式(9.54)代入式(9.53),则得

$$\ddot{u}_{i,\max} = \phi_i(z)S_{a,i} \tag{9.55}$$

根据放大系数定义，$S_{a,i}$ 可按式(9.56)确定：

$$S_{a,i} = \beta_i \ddot{u}_{g,\max} \tag{9.56}$$

由此，得

$$\ddot{u}_{i,\max} = \phi_i(z)\beta_i \ddot{u}_{g,\max} \tag{9.57}$$

式中，β_i 为与第 i 振型的自振周期 T_i 相应的加速度动力放大系数。当土层自振周期已知时，β_i 可由给出的反应谱曲线确定。T_i 由式(9.29)可计算出来，前 4 个振型相应的自振周期如下：

$$\begin{cases} T_1 = 4\dfrac{H}{V_s} \\[2mm] T_3 = \dfrac{4}{3}\dfrac{H}{V_s} \\[2mm] T_5 = \dfrac{4}{5}\dfrac{H}{V_s} \\[2mm] T_7 = \dfrac{4}{7}\dfrac{H}{V_s} \end{cases} \tag{9.58}$$

按振型叠加法，土层的最大加速度可由式(9.59)确定：

$$\ddot{u}_{\max} = \sqrt{\sum_{i=1}\ddot{u}_{i,\max}^2} = \sqrt{\sum_{i=1}(\phi_i(z)\beta_i)^2}\,\ddot{u}_{g,\max}, \qquad i = 1,3,5,\cdots \tag{9.59}$$

如令 $z=H$，可求出土层表面的最大加速度 $\ddot{u}_{\max}(H)$ 如下：

$$\ddot{u}_{\max} = \sqrt{\sum_{i=1}(\phi_i(H)\beta_i)^2}\,\ddot{u}_{g,\max} \tag{9.60}$$

前 4 个振型的 $\phi_i(H)$ 值如下：

$$\begin{cases} \phi_1(H) = 1.27 \\ \phi_3(H) = -0.42 \\ \phi_5(H) = 0.25 \\ \phi_7(H) = -0.18 \end{cases} \tag{9.61}$$

另外，由式(9.44)可以求出土层第 i 振型的最大剪应变 $\gamma_{i,\max}$ 如下：

$$\gamma_{i,\max} = -\phi_{z,i}(z)\beta_i \ddot{u}_{g,\max}, \qquad i = 1,3,5,\cdots \tag{9.62}$$

式中

$$\phi_{z,i}(z) = -\frac{2\cos\dfrac{i\pi}{2H}z}{H\omega_i^2}, \qquad i = 1,3,5,\cdots \tag{9.63}$$

按振型叠加原理，土层的最大剪应变 $\gamma_{\max}$ 如下：

$$\gamma_{\max} = \sqrt{\sum_{i=1}^{\infty} \gamma_{i,\max}^2}, \qquad i = 1, 3, 5, \cdots \tag{9.64}$$

相应地,土层水平剪应力的最大值 $\tau_{\max}$ 如下:

$$\tau_{\max} = G\gamma_{\max} \tag{9.65}$$

在求解时,通常可只取前 4 个振型。

5)土层等价剪切模量及平均阻尼比

在上述研究中,假定土的剪切模量不随深度变化,即为常数。实际上,地面下的土层通常是水平成层的,每个层的模量是不相等的。设第 i 层土的厚度为 h_i,剪切模量为 G_i,相应的剪切波波速 $V_{\mathrm{s},i} = \sqrt{\dfrac{G_i}{\rho_i}}$,则剪切波通过第 i 层土的时间 t_i,可由式(9.66)确定:

$$t_i = \frac{h_i}{V_{\mathrm{s},i}} \tag{9.66}$$

假如水平场地包括 n 个土层,剪切波从土层底面传到表面所需的时间 t 为

$$t = \sum_{i=1}^{n} t_i = \sum_{i=1}^{n} \frac{h_i}{V_{\mathrm{s},i}} \tag{9.67}$$

假定水平场地的土层剪切模量 G 为常数,相应的剪切波波速为 V_{s}。那么,剪切波由土层传到表面所需的时间为

$$t = \frac{\displaystyle\sum_{i=1}^{n} h_i}{V_{\mathrm{s}}} \tag{9.68}$$

令式(9.67)与式(9.68)相等,则得

$$V_{\mathrm{s}} = \frac{\displaystyle\sum_{i=1}^{n} h_i}{\displaystyle\sum_{i=1}^{n} \frac{h_i}{V_{\mathrm{s},i}}} = \frac{H}{\displaystyle\sum_{i=1}^{n} \frac{h_i}{V_{\mathrm{s},i}}} \tag{9.69}$$

下面,将由式(9.69)确定的剪切波波速称为等价剪切波波速,与其相应的剪切模量 G 称为等价剪切模量,则

$$G = \rho V_{\mathrm{s}}^2 \tag{9.70}$$

这样,如果水平场地下每层土的剪切模量不同,可按式(9.69)和式(9.70)分别确定出水平场地的等价剪切波波速和剪切模量,并以土层的等价剪切模量作为水平场地的剪切模量来进行分析。

与剪切模量相似,当水平场地包括 n 个土层时,在上述分析中应采用 n 个土层的某种平均阻尼比。显然,考虑到每个土层厚度的影响,采用按土层厚度的加权平均阻尼比更为适宜。土层加权平均阻尼比按式(9.71)确定:

$$\lambda = \frac{\sum_{i=1}^{n} \lambda_i h_i}{H} \tag{9.71}$$

式中，λ_i 为第 i 层土的阻尼比，其他符号同前。

6）土的非线性的近似考虑

如果在分析中采用等效线性化模型作为土的动力学模型，则可以近似地考虑土的动力非线性。按前述的等效线性化模型，土的剪切模量和阻尼比取决于土所受的动剪应变幅值 γ。但是，在求解之前各土层所受的剪应变幅值是未知的。然而，可以先假定初始动剪应变幅值，并确定出与其相应的各土层的剪切模量 G 和阻尼比 λ。然后，再按上述方法求出等价剪切模量和平均阻尼比作为所要分析土层的剪切模量和阻尼比，并按上述方法进行土层的地震反应分析，求出各土层所受到的动剪应变的最大值及相应的等价剪应变幅值，一般取等价剪应变幅值等于最大剪应变的 0.65 倍。这样，可按等效线性化模型确定出与等价剪应变幅值相应的各土层的剪切模量及阻尼比。进而，可确定出下一次分析所要求的土层的等价剪切模量及平均阻尼比，并按上述方法再进行一次土层的地震反应分析。如此，按上述方法进行迭代分析，直至相邻两次分析结果的误差满足要求。通常，要求相邻两次分析的剪切模量的最大误差小于 10%。经验表明，假定的初始剪应变幅值可在 $10^{-4} \sim 10^{-3}$ 选取，并且迭代 3～4 次就可以满足误差要求。

图 9.3 给出了上述采用等效线性化模型近似考虑土动力非线性方法的计算流程。

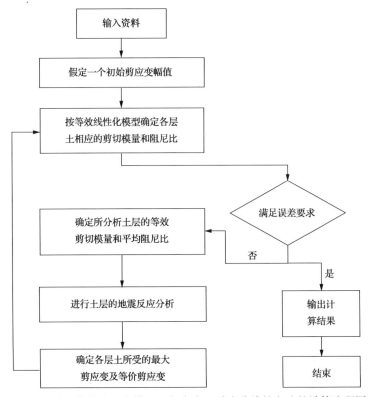

图 9.3　采用等效线性化模型近似考虑土动力非线性方法的计算流程图

2. 土的剪切模量随深度 z 变化的情况

1）求解方程式

由第 6 章可知,土的动剪切模量随其承受的有效静平均应力的增加而增加。因此,由于有效静平均应力随深度而增加,即使同一土层其动剪切模量也不会是常数。在水平场地情况下,土所受的平均正应力 σ_0 可按如下公式确定:

$$\sigma_0 = \frac{1 + 2K_0}{3}\sigma_z = \frac{1 + 2K_0}{3}\gamma z$$

按第 6 章,土的动剪切模量与有效静平均应力的关系可写成如下形式:

$$G = K_1 P_a \left(\frac{\sigma_0}{P_a}\right)^n$$

式中,K_1、n 为两个经验参数。将 σ_0 表达式代入,简化后得

$$G = K_z z^n \tag{9.72}$$

式中,K_z 为经验参数。因此,在许多情况下土的动剪切模量与深度的关系可用式(9.72)表示。下面,建立这种情况下的求解方程。

图 9.4 给出了从分析的土层中取出的单位面积土柱、坐标的规定,以及从土柱取出的微元体、作用于微元体上的力。由微元体水平方向的动力平衡可得这种情况下的求解方程如下:

$$\frac{\partial^2 u}{\partial t^2} + \frac{C}{\rho}\frac{\partial u}{\partial t} - \frac{K_z}{\rho}\frac{\partial}{\partial z}\left(z^n\frac{\partial u}{\partial z}\right) = -\frac{\mathrm{d}^2 u_g}{\mathrm{d}t^2} \tag{9.73}$$

在这种情况下,问题的定解条件如下。

边界条件:

$$\begin{cases} z = 0, & \dfrac{\partial u}{\partial z} = 0 \\ z = H, & u = 0 \end{cases} \tag{9.74}$$

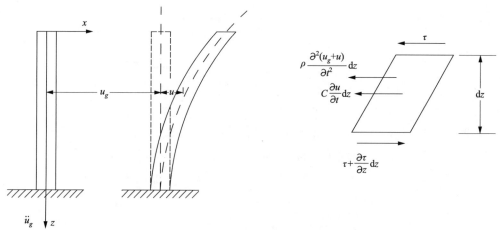

图 9.4 单位面积土柱、坐标规定及作用微元体的力

初始条件：

$$t = 0, \quad u = 0, \quad \frac{\partial u}{\partial z} = 0 \tag{9.75}$$

2）方程的求解方法

式(9.73)仍可用分离变量法求解，令

$$\begin{cases} u = \sum\limits_{i=1}^{\infty} Z_i T_i \\[2mm] \sum\limits_{i=1}^{\infty} Z_i b_i = 1 \end{cases} \tag{9.76}$$

式中，b_i 为将 1 按振型函数 Z_i 展开的级数的系数。

将式(9.76)代入式(9.73)得

$$\ddot{Z}_i + n z^{-1} \dot{Z}_i + A_i^2 z^{-n} Z_i = 0 \tag{9.77}$$

$$\ddot{T}_i + \frac{C}{\rho} \dot{T}_i + \frac{K_z}{\rho} A_i^2 T_i = - b_i \frac{\mathrm{d}^2 u_g}{\mathrm{d}t^2} \tag{9.78}$$

首先，求解式(9.77)。引用坐标变换

$$z = C \bar{z}^{\theta} \tag{9.79}$$

$$Z_i = \bar{z}^{\alpha} \bar{Z}_i \tag{9.80}$$

式中，C、θ、α 为待定常数，则得

$$\frac{\mathrm{d}Z_i}{\mathrm{d}z} = \frac{\mathrm{d}Z_i}{\mathrm{d}\bar{z}} \frac{\mathrm{d}\bar{z}}{\mathrm{d}z} \tag{9.81}$$

由式(9.79)得

$$\frac{\mathrm{d}\bar{z}}{\mathrm{d}z} = \frac{1}{C \theta \bar{z}^{-\theta-1}}$$

而由式(9.80)得

$$\frac{\mathrm{d}Z_i}{\mathrm{d}\bar{z}} = \alpha \bar{z}^{\alpha-1} \bar{Z}_i + \bar{z}^{\alpha} \frac{\mathrm{d}\bar{Z}_i}{\mathrm{d}\bar{z}}$$

将这两式代入式(9.81)得

$$\frac{\mathrm{d}Z_i}{\mathrm{d}z} = \frac{\alpha}{C\theta} \bar{z}^{\alpha-\theta} \bar{Z}_i + \frac{1}{C\theta} \bar{z}^{\alpha-\theta+1} \frac{\mathrm{d}\bar{Z}_i}{\mathrm{d}\bar{z}}$$

同理，得

$$\frac{\mathrm{d}^2 Z_i}{\mathrm{d}z^2} = \frac{\alpha(\alpha-\theta)}{C^2\theta^2} \bar{z}^{\alpha-2\theta} \bar{Z}_i + \frac{2\alpha-\theta+1}{C^2\theta^2} \bar{z}^{\alpha-2\theta+1} \frac{\mathrm{d}\bar{Z}_i}{\mathrm{d}\bar{z}} + \frac{1}{C^2\theta^2} \bar{z}^{\alpha-2\theta+2} \frac{\mathrm{d}^2 \bar{Z}_i}{\mathrm{d}\bar{z}^2}$$

将以上两式代入(9.77)得

$$\frac{\mathrm{d}Z_i}{\mathrm{d}z} = \frac{\alpha}{C\theta}\bar{z}^{\alpha-\theta}\bar{Z}_i + \frac{1}{C\theta}\bar{z}^{\alpha-\theta+1}\frac{\mathrm{d}\bar{Z}_i}{\mathrm{d}\bar{z}} \tag{9.82}$$

令

$$\begin{cases} n\theta + 2\alpha - \theta = 0 \\ \theta(2-n) = 2 \\ A_i^2 C^{-n+2}\theta^2 = 1 \end{cases} \tag{9.83}$$

则得

$$\alpha(n\theta + \alpha - \theta) = -\alpha^2$$

这样,式(9.82)可简化成如下形式:

$$\ddot{\bar{Z}}_i + \frac{1}{\bar{z}}\dot{\bar{Z}}_i + \left(1 - \frac{\alpha^2}{\bar{z}^2}\right)\bar{Z}_i = 0 \tag{9.84}$$

可以看出,式(9.84)为 α 阶贝塞尔方程。

另外,由式(9.83)可确定出 C、θ、α 三个常数如下:

$$\begin{cases} \theta = \dfrac{2}{2-n} \\ \alpha = \dfrac{1-n}{2-n} \\ C_i = \sqrt[\frac{1}{\theta}]{\dfrac{1}{A_i\theta}} \end{cases} \tag{9.85}$$

α 阶贝塞尔方程的解为

$$\bar{Z}_i = d_1 \mathrm{J}_\alpha(\bar{z}) + d_2 \mathrm{J}_{-\alpha}(\bar{z}) \tag{9.86}$$

式中,J_α、$\mathrm{J}_{-\alpha}$ 分别为 θ 阶和 $-\alpha$ 阶贝塞尔函数。将式(9.79)和式(9.80)代入式(9.86)得

$$Z_i = \left(\frac{z}{C_i}\right)^{\frac{\alpha}{\theta}}\left\{d_1 \mathrm{J}_\alpha\left[\left(\frac{z}{C_i}\right)^{\frac{1}{\theta}}\right] + d_2 \mathrm{J}_{-\alpha}\left[\left(\frac{z}{C_i}\right)^{\frac{1}{\theta}}\right]\right\} \tag{9.87}$$

式(9.86)和式(9.87)中的常数 d_1 和 d_2 可由边界条件确定。将式(9.87)对 z 微分得

$$\frac{\mathrm{d}Z_i}{\mathrm{d}z} = \frac{\alpha}{C_i\theta}\left(\frac{z}{C_i}\right)^{\frac{\alpha}{\theta}-1}\left\{d_1 \mathrm{J}_\alpha\left[\left(\frac{z}{C_i}\right)^{\frac{1}{\theta}}\right] + d_2 \mathrm{J}_{-\alpha}\left[\left(\frac{z}{C_i}\right)^{\frac{1}{\theta}}\right]\right\} + \frac{1}{C_i\theta}\left(\frac{z}{C_i}\right)^{\frac{\alpha+1}{\theta}-1}$$
$$\left\{d_1 j_\alpha\left[\left(\frac{z}{C_i}\right)^{\frac{1}{\theta}}\right] + d_2 j_{-\alpha}\left[\left(\frac{z}{C_i}\right)^{\frac{1}{\theta}}\right]\right\}$$

按贝塞尔函数的递推公式得

$$j_\alpha = \mathrm{J}_{\alpha-1} - \frac{\alpha}{\left(\dfrac{z}{C_i}\right)^{\frac{1}{\theta}}}\mathrm{J}_\alpha$$

$$j_{-\alpha} = -\mathrm{J}_{-\alpha+1} - \frac{\alpha}{\left(\dfrac{z}{C_i}\right)^{\frac{1}{\theta}}}\mathrm{J}_{-\alpha}$$

将这两式代入上面微分式得

$$\frac{\mathrm{d}Z_i}{\mathrm{d}z} = \frac{1}{C_i\theta}\left(\frac{z}{C_i}\right)^{\frac{\alpha+1}{\theta}-1}\left\{d_1\mathrm{J}_{\alpha-1}\left[\left(\frac{z}{C_i}\right)^{\frac{1}{\theta}}\right]-d_2\mathrm{J}_{-\alpha+1}\left[\left(\frac{z}{C_i}\right)^{\frac{1}{\theta}}\right]\right\}$$

由边界条件式(9.74)第一式得

$$z^n\frac{\mathrm{d}Z_i}{\mathrm{d}z} = 0$$

将 $\dfrac{\mathrm{d}Z_i}{\mathrm{d}z}$ 表达式代入上式左边得

$$Z^n\frac{\mathrm{d}Z_i}{\mathrm{d}z} = \frac{\alpha}{C_i^{\frac{2\alpha}{\theta}}\theta}\left(\frac{z}{C_i}\right)^{\frac{\alpha+1}{\theta}-1+n}\left\{d_1\mathrm{J}_{\alpha-1}\left[\left(\frac{z}{C_i}\right)^{\frac{1}{\theta}}\right]-d_2\mathrm{J}_{-\alpha+1}\left[\left(\frac{z}{C_i}\right)^{\frac{1}{\theta}}\right]\right\}$$

可以证明,当 $z \to 0$ 时

$$\left(\frac{z}{C_i}\right)^{\frac{\alpha+1}{\theta}-1+n}\mathrm{J}_{\alpha-1}\left[\left(\frac{z}{C_i}\right)^{\frac{1}{\theta}}\right] \to \infty$$

$$\left(\frac{z}{C_i}\right)^{\frac{\alpha+1}{\theta}-1+n}\mathrm{J}_{-\alpha+1}\left[\left(\frac{z}{C_i}\right)^{\frac{1}{\theta}}\right] \to 0$$

由此,得

$$d_1 = 0$$

这样

$$Z_i = d_2\left(\frac{z}{C_i}\right)^{\frac{\alpha}{\theta}}\mathrm{J}_{-\alpha}\left[\left(\frac{z}{C_i}\right)^{\frac{1}{\theta}}\right] \tag{9.88}$$

另外,由边界条件式(9.74)第二式得

$$\mathrm{J}_{-\alpha}\left[\left(\frac{H}{C_i}\right)^{\frac{1}{\theta}}\right] = 0$$

设 $\beta_{-\alpha,i}$ 为 $-\alpha$ 阶贝塞尔函数 $\mathrm{J}_{-\alpha}$ 的零点,则得

$$C_i = \frac{H}{\beta_{-\alpha,i}^{\theta}} \tag{9.89}$$

将 C_i 代入式(9.88)得

$$Z_i = d_2\beta_{-\alpha,i}^{\alpha}\left(\frac{z}{H}\right)^{\frac{\alpha}{\theta}}\mathrm{J}_{-\alpha}\left[\beta_{-\alpha,i}\left(\frac{z}{H}\right)^{\frac{1}{\theta}}\right] \tag{9.90}$$

下面来确定式(9.76)第二式 b_i 的值。将式(9.90)代入式(9.76)的第二式得

$$\sum_{i=1}^{\infty}b_i d_2\beta_{-\alpha,i}^{\alpha}\left(\frac{z}{H}\right)^{\frac{\alpha}{\theta}}\mathrm{J}_{-\alpha}\left[\beta_{-\alpha,i}\left(\frac{z}{H}\right)^{\frac{1}{\theta}}\right] = 1$$

令

$$v = \left(\frac{z}{H}\right)^{\frac{1}{\theta}}$$

代入得

$$\sum_{i=1}^{\infty} b_i d_2 \beta_{-\alpha,i}^{\alpha} (v)^{\alpha} \mathrm{J}_{-\alpha} (\beta_{-\alpha,i} v) = 1$$

将其改写成如下形式：

$$\sum_{i=1}^{\infty} b_i d_2 \beta_{-\alpha,i}^{\alpha} v \mathrm{J}_{-\alpha} (\beta_{-\alpha,i} v) = v^{1-\alpha}$$

将两边乘以 $\mathrm{J}_{-\alpha} (\beta_{-\alpha,i} V)$，并在区间 $[0,1]$ 对 v 积分，根据贝塞尔函数的正交性得

$$b_i = \frac{\displaystyle\int_0^1 \beta_{-\alpha,i}^{-\alpha} v^{1-\alpha} \mathrm{J}_{-\alpha} (\beta_{-\alpha,i} v) \,\mathrm{d}v}{d_2 \displaystyle\int_0^1 v \mathrm{J}_{-\alpha}^2 (\beta_{-\alpha,i} v) \,\mathrm{d}v}$$

由于

$$\int_0^1 v \mathrm{J}_{-\alpha}^2 (\beta_{-\alpha,i} v) \,\mathrm{d}v = \frac{1}{2} \mathrm{J}_{1-\alpha}^2 (\beta_{-\alpha,i})$$

$$\int_0^1 \beta_{-\alpha,i}^{-\alpha} v^{1-\alpha} \mathrm{J}_{-\alpha} (\beta_{-\alpha,i} v) \,\mathrm{d}v = \beta_{-\alpha,i}^{-(1+\alpha)} \mathrm{J}_{1-\alpha} (\beta_{-\alpha,i})$$

将这两式代入得

$$b_i = \frac{2}{d_2 \beta_{-\alpha,i}^{1+\alpha} \mathrm{J}_{1-\alpha} (\beta_{-\alpha,i})} \tag{9.91}$$

下面来求解式(9.78)，令

$$\begin{cases} \omega_i = A_i \sqrt{\dfrac{K_z}{\rho}} \\ 2\lambda_i \omega_i = \dfrac{C}{\rho} \end{cases} \tag{9.92}$$

则式(9.78)可简化成如下形式：

$$\ddot{T}_i + 2\lambda_i \omega_i \dot{T}_i + \omega_i^2 T_i = -b_i \frac{\mathrm{d}^2 u_g}{\mathrm{d}t^2} \tag{9.93}$$

由式(9.83)及式(9.89)得

$$A_i = \frac{\beta_{-\alpha,i}}{\theta \sqrt[\theta]{H}}$$

将其代入式(9.92)的第一式，得

$$\omega_i = \frac{\beta_{-\alpha,i}}{\theta \sqrt[\theta]{H}} \sqrt{\frac{K_z}{\rho}} \tag{9.94}$$

由式(9.93)可知，ω_i 为无阻尼的土层第 i 振型的自振圆频率。在零初始条件式(9.75)下，式(9.93)的解为

$$T_i = -\frac{b_i}{\omega_{1,i}} \int_0^t \frac{\mathrm{d}^2 u_g}{\mathrm{d}t^2} \mathrm{e}^{-\lambda_i \omega_i (t-t_1)} \sin\omega_{1,i}(t-t_1)\,\mathrm{d}t_1$$

这样,将 b_i 的表达式代入,并注意式(9.52),则得总运动的加速度如下:

$$\ddot{u} = \sum_{i=1}^{\infty} \frac{2\left(\dfrac{z}{H}\right)^{\frac{a}{\theta}} \mathrm{J}_{-a}\left[\beta_{-a,i}\left(\dfrac{z}{H}\right)^{\frac{1}{\theta}}\right]}{\beta_{-a,i}\mathrm{J}_{1-a}(\beta_{-a,i})}\omega_i V_i(t) \tag{9.95}$$

设振型参与函数 $\phi_i(z)$ 如下:

$$\phi_i(z) = \frac{2\left(\dfrac{z}{H}\right)^{\frac{a}{\theta}} \mathrm{J}_{-a}\left[\beta_{-a,i}\left(\dfrac{z}{H}\right)^{\frac{1}{\theta}}\right]}{\beta_{-a,i}\mathrm{J}_{1-a}(\beta_{-a,i})} \tag{9.96}$$

则总运动的加速度仍可写成式(9.52)形式,但 $i=1,2,3,\cdots$。

另外,简化前面 $z^n \dfrac{\mathrm{d}Z_i}{\mathrm{d}z}$ 的表达式,则得

$$z^n \frac{\mathrm{d}Z_i}{\mathrm{d}z} = -\frac{d_2 a}{C_i^{\frac{2a}{\theta}}\theta}\left(\frac{z}{C_i}\right)^{\frac{1-a}{\theta}} \mathrm{J}_{-a+1}\left[\left(\frac{z}{C_i}\right)^{\frac{1}{\theta}}\right]$$

这样,剪应力的表达式如下:

$$\tau = -\sum_{i=1}^{\infty} \frac{K_z \beta_{-a,i}^{1+a}\,a}{\omega_i \theta H^{\frac{2a}{\theta}}}\left(\frac{z}{H}\right)^{\frac{1-a}{\theta}} \mathrm{J}_{-a+1}\left[\beta_{-a,i}\left(\frac{z}{H}\right)^{\frac{1}{\theta}}\right]V_i(t) \tag{9.97}$$

令

$$\phi_{1,i}(z) = \frac{K_z \beta_{-a,i}^{1+a}\,a}{\omega_i \theta H^{\frac{2a}{\theta}}}\left(\frac{z}{H}\right)^{\frac{1-a}{\theta}} \mathrm{J}_{-a+1}\left[\beta_{-a,i}\left(\frac{z}{C_i}\right)^{\frac{1}{\theta}}\right] \tag{9.98}$$

则剪应力可写成如下形式:

$$\tau = -\sum_{i=1}^{\infty} \phi_{1,i}(z)V_i(t), \qquad i=1,2,3,\cdots \tag{9.99}$$

如果在土层底面输入的地震运动是以最大加速度及加速度反应谱给出的,则也可采用上述的反应谱法求土层的最大加速度及剪应力。

最后应指出,只有当 $n \leqslant \dfrac{1}{2}$ 时才能采用上述贝塞尔函数求解。

3) 土的非均匀性质及非线性的考虑

土的非均匀性质及非线性可采用与前述基本相同的方法来考虑,其计算的流程图基本与图 9.3 相同。但必须以 $G = K_z z^n$ 拟合剪切模量随深度 z 的变化,并确定其中的参数 K_z 及 n。为此,沿土层高度指定一系列点,当这些点所受的等效剪应变已知时,可按等效线性化模型确定出各点的剪切模量。然后,将这些点的剪切模量 G 随深度 z 的变化用式(9.72)拟合,则可确定出参数 K_z、n。同样,像上述那样,在第一次土层地震反应分析时可假定一个等价剪应变。在以后各次土层地震反应分析中,各点等价剪应变可取由上一

次土层地震反应分析确定出的各点等价剪应变。

9.3　均质剪切楔的地震反应分析——解析法

文献[3]和[4]研究了土坝(堤)的地震反应分析。在研究中将土坝简化成一个三角形土楔,如图 9.5(a)所示。令上游坡和下游坡的坡度分别为 m_1 和 m_2,土楔位于基岩或相对硬层之上,高为 H。在坝底面只输入地震水平运动。假定土楔的水平运动只与竖向坐标 z 有关,土楔对地震水平运动的反应可以简化成一维问题。虽然,只有对称土楔的中心线附近才产生纯剪切运动,但这种简化与分析可提供一个水平面的平均结果。因此,在一些实际问题中这种分析方法仍被采用。

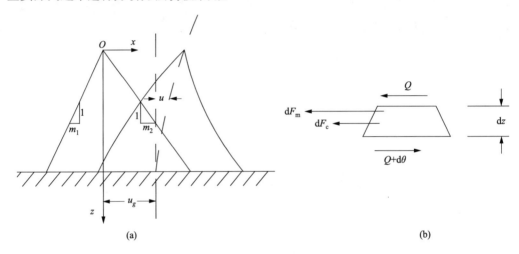

图 9.5　土楔的位移及微元体的受力

下面分如下两种情况来研究。

1. 土的剪切模量不随深度 z 变化的情况

1) 求解方程式

令

$$m = m_1 + m_2$$

则深度 z 处坝的宽度 B 为

$$B = mz$$

如图 9.5(b)所示微元体顶面所受的剪力 Q 为

$$Q = B\tau$$

式中,τ 为微元体顶面的水平剪应力,按如下公式确定:

$$\tau = G\frac{\partial u}{\partial z}$$

由此得

$$Q = mzG \frac{\partial u}{\partial z} \tag{9.100}$$

微元体底面所受的剪力为 $Q+\mathrm{d}Q$，由公式(9.100)得

$$\mathrm{d}Q = mG \left(\frac{\partial u}{\partial z} + z \frac{\partial^2 u}{\partial z^2} \right) \mathrm{d}z \tag{9.101}$$

微元体所受的惯性力 $\mathrm{d}F_\mathrm{m}$ 为

$$\mathrm{d}F_\mathrm{m} = mz\rho \left(\frac{\partial^2 u_g}{\partial t^2} + \frac{\partial^2 u}{\partial t^2} \right) \mathrm{d}z \tag{9.102}$$

微元体所受的黏性阻力 $\mathrm{d}F_\mathrm{c}$ 为

$$\mathrm{d}F_\mathrm{c} = mzC \frac{\partial u}{\partial t} \mathrm{d}z \tag{9.103}$$

由微元体水平方向的动力平衡得土楔地震反应的基本方程如下：

$$\frac{\partial^2 u}{\partial t^2} - \frac{G}{\rho} \left(\frac{1}{z} \frac{\partial u}{\partial z} + \frac{\partial^2 u}{\partial z^2} \right) + \frac{C}{\rho} \frac{\partial u}{\partial t} = -\frac{\partial^2 u_g}{\partial t^2} \tag{9.104}$$

式(9.104)的定解条件如下。

边界条件：

$$\begin{cases} z = 0, & \dfrac{\partial u}{\partial z} = 0 \\[2mm] z = H, & u = 0 \end{cases} \tag{9.105}$$

初始条件：

$$t = 0, \quad u = 0, \quad \frac{\partial u}{\partial t} = 0 \tag{9.106}$$

2）求解方法

式(9.104)仍可采用上述分离变量法求解，将式(9.76)代入式(9.104)得

$$\ddot{Z}_i + \frac{1}{z} \dot{Z}_i + A_i^2 Z_i = 0 \tag{9.107}$$

$$\ddot{T}_i + \frac{C}{\rho} T_i + A_i^2 \frac{G}{\rho} T = -b_i \frac{\mathrm{d}^2 u_g}{\mathrm{d}t^2} \tag{9.108}$$

令

$$\theta_i = A_i z \tag{9.109}$$

并注意到

$$\frac{\partial Z_i}{\partial z} = \frac{\partial Z_i}{\partial \theta_i} \frac{\partial \theta_i}{\partial z} = A_i \frac{\partial Z_i}{\partial \theta_i}$$

则式(9.107)可写成如下形式：

$$\ddot{Z}_i(\theta_i) + \frac{1}{\theta_i} Z_i(\theta_i) + Z_i(\theta_i) = 0 \tag{9.110}$$

式(9.110)为零阶贝塞尔方程,其解为

$$Z_i(\theta_i) = d_1 \mathrm{J}_0(\theta_i) + d_2 \mathrm{Y}_0(\theta_i) \tag{9.111}$$

式中,J_0、Y_0分别为第一类和第二类贝塞尔函数。由边界条件式(9.105)的第一式得

$$d_1 \dot{\mathrm{J}}_0(0) + d_2 \dot{\mathrm{Y}}_0(0) = 0$$

由于 $\dot{\mathrm{J}}_0(0) = 0, \dot{\mathrm{Y}}_0(0) = \infty$, 则得

$$d_2 = 0$$

由边界条件式(9.105)的第二式得

$$\mathrm{J}_0(A_i H) = 0$$

令 $\beta_{0,i}$ 为零阶第一类贝塞尔函数的第 i 个零点,则得

$$A_i = \frac{\beta_{0,i}}{H} \tag{9.112}$$

这样,式(9.111)可写成如下形式:

$$Z_i(z) = d_1 \mathrm{J}_0\left(\beta_{0,i}\frac{z}{H}\right) \tag{9.113}$$

另外,式(9.108)可写成如下形式:

$$\ddot{T}_i + 2\lambda_i \omega_i^2 \dot{T}_i + \omega_i^2 T_i = -b_i \frac{\mathrm{d}^2 u_g}{\mathrm{d}t^2} \tag{9.114}$$

由式(9.114)可知,土楔自由振动圆频率 ω_i 如下:

$$\omega_i = A_i \sqrt{\frac{G}{\rho}}$$

将式(9.112)代入得

$$\omega_i = \frac{\beta_{0,i}}{H} \sqrt{\frac{G}{\rho}} \tag{9.115}$$

同样,根据贝塞尔函数的正交性可得式(9.108)中的系数 b_i 如下:

$$b_i = \frac{\displaystyle\int_0^1 v \mathrm{J}_0(\beta_{0,i} v)\mathrm{d}v}{\displaystyle\int_0^1 v \mathrm{J}_0^2(\beta_{0,i} v)\mathrm{d}v}$$

式中,$v = \dfrac{z}{H}$。

由于

$$\int_0^1 v \mathrm{J}_0 (\beta_{0,i} v) \mathrm{d}v = \frac{1}{\beta_{0,i}} \mathrm{J}_1 (\beta_{0,i})$$

$$\int_0^1 v \mathrm{J}_0^2 (\beta_{0,i} v) \mathrm{d}v = \frac{1}{2} \mathrm{J}_1^2 (\beta_{0,i})$$

将这两式代入 b_i 的表达式中,得

$$b_i = \frac{2}{\beta_{0,i} \mathrm{J}_1 (\beta_{0,i})} \tag{9.116}$$

这样,由式(9.76)得

$$u = -\sum_{i=1}^{\infty} \frac{2 \mathrm{J}_0 \left(\beta_{0,i} \dfrac{z}{H}\right)}{\omega_i \beta_{0,i} \mathrm{J}_1 (\beta_{0,i})} V_i(t) \tag{9.117}$$

总的运动加速度 $\ddot{u}$ 则为

$$\ddot{u} = \sum_{i=1}^{\infty} \frac{2 \omega_i \mathrm{J}_0 \left(\beta_{0,i} \dfrac{z}{H}\right)}{\beta_{0,i} \mathrm{J}_1 (\beta_{0,i})} V_i(t) \tag{9.118}$$

如令

$$\phi_i(z) = \frac{2 \mathrm{J}_0 \left(\beta_{0,i} \dfrac{z}{H}\right)}{\beta_{0,i} \mathrm{J}_1 (\beta_{0,i})} \tag{9.119}$$

则式(9.118)简化成式(9.52),其中 $i = 1, 2, 3, \cdots$。

另外,将式(9.117)对 z 微分,可求得剪应力如下:

$$\tau = -\sum_{i=1}^{\infty} \frac{2 \dfrac{\mathrm{dJ}_0 \left(\beta_{0,i} \dfrac{z}{H}\right)}{\mathrm{d}z}}{\omega_i \beta_{0,i} \mathrm{J}_1 (\beta_{0,i})} V_i(t)$$

由贝塞尔函数递推公式得

$$\frac{\mathrm{dJ}_0 \left(\beta_{0,i} \dfrac{z}{H}\right)}{\mathrm{d}z} = -\frac{\beta_{0,i}}{H} \mathrm{J}_1 \left(\beta_{0,i} \frac{z}{H}\right)$$

代入 τ 的表达式得

$$\tau = \sum_{i=1}^{\infty} \frac{2 G \mathrm{J}_1 \left(\beta_{0,i} \dfrac{z}{H}\right)}{H \omega_i \mathrm{J}_1 (\beta_{0,i})} V_i(t) \tag{9.120}$$

令

$$\phi_{1,i}(z) = \frac{2 \mathrm{J}_1 \left(\beta_{0,i} \dfrac{z}{H}\right)}{H \omega_i \mathrm{J}_1 (\beta_{0,i})} \tag{9.121}$$

则式(9.120)可简化成式(9.47)，但求和号之前没负号，且 $i=1,2,3,\cdots$。

2. 土的剪切模量随深度变化的情况

假定土的剪切模量随深度按式(9.72)变化。在这种情况下，微元体顶面上的剪力 Q 如下：

$$Q = mz^{1+n}K_z\frac{\mathrm{d}u}{\mathrm{d}z}$$

微元体底面上的剪力的增量 $\mathrm{d}Q$ 如下：

$$\mathrm{d}Q = mK_z\left[(1+n)z^n\frac{\partial u}{\partial z}+z^{n+1}\frac{\partial^2 u}{\partial z^2}\right]\mathrm{d}z$$

这样，由微元体水平方向的动力平衡得到土模的地震反应基本方程如下：

$$\frac{\partial^2 u}{\partial t^2}+\frac{C}{\rho}\frac{\partial u}{\partial t}-\frac{K}{\rho}\left[z^n\frac{\partial^2 u}{\partial z^2}+(1+n)z^{n+1}\frac{\partial u}{\partial z}\right]=-\frac{\mathrm{d}^2 u_g}{\mathrm{d}t^2} \tag{9.122}$$

式(9.122)仍采用分离变量方法求解，并得

$$\ddot{Z}_i+(1+n)\frac{1}{z}\dot{Z}_i+A_i^2z^{-n}Z_i=0 \tag{9.123}$$

引用坐标变换式(9.79)和式(9.80)，式(9.123)可写成

$$\ddot{\bar{Z}}_i+(2\alpha+n\theta+1)+\frac{1}{z}\dot{\bar{Z}}_i+\left[\alpha(\alpha+n\theta)+A_i^2C^{-n+2}\theta^2\bar{z}^{-n\theta+2\theta}\right]\frac{1}{z}\bar{Z}_i=0$$

如果令

$$\begin{cases}2\alpha+n\theta=0\\\theta(2-n)=2\\A_i^2C^{-n+2}\theta^2=1\end{cases} \tag{9.124}$$

则式(9.123)简化成 α 阶贝塞尔方程。这样，就可像上述水平场地土层剪切模量随深度按式(9.72)变化那样来解，但其中的参数 α、θ 由式(9.124)得如下：

$$\begin{cases}\theta=\dfrac{2}{2-n}\\\alpha=-\dfrac{n}{2-n}\end{cases} \tag{9.125}$$

其余可按 9.2 节方法计算，不再重复。

9.4 水平土层和土楔地震反应的一维数值求解方程

由第 6 章可知，土的动力学模型参数不仅取决于土所受的静平均应力，还取决于土的类型和所受的动力作用水平。这样，由于土体的非均匀性和土的非线性，土的动力模型参数在土体中的变化非常复杂。但是，在许多情况下可以做如下假定。

（1）在水平方向上土是均匀的。

（2）在土体底面只输入水平地震运动情况下，土体只做水平运动，且与竖向坐标无关。

在这样的假定下，水平土层和土楔的地震反应可作为一维问题求解，但是需要更好地考虑土动力学模型参数在竖向的变化以及随受力水平的变化。由于问题的复杂性，即使简化成一维问题也必须采用数值求解方法。下面分为水平土层和土楔两种情况来建立求解方程。

1. 水平成层的土层情况

首先，假定土为线性黏弹体。为了按一维问题数值求解，必须将从土层取出的单位面积土柱划分成 N 段，将相邻两段土层质量的一半集中在位于两段界面的质点上，而相邻的质点由剪切弹簧相连接。这样，就将单位面积的土柱简化成由剪切弹簧相连接的多质点体系，如图 9.6 所示。假如质点及剪切弹簧的序号从上向下排列，则第 i 个质点的质量 M_i 如下：

$$M_i = \frac{1}{2}(\bar{M}_{i-1} + \bar{M}_i) \tag{9.126}$$

式中，$\bar{M}_{i-1}$ 和 $\bar{M}_i$ 分别为第 $i-1$ 段和第 i 段的土的质量，按式（9.126）计算

$$\bar{M}_i = \rho_i L_i \tag{9.127}$$

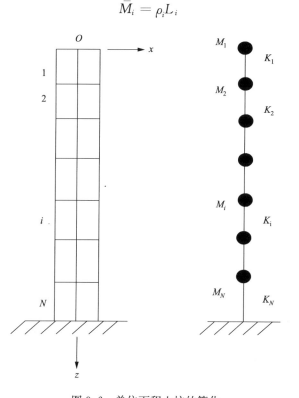

图 9.6　单位面积土柱的简化

其中，L_i 为第 i 段土的长度。由结构力学可知，如果以 K_i 表示第 i 段单位面积土柱的剪切刚度系数，则

$$K_i = G_i/L_i \tag{9.128}$$

式中，G_i 为第 i 段土柱的剪切模量。

如果在多质点体系的基底施加水平运动，则多质点体系的位移如图 9.7(a) 所示。从其中取出质点 M_i，质点 M_i 所受的力如图 9.7(b) 所示，包括以下几个。

(1) 质点 M_i 顶面所受的剪力 Q_{i-1}

$$Q_{i-1} = K_{i-1}(u_i - u_{i-1})$$

(2) 质点 M_i 底面所受的剪力 Q_i

$$Q_i = K_i(u_{i+1} - u_i)$$

(3) 质点所受的惯性力 $M_i\left(\dfrac{\mathrm{d}^2 u_g}{\mathrm{d}t^2} + \dfrac{\mathrm{d}^2 u}{\mathrm{d}t^2}\right)$。

如果不考虑土的黏性阻力，由质点 M_i 水平向的动力平衡得

$$M_i\left(\frac{\mathrm{d}^2 u_g}{\mathrm{d}t^2} + \frac{\mathrm{d}^2 u}{\mathrm{d}t^2}\right) - K_i(u_{i+1} - u_i) + K_{i-1}(u_i - u_{i-1}) = 0$$

整理后得

$$M_i\frac{\mathrm{d}^2 u}{\mathrm{d}t^2} - K_{i-1}u_{i-1} + (K_{i-1} + K_i)u_i - K_i u_{i+1} = -M_i\frac{\mathrm{d}^2 u_g}{\mathrm{d}t^2} \tag{9.129}$$

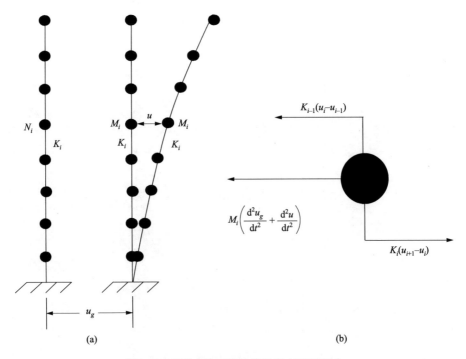

图 9.7　多质点体系的位移及质点所受的力

如果按质点序号将位移和加速度分别排成一个向量,将方程式(9.129)的系数排列成矩阵,则式(9.129)可以写成矩阵方程式:

$$[M]\{\ddot{u}\}+[K]\{u\}=-\{E\}\frac{\mathrm{d}^2 u_g}{\mathrm{d}t^2} \tag{9.130}$$

式中,$\{u\}$、$\{\ddot{u}\}$ 分别为位移向量和加速度向量

$$\begin{cases} \{u\}=\{u_1,u_2,u_3,\cdots,u_N\} \\ \{\ddot{u}\}=\{\ddot{u}_1,\ddot{u}_2,\ddot{u}_3,\cdots,\ddot{u}_N\} \end{cases} \tag{9.131}$$

$[M]$ 为质量矩阵,是一个对角矩阵

$$[M]=\begin{bmatrix} M_1 & & & & & \\ & M_2 & & & 0 & \\ & & M_3 & & & \\ & & & \ddots & & \\ & 0 & & & & \\ & & & & & M_N \end{bmatrix} \tag{9.132}$$

$[K]$ 为刚度矩阵,是三对角矩阵

$$[K]=\begin{bmatrix} K_1 & -K_1 & & & \\ -K_1 & K_1+K_2 & -K_2 & & 0 \\ & -K_2 & K_2+K_3 & -K_3 & \\ & \ddots & \ddots & \ddots & \\ & 0 & -K_{N-2} & K_{N-2}+K_{N-1} & -K_{N-1} \\ & & & -K_{N-1} & K_{N-1}+K_N \end{bmatrix} \tag{9.133}$$

如果考虑作用于质点上的黏性阻力,则式(9.130)变成如下形式:

$$[M]\{\ddot{u}\}+[C]\{\dot{u}\}+[K]\{u\}=-\{E\}\frac{\mathrm{d}^2 u_g}{\mathrm{d}t^2} \tag{9.134}$$

式中,$[C]$ 为阻尼矩阵,可按式(9.2)形成。

根据问题的物理意义,求解方程式(9.134)的初始条件如下:

$$t=0,\quad u=0,\quad \frac{\mathrm{d}u}{\mathrm{d}t}=0 \tag{9.135}$$

式(9.134)适用于采用线性黏弹模型或等效线性化模型的土层地震反应数值分析。如果采用弹塑性模型,则求解方程为

$$[M]\{\Delta\ddot{u}\}+[K]\{\Delta u\}=-\{E\}\left\{\Delta\frac{\mathrm{d}^2 u_g}{\mathrm{d}t^2}\right\} \tag{9.136}$$

式中，$\{\Delta\ddot{u}\}$、$\{\Delta u\}$、$\left\{\Delta\dfrac{\mathrm{d}^2u_g}{\mathrm{d}t^2}\right\}$ 分别为相对加速度增量、相对位移增加及输入的水平加速度增量的向量；刚度矩阵中的刚度系数 K_i 仍按式(9.128)确定，但 G_i 采用切线剪切模量。

2. 土楔的情况

首先，假定土为线性黏弹性体。像水平成层土层那样，将土楔沿竖向划分成 N 段，每段为梯形，如图 9.8(a)所示。这样，实际的土楔以图 9.8(b)所示的 N 个质点体系代替，体系中第 i 个质点的质量 M_i 取与其相应的上下两个土段的质量一半的和。M_i 与 M_{i+1} 两个质点由剪切弹簧 K_i 相连接。由于土段的形状为梯形，剪切弹簧系数 K_i 与水平土层的不同。下面，来确定土楔第 i 段的剪切弹簧系数[5]。

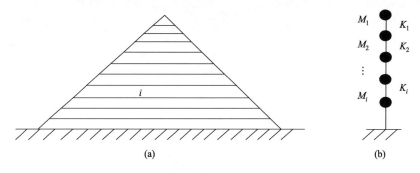

图 9.8　土模的简化

设土楔第 i 段的顶边宽度为 B_i，上、下游坡面的坡度分别为 $m_{1,i}$、$m_{2,i}$，长度为 l_i，模量为 G_i，如图 9.9 所示。由图 9.9 可知

$$B_{i,z} = B_i + (m_{1,i} + m_{2,i})z$$

式中，z 为以第 i 段顶面为原点的竖向坐标。

令

$$m_i = m_{1,i} + m_{2,i}$$

则

$$B_{i,z} = B_i + m_i z \tag{9.137}$$

而第 i 段底边的宽度 B_{i+1} 为

$$B_{i+1} = B_i + m_i l_i \tag{9.138}$$

设在顶面及底面上作用剪力 Q，则在两面之间任何一个面上的剪应力 τ_z 为

$$\tau_z = \frac{Q}{B_i + m_i z}$$

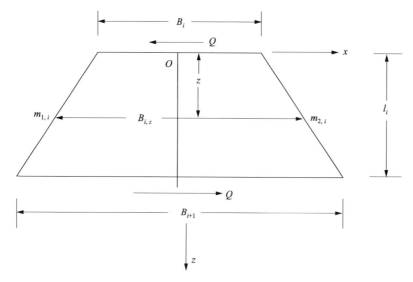

图 9.9　土模第 i 段的剪切刚度系数的确定

相应的剪应变为

$$\gamma_z = \frac{Q}{G_i}\frac{1}{B_i + m_i z}$$

这样,在 Q 作用下第 i 段的底面与顶面之间的相对水平位移 $u_{i,i+1}$ 为

$$u_{i,i+1} = \int_0^{l_i}\gamma_z\mathrm{d}z$$

将 γ_z 的表达式代入并完成积分运算得

$$u_{i,i+1} = \frac{Q}{G_i}\frac{1}{m_i}\ln\Big(1 + m_i\frac{l_i}{B_i}\Big)$$

按剪切刚度的意义,有

$$K_i = \frac{Q}{u_{i,i+1}}$$

则得

$$K_i = \frac{m_i}{\ln\Big(1 + m_i\dfrac{l_i}{B_i}\Big)}G_i \tag{9.139}$$

下面来证明,当 $m_i = 0$ 时,式(9.138)即变成土柱情况。从式(9.139)可见,当 $m_i = 0$ 时,式(9.139)变成 $\dfrac{0}{0}$ 不定式。这时应求 $m_i = 0$ 时式(9.139)的极限。由洛必达法则得

$$\lim_{m_i\to 0}K_i = \lim_{m_i\to 0}\frac{m_i}{\ln\Big(1 + m_i\dfrac{l_i}{B_i}\Big)}G_i = \frac{B_i}{l_i}G_i$$

对于单位面积土柱，$B_i = 1$，则得单位面积长度为 l_i 的土柱的刚度系数 G_i/l_i。

从式(9.139)可见，按式(9.138)计算土楔第 i 段的剪切刚度系数时，每一段可采用与其相应的坡度 m_i，因此可近似地考虑变坡度对刚度系数的影响。

如果土的动力学模型采用线性黏弹性模型或等效线性化模型，则可得到与式(9.134)相同形式的求解方程；如果采用弹塑性模型可得到与式(9.136)相同形式的求解方程。关于矩阵形式的方程式(9.134)和式(9.136)的求解方法将在下面详细表述。

9.5 一般情况下土体的地震反应数值求解方程——有限元法

在一般的情况下，土体具有复杂的几何形状，即使只在地震运动的水平分量作用下，也不会只发生剪切运动。另外，除了水平分量，地震运动还包括竖向分量，特别当场地离震中较近时，竖向分量可能接近甚至超过水平分量。当考虑地震运动竖向分量时，土体运动的竖向分量是不可忽视的。因此，在一般情况下，应将土体的地震反应作为一个平面应变问题或三维问题来求解。

与其他数值方法相比，有限元法处理土体的非均匀性和复杂的几何边界更为方便和有效，因此土体地震反应数值方法通常采用有限元法。在此，假定读者已对有限元法有所了解，只对如下问题进行必要的表述。

1. 土体地震反应有限元法求解方程建立的步骤

1) 土体的剖分及单元类型

(1) 单元的类型。对于平面应变问题，通常可采用等参四边形单元，如果有必要，还可附加采用一些三角形单元。对于三维问题，通常采用等参六面体单元，如果有必要，还可附加采用一些四面体单元。

(2) 单元剖分首先应通过两种土的界面及地下水位面，这样可以更好地考虑土体的不均匀性。

(3) 从动力分析要求而言，土单元尺寸应保证所截断的最高频率的波能够较精确地通过。假定所截断的最高频率为 f_c，相应的周期为 T_c，波长为 λ_c，则单元尺寸应满足[1]

$$l_e \leqslant \frac{1}{8}\lambda_c, \quad \lambda_c = V_s T_c \tag{9.140}$$

式中，V_s 为土的剪切波波速。如果单元尺寸大于式(9.140)的要求，则高于截断频率的波通过土单元时会失真，甚至不能通过而将其滤掉。应指出，所截断的最高频率与动荷载的频率特性有关。如果动荷载的高频成分很大，则所截取的频率要高，相应地，单元尺寸要小。相反地，如果选定了单元尺寸，就等于只保证小于某一频率的波能够精确通过。从上述可见，对于动力分析，单元尺寸选择是一个高频问题，应根据动荷载的频率特性按式(9.140)选取。

2) 结点和单元编号

这里的结点编号是指整个土体体系的结点编号，通常称为整体结点编号。结点编号的重要性在于对数值计算的计算量有重要的影响。在有限元集合体中，任一个结点 i 与其周围的所有结点相邻,并发生相互作用。为减少数值计算的计算量,最优的结点编号应满足如下要求:设与结点 i 相邻的结点中,整体编号最小的结点编号为结点 j,则整体结点编号应使结点 i 与结点 j 的结点号差最小,即 $i-j$ 最小。显然,最优整体结点编号应使土体体系中所有结点都满足这一要求。但是,这个要求说来很简单,实践起来却很困难。除了非常简单的问题,很难做出最优的整体结点编号,只能做出相对好的整体结点编号。相对好的编号往往可直观地确定出来。如图 9.10 所示的土体单元剖分,结点的整体编号可按竖向次序轮换来编,也可按横向次序轮换来编。图 9.10(a)给出按竖向次序轮换编号的结果,图 9.10(b)给出了按横向次序轮换编号的结果。检验可发现,对于大多数结点,图 9.10(a)的最小结点号差要小于图 9.10(b)的最小结点号差。结点编号的重要性将在下面表述。

土体剖分的单元编号可以随意,没有什么特殊要求。但是为了有一定规律可循,可按如下规则来编号:从每个单元中找出最小的整体结点编号,然后按各单元的最小整体结点编号的次序进行单元编号。图 9.10 也给出按这种规则得到的单元编号,单元的编号以圆圈中的数字表示。

3) 单元刚度分析

为了方便,在单元刚度分析时将单元结点进行局部编号,以 i、j、k、l、$\cdots$ 或 1、2、3、4、$\cdots$ 表示。为此,首先找出该单元结点整体编号最小的结点,将该结点的局部编号取为 i 或 1。如果分析所采用的坐标体系是按右手旋转法则确定的,那么从该点按逆时针的次序确定单元其他结点的局部编号。单元刚度分析给出了结点对单元的作用力与结点位移之间的关系:

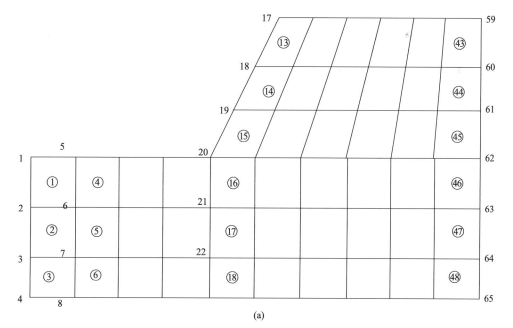

(a)

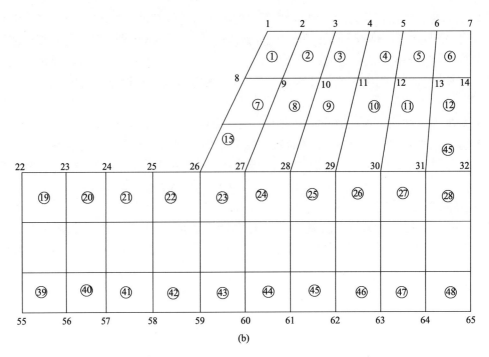

图 9.10　土体剖分整体结点编号和单元编号

$$\{R\}_e = [K]_e \{r\}_e \tag{9.141}$$

式中，$\{R\}_e$、$\{r\}_e$ 分别为结点对单元的作用力向量和单元结点位移向量，按结点局部编号形成；$[K]_e$ 为单元刚度矩阵，由单元刚度分析确定。单元刚度分析将在后面做进一步表述，在此仅指出单元刚度矩阵中各元素的力学意义。为了方便并不失一般性，下面以平面问题四边形单元为例来表述。对平面问题四边形单元，单元刚度矩阵为 8×8 矩阵，$\{R\}_e$ 和 $\{r\}_e$ 均为 8 元素向量，则式(9.141)可以写成如下形式：

$$
\begin{Bmatrix} R_{x,i} \\ R_{y,i} \\ R_{x,j} \\ R_{y,j} \\ R_{x,k} \\ R_{y,k} \\ R_{x,l} \\ R_{y,l} \end{Bmatrix}
=
\begin{bmatrix}
k_{i,i}^{x,x} & k_{i,i}^{x,y} & k_{i,j}^{x,x} & k_{i,j}^{x,y} & k_{i,k}^{x,x} & k_{i,k}^{x,y} & k_{i,l}^{x,x} & k_{i,l}^{x,y} \\
k_{i,i}^{y,x} & k_{i,i}^{y,y} & k_{i,j}^{y,x} & k_{i,j}^{y,y} & k_{i,k}^{y,x} & k_{i,k}^{y,y} & k_{i,l}^{y,x} & k_{i,l}^{y,y} \\
\vdots & \vdots & \vdots & \vdots & \vdots & \vdots & \vdots & \vdots \\
k_{l,i}^{x,x} & k_{l,i}^{x,y} & k_{l,j}^{x,x} & k_{l,j}^{x,y} & k_{l,k}^{x,x} & k_{l,k}^{x,y} & k_{l,l}^{x,x} & k_{l,l}^{x,y} \\
k_{l,i}^{y,x} & k_{l,i}^{y,y} & k_{l,j}^{y,x} & k_{l,j}^{y,y} & k_{l,k}^{y,x} & k_{l,k}^{y,y} & k_{l,l}^{y,x} & k_{l,l}^{y,y}
\end{bmatrix}
\begin{Bmatrix} u_i \\ v_i \\ u_j \\ v_j \\ u_k \\ v_k \\ u_l \\ v_l \end{Bmatrix}
\tag{9.142}
$$

式中，i、j、k、l 均为单元局部结点编号。从式(9.142)可见，$R_{x,i}$ 和 $R_{y,i}$ 分别为单元结点发生位移时，结点 i 在 x、y 方向对单元的作用力，其他相同；$k_{i,j}^{x,x}$、$k_{i,j}^{x,y}$ 分别为结点 j 在 x 方向和 y 方向发生单位位移时，结点 i 在 x 方向对单元的作用力，而 $k_{i,j}^{y,x}$、$k_{i,j}^{y,y}$ 分别为结点 j 在 x 方向和 y 方向发生单位位移时，结点 i 在 y 方向对单元的作用力，其他相同。

4) 结点的动力平衡方程

假如从土体体系中取出整体编号为 i 的结点,该节点周围有 n 个单元、m 个结点,集中在结点 i 上的质量为 M_i,如图 9.11(a) 所示。现在,来考虑结点 i 在 x 方向的力的平衡。如果不考虑黏性阻尼力,在 x 方向作用于结点 i 的力如图 9.11(b) 所示。

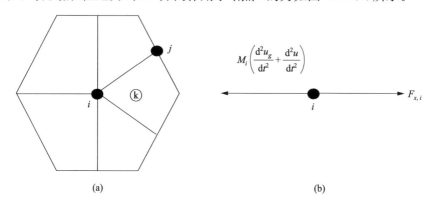

图 9.11　结点 i 所受的力及其周围单元

(1) 周围单元在 x 方向作用于结点 i 的力 $F_{x,i}$。

(2) 在 x 方向作用于结点 i 的惯性力等于 $M_i\left(\dfrac{\mathrm{d}^2 u_g}{\mathrm{d}t^2} + \dfrac{\mathrm{d}^2 u_i}{\mathrm{d}t^2}\right)$,由结点 i 在 x 方向的动力平衡得

$$-M_i\left(\frac{\mathrm{d}^2 u_g}{\mathrm{d}t^2} + \frac{\mathrm{d}^2 u_i}{\mathrm{d}t^2}\right) + F_{x,i} = 0$$

将其改写为

$$M_i \frac{\mathrm{d}^2 u_i}{\mathrm{d}t^2} - F_{x,i} = -M_i \frac{\mathrm{d}^2 u_g}{\mathrm{d}t^2} \tag{9.143}$$

由于 $F_{x,i}$ 为周围单元在 x 方向作用于结点 i 的力,则

$$F_{x,i} = \sum_{k=1}^{n} F_{x,i,k}$$

式中,$F_{x,i,k}$ 为周围的第 k 个单元在 x 方向作用于结点 i 上的力,k 为结点 i 周围单元的局部编号。考虑到单元对结点的作用力与结点对单元的作用力在数值上相等,但符号相反,有

$$F_{x,i,k} = -R_{x,i,k}$$

式中,$R_{x,i,k}$ 为结点 i 在 x 方向作用于单元 k 上的力,可由式(9.141)或式(9.142)确定。将其代入式(9.143)得

$$M_i \frac{\mathrm{d}^2 u_i}{\mathrm{d}t^2} + \sum_{k=1}^{n} R_{x,i,k} = -M_i \frac{\mathrm{d}^2 u_g}{\mathrm{d}t^2} \tag{9.144}$$

从图 9.11(a) 可见,与结点 i 相邻总编号为 j 的结点对结点 i 的作用力是通过与 ij 相

邻的两个单元作用于结点 i 之上,而对结点 i 的作用力是通过周围所有单元作用于其之上。因此,以二维平面问题为例,则得

$$\sum_{k=1}^{n} R_{x,i,k} = \sum_{k=1}^{n} (k_{i,i,kq}^{x,x} u_i + k_{i,i,kq}^{x,y} v_i) + \sum_{j=1}^{m} \sum_{l=1}^{2} (k_{i,j,lq}^{x,x} u_j + k_{i,j,lq}^{x,y} v_j) \quad (9.145)$$

式中,kq 为局部单元编号为 k 的单元的总单元编号;lq 为与结点 i、j 相邻的两个单元的总单元编号。将式(9.145)代入式(9.144)得

$$M_i \frac{\mathrm{d}^2 u_i}{\mathrm{d}t^2} + \sum_{k=1}^{n} (k_{i,i,kq}^{x,x} u_i + k_{i,i,kq}^{x,y} v_i) + \sum_{j=1}^{m} \sum_{l=1}^{2} (k_{i,j,lq}^{x,x} u_j + k_{i,j,lq}^{x,y} v_j) = -M_i \frac{\mathrm{d}^2 u_g}{\mathrm{d}t^2}$$

$$(9.146)$$

同样,可建立结点 i 在 y 方向的动力平衡方程,以及土体体系中其他结点在 x 方向和 y 方向的动力平衡方程。

设土体体系共有 N 个结点的位移需要求解,将这些结点的位移及加速度按总结点编号次序排成一个向量,以平面问题为例,则得

$$\{r\} = \{u_1 \quad v_1 \quad u_2 \quad v_2 \quad \cdots \quad u_i \quad v_i \quad u_N \quad v_N\}^{\mathrm{T}}$$

$$\{\ddot{r}\} = \{\ddot{u}_1 \quad \ddot{v}_1 \quad \ddot{u}_2 \quad \ddot{v}_2 \quad \cdots \quad \ddot{u}_i \quad \ddot{v}_i \quad \cdots \quad \ddot{u}_N \quad \ddot{v}_N\}^{\mathrm{T}}$$

相应地,将按上述方法建立的 $2N$ 个动力平衡方程的系数排列成矩阵,则得

$$[M]\{\ddot{r}\} + [K]\{r\} = -\{E\}_x \ddot{u}_g - \{E\}_y \ddot{v}_g \quad (9.147)$$

式中,$[M]$ 为体系的质量矩阵,通常为对角形式

$$[M] = \begin{Bmatrix} M_1 & & & & & & & & & \\ & M_1 & & & & & & & & \\ & & M_2 & & & & & & \\ & & & M_2 & & & & 0 & & \\ & & & & \ddots & & & & \\ & & & & & M_i & & & \\ & & & & & & M_i & & \\ & & 0 & & & & & \ddots & \\ & & & & & & & & M_N & \\ & & & & & & & & & M_N \end{Bmatrix} \quad (9.148)$$

其中,M_i 为集中在结点 i 上的质量;$\{E\}_x$、$\{E\}_y$ 分别为 x 方向和 y 方向的惯性列阵,其形式如下:

$$\{E\}_x = \{M_1 \quad 0 \quad M_2 \quad 0 \quad \cdots \quad M_i \quad 0 \quad \cdots \quad M_N \quad 0\}^{\mathrm{T}}$$

$$\{E\}_y = \{0 \quad M_1 \quad 0 \quad M_2 \quad \cdots \quad 0 \quad M_i \quad \cdots \quad 0 \quad M_N\}^{\mathrm{T}} \quad (9.149)$$

$[K]$ 为体系的总刚度矩阵,$2N \times 2N$。总刚度矩阵具有如下特点。

（1）关于对角线是对称的。

（2）由图 9.11(a)及式(9.145)可知，在总刚度矩阵的第 $2i-1$ 及 $2i$ 行中，只有与结点 i 相邻结点的位移相应的刚度系数 $k_{i,j}$ 不为零，其他均为零。因此，总刚度矩阵中包括大量的零元素，是一个稀疏矩阵。

（3）从图 9.11(a)可见，在结点 i 周围的结点中可找出总编号最小的结点及相应的总编号，凡是总编号小于该最小编号的结点位移相应的刚度系数为零。因此，假如该最小编号为 $j_{i,\min}$，那么第 $2i-1$ 和 $2i$ 行中第一个非零元素应为第 $2(j_{i,\max}-1)+1$ 元素。下面将每行中从第一个非零元素到对角线元素的个数称为该行的半带宽，如图 9.12 所示，则第 $2i-1$ 行和 $2i$ 行的半带宽分别为

$$\begin{cases} b_{2i-1} = 2(i - j_{i,\min}) + 1 \\ b_{2i} = 2(i - j_{i,\min}) + 2 \end{cases} \tag{9.150}$$

显然，土体体系剖分的总编号对半带宽有重要的影响。

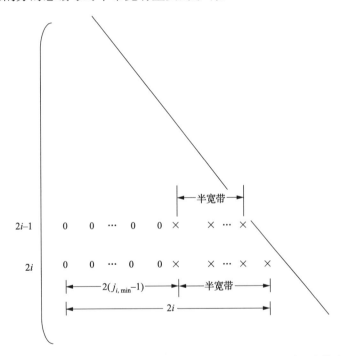

图 9.12　总刚度矩阵第 $2i-1$ 行和 $2i$ 行的第一个非零元零及半带宽

如果考虑黏性阻力，则有限元集合体的动力分析方程为

$$[M]\{\ddot{r}\} + [C]\{\dot{r}\} + [K]\{r\} = -\{E\}_x \ddot{u}_g - \{E\}_y \ddot{v}_g \tag{9.151}$$

式中，$[C]$ 为阻尼矩阵，可由式(9.2)确定。如果土的动力学模型采用弹塑性模型，所建立的动力方程为增量形式的方程：

$$[M]\{\Delta\ddot{r}\} + [K]\{\Delta r\} = -\{E\}_x \ddot{u}_g - \{E\}_y \ddot{v}_g \tag{9.152}$$

式中，总刚度矩阵应采用切线模量确定。

2. 单元刚度分析[6-8]

从上述可见,单元刚度分析是有限元法的一个重要步骤。将实际的分析体系剖成有限元集合体是物理上的离散。有限元法一般采用位移法求解。物理上离散的目的是将在整个分析体系上定义的位移函数按单元分区来定义。这样,由于单元的尺寸较小,可以采用较简单的函数来定义单元内的位移分布。

1) 单元刚度分析步骤

前面曾指出,单元刚度分析的目的是建立单元结点作用于单元上的力与结点位移之间的关系,其主要步骤如下。

(1) 假定单元的位移分布函数。单元的位移分布函数可先验的确定,但应满足如下条件:①必须包括刚体位移;②在单元内位移函数必须是连续的;③单元发生变形时相邻单元之间仍然保持接触,不能发生裂隙;④单元位移函数所含有的参数的个数应与单元结点的自由度数相应。

(2) 确定单元位移函数中的参数,将单元中一点的位移以结点位移来表示,并确定出单元的形函数。

(3) 确定单元的应变矩阵。

(4) 确定单元的应力矩阵。

(5) 采用虚位移原理建立结点作用于单元上的力与单元结点位移的关系,即单元刚度矩阵。

2) 三角形单元刚度分析

对于三角形单元,其位移函数可取如下线性函数:

$$\begin{cases} u = a_1 + b_1 + c_1 y \\ v = a_2 + b_2 + c_2 y \end{cases} \tag{9.153}$$

将结点坐标代入式(9.153)第一式,并写成矩阵形式得

$$\begin{Bmatrix} u_i \\ u_j \\ u_k \end{Bmatrix} = \begin{bmatrix} 1 & x_i & y_i \\ 1 & x_j & y_j \\ 1 & x_k & y_k \end{bmatrix} \begin{Bmatrix} a_1 \\ b_1 \\ c_1 \end{Bmatrix}$$

式中, u_i 、u_j 、u_k 分别为结点 i 、j 、k 的水平位移,如图 9.13 所示。由上面公式可得

$$\begin{Bmatrix} a_1 \\ b_1 \\ c_1 \end{Bmatrix} = \begin{bmatrix} 1 & x_i & y_i \\ 1 & x_j & y_j \\ 1 & x_k & y_k \end{bmatrix}^{-1} \begin{Bmatrix} u_i \\ u_j \\ u_k \end{Bmatrix} \tag{9.154}$$

代入式(9.153)得

$$u = \begin{bmatrix} 1 & x & y \end{bmatrix} \begin{bmatrix} 1 & x_i & y_i \\ 1 & x_j & y_j \\ 1 & x_k & y_k \end{bmatrix}^{-1} \begin{Bmatrix} u_i \\ u_j \\ u_k \end{Bmatrix} \tag{9.155}$$

同理,得

$$v = \begin{bmatrix} 1 & x & y \end{bmatrix} \begin{bmatrix} 1 & x_i & y_i \\ 1 & x_j & y_j \\ 1 & x_k & y_k \end{bmatrix}^{-1} \begin{Bmatrix} v_i \\ v_j \\ v_k \end{Bmatrix} \tag{9.156}$$

完成上述矩阵运算得

$$\begin{Bmatrix} u \\ v \end{Bmatrix} = \begin{bmatrix} N_i & 0 & N_j & 0 & N_k & 0 \\ 0 & N_i & 0 & N_j & 0 & N_k \end{bmatrix} \begin{Bmatrix} u_i \\ v_i \\ u_j \\ v_j \\ u_k \\ v_k \end{Bmatrix} \tag{9.157}$$

式中, N_i、N_j、N_k 为上述的形函数,即

$$\begin{cases} N_i = (a_i + b_i x + c_i y)/2\Delta \\ a_i = x_j y_k - x_k x_j \\ b_i = y_j - y_k \\ c_i = -x_j + x_k \\ N_j = (a_j + b_j x + c_j y)/2\Delta \\ a_j = x_k y_i - x_i y_k \\ b_j = y_k - y_i \\ c_j = -x_k + x_i \\ N_k = (a_k + b_k x + c_k y)/2\Delta \\ a_k = x_i y_j - x_j y_i \\ b_k = y_i - y_j \\ c_k = -x_i + x_j \end{cases} \tag{9.158}$$

其中, Δ 为三角形面积

$$2\Delta = b_i c_j - b_j c_i \tag{9.159}$$

如令

$$\begin{cases} \{r\} = \{u \quad v\}^{\mathrm{T}} \\ [N] = \begin{bmatrix} N_i & 0 & N_j & 0 & N_k & 0 \\ 0 & N_i & 0 & N_j & 0 & N_k \end{bmatrix} \\ \{r\}_e = \{u_i \quad v_i \quad u_j \quad v_j \quad u_k \quad v_k\}^{\mathrm{T}} \end{cases} \tag{9.160}$$

代入式(9.157)得

$$\{r\} = [N]\{r\}_e \tag{9.161}$$

如果将三个应变分量排成一个列向量，并用 $\{\varepsilon\}$ 表示，则

$$\{\varepsilon\} = \{\varepsilon_x \quad \varepsilon_y \quad \gamma_{xy}\}^{\mathrm{T}} \tag{9.162}$$

由于

$$\varepsilon_x = \frac{\partial u}{\partial x}, \quad \varepsilon_y = \frac{\partial v}{\partial y}, \quad \gamma_{xy} = \frac{\partial u}{\partial y} + \frac{\partial v}{\partial x}$$

并注意到式(9.161)和式(9.160)，则得

$$\{\varepsilon\} = [B]\{r\}_e \tag{9.163}$$

式中，$[B]$ 称为单元应变矩阵，其形式如下：

$$[B] = \begin{bmatrix} \dfrac{\partial N_i}{\partial x} & 0 & \dfrac{\partial N_j}{\partial x} & 0 & \dfrac{\partial N_k}{\partial x} & 0 \\ 0 & \dfrac{\partial N_i}{\partial y} & 0 & \dfrac{\partial N_j}{\partial y} & 0 & \dfrac{\partial N_k}{\partial y} \\ \dfrac{\partial N_i}{\partial y} & \dfrac{\partial N_i}{\partial x} & \dfrac{\partial N_j}{\partial y} & \dfrac{\partial N_j}{\partial x} & \dfrac{\partial N_k}{\partial y} & \dfrac{\partial N_k}{\partial x} \end{bmatrix} \tag{9.164}$$

完成微分运算得

$$[B] = \frac{1}{2\Delta} \begin{bmatrix} b_i & 0 & b_j & 0 & b_k & 0 \\ 0 & c_i & 0 & c_j & 0 & c_k \\ c_i & b_i & c_j & b_j & c_k & b_k \end{bmatrix} \tag{9.165}$$

如果将三个应力分量排成一个列向量，并用 $\{\sigma\}$ 表示，则

$$\{\sigma\} = \{\sigma_x \quad \sigma_y \quad \tau_{xy}\}^{\mathrm{T}} \tag{9.166}$$

由胡克定律得

$$\{\sigma\} = [D]\{\varepsilon\} \tag{9.167}$$

式中，$[D]$ 为胡克定律矩阵，在平面应变问题中

$$[D] = \frac{E}{(1+\gamma)(1-2\gamma)} \begin{bmatrix} 1-\mu & \mu & 0 \\ \mu & 1-\mu & 0 \\ 0 & 0 & \dfrac{1-2\mu}{2} \end{bmatrix} \tag{9.168}$$

将式(9.163)代入式(9.167)得

$$\{\sigma\} = [D][B]\{r\}_e \tag{9.169}$$

从式(9.163)和式(9.169)可见，在三角形单元内其应变及应力均为常数，即三角形单元是常应变和常应力单元。

设单元的现有应变和应力分别为 $\{\varepsilon\}$ 和 $\{\sigma\}$，结点作用于单元上的力为 $\{R\}$，如图 9.13 所示，则

$$\{R\} = \{R_{x,i} \quad R_{y,i} \quad R_{x,j} \quad R_{y,j} \quad R_{x,k} \quad R_{y,k}\}^{\mathrm{T}} \tag{9.170}$$

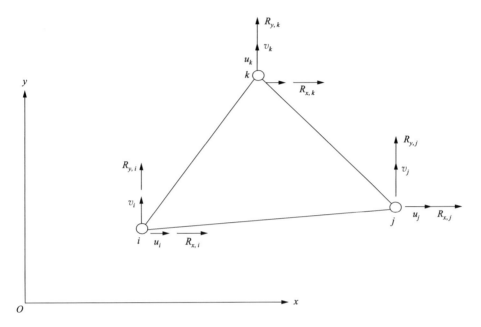

图 9.13　三角形的单元结点位移及结点对单元的作用力

如果使单元结点发生一组满足应变相容条件的虚位移，即

$$\{r^*\}_{\mathrm{e}} = \{u_i^* \quad v_i^* \quad u_j^* \quad v_j^* \quad u_k^* \quad v_k^*\}^{\mathrm{T}} \tag{9.171}$$

相应地，单元要发生虚应变，即

$$\{\varepsilon^*\} = [B]\{r^*\}_{\mathrm{e}} \tag{9.172}$$

单元的虚应变能为

$$w_{\mathrm{e}}^* = \iint_{\Delta} \{\varepsilon^*\}^{\mathrm{T}}\{\sigma\}\,\mathrm{d}s \tag{9.173}$$

将式(9.169)和式(9.172)代入式(9.173)得

$$w_{\mathrm{e}}^* = \iint_{\Delta} \{r^*\}_{\mathrm{e}}^{\mathrm{T}} [B]^{\mathrm{T}}[D][B]\{r\}_{\mathrm{e}}\,\mathrm{d}s \tag{9.174}$$

另一方面，结点力 $\{R\}$ 所做的虚功为

$$w_R^* = \{r^*\}_{\mathrm{e}}^{\mathrm{T}}\{R\} \tag{9.175}$$

根据虚位移原理，$w_R^* = w_{\mathrm{e}}^*$，则得

$$\{R\} = \iint_{\Delta} [B]^{\mathrm{T}}[D][B]\,\mathrm{d}s \cdot \{r\}_{\mathrm{e}}$$

令

$$[K]_e = \iint_{\Delta} [B]^{\mathrm{T}}[D][B]\mathrm{d}s \tag{9.176}$$

则得

$$\{R\} = [K]_e \{r\}_e \tag{9.177}$$

式中，$[K]_e$ 为单元刚度矩阵，6×6 阶。可以证明，它是关于主对角线对称的矩阵。由于三角形单元应变矩阵 $[B]$ 的元素为常数，则

$$[K]_e = [B]^{\mathrm{T}}[D][B]\Delta \tag{9.178}$$

3）矩形单元刚度分析

按局部坐标进行矩形单元刚度分析较方便，局部坐标原点取在矩形单元的中心点，如图 9.14 所示。矩形单元的位移函数可取为双线性函数，即

$$\begin{cases} u = a_1 + a_2 x + a_3 y + a_4 xy \\ v = a_5 + a_6 x + a_7 y + a_8 xy \end{cases} \tag{9.179}$$

矩形单元结点的位移如图 9.14 所示，如果将其排成一个列向量 $\{r\}_e$，则得

$$\{r\}_e = \{u_i \quad v_i \quad u_j \quad v_j \quad u_k \quad v_k \quad u_l \quad v_l\}^{\mathrm{T}} \tag{9.180}$$

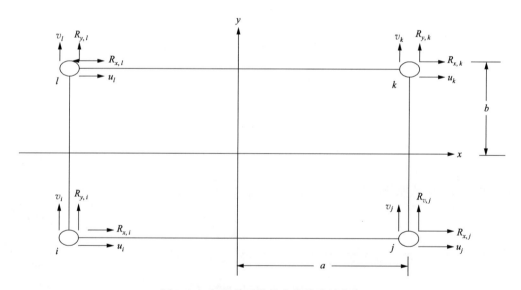

图 9.14　矩形单元的结点位移及结点力

按与三角形单元相似的推导，得矩形单元的位移：

$$\{r\} = [N]\{r\}_e$$

式中，$[N]$ 为形函数矩阵

$$[N] = \begin{bmatrix} N_i & 0 & N_j & 0 & N_k & 0 & N_l & 0 \\ 0 & N_i & 0 & N_j & 0 & N_k & 0 & N_l \end{bmatrix} \tag{9.181}$$

其中

$$
\begin{cases}
N_i = \dfrac{1}{4}\left(1-\dfrac{x}{a}\right)\left(1-\dfrac{y}{b}\right) \\[2mm]
N_j = \dfrac{1}{4}\left(1+\dfrac{x}{a}\right)\left(1-\dfrac{y}{b}\right) \\[2mm]
N_k = \dfrac{1}{4}\left(1+\dfrac{x}{a}\right)\left(1+\dfrac{y}{b}\right) \\[2mm]
N_l = \dfrac{1}{4}\left(1-\dfrac{x}{a}\right)\left(1+\dfrac{y}{b}\right)
\end{cases}
\tag{9.182}
$$

这里,a、b 分别为矩形单元的长度和宽度的一半,如图 9.14 所示。同样,矩形单元的应变为

$$
\{\varepsilon\} = [B]\{r\}_e
$$

式中,应变矩阵为

$$
[B] = \begin{bmatrix}
\dfrac{\partial N_i}{\partial x} & 0 & \dfrac{\partial N_j}{\partial x} & 0 & \dfrac{\partial N_k}{\partial x} & 0 & \dfrac{\partial N_l}{\partial x} & 0 \\[2mm]
0 & \dfrac{\partial N_i}{\partial y} & 0 & \dfrac{\partial N_j}{\partial y} & 0 & \dfrac{\partial N_k}{\partial y} & 0 & \dfrac{\partial N_l}{\partial y} \\[2mm]
\dfrac{\partial N_i}{\partial y} & \dfrac{\partial N_i}{\partial x} & \dfrac{\partial N_j}{\partial y} & \dfrac{\partial N_j}{\partial x} & \dfrac{\partial N_k}{\partial y} & \dfrac{\partial N_k}{\partial x} & \dfrac{\partial N_l}{\partial y} & \dfrac{\partial N_l}{\partial x}
\end{bmatrix}
\tag{9.183}
$$

对式(9.182)进行微分,然后代入(9.183),则得

$$
[B] = \begin{bmatrix}
-(b-y) & 0 & b-y & 0 & b+y & 0 & -(b+y) & 0 \\
0 & -(a-x) & 0 & -(a+x) & 0 & a+x & 0 & a-x \\
-(a-x) & -(b-y) & -(a+x) & b-y & a+x & b+y & a-x & b+y
\end{bmatrix}
\tag{9.184}
$$

　　由胡克定律得矩阵单元的应力为

$$
\{\sigma\} = [D][B]\{r\}_e
$$

　　从式(9.184)可见,矩形单元的应变和应力是线性变化的。结点对矩阵单元的作用力如图 9.14 所示,如果排成一个列向量,则得

$$
\{R\}_e = \{R_{x,i} \quad R_{y,i} \quad R_{x,j} \quad R_{y,j} \quad R_{x,k} \quad R_{y,k} \quad R_{x,l} \quad R_{y,l}\}^{\mathrm{T}}
\tag{9.185}
$$

同样,由虚位移原理可得

$$
\{R\}_e = [K]_e \{r\}_e
$$

式中,单元刚度矩阵 $[K]_e$ 如下:

$$
[K]_e = \iint_s [B]^{\mathrm{T}} [D][B]\,\mathrm{d}s
\tag{9.186}
$$

从式(9.184)可见,矩形单元刚度矩阵为 8×8 阶矩阵。

4) 等参四边形单元刚度分析

从前述可见,相对于三角形单元,矩形单元改善了单元内应变和应力的分布。但是在土体边界处由于几何上的不规整往往不能采用矩形单元,需要配置一些三角形单元。这样,采用不同类型的单元给计算带来了一定的不便。如果能采用任意四边形单元就能避免这种不便。等参四边形单元就是这种任意四边形单元。

设在总坐标系中,任意四边形四个结点的坐标分别为 $x_i,y_i,x_j,y_j,x_k,y_k,x_l,y_l$,如图 9.15(a)所示。现在要将任意四边形通过坐标变换将其变换到局部坐标系 ξ、η 中,并成为图 9.15(b)所示的边长为 2 的正方形。局部坐标系的 ξ 坐标轴选为一对边中点的连线,该对边等分点连线的 ξ 值为常数;η 坐标轴选为另一对边中点连线,该对边等分点连线的 η 值为常数。

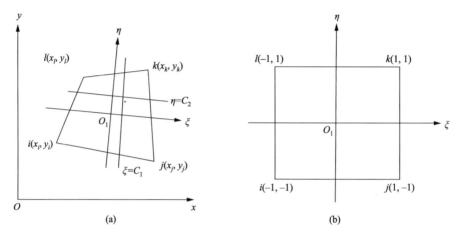

图 9.15　任意四边形的坐标变换

假如这样的变换已经实现,则在局部坐标系中正方形内的位移函数可取如下双线性函数形式:

$$\begin{cases} u = a_1 + a_2\xi + a_3\eta + a_4\xi\eta \\ v = a_5 + a_6\xi + a_7\eta + a_8\xi\eta \end{cases} \qquad (9.187)$$

与矩形单元相似,单元内的位移可表示成

$$\{r\} = \begin{bmatrix} N_i & 0 & N_j & 0 & N_k & 0 & N_l & 0 \\ 0 & N_i & 0 & N_j & 0 & N_k & 0 & N_l \end{bmatrix} \begin{Bmatrix} u_i \\ v_i \\ u_j \\ v_j \\ u_k \\ v_k \\ u_l \\ v_l \end{Bmatrix} \qquad (9.188)$$

式中

$$\begin{cases} N_i = \dfrac{1}{4}(1+\xi)(1-\eta) \\[2mm] N_j = \dfrac{1}{4}(1+\xi)(1-\eta) \\[2mm] N_k = \dfrac{1}{4}(1+\xi)(1+\eta) \\[2mm] N_l = \dfrac{1}{4}(1-\xi)(1+\eta) \end{cases} \tag{9.189}$$

下面来表述单元应变矩阵 $[B]$。等参四边形单元的应变矩阵形式仍为式(9.183),但其中的元素应另外计算。由于

$$\frac{\partial N_i}{\partial \xi} = \frac{\partial N_i}{\partial x}\frac{\partial x}{\partial \xi} + \frac{\partial N_i}{\partial y}\frac{\partial y}{\partial \xi}$$

$$\frac{\partial N_i}{\partial \eta} = \frac{\partial N_i}{\partial x}\frac{\partial x}{\partial \eta} + \frac{\partial N_i}{\partial y}\frac{\partial y}{\partial \eta}$$

如果令

$$[J] = \begin{bmatrix} \dfrac{\partial x}{\partial \xi} & \dfrac{\partial y}{\partial \xi} \\[3mm] \dfrac{\partial x}{\partial \eta} & \dfrac{\partial y}{\partial \eta} \end{bmatrix} \tag{9.190}$$

则得

$$\begin{Bmatrix} \dfrac{\partial N_i}{\partial \xi} \\[3mm] \dfrac{\partial N_i}{\partial \eta} \end{Bmatrix} = [J] \begin{Bmatrix} \dfrac{\partial N_i}{\partial x} \\[3mm] \dfrac{\partial N_i}{\partial y} \end{Bmatrix}$$

式中,$[J]$ 为雅可比矩阵。由上式可解出

$$\begin{cases} \dfrac{\partial N_i}{\partial x} = \dfrac{\dfrac{\partial N_i}{\partial \xi}\dfrac{\partial y}{\partial \eta} - \dfrac{\partial N_i}{\partial \eta}\dfrac{\partial y}{\partial \xi}}{|J|} \\[6mm] \dfrac{\partial N_i}{\partial y} = \dfrac{\dfrac{\partial N_i}{\partial \xi}\dfrac{\partial y}{\partial \eta} - \dfrac{\partial N_i}{\partial \eta}\dfrac{\partial y}{\partial \xi}}{|J|} \end{cases} \tag{9.191}$$

其中,$|J|$ 为雅可比矩阵行列式的值:

$$|J| = \frac{\partial x}{\partial \xi}\frac{\partial y}{\partial \eta} - \frac{\partial y}{\partial \xi}\frac{\partial x}{\partial \eta} \tag{9.192}$$

同样,可求得 $\dfrac{\partial N_j}{\partial x}$、$\dfrac{\partial N_j}{\partial y}$、$\dfrac{\partial N_k}{\partial x}$、$\dfrac{\partial N_k}{\partial y}$、$\dfrac{\partial N_l}{\partial x}$、$\dfrac{\partial N_l}{\partial y}$,只要把式(9.191)中的下标 i 换成 j、k、l。

为了按式(9.191)计算出 $\dfrac{\partial N_i}{\partial x}$、$\dfrac{\partial N_i}{\partial y}$ 等值,必须计算出 $\dfrac{\partial N_i}{\partial \xi}$、$\dfrac{\partial N_i}{\partial \eta}$ 等值。由式(9.189)得

$$
\begin{cases}
\dfrac{\partial N_i}{\partial \xi} = -\dfrac{1}{4}(1-\eta), & \dfrac{\partial N_i}{\partial \eta} = -\dfrac{1}{4}(1-\xi) \\[2mm]
\dfrac{\partial N_j}{\partial \xi} = \dfrac{1}{4}(1-\eta), & \dfrac{\partial N_j}{\partial \eta} = -\dfrac{1}{4}(1+\xi) \\[2mm]
\dfrac{\partial N_k}{\partial \xi} = \dfrac{1}{4}(1+\eta), & \dfrac{\partial N_k}{\partial \eta} = \dfrac{1}{4}(1+\xi) \\[2mm]
\dfrac{\partial N_l}{\partial \xi} = -\dfrac{1}{4}(1+\eta), & \dfrac{\partial N_l}{\partial \eta} = \dfrac{1}{4}(1-\xi)
\end{cases}
\tag{9.193}
$$

另外,还必须按式(9.192)计算出雅可比矩阵行列式的值。但是,为计算式(9.192)中的 $\dfrac{\partial x}{\partial \xi}$、$\dfrac{\partial x}{\partial \eta}$、$\dfrac{\partial y}{\partial \xi}$、$\dfrac{\partial y}{\partial \eta}$,必须知道上述坐标变换的具体形式。可以验证,满足上述要求的坐标变换可取如下形式:

$$
\begin{Bmatrix} x \\ y \end{Bmatrix} =
\begin{bmatrix}
N_i & 0 & N_j & 0 & N_k & 0 & N_l & 0 \\
0 & N_i & 0 & N_j & 0 & N_k & 0 & N_l
\end{bmatrix}
\begin{Bmatrix} x_i \\ y_i \\ x_j \\ y_j \\ x_k \\ y_k \\ x_l \\ y_l \end{Bmatrix}
\tag{9.194}
$$

由式(9.194)得

$$
\begin{cases}
\dfrac{\partial x}{\partial \xi} = \sum_r \dfrac{\partial N_r}{\partial \xi} x_r, & \dfrac{\partial x}{\partial \eta} = \sum_r \dfrac{\partial N_r}{\partial \eta} x_r \\[2mm]
\dfrac{\partial y}{\partial \xi} = \sum_r \dfrac{\partial N_r}{\partial \xi} y_r, & \dfrac{\partial y}{\partial \eta} = \sum_r \dfrac{\partial N_r}{\partial \eta} y_r
\end{cases}, \qquad r = i,j,k,l
\tag{9.195}
$$

这样,就可按上述方法计算出应变矩阵的每个元素,将其代入式(9.183)就可得到等参四边形的应变矩阵。可以发现,每个元素是坐标 ξ、η 的函数。当单元的应变矩阵 $[B]$ 确定后就可确定单元的刚度。由于应变矩阵元素是局部坐标的函数,单元刚度公式中的积分应在 ξ、η 坐标中进行。注意到

$$
\mathrm{d}x\mathrm{d}y = |J|\mathrm{d}\xi\mathrm{d}\eta
$$

则等参四边形单元刚度为

$$
[K]_e = \int_{-1}^{1}\int_{-1}^{1} [B]^{\mathrm{T}}[D][B]|J|\mathrm{d}\xi\mathrm{d}\eta
\tag{9.196}
$$

通常,式(9.196)的右端采用高斯数值积分方法计算。设一个函数 $f(\xi,\eta)$ 在 $\xi = [-1,1]$,$\eta = [-1,1]$ 内定义,按高斯积分法得

$$
\int_{-1}^{1}\int_{-1}^{1} f(\xi,\eta)\mathrm{d}\xi\mathrm{d}\eta = \sum_{m=1}^{M}\sum_{n=1}^{M} H_m H_n f(\xi_m,\eta_n)
\tag{9.197}
$$

式中,m、n 分别为 ξ、η 坐标上的结点;H_m、H_n 分别为相应于结点 m、n 的求积系数;ξ_m、η_n 分别为结点 m 相应的 ξ 坐标值和结点 n 相应的 η 坐标值。通常,取 $m = n = 3$ 就可以了。这时,ξ_m、η_n 和 H_m、H_n 值如表 9.1 所示。这样,等参四边形单元刚度矩阵可按式(9.197)近似数值计算;

$$[K]_e = \sum_{m=1}^{3} \sum_{n=1}^{3} H_m H_n \left[B(\xi_m, \eta_n) \right]^{\mathrm{T}} [D] \left[B(\xi_m, \eta_n) \right] | J(\xi_m, \eta_n) | \qquad (9.198)$$

比较式(9.188)和式(9.194)可见,坐标变换函数与位移函数相同。因此,将这种四边形单元称为等参四边形单元。

表 9.1 $m = n = 3$ 时高斯积分的 ξ_m、η_n 及 H_m、H_n 值

m 或 n	1	2	3
ξ_m	-0.774597	0	0.774597
ξ_n	-0.774597	0	0.774597
H_m	0.555556	0.888889	0.555556
H_n	0.555556	0.888889	0.555556

9.6 求解土体地震反应方程的振型分解法

1. 求解步骤

振型分解法是求解振动方程的经典解法,像将看到的那样,振型分解法与前述的分离变量法相似,其求解步骤如下。

(1)由无阻尼自由振动方程建立求解特征值问题的方程。

(2)求解特征值问题方程,确定出特征值及相应的特征向量。

(3)利用特征向量的正交性将地震反应方程解耦,得到与每个特征值相应的振动方程。

(4)求解与每个特征值相应的振动方程。

(5)将与每个特征值相应的振动方程的解答叠加,得到最终的解答。

2. 求解方法

土体体系无阻尼自由振动方程为

$$[M]\{\ddot{r}\} + [K]\{r\} = 0 \qquad (9.199)$$

设式(9.199)的解为

$$\{r\} = \{\phi\} Y(t) \qquad (9.200)$$

式中,$\{\phi\}$ 为待定的列向量,其中的每个元素为常数;$Y(t)$ 为待定的随时间变化的函数。

将式(9.200)代入式(9.199)并左乘 $\{\phi\}^{\mathrm{T}}$ 得

$$\{\phi\}^{\mathrm{T}}[M]\{\phi\}\ddot{Y}(t) + \{\phi\}^{\mathrm{T}}[K]\{\phi\}Y(t) = 0$$

由振型的正交换性可知，$\{\phi\}^{\mathrm{T}}[M]\{\phi\}$ 和 $\{\phi\}^{\mathrm{T}}[K]\{\phi\}$ 都是一个数，令

$$\begin{cases} M^* = \{\phi\}^{\mathrm{T}}[M]\{\phi\} \\ K^* = \{\phi\}^{\mathrm{T}}[K]\{\phi\} \end{cases} \tag{9.201}$$

及

$$\omega^2 = K^* / M^* \tag{9.202}$$

则得

$$\ddot{Y}(t) + \omega^2 Y(t) = 0 \tag{9.203}$$

式(9.203)的解为

$$Y(t) = A\sin(\omega t + \alpha)$$

将此解代入式(9.199)得

$$[K - \omega^2 M]\{\phi\} = 0 \tag{9.204}$$

可以看出，式(9.204)为齐次线性代数方程。由齐次方程非零解的条件得

$$|K - \omega^2 M| = 0 \tag{9.205}$$

式中，左端为矩阵 $[K - \omega^2 M]$ 相应的行列式。如果矩阵是 $N \times N$ 阶的，则式(9.205)是关于 ω^2 的 N 次高阶方程。这样，ω^2 将有 N 个解，相应的列阵也将有 N 个解。下面把 ω^2 称为振动体系的特征值，把相应的列阵称为特征向量。求解式(9.204)确定振动体系的特征值及相应的特征向量称为特征值问题。关于求解特征值问题在此不做进一步讨论。假定体系的特征值及相应的特征向量已经求出，可以证明特征向量具有如下正交性质：

$$\begin{cases} \{\phi\}_i^{\mathrm{T}}[K]\{\phi\}_i \neq 0 \\ \{\phi\}_i^{\mathrm{T}}[K]\{\phi\}_j = 0 \end{cases} \tag{9.206}$$

$$\begin{cases} \{\phi\}_i^{\mathrm{T}}[M]\{\phi\}_i \neq 0 \\ \{\phi\}_i^{\mathrm{T}}[M]\{\phi\}_j = 0 \end{cases} \tag{9.207}$$

如果将特征向量按列排成一个矩阵，以$[\phi]$表示，并令

$$\begin{cases} [K^*] = [\phi]^{\mathrm{T}}[K][\phi] \\ [M^*] = [\phi]^{\mathrm{T}}[M][\phi] \end{cases} \tag{9.208}$$

由上述特征向量的正交性得知，$[K^*]$和$[M^*]$均为对角矩阵，其对角线上的元素 k_{ii}^*、m_{ii}^* 如下：

$$\begin{cases} k_{ii}^* = \{\phi\}_i^{\mathrm{T}}[K]\{\phi\}_i \\ m_{ii}^* = \{\phi\}_i^{\mathrm{T}}[M]\{\phi\}_i \end{cases} \tag{9.209}$$

当考虑黏性阻尼时，有阻尼自由振动方程为

$$[M]\{\ddot{r}\} + [C]\{\dot{r}\} + [K]\{r\} = 0$$

式中，$[C]$ 为体系阻尼矩阵。如果特征向量对阻尼矩阵也具有正交性，即

$$\begin{cases} \{\phi\}_i^{\mathrm{T}}[C]\{\phi\}_i \neq 0 \\ \{\phi\}_i^{\mathrm{T}}[C]\{\phi\}_j = 0 \end{cases} \tag{9.210}$$

如果令

$$[C^*] = [\phi]^{\mathrm{T}}[C][\phi] \tag{9.211}$$

则 $[C^*]$ 也为对角矩阵，其对角线上的元素 c_{ii}^* 为

$$c_{ii}^* = \{\phi\}_i^{\mathrm{T}}[C]\{\phi\}_i \tag{9.212}$$

从上述可见，如果使 $[C^*]$ 也是一个对角矩阵，则要求特征向量对阻尼矩阵应具有正交性。显然，如果将阻尼矩阵 $[C]$ 取成为质量矩阵 $[M]$ 和刚度矩阵 $[K]$ 的线性组合，即

$$[C] = \alpha[M] + \beta[K] \tag{9.213}$$

则特征向量对阻尼矩阵也具有正交性。式(9.213)即为瑞利阻尼，其中 α、β 为与阻尼比有关的两个参数。

下面来表述用振型分解法求解土体地震反应方程式(9.151)。假如强迫力作用不改变土体体系的自振特性，则像自由振动那样，式(9.151)的解可写成如下形式：

$$\{r\} = [\phi]\{Y\} \tag{9.214}$$

将式(9.214)代入式(9.151)，并两边左乘 $[\phi]^{\mathrm{T}}$，得

$$[\phi]^{\mathrm{T}}[M][\phi]\{\ddot{Y}\} + [\phi]^{\mathrm{T}}[C][\phi]\{\dot{Y}\} + [\phi]^{\mathrm{T}}[K][\phi]\{Y\} = -[\phi]^{\mathrm{T}}(\{E\}_x \ddot{u}_g + \{E\}_y \ddot{v}_g)$$

如果特征向量对阻尼矩阵也具有正交性，则得

$$[M^*]\{\ddot{Y}\} + [C^*]\{\dot{Y}\} + [K^*]\{Y\} = -[\phi]^{\mathrm{T}}(\{E\}_x \ddot{u}_g + \{E\}_y \ddot{v}_g)$$

由于 $[M^*]$、$[C^*]$ 及 $[K^*]$ 均为对角矩阵，则上式可写成如下形式：

$$M_{ii}^* \ddot{Y}_i + C_{ii}^* \dot{Y}_i + K_{ii}^* Y_i = P_i^*, \qquad i = 1, 2, 3, \cdots, n \tag{9.215}$$

式中

$$P_i^* = -[\phi]_i^{\mathrm{T}}(\{E\}_x \ddot{u}_g + \{E\}_y \ddot{v}_g) \tag{9.216}$$

改写式(9.215)得

$$\ddot{Y}_i + \frac{C_{ii}^*}{M_{ii}^*} \dot{Y}_i + \frac{K_{ii}^*}{M_{ii}^*} Y_i = \frac{P_i^*}{M_{ii}^*} \tag{9.217}$$

$$\begin{cases} \omega_i^2 = \dfrac{K_{ii}^*}{M_{ii}^*} \\[2mm] 2\lambda\omega_i = \dfrac{C_{ii}^*}{M_{ii}^*} \end{cases} \tag{9.218}$$

则得

$$\ddot{Y}_i + 2\lambda\omega_i\dot{Y}_i + \omega_i Y_i = \frac{P_i^*}{M_{ii}^*}, \qquad i = 1, 2, 3, \cdots, n \qquad (9.219)$$

显然,式(9.219)是自振圆频率为 ω_i、阻尼比为 λ 的单质点体系的强迫振动方程,共有 n 个。从式(9.216)可见,P_i^* 是变幅的随时间变化的函数,式(9.219)通常也必须数值求解,在此不再表述。

这样,由求解式(9.204)确定出特征值 ω_i^2 和相应的特征向量 $\{\phi\}_i$,再由式(9.219)求得 Y_i,则地震反应方程式(9.151)的解可由式(9.214)求得。但应指出,在实际计算中,不需确定出全部特征值及相应的特征向量,只需由式(9.204)求出前几个特征值及相应的特征向量,再由式(9.219)求得前几个 Y 值。这样,式(9.214)可改写成如下形式:

$$\{Y\} = \sum_{i=1}^{n}\{\phi\}_i Y_i \qquad (9.220)$$

式(9.220)意味着,将高于 n 阶的振型的解舍去不计。所截取的 n 与所分析的问题的复杂性有关,例如,土坝的地震反应分析可取 $n=20$,即仅计前 20 个振型的解。

由于振型分解法利用了叠加原理,所以只适用于采用线性黏弹模型和等效线性化模型的地震反应分析。

3. 主振频率及相应振型的确定——反幂法

由结构动力学可知,在通常情况下,主振型相应的解贡献最大,具有决定意义。实际上,也常以主振频率及相应的振型作为评估体系自振特性的依据。因此,体系的主振频率及相应的振型是首先要确定的。

下面来表述一个确定主振频率及相应振型的方法——反幂法。

改写式(9.204)得

$$\omega^2\{\phi\} = [M]^{-1}[K]\{\phi\} \qquad (9.221)$$

由于式(9.221)是一个齐次方程,因此确定出的特征向量的元素都是相对值,其中最大的元素的值可取为 1。式(9.221)表明,可采用迭代法来确定特征值及相应的特征向量。首先,给出特征向量的初值 $\{\phi_0\}$,将其代入式(9.221)右端,完成运算得

$$\{\bar{\phi}_0\} = [M]^{-1}[K]\{\phi_0\} \qquad (9.222)$$

由于

$$\omega^2\{\phi_1\} = \{\bar{\phi}_0\} \qquad (9.223)$$

及特征向量的最大元素的值取 1,则应从列向量 $\{\bar{\phi}_0\}$ 中寻找出最大元素的值,并以 $\bar{\phi}_{0,\max}$ 表示。这样,由式(9.224)可求得特征值的近似值:

$$\omega^2 = \bar{\phi}_{0,\max} \qquad (9.224)$$

而相应的特征向量的近似值为

$$\{\bar{\phi}_1\} = \frac{1}{\bar{\phi}_{0,\max}}\{\bar{\phi}_0\} \tag{9.225}$$

如果再将由式(9.225)确定的特征向量的近似值作为特征向量的初值,则按上述相同的方法可确定一个新的特征值及相应的特征向量。如此迭代下去,如果前后两次的计算结果的误差达到允许值,则迭代完毕,并将特征值及相应的特征向量取为最后一次迭代计算的结果。

关于特征向量初值的确定说明如下。

(1) 如果在地震反应分析中只从基底输入水平运动,则可将$\{\bar{\phi}_0\}$取成如下形式:

$$\{\bar{\phi}\} = \{1 \quad 0 \quad 1 \quad 0 \quad \cdots \quad 1 \quad 0\}^{\mathrm{T}} \tag{9.226}$$

(2)如果在地震反应分析中不仅输入水平运动,还输入竖向运动,则可将$\{\bar{\phi}_0\}$取成如下形式:

$$\{\bar{\phi}\} = \{1 \quad 1 \quad 1 \quad 1 \quad \cdots \quad 1 \quad 1\}^{\mathrm{T}} \tag{9.227}$$

9.7　瑞利阻尼的物理意义及振型对阻尼比的影响

将瑞利阻尼公式

$$[C] = \alpha[M] + \beta[K]$$

代入式(9.212)得

$$C_{ii}^* = \alpha\{\phi\}_i^{\mathrm{T}}[M]\{\phi\}_i + \beta\{\phi\}_i^{\mathrm{T}}[K]\{\phi\}_i$$

由于

$$\{\phi\}_i^{\mathrm{T}}[M]\{\phi\}_i = M_{ii}^*$$
$$\{\phi\}_i^{\mathrm{T}}[K]\{\phi\}_i = K_{ii}^*$$

则得

$$C_{ii}^* = \alpha M_{ii}^* + \beta K_{ii}^* \tag{9.228}$$

另外,由式(9.218)第二式得

$$C_{ii}^* = 2\lambda_i\omega_i M_{ii}^*$$

可改写成如下形式:

$$C_{ii}^* = \lambda_i\omega_i M_{ii}^* + \frac{\lambda_i}{\omega_i}\omega_i^2 M_{ii}^*$$

由于$\omega_i^2 = \dfrac{K_{ii}^*}{M_{ii}^*}$,则得

$$C_{ii}^* = \lambda_i\omega_i M_{ii}^* + \frac{\lambda_i}{\omega_i}K_{ii}^* \tag{9.229}$$

比较式(9.228)和式(9.229)则得

$$\alpha = \lambda_i \omega_i, \quad \beta = \frac{\lambda_i}{\omega_i} \tag{9.230}$$

如果令

$$[C] = [C]^{(1)} + [C]^{(2)} \tag{9.231}$$

式中

$$[C]^{(1)} = \alpha[M], \quad [C]^{(2)} = \beta[K]$$

则$[C]^{(1)}$应为对角矩阵,其元素 $C_{ii}^{(1)} = \alpha M_{ii}$;$[C]^{(2)}$ 的元素 $C_{ij}^{(2)} = \beta K_{ij}$。下面,为了简明而又不失一般性,以图 9.16(a)所示的三质点体系来说明瑞利阻尼的物理意义。三质点体系的质量矩阵和刚度矩阵分别为

$$[M] = \begin{bmatrix} M_{11} & 0 & 0 \\ 0 & M_{22} & 0 \\ 0 & 0 & M_{33} \end{bmatrix}$$

$$[K] = \begin{bmatrix} K_1 & -K_1 & 0 \\ -K_1 & K_1 + K_2 & -K_2 \\ 0 & -K_2 & K_2 + K_3 \end{bmatrix}$$

则

$$[C]^{(1)} = \alpha \begin{bmatrix} M_{11} & 0 & 0 \\ 0 & M_{22} & 0 \\ 0 & 0 & M_{33} \end{bmatrix}$$

$$[C]^{(2)} = \beta \begin{bmatrix} K_1 & -K_1 & 0 \\ -K_1 & K_1 + K_2 & -K_2 \\ 0 & -K_2 & K_2 + K_3 \end{bmatrix}$$

设$\{R_c\}$为黏性阻力,则

$$\{R_c\} = \begin{Bmatrix} R_{c,1} \\ R_{c,2} \\ R_{c,3} \end{Bmatrix} = [C] = \begin{Bmatrix} \dot{u}_1 \\ \dot{u}_2 \\ \dot{u}_3 \end{Bmatrix}$$

式中,$R_{c,i}$ 为 i 质点的黏性阻力,$\dot{u}_i$ 为 i 质点的运动速度。将式(9.231)代入,得

$$R_{c,1} = \alpha M_{11} \dot{u}_1 + \beta K_1 (\dot{u}_1 - \dot{u}_2)$$

$$R_{c,2} = \alpha M_{22} \dot{u}_2 - \beta K_1 (\dot{u}_1 - \dot{u}_2) + \beta K_2 (\dot{u}_2 - \dot{u}_3)$$

$$R_{c,3} = \alpha M_{33} \dot{u}_3 - \beta K_1 (\dot{u}_2 - \dot{u}_3) + \beta K_3 \dot{u}_3$$

该式表明,$R_{c,i}$ 中的第一项为质点 i 相对基底运动产生的黏性阻力,其他项为质点 i 相对相邻质点运动产生的黏性阻力。因此,三质点体系的力学模型应如图 9.16(b)所示,其中

$$C_i^{(1)} = \alpha M_i , \quad C_i^{(2)} = \beta k_i$$

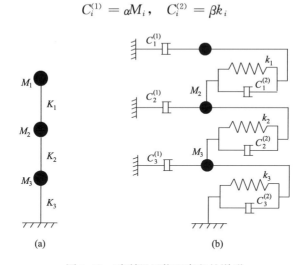

图 9.16　瑞利阻尼物理意义的说明

　　下面来表述,当采用瑞利阻尼公式时振型与相应的阻尼比的关系。在实际问题中,式 (9.230)中的圆频率 ω_i 通常采用主振圆频率 ω_1,阻尼比 λ 采用试验确定出来的数值,即

$$\alpha = \lambda \omega_1 , \quad \beta = \frac{\lambda}{\omega_1} \tag{9.232}$$

将 $\omega_i^2 = \dfrac{K_{ii}^*}{M_{ii}^*}$ 代入式(9.228)得

$$C_{ii}^* = (\alpha + \beta \omega_i^2) M_{ii}^*$$

将 $2\lambda_i \omega_i = \dfrac{C_{ii}^*}{M_{ii}^*}$ 代入上面公式,得

$$\lambda_i = \frac{\alpha + \beta \omega_i^2}{2\omega_i}$$

再将式(9.232)代入,简化后得

$$\lambda_i = \frac{1 + \left(\dfrac{\omega_i}{\omega_1}\right)^2}{2\dfrac{\omega_i}{\omega_1}} \lambda \tag{9.233}$$

式(9.233)表明,高振型的阻尼比将显著增大,如图 9.17 所示。这样,高振型的反应将受到压低。这是瑞利阻尼的一个主要缺点。

　　为了压制高振型的阻尼比数值增大,可令两个频率的阻尼比都等于实测阻尼比来确定瑞利阻尼公式中的系数 α、β。由式(9.228)得

$$2\lambda_i \omega_i = \alpha + \beta \omega_i^2 \tag{9.234}$$

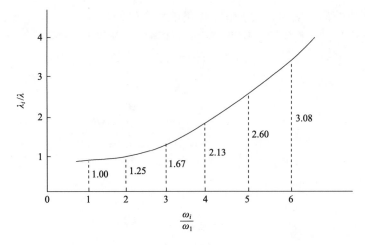

图 9.17 高振型的阻尼比 λ_i

设选取的两个频率分别主振频率 ω_1 和主频的 m 倍,即等于 $m\omega_1$,将其代入式(9.234)得

$$2\lambda_i \omega_1 = \alpha + \beta \omega_1^2$$
$$2\lambda_i m\omega_1 = \alpha + \beta (m\omega_1)^2$$

求解得

$$\begin{cases} \alpha = \dfrac{2m}{m+1}\omega_1\lambda_i \\ \beta = \dfrac{2}{m+1}\dfrac{\lambda_i}{\omega_1} \end{cases} \tag{9.235}$$

再将式(9.235)代入式(9.234),简化后得

$$\lambda_i = \frac{1}{m+1}\frac{m+\left(\dfrac{\omega_i}{\omega_1}\right)^2}{\dfrac{\omega_i}{\omega_1}}\lambda \tag{9.236}$$

可以看出,由式(9.236)算得的 i 振型的阻尼比 λ_i 要低于由式(9.233)算得的值。显然,式中的 m 值是一个要设定的数值,m 的取值越大,则压低的高振型的阻尼比的范围就越大。通常,取 m 等于第二振型的圆频率 ω_2 与主振圆频率 ω_1 之比,但这样做不一定取得很好的效果。

9.8　求解地震反应方程的逐步积分法

1. 逐步积分法的积分格式及求解步骤

逐步积分法是求解地震反应方程的一般化方法,它可以求解线性黏弹模型和等效线性化模型的全量形式的地震反应方程,也可以求解弹塑性模型的增量形式的地震反应方程。实际上,弹塑性地震反应分析必须采用逐步积分法。

逐步积分法分为隐式格式和显式格式的积分法。无论哪种积分法都必须考虑稳定性和精度两方面的要求。如果一种积分格式,无论采用多大时间步长都能给出稳定的结果,这种积分格式称为绝对稳定的积分格式。在这种情况下,时间步长只取决于精度的要求。如果一种积分格式,只有当时间步长小于一定值时才能给出稳定结果,这种积分格式称为条件稳定的积分格式。在这种情况下,时间步长首先取决于稳定性的要求,在满足了稳定性要求之后再考虑精度的要求。现在,已经开发出几种绝对稳定的隐式积分格式,而显式积分格式都是条件稳定的。经验表明如下几点。

(1) 如果采用显式积分格式,分析体系越大,满足稳定性要求的时间步长就越短。

(2) 采用隐式积分格式满足精度要求的时间步长一般远大于采用显式积分格式满足稳定性要求的时间步长。

(3) 采用显式积分格式可将求解方程解耦,不需要联立求解方程。从这一点,采用显式积分格式可以节省计算时间,但是由于时间步长短,其求解次数要远大于隐式积分格式,从这一点,采用显式积分格式又增加了计算时间。显然,如果采用的时间步长不能满足稳定性要求,则将前功尽弃。

综上所述,通常采用隐式积分格式,尽管采用隐式积分格式的计算时间可能更长,但不必为求解的稳定性担心。因此,下面只表述采用隐式积分格式的逐步积分法。

逐步积分法的提法是假定 t 时刻的位移 $\{r\}_t$、速度 $\{\dot{r}\}_t$、加速度 $\{\ddot{r}\}_t$ 已知,求 $t+\Delta t$ 时刻的位移 $\{r\}_{t+\Delta}$、速度 $\{\dot{r}\}_{t+\Delta}$、加速度 $\{\ddot{r}\}_{t+\Delta}$。采用隐式积分格式的逐步积分法求解地震反应方程的主要步骤如下。

(1) 采用某一个隐式积分格式,将 $t+\Delta t$ 时刻的速度 $\{\dot{r}\}_{t+\Delta}$ 和加速度 $\{\ddot{r}\}_{t+\Delta}$ 以 $t+\Delta t$ 时刻的位移 $\{r\}_{t+\Delta}$ 和 t 时刻的位移 $\{r\}_t$、速度 $\{\dot{r}\}_t$ 和加速度 $\{\ddot{r}\}_t$ 来表示。

(2) 将 $t+\Delta t$ 时刻的位移 $\{r\}_{t+\Delta}$、速度 $\{\dot{r}\}_t$、加速度 $\{\ddot{r}\}_t$ 代入 $t+\Delta t$ 时刻的动力平衡方程,将微分方程转化为以 $t+\Delta t$ 时刻的位移 $\{r\}_{t+\Delta}$ 为未知数的矩阵形式的线性代数方程组。

(3) 求解矩阵形式的线性代数方程组,得到 $t+\Delta t$ 时刻的位移 $\{r\}_{t+\Delta}$。

(4) 由 $t+\Delta t$ 时刻的位移 $\{r\}_{t+\Delta}$ 及 t 时刻的位移 $\{r\}_t$、速度 $\{\dot{r}\}_t$ 和加速度 $\{\ddot{r}\}_t$,利用第一步建立的关系式确定出 $t+\Delta t$ 速度 $\{\dot{r}\}_{t+\Delta}$ 和加速度 $\{\ddot{r}\}_{t+\Delta}$。

(5) 由 $t+\Delta t$ 时刻的位移 $\{r\}_{t+\Delta}$,按有限元法求各单元的应变向量 $\{\varepsilon\}$ 和应力向量 $\{\sigma\}$。

2. 几种典型的隐式积分格式

1) 线性加速度法

线性加速度法是最经典的隐式积分格式,虽然这是一种条件稳定的隐式积分格式,在此还应予以表述。线性加速度法假定在时间步长 Δt 内加速度随时间呈线性变化,如图 9.18 所示,则得

$$\{\ddot{r}\}_{t+\tau} = \{\ddot{r}\}_t + \frac{\{\ddot{r}\}_{t+\Delta} - \{\ddot{r}\}_t}{\Delta t}\tau \tag{9.237}$$

式中，τ 为从 t 时刻算起的时间变量。在 $t+\Delta t$ 时刻的速度 $\{\dot{r}\}_{t+\Delta t}$ 可按如下公式计算：

$$\{\dot{r}\}_{t+\Delta t} = \{\dot{r}\}_t + \int_0^{\Delta t} \{\ddot{r}\}_{t+\tau} \mathrm{d}\tau$$

将式(9.237)代入并完成积分运算得

$$\{\dot{r}\}_{t+\Delta t} = \{\dot{r}\}_t + \frac{\Delta t}{2}\{\ddot{r}\}_t + \frac{\Delta t}{2}\{\ddot{r}\}_{t+\Delta t} \tag{9.238}$$

同理，$t+\Delta t$ 时刻的位移 $\{r\}_{t+\Delta t}$ 可按如下公式计算：

$$\{r\}_{t+\Delta t} = \{r\}_t + \int_0^{\Delta t} (\{\dot{r}\}_t + \int_0^{\tau} \{\ddot{r}\}_{t+\tau_1} \mathrm{d}\tau_1) \mathrm{d}t$$

完成积分运算得

$$\{r\}_{t+\Delta t} = \{r\}_t + \{\dot{r}\}_t \Delta t + \frac{\Delta t^2}{3}\{\ddot{r}\}_t + \frac{\Delta t^2}{t}\{\ddot{r}\}_{t+\Delta t} \tag{9.239}$$

改写式(9.239)得

$$\{\ddot{r}\}_{t+\Delta t} = \frac{6}{\Delta t^2}\{r\}_{t+\Delta t} - \frac{6}{\Delta t^2}\{r\}_t - \frac{6}{\Delta t}\{\dot{r}\}_t - 2\{\ddot{r}\}_t$$

再将其代入式(9.238)得

$$\{\dot{r}\}_{t+\Delta t} = \frac{3}{\Delta t}\{r\}_{t+\Delta t} - \frac{3}{\Delta t}\{r\}_t - 2\{\dot{r}\}_t - \frac{\Delta t}{2}\{\ddot{r}\}_t \tag{9.240}$$

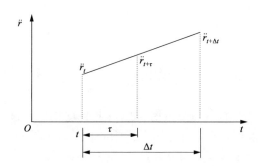

图 9.18　在 Δt 时段内加速度的变化

如果令

$$\begin{cases} a_1 = \dfrac{6}{\Delta t^2}, \quad a_2 = -a_1 \\[2mm] a_3 = -\dfrac{6}{\Delta t}, \quad a_4 = -2 \\[2mm] a_5 = \dfrac{3}{\Delta t}, \quad a_6 = -a_5 \\[2mm] a_7 = -2, \quad a_8 = -\dfrac{\Delta t}{2} \end{cases} \tag{9.241}$$

则得

$$\{\dot r\}_{t+\Delta t} = a_5\{r\}_{t+\Delta t} + a_6\{r\}_t + a_7\{\dot r\}_t + a_8\{\ddot r\}_t \tag{9.242}$$

$$\{\ddot r\}_{t+\Delta t} = a_1\{r\}_{t+\Delta t} + a_2\{r\}_t + a_3\{\dot r\}_t + a_4\{\ddot r\}_t \tag{9.243}$$

2) Wilson-θ 法[9]

前面已经指出,线性加速度法是一个条件稳定的积分格式。为消除线性加速度法稳定性问题,Wilson 提出了一个改进的线性加速度法。这个方法假定在时间间隔 $\theta\Delta t$ 内加速度是线性变化的,$\theta > 1$,如图 9.19 所示。由式(9.239)可求得 $\{r\}_{t+\Delta t}$ 和 $\{r\}_{t+\theta\Delta t}$

$$\{r\}_{t+\theta\Delta t} = \theta^3\{r\}_{t+\Delta t} + (1-\theta^3)\{r\}_t + (1-\theta^2)\theta\Delta t\{\dot r\}_t + \frac{\theta^2\Delta t^2(1-\theta)}{2}\{\ddot r\}_t \tag{9.244}$$

完成与线性加速度法的相似运算,可求得 $t + \theta\Delta t$ 时刻的加速度 $\{\ddot r\}_{t+\theta\Delta t}$ 和速度$\{\dot r\}_{t+\theta\Delta t}$。然后,将式(9.244) 式代入$\{\ddot r\}_{t+\theta\Delta t}$ 和$\{\dot r\}_{t+\theta\Delta t}$ 中,则得如下关系式:

$$\{\ddot r\}_{t+\theta\Delta t} = \frac{6\theta}{\Delta t^2}\{r\}_{t+\Delta t} - \frac{6\theta}{\Delta t^2}\{r\}_t - \frac{6\theta}{\Delta t}\{\dot r\}_t + (1-3\theta)\{\ddot r\}_t \tag{9.245}$$

$$\{\dot r\}_{t+\theta\Delta t} = \frac{3\theta^2}{\Delta t}\{r\}_{t+\Delta t} - \frac{3\theta^2}{\Delta t}\{r\}_t + (1-3\theta^2)\{\dot r\}_t + \left(1-\frac{3\theta}{2}\right)\theta\Delta t\{\ddot r\}_t \tag{9.246}$$

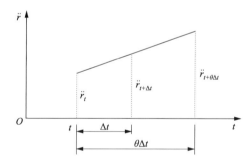

图 9.19 在 $\theta\Delta t$ 时段内加速度的变化

如果令

$$\begin{cases}
a_1 = \dfrac{6\theta}{\Delta t^2}, \quad a_2 = -a_1 \\[2mm]
a_3 = -\dfrac{6\theta}{\Delta t}, \quad a_4 = 1-3\theta \\[2mm]
a_5 = \dfrac{3\theta^2}{\Delta t}, \quad a_6 = -a_5 \\[2mm]
a_7 = 1-3\theta^2, \quad a_8 = \left(1-\dfrac{3\theta}{2}\right)\theta\Delta t \\[2mm]
a_9 = \theta^3, \quad a_{10} = 1-\theta^3 \\[2mm]
a_{11} = (1-\theta^2)\theta\Delta t, \quad a_{12} = \dfrac{\theta^2\Delta t^2(1-\theta)}{2}
\end{cases} \tag{9.247}$$

则得

$$\{r\}_{t+\theta\Delta t} = a_9\{r\}_{t+\Delta t} + a_{10}\{r\}_t + a_{11}\{\dot{r}\}_t + a_{12}\{\ddot{r}\}_t \tag{9.248}$$

$$\{\dot{r}\}_{t+\theta\Delta t} = a_5\{r\}_{t+\Delta t} + a_6\{r\}_t + a_7\{\dot{r}\}_t + a_8\{\ddot{r}\}_t \tag{9.249}$$

$$\{\ddot{r}\}_{t+\theta\Delta t} = a_1\{r\}_{t+\Delta t} + a_2\{r\}_t + a_3\{\dot{r}\}_t + a_4\{\ddot{r}\}_t \tag{9.250}$$

Wilson 的研究表明,当 $\theta \geqslant 1.37$ 时这个积分格式是绝对稳定的积分格式。在实际问题中,通常取 $\theta = 1.4$。

3) Newmark 常值加速度法[10]

Newmark 常值加速度法假定在 Δt 时段内的加速度为常值,并等于 t 时刻与 $t+\Delta t$ 时刻的加速度平均值,如图 9.20 所示。由此得

$$\{\ddot{r}\}_{t+\tau} = \frac{1}{2}(\{\ddot{r}\}_t + \{\ddot{r}\}_{t+\Delta t}) \tag{9.251}$$

完成与线性加速度线的相似运算,得

$$\{\ddot{r}\}_{t+\Delta t} = \frac{4}{\Delta t^2}\{r\}_{t+\Delta t^2} - \frac{4}{\Delta t^2}\{r\}_t - \frac{4}{\Delta t}\{r\}_t - \{\ddot{r}\}_t \tag{9.252}$$

$$\{\dot{r}\}_{t+\Delta t} = \frac{2}{\Delta t}\{r\}_{t+\Delta t} - \frac{2}{\Delta t}\{r\}_t - \{\dot{r}\}_t \tag{9.253}$$

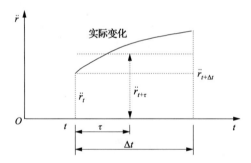

图 9.20 在 Δt 时段内加速度的变化

如果令

$$\begin{cases} a_1 = \dfrac{4}{\Delta t^2}, \quad a_2 = -a_1 \\[2mm] a_3 = -\dfrac{4}{\Delta t}, \quad a_4 = -1 \\[2mm] a_5 = \dfrac{2}{\Delta t}, \quad a_6 = -a_5 \\[2mm] a_7 = -1, \quad a_8 = 0 \end{cases} \tag{9.254}$$

则得

$$\begin{cases} \{\dot{r}\}_{t+\Delta t} = a_5\{r\}_{t+\Delta t} + a_6\{r\}_t + a_7\{\dot{r}\}_t + a_8\{\ddot{r}\}_t \\[2mm] \{\ddot{r}\}_{t+\Delta t} = a_1\{r\}_{t+\Delta t} + a_2\{r\}_t + a_3\{\dot{r}\}_t + a_4\{\ddot{r}\}_t \end{cases} \tag{9.255}$$

Newmark 的研究表明,常值加速度积分格式是一种绝对稳定的积分格式。

3. 矩阵形式的线性代数方程组的建立

1) 采用 Wilson-θ 法积分格式

将式(9.248)~式(9.250)代入 $t+\theta\Delta t$ 时刻的微分形式的动力方程中,简化后得

$$(a_1[M]+a_5[C]+a_9[K])\{r\}_{t+\Delta t}+(a_2[M]+a_6[C]+a_8[K])\{r\}_t+(a_3[M]+a_7[C]$$
$$+a_{11}[K])\{\dot r\}_t+(a_4[M]+a_8[C]+a_{12}[K])\{\ddot r\}_t=-\{E\}_x\ddot u_{g,t+\theta\Delta t}-\{E\}_y\ddot v_{g,t+\theta\Delta t}$$

如果令

$$\begin{cases}[\underline{K}]=a_1[M]+a_5[C]+a_9[K]\\[\bar K]=a_2[M]+a_6[C]+a_{10}[K]\\[\underline{C}]=a_3[M]+a_7[C]+a_{11}[K]\\[\underline{M}]=a_4[M]+a_8[C]+a_{12}[K]\end{cases} \tag{9.256}$$

则上述动力方程可写成如下形式:

$$[\underline{K}]\{r\}_{t+\Delta t}=-\{E\}_x\ddot u_{g,t+\theta\Delta t}-\{E\}_y\ddot v_{g,t+\theta\Delta t}-[\bar K]\{r\}_t-[\underline{C}]\{\dot r\}_t-[\underline{M}]\{\ddot r\}_t$$

再令

$$\{R\}_{t+\theta\Delta t}=-\{E\}_x\ddot u_{g,t+\theta\Delta t}-\{E\}_y\ddot v_{g,t+\theta\Delta t}-[\bar K]\{r\}_t-[\underline{C}]\{\dot r\}_t-[\underline{M}]\{\ddot r\}_t \tag{9.257}$$

显然,$\{R\}_{t+\theta\Delta t}$ 为已知向量。这样,可得求解的矩阵形式的线性代数方程为

$$[\underline{K}]\{r\}_{t+\Delta t}=\{R\}_{t+\theta\Delta t} \tag{9.258}$$

2) Newmark 常值加速度法积分格式

将式(9.255)代入 $t+\Delta t$ 时刻的微分形式的动力方程,简化后得

$$(a_1[M]+a_5[C])\{r\}_{t+\Delta t}+(a_2[M]+a_6[C])\{r\}_t+(a_2[M]+a_7)\{\dot r\}_t$$
$$(a_4[M]+a_8[C])\{\ddot r\}_t=-\{E\}_x\ddot u_{g,t+\theta\Delta t}-\{E\}_y\ddot v_{g,t+\theta\Delta t}$$

如果令

$$\begin{cases}[\underline{K}]=a_1[M]+a_5[C]+[K]\\[\bar K]=a_2[M]+a_6[C]\\[\underline{C}]=a_3[M]+a_7[C]\\[\underline{M}]=a_4[M]+a_8[C]\end{cases} \tag{9.259}$$

则上述动力方程可写成如下形式:

$$[\underline{K}]\{r\}_{t+\Delta t}=-\{E\}_x\ddot u_{g,t+\Delta t}-\{E\}_y\ddot v_{g,t+\Delta t}-[\bar K]\{r\}_t-[\underline{C}]\{\dot r\}_t-[\underline{M}]\{\ddot r\}_t$$

再令

$$\{R\}_{t+\Delta t} = -\{E\}_x \ddot{u}_{g,t+\Delta t} - \{E\}_y \ddot{v}_{g,t+\Delta t} - [\underline{K}]\{r\}_t - [\underline{C}]\{\dot{r}\}_t - [\underline{M}]\{\ddot{r}\}_t \quad (9.260)$$

由于 $\{R\}_{t+\Delta t}$ 是已知向量,则得求解的矩阵形式的线性代数方程式为

$$[\underline{K}]\{r\}_{t+\Delta t} = -\{R\}_{t+\Delta t} \quad (9.261)$$

在此应注意,当采用 Wilson-θ 法时,$\{R\}_{t+\theta\Delta t}$ 按式(9.257)确定,其中输入的地震加速度为 $t+\theta\Delta t$ 时刻的加速度,因为在 Wilson-θ 法中,动力平衡是对 $t+\theta\Delta t$ 时刻建立的。当采用 Newmark 常值加速度法时,$\{R\}_{t+\Delta t}$ 按式(9.260)确定,其中输入的地震加速度为 $t+\Delta t$ 时刻的加速度,因为 Newmark 常值加速度法中,动力平衡是对 $t+\Delta t$ 时刻建立的。

4. 体系的刚度矩阵和阻尼矩阵的存储方式及线性代数方程组解法

前面已经指出,体系的刚度矩阵和阻尼矩阵具有对称性和稀疏性两个特点。利用对称性,可只存储一半,即上三角或下三角部分。利用稀疏性,如果只存储下三角部分,则可只储存每行中从第一个非零元素至对角线元素的部分,即前面所提到的在每行半带宽内的元素。在储存时,将每行半带宽内的元素按行的次序排列成一维数组,并以一维数组的形式存储。这种储存形式称为压缩存储形式。显然,采用压缩存储形式可以节省大量的内存。但是,在运算时必须知道在一维数组中哪部分元素是哪一行半带宽内的元素,以便从一维数组中正确地将其提取出来。为此,当采用一维数组存储方式时,还必须有一个指示向量相配合。指示向量的元素为每一行对角线上的元素在一维数组中的序号。如果每行的半带宽求得后,指示向量就很容易确定。根据指示向量的定义,在指示矩阵中第 i 个元素应为第 i 行对角线元素在一维数组中的序号,如果令其为 P_i,则

$$P_i = \sum_{j=1}^{i} b_j \quad (9.262)$$

式中,b_j 为第 j 行的半带宽。这样,第 i 行的半带宽元素在一维数中的序号从 $P_{i-1}+1$ 至 P_i。与压缩式一维数组存储方式相配套,采用 $[L][D][L]^T$ 方法(即乔莱斯基方法)求解矩阵形式线性代数方程组最为适当。这种方法是将线性方程组的系数矩阵 $[\underline{K}]$ 分解为如下形式:

$$[\underline{K}] = [L][D][L]^T \quad (9.263)$$

式中,$[L]$ 为一个下三角矩阵,其上三角元素为零;$[L]^T$ 为 $[L]$ 的转置,其下三角元素为零;$[D]$ 为一个对角矩阵。分解后,下三角矩阵 $[L]$ 的半带宽与系数矩阵 $[\underline{K}]$ 的半带宽相同。因此,分解后,下三角矩阵 $[L]$ 仍可采用压缩式一维数组储存,并将其存储于存储系数矩阵 $[\underline{K}]$ 下三角元素的一维数组中。如果采用这种求解方法,则线性代数方程组可写成如下形式:

$$[L][D][L]^T\{r\} = \{R\} \quad (9.264)$$

如果令

$$[L]^T\{r\} = \{r\}_1 \quad (9.265)$$

则得

$$[L][D]\{r\}_1 = \{R\} \tag{9.266}$$

由于 $[L][D]$ 是一个下三角形矩阵,其上三角元素为零,很容易求出 $\{r_1\}$,当 $\{r_1\}$ 求出后,代入式(9.265),由于 $[L]^\mathrm{T}$ 是一个上三角矩阵,其下三角元素为零,也很容易求出 $\{r\}$。关于将系数矩阵 $[K]$ 分解成 $[L][D][L]^\mathrm{T}$,在此不做进一步表述。

实践表明,采用 $[L][D][L]^\mathrm{T}$ 法求解线性代数方程组与高斯消去法比较,不但节省内存,计算量小速度快,而且精度也要高。

9.9　求解地震反应方程的频域解法

本节主要参考文献[11]和[12]来表述地震反应方程的频谱解法。

1. 复模量及复数形式的地震反应方程

1) 复模量
前面曾给出了复模量的定义,如果假定单位面积上的黏性阻力与位移速度成正比,即

$$F_c = C_u \frac{\mathrm{d}u}{\mathrm{d}t} \tag{9.267}$$

式中,C_u 为以位移速度计算黏性阻力时的黏性系数;u 为位移。假定阻尼比与运动的圆频率 p 无关,自振圆频率为 ω,在这种情况下复模量为

$$E^* = E\left(1 + \mathrm{i}\,\frac{C_u\omega}{E}\right)$$

式中,$C_u = 2\lambda\omega M$,则得

$$C_u\omega = 2\lambda\omega^2 M = 2\lambda M$$

由于单位面积土柱的刚度为

$$K = \frac{E}{H}$$

式中,H 为土柱高度。由此,得

$$\frac{C_u\omega}{E} = 2\lambda\,\frac{1}{H} \tag{9.268}$$

如果假定单位面积上的阻尼力 F_c 等于滞性系数 C_ε 乘以应变速率 $\dot{\varepsilon}$,则得

$$F_c = C_\varepsilon\dot{\varepsilon} \tag{9.269}$$

在单位面积土柱情况下

$$\dot{\varepsilon} = \frac{1}{H}\frac{\mathrm{d}u}{\mathrm{d}t}$$

代入得

$$F_c = \frac{C_\varepsilon}{H} \frac{\mathrm{d}u}{\mathrm{d}t}$$

与式(9.267)比较,得

$$C_u = \frac{C_\varepsilon}{H}$$

将其代入式(9.268)得

$$\frac{C_\varepsilon}{E} = 2\lambda \tag{9.270}$$

这样,当黏性力以应变速率来计算时,复模量为

$$E^* = E\left(1 + \mathrm{i}\frac{C_\varepsilon \omega}{E}\right)$$

将式(9.270)代入得

$$E^* = E(1 + \mathrm{i}2\lambda) \tag{9.271}$$

因此,如果采用复模量,则假定阻尼比与振动频率无关,可取圆频率 p 等于自振圆频率 ω。

2) 复数形式的地震反应方程

如果采用复模量,则黏性阻力已包括在复模量之中。因此,地震反应方程不再含有阻尼矩阵项,成为如下形式:

$$[M]\{\ddot{r}\} + [K^*]\{r\} = -\{E\}_x \ddot{u}_g - \{E\}_y \ddot{v}_g \tag{9.272}$$

式中,$[K^*]$ 为复总刚度矩阵,其中每个元素均为复数。复总刚度矩阵也由单元刚度矩阵叠加而成,在计算单元刚度时采用复模量。在这种情况下,计算得到的是复单元刚度矩阵 $[K^*]_e$。

2. 频域求解的基本原理及有限傅里叶变换

1) 基本原理

频域内求解地震反应方程的现行方法是傅里叶变换求解线性体系方程经典方法的发展。它以离散的有限傅里叶变换代替傅里叶变换,并在进行离散的有限傅里叶变换计算时引用快速算法,即称为 FFT 的快速傅里叶变换算法[18]。

频域内求解地震反应方程的步骤如下。

(1) 采用快速傅里叶变换把地震反应方程右端的输入地震加速度 $\ddot{u}_g(t)$ 和 $\ddot{v}_g(t)$ 分别展开成复数形式的三角函数级数。级数中每个复数三角函数对应一个圆频率,每个复数三角函数的系数称为时间函数 $\ddot{u}_g(t)$ 或 $\ddot{v}_g(t)$ 的离散有限傅里叶变换。显然,系数取决于相应复数三角函数的圆频率。由于采用的是离散有限傅里叶变换,在计算中只取圆频率低于某个指定数值的复数三角函数,并把这个圆频率称为截止圆频率。

(2) 令复数三角函数的幅值为1。对每个单位幅值的复数三角函数求解地震反应方程。像下面将看到的那样,在求解过程中把微分形式动力方程转化成矩阵形式的代数方

程组。求解矩阵形式的代数方程组,可求得在每个单位幅值的复数三角函数作用下各结点的位移幅值及加速度幅值。下面,把它们分别称为位移传递函数和加速度传递函数。显然,它们也取决于相应复数三角函数的圆频率。

(3) 由位移传递函数和加速度传递函数,求出各结点位移和加速度的离散有限傅里叶变换。它们分别等于各点位移传递函数和加速度传递函数乘以由第一步确定出的函数 $\ddot{u}_g(t)$ 或 $\ddot{v}_g(t)$ 的离散有限傅里叶变换。显然,它们也取决于复数三角函数圆频率。

(4) 对各结点的位移和加速度的离散有限傅里叶变换进行逆变换,就可求出各结点的位移和加速度。

2) 离散的有限傅里叶变换

由上述的频域内求地震反应方程的原理及步骤可见,离散的有限傅里叶变换是求解的主要手段。下面,对离散的有限傅里叶变换做简要的表述。

首先给出有限傅里叶变换的定义:周期为 T 的连续函数 $f(t)$,其复数有限傅里叶变换 $u(j)$ 为

$$u(j) = \frac{1}{T}\int_0^T f(t)\mathrm{e}^{-\mathrm{i}(j\Delta\omega t)}\mathrm{d}t, \qquad j = -\infty, \cdots, -n, \cdots, -1, 0, 1, \cdots, n, \cdots, +\infty$$

$$(9.273)$$

式中,$\mathrm{i} = \sqrt{-1}$;$\Delta\omega$ 称为圆频率增量,按式(9.271)确定:

$$\Delta\omega = \frac{2\pi}{T} \tag{9.274}$$

有限傅里叶逆变换为

$$f(t) = \sum_{j=-\infty}^{\infty} a(j)\mathrm{e}^{\mathrm{i}(j\Delta\omega t)} \tag{9.275}$$

式(9.275)可改写成如下形式:

$$f(t) = a(0) + \sum_{j=1}^{\infty} \left[a(j)\mathrm{e}^{\mathrm{i}(j\Delta\omega t)} + a(-j)\mathrm{e}^{\mathrm{i}(j\Delta\omega t)} \right] \tag{9.276}$$

由式(9.273)可知,$a(j)$ 与 $a(-j)$ 是共轭复数,即

$$a(-j) = \bar{a}(j) \tag{9.277}$$

式中,$\bar{a}(j)$ 是 $a(j)$ 的共轭复数。如果 $f(t)$ 是实函数,并令

$$a(0) = \frac{1}{2T}\int_0^T f(t)\mathrm{d}t$$

则

$$f(t) = 2\mathrm{Re}\sum_{j=0}^{\infty} a(j)\mathrm{e}^{\mathrm{i}(j\Delta\omega t)} \tag{9.278}$$

式中,Re 表示取级数和的实部。

从式(9.275)可见,函数 $f(t)$ 的有限傅里叶变换 $a(j)$ 即为将函数 $f(t)$ 展开成复数三角函数级数的系数。

如果不知道函数 $f(t)$ 的解析式,只给出了它在周期 T 内间隔为 Δt 的等间隔点上的函数值,那么函数 $f(t)$ 的有限傅里叶变换称为离散的有限傅里叶变换。由于输入的地震运动 $\ddot{u}_g(t)$ 或 $\ddot{v}_g(t)$ 就是这种只知道间隔为 Δt 的等间隔点上的函数,所以必须进行离散的有限傅里叶变换。下面来推导离散的有限傅里叶变换计算公式。

如果以 s 表示间隔 Δt 的读数点的序号,以 $t(s)$ 表示序号为 s 的读数点的时间,以 $f(s)$ 表示序号为 s 计数点的函数值,则

$$t(s) = s\Delta t, \qquad s = 0,1,2,\cdots,N-1$$

式中, N 表示在周期 T 内的间隔数目,则

$$\Delta t = \frac{T}{N} \tag{9.279}$$

则得

$$t(s) = s\frac{T}{N} \tag{9.280}$$

这样,将式(9.274)、式(9.279)和式(9.280)代入式(9.273)就可得离散的有限傅里叶变换计算公式

$$a(j) = \frac{1}{N}\sum_{s=1}^{N-1} f(s)\mathrm{e}^{-\mathrm{i}\left(\frac{2\pi}{N}js\right)} \tag{9.281}$$

如果令

$$\omega(j) = j\Delta\omega$$

则得

$$\omega(j) = \frac{2\pi}{T}j \tag{9.282}$$

显然, $\omega(j)$ 为复数三角函数圆频率。由于 $f(t)$ 只有 N 个读数,只能算出 N 个 $a(j)$。当 $j=N$ 时, $\omega(j)$ 相应的圆频率最高,即为前面所说的截止频率。由式(9.282)和式(9.281)可分别求出 $\omega(j)$ 和 $a(j)$,而 $a(j)$ 和 $\omega(j)$ 的关系线称为函数 $f(t)$ 的傅里叶谱, $a(j)$ 称为傅里叶谱值。

函数 $f(t)$ 的等间隔读数点在 t 轴上的分布及其有限傅里叶变换相应的频率点在 ω 轴上的分布如图9.21所示。

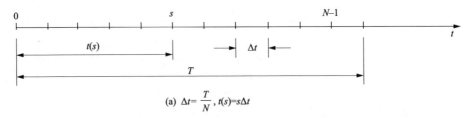

(a) $\Delta t = \dfrac{T}{N}$, $t(s)=s\Delta t$

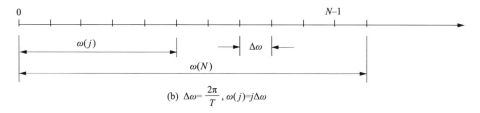

(b) $\Delta\omega = \dfrac{2\pi}{T}$, $\omega(j) = j\Delta\omega$

图 9.21　时间轴与频率轴之间的变换

同样,离散的有限傅里叶逆变换按式(9.281)计算:

$$f(s) = a(0) + \sum_{j=1}^{N-1}\left[a(j)e^{i\left(\frac{2\pi}{N}sj\right)} + a(-j)e^{-i\left(\frac{2\pi}{N}sj\right)}\right] \tag{9.283}$$

如果 $f(t)$ 是实函数,则

$$f(s) = 2\mathrm{Re}\sum_{j=1}^{N-1}a(j)e^{-i\left(\frac{2\pi}{N}sj\right)} \tag{9.284}$$

3. 频域求解的具体方法

首先,假定已由式(9.281)求出了输入地震运动 $\ddot{u}_g(t)$ 和 $\ddot{v}_g(t)$ 的离散的有限傅里叶变换,并分别以 $a_x(j)$ 和 $a_y(j)$ 表示。按上述求解步骤,应该求各点位移和加速度的传递函数。令频率为 ω 的单位幅值的复数三角函数的谐波在 x 方向输入基底,则反应方程为

$$[M]\{\ddot{r}\}_x + [K^*]\{r\}_x = -\{E\}_x e^{i\omega t} \tag{9.285}$$

可以验证,式(9.285)的稳态解为

$$\{r\}_x = \{\bar{r}\}_x e^{i\omega t} \tag{9.286}$$

式中,$\{r\}_x$ 为只在 x 方向输入单位谐波时的结点相对位移向量;从式(9.286)及前面给出的传递函数的定义可知,$\{\bar{r}\}_x$ 为在 x 方向输入时的相对位移传递函数,显然,取决于圆频率 ω。将式(9.286)代入式(9.285)得

$$[K^* - \omega^2 M]\{\bar{r}\}_x = -\{E\}_x \tag{9.287}$$

这样,就将微分形式的求解方程转化成矩阵形式的代数方程组。求解式(9.287)就可求得只在 x 方向输入时的相对位移传递函数 $\{\bar{r}\}_x$。同样,令频率为 ω 的单位幅值的复数三角函数的谐波在 y 方向输入基底,则反应方程为

$$[K]\{\ddot{r}\}_y + [K^*]\{r\}_y = -\{E\}_y e^{i\omega t} \tag{9.288}$$

式(9.288)的稳态解为

$$\{r\}_y = \{\bar{r}\}_y e^{i\omega t} \tag{9.289}$$

式中,$\{r\}_y$ 为只在 y 方向输入单位谐波时的结点相对位移向量;$\{\bar{r}\}_y$ 为在 y 方向输入时的相对位移传递函数。将式(9.289)代入式(9.288)得

$$[K^* - \omega^2 M]\{\bar{r}\}_y = -\{E\}_y \tag{9.290}$$

求解式(9.290)就可求得只在 y 方向输入时的相对位移传递函数 $\{\bar{r}\}_y$。

从式(9.287)和式(9.290)可见,两式中均含 ω^2 项。式中 ω 应按式(9.282)确定,共有 N 个 ω 值。相应地,由式(9.287)和式(9.290)分别求出 N 列相对位移传递函数 $\{\bar{r}\}_x$ 和 $\{\bar{r}\}_y$。

当位移传递函数 $\{\bar{r}\}_x$ 和 $\{\bar{r}\}_y$ 求得后,由于所分析的体系是一个线性体系,可确定出当 $\ddot{u}_g(t)$ 和 $\ddot{v}_g(t)$ 从基底输入时,各结点相对位移的离散有限傅里叶变换:

$$a(j) = a_x(j)\{\bar{r}\}_x + a_y(j)(\bar{r})_y, \qquad j = 0,1,2,\cdots,N-1 \tag{9.291}$$

最后,将求得的 $a(j)$ 代入式(9.284)就可求得各结点的相对位移:

$$\{r(s)\} = 2\mathrm{Re} \sum_{j=1}^{N-1} a(j) \mathrm{e}^{\mathrm{i}\left(\frac{2\pi}{N}js\right)} \tag{9.292}$$

根据加速度与位移的关系,可求出各结点的相对位移加速度的传递函数:

$$\begin{cases} \{\ddot{\bar{r}}\}_x = -\omega^2 \{\bar{r}\}_x \\ \{\ddot{\bar{r}}\}_y = -\omega^2 \{\bar{r}\}_y \end{cases} \tag{9.293}$$

式中, $\{\ddot{\bar{r}}_x\}$、$\{\ddot{\bar{r}}_y\}$ 分别为只在 x 方向输入和只在 y 方向输入时的各结点的相对位移加速度的传递函数。

从上述可见,为了求出 N 列传递函数 $\{\bar{r}\}_x$ 和 $\{\bar{r}\}_y$,要分别求解 N 次线性代数方程组式(9.287)和式(9.290),因此计算量是很大的。为了减少计算量,通常按一定的间隔选择一些 $\omega(j)$ 求出相应的传递函数。其他 $\omega(j)$ 的传递函数可按内插来确定。

4. 已知土体中任意点的地震动情况下土体的地震反应

前面表述了从土体基底输入地震动时的频域解法。如果不知道底面的地震运动,而只知土体中某一点的地震动也可按频域解法来求解土体的地震反应。这一点,正是频域解法的一个显著的优点。在这种情况下,求解土体地震反应的步骤与地震动从基底输入情况基本相同,只是在按式(9.287)和式(9.290)确定出位移传递函数 $\{\bar{r}\}_x$ 和 $\{\bar{r}\}_y$ 后增加一个计算步骤。在这个计算步骤中,要根据基底输入情况下的位移传递函数 $\{\bar{r}\}_x$ 和 $\{\bar{r}\}_y$ 确定出已知任意点地震动情况下的位移传递函数。

设土体中 p 点的地震运动加速度是已知的。当基底输入频率为 ω 的单位幅值谐波时,p 点的相对位移 r_p 和加速度 $\ddot{r}_p$ 分别为

$$\begin{cases} r_p = \bar{r}_p \mathrm{e}^{\mathrm{i}\omega t} \\ \ddot{r}_p = -\omega^2 \bar{r}_p \mathrm{e}^{\mathrm{i}\omega t} \end{cases} \tag{9.294}$$

p 点的总的加速度 $\ddot{r}_{t,p}$ 为

$$\ddot{r}_{t,p} = (1 - \omega^2 \bar{r}_p) \mathrm{e}^{\mathrm{i}\omega t} \tag{9.295}$$

同样,土样中一点 m 的位移为

$$r_m = \bar{r}_m \mathrm{e}^{\mathrm{i}\omega t} \tag{9.296}$$

由此,得 m 点相对 p 点的位移为

$$r_m - r_p = (\bar{r}_m - \bar{r}_p)\mathrm{e}^{\mathrm{i}\omega t} \tag{9.297}$$

根据定义,m 点相对 p 点的位移的传递函数为

$$\bar{r}_{m,p} = \frac{r_m - r_p}{\ddot{r}_{t,p}}$$

将式(9.297)和式(9.295)代入得

$$\bar{r}_{m,p} = \frac{\bar{r}_m - \bar{r}_p}{1 - \omega^2 \bar{r}_p} \tag{9.298}$$

另外,在第一个求解步骤中,不是将基底输入的地震动加速度 $\ddot{u}_g(t)$ 和 $\ddot{v}_g(t)$ 展开成复数三角函数级数,而是将已知的 p 点的地震动加速度 $\ddot{u}_{t,p}(t)$ 和 $\ddot{v}_{t,p}(t)$ 展开成复数三角函数级数,并对其进行离散的傅里叶变换,确定出每个复数三角函数的系数,即 $\ddot{u}_{t,p}(t)$ 和 $\ddot{v}_{t,p}(t)$ 的离散的有限傅里叶变换。

除上述两点,其他均与地震动从底面输入情况相同,在此不再赘述。

9.10　水平成层不均匀土体的地震反应——波传法

本节主要参考文献[11]来表述求解水平成层不均匀土体的地震反应的波传法。

1. 求解方程

设上覆于水平基岩或相对硬层上的土层各界面是水平的。在基岩面或相对硬层顶面输入一个水平地震动 $\ddot{u}_g(t)$,土为线性黏弹性介质,求土层的地震反应。

因为土层是在水平方向是无限延伸的,上述问题可简化成一维问题。设坐标原点取在土层表面,并以向下为正,如图 9.22 所示。设 U 为土的水平运动,单位面积的微元体所受力如图 9.23 所示,包括以下几个。

(1) 惯性力,$\rho \dfrac{\partial^2 U}{\partial t^2}\mathrm{d}z$。

(2) 由于线性黏弹性介质变形,在微元体顶面上作用的剪应力 τ 为

$$\tau = G \frac{\partial U}{\partial z} + C \frac{\partial^2 U}{\partial t \partial z}$$

(3) 由于线性黏弹性介质变形,在微元体底面上作用的剪应力 $\tau + \mathrm{d}\tau$。

由水平方向的动力平衡,得一维的波动方程:

$$\rho \frac{\mathrm{d}^2 U}{\mathrm{d}t^2} = G \frac{\partial^2 U}{\partial z^2} + C \frac{\partial^3 U}{\partial t \partial z^2} \tag{9.299}$$

式(9.299)就是波传法的求解方程。显然,该方程对每个土层均成立。

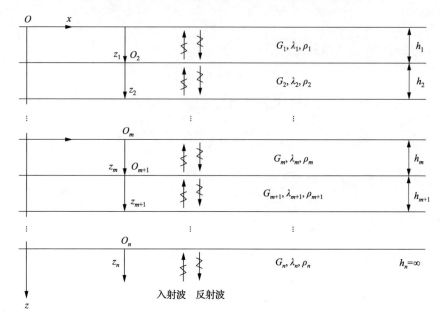

图 9.22　坐标及波在土层中的传播

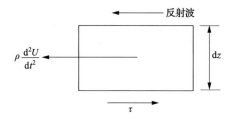

图 9.23　单位面积微元体所受的水平力

2. 单位谐波输入时土层的反应

下面,应用方程式(9.299)求解一个单位谐波输入时土层的反应。设一个圆频率为 ω 的单位谐波在竖直方向输入土层,可以验证土的水平运动可写成如下形式:

$$U(z,t) = Z(z)\mathrm{e}^{\mathrm{i}\omega t} \tag{9.300}$$

将其代入式(9.299)得

$$(G+\mathrm{i}\omega c)\frac{\partial^2 Z}{\partial z^2} = -\rho\omega^2 Z$$

如前述,引用复模量 G^* ,则

$$G^* = G+\mathrm{i}\omega c = G(1+\mathrm{i}2\lambda)$$

将其代入上面公式,得

$$G^* \frac{\partial^2 Z}{\partial z^2} + \rho \omega^2 Z = 0$$

令

$$K^2 = \omega^2 \frac{\rho}{G^*} \qquad (9.301)$$

则

$$\frac{\partial^2 Z}{\partial z^2} + K^2 Z = 0 \qquad (9.302)$$

式(9.302)的解为

$$Z = E \mathrm{e}^{\mathrm{i}kz} + F \mathrm{e}^{-\mathrm{i}kz} \qquad (9.303)$$

将其代入式(9.300),得

$$U(z,t) = E \mathrm{e}^{\mathrm{i}(kz+\omega t)} + F \mathrm{e}^{-\mathrm{i}(kz-\omega t)} \qquad (9.304)$$

式中,E、F 为两个待定的参数,可由边界条件和界面条件确定。

　　在按波传法求解时,必须将土层分成若干个子层,如图 9.22 所示。为了考虑土的成层的不均匀性,每个子层的剪切模量 G、阻尼比 λ 和质量密度 ρ 可均不相等。但是,当一个单位幅值频率为 ω 的谐波输入土层时,每个土层的运动均可由式(9.304)确定,只要将式中的坐标 z 换成如图 9.22 所示的每层的局部坐标,每层局部坐标的原点取在该层的顶面上。

　　下面,以第 l 层为例表述参数 E、F 的确定方法。设以 E_l、F_l 表示第 l 层的这两个参数。由式(9.304)可得第 l 层顶面和底面的位移如下:

$$\begin{cases} U(E_l = 0, t) = (E_l + F_l) \mathrm{e}^{\mathrm{i}\omega t} \\ U(E_l = h_l, t) = (E_l \mathrm{e}^{\mathrm{i}k_l h_l} + F_l \mathrm{e}^{-\mathrm{i}k_l h_l}) \mathrm{e}^{\mathrm{i}\omega t} \end{cases} \qquad (9.305)$$

式中,h_l 为第 l 层的厚度;按式(9.301),k_l 按式(9.301)确定

$$k_l^2 = \omega^2 \frac{\rho_l}{G_l^*} \qquad (9.306)$$

另外,按上述

$$\tau = G^* \frac{\partial U}{\partial z}$$

将 $\dfrac{\partial U}{\partial z}$ 代入,得

$$\tau = \mathrm{i}k_l G_l^* (E_l \mathrm{e}^{\mathrm{i}k_l z} + F_l \mathrm{e}^{-\mathrm{i}k_l z}) \mathrm{e}^{\mathrm{i}\omega t}$$

这样,第 l 层顶面和底面的剪应力为

$$\begin{cases} \tau(z_l = 0, t) = \mathrm{i}k_l G_l^* (E_l - F_l) \mathrm{e}^{\mathrm{i}\omega t} \\ \tau(z_l = h_l, t) = \mathrm{i}k_l G_l^* (E_l \mathrm{e}^{\mathrm{i}k_l h_l} - F_l \mathrm{e}^{-\mathrm{i}k_l h_l}) \mathrm{e}^{\mathrm{i}\omega t} \end{cases} \qquad (9.307)$$

由第 l 层与第 $l+1$ 层界面的连续性条件,即:①第 l 层底面与第 $l+1$ 层顶面的位移相等;②第 l 层底面与第 $l+1$ 层顶面的剪应力相等。得

$$
\begin{cases}
E_{l+1} + F_{l+1} = E_l e^{ik_l h_l} + F_l e^{-ik_l h_l} \\
E_{l+1} - F_{l+1} = \dfrac{k_l G_l^*}{k_{l+1} G_{l+1}^*} (E_l e^{ik_l h_l} - F_l e^{-ik_l h_l})
\end{cases}
\tag{9.308}
$$

由此,得到确定 E_l、F_l 的递推公式如下:

$$
\begin{cases}
E_{l+1} = \dfrac{1}{2}\left[(1+a_l)E_l e^{ik_l h_l} + (1-a_l)F_l e^{-ik_l h_l} \right] \\
F_{l+1} = \dfrac{1}{2}\left[(1-a_l)E_l e^{ik_l h_l} + (1+a_l)F_l e^{-ik_l h_l} \right]
\end{cases}
\tag{9.309}
$$

式中

$$
a_l = \frac{k_l G_l^*}{k_{l+1} G_{l+1}^*} = \left(\frac{\rho_l G_l^*}{\rho_{l+1} G_{l+1}^*} \right)^{\frac{1}{2}}
\tag{9.310}
$$

另外,由自由表面条件

$$
\tau = (z_1 = 0, t) = 0
\tag{9.311}
$$

得

$$
E_1 = F_1
\tag{9.312}
$$

而由式(9.305)第一式得自由表面位移为

$$
U(z_1 = 0, t) = 2E_1 e^{i\omega t}
\tag{9.313}
$$

改写式(9.310)得

$$
\frac{1}{2}U(z_1 = 0, t) = E_1 e^{i\omega t}
$$

这样,从表层开始利用递推公式,可确定出第 l 层的 E_l、F_l,并可表示为

$$
\begin{cases}
E_l = e(l)E_1 \\
F_l = f(l)E_1
\end{cases}
\tag{9.314}
$$

式中,$e(l)$、$f(l)$ 数值由递推公式确定。将式(9.309)代入式(9.305)第一式得第 l 层顶面的位移如下:

$$
U(z_l = 0, t) = [e(l) + f(l)]E_1 e^{i\omega t}
\tag{9.315}
$$

同样,将式(9.314)代入式(9.304)可求出第 l 层中任意点的位移。

3. 传递函数的确定

位移传递函数定义为从某一点输入频率为 ω 的单位谐波加速度,在土层中任何一点所引起位移。显然,一点的位移传递函数是相对于输入点而定义的。当输入点不同时,同

一点的位移传递函数是不相同的,但是像下面看到的那样,它们之间存在一定的换算关系。

1) 输入点在土层表面情况

下面来确定在这种情况下第 l 层顶面的位移和加速度传递函数 $A_{l,1}$ 和 $\bar{A}_{l,1}$。根据上述定义,有

$$A_{l,1} = \frac{U(z_l = 0, t)}{\ddot{U}(z_1 = 0, t)}, \quad \bar{A}_{l,1} = \frac{\ddot{U}(z_l = 0, t)}{\ddot{U}(z_1 = 0, t)} \tag{9.316}$$

将式(9.313)和式(9.315)代入式(9.316)得

$$A_{l,1} = \frac{e(l) + f(l)}{-2\omega^2}, \quad \bar{A}_{l,1} = \frac{e(l) + f(l)}{2} \tag{9.317}$$

同理,第 l 层中任意点的位移和加速度传递函数 $A_{l,z}$ 和 $\bar{A}_{l,z}$ 为

$$A_{l,1} = \frac{e(l)\mathrm{e}^{\mathrm{i}k_i z_i} + f(l)\mathrm{e}^{-\mathrm{i}k_i z_i}}{-2\omega^2}, \quad \bar{A}_{l,1} = \frac{e(l)\mathrm{e}^{\mathrm{i}k_i z_i} + f(l)\mathrm{e}^{-\mathrm{i}k_i z_i}}{2} \tag{9.318}$$

2) 输入点在第 m 土层顶面情况

在这种情况下,按定义,第 l 层顶面的位移和加速度传递函数 $A_{l,m}$ 和 $\bar{A}_{l,m}$ 为

$$A_{l,m} = \frac{U(z_l = 0, t)}{\ddot{U}(z_m = 0, t)}, \quad \bar{A}_{l,m} = \frac{\ddot{U}(z_l = 0, t)}{\ddot{U}(z_m = 0, t)}$$

将式中分子和分母同除以 $\ddot{U}(z_1 = 0, t)$,并注意式(9.316)得

$$A_{l,m} = \frac{A_{l,1}}{\bar{A}_{m,1}}, \quad \bar{A}_{l,m} = \frac{\bar{A}_{l,1}}{A_{m,1}} \tag{9.319}$$

式中,$\bar{A}_{m,1}$ 为输入点在土层表面时第 m 层顶面的传递函数。从上述可见,无论从哪点输入,在确定传递函数时式(9.312)是最基本的。

3) 剪应变的传递函数

当输入点在土层表面时,由式(9.318)可求得在 l 层顶面上的剪应变为

$$\gamma_{l,1}(z_l = 0, t) = \mathrm{i}k_l(E_l - F_l)\mathrm{e}^{\mathrm{i}\omega t} \tag{9.320}$$

按传递函数定义,在 l 层顶面上的剪应变传递函数 $B_{l,1}$ 为

$$B_{l,1} = \frac{\gamma_{l,1}(z_l = 0, t)}{\ddot{U}(z_1 = 0, t)}$$

将式(9.313)和式(9.320)代入得

$$B_{e,1} = \frac{\mathrm{i}k_l[e(l) - f(l)]}{-2\omega^2} \tag{9.321}$$

第 l 土层内任一点的剪应变传递函数为

$$\tau_{l,1,z} = \frac{\mathrm{i}k_l\left[e(l)\,\mathrm{e}^{\mathrm{i}k_l z_l} - f(l)\,\mathrm{e}^{\mathrm{i}k_l z_l}\right]}{-2\omega^2} \tag{9.322}$$

当输入点在第 m 土层顶面时，与位移传递函数相似，第 l 层顶面的剪应变传递函数为

$$B_{l,m} = \frac{B_{e,1}}{A_{m,1}} \tag{9.323}$$

而第 l 层内任一点的剪应变传递函数为

$$B_{l,m,z} = \frac{B_{e,1,z}}{A_{m,1}} \tag{9.324}$$

4. 求解土层在输入地震动 $\ddot{u}_g(t)$ 作用下的反应

无论地震动从哪一点输入，根据前述的频域内求解地震反应的步骤，首先必须将输入的地震动加速度 $\ddot{u}_g(t)$ 展开成复数三角函数的级数，对 $\ddot{u}_g(t)$ 进行离散的有限傅里叶变换计算，确定出每个复数三角函数的系数 $a_x(j)$，即 $\ddot{u}_g(t)$ 的有限傅里叶变换。然后，按上述方法确定土层的位移、加速度和剪应变对输入点的传递函数。显然，传递函数取决于复数三角函数圆频率 ω。以位移为例，如果以 $A_{l,z,j}$ 表示当圆频率为 ω_j 时第 l 土层内任一点的位移传递函数，以 $a(j)$ 表示当圆频率为 ω_j 时第 l 层土任一点的位移有限傅里叶变换，则

$$a(j)_{l,z} = A_{l,z,j}a_x(j) \tag{9.325}$$

这样，按式 (9.325) 求出 $a(j)$ 后与式 (9.291) 相似，第 l 层任一点的位移为

$$U(s)_{l,z} = 2\mathrm{Re}\sum_{j=1}^{N-1} a(j)_{l,z}\,\mathrm{e}^{\mathrm{i}\left(\frac{2\pi}{N}j s\right)} \tag{9.326}$$

采用与位移相似的方法，可以确定出第 l 层土任一点的剪应变和加速度。在此，不再赘述。

5. 采用等效线性化模型时土层地震反应的求解

前面表述了当采用线性黏弹性模型时求解水平成层的土层地震反应的波传法。这种波传法也可以推广到求解等效线性化模型水平成层的地震反应。如前所述，只要采用迭代方法就可将波传法推广到求解等效线性化模型的地震反应分析。在迭代过程中，关键的步骤是根据上一次反应分析求出的各层土的等价剪应变幅值确定相应的剪切模量 G 和阻尼比 λ。然后，采用新确定出来的模量和阻尼比进行下一次地震反应分析。显然，每次地震反应分析均为线性黏弹性反应分析，可按上述波传法进行。这样，必须在上一次反应分析中求出各层土的等价剪应变幅值。如前所述，各层土的等价剪应变幅值通常取为最大剪应变幅值的 0.65 倍。各层土的最大剪应变幅值可按下述两种方法之一确定。

按式 (9.321) 或式 (9.324) 计算出各层土的剪应变传递函数，再由剪应变传递函数确定剪应变的离散的傅里叶变换，其等于传递函数乘以 $a_x(j)$。然后，进行离散的有限傅里

叶逆变换,求出剪应变的过程,并找出最大剪应变幅值。采用这种方法确定最大剪应变幅值的计算量较大。

另一种方法,假设

$$\frac{\gamma_{\max}}{\mathrm{RMS}^2[\gamma(t)]} = \frac{u_{\max}}{\mathrm{RMS}^2[\ddot{u}(t)]} \tag{9.327}$$

式中

$$\begin{cases} \mathrm{RMS}^2[\gamma(t)] = \dfrac{1}{T}\displaystyle\int_0^T \gamma^2(t)\,\mathrm{d}t \\[3mm] \mathrm{RMS}^2[\ddot{u}(t)] = \dfrac{1}{T}\displaystyle\int_0^T \ddot{u}^2(t)\,\mathrm{d}t \end{cases} \tag{9.328}$$

可以证明

$$\frac{\mathrm{RMS}^2[\gamma(t)]}{\mathrm{RMS}^2[\ddot{u}(t)]} = \frac{\displaystyle\sum_{j=0}^{N-1}|B(j)|^2}{\displaystyle\sum_{j=0}^{N-1}|C(j)|^2}$$

式中,$B(j)$ 为土层一点剪应变的离散的有限傅里叶变换,按上述方法确定;$C(j)$ 为土层一点加速度的离散的有限傅里叶变换,它等于加速度传递函数乘以 $a_x(j)$。由此得

$$\gamma_{\max} = \frac{\displaystyle\sum_{j=0}^{N-1}|B(j)|^2}{\displaystyle\sum_{j=0}^{N-1}|C(j)|^2}\, \ddot{u}_{\max} \tag{9.329}$$

按这种方法确定最大剪应变幅值的计算量较小。

9.11　基岩地震动非一致输入时土体地震反应分析

在上述的地震反应分析中,均假定基岩作刚体运动,即在同一时刻基底面上各点的地震动是相同的。实际上,基岩上各点的运动在同一时刻是不同的。当土体与基岩接触面的尺寸较小时,假定基底面上各点的地震动相同,比较接近实际情况,这种假定不会引起大的误差。但是,当土体与基岩接触面很大时,如土坝的基底面,如图 9.24 所示,这种假定与实际情况相差甚远,可能引起大的误差。土体与基岩接触面尺寸的大小应该用接触面尺寸与地震波波长的比值来度量。目前,工程地震学关于地震波在基岩中传播的研究还不能很好地描述基岩上各点地震动的不同。在此,只表述基岩地震动非一致输入时土体地震反应分析方法。为此,假定基岩上各点的地震动是不同的,但是是已知的。这里考虑一种简单情况,即由行波引起的基岩上各点的地震动不同。文献[14]给出了在这种情况下地震反应方程的求解方法。下面,以图 9.24 所示的土坝为例来说明,假定传播速度为 c 的波从左坝脚传入,则坝基上各点的加速度为

$$\ddot{u}_g(t) = \ddot{u}_g\left(t - \frac{d_k}{c}\right), \qquad k = 1, 2, 3, \cdots, m \tag{9.330}$$

式中，d_k 为坝基上 k 点距左坝脚的距离。

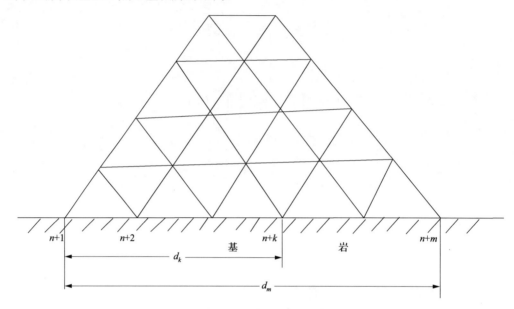

图 9.24　土坝的基底面及其上的结点

假如采用有限元法数值求解，其动力分析方程为

$$[M]\{\ddot{r}\} + [C]\{\dot{r}\} + [K]\{r\} = 0 \tag{9.331}$$

注意，式中的 $\{\ddot{r}\}$、$\{\dot{r}\}$ 和 $\{r\}$ 在此表示地震运动的总加速度、速度和位移，不像此前表示地震运动的相对加速度、速度和位移。

在假定基岩作刚体运动情况下，将坝体的运动分为刚体运动和相对运动两部分，其中刚体运动不产生变形恢复力。与假定基岩作刚体运动情况相似，在此把坝体的运动分为拟静位移和动位移，拟静位移不产生变形恢复力，即

$$\{r\} = \{r\}_s + \{r\}_d \tag{9.332}$$

式中，$\{r\}_s$ 和 $\{r\}_d$ 分别为拟静位移向量和动位移向量。由于基岩上结点的地震动是已知的，坝体中结点的地震动是待求的，因此，在排列结点次序时，将坝体中的结点先编号然后再接着将基岩上结点编号，即

$$\{r\} = \begin{Bmatrix} r_1 \\ r_2 \end{Bmatrix} \tag{9.333}$$

式中，$\{r_1\}$ 和 $\{r_2\}$ 分别为坝体中结点的位移向量和坝基上结点的位移向量。这样，将式（9.332）和式（9.333）结合起来得

$$\{r\} = \begin{Bmatrix} r_1 \\ r_2 \end{Bmatrix} = \begin{Bmatrix} r_{s,1} \\ r_{s,2} \end{Bmatrix} + \begin{Bmatrix} r_{d,1} \\ r_{d,2} \end{Bmatrix} \tag{9.334}$$

式中，$\{r_{s,1}\}$ 和 $\{r_{s,2}\}$ 分别为坝体结点和坝基结点的拟静位移向量；$\{r_{d,1}\}$ 和 $\{r_{d,2}\}$ 分别为坝体结点和坝基结点的动位移向量。在求解时，坝基上结点的拟静位移向量等于输入的地震动位移，而动位移向量等于零，即

$$\begin{cases} \{r\}_{s,2} = \{r\}_b \\ \{r\}_{d,2} = 0 \end{cases} \tag{9.335}$$

式中，$\{r\}_b$ 为坝基上结点的地震动位移，为已知向量。将式(9.334)代入式(9.331)，并写成分块形式得

$$[M_{11}](\{\ddot{r}\}_{s,1} + \{\ddot{r}\}_{d,1}) + [C_{11}](\{\dot{r}\}_{s,1} + \{\dot{r}\}_{d,1}) + [C_{12}](\{\dot{r}\}_{s,2} + \{\dot{r}\}_{d,2})$$
$$+ [K_{11}](\{r\}_{s,1} + \{r\}_{d,1}) + [K_{12}](\{r\}_{s,2} + \{r\}_{d,2}) = 0$$
$$[M_{22}](\{\ddot{r}\}_{s,2} + \{\ddot{r}\}_{d,2}) + [C_{21}](\{\dot{r}\}_{s,1} + \{\dot{r}\}_{d,1}) + [C_{22}](\{\dot{r}\}_{s,2} + \{\dot{r}\}_{d,2})$$
$$+ [K_{21}](\{r\}_{s,1} + \{r\}_{d,1}) + [K_{22}](\{r\}_{s,2} + \{r\}_{d,2}) = 0$$

将式(9.335)代入得

$$\begin{cases} [M_{11}](\{\ddot{r}\}_{s,1} + \{\ddot{r}\}_{d,1}) + [C_{11}](\{\dot{r}\}_{s,1} + \{\dot{r}\}_{d,1}) + [C_{12}]\{\dot{r}\}_b \\ \quad + [K_{11}](\{r\}_{s,1} + \{r\}_{d,1}) + [K_{1,2}]\{r\}_b = 0 \\ [M_{22}]\{\ddot{r}\}_b + [C_{21}](\{\dot{r}\}_{s,1} + \{\dot{r}\}_{d,1}) + [C_{22}]\{\dot{r}\}_b \\ \quad + [K_{21}](\{r\}_{s,1} + \{r\}_{d,1}) + [K_{2,2}]\{r\}_b = 0 \end{cases} \tag{9.336}$$

根据上述拟静位移的定义

$$\begin{cases} [K_{11}]\{r\}_{s,1} + [K_{12}]\{r\}_b = 0 \\ [K_{21}]\{r\}_{s,1} + [K_{22}]\{r\}_b = 0 \end{cases} \tag{9.337}$$

由式(9.337)第一式可求得坝体的内结点的拟静位移向量

$$\{r\}_{s,1} = [K_{11}]^{-1}[K_{12}]\{r\}_b \tag{9.338}$$

再将式(9.337)代入式(9.336)得

$$\begin{cases} [M_{11}]\{\ddot{r}\}_{d,1} + [C_{11}]\{\dot{r}\}_{d,1} + [K_{11}]\{r\}_{d,1} = -[M_{11}]\{\ddot{r}_{s,1}\} \\ -[C_{11}]\{\dot{r}\}_{s,1} - [C_{12}]\{\dot{r}\}_b = 0 \\ [C_{21}]\{\dot{r}\}_{d,1} + [K_{21}]\{r\}_{d,1} = -[M_{22}]\{\ddot{r}\}_b - [C_{21}]\{\dot{r}\}_{s,1} - [C_{22}]\{\dot{r}\}_b \end{cases}$$

$$\tag{9.339}$$

式(9.339)第一式右端第一项是已知的，第二项和第三项与第一项比较很小，可略去不计。这样，求解坝内各点动位移的方程就简化为

$$[M_{11}]\{\ddot{r}\}_{d,1} + [C_{11}]\{\dot{r}\}_{d,1} + [K_{11}]\{r\}_{d,1} = -[M_{11}]\{\ddot{r}\}_{s,1} \tag{9.340}$$

Dibaj 和 Penzein 采用上述方法分析了土坝对式(9.340)所示的行波的地震反应。分析结果表明以下两点。

(1) 考虑行波求得的结果是不利的。不但所产生的剪应力较高，而且高剪应力区接

近坝坡表面。

（2）只有当坝底宽度与行波的传播速度 c 之比小于 $0.1\sim0.2\mathrm{s}$ 时，行波的影响才可忽略。

9.12 土体弹塑性地震反应分析

前面曾指出，上述的土体地震反应分析方法适用于采用线性黏弹性和等效线性化土动力学模型。在这种情况下，土体的地震反应分析是基于全量形式的动力方程进行的。如果土的动力学模型采用弹塑性模型，则土体的地震反应分析应求解式(9.152)所示的增量形式的动力方程。上面表述的三种分析方法，即振型分解法、逐步积分法和频域内的求解中，只有逐步积分法适用于求解式(9.152)所示的增量形式的动力方程。也就是说，土体弹塑性地震反应只能采用逐步积分法求解。下面，分别表述采用 Wilson-θ 法和 Newmark 法求解式(9.152)。

1. Wilson-θ 法

将式(9.248)~式(9.250)两边分别减去 $\{r\}_t$、$\{\dot{r}\}_t$ 和 $\{\ddot{r}\}_t$，并由于

$$
\begin{cases}
\Delta\{r\} = \{r\}_{t+\theta\Delta t} - \{r\}_t \\
\Delta\{\dot{r}\} = \{\dot{r}\}_{t+\theta\Delta t} - \{\dot{r}\}_t \\
\Delta\{\ddot{r}\} = \{\ddot{r}\}_{t+\theta\Delta t} - \{\ddot{r}\}_t
\end{cases}
\tag{9.341}
$$

则得

$$
\begin{cases}
\Delta\{r\} = a_9\{r\}_{t+\Delta t} + (a_{10}-1)\{r\}_t + a_{11}\{\dot{r}\}_t + a_{12}\{\ddot{r}\}_t \\
\Delta\{\dot{r}\} = a_5\{r\}_{t+\Delta t} + a_4\{r\}_t + (a_7-1)\{\dot{r}\}_t + a_8\{\ddot{r}\}_t \\
\Delta\{\ddot{r}\} = a_1\{r\}_{t+\Delta t} + a_2\{r\}_t + a_3\{\dot{r}\}_t + (a_8-1)\{\ddot{r}\}_t
\end{cases}
\tag{9.342}
$$

将式(9.342)代入弹塑性地震反应求解方程式(9.152)，就将矩阵形式的微分方程转化成矩阵形式的线性代数方程组。由该线性代数方程组可求解出 $t+\Delta t$ 时刻的位移向量 $\{r\}_{t+\Delta t}$。以下的计算不再赘述。

2. Newmark 常值加速度法

将式(9.255)中的第一式和第二式两边分别减去 $\{\dot{r}\}_t$ 和 $\{\ddot{r}\}_t$，并注意

$$
\begin{cases}
\Delta\{r\} = \{r\}_{t+\Delta t} - \{r\}_t \\
\Delta\{\dot{r}\} = \{\dot{r}\}_{t+\Delta t} - \{\dot{r}\}_t \\
\Delta\{\ddot{r}\} = \{\ddot{r}\}_{t+\Delta t} - \{\ddot{r}\}_t
\end{cases}
\tag{9.343}
$$

则得

$$
\begin{cases}
\Delta\{r\} = \{r\}_{t+\Delta t} - \{r\}_t \\
\Delta\{\dot{r}\} = a_5\{r\}_{t+\Delta t} + a_7\{r\}_t + (a_7-1)\{\dot{r}\}_t + a_8\{\ddot{r}\}_t \\
\Delta\{\ddot{r}\} = a_1\{r\}_{t+\Delta t} + a_7\{r\}_t + a_7\{\dot{r}\}_t + (a_8-1)\{\ddot{r}\}_t
\end{cases}
\tag{9.344}
$$

同样,将式(9.344)代入式(9.152),将矩阵形式的微分方程转化成矩阵形式的代数方程组,并可由其求得 $t+\Delta t$ 时刻的位移向量 $\{r\}_{t+\Delta t}$。

前面曾指出,在土体弹塑性反应分析方程式(9.152)中的刚度矩阵 $[K]$ 应采用由弹塑性模型确定出来的切线模量来计算。图 9.25(a)给出了切线模量的概念,AB 是滞回曲线的一段,C_1 点表示 t 时刻土的工作状态,则切线模量等于滞回曲线 AB 在 C_1 点的切线的斜率。那么,从 t 到 $t+\Delta t$ 时段的分析中应采用 C_1 点相应的切线模量。这样,实质上相当于把滞回曲线按时段线性化了。由于每个时段的切线模量均不相同,则式(9.152)中的刚度矩阵 $[K]$ 在每个分析时段均不同。因此,对每个分析时段都要重新做单元刚度分析和建立式(9.152)中的刚度矩阵。由于时间步长很短,一个时程过程可能包括成千甚至上万个分析时段,这样就大大增加了弹塑性分析的计算量。

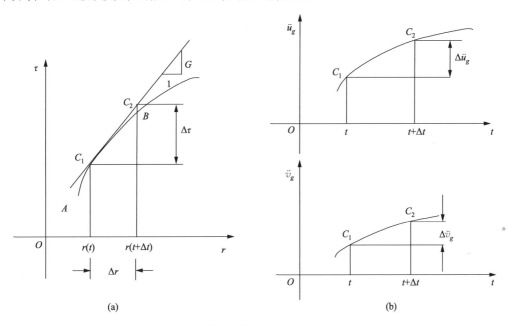

图 9.25　土弹塑性模型及地震加速度的线性化

另外,在式(9.152)的右端项中包括输入地震从 t 到 $t+\Delta t$ 时刻的加速度增量 $\Delta \ddot{u}_g$ 和 $\Delta \ddot{v}_g$。图 9.25(b)分别给出了输入地震加速度 $\ddot{u}_g(t)$ 和 $\ddot{v}_g(t)$ 的一段,以及从 t 到 $t+\Delta t$ 时段的加速度增量 $\Delta \ddot{u}_g$ 和 $\Delta \ddot{v}_g$。从图 9.25(b)可见,按时段进行弹塑性反应分析时也把加速度时程曲线分段线性化了。

下面,对等效线性化模型的地震反应分析与弹塑性模型的地震反应分析进行较全面的比较。

(1)当采用等效线性化模型进行地震反应分析时,土的模量只随迭代次数而改变,在每次迭代计算过程中土的模量不随时间而变化,即在一次地震持续时间中,土体是一个刚度不变的体系。一般说,只需要 4~5 次迭代就可达到误差要求,也就是只需要 4~5 次重新建立土体的刚度矩阵。当采用弹性模型进行地震反应分析时,土的模量随分析的时段而改变。一般说,一次地震持续时间为几十秒。这样,土的模量要改变几千次,相应的土体刚度矩阵需要几千次重新建立,即在一次地震持续时间内土体是一个变刚度体系。

（2）按上述，当采用等效线性化模型时，每次迭代分析均是线性黏弹性分析，每次迭代所用的模量和阻尼比要与土的受力水平相协调，这样只能近似地按整个时间过程考虑土的动力非线性性能。当采用弹塑性模型时，土的模量随计算时段在不断地变化，并且这种变化是与其滞回曲线相协调的。如果土的弹塑性模型所确定的滞回曲线与试验资料相符合，则所确定的土的模量随计算时段的改变更接近实际情况，即能更好地考虑土的动力非线性性能。

（3）当采用等效线性化模型时，认为土的耗能是黏性的，以阻尼比表示耗能的大小。与土的模量和土体刚度矩阵相似，土的阻尼比与阻尼矩阵只随迭代次数而改变，在每次迭代计算过程中，它们不随时间改变，即土体是一个常阻尼体系。每次迭代采用的阻尼比根据土的受力水平由试验的关系线确定。当采用弹塑性模型时，认为土的耗能是塑性的，以一次荷载循环作用下构成的滞回曲线面积表示耗能的大小。显然，一次荷载循环作用所构成的滞回曲线取决于弹塑性模型后继的荷载曲线的形状。按第6章所述，弹塑性模型的后继荷载一般是先验确定的，如按曼辛准则确定。这样，由弹塑性模型得到的耗能可能与试验资料有较大的差别。当然，在确定弹塑性模型后继的荷载曲线时，如果考虑与试验的耗能资料相协调，这种情况就可改善。

（4）无论等效线性化模型还是弹塑性模型均没考虑受力水平等于和大于屈服剪应变时随作用次数增加的累积变形。因此，严格地说，这两个模型只适用于土的受力水平低于屈服剪应变的情况。按上述，土的屈服剪应变大约为 10^{-4}。因此，严格地说，这两个模型只适用于处于小变形和中等变形阶段的土体动力分析。但是，在实际应用中，可能超出上述的适用范围，在超出上述适用范围的情况下，采用这两个模型分析所得的变形可能会产生大的误差，但由于必须满足动力平衡所得到的应力误差可能较小。

（5）从地震反应分析的计算工作量而言，采用等线性化模型的计算工作量要比弹塑性模型的计算工作量显著地小。但是，在单元刚度分析和建立土体刚度矩阵的计算工作量较小的情况下，如一维反应分析问题，弹塑性模型的地震反应分析的计算工作量并不成问题。因此，水平土层地震反应分析中更倾向于采用弹塑性模型。对于二维特别是三维反应分析问题，由于单元刚度分析和建立土体刚度矩阵的计算工作量较大，普遍采用等效线性化模型。

9.13 黏 性 边 界

当采用数值方法进行土体地震反应分析时，总是要截取一定尺寸的土体进行分析。实际上，土体向两侧是无限延伸的，截取后在两侧形成了人为的边界。在分析中对两侧边界如何处理，对反应分析结果有重要的影响。在实际问题中，通常有两种方法。

（1）将土体向两侧延伸到一定距离，两侧的边界取自由边界。但是，实际上是不同的。在这种处理方法中，两侧以外的土体对截取的分析土体没有作用。实际上，这相当于假定两侧边界的地震运动与自由场地土层的地震运动相同。这种方法是最广泛采用的方法。但是，实际上两者是不相同的。

（2）采取一定的方法使从截取土体内向两侧边界传播的地震波在两侧边界不发生反

射。通常,把这样的边界称为人工边界。现在已建立了若干种人工边界。在选取人工边界时,至少应考虑如下两点要求。

(1) 所选取的人工边界最好是稳定的边界。有的人工边界(如透射边界)是条件稳定的,但是稳定性条件并没有研究清楚。采用这种边界时,反应分析结果有可能发散。

(2) 所选取的人工边界应概念清楚、方法简单、便于应用。

综上所述,黏性边界是一种较实用的人工边界。实际上,也是最广泛采用的一种人工边界。

1. 黏性边界的原理[15-17]

根据第 6 章所述,土体中一点的水平位移 u 在 x 方向的传播可写成如下形式:

$$u = f(x - c_{\mathrm{p}}t)$$

式中,c_{p} 为纵波波速。

设

$$x_1 = x - c_{\mathrm{p}}t$$

则得

$$\frac{\partial u}{\partial x} = \frac{\partial f}{\partial x_1}$$

$$\frac{\partial u}{\partial t} = -c_{\mathrm{p}} \frac{\partial f}{\partial x_1}$$

由于

$$\varepsilon_x = \frac{\partial u}{\partial x}$$

由上两式得

$$\varepsilon_x = -\frac{1}{c_{\mathrm{p}}} \frac{\partial u}{\partial t} \tag{9.345}$$

又由于

$$\sigma_x = E\varepsilon_x$$

$$c_{\mathrm{p}} = \sqrt{\frac{1(1-\gamma)}{(1+\gamma)(1-2\gamma)}} \sqrt{\frac{E}{\rho}}$$

则得

$$\sigma_x = -\frac{1}{\sqrt{\dfrac{(1-\gamma)}{(1+\gamma)(1-2\gamma)}}} \sqrt{\rho E} \frac{\partial u}{\partial t}$$

令

$$C_{\sigma} = \sqrt{\frac{(1+\gamma)(1-2\gamma)}{(1-\gamma)}}\sqrt{\rho E} \tag{9.346}$$

则得

$$\sigma_x = - C_{\sigma}\frac{\partial u}{\partial t} \tag{9.347}$$

相似地,可得

$$\sigma_y = - C_{\sigma}\frac{\partial v}{\partial t} \tag{9.348}$$

另外,土体中任一点的水平位移 u 在 y 方向传播可写成如下形式:

$$u = f_1(y - c_s t)$$

式中,c_s 为横波波速。设

$$y_1 = y - c_s t$$

则得

$$\frac{\partial u}{\partial y} = \frac{\partial f_1}{\partial y_1}$$

$$\frac{\partial u}{\partial t} = - c_s \frac{\partial f_1}{\partial y_1}$$

将两式结合起来,得

$$\frac{\partial u}{\partial y} = - \frac{1}{c_s}\frac{\partial u}{\partial t}$$

相似地,可得

$$\frac{\partial u}{\partial x} = - \frac{1}{c_s}\frac{\partial v}{\partial t}$$

由于水平剪应变 γ_{xy} 如下:

$$\gamma_{xy} = \frac{\partial u}{\partial y} + \frac{\partial v}{\partial x}$$

则得

$$\gamma_{xy} = - \frac{1}{c}\left(\frac{\partial u}{\partial y} + \frac{\partial v}{\partial x}\right)$$

又由于水平剪应力 τ_{xy} 如下:

$$\tau_{xy} = G\gamma_{xy}$$

$$c_s = \sqrt{\frac{G}{\rho}}$$

则得

$$\tau_{xy} = -\sqrt{\rho G}\left(\frac{\partial u}{\partial t} + \frac{\partial v}{\partial t}\right)$$

令

$$C_\tau = \sqrt{\rho G} \tag{9.349}$$

则得

$$\tau_{xy} = -C_\tau\left(\frac{\partial u}{\partial t} + \frac{\partial v}{\partial t}\right) \tag{9.350}$$

式(9.347)、式(9.348)中的负号表示作用于竖直面上的 σ_x 和水平面上的 σ_y 均为正应力，式(9.350)中的负号表示，如果竖直面和水平面的外法线分别与 x、y 方向相同，则作用其上的剪应力方向分别与 x 方向和 y 方向相反，如图 9.26 所示。

如果按图 9.26 所示将 σ_x、σ_y、τ_{xy} 作用于水平面和竖直面，则可将式(9.347)、式(9.348)和式(9.350)中的负号去掉，则得

$$\begin{cases} \sigma_x = C_\sigma\dfrac{\partial u}{\partial t} \\[2mm] \sigma_y = C_\sigma\dfrac{\partial v}{\partial t} \\[2mm] \tau_{xy} = C_\tau\left(\dfrac{\partial u}{\partial t} + \dfrac{\partial v}{\partial t}\right) \end{cases} \tag{9.351}$$

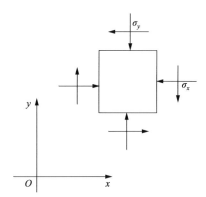

图 9.26 σ_x、σ_y 及 τ_{xy} 的作用方向

从式(9.351)可知以下两点。

(1) σ_x、σ_y 和 τ_{xy} 分别是相邻土体对该点水平面和竖直面上作用的正应力和剪应力。

(2) 相邻土体对该点作用的正应力和剪应力等于该点的运动速度乘以黏性系数 C_σ 和 C_τ。这表明，这些力是黏性力，可用图 9.27 所示的黏性力学元件表示。

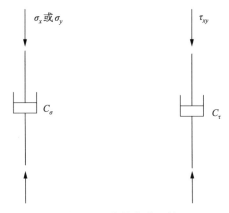

图 9.27 黏性力学元件

根据上述原理,可将两侧边界以外的土体及其作用以设置在两侧边界面上的一系列黏性力学元件及其所产生的黏性力代替。因此,把这种边界称为黏性边界。以图 9.28(a)所示的侧向边界为例,作用于侧向边界上的黏性力根据力的平衡可将其转移作用于边界上的结点。如图 9.28(b)所示,与结点 i 相邻的单位侧面上作用的黏正应力为

$$\sigma_{x,i} = C_\sigma \frac{\partial u_i}{\partial t}$$

剪应力为

$$\tau_{xy,i} = C_\tau \left(\frac{\partial u_i}{\partial t} + \frac{\partial v_i}{\partial t} \right)$$

设结点 i 与其上下相邻两结点的距离分别为 h_{i-1}、h_i,则作用于结点 i 上的黏性力如图 9.28(c)所示。

$$\begin{cases} F_{c,x,i} = \sigma_{x,i} \dfrac{h_{i-1}+h_i}{2} \\ F_{c,y,i} = \tau_{xy,i} \dfrac{h_{i-1}+h_i}{2} \end{cases} \tag{9.352}$$

这样,在建立边界上结点 i 的动力平衡方程时考虑作用其上的黏性力时就可以了。

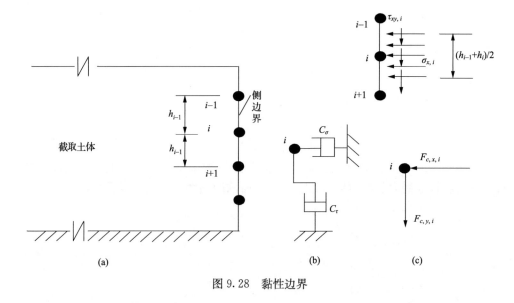

图 9.28　黏性边界

2. 黏性系数 C_σ 和 C_τ 的确定

式(9.351)给出了作用在黏性边界上应力的计算公式,式中的黏性系数 C_σ 和 C_τ 应分别按式(9.346)和式(9.349)确定,这两式分别包括动杨氏模量 E 和动剪切模量 G。因此,动杨氏模量 E 和动剪切模量 G 的选取对黏性系数和黏性力有重要的影响。特别指出,当采用等效线性化模型进行反应分析时,所选取的动杨氏模量和动剪切模量应是与土的受

力水平相应的数值。必须明确,尽管侧向边界设置在较远的地方,但是在地震作用下侧向边界上土的受力水平可能是很高的,至少应和水平场地土层土的受力水平相当。

从前面的推导可得到

$$\begin{cases} C_\sigma = \rho c_p \\ C_\tau = \rho c_s \end{cases} \tag{9.353}$$

这样,就可由纵波波速 c_p 和横波波速 c_s 按式(9.353)分别确定出黏性系数 C_σ 和 C_τ。通常,纵波波速 c_p 和横波波速 c_s 可由现场波速测量获得。在此应指出,现场测量获得的波速数值相应于土的受力水平很低时的数值,相应的剪应变幅值为 $10^{-6} \sim 10^{-5}$,土处于小变形阶段。然而,在具有破坏性地震作用下,土受到的剪应变幅值通常为 $10^{-4} \sim 10^{-2}$,土处于中等变形到大变形阶段。相应地,在地震时土的波速要低于场地波速测量测得的数值。因此,当采用式(9.353)来计算黏性系数 C_σ 和 C_τ 时,土的波速不可以采用由现场波速测量获得的数值。但是对于某些问题,如动力机械基础的动力分析,侧向边界上的土的动力水平很低,土处于小变形阶段,当然可以将现场波速测量获得的值代入式(9.353)中确定黏性系数。

3. 黏性边界在弹塑性地震反应分析中的应用

前面所述的黏性边界适用于线性黏弹性和等效线性化地震反应分析。黏性边界也可以延伸用于弹塑性地震反应分析,但是必须做相应的修改。为此应指出,两种反应分析求解方程不同,前者的求解方程是动力全量的平衡方程,而后者是动力增量的平衡方程。因此,当把黏性边界延伸用于弹塑性地震反应分析时,应确定作用于边界结点上的黏性力的增量。按式(9.352)作用于边界结点上的黏性力增量为

$$\begin{cases} \Delta F_{c,x,i} = \Delta \sigma_{x,i} \dfrac{h_{i-1} + h_i}{2} \\ \Delta F_{c,y,i} = \Delta \tau_{xy,i} \dfrac{h_{i-1} + h_i}{2} \end{cases} \tag{9.354}$$

根据式(9.351)得

$$d\sigma_x = dC_\sigma \left(\frac{\partial u}{\partial t} \right)$$

将其写成有限形式,得

$$\Delta \sigma_x = C_\sigma \Delta \left(\frac{\partial u}{\partial t} \right) \tag{9.355}$$

相应地,得

$$\Delta \tau_{xy} = C_\sigma \Delta \left(\frac{\partial u}{\partial t} + \frac{\partial v}{\partial t} \right) \tag{9.356}$$

这样,由式(9.355)和式(9.356)求得从 t 到 $t + \Delta t$ 时段黏性应力增量为

$$\begin{cases} \Delta\sigma_{x,t+\Delta t} = C_\sigma\Delta\left(\dfrac{\partial u}{\partial t}\right) \\[2mm] \Delta\tau_{xy,t+\Delta t} = C_\tau\Delta\left(\dfrac{\partial u}{\partial t}+\dfrac{\partial v}{\partial t}\right) \end{cases} \tag{9.357}$$

并可按式(9.354)确定出作用在边界上结点的黏性力增量。然后,在建立边界上结点的动力增量平衡时将黏性力增量包括进去就可以了。

9.14　土的动力学模型对地震反应分析结果的影响

由于在破坏性地震作用下,土处于中到大变形阶段,在地震反应分析中土会呈现明显的非线性性能。因此,为了考虑动力非线性性能,在土体地震反应分析中通常采用等效线性化模型或弹塑性模型。在前面,曾从两种模型的功能及在地震反应分析的应用方面对两种模型及相应的地震反应分析做了比较。下面,借助一个土层地震反应分析实例,来表述采用这两种模型地震反应分析结果在定性和定量上的差别。

Finn 等[18]对一个地下水位接近地面的 15m 厚的砂层完成了对比分析。等效线性化模型的反应分析是用 Shake 程序完成的,弹塑性模型是用 Charsoil 程序和 Desra-1 程序完成的。反应分析输入的基岩地震动是 1940 年埃尔森林罗地震记录的南-北分量。

图 9.29 给出了由两种动力学模型地震反应分析求得的地面运动加速度反应谱。比较所给出的加速度反应谱可以看出,当周期大约为 0.5s 时地面加速度反应强烈,但是等效线性化模型的反应更为强烈。另外,等效线性化模型的地面加速度反应谱峰值相应的周期也大于弹塑性模型相应的周期。这个周期有时称为加速度反应谱的卓越周期。

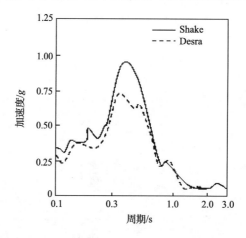

图 9.29　两种动力学模型地震反应分析求得的地面加速度反应谱的比较

图 9.30 给出了两种动力学模型地震反应分析求得的最大剪应力沿深度的变化。由所示的结果可以看出,由等效线性化模型求得的最大剪应力在整个土层深度范围内均大于由弹塑性模型求得的最大剪应力。但是,采用两个不同程序的弹塑性模型求得的最大剪应力随深度的变化却是相当接近的。

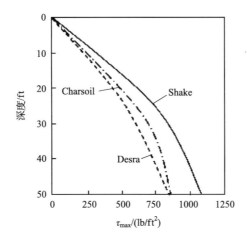

图 9.30 两种动力学模型地震反应分析求得的最大剪应力随深度的变化

在上面的例子,土层厚度仅为 15m,较薄。如果土层较厚,如在 30m 以上时,由两种动力学模型地震反应分析求得的地面运动加速度反应谱的差别可能更明显。首先,由等效线性化模型地震反应分析求得的地面加速度反应谱的卓越周期要更显著地大于由弹塑性模型求得的卓越周期。另外,由等效线性化模型地震反应求得的地面加速度反应谱在长周期的谱值要显著大于由弹塑性模型求得的相应的谱值,而在短周期时的谱值要明显地小于由弹塑性模型求得的相应谱值,即等效线性化模型将高频的反应降低了,而将低频的反应放大了。

前面曾指出,当采用等效线性化模型时,在一个时间过程中土体是一个不变的刚度体系,其刚度矩阵不随时间而改变,而当采用弹塑性模型时,土体是一个变刚度体系,其刚度矩阵随时间改变。这样,如果采用等效线性化模型,由于在整个地震过程中刚度矩阵不变,当输入的地震运动的卓越周期与土体的自振周期接近时,能有时间形成充分的共振反应。然而,如果采用弹塑性模型,由于在这个地震过程中刚度矩阵在不断地改变,则没有时间形成充分的共振反应。这就是等效线性化模型地震反应分析结果通常大于弹塑性模型地震反应分析结果的原因。

思 考 题

1. 土体动力分析有哪两类问题?每类问题的特点是什么?

2. 黏弹性模型和弹塑性模型的动力分析方程有何不同?

3. 源问题和场地反应问题在无穷远处的边界条件有何不同?

4. 在线性黏弹性模型下如何将水平均匀土层的地层反应分析问题转化成土柱剪切振动问题?如何采用分离变量法求解?在已知基岩运动加速度反应谱和加速度时程两种情况下求解方法有何不同?

5. 在线性黏弹性模型下如何将土楔的地震反应分析问题转化成一维剪切振动问题?如何按分离变量法求解?该种解法在工程上有何应用?

6. 一般情况下,土体动力数值模拟分析中土体的刚度、质量和阻尼是如何模拟的?

7. 一般情况下,土体动力数值模拟分析的求解方程是如何建立的?

8. 试述振型叠加法求解土体动力分析方程的两个步骤。采用振型叠加法求解时对阻尼矩阵有何要求? 如何才能满足这种要求?

9. 瑞利阻尼的力学意义是什么? 在数值分析中对整个体系采用瑞利阻尼公式和对单元采用瑞利阻尼公式有何不同?

10. 以 Newmark 常值加速度法和 Wilson-θ 法为例,试述在时域采用逐步积分求解土体动力分析方程的基本原理和步骤。

11. 试述复阻尼、复模量的概念。

12. 试述采用有限离散傅里叶变换法求解土体动力分析方程的步骤。

13. 试说明传递函数的概念及如何确定传递函数。

14. 如何应用传递函数确定土体的运动和应力?

15. 如何采用波传法求解水平成层土层的地震反应?

16. 如果已知土体中任意点的地震运动,应采用哪种分析方法确定相应的基岩运动及土体的地震反应? 求解的关键步骤是什么?

17. 试建立非一致地震输入情况下土体的地震反应求解方程? 如何将分析方程简化和分解? 非一致输入对土体动力反应有何影响?

18. 为什么要引进吸能的黏性边界? 黏性边界的基本原理是什么? 在源问题和地震反应分析问题中引进黏性边界时有何不同,为什么? 在建立黏性边界时如何选用土的波速?

19. 以等效线性化模型和弹塑性模型为例,说明土动力学模型对动力分析结果的影响? 为什么会有这样的影响?

参 考 文 献

[1] Lysmer J. 土动力学的分析方法. 谢君斐,等,译. 北京:地震出版社,1985.

[2] Idriss I M,Seel H B. Seismic response of horizontal soil layers. Journal of the Soil Mechanics and Foundation Division, 1968, 94(4): 1003-1034.

[3] Seed H B, Martin G R. The seismic coefficient in earth dam design. Journal of the Soil Mechanics and Foundation Division,1966, 92(3): 25-58.

[4] Ambraseys N, Sama S K. The response of earth dams to strong earthquakes. Géotechnique,1967,17(3):181-213.

[5] 张克绪,谢君斐. 土动力学. 北京: 地震出版社,1989.

[6] Zienkiwicz O C, Holister O S. Stress Analysis. London:Jone Wiley and Sons LTD,1965.

[7] Zienkiewicz O C. The Finite Element Method. London:McGraw-Hill,1977.

[8] 华东水利学院. 弹性力学问题的有限元方法. 北京:水利电力出版社,1974.

[9] Bathe K J, Wilson E L. Stability an accuracy of direct integration methods. Earthquake Engineering and Structural Dynamics,1973, 1(3): 383-291.

[10] Newmark N M. A method of computation for structural dynamics. Journal of the Engineering Mechanics Division, 1966, 85(3): 67-94.

[11] Shnabel P B, Lysmer J, Seed H B. FLUSH-A computer program for earthquake response analysis of horizontally

layered sites. Berkeley:University of California, 1972.

[12] Lysmer J, Udaka T, Tsai C F, et al. FLUSH-A computer program for approximate 3-D analysis of soil-structure interation problems. Berkeley:University of California, 1975.

[13] Cooley J W, Tukey J W. An algorithm for machine calculation of complex Fourier series. Mathematical Computation,1965, 19(90): 197-301.

[14] Dibaj M, Penzien J. Response of earth dams to traveling seismic waves. Journal of the Soil Mechanics and Foundation Division, 1969, 95(2): 541-560.

[15] Lysmer J, Kuhlemeyer R L. Finite dynamic model for infinite media. Journal of the Engineering Mechanics Division,1969, 95(4): 859-877.

[16] Lysmer J, Mass G. Shear waves in plane infinite structures. Journal of the Engineering Mechanics Division,1972, 98(1):85-105.

[17] Kausel E, Roesset J M. Soil-structure interation problems for nuclear containment structure//Power Division Specialty Conference, Denver,1974.

[18] Finn W D L, Martin G R, Lee K W. Comparison of dynamic analysis for saturated sands//Proceedings of the ASCE Geotechnical Engineering Division Specialty Conference,Pasadena, 1978.

第10章 土体中饱和砂土及粉土的液化判别方法

10.1 概 述

1. 液化研究的内容

如前所述,饱和砂的液化研究对土动力学成为土力学的一个独立分支起着重要的作用。液化研究的内容比较广泛,至少应包括如下四个相互关联的问题:①液化的机制;②液化的判别;③液化的危害评估;④防止液化和减轻液化危害的工程措施。

第一个问题,已在第8章表述过了,本章不再讨论。第二个问题,液化的判别是液化研究的一个关键问题,本章将对这个问题予以全面介绍。第三个问题是当液化判别结果为会发生液化时,评估液化可能造成什么样的危害。应指出,并不是发生液化就会对工程造成危害,发生液化能否对工程造成危害,以及危害程度与许多影响因素有关。第四个问题,采取防止液化和减轻液化危害的工程措施,从工程上而言,是液化研究的最终落实点。应指出,防止液化和减轻液化危害的工程措施应根据液化危害评估的结果采取。上述的第三个问题和第四个问题都与具体的工程有关。因此,这两个问题将放在后面的岩土工程抗震各章中表述,本章不予讨论。

2. 液化判别的准则和研究途径

在第8章中给出了液化的定义。液化是由某种作用触发的,这里所研究的液化是由地震触发的。通常,液化按如下两个准则判别。

(1) 地震在饱和砂土中产生的作用与引起液化所要求的作用相比较,如果前者大于后者则发生液化。如第7章所述,地震在饱和砂土中产生的作用以及引起液化所要求的作用通常以某一个面上的动剪应力比,即该面上动剪应力的等价幅值与其上的静正应力之比表示。

(2) 饱和砂土的抗液化能力与临界抗液化能力相比较,所谓临界抗液化能力是指出在指定地震作用下刚好发生液化时饱和砂土所表现出的抗液化能力。如果前者小于后者则发生液化。饱和砂土的抗液化能力通常以其某个物理力学指标(如标准贯入击数等)表示。

如第8章所述,液化是一个复杂的物理力学现象,有诸多因素对液化有重要的影响。以第一个判别准则为例,这些因素的影响可分述如下三种情况。

(1) 有些因素主要影响地震在饱和砂土中产生的作用的大小,如地震运动参数等。

(2) 有些因素主要影响引起液化所要求的作用的大小,如砂土的密度状态或标准贯入击数等。

(3) 有些因素对上述两者均有重要的影响,如饱和砂土地面下的埋藏条件或在土体中所处的部位等。

在液化判别中,必须全面正确地考虑这些因素的影响。这样,饱和砂土的液化判别就成了一个比较困难的问题。正因为如此,在液化判别中采用了多种研究途径,并建立了相应的判别方法。概括起来,主要有如下三种。

(1) 计算分析和试验相结合的研究途径及判别方法。其中,计算分析用来确定地震在土体中产生的作用或某一个面上的动剪应力比,试验用来确定引起液化所要求的作用或某一个面上的动剪应力比。

(2) 以地震现场液化调查为主的研究途径及判别方法。在该方法中,要收集、整理、分析大量的地震现场液化调查资料,确定饱和砂土在指定地震作用下的临界抗液化能力,如临界的标准贯入击数等。

(3) 计算分析和地震现场液化调查相结合的研究途径及判别方法。其中,计算分析仍是用来确定地震在土体中产生的作用,而地震现场调查资料用来确定引起液化所要求的作用。

3. 实际的工程问题及适用的判别方法

液化判别的实际工程问题可分为如下三种情况。

1) 自由水平场地地面下饱和砂土的液化判别

这是研究最早和研究较全面深入的一种情况。该种情况的主要特点如下。

(1) 砂土所受的静应力状态为 K_0 状态,在地震时的动应力状态为剪切状态,相对比较简单。在这种情况下,砂土所受的静应力可容易确定出来,而地震对砂土的作用则可采用简化方法确定。

(2) 砂土保持原状结构。如果采用试验方法确定饱和砂土抗液化能力,必须用原状结构的试样进行试验。但是,采取原状结构的砂样是困难的。

(3) 具有大量的地震现场液化调查资料。这样,则可基于大量地震现场液化调查资料有根据地确定出引起液化所要求的地震应力水平,即在指定地震作用下的临界抗液化能力。

从上述三点可见,对于自由水平场地地面下饱和砂土的液化判别,采用上述的第二和第三种研究途径和判别方法最为适宜。自由水平场地地面下饱和砂土和粉土的液化判别是本章所表述的一部分主要内容。但是,自由场地地面下饱和砂土的液化判别方法很多,本章只表述具有代表性的、受到国内外普遍关注的几种方法。

2) 建筑物地基中饱和砂土的液化判别

该种情况的主要特点如下。

(1) 砂土所受静力状态和地震时的动力状态均较复杂,无论是静应力还是地震时的动应力都不能用简单的方法确定,通常需要进行数值分析。

(2) 砂土保持原状结构。这一点与自由场地地面下的砂土一样,如果采用试验方法确定饱和砂土的抗液化能力,必须用原状试样进行试验。但是,采取原状砂样是困难的。

(3) 虽然地震现场液化调查发现了很多地基中饱和砂土的液化事例,但是由于埋藏在基础之下,很难取得描述这些砂土物理力学状态的定量指标。另外,在每个事例中,其上部结构通常都不相同,其上部结构在静力上和动力上对地基中土的影响也不相同。这样,尽管有很多地基中饱和土液化的事例,但从这些事例获得的资料尚不足以进行统计分析。

(4) 地震现场液化调查还发现,与所在自由场地地面下的砂土相比,地基中同一层的饱和砂土通常更不容易液化。

从上述前三点可见,地基中饱和砂土的液化判别宜采用第一种研究途径及相应的判别方法,但是在试验中应采用原状结构的试样进行。显然采用这样的途径和方法的工作量是很大的,费用也很高。但是,由于上述的第四点,在工程实际常常以所在的自由场地地面下饱和砂土的液化判别代替地基中饱和砂土的液化判别,这无疑是一种偏保守的做法。显然,对于重大工程地基中饱和砂土的液化判别还是应该按上述第一种途径和方法进行。

3) 土工结构物中饱和砂土的液化判别

这种情况的主要特点如下。

(1) 和地基中的砂土一样,所受的静力状态和地震时的动力状态较复杂。

(2) 通常是由原状结构受到破坏的砂土填筑而成的,饱和砂土的抗液化能力可以采用重新制备的土试样进行试验确定。

(3) 虽然也有许多土工结构物中的饱和砂土在地震作用下发生液化的事例,但从这些事例获得的资料尚不足以进行统计分析。

从上述可见,土工结构物中的饱和砂土的液化判别宜采用第一种研究途径和方法。

4. 地震现场液化调查

从上述可见,地震现场液化调查是研究液化的一个重要手段。由于地震现场液化调查的目的是确定饱和砂土的抗液化能力或者在指定地震作用下的临界抗液化能力,因此在地震现场液化调查时不仅要调查发生液化的事例,也要调查没有发生液化的事例。

地震现场液化调查的第一步工作要鉴别出发生液化和没发生液化的事例。在自由场地情况下,液化或没液化的事例主要是靠地面破坏现象确定的。如果地面上有喷水冒砂或裂缝现象,则认为该处地面下的砂层发生了液化;否则,认为该处地面下的砂层没有发生液化。但是当饱和砂土层上覆很厚的黏性地层时,即使饱和砂层发生了液化,在地面上也不一定有喷水冒砂或裂缝现象。这样,就可能将发生了液化的事例错误地确定为没发生液化的事例。也就是说,由地震现场液化调查获得的没发生液化的事例中可能包括某些实际上发生了液化的事例。在建筑地基的情况下,液化事例主要是靠基础的下陷、地基的隆起、建筑物的倾斜和倾倒,以及周围地面伴随发生的喷水冒砂或裂缝等现象确定的。在土工结构物的情况下,液化事例主要是土工结构的斜坡发生流动性的滑动,以及在坡脚及其外的地面发生喷水冒砂或裂缝等现象确定的。同样的原因,在建筑地基和土工结构物这两种情况下,也可能将液化了的事例错误地确定为没有发生液化的事例。

地震现场液化调查的第二步工作是获取必要的定量资料。所要获取的定量资料至少应包括如下三方面。

(1) 关于场地所受到的地震动大小的定量资料。根据具体情况,场地所受到的地震动大小通常可以用三种指标来表示:①场地所在地区的地震烈度;②场地所在地区的地面运动加速度峰值;③场地所受到的地震震级及震中距。

应指出,除非是场地所在地区设有强震观测台并获得了观测记录,否则场地所在地区的地面运动加速度峰值通常是由所在地区的地震烈度或地震震级及震中距按经验关系换算得到的。

(2) 关于饱和砂土或粉土的埋藏条件的定量资料。最好能得到调查地点的钻孔柱状图或过该点的土剖面图,确定出液化或没液化的饱和砂层的层位、液化或没液化砂土的部位及地下水位。在上述这些资料中,液化或没液化砂土在地面下的埋深及地下水位的埋深是必须获得的定量资料。

(3) 关于砂土或粉土的物理力学指标。所要获得的物理力学指标包括如下几个。

①液化或没液化土的名称,如粗砂、中砂、细砂、粉质砂土或轻粉质土。

②土颗粒级配曲线,确定出土的平均粒径及不均匀系数。如果是粉质砂土或轻黏质土,还应该确定出细粒或黏粒的含量。这里的细粒是指粒径小于 0.075mm 的颗粒,黏粒是指粒径小于 0.005mm 的颗粒。

③土的现场试验的测试指标。现场试验的测试指标可以是标准贯入试验的锤击数、静力触探试验的端阻力、剪切波波速试验的剪切波波速。

其中,标准贯入试验的锤击数应用最为普遍,相对也比较容易获得。在上述这些资料中,如果是粉质砂土或轻粉质黏土,细粒或黏粒含量是必须获得的定量资料。

为了获取上述的第二和第三方面的定量资料,在地震现场液化调查中,必须辅以必要的钻探、取样、室内试验和现场试验,特别是现场试验。因此,整个地震现场液化调查的工作量是很大的。

10.2　水平场地液化判别方法——Seed 简化法

Seed 简化法是第一个正式发表的判别水平场地地面下饱和砂土液化的方法[1]。该方法于 1970 年初提出后被广泛采用,在国内外成为了一个公认的方法。同时,在应用过程中做了某些修改和细化,使得这个方法更为完善和实用。

1. 最初发表的版本

为全面地了解 Seed 简化法,首先按 1970 年初发表的版本来表述 Seed 简化法。像下面将看到的那样,这个简化法的最初版本属于上述计算分析和试验相结合的研究途径和方法。

1) 水平地面下土体中一点静应力的确定

水平地面下土体中一点在静力上处于 K_0 状态。因此,水平面和竖直面分别为最大主应力面和最小主应力面,相应的竖向正应力 σ_v 和侧向正应力 σ_h 分别为

$$\begin{cases} \sigma_v = \sum_i \gamma_i' h_i \\ \sigma_h = K_0 \sigma_v \end{cases} \tag{10.1}$$

式中，γ_i' 为第 i 层土的有效重力密度，在地下水位以上取天然重力密度，地下水位以下取浮重力密度；h_i 为第 i 层土的厚度；K_0 为土的静止土压力系数。

2）水平地面下土体中一点等效地震剪应力的确定

Seed 简化法中所谓的简化，主要是指过水平地面下土体中一点水平面上的等效地震剪应力的计算方法。实际上，如第 9 章所述，如果考虑土层的不均匀性和土的非线性，水平地面下土体中的地震剪应力必须由一维地震反应分析才能求解出来。这样，就很复杂，通常不是一般工程师所能完成的。鉴于此，Seed 等基于刚体的计算公式提出了一个简化方法，现表述如下。

假定水平地面上地震运动的最大水平加速度 a_{max} 已知，地面下各土层的重力密度 γ 和层厚已知，地下水位在地面以下的深度 h_w 已知，如图 10.1 所示。首先，假定各土层为刚体，则地面下 A 点最大地震水平剪应力 $\tau_{max,r}$ 可按式（10.2）计算：

$$\tau_{max,r} = a_{max} \frac{\sum_i \gamma_i h_i}{g} \tag{10.2}$$

式中，a_{max} 为地面最大水平加速度；γ_i 为 A 点以上第 i 层土重力密度，在地下水位以上取天然重力密度，在地下水位以下取饱和重力密度，请注意这里的 γ_i 与式（10.1）中的 γ_i' 不同。

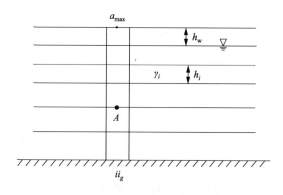

图 10.1　水平地面下土层及单位面积土柱

但是，实际的土层并不是刚体，而是非线性的变形体。这样，地面以下各点的最大加速度将与刚体情况不同。

（1）在刚体情况下地面下各点的最大加速度相等，并等于地面的最大加速度 a_{max}。但是，在变形体情况下地面下各点的最大加速度不相等，并且通常小于地面的最大加速度 a_{max}。

（2）在刚体情况下地面下各点的最大加速度出现在同一时刻，而在变形体情况下地面下各点的最大加速度出现在不同时刻。

这样，在变形体情况下，地面下各点的最大剪应力小于刚体假定下建立的式（10.2）的计算值。因此，应在式（10.2）的右端加上一个小于 1.0 的修正系数，则得

$$\tau_{max,r} = \gamma_d a_{max} \frac{\sum_i \gamma_i h_i}{g} \tag{10.3}$$

式中,γ_d 为考虑土是变形体的修正系数。

　　显然,如果采用式(10.3)计算地面下各点的最大地震剪应力,必须正确地确定系数 γ_d 的值。为了确定系数 γ_d,Seed 选取不同的地震加速度记录作为从土层底面输入的地震运动,选取不同土层的组成及不同的厚度,选取不同的力学模型参数,组合出一系列计算情况。对组合出的每个计算情况进行等效线性化地震反应分析,求出如下结果:①地层表面的最大加速度 a_{max};②地面下不同厚度处的最大动剪应力 τ_{max}。

　　然后,将求得的最大加速度 a_{max} 代入式(10.2),按刚体假定求出地面下不同深度处的最大剪应力 $\tau_{max,\gamma}$,并确定由土层地震反应分析求出的最大动剪应力 τ_{max} 与 $\tau_{max,\gamma}$ 之比随深度的变化。显然,两者之比即为 γ_d。将不同深度处的 γ_d 绘在以深度 z 为纵坐标、γ_d 为横坐标的坐标系,则得到 γ_d 分布的散点图。Seed 将组合出的所有计算情况的计算结果均绘制在 γ_d-z 坐标系中,发现 γ_d 均分布在图 10.2 中阴影所示的区域内。从这个分布区域可见,γ_d 离散范围随深度 z 的增加而增大。图 10.2 中的虚线表示 γ_d 随深度 z 变化的平均线。如果按这条平均线确定系数 γ_d,当深度小于 40ft 时 γ_d 的最大误差小于 $\pm5\%$。因此,Seed 建议根据深度按图 10.2 中的虚线来确定系数 γ_d 的值。在此应指出,必须注意这样确定的系数 γ_d 的使用条件,即在地面之下的深度 z 不应超 $40\sim45$ft,否则将产生很大的误差。

　　按前述,地面下一点的等效地震剪应力 $\tau_{hv,eq}$ 可按式(10.4)确定:

$$\tau_{hv,eq} = 0.65\tau_{max} \tag{10.4}$$

将式(10.3)代入式(10.4)得

$$\tau_{hv,eq} = 0.65\gamma_d \frac{a_{max}}{g} \sum_i \gamma_i h_i \tag{10.5}$$

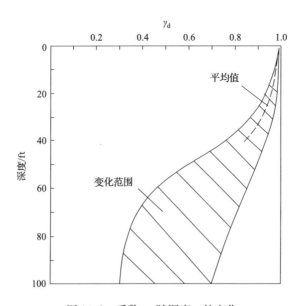

图 10.2　系数 γ_d 随深度 z 的变化

3）水平地面下土体中一点动剪应力比的确定

在 Seed 简化法中以动剪应力比表示地震对地面下土体的作用,地面下土体中一点的动剪应力比定义为该点的等效地震剪应力 $\tau_{hv,eq}$ 与其静竖向正应力 σ_v 之比,即 $\tau_{hv,eq}/\sigma_v$。这样,动剪应力比可写成如下形式:

$$\frac{\tau_{hv,eq}}{\sigma_v} = 0.65 \gamma_d \frac{a_{max}}{g} \frac{\sum\limits_i \gamma_i h_i}{\sum\limits_i \gamma'_i h_i} \tag{10.6}$$

在此应注意,式(10.6)分子中土的重力密度 γ_i 与分母中土的有效重力密度的不同及其取值方法。

4）水平地面下饱和砂土液化要求的动剪应力比——液化应力比的确定

按第 7 章所述,水平地面下饱和砂土液化所要求的动剪应力比可由动剪切试验确定。但是动剪切试验仪不是常规的土动力试验仪器,常规的土动力试验仪器为动三轴仪。下面将液化要求的动剪力比称为液化应力比。在动剪切试验中,液化应力比以液化所要求的等幅水平剪应力幅值与竖向静应力之比表示;在动三轴试验中,液化应力比以均等固结液化试验土样 45°面上的等幅剪应力与该面上静正应力 σ_3 之比表示。Seed 等给出了由动剪切试验确定的液化应力比与均等固结时由动三轴试验确定的液化应力比之间的关系,即

$$\left[\frac{\tau_{hv,d}}{\sigma_v}\right] = C_r \left[\frac{\sigma_{a,d}}{2\sigma_3}\right] \tag{10.7}$$

式中,$\sigma_{a,d}$ 为轴向动应力幅值,为简化,将上面的短线去掉;C_r 为转换系数。Seed 等给出了 C_r 与砂土的相对密度关系,如图 10.3 所示。如第 7 章所述,基于大量动三轴试验结果,得到了相对密度为 50%、固结比等于 1.0、作用次数分别为 10 次和 30 次时的液化应力比与砂土平均颗粒的关系,分别如图 7.31(a)和图 7.31(b)所示。同样,如第 7 章所述,可认为液化应力比随相对密度 D_r 成比例变化,即

$$\left[\frac{\sigma_{a,d}}{2\sigma_3}\right] = \frac{D_r}{50} \left[\frac{\sigma_{a,d}}{2\sigma_3}\right]_{50}$$

式中,$\left[\dfrac{\sigma_{a,d}}{2\sigma_3}\right]_{50}$ 为相对密度为 50%时由均等固结动三轴试验确定的液化应力比。当砂土的平均粒径 d_{50} 已知时,可由图 7.31(a)和图 7.31(b)确定。按上述,由图 7.31(a)和图 7.31(b)确定出来的液化应力比分别是与动荷作用次数为 10 次和 30 次响应的液化应力比。如果地震的等价作用次数不等于 10 次或 30 次,则可按内插或外推来确定。地震的等价作用次数与地震的震级有关,可按第 7 章给出的方法来确定。

这样,只要已知饱和砂土的平均粒径、相对密度,就可按上述方法确定出水平地面下饱和砂土的液化应力比,即

$$\left[\frac{\tau_{hv,d}}{\sigma_v}\right] = C_r \frac{D_r}{50} \left[\frac{\sigma_{a,d}}{2\sigma_3}\right]_{50} \tag{10.8}$$

当按式(10.8)确定水平地面下饱和砂土的液化应力比时,必须知道饱和砂土的平均粒径 d_{50} 和相对密度 D_r。由于饱和砂土获取原状土样很困难,水平地面下饱和砂土的相对密度 D_r 通常由现场贯入试验测得的锤击数按经验公式确定。

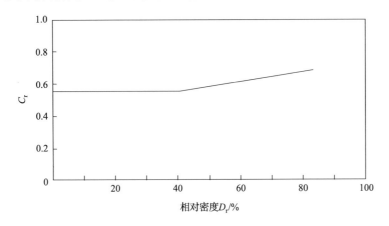

图 10.3　C_r 与相对密度关系

5) 液化判别

按上述的第一个液化判别准则,如果地面下饱和砂土的等效动剪力应力比大于液化应力比,即

$$\frac{\tau_{hv,eq}}{\sigma_v} \geqslant \left[\frac{\tau_{hv,eq}}{\sigma_v} \right] \tag{10.9}$$

则发生液化;否则,不发生液化。式(10.9)的左端项和右端项分别按式(10.6)和式(10.8)确定。

顺便指出,在第 7 章中曾给出了以最大剪切作用面方法考虑动剪切试验和动三轴试验中土试样受力状态不同确定式中系数 C_{st} 的公式(7.74)。由于相对密度越大,砂土的峰值有效抗剪强度指标 φ 越大,则按式(7.74)确定的 C_{st} 值越小,这与图 10.3 所示的结果相反。显然,从理论上看,按式(7.74)确定 C_r 更有根据。

2. 修改的版本

1970 年末,Seed 对简化法做了修改[2,3]。主要的修改包括如下两点。

1) 由地震现场液化调查资料确定水平地面下饱和砂土的液化应力比

如上所述,在最初的版本中水平地面下饱和砂土的液化应力比是由室内动三轴试验资料按式(10.8)确定的。在此应指出,图 7.31(a)和图 7.31(b)所示的动三轴试验资料是破坏了原状结构饱和砂土的试验结果。但是,水平地面下的饱和砂土具有原状结构,按第 7 章所述,由图 7.31(a)和图 7.31(b)所示的动三轴试验资料来确定液化应力比可能被低估了。另外,在按式(10.8)确定水平地面下饱和砂土的液化应力比时,系数 C_r 值的确定也会带来一定的误差。因此,Seed 提出了一个由地震现场液化资料确定水平地面下饱和砂土液化应力比的方法。这个方法的步骤如下。

（1）广泛地收集地震现场液化调查资料，将地震震级大约为 7.5 级的地震现场液化调查提取出来，并将其分成液化和没液化两种情况。

（2）由地震现场液化调查资料，确定出每一个液化或没液化事例的地面加速度、液化或没液化饱和砂的埋藏深度、地下水位，以及在埋藏深度处标准贯入试验的锤击数 N。

（3）对每一个液化或没液化的事例按式(10.6)确定等价动剪应力比 $\tau_{hv,eq}/\sigma_v$。

（4）经验表明，标准贯入试验的锤击数不仅随饱和砂土的相对密度的增大而增高，而且还随上覆压力的增大而增高。因此，由标准贯入试验测得的锤击数越高，饱和砂土的相对密度不一定越大。为了消除上覆压力对标准贯入试验锤击数的影响，将由每一个事例标准贯入试验测得的锤击数 N 都转化成为上覆压力为 $1\mathrm{t/ft^2}$ 时的标准贯入锤击数，并称为修正标准贯入锤击数，以 N_1 表示。修正标准贯入锤击数 N_1 可按式(10.10)确定：

$$N_1 = C_n N \tag{10.10}$$

式中，C_n 为修正系数，与上覆压力有关，如图 10.4 所示。由于消除了上覆压力的影响，由式(10.10)所确定的修正标准贯入锤击数 N_1 值越高，饱和砂土的相对密度就越大。

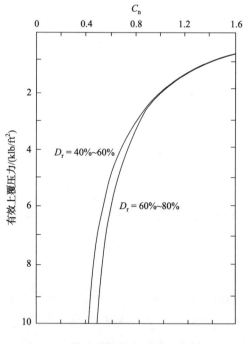

图 10.4　修正系数 C_n 与上覆压力的关系

（5）将每一个液化事例和没液化事例的等价动剪应力比 $\tau_{hv,eq}/\sigma_v$ 和修正标准贯入锤击数 N_1 点在以 $\tau_{hv,eq}/\sigma_v$ 为纵坐标、N_1 为横坐标的坐标系中，分别用"·"和"。"代表液化事例和没液化事例的点，则得到如图 10.5 所示的液化事例和没液化事例的散点图。

（6）由于饱和砂土的液化应力比 $[\tau_{hv,eq}/\sigma_v]$ 随相对密度 D_r 的增大而增大，则也应该

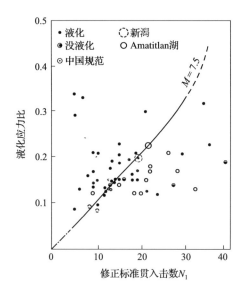

图 10.5 震级为 7.5 级时 $\tau_{\mathrm{hv,eq}}/\sigma_{\mathrm{v}}$-$N_1$ 关系线

随修正标准贯入锤击数 N_1 的增大而增大。因此,在 $\tau_{\mathrm{hv,eq}}/\sigma_{\mathrm{v}}$-$N_1$ 坐标系中应存在一条液化应力比 $[\tau_{\mathrm{hv,eq}}/\sigma_{\mathrm{v}}]$ 与修正贯入锤击 N_1 之间的关系线。这样,每个液化事例的点应位于这条关系线的左上方,而每个没液化事例应位于这条线的右下方。图 10.5 所示的液化事例和没液化事例散点的分布与上述的规律相同,而由该图确定出来的液化事例的散点与没液化事例的散点分界线就是地震震级为 7.5 级时的饱和砂土液化应力比 $[\tau_{\mathrm{hv,eq}}/\sigma_{\mathrm{v}}]$ 与 N_1 的关系线。应指出,在图 10.5 中有一个既有液化事例散点又有没液化事例散点的很窄的带状区,这是现场液化调查资料的偏差造成的。

（7）由图 10.5 确定出来的液化应力比和修正标准贯入锤击数 N_1 的关系线只适用于震级为 7.5 级的地震,但是遭遇的地震的震级并不一定为 7.5 级。由第 7 章可知,地震震级越高,地震持续的时间越长,地震的往返作用次数就越多,则相应的液化应力就应越低。表 10.1 给出了不同震级的等价作用次数,其中震级为 7.5 级时的等价作用次数为 15。根据动三轴液化试验的资料,可以确定出与不同震级等价作用次数相应的液化应力比。如果以震级为 7.5 级相应的液化应力比为 1.0,则可求出其他震级相应的液化应力比与其比值,如表 10.1 所示。这样,将震级为 7.5 级相应的液化应力比乘以表 10.1 所示的比值就可得到适用于其他震级的液化应力比与修正标准贯入锤击数的关系线,如图 10.6 所示。

表 10.1 震级对液化应力比的影响

震级	8.5	7.5	6.75	6
等价作用次数	26.0	15.0	10	5
液化应力比相对比值	0.89	1.0	1.13	1.32

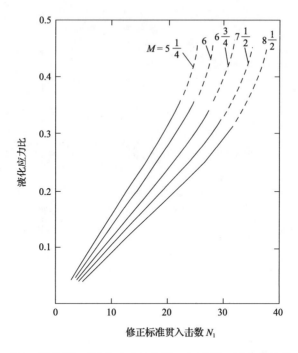

图 10.6　不同震级时液化应力比与修正标准贯入锤击数的关系线

（8）应指出，在图 10.5 中液化的饱和砂和没液化的饱和砂所受的上覆压力大都小于 $1.5t/ft^2$。因此，由该图确定出来的液化应力比与修正标准贯入锤击数之间的关系线也只适用于上覆压力小于 $1.5t/ft^2$ 的情况。室内试验表明，饱和砂土抗液化性能随上覆压力增大而增大，但是非线性的。因此，当上覆压力增加时液化应力比要降低。如果以 $\left[\tau_{hv,eq}/\sigma_v\right]_{N_1}$ 表示由图 10.5 根据修正标准贯入锤击数确定出来的液化应力比，以 $\left[\tau_{hv,eq}/\sigma_v\right]_{N_1,\sigma_v}$ 表示上覆压力为 σ_v 时的液化应力比，则

$$\left[\frac{\tau_{hv,eq}}{\sigma_v}\right]_{N_1,\sigma_v} = C_{\sigma_v}\left[\frac{\tau_{hv,d}}{\sigma_v}\right]_{N_1} \tag{10.11}$$

式中，C_{σ_v} 为上覆压力修正系数，由图 10.7 确定。在此应指出，当上覆压力大于 $1.5t/ft^2$ 时，如果地下水位很浅，砂土相应的埋藏深度要大于 15m。在这种情况下就超出了按式（10.6）计算地震时剪应力比的使用范围了。因此，在采用 Seed 简化法判别水平地面下饱和砂土液化时，一般不需要做上覆压力的修正。

　　2）饱和粉土液化应力比的确定

在 Seed 简化法的修改版本中，增加了饱和粉土液化应力比的确定方法。与砂土相比，粉土中包含细颗粒含量。在确定饱和粉土液化应力比时，Seed 将粉土中粒径小于 0.075mm 的土颗粒含量作为一个细颗粒含量指标。由于含有细颗粒，粉土的塑性增加了，更容易贯入。因此，在相同的密度下，粉土标准贯入试验的锤击数应比砂土的低。另外，由于细粒的存在，颗粒之间的电化学作用也可能使粉土的抗液化能力增大。这样，如果根据标准贯入试验的实测锤击数按上述的方法确定液化应力，必将低估饱和粉土的液

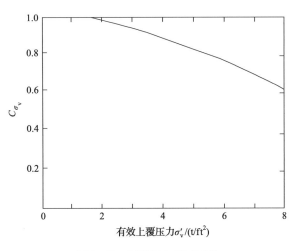

图 10.7　上覆压力修正系数

化应力比。因此,必须将饱和砂土的液化应力比与修正标准贯入锤击数的关系曲线向左转动才能获得饱和粉土的液化应力比与修正标准贯入锤击数的关系曲线,而且细粒含量越高向左转动的越大。Seed 根据一些饱和粉土地震现场液化调查的资料,提出了不同细粒含量的饱和粉土的液化应力比与修正标准贯入锤击数的关系线,如图 10.8 所示。

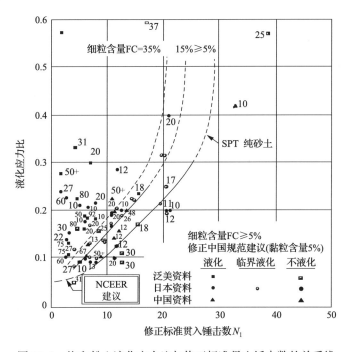

图 10.8　饱和粉土液化应力比与修正标准贯入锤击数的关系线

3. 新的进展

文献[4]表述了 Seed 教授逝世后简化方法的新进展。在文献[4]中给出了有关这部分内容的文献,在此忽略。

1) 将 Seed 简化法中以图表示的一些关系线公式化,有的还做了定量调整

(1) 修正系数 γ_d 与深度 z 的关系。

Liao 和 Whitman 提出 γ_d-z 的关系可表示为

$$\begin{cases} \gamma_d = 1.0 - 0.00765z, & z \leqslant 9.15\text{m} \\ \gamma_d = 1.174 - 0.0267z, & 9.15\text{m} > z \leqslant 23\text{m} \end{cases} \tag{10.12}$$

(2) 液化应力比 $[\tau_{\text{hv,d}}/\sigma_v]$ 与修正标准贯入锤击数 N_1 的关系。

在图 10.6 所示的两者关系线通过坐标原点,但在靠近原点部分资料很少。如果将两者关系线在靠近原点部分向上弯曲,则能更好地拟合现有经验资料。在德克萨斯大学,Rauch 提出用式(10.13)表示震级为 7.5 级时饱和砂土的液化应力比与修正标准贯入锤击数的关系:

$$\left[\frac{\tau_{\text{hv,eq}}}{\sigma_v}\right] = \frac{1}{34 - N_1} + \frac{N_1}{135} + \frac{50}{(10N_1 + 45)^2} - \frac{1}{200} \tag{10.13}$$

式中,N_1 为将锤击能量比校正到 60% 时的修正标准贯入锤击数,在我国通常不做这样的校正。计算表明,当 $N_1 \leqslant 30$ 时这个公式是适用的;当 $N_1 > 30$ 时,饱和砂太紧密了,通常被划分成不液化的。

(3) 细粒含量对液化应力比的影响。

Idriss 和 Seed 提出了一个与上述不同的考虑细粒含量对液化应力比的影响方法。他们提出了一个粉土的等效修正标准贯入锤击数概念。粉土等效修正标准贯入锤击数的概念如下:如果采用这个标准贯入锤击数由饱和砂的液化应力比与修正标准贯入锤击数的关系所确定出来的液化应力比与饱和粉土的实际液化应力比相等,这样只要将粉土的修正标准贯入锤击数转化成等效修正标准贯入锤击数,就可利用饱和砂土的液化应力比与修正标准贯入锤击数的关系确定粉土的液化应力比,不再需要确定不同细粒含量的饱和粉土的液化应力比与修正标准贯入锤击数的关系。粉土的等效修正标准贯入锤击数可按式(10.14)确定:

$$N_{60,\text{cs}} = \alpha + \beta N_1 \tag{10.14}$$

式中,$N_{60,\text{cs}}$ 为粉土的等效修正标准贯入锤击数;α、β 为两个系数,按式(10.15)和式(10.16)确定:

$$\begin{cases} \alpha = 0, & \text{FC} \leqslant 5\% \\ \alpha = \exp\left(1.76 - \dfrac{190}{\text{FC}^2}\right), & 5\% \leqslant \text{FC} \leqslant 35\% \\ \alpha = 5.0, & \text{FC} \geqslant 35\% \end{cases} \tag{10.15}$$

$$\begin{cases} \beta = 1.0, & \text{FC} \leqslant 5\% \\ \beta = 0.99 + \dfrac{\text{FC}^2}{1000}, & 5\% \leqslant \text{FC} \leqslant 35\% \\ \beta = 1.2, & \text{FC} \geqslant 35\% \end{cases} \tag{10.16}$$

式中,FC 为细粒含量,%。

(4) 修正系数 C_n 与上覆压力 σ_v 的关系。

图 10.4 给出了确定修正系数 C_n 与上覆压力的关系线。Liao 和 Whitman 提出可按式(10.17)计算修正系数 C_n:

$$C_n = \left(\frac{p_a}{\sigma_v}\right)^{0.5} \tag{10.17}$$

但是,计算出的 C_n 值不应超过 1.7,并且上覆压力不宜超过 200kPa。Kayen 等建议了一个能更好地拟合图 10.4 所示的关系线公式:

$$C_n = \frac{2.2}{1.2 + \frac{\sigma_v}{p_a}} \tag{10.18}$$

这个公式自动地限制了 C_n 小于 1.7,并且上覆压力可达到 300kPa。

(5) 震级对液化应力比的影响系数。

表 10.1 给出了震级对液化应力比的影响。此后,关于震级影响系数取得了一些新的研究成果。

① Idriss 的研究成果。

Idriss 重新估价了获得表 10.1 所示结果的资料。他把资料绘于双对数坐标系中,并以一条直线表示。这样,得到的震级影响系数如表 10.2 第 2 列所示。比较发现,当震级小于 7.5 级时震级影响系数大于表 10.1 所示的值;而当震级大于 7.5 级时,震级影响系数多少低于表 10.1 所示的值。根据拟合结果,Idriss 提出按式(10.19)确定震级影响系数 MSF:

$$\text{MSF} = \frac{10^{2.24}}{M_w^{2.56}} \tag{10.19}$$

② Ambraseys 的研究成果。

Ambraseys 收集了 1980 年以前的现场液化调查资料,根据这些资料建立了一个根据修正标准贯入锤击数 N_1 和震级 M_w 确定液化应力比的经验公式。如果令修正标准贯入锤击数 N_1 为常数,则可由该式求出不同震级的液化应力比与震级等于 7.5 级时的液化应力比的比值。按这样方法得到的震级影响系数如表 10.2 第 3 列所示。比较发现,当震级小于 7.5 级时,震级影响系数更高;而当震级大于 7.5 级时,震级影响系数要更低一些。

③ Arango 的研究结果。

Arango 提出了两组震级影响系数,分别如表 10.2 第 4 列和第 5 列所示。第一组是基于观察到液化作用的最远点与地震能源的距离建立的,第二组是基于能量概念建立的。比较发现,第一组震级影响系数与 Ambraseys 的结果相近,而第二组震级影响系数与 Idriss 的结果相近。

④ Andrus 和 Stokoe 的研究结果。

Andrus 和 Stokoe 根据地震现场液化调查资料研究了不同震级的液化应力比与剪切波波速的关系。这样,就可确定出不同震级的液化应力比与震级为 7.5 级的液化应力比的比值,即震级影响系数,如表 10.2 第 6 列所示。比较发现,当震级小于 7.5 级时其结果与 Ambraseys 的结果相近,当震级大于 7.5 级时其结果与 Idriss 的结果相近。根据拟合所获得的结果,建议按式(10.20)计算震级影响系数:

$$\text{MSF} = \left(\frac{M_\text{w}}{7.5}\right)^{-2.56} \tag{10.20}$$

⑤ Youd 和 Noble 的研究结果。

Youd 和 Noble 对地震现场液化调查资料进行了概率分析,得到了在不同的液化概率下震级、修正标准贯入锤击数和液化应力比之间的关系:

$$\begin{cases} \text{Logit}(P_\text{L}) = \ln\left(\dfrac{P_\text{L}}{1-P_\text{L}}\right) \\ \text{Logit}(P_\text{L}) = -7.0351 + 2.1738M_\text{w} - 0.2678N_1 + 3.0265\ln\left(\dfrac{\tau_\text{hv,d}}{\sigma_\text{v}}\right) \end{cases} \tag{10.21}$$

式中,P_L 为液化概率。这样,对不同的液化概率可由式(10.21)求出不同震级时的液化比及相应的震级影响系数,如表 10.2 第 7～9 列所示。拟合所获得的结果,提出了如下确定震级影响系数 MSF 的公式:

$$\begin{cases} P_\text{L} \leqslant 20\%, \quad \text{MSF} = \dfrac{10^{3.81}}{M_\text{w}^{4.53}}, \qquad M_\text{w} < 7 \\[2mm] 20\% < P_\text{L} < 32\%, \quad \text{MSF} = \dfrac{10^{3.74}}{M_\text{w}^{4.33}}, \qquad M_\text{w} < 7 \\[2mm] P_\text{L} < 50\%, \quad \text{MSF} = \dfrac{10^{4.21}}{M_\text{w}^{4.81}}, \qquad M_\text{w} \leqslant 7.75 \end{cases} \tag{10.22}$$

表 10.2　不同研究者获得的震级影响系数

震级	Idriss	Ambraseys	Arango		Andrus 和 Stokoe	Youd 和 Noble		
			基于距离的	基于能量的		$P_\text{L} \leqslant 20\%$	$20\% < P_\text{L} < 32\%$	$P_\text{L} < 50\%$
5.5	2.20	2.86	3.00	2.20	2.80	2.86	3.42	4.44
6.0	1.76	2.20	2.00	0.65	2.10	1.93	2.35	2.92
6.5	1.44	1.69	1.60	1.40	1.60	1.34	1.66	1.99
7.0	1.19	1.30	1.25	1.10	1.25	1.00	1.20	1.39
7.5	1.00	1.00	1.00	1.00	1.00			1.00
8.0	0.84	0.67	0.75	0.85	0.82?			0.73?
8.5	0.72	0.44			0.65?			0.56?

注:? 表示非常不确定的数值。

NCEER 和 NCEER/NSF 专题研究组的推荐意见认为,由 Seed 给出的表 10.1 所示的震级小于 7.5 级时震级影响系数对于工程实践是保险的,并且认为推荐一个震级影响系数的范围更好些,工程师可在这范围内选择一个所要求的震级影响系数。当震级<7.5 时,震级影响系数的下限可按 Idriss 提出的式(10.19)确定,其上限可按 Andrus 和

Stokoe 提出的式(10.20)确定;当震级≥7.5 时,震级影响系数应该按 Idriss 提出的式(10.19)确定,其值低于表 10.1 所示的值,因此是比较保守的。

(6) 上覆压力修正系数。

按上述,可以按图 10.7 来确定上覆压力修正系数。之后,一些研究者获得了更多的资料,Hynes 和 Olsen 分析了扩充的资料,提出了确定上覆压力修正系数的公式:

$$C_{\sigma_v} = \left(\frac{\sigma_v}{p_a}\right)^{f-1} \tag{10.23}$$

式中,f 是一个与场地条件,包括相对密度、应力历史、年代和超固结比有关的参数。专题组推荐,根据相对密度按如下公式规定选取 f 值:

$$f = 0.8 - 0.7, \quad D_r : 40\% \sim 60\%$$
$$f = 0.7 - 0.6, \quad D_r : 60\% \sim 80\%$$

Hynes 和 Olsen 认为这样确定的上覆压力修正系数是偏于保守的。

2) 根据静力触探试验端阻力确定液化应力比

静力触探试验的主要优点为:①可以获得沿深度连续测量的结果;②试验结果具有良好的重复性。

根据静力触探试验的端阻力确定液化应力比第一步是按式(10.24)将实测的端阻力 q_c 转化成规格化的无量纲端阻力 q_{cin}:

$$\begin{cases} q_{cin} = C_Q\left(\dfrac{q_c}{p_a}\right) \\ C_Q = \left(\dfrac{p_a}{\sigma_v}\right)^n \end{cases} \tag{10.24}$$

式中,C_Q 为转化系数;n 为与颗粒特征相关的参数,数值在 0.5~1.0,黏性土可取 1.0,砂可取 0.5,粉土可取中间值。

Robertson 和 Wride 根据地震现场液化调查资料给出了震级为 7.5 级的液化散点和没液化散点在以 $\tau_{hv,d}/\sigma_v$ 为纵坐标、q_{cin} 为横坐标的坐标系中的分布,如图 10.9 所示,并确定了液化散点与没液化散点区的分界线,即液化应力比 $[\tau_{hv,d}/\sigma_v]$ 与规格化无量纲端部阻力的关系线。拟合该关系线,得到如下公式:

$$\begin{cases} \left[\dfrac{\tau_{hv,d}}{\sigma_v}\right] = 0.833\left(\dfrac{q_{cin}}{1000}\right) + 0.05, \quad q_{cin} < 50 \\ \left[\dfrac{\tau_{hv,d}}{\sigma_v}\right] = 93\left(\dfrac{q_{cin}}{1000}\right)^3 + 0.08, \quad 50 \leqslant q_{cin} < 160 \end{cases} \tag{10.25}$$

对于饱和粉土,应将其规格化无量纲端阻力转换成等效砂土端阻力,无量纲的等效砂土端阻力 $(q_{cin})_{cs}$ 可由式(10.26)确定:

$$(q_{cin})_{cs} = k_c q_{cin} \tag{10.26}$$

式中,k_c 为转换系数,按式(10.27)确定:

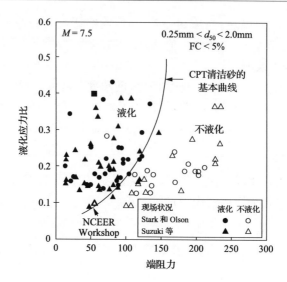

图 10.9　震级为 7.5 级时砂土的液化应力比与规格化无量纲端阻力的关系

$$
\begin{cases}
k_c = 1.0, & I_c \leqslant 1.64 \\
k_c = -0.403 I_c^4 + 5.581 I_c^3 - 21.63 I_c^2 + 33.75 I_c - 17.88, & I_c > 1.64
\end{cases}
\tag{10.27}
$$

其中，I_c 为土的性能类型指标，按式(10.28)确定：

$$
\begin{cases}
I_c = \left[(3.47 - \lg Q)^2 + (1.22 + \lg F)^2 \right]^{0.5} \\
Q = \left[(q_c - \sigma_v)/p_a \right] \left(\dfrac{p_a}{\sigma_v} \right)^n \\
F = \dfrac{f_s}{q_c - \sigma_v} \times 100\%
\end{cases}
\tag{10.28}
$$

式中，f_s 为静力触探侧壁抵抗。

如果砂层夹于上下软土层之间，则静力触探试验的测试结果偏低，显然砂夹层越薄，偏低就越多。因此必须将实测值乘以一个大于 1.0 的校正系数。

修正系数与砂夹层的厚层、探头的圆锥直径以及软土层和砂夹层的实测端阻力之比等因素有关。如果保守地取修正系数下边界值，则得

$$
\begin{cases}
q_c^* = K_H q_{ca} \\
K_H = 0.25 \left[(H/d_c)/17 - 1.77 \right]^2 + 1.0
\end{cases}
\tag{10.29}
$$

式中，q_c^* 为考虑上下软土层影响校正后的砂端阻力；q_{ca} 为砂的实测端阻力；K_H 为考虑上下软土层影响的校正系数；H 为砂夹层的厚度，mm；d_c 为探头的圆锥直径，mm。

3) 根据剪切波波速确定液化应力比

将剪切波作为一个砂土抗液化的现场指标是有坚实的基础的，因为无论是剪切波波速还是液化应力比，它们受孔隙比、有效侧限压力、应力历史和地质年代的影响是相似的。应用剪切波波速的优点如下。

（1）在静力触探试验和标准贯入试验难以贯入的土中或难以取样的土中，如砾质土，仍可测得剪切波波速。

（2）剪切波波速是土的一个基本力学性质，与小应变时剪切模量有直接关系。

（3）小应变时的剪切模量是进行土体动力反应分析和土-结构相互作用分析必要的一个参数。

然而，应用剪切波波速确定液化应力比存在如下问题。

（1）剪切波波速是在小应变下测得的，而引起液化的孔隙水压力升高是在中到大应变下的现象。

（2）当测试的间距太大时，剪切波波速低的土层可能没有被测出来。

根据剪切波波速确定液化应力比第一步也是将实测的剪切波波速 V_s 进行上覆压力修正，确定出修正剪切波波速 $V_{s,1}$：

$$V_{s,1} = V_s \left(\frac{p_a}{\sigma_v}\right)^{0.25} \tag{10.30}$$

Andrus 和 Stokoe 根据 26 次地震多于 70 个场地的液化调查结果绘出了震级为 7.5 级时液化散点和没液化散点在以 $\tau_{hv,d}/\sigma_v$ 为纵坐标、$V_{s,1}$ 为横坐标的坐标系中的分布，并确定出液化散点分布区与没液化散点分布区的分界线，即液化应力比 $[\tau_{hv,d}/\sigma_v]$ 与修正剪切波波速 $V_{s,1}$ 的关系，如图 10.10 所示。拟合该关系线，得到如下方程：

$$\left[\frac{\tau_{hv,d}}{\sigma_v}\right] = a \left(\frac{V_{s,1}}{100}\right)^2 + b\left(\frac{1}{C-V_{s,1}} - \frac{1}{C}\right) \tag{10.31}$$

式中，a、b 为两个参数，分别等于 0.022 和 2.8；C 为与细粒含量有关的参数，当细粒含量等于和小于 5% 时，$C=215\text{m/s}$，当细粒含量为 35% 时，$C=200\text{m/s}$，当细粒含量在 5% 和 35% 之间时随细粒含量按线性变化。这样，根据细粒含量选取 C 值，则式（10.31）就可以考虑细粒含量对液化应力比的影响。

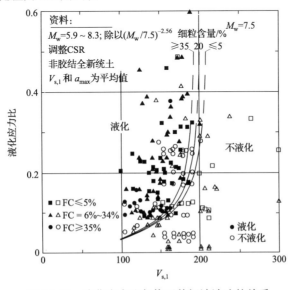

图 10.10　液化应力比与修正剪切波波速的关系

10.3　水平场地液化判别方法——中国《建筑抗震设计规范》法

《建筑抗震设计规范》是我国正式公布的第一个水平场地液化判别方法,在国外也有很高的知名度。该法自1970年初公布后,也经历了几次修改和完善。为全面了解该法,按所发表的版本次序表述如下。

1. 最初版本[5]

从下述可见,该法是基于我国地震现场液化调查资料和借用上述 Seed 简化法建立的。它的建立分为如下两步。

1) 地下水位埋深 2m、砂埋深 3m 时的液化判别标准

为了建立这个液化判别方法,收集和分析了如表 10.3 所示的 1970 年底以前我国六次大地震的现场液化调查资料,包括每个调查场地是否发生液化、场地地震烈度、砂的埋深 d_s、地下水位埋深 d_w 和砂的标准贯入锤击数 N。发现,所调查的场地大多数砂的埋深为 3m 左右,地下水位埋深为 2m 左右。然后,把砂埋深为 3m 左右、地下水位埋深为 2m 左右的资料提取出来,以"×"表示液化场地,以"o"表示没液化场地,在以砂的标准贯入锤击数 N 为纵坐标,以地震烈度 I 为横坐标的坐标系中将它们的分布绘出来,如图 10.11 所示。由图 10.11 可确定出液化场地和没液化场地的分界线。显然,位于分界线上的场地就是处于临界液化的场地,相应的标准贯入锤击数称为临界标准贯入锤击数,以 $N_{cr,2,3}$ 表示,并且随地震烈度的增高,临界标准贯入锤击数 $N_{cr,2,3}$ 增大。由图 10.11 确定出来的与不同地震烈度 I 相应的临界标准贯入锤击数 $N_{cr,2,3}$ 如表 10.4 所示。这样,当砂埋深 3m、地下水位埋深 2m 时,如果

$$N \leqslant N_{cr,23} \tag{10.32}$$

则液化;否则,不液化。式中,N 为实测的标准贯入锤击数。

表 10.3　地震资料

地震	时间	震级	震中烈度
河源	1962.3.19	6.1	8
邢台	1966.3.8	6.8	9
邢台	1966.3.22	7.2	10
渤海	1969.7.18	7.4	
阳江	1969.7.26	6.4	8
通海	1970.1.5	7.7	10

表 10.4　$N_{cr,2,3}$ 值

烈度	7	8	9
$N_{cr,2,3}$	6	10	16

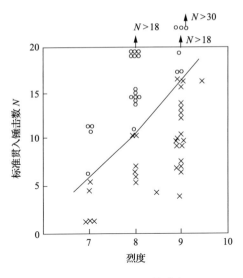

图 10.11　$N_{cr,2,3}$ 的确定

2) 不同地下水埋深和砂埋深时的液化判别标准

当地下水位埋深不等于 2m 和砂埋深不等于 3m 时,由于当时缺乏足够的地震现场液化调查资料,不能像上述那样确定出相应的临界液化标准贯入锤击数。为确定这两个因素对临界液化标准贯入锤击数的影响,借助了上述的 Seed 简化法。按 Seed 简化法,临界液化状态的准则如下:

$$\frac{\tau_{hv,eq}}{\sigma_v} = C_r \left[\frac{\sigma_{ad}}{2\sigma_3}\right]_{50} \frac{D}{50} \tag{10.33}$$

将式(10.6)代入式(10.33)可得

$$0.65\gamma_d \frac{a_{max}}{g} \frac{\gamma d_w + \gamma_s(d_s - d_w)}{\gamma d_w + \gamma_b(d_s - d_w)} = C_r \left[\frac{\sigma_{ad}}{2\sigma_3}\right]_{50} \frac{D}{50}$$

式中,γ、γ_s、γ_b 分别为土的天然重力密度、饱和重力密度和浮重力密度。这样,由以上公式可求得在不同地下水位埋深和砂埋深时处于液化临界状态相应的相对密度 D_r:

$$D_r = 0.65\gamma_d \frac{a_{max}}{g} \frac{\gamma d_w + \gamma_s(d_s - d_w)}{\gamma d_w + \gamma_b(d_s - d_w)} \frac{50}{C_r \left[\frac{\sigma_{ad}}{2\sigma_3}\right]_{50}} \tag{10.34}$$

按式(10.34)确定出液化临界状态相应的相对密度 D_r 后,可按经验公式确定出与 D_r 相应的标准贯入锤击数 N_{cr}。显然,临界标准贯入锤击数 N_{cr} 应是地下水位埋深 d_w 和砂埋深 d_s 的函数。为了确定它们之间的函数关系,假定地震烈度为 7、8、9 及不同的地下水埋深 d_w 和砂埋深 d_s 组合成一系列的计算情况,对每一个计算情况按上述方法确定出临界标准贯入锤击数 N_{cr} 及相应的 $\dfrac{N_{cr} - N_{cr,2,3}}{N_{cr,2,3}}$ 值。在计算中,取 $\left[\dfrac{\sigma_{ad}}{2\sigma_3}\right]_{50} = 0.21$。统计该值与 $d_w - 2$ 及 $d_s - 3$ 的关系发现,地震烈度对它们之间的关系的影响可以忽略,并且它们之

间的关系可近似地取线性关系,这样,可得到如下关系式:

$$\frac{N_{cr} - N_{cr,2,3}}{N_{cr,2,3}} = \alpha_w(d_w - 2) + \alpha_s(d_s - 3)$$

改写得

$$N_{cr} = N_{cr,2,3}[1 + \alpha_w(d_w - 2) + \alpha_s(d_s - 3)] \tag{10.35}$$

式中,α_w、α_s 分别为地下水埋深和砂埋深影响系数,由拟合资料得到

$$\begin{cases} \alpha_w = -0.05 \\ \alpha_d = 0.125 \end{cases}$$

由此,不同地下水位埋深和砂埋深时的液化判别准则如下:

如果

$$N \leqslant N_{cr} \tag{10.36}$$

则液化;否则,不液化。

对式(10.35)和式(10.36)的正确性,曾用当时仅能收集到的日本新潟 8 度地震区内的液化资料做了检验,如图 10.12 所示。从图 10.12 可见,式(10.35)给出的临界标准贯入锤击数 N_{cr} 随深度的变化与日本学者提出的平均结果相接近。

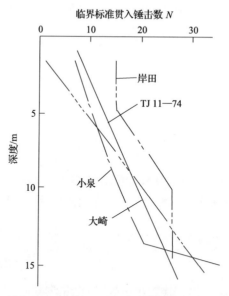

图 10.12　临界标准贯入锤击数随深度变化的关系比较

上述的液化判别式最先曾被我国《工业与公用建筑抗震设计规范》(TJ 11—74)采用。

2.《建筑抗震设计规范》(GB J11—89)的修改版本

1975 年海城地震和 1976 年唐山地震之后,国家地震局工程力学研究所和沈阳冶金勘察公司进行了较全面的现场液化调查,并采用上述 TJ 11—74 中的液化判别方法对调

查实例进行了液化判别,以进一步验证这个液化判别方法的可靠性。验证的结果可以概括为如下三点。

(1) TJ 11—74 中的液化判别式用于饱和砂土的液化判别在大多数情况下是正确的。

(2) 当饱和砂土埋藏较深时,可能将没液化的误判为液化。这表明,在这种情况下由判别式确定出来的 N_{cr} 值偏高。

(3) TJ 11—74 的液化判别式用于饱和粉土的判别时,在很多情况下会发生误判,将没液化误判为液化。同样,对于饱和粉土的液化判别,由判别式确定出来的 N_{cr} 值偏高。

鉴于上述情况,TJ 11—74 中的液化判别式应做一定的修改,以提高埋藏较深的饱和砂土及饱和粉土液化判别结果的可靠性。主要修改包括如下三点。

(1) 分析了 TJ 11—74 中液化判别式当饱和砂土埋藏较深时确定出的 N_{cr} 值偏高的原因,认为临界液化标准贯入锤击数随深度的变化应是非线性的,但在 TJ 11—74 的液化判别式中将两者表示成线性关系。为了提高埋藏较深的饱和砂液化判别结果的可靠性,在根本上应采用非线性关系拟合资料。但是,为了简便,在修改时仍采用了线性关系式,只是调整了砂土埋深影响系数 α_s 和地下水位埋深影响系数 α_w 的值,以减小当饱和砂埋藏较深时算得的临界液化标准贯入锤击数值 N_{cr}。调整后的砂土埋深影响系数和地下水位埋深影响系数如下:

$$\begin{cases} \alpha_w = -0.1 \\ \alpha_s = 0.1 \end{cases} \tag{10.37}$$

(2) 分析了 TJ 11—74 中液化判别式当用于饱和粉土液化判别时确定出的 N_{cr} 值偏高的原因,认为 TJ 11—74 中的液化判别式是基于饱和砂土的地震现场液化调查资料建立的。由于粉土中含有细颗粒增加了塑性,当密度状态相同时,粉土的标准贯入锤击数要低于砂土的。显然,粉土的细粒含量越多,粉土的粒状贯入锤击数就越低。在修改时,采用粉土中黏土颗粒含量 p_c 作为影响饱和粉土临界液化标准贯入锤击数的定量指标。拟合饱和粉土的地震现场液化调查资料后认为,当将饱和砂土液化判别式用于饱和粉土时,应乘以 $\sqrt{\dfrac{3}{p_c}}$ 的修正系数。

(3) 在 GB J11—89 中考虑了场地与震中距的影响,粗略地将场地地震烈度分为近震和远震两种情况。当近震的烈度与远震的烈度相同时,由于震级越高,等价的作用次数越多,则当烈度相同时在远震情况下更容易触发液化。这样,在远震情况下的临界液化标准贯入锤击数应大于近震情况下的。在修改时,分别按近震和远震两种情况给出了 $N_{cr,2,3}$ 值,如表 10.5 所示。

表 10.5　$N_{cr,2,3}$ 值

烈度	近震	远震
7	6	8
8	10	12
9	16	

综合上述三点,修正后的判别式如下:

$$N_{\mathrm{cr}} = N_{\mathrm{cr},2,3}\left[1 + \alpha_{\mathrm{w}}(d_{\mathrm{w}} - 2) + \alpha_{\mathrm{s}}(d_{\mathrm{s}} - 3)\right]\sqrt{\frac{3}{p_{\mathrm{c}}}} \tag{10.38}$$

式中，α_{w}、α_{s} 按式(10.37)确定；$N_{\mathrm{cr},2,3}$ 按表 10.5 确定；p_{c} 为土的黏土颗粒含量，按百分数计，对砂土取 $p_{\mathrm{c}} = 3$。式(10.38)纳入《建筑抗震设计规范》(GB J11—89)中。

3.《建筑抗震设计规范》(GB 50011—2001)的修改版本

在这个版本中没有原则性的修改，只做了如下两点修改。

(1) 在 GB 50011—2001 中，将设计地震分为一、二、三组，其中一组大致对应 GB J11—89 中的近震，二、三组大致对应 GB J11—89 中的远震。另外，将 7 度地震烈度分为设计基本加速度为 0.10g 和 0.15g 两种，将 8 度地震烈度分为设计基本加速度为 0.20g 和 0.3g 两种。这样，在修改时重新调整了 $N_{\mathrm{cr},2,3}$ 的值，如表 10.6 所示。表 10.6 中括号中的数值用于 0.15g 7 度和 0.30g 8 度。由于在较大的加速度下更容易液化，相应于 0.15g 7 度和 0.30g 8 度的 $N_{\mathrm{cr},2,3}$ 值均大于 0.10g 7 度和 0.20g 8 度的 $N_{\mathrm{cr},2,3}$ 值。

表 10.6　$N_{\mathrm{cr},2,3}$ 值

设计地震分组	7 度	8 度	9 度
第一组	6(8)	10(13)	16
第二、三组	8(10)	12(15)	18

(2) 将液化判别式的适用范围从砂埋深小于等于 15m 扩展到小于等于 20m。当土埋深不大于 15m 时，N_{cr} 仍按式(10.38)计算，但 $N_{\mathrm{cr},2,3}$ 按表 10.6 取值。当土埋深大于 15m 且不大于 20m 时，认为 N_{cr} 不随土的埋深而变，在计算 N_{cr} 时 d_{s} 均取 15m。

4.《建筑抗震设计规范》(GB 50011—2010)的修改版本

在这个版本中，做了一个原则性的修改，将 N_{cr} 与土埋深 d_{s} 之间的线性关系改为非线性关系。按上述，这个修改是更合理的。为了定量地确定土埋深和地下水位埋深的影响，做了与上述确定 α_{w} 和 α_{s} 相似的工作。按 Seed 简化法，当饱和土处于临界液化状态时应满足如下关系式：

$$\left[\frac{\tau_{\mathrm{hv,d}}}{\sigma_{\mathrm{v}}}\right] = \frac{\tau_{\mathrm{hv,eq}}}{\sigma_{\mathrm{v}}}$$

将式(10.6)代入得

$$\left[\frac{\tau_{\mathrm{hv,d}}}{\sigma_{\mathrm{v}}}\right] = 0.65\gamma_{\mathrm{d}}\frac{a_{\max}}{g}\frac{\gamma d_{\mathrm{w}} + \gamma_{\mathrm{s}}(d_{\mathrm{s}} - d_{\mathrm{w}})}{\gamma d_{\mathrm{w}} + \gamma_{\mathrm{b}}(d_{\mathrm{s}} - d_{\mathrm{w}})} \tag{10.39}$$

由式(10.39)确定出的 $[\tau_{\mathrm{hv,d}}/\sigma_{\mathrm{v}}]$ 值及按前述的 $[\tau_{\mathrm{hv,d}}/\sigma_{\mathrm{v}}]$-$N_1$ 关系线可确定相应的修正标准贯入锤击数 N_1，再将其转换成相应的标准贯入锤击数 N，则该 N 即为临界标准贯入锤击数 N_{cr}。这样，就可确定出 N_{cr} 与 $N_{\mathrm{cr},2,3}$ 的比值。然后，拟合所得到的资料。在拟合时经验地认为 $N_{\mathrm{cr}}/N_{\mathrm{cr},2,3}$ 与土埋深的自然对数(即 $\ln d_{\mathrm{s}}$)呈线性关系。最后，得到确定临界标准贯入锤击数 N_{cr} 的关系如下：

$$N_{cr} = N_{cr,2,3}\beta_M[0.94\ln(d_s + 3) - 0.1d_w - 0.31]\sqrt{\frac{3}{p_c}} \qquad (10.40)$$

式中，$N_{cr,2,3}$ 按地面运动最大水平加速取值，如表 10.7 所示；β_M 为设计地震分组调整系数，按表 10.8 取值。

表 10.7 $N_{cr,2,3}$ 值

地面最大水平加速度/g	0.10	0.15	0.20	0.30	0.40
$N_{cr,2,3}$	7	10	12	16	19

表 10.8 β_M 值

设计地震分组	β_M
一组	0.80
二组	0.98
三组	1.05

上面表述了我国《建筑抗震设计规范》中饱和砂土和粉土液化判别方法的建立和沿革。在后来的版本中，所做出的重要修改之一是为了更好地适用于埋藏较深的饱和砂土和粉土的液化判别。在 GBJ11—87 的版本中，已将该方法的适用范围从土的埋深小于等于 15m 推广到小于等于 20m，这主要是由于工程上的需要。但是工程上的需要只是问题的一个方面，这样推广的根据和正当性是更应考虑的问题的另一方面。实际上，一个方法会受到一定的限制，有其一定的适用范围。这个方法所受到的限制有如下两点。

（1）当土埋藏深度大于 15m 时，地震现场液化调查资料很少，难以检查在土埋藏深度大于 15m 时这个方法的适用性。

（2）如上所述，该法在确定临界液化标准贯入锤击数 N_{cr} 时均应用了 Seed 简化法计算等价地震水平剪应力的公式。在 Seed 简化法中指出了这个简化公式的适用范围为地面下深度 40ft，现在将其适用范围推广到地面下 20m 的范围，似乎有些过头。

鉴于上述两点，将这个方法的适用范围从地面下土的埋深小于 15m 推广到 20m，虽然工程上有需要，但无论在实际经验上还是理论上均缺乏根据，似乎欠妥；工程上的需要应采用其他更有根据的方法来满足。

10.4   水平场地液化判别方法——液化势指数法

本节主要考虑文献[6]来表述水平场地液化判别的液化势指数法。在该法中，引进了一个液化势指数 Z 表示饱和砂土液化可能性的大小，显然，液化势指数 Z 应是影响液化诸因素 x_i 的函数，即

$$Z = f(x_1, x_2, \cdots, x_i, \cdots, x_n)$$

这些影响液化的因素包括：地面运动最大水平加速度或震级、震中距，地下水位埋深，饱和砂土埋深，标准贯入锤击数或静力触探端阻力、剪切波波速等。

函数 f 的形式是先验给出的。显然，f 的最简单的形式是线性函数，即

$$f(x_1, x_2, \cdots, x_n) = \sum_{i=1}^{n} l_i x_i \tag{10.41}$$

式中，l_i 为 x_i 的影响系数，待定。

液化势指数法由两步组成：第一步，经验地假定函数 f 的形式，并确定函数 f 中的参数；第二步，确定界限液化势指数。

1. 液化势指数函数的确定

液化的饱和砂土的液化势指数及没液化的饱和砂土的液化势指数的分布具有如下特点：在某个数值范围内分布的密度比较大，而在这个数值范围之外，分布的密度越来越小。下面，以式(10.41)为例，说明影响系数 l_i 的取值在数学上应满足如下两个要求。

（1）按式(10.41)算得的液化情况的液化势指数的平均值与没液化情况的液化势指数的平均值相差尽量大。

（2）按式(10.41)算得的液化情况的液化势指数和没液化情况的液化势指数的离散应尽量小。液化势指数的离散可以用方差来表示。设 $\bar{Z}^{(1)}$、$\bar{Z}^{(2)}$ 分别表示按式(10.41)算得的液化情况和没液化情况的液化势指数的平均值，则

$$\begin{cases} \bar{Z}^{(1)} = \dfrac{\sum\limits_{j=1}^{m_1} Z_j^{(1)}}{m_1} \\[4mm] \bar{Z}^{(2)} = \dfrac{\sum\limits_{j=1}^{m_2} Z_j^{(2)}}{m_2} \end{cases} \tag{10.42}$$

式中，$Z_j^{(1)}$、$Z_j^{(2)}$ 分别为液化情况和非液化情况的液化势指数；m_1、m_2 分别为两种情况的现场液化调查子例的数目。

设 $C_s^{(1)}$、$C_s^{(2)}$ 分别表示两种情况的方差，可按式(10.43)计算：

$$\begin{cases} C_s^{(1)} = \sum\limits_{j=1}^{m_1} (Z_j^{(1)} - \bar{Z}^{(1)})^2 \\[4mm] C_s^{(2)} = \sum\limits_{j=1}^{m_2} (Z_j^{(2)} - \bar{Z}^{(2)})^2 \end{cases} \tag{10.43}$$

下面，令

$$G = \frac{(\bar{Z}^{(1)} - \bar{Z}^{(2)})^2}{C_s^{(1)} + C_s^{(2)}} \tag{10.44}$$

如若满足上述两个要求，l_i 的取值应使函数 G 值最大，即

$$\frac{\partial G}{\partial l_i} = 0, \qquad i = 1, 2, \cdots, n \tag{10.45}$$

这样，由式(10.45)可建立 n 个方程用以求解 n 个 l 值。

由式(10.41)可得

$$(\bar{Z}^{(1)} - \bar{Z}^{(2)})^2 = \Big[\sum_{i=1}^{n} l_i (\bar{x}_i^{(1)} - \bar{x}_i^{(2)}) \Big]^2 \tag{10.46}$$

式中，$\bar{x}_i^{(1)}$、$\bar{x}_i^{(2)}$ 分别为液化情况和没液化情况的第 i 个因素平均值，即

$$\begin{cases} \bar{x}_i^{(1)} = \dfrac{\sum\limits_{j=1}^{m_1} x_{i,j}^{(1)}}{m_1} \\[4mm] \bar{x}_i^{(2)} = \dfrac{\sum\limits_{j=1}^{m_1} x_{i,j}^{(2)}}{m_2} \end{cases} \tag{10.47}$$

如果令

$$d_i = \bar{x}_i^{(1)} - \bar{x}_i^{(2)} \tag{10.48}$$

将式(10.48)代入式(10.46)得

$$(\bar{Z}^{(1)} - \bar{Z}^{(2)})^2 = \Big(\sum_{i=1}^{n} l_i d_i \Big)^2 = \sum_{i=1}^{n} \sum_{q=1}^{n} l_i l_q d_i d_q \tag{10.49}$$

另外，将式(10.41)代入式(10.43)第一式得

$$C_s^{(1)} = \sum_{j=1}^{m_1} \Big[\sum_{i=1}^{n} l_i (\bar{x}_{i,j}^{(1)} - \bar{x}_i^{(1)}) \Big]^2$$

完成上述公式的平方运算得

$$C_s^{(1)} = \sum_{j=1}^{m_1} \sum_{i=1}^{n} \sum_{q=1}^{n} l_i l_q (\bar{x}_{i,j}^{(1)} - \bar{x}_i^{(1)})(\bar{x}_{q,j}^{(1)} - \bar{x}_q^{(1)})$$

令

$$S_{i,q}^{(1)} = \sum_{j=1}^{m_1} (\bar{x}_{i,j}^{(1)} - \bar{x}_i^{(1)})(\bar{x}_{q,j}^{(1)} - \bar{x}_q^{(1)}) \tag{10.50}$$

将式(10.50)代入上述 $C_s^{(1)}$ 表达式得

$$C_s^{(1)} = \sum_{i=1}^{n} \sum_{q=1}^{n} l_i l_q S_{i,q}^{(1)} \tag{10.51}$$

同理，得

$$C_s^{(2)} = \sum_{i=1}^{n} \sum_{q=1}^{n} l_i l_q S_{i,q}^{(2)} \tag{10.52}$$

式中

$$S_{i,q}^{(2)} = \sum_{j=1}^{m_2} l_i l_q (\bar{x}_{i,j}^{(2)} - \bar{x}_i^{(2)})(\bar{x}_{q,j}^{(2)} - \bar{x}_q^{(2)}) \tag{10.53}$$

再令

$$S_{i,q} = S_{i,q}^{(1)} + S_{i,q}^{(2)} \tag{10.54}$$

则式(10.44)可写成如下形式:

$$G = \frac{\sum\limits_{i=1}^{n}\sum\limits_{q=1}^{n} l_i l_q d_i d_q}{\sum\limits_{i=1}^{n}\sum\limits_{q=1}^{n} l_i l_q S_{i,q}} \tag{10.55}$$

再令

$$\begin{cases} A = \sum\limits_{i=1}^{n}\sum\limits_{q=1}^{n} l_i l_q d_i d_q \\ B = \sum\limits_{i=1}^{n}\sum\limits_{q=1}^{n} l_i l_q S_{i,q} \end{cases} \tag{10.56}$$

得

$$G = \frac{A}{B} \tag{10.57}$$

这样

$$\frac{\partial G}{\partial l_i} = \frac{1}{B}\left(\frac{\partial A}{\partial l_i} - \frac{A}{B}\frac{\partial B}{\partial l_i}\right)$$

代入式(10.45)得

$$\frac{\partial B}{\partial l_i} = \frac{1}{G}\frac{\partial A}{\partial l_i}, \qquad i = 1, 2, \cdots, n \tag{10.58}$$

由式(10.56)得

$$\frac{\partial A}{\partial l_i} = 2d_i\sum\limits_{q=1}^{n} l_q d_q$$

$$\frac{\partial B}{\partial l_i} = 2\sum\limits_{q=1}^{n} l_q S_{i,q}$$

代入式(10.58)得

$$\sum\limits_{q=1}^{n} l_q S_{i,q} = \frac{1}{G}d_i\sum\limits_{q=1}^{n} l_q d_q, \qquad i = 1, 2, \cdots, n \tag{10.59}$$

从式(10.59)可见,这是一组关于影响系数 l 的齐次方程组。由这组方程式只能求解出 l 之间的相对关系。如果令

$$C = \frac{1}{G}\sum\limits_{q=1}^{n} l_q d_q$$

则式(10.59)可写成如下形式:

$$\sum_{q=1}^{n} l_q S_{i,q} = C d_i, \qquad i = 1, 2, \cdots, n \tag{10.60}$$

式中, C 的取值只影响按式(10.58)求解的 l 值的大小,并不影响它们之间的相对关系。进一步,从式(10.41)可看出, C 的取值不同只使按式(10.41)算得的液化势指数按同样的比例放大或缩小。为了简单,在此取 C 等于1,得

$$\sum_{q=1}^{n} l_q S_{i,q} = d_i, \qquad i = 1, 2, \cdots, n \tag{10.61}$$

这样,由地震现场液化调查资料确定出 d_i 、 $S_{i,q}$,就可由式(10.61)求出影响系数 l_i ,则液化势函数完全确定。

2. 界限液化势指数值

界限液化势指数定义如下:如果按式(10.41)算得的液化势指数等于和大于某个数值,判为发生液化;否则,判为不液化,该数值则称为界限液化势指数。

按上述方法确定出式(10.41)中的 l_i 之后,则可按该式计算出地震现场液化调查获得的每个液化事例和没液化事例的液化势指数。这样,可以确定出液化事例的液化势指数 $Z^{(1)}$ 和没液化事例的液化势指数 $Z^{(2)}$ 的分布。发现 $Z^{(1)}$ 和 $Z^{(2)}$ 的分布函数 $f_1(z)$ 和 $f_2(z)$ 可近似地取为正态分布。如果将 Z_0 取为区分液化与不液化的界限液化势指数,在 $Z^{(1)}$ 中大于 Z_0 的则正确地判断为液化事例,而小于 Z_0 的则误判为不液化事例;相似地,在 $Z^{(2)}$ 中小于 Z_0 的则正确地判为不液化事例,而大于 Z_0 的则误判液化事例,如图 10.13 所示。从图 10.13 可见,当界限液化势指数等于 Z_0 时,判别液化的成功率 $p^{(1)}$ 和不液化的成功率 $p^{(2)}$ 分别为

$$\begin{cases} p^{(1)} = \dfrac{\displaystyle\int_{z_0}^{\infty} f_1(z) \mathrm{d}z}{\displaystyle\int_{-\infty}^{\infty} f_1(z) \mathrm{d}z} \\[4mm] p^{(2)} = \dfrac{\displaystyle\int_{z_0}^{\infty} f_2(z) \mathrm{d}z}{\displaystyle\int_{-\infty}^{\infty} f_2(z) \mathrm{d}z} \end{cases} \tag{10.62}$$

由式(10.62)可见,判别液化和不液化的成功率均是界限液化势指数 Z_0 的函数。因此,可根据所希望达到的判别成功率由式(10.62)来确定界限液化势指数 Z_0 。图 10.13 中的阴影部分表示判别为液化和不液化事例的误判率。为了使判别液化和不液化的成功率比较均衡,可令

$$p^{(1)} = p^{(2)} \tag{10.63}$$

根据式(10.63)的条件,可由式(10.62)确定出相应的 Z_0 ,即可作为界限液化势指数值。

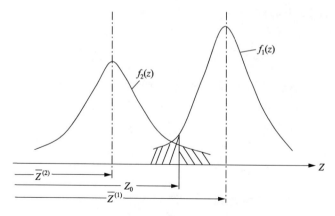

图 10.13　$Z^{(1)}$、$Z^{(1)}$ 取值分布及界限液化势指数 Z_0

3. 影响因素的无量纲化及影响因素的非线性考虑

在此应指出，表示每个影响因素 x_i 的量纲及离散程度是不同的，在分析中直接应用 x_i 会影响判别结果的精确性。如果将每个影响因素 x_i 规格化成无量纲的量再按上述方法进行分析会更好。影响因素的无量纲的量 $y_{i,j}$ 定义如下：

$$y_{i,j} = \frac{x_{i,j} - \bar{x}_i}{S_i} \tag{10.64}$$

式中，$x_{i,j}$ 为地震现场液化调查中第 j 个事例的第 i 个影响因素的值；$\bar{x}_i$ 为所有调查事例的第 i 个因素的平均值：

$$\bar{x}_i = \sum_{j=1}^{m_1+m_2} x_{i,j}/(m_1 + m_2) \tag{10.65}$$

S_i 为所有调查事例的第 i 个因素的均方差：

$$S_i = \left[\sum_{j=1}^{m_1+m_2} (x_{i+j} - \bar{x}_i)^2/(m_1 + m_2 - 1) \right]^{\frac{1}{2}} \tag{10.66}$$

这样，可令液化势指数函数 Z 为

$$Z = \sum_{i=1}^{n} l_i y_i \tag{10.67}$$

其他与前述相同。

从式(10.41)和式(10.67)可见，均令液化势指数函数 Z 为影响因素的线性组合。实际上，有的影响因素的影响可能是非线性的。因此，这种做法在数学上虽然简单但会影响判别结果的精确性。如果从物理或力学上考虑，根据经验将液化指数函数取为各影响因素的某种函数的线性组合会更好。另外，在影响液化的诸因素中，有些因素的影响不是独立的，而当与其他因素有关时，还可以在液化势指数函数中叠加上某两个因素的乘积项。

4. 一个例子

谷本喜一等基于 35 个地震现场液化调查事例按上述方法确定出了一个液化势函数。在建立液化势函数时考虑了四个影响因素：①地下水位埋深，以 x_1 表示，m；②砂的埋深，以 x_2 表示，m；③标准贯入锤击数，以 x_3 表示；④地面运动最大水平加速度，以 x_4 表示，g。最后得到

$$\begin{cases} Z = x_1 - 0.28x_2 - 1.09x_3 + 0.37x_4 \\ Z_0 = -9.17 \end{cases} \tag{10.68}$$

相应的判别成功率为 78.5%。

基于同样的地震现场液化调查事例，考虑表 10.9 所示的六个影响因素，并将影响因素无量纲化，建立了如下液化势函数：

$$\begin{cases} Z = y_1 - 1.15y_2 - 0.14y_3 - 1.30y_4 - 4.39y_5 + 5.37y_6 \\ Z_0 = -2.46 \end{cases} \tag{10.69}$$

相应的判别成功率为 83.4%。在计算式(10.69)中的 y_i 时需要相应的 $\bar{x}_i$ 和 S_i，这两个数值在表 10.9 中给出。

表 10.9　影响液化因素及相应的 $\bar{x}_i$ 和 S_i

符号	影响因素	$\bar{x}_i$	S_i
x_1	地震等级	7.57	0.87
x_2	震中距/km	71.00	65.99
x_3	地下水埋深/m	1.84	1.42
x_4	砂埋深/m	5.50	1.61
x_5	标准贯入锤击数/次	9.40	7.11
x_6	地面运动历时/s	63.20	53.53

比较式(10.68)和式(10.69)可见，如果考虑更多的影响因素并将其无量纲化，其判别成功率会得到提高。

另外，文献[7]考虑影响因素的二次项影响按上述液化势指数法进行了液化判别。

10.5　水平场地液化判别方法——能量法

本节主要参考文献[8]表述水平场地液化判别的能量法。能量法与前述方法不同，它在处理地震现场调查资料时，考虑了液化机理，并且是在适当的物理力学概念指导下建立的。

能量法的基本概念如下。

(1) 当饱和砂土孔隙水压力升高到有效上覆压力时，则认为达到了液化条件。

(2) 饱和砂土的孔隙水压力升高与在土中消散的地震能量有关。

(3) 在土中消散的地震能量与土的性质和所受的静应力有关，可认为取决于土的修

正标准贯入锤击数和有效上覆压力。

（4）在土中消散的地震能量是达到场地地震能量的一部分，而到达场地的地震能量取决于地震释放的总能力量和场地至地震能量释放中心的距离。

（5）地震释放的总能量与地震的震级有关。

下面，对上述的每一点做进一步说明。

1. 地震释放的总能量 E_0

根据地震学，地震释放的总能量 E_0 可按式（10.68）计算：

$$E_0 = 10^{1.5M+1.8} \tag{10.70}$$

式中，M 为地震震级。

2. 到达场地的能量

根据地震学，到达场地的能量 $E(r)$ 可按式（10.69）计算：

$$E(r) = \frac{C_1 E_0}{r^2} \tag{10.71}$$

式中，r 为场地至地震能量释放中心的距离；C_1 为系数。

3. 场地土中消散的能量 $\Delta E(r)$

按上述第三点和第四点，场地土中消散的能量可用式（10.72）确定：

$$\Delta E(r) = \Lambda(N_1, \sigma_v) E(r) \tag{10.72}$$

式中，$\Lambda(N_1, \sigma_v)$ 为消散函数；N_1、σ_v 分别为修正标准贯入锤击数及有效上覆压力。

N_1 按式（10.73）确定：

$$N_1 = \left(0.77 \lg \frac{2000}{\sigma_v} \right) N \tag{10.73}$$

式中，σ_v 以 kPa 计。

地震现场液化调查和室内试验均表明，有效上覆压力越大越不容易液化，即在土中消散的能量越小。因此，$\Lambda(N_1, \sigma_v)$ 可进一步写成如下形式：

$$\Lambda(N_1, \sigma_v) = \lambda(N_1) \sigma_v^{-\frac{1}{2}}$$

式中，$\lambda(N_1)$ 只是修正标准贯入锤击数的函数。

4. 孔隙水压力 u

孔隙水压力 u 与土中消散的能量有关，因此可写成如下形式：

$$u = C_2 \Delta E(r) \tag{10.74}$$

式中，C_2 为系数。将上面诸式代入得

$$u = \frac{C(N_1)}{r^2 \sigma_v^{\frac{1}{2}}} 10^{1.5M} \tag{10.75}$$

式中，$C(N_1) = C_1 C_2 \lambda(N_1) 10^{1.8}$。

改写式(10.75)得

$$C(N_1) = r^2 u \sigma_v^{\frac{1}{2}} 10^{-1.5M} \tag{10.76}$$

5. 液化条件

按上述第一点，达到液化条件时 $u = \sigma_v$，将其代入式(10.76)，得达到液化条件时

$$C(N_1)_{cr} = r^2 \sigma_v^{\frac{3}{2}} 10^{1.5M} \tag{10.77}$$

对于液化场地，由于 $u \geqslant \sigma_v$，如以式(10.77)代替式(10.76)计算 $C(N_1)$ 值，则将 $C(N_1)$ 值算小了；对于没液化场地，由于 $u < \sigma_v$，如以式(10.77)代替式(10.76)计算 $C(N_1)$，则将 $C(N_1)$ 值算大了。这样，如果以式(10.77)计算每个地震现场液化调查事例的 $C(N_1)$ 值并点在以 $C(N_1)$ 为纵坐标、N_1 为横坐标的坐标系中，则液化事例的点位于左下部，而没有液化事例的点位于右上部。这两个区的分界线就是 $C(N_1)_{cr}$-N_1 关系线，如图 10.14 所示，它可表示成

$$C(N_1)_{cr} = 450 N_1^{-2} \tag{10.78}$$

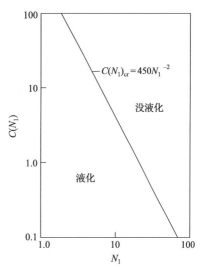

图 10.14　$C(N_1)_{cr}$-N_1 关系的确定

6. 液化判别

按上述，如果

$$r^2 \sigma_v^{\frac{3}{2}} 10^{1.5M} \leqslant 450 N_1^{-2} \tag{10.79}$$

则液化，否则不液化。

10.6　水平场地液化判别方法——剪应变法

本节主要参考文献[9]和[10]表述水平场地液化判别的剪应变法。

1. 应力式和应变式液化试验结果的比较

如第 7 章所述，饱和砂土的液化性能可由应力式动三轴试验来研究，图 10.15(a)给出了不同成型方法的饱和砂土样在 5 次和 10 次作用下产生的孔隙水压力与动剪应力比 $\frac{\sigma_{a,d}}{2\sigma_3}$ 之间的关系。从该图可看出，所产生的孔隙水压力与饱和砂土样的成型方法有关，即与饱和砂土的结构有关。饱和砂土的液化性能也可由应变式动三轴试验来研究，图 10.15(b)给出了不同成型方法的饱和砂土样在 5 次和 10 次作用下产生的孔隙水压力与

动剪应变幅值的关系。从该图可看出,所发生的孔隙水压力几乎不受饱和砂土样成型方法的影响,即与饱和砂土的结构几乎无关。图 10.16(a)所示的应变式动三轴试验结果进一步证实了这一点;另外,所发生的孔隙水压力与剪应变幅值的关系也不受砂土类型的影响。图 10.16(b)所示的应变式动三轴试验结果进一步揭示了所发生的孔隙水压力与剪应变幅值的关系还不受饱和砂土相对密度的影响。

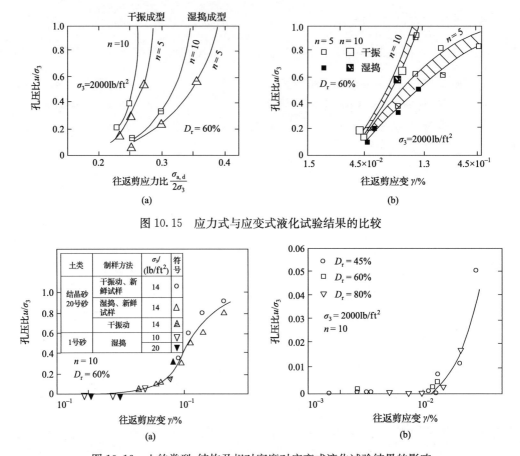

图 10.15　应力式与应变式液化试验结果的比较

图 10.16　土的类型、结构及相对密度对应变式液化试验结果的影响

综上所述,如果以动剪应变幅值表示动荷载的作用,则试验结果不受固结压力、相对密度、砂土的颗粒组成及结构的影响。但是,这并不意味着这些因素不影响饱和砂土的液化性能,而应理解为这些因素的影响包括在动剪应变幅值之中。实际上,动剪应变幅值 $\bar{\gamma}_d$ 可按如下公式计算:

$$\bar{\gamma}_d = \frac{\bar{\tau}_d}{G}$$

式中,$\bar{\tau}_d$ 为动剪应力幅值;G 为动剪切模量,与固结压力、土的相对密度、颗粒组成和结构有关。由此可见,在动剪应变幅值中包括了这些因素的影响,并以动剪切模量 G 代替了这些影响因素,其优点是土的动剪切模量在定量上比这些因素更容易测量。

2. 临界剪应变及等价剪应变的确定

从图 10.16(b)可见,当剪应变幅值小于某个数值时,动剪切作用不会引起孔隙水压力的升高。这个数值大于等于 10^{-4},而且不因砂土的类型、相对密度和结构而改变。通常,把这个剪应变称为临界剪应变,以 γ_{cr} 表示。实际上,这个临界剪应变 γ_{cr} 应和第 7 章所讲的屈服剪应变 γ_y 相当。这样,令 $\gamma_{hv,eq}$ 表示水平地面下饱和砂土所受的等价剪应变幅值,如果

$$\gamma_{hv,eq} < \gamma_{cr} \tag{10.80}$$

则不发生液化。地震时水平地面下饱和砂土所受的等价剪应变幅值可按 Seed 简化法确定。按等效线性化模型,等价剪应变幅值可按式(10.81)确定:

$$\gamma_{hv,eq} = \frac{\tau_{hv,eq}}{G(\gamma_{hv,eq})} \tag{10.81}$$

式中,$G(\gamma_{hv,eq})$ 为与等价剪应变幅值相应的动剪切模量,可按式(10.82)确定:

$$G(\gamma_{hv,eq}) = \alpha(\gamma_{hv,eq})G_{max} \tag{10.82}$$

式中,$\alpha(\gamma_{hv,eq})$ 为与等价剪应变幅值相应的模量折减系数,可由等价线性化模型的 $\frac{G}{G_{max}}$-γ 关系线确定。将 Seed 简化法计算等价剪应力的公式及式(10.82)代入式(10.81)则得

$$\gamma_{hv,eq} = 0.65\gamma_d \frac{a_{max}}{g} \frac{\sum_i \gamma_i h_i}{\alpha(\gamma_{hv,eq})G_{max}} \tag{10.83}$$

式中,最大剪切模量可由现场测试的剪切波波速 V_s 确定,即

$$G_{max} = \rho V_s^2$$

将其代入式(10.83)得

$$\gamma_{hv,eq} = 0.65\gamma_d \frac{a_{max}}{g} \frac{\sum_i \gamma_i h_i}{\alpha(\gamma_{hv,eq})\rho V_s^2} \tag{10.84}$$

从式(10.84)可见,式(10.84)的两端均含有 $\gamma_{hv,eq}$,因此必须采取迭代的方法计算 $\gamma_{hv,eq}$,具体的计算步骤如下。

(1) 假定一个 $\gamma_{hv,eq}$。
(2) 由 $\gamma_{hv,eq}$ 按等效线性化模型确定出相应的 $\alpha(\gamma_{hv,eq})$ 值。
(3) 按式(10.83)或式(10.84)计算出一个新的等价剪应变幅值 $\gamma_{hv,eq}$。
(4) 重复第(2)步和第(3)步,直至相邻两次计算的等价剪应变幅值的误差满足要求。

3. 引起液化所要求的剪应变的确定

式(10.80)只表明,如果 $\gamma_{hv,eq}$ 小于 γ_{cr} 则不发生液化,因为动剪切作用不会引起孔隙水压力升高。但是,该式并不表明,如果 $\gamma_{hv,eq}$ 大于等于 γ_{cr} 则一定要发生液化。当 $\gamma_{hv,eq}$ 大

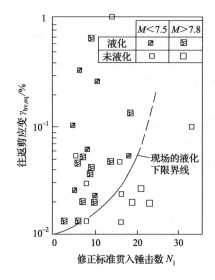

图 10.17　引起液化所要求的
剪应变的确定

于 γ_{cr} 时,是否发生液化取决于动剪切作用引起的孔隙水压力升高的程度。引起液化所要求的剪应变幅值 $[\gamma_{hv,d}]$ 可由地震现场液化调查资料确定,确定方法如下。

(1) 对地震现场调查的每一个事例,包括液化和没液化的,确定出饱和砂土的修正标准贯入锤击数 N_1。

(2) 对地震现场调查的每一个事例,包括液化和没液化的,按上述方法确定出等价剪应变 $\gamma_{hv,eq}$。

(3) 液化的事例以实方块表示,没液化的事例以空方块表示,将液化和没液化的事例点在以等价剪应变 $\gamma_{hv,eq}$ 为纵坐标、修正标准贯入锤击数 N_1 为横坐标的坐标系中,如图 10.17 所示。

(4) 从图 10.17 可见,液化的事例分布在图的左上部,没液化事例分布在图的右下部,两部分的分界线即为引起液化所要求的剪应变 $[\gamma_{hv,d}]$ 与修正标准贯入锤击数 N_1 的关系线,位于该线上的点处于临界液化状态。

4. 液化判别

按上述,应用剪应变判别水平地面下饱和砂土液化的方法如下。

(1) 根据标准贯入试验锤击数 N 及其有效上覆压力 σ_v 确定出相应的修正标准贯入锤击数 N_1。

(2) 由修正标准贯入锤击数 N_1 及图 10.17 确定出相应的引起液化所要求的剪应变 $[\gamma_{hv,eq}]$。

(3) 按式(10.83)或式(10.84)确定出地震时饱和砂土所受到的等价剪应变 $\gamma_{hv,eq}$。

(4) 如果

$$\gamma_{hv,eq} \geqslant [\tau_{hv,d}] \tag{10.85}$$

则发生液化;否则,不发生液化。

10.7　平面应变状态下的液化判别方法

上面表述了自由水平地面下饱和砂土和粉土的液化判别方法。这里,再次指出这些方法只适用于满足或近似满足下列条件的情况。

(1) 土单元在静力上处于 K_0 状态,即:①水平向正应力与竖向正应力之比等于静止土压力系数 K_0;②土单元的水平面为最大主应力面,竖向面为最小主应力面,剪应力 τ_{hv} 等于零。

(2) 土单元在地震时只受水平动剪应力 $\tau_{hv,d}$ 的作用。

但是,在许多情况下,如土坝等土工结构物和建筑物地基土体中的土单元,上述条件一般是不能得以满足的。因此,上述方法不适用于土坝等土工结构物和建筑物地基中饱和砂土和粉土的液化判别。现在,土工结构物和建筑物地基中的饱和砂土和粉土的液化判别通常采用基于试验——分析途径的判别方法。鉴于许多工程实际问题可以简化成平面应变问题,下面来表述在平面应变状态下饱和砂土和粉土的液化判别方法。

1. 平面应变状态下液化判别的试验——分析途径

在平面应变状态下液化判别的试验——分析途径,首先是由 Seed、Lee 和 Idriss 提出的,通常称为 Seed-Lee-Idriss 途径[11],其主要步骤如下。

(1) 确定场地的设计地震参数。

Seed-Lee-Idriss 法一般用于大型工程。由于这些工程很重要,仅根据地震动区划图确定地震烈度或地面运动加速度峰值可能是不够的。有时要根据历史地震活动性和所在地区的地震地质条件对设计地震参数进行专门研究。这种研究称为工程场地地震危险性分析。地震危险性分析应提供如下结果:①与指定期限内某个超越概率相应的地面运动水平加速度峰值;②设计加速度反应谱;③设计地震加速度时程曲线。

(2) 选择分析断面和确定断面的几何和土层组成条件。

选择的分析断面应是有代表性的或最不利的断面。因此,一个实际工程的分析断面通常是几个断面。对每个分析断面分别确定出相应的几何条件,包括:断面的几何尺寸、断面中土的分布、地下水位埋深。

(3) 选择土的静力学模型并确定模型参数。

选择的土的静力学模型用于土体的静力分析。由于土的力学性能具有明显的非线性,所选用的静力学模型应为非线性模型。在实际工程中,通常选用的非线性力学模型为:①线弹性-理想塑性模型,如德鲁克-普拉格模型;②非线性弹性模型,如邓肯-张模型。

所选用的静力学模型参数应由静力试验测定。由于所要进行的静力分析是确定在使用期的应力和变形,相应的静力学模型参数应由土的静力排水三轴剪切试验测定。

(4) 选择土的动力学模型并确定模型参数。

选择的土动力学模型用于土体的地震反应分析。同样,由于在地震作用下土的动力学性能具有明显的非线性,所选用的动力学模型应为非线性模型。在实际工程中,通常选用两种非线性动力学模型:等效线性化模型和滞回曲线类型的弹塑性模型。

如上所述,在二维地震反应分析中大多采用等效线性化模型,所选用的动力学模型参数应该由动力试验(如共振柱试验或动三轴试验)来确定。

(5) 确定土的抗液化性能。

饱和砂土和粉土的抗液化性能通常由动三轴试验确定。由动三轴试验可确定出液化应力条件。液化应力条件可用液化时破坏面或最大剪切作用面上的应力条件表示。但是,如前述,动三轴液化试验的基本结果为在不同固结比下的 $[\sigma_{ad}/(2\sigma_3)]$-$N_c$ 关系曲线。由该曲线可按第 7 章所述的方法确定出液化时破坏面或最大剪切作用面上静剪应力比 α_s、静正应力 σ_s 及动剪应力幅值 $[\tau_d]$。然后,可确定出在指定作用次数下发生液化时破坏面上或最大剪切作用面上的 $[\tau_d]$-σ_s 关系线。该关系线以破坏面上的静剪应力比 α_s 为参数,如图 10.18 所示。

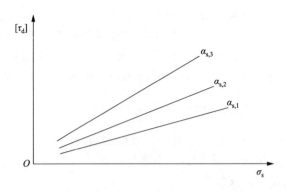

图 10.18　在指定作用次数下发生液化时,破坏面或最大作用面上动剪应力幅值
$[\tau_d]$ 与静正应力 σ_s 的关系

（6）进行土体的静力分析。

土体的静力分析通常采用数值分析方法,如有限元体。对每个选择的断面进行分析,求出在每个分析断面中土单元的应变、应力和各结点的位移。静力分析的具体方法已在前面表述了,在此不再重复。

（7）进行土体的地震反应分析。

土体的地震反应分析可按前面所述的方法进行。对所选择的分析断面,求出在断面中每个土单元的动应力、动应变及各结点的加速度随时间的变化,特别是最大幅值。

应指出,为了方便分析,采用的断面网格剖分应与静力分析采用的相应断面网格剖分相同。

（8）根据所受的静应力及动应力确定出每个断面土单元在破坏面或最大剪切作用面上实际所受的静剪应力比、静正应力及动剪应力。这个问题将在下面专门表述。

（9）将每个断面土单元的破坏面或最大剪切作用面上实际的动剪应力与引起破坏所要求的动剪应力比较,如果前者大于后者,则发生液化;否则,不发生液化。

2. 土单元破坏面或最大剪切作用面上的应力分量[12,13]

土单元破坏面或最大剪切作用面上所受的应力分量包括静剪应力、静正应力、动剪应力。如前所述,可以将最大剪切作用面作为土单元的破坏面。在平面应变状态下,可以根据土单元的静应力和动应力确定出最大剪切作用面及其上的静应力动应力分量。下面分如下三种情况来表述在平面应变条件下土单元最大剪切作用面上应力分量的确定方法。

1) 土单元只受水平动剪应力作用

通常,假定地震以从岩基向上传播的水平运动为主。因此,在实际工程问题中一般只考虑地震在土单元中所产生的水平剪应力。

设土单元所受的静应力分量为 σ_x、σ_y、τ_{xy},动剪应力为 $\tau_{xy,d}$。这样,可以绘出静应力莫尔图 O_s 及静应力与动剪应力的合成应力莫尔图 $O_{s,d}$,如图 10.19 所示。在图 10.19 中,O_s 圆上的 1 点表示 x 面在 O_s 圆上的位置,它与静力最大主应力面成 θ_s 角。在 $O_{s,d}$ 上的 $1'$ 点表示 x 面叠加上动剪应力 $\tau_{xy,d}$ 后在合成应力圆上的位置。从图 10.19 可见,x 面叠加上动剪应力之后,与合成应力的最大主应力面成 $\theta_{s,d}$ 角。设任意一个面与 x 面成 β 角,在 O_s 圆上以 2

表示,该面在合成应力圆 $O_{s,d}$ 上的位置以 $2'$ 表示。该面上的静应力可由式(10.86)确定:

$$\begin{cases} \sigma_s = \sigma_0 + R_s\cos2(\theta_s + \beta) \\ \tau_s = R_s\sin2(\theta_s + \beta) \end{cases} \tag{10.86}$$

式中

$$\begin{cases} \sigma_0 = \dfrac{\sigma_x + \sigma_y}{2} \\ R_s = \dfrac{1}{2}\sqrt{(\sigma_x - \sigma_y)^2 + 4\tau_{xy}^2} \end{cases} \tag{10.87}$$

该面上的合成剪应力可由式(10.88)确定:

$$\begin{cases} \tau_{s,d} = R_{s,d}\sin2(\theta_{s,d} + \beta) \\ R_{s,d} = \dfrac{1}{2}\sqrt{(\sigma_x - \sigma_y)^2 + 4(\tau_{xy} + \tau_{xy,d})^2} \end{cases} \tag{10.88}$$

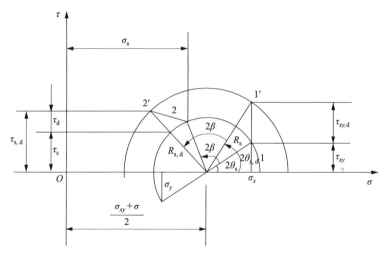

图 10.19　最大剪切作用面的确定

由式(10.88)和式(10.87)可得该面上的动剪应力 τ_d 为

$$\tau_d = R_{s,d}\sin2(\theta_{s,d} + \beta) - R_s\sin2(\theta_s + \beta) \tag{10.89}$$

而该面上的动剪应力比为 τ_d/σ_s,令以 α_d 表示,则得

$$\alpha_d = \frac{R_{s,d}\sin2(\theta_{s,d} + \beta) - R_s\sin2(\theta_s + \beta)}{\sigma_0 + R_s\cos2(\theta_s + \beta)} \tag{10.90}$$

从式(10.90)可见,该面上的动剪应力比 α_d 是该面与 x 面夹角 β 的函数。因此,如果该面上的动剪应力比 α_d 为最大,则应满足下列条件:

$$\frac{\mathrm{d}\alpha_d}{\mathrm{d}\beta} = 0 \tag{10.91}$$

将式(10.90)代入式(10.91),并完成微分运算得

$$\sigma_0[R_{s,d}\cos2(\theta_{s,d}+\beta) - R_s\cos2(\theta_s+\beta)] + R_sR_{s,d}\cos2(\theta_{s,d}-\theta_s) - R_s^2 = 0 \quad (10.92)$$

可以证明

$$R_sR_{s,d}\cos2(\theta_{s,d}-\theta_s) = R_s^2 + \tau_{xy}\tau_{xy,d}$$

将其代入式(10.92)得

$$\sigma_0[R_{s,d}\cos2(\theta_{s,d}+\beta) - R_s\cos2(\theta_s+\beta)] + \tau_{xy}\tau_{xy,d} = 0$$

又由于

$$R_{s,d}\cos2(\theta_{s,d}+\beta) - R_s\cos2(\theta_s+\beta) = \tau_{xy,d}\sin2\beta$$

将其代入上式,得

$$\sin2\beta = -\frac{\tau_{xy}}{\sigma_0} \quad (10.93)$$

从式(10.93)可见,β 角与所受的动水平剪应力的大小无关,只取决于静应力。

将式(10.89)简化,得

$$\tau_d = \tau_{xy,d}\cos2\beta$$

由式(10.93)求出 $\cos2\beta$ 并取负值,代入上式得

$$\tau_d = -\frac{\tau_{xy,d}}{\sigma_x+\sigma_y}\sqrt{(\sigma_x+\sigma_y)^2 - 4\tau_{xy}^2} \quad (10.94)$$

取 $\cos2\beta$ 为负值,由式(10.86)第二式得

$$\tau_s = -\frac{\tau_{xy}}{\sigma_x+\sigma_y}[\sqrt{(\sigma_x+\sigma_y)^2 - 4\tau_{xy}^2} + (\sigma_x-\sigma_y)] \quad (10.95)$$

由式(10.86)第一式得

$$\sigma_s = -\frac{\sqrt{(\sigma_x+\sigma_y)^2 - 4\tau_{xy}^2}}{2(\sigma_x+\sigma_y)}[\sqrt{(\sigma_x+\sigma_y)^2 - 4\tau_{xy}^2} - (\sigma_x-\sigma_y)] \quad (10.96)$$

按静剪应力比定义,如果以 α_s 表示静剪应力,则

$$\alpha_s = \left|\frac{2\tau_{xy}}{\sqrt{(\sigma_x+\sigma_y)^2 - 4\tau_{xy}^2}}\right| \quad (10.97)$$

同样,按动剪应力比的定义,如果以 α_d 表示动剪应力比,则

$$\alpha_d = \left|\frac{2\tau_{xy,d}}{\sqrt{(\sigma_x+\sigma_y)^2 - 4\tau_{xy}^2} - (\sigma_x-\sigma_y)}\right| \quad (10.98)$$

在此应指出,如果式(10.95)、式(10.96)及式(10.98)中的 $\sigma_x-\sigma_y$ 为负数,则应取其绝对值。

2) 土单元只受动差应力作用

设动正应力分量分别为 $\sigma_{x,\mathrm{d}}$ 和 $\sigma_{y,\mathrm{d}}$，则分解成如下两部分：

$$\sigma_{o,\mathrm{d}} = \frac{\sigma_{x,\mathrm{d}} + \sigma_{y,\mathrm{d}}}{2} \tag{10.99}$$

及

$$\begin{cases} \sigma_{x,\mathrm{d}} - \sigma_{o,\mathrm{d}} = \dfrac{\sigma_{x,\mathrm{d}} - \sigma_{y,\mathrm{d}}}{2} \\[2mm] \sigma_{y,\mathrm{d}} - \sigma_{o,\mathrm{d}} = -\dfrac{\sigma_{x,\mathrm{d}} - \sigma_{y,\mathrm{d}}}{2} \end{cases} \tag{10.100}$$

对于饱和土，第一部分由孔隙水承受，对液化没影响；第二部分为由土骨架承受的差应力，会引起液化。因此，由土骨架承受的静应力为 σ_x、σ_y、τ_{xy}，动差应力为 $\dfrac{\sigma_{x,\mathrm{d}} - \sigma_{y,\mathrm{d}}}{2}$、$-\dfrac{\sigma_{x,\mathrm{d}} - \sigma_{y,\mathrm{d}}}{2}$。相应的静应力莫尔圆 O_s 和静应力与动差应力的合成应力莫尔圆 $O_{s,\mathrm{d}}$ 如图 10.20 所示。

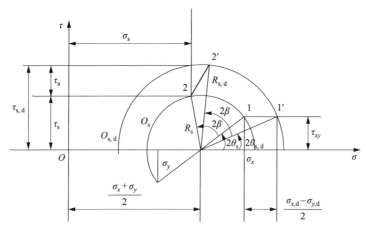

图 10.20　最大剪切作用面的确定

设 x 面在静莫尔圆的位置为 1 点，在静动合成应力莫尔圆上的位置为 $1'$ 点。设任意一个面与 x 面成 β 角，在静力莫尔圆上的位置为 2 点，在静动合成应力莫尔圆上的位置为 $2'$ 点。由图 10.20 可知，在该种情况下式(10.86)~式(10.88)的第一式仍然成立，但式(10.88)第二式变成如下形式：

$$R_{s,\mathrm{d}} = \frac{1}{2}\sqrt{\left[(\sigma_x - \sigma_y) + (\sigma_{x,\mathrm{d}} - \sigma_{y,\mathrm{d}})\right]^2 + 4\tau_{xy}^2} \tag{10.101}$$

同样，式(10.89)~(10.92)仍然成立。但是式(10.92)左端第二项为

$$R_s R_{s,\mathrm{d}} \cos 2(\theta_{s,\mathrm{d}} - \theta_s) = R_s^2 + \frac{\sigma_x - \sigma_y}{2}\frac{\sigma_{x,\mathrm{d}} - \sigma_{y,\mathrm{d}}}{2}$$

将其代入式(10.92)得

$$\sigma_0 [R_{s,d}\cos 2(\theta_{s,d}+\beta) - R_s\cos 2(\theta_s+\beta)] + \frac{\sigma_x-\sigma_y}{2}\frac{\sigma_{x,d}-\sigma_{y,d}}{2} = 0$$

又由于

$$R_{s,d}\cos 2(\theta_{s,d}+\beta) - R_s\cos 2(\theta_s+\beta) = \frac{\sigma_{x,d}-\sigma_{y,d}}{2}\cos 2\beta$$

将其代入上式,得

$$\cos 2\beta = -\frac{\sigma_x-\sigma_y}{\sigma_x+\sigma_y} \tag{10.102}$$

简化式(10.89)得

$$\tau_d = \frac{\sigma_{x,d}-\sigma_{y,d}}{2}\sin 2\beta$$

由式(10.102)计算出 $\sin 2\beta$ 取正值,代入上式得

$$\tau_d = \frac{\sigma_{x,d}-\sigma_{y,d}}{\sigma_x+\sigma_y}\sqrt{\sigma_x\sigma_y} \tag{10.103}$$

取 $\sin 2\beta$ 为正值,由式(10.86)第二式得

$$\tau_s = \frac{\sigma_x-\sigma_y}{\sigma_x+\sigma_y}(-\tau_{xy}+\sqrt{\sigma_x\sigma_y}) \tag{10.104}$$

由式(10.86)第一式得

$$\sigma_s = \frac{2\sqrt{\sigma_x\sigma_y}}{\sigma_x+\sigma_y}(\sqrt{\sigma_x\sigma_y}-\tau_{xy}) \tag{10.105}$$

按静剪应力比定义,得

$$\alpha_s = \left|\frac{\sigma_x-\sigma_y}{2\sqrt{\sigma_x\sigma_y}}\right| \tag{10.106}$$

按动剪应力比定义得

$$\alpha_d = \left|\frac{\sigma_{x,d}-\sigma_{y,d}}{2(\sqrt{\sigma_x\sigma_y}-\tau_{xy})}\right| \tag{10.107}$$

同样,如果式(10.104)、式(10.106)中 $\sigma_x-\sigma_y$ 为负,则应取其绝对值。

3) 土单元受动水平剪应力和差应力共同作用[14]

更一般情况,土单元同时受动水平剪应力 $\tau_{xy,d}$ 和差应力 $\frac{\sigma_{x,d}-\sigma_{y,d}}{2}$、$-\frac{\sigma_{x,d}-\sigma_{y,d}}{2}$ 作用。图 10.21 给出了这种情况下的静应力莫尔圆 O_s 和静动合成应力莫尔圆 $O_{s,d}$。x 面在静应力莫尔圆上的位置以 1 点表示,在合成应力莫尔圆上以 1′点表示。与 x 面成 β 角的任一个面在静应力莫尔圆上的位置以 2 点表示,在合成应力莫尔圆上以 2′点表示。同样,在这

种情况下,式(10.86)~式(10.88)的第一式仍成立,但式(10.88)的第二式变成如下形式:

$$R_{s,d} = \frac{1}{2}\sqrt{\left[(\sigma_x - \sigma_y) + (\sigma_{x,d} - \sigma_{y,d})\right]^2 + 4\left(\tau_{xy} + \tau_{xy,d}\right)^2} \qquad (10.108)$$

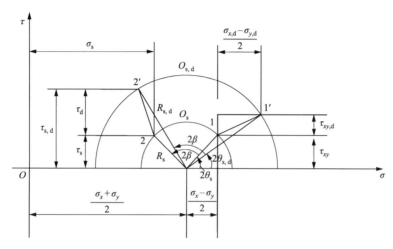

图 10.21　最大剪切作用面的确定

同样,式(10.89)~式(10.92)仍然成立。但是,式(10.92)左端第二项为

$$R_{s,d}R_s\cos2(\theta_{s,d} - \theta_s) = R_s^2 + \frac{\sigma_x - \sigma_y}{2}\frac{\sigma_{x,d} - \sigma_{y,d}}{2} + \tau_{xy}\tau_{xy,d}$$

将其代入式(10.108)得

$$\sigma_0\left[R_{s,d}\cos2(\theta_{s,d} + \beta) - R_s\cos2(\theta_s + \beta)\right] + \frac{\sigma_x - \sigma_y}{2}\frac{\sigma_{x,d} - \sigma_{y,d}}{2} - \tau_{xy}\tau_{xy,d} = 0$$

又由于

$$\sigma_0\left[R_{s,d}\cos2(\theta_{s,d} + \beta) - R_s\cos2(\theta_s + \beta)\right] = \frac{\sigma_{x,d} - \sigma_{y,d}}{2}\cos2\beta - \tau_{xy,d}\sin2\beta$$

将其代入上式得

$$\frac{\sigma_{x,d} - \sigma_{y,d}}{2}\left(\cos2\beta + \frac{\sigma_x - \sigma_y}{2\sigma_0}\right) - \tau_{xy,d}\left(\sin2\beta + \frac{\tau_{xy}}{\sigma_0}\right) = 0 \qquad (10.109)$$

令

$$\begin{cases} B_s = \dfrac{\sigma_x - \sigma_y}{2\sigma_0} \\[2mm] B_d = \dfrac{\sigma_{x,d} - \sigma_{y,d}}{2} \\[2mm] C_s = \dfrac{\tau_{xy}}{\sigma_0} \\[2mm] C_d = \tau_{xy,d} \\[2mm] D_{s,d} = B_sB_d - C_sC_d \end{cases} \qquad (10.110)$$

则式(10.108)可写成如下形式：

$$B_d\cos2\beta - C_d\sin2\beta + D_{s,d} = 0 \tag{10.111}$$

从式(10.110)可见,当 $B_d=0$ 或 $C_d=0$ 时,分别变成土单元只受动剪应力或动差应力作用的情况。如前所述,在这两情况下,最大剪切作用面取决于土单元所受的静应力,而与动应力无关。但是,从式(10.111)可见,当土单元在动剪应力和动差应力共同作用的情况下,最大剪切作用面不仅取决于所受的静应力,还与所受的动应力有关。这表明,在前两种情况下,最大剪切作用面在动力作用过程中是不变的,而在后一种情况下,最大剪切作用面在动力作用过程中的每个时刻都在变化。

由式(10.111)可得

$$(B_d^2 + C_d^2)\cos^2 2\beta + 2B_d D_{s,d}\cos2\beta + (D_{s,d}^2 - C_d^2) = 0$$

解该二次方程式得

$$\cos2\beta = \frac{-B_d D_{s,d} - C_d\sqrt{B_d^2 - D_{s,d}^2 + C_d^2}}{B_d^2 + C_d^2} \tag{10.112}$$

则

$$\sin2\beta = \sqrt{1 - \cos^2 2\beta} \tag{10.113}$$

另外,在这种情况下,由式(10.89)得

$$\tau_d = \tau_{xy,d}\cos2\beta + \frac{\sigma_{x,d} - \sigma_{y,d}}{2}\sin2\beta \tag{10.114}$$

由式(10.86)第二式得

$$\tau_s = \tau_{xy}\cos2\beta + \frac{\sigma_x - \sigma_y}{2}\sin2\beta \tag{10.115}$$

由式(10.86)第一式得

$$\sigma_s = \sigma_0 + \frac{\sigma_x - \sigma_y}{2}\cos2\beta - \tau_{xy}\sin2\beta \tag{10.116}$$

这样,将由式(10.112)和式(10.113)求得的 $\sin2\beta$ 和 $\cos2\beta$ 代入式(10.114)～式(10.116),则可求得最大剪切作用面上的动剪应力 τ_d、静剪应力 τ_s 和静正应力 σ_s。然后,按动剪应力比和静剪应力比的定义,则可求得最大剪作用面上的动剪应力比 α_d 和静剪应力比 α_s。

3. 液化判别

由前述可知,在平面应变情况下液化判别的已知资料如下。

(1) 动三轴液化试验结果,并以图10.18所示的形式表示。

(2) 土体的静力分析和动力分析结果。假如这两部分资料已知,具体的判别方法如下。

① 根据静力分析和动力分析结果,按上述方法确定土体中每个土单元最大剪切作用

面上的应力分量,包括:等价动剪应力 $\tau_{d,eq}$、静正应力 σ_s、静剪应力比 α_s。

　　② 根据土单元最大剪切作用面上的静正应力 σ_s 和静剪应力比 α_s 由图 10.18 确定出引起液化所需要的最大剪切作用面的动剪应力 $[\tau_d]$。

　　③ 如果土单元最大剪切作用面上的等价动剪应力 $\tau_{d,eq}$ 大于等于引起液化所需要的动剪应力 $[\tau_d]$,即

$$\tau_{d,eq} \geqslant [\tau_d] \tag{10.117}$$

则土单元发生液化;否则,不液化。

　　下面,按上述三种情况对土单元最大剪切作用面上应力分量的确定做进一步说明。

　　1) 只考虑动水平剪应力 $\tau_{xy,d}$ 作用

　　如前所述,在这种情况下最大剪切作用面只取决于静应力,而与动应力无关,则在动力作用过程中最大剪切作用面及其上的静正应力 σ_s 和静剪应力比 α_s 保持不变。相应地,在动力作用过程中,由图 10.18 确定的 $[\tau_d]$ 也是不变的。当动水平剪应力 $\tau_{xy,d}$ 为最大时,最大剪切作用面上的动剪应力也为最大。因此,把等价的动水平剪应力 $\tau_{xy,d,eq}$ 代入式(10.94),则可求得最大剪切作用面上的等价动剪应力 $\tau_{d,eq}$,等价的动水平剪应力可按如下公式确定:

$$\tau_{xy,d,eq} = 0.65\tau_{xy,d,max}$$

式中,$\tau_{xy,d,max}$ 为最大动水平剪应力。

　　2) 只考虑动差应力 $\dfrac{\sigma_{x,d} - \sigma_{y,d}}{2}$ 作用

　　与只考虑动剪应力作用相似,在这种情况下最大剪切作用面也只取决于静应力,而与动应力无关,则在动力作用过程中最大剪切作用面上的静正应力 σ_s 和静剪应力比 α_s 保持不变。同样,在动力作用过程中,由图 10.18 确定的 $[\tau_d]$ 也是不变的。另外,由式(10.103)可知,当动差应力 $\dfrac{\sigma_{x,d} - \sigma_{y,d}}{2}$ 为最大时,最大剪切作用面上的动剪应力也为最大。因此,把等价的动差应力 $\dfrac{(\sigma_{x,d} - \sigma_{y,d})_{eq}}{2}$ 代入式(10.103),则可求最大剪切作用面上的等价动剪应力 $\tau_{d,eq}$。等价的动差应力可按式(10.118)确定:

$$\frac{(\sigma_{x,d} - \sigma_{y,d})_{eq}}{2} = 0.65 \frac{(\sigma_{x,d} - \sigma_{y,d})_{max}}{2} \tag{10.118}$$

式中,$\dfrac{(\sigma_{x,d} - \sigma_{y,d})_{max}}{2}$ 为最大的动差应力。

　　3) 动水平剪应力 $\tau_{xy,d}$ 和动差应力 $\dfrac{\sigma_{x,d} - \sigma_{y,d}}{2}$ 共同作用

　　如前所述,这种情况与前两种情况不同,土单元的最大剪切作用面不仅取决于静应力,还与其所受的动应力有关。这样,在动力作用过程中最大剪切作用面在不断地变化,相应的最大剪切作用面上的静剪应力 σ_s 和静剪应力比 α_s 也在不断地变化。因此,在动力作用过程中由图 10.18 确定的 $[\tau_d]$ 也在不断地变化。

　　文献[14]对这种情况下的液化判别进行了研究。从式(10.109)可见,动应力对土单

元最大剪切作用面的影响取决于动剪应力 $\tau_{xy,\mathrm{d}}$ 与动差应力 $\dfrac{\sigma_{x,\mathrm{d}}-\sigma_{y,\mathrm{d}}}{2}$ 之比。文献[14]研究发现当基岩仅输入水平地震运动时，土体中的动剪应力与动差应力之比 α，即

$$\alpha=\frac{2\tau_{xy,\mathrm{d}}}{\sigma_{x,\mathrm{d}}-\sigma_{y,\mathrm{d}}} \tag{10.119}$$

在地震过程中随时间的变化与土单元在土体中的部位有关。如以 $\dfrac{\sigma_{x,\mathrm{d}}-\sigma_{y,\mathrm{d}}}{2}$ 为横坐标、$\tau_{xy,\mathrm{d}}$ 为纵坐标，可绘出在地震过程中 $\dfrac{\tau_{x,\mathrm{d}}-\tau_{y,\mathrm{d}}}{2}$ 与 $\tau_{xy,\mathrm{d}}$ 的轨迹线，则从坐标原点到轨迹线上一点的直线斜率即为 α 值，如图 10.22 所示。在坝中线部位动差应力较小，则 α 值较大；在坝脚部位动差应力较大，则 α 值较小。这表明，在土体中某些部位动差应力的作用是不可忽略的。如果当基岩还输入竖向运动时，动差应力的数值和作用还要大。

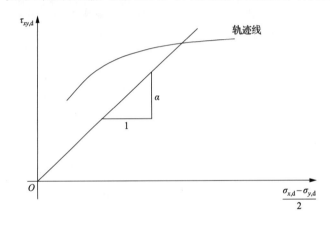

图 10.22　坝体中不同部位动差应力与动剪应力的轨迹线

在此应指出出如下两点：

（1）由式(10.114)～式(10.116)计算出的最大剪切作用面在动力作用过程中的位置是变化的。因此，在动力作用过程中最大剪切作用面并不是一个固定的面。

（2）动剪应力的最大值和动差应力的最大值一般不会出现在同一时刻。这样，等价的动剪应力的最大值和动差应力的最大值也不会出现在同一时刻，即两者有一个相位差。

当动剪应力和动差应力共同作用时，在土单元液化判别中必须考虑这两点。但是，这给液化判别带来困难。下面，建议两个近似的考虑方法。

（1）方法 1。

① 由土体地震反应分析求出在动力作用过程中每个土单元的平均 α 值，以 $\bar{\alpha}$ 表示。这样，式(10.109)可改写成为

$$\left(\cos 2\beta+\frac{\sigma_x-\sigma_y}{2\sigma_0}\right)-\bar{\alpha}\left(\sin 2\beta+\frac{\tau_{xy}}{\sigma_0}\right)=0 \tag{10.120}$$

解式(10.120)，得 $\cos 2\beta$ 和 $\sin 2\beta$，代入式(10.115)和式(10.116)可求出与 $\bar{\alpha}$ 值相应的最大剪切作用面上的静剪应力 τ_{s} 和静正应力 σ_{s}，以及相应的静剪应力比 α_{s}。

② 由于 $\tau_{xy,d,eq}$ 与 $\dfrac{(\sigma_{x,d}-\sigma_{y,d})_{eq}}{2}$ 之间存在相位差,其相位差为 $\dfrac{\pi}{2}$,为考虑这一点,按式(10.114),与 $\bar{\alpha}$ 值相应的最大剪切作用面上的等价剪应力 $\tau_{d,eq}$ 可按式(10.121)确定:

$$\tau_{d,eq}=\sqrt{(\tau_{xy,d,eq}\cos2\beta)^2+\left[\frac{(\sigma_{x,d}-\sigma_{y,d})_{eq}}{2}\sin2\beta\right]^2} \tag{10.121}$$

③ 由最大剪切作用面上的静正应力和静剪应力比按图10.18确定引起液化所要求的动剪应力 $[\tau_d]$。

④ 比较 $\tau_{d,eq}$ 与 $[\tau_d]$,以判别液化。

(2) 方法 2。

① 在动力作用过程中按上述方法确定出每一时刻的最大剪切作用面及其上的动剪应力。

② 寻找出动力作用过程中最大剪切作用上的动剪应力的最大值,确定出相应的静正应力及静剪应力比。

③ 确定出该时刻由动剪应力和动差应力引起的动剪应力。按式(10.114),有

$$\begin{cases} \tau_d^{(1)}=\tau_{xy,d}\cos2\beta \\ \tau_d^{(2)}=\dfrac{\sigma_{x,d}-\sigma_{y,d}}{2}\sin2\beta \end{cases} \tag{10.122}$$

式中, $\tau_d^{(1)}$、$\tau_d^{(2)}$ 分别为由动剪应力 $\tau_{xy,d}$ 和动差应力 $\dfrac{\sigma_{x,d}-\sigma_{y,d}}{2}$ 在最大剪切作用面上引起的最大动剪应力,其相位差为 $\dfrac{\pi}{2}$。

④ 在 $\tau_d^{(1)}$ 和 $\tau_d^{(2)}$ 中找出大者和小者,并求出小者与大者的比值 β。

⑤ 根据最大剪切作用面上的静剪应力比及静正应力由图10.18确定引起液化所要求的 $[\tau_d]$。

⑥ 根据上面求得的 β 由图7.49确定出折减系数 ζ,并以 ζ 乘以 $[\tau_d]$,将引起液化所要求的动剪应力折减,以考虑 $\tau_{xy,d}$ 和 $\dfrac{\tau_{x,d}-\sigma_{y,d}}{2}$ 共同作用的影响。

⑦ 将 $\tau_d^{(1)}$ 和 $\tau_d^{(2)}$ 的最大者乘以0.65,转换成等价幅值,并与上面折减后的 $[\tau_d]$ 相比较,以判别液化。

10.8　饱和砂砾石液化判别

通常认为,在静力作用下饱和的砂砾石具有良好的力学性能,是一种强度较高、变形较小的土类。如前所述,静力性能好的土类一般其动力性能也较好。但是,地震现场震害调查和室内动力试验结果表明,在许多情况下饱和砂砾石的动力性能并不像按一般规律预期的那样好。无论是天然的饱和砂砾石体还是人工填筑的饱和砂砾石体,地震时均发生过流滑破坏,这种破坏形态表明饱和砂砾石发生了液化。在此,本节专门来表述关于饱和砂砾石液化的研究结果。

1. 砾粒含量的影响及界限砾粒含量

除了天然地基中的砂砾石层,砂砾石通常还作为土坝等坝壳或斜墙保护层的填料。为了研究砂砾石中砾粒含量的影响,配制了砾粒含量不同的砂砾石进行振动台试验。这里的砾粒含量是指粒径大于 5cm 的颗粒含量,而不是通常所指的粒径大于 2cm 的颗粒含量。试验方法如下:首先将指定砾粒含量的砂砾石按一定密度装入一个固定在振动台上的刚性圆筒容器中,然后通水或滴水使砂砾石饱和。待砂砾石饱和后,使振动台按一定的频率和加速度振动,并在容器底部测量孔隙水压力。随振动次数的增加,孔隙水压力逐渐升高,最后达到一个稳定的数值,以 u_{ult} 表示。同时,还测定容器中砂砾石的渗透系数 k。如果以 σ_v 表示由于砂砾石自重在容器底发生的有效竖向正应力,并将稳定孔隙水压力与有效竖向正应力之比定义为液化度,则根据试验结果可绘出液化度及渗透系数随砾粒含量的变化,如图 10.23 和图 10.24 所示。图 10.23 为水电部水利科学研究院完成的密云水库白河主坝斜墙保护层砂砾石的振动台试验结果,振动台施加的振动为竖向振动;图 10.24 为黄河水利委员会水利科学研究所完成的小浪底土坝坝基砂砾石的振动台试验

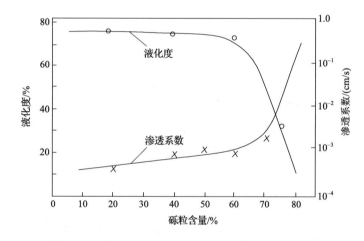

图 10.23　砾粒含量对液化度和渗透系数的影响(白河主坝斜墙保护层砂砾石)

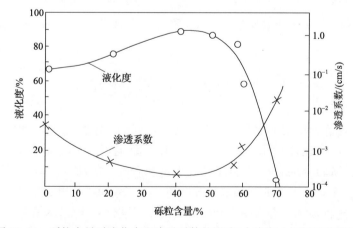

图 10.24　砾粒含量对液化度和渗透系数的影响(小浪底土坝坝基砂砾石)

结果,振动台施加的振动为水平振动。从这两图可见,当砾粒含量小于 60%～70%时,液化度保持很高的值几乎不变,而渗透系数则保持很低的值几乎不变,然后,随砾粒含量的增加,液化度迅速降低,而渗透系数则迅速增大;当砾粒含量大于 60%～70%时,液化度降低到很低的数值,如 10%,而渗透系数则增大到很高的数值,如 10^{-1} cm/s。如果将 60%～70%的砾粒含量称为界限砾粒含量,当砂砾石的砾粒含量大于界限砾粒含量时,无论从液化度还是渗透系数来评估,这种砂砾石会具有可期待的良好的动力性能。

实际上,当砾粒含量小于界限砾粒含量时,砾粒不能形成完整骨架,而是孤立地分布在砂之中,动剪切作用主要是由砂承受和传递的。在这种情况下,砂砾石的动力性能应与其中包含的砂相似。当砾粒含量大于界限砾粒含量时,砾粒能形成完整的骨架,砂填于砾粒骨架的孔隙之中,动剪切作用主要是由砾粒形成的骨架承受和传递的。在这种情况下,砂砾石的动力性能将不同于砂砾骨架孔隙中的砂。当砂砾石的砾粒含量大于界限砾粒含量时,砂砾石的渗透系数已达到 10^{-1} cm/s 以上,具有良好的渗透性,动剪切作用引起的孔隙水压力能够有效地消散,减少了地震时的孔隙水压力。

2. 饱和砂砾石动三轴试验结果

1) 橡皮嵌入的影响[15]

前面曾指出,当土的平均粒径大于 0.1mm 时,液化应力比将随平均粒径增加。然而,当平均粒径大于 0.1mm 时,使液化应力比随平均粒径的增加而增加的一个重要原因是橡皮膜嵌入的影响。橡皮膜嵌入是指土样侧表面上的土颗粒与橡皮膜之间空隙中的水在固结阶段排出,橡皮膜压入的现象。当固结完成后,在不排水循环剪切阶段,动剪切引起的孔隙水压力逐渐提高,压入的橡皮膜逐渐恢复平整,土样侧表面上的土颗粒与橡皮膜之间空隙又充满了水,而这部分水是从土试样中排出的。这样,破坏了在循环剪切时土试样不排水的条件。从土试样中排水的结果是延缓了孔隙水压力的升高,使液化应力比提高。显然,橡皮膜嵌入的影响随土颗粒的增大而增大,随土试样尺寸或土试样体积的增大而减小,而与密度无关。图 10.25 给出了橡皮膜嵌入引起的试验误差与试样尺寸和土平均粒径的关系,图中的实线是由试验得到的,虚线是其延长线。图 10.25 所示的结果证实了上述的论断,橡皮膜嵌入对粗粒径的饱和土的液化应力比有重要的影响。同时也表明,

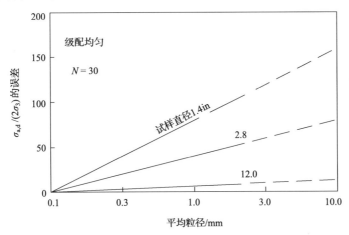

图 10.25　橡皮膜嵌入对液化应力的影响

当试样尺寸为 12in 时，橡皮膜嵌入的影响就很小了。图 10.24 可用来将试样尺寸为 2.8in 的试验结果转换成 12in 试样的试验结果，如图 10.26 所示。图 10.26 中的虚线是采用特殊技术消除橡皮膜嵌入影响的试验结果。比较可见，按上述方法由 2.8in 试样的试验结果转换成 12in 试样的试验结果与消除橡皮膜嵌入影响的试验结果很接近。因此，对于饱和砂砾石液化试验应该采用大型动三轴仪进行，其试验尺寸应不小于 12in，否则必进行橡皮膜嵌入的校正。

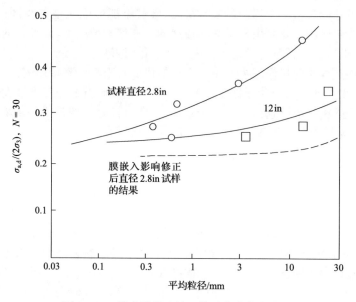

图 10.26　橡皮膜嵌入校正前后的液化应力比

2）饱和砂砾石的液化应力比[16]

饱和砂砾石的大型动三轴仪液化试验结果如图 10.27 所示，该图给出了相对密度为 87% 的奥洛维尔坝砂砾石在固结比 K_c 等于 1.0、侧向固结比 σ_3 等于 14kg/cm² 时，按不同液化标准确定的液化应力比 $\sigma_{ad}/(2\sigma_3)$ 与作用次数的关系。从图可见，在液化标准取最大孔隙水压力比 100% 与取 ±2.5% 轴向应变两种情况下，所得到的液化应力比很接近，但

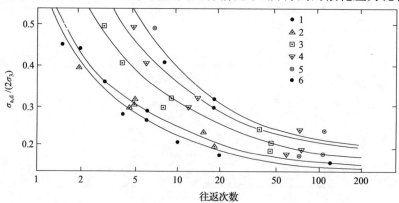

图 10.27　砂砾石液化应力比与作用次数关系

1. 最大孔隙压力比 100%；2. $\varepsilon_a = \pm 2.5\%$；3. $\varepsilon_a = \pm 5\%$；4. $\varepsilon_a = \pm 7.5\%$；5. $\varepsilon_a = \pm 10\%$；6. $\varepsilon_a = \pm 10\%$（外插）

是当将液化标准的轴向应变幅值增大时,相应的液化应力比随之显著增大。另外,图 10.27 所示的结果表明,随作用次数的增加,液化应力比迅速降低,其降低的速率要比一般的饱和砂大。

3) 饱和砂砾石在循环荷载作用的变形特点[16]

相对密度为 84% 的奥洛维尔坝砂砾石在均等固结下的液化试验表明,随着作用次数的增加,轴向应变要趋向一个稳定数值,即密实的饱和砂砾石表现出了明显的循环流动性特征。如前所述,在这种情况下,在循环荷载作用下饱和砂砾石的问题是一个变形问题。下面,把随作用次数增加而趋向稳定的轴向应变称为极限轴向应变。研究发现,极限轴向应变随侧向固结压力的增大而增大,如图 10.28 所示。在图 10.28 中还给出了由静力固结排水剪切试验确定的饱和砂砾石试样破坏时的轴向应变,试样的破坏准则取主应力比为最大。可以看出,在循环剪切情况下的极限轴向应变与静力剪切破坏时的轴向应变是可比的,这意味着两者之间有一定的内在联系。

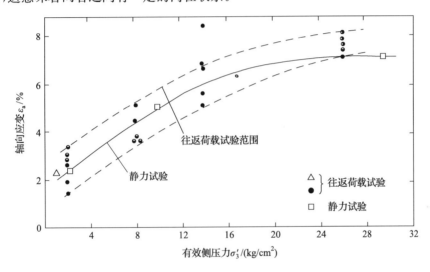

图 10.28　极限轴向应变与侧向固结压力关系

4) 饱和砂砾石在往返剪切作用下发生的孔隙水压力[16]

由饱和砂砾石大型动三轴液化试验测得的孔隙水压力增长如图 10.29 所示,该图给出了孔隙水压力比 u/σ_3 与作用次数比 N/N_l 之间的关系。为了比较,该图还给出了饱和砂的孔隙水压力比与作用次数比之间的关系。可发现,饱和砂砾石在往返剪切作用开始阶段增长得很快,随作用次数的增长孔隙水压力比增长迅速减慢,致使每次作用所产生的孔隙水压比的增量很小。这意味着饱和砂砾石在往返剪切作用下孔隙水压力的发展与饱和砂的很不同。

基于饱和砂砾石大型动三轴液化试验资料,在各向均等固结条件下密实的饱和砂砾石的孔隙水压力比 α_u 和作用次数比 α_N 的关系可表示为

$$\alpha_u = a + b\alpha_N - c\alpha_N^2 \tag{10.123}$$

式中,$a = 0.07, b = 2.263, c = 1.378$;中到中密饱和砂砾石的两者关系则可表示为

$$\alpha_u = \sqrt{\alpha_N} \tag{10.124}$$

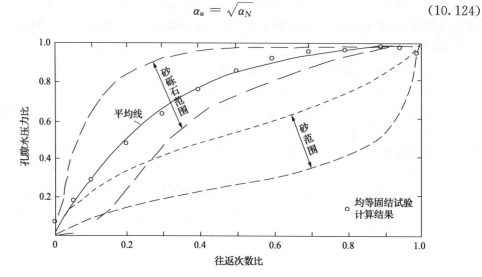

图 10.29　在均等固结条件下饱和砂砾石在往返剪切作用下孔隙水压力比的发展

在非均等固结条件下,在往返剪切作用下饱和砂砾石的 α_u-α_N 关系线,其开始一段的坡度要比均等固结的还要陡一些,即在开始一段孔隙水压力发展得更快。然而,在非均等固结条件下,极限残余孔隙水压力比 $\alpha_{u,r}$ 比上述瞬时最大孔隙水压力比可能更重要。这里的极限残余孔隙水压力比是指在往返剪切作用下孔隙水压力达到稳定后停止往返剪切作用测得的孔隙水压力与侧向固结压力之比。试验表明,在不均等固结情况下,极限残余孔隙水压力不能达到侧向固结压力,即残余孔隙水压力比小于 1.0,如图 10.30 所示。从图 10.30 可见,残余孔隙水压力比随固结比的增大而降低;当固结比等于 1.0 和 1.5 时,残余孔隙水压力比不随侧向固结压力变化,而当固结比等于 2.0 时,极限残余孔隙水压力比则随侧向固结压力的增加而降低。

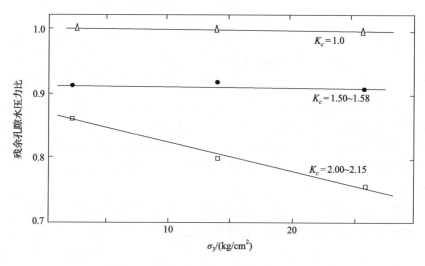

图 10.30　饱和砂砾石的极限残余孔隙水压力

3. 饱和砂砾石的液化判别

1) 水平场地情况下的液化判别

如前所述,水平场地情况下的饱和砂土和粉土的液化判别可采用 Seed 简化法或我国《建筑抗震设计规范》法进行液化判别。当采用 Seed 简化法并以标准贯入锤击数或静力触探端阻力为指标来判别液化时,这种方法不适用于饱和砂的砂砾石的液化判别。同样,我国《建筑抗震设计规范》方法也不适用于饱和砂砾石的液化判别。这是因为在砂砾石中标准贯入试验测得的锤击数和静力触探测得的端阻力很高而且测得的数据不确定性很大,如果用这些方法来判别饱和砂砾石的液化,则往往将实际液化的情况误判为不液化。

目前,还没有很好的判别水平场地下饱和砂砾石液化的方法。但是,无论 Seed 简化法还是我国规范法,如果采用剪切波波速作为判别指标似乎更具有前景。这是因为标准贯入锤击数和静力触探端阻力只代表探头侧点处的数值,由砂砾石的不均匀性测得的数值不能在整体上代表砂砾石;而剪切波波速不是测点处的数值,而两侧点间砂砾石的平均数值对两测点的砂砾石在整体上具有较好的代表性。但是,在这方面还需做更多的工作。

2) 一般情况下的液化判别

一般情况下,饱和砂砾石的液化判别可按上述的饱和砂土或粉土的液化判别途径进行。所要注意的是所进行的饱和砂砾石试验必须具有代表性,以及上述的关于饱和砂砾石液化性能的某些特点,其余不需赘述。

思　考　题

1. 砂土液化研究的主要手段有哪些?每种手段有何作用?

2. 砂土液化判别方法有哪几种途径?每种途径的适用性如何?

3. 砂土液化现场调查应做哪些工作?应获取哪些方面的资料?

4. 在 Seed 简化法中计算土所受的地震剪应力的简化公式是如何建立的?试表述在 Seed 简化法中确定引起液化所要求应力的方法的演变和改进。

5. 试总结一下 Seed 简化法中都考虑了哪些影响液化的因素,是如何考虑的,并指出该法的适用条件。

6. 我国建筑抗震规范的液化判别法是如何建立的?试表述确定临界液化标准贯入锤击数方法的演变和改进。

7. 试总结一下我国建筑抗震规范的液化判别法都考虑了哪些影响液化的因素,是如何考虑的,并指出该法的适用条件。

8. 试述液化势指数法的基本概念。如何根据现场液化调查资料确定液化势函数中所包括的参数?如何确定液化势函数的临界值?该法的适用条件是什么?

9. 试述能量法的基本概念。如何确定地震传到场地的能量?如何确定引起液化所需要的能量?该法都考虑了哪些影响液化的因素?是如何考虑的?该法的适用性如何?

10. 试说明在液化判别问题中,建筑物地基中的土体与自由场地土体应有哪些不同。

11. 试述重大建筑物场地地基和土工建筑物中土体液化判别的基本途径。都要做哪些工作？

12. 在建筑物地基和土坝中的土体液化判别时为什么应同时考虑动剪应力和动差应力的作用？如何考虑两者的共同作用？

13. 饱和砂砾石中砾粒含量对其液化性能有何影响？其影响机制是什么？

14. 为什么以标准贯入锤击数和静力触探端部阻力为指数的液化判别方法不适用于砂砾石的液化判别？

参 考 文 献

[1] Seed H B, Idriss I M. Simplified procedure for evaluating soil liquefaction potential. Journal of the Soil Mechanics and Foundations Division, 1971, 97(9): 1249-1273.

[2] Seed H B, Arango I, Chan C K. Evaluation of soil liquefaction potential during earthquakes. Berkeley: University of California, 1975.

[3] Seed H B. Earthquake-resistant design of dams//International Conference on Recent Advances in Geotechnical Earthquake Engineering and Soil Dynamics, Missouri, 1981.

[4] Youd T L, Idriss I M, Arango I, et al. Liquefaction resistance of soils: Summary report from the 1996 NCEER and 1998 NCEER/NSF workshops on evaluation of liquefaction resistance of soils. Journal of Geotechnical and Geoenvironmental Engineering, 2001, 127(10): 817-833.

[5] 抗震设计规范编制组地基小组. 工业与民用建筑地基基础的抗震经验. 中国科学院工程力学研究所地震工程研究报告集(第三集). 北京: 科学出版社, 1977.

[6] Tanimoto K, Tsutomu N. Prediction of liquefaction occurrence of sandy deposits during earthquake by a statistical method//土木学会论文报告集, 1976.

[7] 郁寿松, 石兆吉. 水平土层液化势的判别分析. 地震工程与工程振动, 1980, (1): 121-136.

[8] Davis R O, Berrill J B. Energy dissipation and seismic liquefaction in sands. Earthquake Engineering and Structural Dynamics, 1982, 10(1): 59-68.

[9] Dobry R, Powell D J, Yokel F Y, et al. Liquefaction potential of saturated sand: The stiffness method//Proceedings 7th World Conference on Earthquake Engineering, Turkey, 1980.

[10] Yokel F Y, Dobry R, Powel D J, et al. Liquefaction of sands during earthquakes—The cyclic strain approach. Soils under Cyclic and Transient Loading, 1980, 2: 571-580.

[11] Seed H B, Idriss I M, Lee K L, et al. Dynamics analysis of the slide in the lower San Fernando dam during the earthquake of February 9, 1971. Journal of the Geotechnical Engineering Division, 1975, 101(9): 889-911.

[12] 张克绪. 饱和非粘性土坝坡地震稳定性分析. 岩土工程学报, 1980, 2(3): 1-9.

[13] 张克绪. 饱和砂土的液化应力条件. 地震工程与工程振动, 1984, 4(1): 99-109.

[14] 凌贤长, 张克绪. 在二维应力状态下地震触发砂土液化动应力条件. 地震工程与工程振动, 2000, 20(2): 85-91.

[15] Wong R I, Seed H B, Chan C K. Cyclic loading liquefaction of gravelly soils. Journal of the Geotechnical Engineering Division, 1975, 101(6): 561-583.

[16] Banerjee N G, Seed H B, Chan C K. Cyclic behavior of dense coarse-grained materials in relation to the seismic stability of dams. Berkeley: University of California, 1979.

第 11 章　动荷载作用下饱和土中的水土耦合作用及土体中孔隙水压力的增长和消散

11.1　概　　述

第 7 章已表述了一个饱和的土单元在动荷载作用下产生的孔隙水压力,本章将表述饱和土体在动荷载作用下孔隙水压力的增长和消散,以及与这个问题有关的饱和土体的水土耦合作用。

1. 水土耦合研究的基本假定

(1) 土是由土骨架及其孔隙中的水组成的。土骨架和孔隙水所承受的力符合有效应力原理,这是土力学通常采用的假定。请注意,这种假定与将土视为土颗粒与水的混合物不同。如果将土视为土颗粒与水的混合物,则土颗粒分散地悬浮在水中,本身没有形成传力的骨架。

(2) 土颗粒所形成的土骨架是可压缩的,土骨架的压缩就是土孔隙的压缩,但忽略了土颗粒本身的压缩性。这里假定土骨架是可压缩的,与一般渗流分析关于土骨架的假定是不同的。在渗流分析中,通常假定土骨架是刚性的。

(3) 假定孔隙水是可压缩的无黏性流体。因此,孔隙水只能承受各向均等的压力,而不能承受剪应力。

(4) 孔隙水的运动符合达西定律。

2. 动荷载作用下饱和土中水土耦合作用的机制

这里所说的水土耦合作用是土骨架与孔隙水之间的耦合作用。按上述的第一点假定,饱和土是由土骨架和孔隙水两个相互关联的体系组成的。由于将土骨架和孔隙水视为两个体系,这两个体系的运动和承受的力是不相同的,则两者之间发生相互作用,即通常所说的水土耦合作用。具体地说,饱和土中水土耦合作用应包括以下三方面。

(1) 土骨架的压缩量或土孔隙的压缩量等于从孔隙中流出和流入的水体积之差与孔隙水体积压缩之和,显然,只有当土体处于排水状态时,才会产生从孔隙中流出与流入的水体积之差。当土体处于不排水状态时,土骨架的压缩量或土孔隙的压缩量只等于孔隙水体积的压缩量。

(2) 由于将土骨架和水视为两个体系,土骨架的运动加速度与水的运动加速度不同,两者之间存在一个相对运动加速度。这样,土骨架所受的惯性力不仅取决于土骨架的运动加速度,还取决于土骨架与水之间的相对运动加速度。同样,水所受的惯性力不仅取决于水的运动加速度,还取决于水与土骨架之间的相对运动加速度。下面,把这种耦合作用称为惯性力耦合作用。

（3）同样，由于土骨架的运动速度与水的运动速度不相同，两者之间存在一个相对运动速度，这个相对运动速度即是水在土中的渗透速度。当水从土体中渗出时，土骨架对水有一个摩阻作用，而水对土骨架有一个拖拉的作用。下面，把这种耦合作用称为渗流耦合作用。

3. 动荷载作用期间孔隙水压力的生成及消散

前面已经表述，动剪切作用使土体积减小，在不排水条件下将在饱和土中引起孔隙水压力。因此，可以将饱和土体中的每一点或单元视为一个压力源。在动荷载作用期间，饱和土体中的孔隙水压力则可视为由这些压力源产生的。

但是，由于土体中每一点或单元所受的动剪力作用不相等，作为压力源的每一点或单元产生的孔隙水压力不相等，则孔隙水压力在土体中的分布不均匀。根据渗流理论，孔隙水将从压力高的部位向压力低的部位流动，孔隙水从饱和土体中排出使孔隙水压力发生降低，即孔隙水压力消散。这样，在动荷载作用期间同时存在孔隙水压力生长和消散两种相反作用，饱和土体中的孔隙水压力大小取决于这两种作用的综合影响。

显然，只有饱和土体在排水条件下才会存在孔隙水压力消散作用。如果饱和土体处于不排水条件，则只存在孔隙水压力生长作用。在这种情况下，由于没有消散作用，饱和土体中每一点的孔隙水压力与该点的源压力相同。

4. 动荷载作用后饱和土体中的孔隙水压力

动荷载作用停止后，孔隙水压力的生成作用不再存在，只有孔隙水压力的消散作用。由于孔隙水从饱和土体中不断排出，孔隙水压力不断地消散。最后，由动荷载作用在土体中引起的孔隙水压力完全消散掉。由土的固结理论可知，动荷载作用引起的孔隙水压力完全消散所需的时间取决于土的渗透系数大小和排水途径的长短。

动荷载作用停止后，饱和土体中的孔隙水压力消散可采用太沙基固结或比奥固结理论来分析。在分析中，只需将动力作用停止的时刻及相应的孔隙水压力分别取为初始时刻及相应的孔隙水压力即可。在动力作用停止后从整体上孔隙水压力在逐渐消散，但在某些时刻和部位仍可能产生孔隙水压力升高。这样，地震作用停止后，虽然作用于土体上的地震惯性力不存在了，但由于地震作用引起的孔隙水压力重分布，土体在地震停止作用后仍可能发生破坏。文献[1]和[2]给出了地震停止作用后土体破坏的实例。另一方面，孔隙水压力消散将伴随土体积压缩变形。

5. 坐标及符号规定

为了与弹性力学采用的坐标和符号相一致，下面推导中采用如图 11.1 所示的右手旋转坐标，位移与力的正方向与坐标的正方向相一致。图 11.2 给出了应力的符号规定，正应力以拉为正。孔隙水承受的各向均等应力也以拉为正。相应地，骨架土及孔隙水的体积应变以膨胀为正，压缩为负。

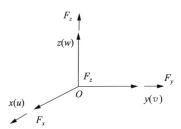

图 11.1 坐标系统、位移及力的规定

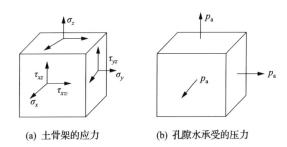

图 11.2 应力的符号规定

11.2 不排水条件下饱和土体中的孔隙水压力源函数

前面已经指出,在动荷载作用期间土体中的每一个点或单元都可视为孔隙水压力源。像下面将要指出的那样,这个压力源的压力是由两部分组成的。在一般应力条件下,动荷载作用在土体中的一点引起的动应力可分解为动球应力分量 $\sigma_{o,d}$ 和动偏应力分量 $\sigma_{d,d}$。在动应力作用于土体时刻,对于饱和土体来不及排水,动球应力 $\sigma_{o,d}$ 由孔隙水承担,并用 $p_{o,g}$ 表示。下面,称 $p_{o,g}$ 为与动球应力有关的源压力,有

$$p_{o,g} = \sigma_{o,d} \tag{11.1}$$

显然,这个源压力由动球应力平衡,不会引起静力有效应力的变化。但是,动偏应力是由土骨架承受的,如果将土视为弹性介质,在动偏应力作用下土骨架不会发生体积变形,则不会引起孔隙水压力生长。实际上,土具有剪胀或剪缩特性,土骨架在动偏应力作用下要发生体积压缩。如果这样,在不排水条件下,动偏应力也将引起孔隙水压力,并以 $p_{d,g}$ 表示。下面,称 $p_{d,g}$ 为与动偏应力有关的源压力。这个源压力是由偏应力引起的,必须由静力有效应力的相应变化来平衡。设静力有效应力的相应变化量为 $\sigma_{o,s}$,则

$$\sigma_{o,s} = -p_{d,g} \tag{11.2}$$

按前所述,$p_{d,g}$ 以拉应力为正。设由 $\sigma_{o,s}$ 所引起的土体积应变以 $\varepsilon_{s,r,g}$ 表示,则

$$\varepsilon_{s,r,g} = \frac{\sigma_{o,s}}{k'_s}$$
$$\varepsilon_{s,r,g} = -\frac{p_{d,g}}{k'_s} \tag{11.3}$$

式中,k'_s 为土的体积回弹模量。

按上述,总的孔隙水源压力 p_g 如下:

$$p_g = p_{o,g} + p_{d,g} \tag{11.4}$$

在总的源压力 p_g 作用下,单位土体中孔隙水的体积变化量 $\varepsilon_{w,g}$ 为

$$\varepsilon_{w,g} = n\frac{p_g}{k_w} \tag{11.5}$$

$$\begin{cases} \varepsilon_{w,g} = \varepsilon_{w,o,g} + \varepsilon_{w,d,g} \\ \varepsilon_{w,o,g} = n \dfrac{p_{o,g}}{k_w} \\ \varepsilon_{w,d,g} = n \dfrac{p_{d,g}}{k_w} \end{cases} \tag{11.6}$$

式中，n 为土的孔隙度；k_w 为水的压缩模量。

11.3　动荷载作用期间饱和土体孔隙水压力增长和消散方程

考虑饱和土的水土耦合作用，动荷载作用下饱和土体孔隙水压力的增长和消散方程由下列方程组成。

1. 土骨架系统方程

1）土骨架动平衡方程

如果不计阻尼力及考虑到水相对土骨架运动的加速度很小，忽略土骨架与水之间的惯性力耦合作用，土骨架的动力平衡方程如下：

$$\begin{cases} \dfrac{\partial \sigma_x}{\partial x} + \dfrac{\partial \tau_{xy}}{\partial y} + \dfrac{\partial \tau_{xz}}{\partial z} + f_x = \rho_s \dfrac{\partial^2 u}{\partial t^2} \\ \dfrac{\partial \tau_{xy}}{\partial x} + \dfrac{\partial \sigma_y}{\partial y} + \dfrac{\partial \tau_{yz}}{\partial z} + f_y = \rho_s \dfrac{\partial^2 v}{\partial t^2} \\ \dfrac{\partial \tau_{xz}}{\partial x} + \dfrac{\partial \tau_{yz}}{\partial y} + \dfrac{\partial \sigma_z}{\partial z} + f_z = \rho_s \dfrac{\partial^2 w}{\partial t^2} \end{cases} \tag{11.7}$$

式中，σ_x、σ_y、σ_z、τ_{xy}、τ_{yz}、τ_{xz} 分别为土骨架承受的应力分量；f_x、f_y、f_z 分别为由孔隙水相对土骨架运动而产生的拖拉力，为体积力；ρ_s 为单位体积中土颗粒的质量，等于土的干密度；u、v、w 分别为土骨架在 x、y、z 方向的位移分量。

2）土骨架几何方程

$$\begin{cases} \varepsilon_x = \dfrac{\partial u}{\partial x}, \quad \varepsilon_y = \dfrac{\partial v}{\partial y}, \quad \varepsilon_z = \dfrac{\partial w}{\partial x} \\ \gamma_{xy} = \dfrac{\partial v}{\partial x} + \dfrac{\partial u}{\partial y}, \quad \gamma_{xz} = \dfrac{\partial w}{\partial x} + \dfrac{\partial u}{\partial z}, \quad \gamma_{yz} = \dfrac{\partial w}{\partial y} + \dfrac{\partial v}{\partial z} \end{cases} \tag{11.8}$$

式中，ε_x、ε_y、ε_z、γ_{xy}、γ_{xz}、γ_{yz} 分别为土骨架应变分量。

设 ε 为土骨架体积压缩应变，则

$$\varepsilon = \varepsilon_x + \varepsilon_y + \varepsilon_z \tag{11.9}$$

3）土骨架的应力-应变关系

以将土视为弹性介质为例，土骨架的应力-应变关系方程如下：

$$\begin{cases} \sigma_x = 2G\varepsilon_x + \lambda\varepsilon, \quad \tau_{xy} = G\gamma_{xy} \\ \sigma_y = 2G\varepsilon_y + \lambda\varepsilon, \quad \tau_{xz} = G\gamma_{xz} \\ \sigma_z = 2G\varepsilon_z + \lambda\varepsilon, \quad \tau_{yz} = G\gamma_{yz} \end{cases} \tag{11.10}$$

式中，G 为土骨架的动剪切模量；λ 为动拉梅系数

$$\lambda = \frac{\gamma E}{(1+\mu)(1-2\mu)} \tag{11.11}$$

或

$$\lambda = \frac{2\mu G}{1-2\gamma}$$

其中，μ 为动泊松比。

4) 土骨架的动力运动方程

将式(11.8)代入式(11.10)，再将式(11.10)代入式(11.7)，当将土视为弹性介质时，则得土骨架的动力方程如下：

$$\begin{cases} \rho_s \dfrac{\partial^2 u}{\partial t^2} = (\lambda + G) \dfrac{\partial \epsilon}{\partial x} + G \nabla^2 u + f_x \\[2mm] \rho_s \dfrac{\partial^2 u}{\partial t^2} = (\lambda + G) \dfrac{\partial \epsilon}{\partial y} + G \nabla^2 v + f_y \\[2mm] \rho_s \dfrac{\partial^2 u}{\partial t^2} = (\lambda + G) \dfrac{\partial \epsilon}{\partial z} + G \nabla^2 w + f_z \end{cases} \tag{11.12}$$

2. 孔隙水系统方程

1) 孔隙水动力平衡方程

孔隙水动力平衡方程如下：

$$\begin{cases} \rho^* \dfrac{\partial^2 u_w}{\partial t^2} = \dfrac{\partial p_d}{\partial x} - f_x \\[2mm] \rho^* \dfrac{\partial^2 v_w}{\partial t^2} = \dfrac{\partial p_d}{\partial y} - f_y \\[2mm] \rho^* \dfrac{\partial^2 w_w}{\partial t^2} = \dfrac{\partial p_d}{\partial z} - f_z \end{cases} \tag{11.13}$$

式中，ρ^* 为单位体积土体中孔隙水的质量；p_d 为由源压力引起的孔隙水压力。由式(11.13)得

$$\begin{cases} f_x = \dfrac{\partial p_d}{\partial x} - \rho^* \dfrac{\partial^2 u_w}{\partial t^2} \\[2mm] f_y = \dfrac{\partial p_d}{\partial y} - \rho^* \dfrac{\partial^2 v_w}{\partial t^2} \\[2mm] f_z = \dfrac{\partial p_d}{\partial z} - \rho^* \dfrac{\partial^2 w_w}{\partial t^2} \end{cases} \tag{11.14}$$

将式(11.14)代入式(11.12)，则得土骨架动力运动方程式为

$$\begin{cases} \rho_{s,s} \dfrac{\partial^2 u}{\partial t^2} + \rho^* \dfrac{\partial^2}{\partial t^2}(u_w - u) = (\lambda + G) \dfrac{\partial \epsilon}{\partial x} + G \nabla^2 u + \dfrac{\partial p_d}{\partial x} \\[2mm] \rho_{s,s} \dfrac{\partial^2 v}{\partial t^2} + \rho^* \dfrac{\partial^2}{\partial t^2}(v_w - v) = (\lambda + G) \dfrac{\partial \epsilon}{\partial y} + G \nabla^2 v + \dfrac{\partial p_d}{\partial y} \\[2mm] \rho_{s,s} \dfrac{\partial^2 w}{\partial t^2} + \rho^* \dfrac{\partial^2}{\partial t^2}(w_w - w) = (\lambda + G) \dfrac{\partial \epsilon}{\partial z} + G \nabla^2 w + \dfrac{\partial p_d}{\partial z} \end{cases} \tag{11.15}$$

式中，$\rho_{s,s}$ 为土的饱和质量密度。

2）孔隙水的运动规律

令孔隙水相对土骨架的运动以 $u_{s,w}$、$v_{s,w}$ 和 $w_{s,w}$ 表示，则

$$\begin{cases} u_{s,w} = u_w - u \\ v_{s,w} = v_w - v \\ w_{s,w} = w_w - w \end{cases} \tag{11.16}$$

设孔隙水相对土骨架的运动符合达西定律，则

$$\begin{cases} \dfrac{\partial u_{s,w}}{\partial t} = k i_x \\[2mm] \dfrac{\partial v_{s,w}}{\partial t} = k i_y \\[2mm] \dfrac{\partial w_{s,w}}{\partial t} = k i_z \end{cases} \tag{11.17}$$

式中，k 为土的渗透系数；i_x、i_y、i_z 分别为 x、y、z 方向的水力坡降，按如下公式确定：

$$i_x = -j_x, \quad i_y = -j_y, \quad i_z = -j_z$$

其中，j_x、j_y、j_z 为水力梯度，按如下公式确定：

$$j_x = \frac{\partial h}{\partial x}, \quad j_y = \frac{\partial h}{\partial y}, \quad j_z = \frac{\partial h}{\partial z}$$

这里，h 为孔隙水压力水头，按如下公式确定：

$$h = -\frac{1}{\gamma_w} p_d$$

式中，γ_w 为水的重力密度。将这个关系式代入式（11.17），则得

$$\begin{cases} \dfrac{\partial u_{s,w}}{\partial t} = \dfrac{k}{\gamma_w} \dfrac{\partial p_d}{\partial x} \\[2mm] \dfrac{\partial v_{s,w}}{\partial t} = \dfrac{k}{\gamma_w} \dfrac{\partial p_d}{\partial y} \\[2mm] \dfrac{\partial w_{s,w}}{\partial t} = \dfrac{k}{\gamma_w} \dfrac{\partial p_d}{\partial z} \end{cases} \tag{11.18}$$

将式（11.16）和式（11.18）代入式（11.15），则得土骨架动力运动方程式为

$$\begin{cases} \rho_{s,s} \dfrac{\partial^2 u}{\partial t^2} = (\lambda + G)\dfrac{\partial \epsilon}{\partial x} + G\nabla^2 u + \dfrac{\partial}{\partial x}\Big(1 - \rho^* \dfrac{k}{\gamma_w}\dfrac{\partial}{\partial t}\Big)p_d \\[2mm] \rho_{s,s} \dfrac{\partial^2 v}{\partial t^2} = (\lambda + G)\dfrac{\partial \epsilon}{\partial y} + G\nabla^2 v + \dfrac{\partial}{\partial y}\Big(1 - \rho^* \dfrac{k}{\gamma_w}\dfrac{\partial}{\partial t}\Big)p_d \\[2mm] \rho_{s,s} \dfrac{\partial^2 w}{\partial t^2} = (\lambda + G)\dfrac{\partial \epsilon}{\partial z} + G\nabla^2 w + \dfrac{\partial}{\partial z}\Big(1 - \rho^* \dfrac{k}{\gamma_w}\dfrac{\partial}{\partial t}\Big)p_d \end{cases} \tag{11.19}$$

3. 饱和土体积变化的连续性条件

当土骨架和孔隙水可压缩时,考虑孔隙水流动饱和土体积变化连续性条件可表述如下:由排水引起的单位体积中孔隙水的体积变化量 $\delta\varepsilon_{v,g}$ 等于如下各项体积变化量之和。

(1) 由动偏应力作用引起的土骨架体积变化量 $\delta\varepsilon_{v,d}$。

(2) 由于动孔隙水压力 p_d 变化引起的孔隙水体积变化量 $\delta\varepsilon_w$。

(3) 与动孔隙水压力变化相应的静力有效应力变化引起的土骨架体积的变化量 $\delta\varepsilon_{v,r}$。

由此得

$$\delta\varepsilon_{v,d} - \delta\varepsilon_w + \delta\varepsilon_{v,r} = -\delta\varepsilon_{v,f} \tag{11.20}$$

下面,首先确定由动偏应力作用引起单位土体的土骨架体积变化量 $\delta\varepsilon_{v,d}$。当孔隙水可压缩时,由不排水条件下的土体积变形连续条件得

$$\delta\varepsilon_{v,d} - \delta\varepsilon_{w,d,g} - \delta\varepsilon_{w,o,g} + \delta\varepsilon_{s,r,g} = 0$$

将式(11.3)和式(11.6)的第二和第三式代入得

$$\delta\varepsilon_{v,d} - \frac{n}{k_w}\frac{\partial p_{d,g}}{\partial t}dt - \frac{n}{k_w}\frac{\partial p_{o,g}}{\partial t}dt - \frac{1}{k_s'}\frac{\partial p_{d,g}}{\partial t}dt = 0$$

改写上式得

$$\delta\varepsilon_{v,d} = \left(\frac{1}{k_s'} + \frac{n}{k_w}\right)\frac{\partial p_{d,g}}{\partial t}dt + \frac{n}{k_w}\frac{\partial p_{o,g}}{\partial t}dt \tag{11.21}$$

由排水引起的单位土体中的孔隙水变化量 $\delta\varepsilon_{v,f}$ 根据渗流理论可按式(11.22)计算:

$$\delta\varepsilon_{v,f} = \frac{k}{\gamma_w}\left(\frac{\partial^2}{\partial x^2} + \frac{\partial^2}{\partial y^2} + \frac{\partial^2}{\partial z^2}\right)p_d dt \tag{11.22}$$

由动孔隙水压力 p_d 的变化引起的孔隙水体积变化量 $\delta\varepsilon_w$ 可按式(11.23)计算:

$$\delta\varepsilon_w = \frac{n}{k_w}\frac{\partial p_d}{\partial t}dt \tag{11.23}$$

由与动孔隙水压力变化相应的静力有效应力变化引起的单位土体的土骨架体积变化 $\delta\varepsilon_{v,r}$ 可按式(11.24)计算:

$$\delta\varepsilon_{v,r} = -\frac{1}{k_s'}\frac{\partial p_d}{\partial t}dt \tag{11.24}$$

式(11.24)右端的负号是因为假定按式(11.22)计算的从孔隙流出的孔隙水量 $\delta\varepsilon_{v,f}$ 为正而加的。

将式(11.21)~式(11.24)代入式(11.20)得

$$\left(\frac{1}{k_s'} + \frac{n}{k_w}\right)\frac{\partial p_{d,g}}{\partial t}dt + \frac{n}{k_w}\frac{\partial p_{o,g}}{\partial t}dt - \frac{n}{k_w}\frac{\partial p_d}{\partial t}dt - \frac{1}{k_s'}\frac{\partial p_d}{\partial t}dt = -\frac{k}{\gamma_w}\left(\frac{\partial^2}{\partial x^2} + \frac{\partial^2}{\partial y^2} + \frac{\partial^2}{\partial z^2}\right)p_d dt$$

整理得

$$\left(\frac{1}{k_{s}'}+\frac{n}{k_{w}}\right)\frac{\partial p_{d}}{\partial t}-\frac{k}{\gamma_{w}}\left(\frac{\partial^{2}}{\partial x^{2}}+\frac{\partial^{2}}{\partial y^{2}}+\frac{\partial^{2}}{\partial z^{2}}\right)p_{d}=\left(\frac{1}{k_{s}'}+\frac{n}{k_{w}}\right)\frac{\partial p_{d,g}}{\partial t}+\frac{n}{k_{w}}\frac{\partial p_{o,g}}{\partial t}$$

简化后,得

$$\frac{\partial p_{d}}{\partial t}-\frac{k_{s}'k_{w}}{k_{w}+nk_{s}'}\frac{k}{\gamma_{w}}\left(\frac{\partial^{2}}{\partial x^{2}}+\frac{\partial^{2}}{\partial y^{2}}+\frac{\partial^{2}}{\partial z^{2}}\right)p_{d}=\frac{\partial p_{d,g}}{\partial t}+\frac{nk_{s}'}{k_{w}+nk_{s}'}\frac{\partial p_{o,g}}{\partial t} \tag{11.25}$$

通常,水的压缩模量要大于土骨架的压缩模量,则

$$\frac{k_{s}'k_{w}}{k_{w}+nk_{s}'}\approx k_{s}', \quad \frac{nk_{s}'}{k_{w}+nk_{s}'}\approx 0 \tag{11.26}$$

将式(11.26)代入式(11.25)得

$$\frac{\partial p_{d}}{\partial t}-k_{s}'\frac{k}{\gamma_{w}}\left(\frac{\partial^{2}}{\partial x^{2}}+\frac{\partial^{2}}{\partial y^{2}}+\frac{\partial^{2}}{\partial z^{2}}\right)p_{d}=\frac{\partial p_{d,g}}{\partial t} \tag{11.27}$$

这样,式(11.19)和式(11.25)或式(11.27)构成了在动荷载作用下的求解方程。从式(11.25)或式(11.27)可见,如果右端的 $p_{d,g}$ 和 $p_{o,g}$ 是已知的,则可由式(11.25)求出动荷载作用引起的孔隙水压力,即式(11.25)与式(11.19)并不交联。但是,源压力 $p_{d,g}$ 取决于土所受的动应力或动应变,而动应力和动应变又必须由求解式(11.19)来确定。这样,式(11.25)或式(11.27)与式(11.19)是交联的。按上述,当考虑排水时,按下述的两种情况求解动荷载作用期间饱和土体中的孔隙水压力。

(1) 当采用某简单的方法可以确定出源压力 $p_{d,g}$ 和 $p_{o,g}$ 时,孔隙水压力可由只求解式(11.25)或式(11.27)确定。

(2) 当不能采用简单的方法确定源压力 $p_{d,g}$ 和 $p_{o,g}$ 时,孔隙水压力必须由联立求解式(11.19)和式(11.25)或式(11.27)确定。

通常,求解式(11.19)和式(11.25)或式(11.27)采用数值方法,这将在后面详细表述。

11.4 影响动荷载作用期间孔隙水压力的因素

对于探讨影响动荷载作用期间孔隙水压力的因素,可以假定源压力是已知的。这样,可只根据式(11.27)来讨论这个问题。为了简便,而又不失一般性,文献[3]以图11.3所示的一维问题来讨论动荷载作用下孔隙水压力的影响因素。在一维问题情况下,式(11.27)可写成如下形式:

$$\frac{\partial p_{d}}{\partial t}-\frac{k_{s}'k}{\gamma_{w}}\frac{\partial^{2}p_{d}}{\partial z^{2}}=\frac{\partial p_{d,g}}{\partial t} \tag{11.28}$$

边界条件:

$$\begin{cases} z = 0, & p_{\mathrm{d}} = 0 \\ z = H, & \dfrac{\partial p_{\mathrm{d}}}{\partial z} = 0 \end{cases} \tag{11.29}$$

初始条件:

$$t = 0, \quad p_{\mathrm{d}} = 0 \tag{11.30}$$

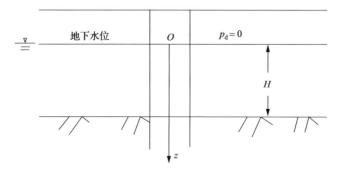

图 11.3　具有向上排水的一维问题

下面,采用分离变量法求解式(11.28)。首先,求右端项 $\dfrac{\partial p_{\mathrm{d,g}}}{\partial t} = 0$ 时式(11.28)的解。按分离变量法,有

$$p_{\mathrm{d}} = TZ \tag{11.31}$$

式中,T、Z 分别为 t 和 z 的函数。代入求解方程得

$$\begin{cases} \dfrac{\mathrm{d}^2 Z}{\mathrm{d}z^2} + A^2 Z = 0 & (11.32) \\ \dfrac{\mathrm{d}T}{\mathrm{d}t} + A^2 \dfrac{k_{\mathrm{s}}' k}{\gamma_{\mathrm{w}}} T = 0 & (11.33) \end{cases}$$

式(11.32)的解为

$$Z = d_1 \cos(Az) + d_2 \sin(Az)$$

由边界条件式(11.29)得

$$d_1 = 0$$

$$A_i = \frac{2i-1}{2H}\pi, \qquad i = 1,2,3,\cdots$$

由此得

$$Z_i = \sin\frac{2i-1}{2H}\pi z, \qquad i = 1,2,3,\cdots \tag{11.34}$$

不难证明,Z_i 是一正交函数族。下面表述右端项 $\dfrac{\partial p_{\mathrm{d,g}}}{\partial t}$ 不为零时式(11.28)的解。假

定右端项 $\dfrac{\partial p_{\mathrm{d,g}}}{\partial t}$ 可以写成一个时间函数和一个坐标函数的乘积,即

$$\frac{\partial p_{\mathrm{d,g}}}{\partial t} = f_1(t)f_2(z) \tag{11.35}$$

则可将 $f_2(z)$ 按 Z_i 展开,则

$$f_2(z) = \sum_{i=1}^{\infty} a_i Z_i$$

根据式(11.34)得

$$f_2(z) = \sum_{i=1}^{\infty} a_i \sin\frac{2i-1}{2H}\pi z \tag{11.36}$$

式中, a_i 为展开式的系数,由正交性得

$$a_i = \frac{2}{H}\int_0^H f_2(z)\sin\frac{2i-1}{2H}\pi z \mathrm{d}z \tag{11.37}$$

这样

$$\frac{\partial p_{\mathrm{d,g}}}{\partial t} = f_1(t)\sum_{i=1}^{\infty} a_i \sin\frac{2i-1}{2H}\pi z \mathrm{d}z \tag{11.38}$$

将式(11.34)和式(11.38)代入求解方程得

$$\frac{\mathrm{d}T_i}{\mathrm{d}t} + \frac{2i-1}{4H^2}\frac{k_{\mathrm{s}}'k}{\gamma_{\mathrm{w}}}T_i = a_i f_1(t) \tag{11.39}$$

如果令

$$\begin{cases} A(t) = \dfrac{(2i-1)^2\pi^2}{4H^2}\dfrac{k_{\mathrm{s}}'k}{\gamma_{\mathrm{w}}} \\ B(t) = -a_i f_1(t) \end{cases} \tag{11.40}$$

则得

$$T_i = \mathrm{e}^{-\int_0^t A(t)\mathrm{d}t}\Big[T_i(0) - \int_0^t B(t)\mathrm{e}^{\int_0^t A(t)\mathrm{d}t}\mathrm{d}t\Big] \tag{11.41}$$

由初始条件得

$$T_i(0) = 0$$

另外

$$\int_0^t A(t)\mathrm{d}t = \frac{(2i-1)^2}{4H^2}\pi^2 \frac{k_{\mathrm{s}}'k}{\gamma_{\mathrm{w}}}t$$

则式(11.41)可写成

$$T_i = \mathrm{e}^{-\frac{(2i-1)^2}{4H^2}\pi^2\frac{k_{\mathrm{s}}'k}{\gamma_{\mathrm{w}}}t}\int_0^t a_i f_1(t)\mathrm{e}^{\frac{(2i-1)^2}{4H^2}\pi^2\frac{k_{\mathrm{s}}'k}{\gamma_{\mathrm{w}}}t}\mathrm{d}t \tag{11.42}$$

像固结理论那样,令

$$T_{\mathrm{v}} = \frac{k_{\mathrm{s}}' k}{\gamma_{\mathrm{w}} H^2} t \tag{11.43}$$

式中, T_{v} 为时间因数,则式(11.42)可写成

$$T_i = \mathrm{e}^{-\frac{(2i-1)^2 \pi^2}{4} T_{\mathrm{v}}} \int_0^t a_i f_1(t) \mathrm{e}^{\frac{(2i-1)^2 \pi^2}{4} T_{\mathrm{v}}} \mathrm{d}t \tag{11.44}$$

由式(11.44)可见,如果

$$\begin{cases} \mathrm{e}^{-\frac{(2i-1)^2 \pi^2}{4} T_{\mathrm{v}}} \approx 1 \\ \mathrm{e}^{\frac{(2i-1)^2 \pi^2}{4} T_{\mathrm{v}}} \approx 1 \end{cases} \tag{11.45}$$

则式(11.44)可写成

$$T_i \approx \int_0^t a_i(t) f_1(t) \mathrm{d}t \tag{11.46}$$

由式(11.35)得

$$f_1(t) = \frac{\partial p_{\mathrm{d,g}}}{\partial t} \frac{1}{f_2(z)}$$

将上式代入(11.46)得

$$T_i \approx \frac{a_i(t)}{f_2(z)} p_{\mathrm{d,g}}$$

再将上式代入式(11.31)得

$$p_{\mathrm{d}} \approx \sum_{i=1}^{\infty} a_i \frac{p_{\mathrm{d,g}}}{f_2(z)} \sin \frac{2i-1}{2H} \pi z$$

或

$$p_{\mathrm{d}} = p_{\mathrm{d,g}} \sum_{i=1}^{\infty} \frac{a_i \sin \dfrac{2i-1}{2H} \pi z}{f_2(z)} \tag{11.47}$$

注意式(11.36),则得

$$p_{\mathrm{d}} \approx p_{\mathrm{d,g}} \tag{11.48}$$

式(11.48)表示,如果满足式(11.45),孔隙水源压力则不会消散,即孔隙水源压力 $p_{\mathrm{d,g}}$ 就是实际孔隙水压力 p_{d} 的一个很好的近似值。也就是说,在这种情况下动荷载作用期间的排水影响可以不考虑。

下面,讨论一下满足式(11.45)的条件。如果令

$$\varepsilon = \frac{(2i-1)^2 \pi^2}{4} T_{\mathrm{v}}$$

从式(11.45)可见,如果满足该式, ε 应接近零。改写上式得

$$T_v = \frac{4\varepsilon}{(2i-1)^2 \pi^2}$$

这样，i 越大，要满足式(11.45)要求的 T_v 值就应越低。但是随 i 增加，与 i 相应的贡献越低，通常只取与前几个 i 值相应的解。

上面的讨论表明，T_v 越小，排水的影响越小，也就是孔隙水压力消散作用越小，当 T_v 小到一定数值时，排水的影响可忽略不计，即式(11.48)成立。这样，时间因数 T_v 是一个度量排水或孔隙水消散作用的综合指标。在这个综合指标中包含影响排水或孔隙水压力消散作用的主要因素。根据式(11.43)，则可指出这些因素及影响如下。

(1) 土的渗透系数 k。k 值越小，排水或消散作用越小。

(2) 地下水位以下土层的厚度 H。H 值越大，排水或消散作用越小。在本例中，H 表示从不排水边界到排水边界的长度，即排水途径的长度。因此，在一般情况下，则应表述为排水途径越长，排水或消散作用越小。从式(11.43)可见，排水或消散作用随排水途径长度的平方而减小，是一个非常重要的影响因素。

(3) 土体积回弹模量 k'_s。回弹模量越小，即回弹量大的土，排水或消散作用越小。

(4) 动荷载作用的时间 t。t 值越小，即动荷载作用时间越短，排水或消散作用越小。

在许多实际问题中，由于土的渗透系数很小、排水途径很长及动荷载作用历时很短，如地震，则往往忽视在动荷载期间内的排水或消散作用，而按式(11.48)确定动荷载作用期间的孔隙水压力。这样，就不需要求解式(11.25)或式(11.27)来确定孔隙水压力。

11.5　孔隙水压力增长和消散方程的数值解法

下面分别按如下两种情况表述数值解法。

(1) 不考虑交联按式(11.27)的数值解法。

(2) 考虑交联按式(11.19)与式(11.27)的数值解法。

1. 不考虑交联按式(11.27)的数值解法

不考虑交联按式(11.27)求解孔隙水压力 p_d 必须假定孔隙水压力源函数 $p_{d,g}$ 是已知的。下面，假定 $p_{d,g}$ 是已知的，来表述按式(11.27)求解孔隙水压力 p_d 的方法。

数值求解式(11.27)的第一步是将微分形式的方程式(11.27)变成有限形式的矩阵方程。通常，可采用伽略金方法来实现。

1) 伽略金法概要

下面按文献[4]概述伽略金法。设求解方程为 $Ly = 0$，其中 L 为求解 y 的方程的形式，并满足指定的边界条件。

如果 y^* 是方程的准确解，则

$$Ly^* = 0$$

现在取一完备的函数族 $\varphi_k(x)$，$k = 1,2,3,\cdots$，其中每一个函数 $\varphi_k(x)$ 均满足指定的边界条件。按伽略金法，方程的解 y 近似取成如下形式：

$$\bar{y}_n(x) = \sum_{k=1}^n a_k\varphi_k(x) \tag{11.49}$$

由于 $\varphi_k(x)$ 是先验决定的,只要确定出 a_k,则近似解就得到了。

如果 $\bar{y}_n$ 是方程的准确解,则

$$L\bar{y}_n = 0 \tag{11.50}$$

由此得

$$\int_{x_1}^{x_2} \varphi_k L\bar{y}_n \mathrm{d}x = 0, \qquad k = 1,2,3,\cdots \tag{11.51}$$

将式(11.49)代入,则得

$$\int_{x_1}^{x_2} \varphi_k L\left(\sum_{l=1}^n a_l\varphi_l(x)\right)\mathrm{d}x, \qquad k = 1,2,3,\cdots \tag{11.52}$$

显然,式(11.52)是以 a_l 为未知数的 n 维方程组。求解该方程组就可确定出 a_l,对应的解为

$$\bar{y}_n = \sum_{l=1}^n a_l\varphi_l(x) \tag{11.53}$$

现在以一个具体的例子来进一步说明伽略金法。

设方程为

$$y'' + y + x = 0 \tag{11.54}$$

采用伽略金法求满足边界条件 $y(1) = y(0) = 0$ 的解。

首先,取函数族 $\varphi_k(x)$ 形式如下:

$$\varphi_k = (1-x)x^k \tag{11.55}$$

从式(11.55)可见,φ_k 均满足上述边界条件。如果取 $n = 2$,则得

$$\bar{y}_2 = a_1(1-x)x + a_2(1-x)x^2 \tag{11.56}$$

将式(11.56)代入方程式(11.54),则得

$$L\bar{y}_2 = -2a_1 - a_2(2-6x) + x(1-x)(a_1 + a_2x) + x \tag{11.57}$$

由式(11.52)得

$$\int_0^1 a_1(1-x)xL\bar{y}_2\mathrm{d}x = 0$$

$$\int_0^1 a_2(1-x)x^2L\bar{y}_2\mathrm{d}x = 0$$

将式(11.57)代入上式,完成积分并简化后,得

$$\frac{3}{10}a_1 + \frac{3}{20}a_2 = \frac{1}{12}$$

$$\frac{3}{20}a_1 + \frac{13}{105}a_2 = \frac{1}{20}$$

求解上式得

$$a_1 = \frac{71}{369}, \quad a_2 = \frac{7}{41}$$

$$y_2 = x(1-x)\left(\frac{71}{369} + \frac{7}{41}x\right) \tag{11.58}$$

另外，方程式(11.54)的准确解为

$$y^* = \frac{\sin x}{\sin 1} - x \tag{11.59}$$

为了解 $\bar{y}_2$ 的精度，令 $x = \frac{1}{4}, \frac{1}{2}, \frac{3}{4}$，分别按式(11.58)和式(11.59)计算出 $\bar{y}_2$ 和 y^*，结果如表 11.1 所示。

表 11.1　$\bar{y}_2$ 与 y^* 的比较

x	y^*	$\bar{y}_2$
$\frac{1}{4}$	0.044	0.044
$\frac{1}{2}$	0.070	0.069
$\frac{3}{4}$	0.060	0.060

由上可见，$\bar{y}_2$ 是相当精度的，误差在 0.001 左右。

2) 在一个单元内将方程式(11.27)离散成矩阵方程

文献[5]表述了伽略金法在有限单元法中的应用，下面以平面问题为例来表述，将方程式(11.27)改写成如下形式：

$$\frac{\partial p_d}{\partial t} - \frac{k'_s k}{\gamma_w}\left(\frac{\partial^2}{\partial x^2} + \frac{\partial^2}{\partial y^2}\right)p_d - \frac{\partial p_{d,g}}{\partial t} = 0 \tag{11.60}$$

在任何一个单元内，式(11.60)都成立。按有限元法，以平面四结点单元为例，单元内的孔隙水压力可表示成如下形式：

$$p_d = \begin{bmatrix} N_1 & N_2 & N_3 & N_4 \end{bmatrix}\begin{Bmatrix} p_{d,1} \\ p_{d,2} \\ p_{d,3} \\ p_{d,4} \end{Bmatrix} \tag{11.61}$$

式中，$p_{d,k}$ 为四个结点的孔隙水压力；N_1、N_2、N_3、N_4 为单元形函数。式(11.61)相当于式(11.49)，即 N_k 相当于 φ_k，p_d 相当于 a_k。令

$$\begin{cases} [N] = [N_1 \quad N_2 \quad N_3 \quad N_4] \\ \{p_d\}_e = \{p_{d,1} \quad p_{d,2} \quad p_{d,3} \quad p_{d,4}\} \end{cases} \tag{11.62}$$

则

$$p_d = [N]\{p_d\}_e \tag{11.63}$$

将式(11.63)代入式(11.60)得

$$[N]\frac{\partial}{\partial t}\{p_d\}_e - \frac{k'_s k}{\gamma_w}\left(\frac{\partial^2}{\partial x^2} + \frac{\partial^2}{\partial y^2}\right)[N]\{p_d\}_e - [N]\frac{\partial}{\partial t}\{p_{d,g}\}_e = 0 \tag{11.64}$$

式中，$\{p_{d,g}\}_e$ 为单元四个结点的源压力向量。按伽略金法，可得

$$\int_s N_i\left\{[N]\frac{\partial}{\partial t}\{p_d\}_e - \frac{k'_s k}{\gamma_w}\left(\frac{\partial^2}{\partial x^2} + \frac{\partial^2}{\partial y^2}\right)[N]\{p_d\}_e - [N]\frac{\partial}{\partial t}\{p_{d,g}\}_e\right\}ds = 0,$$
$$i = 1, 2, 3, 4$$

式中，s 表示单元面积。将上式写成矩阵形式，则得

$$\int_s [N]^T[N]\frac{\partial}{\partial t}\{p_d\}_e ds - \frac{k'_s k}{\gamma_w}\int_s [N]^T\left(\frac{\partial^2}{\partial x^2} + \frac{\partial^2}{\partial y^2}\right)[N]\{p_d\}_e ds$$
$$- \int_s [N]^T[N]\frac{\partial}{\partial t}\{p_{d,g}\}ds = 0 \tag{11.65}$$

令

$$\begin{cases} [G]_e = \int_s [N]^T[N]ds \\ [H]_e = \frac{k'_s k}{\gamma_w}\int_s [N]^T\left(\frac{\partial^2}{\partial x^2} + \frac{\partial^2}{\partial y^2}\right)[N]ds \end{cases} \tag{11.66}$$

则式(11.65)可写成如下形式：

$$[G]_e\frac{\partial}{\partial t}\{p_d\}_e - [H]_e\{p_d\}_e = [G]_e\frac{\partial}{\partial t}\{p_{d,g}\} \tag{11.67}$$

由式(11.66)可知，$[G]_e$ 和 $[H]_e$ 为 4×4 阶矩阵。式(11.67)即为一个单元的矩阵形式的求解方程。

3）整个域内的矩阵形式的求解方程

前面建立了单元内的矩阵形式的求解方程，即式(11.67)。由式(11.66)定义的矩阵 $[G]_e$ 和 $[H]_e$ 与第9章中的单元刚度矩阵 $[K]_e$ 相类似。在第9章中，采用直接刚度法，可由单元刚度矩阵 $[K]_e$ 叠加出整个域内的总刚度矩阵 $[K]$。同样的，在此可由单元矩阵 $[G]_e$ 和 $[H]_e$ 叠加出整个域内的总矩阵 $[G]$ 和 $[H]$。如果按总体结点编号次序，将结点的孔隙水压力 p_d 和源压力 $p_{d,g}$ 分别排成一个向量，并以 $\{p_d\}$ 和 $\{p_{d,g}\}$ 表示，则对整个域内得到矩阵形式求解方程：

$$[G]\frac{\partial}{\partial t}\{p_d\} - [H]\{p_d\} = [G]\frac{\partial}{\partial t}\{p_{d,g}\} \tag{11.68}$$

式中，$[G]$ 和 $[H]$ 为 $N \times N$ 阶矩阵；$\{p_d\}$ 和 $\{p_{d,g}\}$ 为 N 维向量。其中，N 为整个域内结点总数。$\{p_d\}$ 除满足式(11.68)，还应满足指定的边界条件。

4) 式(11.68)对时间的离散

从式(11.68)可见，该式是关于时间 t 的微分方程，为数值求解，还必须对时间 t 进行离散。设 t 时刻的孔隙水压力向量已知，以 $\{p_d\}_t$ 表示，现在来求 $t + \Delta t$ 时刻的孔隙水压力向量，以 $\{p_d\}_{t+\Delta t}$ 表示。将式(11.68)两边从 t 时刻到 $t + \Delta t$ 时刻积分，则得

$$[G](\{p_d\}_{t+\Delta t} - \{p_d\}_t) - [H]\int_t^{t+\Delta t}\{p_d\}\mathrm{d}t = [G](\{p_{d,g}\}_{t+\Delta t} - \{p_{d,g}\}_t)$$

令

$$\Delta\{p_d\} = \{p_d\}_{t+\Delta t} - \{p_d\}_t \tag{11.69}$$

则得

$$[G]\Delta\{p_d\} - [H]\int_t^{t+\Delta t}\{p_d\}\mathrm{d}t = [G]\Delta\{p_{d,g}\}$$

根据中值定理

$$\int_t^{t+\Delta t}\{p_d\}\mathrm{d}t = \{\bar{p}_d\}\Delta t$$

式中，$\{\bar{p}_d\}$ 为 t 到 $t + \Delta t$ 时段内的 $\{p_d\}$ 中值向量。将该式代入上式得

$$[G]\Delta\{p_d\} - [H]\{\bar{p}_d\}\Delta t = [G]\Delta\{p_{d,g}\} \tag{11.70}$$

令在 t 至 $t + \Delta t$ 时段内 $\{p_d\}$ 按线性变化，如图11.4所示，则与 $t + \Delta t$ 相应的 $\{p_d\}$ 可由式(11.71)确定：

$$\{p_d\}_{t+\theta\Delta t} = \{p_d\}_t + \theta(\{p_d\}_{t+\Delta t} - \{p_d\}_t)$$

或

$$\{p_d\}_{t+\theta\Delta t} = \{p_d\}_t + \theta\Delta\{p_d\} \tag{11.71}$$

式中，$0 \leqslant \theta \leqslant 1$。

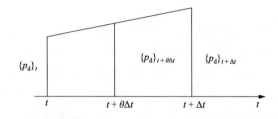

图11.4 t 时刻至 $t + \Delta t$ 时刻 $\{p_d\}$ 的变化及其中值向量

下面，令

$$\{\bar{p}_d\} = \{p_d\}_{t+\theta\Delta t} \tag{11.72}$$

将其代入式(11.70),则得

$$[G]\Delta\{p_{\mathrm{d}}\} - [H](\{p_{\mathrm{d}}\}_t + \theta\Delta\{p_{\mathrm{d}}\}) = [G]\Delta\{p_{\mathrm{d,g}}\} \tag{11.73}$$

式中,如果令 $\{p_{\mathrm{d}}\}_t$ 是已知的

$$\begin{cases} [\underline{G}] = [G] - \theta[H] \\ [G]\Delta\{p_{\mathrm{d,g}}\} + [H]\{p_{\mathrm{d}}\}_t = \Delta\{R\} \end{cases} \tag{11.74}$$

则得

$$[\underline{G}]\Delta\{p_{\mathrm{d}}\} = \Delta\{R\} \tag{11.75}$$

式(11.75)则为对时间离散量的矩阵形式的求解方程。可见,式(11.75)是以 $\Delta\{p_{\mathrm{d}}\}$ 为未知量的一组代数方程组,求解该方程组可得到从 t 到 $t+\Delta t$ 时刻的孔隙水压力增量 $\Delta\{p_{\mathrm{d}}\}$,然后,再由式(11.69)确定出 $t+\Delta t$ 时刻的孔隙水压力向量 $\{p_{\mathrm{d}}\}_{t+\Delta}$。

式(11.75)给出了孔隙水压力增量向量的求解方程。如果希望直接求出 $t+\Delta t$ 时刻孔隙水压力向量,则可将式(11.75)改写成如下形式:

$$[\underline{G}]\{p_{\mathrm{d}}\}_{t+\Delta} = \Delta\{R\} + [\underline{G}]\{p_{\mathrm{d}}\}_t$$

令

$$\{R_1\} = \Delta\{R\} + [\underline{G}]\{p_{\mathrm{d}}\}_t \tag{11.76}$$

代入上式,则得

$$[\underline{G}]\{p_{\mathrm{d}}\}_{t+\Delta} = \{R_1\} \tag{11.77}$$

解式(11.77),则可直接确定出 $t+\Delta t$ 时刻孔隙水压力向量 $\{p_{\mathrm{d}}\}_{t+\Delta}$。

为了按上述方法求解,必须确定式(11.71)和式(11.74)第一式的值。前面给出了 θ 的取值范围。在实际问题中,可取 $\theta = \dfrac{1}{2}$。

5) 孔隙水压力源函数 $p_{\mathrm{d,g}}$ 的确定

前面曾指出,在不考虑交联作用求解孔隙水压力时,必须假定动力作用引起的孔隙水压力源函数 $p_{\mathrm{d,g}}$ 是已知的。下面来表述如何确定孔隙水压力源函数 $p_{\mathrm{d,g}}$。为了确定 $p_{\mathrm{d,g}}$,首先将土骨架和孔隙水视为一个体系,在不排水假定下按第 9 章所述的方法求解土体的动力分析方程:

$$[M]\{\ddot{r}\} + [C]\{\dot{r}\} + [K]\{r\} = \{R\} \tag{11.78}$$

式中,$\{R\}$ 为作用于土结点上的动荷载向量;$\{\ddot{r}\}$、$\{\dot{r}\}$、$\{r\}$ 分别为结点对于基岩的加速度、速度、位移向量。

对于地震作用,式(11.78)可写成如下形式:

$$[M]\{\ddot{r}\} + [C]\{\dot{r}\} + [K]\{r\} = -\{E\}_x \ddot{u}_g - \{E\}_y \ddot{v}_g - \{E\}\ddot{w}_g \tag{11.79}$$

这种情况下,i 点的相对位移 r_i 为

$$r_i = \{u_i, v_i, w_i\}^{\mathrm{T}} \tag{11.80}$$

$\ddot{u}_{\mathrm{g}}$、$\ddot{v}_{\mathrm{g}}$、$\ddot{w}_{\mathrm{g}}$ 分别为基岩运动在 x、y、z 方向的加速度。式(11.79)中的其他符号如第 9 章所述。关于式(11.79)的建立及求解方法它在第 9 章表述过了，不需重复。由式(11.79)求解出结点位移后，代入式(11.9)可得动应力，但必须指出，所得的动应力是总应力。该动应力可分解成偏应力 $\sigma_{x,\mathrm{d,d}}$、$\sigma_{y,\mathrm{d,d}}$、$\sigma_{z,\mathrm{d,d}}$ 和球应力 $\sigma_{\mathrm{o,d}}$，即

$$\begin{cases} \sigma_{x,\mathrm{d,d}} = \sigma_{x,\mathrm{d}} - \sigma_{\mathrm{o,d}} \\ \sigma_{y,\mathrm{d,d}} = \sigma_{y,\mathrm{d}} - \sigma_{\mathrm{o,d}} \\ \sigma_{z,\mathrm{d,d}} = \sigma_{z,\mathrm{d}} - \sigma_{\mathrm{o,d}} \end{cases} \tag{11.81}$$

式中

$$\sigma_{\mathrm{o,d}} = \frac{1}{3}(\sigma_{x,\mathrm{d}} + \sigma_{y,\mathrm{d}} + \sigma_{z,\mathrm{d}}) \tag{11.82}$$

式(11.81)右端括号中的项为动偏应力的正应力分量，由土骨架承受；右端 $\sigma_{\mathrm{o,d}}$ 为球应力分量，对于饱和土由孔隙水承受。按前述，这部分孔隙水压力就是源压力 $p_{\mathrm{d,g}}$，即

$$p_{\mathrm{d,g}} = \sigma_{\mathrm{o,d}} \tag{11.83}$$

将式(11.82)代入式(11.81)，得

$$\begin{cases} \sigma_{x,\mathrm{d,d}} = \frac{1}{3}(2\sigma_{x,\mathrm{d}} - \sigma_{y,\mathrm{d}} - \sigma_{z,\mathrm{d}}) \\ \sigma_{y,\mathrm{d,d}} = \frac{1}{3}(2\sigma_{y,\mathrm{d}} - \sigma_{x,\mathrm{d}} - \sigma_{z,\mathrm{d}}) \\ \sigma_{z,\mathrm{d,d}} = \frac{1}{3}(2\sigma_{z,\mathrm{d}} - \sigma_{x,\mathrm{d}} - \sigma_{y,\mathrm{d}}) \end{cases} \tag{11.84}$$

这样，当不考虑交联由式(11.79)得到土体各点或土单元的动偏应力后，则可根据源压力 $p_{\mathrm{d,g}}$ 与动偏应力的经验关系确定出源压力 $p_{\mathrm{d,g}}$。按式(11.4)，则可求得总的源压力 p_{g}。

2. 考虑交联按式(11.27)与式(11.19)的数值解法

如果认为源压力 $p_{\mathrm{d,g}}$ 是未知的，则式(11.27)与式(11.19)是交联的。在这种情况下，土骨架的运动方程和土体积变化连续性方程将与式(11.19)和式(11.27)有重大的不同，主要包括如下几点。

(1) 必须以适当的动弹塑性模型的应力-应变关系代替建立式(11.19)所采用的弹性或等效线性化模型的应力-应变关系。对于研究动荷载作用所引起的孔隙水压力问题，所采用的动弹性模型必须能够很好地描述在动偏应力作用下土体积的累积变形 $\varepsilon_{\mathrm{v,d}}$。特别应指出在第 6 章中所表述的弹塑性模型没有考虑逐次累积的永久体积变形，因此是不适用的。

(2) 在式(11.27)中含有源压力 $p_{\mathrm{d,g}}$ 的项必须以偏应力作用引起的永久土体积变形 $\varepsilon_{\mathrm{v,d}}$ 来代替。

(3) 由于动弹塑性模型的应力-应变关系是增量形式的，则全量形式的动力运动方程式(11.19)和连续性方程式(11.27)必须改写成增量形式的方程。

显然,在上述三点中第一点是问题的关键。至今,以正确地描述在动偏应力作用下土体积变形为主要目标的弹塑性模型的研究很少,正是这一点成为了解决问题的一个瓶颈。但是,文献[6]和[7]在这方面做了很好的工作。有兴趣的读者,可以查阅文献。

因此,目前在实际问题中还很少严格地按动力运动方程与土体积变形连续性方程交联来求解土体的动力反应和孔隙水压力的增长和消散。

下面以平面应变问题为例,说明考虑交联求解方程的离散。

1) 求解方程的矩阵形式

(1) 土骨架动力平衡方程的矩阵形式。

为了方便,动力平衡方程取式(11.7)的形式,在平面应变情况下,土骨架动力平衡方程可写成如下形式:

$$\rho_s \frac{\partial^2 u}{\partial l^2} - \frac{\partial \sigma_x}{\partial x} - \frac{\partial \tau_{xy}}{\partial y} - f_x = 0$$

$$\rho_s \frac{\partial^2 v}{\partial l^2} - \frac{\partial \tau_{xy}}{\partial x} - \frac{\partial \sigma_y}{\partial y} - f_y = 0$$

将式(11.13)代入上式,并忽略水相对土骨架运动的惯性力,则得

$$\begin{cases} \rho_{s,s} \dfrac{\partial^2 u}{\partial l^2} - \dfrac{\partial \sigma_x}{\partial x} - \dfrac{\partial \tau_{xy}}{\partial y} - \dfrac{\partial p_d}{\partial x} = -\rho_{s,s}\ddot{u}_g \\[3mm] \rho_{s,s} \dfrac{\partial^2 u}{\partial l^2} - \dfrac{\partial \tau_{xy}}{\partial x} - \dfrac{\partial \sigma_y}{\partial y} - \dfrac{\partial p_d}{\partial y} = -\rho_{s,s}\ddot{v}_g \end{cases} \tag{11.85}$$

式(11.85)可写成如下矩阵形式:

$$\rho_{s,s}\begin{bmatrix} 1 & 0 \\ 0 & 1 \end{bmatrix}\begin{Bmatrix} \ddot{u} \\ \ddot{v} \end{Bmatrix} - \begin{bmatrix} \dfrac{\partial}{\partial x} & 0 & \dfrac{\partial}{\partial y} \\ 0 & \dfrac{\partial}{\partial y} & \dfrac{\partial}{\partial x} \end{bmatrix}\begin{Bmatrix} \sigma_x \\ \sigma_y \\ \tau_{xy} \end{Bmatrix} - \begin{bmatrix} \dfrac{\partial}{\partial x} \\ \dfrac{\partial}{\partial y} \end{bmatrix} p_d = -\rho_{s,s}\begin{bmatrix} 1 & 0 \\ 0 & 1 \end{bmatrix}\begin{Bmatrix} \ddot{u}_g \\ \ddot{v}_g \end{Bmatrix} \tag{11.86}$$

另外

$$\begin{Bmatrix} \sigma_x \\ \sigma_y \\ \tau_{xy} \end{Bmatrix} = [D]\begin{Bmatrix} \varepsilon_x \\ \varepsilon_y \\ \gamma_{xy} \end{Bmatrix}$$

式中,$[D]$ 为应力-应变矩阵,而

$$\begin{Bmatrix} \varepsilon_x \\ \varepsilon_y \\ \gamma_{xy} \end{Bmatrix} = \begin{bmatrix} \dfrac{\partial}{\partial x} & 0 \\ 0 & \dfrac{\partial}{\partial y} \\ \dfrac{\partial}{\partial y} & \dfrac{\partial}{\partial x} \end{bmatrix}\begin{Bmatrix} u \\ v \end{Bmatrix}$$

将其代入应力向量表达式,得

$$\left\{\begin{array}{c} \sigma_x \\ \sigma_y \\ \tau_{xy} \end{array}\right\} = [D] \begin{bmatrix} \dfrac{\partial}{\partial x} & 0 \\ 0 & \dfrac{\partial}{\partial y} \\ \dfrac{\partial}{\partial y} & \dfrac{\partial}{\partial x} \end{bmatrix} \left\{\begin{array}{c} u \\ v \end{array}\right\}$$

将其代入式(11.86)得

$$\rho_{s,s} \begin{bmatrix} 1 & 0 \\ 0 & 1 \end{bmatrix} \left\{\begin{array}{c} \ddot{u} \\ \ddot{v} \end{array}\right\} - \begin{bmatrix} \dfrac{\partial}{\partial x} & 0 & \dfrac{\partial}{\partial y} \\ 0 & \dfrac{\partial}{\partial y} & \dfrac{\partial}{\partial x} \end{bmatrix} [D] \begin{bmatrix} \dfrac{\partial}{\partial x} & 0 \\ 0 & \dfrac{\partial}{\partial y} \\ \dfrac{\partial}{\partial y} & \dfrac{\partial}{\partial x} \end{bmatrix} \left\{\begin{array}{c} u \\ v \end{array}\right\} - \begin{bmatrix} \dfrac{\partial}{\partial x} \\ \dfrac{\partial}{\partial y} \end{bmatrix} p_d = -\rho_{s,s} \begin{bmatrix} 1 & 0 \\ 0 & 1 \end{bmatrix} \left\{\begin{array}{c} \ddot{u}_g \\ \ddot{v}_g \end{array}\right\}$$

$$(11.87)$$

(2) 连续条件方程的矩阵形式。

为了方便,土体积变化连续性方程不取式(11.27)的形式,而采用式(11.20)所示的原始形式。由于

$$\varepsilon_{v,d} = \left\{\begin{array}{cc} \dfrac{\partial}{\partial x} & \dfrac{\partial}{\partial y} \end{array}\right\} \left\{\begin{array}{c} u \\ v \end{array}\right\}$$

则

$$\delta\varepsilon_{v,d} = \left\{\begin{array}{cc} \dfrac{\partial}{\partial x} & \dfrac{\partial}{\partial y} \end{array}\right\} \left\{\begin{array}{c} \dot{u} \\ \dot{v} \end{array}\right\} dt \qquad (11.88)$$

将式(11.22)~式(11.24)及式(11.87)代入式(11.20),则得

$$\begin{bmatrix} \dfrac{\partial}{\partial x} & \dfrac{\partial}{\partial y} \end{bmatrix} \left\{\begin{array}{c} \dot{u} \\ \dot{v} \end{array}\right\} - \dfrac{nk'_s + k_w}{k'_s k_w} \dot{p}_d + \dfrac{k}{\gamma_w} \left(\dfrac{\partial^2}{\partial x^2} + \dfrac{\partial^2}{\partial y^2} \right) p_d = 0 \qquad (11.89)$$

(3) 交联方程的矩阵形式。

将 u、v、p_d 排成一个列向量,则式(11.88)和式(11.89)可以合并成一个式子,写成如下矩阵形式:

$$\begin{bmatrix} 1 & 0 & 0 \\ 0 & 1 & 0 \\ 0 & 0 & 0 \end{bmatrix} \left\{\begin{array}{c} \ddot{u} \\ \ddot{v} \\ \ddot{p}_d \end{array}\right\} + \begin{bmatrix} 0 & 0 & 0 \\ 0 & 0 & 0 \\ \dfrac{\partial}{\partial x} & \dfrac{\partial}{\partial y} & -\dfrac{nk'_s + k_w}{k'_s k_w} \end{bmatrix} \left\{\begin{array}{c} \dot{u} \\ \dot{v} \\ \dot{p}_d \end{array}\right\} +$$

$$\begin{bmatrix} \begin{bmatrix} \dfrac{\partial}{\partial x} & 0 & \dfrac{\partial}{\partial y} \\ 0 & \dfrac{\partial}{\partial y} & \dfrac{\partial}{\partial x} \end{bmatrix} [D] \begin{bmatrix} \dfrac{\partial}{\partial x} & 0 \\ 0 & \dfrac{\partial}{\partial y} \\ \dfrac{\partial}{\partial y} & \dfrac{\partial}{\partial x} \end{bmatrix} & \begin{array}{c} \dfrac{\partial}{\partial x} \\ \dfrac{\partial}{\partial y} \end{array} \\ 0 \qquad\qquad 0 & -\dfrac{k}{\gamma_w} \left(\dfrac{\partial^2}{\partial x^2} + \dfrac{\partial^2}{\partial y^2} \right) \end{bmatrix} \left\{\begin{array}{c} u \\ v \\ p_d \end{array}\right\} = -\rho_{s,s} \begin{bmatrix} 1 & 0 & 0 \\ 0 & 1 & 0 \\ 0 & 0 & 0 \end{bmatrix} \left\{\begin{array}{c} \dot{u}_g \\ \dot{v}_g \\ \dot{p}_d \end{array}\right\}$$

$$(11.90)$$

2) 一个单元方程的离散

设单元为四边形单元,单元的位移 u、v 和孔隙水压力 p_d 可以表示成如下形式:

$$\left\{\begin{matrix} u \\ v \\ p_d \end{matrix}\right\} = \begin{bmatrix} N & O_p \\ O_w & \underline{N} \end{bmatrix} \left\{\begin{matrix} u \\ v \\ p_d \end{matrix}\right\}_e \tag{11.91}$$

式中

$$[N] = \begin{bmatrix} N_1 & 0 & N_2 & 0 & N_3 & 0 & N_4 & 0 \\ 0 & N_1 & 0 & N_2 & 0 & N_3 & 0 & N_4 \end{bmatrix} \tag{11.92}$$

$$[O_p] = \begin{bmatrix} 0 & 0 & 0 & 0 \\ 0 & 0 & 0 & 0 \end{bmatrix} \tag{11.93}$$

$$[\underline{N}] = \begin{bmatrix} N_1 & N_2 & N_3 & N_4 \end{bmatrix} \tag{11.94}$$

$$[O_w] = \begin{bmatrix} 0 & 0 & 0 & 0 & 0 & 0 & 0 & 0 \end{bmatrix} \tag{11.95}$$

$$\left\{\begin{matrix} u \\ v \\ p_d \end{matrix}\right\}_e = \{u_1 \quad v_1 \quad u_2 \quad v_2 \quad u_3 \quad v_3 \quad u_4 \quad v_4 \quad p_{d,1} \quad p_{d,2} \quad p_{d,3} \quad p_{d,4}\}^T \tag{11.96}$$

其中,N_i 为四边形单元形函数;u_i、v_i 和 $p_{d,i}$ 分别为四边形结点 i 的 x 方向位移分量、y 方向位移分量和孔隙水压力数值。

将式(11.91)代入式(11.90)得

$$\rho_{s,s} \begin{bmatrix} 1 & 0 & 0 \\ 0 & 1 & 0 \\ 0 & 0 & 0 \end{bmatrix} \begin{bmatrix} N & O_p \\ O_w & \underline{N} \end{bmatrix} \left\{\begin{matrix} \ddot{u} \\ \ddot{v} \\ \ddot{p}_d \end{matrix}\right\}_e + \begin{bmatrix} 0 & 0 & 0 \\ 0 & 0 & 0 \\ \dfrac{\partial}{\partial x} & \dfrac{\partial}{\partial y} & -\dfrac{nk_s'+k_w}{k_s'k_w} \end{bmatrix} \begin{bmatrix} N & O_p \\ O_w & \underline{N} \end{bmatrix} \left\{\begin{matrix} \dot{u} \\ \dot{v} \\ \dot{p}_d \end{matrix}\right\}_e +$$

$$\begin{bmatrix} \dfrac{\partial}{\partial x} & 0 & \dfrac{\partial}{\partial y} \\ 0 & \dfrac{\partial}{\partial y} & \dfrac{\partial}{\partial x} \\ & 0 & \end{bmatrix} [D] \begin{bmatrix} \dfrac{\partial}{\partial x} & 0 & \dfrac{\partial}{\partial x} \\ 0 & \dfrac{\partial}{\partial y} & \dfrac{\partial}{\partial y} \\ \dfrac{\partial}{\partial y} & \dfrac{\partial}{\partial x} & -\dfrac{k}{\gamma_w}\left(\dfrac{\partial^2}{\partial x^2}+\dfrac{\partial^2}{\partial y^2}\right) \end{bmatrix} \begin{bmatrix} N & O_p \\ O_w & \underline{N} \end{bmatrix} \left\{\begin{matrix} u \\ v \\ p_d \end{matrix}\right\}_e = -\rho_{s,s} \left\{\begin{matrix} \ddot{u}_g \\ \ddot{v}_g \\ 0 \end{matrix}\right\} \tag{11.97}$$

令矩阵方程式(11.97)以 $[L]$ 表示,$L_{1,2}$ 表示其中前两个方程,L_3 表示其中第三个方程,则

$$[L] = \begin{bmatrix} L_{1,2} \\ L_3 \end{bmatrix} \tag{11.98}$$

下面，采用伽略金法，将一个单元的交联方程离散。按伽略金法有

$$\int_s \begin{bmatrix} N & O_p \\ O_w & \underline{N} \end{bmatrix}^T [L] ds = 0$$

式中，s 表示单元面积。将矩阵转置并将式(11.98)代入，得

$$\int_s \begin{bmatrix} N^T & O_w \\ O_p^T & \underline{N}^T \end{bmatrix}^T \begin{bmatrix} L_{1,2} \\ L_3 \end{bmatrix} ds = 0$$

完成矩阵运算，上式可写成如下形式：

$$\int_s \begin{bmatrix} N^T L_{1,2} \\ \underline{N}^T L_3 \end{bmatrix} ds = 0$$

上式可进一步写成如下两个式子：

$$\begin{cases} \displaystyle\iint_s N^T L_{1,2} ds = 0 \\ \displaystyle\int_s \underline{N}^T L_3 ds = 0 \end{cases} \tag{11.99}$$

由式(11.99)第一式可得动力平衡方程的离散形式。将式 $L_{1,2}$ 代入式(11.99)第一式得

$$\int_s [N]^T \left\{ \rho_{s,s} [N] \begin{Bmatrix} \ddot{u} \\ \ddot{v} \end{Bmatrix}_e - \begin{bmatrix} \dfrac{\partial}{\partial x} & 0 & \dfrac{\partial}{\partial y} \\ 0 & \dfrac{\partial}{\partial y} & \dfrac{\partial}{\partial x} \end{bmatrix} [D] \begin{bmatrix} \dfrac{\partial}{\partial x} & 0 \\ 0 & \dfrac{\partial}{\partial y} \\ \dfrac{\partial}{\partial y} & \dfrac{\partial}{\partial x} \end{bmatrix} [N] \begin{Bmatrix} u \\ v \end{Bmatrix}_e \right.$$

$$\left. - \begin{bmatrix} \dfrac{\partial}{\partial x} \\ \dfrac{\partial}{\partial y} \end{bmatrix} [\underline{N}] \{\dot{p}_d\}_e + \rho_{s,s} \begin{bmatrix} 1 & 0 \\ 0 & 1 \end{bmatrix} \begin{Bmatrix} \ddot{u}_g \\ \ddot{v}_g \end{Bmatrix} \right\} ds \tag{11.100}$$

令

$$[M]_e = \int_s [N]^T \rho_{s,s} [N] ds \tag{11.101}$$

$$[K]_e = \int [B]^T [D] [B] ds \tag{11.102}$$

$$[B] = \begin{bmatrix} \dfrac{\partial}{\partial x} & 0 \\ 0 & \dfrac{\partial}{\partial y} \\ \dfrac{\partial}{\partial y} & \dfrac{\partial}{\partial x} \end{bmatrix} [N] \tag{11.103}$$

$$[Q]_e = \int_s [N]^T \begin{Bmatrix} \dfrac{\partial}{\partial x} \\ \dfrac{\partial}{\partial y} \end{Bmatrix} [\underline{N}] ds \tag{11.104}$$

$$[M]_{e,g} = \int_s [N]^T \rho_{s,s} \begin{bmatrix} 1 & 0 \\ 0 & 1 \end{bmatrix} ds \tag{11.105}$$

式中，$[M]_e$ 为单元质量矩阵；$[K]_e$ 为单元刚度矩阵；$[B]$ 为单元应变矩阵，$[Q]_e$ 为单元交换矩阵，则式(11.100)可写成如下形式：

$$[M]_e \begin{Bmatrix} \ddot{u} \\ \ddot{v} \end{Bmatrix}_e - [K]_e \begin{Bmatrix} u \\ v \end{Bmatrix}_e - [Q]_e \{p_d\}_e = -[M]_{e,g} \begin{Bmatrix} \ddot{u}_g \\ \ddot{v}_g \end{Bmatrix}_e \tag{11.106}$$

式(11.106)即为一个单元的动力平衡方程的离散形式。

下面，对式(11.106)做如下说明。

式(11.106)是单元的动力平衡方程的离散形式，因此式中的各项均表示土单元所受的。将该式取负号，则得

$$-[M]_e \begin{Bmatrix} \ddot{u} \\ \ddot{v} \end{Bmatrix}_e + [K]_e \begin{Bmatrix} u \\ v \end{Bmatrix}_e + [Q]_e \{p_d\}_e - [M]_{e,g} \begin{Bmatrix} \ddot{u}_g \\ \ddot{v}_g \end{Bmatrix}_e = 0$$

其中，第一项表示由相对运动土单元所受的惯性力，即达朗贝尔力及在单元各结点上的分配，相应的 $[M]_e$ 表示单元质量在各结点上的分配；第二项表示使单元变形作用于土单元上的力，这个力是通过单元结点作用于土单元之上的。矩阵 $[k]$ 称为单元刚度矩阵，它给出了单元刚度的分布，按牛顿第三定律，由于单元变形，土单元作用于单元结点上的力如果以向量 $\{R\}_{e,d}$ 表示，则

$$\{R\}_{e,d} = -[K]_e \begin{Bmatrix} u \\ v \end{Bmatrix}_e \tag{11.107}$$

第三项表示土单元受力的渗透力及在单元各结点上的分配，而矩阵 $[Q]_e$ 取决于其分配形式；第四项表示由刚体运动惯性作用土单元所受的达朗贝尔力及在单元各结点上的分配，相应的 $[M]_{e,g}$ 表示刚体运动的单元质量在各结点上的分配。

同样，由式(11.99)第二式可得连续性方程的离散形式。将式 L_3 代入式(11.99)第二式得

$$\int_s [\underline{N}]^T \left\{ \begin{bmatrix} \dfrac{\partial}{\partial x} & \dfrac{\partial}{\partial y} \end{bmatrix} [N] \begin{Bmatrix} \dot{u} \\ \dot{v} \end{Bmatrix}_e - \dfrac{nk_s' + k_w}{k_s' k_w} [\underline{N}] \{\dot{p}_d\}_e \right.$$
$$\left. + \dfrac{k}{\gamma_w} \left(\dfrac{\partial^2}{\partial x^2} + \dfrac{\partial^2}{\partial y^2} \right) [\underline{N}] \{p_d\}_e \right\} ds = 0 \tag{11.108}$$

由于

$$\int_s [\underline{N}]^T \left\{ \begin{bmatrix} \dfrac{\partial}{\partial x} & \dfrac{\partial}{\partial y} \end{bmatrix} [N] \right\} = [Q]_e^T \tag{11.109}$$

并令

$$[G]_e = \int_s [\underline{N}]^T \frac{n k_s' + k_w}{k_s' k_w} [\underline{N}] ds \qquad (11.110)$$

$$[H]_e = \int_s [\underline{N}]^T \left(\frac{\partial^2}{\partial x^2} + \frac{\partial^2}{\partial y^2} \right) [\underline{N}] ds \qquad (11.111)$$

则式(11.106)可写成如下形式：

$$[Q]_e^T \begin{Bmatrix} \ddot{u} \\ \ddot{v} \end{Bmatrix}_e - [G]_e \{\dot{p}_d\}_e + \frac{k}{\gamma_w} [H]_e \{p_d\}_e = 0 \qquad (11.112)$$

式(11.112)即为一个单元的连续性方程的离散形式。

相似地，对于式(11.112)应做如下说明。

式(11.112)是土单元的体积变形连续条件方程的离散形式。第一项为在动应力作用下土单元的土骨架体积变形速率及在单元各结点上的分配，矩阵 $[Q]_e^T$ 决定其分配形式；第二项为由于孔隙水压力变化，土骨架体积回弹及孔隙水压缩引起的单元体积变化速率及在单元各结点上的分配，矩阵 $[G]_e$ 决定其分配方式；第三项为由排水引起的土单元体积变化速率及在单元各结点上的分配，矩阵 $[H]_e$ 决定其分配形式。

3) 在整个求解域内方程的离散

(1) 土体动力平衡方程的离散形式。

在求解动力问题时，有限元法的一个基本概念，将土体微分体的动力平衡方程以土体中各结点的动力平衡方程来代替。如果从土体中取出单元结点，该结点与几个土单元相连接，则作用于结点 i 上的力如下：

① 相对运动惯性作用在结点 i 引起的作用力 $R_{i,m}$，并按式(11.113)确定：

$$R_{i,m} = \sum_{j=1}^n R_{i,m,j} \qquad (11.113)$$

式中，$R_{i,m,j}$ 为相邻的单元 j 贡献于结点 i 的惯性作用力，并可由式(11.114)确定：

$$R_{e,m,j} = [M]_{e,j} \begin{Bmatrix} u \\ v \end{Bmatrix}_{e,i} \qquad (11.114)$$

② 由于土体变形作用于结点 i 上的力 R_i，并按式(11.115)确定：

$$R_{i,d} = \sum_{j=1}^n R_{i,d,j} \qquad (11.115)$$

式中，$R_{i,d,j}$ 为相邻单元 j 贡献于结点 i 的变形力，可按式(11.107)确定。

③ 由于土体中渗流作用在结点 i 上引起的作用力 $R_{i,f}$，并按式(11.116)确定：

$$R_{i,f} = \sum_{j=1}^n R_{i,f,j} \qquad (11.116)$$

式中，$R_{i,f,j}$ 为相邻单元 j 贡献于结点 i 的渗透力，并按式(11.117)确定：

$$\{R\}_{e,f,j} = [Q]_{e,j} \begin{Bmatrix} u \\ v \end{Bmatrix}_{e,j} \tag{11.117}$$

④ 刚体运动惯性作用在结点 i 上引起的作用力 $R_{i,g}$，并按式(11.118)确定：

$$R_{i,g} = \sum_{j=1}^{n} R_{i,g,j} \tag{11.118}$$

式中，$R_{i,g,j}$ 为相邻单元 j 贡献于结点 i 的刚体运动惯性力，并按式(11.119)确定：

$$\{R\}_{e,g,j} = [M]_{e,g,j} \begin{Bmatrix} \ddot{u}_g \\ \ddot{v}_g \end{Bmatrix}_e \tag{11.119}$$

由结点 i 的动力平衡条件得

$$R_{i,m} + R_{i,g} = R_{i,d} + R_{i,f}$$

改写上式得

$$R_{i,m} - R_{i,d} - R_{i,f} = -R_{i,g} \tag{11.120}$$

式中，$R_{i,g}$ 是已知的。将式(11.113)、式(11.115)、式(11.116)、式(11.118)代入式(11.120)，并将土体结点位移和孔隙水压力按结点的总编号排列成如下列阵：

$$\begin{Bmatrix} u \\ v \end{Bmatrix} = \{ u_1 \quad v_1 \quad u_2 \quad v_2 \quad \cdots \quad u_i \quad v_i \quad \cdots \quad u_m \quad v_m \}^T \tag{11.121}$$

$$\{p_d\} = \{ p_{d,1} \quad p_{d,2} \quad \cdots \quad p_{d,i} \quad \cdots \quad p_{d,m} \}^T \tag{11.122}$$

则可整理出土体的土动力平衡方程的离散形式：

$$[M] \begin{Bmatrix} \ddot{u} \\ \ddot{v} \end{Bmatrix} + [K] \begin{Bmatrix} u \\ v \end{Bmatrix} - [Q]\{p_d\} = [M]_g \begin{Bmatrix} \ddot{u}_g \\ \ddot{v}_g \end{Bmatrix} \tag{11.123}$$

式中，$[M]$、$[K]$、$[Q]$ 为土体质量矩阵、刚度矩阵、渗透作用矩阵，可按式(11.113)、式(11.115)、式(11.116)、式(11.118)由相应的单元矩阵叠加形成。

(2) 整个求解域内的土体变形连续方程的离散形式。

当应用有限元法求解连续性问题时，相似地，将土体中微元体的体积变形相容条件以分配给土体中各结点的体积变形相容条件来代替。设土体中第 i 个结点与 n 个土单元相连接，则分配给结点 i 的体积变形速率如下。

① 由于土骨架体积变形速率分配给结点 i 的体积变形速率，并可由式(11.124)确定：

$$\dot{\varepsilon}_{i,d} = \sum_{j=1}^{n} \dot{\varepsilon}_{i,d,j} \tag{11.124}$$

式中，$\dot{\varepsilon}_{i,d,j}$ 为相邻的单元 j 贡献于结点 i 的土骨架体积变形速率，并可按式(11.125)确定：

$$\{\dot{\varepsilon}\}_{i,d,j} = \{Q\}^{\mathrm{T}} \begin{Bmatrix} \dot{u} \\ \dot{v} \end{Bmatrix}_{\mathrm{e}} \tag{11.125}$$

② 由于孔隙压缩及土骨架回弹引起的体积变形速率分配给结点 i 的体积变形速率，可按式(11.126)确定：

$$\dot{\varepsilon}_{i,\mathrm{cr}} = \sum_{j=1}^{n} \dot{\varepsilon}_{i,\mathrm{cr},j} \tag{11.126}$$

式中，$\dot{\varepsilon}_{i,\mathrm{cr},j}$ 为相邻的单元 j 贡献于结点 i 的孔隙水压及土骨架回弹体积变形速率，并可按式(11.127)确定：

$$\{\dot{\varepsilon}\}_{i,\mathrm{cr},j} = [G]_{\mathrm{e}} \{\dot{p}_{\mathrm{d}}\}_{\mathrm{e}} \tag{11.127}$$

③ 由渗透引起的体积变形速率分配给结点 i 的体积变形速度，并可按式(11.128)确定：

$$\varepsilon_{i,\mathrm{f}} = \sum_{j=1}^{n} \dot{\varepsilon}_{i,\mathrm{f},j} \tag{11.128}$$

式中，$\dot{\varepsilon}_{i,\mathrm{f},j}$ 为相邻单元 j 贡献于结点 i 的渗流引起的体积变形速率，可按式(11.129)确定：

$$\{\dot{\varepsilon}\}_{i,\mathrm{f},j} = [H]_{\mathrm{e}} \{p_{\mathrm{d}}\} \tag{11.129}$$

由结点 i 的体积变形连续条件得

$$\dot{\varepsilon}_{i,\mathrm{d}} - \dot{\varepsilon}_{i,\mathrm{cr}} = -\dot{\varepsilon}_{i,\mathrm{f}}, \qquad i = 1,2,\cdots,n \tag{11.130}$$

注意，由于 $\dot{\varepsilon}_{i,\mathrm{f}}$ 从土孔隙中排出的体积，使土体积减小，而按前面符合规定，土体积增加为正。因此，在式(11.130)右端项加'－'号。将式(11.124)、式(11.126)、式(11.128)代入式(11.130)，则可整理出土体的土体的体积变形连续条件：

$$-[Q]^{\mathrm{T}} \begin{Bmatrix} \ddot{u} \\ \ddot{v} \end{Bmatrix} + [G]\{\dot{p}_{\mathrm{d}}\} - [H]\{p_{\mathrm{d}}\} = 0 \tag{11.131}$$

式中，$[G]$ 为土体的孔隙水压力速率矩阵；$[H]$ 为渗流矩阵，可按式(11.124)、式(11.126)、式(11.128)由相应的单元矩阵叠加形成。

4) 交联方程的求解

将式(11.123)和式(11.131)联立起来求解，就得到在动力作用过程中每时刻的位移和孔隙水压力。联立求解通常采用逐步积分法，在此不再重复表述。

5) 动力作用过程中饱和土体中的有效应力

动力作用过程中饱和土体中的有效应力可按考虑土体排水和不排水两种情况确定。

(1) 不考虑排水作用动力作用过程中的有效应力。

在这种情况下，土体中的有效应力的确定相对简单。由上述第一步分析确定出土体中每一点的动应力和源压力 $p_{\mathrm{d,g}}$ 和 $p_{\mathrm{o,g}}$。由于在不排水情况下土体孔隙水压力 $p_{\mathrm{d}} = p_{\mathrm{d,g}}$

$+ p_{o,g}$。前面已给出土体中的动总应力,则土体中的有效应力可根据式(11.132)确定:

$$
\begin{cases}
\sigma'_{x,s,d} = \sigma_x + \sigma_{s,d} - p_d = \sigma_x + \dfrac{1}{3}(2\sigma_{x,d} - \sigma_{y,d} - \sigma_{z,d}) - p_{d,g} \\
\sigma'_{y,s,d} = \sigma_y + \dfrac{1}{3}(2\sigma_{y,d} - \sigma_{x,d} - \sigma_{z,d}) - p_{d,g} \\
\sigma'_{z,s,d} = \sigma_z + \dfrac{1}{3}(2\sigma_{z,d} - \sigma_{x,d} - \sigma_{y,d}) - p_{d,g}
\end{cases}
\tag{11.132}
$$

式中,σ_x、σ_y、σ_z 分别为土体的静应力;$\sigma'_{x,s,d}$、$\sigma'_{y,s,d}$、$\sigma'_{z,s,d}$ 分别为土体的静动有效正应力。

(2) 考虑排水作用动力作用过程中的有效应力。

前面已给出了在不排水作用时,在动荷载作用期间土体中的孔隙水压力及有效应力的确定方法。当考虑排水作用时,在动荷载作用期间土体的孔隙水压力与不考虑排水作用时的不同。在这种情况下,动荷载作用期间的有效应力应按不考虑与考虑动力运动方程与土体积变形连续性方程交联两种情况确定。

① 不考虑交联情况。

在这种情况下,总应力为

$$
\begin{cases}
\sigma_{x,s,d} = \sigma_x + \sigma_{x,d} \\
\sigma_{y,s,d} = \sigma_y + \sigma_{y,d} \\
\sigma_{z,s,d} = \sigma_z + \sigma_{z,d}
\end{cases}
\tag{11.133}
$$

有效应力为

$$
\begin{cases}
\sigma'_{x,s,d} = \sigma_x + \sigma_{x,d} - p_d \\
\sigma'_{y,s,d} = \sigma_y + \sigma_{y,d} - p_d \\
\sigma'_{z,s,d} = \sigma_z + \sigma_{z,d} - p_d
\end{cases}
\tag{11.134}
$$

② 考虑交联情况。

在这种情况下,在动荷载作用期间的土体有效应力如下:

$$
\begin{cases}
\sigma'_{x,s,d} = \sigma_x + \sigma'_{x,d} \\
\sigma'_{y,s,d} = \sigma_y + \sigma'_{y,d} \\
\sigma'_{z,s,d} = \sigma_z + \sigma'_{z,d}
\end{cases}
\tag{11.135}
$$

式中,$\sigma'_{x,d}$、$\sigma'_{y,d}$ 和 $\sigma'_{z,d}$ 分别为动有效应力。动有效应力可由交联求解动力方程和土体变形连续性方程直接确定。由交联求解方程可得动力作用引起的位移,将求得的位移代入式(11.8)可求得相应的应变,再将应变代入式(11.9)则可求得相应的应力。这样求得的应力就是有效动应力。

6) 关于交联方程的一些说明

(1) 在土体动力平衡方程式(11.123)中没有包括阻尼矩阵。如果考虑阻尼影响,可在式(11.123)加入阻尼项 $[C]\{u,v\}^{\mathrm{T}}$。阻尼矩阵 $[C]$ 可由单元阻尼矩阵 $[C]_e$ 叠加形成,而单元阻尼矩阵 $[C]_e$ 可按瑞利阻尼公式确定。

(2) 在单元刚度矩阵 $[K]_e$ 公式中,应力-应变关系矩阵 $[D]$ 可根据采用的土动力学模型来选取。因此,式(11.123)和式(11.131)不因采用不同的动力学模型而变化。

(3) 当采用线性黏弹模型和等效线性化模型时,求解方程如式(11.123)和式(11.131)所示的全量形式。当采用动力弹塑性模型时,如前述的滞回曲线弹性模型,应将求解方程改写成相应的增量形式。

(4) 当采用线性黏弹性模型和等效线性模型时,由于体应变只与平均正应力有关而与偏应力无关,方程式(11.123)和式(11.131)只给出由平均正应力作用引起的孔隙水压力而不能给出与由动偏应力作用引起的孔隙水压力。如前所述,动偏应力作用还能引起残余体积变形及残余孔隙水压力。因此,如果欲确定动偏应力作用引起的残余孔隙水压力,则不能采用这两个土动力学计算模型。

(5) 如果使求解方程能给出动偏应力作用引起的残余孔隙水压力,则必须在应力-应变关系矩阵中能考虑动偏应力作用引起的残余体积变形。显然,如果采用一般的动弹塑模型,则可做到这一点。但是,关于一般的土动弹塑模型尚需进一步研究。

(6) 还应指出,在前述的滞回曲线类型的弹塑性模型中,由于只给出了剪应力与剪应变的关系,缺少关于土体积变形的描述,则求解方程不能给出动偏应力作用引起的孔隙水压力。

11.6　土体动力分析的有效应力法

在第 9 章所述的土体动力分析方法均属于总应力法。下面,表述一下土体动力分析的有效应力法。如果土体的动力分析方法是以有效应力原理为基础的方法,则称为有效应力分析方法。有效应力原理概括为如下几点。

(1) 饱和土是由土骨架及孔隙中的水组成的两相力学介质。

(2) 饱和土中任一点或单元的应力,即总应力可分解为土骨架承受的应力和孔隙水承受的应力。由土骨架承受的应力称为有效应力,由孔隙水承受的应力称为孔隙水压力。通常,认为孔隙水不能承受剪应力。

(3) 土的变形特性及强度特性与土所受的有效应力有关。相应地,土体的变形与稳定性取决于土所受的有效应力。

土体动力有效分析通常是指确定在动荷载作用下土体中的有效应力和孔隙水压力,以及土体的变形和稳定性。由于问题的复杂性,在动荷载作用下土体中的有效应力和孔隙水压力与土体的变形和稳定性通常分两步确定。首先,确定在动荷载作用下土体中的有效应力及孔隙水压力;然后,再进一步确定在动荷载作用下土体的变形及稳定性。

1. 土体中的有效应力及孔隙水压力分析

1) 基本途径

在动荷载作用下土体中的有效应力及孔隙水压力可由求解式(11.19)和式(11.27)确定。在前述的总应力分析中,认为式(11.19)中的力学参数,如 G 及相应的 λ 与动荷载作用之前的静平均应力 σ_0 有关,通常表示为

$$G = kp_a \left(\frac{\sigma_0}{p_a} \right)^n \tag{11.136}$$

式中符号如前述。如果按有效应力方法近似分析,则认为式(11.19)中的力学参数 G 及相应的 λ 不仅与静平均应力 σ_0 有关,还与动偏应力作用引起的孔隙水压力 p_d 有关,即

$$G = k p_a \left(\frac{\sigma_0 - p_d}{p_a} \right)^n \tag{11.137}$$

由于动偏应力作用引起的孔隙水压力 p_d 在动力作用过程中在增加,由式(11.137)可见,动剪切模量 G 在动力作用过程中应逐渐减少,即不是常数,这一点与总应力分析不同。按式(11.136),在总应力分析中动剪切模量 G 在动力作用过程中应为常数。由于动剪切模量 G 在动力作用过程中应随时间而改变,必须将求解式(11.19)和式(11.27)改写成增量形式,并按增量法求解,即认为在时间步长 Δt 时段内动剪切模量 G 是不变的,而相邻两个时间步长的动剪切模量是不同的。这样,在动力作用过程中土体是一个变刚度体系,对每一个时间步长必按式(11.137)重新计算动剪切模量 G 及相应的单元刚度和土体体系的总刚度。显然,与总应力动力分析相比,有效应力动力分析将大大增加计算工作量。

同样的,与式(11.19)和式(11.27)相应的增量形式的求解方程可按交联和非交联两种途径求解。由于问题的复杂性,对于实际问题通常按非交联途径来求解。但是,无论交联还是非交联都必须求解动力作用过程中由动偏应力作用引起的孔隙水压力 p_d。

2) 动荷载作用期间排水条件的考虑

从上述可见,确定由动偏应力作用引起的孔隙水压力 p_d 是动力分析有效应力法的关键。在动力作用过程中动孔隙水压力受诸因素影响,其中土体所处的排水状态是一个决定性的因素。按土体所处的排水状态可分为不排水和排水两种状态。按上述,当土体在动力作用过程中处于不排水状态时,只有由动偏应力作用引起的孔隙水压力增长而没有消散作用。在这种情况下,土体在动荷载作用过程中的动孔隙水压力 p_d 等于动偏应力作用引起的源压力 $p_{d,g}$,即

$$p_{d,g} = p_d \tag{11.138}$$

这样,如果认为在动力作用过程中土体处于不排水状态,有效应力分析就简单了许多。许多工程问题,如果动荷载作用时间短,土的渗透系数小,排水途径长,如在地震荷载作用下的饱和土体,按 11.4 节所述,则可认为在动荷载作用期间土体处于不排水状态。

当土体在动力作用过程中处于排水状态时,必须考虑在动力作用过程中排水消散对动孔隙水压力 p_d 的影响。在这种情况下,按上述的交联或非交联的情况来确定 p_d。

2. 在动荷载作用下土体稳定性有效应力分析法

在动荷载作用下饱和土体的破坏形式可分为如下两种类型。

1) 塑性破坏

这种破坏形式不是一部分土体沿某个滑动面相对另一部分土体发生滑动,而是在土体中某个区域或某些部位发生大面积剪切变形。下面,把发生大面积剪切变形的区域称为破坏区。在这种情况下,必须确定破坏区的部位和范围。按有效应力原理,可认为当动孔隙水压力 p_d 等于静平均应力 σ_0 时发生了破坏,即

$$p_d = \sigma_0 \tag{11.139}$$

当破坏区确定之后,可根据破坏区的部位和范围评估在动荷载作用下的土体的动力稳定性。

2) 滑动破坏

这种破坏形式是一部分土体沿某个滑动面相对另一部分土体发生滑动。在这种情况下,通常可采用有效应力分析法来分析。但是,必须考虑如下几点。

(1) 土的抗剪强度的确定。

土的抗剪强度应按有效应力抗剪强度公式计算,即

$$\tau = c' + (\sigma_s - p_d)\tan\varphi' \tag{11.140}$$

式中,c'、φ'为有效抗剪强度指标,由固结不排水剪切试验测定;σ_s为滑动面上的静正压力;p_d为在动偏应力作用下土体中的孔隙水压力,注意p_d不包括在动球应力作用下土体中的孔隙水压力。

(2) 土体的滑动力矩的确定。

在计算滑动土体的滑动力矩时,必须考虑由于土体惯性力作用而产生的滑动力矩。在计算各块的惯性力滑动力矩时,将此惯性力作用于各块的质心。以水平惯性力为例,在地震期间第i个条块的水平惯性力$F_{i,m,x}$可按式(11.141)计算:

$$F_{i,m,x} = M_i(\ddot{u}_g + \ddot{u}_i) \tag{11.141}$$

相应的惯性力力矩$M_{i,m,x}$为

$$M_{i,m,x} = (Z_o - Z_i)F_{i,m,x} \tag{11.142}$$

上两式中,M_i为第i个条块的质量;$\ddot{u}_g$为基岩水平运动加速度;$\ddot{u}_i$为第i条块质心处的相对水平运动加速度;Z_o、Z_i分别为滑动中心和第i条块质心的Z方向的坐标。

(3) 显然,在动力作用过程中,p_d和$\ddot{u}_i$均是随时间变化的,则相应的土体的抗滑力矩和滑动力矩也均是随时间变化的,这样必须计算动力作用期间每个时刻的稳定性。但是应明确,t时刻土体的稳定并不只取决于t时刻的动力作用,更取决于t时刻之前整个动力作用过程。这一点从式(11.140)可以看出,式中的动孔隙水压力是由t时刻之前整个动力作用引起的,而不只是t时刻的动力作用引起的。

(4) 在实际问题中,并不是对动力作用的每一个时刻进行稳定性分析,而是对动力作用过程中的某些典型时刻进行分析。这些典型时刻至少包括如下两种情况。

① 惯性力或加速度最大时刻,但这时动孔隙水压力通常还没有达到最大值。

② 动孔隙水压力最大时刻,但这时并不是惯性力或加速度为最大的时刻,该时刻通常超过了惯性力或加速度为最大的时刻。此外,必须指出,在整个土体中各点的最大加速度并不是同一时刻出现的;同样,各点的最大孔隙水压力也不是同一时刻出现的。但是,在实际分析中,通常不考虑这一点。

3. 有效应力反应分析与总应力分析结果的比较

Finn 等[8]对第 9.14 节所表述的例子进行了有效应力和总应力的弹塑性反应分析，并比较了两种反应分析的结果。图 11.5 给出了由两种反应分析求得的地面运动加速度反应谱。从图 11.5 可见，由有效应力反应分析求得的地面加速度反应谱峰值所对应的周期比总应力反应分析的明显向后推移了，即前者大于后者。这是因为在有效应力反应分析中，由于孔隙水压力的增长，土的动剪切模量变小了，则土体相应的基本周期变大了。另外，从图 11.5 可见，总应力反应分析求得地面运动反应谱的峰值要比由有效应力反应分析求得的大。这是因为在有效应力分析中土体是一个变刚度体系，而在总应力反应分析中土体是不变刚度体系。前者的共振效应不能充分的发挥。

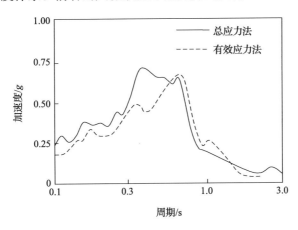

图 11.5　总应力和有效应力弹塑性反应分析求得的地面运动加速度反应谱

11.7　动荷作用停止后饱和土体中孔隙水的消散及影响

前面曾指出，在动荷载作用期间饱和土体中存在孔隙水压力增长和消散两种相反作用。在这期间，由于孔隙水压力的增长速率远大于消散速率，饱和土体中的孔隙水压力是升高的。在动荷停止作用后，在饱和土体中只存在消散作用，在这期间，饱和土体中的孔隙水压力总体上是逐渐降低的。但是，由于排水引起的孔隙水压力重分布，在某些区域或部位水压力也可能会升高。这样，像在文献[1]和[2]中所表述的例子那样，土体的破坏并一定不发生在动荷作用期间而发生在动荷作用之后。因此，从确定动荷作用后土体稳定性而言，则必须研究动荷作用后土体中水压力的分布，特别是确定在某个时段孔隙水压力升高的部位和范围。

动荷作用停止后饱和土体中孔隙水压力仍可利用动荷作用期间的方程及求解方法继续求解，唯一要做的修改如下：从动荷作用停止时刻将求解方程中的孔隙水压力源函数取为零。

像动荷动作用期间孔隙水压力分析那样，动荷作用停止后的孔隙水压力分析也分为考虑与不考虑土相交联的两种情况来求解，对此不需赘述。

但必须注意,由于排水作用,自由水面要升高。在分析时,在 $t=0$ 时刻,原自由水面处的边界条件为 $p_a=0$;而在 t 时刻,原自由水面处的边界条件为 $p_a=\gamma_w h$,h 为水面升高量。

思 考 题

1. 为什么动应力的偏应力分量也会在饱和土体中引起孔隙水压力?动应力的球应力分量和偏应力分量作用所引起的孔隙水压力对土的初始有效应力的影响有何不同?

2. 如何确定在不排水条件下动应力的球应力分量和偏应力分量所引起的孔隙水压力?

3. 在排水条件下有哪两种相反的作用影响在动荷作用期间的孔隙水压力变化?

4. 在排水条件下求解饱和土体在动荷作用下孔隙水压力的方程是根据什么条件建立的?是如何建立的?

5. 在排水条件下,影响饱和土体在动荷作用期间孔隙水压力的主要因素有哪些?这些因素有什么影响?

6. 如何应用伽略金法离散动荷作用期间孔隙水压力求解方程建立相应的数值求解方程?

7. 试述土体动力分析有效应力法的两种基本途径。其中哪个途径更为实用?

8. 如何确定动力作用后孔隙水压力的消散?它有何意义?

参 考 文 献

[1] Zhang K X, Tamura C. Influence of dam materials on the behavior of earth dams during earthquakes,关于中国最近地震震害(唐山地震)的抗震工程学的解释. 中日共同研究报告(之二),1984.

[2] Seed H B, Makaisi F I, de Alba P. Performance of earth dams during earthquakes. Journal of the Geotechnical Engineering Division, 1978, 104(7):967-994.

[3] 张克绪,谢君斐. 土动力学. 北京:地震出版社,1989.

[4] 北京大学,吉林大学,南京大学计算教学教研室. 计算方法. 北京:人民教育出版社,1962.

[5] Zienkiewicz O C. The Finite Element Method in Engineering Science. London:McGraw-Hill,1971.

[6] Li X S, Dafalias Y F. Dilatancy for cohesionless soils. Géotechnique, 2000, 51(8):729-730.

[7] Li X S. A sand model with state-dependent dilatancy. Géotechnique, 2002, 52(3):173-186.

[8] Finn W D L, Martin G R, Lee K W. Comparision of dynamic analysis for saturated sands//Proceedings of the ASCE Geotechnique Engineering Division Specialty Conference, Pasadena, 1978.

第 12 章　动荷载作用下土体的永久变形

12.1　概　　述

1. 在动荷作用下土体的变形

与静荷作用相似,在实际工程问题中必须从变形和稳定性两方面来评估土体的工作状态。然而,相对稳定性要求,一般来说变形要求更为严格。在许多情况下,土体仍然保持其稳定性,但可能发生不允许的变形,如果土体的变形超过允许值,将引起由其支承的上部结构裂缝或土体本身的裂缝。实际上,特别是土体的破坏形式呈塑性破坏时,土体的变形或稳定性是相互关联的两个方面。因为土体的抗剪强度要随变形增大而逐渐发挥出来。只有当土体的变形超过一定数值时才会丧失稳定性。因此,在实际问题中,常常通过观测变形来监测土体的稳定性。

前面,在土体的动力反应分析中曾计算过土体的变形。但是,由于采用的动力学模型的限制,在土体动力分析中所计算的土体变形并不包含或只部分包含本章所表述的土体永久变形。实际上,如前面所述,在动荷作用下土体变形包括可恢复的变形和不可恢复的变形两部分。前面还曾指出,当土所受的动力作用水平超过屈服应变时,要发生随作用次数而累积的不可恢复变形。因此,不可恢复的变形又可包括与作用次数无关的不可恢复变形和随作用次数累积的不可恢复变形。根据前述土体动力反应分析所采用的土动力学模型,可得出如下结论。

(1) 如果采用线黏弹性模型或等效线性化模型,则前述土体动力分析所求得的变形只是可恢复变形,不包含不可恢复的变形。

(2) 如果采用第 6 章所述的弹塑性模型,则前述土体动力分析所求得的变形包含可恢复变形和与作用次数无关的不可恢复变形,但不包括随作用次数累积的不可恢复变形。

综上所述,本章所研究的永久变形就是上面所说的不可恢复的变形,它包括土的受力水平低于屈服应变时的不可恢复的变形和高于屈服应变时随作用次数累积的不可恢复的变形。但应指出,当土体的受力水平高于屈服应变时,随作用次数而累积的不可恢复变形往往是土永久变形的主要部分。

(3) 如果所采用的土动弹塑性模型能够考虑随作用次数累积的变形,那么由这样的土体动力分析所得的可恢复的变形则包括与作用次数无关的不可恢复变形及随作用次数累积的不可恢复变形。当然,与第 6 章所述的土弹塑性模型相比,这是一种更高级的土动弹塑性模型。毫无疑问,研究和建立这样的土动弹塑性模型是一个重要的课题,尚需在试验和理论方面做更多的工作。目前,由于对这样的土动弹塑性模型研究得不够,通常不可能从土体动力分析直接求出与作用次数有关的永久变形。

　　在动荷作用下土体的永久变形是实际工程中确实存在的问题。在许多地震震害现场调查中均发现土体永久变形及伴随发生的震害实例,例如,1976 年唐山地震时天津塘沽地区工人新村中 3～5 层楼房在 8 度地震作用下大多发生了 30～50cm 的附加沉降,个别的楼房甚至发生了 80～100cm 的附加沉降[1]。这样的附加沉降引起了基础两侧土体隆起,墙体下沉和开裂。显然,这样的变形已超过了允许范围。因此,研究在动荷作用下土的永久变形具有重要的意义。

2. 土体永久变形——一个重要的定量评估指标

　　前面指示,在动荷作用下土体的性能应从变形和稳定性两方面来评估。从变形的评估而言,土体的永久变形自然是一个定量评估指标。然而,土体永久变形也可以作为土体稳定性的定量评估指标,特别是对于在动荷作用下一部分土体沿某个滑动面相对另一部分土体发生滑动的稳定性评估。Newmark 首先指出了以安全系数为指标评估动荷作用下滑动稳定性的不适当性,他认为动荷作用与静荷作用不同,其中主要的不同之处包括如下两点。

　　(1) 动荷作用的大小是随时间变化的,只有在动荷作用期间的某些时刻才会发生安全系数小于 1.0 的情况。但是,通常由于所持续的时间很短,滑动变形不能充分发展,只能发生有限的滑动变形。这表明,即使安全系数小于 1.0 也不意味着土体会发生滑落,即丧失滑动稳定性。

　　(2) 有些动荷载是循环荷载,其作用方向是交替变化的,如地震荷载。在这种动荷载作用下,土体通常只有一个作用方向作用的某些时刻会发生安全系数小于 1.0 的情况,而在另一个作用方向上任何时刻都不会发生安全系数小于 1.0 的情况。

　　综上,由于在动荷作用期间,土体只有在某几个很短暂的时段内发生安全系数小于 1.0 的情况,而在这些短暂时段内只能发生有限的滑动变形,并不会发生滑落。鉴于这种情况,Newmark 认为,以在动荷作用期间内发生的有限滑动变形代替通常的安全系数作为评价在动荷作用下的土体稳定性更为适当[2]。

　　另外,对于土体在动荷作用下发生塑性破坏的形式,也可以永久变形作为定量指标来评估塑性破坏的稳定性。在这种情况下,通常在土体的某些部位和一定范围内发生塑性剪切应变,由这些塑性剪切应变引起的土体变形取决于发生塑性剪切应变区域的部位和范围。发生塑性剪切应变的范围越大,则土体发生塑性破坏的程度就越高,而相应的土体永久变形就越大。这样,在动荷作用下土体的永久变形可作为评估土体塑性破坏发展程度的定量指标。

　　如果将土体的永久变形作为评估土体稳定性的一个定量指标,必须根据土体破坏形式及机制采用与其相应的方法计算土体永久变形。

　　应指出,当把动荷作用下土体的永久变形作为评估土体变形和稳定性的一个定量指标时,其研究工作应包括如下两方面。

　　(1) 确定在指定动荷作用下土体发生的永久变形。这部分工作主要是建立在动荷作用下土体永久变形的分析方法,是本章所要表述的主要内容。

（2）确定在动荷作用下允许的土体永久变形数值。允许的土体永久变形数值应按建筑的类型、重要性、动荷载的类型，以及土体永久变形的机制等因素确定。土体允许永久变形数值确定的主要依据是工程经验。但是，所确定的允许变形数值必须是土体中具有代表性的某些点的永久变形分量，具体如下所述。

① 对于作为建筑地基的土体，其允许永久变形应为基础的附加永久沉降和倾斜。

② 对于土坝（堤）等的土体，其允许永久变形应为坝（堤）顶的附加永久沉降和水平位移、坝（堤）坡脚处的竖向和水平永久变形、特别水平向的永久位移，以及坝坡上最大的竖向和水平永久位移。

③ 对于挡土墙结构后面的土体，其允许永久变形应为挡土结构顶部的附加永久沉降和水平位移、挡土墙结构前趾处的竖向和水平永久变形，如果是刚性挡土结构还应包括永久倾斜。

这样，土体的永久变形分析方法应能确定出这些具有代表性的点的永久变形数值。

12.2　动荷作用下土体永久变形的机制类型及影响

在岩土工程中，任何分析变形和稳定性的方法都必须与所分析的变形机制和类型相一致。在动荷作用下土体永久变形的分析也应如此。因此，在表述永久变形分析方法之前讨论一下动荷作用下土体永久变形的机制和类型是必要的。另外，只有明确了永久变形的机制和类型，才会得出每种永久变形分析方法的适用条件。

根据对动荷作用下土体永久变形现象的观察和理论上的判断，动荷作用下土体永久变形可分为如下四种机制和类型。

1. 动偏应力作用下非饱和砂土体积剪缩所引起的永久变形

在动偏应力作用下干砂体积剪缩性能已在第 7 章表述过。这种机制引起的土体永久变形主要表现在使土体发生附加沉降。1971 年圣菲南多地震中，一个厚 40ft 的砂层所产生的永久变形使建筑在其上面的扩大基础的建筑物沉降了 4～6in。

由于这种永久变形是由体积剪缩引起的，变形后非饱和砂土更为密实了；这种机制永久变形一般对土体的稳定性没有不利的影响。但是，在一些情况下这种永久变形可能改变土体的受力状态。如图 12.1 所示，挡土墙后非饱和砂土在地震作用下发生剪缩，一方面引起附加沉降，另一方面由于侧向变形受到挡土墙的约束，使墙体受到的侧向压力增加，即改变了土的侧向压力系数。另外，这种永久变形所引起的附加沉降可能是建筑物和土工结构正常工作所不允许的。如图 12.2 所示，在土坝斜墙后面处于非饱和状态的砂土在地震作用下因土体剪缩可能产生较大的附加沉降，当地震时水库水位比较高时，加之地震时水库的涌浪，很可能发生漫顶，这是很危险的。在这种情况下，在设计时必须考虑土体剪缩引起的附加沉降，适当地增加超高。另外，斜墙后面坝体附加沉降还可能引起斜墙发生裂缝影响其防渗功能。

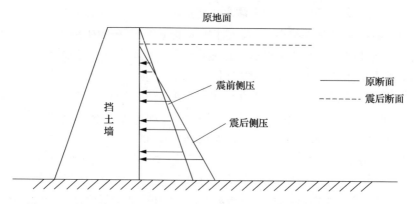

图 12.1　挡土墙后非饱和砂土体因剪缩引起的附加沉降及侧压力的变化

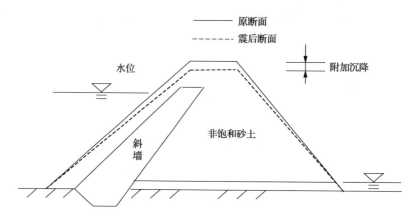

图 12.2　土坝防渗墙后非饱和砂土剪缩引起的附加沉降

2. 动荷作用期间某些时段一部分土体沿滑动面相对另一部分土体发生有限滑动引起的累积变形

下面,以地震作用为例来说明这种永久变形机制。在地震时,地震惯性力的作用使土体的滑动力或力矩增加。当滑动力或力矩大于滑动面上的抗滑力或力矩时,滑动面以上的土体要发生滑动。但是,如前所述,在整个地震过程中地震惯性力的大小和方向是变化的,只有在某些时段内才会发生滑动。因为这些时段所持续的时间很短,每次滑动的位移是有限的,而所有滑动时段的累积变形也是有限的。图 12.3 给出了河堤在地震时产生的这种有限滑动的累积变形,其中,Δ 表示有限滑动引起的相对水平位移。这种变形是土体沿某个滑动面滑动引起的,在宏观上会观察到裂缝,通常把这种裂缝称为滑裂,以区别由其他机制产生的裂缝。滑裂的特点是裂缝两侧的土体不仅有相对水平位移,还有相对竖向位移,即高差。很明显,有限滑动与滑落不同,有限滑动是土坡的一种重要震害形式,它比土坡滑落更为常见。但是,有限滑动在本质上是在动荷作用下土体稳定性不足的表现。因此,有限滑动变形的数值表示了土体在动荷作用下稳定性的程度。有限滑动变形越大,土体在动荷作用下的稳定性程度就越低。因此,为了保证土体的稳定性,有限滑动变形必须控制在允许的界限之内。

经验表明,这种有限滑动变形通常发生在非饱和土体内。在动荷作用下非饱和土体不会产生孔隙水压力,在动荷载作用期间其抗剪强度不会发生明显的变化。在动荷作用期间某时段内土体的不稳定主要是由于附加的地震惯性力的作用。

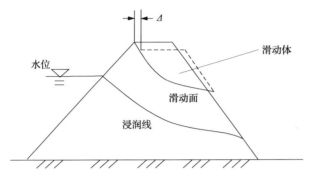

图 12.3 河堤在地震时的有限滑动

3. 动偏应力作用下大面积饱和土体永久偏应变引起的永久变形

如前所述,在动偏应力作用下饱和土体要发生不可恢复的偏应变。特别是当土体所受的动力作用水平高于屈服应变时,不可恢复的偏应变还要随作用次数而累积。大面积饱和土体的永久偏应变将引起土体发生永久变形。应指出,当动荷载的持时较短时,如地震荷载,在许多情况下又由于排水途径很长,土的渗透系数很小,通常可认为土体的永久偏应变是在不排水的条件下发生的。土体中永久偏应变既可以引起竖向永久变形也可以引起水平永久变形,而所引起的永久变形的数值取决于发生永久偏应变区域在土体中的部位、范围和永久应变的数值。

毫无疑问,按前述,对动荷作用敏感的土,如淤泥质黏土、淤泥、松至中密的饱和砂土等,最容易发生永久偏应变。如果土体中含有这些土类,必须考虑这种机制的土体永久变形。

众所周知,土的破坏通常是剪切破坏。在动荷作用下发生的永久偏应变是一种剪切应变。因此,动荷作用下由土的偏应变所引起的土体永久变形的数值可视为土体破坏程度的综合定量表示。

特别应指出,当在土体边界部位存在大面积的永久偏应变区时,当该区域内的土体是饱和的松至中密砂土时,可能引起流动性滑动,即流滑;当该区域内的土体是淤泥质黏土或淤泥时,可能引起剪切流动。在这种情况下,在这个区域内计算分析求得的永久变形将会非常大。但是,在许多情况下这些土类分布在表面以下某个部位,发生永久偏应变的区域常常被封闭在土体之中。显然,这个区域离边界越远,它所引起的土体永久变形越小,即它对土体稳定性的影响越小。

如前所述,无论从变形上还是稳定性上,在设计上必须将由这种机制引起的土体永久变形控制在允许的界限之内。

4. 动荷作用停止后孔隙水压力消散引起的土体永久变形

毫无疑问,这种永久变形发生在动荷作用停止之后,这一点与前三种土体永久变形不同。虽然这种永久变形发生在动荷作用之后,但它还是由动荷作用引起的。在动荷作用之后,孔隙水压力消散,有效应力增加,土体发生压密,这种变形在整体上应是以沉降为主的。但是,在孔隙水压力消散过程中将伴随发生孔隙水压力重分布。这样,在土体中的某个局部区域,孔隙水压力在某些时刻会发生升高现象。显然,在这些局部区域内的土体将会发生剪切性质的变形,在个别情况下还会破坏。

动荷作用后孔隙水压力消散引起的土体永久变形可采用本书第 11 章所述的方法进行分析。如果采用运动方程与体积变形连续性方程交联的求解法,则可直接求得由动荷作用停止后孔隙水压力消散引起的土体永久变形。

本章将表述与前三种机制和类型相应的土体永久变形的分析方法,其中又以第二和第三种为重点。

12.3　动偏应力作用下非饱和砂土剪缩引起的附加沉降分析

第 7 章曾指出,循环正应力作用不能或只能使非饱和砂土产生微小的体积变形,在动荷作用下的非饱和砂土的体积变形主要是由动偏应力作用引起的,并根据试验资料给出在水平循环剪切作用下体积应变的计算公式。下面,以在地震水平剪切作用下自由水平地面下非饱和砂土剪缩引起的附加沉降为例,说明这种机制的附加沉降的计算方法[3]。

在这种情况下,如图 12.4(a)所示,自由水平地面下土单元静力上处于 K_0 状态,动力上处于剪切状态。计算水平地面附加沉降的主要步骤如下。

(1) 确定非饱和砂土的相对密度 D_r 随深度的分布。

(2) 确定出静的有效上覆压力 σ_z 及平均应力 σ_0 随深度的变化,如图 12.4(b)所示,然后,由 σ_0 可确定出相应的最大动剪切模量 G_{max}。

(3) 考虑非饱和砂土的动应力-应变关系的非线性,采用等效线性化模型或弹塑性模型完成土层的动力反应分析,求出最大剪应变 $\gamma_{xy,max}$ 随深度的变化,并将其转换成等价的等幅剪应变幅值 $\gamma_{xy,eq}$,如图 12.4(c)所示。

(4) 确定一个等价的作用次数 N_{eq}。按前述,N_{eq} 可根据地震震级来确定。

进行循环剪切试验,根据试验结果确定出在指定作用次数下由剪缩引起的竖向应变 ε_v 与剪应变幅值 γ 之间的关系,如图 12.5 所示。从图 12.5 可见,在指定的相对密度和作用次数下,由剪缩引起的竖向应变 ε_v 随剪应变幅值 γ 的增大而增大,并且当循环剪应变幅值小于某个数值时,循环剪切作用引起的竖向应变为零,这个循环剪应变即为界限剪应变值。图 12.5 所示的结果表明,界限剪应变的数值随相对密度的增大而增大。

(5) 将非饱和砂土层沿深度分成若干段,确定出每一段长度 Δh_i 及中点在地面以下的深度。

(6) 根据每段中点在地面以下的深度,由图 12.4(c)确定出等价等幅剪应变幅值 $\gamma_{xy,eq}$,然后再根据等价作用次数 N_{eq}、$\gamma_{xy,eq}$ 及与该点相应的非饱和砂土的相对密度 D_r,由

图 12.5 确定出由土体积剪缩引起的竖向应变 $\varepsilon_{v,i}$。

（7）如果以 S 表示非饱和土层由土体剪缩引起的地面附加沉降，则 S 可按式（12.1）计算：

$$S = \sum_{i=1}^{n} \varepsilon_{v,i} \Delta h_i \tag{12.1}$$

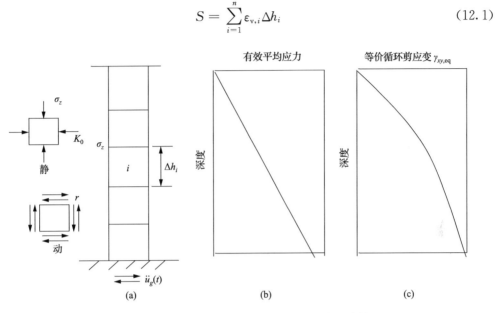

图 12.4　由动剪缩引起的水平地面附加沉降的计算

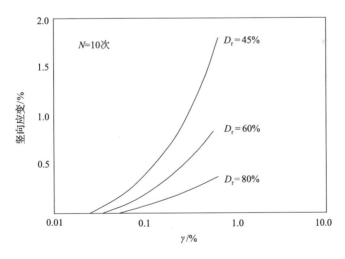

图 12.5　由动剪切试验测得的非饱和土的竖向应变 ε_v 与循环剪应变幅值 γ 的关系

为了验证上述计算方法的适用性，在实验室进行了非饱和砂性土层的模型试验，测试由剪缩引起的土层表面的附加沉降，并按上述方法计算了该土层由剪缩引起的土层表面的附加沉降。模型试验和计算的土层表面附加沉降结果如图 12.6 所示。从图 12.6 可见，两者的结果相一致。相对而言，当作用次数较少时，两者的相对误差较大，可达 50%，但随作用次数的增大,两者的相对误差显著减小。考虑到在静力下求解土层沉降的误差范围可能在±25%~±50%,那么在动力作用下这样大小的土层沉降误差是可以接受的。

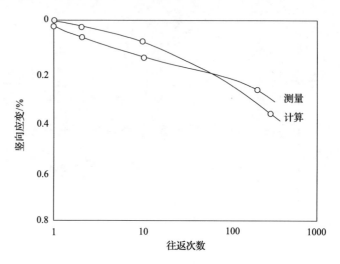

图 12.6　由模型试验与计算确定的土层附加沉降的比较

在此应指出,在上述分析方法中的第三步需进行非饱和砂土层的非线性动力反应分析。尽管所进行的土层动力反应分析是一维的,但是还是比较麻烦的,必须进行数值计算。如果土层的深度小于 15m,并采用等效线性化模型近似地考虑土的动力非线性,则可用前述的 Seed 简化法来完成。按上述,在此进行土层非线性动力反应分析的目的在于确定其每一段的等价剪应变幅值 $\gamma_{xy,eq}$。按 Seed 简化法,第 i 段底面的等价动水平剪应力 $\tau_{xy,eq,i}$ 可按如下公式计算:

$$\tau_{xy,eq,i} = 0.65\gamma_d \frac{a_{max}}{g} \sum_{j}^{i} \gamma_j \Delta h_j$$

式中,其他符号同前。相应的等价水平剪应变幅值 $\gamma_{xy,eq,i}$ 为

$$\gamma_{xy,eq,i} = \frac{\tau_{xy,eq,i}}{G_i}$$

按等价线性化模型,有

$$G_i = \alpha_i(\gamma)G_{max,i}$$

式中,$\alpha_i(\gamma)$ 为与剪应变幅值 γ 有关的系数,对指定的 γ 可由等效线性化模型的 $\alpha_i(\gamma)$-γ 关系线确定。将上述两式结合起来得

$$\gamma_{xy,eq,i} = \left(0.65\gamma_d \frac{a_{max}}{g} \sum_{j=1}^{i} \gamma_j \Delta h_j\right) \frac{1}{\alpha_i(\gamma_{xy,eq})G_{max,i}} \tag{12.2}$$

从式(12.2)可见,式(12.2)两边均含有 $\gamma_{xy,eq,i}$,因此必须采用迭代法确定 $\gamma_{xy,eq,i}$,即先确定一个 $\gamma_{xy,eq,i}$ 确定出相应的 α 值,由式(12.2)计算出新的 $\gamma_{xy,eq,i}$ 值再重复计算,直至

前后两次计算的 $\gamma_{xy,eq,i}$ 值满足允许误差。

式(12.2)对每土层中任何一段均适用,这样可以从上到下逐段求出每一段的等价水平剪应变 $\gamma_{xy,eq}$。

12.4　有限滑动引起的永久水平位移分析

Newmark 教授首先研究了有限滑动引起的永久变形。他提出了屈服加速度概念,并建立了一个分析有限滑动引起的永久水平位移的刚-塑性方法[2]。

1. 屈服加速度及影响因素

现在来考虑一个刚块,假定在静力作用下刚块具有足够的抗滑稳定性。但是,在动荷附加作用期间,惯性力作用使刚块的滑动力或力矩增加,当加速度达到一定数值后刚块所受的滑动力或力矩与其抗滑力或力矩相等,刚块处于临界滑动状态。在此,把使刚块处于临界滑动状态的加速度称为屈服加速度。

下面,以一个斜面上的刚块来具体说明屈服加速度的确定方法和影响因素。令斜面与水平面夹角为 α,斜面与刚块底面之间的摩擦系数为 f,刚块的重量为 W,如图 12.7 所示。从图 12.7 可见,在静力作用下,刚块所受的滑动力 F_s 为

$$F_s = W\sin\alpha$$

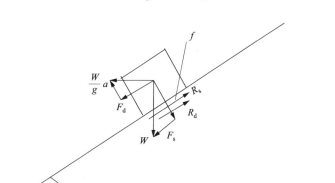

图 12.7　斜面上刚块的屈服加速度的确定

刚块所受的抗滑力 R_s 为

$$R_s = fW\cos\alpha$$

设刚块水平运动的加速度为 a,相应的水平惯性力为 $\dfrac{W}{g}a$。在该水平惯性力作用下,刚块所受的附加滑动力 F_d 为

$$F_d = \frac{W}{g}a\cos\alpha$$

刚块所受的附加抗滑力 R_d 为

$$R_\mathrm{d} = -f \frac{W}{g} a \sin\alpha$$

如果屈服加速度以 a_y 表示,根据上述屈服加速度定义则得

$$\sin\alpha + \frac{a_\mathrm{y}}{g}\cos\alpha = f\left(\cos\alpha - \frac{a_\mathrm{y}}{g}\sin\alpha\right)$$

由此可得屈服加速度 a_y 为

$$a_\mathrm{y} = \frac{f\cos\alpha - \sin\alpha}{\cos\alpha + f\sin\alpha} g \tag{12.3}$$

如果令

$$k_\mathrm{y} = \frac{a_\mathrm{y}}{g} \tag{12.4}$$

式中, k_y 定义为屈服加速度系数,则

$$k_\mathrm{y} = \frac{f\cos\alpha - \sin\alpha}{\cos\alpha + f\sin\alpha} \tag{12.5}$$

当倾角 $\alpha = 0$,即斜角为水平面时,则

$$k_\mathrm{y} = f \tag{12.6}$$

由式(12.3)或式(12.5)可见,屈服加速度或屈服加速度系数随斜面倾角的增大而减小,随斜面与滑块底面之间的摩擦系数的增大而增大。斜面的倾角表示滑动面的几何特性,而斜面与滑块底面之间的摩擦系数表示滑动面的力学特性。因此,在一般情况下可以说,屈服加速度或屈服加速度系数取决于两个因素:滑动面的几何特性和滑动面的力学特性。对于指定的滑动面,滑动面的几何特性及力学特性是已知的。因此,可以根据屈服加速度的定义确定出相应指定的滑动面的屈服加速度或屈服加速度系数。

2. 刚块有限滑动水平位移的计算

设刚块的屈服加速度 a_y 已经确定出来,如果已知刚块运动的水平加速度时程 $a(t)$,则可计算出刚块有限滑动引起的水平位移。根据屈服加速度的概念,可以得出如下的结论。

(1) 在 $a(t) \leqslant a_\mathrm{y}$ 的时刻,刚块不发生滑动。

(2) 在 $a(t) > a_\mathrm{y}$ 的时刻,刚块发生滑动。

(3) 刚块发生滑动的方向应与作用于刚块底面上的静滑动力方向相同。

(4) 当 $a(t) > a_\mathrm{y}$ 时,刚块的滑动加速度可用牛顿第二定律确定。在这种情况下,克服抗滑力之后多余的滑动力等于 $M[a(t) - a_\mathrm{y}]$。这部分力使刚块产生滑动,如果以 $\ddot{u}$ 表示滑动的加速度,则

$$\ddot{u} = a(t) - a_\mathrm{y} \tag{12.7}$$

由于刚块运动的水平加速度时程 $a(t)$ 已知,则可确定出 $a(t) > a_y$ 的时段,如图 12.8 所示。从图 12.8 中取出第 i 个 $a(t) > a_y$ 的时段。设 Δt_i 为时段长度,如图 12.9(a)所示,则由于 $a(t) > a_y$ 引起刚块滑动的速度为

$$\dot{u}(t) = \int_{t_i}^{t} [a_y(t) - a_y] \mathrm{d}t \tag{12.8}$$

式中,t_i 为第 i 个 $a(t) > a_y$ 时段的开始时刻;积分上限 t 应满足

$$t \leqslant t_i + \Delta T_i \tag{12.9}$$

其中,ΔT_i 为从 t_i 开始至滑动速度为零(即停止滑动)的时段长度,如图 12.9(b)所示。显然 ΔT_i 大于第 i 个时段的长度 Δt_i。图 12.9(b)给出了在 ΔT_i 时段内滑动速度随时间的变化。可以看出,当 $t = t_i + \Delta t_i$ 时,滑动加速度为零,而滑动速度达到最大。当 $t > t_i + \Delta t_i$ 以后,滑动速度从 $t = t_i + \Delta t_i$ 时的最大值逐渐减小,直到 $t_i + \Delta T_i$ 时刻变成零。如果以 Δ_i 表示第 i 个 $a(t) > a_y$ 时段引起的滑动水平位移,则

$$\Delta_i = \int_{t_i}^{t_i + \Delta T_i} \dot{u}(t) \mathrm{d}t \tag{12.10}$$

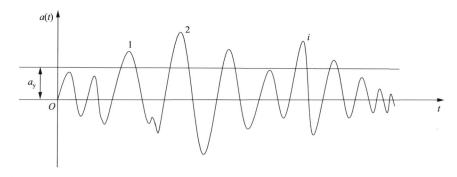

图 12.8　刚块运动的水平加速度 $a(t)$ 及 $a(t) > a_y$ 的时段

如果以 Δ 表示在 $a(t)$ 整个历时中刚块总的滑动水平位移,则

$$\Delta = \sum_{i=1}^{n} \Delta_i \tag{12.11}$$

式中,n 表示在 $a(t)$ 整个历时中 $a(t) > a_y$ 的时段数目。

3. 变形土体的有限滑动位移的分析

前面表述了刚块有限滑动位移的分析方法。现在,来表述如何将上述的方法引申到变形土体的有限滑动位移分析中。

1) 变形土体的等价刚体加速度时程的确定

众所周知,在动荷作用下变形土体的加速度与刚体有许多不同之处。这里只指出与所讨论的问题有关的不同点。

(1) 刚体每一点的加速度值均相同,而变形土体每一点的加速度值是不相同的。

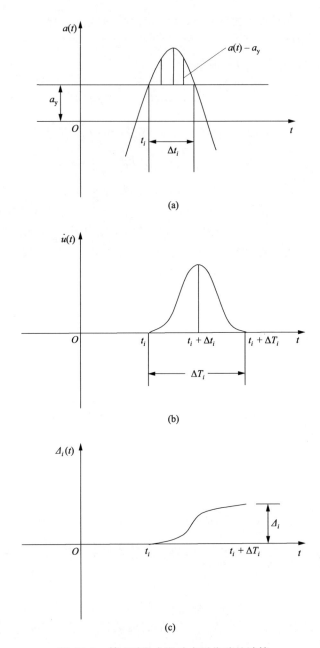

图 12.9　第 i 时段内滑动水平位移的计算

（2）刚体每一点的最大加速度值出现在同一时刻，而变形土体每一点的最大加速度值并不出现在同一时刻。

这样，如果用上述方法计算变形土体的滑动变形，必须将可能滑动的变形土体视为一个刚体，并且这个刚体在每一时刻所受到的总的水平惯性力应与变形土体同一时刻所受到的总的水平惯性力相等。对于平面问题，由这个条件可得

$$a_{eq}(t) \int_s \rho \, ds = \int_s \rho a(x, y, t) \, ds$$

式中，$a(x, y, t)$ 为变形土体中一点的水平加速度；ρ 为可能变形土体中一点的质量密度；s 为可能滑动的变形土体的面积；$a_{eq}(t)$ 为等价的刚体水平加速度。改写上述公式，得

$$a_{eq}(t) = \frac{\int_s \rho a(x, y, t) \, ds}{\int_s \rho \, ds} \tag{12.12}$$

如果变形土体是均质的，则式(12.12)可简化为

$$a_{eq}(t) = \frac{\int_s a(x, y, t) \, ds}{s} \tag{12.13}$$

　　式(12.12)和式(12.13)的含义是按 $a_{eq}(t)$ 运动的刚体由其水平惯性力作用在滑动面上的总的水平力与按 $a(x, y, t)$ 运动的变形土体由其水平惯性力作用在滑动面上的总的水平力相等。这样，按上述的等价原则，可把按 $a(x, y, t)$ 运动的变形土体视为一个按 $a_{eq}(t)$ 运动的刚体。下面，把 $a_{eq}(t)$ 称为变形土体的等价刚体加速度时程。

　　从式(12.12)和式(12.13)可见，要确定一个可能滑动的变形土体的等价刚体加速度时程 $a_{eq}(t)$，必须知道其中每一点的加速度时程 $a(x, y, t)$，可能滑动的变形土体每一点的加速度时程 $a(x, y, t)$ 可由土体的非线性地震反应分析确定。通常，在非线性地震反应分析时，不考虑土体中存在的可能的滑动面。当然，在非线性地震反应分析时考虑土体中存在的可能的滑动面并不困难，只要在可能的滑动面上设置可滑动的接触单元，如 Goodman 节理单元，就可以实现。

　　从式(12.12)和式(12.13)还可知，等价的刚体加速度时程 $a_{eq}(t)$ 与可能滑动的部分土体在土体中的部位和范围有关，或说与可能的滑动面在土体中的位置和形状有关。不同滑动面上的可能滑动的土体不同，与其相应的等价刚体加速度时程 $a_{eq}(t)$ 则不同。对于一个具体问题，土体的外轮廓是一定的，则等价刚体加速度时程 $a_{eq}(t)$ 主要取决于可能的滑动面在土体中的部位和滑动面的形状。

　　2) 变形土体滑动的屈服加速度 a_y 的确定

　　按上述，在分析中要把变形土体视为刚体，变形土体滑动的屈服加速度应是相应刚体滑动的屈服加速度。

　　对于实际问题，由于土体的外轮廓及可能的滑动面形状比较复杂，相应刚体的屈服加速度的确定不像上述一个刚块沿斜面滑动那样简单。前面曾指出，在一般情况下，屈服加速度取决于滑动面的几何状态和滑动面的力学性能。在实际问题中，为了考虑这些因素的影响，屈服加速度通常采用以下方法确定。

　　(1) 将指定滑动面以上可能滑动的土体视为一个大的刚体，然后将其划分成若干个刚性条块。

　　(2) 由于每一个条块是整个刚体的一部分，只有整个刚体发生滑动时，各条块才能发生滑动。因此，每个条块的屈服加速度都应等于整个刚体的屈服加速度，即它们的屈服加

速度相等。

（3）计算每一个刚性条块的静力滑动力或力矩。以滑动力为例，令 $F_{s,i}$ 表示第 i 条块的静滑动力，如图 12.10 所示，则

$$F_{s,i} = W_i \sin\alpha_i$$

式中，α_i 为第 i 条块底面与水平面的夹角。相似地，可计算当加速度等于屈服加速度 a_y 时由于惯性力作用每个条块的动滑动力或力矩。如果以 $F_{d,i}$ 表示第 i 条块的动滑动力，则

$$F_{d,i} = \frac{W_i}{g} a_y \cos\alpha_i$$

这样，第 i 条块所受的静动滑动力之和的水平分量 $F_{sd,i,x}$ 则为

$$F_{sd,i,x} = \left(W_i \sin\alpha_i + \frac{a_y}{g} W_i \cos\alpha_i \right) \cos\alpha_i \tag{12.14}$$

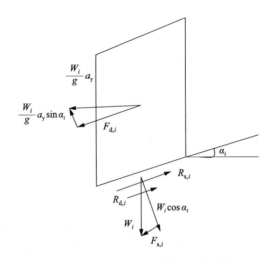

图 12.10　第 i 条块的滑动力及抗滑力

（4）计算每一个条块底面所受的抗滑力或力矩。在此应指出，由于滑动发生在土体之内，滑动面的最大抗滑力取决于土的抗剪强度。令 $R_{s,i}$ 表示由静力作用在第 i 条块底面产生的抗滑力，则

$$R_{s,i} = c_i l_i + W_i \cos\alpha_i \tan\varphi_i$$

式中，c_i、φ_i 为第 i 条块底面土黏结力及内摩擦角。相似地，可计算当加速度等于屈服加速度 a_y 时由于惯性力作用在第 i 条块底面产生的抗滑力或力矩。如果以 $R_{d,i}$ 表示第 i 条块的动抗滑力，则

$$R_{d,i} = -\frac{a_y}{g} W_i \sin\alpha_i \tan\varphi_i$$

这样，第 i 条块所受的静动滑动力之和的水平分量 $R_{sd,i,x}$ 则为

$$R_{\mathrm{sd},i,x} = (c_i l_i + W_i \cos\alpha_i \tan\varphi_i - \frac{a_{\mathrm{y}}}{g} W_i \sin\alpha_i \tan\varphi_i) \cos\alpha_i \tag{12.15}$$

（5）根据屈服加速度定义，则得

$$\sum_{i=1}^{n} R_{\mathrm{sd},i,x} = \sum_{i=1}^{n} F_{\mathrm{sd},i,x}$$

式中，n 为划分的条块数。将式（12.14）和式（12.15）代入，则得

$$a_{\mathrm{y}} = \frac{\displaystyle\sum_{i=1}^{n} c_i l_i + \sum_{i=1}^{n} W_i (\cos\alpha_i \tan\varphi_i - \sin\alpha_i) \cos\alpha_i}{\displaystyle\sum_{i=1}^{n} W_i (\cos\alpha_i + \sin\alpha_i \tan\varphi_i) \cos\alpha_i} g \tag{12.16}$$

（6）在上述确定可能滑动土体的屈服加速度时，必须确定土的抗剪强度指标 c、φ。在确定屈服加速度时，应考虑动荷作用对土抗剪强度的影响，因此应采用第 7 章所述的屈服强度。在第 7 章中，还进一步指出了在一般情况下土的屈服强度，可取其不排水剪切强度，或其不排水剪切强度的 $80\% \sim 90\%$。这样，在确定可能滑动土体的屈服加速度时，如按式（12.16），土的抗剪强度指标可采用土的固结不排水抗剪强度指标，或将其稍许折减。

另外，当可能的滑动面在地下水位以下时，作用于滑动面上的动的正应力主要由孔隙水压力承受，对土的抗剪强度没什么影响，在计算条块底面上的抗滑力时可不计 $R_{\mathrm{d},i}$。这样，式（12.16）分母括号中的第二项可不计。

（7）将沿指定滑动面可能滑动的土体视为刚体，按上述方法计算有限滑动引起的土体永久变形的水平分量。

（8）由于按上述方法计算得到的有限滑动引起的永久变形的水平分量与所指定的滑动面有关，因此对所指定的滑动面计算得出的位移数值并不一定是最大的。这样，必须假定一系列的滑动面，计算相应的有限滑动引起的永久位移数值，以确定有限滑动引起的最大永久位移。

4. 变形土体有限滑动位移分析的主要工作

上面表述了变形土体有限滑动位移的分析方法。就方法本身而言，并不复杂，但如果采用所述的方法做一个实际问题的分析，则需要大量的试验和分析计算工作。这些工作包括如下内容。

1）试验工作

（1）测试土的静力学模型参数。

（2）测试土的屈服强度或土的固结不排水强度。

（3）测试土的动力学模型参数。

2）分析计算工作

（1）进行土体的静力分析，确定动荷作用前土体所受的静应力。在分析中采用由试验测得的静力学模型参数。

（2）进行土体的非线性动力分析，并对假定的一系列滑动面确定相应的可能滑动土

体的等价刚体加速度时程 $a_{eq}(t)$。在动力分析中采用由试验测得的动力学模型参数。按第 6 章所述,土的动力学模型参数与所受的静应力有关,在确定时,必须考虑由土体静应力分析得到的静应力的影响。

(3) 对假定的一系列滑动面确定相应的可能滑动土体的屈服加速度 a_y。在确定屈服加速度 a_y 时,应采用由试验测得的土的屈服强度或固结不排水强度。

(4) 对假定的一系列滑动面计算相应的可能滑动土体的有限滑动位移,并确定出最大值。

5. 土体有限滑动位移的影响因素

根据上述的土体有限滑动位移分析方法可知,凡是影响土体屈服加速度 a_y 和等价刚体加速度 $a_{eq}(t)$ 的因素均对土体有限滑动位移有影响。这些因素可概括如下。

1) 土体的几何轮廓

土体的几何轮廓概括了土体的几何特性,它直接影响土体的动力反应和最危险滑动面在土体中的部位及形状。因此,它对最危险滑动面相应的可能滑动土体的等价刚体加速度 $a_{eq}(t)$ 和屈服加速度 a_y 均有影响。应指出,土体的外轮廓不仅影响等价刚体加速度 $a_{eq}(t)$ 的幅值,还影响其频率特性。通常,当土体比较高或比较宽时,等价刚体加速度时程的每个波的周期则比较长。因此,每个滑动时段持续时间比较长,则相应的有限滑动位移比较大。

2) 土的力学性能

土的力学性能的影响主要体现在土的静力学模型参数、动力学模型参数和土的强度指标的影响上。土的静力学模型和动力学模型参数对土体的动力反应有重要的影响。与土体的几何轮廓影响相似,它不仅影响可能滑动土体的等价刚体加速度 $a_{eq}(t)$ 的幅值,也影响其频率特性。当土体比较软时,等价刚体加速度时程的每个波的周期比较长。这样,每个滑动时段引起的有限滑动位移则比较大。另外,土的抗剪强度影响可能滑动土体的屈服加速度 a_y。土的抗剪强度越高,可能滑动土体的屈服加速度就越大,则在整个动荷作用期间有限滑动的次数就越少,而每次滑动所持续的时间越短,所引起的有限滑动位移则越小。

3) 动荷载的特性

动荷载的特性包括幅值、频率及持时或作用次数三方面。因此,动荷载的特性将影响可能滑动土体的等价刚体加速度 $a_{eq}(t)$ 的幅值、频率和作用次数。当 $a_{eq}(t)$ 的幅值大,每个波的周期长和作用次数多时,动荷作用引起的有限滑动位移就越大。动荷载性能的影响是与土体的动力反应有关的,而土体的动力反应又取决于土体的自振特性,即土体的刚度和质量的分布及边界条件。当土体的主振型的贡献起主导作用时,土体的自振特性通常可用其主振周期表示。对于地震荷载,动荷载的特性通常与地震等级有关,特别是持时或作用次数。地震震级越高,地震动的作用次数就越多,相应的土体有限滑动位移也就越大。

12.5　永久应变势及其确定

在下面两节将表述动荷作用下偏应变所引起的土体永久变形的分析方法。在所表述的分析方法中,都要涉及一个重要的概念,即土体中一点或一个单元的永久应变势[4]。因此,本节将永久应变势作为一个独立的问题加以表述。

在第 7 章中表述了在不排水条件下由动三轴试验测得的轴向永久应变 $\varepsilon_{a,p}$ 的结果,并给出了确定 $\varepsilon_{a,p}$ 的经验关系。从这些试验关系式可见,由不排水动三轴试验测得的永久应变 $\varepsilon_{a,p}$ 与土试样所受的侧向固结压力 σ_3、固结比 K_c、轴向动应力幅值 $\bar{\sigma}_{a,d}$ 以及作用次数 N 有关。因此,可以将 $\varepsilon_{a,p}$ 写成如下一般化表示式:

$$\varepsilon_{a,p} = f(\sigma_3, K_c, \bar{\sigma}_{a,d}, N) \tag{12.17}$$

式中,f 为由试验确定的经验函数。如果土体中一点或一个单元的 σ_3、K_c、$\bar{\sigma}_{a,d}$、N 已知,则由式(12.17)确定出相应的 $\varepsilon_{a,p}$ 值。但是,由于动三轴试验中土试样所受的静应力和动应力状态通常与土体中一点或一个土单元的状态不同,确定土体中一点或一个土单元的永久应变并非如此简单。也就是说,在确定土体中一点或一个单元的永久应变时必须考虑它与试验土样所受到的静力和动力的应力状态不同的影响。下面,把考虑应力状态不同的影响根据土体中一点或一个单元所受的静应力和动应力由试验得出的经验关系式确定的永久应变称为该点或该单元的永久应变势 $\varepsilon_{a,p}$。

在第 7 章曾指出,应力状态对土动力性能的影响可通过最大剪切作用面上的应力模拟来考虑。根据最大剪切作用面方法,应力状态的影响可按如下两种方法考虑。

1. 方法 1

(1) 在动三轴试验条件下,式(12.17)中的侧向固结压力 σ_3 和固结比 K_c 与动三轴试验中土试样最大剪切作用面上的静正应力 $\sigma_{s,f}$ 和静剪应力 $\tau_{s,f}$ 有关。按第 7 章所述,土试样最大剪切作用面上的静正应力 $\sigma_{s,f}$ 和静剪应力 $\tau_{s,f}$ 与 σ_3、K_c 的关系如下:

$$\begin{cases} \sigma_{s,f} = \dfrac{2K_c}{K_c+1}\sigma_3 \\ \tau_{s,f} = \dfrac{K_c-1}{K_c+1}\sqrt{K_c}\sigma_3 \end{cases} \tag{12.18}$$

令

$$\alpha_{s,f} = \frac{\tau_{s,f}}{\sigma_{s,f}} = \frac{K_c-1}{2\sqrt{K_c}} \tag{12.19}$$

由式(12.18)得

$$K_c - 2\sqrt{K_c}\alpha_{s,f} - 1 = 0$$

解得

$$K_c = (\alpha_{s,f} + \sqrt{1 + \alpha_{s,f}{}^2})^2 \tag{12.20}$$

另外,由式(12.18)第一式得

$$\sigma_3 = \frac{K_c + 1}{2K_c} \sigma_{s,f}$$

将式(12.20)代入得

$$\sigma_3 = \frac{1 + (\alpha_{s,f} + \sqrt{1 + \alpha_{s,f}{}^2})^2}{2 (\alpha_{s,f} + \sqrt{1 + \alpha_{s,f}{}^2})^2} \sigma_{s,f} \tag{12.21}$$

下面,把根据最大剪切作用面上的静正应力和静剪应力按式(12.21)和式(12.20)确定出来的侧向固结压力 σ_3 和固结比 K_c 称为转换侧向固结压力和转换固结比,分别以 $\sigma_{3,tr}$ 和 $K_{c,tr}$ 表示。

(2) 式(12.17)中 $\bar{\sigma}_{a,d}$ 与动三轴试验中土试样最大剪切作用面上的动剪切幅值 $\bar{\tau}_{d,f}$ 有关。根据第 7 章,在动三轴试验中土试样最大剪切作用面上的动剪应力幅值 $\bar{\tau}_{d,f}$ 如下:

$$\bar{\tau}_{d,f} = \frac{\sqrt{K_c}}{1 + K_c} \bar{\sigma}_{a,d}$$

改写得

$$\bar{\sigma}_{a,d} = \frac{1 + K_c}{\sqrt{K_c}} \bar{\tau}_{d,f}$$

将式(12.20)代入得

$$\bar{\sigma}_{a,d} = \frac{1 + (\alpha_{s,f} + \sqrt{1 + \alpha_{s,f}{}^2})^2}{\alpha_{s,f} + \sqrt{1 + \alpha_{s,f}{}^2}} \bar{\tau}_{d,f} \tag{12.22}$$

同样,把根据最大剪切作用面上的动剪应力幅值按式(12.22)确定出来的动轴向应力幅值称为转换轴向应力幅值,以 $\bar{\sigma}_{a,d,tr}$ 表示。

(3) 土体中一点或一个单元的最大剪切作用面上的静正应力 $\sigma_{s,f}$、静剪应力 $\tau_{s,f}$ 及动剪应力 $\tau_{d,f}$ 可根据该点或该单元所受的静正应力分量 σ_x、σ_y、τ_{xy} 及等价动剪应力幅值 $\bar{\tau}_{xy,eq}$ 来确定,其确定方法如第 7 章所述,在此不再重复。

综上所述,按该法确定在动荷作用下土体中一点或一个单元的永久偏应变所必需的工作如下。

(1) 进行土体的静力分析,确定土体中各点或各单元所受的静应力分量 σ_x、σ_y、τ_{xy}。

(2) 进行土体的动力分析,确定土体中各点或各单元所受的水平动剪应力最大幅值 $\bar{\tau}_{xy,d}$,然后确定出相应的等价的水平动剪应力幅值 $\bar{\tau}_{xy,eq}$。

(3) 按式(12.20)、式(12.21)和式(12.22)分别确定出转换侧固结压力 $\sigma_{3,tr}$、转换固结比 $K_{c,tr}$ 和转化动轴向应力幅值 $\bar{\sigma}_{a,d,tr}$。

(4) 将 $\sigma_{3,tr}$、$K_{c,tr}$、$\bar{\sigma}_{a,d,tr}$ 作为式(12.16)中的 σ_3、K_c、$\bar{\sigma}_{a,d}$ 代入,计算得到的 $\varepsilon_{a,p}$ 即为相应的永久偏应变势 $\varepsilon_{a,p}$。

2. 方法 2

根据动三轴试验结果,可以将测得的轴向永久应变 $\varepsilon_{a,p}$ 直接表示成最大剪切作用面上的静剪应力比 $\alpha_{s,f}$ 和动剪应力比 $\alpha_{d,f}$ 的函数,具体方法如下。

(1) 计算每个土试样最大剪切作用面上的静剪应力比 $\alpha_{s,f}$。

由于每个试验土样的侧向固结压力 σ_3、固结比 K_c、轴向动应力幅值 $\bar{\sigma}_{a,d}$ 是已知的,则可由式(12.18)和式(12.19)计算出静剪应力比 $\alpha_{s,f}$。另外,由第 7 章可得每个试样最大剪切作用面上的动剪应力幅值 $\bar{\tau}_{d,f}$ 如下:

$$\bar{\tau}_{d,f} = \frac{\sqrt{K_c}}{1+K_c} \bar{\sigma}_{a,d} \tag{12.23}$$

由此,在时刻 t 每个试样最大剪切作用面上的动剪应力比 $\alpha_{d,f}$ 为

$$\alpha_{d,f}(t) = \frac{1}{\sqrt{K_c}} \left| \frac{\sigma_{a,d}(t)}{2\sigma_3} \right| \tag{12.24}$$

(2) 引进时间因数 λ 代替作用次数 N。

动三轴试验结果表明,轴向永久应变 ε_{ap} 随作用次数 N 的增大而增加。但是,作用次数 N 是一个整型变量,在进行数值处理时不方便。为此,引进一个时间因数代替作用次数 N,其定义如下:

$$\lambda = \int_0^t \alpha_{d,f}(\tau) d\tau \tag{12.25}$$

将式(12.24)代入式(12.25),则得

$$\lambda = \frac{1}{\sqrt{K_c}} \int_0^t \left| \frac{\sigma_{a,d}(t)}{2\sigma_{3,f}} \right| d\tau \tag{12.26}$$

设 $\Delta\lambda$ 为在周期为 T、幅值为 $\bar{\sigma}_{a,d}$ 的一次轴动荷载作用下的时间因数增量,则由式(12.26)可得

$$\Delta\lambda = \frac{2T}{\pi} \frac{1}{\sqrt{K_c}} \frac{\sigma_{a,d}}{2\sigma_3} \tag{12.27}$$

在 N 次作用下,时间因数 λ 为

$$\lambda = \sum_{i=1}^N \Delta\lambda_i \tag{12.28}$$

如果所加的是等幅轴向动荷载,则

$$\lambda = N\Delta\lambda \tag{12.29}$$

从式(12.28)和式(12.29)可见,λ 除了包括作用次数 N 的影响,还包括动荷作用水平,即最大剪切作用面上动剪应力比的影响。

(3) 建立轴向永久应变 $\varepsilon_{a,p}$ 与时间因数 λ 的关系。

从式(12.20)可见,对指定固结比 K_c 的一组试验,土试样所受的静剪应力比 $\alpha_{s,f}$ 相同。根据动三轴试验测得的轴向永久应变 $\varepsilon_{a,p}$,可绘出每个土试样的 $\varepsilon_{a,p}$ 与时间因数 λ 的关系,如图 12.11 所示。从图 12.11 可见,在双对数坐标中,这是一族以土试样最大剪切作用面上动剪应力比幅值为参数的曲线,对每一条曲线可作出斜率为 1 的切线,设其切点坐标为 λ_0、$\varepsilon_{a,p,0}$。这样,可引进一对新坐标 (η,ξ) 如下:

$$\begin{cases} \eta = \lg \dfrac{\lambda}{\lambda_0} \\[2mm] \xi = \lg \dfrac{\varepsilon_{a,p}}{\varepsilon_{a,p,0}} \end{cases} \tag{12.30}$$

将图 12.11 所示的曲线绘在新的坐标系中,ξ-η 关系曲线如图 12.12 所示。

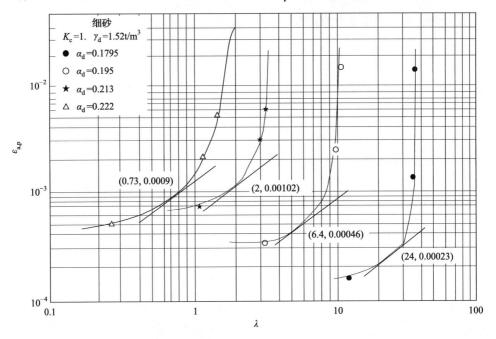

图 12.11　静剪应力比 $\alpha_{s,f}$ 为指定值时轴向永久应变 $\varepsilon_{a,p}$ 与时间因数 λ 的关系

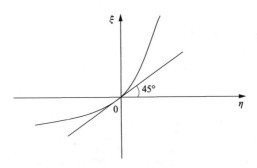

图 12.12　ξ-η 关系线

按图 12.12 所示,可把 ξ-η 关系线视为由第一象限和第三象限中的两段曲线组成。根据曲线的形状,可用式(12.31)和式(12.32)分别拟合第三象限和第一象限的曲线:

$$\xi = \frac{\eta}{1+b_1\eta}, \qquad \eta \leqslant 0 \tag{12.31}$$

$$\begin{cases} \eta = \dfrac{\xi}{1+b_2\xi}, \\[2mm] \xi = \dfrac{\eta}{1-b_2\eta} \end{cases} \qquad \eta > 0 \tag{12.32}$$

这样,为了确定 $\varepsilon_{a,p}$-λ 关系,需要确定四个参数:λ_0、$\varepsilon_{a,p,0}$、b_1、b_2。前两个参数 λ_0、$\varepsilon_{a,p,0}$ 称为 $\varepsilon_{a,p}$-λ 曲线的位置参数,后两个参数 b_1、b_2 称为 $\varepsilon_{a,p}$-λ 曲线的形状参数。这四个参数应为土试样最大剪切作用面上动剪应力比幅值的函数,可由动三轴试验结果确定。

(4) 位置参数 λ_0、$\varepsilon_{a,p,0}$ 和形状参数 b_1、b_2 的确定。首先,来确定位置参数 λ_0、$\varepsilon_{a,p,0}$ 与最大剪切作用面上动剪应力比幅值的关系。绘制由图 12.11 确定出来的位置参数 λ_0、$\varepsilon_{a,p,0}$ 与其动剪应力比幅值的关系分别如图 12.13 和图 12.14 所示。由图 12.13 得

$$\frac{1}{\alpha_{d,f}} = \alpha_1 + \beta_1\lg\lambda_0$$

改写得

$$\lambda_0 = 10^{\frac{1-\alpha_1\alpha_{d,f}}{\beta_1\alpha_{d,f}}} \tag{12.33}$$

式中,α_1 为与土试样最大剪切作用面上静剪应力比 $\alpha_{s,f}$ 有关的参数,可由动三轴试验结果确定,而 β_1 与土试样最大剪切作用面上静剪应力比 $\alpha_{s,f}$ 无关。由图 12.14 得

$$\varepsilon_{a,p,0} = \alpha_2\alpha_{d,f}^{\beta_2} \tag{12.34}$$

同样,α_2 为与土试样最大剪切作用面上静剪应力比 $\alpha_{s,f}$ 有关的参数,可由动三轴试验结果确定,而 β_2 与土试样最大剪切作用面上的静剪应力比 $\alpha_{s,f}$ 无关。

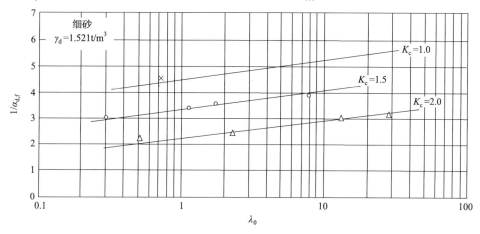

图 12.13　位置函数 λ_0 与 $\alpha_{d,f}$ 关系

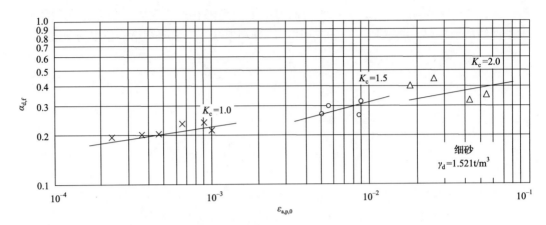

图 12.14　位置函数 $\varepsilon_{a,p,0}$ 与 $\alpha_{d,f}$ 关系

同样绘制由图 12.11 确定出来的形状参数 b_1、b_2 与其动剪应力比的关系分别如图 12.15 和图 12.16 所示。由图 12.15 和图 12.16 可得

$$b_1 = \alpha_3 \alpha_{d,f}^{\beta_3} \tag{12.35}$$

$$b_2 = \alpha_4 \alpha_{d,f}^{\beta_4} \tag{12.36}$$

式中，α_3、α_4 为与土试样最大剪切作用面上静剪应力比有关的参数，可由试验确定；β_3、β_4 为与土试样最大剪切作用面上静剪应力比无关的参数。

采用方法 2 确定土体中一点或一个单元的偏应变势所要做的具体工作与前述的方法 1 相似。

（1）进行土体的静力分析和动力分析，根据分析得到的静应力和动应力分量确定土体中每一点或土单元最大剪切作用面上的静剪应力比 $\alpha_{s,f}$ 和动剪应力比 $\alpha_{d,f}(t)$。

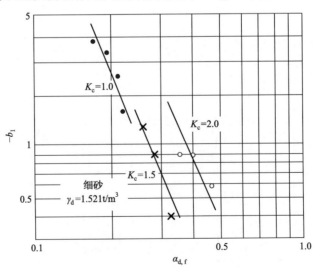

图 12.15　形状函数 b_1 与 $\alpha_{d,f}$ 关系

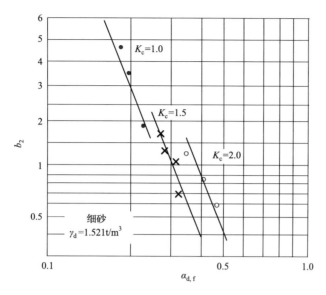

图 12.16　形状函数 b_2 与 $\alpha_{d,f}$ 关系

（2）确定出土体中每一点或土单元的最大动剪应力比 $\alpha_{d,f,max}$，将其乘以 0.65 得相应的等价动剪应力比 $\alpha_{d,f,eq}$。这样，根据土体中每一点或土单元静剪应力比 $\alpha_{s,f}$ 和等价动剪应力比 $\alpha_{d,f,eq}$ 可确定出相应的参数 α_1、β_1，α_2、β_2，α_3、β_3，α_4、β_4，进而确定出位置参数 λ_0、$\varepsilon_{a,p,0}$ 及形状参数 b_1、b_2。令 N_{eq} 为等价作用次数，按式（12.29），λ 可按式（12.37）确定：

$$\begin{cases} \lambda = N_{eq}\Delta\lambda \\ \Delta\lambda = \dfrac{2T}{\pi}\alpha_{d,f,eq} \end{cases} \tag{12.37}$$

比较 λ 与位置参数 λ_0，如果 $\lambda < \lambda_0$，则按式（12.31）计算永久应变势 $\varepsilon_{a,p}$；如果 $\lambda \geqslant \lambda_0$，则按式（12.32）计算永久偏应变 $\varepsilon_{a,p}$。但是，当 $\lambda < \lambda_0$ 时，由式（12.31）得

$$\lg\frac{\varepsilon_{a,p}}{\varepsilon_{a,p,0}} = \frac{\lg\dfrac{\lambda}{\lambda_0}}{1 + b_1\lg\dfrac{\lambda}{\lambda_0}}$$

当 $t=0$ 时，$\lambda = 0$，$\lg\dfrac{\lambda}{\lambda_0} \to -\infty$，则得

$$\lg\frac{\varepsilon_{a,p}}{\varepsilon_{a,p,0}} = \frac{1}{b_1}$$

改写得 $t=0$ 时

$$\varepsilon_{a,p} = \varepsilon_{a,p,0}\, 10^{\frac{1}{b_1}}$$

实际上,当 $t=0$ 时, $\varepsilon_{a,p}=0$,。这样,应将 $t=0$ 时刻的永久应变势修正为零。修正后,当 $\lambda<\lambda_0$ 时,永久偏应变势应按式(12.38)计算:

$$\varepsilon_{a,p} = \varepsilon_{a,p,0}\left(10^{\frac{\lg\frac{\lambda}{\lambda_0}}{1+b_1\lg\frac{\lambda}{\lambda_0}}} - 10^{\frac{1}{b_1}}\right) \tag{12.38}$$

当 $\lambda>\lambda_0$ 时,永久偏应变势应按式(12.39)计算:

$$\varepsilon_{a,p} = \varepsilon_{a,p,0}\left(10^{\frac{\lg\frac{\lambda}{\lambda_0}}{1-b_2\lg\frac{\lambda}{\lambda_0}}} - 10^{\frac{1}{b_1}}\right) \tag{12.39}$$

(3) 按上述方法只能求出动荷作用所引起的总的永久偏应变,如果要确定在动荷作用过程中永久偏应变的发展,则可采用下述方法。

将式(12.38)微分得

$$\mathrm{d}\lg\frac{\varepsilon_{a,p}}{\varepsilon_{a,p,0}} = \frac{\mathrm{d}\lg\frac{\lambda}{\lambda_0}}{\left(1+b_1\lg\frac{\lambda}{\lambda_0}\right)^2} \tag{12.40}$$

令 λ、$\varepsilon_{a,p}$ 分别为前一时刻的时间因数和永久偏应变,则

$$\begin{cases} \lambda = \lambda_1 + \Delta\lambda \\ \varepsilon_{a,p} = \varepsilon_{a,p,1} + \Delta\varepsilon_{a,p} \end{cases} \tag{12.41}$$

由此得

$$\begin{cases} \Delta\lg\frac{\lambda}{\lambda_0} = \lg\left(1+\frac{\Delta\lambda}{\lambda_1}\right) \\ \Delta\lg\frac{\varepsilon_{a,p}}{\varepsilon_{a,p,0}} = \lg\left(1+\frac{\varepsilon_{a,p}}{\varepsilon_{a,p,1}}\right) \end{cases} \tag{12.42}$$

将式(12.40)代入式(12.38),则得

$$\begin{cases} \Delta\varepsilon_{a,p} = \varepsilon_{a,p,1}(10^{\Delta\bar{\lambda}_1} - 1) \\ \Delta\bar{\lambda}_1 = \dfrac{\lg\left(1+\dfrac{\Delta\lambda}{\lambda_1}\right)}{1+b_1\left[\lg\left(1+\dfrac{\Delta\lambda}{\lambda_1}\right)+\lg\dfrac{\lambda_1}{\lambda_0}\right]^2} \end{cases} \tag{12.43}$$

同理,由式(12.39)得

$$\begin{cases} \Delta\varepsilon_{a,p} = \varepsilon_{a,p,1}(10^{\Delta\bar{\lambda}_2} - 1) \\ \Delta\bar{\lambda}_2 = \dfrac{\lg\left(1+\dfrac{\Delta\lambda}{\lambda_1}\right)}{1-b_2\left[\lg\left(1+\dfrac{\Delta\lambda}{\lambda_1}\right)+\lg\dfrac{\lambda_1}{\lambda_0}\right]^2} \end{cases} \tag{12.44}$$

这样,可从第一次循环作用开始,求出每次作用引起的永久偏应变增量 $\Delta\varepsilon_{a,p}$,将它叠加起来就可求出 $\varepsilon_{a,p}$。下面来求第 i 次循环作用引起的永久偏应变增量 $\Delta\varepsilon_{a,p,i}$。设第 i 次循环作用的动剪应力比幅值为 $\bar{\alpha}_{a,p,i}$,相应的时间因数增量为 $\Delta\lambda_i$。由静剪应力比 $\alpha_{s,f}$ 和第 i 次循环作用的动剪应力比幅值 $\bar{\alpha}_{d,f,i}$ 可确定出相应的位置参数 $\lambda_{0,i}$、$\varepsilon_{a,p,0,i}$ 和形状参数 $b_{1,i}$、$b_{2,i}$。令

$$\varepsilon_{a,p,1}^1 = \varepsilon_{a,p,1} + \varepsilon_{a,p,0}\, 10^{\frac{1}{b_1}} \tag{12.45}$$

如果 $\varepsilon_{a,p,1}^1 \leqslant \varepsilon_{a,p,0,i}$,将 $\varepsilon_{a,p,1}$ 代入式(12.38)左端,则可求出相应的等价的 λ_1 值:

$$\lambda_1 = \lambda_0\, 10^{\frac{\lg\frac{\varepsilon_{a,p,1}^1}{\varepsilon_{a,p,0,i}}}{1+b_2\lg(\varepsilon_{a,p,1}^1/\varepsilon_{a,p,0,i})}} \tag{12.46}$$

然后,将 λ_1 代入式(12.44),则可求出 $\Delta\varepsilon_{a,p,i}$。

像下面将看到的那样,在进行永久偏应变引起的土体永久变形分析中,有时需要将永久偏应变势 $\varepsilon_{a,p}$ 转变成永久剪应变势,下面以 γ_p 表示。按上述方法确定出来的永久偏应变 $\varepsilon_{a,p}$ 应是最大永久主应变,与其相应的最小永久主应变应为 $-\mu\varepsilon_{a,p}$。根据图 12.17 所示的应变莫尔圆,相应的永久剪应变势 γ_p 可按式(12.42)确定:

$$\gamma_p = 1 + \mu\varepsilon_{a,p} \tag{12.47}$$

式中,μ 为泊松比。在平面应变条件下,应以 $\mu' = \dfrac{\mu}{1-\mu}$ 代替式(12.48)中的 μ,则得

$$\gamma_p = \frac{1}{1-\mu}\varepsilon_{a,p} \tag{12.48}$$

对于饱和土,由于偏永久应变是在不排水体积不变条件下发生的,则泊松比 μ 等于 0.5 代入式(12.48)则得

$$\gamma_p = 2\,\varepsilon_{a,p} \tag{12.49}$$

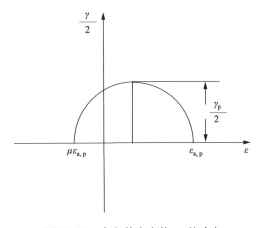

图 12.17　永久剪应变势 γ_p 的确定

12.6　偏应变引起的土体永久变形分析——软化模型

1. 软化模型的概念及要点

分析在动荷载作用下偏应变引起的土体永久变形的软化模型是由 Lee 和 Albaisa[5] 提出来的。软化模型的概念及要点可以概括成如下几点。

（1）在动荷作用下土的结构遭受某种程度的破坏，使土发生软化。

（2）土的软化在力学上表现为静模量的降低。

（3）由于静模量降低，土体在静荷作用下发生附加变形，这个附加变形即为土体的永久变形。

（4）按上述第 4 点，土体的永久变形等于两次土体静力分析求得的变形之差。第一次静力分析采用动荷作用之前没有降低的静模量，第二次静力分析采用动荷作用之后降低的静模量。但是，两次静力分析采用的静荷应完全相同。

（5）降低后土的静模量可以由土的永久应变势确定。

2. 降低后土的静模量的确定

因为所要确定的是由于地震作用土软化后的静模量，通常采用非线性弹性模型，如邓肯-张模型。采用邓肯-张非线性模型进行土体静力分析，可确定出土体中每一点或每个单元的静应力分量 σ_x、σ_y、τ_{xy}，进而可确定出 σ_3 和 $\sigma_1-\sigma_3$。根据邓肯-张模型，土的割线模量 E 如下：

$$E = k P_a \left(\frac{\sigma_3}{P_a}\right)^n \left[1 - \frac{R_f(1-\sin\varphi)(\sigma_1-\sigma_3)}{2(\cos\varphi+\sigma_3\sin\varphi)}\right] \tag{12.50}$$

式中，k、n 为两个参数；P_a 为大气压力；R_f 为破坏比；c、φ 为土黏结力和内摩擦角。由式（12.50）确定的模量即为动荷作用之前土的静模量，如图 12.18 所示。按割线模量的定义，与主应力差 $\sigma_1-\sigma_3$ 相应的引用轴向应变 ε_a 可由式（12.51）确定：

$$\varepsilon_a = \frac{\sigma_1-\sigma_3}{E} \tag{12.51}$$

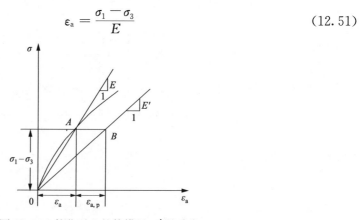

图 12.18　软化后土的静模量 E' 的确定

图 12.18 中的 A 点相应于动荷作用之前土的工作点，在动荷作用下土软化而发生的偏应变，即前面所确定的土的永久应变势 $\varepsilon_{a,p}$ 应附加在 ε_a 之上，土的工作点由 A 点变到 B 点，如图 12.18 所示。这样，土软化后的总的偏应变为 $\varepsilon_a + \varepsilon_{a,p}$。假定动荷作用前后的静应力不变，按割线模量定义，软化后土的静模量 E' 为

$$E' = \frac{\sigma_1 - \sigma_3}{\varepsilon_a + \varepsilon_{a,p}} \tag{12.52}$$

将式(12.52)改写成如下形式：

$$E' = \frac{1}{\dfrac{\varepsilon_a + \varepsilon_{a,p}}{\sigma_1 - \sigma_3}}$$

令

$$E_d = \frac{\sigma_1 - \sigma_3}{\varepsilon_{a,p}} \tag{12.53}$$

则上述 E' 可写成如下形式：

$$E' = \frac{1}{\dfrac{1}{E} + \dfrac{1}{E_d}} \tag{12.54}$$

下面称 E_d 为附加模量，可由式(12.53)确定。从式(12.54)可见，可用弹簧系数分别为 E 和 E_d 的两个串联的弹簧表示上述的软化模型，如图 12.19 所示。

3. 动荷作用之前土体的静力分析

1) 分析的目的
进行动荷作用之前土体的静力分析的目的可概括为如下三点。

(1) 确定动荷作用之前土体中每一点或每个单元的静力分量 σ_x、σ_y、τ_{xy}，进而确定最大剪切作用面上的静剪应力比 $\alpha_{s,f}$，它是确定永久偏应变势 $\varepsilon_{a,p}$ 所必需的。

(2) 确定动荷作用之前土体中每一点或每个单元的主应力差 $\sigma_1 - \sigma_3$，进而确定地震作用前在 $(\sigma_1 - \sigma_3)$-ε_a 关系线上的相应工作点，即图 12.18 中的 A 点，以及相应的静模量 E，它是确定土软化降低后的模量 E' 所必需的。

(3) 确定动荷作用之前土体中每一点位移分量 u、v，它是计算软化引起的永久变形所必需的。

2) 分析方法及要求
在第 8 章已表述了土体静力分析方法，这里不需重复。但是，在分析中必须考虑土的

图 12.19　土的软化模型的力学表示

静力非线性。就软化模型分析而言,采用邓肯-张模型考虑土的静力非线性是比较适宜的。在此,只需指出如下两点。

(1) 动荷作用之前的静力分析如果不考虑施工过程和加荷过程,则可采用一次加荷的迭代法进行土体非线性静力分析。在一次加荷迭代法分析中,采用的模量为割线模量。因此,迭代结束后每个单元的模量 E 即为动荷作用之前土的静模量。采用一次加荷迭代法进行土体非线性静力分析比较简单,计算工作量也较少。但是,当施工过程和加荷过程比较复杂时,其计算结果可能有较大的误差。在这种情况下,应采用下述逐级加荷增量法进行土体非线性静力分析。

(2) 在增量法分析中,采用的是切线模量,分析结束后还必须按上述方法确定出相应的割线模量 E,并将其作为动荷作用之前土的静模量。与一次加荷迭代法相比,逐次加荷的增量分析方法比较复杂,计算工作量也大。但是,其计算结果较为准确。

3) 分析所考虑的荷载

在动荷作用之前的静力分析中所应考虑的荷载包括:①土体的自重荷载;②外荷载;③如果有必要,还应考虑渗透力作用。

4. 土体的动力分析

土体的动力分析的目的在于确定土体中的每一点或每个土单元的动应力分量,进而确定最大剪切作用面上的动剪应力比 $\alpha_{s,f}$,它是确定永久偏应变势 $\varepsilon_{a,p}$ 所必需的。土体的动力分析方法已在第 9 章表述过了,在此就不需重复。

5. 动荷作用后土体的静力分析

动荷作用后的静力分析应采用动荷作用软化后降低的模量进行分析,所考虑的静荷载与动荷作用前的土体静力分析所采用的相同。除此之外,还应注意永久偏应变是在不排水土体积不变的条件下发生的。根据这个条件,动荷作用前后计算求得的土体积应变应该相等。这个条件要求这两次计算所采用的泊松比应满足一定的关系。如果以 μ 表示动荷作用之前土体静力分析所采用的泊松比,以 μ' 表示动荷作用之后采用的泊松比,以 k 表示动荷作用前体变模量,以 k' 表示动荷作用后体变模量,根据上述条件,则得

$$k' = k$$

将体变模量计算公式代入,则得

$$\mu' = \frac{1}{2}\Big[1 - (1-2\mu)\frac{E'}{E}\Big] \tag{12.55}$$

6. 土体永久变形的确定

设以 u、v 表示动荷作用之前土体静力分析求得的位移,以 u'、v' 表示动荷作用之后土体静力分析求得的位移,则由动荷作用下偏应变引起的土体永久变形为

$$\begin{cases} \Delta u = u' - u \\ \Delta v = v' - v \end{cases} \tag{12.56}$$

7. 存在的问题

从上述可见,在动荷作用下软化土体中每一点或每个单元所产生的附加应变取决于永久应变势 $\varepsilon_{a,p}$,而永久应变势 $\varepsilon_{a,p}$ 又取决于该点或该单元所受的静应力及动应力。但是,由图 12.19 可见,所产生的附加应变的各个分量的相对比值仅取决于它所受的静应力各分量之间的比值,而与动应力无关。显然,这是不合理的。

12.7　偏应变引起的土体永久变形分析——等价结点力模型

1. 等价结点力模型的概念及要点

按文献[4],等价结点力模型的概念及要点可概括成如下三点。

(1) 动荷作用引起的土单元永久应变,可视为由作用于土单元结点上的一组附加的静力引起的。这样,从所引起的土单元永久应变而言,这组作用于土单元结点上的静力与动荷作用是等价的。因此,将这组作用于土单元结点上的静力称为等价结点力。

(2) 把作用于土单元结点上的等价结点力视为外荷载,在其作用下土体产生的变形即为动荷作用下偏应变引起的土体永久变形。

(3) 作用于土单元上的等价结点力可以由土单元永久应变势 $\varepsilon_{a,p}$ 确定出来。

按上述第三点,必须对与等价结点力相应的外荷载进行一次静力分析,在静力分析中所采用的土单元模量可由相应土单元的永久应变势 $\varepsilon_{a,p}$ 及动荷作用之前土单元在 $(\sigma_1 - \sigma_3)$-ε_a 关系线上的工作点确定。

按上述第 1 点,还必须进行一次动荷作用之前土体的静力分析,确定土单元所受的主应力差 $\sigma_1 - \sigma_3$,进而确定动荷作用之前土单元在 $(\sigma_1 - \sigma_3)$-ε_a 关系线上的工作点。

2. 等价结点力的确定

前面曾指出,有时需将轴向永久应变势 $\varepsilon_{a,p}$ 变成永久剪应变势 γ_p,并给出了永久剪应变势的确定方法。下面,假定土体中每个单元的永久剪应变势 γ_p 为已知,来表述如何确定土单元的等价结点力。首先指出,由式(12.47)确定的永久剪应变势应为最大剪应变,但是这个最大剪应变发生在哪个方向并没有指明。通常认为,地震作用以水平剪切为主,这样,可以假定最大剪应变发生在水平方向上,即水平面是最大剪应力作用面。现在,考虑图 12.20(a)所示的矩形土单元,与地震作用等价的静剪应力 $\tau_{xy,eq}$ 如图 12.20(b)所示。等价静剪应力可按式(12.57)确定:

$$\tau_{xy,eq} = G\gamma_p \tag{12.57}$$

式中,G 为相应的静剪切模量,下面将进一步讨论。但是,式(12.57)只给出了等价剪应力的数值,作用方向还没有指定。循环剪切试验结果表明,土样所产生的永久剪切变形的方向与土样所受的静剪应力方向一致。因此,等价剪应力的作用方向应与土单元水平面上的静剪应力方向一致。

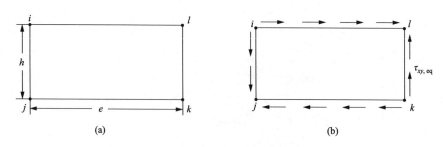

图 12.20　作用于单元边上的等价剪应力 $\tau_{xy,\,eq}$

根据有限元法,作用于土单元四边上的等价剪应力可根据静力平衡的方法集中到四个结点上。设图 12.20(a)所示的矩形单元长为 e、宽为 h,在集中到四个结点上的结点力的水平分量 F_x 和竖向分量 F_y(图 12.21)分别为

$$\begin{cases} F_x = \tau_{xy,\,eq}\,\dfrac{e}{2} \\[2mm] F_y = \tau_{xy,\,eq}\,\dfrac{e}{2} \end{cases} \tag{12.58}$$

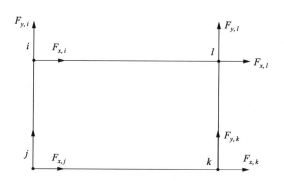

图 12.21　矩形单元上的等价结点力

如果土单元不是矩形,而是如图 12.22 所示的任意四边形,则可虚构一个外接矩形。将土单元的等价剪应力作用于虚构的矩形边界上,则可确定出作用于四个结点上的结点力。下面,以确定作用于结点 i 上的结点力为例来说明结点力的确定方法。令四边形的局部结点按逆时针顺序排列,与 i 相邻的结点为 l 和 j,l、i、j 三个结点的坐标分别 x_l、y_l、x_i、y_i、x_j、y_j。从图 12.22 中将与 i 相邻的两边 li 和 ij 取出,并令结点力的水平分量和竖向分量的正向分别为 x、y 方向,如图 12.23 所示。由力的平衡可得

$$\begin{cases} F_{x,i} = -\dfrac{1}{2}\tau_{xy,\,eq}(x_j - x_l) \\[2mm] F_{y,i} = \dfrac{1}{2}\,\tau_{xy,\,eq}(y_j - y_l) \end{cases} \tag{12.59}$$

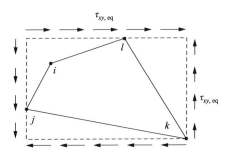

图 12.22　任意四边形的等价剪应力

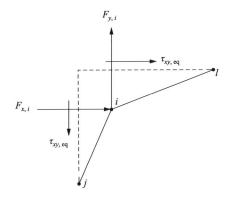

图 12.23　任意四边形上 i 结点力的确定

3. 单元模量的确定

由于等价结点力是在静荷之上附加作用的,相应的模量应为增量切线模量或增量割线模量。下面,表述土单元的增量弹性模量 E 及相应的剪切模量 G 的确定方法。

(1) 像软化模型那样,根据土体静力分析确定出动荷作用之前土单元的主应力差,由 $(\sigma_1 - \sigma_3)$-ε_a 关系线确定相应的工作点 A 及相应的引用轴向应变 $\varepsilon_{a,A}$,如图 12.24 所示。

(2) 将单元永久偏应变势叠加在 $\varepsilon_{a,A}$ 之上,得到 $(\sigma_1 - \sigma_3)$-ε_a 关系线上的 B 点的引用轴向应变 $\varepsilon_{a,B}$,即

$$\varepsilon_{a,B} = \varepsilon_{a,A} + \varepsilon_{a,p} \tag{12.60}$$

(3) 按邓肯-张模型,按式(12.61)确定 C 点的主应差 $(\sigma_1 - \sigma_3)_C$:

$$(\sigma_1 - \sigma_3)_C = \cfrac{1}{\cfrac{1}{kP_a\left(\dfrac{\sigma_3}{P_a}\right)^n} + \cfrac{R_f(1 - \sin\varphi)\varepsilon_{a,B}}{2C\cos\varphi + 2\sigma_3\sin\varphi}} \tag{12.61}$$

(4) 根据增量割线模量的定义,如图 12.24 所示,则得

$$E = \frac{(\sigma_1 - \sigma_3)_C - (\sigma_1 - \sigma_3)_A}{\varepsilon_{a,p}} \tag{12.62}$$

（5）在计算土单元等价剪应力 $\tau_{xy,\mathrm{eq}}$ 所需要的剪切模量 G 时，可由式(12.62)计算出来的弹性模量，按式(12.63)确定：

$$G = \frac{E}{2(1+\mu)} \tag{12.63}$$

式中，泊松比 μ 取 0.5。

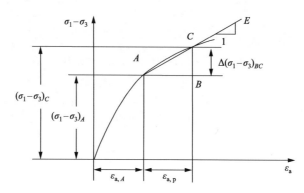

图 12.24　土单元增量割线模量 E 的确定

4. 土体永久变形的求解

将上面求得的作用于土单元结点上的等价结点力作为外荷载，进行一次土体静力分析就可求得土体的永久变形。求解方程如下：

$$[K]\{\Delta r\} = \{\Delta R\} \tag{12.64}$$

式中，$[K]$ 为土体系的总刚度矩阵，由单元刚度矩阵叠加而成，在计算土单元刚度矩阵时应采用式(12.62)确定的增量割线模量。$\{\Delta R\}$ 为由土单元等价结点力叠加而成的荷载增量向量，如图 12.25(a)所示，一个结点周围通常有若干个土单元，每个土单元均在该结点上作用于一个等价结点力，因此该结点上总的等价结点力应为这些单元在该点上作用的等价结点力之和，即

$$\begin{cases} \Delta R_{x,i} = \displaystyle\sum_{k=1}^{n} F_{x,i,k} \\[2mm] \Delta R_{y,i} = \displaystyle\sum_{k=1}^{n} F_{y,i,k} \end{cases} \tag{12.65}$$

其中，$\Delta R_{x,i}$、$\Delta R_{y,i}$ 分别为作用于结点 i 上的总结点力的水平分量和竖向分量；$F_{x,i,k}$、$F_{y,i,k}$ 分别为相邻的第 k 单元作用于结点 i 上的等价结点力的水平分量和竖向分量，如图 12.25(b)所示；n 为结点周围的土单元个数。$\{\Delta r\}$ 由荷载向量增量 $\{\Delta R\}$ 作用引起的位移增量向量，即土体永久变形向量。

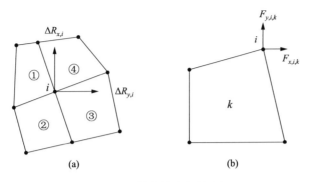

图 12.25　等价结点力的叠加

5. 存在的问题

对上述的等价结点力法，可以指出如下两个问题。

(1) 由式(12.58)和式(12.59)可见，在确定土单元等价结点力时，只考虑了与永久水平剪应变 $\gamma_{xy,p}$ 相应的等价结点力。实际上，永久应变应包括永久水平剪应变 $\gamma_{xy,p}$ 和永久差应变 $(\varepsilon_x - \varepsilon_y)_p$ 两个分量。显然，等价结点力也应由与永久水平剪应变 $\gamma_{xy,p}$ 和永久差应变 $(\varepsilon_x - \varepsilon_y)_p$ 相应的两部分等价结点力组成。当然，如果在动荷作用下土体以水平剪切变形为主，则可以忽略与永久差应变 $(\varepsilon_x - \varepsilon_y)_p$ 相应的等价结点力。但是，有些情况下是不应忽略的，如在考虑地震竖向运动的情况。

(2) 假定永久剪应变 γ_p 发生在水平面上。这个假定相当于最大剪应变发生在水平面上，即 $\gamma_{xy,p} = \gamma_p$。同样，当土体运动以水平剪切为主时，可以认为水平面即为最大剪应力作用面，但在许多情况下是不适宜的，如地基中的土体。

综上，可认为上述的等价结点力只适用于以水平剪切运动为主的土体的永久变形分析。当这个条件不能满足时，上述的确定等价结点力方法应加以改进，做进一步研究是必要的。

思 考 题

1. 从动荷作用引起土体破坏的机制和形式，试说明以安全系数评估土体动力稳定性的缺点，为什么可以动力作用引起的永久变形来评估土体在地震时的性能？

2. 试说明在动荷作用下土体永久变形的机制及形式。

3. 如何确定剪切作用引起的水平场地下干砂层的沉降？如何根据 Seed 简化公式确定在地震作用下水平场地下土层所受的等价剪应变？

4. 试说明屈服加速度的概念及确定土屈服加速度的条件。有哪些因素影响土体的屈服加速度？

5. 如何确定土坡的等价刚体运动加速度时程？

6. 如何根据土坡屈服加速度和等价刚体运动加速度时程计算土坡的有限滑动变形？这种方法的适用性如何？

7. 试说明在动荷作用下饱和土单元的永久应变势概念。如何确定饱和土体中土单元的永久应变势?

8. 试述软化模型的概念。如何确定软化后土的变形模量?

9. 试述采用软化模型计算偏应变引起的土体永久变形的步骤及所要做的工作。该法的适用条件如何?

10. 试述等效结点力模型的概念。如何确定等价结点力?

11. 试述等效结点力模型计算偏应变引起的土体永久变形的步骤及所要做的工作。如何确定计算所需的土的杨氏模量? 该法的适用条件如何?

参 考 文 献

[1] 谢君斐, 石兆吉, 郁寿松, 等. 液化危害性分析. 地震工程与工程振动, 1988, 8(1): 61-67.

[2] Newmark N M. Effects of earthquake on dams and embankments. Géotechnique, 1965, 15(2): 139-160.

[3] Seed H B, Silver M I. Settlement of dry sands during earthquakes. Journal of the Soil Mechanics and Foundations Division, 1972, 98(4): 381-397.

[4] Serff N, Seed H B, Makdisi F I, et al. Earthquake-induced deformation of earth dams. Berkeley: University California, 1976.

[5] Lee K L, Albaisa A. Earthquake induced settlement in saturated sands. Journal of the Soil Mechanics and Foundations Division, 1974, 100(4): 387-406.

第13章 动荷作用下土-结构的相互作用

13.1 概 述

1. 土体-结构体系及其相互作用

在实际的工程问题中,土体通常以某种形式与某种结构连接在一起形成一个体系。概括地说,土体与结构之间有如下三种连接情况。

(1)结构位于土体之上,如建筑物与地基土体之间的关系,如图 13.1(a)所示。在这种情况下,地基土体起着支承建筑物保持其稳定的作用,而建筑物则通过与地基土体的接触面将上部荷载传递给地基土体。

(2)结构位于土体的一侧,如挡土墙与墙后土体之间的关系,如图 13.1(b)所示。在这种情况下,挡土墙起着在侧向支承墙后土体保持其稳定的作用,而墙后土体通过与墙的接触面将侧向压力传递给挡土墙。

(3)结构位于土体之内,如地铁隧洞与周围土体之间的关系,如图 13.1(c)所示。在这种情况下,隧洞起着支承周围土体保持其稳定的作用,而周围土体通过与隧洞的接触面将压力传递给隧洞。

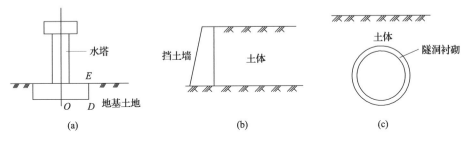

图 13.1 土与相邻的结构

从上述可见,无论土体与结构之间以哪种方式连接,它们之间都要通过接触面发生相互作用。土体与结构之间通过接触面发生的相互作用可概括为如下两点。

(1)在接触面上土体与结构变形之间相互约束,并最后达到相互协调。通常,与结构相比土体的刚度较小。在这种情况下,一方面结构对土体的变形具有约束作用,另一方面由于结构是变形体,在约束土体变形的同时也要顺从土体而发生一定的变形。最后,在接触面土体与结构的变形达到相互协调。显然,相对而言,结构的刚度越大,结构对相邻土体变形的约束越大,而顺从土体发生的变形则越小。

(2)在接触面上土体与结构之间发生力的相互传递。由于土体对结构的支承作用或结构对土体的支承作用,土体与结构之间一定要通过接触面发生力的传递。土体与结构之间力的传递是基本的,无论在计算分析中是否考虑土体与结构的相互作用,土体与结构之间这部分力的传递是必须考虑的。除此之外,在土体与结构之间通过接触面还存在一种附加的力的传递,即由于土体与结构在接触面变形协调而发生的附加力的传递。土体与结构之间这部分力的传递只有考虑土体与结构相互作用时才能考虑。按上述,在土体与结构接触面上所传递的这部分力与土体结构之间变形的约束程度有关,而土体与结构之间的变形约束程度与土体结构之间的相对刚度有关。显然,土体与结构之间相对刚度之差越大,变形之间的约束也越大,则通过接触面的传递的这部分力也越大。

与静力作用不同,在动荷作用下土体与结构接触面还要传递由土体和结构运动产生的惯性力。根据动力学知识,惯性力的大小与质量和刚度的分布有关。由于考虑相互作用和不考虑相互作用的分析体系,两者的质量与刚度的分布不同,则在两种情况下通过接触面传递的惯性力也将不同。另外,考虑相互作用的分析体系通常要比不考虑相互作用的分析体系柔,考虑相互作用分析求得的体系变形要大。

按上述,在静荷作用下由于刚度的不同,结构相对土体发生变形或土体相对结构发生变形,最后土体与结构变形达到协调,并在接触面上发生附加作用的现象,称为土体-结构相互作用。除上述之外,在动荷作用下土体-结构的相互作用还包括土体与结构运动的惯性力通过接触面传递的现象。因此,无论在静荷作用下还是动荷作用下,土体-结构相互作用都是通过两者的接触面发生的。相应地,土体与结构接触面的形式、性质对土体-结构相互作用有重要的影响。

在此应指出,无论在静荷作用下还是动荷作用下,土体-结构的相互作用是一个客观存在而无法改变的现象或事实。对于土体-结构相互作用的问题,人们只有如下的选择:①是否考虑相互作用;②怎么考虑相互作用。

首先,关于是否考虑相互作用的回答是肯定的。但是,如何考虑相互作用则应根据实际问题的复杂性及重要性而具体决定。在此应指出,关于土-结构相互作用可以在如下两个方面予以考虑。

(1) 定性的考虑。定性的考虑是根据土-结构相互作用研究所获得的定性影响规律,在场地选择、结构形式、基础形式、构筑措施等方面予以考虑,尽可能地减小土-结构相互作用的不利影响及适当地利用土-结构相互作用的有利影响。

(2) 定量的考虑。定量的考虑是在分析方法中考虑土-结构相互作用。考虑土-结构相互作用的分析结果,或者直接作为评估在动荷作用下土-结构体系性能的依据,或者作为不考虑土-结构相互作用动力分析结果的依据和补充。

通常,所谓的不考虑土-结构相互作用是指在分析方法上不考虑土-结构相互作用。在实际工作中,一个有经验的工程师在概念上和定性方面总是适当地考虑了土-结构相互作用;同时,在有关的设计规范的规定中也有所体现。但是,是否采用考虑相互作用的分析方法,取决于如下两个因素。

(1) 考虑土-结构相互作用的分析方法是很繁复的,即使在分析中采用高速计算机计算的今天也是如此,在分析中采用计算机只是使考虑土-结构相互作用分析成为可能。

（2）已有的土-结构相互作用研究结果表明,考虑相互分析方法求得的结构所受的地震作用通常小于不考虑相互作用分析方法求得的。因此,通常不考虑土-结构相互作用分析方法所提供的结果是偏于保守和安全的。

考虑上述两个因素,一般工程采用不考虑土-结构相互作用的分析方法,只有重大工程才采用考虑土-结构相互作用的分析方法。

按第 9 章所述,可把动力问题分为源问题和场地反应问题两类。相应地,可把动力土-结构相互作用分为源问题中的土-结构相互作用和场地反应问题中的土-结构相互作用。相比较而言,场地反应问题中的土-结构相互作用要比源问题中的土-结构相互作用更为复杂。但是,无论源问题还是场地反应问题要在分析方法中考虑土-结构相互作用必须基于如下两点。

（1）将土视为一种变形的力学介质。

（2）在体系的计算模型中必须包括与结构相邻的土体或表示土体作用的等价力学元件。

显然,只有做到了这两点才能在分析中考虑土-结构相互作用,特别在如下方面:①在土-结构接触面上,土与结构变形之间的协调及相应的力的传递;②土-结构相互作用体系中的质量和刚度分布;③土体的材料耗能及体系的辐射耗能或几何耗能。

13.2　地震时土-结构相互作用机制及影响

1. 土-结构相互作用机制

当将土体与结构作为一个体系时,地震时土体与结构之间的相互作用可分为运动相互作用和惯性相互作用两种机制。下面以图 13.2 所示的地基土体与其上的水塔在地震时的相互作用为例说明这两种相互作用机制。假定地震运动是从基岩向上传播的水平运动,C 点为基岩与土层界面上的一点,该点的运动是指定的,即为控制运动;水塔的基础为埋置地面之下的刚性圆盘,O、D、E 为基础与土体界面上三个代表性的点。

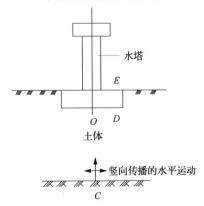

图 13.2　向上传播的水平运动及水塔地基土体体系

1) 运动相互作用

令图 13.3(a)为在竖向传播的水平运动作用下自由表面场地土层体系。在这种情况下,土层各点只有水平运动。图 13.3(a)中的虚线表示水塔的刚性圆盘基础与地基土体的界面。在自由表面场地土层情况下,界面上的三个代表性点 O、D、E 也只有水平运动,并且由于场地土层的放大和滤波作用,不仅这三点的水平运动与基岩面上控制点 C 的水平运动不相同,而且 E 点的水平运动也与 O、D 两点的水平运动不同。令图 13.3(b)为在竖向传播的水平运动作用下在表面之下埋置无质量刚性圆盘的地基土层体系。当水平运动竖向传播到无质量刚性圆盘与土体的界面时,由于在界面上波产生散射,在这种作用下刚性圆盘上的三个代表性点的运动将不同于图 13.3(a)所示的自由表面场地土层情况下相应的运动,其不同主要表现在如下两方面。

(1) 在图 13.3(b)情况下,三个代表性点的水平运动与在图 13.3(a)情况下相应的水平运动不相等。

(2) 在图 13.3(b)情况下,除了水平运动,三个代表性点还可能发生转动;相应地,引起了竖向运动。

综上,当运动以波的形式传播到结构与土体界面上时,由于波发生散射,使界面上点的运动与自由表面场地土层中相应点的运动发生明显的不同。通常,把这种现象称为运动相互作用。对于图 13.2 所示的水塔与地基土体的例子,其运动相互作用只与刚性圆盘的几何尺寸有关。如果基础不是刚性的,运动相互作用还应与圆盘基础的刚度有关。但是,运动相互作用与圆盘基础之上的水塔的质量和刚度无关。

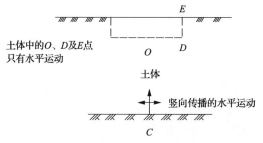

(a) 在竖向传播的水平运动作用下自由表面场地土层

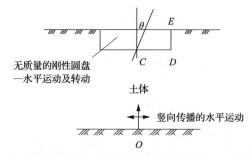

(b) 在竖向传播的水平运动作用下埋置的无质量的刚性圆盘与场地土层

图 13.3　在无质量刚性圆盘与土体界面发生的运动相互作用

2) 惯性相互作用

如图 13.4 所示,地震时水塔在刚性圆盘的水平运动及转动作用下发生运动。由于地基土体与水塔处在同一个体系之中,刚性圆盘基础及水塔运动的惯性力将通过接触面以基底剪力 Q 和弯矩 M 的形式附加作用于地基土体,并在土体中引起附加运动和应力。下面,把基础及水塔运动的惯性力反馈作用于地基土体,并在土体中引起附加运动及应力的现象称为惯性相互作用。很明显,惯性相互作用取决于如下因素:①无质量圆盘的运动;②水塔的刚度,即上部结构的刚度,如果基础圆盘不是刚性的,还与其刚度有关;③刚性圆盘和水塔的质量,即基础和上部结构的质量。

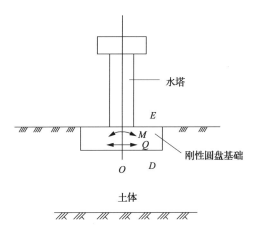

图 13.4　惯性力相互作用

Q 为惯性力形成的基底剪力;M 为惯性力形成的基底弯矩

2. 土-结构相互作用的影响

在常规的抗震设计中,一般采用不考虑土-结构相互作用的分析方法。常规的抗震设计分析方法沿建筑物基底面把地基土体与上部结构分成独立的两部分,按如下两步进行。

(1) 如图 13.5(a)所示,根据地基土层条件确定场地类别,然后根据场地类别确定相应的地面加速度反应谱。如果想更好地考虑场地土层条件对地面运动的影响,则可对所考虑的场地土层进行地震反应分析,确定出相应的地面加速度时程和加速度反应谱。

(2) 假定地基是刚性体,将上一步确定的地面运动加速度反应谱或时程作用于建筑物基底,进行上部结构抗震分析,如图 13.5(b)所示。

显然,常规抗震设计方法通过第一步工作考虑了场地土层条件对地面运动的影响,但是并没考虑土-结构相互作用的影响,原因如下。

(1) 输入给建筑物基底的底层运动是自由场地地面运动,没有考虑运动相互作用的影响。

(2) 在第二步上部结构抗震分析中,假定地基土是刚性的,没有考虑地基土体刚度及质量对上部结构地震反应的影响。

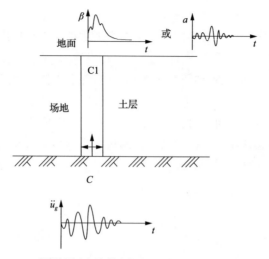

(a) 根据场地土层条件确定地面运动加速度$a(t)$或反应谱

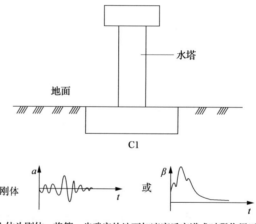

(b) 假定地基土体为刚体,将第一步确定的地面加速度反应谱或时程作用于建筑物基底

图 13.5　常规抗震设计分析方法

(3) 在第二步上部结构抗震分析体系中没有包括地基土体或表示地基土体作用的等价力学元件。因此,无法将上部结构的惯性力反馈作用于地基土体或等价力学元件,即没有考虑惯性相互作用。

像上面指出的那样,常规抗震分析通常采用不考虑土-结构相互作用的分析方法。因此,土-结构相互作用的影响是一个受关注的问题。土-结构相互作用在定量上的影响取决于具体问题,在此只能在定性上来说明土-结构相互作用的影响。另外,土-结构相互的影响还与土体与结构之间的相对位置有关。目前,对建筑物与其地基土体的土-结构相互作用研究较多,下面仅就建筑物上部结构与其地基土体的相互作用来表述相互作用的定性影响。

建筑物上部结构与其地基土体的相互作用的影响,为了简明,可以图 13.6 所示的例子来说明。

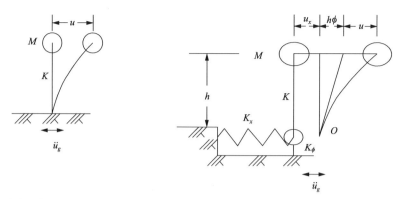

(a) 不考虑土-结构相互作用分析体系　　　　　(b) 考虑土-结构相互作用分析体系

图 13.6　土体-结构相互作用对体系自振周期的影响

1) 对分析体系的振动特性的影响

当考虑土体-结构相互作用时,将地基土体作为变形体包括在分析体系中。从抵抗水平变形就可看出,地基土体水平变形刚度与上部结构的水平变形刚度是串联的,因此考虑土体-结构相互作用的分析体系比不考虑土体-结构相互作用的分析体系更柔。这样,考虑土体-结构相互作用分析体系的自振圆频率应低于不考虑土体-结构相互作用分析体系的;相应地,其自振周期增大了。

在图 13.6 中,以一个单质点体系代表结构,设其质量为 M,抵抗水平变形刚度为 K,距基底高度为 h;以刚度为 K_x 的抗平移的等价弹簧和刚度为 K_ϕ 的抗摆动的等价弹簧表示地基土体的作用。不考虑土体-结构相互作用的分析模型如图 13.6(a)所示,地震动 $\ddot{u}_g(t)$ 从刚性基底输入。假如不考虑阻尼影响,不考虑土体-结构相互作用分析体系的动力平衡方程为

$$M\ddot{u} + Ku = -M\ddot{u}_g$$

改写得

$$\ddot{u} + \frac{K}{M}u = -\ddot{u}_g \tag{13.1}$$

由结构动力学可知,不考虑土体-结构相互作用分析体系的自振圆频率 ω 为

$$\omega = \sqrt{\frac{K}{M}} \tag{13.2}$$

当不考虑阻尼时,考虑土体结构相互作用的分析体系如图 13.6(b)所示。在这种情况下,质点 M 的运动由三部分组成:①基底运动 u_g;②基底的平移 u_x 和转动 $h\phi$;③质点 M 相对变形 u。

作用于质点 M 上的力包括:①质点 M 运动的惯性力 $M(\ddot{u}_g + \ddot{u}_x + h\ddot{\phi} + \ddot{u})$;②弹性恢复力 Ku。

由质点 M 的水平向动力平衡得

$$M\ddot{u} + Ku = -M(\ddot{u}_g + \ddot{u}_x + h\ddot{\phi}) \tag{13.3}$$

另外，为了简化，假定基底 O 点的质量为零，由 O 点水平力和力矩的平衡分别得

$$Ku - K_x u_x = 0$$
$$Kuh - K_\phi \phi = 0$$

由此得

$$\begin{cases} u_x = \dfrac{K}{K_x} u \\[3mm] \phi = \dfrac{K}{K_\phi} hu \end{cases} \tag{13.4}$$

将其代入式(13.3)得

$$M\left(1 + \frac{K}{K_x} + \frac{K}{K_\phi} h^2\right)\ddot{u} + Ku = -M\ddot{u}_g$$

改写得

$$\ddot{u} + \frac{K}{M\left(1 + \dfrac{K}{K_x} + \dfrac{K}{K_\phi} h^2\right)} u = -\frac{1}{\left(1 + \dfrac{K}{K_x} + \dfrac{K}{K_\phi} h^2\right)} \ddot{u}_g \tag{13.5}$$

由结构动力学可知，考虑土体-结构相互作用分析体系的自振圆频率 ω 为

$$\omega = \frac{1}{\sqrt{1 + \dfrac{K}{K_x} + \dfrac{K}{K_\phi} h^2}} \sqrt{\frac{K}{M}} \tag{13.6}$$

与式(13.2)相比，可见考虑土体-结构相互作用分析体系的自振圆频率低于不考虑土体-结构相互作用分析体系的圆频率；相应地，自振周期增大。从式(13.6)可知，地基土体越软，即刚度系数 K_x 和 K_ϕ 越小，自振周期增大的就越多。对于多质点的结构，考虑土体-结构相互作用分析体系的自振周期也要增大，只是不能像单质点结构这样做出简明的表述。

2) 对结构地震反应的影响

地震运动 $\ddot{u}$ 可视为由一系列谐波组合而成，其中的一个谐波圆频率为 p，幅值为 A，则不考虑土-结相互作用的求解方程式(13.1)可写成

$$\ddot{u} + \omega^2 u = -A\sin(pt) \tag{13.7}$$

式中，ω 为不考虑土-结构相互作用分析体系的自振圆频率，按式(13.2)确定。式(13.7)的稳态解为

$$u = -\frac{A}{p^2\left[\left(\dfrac{\omega}{p}\right)^2 - 1\right]}\sin(pt) \tag{13.8}$$

相似地，考虑土-结构相互作用的求解方程式(13.5)可写成

$$\ddot{u} + \omega'^2 u = -\frac{A}{1 + \dfrac{K}{K_x} + \dfrac{K}{K_\phi} h^2} \sin(pt) \tag{13.9}$$

式中，ω' 为考虑土-结构相互作用分析体系自振圆频率，按式(13.6)确定。式(13.9)的稳态解为

$$u = -\frac{A}{1 + \dfrac{K}{K_x} + \dfrac{K}{K_\phi} h^2} \frac{1}{p^2 \left[\left(\dfrac{\omega'}{p} \right)^2 - 1 \right]} \sin(pt) \tag{13.10}$$

设 α 为考虑土-结构相互作用与不考虑土-结构相互作用的质点相对位移之比，由式(13.8)和式(13.10)得

$$\alpha = \frac{1}{1 + \dfrac{K}{K_x} + \dfrac{K}{K_\phi} h^2} \frac{\left(\dfrac{\omega}{p} \right)^2 - 1}{\left(\dfrac{\omega'}{p} \right)^2 - 1} \tag{13.11}$$

由于 $\omega' < \omega$ 则

$$\frac{\left(\dfrac{\omega}{p} \right)^2 - 1}{\left(\dfrac{\omega'}{p} \right)^2 - 1} < 1$$

这样，由式(13.11)得 $\alpha < 1$。表明，考虑土-结构相互作用的质点相对位移小于不考虑土-结构相互作用的质点相对位移。相似地，质点相对运动加速度亦然如此。

与单质点体系相似，在通常情况下，多质点体系考虑土-结构相互作用分析得到的相邻结点的相对位移小于不考虑土-结构相互作用分析得到的。这表明，对于多质点体系，当考虑土-结构相互作用时，连接相邻两个结点构件在地震时所受的剪力和弯矩要小于由不考虑土-结构相互作用分析得到的。正如前面所说的，不考虑土-结构相互作用分析所提供的结果是偏于安全和保守的。

3) 对建筑物基底运动的影响

按前述的土-结构相互作用机制，土-结构相互作用对建筑物基底运动的影响取决于运动相互作用和惯性相互作用，对建筑物基底运动的影响包括对基底运动加速度最大值和基底运动加速度频率特性的影响两个方面。

(1) 对基底运动加速度最大值的影响。

Seed 引进相互作用影响因数 I 来表示土-结构相互作用对基底运动加速度最大值的影响。相互作用影响因数 I 定义如下：

$$I = \frac{| \ddot{u}_{\max, b, f} - \ddot{u}_{\max, b} |}{| \ddot{u}_{\max, b, f} |} \tag{13.12}$$

式中，$\ddot{u}_{\max, b}$ 为由考虑土-结构相互作用分析体系求得的基底面上一个代表性点的运动最大加速度；$\ddot{u}_{\max, b, f}$ 为由自由场地分析体系求得的相应点的运动最大加速度。从式

(13.12)可见,无论 $\ddot{u}_{\max,b}$ 小于还是大于 $\ddot{u}_{\max,b,f}$,I 越大表示土-结构相互作用对基底运动的影响越大。

根据结构动力学知识,由自由场地分析体系求得的基底相应点的运动最大加速度 $\ddot{u}_{\max,b,f}$ 只与场地土层的质量与刚度分布有关,而与土层之上的结构无关。但是由考虑土-结构相互作用分析体系求得的基底面上一点的运动最大加速度 $\ddot{u}_{\max,b}$ 不仅与土层的质量与刚度分布有关,还与结构的刚度与质量分布有关。这一点可由图 13.6(b)中表示基底运动的 O 点的运动来说明。由图 13.6(b)可知,基底面上 O 点的运动 u_b 可表示如下:

$$\ddot{u}_b = \ddot{u}_g + \ddot{u}_x \tag{13.13}$$

为简明,设输入的运动加速度 $\ddot{u}_g$ 为正弦波,则

$$\ddot{u}_g = A\sin(pt) \tag{13.14}$$

而由式(13.4)得

$$\ddot{u}_x = \frac{K}{K_x}\ddot{u}$$

将式(13.10)代入得

$$\ddot{u}_x = \frac{A}{1+\dfrac{K}{K_x}+\dfrac{K}{K_\phi}h^2}\frac{K}{K_x}\frac{1}{\left(\dfrac{\omega}{p}\right)^2-1}\sin(pt) \tag{13.15}$$

将式(13.14)和式(13.15)代入式(13.13)得

$$\ddot{u}_b = A\left[1+\frac{1}{1+\dfrac{K}{K_x}+\dfrac{K}{K_\phi}h^2}\frac{K}{K_x}\frac{1}{\left(\dfrac{\omega}{p}\right)^2-1}\right]\sin(pt) \tag{13.16}$$

式(13.16)表明,由考虑土-结构相互作用分析体系求得的基底运动加速度最大值不仅取决于地基土体的刚度 K_x、K_ϕ,还取决于结构的刚度,而质量分布的影响包括在 ω 之中。

(2) 对基底运动的频率特性的影响。

前面已经指出,对于建筑物与地基土体,考虑土体-结构相互作用分析体系的刚度要变柔。相应地,基底面上一点的运动加速度的高频含量要被压低,而低频含量要被增大;相应地,加速度反应谱的卓越周期,即反应谱峰值所对应的周期要增大。

13.3　地震作用下土-结构相互作用问题的分解

假定在分析中土采用线黏弹性或等效线性化模型,结构采用线弹性模型。在这种假定下,叠加原理是适用的。下面,来表述如何利用叠加原理把地震作用下土-结构相互作用问题分解成场地反应问题和源问题[1]。

以图 13.7 所示的土-结构相互作用问题为例。图 13.7(a)为考虑土-结构相互作用的分析体系,设基底运动加速度为 $\ddot{u}_g(t)$,其动力平衡方程为

$$[M]\{\ddot{u}\} + [C]\{\dot{u}\} + [K]\{u\} = -\{E\}_x \ddot{u}_g(t) \tag{13.17}$$

式中，$[M]$、$[C]$、$[K]$ 分别为考虑土-结构相互作用分析体系的质量矩阵、阻尼矩阵和刚度矩阵；$\{u\}$、$\{\dot{u}\}$、$\{\ddot{u}\}$ 为体系中结点的相对位移、速度及加速度向量。如果从地表面将地基土体与上部结构切开分成上、下两部分，地面以下部分的分析体系如图 13.7(b) 所示，这个分析体系与自由场地分析体系相同。图 13.7(b) 中虚线表示的是一个相应的无质量和无刚度的结构，令其每一点的运动与基岩运动 $u_g(t)$ 相同，则其相对位移为零。由于这个结构既无质量又无刚度，它对图 13.7(b) 所示的自由场分析体系没有作用，自由场地分析体系的求解方程不会改变，为

$$[M_f]\{\ddot{u}_f\} + [C_f]\{\dot{u}_f\} + [K_f]\{u_f\} = -\{E\}_{xf} \ddot{u}_g(t) \tag{13.18}$$

式中，$[M_f]$、$[C_f]$、$[K_f]$ 分别为自由场地分析体系的质量矩阵、阻尼矩阵和刚度矩阵；$\{u_f\}$、$\{\dot{u}_f\}$、$\{\ddot{u}_f\}$ 为自由场地体系的位移、速度及加速度向量。设考虑土-结构相互作用体系的每个结点的相对位移 u 等于自由场地体系相应结点的相对位移 u_f 与相互作用引起的相应结点的相对位移 u_i 之和，即

$$u = u_f + u_i \tag{13.19}$$

将式 (13.19) 代入式 (13.17) 得

$$[M]\{\ddot{u}_i\} + [C]\{\dot{u}_i\} + [K]\{u_i\} + [M]\{\ddot{u}_f\} + [C]\{\dot{u}_f\} + [K]\{u_f\} = -\{E\}_x \ddot{u}_g(t)$$

再将式 (13.18) 减上式两边等于

$$[M]\{\ddot{u}_i\} + [C]\{\dot{u}_i\} + [K]\{u_i\} = -([M]-[M_f])\{\ddot{u}_f\} - ([C]-[C_f])\{\dot{u}_f\}$$
$$- ([K]-[K_f])\{u_f\} - (\{E_x\}-\{E\}_{x,f})\ddot{u}_g(t)$$

下面，令

$$\begin{cases} \{Q_i\}_1 = -(\{E\}_x - \{E\}_{x,f})\ddot{u}_g(t) \\ \{Q_i\}_2 = -([M]-[M_f])\{\ddot{u}_f\} - ([C]-[C_f])\{\dot{u}_f\} - ([K]-[K_f])\{u_f\} \end{cases}$$
$$\tag{13.20}$$

代入上式得

$$[M]\{\ddot{u}_i\} + [C]\{\dot{u}_i\} + [K]\{u_i\} = \{Q_i\}_1 + \{Q_i\}_2 \tag{13.21}$$

式中，$\{Q_i\}_1$ 和 $\{Q_i\}_2$ 为荷载向量。从式 (13.20) 可见，在 $\{Q_i\}_1$ 及 $\{Q_i\}_2$ 中只有与结构上结点相对应的元素为非零元素，包括结构与自由场土层的公共结点，如图 13.7(c) 所示。这样，式 (13.21) 就定义了一个源问题，求解式 (13.21) 就可得到相互作用引起的相对位移 u_i。进而，由式 (13.19) 可求得总相对位移 $\{u\}$。

从式 (13.17) 可见，图 13.7(a) 所示的土-结构相互作用问题相似于在激振力 $-\{E\}_x \ddot{u}_g(t)$ 作用下的源问题。因此，把图 13.7(a) 所示的这类相互作用问题称为伪相互作用问题。在实际问题中，这类伪相互作用问题通常按式 (13.17) 直接求解，而不将其分

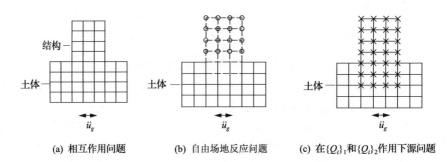

(a) 相互作用问题　　　(b) 自由场地反应问题　　　(c) 在$\{Q_i\}_1$和$\{Q_i\}_2$作用下源问题

图 13.7　土-结构相互作用问题的分解

解成场地反应问题和源问题求解。但是,上面所述的土-结构相互作用问题的分解可以更深刻地理解土-结构相互作用的现象。

13.4　考虑土-结构相互作用的分析方法

土-结构相互作用问题极为广泛,但是考虑土-结构相互作用的分析途径却只分为两种主要方法,即子结构分析方法和整体分析方法[1]。

1. 子结构分析方法

在子结构分析方法中,把土体和结构视为两个相互关联的独立体系,并将确定结构体系对地震反应作为主要的求解目标,而将土体作为对结构地震反应有影响的一个体系,称其为子结构。

严格的子结构分析方法将土体视为半空间连续介质,而将结构视为离散的构件集合体,并包含如下三个分析步骤。

(1) 为了考虑运动相互作用确定土-无质量的基础界面上各点的运动。如前所述,由于波的散射在土-无质量的基础界面上各点的运动与自由场地土层中相应点的运动不同,所以,将确定土-无质量基础界面上各点的运动称为散射分析。

(2) 为了考虑惯性相互作用确定土-无质量基础界面上各点的力与变形的关系。如果以复刚度表示力和变形的关系,则在这个关系中考虑了阻尼的影响,特别是辐射阻尼的影响,并将复刚度系数称为阻抗系数。通常,作用于土-无质量基础界面上一点的力不仅与该点的变形有关,还与界面上其他点的变形有关。这样,土-无质量基础界面上各点的力与变形是交联的,它们之间由一个表示土体对界面作用的阻抗或刚度矩阵联结起来。确定土体对界面作用的阻抗或刚度矩阵称为阻抗分析。在直观上,可以把土体对界面的作用以一组相互交联的弹簧表示,由阻抗分析确定出来的阻抗或刚度矩阵表示这组弹簧对界面的作用以及各弹簧之间的关联作用。

(3) 最后一步是进行结构的动力分析。为了考虑惯性相互作用,在结构动力分析中必须将上述一组相互交联的弹簧与土-基础界面连接起来,这组相互交联的弹簧对土-基础界面的定量作用可由阻抗分析求得的阻抗或刚度矩阵确定。同时,为了考虑运动相互作用,必须将由散射分析确定出来的土-基础界面的运动施加于相互交联的弹簧的另一端。在此应注意,散射分析确定出来的土-基础界面的运动不是考虑土-结构相互作用界面的实际运动,考虑土-结构相互作用界面的实际运动还取决于惯性运动。因此,如果将散射分析确定出来的土-基础界面的运动施加于土-结构界面上,则错误地认为界面的实际运动等于散射分析确定出来的土-基础界面的运动。这样,就不能考虑惯性相互作用对土-结构界面运动的影响。按上述,以图 13.8(a)所示的刚性基础的水塔为例,其结构动力分析模型如图 13.8(b)所示。在图 13.18(b)中,将塔罐简化为一个具有两个自由度的刚块,一个自由度为水平运动,以其质心的水平运动 u_1 表示,另一个自由度为转动,以绕其质心的转角 ϕ_1 表示,刚块的质量为 M_1,绕其质心转动的质量惯性矩为 I_1,刚块地面上 A 点的水平位移按式(13.22)确定:

$$u_A = u_1 + h_1 \phi_1 \tag{13.22}$$

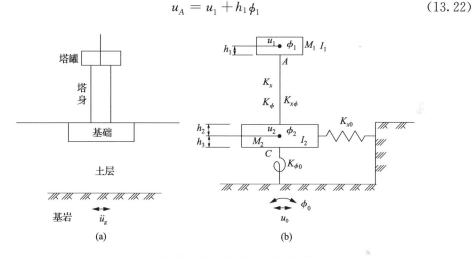

图 13.8　子结构法最后的结构动力分析模型

塔身简化为一个梁构件,以 K_x、K_ϕ 及 $K_{x\phi}$ 分别表示其剪切刚度系数、弯曲刚度系数和剪切弯曲交联刚度系数。水塔的基础也简化为一个具有两个自由度的刚块,其质心的水平运动以 u_2 表示,绕其质心的转动以 ϕ_2 表示,刚块的质量以 M_2 表示,绕其质心转动的质量惯性矩为 I_2,刚块顶面 B 点和底面 C 点的水平位移 u_B 和 u_C 按式(13.23)确定:

$$\begin{cases} u_B = u_2 - h_2 \phi_2 \\ u_C = u_2 + h_2 \phi_2 \end{cases} \tag{13.23}$$

由阻抗分析确定出来的地基土体水平运动的刚度系数、绕转动刚度系数分别为 K_{x0} 和 $K_{\phi 0}$,并且假定忽略水平运动和转动的交联,令其刚度系数 $K_{x\phi,0} = 0$。由散射分析得到的土体和刚性基础界面的水平位移和转动分别为 u_0、ϕ_0。与刚度系数 K_{x0} 和 $K_{\phi 0}$ 相应的弹簧,其一端与刚性基础界面相连接,另一端与按 u_0、ϕ_0 运动的刚体相连接。

从图 13.18(b)所示的结构动力分析模型可见,该模型共有 4 个自由度,相应的运动分别为 u_1、ϕ_1、u_2、ϕ_2。同时,由所示的分析模型可建立四个求解方程,即第一个刚块的水平向运动动力平衡方程和绕其质心转动的动力平衡方程:

$$\begin{cases} \sum X_1 = 0 \\ \sum M_1 = 0 \end{cases} \tag{13.24}$$

以及第二个刚块的水平向运动动力平衡方程和绕其质心转动的动力平衡方程：

$$\begin{cases} \sum X_2 = 0 \\ \sum M_2 = 0 \end{cases} \tag{13.25}$$

式中，X_1、M_1 和 X_2、M_2 分别为作用于第一个刚块和第二个刚块上的水平力和绕其质心的力矩。不难看出，由散射分析求得的界面点的运动（即图 13.8(b)中的 u_0、ϕ_0）作为输入运动，其作用包括在式(13.25)中。

综上所述，子结构求解土-结构相互作用流程如图 13.9 所示。从图 13.9 可见，散射分析和阻抗分析是子结构法的两个关键步骤。无论散射分析还是阻抗分析，其结果均与建筑物的基础形式有关。

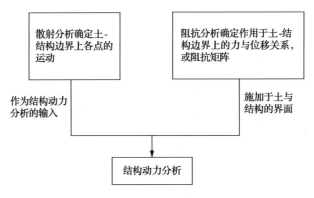

图 13.9　土-结构相互作用子结构法

通常，建筑物的基础可分为刚性基础和柔性基础。下面，按这两种情况进一步讨论。

(1) 在刚性基础情况下，散射分析所要确定的结果为无质量刚性基础底面的平移、转动及扭转。在平面情况下，如图 13.10 所示，则为刚性基础底面中心点的竖向位移、水平位移和绕中心点的转动。相应地，阻抗分析所要确定的结果为描述土体作用于刚性基础底面上的力、转动力矩、扭转力矩与其平移、转动及扭转之间关系的。设土体作用于刚性

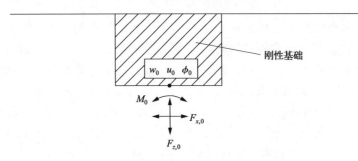

图 13.10　刚性基础情况下散射分析和阻抗分析

基础底面中心点上的竖向力 $F_{z,0}$、水平力 $F_{x,0}$ 力矩 M_0 与其竖向位移 w_0、水平位移 u_0 和绕中心点转动 ϕ_0 之间关系可写成如下形式:

$$\begin{Bmatrix} F_{z,0} \\ F_{x,0} \\ M_0 \end{Bmatrix} = \begin{bmatrix} K_{11} & 0 & 0 \\ 0 & K_{22} & K_{23} \\ 0 & K_{23} & K_{33} \end{bmatrix} \begin{Bmatrix} w_0 \\ u_0 \\ \phi_0 \end{Bmatrix} \tag{13.26}$$

式(13.26)右端的矩阵即为此种情况下的阻抗矩阵,是一个 3×3 阶的矩阵。

(2) 在柔性基础情况下,以平面问题为例,散射分析所要确定的结果为柔性无质量基础底面上每个结点的竖向位移和两个水平向的位移与作用于该点上的水平力和竖向力的关系。设 k 结点为柔性基础底面的一点,如图 13.11 所示,则 k 点的竖向位移为 $w_{0,k}$,水平位移为 $u_{0,k}$。设作用于 k 结点的竖向力为 $F_{z,0,k}$、水平力为 $F_{x,0,k}$,则描写柔性基础底面上各结点作用力与其位移之间的关系可以写成如下形式:

$$\{F_0\} = [K]_s \{r_0\} \tag{13.27}$$

式中,$\{F_0\}$ 为作用于柔性基础底面上结点力向量,形式如下

$$\{F_0\} = \{F_{z,0,1} \quad F_{x,0,1} \quad \cdots \quad F_{z,0,k} \quad F_{x,0,k} \quad \cdots \quad F_{z,0,n} \quad F_{x,0,n}\}^{\mathrm{T}} \tag{13.28}$$

$\{r_0\}$ 为柔性基础底面上结点位移向量,形式如下:

$$\{r_0\} = \{w_{0,1} \quad u_{0,1} \quad \cdots \quad w_{0,k} \quad u_{0,k} \quad \cdots \quad w_{0,n} \quad u_{0,n}\}^{\mathrm{T}} \tag{13.29}$$

$[K]_s$ 为阻抗矩阵,是一个 $2n \times 2n$ 阶的矩阵,其中 n 为柔性基础底面上的结点数目。

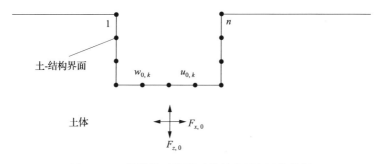

图 13.11　柔性基础情况下散射分析和阻抗分析

在此应指出,将土体视为带契口的半空间无限体,即使假定土为线性弹性介质进行严格的散射分析和阻抗分析通常也是困难的。在实际应用中,散射分析和阻抗分析一般是采用有限元法完成的。这样,子结构法必须进行两次有限元分析。

如果在子结构法中,不考虑散射对输入运动的影响,即不考虑运动相互作用,并将输入运动取为自由场地土层相应点的运动。这样的子结构分析方法称为只考虑惯性相互作用的子结构法。这样,只需进行自由场地土层反应分析。众所周知,进行自由场地土层反应分析是相对容易的。

由于阻抗分析的困难,在实际问题中,表示土体对界面作用的交联弹簧的弹簧系数通常根据试验或经验确定。如果采用这种做法,子结构法就与下面表述的弹簧系数法相同

了。在弹簧系数法中,通常忽略弹簧之间的交联作用,认为土体作用于界面上一点的力只与该点的相应变形有关,而与界面上相邻点的变形无关。

2. 整体分析方法

土-结构相互作用的整体分析方法也称为直接分析方法。与上述分步完成的子结构分析方法不同,仅需进行一次分析就可完成,并同时确定出土体和结构的运动。

1) 分析体系及输入

在地震作用下土-结构相互作用整体分析方法中,将指定的地震运动施加于土层之下的基岩或假想的基岩的顶面上,如图 13.12(b)所示。如果设计地震动是按土层与基岩界面提供的,则可将其直接施加于土层与基岩界面,如果设计地震动是按地面提供的,则应将地面设计地震动按自由场地反演到土层与基岩界面,再将其施加于土层与基岩界面,如图 13.12(a)所示。关于将地面地震动按自由场反演到土层与基岩界面的方法已在第 9 章给出了。

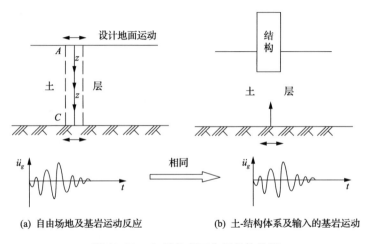

(a) 自由场地及基岩运动反应   (b) 土-结构体系及输入的基岩运动

图 13.12   土-结构相互作用整体分析

如前所述,土-结构相互作用问题可分解为场地反应问题和源问题。在源问题中,动荷载作用于结构。由源问题引起的土体运动主要是由表面波传播的,表面波的影响深度大约为其波长的一半。土-结构相互作用整体分析方法通常采用数值分析方法(如有限元法)完成。数值分析方法通常要从建筑物向两侧截取出有限土体参加分析,这样,参加分析的有限土体两侧是人为的侧向边界。实际上,土体在两侧是无限延伸的,源问题所引起的运动应通过侧向边界向两侧传播出去,但是,截取有限土体形成的人为侧向边界切断了运动向两侧传播的路径。因此,必须对人为的侧向边界做出适当的规定或处理,以减少所设置的侧向边界对分析结果的影响。

(1) 当从基岩只有水平运动输入时,令侧向边界上的点的水平运动是自由的,竖向运动完全受约束;当从基岩只有竖向运动输入时,令侧向边界上的点的竖向运动是自由的,水平向运动完全受约束。这相当于侧向边界之外的土体对侧向边界上的点没有动力作用,即相当于假定由源问题所引起的侧向边界之外土层的各点的运动等于侧向边界上相同高度的点的运动。实际上,由源问题所引起的侧向边界之外土层的各点运动要随远离侧向边界逐渐趋于零。因此,如果采用这种方法处理侧边界,侧向边界应离建筑物要远些,离建筑物边缘的距离应为 2~3 倍以上的土断面深度处。

(2) 采用传递边界,如黏性边界。黏性边界已在第 9 章表述了。当采用黏性边界时,应在侧向边界上施加一组黏性的法向应力和切向应力,如图 13.13(a)所示,或在侧向边界上设置一组水平的和竖向黏性阻尼器,如图 13.13(b)所示。作用于侧向边界单位面积上的黏性法向应力和切向应力按式(13.30)确定:

$$\begin{cases} \sigma_c = C_\sigma(\dot{u} - \dot{u}_f) \\ \tau_c = C_\tau(\dot{w} - \dot{w}_f) \end{cases} \tag{13.30}$$

式中

$$\begin{cases} C_\sigma = \sqrt{\rho V_\mathrm{p}} \\ C_\tau = \sqrt{\rho V_\mathrm{s}} \end{cases} \tag{13.31}$$

$\dot{u}$、$\dot{w}$ 为侧向边界上点的总的运动;$\dot{u}_f$、$\dot{w}_f$ 为与侧边界上高程相同的自由场土层相应点的运动。按式(13.19),$\dot{u} - \dot{u}_f$ 和 $\dot{w} - \dot{w}_f$ 分别为源问题引起的运动速度。按前述,只有这部分运动主要以表面波形式通过侧边界面向外传播出去。因此,在计算作用侧向边界的黏性应力时,必须采用源问题引起的运动速度,而不采用总速度。

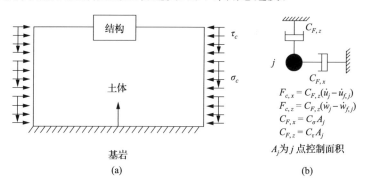

图 13.13 侧向黏性边界

严格地讲,土-结构相互作用体系是一个三维体系。原则上,可以建立一个三维土-结构分析体系进行分析。实际上,由于三维土-结构分析体系很庞大,尽管现在计算机的计算速度和容量已非 1980 年可比,但完成一个三维土-结构相互作用分析仍很费机时。考虑三维影响的一个近似方法如图 13.14 所示。图 13.14 将土-结构相互作用问题简化成一个平面应变问题,取结构在第三个尺度上的宽度作为平面应变的计算宽度。但是要在平面的全部结点上设置水平和竖向阻尼器。这相当于将平面视为一个黏性边界,以模拟源振动问题所引起的运动在第三个方向上的传播。由于在第三个方向上的传播均是剪切运动,所设置的阻尼器和黏性系数 $C_{F,x}$、$C_{F,z}$ 应按如下公式确定:

$$C_{F,x} = C_{F,z} = 2A_j \sqrt{\rho V_\mathrm{s}}$$

式中，A_j 为结点 j 控制的面积；系数 2 表示前后两个面。

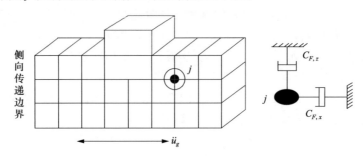

图 13.14　考虑三维影响的近似方法

2）整体分析法的求解方程

整体分析法把土-结构相互作用问题作为一个伪相互作用问题[1]，它的求解方程与源问题的相似。相互作用体系可视为由结构、土体及它们连接部分组成，连接部分可分为刚性基础和柔性基础两种情况。相应地，相互作用整体分析法的求解方程也由三部分组成。

（1）结构部分的动力平衡方程。

如果采用有限元法求解，如图 13.15 所示，结构的结点可分为与基础直接相邻的结点和内结点。内结点的动力平衡方程与通常结构的动力分析方程相同。但与基础直接相邻结点，在建立其动力平衡方程时，除考虑相邻内结点的作用，还要考虑基础的作用，即与其在同一单元的基础上的结点的作用。

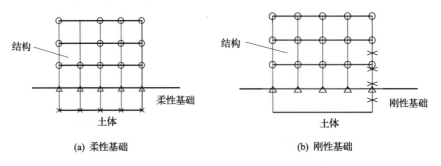

(a) 柔性基础　　　　　　　　　　　　(b) 刚性基础

图 13.15　结构部分的内结点及与基础相邻的结点

（2）土体部分的动力平衡方程。

如果采用有限元法求解，如图 13.16 所示，土体的结点也可分为与基础直接相邻的结点和内结点。内结点的动力平衡方程与通常土体的动力分析方程相同。与上部结构相似，与基础直接相邻的结点，在建立其动力平衡方程时，除考虑相邻内结点的作用，还要考虑基础的作用，即与其处在同一个单元的基础上的结点的作用。对它有作用的基础上的结点通常不止一个，从图 13.16 可见，对它有作用的基础上的结点有三个，例如，与基础相邻的结点 a，与其相邻基础上的结点 b、c、d 对它均有作用。

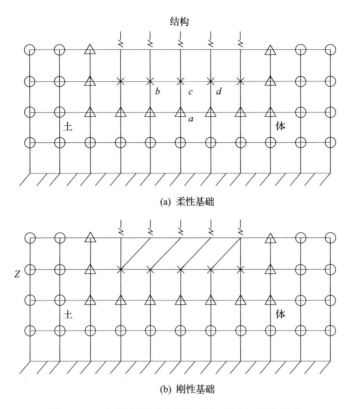

(a) 柔性基础

(b) 刚性基础

图 13.16　土体部分的内结点及与基础相邻的结点

○ 表示土体内结点，△ 表示与基础相邻的结点，× 表示基础面上的结点

（3）连接部分的动力平衡方程。

① 柔性基础情况。

如果采用有限元法分析，以平面问题为例，柔性基础通常简化成杆梁单元的集合体。这样，柔性基础上的结点以杆梁单元相连接，每一个结点有三个自由度：轴向位移、切向位移及转角。相应地，作用于结点上有三个力：轴向力、切向力及弯矩。如图 13.17 所示，在建立柔性基础上一个结点的动力平衡方程时，除要考虑该点自身的作用，还要考虑与其在同一单元上的周围所有结点对它的作用。显然，这些作用是通过与该点相邻的单元发生的。以图 13.17 所示的基础上结点 j 为例，结点 j 自身的作用是通过与其相邻的柔性基础单元①和②、结构单元③、土单元④和⑤发生的；结点 1 对结点 j 的作用是通过结构单元③发生的；结点 2 对结点 j 的作用是通过与其相邻的柔性基础单元①和土单元④发生的；结点 3 对结点 j 的作用是通过柔性基础单元②和土单元⑤发生的；结点 4 对结点 j 的作用是通过土单元④发生的；结点 5 对结点 j 的作用是通过与其相邻的土单元④和土单元⑤发生的；结点 6 对结点 j 的作用是通过土单元⑤发生的。考虑结点运动的惯性力及这些点的作用，可以得到结点 j 的三个动力平衡方程，即竖向、水平向及转动的动力平衡方程。例如，柔性基础有 m 个结点，则可得到 $3 \times m$ 个动力平衡方程。

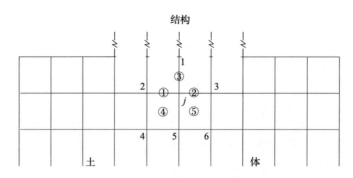

图 13.17　柔性基础上结点所受到的作用

② 刚性基础情况。

如果采用有限元法分析,以平面问题为例,刚性基础有三个自由度,即质心的竖向位移 w_0、水平位移 u_0 及绕质心的转动 ϕ_0。相应地,可建立三个动力平衡方程,即竖向运动平衡方程、水平向运动平衡方程及绕质心转动平衡方程。如此看来,刚性基础情况似乎比柔性基础情况简单,其实并非如此。实际上,像下面将看到的那样,建立刚性基础质心的三个动力平衡方程更为复杂。特别应注意,在刚性基础边界上的结点位移应与刚性基础质心的位移相协调,在建立刚性基础质心的三个动力平衡方程之前,必须建立刚性基础边界上结点位移与刚性基础质心位移的关系。

(a) 刚性基础边界上结点的位移方程。

刚性基础边界上的结点可视为刚性基础的从属结点。在平面问题中,位于刚性基础边界上的结点 j 也有三个自由度,即竖向位移 $w_{0,j}$、水平位移 $u_{0,j}$ 及转角 $\phi_{0,j}$,但是它们必须与刚性基础质心的运动相容。如图 13.18 所示,刚性基础边界上结点 j 满足相容要求的位移分量按式(13.32)确定:

$$\begin{cases} u_{0,j} = u_0 - \phi_0(z_{0,j} - z_0) \\ w_{0,j} = w_0 + \phi_0(x_{0,j} - x_0) \\ \phi_{0,j} = \phi_0 \end{cases} \tag{13.32}$$

式中,u_0、w_0、ϕ_0 分别为刚性基础质心的水平位移、竖向位移及绕质心的转角;x_0、z_0 分别为刚性基础质心的 x 坐标和 z 坐标;$x_{0,j}$、$z_{0,j}$ 分别为刚性基础边界上结点 j 的 x 坐标和 z 坐标。

(b) 刚性基础边界上结点所受的作用。

刚性基础边界上的结点可分为与结构单元相连接的结点和与土单元相连接的结点。刚性边界上的结点与结构单元相连接的情况如图 13.19(a)所示。以图 13.19(a)中的结点 j 为例,它只受该点自身和与其在同一结构单元上的相邻结点的作用,并且结点 j 自身及结点 1 对结点 j 的作用是通过结构单元①作用于结点 j 的。

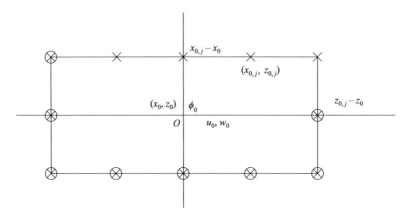

图 13.18　刚性基础边界上结点的运动

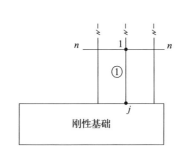

(a) 刚性边界上与结构相连接的结点

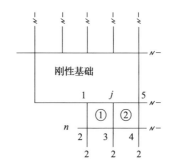

(b) 刚性边界上与土单元相连接的结点

图 13.19　刚性基础边界上结点所受的力

刚性边界上结点是与土单元相连接的情况如图 13.19(b)所示。以图 13.19(b)中的结点 j 为例,它只受该点自身和与其在同一土单元上的相邻结点的作用,并且是通过与其相连的土单元发生作用的。结点 j 自身是通过土单元①和②作用于结点 j 的;结点 1 和结点 2 是通过土单元①作用于结点 j 的;结点 3 是通过土单元①和②作用于结点 j 的,结点 4 和结点 5 是通过土单元②作用于结点 j 的。

根据有限元法可以确定在刚性基础边界上每一个结点所受的竖向力、水平力及弯矩。考虑刚性基础的惯性力及其边界上每一个结点所受的力就可建立刚性基础水平运动、竖向运动及绕质心转动的三个方程。在建立绕刚性基础质心转动方程时,必须计入作用于刚性基础边界结点上的水平力和竖向力相对质心的力矩,如图 13.20 所示。作用于结点 j 上的水平力 $F_{x,0,j}$ 和竖向力 $F_{z,0,j}$ 相对刚性基础质心的力矩可按式(13.33)计算:

$$\begin{cases} M_{x,0,j} = (z_{0,j} - z_0)F_{x,0,j} \\ M_{z,0,j} = (x_{0,j} - x_0)F_{z,0,j} \end{cases} \tag{13.33}$$

式中,$M_{x,0,j}$ 和 $M_{z,0,j}$ 分别为作用于结点 j 上的水平力 $F_{x,0,j}$ 和竖向力 $F_{z,0,j}$ 绕刚性基础质心的力矩。

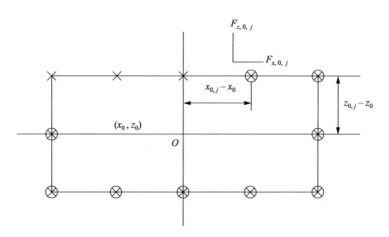

图 13.20　刚性边界上结力绕质心的力矩

3. 子结构分析方法及整体分析方法的综合比较

下面,对两种分析方法进行综合比较。

(1) 子结构分析方法是在叠加原理上建立的,而整体分析法则没有利用叠加原理。

(2) 由于子结构分析法应用了叠加原理,只能进行线性分析,因此,必须假定结构和土的力学性能是线性的或等价线性化的。虽然整体分析法通常也假定结构和土的力学性能是线性的或等价线性化的,但是整体分析方法可以进行非线性分析。

(3) 子结构分析方法通常包括如上所述的三个分析步骤,而整体分析方法只有一个分析步骤。这样,子结构分析法中每一个步骤的分析体系比整体分析法分析体系小。相应地,子结构分析法所要求的计算存储信息量比整体分析法少。现在,由于计算机的发展,计算机存储量并不一定是个问题,子结构分析法的优势相应地降低了。

(4) 在子结构分析法中,分步骤考虑运动相互作用和惯性相互作用,在概念上很清晰,但在分析上却较繁复。在整体分析法中,自然地包括了运动相互作用和惯性相互作用,虽然在概念上不像子结构法那样清晰,但是在分析上却简洁了。

(5) 在子结构分析法中,由阻抗分析得到的阻抗矩阵代替了土体的作用,真实的土体并不包括在分析体系中,因此只能求得结构的运动,而不能求得土体的运动。这样,子结构法只适用于分析土-结构相互作用对结构的影响,而不能分析对土体的影响。在整体分析法中,真实土体包括在分析体系中,因此不仅能求出结构的运动,还能求出土体的运动。这样,当不仅关心土-结构相互作用对结构的影响,还关心土-结构相互作用对土体的影响时,只能采用整体分析方法。土-结构互相作用对土体运动的影响正是岩土工程中的一个问题。因此,在岩土工程领域中,研究土-结构相互作用问题通常采用整体分析方法。

13.5　土-结构相互作用分析中土体的理想化
——弹性半空间无限体

从上述可见,在土-结构相互作用分析中,考虑土体的作用是一个关键问题。下面几节将表述在土-结构相互作用分析中关于土体的理想化的方法。通常,具有代表性的土体理想化方法可概括成三类:①均质弹性半空间无限体理论方法;②弹床系数法;③有限元方法。

本节将表述均质弹性半空间无限体理论方法,其目标为:按刚性基础和柔性基础两种情况确定地基土体的刚度矩阵或等价弹簧体系的弹簧系数。在刚性基础情况下地基土体的刚度矩阵将在第 19 章中表述,本节只表述在柔性基础下地基土体的刚度矩阵的确定。

在此应指出,本节所确定的刚度矩阵是静力刚度矩阵。它是利用静力学均质半空间无限体理论的解答确定的,所得到的刚度矩阵与扰动力的频率无关,只是在计算时采用土的动模量值。

1. 设置在半空间无限体表面上的柔性基础情况

假定柔性基础放置在均质弹性半空间表面上,根据静力学半空间无限体理论,可以确定出在半空间表面上一点施加单位的竖向力和水平力在半空间表面上任意点引起的竖向位移和水平位移。这些公式可从弹性力学教材或有关参考书中找到,由于很繁复,在此不具体给出。

设在半空间表面上 j 点作用一单位竖向力,根据布辛涅斯克解可确定出在 i 点引起的竖向位移 $\delta w_{i,j}^{zz}$、x 方向水平位移 $\delta u_{i,j}^{zx}$、y 方向水平位移 $\delta v_{i,j}^{yz}$。同样,当在半空间表面上 j 点在 x 方向作用一单位水平力时,可确定出在半空间表面上 i 点引起的竖向位移 $\delta w_{i,j}^{zx}$,x 方向水平位移 $\delta u_{i,j}^{xx}$,y 方向水平位移 $\delta v_{i,j}^{yx}$;当在半空间表面上 j 点在 y 方向作用一单位水平力时,可确定出在半空间表面上 i 点引起的竖向位移 $\delta w_{i,j}^{zy}$、x 方向水平位移 $\delta u_{i,j}^{xy}$、y 方向的水平位移 $\delta v_{i,j}^{yy}$。显然,这些位移要满足互等定理。

下面以平面问题为例,表述确定柔性基础下土体的刚度矩阵的方法。假定在半平面的表面上基底面宽度为 B,并将其分成 m 等份,其上共有 $m+1$ 结点,如图 13.21 所示。在基底面 B 上每个结点有两个自由度:竖向位移及水平位移。设在每一个结点上作用一单位竖向力和水平力,在每一结点上将引起竖向位移 Δw 和水平位移 Δu,可将它们按序号排列成一个向量,即

$$\{\Delta\} = \{\Delta w_1 \quad \Delta u_1 \quad \cdots \quad \Delta w_i \quad \Delta u_i \quad \cdots \quad \Delta w_{m+1} \quad \Delta u_{m+1}\}^{\mathrm{T}} \tag{13.34}$$

式中,Δw_i 及 Δu_i 可按式(13.35)确定:

$$\begin{cases} \Delta w_i = \sum_{j=1}^{m+1} (\delta w_{ij}^{zz} + \delta u_{ij}^{zx}) \\ \Delta u_i = \sum_{j=1}^{m+1} (\delta u_{ij}^{xz} + \delta u_{ij}^{xx}) \end{cases} \tag{13.35}$$

δw_{ij}^{zz}、δu_{ij}^{zz} 分别为在 j 点作用单位竖向力时在 i 点引起的竖向位移和水平位移；δw_{ij}^{zx} 和 δu_{ij}^{zx} 分别为在 j 点作用单位水平力时在 i 点引起的竖向位移和水平位移。这样，式(13.35)可写成如下的矩阵形式：

$$\{\Delta\} = [\lambda]\{I\} \tag{13.36}$$

按定义，$[\lambda]$ 称为柔度矩阵，为 $2(m+1) \times 2(m+1)$ 阶，其中第 $2i-1$ 行的元素为 λ_{ij}^{zz} 和 λ_{ij}^{zx}，第 $2i$ 行的元素为 λ_{ij}^{xz} 和 λ_{ij}^{xx}。这样，只要 λ_{ij}^{zz} 和 λ_{ij}^{zx}、λ_{ij}^{xz} 和 λ_{ij}^{xx} 确定，柔度矩阵 $[\lambda]$ 就确定了。

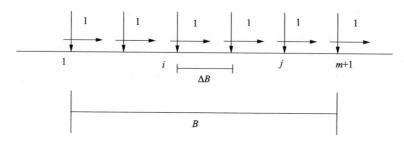

图 13.21　柔性基础底面上的结点及单位作用力

实际上，在 j 点作用的单位力是分布作用于以 j 点为中心、宽度为 ΔB 的子段内。因此，在计算柔度矩阵系数时必须考虑这一点，以保证算得的柔度矩阵系数的精度。以在 j 点作用的单位竖向力为例，如图 13.22 所示，计算柔度矩阵系数的步骤如下。

(1) 将宽度为 ΔB 的子段再分成几段，每段的宽度为 $\dfrac{\Delta B}{n}$。

(2) 将作用于 j 点的单位竖向力分布作用在 ΔB 上，单位宽度上的分布荷载为 $\dfrac{1}{\Delta B}$。

(3) 设 k 点为 ΔB 中第 k 个微段的中心点，将第 k 个微段作用的分布力集中作用在 k 点，其数值为 $\dfrac{1}{n}$。

(4) 在 ΔB 段中的 k 点作用数值为 $\dfrac{1}{n}$ 的竖向集中力，在 i 点所引起的竖向位移为 $\delta w_{i,j,k}^{zz}/n$、水平向位移 $\delta u_{i,j,k}^{zz}/n$。

(5) j 点作用单位力时在 i 引起的竖向位移和水平位移分别是 ΔB 内 n 个微段中心点作用的竖向集中力 $\dfrac{1}{n}$ 在 i 点所引起的竖向位移和水平位移之和。由此得

$$\begin{cases} \lambda_{ij}^{zz} = \dfrac{1}{n}\displaystyle\sum_{k=1}^{n} \delta w_{x,j,k}^{zz} \\[3mm] \lambda_{ij}^{xz} = \dfrac{1}{n}\displaystyle\sum_{k=1}^{n} \delta u_{i,j,k}^{xz} \end{cases} \tag{13.37}$$

同样，可以确定出在 j 点作用单位水平力时在 i 点引起的竖向位移和水平位移：

$$\lambda_{ij}^{zz} = \frac{1}{n}\sum_{k=1}^{n}\delta w_{i,j,k}^{zz} \tag{13.38}$$

$$\lambda_{ij}^{xx} = \frac{1}{n}\sum_{k=1}^{n}\delta u_{i,j,k}^{xx}$$

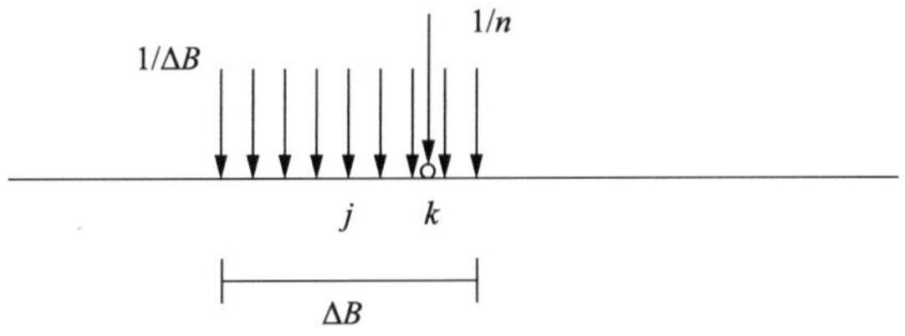

图 13.22　柔度矩阵系数的计算

　　地基土体对柔性基础底面作用的柔度矩阵 $[\lambda]$ 确定后,根据刚度矩阵与柔度矩阵之间的关系,可得地基土体对柔性基础底面作用的刚度矩阵 $[K]$ 如下:

$$[K] = [\lambda]^{-1} \tag{13.39}$$

式中,$[\lambda]^{-1}$ 为柔度矩阵的逆矩阵。

2. 设置在半空间无限体内部的柔性基础情况

　　土与桩的界面是土体中典型的柔性土-结构界面。下面以桩为例来说明这种情况下柔性土-结构界面刚度矩阵的确定方法[2]。设桩长为 L,半径为 r,求周围土体对界面作用的刚度矩阵。设在竖向坐标轴上的一点 $(0,0,z_0)$ 作用一单位水平力,如图 13.23(a) 所示,则在桩-土界面上一点引起的水平位移可由门德林解求得,当泊松比 $\mu = 0.5$ 时

$$\begin{aligned} u(r_0,\theta,z) = \frac{3}{8\pi E}\Bigg(& \frac{1}{[r_0^2+(z-z_0)^2]^{\frac{1}{2}}} + \frac{1}{[r_0^2+(z+z_0)^2]^{\frac{1}{2}}} + \frac{2z_0 z}{[r_0^2+(z+z_0)^2]^{\frac{3}{2}}} \\ & + r_0^2\cos^2\theta\left\{\frac{1}{[r_0^2+(z-z_0)^2]^{\frac{3}{2}}} + \frac{1}{[r_0^2+(z+z_0)^2]^{\frac{3}{2}}} - \frac{6z_0 z}{[r_0^2+(z+z_0)^2]^{\frac{5}{2}}}\right\}\Bigg) \end{aligned} \tag{13.40}$$

式中,$u(r_0,\theta,z)$ 为界面上坐标为 (r_0,θ,z) 点的水平位移;θ 为 OAB 平面与 Oxz 平面的夹角。从式(13.40)可见,深度为 z 的界面上各点的水平位移随 θ 角而变化。下面,将对 $\mathrm{d}y$ 加权平均所得水平位移作为深度为 z 界面上点的水平位移。由图 13.23(b)得

$$\bar{u}(r_0,z) = \frac{1}{r_0}\int_0^{r_0} u(r_0,\theta,z)\mathrm{d}y \tag{13.41}$$

由于

$$\mathrm{d}y = r_0\cos\theta\,\mathrm{d}\theta$$

代入式(13.41),完成积分得

$$\bar{u}(r_0,z) = \frac{3}{8\pi E}\Big[\frac{1}{R_1} + \frac{1}{R_2} + \frac{2z_0z}{R_2^3} + \frac{2}{3}r_0^2\Big(\frac{1}{R_1^3} + \frac{1}{R_2^3} - \frac{2z_0z}{R_2^5}\Big)\Big] \tag{13.42}$$

式中，$\bar{u}(r_0,z)$ 为深度为 z 界面上点的水平位移；R_1 和 R_2 按式(13.43)确定：

$$\begin{cases} R_1 = [r_0^2 + (z-z_0)^2]^{\frac{1}{2}} \\ R_2 = [r_0^2 + (z+z_0)^2]^{\frac{1}{2}} \end{cases} \tag{13.43}$$

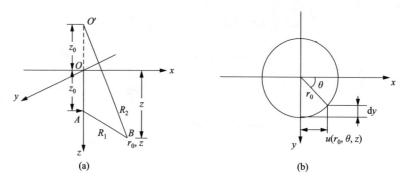

图 13.23　深度为 z 桩-土界面上的水平位移及加权平均水平位移 $\bar{u}(r_0,z)$

　　像求柔性基础情况下地基土体的刚度矩阵那样，首先必须求出柔度矩阵。为此，把桩长 L 分成 m 段，每段长度 $\Delta L = \dfrac{L}{m}$，其上共有 $m+1$ 个结点。为求柔度矩阵，在每个结点作用一个单位水平力，如图 13.24 所示。在这组单位水平力作用下，每个结点发生水平位移 $\Delta\bar{u}_i$，并将其排列成一个列向量 $\{\Delta\}$，则

$$\{\Delta\} = \{\Delta\bar{u}_1 \quad \cdots \quad \Delta\bar{u}_i \quad \cdots \quad \Delta\bar{u}_{m+1}\}^{\mathrm{T}} \tag{13.44}$$

式中，$\Delta\bar{u}_i$ 可按下式计算：

$$\Delta\bar{u}_i = \sum_{j=1}^{m+1}\lambda_{ij}$$

式中，λ_{ij} 为在 j 点作用单位水平力在 i 点引起的水平位移。这样，式(13.44)可写成如下矩阵形式：

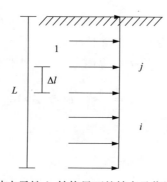

图 13.24　土体中柔性土-结构界面的结点及作用的单位水平力

$$\{\Delta\} = [\lambda]\{I\} \tag{13.45}$$

显然,式(13.45)中的 $[\lambda]$ 为柔度矩阵,为 $(m+1)\times(m+1)$ 阶,其中第 i 行第 j 列的元素为 λ_{ij}。

实际上,作用于 j 点上单元力是分布作用于以 j 点为中心、高度为 Δl 子段上的,其作用强度为 $\frac{1}{\Delta l}$。为了保证确定的 λ_{ij} 的精度,将以 j 点为中心、高度为 Δl 子段再分成 n 个微段,每个微段上作用的力为 $\frac{1}{n}$,并令其集中作用于微段的中心点 k 上,如图 13.25 所示。

令在 k 点作用的集中力 $\frac{1}{n}$ 在 i 点引起的平均水平位移以 $\bar{u}_{i,j,k}$ 表示,由式(13.41)得

$$\begin{cases} \delta\bar{u}_{i,j,k}(r_0,z_i) = \frac{1}{n}\frac{3}{8\pi E}\left[\frac{1}{R_1}+\frac{1}{R_2}+\frac{2z_{0,k}z_i}{R_2^3}+\frac{2}{3}r_0^2\left(\frac{1}{R_1^3}+\frac{1}{R_2^3}-\frac{2z_{0,k}z_0}{R_2^5}\right)\right] \\ R_1 = [r_0^2+(z_i-z_{0,k})^2]^{\frac{1}{2}} \\ R_2 = [r_0^2+(z_i-z_{0,k})^2]^{\frac{1}{2}} \end{cases} \tag{13.46}$$

式中,z_i、$z_{0,k}$ 分别为 i 点及 k 点的 z 坐标。由此,得

$$\lambda_{i,j} = \sum_{k=1}^n \delta\bar{u}_{i,j,k}(r_0,z_i) \tag{13.47}$$

这样,式(13.45)中的柔度矩阵 $[\lambda]$ 可确定出来。根据刚度矩阵 $[K]$ 与柔度矩阵 $[\lambda]$ 的关系,土体中柔性土-结构界面的刚度矩阵 $[K]$ 可由式(13.39)确定出来。

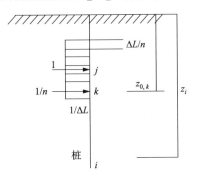

图 13.25　柔度矩阵系数的计算

13.6　土-结构相互作用分析中土体理想化——弹床系数法

弹床系数法是在文克尔假定的基础上建立的。文克尔假定是根据在小变形情况下直观的经验做出的。由于在文克尔假定下建立起来的土体模型的简单性,弹床系数法在许多工程问题中被采用。

文克尔假定如下:土体对土-结构接触面上一点的作用力只与该点的位移成正比;或

者说,作用于土体上一点的力只使该点产生位移,而不能使相邻点产生位移。这样,根据文克尔假定可将土体视为一个相互无交联的弹簧体系。土体对土-结构界面的作用以这个相互无交联的弹簧体系代替。其中每一个弹簧对界面的作用力与弹簧的变形成正比。这个比例系数称为弹床系数。它的力学意义是使土体一点发生单位变形时在该点单位面积上所要施加的力,其量纲为力/长度^3。

显然,土的弹性系数应与如下因素有关。

(1) 土的类型。

(2) 土的物理状态,如砂土的密度、黏性土的含水量等。

(3) 变形的大小。按文克尔假定,力和变形之间是线性关系,弹床系数与变形大小无关。实际上,力和变形之间是非线性的,如图 13.26 所示。当小变形时,弹床系数相当于图 13.26 所示曲线的开始直线段的斜率。当变形增大时,弹床系数相当于曲线上一点割线的斜率,将随变形的增加而减小。

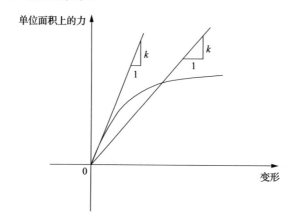

图 13.26　土体一点的单位面积上的力与位移点的关系

(4) 弹床系数与土-结构接触面是在土体表面还是在土体内部有关。图 13.27(a)为接触面位于土体表面的情况;图 13.27(b)为接触面位于土体内部的情况。

(5) 弹床系数与土的位移形式或力的作用方向有关。例如,一点的水平力与水平位移之间的弹床系数与该点竖向力与竖向位移之间的弹床系数是不同的。

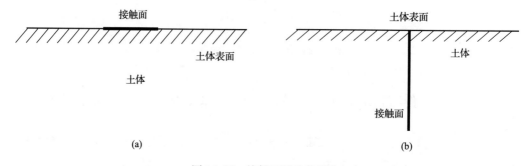

图 13.27　接触面所处的部位

1. 接触面位于土体表面时的弹床系数

1) 弹床系数的类型及定义

根据位移形式,当作用点位于土体表面时,其弹床系数有如下四种类型。

(1) 均匀压缩弹床系数。

均匀压缩弹床系数定义为:当土-结构接触面发生均匀压缩时,单位面积上的土反力与压缩变形之间的比例系数,以 C_u 表示。因此,单位面积上的土反力 p 与均匀压缩变形 w 之间的关系式如下:

$$p = C_u w \tag{13.48}$$

(2) 均匀剪切弹床系数。

均匀剪切弹床系数定义为:当土-结构接触面沿与其平行方向发生均匀位移时,单位面积上的剪力与位移之间的比例系数,以 C_τ 表示。因此,单位面积上的土反力 q 与沿接触面方向的位移 u 之间的关系式如下:

$$q = C_\tau u \tag{13.49}$$

(3) 非均匀压缩弹床系数。

非均匀压缩弹床系数定义为:当由接触面转动而产生压缩变形时,单位面积上的土反力与压缩位移之间的比例系数,以 C_ϕ 表示,如图 13.28 所示。因此,单位面积上的土反力 p_1 与压缩变形 w_1 之间的关系如下:

$$p_1 = C_\phi w_1 \tag{13.50}$$

式中

$$w_1 = \phi x \tag{13.51}$$

其中,ϕ 为转角;x 为一点到转动中心的距离。将其代入式(13.50)得

$$p_1 = C_\phi \phi x \tag{13.52}$$

(4) 非均匀剪切弹床系数。

非均匀剪切弹床系数定义为:当接触面绕其中心扭转沿切向发生水平变形时,单位面积上的土反力与沿切向的位移之间的比例系数,以 C_ψ 表示,如图 13.29 所示。因此,单位面积上土的反力 q_1 与沿切向的位移 u_1 之间的关系如下:

$$q_1 = C_\psi u_1 \tag{13.53}$$

式中

$$u_1 = \psi r \tag{13.54}$$

其中,ψ 为扭转角;r 为一点到扭转中心的距离。将其代入式(13.53)得

$$q_1 = C_\psi \psi r \tag{13.55}$$

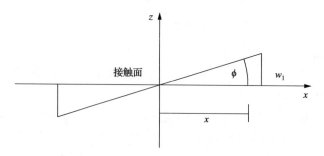

图 13.28　由接触面转动引起的外均匀压缩变形

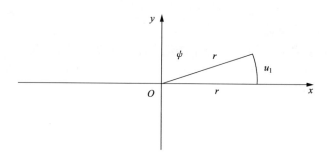

图 13.29　由接触面扭转引起的非均匀剪切变形

2) 弹床系数的确定

从上述可见,确定弹床系数是一个重要的问题。从比拟而言,均匀压缩弹床系数 C_u 类似于土的弹性模量 E,均匀剪切弹床系数 C_τ 类似于剪切模量。因此 Barken[3] 认为,在 C_u 与 C_τ 之间应存在类似 E 与 G 的关系,并建议 C_u 与 C_τ 的关系如下:

$$C_\tau = \frac{1}{2}C_u \tag{13.56}$$

而普拉卡什建议,两者关系如下,并被印度采用[4]:

$$C_\tau = \frac{1}{1.73}C_u \tag{13.57}$$

此外,Barken 建议非均匀压缩弹床系数 C_ϕ 与均匀压缩弹床系数 C_u 的关系如下:

$$C_\phi = 2C_u \tag{13.58}$$

非均匀剪切弹床系数 C_ψ 与均匀压缩弹床系数 C_u 的关系如下:

$$C_\psi = 1.5C_u \tag{13.59}$$

由此可见,均匀压缩弹床系数是最基本的,只要确定出均匀压缩弹床系数就可由上述公式确定出其他弹床系数。

确定均匀压缩弹床系数 C_u 的基本方法是进行压载板试验。Barken 根据静力反复压载板试验结果给出不同类型土的均匀压缩弹床系数 C_u,如表 13.1 所示[3]。除此之外,均匀压缩弹床系数 C_u 还可在有关的设计规范中查得。

表 13.1　均匀压缩弹床系数值

土类	土名	静允许承载力 /(kg/cm³)	弹床系数 C_u /(kg/cm³)
Ⅰ	软弱土,包括处于塑化状态的黏土、含砂的粉质黏土、黏质和粉质砂土,还有Ⅱ、Ⅲ类中含有原生的粉质和泥炭薄层的土	<1.5	<3
Ⅱ	中等强度的土,包括接近塑限的黏土和含砂的粉质土、砂	1.5~3.5	3~5
Ⅲ	硬土,包括处于坚硬状态的黏土、含砂的黏土、砾石、砾砂、黄土和黄土质的土	3.5~5.0	5~10
Ⅳ	岩石	>5.0	>10

此外,根据布辛涅斯克解,均匀压缩弹床系数可按式(13.60)由土的杨氏模量 E 和泊松比 μ 计算:

$$C_u = \frac{1.13E}{(1-\gamma^2)\sqrt{A}} \tag{13.60}$$

式中, A 为接触面面积。式(13.60)表明,弹床系数与接触面的面积有关。按式(13.60),弹床系数与接触面面积 A 的平方根成反比,而试验表明 C_u 与接触面面积 A 的 n 次方根成反比, $n=2\sim5$.

表 13.1 给出的 C_u 值是由压载板面积为 10m^2 的压载试验确定的。如果实际的接触面面积大于 10m^2,则应根据 C_u 与接触面面积 A 的关系予以修正。

3) 刚性基础下的地基刚度

刚性基础有四个自由度,分别为竖向运动 w、水平运动 u、转动 ϕ 及扭转 ψ。相应地,刚性基础下的地基有均匀压缩刚度 K_z、水平变形刚度 K_x、转动刚度 K_ϕ 及扭转刚度 K_ψ。下面表述如何由弹床系数来确定这些地基刚度。

(1) 地基的均匀压缩刚度。

设中心作用于刚性基础上的压力为 P,在其作用下刚性基础发生均匀压缩位移 w,按弹床系数法,作用于刚性基础底面单位面积上的土反力 $p = C_u w$。设刚性基础面积为 A,则总的反力为 $AC_u w$。由竖向力的平衡得

$$P = AC_u w$$

改写得

$$\frac{P}{w} = C_u A$$

根据地基均匀压缩刚度 K_z 的定义得

$$K_z = C_u A \tag{13.61}$$

(2) 地基水平变形刚度。

设作用于刚性基础上的水平力为 Q,在其作用下刚性基础发生水平位移 u。按弹床

系数法,作用于刚性基础底面上单位面积的土反力 $q = C_\tau u$,总的反力为 $AC_\tau u$。由水平向力的平衡得

$$Q = AC_\tau u$$

改写得

$$\frac{Q}{u} = C_\tau A$$

根据地基水平变形刚度 K_x 的定义得

$$K_x = C_\tau A \qquad (13.62)$$

(3)地基转动刚度。

设作用于刚性基础上的转动力矩为 M_ϕ,在其作用下刚性地基发生转动,转角为 ϕ。按弹床系数法,作用于刚性基础底面上的单位面积的土反力 $q_1 = C_\phi x\phi$,其对转动中心的力矩为 $C_\phi x^2 \phi$。根据力矩的平衡得

$$M_\phi = \int_A C_\phi x^2 \phi \mathrm{d}A$$

改写得

$$M_\phi = C_\phi \phi \int_A x^2 \mathrm{d}A$$

令

$$I = \int_A x^2 \mathrm{d}A \qquad (13.63)$$

式中,I 为接触面对转动中心的水平轴的面积矩。由此得

$$M_\phi = C_\phi \phi I$$

改写得

$$\frac{M_\phi}{\phi} = C_\phi I$$

由地基转度刚度的定义得

$$K_\phi = C_\phi I \qquad (13.64)$$

(4)地基扭转刚度。

设刚性地基上作用的扭转力矩为 M_ψ,在其作用下刚性基础发生扭转,扭转角为 ψ。按弹床系数法,作用于刚性基础底面上单位面积的切向反力 $q_1 = C_\psi r\psi$,其对扭转中心轴的力矩为 $C_\psi r^2 \psi$。根据扭转力矩的平衡得

$$M_\psi = \int_A C_\psi r^2 \psi \mathrm{d}A$$

改写得

$$M_\psi = C_\psi \psi \int_A r^2 \mathrm{d}A$$

令

$$J = \int_A r^2 \mathrm{d}A \tag{13.65}$$

式中，J 为接触面对过扭转中心的竖向轴的极面积矩。由此得

$$M_\psi = C_\psi \psi J$$

改写得

$$\frac{M_\psi}{\psi} = C_\psi J$$

由地基扭转刚度的定义得

$$K_\psi = C_\psi \psi \tag{13.66}$$

2. 接触面位于土体内时的弹床系数

如图 13.27(b)所示，接触面可位于土体内。在实际问题中，桩-土接触面是一个最有代表性的例子。在这种情况下，弹床系数定义为当桩的一点的挠度为单位数值时，作用于该点单位桩长上的土反力以 k 表示，其量纲为力/长度^2。由此，作用于单位桩长上土的反力 p 与桩的挠度 y 的关系如下：

$$p = ky \tag{13.67}$$

通常，k 随深度而增加，可表示成如下形式：

$$k = k_\mathrm{h} \left(\frac{z}{L_\mathrm{s}}\right)^n \tag{13.68}$$

式中，L_s 为桩长；z 为一点在地面下的深度；k_h 为 $z = L_\mathrm{s}$ 处的弹床系数；n 为与土类有关的参数，砂性土 n 近似取 1.0，黏性土 n 近似取零。当 n 取 1.0 时

$$k = \frac{k_\mathrm{h}}{L_\mathrm{s}} z = n_\mathrm{h} z \tag{13.69}$$

式(13.69)与通常所谓的 M 法相似。

弹床系数随深度增加的主要原因是土的模量随上覆压力的增加而增加。另外，桩的挠度随深度的增加而减小，相应的割线弹床系数将增加，如图 13.26 所示。

确定弹床系数的数值的基本方法是进行荷载试验。表 13.2 为基于试验结果给出的经验数值。

表 13.2　k 或 n_h 的数值

土类	k 或 n_h 的数值
颗粒状土	$n_h = 1.5 \sim 100 (\mathrm{lb/ft^3})$，并随相对密度按比例变化
正常固结的有机质黏土	$n_h = 0.4 \sim 3.0 (\mathrm{lb/ft^3})$
泥炭土	$n_h = 0.2 (\mathrm{lb/ft^3})$
黏性土	k 大约为 $67 C_u$（C_u 为土的不排水剪切强度）

应指出，上述关于桩-土界面弹床系数的定义没有考虑桩径的影响。实际上，当桩径不同时，作用于单位桩长的土反力 p 应是不同的。现在普遍采用的 M 法则考虑了桩径的影响，将弹床系数定义为桩的挠度为单位数值时作用于桩-土界面单位面积上的土反力，其量纲为力/长度³。在 M 法中，作用于单位桩-土接触面上的土反力 p 与桩的挠度 y 的关系如下：

$$\begin{cases} p = ky \\ k = Mz \end{cases} \qquad (13.70)$$

显然，作用于单位桩长上的土反力 p_d 应按式(13.71)确定：

$$p_d = kdy \qquad (13.71)$$

式中，d 为桩径。因此，式(13.71)中的 p_d 应与式(13.67)中的 p 相对应。

13.7　土-结构相互作用分析中土体理想化——有限元法

从前述可见，将土体简化成弹性半空间无限体和独立的弹簧体系进行土-结构相互作用分析，由于实际的土体没有包括在分析体系中，因此不能求得实际土体的动力反应。震害调查资料表明，建筑物的破坏常常是由与其相邻的软弱土体在动荷作用下失稳或产生较大变形引起的。在这种情况下，考虑相互作用的影响确定实际土体的动力反应是十分必要的，并且通常采用有限元法。有限元法是将土体简化成有限单元集合体，该法具有如下优点。

(1) 在分析中实际土体包括在分析体系中，可用于如下目的：①进行散射分析，确定土-结构界面的运动；②进行阻抗分析，确定土体对界面作用的阻抗矩阵；③考虑土-结构相互作用影响，采用整体分析方法确定土体的动力反应。

(2) 可以考虑土体的成层非均匀性。

(3) 可以考虑土的动力非线性性能，虽然现有的分析通常将土视为线弹介质或等效线性化介质。

(4) 便于处理土体的复杂几何边界。

(5) 便于处理分析体系的复杂位移边界条件和力的边界条件。

假定土体为有限元集合体，采用整体法进行土-结构相互作用分析时，也要将结构视为有限元集合。土体部分的单元类型为平面或三维的实体单元，通常采用等参单元。然而，结构特别是上部结构形式多样，结构部分所采用的单元类型要根据具体问题而定。根据结构形式,分析其中每个构件的受力特点可以确定所要采用的结构单元类型。通常采用的结构单元及其适用性如下。

(1) 压杆单元。这种单元有两个结点,每个结点有一个自由度,即沿杆轴向的位移,其受力特点是轴向受压。通常,将中心受力的柱子或桁架中的铰接杆件简化成压杆单元。

(2) 梁单元。这种单元有两个结点,在单向受弯的情况下每个结点有三个自由度,即轴向位移、切向位移及转角;在双向受弯的情况下有五个自由度,即轴向位移、两个切向位移及转角。这种单元的受力特性是受压及弯曲。通常,将梁构件简化成梁单元。

(3) 板单元。这种单元有多个结点。每个结点有四个自由度,即切向位移、两个转角和两个扭转角,这种单元的受力特点是剪切、弯曲及扭转。通常,将板简化成板单元集合体。

(4) 刚块单元。这种单元有六个自由度。通常,以其质心的三个平动、绕通过质心的两个轴的转动和通过质心另一个轴向扭转来表示。当结构构件的刚度特别大时,如刚性底板和楼板、桩承台、箱型基础等,均可简化成刚块单元。

某些情况,可能需要其他类型的单元来简化结构构件。在此不逐一列举。

土体和结构理想成有限元集合体之后,则要建立有限元集合体系的求解方程。在建立有限元集合体系的求解方程时,必须首先确定体系的自由度数目,然后建立与自由度数目相同的方程。显然,每个实际问题的有限元集合体系不同,相应的自由度数目和求解方程的数目不同。下面,以两个例子来说明,如何确定有限元集合体系的自由度数目及建立相应数目的求解方程。

1. 例 1

如图 13.30 所示,上部结构是一个框架体系,将其简化成由梁单元相连接的刚块体系。其中,以梁单元模拟框架的柱子,在地震时承受弯曲和剪切作用,以刚块单元模拟现浇的楼板及框架的横梁。设基础为箱形基础,以刚块单元来模拟。土体在水平面方向的宽度取基础在该方向的宽度,以 B 表示。在平面内地基土体划分成等参四边形单元。土体两侧边离基础足够远。为了叙述简单,在土体两侧边及出平面方向的两侧面上均不设置黏性边界。另外,假定地震运动是由基岩顶面向上传播到地基土体的。

1) 单元类型及数目的确定

按上述,共分如下三种单元。

(1) 刚块单元。刚块单元可分如下两种类型。

① 模拟现浇楼板的刚块单元,设为 n 个,其质点的坐标为 $x_{0,k}$、$y_{0,k}$,质量为 M_k,对其质心的转动惯量为 I_k。

② 模拟基础的刚块单元,数目为 1 个,其质点的坐标为 $x_{0,f}$、$y_{0,f}$,质量为 M_f,对其质心的转动惯量为 I_f。

(2) 梁单元。连接刚块,其数目为 n 个。

(3) 四边形等参单元。模拟土体,它可分为如下两种类型。

① 与模拟基础的刚块单元相接的单元。这些单元的结点与基础刚块单元直接发生作用,设为 m_1 个。

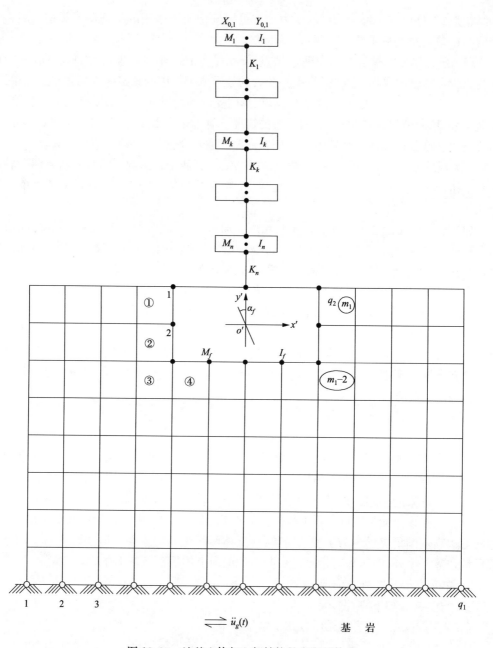

图 13.30　地基土体与上部结构的有限元体系

② 不与模拟基础的刚块单元相接的单元。这些单元的结点不与基础刚块单元直接发生作用,设为 m_2 个。

这样,模拟土体的四边形等参单元的数目 $m = m_1 + m_2$。

2) 结点类型及数目的确定

结点分为如下四类。

(1) 固定结点。其相对位移为零,这些结点位于基岩顶面上,共有 q_1 个。

（2）位于楼板刚块边界上的梁单元结点。这些结点的运动从属刚块的运动,设共有 $2n$ 个。

（3）位于基础刚块边界上的土单元结点。这些结点的运动从属刚块的运动,设共有 q_2 个。

（4）两侧边界上的结点。这些结点的某个自由度将受约束,设共有 q_3 个。

（5）自由结点。除上述结点外均为自由结点,设共有 q_4 个。

3）自由度数目

自由度的数目取决于结点的数目及结点的自由度个数。

（1）刚块以其质心作为一个结点,每个质心有三个自由度,即两个平动及一个转动。这样,与刚块有关的结点数目为 $n+1$,其自由度数目为 $3(n+1)$。

（2）梁单元结点数目为 $2n$,每个结点自由度数目为 3,即两个平动及一个转动,其自由度数目为 $3 \times 2n$。

（3）位于基础刚块边界上的土结点数目为 q_2,每个结点有两个自由度,即两个方向平动,共有 $2q_2$ 个自由度。

（4）位于两侧边界上的结点及自由结点,数目为 q_3+q_4,每个结点有两个自由度,即两个方向的平动,共有 $2(q_3+q_4)$ 个自由度。应指出,这是将两侧边界上的结点作为自由结点看待,如其某个自由度受约束,再做后处理。

4）求解方程数目及方程组成

（1）图 13.30 所示的土-结构相互作用整体分析体系的求解方程数目应为 $3(n+1)+3 \times 2n+2q_2+2(q_3+q_4)$。

（2）方程式组成。

① $n+1$ 刚块的运动方程,每个刚块的有三个运动方程,即水平向动力平衡方程、竖向动力平衡方程及相对质心转动动力平衡方程。$n+1$ 刚块的运动方程总数为 $3(n+1)$。

② 从属刚块的梁单元结点运动方程,每个结点有三个自由度,即

$$\begin{cases} u = u_{0,k} - \alpha_k(y - y_{0,k}) \\ w = v_{0,k} + \alpha_k(x - x_{0,k}) \\ \alpha = \alpha_k \end{cases} \tag{13.72}$$

式中,u、w 和 α 为梁单元结点水平位移、竖向位移和转角;$u_{0,k}$、$w_{0,k}$、α_k 为所从属刚块质心的水平位移、竖向位移和绕其质心的转角;x、y 为梁单元结点的坐标。由于梁单元结点有 $2n$ 个,则方程式数为 $3 \times 2n$。应指出,梁单元最下面的结点位于基础刚块之上,则其运动方程应将式(13.72)中的 $u_{0,k}$、$w_{0,k}$、α_k、$x_{0,k}$ 及 $y_{0,k}$ 换成 $u_{0,f}$、$w_{0,f}$、α_f、$x_{0,f}$ 及 $y_{0,f}$。

③ 从属基础刚块的土结点的运动方程,每个结点有两个自由度,即

$$\begin{cases} u = u_{0,f} - \alpha_f(y - y_{0,f}) \\ w = w_{0,f} + \alpha_f(x - x_{0,f}) \end{cases} \tag{13.73}$$

由于位于基础刚块上的土单元结点有 q_2 个,则方程的数目为 $2q_2$。

④ 侧边界上的土单元结点和自由的土单元结点共有 q_3+q_4 个。每个结点有两个自

由度,即两个方向的平动。每个结点可建两个动力平衡方程,即水平向动力平衡方程及竖向动力平衡方程,则方程数目为 $2(q_3+q_4)$。

这样,这四部分方程数目之和为 $3(n+1)+3\times 2n+2q_2+2(q_3+q_4)$,正好与待求的未知量的数目相等。

关于刚性块质心的 $3(n+1)$ 个方程可按结构动力法建立,侧向边界上土单元结点及自由的土单元结点的 $2(q_3+q_4)$ 个方程可按有限元法建立。在此,不做进一步表述。

2. 例 2

图 13.31 给出了土体中方形隧洞的衬砌与周围土体的相互作用整体分析的有限元体系。设地震从基岩顶面输入。位于基岩顶面上的土单元结点数目为 q_1,其相对运动为零。图 13.31 所示的体系中,将衬砌视为梁单元集合体,设有 n 个梁单元,相应地有 n 个结点。每个结点有三个自由度,即两个平动及一个转动,共有 $3n$ 个自由度。设与梁单元相连接的土单元数目为 m_1,这些单元的结点与梁单元结点发生相互作用;不与梁单元相连接的土单元数目为 m_2。土单元的总数目为 $m=m_1+m_2$。另外,梁单元与土单元的公共结点数目应为 n。在计算梁单元结点及自由度数目时已计入,在计算土单元结点数目及自由度时不应再计入。设土体两侧边界上的土单元结点数目为 q_2,自由的土单元结点数目为 q_3。每个结点有两个自由度,即两个平动,则这些结点的总自由度数目为 $2(q_2+q_3)$。同样,在这里将土体两侧边界上的土单元结点视为自由结点,如果哪个自由度受约束,再做后处理。这样,在图 13.31 所示的体系中总自由度数目为 $3n+2(q_2+q_3)$。

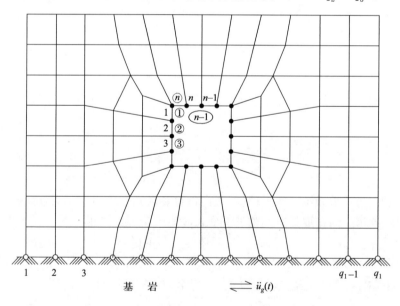

图 13.31 隧洞衬砌与土体相互作用体系

显然,为了求解图 13.31 体系的土-结构相互作用需 $3n+2(q_2+q_3)$ 个方程。这些方程由如下两组方程组成。

（1）梁单元结点的动力平衡方程。每个梁单元结点可建立三个动力平衡方程，即水平向动力平衡方程、竖向动力平衡方程及转动平衡方程。由于有 n 个梁单元结点，这组方程共有 $3n$ 个。

（2）两侧边界土单元结点及自由结点的动力平衡方程。每个土单元结点可建立两个动力平衡方程，即水平向动力平衡方程及竖向动力平衡方程。由于有 $q_2 + q_3$ 个结点，这组方程共有 $2(q_2 + q_3)$ 个。

将两组方程个数相加，正好等于所需要的 $3n + 2(q_2 + q_3)$ 个方程。

在图 13.31 中，将衬砌处理成梁单元有如下的优点。

（1）可直接计算出衬砌向内力，即轴向力、切向力及弯矩。

（2）衬砌-土体体系的网格剖分较为方便，并且单元的尺寸较均匀、数目较小。

将衬砌处理成梁单元的缺点是梁单元与相接的土单元的变形不完全协调。只在两者的公共结点上梁单元与相接的土单元的变形是协调的。在理论上，这是不严密的，会在一定程度上影响计算精度。

为避免上述缺点，可不将衬砌简化成梁单元，而像周围土体那样将其剖分成实体单元。在分析中，由衬砌剖分出的实体单元应采用与土不一样的物理力学参数。这样，虽然严格地满足了衬砌单元与相接的土单元的变形协调要求，但存在如下问题。

（1）衬砌的内力不能直接确定，特别是弯矩，如要确定衬砌的弯矩必须做补充的计算，并要求将衬砌断面分多个层进行剖分。

（2）将衬砌断面分多个层剖分，每个层很薄，相应剖分出的实体单元的尺寸很小。这样，不便于体系的网格剖分，剖分出的单元尺寸不均匀，并且数目也较多。

13.8　地震时单桩与周围土体的相互作用

1. 地震时单桩的受力机制

地震时单桩的受力机制与地震时桩与周围土的相互作用密切相关。前面曾指出土-结构相互作用包括运动相互作用和惯性相互作用两种机制，作为土-结构相互作用的情况之一，地震时桩与周围土的相互作用包括如下三种机制。

（1）由于桩和周围土体的刚度和质量不同，在地震时两者产生调协的运动而发生相互作用。例如，当桩顶自由时，桩-土之间的作用力就属于运动相互作用机制。

（2）通常，桩通过承台与上部结构相连接，地震时上部结构的惯性力通过承台作用于桩顶，并使桩发生变形。周围土体约束桩变形，在桩-土之间发生相互作用。桩-土之间的这种相互作用应属于惯性相互作用机制。

（3）当地震时土体发生永久变形时，土体对桩的推动作用及桩对土体永久变形的约束作用，并使桩承受附加的内力。这种桩-土相互作用将在第 17 章进一步表述。

在常规的抗震设计中，通常只考虑上述第二种桩的受力机制，即惯性相互作用机制。在桩的抗震计算时，把地震时上部结构运动产生的剪力和弯矩作为静力施加于桩顶，然后作为一个静力问题进行桩-土体系分析。在分析时假定远离桩轴的土体是不动的，桩的侧

向变形 u 即为桩相对土体的变形。假如采用弹床系数法进行分析,令 k 为弹性系数,则土对桩单位侧面积的作用力 p 如下:

$$p = ku \tag{13.74}$$

式中, u 是将上部结构惯性力产生的剪力和弯矩视为静力并作用于桩顶而产生的桩的侧向变形。显然,在桩的常规抗震设计分析中没有考虑由上述第一种机制而产生的桩-土之间的作用力。

2. 动力分析中桩土之间作用力的确定

在动力分析中,不仅桩在运动而且周围土体也在运动,并随对桩轴线的距离增加,土体的运动越来越接近自由场的土体运动。这意味着,如果不存在桩土相互作用,在桩轴线处土的运动与自由场的土体运动相同。在图 13.32 中, OA 表示考虑相互作用时桩的运动位移, OA' 表示自由场土体的运动位移, OA'' 表示基岩的刚体运动位移。由图 13.32 可见,桩土相对位移应为同一点桩与自由场土体的位移差,即 i 点的桩土相对位移应由式(13.75)确定:

$$u_{\mathrm{p,s},i} = u_i - u_{\mathrm{f},i} \tag{13.75}$$

式中, $u_{\mathrm{p,s},i}$ 为第 i 点桩土相对位移; u_i 为考虑桩土相互作用时第 i 点桩的运动位移; $u_{\mathrm{f},i}$ 为自由场时第 i 点土的运动位移。显然,土对桩的作用力取决于桩土的相对位移。如果采用弹床系数法,则土对桩的作用力应按如下公式确定:

$$p_i = k u_{\mathrm{p,s},i}$$

将式(13.75)代入得

$$p_i = k(u_i - u_{\mathrm{f},i}) \tag{13.76}$$

除此之外,地震时桩-土相互作用分析可按前述的土-结构相互作用分析方法进行,不需重复表述。

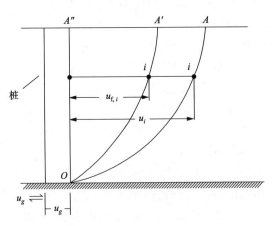

图 13.32 地震时桩土位移差

13.9　土-结构接触面单元及两侧相对变形

1. 接触面相对变形机制

1）接触面及相邻土层的变形和受力特点

前面关于土-结构相互作用分析的表述,均假定在界面两侧土与结构没有发生不连续的变形,即在界面上土的位移与结构的位移相等。在某些情况下,沿界面土与结构可能发生相对变形,如沿界面土与结构发生相对滑动或沿界面法线方向土与结构发生脱离。实际上,由于界面两侧的刚度相差悬殊,在土体一侧与界面相邻的薄层内的应力和应变的分布是很复杂的。一般来说,具有如下特点。

(1) 沿界面的位移在界面法线方向上的变化梯度很大,即在这个薄层内沿界面的剪应变值很大。

(2) 由于沿界面的剪应变值很大,界面内土的力学性能将呈现明显的非线性。

(3) 由于与结构相接触,受结构材料的影响,在薄层内土的物理力学性质(如含水量和密度)与薄层外土显著不同。不幸的是,在薄层内土的物理力学性质很难测定。

(4) 与界面相接触的土薄层的厚度难以界定,甚至缺少确定土薄层厚度的准则。

(5) 接触面的破坏或是表现为接触面两侧土与结构的不连续变形过大,即发生于接触面,或是表现为在土体一侧的薄层发生剪切破坏,即发生在土薄层中。一般来说,当土比较密实时可能呈第一种破坏形式,当土比较软弱时可能呈现第二种破坏形式。

2）接触面两侧相对变形的机制及类型

综上所述,接触面两侧相对变形可归纳为如下三种机制和类型。

(1) 沿接触面土体和结构发生切向滑动变形和法向压缩或脱离变形,这种变形是不连续的。

(2) 在土体一侧与接触面相邻的薄层内发生剪切变形或拉压变形,这种变形在接触面法向的梯度非常大,但仍是连续的。

(3) 由上述两种相对变形组合而成的变形类型。

2. Goodman 单元[5]

按上述,测试和模拟土与结构界面的力学性能是很困难的。现在,被大多数研究人员认同并在实际中得到广泛采用的接触单元为 Goodman 单元。

1）接触面的理想化

按 Goodman 单元,将土与结构的界面视为一条无厚度的裂缝,土与结构沿裂缝可以发生相对滑动。这样,把界面上的一个结点以界面两侧相对的两个结点表示。相对的两个结点可以发生相对滑动和脱离,其相对滑动和脱离的数值与界面的力学性能有关。但是,这两个相对的结点具有相同的坐标,即为相应界面上的结点的坐标。显然,Goodman 单元可以模拟上述第一类相对变形。

2）接触面单元及其刚度矩阵

（1）接触面的剖分。

以平面问题为例，如图 13.33(a)所示，AB 为土与结构的一个接触面。现将其剖分成 n 段，则得到 n 个接触面单元。从其中取出一个单元，如图 13.33(b)所示。

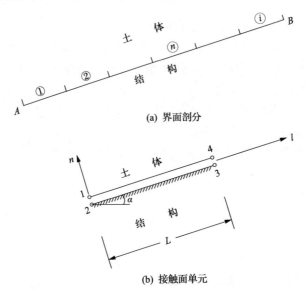

(a) 界面剖分

(b) 接触面单元

图 13.33　接触面剖分及接触面单元局部坐标

（2）接触面单元的位移函数及相对位移。

下面，在接触面单元局部坐标中推导接触面单元的刚度矩阵。如上所述，在平面情况下，接触面单元有四个结点。在土体一侧的两个结点的局部编号为 1、4，在结构一侧的两个结点的局部编号为 2、3。局部坐标 l 方向取沿接触面方向，局部坐标 n 方向取接触面法线方向，局部坐标原点取局部编号为 1 或 2 的点。从 l 到 n 符合右手螺旋法则。设 l 方向与水平线夹角为 α。按前述，1 点与 2 点的坐标相同，3 点与 4 点的坐标相同。

令在局部坐标 l 方向的位移为 u，n 方向的位移为 v，则四个结点在 l 方向和 n 方向的位移分别为 u_1、v_1，u_2、v_2，u_3、v_3，u_4、v_4，并可排列成如下向量：

$$\{r\}_e = \{u_1 \quad v_1 \quad u_2 \quad v_2 \quad u_3 \quad v_3 \quad u_4 \quad v_4\}^T \tag{13.77}$$

设在结构一侧 l 方向的位移函数如下：

$$u = a + bl$$

将结点 2 和结点 3 的局部坐标代入得

$$u_2 = a$$
$$u_3 = a + bL$$

由此得

$$u = u_2 + \frac{u_3 - u_2}{L} l$$

改写后得

$$u = \left(1 - \frac{l}{L}\right)u_2 + \frac{l}{L}u_3 \tag{13.78}$$

同理,可得土体一侧的 l 方向的位移表达式:

$$u = \left(1 - \frac{l}{L}\right)u_1 + \frac{l}{L}u_4 \tag{13.79}$$

由式(13.78)和式(13.79)得在 l 方向土相对结构的位移 Δu 如下:

$$u = \left(1 - \frac{l}{L}\right)u_1 - \left(1 - \frac{l}{L}\right)u_2 - \frac{l}{L}u_3 + \frac{l}{L}u_4$$

同理,可得在 n 方向上土相对结构的位移 v 如下:

$$v = \left(1 - \frac{l}{L}\right)v_1 - \left(1 - \frac{l}{L}\right)v_2 - \frac{l}{L}v_3 + \frac{l}{L}v_4$$

令

$$\begin{cases} N_1 = 1 - \dfrac{l}{L} \\ N_2 = \dfrac{l}{L} \end{cases} \tag{13.80}$$

$$[N] = \begin{bmatrix} N_1 & 0 & -N_1 & 0 & -N_2 & 0 & N_2 & 0 \\ 0 & N_1 & 0 & -N_1 & 0 & -N_2 & 0 & N_2 \end{bmatrix} \tag{13.81}$$

式中, $[N]$ 为相对位移形函数矩阵。

由此得

$$\begin{Bmatrix} \Delta u \\ \Delta v \end{Bmatrix} = [N]\{r\}_e \tag{13.82}$$

(3) 接触面的应力与相对位移关系。

设接触面的应力与相对位移不发生耦联。这样,剪应力 τ 只与沿接触面切向的相对位移 Δu 有关,而与沿接触面法向的相对位移 Δv 无关;正应力 σ 只与沿接触面法向的相对位移 Δv 有关,而与沿接触面切向的相对位移 Δu 无关。因此,接触面上的应力与相对位移的关系可表示为

$$\begin{Bmatrix} \tau \\ \sigma \end{Bmatrix} = \begin{bmatrix} k_\tau & 0 \\ 0 & k_\sigma \end{bmatrix} \begin{Bmatrix} \Delta u \\ \Delta w \end{Bmatrix} \tag{13.83}$$

式中, k_τ 和 k_σ 分别为接触面剪切变形刚度系数和压缩变形刚度系数,下面将进一步表述。

(4) Goodman 单元的刚度矩阵。

如图 13.34 所示, $F_{l,i}$ 和 $F_{n,i}(i = 1 \sim 4)$ 分别表示作用于 Goodman 单元结点上的 l 方向和 n 方向的结点力, u_i 和 $v_i(i = 1 \sim 4)$,分别表示 Goodman 单元结点在 l 方向和 n 方向的位移。将 $F_{l,i}$、$F_{n,i}(i = 1 \sim 4)$ 排列成一个向量,以 $\{F\}$ 表示,则

$$\{F\} = \{F_{l,1} \quad F_{n,1} \quad F_{l,2} \quad F_{n,2} \quad F_{l,3} \quad F_{n,3} \quad F_{l,4} \quad F_{n,4}\}^{\mathrm{T}} \qquad (13.84)$$

利用虚位原理可得

$$\{F\} = [k]_{\mathrm{e}}\{r\}_{\mathrm{e}} \qquad (13.85)$$

$$[k]_{\mathrm{e}} = \int_0^L [N]^{\mathrm{T}} \begin{bmatrix} k_\tau & 0 \\ n & k_n \end{bmatrix} [N] \mathrm{d}l \qquad (13.86)$$

根据单元刚度矩阵定义,式(13.86)定义的 $[k]_{\mathrm{e}}$ 即为在局部坐标 $l\text{-}n$ 下 Goodman 单元的刚度矩阵。

在实际问题中,要建立在总坐标下的求解方程。因此,必须将局部坐标下定义的刚度矩阵转换成总坐标下的刚度矩阵。这只需引进坐标转换矩阵就可完成,不需进一步表述。

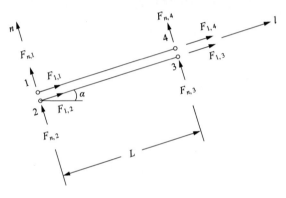

图 13.34　作用于单元上的结点力

(5) 接触面的变形刚度系数。

前面引进了两个接触面变形刚度系数 k_τ 和 k_σ。这两个刚度系数应由试验来确定。下面,分别对 k_τ 和 k_σ 的确定进行简要的表述。

① 变形刚度系数 k_τ 的确定。

测定变形刚度系数 k_τ 的试验分为两种类型,即拉拔试验或沿接触面的直剪试验。但应指出,现在的试验多是在静力下进行的,而确定动力下的变形刚度系数 k_τ 的试验还很少见报道。如果要确定动力下的变形刚度系数 k_τ,必须进行循环拉拔试验或沿接触面的循环直剪试验。

变形刚度系数 k_τ 应根据试验测得的剪应力 τ 与相对变形 Δu 之间的关系线确定。静力试验测得的 $\tau\text{-}\Delta u$ 关系线为如图 13.35 所示的曲线。因此,割线变形刚度系数随相对变形 Δu 的增大而降低。与土的应力-应变关系曲线相似,$\tau\text{-}\Delta u$ 关系线可近似地用双曲线拟合:

$$\tau = \frac{\Delta u}{a + b\Delta u} \qquad (13.87)$$

由图 13.35 得割线变形刚度系数 k_τ 如下:

$$k_\tau = \frac{\tau}{\Delta u} = \frac{1}{a + b\Delta u}$$

进而，可得

$$k_\tau = k_{\tau,\max} \frac{1}{1 + \dfrac{\Delta u}{\Delta u_r}} \tag{13.88}$$

式中，$k_{\tau,\max}$ 为最大刚度系数；Δu_r 为参考相对变形，分别如图 13.35 所示。这两个参数均可由试验确定，不需赘述。

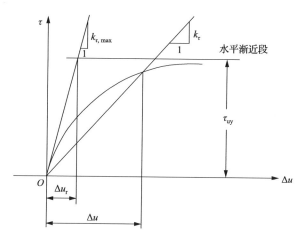

图 13.35　τ-Δu 关系线及 k_τ 的确定

② 变形刚度系数 k_σ 的确定。

前面曾指出，Goodman 单元是一个无厚度的单元，为避免在接触面发生压入现象，要求变形刚度系数 k_σ 取一个很大的数值，通常取比变形刚度系数 k_τ 大一个数量级的数值。

在此，应指出一点，由接触面力学性能试验所测得的相对变形既包括第一类相对变形，也包括第二类相对变形，并且很难将两者定量地区分开来。当采用 Goodman 单元时，试验测得的相对变形均视为第一类相对变形。这样，虽然 Goodman 单元只能模拟第一类相对变形，但在确定接触面力学性能时包括了第二类相对变形的影响。

3）接触面单元在土-结相互作用分析中的应用

下面，以在桩顶竖向动力荷载作用下桩与周围土体的相互作用分析为例，说明接触面单元的应用。设桩断面为圆形，半径为 r，桩体为均质材料，土层为水平成层的均质材料。按上述情况，在桩顶竖向荷载作用下桩与周围土体的动力分析可简化成轴对称问题。假如采用有限元法进行分析，则可将桩和土体剖分成空心圆柱单元。为考虑沿界面桩土可能发生相对变形，在界面设置 Goodman 接触单元。设 r 为径向，z 为竖向，则在 r-z 平面内剖分的网格如图 13.36 所示。

在图 13.36 中，接触面左侧为桩体及其剖分的网格，在接触面右侧为土体及剖分的网格。设接触面从上到下剖分成 N 段，则得到 N 个半径为 r_0 的圆筒形 Goodman 单元，其内侧与桩相连接，外侧与土相连接，如图 13.37 所示。

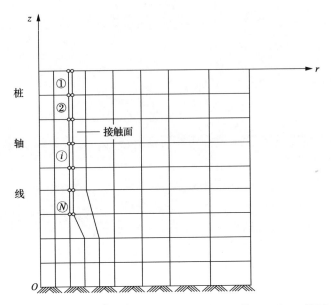

图 13.36　r-z 平面内剖分的网格及接触面上的 Goodman 单元

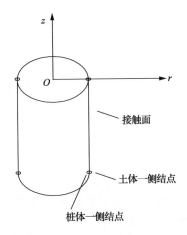

图 13.37　筒形接触面单元

按前述规定,接触面单元的局部坐标 l 取竖直向下, n 坐标取水平向右,则 $\alpha = -90°$,如图 13.38 所示。设在局部坐标 l 方向的位移为 u,局部坐标 n 方向的位移为 v,可推导出相对位移 Δu 和 Δv,其表达式与式(13.82)完全相同。以下的推导与前述相同,但是在利用虚位移原理求接触单元刚度矩阵时,式(13.85)的积分应改为对半径为 r_0 的圆筒面积进行积分,即

$$[k]_e = r_0 \int_0^{2\pi} \int_0^L [N]^T \begin{bmatrix} k_\tau & 0 \\ n & k_n \end{bmatrix} [N] \mathrm{d}l \, \mathrm{d}\theta \qquad (13.89)$$

图 13.38　接触面单元局部坐标

按式(13.89)计算出局部坐标下的刚度矩阵后,再将其转换成总坐标下的刚度矩阵。

当总坐标下的接触面单元刚度矩阵确定后,其余的问题只是在建立求解方程时考虑接触面的影响。具体地说,在建立位于接触面单元上桩一侧结点的动力平衡方程时,除要考虑与其相连接的桩单元结点的作用,同时还要考虑与其相连的接触面单元结点的作用,如图 13.39(a)所示。同样,在建立位于接触面单元上土一侧结点的动力平衡方程时,除要考虑与其相连的土单元作用,还要考虑与其相连接的接触面单元结点的作用,如图 13.39(b)所示。这可在叠加体系总刚度矩阵和阻尼矩阵时完成,细节不需赘述。

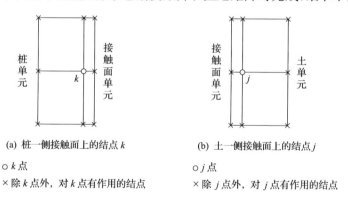

(a) 桩一侧接触面上的结点 k　　　　　　　　(b) 土一侧接触面上的结点 j

○ k 点　　　　　　　　　　　　　　　　　○ j 点

× 除 k 点外, 对 k 点有作用的结点　　　　　× 除 j 点外, 对 j 点有作用的结点

图 13.39　接触面单元上的结点与桩一侧或桩一侧单元结点的作用

3. 薄层单元

薄层单元是由 Desai 等[6]提出的,可以模拟上述第二类相对变形。如果采用薄层单元确定模型接触面的相对变形,必须确定如下两个问题:①在土体中与接触面相邻的薄层的厚度;②测定薄层中土的力学性能。

显然,第一个问题具有很大的不确定性,第二个问题在技术上有很大困难。由于上述原因,相对 Goodman 单元,较少采用薄层单元。因此,在此不做进一步表述。

思 考 题

1. 试述不考虑土-结构相互作用的动力分析方法与考虑土-结构相互作用的动力分析方法的区别。

2. 地震时土体-结构相互作用有哪两种类型？它们的机制是什么？

3. 土-结构相互作用有哪些影响？如何将地震时土-结构相互作用问题分解成场地反应问题和源问题？

4. 试述子结构法的基本概念。采用子结构法分析土-结构相互作用有哪几个步骤？每一步骤所需解决的是什么问题？子结构法的适用条件如何？

5. 试述如何建立土-结构相互作用整体分析法的土-结构体系的分析模型？其求解方程包括哪几部分的方程？整体分析法的优点有哪些？

6. 试述在土-结构相互作用分析中将土体简化成弹簧时弹簧系数的概念。当将地基土体简化成弹簧时有哪几种弹簧系数？采用弹簧系数法如何确定刚性基础的地基刚度？

7. 当土与结构接触面在土体内部时，如采用 M 法，请说明如何确定土对结构作用的弹簧系数。

8. 试说明在土-结构相互作用分析中，将土体视为半空间无限体时如何利用布辛涅斯克解和门德林解确定以结构接触面上的力和位移表示的土体刚度矩阵？将土视为半空间无限体的适用条件如何？

9. 试说明在土-结构相互作用分析中，将土体视为有限元集合体时如何确定土体的刚度矩阵？如果采用子结构法，如何进一步确定土以结构接触面上的力和位移表示的土体刚度矩阵？

10. 地震时单桩与周围土体之间存在哪三种机制不同的相互作用力？在常规桩的抗震分析中只考虑了哪种机制的相互作用？

11. 地震时单桩与周围土体之间的相互作用力与静力时有何不同？在两种情况下确定单桩与周围土体之间的作用力有何不同？

12. 试说明土-结构接触面两侧相对变形的机制和类型？Goodman 单元的建立途径有哪些？

参 考 文 献

[1] Lysmer J. 土动力学的分析方法. 谢君斐, 等译. 北京：地震出版社, 1985.

[2] Penzien J, Scheffey C F, Parmelee R A. Seismic analysis of bridges on long piles. Journal of Engineering Mechanics Division, 1964, 90(3): 223-254.

[3] Barken D D. Dynamics of Bases and Foundations. New York: McGraw-Hill Book Co, 1962.

[4] 普拉卡什 S. 土动力学. 北京：水利电力出版社, 1984.

[5] Goodman R E, Taylor R L. A model for the mechanics of jointed rock. Journal of the Soil Mechanics and Foundations, 1968, 94(3): 637-659.

[6] Desai C S, Zamman M M, Lightner J G, et al. Thin layer element for interfaces and joints. International Journal of Numerical and Analytical Methods in Geomechanics, 1984, 8(1): 19-43.

第 14 章　地震小区划及建筑场地分类中岩土工程问题

14.1　概　　述

1. 地震小区划

地震小区划是地震区划工作之一。我国地域辽阔,全国的地震区划图将全国划分成许多较大的区域,根据其平均的地震地质条件和地震历史,按一定的概率水平给出每个区的地震动参数,如地震烈度、水平向最大加速度、反应谱的特征周期等。但是,由于划分的区域较大,区域内地质构造条件、地形条件、土层条件以及地下水条件等的差异,每个区域内的地震动参数可能还会有较大的不同。在历次地震宏观震害调查中总会发现震害异常区,即在这个区域的震害比周围区域的震害更重或更轻。因此,有必要考虑地震地质条件、地形、土层以及地下水埋深变化在一个指定的区域内做出更详细的地震动参数的分布图。这就是所谓地震动小区划。除此之外,地震小区划还应包括地面破坏小区划。地面破坏是指地震时地面发生的破坏现象,如地面沉陷、地面裂缝、喷砂冒水、滑坡等。以往的地面破坏调查表明,上述这些地面破坏现象均与地形条件、土层条件以及地下水条件有关,其中许多是地下饱和砂层液化的后果。地面破坏小区划是给出一定区域内地面破坏程度的分布图。

2. 建筑场地分类

自 1930 年以来,在世界范围内获得了大量强度记录和相应的加速度反应谱,并在此基础上建立了抗震分析的反应谱理论。统计获得的加速度反应谱发现,加速度反应谱的形状与其测点的土层条件有密切关系。为考虑这一点,各国抗震设计规范均根据土层条件将建筑场地分类,并给出相应的设计加速度反应谱。这样,可以通过场地分类考虑土层条件对输入的地震动特性的影响。关于按土层条件进行场地分类,一个重要的问题是选取什么指标作为表示土层条件的定量指标,如何获得所需要的这些指标,以及如何应用这些定量指标进行场地分类。

3. 与岩土工程有关的问题

根据上述,在地震小区划和场地分类中有许多工作与岩土工程有密切关系,并可概括成如下几个方面。

1) 基本资料工作

地震小区划和场地分类是在必需的资料基础上进行的。下面,把获取这些必需资料的工作称为基本资料工作。关于基本资料工作的重要性只指出如下两点就足以说明。

（1）没有这些基本资料,地震小区划和场地分类则无法进行。

（2）没有翔实的基本资料，地震小区划和场地分类可能给出错误的结果。

基本资料工作通常包括如下两方面。

（1）基本资料的内容。按上述，基本资料主要包括与地形、土层条件、地下水埋藏条件等有关的资料。后面，将对此做出更详细的表述。

（2）如何获取基本资料，以及对获取这些基本资料有哪些基本要求。

关于基本资料工作还应强调如下两点。

（1）除宏观的定性描述，每一项基本资料必须有定量的描述指标。只有定量的指标，才能在地震小区划和场地分类中定量地考虑相应因素的影响。

（2）现场试验获得的定量指标，主要是土的物理力学指标，在地震小区划和场地分类中具有重要作用。现场试验测试定量指标不仅快速、可靠，而且可以获得室内试验无法测定的指标，如饱和砂土的密度等。

显然，获取这些基本资料和手段是勘察和试验。后面，将对所要进行的勘察和试验做进一步的表述。

2）计算分析工作

计算分析工作包括如下两个方面。

（1）在地震小区划和场地分类工作中，与岩土工程有关的计算分析包括哪些内容。

（2）采用什么方法进行所要求的计算分析，对所要进行的计算分析有什么要求。

关于计算分析的内容，可概括为：①地形对地震动影响的分析；②土层条件和地下水位条件对地震动影响的分析；③液化的判别分析；④地震时土坡稳定性分析。

关于计算分析方法，应指出如下两点。

（1）由于场地土的成层不均匀性，计算分析方法通常采用数值分析方法，特别是有限元法。

（2）由于在对工程有影响的地震动作用下，土通常处于中等到大变形阶段，土的动力性能将表现出明显的非线性。因此，在计算分析时必须采取适当的方法考虑土的动力非线性。

关于在地震小区划和场地分类中，与岩土工程有关的计算分析工作，将在后面做进一步的表述。

3）综合评估及其结果

综合评估是地震小区划及场地分类不可缺少的一步。评估的结果是工程设计的重要依据之一。综合评估应以两方面的依据做出：①各项计算分析工作的结果；②以往的工程经验。

在评估时只有把这两方面的依据恰当地结合起来，才能得到可靠的结果或结论。评估的结果应当适应和尽可能地满足工程实际的需要。通常，评估的结果以图表和必要的文字说明形式给出。

（1）以图的形式表示结果。

某些评估指标特别适用于以分布图形式表示，如最大水平加速度分布图、液化区分布图等。

（2）以表的形式表示结果。

在工程上，往往需要按某个定量指标对某一现象及影响进行分类或分等级，如以场地液化指数为定量指标给出液化危害等级表等。

关于以图或表的形式表示评估结果，后面将做具体的表述。对所给出的图表应有必要的文字说明，主要是符号、图例、使用方法和适用条件，以及注意的事项等。

14.2　基本资料工作

如 14.1 节所述，与地震小区划和建筑场地分类有关的基本资料主要是指工作区域的地形、土层条件、地下水埋藏条件等有关的资料，获得这些资料的主要手段是地质调查。地质调查工作又包括现场勘探、原位土性测试和室内土性试验三方面。

1. 现场勘探

现场勘探的目的如下：①查清土层的分布；②查清地下水位分布；③采取足够数量的土样，以供室内试验之用；④与某些原位土性试验相配合。

现场勘探的主要手段是钻孔，必要时可挖一定数量的探坑，钻孔的布置应符合相应的规范要求。

（1）为地震小区划而进行的钻孔，应在工作区内按一定网格布置，钻孔的间隔通常为 1km。

（2）为建筑场地分类而进行的钻孔，通常与工程地质勘察钻孔相结合，应布置在建筑物所在的部位。

此外，钻孔深度应符合如下要求。

（1）为地震小区划而进行的钻孔，当上覆土层厚度大于 30m 时，孔深应为 30m；此外，在工作区还应布置若干钻孔，孔深应达到基岩或剪切波波速为 500m/s 的深度，以确定工作区基岩顶面或相对硬层顶面的位置。

（2）为建筑场地分类而进行的钻孔，孔深应达到 20m。当为工程地质勘察而进行的钻孔深度不足 20m 时，应布置补充钻孔。

钻孔布置之前，一般应广泛地收集工作区内现有钻探资料，以对工作区的地质条件有一个初步了解，在此基础上再布置钻孔。这样，可使钻孔的布置更为合理和有效。

钻孔布置之后，应对钻孔分类，确定哪些钻孔是控制孔，哪些钻孔是技术孔，并分类进行钻孔编号。

控制孔只进行土层划分，应满足如下技术要求：①确定土层界面；②进行土层初步定名；③对每层土进行宏观描述，包括土的颜色、密度、湿度及饱和状态、气味、含有的杂质等；④确定地下水位。

技术孔除进行土层划分，还要采取土试样以供室内土性试验使用。因此，对每个技术孔应做出如下规定：①对哪层土采取样；②采取土样的数量；③采取土样的高程。

2. 原位土性试验

由于原位土性试验所固有的优点,在地震小区划和建筑场地分类中原位土性试验具有重要的作用,是一项不可缺少的现场试验工作。为地震小区划和建筑场地分类而进行的原位土性试验通常包括三种类型:①标准贯入试验;②剪切波波速试验,从简单和经济考虑,剪切波波速通常采用单孔法进行测试;③静力触探试验。

标准贯入试验是最简单的一种原位土性试验,试验结果为土层中指定点的标准贯入击数 N。剪切波波速试验要比标准贯入试验复杂,试验结果为土层中指定点处土的剪切波传播速度 V_s,与标准贯入击数 N 不同,它是一个有明确力学意义的指标。触探试验也是一种复杂的试验,试验结果为土层各点的端阻力和侧阻力。与标准贯入试验和剪切波波速试验不同,它可以沿深度连续获取试验数据,而前两种试验只能在指定深度的点处获取试验数据。像下面将看到的那样,在地震小区划和建筑场分类中前两种原位土性试验指标得到更多的应用。

由于两种试验通常在钻孔中进行,因此进行这两种原位土性试验之前必须确定在哪些孔位或钻孔中进行原位土性试验。进行原位土性试验的孔位或钻孔确定后,要在钻孔中布置测点。在布置测点之前应获取钻孔的土柱状图。根据土柱状图所示的土层布置测点。测点的布置应满足如下要求。

(1) 标准贯入试验的测点应在每个土层的顶面之下 1m 和底面之上 1m 之间均匀布置,其间距视土层厚度和均匀性取为 1~3m。

(2) 剪切波波速试验的测点应在每个土层的顶面和底面之间的范围均匀布置,其间距视土层的厚度和均匀性取为 2~3m,但在土层的界面及地下水位处必须布置测点。

3. 室内土性试验

为地震小区划和场地分类而进行的室内土性试验包括物理性能试验、静力性能试验和动力性能试验。

1) 物理性能试验

(1) 试验目的。

土的物理性能试验有如下三个目的。

① 根据土的物理指标,给土最终定名,如前所述,在钻探时根据宏观状态曾初步给土定名,但这是根据地质员的经验确定的,可能会不准确。因此,必须根据试验所测定的物理指标来确认钻探时土的初步定名。

② 根据土的状态指标确定砂土的紧密状态或黏性土的软硬状态。同样,在钻探时地质员根据其个人的感觉给出了土的状态,同样可能是不准确的,必须根据土的状态指标予以核定。

③ 根据类型及状态确定场地地面下哪些土层是对地震作用敏感的土层,哪些土层是对地震作用不敏感的土层。

(2) 试验的项目。

为地震小区划及建筑场地分类而进行的土的物理性能试验项目至少包括:①比重试

验;②重力密度试验;③ 含水量试验;④ 颗粒组成试验;⑤ 液塑限试验;⑥ 砂土最大和最小孔隙比试验。

2) 静力性能试验

(1) 试验目的。

土的静力试验有两个目的:①根据静力试验的指标评估土的静力性能;②为土体的静力分析提供静力学模型参数。

(2) 试验项目。

为地震小区划和场地分类而进行的静力试验至少应包括如下两项试验。

① 单轴压密试验,确定土的体积压密性能指标。

② 抗剪强度试验,确定土的抗剪强度指标。抗剪强度试验通常以直剪试验为主。由于直剪试验的固有缺点,最好以三轴剪切试验代替,进行固结不排水剪切试验。

3) 动力性能试验

(1) 试验目的。

与静力试验相似,动力性能试验也包括两个目的:①根据动力试验的指标评估土的动力性能;②为土体的动力分析提供动力模型参数。

(2) 试验项目。

为地震小区划和场地分类而进行的动力试验应包括如下试验项目。

① 土的动模量和阻尼试验。土的动模量和阻尼试验应在共振柱试验仪或动三轴试验仪上进行。共振柱试验仪通常能测试剪应变幅值在 $10^{-6} \sim 10^{-4}$ 土的动剪切模量和阻尼比;动三轴仪通常能测定剪应变幅值在 $10^{-5} \sim 10^{-3}$ 土的动弹性模量和阻尼比。如前所述,由于土具有明显的非线性,随剪应变幅值的增大,相应的动模量将降低而阻尼比则增大。这样,土的动模量和阻尼试验结果应给出随剪应变幅值的增加,动模量降低和阻尼比增加的规律。

② 饱和砂土液化试验。由于液化时土处于大变形阶段和流动或破坏状态,饱和砂土的液化试验通常应在动三轴仪上进行。试验通常应在三个固结比和每个固结比下一个侧向固结压力下进行。在指定的固结比和固结压力下,对土试样施加指定大小的轴向动应力,使土试样发生液化,并记录发生液化时轴向动力的作用次数。与疲劳试验相似,所施加轴向动应力越小,引起液化所需要的作用次数就越大。液化试验的基本结果为引起液化所需施加的轴向动应力与作用次数之间的关系。

饱和砂土液化试验结果为判断饱和砂土的液化提供资料。根据前面所述,如果工作区地面是水平的,液化试验只需在一个固结比和一个固结压力下进行。这样,液化试验的数量可大为减小。

③ 如果在工作区内有黏土坡需要评估其地震稳定性,则应进行黏性土动强度试验。试验通常在动三轴仪上进行。如前所述,试验应在三个固结比和三个固结压力下进行。在指定的固结比和固结压力下的试验与饱和砂土液化试验相同。黏性土动强度试验的基本结果也是引起破坏所需要的轴向动应力与作用次数的关系。由于黏性土动强度试验是在三个固结比和三个固结压力下进行的,其试验的工作量大约是饱和砂土液化试验工作量的 3 倍。

4. 基本资料的描述

1) 勘探结果

勘探的结果主要以图件的形式表示,主要的图件如下。

(1) 各钻孔的土柱状图。土柱状图给出土层沿深度的分布,包括孔口标高、土的分层、各层土的名称、地下水位以及必要的宏观描述。如果在孔中做了标准贯入试验,则应给出各试验点的高程及相应的锤击数。

(2) 土层的纵横剖面。土层纵横剖面不仅给出了土层沿深度的分布,还给出了土层沿水平方向的分布。纵剖面图是相邻的钻孔土柱状图在纵向连接起来得到的,并编成序号;横剖面图是将相邻的钻孔土柱状图在横向连接起来得到的,并编成序号。

(3) 地下水位等深线图。地下水位等深线图给出了地下水位在水平向的分布。它是根据各钻孔的地下水位埋深绘制出来的,每条线相应于指定的地下水位埋深。指定的地下水位埋深可由最小的埋深开始,相邻两条地下水位等深线的地下水埋深之差可取 1m。

(4) 饱和砂土层分布图。通常在工作区地面之下可能不仅只存在一层饱和砂土,因此应按从上到下的次序逐层给出饱和砂土的分布图。饱和砂土的分布图应给出等埋深线及等厚度线图。

(5) 软黏性土层分布图。根据我国现行的《建筑抗震设计规范》给出的软黏性土的定义和现场剪切波波速测试结果可确定在工作区是否存在软黏性土层。通常,在工作区可能不仅只存在一层软黏性土层,因此也应按从上到下的次序逐层给出软黏性土层分布图。每层软黏性土层的分布也应包括等埋深线及等厚度图。

(6) 潜埋的河、湖、沟、坑平面分布图及相应的局部剖面图。由于为地震小区划布置的钻孔间距较大,为绘制这两种图在潜埋的河、湖、沟、坑范围内补充一些钻孔进行钻探是必要的。

(7) 基岩的等埋深线图。由于在地震小区划中孔深达到基岩的深孔布置的很少,在一般情况下基岩的等埋深线图通常是做不出来的。但是,可在包括深孔的土层纵横剖面图中把基岩的埋深标出来。

2) 原位土性试验结果

(1) 标准贯入试验结果通常在前述的钻孔土柱状图中给出,在此不需赘述。

(2) 剪切波波速试验结果通常以各测试位置土的剪切波波速随深度变化的直方图给出,如图 14.1 所示。

(3) 静力触探试验结果通常以端阻力随深度的变化曲线,以及侧摩阻力或摩阻比随深度变化曲线给出。由于触探试验可以连续测量,所给出的曲线是连续变化的曲线。

3) 室内试验结果

(1) 物理试验结果。通常按土的层次和名称以表格的形式给出,包括变化范围和平均值。

(2) 静力学试验结果。与物理试验结果相似,也按土的层次和名以表格的形式给出,包括静力指标的变化范围和平均值。

(3) 动力试验结果。按动力试验类型分别给出下列动力试验结果。

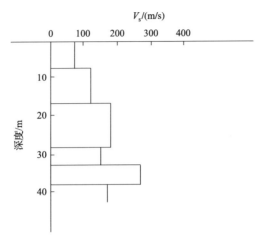

图 14.1　剪切波波速随深度变化的直方图

① 动模量阻尼试验结果,包括如下三方面。

(a) 按土层给出动模量比 E/E_{max}(或 G/G_{max})与剪应力幅值 γ 的关系线,或公式 E(或 G)$= E_{max}$(或 G_{max})$\dfrac{1}{1+\dfrac{\gamma}{\gamma_c}}$ 中的参数 E_{max}(或 G_{max})和 γ_c,这两参数的定义如前。

(b) 按土层给出阻尼比 λ 与剪应变幅值 γ 的关系线,或公式 $\lambda = \lambda_{max}[1 - E/E_{max}$(或 $G/G_{max})]^{n_\lambda}$,其中的参数 λ_{max} 和 n_λ 的定义如前。

(c) 按土层给出公式 E_{max}(或 G_{max})$= k_E$(或 k_G)$P_a\left(\dfrac{\sigma_0}{P_a}\right)^n$ 中的 k_E(或 k_G)、n,这两个参数定义如前。

② 按饱和砂土层给出液化试验结果,包括与三个固结比相应的液化应力比 $\dfrac{\sigma_{a,d}}{2\sigma_3}$ 与作用次数 N_l 的关系线,共三条。

③ 按黏性土层给出动强度试验结果,包括与三个固结比和三个固结压力相应的破坏应力比 $\sigma_{a,a}/2\sigma_3$ 与作用次数 N_f 的关系线,共九条。

14.3　地震小区划中土层的地震反应分析

1. 地震反应分析的目的

地震小区划中土层地震反应分析的目的如下。

(1) 确定土层条件对地面运动的影响。这里所谓的土层条件是指土层的组成及总的覆盖土层的厚度。

(2) 确定地形对地面运动的影响。

(3) 确定潜埋的河、湖、沟、坑对地面运动的影响。

(4) 确定地下水位对地面运动的影响。

这里所谓的对地面运动的影响包括对水平运动最大加速度的影响、对相应的加速度反应谱的影响。其对加速度反应谱的影响是指对规格化的加速度反应谱或标准反应谱的影响。通常,规格化的加速度反应谱形式如图 14.2 所示。从图 14.2 可见,规格化的加速度反应谱可用如下四个量表示。

(1) 最大动力放大系数 $\beta_{\max}$。在我国,$\beta_{\max}$ 通常取 2.25。

(2) 动力放大系数平台的第一个周期,通常取为定值 0.193。

(3) 动力放大系数平台的第二个周期。通常,称为特征周期,以 T_g 表示。这个特征周期受上述四方面的影响最为明显。

(4) 从特征周期开始,动力放大系数开始衰减,通常表示为

$$\beta = \beta_{\max} \left(\frac{T_g}{T} \right)^{\gamma} \tag{14.1}$$

式中,参数 γ 为衰减因数,通常取 1.0～0.9。

由此可见,在上述加速度反应谱的参数中受影响最大的参数为特征周期。因此,特征周期 T_g 是地震小区划或建筑场地分类中所要重点考虑的量。

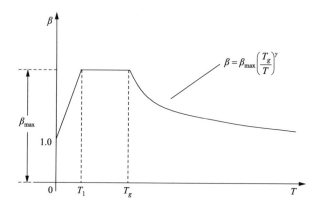

图 14.2　标准反应谱及参数

2. 土体地震反应分析体系

根据上述的地震反应分析目的,为地震小区划而进行土体地震反应分析体系主要可归纳成如下两种。

1) 一维反应分析体系

一维反应分析体系是将水平成层土体简化成为成层的剪切土柱。通常采用一维反应分析研究水平场地土层组成对地面运动的影响。为此,对工作区每个钻孔的土柱进行一维反应分析。

2) 二维反应分析体系

二维反应分析体系是将土体简化成平面应变体系。二维土体地震反应分析通常用来研究如下问题:①地形对地面运动的影响;②土层在水平向分布不均匀的影响。其中,潜埋的河、湖、沟、坑的影响为其一个特例,如图 14.3 所示。

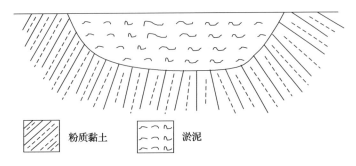

图 14.3　潜埋的河、湖、沟、坑剖面

　　除此之外,当研究凸起的山头或凹下的盆地对地面运动的影响时,必须将其简化成三维体系进行反应分析。由于三维体系的地震反应分析计算量非常大,实际上很少进行。

　　关于土体地震反应分析方法已在第 9 章中表述了,在此不需赘述。

3. 将基岩视为半空间弹性体时地震动的输入

　　在第 9 章讲述的土体地震反应分析方法中,将基岩视为刚体,指定的地震动从基岩顶面向上输入上覆的土体。这是通常采用的地震动输入方法。但是,实际上基岩并不是刚体。如果把基岩视为均质的弹性体更为符合实际情况。这样,如果把地震动视为以波速为 V_s 传播的弹性波从基岩向上输入上覆土体,则更为合理。Joyner 和 Chen[1] 给出了这种地震动输入方法。令 $y(t)$ 为基岩露头的地震运动,并将其作为弹性半空间表面的控制运动,为已知,如图 14.4(a)所示。在这种情况下,由于基岩之上不存在上覆土层,据弹性波传播途径,基岩中的运动 u_b 可由如下表达式给出:

$$u_b(z,t) = 0.5y(t+z/V_s) + 0.5y(t-z/V_s) \tag{14.2}$$

式中,V_s 为基岩的剪切波波速;z 为将基岩顶面为原点向下的坐标。如果基岩顶面存在上覆土层,如图 14.4 所示(b)所示,由于来自上覆土层的反射,在该体系中基岩的运动应按式(14.3)确定:

$$u_a(z,t) = 0.5y(t+z/V_s) + u(t-z/V_s) \tag{14.3}$$

式中,$u(t-z/V_s)$ 为来自上覆土层反射而产生的向下传播的波。令 $u_0(t)$ 表示图 14.4(b)所示的基岩与上覆土层接触处的实际运动,即

$$u_a(0,t) = u_0(t) \tag{14.4}$$

令式(14.3)中 $z=0$,并将式(14.4)代入,则得

$$u_0(t) = 0.5y(t) + u(t)$$

改写得

$$u(t) = u_0(t) - 0.5y(t) \tag{14.5}$$

再将式(14.5)代入式(14.3)得

$$u_{\mathrm{a}}(z,t) = 0.5y(t+z/V_{\mathrm{s}}) - 0.5y(t-z/V_{\mathrm{s}}) + u_0(t-z/V_{\mathrm{s}}) \tag{14.6}$$

另外,基岩的剪应变可由如下公式确定:

$$r_{\mathrm{a}}(z,t) = \frac{\partial u_{\mathrm{a}}(z,t)}{\partial t}$$

将式(14.6)代入,并完成微运算得

$$r_{\mathrm{a}}(z,t) = \frac{1}{2}\frac{\partial y(t+z/V_{\mathrm{s}})}{\partial t}\frac{1}{V_{\mathrm{s}}} + \frac{1}{2}\frac{\partial y(t-z/V_{\mathrm{s}})}{\partial t}\frac{1}{V_{\mathrm{s}}} - \frac{\partial u_0(t-z/V_{\mathrm{s}})}{\partial t}\frac{1}{V_{\mathrm{s}}}$$

在基岩顶面,即 $z=0$ 处,由上式得

$$r_{\mathrm{a}}(0,t) = \frac{1}{2}\frac{\partial y(t)}{\partial t}\frac{1}{V_{\mathrm{s}}} + \frac{1}{2}\frac{\partial y(t)}{\partial t}\frac{1}{V_{\mathrm{s}}} - \frac{\partial u_0(t)}{\partial t}\frac{1}{V_{\mathrm{s}}}$$

上式可简化成如下形式:

$$r_{\mathrm{a}}(0,t) = \frac{1}{V_{\mathrm{s}}}\left(\frac{\partial y(t)}{\partial t} - \frac{\partial u_0(t)}{\partial t}\right) \tag{14.7}$$

由此,可求得在基岩顶面,即 $z=0$ 处的剪应力如下:

$$\tau_0(t) = G \cdot \frac{1}{V_{\mathrm{s}}}\left(\frac{\partial y(t)}{\partial t} - \frac{\partial u_0(t)}{\partial t}\right)$$

由于

$$G = \rho V_{\mathrm{s}}^2$$

则

$$\tau_0(t) = \rho V_{\mathrm{s}}\left(\frac{\partial y(t)}{\partial t} - \frac{\partial u_0(t)}{\partial t}\right) \tag{14.8}$$

式中,$\dfrac{\partial y(t)}{\partial t}$ 为图 14.4(a)所示基岩露头,即弹性半空间表面处控制运动的速度,简写成 $\dot{y}(t)$,为已知量;u_0 为图 14.4(b)所示基岩与上覆土层接触面处的运动速度,简写成 $\dot{u}_0(t)$,为未知待求的量。如令

$$c = \rho V_{\mathrm{s}} \tag{14.9}$$

式中,c 为黏滞系数,则式(14.8)可改写成如下形式:

$$\tau_0(t) = c\dot{y}(t) - c\dot{u}_0(t) \tag{14.10}$$

式(14.10)表明,当将基岩视为弹性体时,基岩对上覆土层的作用相当于在上覆土层底面施加一个动剪应力 $\tau_0(t)$。由于该动剪应力与运动速度成正比,因此可将其视为黏性力。按式(14.10),该动剪应力等于如下两部分动剪应力之差。

（1）与图 14.4(a) 所示的基岩露头控制运动速度 $\dot{y}(t)$ 成正比的动剪应力，

（2）与图 14.4(b) 所示的基岩与上覆土层接触面实际运动速度成正比的动剪应力。

在土层反应分析中，由于 $\dot{y}(t)$ 是已知的，则可将第一部分动剪应力以外力施加于上覆土层的底面，并将其包括在求解方程右端的荷载向量中；但是，由于 $\dot{u}_0(t)$ 是未知的待求量，与其相应的第二部分动剪应力必须作为阻尼力包括在求解方程左端的阻尼矩阵之中。上述的处理方法，可用图 14.4(c) 所示的模型表示。在该模型中图 14.4(b) 中的基岩的作用被施加于上覆土层底面上的动剪应力 $c\dot{y}(t)$ 和 $-c\dot{u}_0(t)$ 所代替。但阻尼力 $c\dot{u}_0(t)$ 与作为外力施加于上覆土层底面上剪应力 $c\dot{y}(t)$ 作用方向相反。

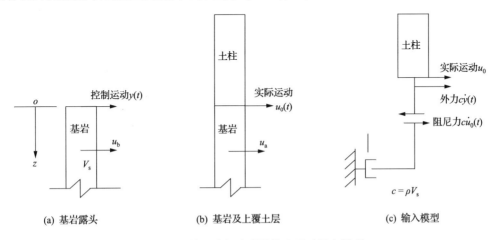

图 14.4　将基岩视为弹性体地震动输入模型

14.4　场地分类及场地类别小区划

1. 场地分类的目的

场地分类的目的如下。

（1）在常规的抗震计算中，通常采用反应谱理论。当按反应谱进行抗震计算时，假定场地是刚性的。但是，事实证明，在不同土层条件的场地所获得的加速度反应谱是不同的。图 14.5 是 Seed 给出的不同土层的加速度反应谱[2]。图 14.6 是在旧金山不同场地上收到的同一次地震的地面加速度峰值及反应谱[2]。因此，设计地震反应谱必须根据场地土层条件即相应的场地类别选取。

（2）震害调查资料表明，场地土层条件对震害的形式和程度有重要的影响。为了使抗震措施更为有效，必须考虑场地土层条件而获取。因此，场地分类的另一个重要目的是按场地类别采取适当的抗震措施。

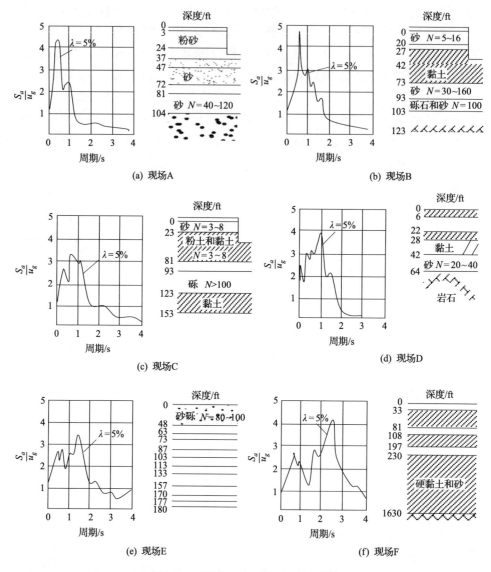

图 14.5　不同土层上的加速度反应谱

2. 建筑场地分类

1）场地类别及相应地震加速度反应谱

由于场地土层条件的多样性，在考虑场地土层影响时只能将土层条件大体相似的场地划分成一类。这是目前通行的场地分类方法。但是，在各国的抗震设计规范中，按土层条件将场地分成几类都不同。在我国现行设计规范中将场地从刚到柔分为四类。实际上，将场地分成几类取决于所占有的实际地震加速度记录的数量。也就是说，所占有的实际地震加速度记录的数量必须能使每类场地的标准加速度反应谱区分出来。

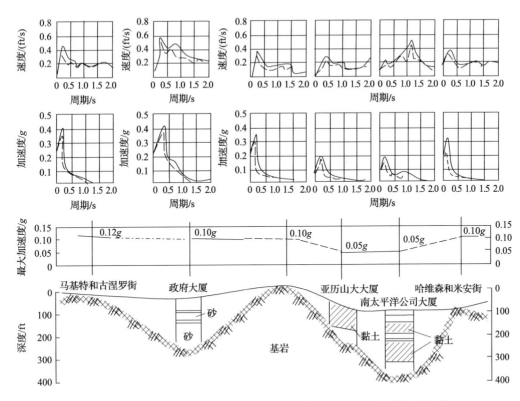

图 14.6　旧金山不同场地收到的同一次地震的地面加速度峰值及反应谱

2）场地分类指标

我国是最早开展场地分类及相应标准反应谱研究,并归纳抗震设计规范的国家之一。最初,按场地土层的名称、状态的描述及静力指标,如承载力等进行场地分类。但是,随着勘探及原位测试技术的进步,所采用的场地分类指标也在不断改进。现在,各国场地分类所采用的指标虽不尽相同,但如下两个指标被普遍采用。

（1）土层的等价剪切波波速 $V_{s,eq}$。

土层等价剪切波波速 $V_{s,eq}$ 的概念可由式（14.11）说明

$$\frac{\sum_i h_i}{V_{s,eq}} = \sum_i \frac{h_i}{V_{s,i}} \tag{14.11}$$

式中, $V_{s,i}$ 和 h_i 分别为第 i 层土的实际剪切波波速和厚度。式（14.11）表示以等价剪切波波速 $V_{s,eq}$ 传播的剪切波通过 $\sum_i h_i$ 所用的时间与以其各层实际剪切波波速 $V_{s,i}$ 传播的剪切波通过各层 h_i 所用的总时间相等。改写式（14.11）得

$$V_{s,eq} = \frac{\sum_i h_i}{\sum_i \frac{h_i}{V_{s,i}}} \tag{14.12}$$

由式(14.12)可见,土层等价剪切波波速的数值与所考虑的土层有关。一般工程钻探深度通常小于 30m,在现行我国抗震规范中通常仅考虑地面下 20m 以内的土层,即 $\sum_i h_i \leqslant 20$m。显然,选择 $\sum_i h_i \leqslant 20$m 的合理性没有得到证明。此外,为了按式(14.12)计算土层等价剪切波波速 $V_{s,eq}$,还必须由原位试验测试地面下 20m 以内各层土的剪切波波速 $V_{s,i}$。但是,并不一定每个工程项目都做原位剪切波波速试验,在这种情况下,可以利用剪切波波速与标准贯入试验击数之间的经验关系由标准贯入试验测试的贯入击数确定相应的剪切波波速。应指出,任何剪切波波速与标准贯入击数之间的经验关系均有很大的离散性,利用这个经验关系确定出来的剪切波波速的精度是不高的。因此,最好由原位剪切波波速试验确定土层的剪切波波速。

由 $G = \rho V_s^2$ 可知,等价剪切波波速 $V_{s,eq}$ 反映了在一定深度,即 $\sum_i h_i$ 内土的软硬程度,$V_{s,eq}$ 越大,则越硬,$V_{s,eq}$ 越小,则越软。也就是说,如果将土作为一个材料,等价剪切波波速表示了地面下一定深度内材料的力学特性。

(2)基岩或相对硬层之上覆盖土层的厚度 H。

在成层的水平场地情况下,通常可以将上覆土层简化成剪切杆进行地震反应分析。由前述可知,剪切杆的动力特性可用它的剪切刚度表示,而其剪切刚度不仅取决于各层土的动剪切模量或剪切波波速,还取决于上覆土层的厚度 H。实际上,上覆土层的厚度 H 越大,上覆土层的剪切刚度越小。当地震动通过上覆土层传到地面时,其加速度记录的低频含量就越多,相应的加速度反应谱的特征周期 T_g 就越大。因此,现在通常都将上覆土层的厚度 H 作为场地分类的另一个重要指标。

3)建筑场地分类方法

建筑场地分类有如下两种方法。

(1)我国现行建筑抗震设计规范方法。

该法将场地按一定深度之内的等价剪切波波速 $V_{s,eq}$ 和上覆土层厚度 H 双指标组合进行场地分类。根据这两个指标的组合将建筑场地分成四类,其具体的分类方法如表 14.1 所示。

表 14.1　各类建筑场地上覆土层厚度

等价剪切波速 $V_{s,eq}$/(m/s)	场地类别			
	I	II	III	IV
>500	0			
$500 \geqslant V_{s,eq} > 250$	<5m	≥5m		
$250 \geqslant V_{s,eq} > 140$	<3m	3~50m	>50m	
<140	<3m	3~15m	15~80m	>80m

应指出,表 14.1 是根据经验和专家的意见提出的,只能大致上符合现有的认识。如果发现与国外场地划分的类别有所不同或某些专家对其提出质疑都是不足为奇的。

(2)按场地指数评定地场。

上述的场地分类有一个明显的缺欠。当一个实际场地处于两类场地的界限附近时,所选用的标准加速度反应谱将有很大的不确定性。鉴于这个问题,文献[3]定义一个连续变化的场地指数,并建立了标准反应谱的参数与场地指数的关系,然后根据场地指数就可确定相应的标准反应谱。场地指数是场地土层等价剪切波波速及上覆土层厚度的函数。该法为我国《构筑物抗震设计规范》(GB 50191—93)所采用,在此不做进一步表述。

3. 场地类别小区划

通常,在下述两种情况下进行场地分类。

(1) 在进行某一个具体建筑物的抗震计算时确定其场地类别。这种情况,在此不拟做进一步表述。

(2) 在对某一个指定区域进行区划时,在该区域内进行场地分类,确定场地类别的分布。这就是场地类别小区划,其结果以场地类别小区划图表示。

场地类别小区划图应按下述工作步骤来绘制。

(1) 对工作区每个钻孔孔位相应的场地,根据其土层条件按上述场地分类的方法确定出相应的场地类别。

(2) 在工作区的平面图上,将每个钻孔孔位及相应的场地类别标出来。

(3) 在工作区的平面图上,将场地类别相同的区域勾画出来,即为场地类别小区划图。

14.5　地震动小区划

如前所述,地震动小区划的目的是考虑地形、土层条件、地下水位以及潜埋的河、湖、沟、坑对地面运动的影响。地震动小区划通常包括地面运动加速度最大峰值的小区划和加速度反应谱参数,特别是特征周期 T_g 的小区划。一个指定区域的地震动小区划所需的基本资料如前所述,其主要手段和依据是土层地震反应分析及结果。

地震动小区划的一个基本假定是指定区域的基岩运动是相同的。指定区域的基岩运动可由地震危险性分析获得。地震危险性分析可以给出该区域的基岩运动加速度时程或该区域平均场地条件下的地面运动加速度时程。如果是后者,则将地面运动加速度时程按平均场地条件反演确定出相应的基岩运动加速度时程。反演的方法按第9章表述的方法进行。

1. 地面运动加速度最大峰值小区划

假如指定区域的基岩运动加速度时程已经确定,地面运动最大峰值加速度的小区划工作步骤如下。

(1) 对工作区内各钻孔孔位所在场地进行一维土层地震反应分析,求出相应的地面运动加速度时程,确定出相应的最大峰值加速度。

(2) 对工作区各典型剖面,包括潜埋的河、湖、沟、坑剖面进行二维土层地震反应分析,求出位于土层剖面的各钻孔孔位所在场地相应的地面运动加速度时程,确定出相应的最大峰值加速度。

(3) 把上述一维土层地震反应分析和二维土层地震反应分析确定出来的各钻孔孔位场

地的地面运动最大峰值加速度标在工作区的平面图中。如果某个钻孔孔位场地既有一维土层地震反应分析结果又有二维地震反应分析结果,则应取二维土层地震反应分析结果。

（4）根据上述标有地面运动最大峰值加速度的工作区平面上的分布,采取插值法可给出最大峰值加速度等值线图,即为地震动峰值加速度小区划图。

2. 标准加速度反应谱特征周期小区划

由上述工作区各钻孔孔位场地土层及土层剖面的地震反应分析求得的各钻孔孔位的地面运动加速度时程,可确定出各孔位的地面运动加速度反应谱。这些反应谱不同于前述抗震规范规定的标准反应谱。因此,必须将这些反应谱转换成标准反应谱。由前述可知,将土层反应分析求得的加速度反应谱转换成标准反应谱,实际上是确定相应标准加速度反应谱的参数。在标准反应谱诸参数中,平台相应的动力放大系数 $\beta_{\max}$、平台开始点的周期 T_1 及平台结束后的衰减因数均变化不大,唯有平台结束点的周期,即特征周期受地形及土层条件的影响最大。由土层地震反应分析求得的地面运动加速度时程曲线确定的加速度反应谱值,在其标准反应谱平台段上下变动,如图 14.7 所示。这样,特征周期 T_g 与平台相应的动力放大系数 $\beta_{\max}$ 是一对相互关联的参数,即指定一个动力放大系数 $\beta_{\max}$ 就有一个相应的特征周期 T_g 值。标准反应谱在平台上的 $\beta_{\max}$ 值是不变的,如取 2.25,则可按如下原则确定相应的特征周期 T_g:

$$T_g = T_1 + \frac{\int_{T_1}^{T_g} \beta \, \mathrm{d}T}{\beta_{\max}} \tag{14.13}$$

由式(14.13)可见,式两端均包括待求的 T_g,因此必须由试算确定出满足式(14.13)的 T_g 值。当然,如果施加一个附加条件,则可由同时确定平台的 $\beta_{\max}$ 值及相应的 T_g 值。一个可以接受的选择是在平台上 β 与 $\beta_{\max}$ 差的平方最小,即

$$\mathrm{Min} \int_{T_1}^{T_g} (\beta - \beta_{\max})^2 \, \mathrm{d}T \tag{14.14}$$

这样,可假定一系列平台放大系数,按式(14.13)确定出相应的 T_g,再计算出相应的平方差,从中选出与最小平方差相应的平台放大系数 $\beta_{\max}$ 及特征周期 T_g。

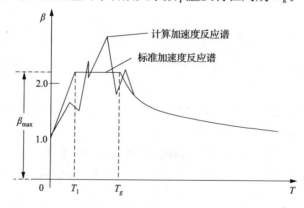

图 14.7　计算加速度反应谱及标准加速度反应谱

这样,按上述方法可确定工作区中每个钻孔孔位场地的标准反应谱的特征周期,并将其标注在工作区的平面图中。然后,采用插值法可绘出特征周期等值线图,即为其特征周期 T_g 的小区划图。

14.6　场地饱和砂土液化危害小区划

大量的地震震害调查表明,饱和砂土液化是地面破坏的主要原因之一。饱和砂土液化可以引起地面发生喷砂冒水、裂缝、沉陷及流滑。因此,评估饱和砂土液化对工作区场地的危害是地震小区划的一项重要内容。评估饱和砂土液化的危害工作应按如下步骤进行。

1. 液化判别确定液化区的分布

液化判别应基于上述的基本资料进行。判别的方法可采用我国现行《建筑抗震设计规范》中规定的方法,或被广泛采用的 Seed 简化法。采用上述方法对工作区中每个钻孔孔位场地进行液化判别,确定出所包含的饱和砂土层是否会发生液化,以及发生液化的部位及范围,并确定出在液化的范围内每一点的液化程度,如图 14.8 所示。如果采用我国现行的《建筑抗震设计规范》中的液化判别方法,每一点的液化程度可以用该点实测的标准贯入击数 N 与临界液化标准贯入击数 N_{cr} 之比表示。比值 N/N_{cr} 越小,其液化程度越高。这样,将工作区中每个钻孔孔位场地液化判别结果标注在工作区的平面图中,则可勾画出液化区的平面分布图。

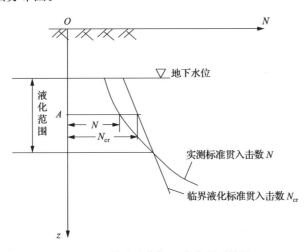

图 14.8　钻孔孔位场地液化判别结果

2. 液化危害性评估

1) 影响液化危害性因素

前面已经指出,发生液化并不一定引起震害。液化所引起的危害取决于如下因素。

(1) 液化区的深度。液化深度越大,其上覆盖的土层越厚,液化对地面的危害越小。

（2）液化区之上覆盖的土层的类型及性质。如果其上覆盖的是密实的黏性土,则液化对地面的危害较小;如果其上覆盖的是软黏土,则液化对地面的危害较大。

（3）液化区的范围。液化的范围越大,则液化对地面的危害越大。

（4）液化区内的液化程度。液化程度越大,即 N/N_{cr} 值越小,则液化对地面的危害越大。

（5）场地地面的坡度。场地地面的坡度越大,液化的危害可能越大。特别应指出,几度的地面倾角就可能引起地面发生流滑。

这样,在评估液化的危害性时,必须综合考虑上述诸因素对液化危害性的影响。

2) 评估液化危害性的指标

为综合地考虑影响液化危害性的因素,必须建立一个能包括上述影响因素的评估指标。刘惠珊引用了日本学者岩崎敏夫提出的场地液化势指数作为评估液化危害性指标,并纳入我国现行的《建筑抗震设计规范》。但是,考虑我国现行的《建筑抗震设计规范》中规定的水平场地的液化判别方法,将场地液化势指标 LI 重新定义如下:

$$\mathrm{LI} = \sum_{i=1}^{n} \Big(1 - \frac{N_i}{N_{cr,i}}\Big) w_i d_i \tag{14.15}$$

式中, n 为液化区范围内判为液化的段数; N_i、$N_{cr,i}$ 分别为每段中点的实测标准贯入击数和临界液化标准贯入击数; d_i 为每段的长度; w_i 为每段的权数,表示液化部位对危害性的影响,离地面越近其权数越大,并按下述规定确定。

（1）若判别深度为 15m,如果该段中点的深度小于 5m, w_i 取 10;如果等于 15m, w_i 取零;如果在 5~15m 按线性内插确定相应的 w_i 值。

（2）若判别深度为 20m,如果该段中点的深度小于 5m, w_i 取 10;如果等于 20m, w_i 取零;如果在 5~20m,按线性内插确定相应的 w_i 值。

从式（14.15）可见,场地势指数可以综合地考虑上述影响液化危害性的因素。场地液化势指数越大,液化的危害性越大,在定性上符合各因素对液化危害性的影响。

（1）场地液化势指数与液化危害性的关系。

上面指出了,由式（14.15）定义的场地液化势指数作为评估液化危害性在定性上的合理性。但是,作为一个定量的评估指标,必须建立场地液化势指数与液化引起的灾害之间的关系。场地液化势指数与液化引起的灾害的关系可由地震现场震害调查资料确定。在确定两者关系时,按地面破坏和地面上建筑的危害,将液化的危害分为轻微、中等、严重三个等级。在表 14.2 中给出了这三个等级相应的地面破坏和地面上建筑的破坏现象。这样,对收集到的每个液化场地确定出相应的危害程度,并按轻微、中等和严重三个等级分成三组。然后,对每一组中的液化场地确定其场地液化势指数,得到每一组场地液化势指数的范围值。我国现行《建筑抗震设计规范》给出的轻微、中等和严重三个液化危害等级的场地液化势指数的范围值如表 14.3 所示。该表主要是根据海城和唐山两次地震的现场震害调查资料确定的。

表 14.2　液化危害性等级及相应的危害情况

液化等级	地面喷砂冒水情况	地面上建筑危害情况
轻微	地面无喷砂冒水或仅在洼地、河边有零星的喷砂冒水现象	危害性小,一般不至引起明显的震害
中等	喷砂冒水可能性大,从轻微到严重均有,多数居中等	危害性较大,可造成不均匀沉降和开裂,有时不均匀沉降可能达到 200mm
严重	一般喷砂冒水都很严重,地面变形明显	危害性大,不均匀沉降可大于 200mm,高重心结构可能产生不容许的倾斜

表 14.3　液化危害性等级及相应的场地液化势指数范围

液化危害性等级	轻微	中等	严重
场地液化势指数	<5	5～15	>15

(2) 液化危害等级小区划。

对工作区中每个被判为液化的钻孔孔位所在场地按式(14.15)计算其场地液化势指数,并标注在工作区的平面图中。然后,根据工作区中场地液化势指数的分布及表 14.2 所示的标准将工作区的液化危害分为轻微、中等和严重三个区,即得到液化危害性等级小区划图。

14.7　斜 坡 场 地

1. 斜坡场地问题

当工作区内存在斜坡场地时,无论是天然斜坡还是人工斜坡,如下两个问题需要评估。

1) 斜坡对地面运动的影响

斜坡对地面运动的影响可视为地形对地面运动影响的一种情况,包括对地面运动最大水平加速度峰值和相应标准反应谱参数的影响。因此,斜坡对地面运动的影响可按前述方法确定,在此不需赘述。

2) 斜坡地震稳定性

斜坡地震稳定性是斜坡场地的一个特殊问题。斜坡地震稳定性是指在地震附加荷载作用下斜坡是否会发生滑动。斜坡在地震荷载作用下滑动可能表现为如下四种机制和形式。

(1) 在地震作用期间的某些时段,由于附加地震荷载作用滑动力大于抗滑力,斜坡的一部分土体相对另一部分土体发生有限数量的滑动变形,并引起滑裂,但没有导致坡体滑落。显然,这种形式的滑动是一个稳定性问题,所引起的有限数量的滑动变形应予以控制,通常将其作为一种变形问题处理,这种由地震作用引起的有限数量的滑动变形可按 12.4 节所述的方法确定。

(2) 在地震作用期间,由于附加地震作用滑动力远大于抗滑动力,致使一部分土体相对于另一部分发生滑落,斜坡丧失了稳定性,即所谓的滑坡。这种形式的滑坡,滑动土体通常沿一个滑动面以块体形式发生滑动。

(3) 斜坡的土体在地震作用下发生了状态变化,如饱和砂土发生液化,由固态转变成液态,丧失了对剪切作用的抵抗,致使液化的斜坡土体发生流滑。显然,这种形式的滑坡,滑动的土体通常沿着一个界面以黏滞流体形式而不是块体形式发生滑动。

(4) 在地震作用停止后,发生滑坡。这种形式的滑坡通常发生在由饱和砂土组成的斜坡中。在地震作用下,饱和砂土孔隙水压力升高且分布不均匀。当地震作用停止后,由于孔隙水压力重分布,致使某一部分土体抗剪强度进一步降低,在静力作用下发生滑坡。虽然这种形式的滑坡是在地震作用停止之后在静力作用下发生的,但仍是地震作用的结果。因此,在此将其作为地震作用下斜坡滑动的机制和形式之一。

关于上述四种斜坡滑动机制及形式,还应指出如下两点。

(1) 如后面第 16 章所述,斜坡滑动的机制及形式与其所组成的土的类型有关。上述第一和第二种机制及形式通常发生于非饱和土,以及饱和的压密黏性土等对地震作用不敏感的土类中;而第三和第四种机制及形式通常发生于松到中密的饱和砂土等对地震作用的敏感的土类中。

(2) 通常只有在较强的地震作用下,如地面运动峰值加速度高于 $0.20g$ 或地震烈度高于 8 度的地区,才会发生第一和第二种机制形式的滑动。这表明,这两种机制及形式的滑动主要原因是地震所产生的附加滑动力的作用。与此形成明显对照;第三和第四种机制及形式可以在很低的地震作用下,如地面峰值加速度大约为 $0.05g$ 或地震烈度为 6 度的地区就会发生。这表明,这两种机制及形式的滑动主要是由于地震作用使斜坡土体发生状态变化,降低及丧失其抗剪强度而引起的。

2. 斜坡地震稳定性评估原则和分析途径

上面表述了地震作用所引起的四种斜坡滑动的机制及形式,在斜坡场地稳定性评估中应对可能发生的某种机制和形式的滑动进行评估。

1) 评估的原则

(1) 前面指出,地震作用所引起的斜坡滑动的机制及形式与斜坡所组成的土的类型有关,因此在评估斜坡的地震稳定性时,应根据斜坡所包含的土类判别可能发生的滑动机制及形式,并对这种滑动机制及形式进行评估。

(2) 前面还曾指出,地震作用所引起的不同的斜坡滑动机制及形式,其滑动的主导因素是不同的。第一和第二种机制及形式的滑动主要是由地震作用所产生的附加滑动力引起的,而第三和第四种机制及形式的滑动主要是由地震作用使土的抗剪强度降低或丧失引起的。因此,不同机制和形式的滑动应采用不同的分析途径来进行评估。

2) 斜坡地震稳定性分析途径及适用性

前面已指出,第一种滑动机制及形式通常作为一个变形问题,基于 Newmark 提出屈服加速度概念按 12.4 节所述的途径进行分析。这里,只表述第二、第三和第四种机制及形式的滑动分析途径。

现在,斜坡地震稳定性分析存在如下两种途径。

（1）拟静力分析。

拟静力分析途径的基本要点如下。

① 假定可能滑动的土体为刚块,沿可能的滑动面滑动。

② 将地震的惯性力作为静力施加于可能滑动的土体上,并在计算滑动力时将其计入。

③ 在计算抗滑力时,适当地选取抗剪强度,其选取方法将在第 16 章进一步表述。

④ 将抗滑力或力矩与滑动力或力矩之比定义为稳定性安全系数,如果计算的安全系数大于允许值,则认为地震时斜坡是稳定的。

拟静力法作为斜坡地震稳定性常规方法,被纳入一些专业抗震设计规范中。根据前述的拟静力法要点可以指出,拟静力法只适用于第二种机制及形式的滑动。另外,由于这种机制及形式的滑动主要发生在对地震作用不敏感的土类中,在地震作用下土的抗剪强度不会发生明显的降低,斜坡的滑动主要是由地震荷载引起的。因此,虽然拟静力法被作为一种常规方法,但是不适用于分析第三种机制及形式的滑动,即流滑。像在第 16 章给出的例证那样,采用拟静力法分析第三种机制和形式的滑动,将给出错误的结果。

关于拟静力分析方法的细节见第 16 章,在此不进一步表述,以免重复。

（2）动力分析。

斜坡地震稳定性动力分析途径是从 1970 年提出,并完善起来的。动力分析途径的要点如下。

① 将斜坡土体视为变形体,假定服从某种动力学模型,进行斜坡土体地震反应分析,确定斜坡土体所受的地震应力及变形水平。

② 从斜坡土体中采取原状土样,进行室内动力试验,测定土动力模型参数、在地震荷载下土的动强度、变形以及孔隙水压力特性。

③ 根据斜坡土体地震反应分析及原状土样的动力试验结果评估斜坡的地震稳定性。

但应指出,动力分析途径的具体操作包括一系列步骤和许多细节,这些将在第 16 章表述,在此不需赘述,以免重复。

动力分析途径可以考虑由于地震作用引起的土体状态的变化,如液化,以及所引起的抗剪强度的降低或丧失。因此,动力分析途径既适用于分析第二种机制及形式的滑动,也适用于分析第三种机制及形式的滑动,即流滑。而且,如果根据斜坡所包括的土类判断可能发生第三种机制及形式的滑动,则只有采用动力分析途径进行分析。另外,动力分析途径可以确定地震作用在斜坡土体中引起的孔隙水压力,进而可分析地震作用停止之后孔隙水压力重分布,因此第四种机制及形式的滑动分析也必须采动力分析途径。

思　考　题

1. 为什么要进行地震小区划? 地震小区划主要包括哪两种小区划?

2. 为什么要进行场地分类? 场地分类的指标是什么?

3. 在地震小区划和场地分类工作中工程勘察的目的是什么? 它们对工程勘察有哪些要求?

4. 什么是地震加速度反应谱? 土层条件对加速度反应谱有何影响? 不同场地类别的标准加速度反应谱是如何定义和确定的?

5. 假定基岩为弹性半空间无限体,如何将基岩运动输入土层底面?

6. 在地面运动小区划中如何考虑土层条件及地形与局部不均匀土层对地面运动的影响? 如何绘制地面运动加速度小区划图?

7. 在地面破坏小区划中如何绘制液化区的分布及液化危害等级图? 场地液化危害等级划分的定量指标是什么?

8. 地震时斜坡的破坏形式有哪几种? 影响斜坡破坏形式的因素有哪些? 地面破坏小区划中如何评估斜坡的地震稳定性?

参 考 文 献

[1] Joyner W B, Chen A T F. Calculation of nonlinear ground response in earthquakes. Bulletin of Seismological Society of America, 1975, 65(5): 1315-1336.

[2] Seed H B, Idriss I M, Dezfulian H. Relationships between soil conditions and building damage in the caracas earthquake of July 29, 1967, Berkeley, 1970.

[3] 刘曾武, 郭玉学. 场地指标的选择与场地评定. 北京: 测绘出版社, 1990.

第15章 地基基础抗震

15.1 概 述

地基基础是建筑物体系的重要组成部分。地震作用不仅可能使地基基础自身发生某种震害,地基基础的震害还会引起或加重上部结构的震害。例如,如果地震作用使地基发生不均匀沉降,则可能引起或加大上部结构的裂缝。因此,地基基础抗震是岩土地震工程的一个重要组成部分。

1. 地基基础的震害及特点

为了在宏观上了解地基基础的抗震性能,在编写《工业与民用建筑抗震设计规范》(TJ 11)时,曾对表 10.3 所示的 1971 年以前我国 6 次大地震中的地基基础震害进行了总结[1]。在这 6 次大地震中确实查明的地基基础震害仅有 43 起,如表 15.1 所示。在此应指出,这 43 起的地基基础形式均为天然地基浅基础,并且是低于三、四层的建筑物。这43 起发生震害的地基基础的地基土层大都属于四种类型:①饱和砂土地基;②软黏土地基;③不均匀地基,不均匀地基是指在平面上存在两部分类型和性质显著不同的土类的地基,如横跨浅埋的河、湖、沟、坑边缘的地基、半挖半埋地基等;④静力已有破坏,地震时破坏有所发展的地基。

这 43 起地基基础震害的主要形式为:①沉降,包括均匀和不均匀沉降;②基础下陷,地基隆起,地基丧失承载能力;③地裂缝;④地基滑动。

应指出,在这些地基震害中,有些是直接观察到的,而有些则是由建筑物的倾斜和裂缝等判断出来的。

应说明,表 15.1 中总的震害数目大于 43,其原因是同一震害可能属于两种情况。例如,一个不均匀地基,其软弱那部分如果是软黏土,则又将其计入软黏土地基。

表 15.1 1971 年以前我国 6 次大地震中的地基基础震害数目

烈度	饱和砂土地基			软黏土地基			不均匀地基			静力已有破坏地震时破坏发展的地基			其他
	轻	中	重	轻	中	重	轻	中	重	轻	中	重	
6	0	0	0	2	1	0	3	1	1	7	1	0	1
7	0	3	3	0	0	0	3	3	4	3	1	0	2
8	0	0	0	1	0	0	0	0	2	0	1	0	0
9	2	1	3	1	0	0	1	0	1	2	0	0	0
总计	2	4	6	4	1	0	7	4	8	12	3	0	3
	12			5			19			15			3

根据上述地基基础震害资料,关于地基基础的抗震性能可得到如下认识。

(1) 与上部结构震害相比,地基基础的震害数目很少。这表明,总体上,地基基础具有较好的抗震性能。

(2) 按地基土层的组成而言,可能发生震害的地基有三种类型:饱和砂土地基、软黏土地基、不均匀地基。这表明,地基基础震害与地基土层条件有密切的关系,发生地基基础震害的地基通常含有对地震作用敏感的土类。

(3) 从表 15.1 可见,对于这三种可能发生震害的地基,当地震作用很低,如地震烈度为 6 度和 7 度时,也会发生严重的震害。因此,从防灾减灾而言,对这三种类型的地基应予以特别的关注。

(4) 一般说,静力下性能不好的地基的抗震性能也差。实际上,静力性能差的地基往往也是这三种类型的地基。正是这一点,对于要处理的地基,应同时考虑静力上和抗震上的要求,采用必要的技术措施。

2. 地基基础震害的机制

地基基础的震害机制及形式与地基的土层条件有关,具体可表述如下。

1) 含饱和砂土的地基

发生震害的饱和砂土地基,在其室内外周围地面都会伴随发生喷水冒砂。这表明,地基中的饱和砂土液化是引起地基基础震害的原因。如前所述,液化会使饱和砂土丧失对剪切作用的抵抗能力,严重者可引起地基丧失稳定性。但是,由于饱和砂土层在地基中的位置和其上覆盖土层的条件不同,含饱和砂土的地基震害共有如下几种形式。

(1) 当地基直接坐落在液化的饱和砂土层上,或者在饱和砂土层之上覆盖的非液化土层较薄时,可能发生基础下陷、地基隆起震害形式。这种形式的震害表明,地基已丧失了稳定性。

(2) 当地基中液化的饱和砂土层之上存在较厚的非液化土层时,液化的饱和砂土被封闭在地基土体之中,其上的非液化土层有一定的调节作用。在这种情况下,可能的震害则表现为发生附加均匀或不均匀沉降,使建筑物发生沉降或倾斜。建筑物发生沉降和倾斜的程度与液化饱和砂土之上覆盖的非液化土层的厚度和状态有关,覆盖的非液化土层越厚,状态越密实,则下沉和倾斜较小。

(3) 轻型的结构,如液储池、船坞等,当直接坐落在液化的饱和土层上时,由于作用其基础底板上的孔隙水压力可使这类轻型结构发生上浮变形。

(4) 当地面倾斜时由于液化的饱和砂土具有流动性,会发生侧向变形,引起侧向扩展或流滑,坐落其上的基础将随之发生大的侧向位移。

但应指出,至今在我国的历次大地震中,还没发现像 1964 年新潟地震那样,由于饱和砂土液化使许多建筑倾覆的现象。这可能是由于在我国地基中的饱和砂土层都是以与黏性土互层存在的,几乎没有像新潟那样深厚的饱和砂土层。

2) 含软黏土的地基

从表 15.1 可见,软黏土地基在地基基础震害中占有一定数量,但是与饱和砂土地基和不均匀地基相比,所占的比例较小而且程度也较轻。由于软黏土中黏土颗粒的电化学胶结作用,相对松和中密的饱和砂具有更稳定的结构,在地震作用下一般不会发生状态的变化而完全丧失对剪切作用的抵抗。但是,室内动力试验表明,软黏土在地震荷载作用下会发生较大的永久变形。这在宏观震害上表现为软黏土地基发生比较大的附加均匀沉降或不均匀沉降,其上建筑物发生沉降和倾斜。表 15.2 中给出的唐山地震时塘沽地区的一些坐落在软黏土地基上的四、五层以下的楼房发生沉降和倾斜的事例就可说明这个问题[2]。

　　软黏土地基的震害与软黏土的状态及所受的地震作用的大小有关。为了在实际工程问题中判别软黏土,现行《建筑抗震设计规范》中给出了软黏土的定义:"软弱黏性土层指 7 度、8 度和 9 度地震时,地基承载力特征值分别小于 80kPa、100kPa 和 120kPa 的土层。"但应指出,软黏土层在地基中的深度和层厚也对软黏土地基的震害有影响。

表 15.2　唐山地震塘沽区望海楼和建港村住宅区建筑物附加沉降

望海楼	楼号	3	4	7	15	17	20
	沉降/cm	14.0	14.4	17.0	24.4	24.0	15.0
建港新村	楼号	4	7	8	10	12	14
	沉降/cm	11.0	7.0	7.0	4.0	5.0	15.0

　　3) 不均匀地基

　　不均匀地基可分为如下两种类型。

　　(1) 横跨潜埋的河、湖、沟、坑边缘的地基,如图 15.1 所示。相对潜埋河、湖、沟、坑外侧的地基土体,其内侧的地基土体不仅生成的年代新,还通常是由松散和中密的饱和砂土或软黏土组成的。因此,这种类型的不均匀地基主要是由边缘内侧对地震作用敏感的土抗剪强度降低以及永久变形引起的,其震害的主要形式表现如下。

　　① 边缘内侧的基础下沉、地基隆起,地基丧失稳定性。

　　② 地基发生均匀、不均匀沉降或差异沉降。

　　③ 边缘内侧的土体沿潜埋的河、湖、沟、坑边坡发生有限滑动变形,在地面上沿边缘发生地裂缝,使基础甚至建筑物墙体发生断裂。显然,这是一个较重的地基基础震害形式。

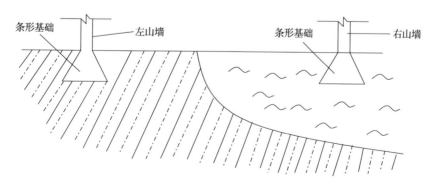

图 15.1　横跨潜埋的河、湖、沟、坑边缘的不均匀地基

（2）半挖半填地基。在山区由于场地狭窄，往往采用半挖半填的方法造成一块平坦的场地。这样，建筑物一半坐落在挖方部分，另一半坐落在填方部分，如图15.2所示。这种不均匀地基的特点如下。

① 填方与挖方两部分土体的软硬程度相差悬殊，挖方部分为原来的密实土体，甚至是基岩，而填方部分为较松散的填土。由于填方部分的土较松散，在地震作用下会发生压密变形引起沉降。

② 填方与原来的坡体之间存在一个界面。在这个界面上、下两部分土体往往不能很好地结合，在地震作用下填方土体可能沿两者的界面发生滑动。

③ 建筑物墙体可能是填方土体外侧的挡土墙。受地震时土压力作用，墙体可能发生侧滑。表15.3给出了澜沧-耿马地震半挖半填地基基础的震害。

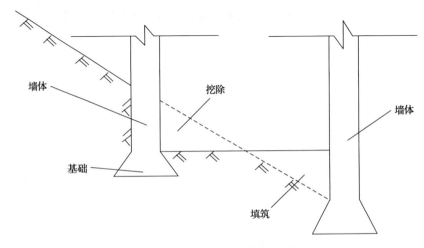

图15.2　半挖半填不均匀地基

表15.3　澜沧-耿马地震半挖半填地基的震害

建筑物	烈度	填方部分填土情况	震害
金烈道班房	8	填土厚2m左右，其下为2～3m的坡残积土	三栋房子呈凹形布置。中间一栋在基岩上，两侧的两栋建在半挖半填地基上；中间及西侧两栋为砖混结构，东侧一栋为砖木结构；西侧房子位于挖方部分的基本完好，位于填方部分的墙体开裂，局部倒塌；东侧房子震害与西侧的相似
耿马华侨农场七队	7	填土厚1～2m，山墙从自由地面砌起	移动砖木结构的平方，在挖填方交接部位产生宽3～5cm地面裂缝，贯通前后檐墙。山墙外闪。填方部分破坏严重，挖方部分基本完好

续表

建筑物	烈度	填方部分填土情况	震害
耿马县直家属宿舍	8	挖方平整场地,不均匀地基范围很大	地震时房屋倒塌,破坏严重;地面开裂,局部地基滑移现象明显。例如,一栋砖木结构房子,室内水泥地面开裂达 5cm 以上,顺坡滑移明显;地面变形很大,不均匀下沉明显;在该建筑区地裂缝有 10 余条,断续延伸数百米
西盟县城	6	整个县城坐落在大山的斜坡中上部,覆盖层厚 0～20m;有多处地下水出露来;县幼儿园、小学和教师进修学校一带台阶陡坎较多,数栋房子建在半挖半填地基上,填方部分山墙下部为挡土墙	挖方部分基本完好,填方部分震害较重

注:该表是由中国地震局工程力学研究所孙平善研究提供的。

按上述,这种形式的不均匀地基的震害机制及形式如下。

①在地震作用下填方土体发生压密,引起地基软硬两部分发生不均匀沉降,使建筑物产生裂缝。

②在地震作用下填方土体沿其与原土体的界面发生滑动,甚至发生整个滑坡,使建筑物发生裂缝甚至断裂。

在此应指出,以上所述均是关于天然地基浅基础的震害机制及形式。在实际工程中,桩基是广泛应用的一种深基础形式。震害调查资料给人们的印象是桩基具有很好的抗震性能。但是,这并不表明桩基不会发生震害。如果桩基发生震害,可能表现在两方面:①桩基的承载能力降低或丧失;②桩体发生裂缝甚至断裂。

如果桩基的承载能力降低或丧失,则容易判断出来,但是如果桩体发生裂缝或断裂,由于建筑桩基通常为低承台桩基,桩体完全埋藏于土层中,则很难被发现。因此,桩基震害很少报导的原因,一方面是由于在地震作用下,除了个别的在饱和砂土中的桩基,其承载力确实很少发生降低或丧失,另一方面则由于建筑桩基埋藏于地下,桩体的裂缝或断裂很难发现。

关于其他地基基础类型,如复合地基,其震害机制及形式尚缺乏宏观认识,其原因主要是缺乏相应的震害资料。

3. 地基基础抗震问题

地基基础的抗震问题,应基于对地基基础震害机制及形式的认识而提出。按上述,地基基础抗震问题应包括:①地震作用引起的地基基础沉降,包括均匀沉降和不均匀沉降;②地震作用下地基基础的稳定性;③减轻地基基础震害的工程措施。

但是,前述的地基基础宏观震害研究表明,一般的地基基础具有较好的抗震性能,震害主要集中发生于含饱和砂土地基、含软黏土地基和不均匀地基。因此,地基基础抗震应对这三种易发生震害的地基予以特别的关注。

还应指出,像下面将要表述的那样,在地震作用下地基基础沉降和稳定性的完善分析方法需要做大量的试验和计算分析工作,并且难度是很大的。鉴于一般地基基础具有良好的抗震性能,大量的坐落在一般地基上的建筑物可以不采取较完善的方法分析在地震作用下的变形和稳定性,而采取现行的《建筑抗震设计规范》中规定的方法就可以了。但是,当建筑物,特别是重要的建筑物坐落在上述三种易发生震害的地基上时,应采用较完善的方法分析在地震作用下地基基础的变形和稳定性。

15.2　地震作用下天然地基浅基础承载力校核

天然地基浅基础通常具有如下两个特点。

(1) 除非在基岩上,由于承载力的限制,采用天然地基浅基础的建筑物通常在6～7层以下。

(2) 除1～2层的建筑物,天然地基浅基础地基土的性能通常较好,否则要进行地基处理或采用其他基础形式。

因此,像上述震害资料表明的那样,天然地基浅基础通常具有较好的抗震性能。这样,天然地基浅基础的抗震计算较为简单,只进行承载力的校核,除非特殊情况,不进行变形分析。

在地震荷载作用下,天然地基浅地基承载力校核方法的要点如下。

1) 考虑的荷载

在地震作用下,承载力的校核是验算在静力和地震惯性力共同作用下天然地基的承载力是否满足要求。因此,校核所考虑的荷载包括:上部结构通过基础作用于天然地基上的静荷载;上部结构通过基础作用于天然地基上的地震惯性力。

在承载力校核时,将上部结构的地震惯性力作为静力作用于天然地基之上。上部结构地震惯性力在地基表面产生的荷载包括竖向力、水平剪力和弯矩三部分,可采用基底剪力法或振型叠加法确定。按我国现行的《建筑抗震设计规范》,在确定作用于地基表面上的地震竖向力、水平剪力和弯矩时,应采用地震作用效应标准组合,其各分项系数均取1.0。

2) 地基表面上的压应力

将作用于地基表面上的静力和地震力组合起来,可确定在静荷载和地震荷载共同作用下地基表面上的压应力。作用于地基表面上的平均压应力 p、边缘最大压应力 p_{max} 以及可能发生零应力的范围,通常采用偏心受压力公式确定。

3) 地基抗震承载力

地基抗震承载力是指抵抗静荷载和地震荷载共同作用的地基承载力。由于地震荷载的瞬时性及速率效应,地基抗震承载力通常要比静荷下的地基承载力高。因此,地基抗震承载力为静荷下的地基承载力乘以抗震调整系数。按我国现行的《建筑抗震设计规范》,地基抗震承载力应按式(15.1)确定:

$$f_{aE} = \zeta_a f_a \tag{15.1}$$

式中，f_{aE} 为调整后的地基抗震承载力特征值；ζ_a 为地基承载力的抗震调整系数，按表 15.4 取值；f_a 为考虑基础埋深和宽度影响后的地基承载力特征值，应按我国现行《建筑地基基础设计规范》确定。应指出，表 15.4 中的抗震调整系数的取值主要是根据经验给出的，表中的 f_{ak} 为不考虑基础埋深及宽度修正的地基承载力特征值。

表 15.4　地基抗震承载力调整系数

岩土名称和性状	ζ_a
岩石，密实的碎石土，密实的砾、粗、中砂，$f_{ak} \geqslant 300$ kPa 的黏性土和粉土	1.5
中密、稍密的碎石土，中密和稍密的砾、粗、中砂，密实和中密的细、粉砂，150 kPa $\leqslant f_{ak} < 300$ kPa 的黏性土和粉土，坚硬黄土	1.3
稍密的细、粉砂，100 kPa $\leqslant f_{ak} < 150$ kPa 的黏性土和粉土，可塑黄土	1.1
淤泥、淤泥质土、松散的砂、杂填土、新近沉积的黄土及流塑黄土	1.0

4）承载力校核的要求

地基抗震承载力校核的要求如下：

（1）地基表面的平均压应力应小于地基抗震承载力特征值，即

$$p \leqslant f_{aE} \tag{15.2}$$

（2）地基表面的边缘最大压应力应小于 1.2 倍的地基承载力特征值，即

$$p_{max} \leqslant 1.2 f_{aE} \tag{15.3}$$

（3）高宽比大于 4 的建筑，地基表面不宜出现拉应力；其他建筑，地基表面上零应力面积不应超过基础底面积的 15%。

5）可不进行抗震承载力校核的情况

由于下述两个原因，有些情况下可不进行抗震承载力校核。

（1）天然地基浅基础一般具有较好的抗震能力。

（2）某些建筑物的底层和轻型建筑的地基表面所受的压应力较小。

我国现行《建筑抗震设计规范》规定的可不进行抗震承载力校核的情况如下。

（1）砌体房屋。

（2）地基主要受力层范围内不存在软弱黏土层的建筑：①一般的单层厂房和单层空旷房屋；②不超过 8 层且高度在 25m 以下的一般民用框架房屋；③地基表面荷载与②项相当的多层框架厂房。

关于软弱黏土层的定义如上述所示。

15.3　地震引起的天然地基附加沉降的简化计算

如前所述，分析地震引起的天然地基附加沉降的完善方法需要进行大量的试验和计算分析工作，特别是考虑地基土体与结构相互作用的地震反应分析，必须采用计算机进行数值分析。因此，发展一个不进行地震反应分析的计算地震引起的天然地基附加沉降的

方法是很必要的。下面,将这种不进行地震反应分析的计算方法称为简化方法。

1. 简化法的基本要求

虽然简化方法减小了大量的试验和计算工作,但必须满足如下三个基本要求。

(1) 简化方法的途径必须与基本力学原理相符合,也就是在理论上是有根据的。

(2) 简化方法必须能有根据地考虑一些重要因素的影响,为了简化还必须忽略一些次要因素的影响。

(3) 简化方法的计算结果必须与实际观测结果基本相一致,也就是必须具有相当的精度。

2. 简化法的理论基础

下面所述的简化法是文献[3]给出的方法。该方法是基于三个基本概念建立起来的:永久应变势 ε_{ap}、软化模型、综合分层法。

3. 简化法的途径及步骤

该法的基本途径如图 15.3 所示,其分析步骤如下。

(1) 确定地基中指定点的静应力分量。

(2) 确定地基中指定点的水平动剪应力分量。

(3) 根据地基中指定点的静应力分量及水平动剪力分量,按经验公式确定永久应变势 ε_{ap}。

(4) 确定在地震作用后降低的静弹性模量。

(5) 按软化模型确定地震作用在指定点引起的附加竖向正应变。

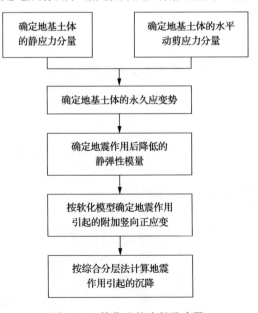

图 15.3　简化法的途径及步骤

（6）按综合分层法确定地震作用引起的地基附加沉降。

从上述的基本途径和步骤可看出上述三个基本概念在该简化方法中的作用及其相互关系。同时,也可看出该简化法的基本途径是符合基本力学原理的,并且考虑影响附加沉降的主要因素。

4. 简化法的具体计算方法

下面,对每个步骤所采用的计算方法表述如下。

1) 地基中指定点的静应力分量的计算

地基中指定点的静应力分量由如下两部分组成。

（1）土自重应力。在水平场地情况下,土的自重应力通常只有竖向正应力分量 $\sigma_{z,1}$ 和水平向正应力分量 $\sigma_{x,1}$。土自重应力可采用通常土力学教材中所述方法确定,在此不需赘述。

（2）上部静荷载作用在地基土体中产生的静应力。这部分静应力不仅有正应力分量,还有剪应力分量,如平面应变问题,则有竖向正应力、水平正应力及剪应力,下面分别以 $\sigma_{z,2}$、$\sigma_{x,2}$、$\tau_{xz,2}$ 表示。设上部静荷载通过基础作用在地基表面上的竖向荷载为 P_z,力矩为 M,则可按偏心受压力公式计算出在地基表面上正压力的分布 $P_z(x)$;作用在地基表面上的水平荷载为 P_x,通常认为是均匀分布的,则可确定出地基表面上剪应力的分布 $P_x(x)$。当确定出地基表面上正应力分布和剪应力分布之后,可采用土力学方法计算地基中指定点的相应应力分量。

然后,将这两部分静应力叠加起来,就可求出地基中指定点的总的静应力。例如,作为平面应变问题求解,则总的静应力 σ_z、σ_x、τ_{xz} 如下:

$$\begin{cases} \sigma_z = \sigma_{z,1} + \sigma_{z,2} \\ \sigma_x = \sigma_{x,1} + \sigma_{x,2} \\ \tau_{xz} = \tau_{xz,2} \end{cases} \tag{15.4}$$

2) 地基土体中地震应力的计算

在该简化法中,像通常抗震分析那样,假定地震作用以水平剪切为主,只考虑地基中水平地震剪应力分量的作用。地基中水平地震剪应力由如下两部分组成。

（1）在自由场条件下,由地基土体惯性力引起的水平地震剪应力,下面以 $\tau_{xz,d,1}$ 表示。这部分地震剪应力可按 Seed 提出的简化法计算:

$$\tau_{xz,d,1} = 0.65 \gamma_d \frac{a_{max}}{g} \sum_i \gamma_i h_i \tag{15.5}$$

式中,符号的意义及参数的取值方法已在第 10 章中给出,在此不再赘述。但是,式中的地面水平最大加速度 a_{max} 应取所在地区的基本加速度。

（2）由上部结构地震惯性力在地基表面上产生的附加剪力引起的水平地基剪应力,下面以 $\tau_{xz,d,2}$ 表示。上部地震惯性力在地基表面上产生的附加剪力可按基地剪力法确定:

$$Q = C\alpha P_z \tag{15.6}$$

式中，Q 为地基表面上的附加地震剪力；α 为相应于结构基本周期 T_1 的地震影响系数，并应按所在地区的基本加速度或烈度取值；C 为结构影响系数。令 Q_{eq} 为地基表面上的等价的附加地震剪力，则

$$Q_{eq} = 0.65Q \tag{15.7}$$

令 Q_{eq} 在地基表面上均匀分布，同样可采用土力学方法计算由 Q_{eq} 作用在地基指定点引起的水平地震剪应力，即 $\tau_{xz,d,2}$。

　　将上述两部分水平地震剪应力叠加起来，可求出总的地震剪应力 $\tau_{xz,d}$。但是应指出，自由场土层的振动周期与地基土体-结构体系的振动周期不同。如果将这两种振动引起的水平地震剪应力视为随机变量，则可采用平方和的组合方法确定总的水平地震剪应力，即

$$\tau_{xz,d} = \sqrt{\tau_{xz,d,1}^2 + \tau_{xz,d,2}^2} \tag{15.8}$$

3）地基中指定点的永久应变势的确定

　　当静应力及水平地震剪应力确定之后，地基中指定点的永久应变势可按式(15.9)计算：

$$\varepsilon_{a,p} = 0.1 \left(\frac{1}{c_5} \frac{\sigma_{a,d}}{\sigma_3} \right)^{\frac{1}{s_5}} \left(\frac{N}{10} \right)^{-\frac{s_1}{s_5}} \tag{15.9}$$

式中

$$\begin{cases} c_5 = c_6 + s_6(K_c - 1) \\ s_5 = c_7 + s_7(K_c - 1) \end{cases} \tag{15.10}$$

N 为地震等价作用次数，可按第 10 章所述方法确定；s_1、c_6、s_6、c_7、s_7 为参数，根据文献[2]建议可按土类由表 15.5 确定。

表 15.5　永久应变势计算参数

土类	参数				
	s_1	c_6	s_6	c_7	s_7
淤泥	−0.159	0.44	0.22	0.16	0
淤泥质黏土	−0.145	0.47	0.24	0.18	0
淤泥质粉质黏土	−0.194	0.50	0.20	0.16	0
黏土	−0.129	0.90	0.60	0.18	0
粉质黏土	−0.129	0.85	0.55	0.17	0
粉土(密)	−0.150	0.45	0.50	0.16	0
粉土(松)	−0.170	0.25	0.40	0.15	0
密实砂	−0.120	1.00	0.60	0.18	0.05
中密砂	−0.10	0.45	0.50	0.10	0.05
松砂	−0.063	0.25	0.44	0.01	0.05

　　应指出,式(15.9)和式(15.10)是根据动三轴试验结果建立的。在动三轴试验中,土试样的静应力和动应力状态均为轴对称应力状态。但是,实际地基中土的静应力和动应力状态并不是轴对称应力状态。因此,在采用式(15.9)和式(15.10)计算实际地基中指定点的永久应变势时,必须考虑两者应力状态的不同。在实际问题中,通常将地基土体作为平面应变问题分析,认为地基土体的静应力和动应力处于平面应变状态。

　　按第 7 章所述最大剪切作用面方法,由两种应力状态下最大剪切作用面上动剪应力比相等的条件,可按式(15.11)确定式(15.9)中的 $\dfrac{\sigma_{a,d}}{\sigma_3}$ 值:

$$\frac{\sigma_{a,d}}{\sigma_3} = \frac{4\sqrt{K_c}\,\alpha_d}{\sqrt{(1+\xi)^2 - 4\alpha_s^2} - (1-\xi)} \tag{15.11}$$

式中, α_s 为总的水平静剪应力之比,按式(15.12)确定:

$$\alpha_s = \frac{\tau_{xz}}{\sigma_{xy,\max}} \tag{15.12}$$

α_d 为水平动剪应力比,按式(15.13)确定:

$$\alpha_d = \frac{\tau_{xy,d}}{\sigma_{xy,\max}} \tag{15.13}$$

$$\xi = \frac{\sigma_{xy,\min}}{\sigma_{xy,\max}} \tag{15.14}$$

其中, $\sigma_{xy,\min}$ 和 $\sigma_{xy,\max}$ 分别为总的竖向正应力和水平向正应力两者之中的小值者和大值者。另外,式(15.11)中的 K_c 可由两种应力状态下最大剪切作用面上静剪应力比相应的条件,按式(15.15)确定:

$$K_c = 1 + 2\alpha_{s,f}(\alpha_{s,f} + \sqrt{1 + \alpha_{s,f}^2}) \tag{15.15}$$

式中, $\alpha_{s,f}$ 为平面应变状态最大剪切作用面上的静剪应力比,按式(15.16)确定:

$$\alpha_{s,f} = \frac{2\alpha_s}{\sqrt{(1+\xi)^2 - 4\alpha_s^2}} \tag{15.16}$$

　　下面,将由式(15.15)确定出来的 K_c 称为转换固结比,以区别动三轴试验中的固结比。这样,将由式(15.11)确定出来的 $\sigma_{a,d}/\sigma_3$ 和由式(15.15)确定出来的 K_c 代入式(15.9)和式(15.10),则可计算出地基土体中指定点的永久应变势 $\varepsilon_{a,p}$ 。

　　4) 地震作用后降低的弹性模量

　　根据第 12 章所述的软化模型,地震作用后降低的割线弹性模量 E_2 可按式(15.17)确定:

$$\begin{cases} E_2 = \eta E_1 \\ \eta = \dfrac{1}{1 + \dfrac{E_1}{E_d}} \end{cases} \tag{15.17}$$

$$E_d = \frac{\sigma_1 - \sigma_3}{\varepsilon_{a,p}} \tag{15.18}$$

式中，η 为地震作用引起的软化系数；E_1 为地震作用前的割线弹性模量，如果采用邓肯-张模型，可按下式(15.19)计算：

$$E_1 = KP_a \left(\frac{\sigma_3}{P_a}\right)^n \left[1 - \frac{R_f(1-\sin\phi)(\sigma_1-\sigma_3)}{2(c\cos\varphi - \sigma_3\sin\varphi)}\right] \tag{15.19}$$

其中，σ_3、σ_1 分别为静力最大主应力和最小主应力，可由前面的静应力分量 σ_x、σ_z、τ_{xy} 确定出来；c、φ 为土的抗剪强度指标；K、n 为两个参数；R_f 为破坏比；P_a 为大气压力。各类土的上述参数值可参考表 15.6 选取。

表 15.6　各类土的邓肯-张模型参数值

土类	K/kPa	n	$\varphi/(°)$	c/kPa	R_f
淤泥	422	0.655	12.0	20	0.45
淤泥质黏土	1237	0.465	12.0	20	0.48
淤泥质粉质黏土	2930	0.39	12.0	44	0.69
黏土	1500	0.50	23.8	50	0.36
粉质黏土	3000	0.40	25.0	35	0.55
粉土(密)	3500	0.60	33.0	22	0.69
粉土(松)	2500	0.50	30	14	0.73
密实砂	9600	0.60	40	0	0.85
中密砂	4800	0.50	32	0	0.84
松砂	3500	0.55	28	0	0.77

应指出，表 15.6 中有些土类的 R_f 值明显偏小，建议当 R_f 小于 0.7 时应取 0.7。

5) 地震作用引起的附加竖向应变的确定

根据广义胡克定律，在平面应变下

$$\sigma_y = \mu(\sigma_x - \sigma_z) \tag{15.20}$$

可得在 σ_x、σ_z 作用下的竖向应变 ε_z 如下：

$$\varepsilon_z = \frac{1}{E}\left[\sigma_z(1-\mu^2) - \mu(1-\mu)\sigma_x\right] \tag{15.21}$$

将地震前土的割线弹性模量 E_1、泊松比 μ_1 和地震作用下降低的割线弹性模量 E_2、泊松比 μ_2 代入式(15.21)可求出地震作用前后的竖向应变 $\varepsilon_{z,1}$ 和 $\varepsilon_{z,2}$。根据附加应变 $\Delta\varepsilon_{z,p}$ 的定义：

$$\Delta\varepsilon_{z,p} = \varepsilon_{z,2} - \Delta\varepsilon_{z,1}$$

则得

$$\Delta\varepsilon_{z,\mathrm{p}} = \frac{1}{E_1}\left\{\left[\frac{1-\mu_2^2}{\eta} - (1-\mu_1^2)\right]\sigma_z - \left[\frac{\mu_2(1+\mu_2)}{\eta} - \mu_1(1+\mu_1)\right]\sigma_x\right\}$$

$$(15.22)$$

在此应指出,计算附加应变的式(15.22)考虑了侧向变形对附加应变的影响。在一般的综合分层法中,竖向应变的计算不考虑侧向变形的影响。

6) 地震作用引起的地基附加沉降计算

(1) 平均附加沉降的计算。

设计算深度为 z_c,在地基表面取三个点,即左边缘点、中心点和右边缘点,然后从这三个点以下将土层分成 N 段,按上述方法计算出每一段土层中心点的附加应变 $\Delta\varepsilon_{z,\mathrm{p},i}$,按综合分层法,地基表面这些点的附加沉降可按式(15.23)计算:

$$S_\mathrm{p} = \sum_{i=1}^{N} \Delta\varepsilon_{z,\mathrm{p},i} h_i$$

$$(15.23)$$

式中, h_i 为第 i 段土层的厚度。令地基表面左边缘点、中心点和右边缘点的沉降 $S_{\mathrm{p},l}$、$S_{\mathrm{p},c}$ 和 $S_{\mathrm{p},r}$ 分别按式(15.23)计算出来后,则平均附加沉降可取它们的平均值。

(2) 地基的倾斜计算。

令地基的倾斜以 α_p 表示,则可按式(15.24)计算:

$$\alpha_\mathrm{p} = \frac{|S_{\mathrm{p},l} - S_{\mathrm{p},r}|}{B}$$

$$(15.24)$$

式中, B 为地基宽度。

5. 简化法的若干计算技巧

上述给出了简化方法的理论框架及基本计算公式。可以看出,影响建筑物附加沉降的一些主要因素,如地震动水平、地震时上部结构的反馈作用、土的静力和动力性能、上部结构的荷载水平、地基类型及尺寸等都得到了适当的考虑。但是,实际问题要复杂得多。为了使简化法的计算结果能够与实际结果很好拟合,有些技巧方面的问题必须处理好。显然,这也是简化分析方法的一部分内容。

1) 地基计算深度及段长的选取

采用综合分层法计算静力最终沉降时,地基计算深度 z_c 通常取地基附加应力为自重应力 20%处相应的深度。考虑到地震时产生附加沉降的地基土层多为深厚的软弱土层,压缩层应取得更大些以考虑更深处土层对附加沉降的贡献。对条形基础和筏形基础的计算结果表明,取地基附加应力为自重应力 10%处相应的深度作为地基计算深度 z_c 是一个合适的取值。另外,段长可按通常的规定取 $0.4B$ 或 $1\sim2\mathrm{m}$。

2) 永久应变势的限制

按式(15.9)和式(15.10)计算永久应变势的结果表明,在有些情况下计算的永久应变势值过大,相应地,算得的附加沉降量也过大,不能与实测结果很好拟合。产生这个现象的原因至少有如下两点。

（1）式(15.9)、式(15.10)和表15.5中的参数是根据动三轴试验资料建立和确定的，在这些资料中永久应变势很少高于10％。当应用这两个公式计算出的永久应变势大于10％时，则高估了永久应变的数值。

（2）动三轴试验中，土试样在侧向只受应力约束，其变形并不受约束。但在实际土体中，土单元的侧向变形要与相邻单元的侧向变形相协调，其侧向变形要受到一定的约束，而且这种约束将随深度的增加而加大。因此，按式(15.9)和式(15.10)计算的应变势值可能大于实际值。因此建议，当按式(15.9)和式(15.10)计算永久应变势时应限定不能大于一定的数值。当 $z=0$ 时，限定永久应变势值不大于 c_1 值；当 $z=5m$ 时，限定永久应变势值不大于 c_2 值；在 $0\sim5m$ 永久应变限定值由内插确定。试算表明，如果砂土取 $c_1=10\%$，$c_2=5\%$，软黏土取 $c_1=15\%$，$c_2=10\%$，所算得的地基永久变形与实测结果能较好符合。

3）动剪应力调整系数

在按上述简化法计算地基土中的地震剪应力 $\tau_{xz,d}$ 时，没有考虑地基土体与结构的相互作用。实际上，地基土体与结构的相互作用是存在的。为了考虑相互作用对地基剪应力 $\tau_{xz,d}$ 的影响，引进调整系数 β。为了确定 β 值，从 $0.5\sim1.3$ 每间隔 0.1 假定不同的 β 值对31例条形基础和4例筏形基础计算了附加沉降，并与实测结果相对比，发现，当 β 取值在 $0.88\sim1.15$ 时两者符合得较好。因此，取 $\beta=1.05$ 是一个有根据的数值。在此应指出，β 值取 1.05 并不意味着按上述简化法计算的地震剪应力达到了如此高的精度，只意味着按不考虑相互作用简化法计算的地震剪应力对地基附加沉降的影响程度。

6. 简化法的计算结果与实测结果的对比

为了验证上述简化法的适用性，采用简化法对唐山地震时天津和唐山发生明显附加沉降的地基与建筑物进行了计算。由上述简化法可知，计算的结果与地基竖向荷载的偏心矩 e 有关。但是，这些建筑物地基竖向荷载的偏心矩是未知的。为此，在计算时假定偏心矩 $e=B/6$、$B/18$ 和 $B/45$，并计算地基左边缘点、中心点和右边缘点的沉降值。表15.7给出了计算的附加沉降值的范围与实测值或震害现象的比较。同时，表15.7还给出了采用有限元法计算的地基附加沉降。此外，表15.7中还包括海城地震时一些发生明显震害的建筑物地基的附加沉降的对比结果。

表 15.7　地震引起的地基附加沉降的计算结果与实测结果对比

序号	建筑物名称	实测沉降值/cm或宏观震害	简化法计算沉降值范围/cm	文献[4]有限元法计算沉降值/cm
1	天津毛条厂	16.5～22.0	16.0～18.5	8.0～22.0
2	天津四化建生活区	20.0～38.0	19.2～36.5	36.5
3	天津气象台塔楼	0.9	1.0～1.7	2.9
4	天津气象台业务楼	0.5	1.0～1.2	1.2
5	天津医院	3.0	2.7～3.9	4.0
6	天津吴咀火厂	无	1.5～1.9	0.64
7	天津食品加工厂	无	1.0～1.5	1.1
8	天津十二中教学楼	无	1.9～2.3	2.7

续表

序号	建筑物名称	实测沉降值/cm 或宏观震害	简化法计算沉降值 范围/cm	文献[4]有限元法 计算沉降值/cm
9	天津刘庄中学	无	2.3~2.8	4.9
10	天津天穆鸡厂	无	1.9~2.3	2.0
11	天津铁路疗养院	二层砖混结果稍有下沉	2.5~2.8	4.7
12	天津初轧厂烟囱房	二层厂房稍有下沉	1.6~2.0	1.6
13	天津美满楼	40	3.7~6.4	9.0
14	天津结核病院	无明显下沉	3.8~4.5	2.1
15	天津第一机床厂			14.1
16	天津木材厂	无明显下沉	3.5~4.0	4.4
17	营口玻璃厂	地裂缝穿过二层楼办公室	3.9~6.8	8.2
18	营口造纸厂俱乐部	有部均匀沉降	3.5~7.3	5.5
19	营口宾馆	有错位、无震害	1.4~24.8	1.4
20	营口市八大局	无	1.5~2.0	1.0
21	盘锦辽化房主厂房		6.0~8.4	6.0
22	王庄吃卖点	严重不均匀沉降	8.1~11.9	6.9
23	柏各庄化肥厂	60.0~70.0	40.7~64.8	7.9
24	昌黎七里河	无	1.5~3.7	0.9
25	乐亭王滩公社	普通喷砂冒水	1.3~5.0	8.7
26	乐亭棉油加工厂	无	2.1~4.0	2.3
27	通县王桩	100.0	40.2~96.8	5.1
28	滦南魏各庄	普通喷砂冒水	5.2~41.2	8.7
29	开滦范各庄火矿	20.0~70.0	23.1~44.3	8.3
30	吕家坨矿	倾斜20°	13.3~18.7	68.5
31	丰南宣庆	严重喷砂冒水,不均匀沉降	7.7~23.4	18.7
32	徐家楼	20.0	0.23~11.9	12.8
33	望海楼	16.7~29.3	15.7~41.2	11.5
34	建港村	4.0~15.0	8.9~14.0	——

比较表 15.7 所示的结果可以看出如下两点。

（1）简化法的计算结果与实测结果或实测震害描述相当一致。但是,实测沉降值小的事例的计算结果稍大,实测沉降值大的事例的计算结果偏小,实测沉降值为 8.0~60.0cm 的事例与计算结果符合得最好。

（2）简化法与有限元法相比,简化法计算结果与实测结果的符合程度并不低于有限元法计算结果与实测结果的符合程度。

上述两点表明,上述的简化法可以用来估算地震引起的地基的附加沉降。

应指出,上述简化法仍包含较多计算步骤和必需的计算,并不可能像计算自由场土层地震剪应力的 Seed 简化法那样简化成一个计算公式。实际上,地震引起的地基附加变形的分析要复杂得多,其中许多影响因素必须予以适当的考虑。对这样一个复杂问题,试图将其简化成一个公式进行计算是不现实的,即使根据某些资料简化出一个计算公式也是没有普遍意义的。

7. 简化法在工程中的应用

前面论证了上述简化法的适用性。因此,简化法可应用于工程实际问题,该法在工程中至少有如下两方面应用:

(1) 研究影响地基地震附加沉降的因素及规律。

前面曾指出简化法考虑了如下一些影响因素:①地震动水平;②上部结构的振动特性;③土的静力性能和动力性能;④上部结构荷载水平及偏心;⑤基础类型(条形基础或筏型基础);⑥基础尺寸;⑦基础埋深。

采用简化法可研究上述诸因素对地震附加沉降的影响,并比有限元法方便快捷。文献[5]曾采用上述简化法研究了其中的一些因素对地震附加沉降的影响,并得到了相应的影响规律。这些规律性的认识有助于合理地选取减小地基附加沉降的技术措施。

(2) 估算现存的或待建的建筑物地基的地震附加沉降,并根据求得的地基附加沉降评估可能发生的地基震害程度。

按上述简化方法可估算出现存和待建的建筑物地基的地震附加沉降。为了根据估算出的地基的地震附加沉降评估地基震害程度,可根据表 15.7 中所列的一些建筑物地基的宏观震害与计算的地基的地震附加沉降值建立两者之间的关系。在建立者两者之间的关系时,将建筑物地基宏观震害分成基本完好、轻微、中等、较重和严重五个等级。由此得到的地基震害等级、相应的宏观震害和地基附加沉降如表 15.8 所示。这样,就可根据简化法估算出来的建筑物地基的地震附加沉降值及表 15.8 评估出建筑物所发生的地基震害程度。地基震害程度在工程中有重要的应用,它是选取地基抗震技术措施的根据之一。显然,地基震害程度越严重,就应该采取更强的抗震技术措施,而当地震程度轻,如轻微等级时,可不采用任何地基抗震技术措施。

表 15.8 地基震害等级、附加沉降量及宏观震害

项目	等级				
	基本完好	轻微	中等	较重	严重
附加沉降量 S_p/cm	$S_p < 2.0$	$2.0 < S_p < 4.0$	$4.0 < S_p < 8.0$	$8.0 < S_p < 40.0$	$S_p > 40.0$
宏观震害	宏观上看不出来震害	沉降量较小,不发生有危险的不均匀沉降,可能使建筑物发生微裂	发生有危险的附加沉降,使建筑物发生明显的裂缝	附加沉降可达40.0cm,高重心建筑物应发生较严重倾斜,建筑物发生多条宽大裂缝	附加沉降可达40.0cm以上,个别可达1m。出现地基隆起,基础下沉,建筑物严重倾斜,不能使用

15.4　桩基的抗震

桩基是一种重要的深基础形式,在工程中被广泛采用。与天然地基浅基础相比,桩基是一个更复杂的体系。地震时,桩基不仅受竖向动荷载的作用,还受水平动荷载的作用。因此,桩基在抗震上必须满足如下要求。

(1) 在竖向荷载下,包括地震惯性力产生的竖向荷载,桩基的竖向承载力必须保证。

(2) 在水平荷载下,包括地震惯性力产生的水平荷载,桩基的水平承载力必须保证。

(3) 在竖向和水平荷载共同作用下,桩体本身不发生破坏。

桩基的抗震分析通常采用拟静力分析方法。拟静力分析方法是将地震作用作为静力施加于桩基体系之上。像将要看到的那样,这种拟静力分析方法在某些情况下是有效的,但在另外一种情况下,则可能是无效的,主要取决于桩基的震害机制和类型。

1. 桩基的震害

总结桩基震害是了解桩基震害机制的一个有效方法。根据桩基的工作条件,桩基可分为如下两种情况。

(1) 水平场地建筑物桩基。建筑物桩基是指房屋等建筑所采用的桩基,这种桩基通常位于水平的场地,并且是低承台的桩基,如图 15.4 所示。从图 15.4 可见,这种桩基完全埋藏在土体之中。

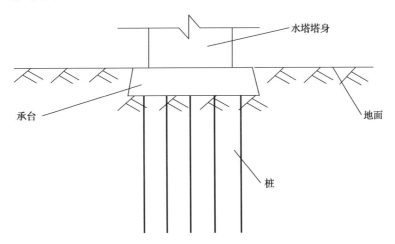

图 15.4　坐落在水平场地的建筑桩基

(2) 桥梁及码头等斜坡场地桩基。桥梁及码头的桩基通常位于斜坡的场地,并常是高承台的桩基,如图 15.5 所示。从图 15.5 可见,这种桩基的上部裸露在地面之上,通常称为自由段。另外,这种桩基场地的土层通常是由生成年代较晚的饱和砂土和软黏土等对地震作用敏感的土类组成的。因此,与建筑桩基相比,其场地土层条件更不利。

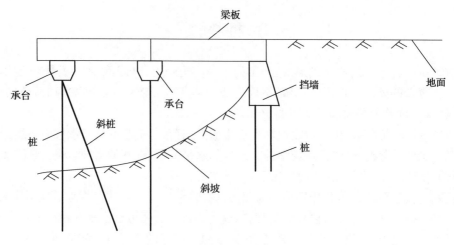

图 15.5　坐落在斜坡场地的桩基

下面将按上述两种情况分别总结桩基的震害。

1）建筑桩基震害

下面，以 1976 年我国唐山地震时天津市建筑桩基的震害和 1978 年日本宫城县冲地震时仙台市建筑桩基的震害来加以说明。

（1）天津市建筑桩基震害。

文献［6］根据唐山大地震震害一书中的有关桩基震害资料，对唐山地震时天津市建筑桩基震害进行了总结，得到如下三方面的认识。

① 唐山地震时天津的地震烈度为 8 度，对天津建筑、烟囱、水塔和设备的 100 座桩基做了震害调查，其中破坏占 3％，轻微震害占 7％，其余完好。这表明，建筑桩基本身的震害较少。

② 设有桩基的建筑物的地震附加沉降较小。例如，天津友谊宾馆主楼采用桩基，地震前的平均沉降为 4.0cm，唐山地震引起的附加沉降不足 1mm。天津南郊的石油化工厂总厂的炼油装置采用桩基，震前平均沉降为 5mm，唐山地震引起的附加沉降为 0.4mm。特别是，坐落在同一场地上的桩基建筑的附加沉降和天然地基的混凝土条形基础建筑的附加沉降形成了鲜明对比，前者为 1～2cm，而后者达 10～20cm。另外，该厂 DDT 车间由新老建筑两部分组成，老厂房采用桩基，新厂房采用筏形基础，新老厂房之间设有沉降缝。唐山地震后沉降缝两侧的相对沉降达 30cm，筏形基础新厂房一侧附加沉降大。

③ 在同一场地上设有桩基的房屋结构的震害较轻。例如，1966 年建成的天津市贵州路中学教学楼为五层混合结构，每层外墙设有一道圈梁。地基上部土层为较厚的杂填土、填土和淤泥质土层。基础采用双排三角形空心预制桩。唐山地震时，该建筑物一层大厅楼梯发现一处裂缝，一层有一间教室隔墙有裂缝，上部结构和桩基的震害均较轻微。然而，与其北部相邻 10m 的和平制药厂的新建三层混合结构（局部为内框架）建在天然地基上，其部分填充墙破坏严重。

综上所述,总体上建筑桩基具有良好的抗震性能。

(2) 日本宫城县冲地震时仙台市建筑桩基的震害。

上述唐山地震时天津桩基的震害资料表明建筑桩基具有良好的抗震性。表 15.9 为日本宫城县冲地震时仙台市建筑桩基的震害宏观资料。这些建筑物在地震后沉降仍继续发展。为了查明原因,将地基土体进行了开挖,发现其桩基发生了震害,发生震害的部分位于桩顶附近,震害的形式为弯曲裂缝、弯剪裂碎或裂缝。震害发生在桩顶附近,表明作用于桩顶之上的由上部结构惯性力产生的剪力及弯矩是桩基震害的主要原因。还应指出,表 15.9 所示的第 5 例虽然坐落在斜坡场地上,但是其地基土层条件较好,研究者认为该桩基的震害仍是由上部惯性力作用引起的。

根据上述,建筑桩基的震害通常发生在桩顶附近,其震害形式为弯曲引起的裂缝、弯剪引起的裂碎或裂缝,并且是由上部结构惯性力作用引起的。

表 15.9　1978 年宫城县冲地震仙台市建筑桩基震害

房屋类型	层数	桩类型	桩长/m	桩径/m	桩震害形式	房屋类型	场地	土层
箱形 RC	3	RC	5	0.25	弯裂	倒覆	水平	淤泥、黏土
箱形 RC	4	预应力 RC	5	0.35	弯剪裂碎	不均匀沉降	水平	黏土砂土
型钢 RC	11	预应力 RC	12	0.60	弯剪裂碎	不均匀沉降和轻微破坏	水平	黏土、砂土
型钢 RC	14	预应力 RC	24	0.60;0.50	弯剪裂碎	不均匀沉降和轻微破坏	水平	淤泥、砂土
RC	14	预应力 RC	10	0.3	弯剪裂碎	不均匀沉降和轻微破坏	斜坡	

(3) 天津塘沽港外贸散装糖仓库成品库桩基的震害。

唐山地震时天津桩基的震害资料表明,许多发生震害的桩基场地通常伴有喷砂冒水、地面变形、地裂缝等较严重的地面破坏现象,从地基土层条件看,通常含有饱和松砂层、淤泥或淤泥质软黏土层。唐山地震时天津塘沽港外贸散装糖仓库成品库桩基的震害就是其中的一例。另外,地震时仓库正在建设中,桩、承台和基础梁已施工完毕,但上部结构还没有完工。因此,这也是一个没有受上部惯性力作用而发生桩基震害的难得的实例。

该库房由 2 跨组成。跨度 2.4m,为柱承重结构,柱距 6m,边柱有基础梁连接。桩基由断面为三角形的两根钢筋混凝土预制桩组成,桩长 18m。但是,由于桩身混凝土标号不足,有部分桩没有达到设计标高就断桩了。桩的长度有 11.0m 和 12.0m 两种。在发生断桩的情况下,在断桩两侧各补一根长 9.0m 的桩、承台为梯形。地基土层组成及物理力学性质如表 15.10 所示,在地面下 8.0m 以内主要是由淤泥或淤泥质黏土组成的。在唐山地震时,场地内较大的喷砂冒水点达 21 处之多,地面有多处裂缝,最宽者达 0.5m,地面变形造成的起伏变化较大。桩基的震害如下:桩基承台发生较大残余位移,致使承台发生较大的倾斜,并发生与地面脱离现象,有的达 10cm 以上,桩承台之间的基础梁开裂,承台与基础梁之间被拉断;桩与承台之间被拉断,开挖后发现,在承台底面以下 1.0~1.5m 桩身有四道裂缝,最宽者达 8mm。

表 15.10　塘沽散装糖仓库成品库地基土层

土类	深度/m	含水量/%	重力密度/(g/cm³)	孔隙比	液限/%	塑限/%	塑性指数	液化指数	压缩模量/(kgf/cm²)
淤泥质黏土	1.0	46.6	1.77	1.28	43.1	23.0	20.1	1.2	21
	1.5	55.2	1.69	1.55	52.7	27.5	25.2	1.1	18
	2.5	53.4	1.71	1.48	53.2	27.5	25.7	1.0	19
淤泥	3.5	71.5	1.57	2.02	60.3	32.2	28.1	1.4	15
轻粉质黏土	4.5	27.8	1.91	0.81	28.9	20.2	8.9	0.9	
	5.5	26.0	1.92	0.77	24.8	15.5	9.3	1.1	50
	6.7	27.0	1.79	0.91	25.7	16.5	9.2	1.2	45
淤泥质粉质黏土	7.5	36.5	1.83	1.02	30.2	18.0	12.2	1.5	32
轻粉质黏土	8.5	29.8	1.87	0.89	29.8	20.5	9.3	1.0	88
	9.5	29.2	1.92	0.82	26.8	17.0	9.8	1.2	68
	11.0	27.1	1.91	0.80	28.3	19.5	8.8	0.9	72
粉质黏土	12.0	30.2	1.90	0.86	29.7	18.0	11.7	1.0	167
轻粉质黏土	14.0	21.9	2.04	0.61	23.3	14.5	8.8	0.8	143
	15.0	23.1	2.03	0.63	25.2	15.5	9.7	0.8	82
粉质黏土	16.0	29.2	1.94	0.81	31.3	21.0	10.1	0.8	80
黏土	17.0	44.0	1.78	1.23	49.8	26.0	23.8	0.8	80

注：1kgf/cm² = 9.8×10⁴Pa。

从上述例子可以得到如下的认识。

① 在没有上部惯性力作用下,桩基也会发生震害。

② 在这种情况下,在地震作用下地面发生严重破坏,桩基的震害是由地面破坏引起的。

③ 在这种情况下,地基土层中含有对地震作用敏感的饱和松砂层、淤泥或淤泥质软黏土层。

④ 在这种情况下,桩基的震害通常是很严重的。

2) 桥梁及码头等斜坡场地桩基震害

如前所述,这种斜坡场地桩基的工作环境和土层条件相对水平场地桩基更不利。在第 17 章中将对这种斜坡场地桩基的震害做详细的表述,在此不再赘述。但是,为了与水平场地桩基相对比,在此指出,由于不利的工作环境和土层条件,在地震时土体往往发生顺斜坡方向的永久变形。斜坡土体中的桩,一方面对斜坡土体的永久变形产生约束作用,另一方面要顺从斜坡土体发生附加变形,并引起附加内力。虽然斜坡场地桩基的这种附加变形和内力是由地震作用引起的,但却是一种静力变形和内力,地震作用停止后仍然存在。

实际上,斜坡场地桩基的震害在多数情况下是由这种附加变形和内力而引起。唐山地震时,天津新港海洋石油研究所轮机车间桩基的震害就是其中一例。该车间建在长

120m、宽 66m 的两边临海的狭长新吹填的地带上。北距港池约 100m,东距船坞约 50m。地基土层为滨海软土。桩长 26.5m,分为钢筋混凝土预制桩和钻孔灌注桩两种。预制桩断面尺寸为 50cm×50cm,灌注桩桩径为 68cm。唐山地震时,桩承台有的施工完毕,有的正在施工,地震时没有上部惯性力作用。唐山地震时,场地有喷砂冒水现象,靠近港池和船坞的部位有很多裂缝。唐山地震后测得桩基承台有残余变形,在东北方向的位移数值较大,可达 130cm,显然,这是由于其东北面和东面靠近港池和船坞。震后开挖至 4m 深,发现桩的破坏程度不等。严重者,从桩顶到开挖深度均有贯穿环形裂缝,间距约 30cm,最大裂缝达 10cm,在一侧混凝土压碎脱落,钢筋外露。中等程度者,裂缝发生在桩顶下 1m 以内,1m 以下较少,2m 以下基本无裂缝。轻微者,只有少量细微裂缝。

从上例可见,由于没有上部惯性力作用,该斜坡场地桩基的震害主要是由地震作用下斜坡土体发生顺坡方向的永久变形引起的。

综上所述,可以得到以下两点认识。

(1) 地震作用下斜坡土体在顺坡方向的永久变形是斜坡场地桩基震害的一个主要原因。

(2) 由于土体环境和土层条件不利,斜坡场地桩基的震害程度通常较重,并且在较低的地震作用下就可以发生。

2. 桩的受力和破坏机制

1) 桩的受力机制

土-桩-上部结构形成了一个复杂的相互作用体系。地震时,土、桩、上部结构之间的相互作用决定了桩在地震时所受的动力。根据地震时它们之间的相互作用,与天然地基中土所受的动力相似,桩所受的动力应该由如下两部分组成。

(1) 首先考虑不存在上部结构的情况。当地震从基岩向上传播时,引起桩和桩周围土的振动。这样,桩将承受自身振动的惯性力,但由于桩和周围土体相互作用,桩承受的自身振动惯性力将受桩土之间的相互作用影响。这就是桩所受的第一部分动力作用。

(2) 如果存在上部结构,地震动通过桩和承台传到上部结构,上部结构振动的惯性力又将通过承台反馈作用于桩。这就是桩所受的第二部分动力作用。

地震时这两部分动力将叠加在一起作用于桩上,任何桩在地震时都要受到这两种机制的动力作用。此外,当场地土层含有饱和松砂、淤泥或其他对地震作用的敏感土类时,特别是在斜坡场地情况,桩还可能承受由于顺从在地震作用下土体发生的永久变形而产生的附加力作用。如前面指出的那样,桩所承受的这部分力虽然是地震作用引起的,但却是静力。下面,称其为地震引起的附加静力作用。显然,桩所承受的这种力的机制与前述桩所承受的两种动力机制完全不同。

2) 桩的震害机制

根据上述在地震作用下桩的受力机制,桩的震害机制可分为如下三种情况。

(1) 桩的震害是由上述两种机制的动力作用引起的。但是,桩的裂缝和压碎主要发生在桩顶之下一定深度范围内。这表明,其中上部结构振动惯性力所引起的动力作用起主要作用。

（2）桩的震害是由顺从土体永久变形而产生的附加静力作用引起的。在这种情况下，地基土体中一定含有饱和松砂、淤泥或其他对地震作用敏感的土类，并一定会伴有明显的地面破坏，如喷砂冒水、地裂缝及地面沉降。在较低的地震动水平下，甚至在 7 度时，桩就可能发生这种机制的破坏，而且震害程度是很严重的。

（3）桩的震害是上述两种动力作用和顺从土体永久变形的静力作用共同引起的。

上面指出了桩的受力和震害机制，从中可以看出，不同的震害机制引起震害的主要作用力是不同的。因此，不同机制的震害应采用不同的分析方法。反而言之，一定的分析方法只适用于分析一定机制的震害。

3. 桩基地震承载力校核

根据上述，地震时桩基承载力要求必须得以满足。关于桩基地震承载力的校核在有关抗震规范中有所规定，其基本方法是相同的。像桩基静力承载力校核那样，按单桩承载力来校核桩基的承载力。我国现行的《建筑抗震设计规范》规定单桩地震承载力校核方法如下。

1）一般情况下地震承载力校核

（1）单桩竖向承载力的校核。

通常不考虑承台底面下土的承载作用，除非采用疏桩基础。

① 单桩所承受的竖向力由地震作用效应标准组合下承台所受的竖向力和力矩扣除承台侧面与土的摩擦力影响确定。

② 单桩地震竖向承载力特征值可取其静力竖向承载力的 1.25 倍。

③ 桩地震竖向承载力特征值应大于其所承受的竖向力。

（2）单桩水平承载力的校核。

通常，地震水平荷载是由桩、承台前面土的反力及承台侧面与土的摩擦力三者共同承受的。但是，不考虑承台底面与其下土体之间的摩擦力。桩基震害资料表明，地震作用往往使承台底面与其下的土体脱离，两者之间的摩擦力通常不能可靠地发挥。因此，在进行桩水平承载力校核时，不宜考虑承台底面与其下土体之间摩擦力的作用。

① 单桩所承受的水平力由地震作用效应标准组合下承台所承受的水平力扣除承台前面土的反力和承台侧面与土的摩擦后确定。承台前面土的反力可采用郎金土压力公式计算。

② 单桩地震水平承载力特征值可取其静力水平承载力的 1.25 倍。

③ 单桩地震水平承载力特征值应大于其所承受的水平力。

2）地基存在液化土层时地震承载力校核

（1）校核情况。

地震作用引起的土层液化是一个过程。在液化过程中，由于孔隙水压力不断升高，土层的承载力在不断降低。这个过程很复杂，在承载力校核中考虑这个过程是很困难的，但是，在这个过程中选择某些典型时刻进行承载力校核是较为可行的方法。我国现行的《建筑抗震设计规范》和《构筑物抗震设计规范》均规定按如下两个时刻进行承载力校核。

① 地震动达到最大值时刻。

地震孔隙水压力分析和振动台试验结果表明,当地震动达到最大值时刻时,土层尚未充分液化,其孔隙水压力比通常为 0.5~0.6,在这个时刻土层的刚度和承载力均会有显著降低,但不会完全丧失。因此,在这个时刻土层的刚度和承载力予以适当折减。显然,折减系数的值应与液化程度有关。按我国现行的《建筑抗震设计规范》液化判别法,实测标准贯入击数与临界标准贯入击数比越小,液化程度就越大。相应地,折减系数则应越小。另外,折减系数还应与砂土的埋深有关,埋深越大,折减系数也应越大。基于试验,表 15.11 给出了考虑液化影响的折减系数。

表 15.11　按地震动最大时刻校核时液化影响折减系数

实测标准贯入锤击数/临界标准贯入锤击数	埋藏深度 d_s/m	折减系数
<0.6	$d_s \leqslant 10$	0
	$10 < d_s \leqslant 20$	1/3
0.6~0.8	$d_s \leqslant 0$	1/3
	$10 < d_s \leqslant 20$	2/3
0.8~1.0	$d_s \leqslant 10$	2/3
	$10 < d_s \leqslant 20$	1.0

② 地震作用使土完全液化时刻。

在这个时刻土完全液化,孔隙水压力比达到 1.0,土的承载力及水平抗力完全丧失,但是地震动已大为降低。我国现行《建筑抗震设计规范》规定,此时的地震动水平按地震影响系数最大值的 10% 采用。

(2) 校核方法。

按上述两种校核情况选择土层的承载力,并以其中的不利情况的结果作为设计的依据。第一种情况下,在计算桩所承受的荷载时取水平地震影响系数最大值,在计算桩的承载力时按表 15.11 所示的折减系数折减。第二种情况下,在计算桩所承受的荷载时取水平地震影响系数最大值的 10%,在计算桩的承载力时应不计液化土层的全部摩阻力及承台下 2m 深度范围内非液化土的摩阻力。不计承台下 2m 深范围内非液化土的摩阻力是考虑在这段范围内由于桩和桩周围土体振动的不协调,两者不能很好地接触,相应的摩阻力不能可靠地发挥。

除此之外,在计算桩所受的水平荷载时,不考虑承台前面土体的抗力及侧面土的摩擦力的分担作用,也不考虑刚性地坪的分担作用。

3) 不进行承载力校核的情况

如上所述,宏观震害资料表明,总体上桩基具有良好的抗震性能。另外,建筑桩基一般为低承台桩基,桩体埋在土体中,整个桩体受周围土体的约束较大,即使发生一定的震害其影响也较小。因此,在一些情况下可以不进行承载力校核。根据经验,我国现行《建筑抗震设计规范》规定不进行桩基承载力校核的情况如下。

(1) 砌体房屋。

(2) 规范规定可不进行上部结构抗震验算的建筑。

（3）在地震烈度为 7 度和 8 度地区的下列建筑：①一般的单层厂房和单层空旷房屋；②不超过八层且高度在 25m 以下的一般民用框架房屋；③基础荷载与②相当的多层框架厂房。

4. 桩体强度的校核

如上述，在地震作用下桩基不仅应满足承载力的要求，还应满足桩体强度的要求。因此，除了上述桩基地震承载力的校核，还应进行桩体的强度校核。在进行桩体强度校核时，确定地震时桩的内力是一个重要的步骤。由于地震时桩的内力分析比较复杂，下面将另设一节来专门表述这个问题。

15.5　地震时桩内力分析的拟静力法

1. 作用单桩桩顶上的力

下面所述的方法是一种拟静力分析方法。拟静力分析方法的基本点是将地震时上部结构的惯性力作为静力作用于承台的顶面。地震时，上部结构作用于承台顶面上的惯性力可由结构抗震分析确定，在此假定是已知的。

承台下每根桩桩顶所受的力与桩-承台之间的连接类型有关。

（1）当桩-承台之间的连结为铰接时，桩与承台之间只传递竖向力和水平力，没有力矩的传递。作用于承台顶面上的力矩由桩顶竖向力和水平力相对承台转动中心的力矩来平衡，如图 15.6(a)所示。

在桩与承台铰接的情况下，地震作用于桩顶的力只有竖向力和水平力，可以在一定假设下确定。通常，可假定桩顶竖向力按如图 15.6 所示的线性分布，而水平力平均分布。在这个假定下，有

$$P_i = P_0 + ax_i \tag{15.25}$$

这样，由承台的竖向力和力矩平衡方程可确定出 P_0、a。进而，可确定出作用于每根桩顶点的竖向力。

（2）当桩-承台的连结为刚接时，桩-承台不仅传递竖向力和水平力，还传递力矩。作用于承台顶面上的力矩由桩顶竖向力和水平力对承台转动中心的力矩和桩顶作用于承台底面上的力矩共同来平衡，如图 15.6(b)所示。

在桩与承台刚接情况下，确定作用于桩顶上的竖向力、水平力和弯矩，但是要比铰接情况复杂很多。在刚接情况下，为确定桩顶所受的力必须已知桩顶的如下刚度系数：竖向变形刚度系数 $K_{p,v}$、水平变形刚度系数 $K_{p,h}$、弯曲变形刚度系数 $K_{p,\theta}$、弯曲水平变形交联刚度系数 $K_{p,\theta h}$。

假定承台是刚性的，令承台质心的竖向位移为 V_0，向下为正；水平位移为 U_0，向右为正；转角为 θ，以逆时针为正，则取承台底面上一点的竖向位移 $V_{p,i}$、水平位移 $U_{p,i}$ 分别为

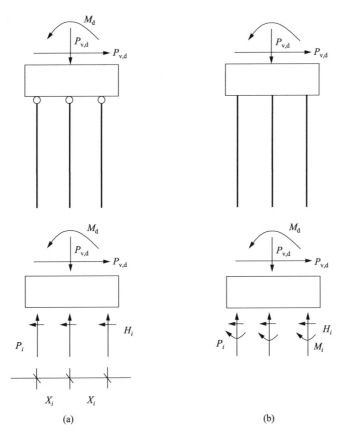

图 15.6　作用于承台顶面上的拟静力及桩顶反力

$$\begin{cases} V_{p,i} = V_0 - \theta x_i \\ U_{p,i} = U_0 + \theta z_0 \end{cases} \tag{15.26}$$

根据桩顶刚度系数定义,则得第 i 根桩顶竖向力 P_i、水平力 H_i 及力矩 M_i 如下:

$$\begin{cases} P_i = K_{p,v} V_{p,i} \\ H_i = K_{p,h} U_{p,i} + K_{p,\theta h} \\ M_i = K_{p,\theta} \theta + K_{p,\theta h} \end{cases} \tag{15.27}$$

这样,为确定桩顶所受的力,必须确定承台质心的运动分量 V_0、U_0 和 θ,共三个参数。将 P_i、H_i、M_i 作用于承台底的相应点上,可建立承台的竖向力、水平力和力矩的平衡方程,共三个。由这三个方程可求得承台质心的三个运动分量。进而,利用式(15.26)和式(15.27)可确定出桩顶所受的力。

在此,假定桩顶的刚度系数是已知的,关于桩顶刚度系数的确定是较复杂的,其中涉及许多问题,下面将进一步表述。

2. 单桩体系分析模型

按上述方法确定出承台下每根桩桩顶所承受的力后,通常不考虑相邻桩之间的相互影响,从中取出一根桩进行内力分析。这样,所要分析体系则如图 15.7(a)所示。从图 15.7 可见,这个体系由桩体和桩周土体两部分组成。

(1)桩体。桩体在桩顶荷载作用下将受压、受弯和受剪,在受力上可将其视为轴向受压的梁。

(2)桩周土体。桩周土体通常是水平成层的非均质体。桩顶荷载通过桩作用于桩周土体。因此,桩体和桩周围土体构成了一个相互作用体系。比较而言,这是一个较简单的相互作用体系,但是,即使将桩周土体视为水平成层的非均质体,其求解也是相当困难的,通常需要数值求解。

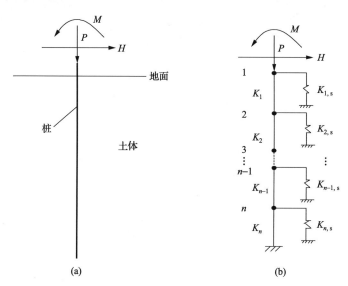

图 15.7　单桩体系及其简化分析模型

单桩数值分析方法通常采用图 15.7(b)所示的简化模型。图 15.7(b)所示的分析模型做了如下的简化。

(1)将桩体简化成轴向受压的梁单元集合体。

(2)将周围土体以一系列可发生水平变形和竖向变形的弹簧代替。这些弹簧一端固定,另一端与梁单元节点相连,当梁单元发生变形时,以弹簧对梁单元结点的作用力代替周围土体对桩的作用力。

3. 在桩顶轴向荷载作用下的内力分析

由于桩顶轴向荷载对桩的作用不与桩顶剪力和力矩相交联,所以单独分析桩顶竖向荷载引起的桩的内力更为方便。在这种情况下,桩被视为压杆单元的集合体。每个压杆单元的结点具有一个自由度,即轴向位移 V,并且在其上只作用轴向力。作用于压杆单元集合体结点上的轴向力包括如下两部分。

1) 压杆单元变形的轴向恢复力

令压杆单元的两个结点分别为 1、2,相应的轴向位移和轴向力分别为 V_1、V_2 和 $P_{1,1}$、$P_{2,1}$。根据有限元法,压杆单元结点轴向力与轴向位移关系如下:

$$\begin{Bmatrix} P_{1,1} \\ P_{2,1} \end{Bmatrix} = \begin{bmatrix} K_{\mathrm{c}} & -K_{\mathrm{c}} \\ -K_{\mathrm{c}} & K_{\mathrm{c}} \end{bmatrix} \begin{Bmatrix} V_1 \\ V_2 \end{Bmatrix} \tag{15.28}$$

式中,K_{c} 为压杆单元的刚度矩阵系数,按式(15.29)确定:

$$K_{\mathrm{c}} = E_{\mathrm{p}} \frac{A_{\mathrm{p}}}{l_{\mathrm{p}}} \tag{15.29}$$

其中,E_{p}、A_{p} 和 l_{p} 分别为桩体材料的弹性模量、桩的截面面积和压杆单元的长度。

这样,根据式(15.28)计算出压杆单元变形时作用于该单元结点上的轴向恢复力。

2) 土弹簧的轴向反力

令 $P_{1,2}$、$P_{2,2}$ 分别为弹簧反力作用于压杆单元两结点上的轴向力,其大小可按式(15.30)确定:

$$\begin{Bmatrix} P_{1,2} \\ P_{2,2} \end{Bmatrix} = \begin{bmatrix} K_{\mathrm{s}} & 0 \\ 0 & K_{\mathrm{s}} \end{bmatrix} \begin{Bmatrix} V_1 \\ V_2 \end{Bmatrix} \tag{15.30}$$

式中,K_{s} 为剪切弹簧变形刚度系数,按式(15.31)确定:

$$K_{\mathrm{s}} = \frac{1}{2} C_{\tau} S_{\mathrm{p}} \tag{15.31}$$

其中,C_{τ} 为剪切弹簧变形系数,根据压杆单元周围土的类型选取;S_{p} 为压杆单元的侧面积。

将这两部分力叠加起来,作用于压杆单元节点上总的轴向力如下:

$$\begin{Bmatrix} P_1 \\ P_2 \end{Bmatrix} = \begin{bmatrix} K_{11} & -K_{12} \\ -K_{21} & K_{22} \end{bmatrix} \begin{Bmatrix} V_1 \\ V_2 \end{Bmatrix} \tag{15.32}$$

式中

$$\begin{Bmatrix} P_1 \\ P_2 \end{Bmatrix} = \begin{Bmatrix} P_{1,1} \\ P_{2,1} \end{Bmatrix} + \begin{Bmatrix} P_{1,2} \\ P_{2,2} \end{Bmatrix}$$

$$\begin{cases} K_{11} = K_{22} = K_{\mathrm{c}} + K_{\mathrm{s}} \\ K_{12} = K_{21} = K_{\mathrm{c}} \end{cases} \tag{15.33}$$

令

$$[K]_{\mathrm{e}} = \begin{bmatrix} K_{11} & -K_{12} \\ -K_{21} & K_{22} \end{bmatrix}$$

则

$$\{P\}_{\mathrm{e}} = [K]_{\mathrm{e}} \{V\}_{\mathrm{e}} \tag{15.34}$$

式中，$[K]_e$ 为考虑土反力作用的压杆单元刚度矩阵。

　　3) 体系的求解方程及求解

　　这样，根据分析体系中每个结点的轴向力平衡，可建立如下求解方程：

$$[K]\{V\} = \{R\} \tag{15.35}$$

式中，$[K]$ 为分析体系总刚度矩阵，可由单元刚度矩阵式(15.34)叠加而成，可以发现，分析体系总刚度矩阵是一个三对角矩阵；$\{V\}$ 为分析体系结点轴向位移向量：

$$\{V\} = \{V_1 \quad V_2 \quad \cdots \quad V_i \quad \cdots \quad V_n\}^T \tag{15.36}$$

其中，V_i 为第 i 个结点的轴向位移；$\{R\}$ 为外荷载向量：

$$\{R\} = \{P \quad 0 \quad \cdots \quad 0 \quad \cdots\}^T \tag{15.37}$$

求解式(15.34)可求得的轴向位移向量 $\{V\}$。然后，将相应单元结点的轴向位移代入式(15.28)可求出相应节点的轴向力。

　　4) 桩顶竖向变形刚度的确定

　　前面曾指出，当桩与承台刚接时，为确定承台下桩顶所受的轴向力必须知道桩顶的轴向变形刚度系数 $K_{p,v}$。像下面看到的那样，由式(15.35)可由确定出桩顶轴向变形刚度系数 $K_{p,v}$。为此，将式(15.35)写成如下分块形式：

$$\begin{bmatrix} K_{11} & K_{12} & & & & \\ K_{21} & K_{22} & K_{23} & & & \\ & K_{32} & K_{33} & K_{34} & & \\ & & K_{43} & K_{44} & K_{45} & \\ & & & \ddots & \ddots & \ddots \\ & & & & K_{n,n-1} & K_{nn} \end{bmatrix} \begin{Bmatrix} V_1 \\ V_2 \\ V_3 \\ V_4 \\ \vdots \\ V_N \end{Bmatrix} = \begin{Bmatrix} P \\ 0 \\ 0 \\ 0 \\ 0 \\ 0 \end{Bmatrix} \tag{15.38}$$

令

$$\bar{K}_{11} = K_{11}$$

$$\bar{K}_{12} = [K_{12} \quad 0 \quad 0 \quad \cdots \quad 0]$$

$$\bar{K}_{21} = [K_{21} \quad 0 \quad 0 \quad \cdots \quad 0]^T$$

$\bar{K}_{22}$ 等于总刚度矩阵中除 $\bar{K}_{11}$、$\bar{K}_{12}$、$\bar{K}_{21}$ 以外的部分。

$$\begin{cases} \bar{V}_1 = V_1 \\ \bar{V}_1 = \{V_2 \quad V_3 \quad V_4 \quad \cdots \quad V_n\}^T \\ \bar{R}_1 = P \end{cases} \tag{15.39}$$

则式(15.38)可写成如下形式：

$$\begin{cases} \bar{K}_{11}\,\bar{V}_1 + \bar{K}_{12}\,\bar{V}_2 = \bar{R}_1 \\ \bar{K}_{21}\,\bar{V}_1 + \bar{K}_{22}\,\bar{V}_2 = 0 \end{cases} \qquad (15.40)$$

由式(15.40)的第二式得

$$\bar{V}_2 = -\bar{K}_{22}^{-1}\,\bar{K}_{21}\,\bar{V}_1$$

将其代入式(15.40)第一式中,得

$$\bar{K}_{11}\,\bar{V}_1 - \bar{K}_{12}\,\bar{K}_{22}^{-1}\,\bar{K}_{21}\,\bar{V}_1 = \bar{R}_1$$

简化并由 $\bar{V}_1 = V_1$，$\bar{R}_1 = P$，$\bar{K}_{11} = K_{11}$ 可得

$$[K_{11} - \bar{K}_{12}\,\bar{K}_{22}^{-1}\,\bar{K}_{21}]V_1 = P \qquad (15.41)$$

根据桩顶轴向变形刚度定义,由式(15.41)得桩顶轴向变形刚度系数 $K_{\mathrm{p,v}}$ 如下:

$$K_{\mathrm{p,v}} = K_{11} - \bar{K}_{12}\,\bar{K}_{22}^{-1}\,\bar{K}_{21} \qquad (15.42)$$

4. 在桩顶剪力和力矩作用下的内力分析

前面曾指出,桩顶剪力与力矩对桩的作用不与轴向力作用交联,但这两者之间是交联的。由于不与轴向力作用交联,为了简便,在下面分析中只考虑桩顶剪力和力矩的作用,而在桩顶轴向力作用下的内力分析可按前述方法进行。

当分析在桩顶剪力和力矩作用下的内力时,将桩简化成梁单元集合体。每个梁单元结点有两个自由度,即切向位移 u 和转角 θ,相应的在每个结点上作用一个切向力 F_{H} 和弯矩 M。桩顶作用的剪力和力矩由桩的弹性恢复力和土的反力来平衡。

1) 桩单元变形的弹性恢复力

一个梁单元的变形弹性恢复力可以根据有限元法确定。设梁单元的两个结点的切向位移和转角分别为 u_1、u_2 和 θ_1、θ_2,将其排列成一个向量,以 $\{r\}_{\mathrm{e}}$ 表示,则有

$$\{r\}_{\mathrm{e}} = \{u_1 \;\; \theta_1 \;\; u_2 \;\; \theta_2\}^{\mathrm{T}} \qquad (15.43)$$

相应地,在梁单元两个结点上作用的切向力和弯矩分别为 $Q_{1,1}$、$Q_{2,1}$ 和 $M_{1,1}$、$M_{2,1}$,将其排列一个向量,以 $\{F\}_{\mathrm{e,1}}$ 表示,则有

$$\{F\}_{\mathrm{e,1}} = \{Q_{1,1} \;\; M_{1,1} \;\; Q_{1,2} \;\; M_{1,2}\}^{\mathrm{T}} \qquad (15.44)$$

根据结构力学,式(15.43)中结点位移的符号规定及式(15.41)中结点力的符号规定如图 15.8 所示。

$$\{F\}_{\mathrm{e,1}} = [K]_{\mathrm{p}}\,\{r\}_{\mathrm{e}} \qquad (15.45)$$

式中,$[K]_{\mathrm{p}}$ 为梁单元刚度矩阵,其形式如下:

$$[K]_p = \begin{bmatrix} \dfrac{12E_pI}{l^3} & \dfrac{6E_pI}{l^2} & -\dfrac{12E_pI}{l^3} & \dfrac{6E_pI}{l^2} \\[2mm] \dfrac{6E_pI}{l^2} & \dfrac{4E_pI}{l} & -\dfrac{6E_pI}{l^2} & \dfrac{2E_pI}{l} \\[2mm] -\dfrac{12E_pI}{l^3} & -\dfrac{6E_pI}{l^2} & \dfrac{12E_pI}{l^3} & -\dfrac{6E_pI}{l^2} \\[2mm] \dfrac{6E_pI}{l^2} & \dfrac{2E_pI}{l} & -\dfrac{6E_pI}{l^2} & \dfrac{4E_pI}{l} \end{bmatrix} \tag{15.46}$$

其中，E_p、I、l 分别为梁单元的弹性模量、面积矩及长度。

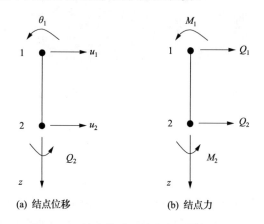

(a) 结点位移　　　　　　　　　　(b) 结点力

图 15.8　结点位移及结点力的符号规定

2) 土弹簧反力对梁单元的作用

土弹簧的反力作用于桩单元侧面，并在桩单元结点上产生相应的剪力和弯矩阵。下面按文献[7]来表述这个问题，令 $Q_{2,1}$、$Q_{2,2}$ 和 $M_{2,1}$、$M_{2,2}$ 分别表示土反力在梁单元两个结点上的产生的剪力和弯矩，将其排列成一个向量，以 $\{F\}_{e,2}$ 表示，则

$$\{F\}_{e,2} = \{Q_{2,1} \quad M_{2,1} \quad Q_{2,2} \quad M_{2,2}\}^{\mathrm{T}} \tag{15.47}$$

按文克尔假定，作用于梁单元侧面上一点单位长度上的弹簧反力 q 与该点的变形 u 成正比，即

$$q = bku \tag{15.48}$$

式中，k 为弹簧侧向变形系数；b 为梁的宽度。因此，弹簧反力在梁单元结点上引起的剪力和弯矩也应与梁单元的变形有关。下面来建立这个关系。

假定梁单元的变形函数如下：

$$u = a + bz + cz^2 + dz^3 \tag{15.49}$$

式(15.49)可改写成如下形式：

$$u = \{1 \quad z \quad z^2 \quad z^3\}\{\alpha\} \tag{15.50}$$

式中

$$\{\alpha\} = \{a \ b \ c \ d\}^{\mathrm{T}} \tag{15.51}$$

另外

$$\theta = -\frac{\mathrm{d}u}{\mathrm{d}z}$$

将式(15.49)代入得

$$\theta = -b - 2cz - 3dz^2 \tag{15.52}$$

式(15.52)可改成成如下形式：

$$\theta = \{0 \ -1 \ -2z \ -3z^2\}\{\alpha\} \tag{15.53}$$

将 $z = 0$、$z = l$ 代入式(15.50)和式(15.53)，可得

$$\{r\}_e = [T]\{\alpha\} \tag{15.54}$$

式中

$$\{r\}_e = \{u_1 \ \theta_1 \ u_2 \ \theta_2\}^{\mathrm{T}} \tag{15.55}$$

其中，u_1、u_2 和 θ_1、θ_2 分别为单元两结点的位移和转角

$$[T] = \begin{bmatrix} 1 & 0 & 0 & 0 \\ 0 & -1 & 0 & 0 \\ 1 & l & l^2 & l^3 \\ 0 & -1 & -2l & -3l^2 \end{bmatrix} \tag{15.56}$$

由式(15.54)可求得

$$\{\alpha\} = [T]^{-1}\{r\}_e$$

将其代入式(15.50)得

$$u = \{1 \ z \ z^2 \ z^3\}[T]^{-1}\{r\}_e \tag{15.57}$$

将其代入式(15.48)得

$$q(z) = bk\{1 \ z \ z^2 \ z^3\}[T]^{-1}\{r\}_e \tag{15.58}$$

在此应指出，弹簧反力的方向与梁的变形方向相反，作用方向如图 15.9 所示。

下面来确定，在两端嵌固的梁上任意点作用单位力时，结点对梁的作用力 $\bar{Q}_1$、$\bar{M}_1$、$\bar{Q}_2$、$\bar{M}_2$，如图 15.10 所示。根据结构力学位移解法得

$$\begin{cases} \bar{Q}_1(z) = -f_1(z) \\ \bar{M}_1(z) = -f_2(z) \\ \bar{Q}_2(z) = -f_3(z) \\ \bar{M}_2(z) = -f_4(z) \end{cases} \tag{15.59}$$

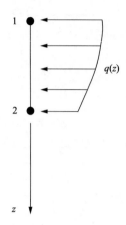

图 15.9　作用于梁单元侧面上的弹簧反力

式中

$$
\begin{cases}
f_1(z) = \dfrac{(l-z)^2}{l^2}\left(1 + \dfrac{2z}{l}\right) \\[2mm]
f_2(z) = -\dfrac{z}{l^2}(l-z)^2 \\[2mm]
f_3(z) = \dfrac{z^2}{l^2}\left[1 + \dfrac{2(l-z)}{l}\right] \\[2mm]
f_4(z) = \dfrac{z^2}{l^2}(l-z)
\end{cases}
\tag{15.60}
$$

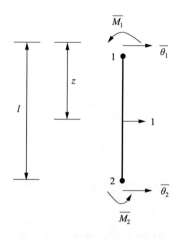

图 15.10　在 z 点作用单位力时结点对单元的作用力

　　令在弹簧反力作用下两结点作用于梁单元的剪力和力矩分别为 $Q_{2,1}$、$M_{2,1}$ 和 $Q_{2,2}$、$M_{2,2}$。下面,以 $Q_{2,1}$ 为例说明它们的确定方法。由于弹簧反力 $q(z)$ 的作用方向为负,则

$$
Q_{2,1} = \int_0^l -\overline{Q}_1(z)q(z)\mathrm{d}z
\tag{15.61}
$$

注意式(15.59)第一式并将式(15.58)代入式(15.61),得

$$Q_{2,1} = bk\left[\int_0^l f_1(z)\{B_1(z),B_2(z),B_3(z),B_4(z)\}\mathrm{d}z\right]\{r\}_e \tag{15.62}$$

式中

$$B_j(z) = \{1\ \ z\ \ z^2\ \ z^3\}\{T\}_j', \qquad j = 1,2,3,4 \tag{15.63}$$

其中, $\{T\}_j'$ 为矩阵 $[T]^{-1}$ 的第 j 列。这样,式(15.62)可写成如下形式:

$$Q_{2,1} = \left[\ bk\int_0^l f_1(z)B_1(z)\mathrm{d}z\quad bk\int_0^l f_1(z)B_2(z)\mathrm{d}z\quad bk\int_0^l f_1(z)B_3(z)\mathrm{d}z\right.$$
$$\left. bk\int_0^l f_1(z)B_4(z)\mathrm{d}z\right]\{r\}_e$$

令

$$k_{s,i,j} = bk\int_0^l f_1(z)B_j(z)\mathrm{d}z \tag{15.64}$$

则得

$$Q_{2,1} = \left[k_{s,1,1}\ \ k_{s,1,2}\ \ k_{s,1,3}\ \ k_{s,1,4}\right]\{r\}_e \tag{15.65}$$

采用相同的方法可求出 $M_{2,1}$、$Q_{2,2}$、$M_{2,2}$,与式(15.65)的表达式相同。然后,把它们写成一个矩阵形式,则得

$$\begin{Bmatrix} Q_{2,1} \\ M_{2,1} \\ Q_{2,2} \\ M_{2,2} \end{Bmatrix} = [K]_s\{r\}_e \tag{15.66}$$

式中, $[K]_s$ 为土反力刚度矩阵,其形式如下:

$$[K]_s = \begin{bmatrix} k_{s,1,1} & k_{s,1,12} & k_{s,1,3} & k_{s,1,4} \\ k_{s,2,1} & k_{s,2,2} & k_{s,2,3} & k_{s,2,4} \\ k_{s,3,1} & k_{s,3,2} & k_{s,3,3} & k_{s,3,4} \\ k_{s,4,1} & k_{s,4,2} & k_{s,4,3} & k_{s,4,4} \end{bmatrix} \tag{15.67}$$

其中

$$k_{s,i,j} = bk\int_0^l f_i(z)B_j(z)\mathrm{d}z \tag{15.68}$$

由于作用于梁单元上的力是由梁的变形恢复力和土弹簧反力共同承担的,则考虑土弹簧反力作用的梁单元刚度矩阵 $[K]_{ps}$ 如下:

$$[K]_{ps} = [K]_p + [K]_s \tag{15.69}$$

考虑土弹簧反力作用,结点力对梁单元的作用力为

$$\begin{Bmatrix} Q_1 \\ M_1 \\ Q_2 \\ M_2 \end{Bmatrix} = \begin{Bmatrix} Q_{1,1} \\ M_{1,1} \\ Q_{1,2} \\ M_{2,1} \end{Bmatrix} + \begin{Bmatrix} Q_{2,1} \\ M_{2,1} \\ Q_{2,2} \\ M_{2,2} \end{Bmatrix} \tag{15.70}$$

式中

$$\begin{Bmatrix} Q_1 \\ M_1 \\ Q_2 \\ M_2 \end{Bmatrix} = [K]_{ps} \{r\}_e \tag{15.71}$$

3) 在桩顶切向力和力矩作用下单桩体系的求解方程及求解

如果将单桩体系的节点的变形按从上到下的次序排列成一个向量,即

$$\{r\} = \{u_1 \ \theta_1 \ u_2 \ \theta_2 \ \cdots \ u_n \ \theta_n\}^T \tag{15.72}$$

由各结点的切向力及力矩平衡可得到单桩体系在桩顶切向力 H 和力矩 M 作用下的求解方程:

$$[K]\{r\} = \{R\} \tag{15.73}$$

式中,$[K]$ 为单桩体系的总刚度矩阵,可由梁单元刚度 $[K]_{ps}$ 叠加而成;$\{R\}$ 为荷载向量,由于只有在桩顶作用水平力 H 和力矩 M,则

$$\{R\} = \{H \ M \ 0 \ 0 \ \cdots \ 0 \ 0\}^T \tag{15.74}$$

求解式(15.73)可得单桩体系的节点位移向量 $\{r\}$。然后,将求得的结点位移代入相应的单元刚度矩阵,则可得在桩顶荷载 H、M 作用下桩的内力。

4) 单桩桩顶位移刚度的确定

利用式(15.73)可确定出单桩桩顶切向位移刚度系数 $[K]_{p,H}$、转动刚度系数 $[K]_{p,\theta}$ 及切向位移与转动交联刚度系数 $[K]_{p,H\theta}$。确定的方法与上述确定桩顶轴向变形刚度系数 $K_{p,v}$ 相似,将式(15.73)写成如下分块形式:

$$\begin{bmatrix} K_{11} & K_{12} & K_{13} & K_{14} & \cdots \\ K_{21} & K_{22} & K_{23} & K_{24} & \cdots \\ K_{31} & K_{32} & K_{33} & K_{34} & \cdots \\ K_{41} & K_{42} & K_{43} & K_{44} & \cdots \\ \vdots & \vdots & \vdots & \vdots & \vdots \end{bmatrix} \begin{Bmatrix} u_1 \\ \theta_2 \\ u_2 \\ \theta_2 \\ \vdots \end{Bmatrix} = \begin{Bmatrix} H \\ M \\ 0 \\ 0 \\ \vdots \end{Bmatrix} \tag{15.75}$$

令

$$\bar{K}_{11} = \begin{bmatrix} K_{11} & K_{12} \\ K_{21} & K_{22} \end{bmatrix} \tag{15.76a}$$

$$\bar{K}_{12} = \begin{bmatrix} K_{13} & K_{14} & \cdots \\ K_{23} & K_{24} & \cdots \end{bmatrix} \qquad (15.76\text{b})$$

$$\bar{K}_{21} = \begin{bmatrix} K_{31} & K_{32} \\ K_{41} & K_{42} \\ \vdots & \vdots \end{bmatrix} \qquad (15.76\text{c})$$

$$\bar{K}_{22} = \begin{bmatrix} K_{33} & K_{34} & \cdots \\ K_{43} & K_{44} & \cdots \\ \vdots & \vdots & \vdots \end{bmatrix} \qquad (15.76\text{d})$$

$$\bar{\gamma}_1 = \begin{Bmatrix} u_1 \\ \theta_1 \end{Bmatrix} \qquad (15.76\text{e})$$

$$\bar{R}_1 = \begin{Bmatrix} H \\ M \end{Bmatrix} \qquad (15.76\text{f})$$

$$\bar{\gamma}_2 = \{ u_2 \quad \theta_2 \quad \cdots \}^{\mathrm{T}} \qquad (15.76\text{g})$$

则式(15.75)可改写成如下形式：

$$\begin{cases} \bar{K}_{11}\bar{\gamma}_1 + \bar{K}_{12}\bar{\gamma}_2 = \bar{R}_1 \\ \bar{K}_{21}\bar{\gamma}_1 + \bar{K}_{22}\bar{\gamma}_2 = 0 \end{cases} \qquad (15.77)$$

由式(15.77)第二式得

$$\bar{\gamma}_2 = -\bar{K}_{22}^{-1}\bar{K}_{21}\bar{\gamma}_1$$

将其代入式(15.75)第一式得

$$\begin{bmatrix} \bar{K}_{11} - \bar{K}_{12}\bar{K}_{22}^{-1}\bar{K}_{21} \end{bmatrix} \begin{Bmatrix} u_1 \\ \theta_1 \end{Bmatrix} = \begin{Bmatrix} H \\ M \end{Bmatrix}$$

式中，$[\bar{K}_{11} - \bar{K}_{12}\bar{K}_{22}^{-1}\bar{K}_{21}]$ 为 2×2 矩阵。根据桩顶刚度系数定义，则得

$$\begin{bmatrix} K_{\mathrm{p,H}} & K_{\mathrm{p,H\theta}} \\ K_{\mathrm{p,\theta H}} & K_{\mathrm{p,\theta}} \end{bmatrix} = \begin{bmatrix} \bar{K}_{11} - \bar{K}_{12}\bar{K}_{22}^{-1}\bar{K}_{21} \end{bmatrix} \qquad (15.78)$$

由式(15.78)可发现

$$K_{\mathrm{p,H\theta}} = K_{\mathrm{p,\theta H}} \qquad (15.79)$$

5. 土的类型和埋深对弹簧系数的影响

土的弹簧系数 k 与土的其他力学参数一样,取决于土的类型和所受的上覆压力。现在公认,上覆压力越大,土的弹簧系数越大。因此,即使同一层中土弹簧系数也不是常数。由于土的埋藏越深其上覆压力越大,则弹簧系数也就越大。为了简化,通常认为同一层土

中弹簧系数与其埋深 z 成正比,即

$$k = Mz \qquad (15.80)$$

式中,M 为与土的类型有关参数,其单位为力/长度[4]。式(15.80)即所谓的 M 值法。在此应指出,z 为从地面向下计算的深度,而不是从那层土顶面计算的深度。

　　上述的分析方法可同时考虑土层类型和埋深对土弹簧系数的影响。在计算作用于每个梁单元上的弹簧反力时,按式(15.80)确定相应的弹簧系数,其中 M 取桩单元所在土层的 M_i 值,z 取梁单元中点的埋深 z_j,如图 15.11 所示。由于每个梁单元的长度较小,在每个梁单元范围内弹簧系数取常值。

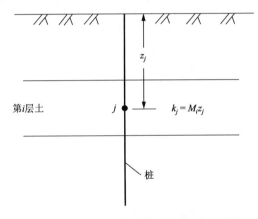

图 15.11　按 M 值法确定梁第 i 层第 j 点的弹簧系数

　　为了简化,如果假定桩周土是由同一种土组成的,这样,就不能很好地考虑土层 M 变化对弹簧系数的影响,只能考虑埋深对弹簧系数的影响。实际上,土总是分层的,如果采用这种简化,桩周土的 M 值通常取各层土的某种平均值,如按层厚的加权平均值。这样,确定出来的 K 值是随埋深线性变化的,其优点可以求得解析解。但是,实际上由于土层类型的影响,K 值随土层呈阶梯变化,只在层内是线性变化的。在许多情况下,土的类型对弹簧系数的影响比埋深的影响要大。桩基震害表明,桩的裂缝通常发生在软硬层界面附近。根据力学知识推断,这种震害现象与弹簧系数随土层突然变化不无关系。显然,不考虑弹簧系数随土层呈阶梯变化,则不能解析出桩的裂缝通常发生在软硬层界面附近的震害现象。因此,这种简化虽然可求得解析解,但不能考虑重要的震害现象。基于这种认识,本章没介绍这种简化的解析求解方法。

　　6. 非线性土反力的考虑——$p\text{-}y$ 曲线

　　由于土动力性能具有明显的非线性,表示土体作用的弹簧也应具有非线性。非线性弹簧的弹簧系数不是常数而随其变形而改变。因此,土弹簧非线性性能必须以一个描写弹簧反力与其变形之间的非线性函数来表示。这个非线性关系线通常称为 $p\text{-}y$ 曲线,其中 p 为作用单位面积上的土反力,y 为土的变形。$p\text{-}y$ 曲线可以由试验测定,也可由计算或试验确定。在此,假定 $p\text{-}y$ 曲线是已知的,那么由 $p\text{-}y$ 曲线可确定出指定的 i 点的弹簧系数 k_i,即

$$k_i = \frac{p_i}{y_i} \tag{15.81}$$

式中，p_i、y_i 分别为 i 点的 p 值和 y 值。

如图 15.12 所示，随变形的增加，相应的弹簧系数逐渐减小。

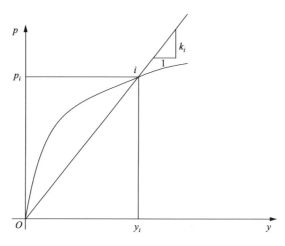

图 15.12　p-y 曲线及弹簧系数

按式(15.81)，欲确定土的弹簧系数，则必须知道土的变形，但是，土的变形是未知的待求量。这样，在利用 p-y 曲线进行非线性分析时，必须采用迭代方法。首先，对单桩体系中的每个结点指定一个变形，按式(15.81)确定出相应的弹簧系数，并进行单桩体系分析。完成单桩体系分析可求得每个结点的新变形，并可按式(15.81)确定出相应的新弹簧系数，采用新的弹簧系数再一次进行单桩体系分析。如此反复进行，直至结果的误差达到允许值。

7. 存在液化土层时的分析方法

当存在液化土层时，应像单桩承载力校核那样，分别对如下两个典型情况进行分析，并取二者之中最危险的结果。

(1) 地震动达到最大，但尚未充分液化情况。

(2) 地震动引起的孔隙水压力达到最大并完全液化情况。

关于这两种分析情况的具体规定已在前面单桩承载力校核中表述过了，在此不再赘述。

8. 拟静力分析方法的适用性

前面曾指出地震时桩的三种受力机制，即地震动通过土层向上传播时由于桩及周围土体的振动使桩承受的力；地震动传到上部结构由于上部结构的惯性力反馈作用使桩承受的力；地震动引起周围土体发生永久变形，桩顺从土体永久变形而承受的力。

按上面表述的拟静力分析方法，该法只考虑了桩第二种受力机制，并且按静力施加于桩顶。上部结构惯性力通常是在地基为刚性的假定下确定的，即在确定上部结构惯性力时没有考虑土-桩-上部结构之间的相互作用。但是,由于问题的复杂性,在常规的桩基地震受力分析中通常只能做到这一点。因此,在大多现行抗震设计规范中,桩基抗震分析只考虑上述第二种受力机制。

15.6　考虑地基土体-基础-上部结构的相互作用的动力分析方法

一个建筑是由地基土体、基础和上部结构三部分组成的。通常,把基础视为结构的一部分,认为一个求解体系是由地基土体和结构组成的。实际上,基础是连接上部结构与地基土体的一个中间环节,和上部结构有很多不同的功能,特别是像桩那样的深基础。在此,应把基础作为建筑体系的一个组成部分来看待。

地震时,地基土体-基础-上部结构共同工作,每个组成部分所受的力不仅取决于自身的性能,还取决于这三部分组成的体系的性能。显然,考虑地基土体-基础-上部结构共同工作的分析方法是很复杂的,通常只有重大建筑的抗震分析才采用这种分析方法。

由于地基土层条件的多样性、基础形式的多样性及上部结构形式的多样性,地基土体、基础和上部结构可以组合成各种各样的体系。但是,尽管如此,通常可归纳成两大类型:地基土体浅基础上部结构体系和地基土体深基础上部结构体系。

考虑地基土体、基础和上部结构的共同工作的动力分析,从地基基础抗震而言,所关注的是地震时地基土体和基础构件的受力和变形。在选取考虑共同工作的分析方法和建立体系的相应分析模型时,这一宗旨必须予以考虑。

1. 地基土体-浅基础-上部结构体系的分析

按上述,从地基基础抗震而言,这种体系的抗震分析主要关注的是地基土体及浅基础构件的受力和变形。因此,这类体系地震分析应满足如下要求。

(1) 这类体系的分析应采用整体分析途径。

(2) 实际地基土体应包括在分析体系模型之中,不能以弹簧等力学构件代替。考虑到实际地基土体的成层不均质性,通常将实际地基土体简化成有限元集合体。

(3) 这类体系中的浅基础通常为刚性很大的块体、梁、板等。为了便于计算基础构件所受的内力,可根据浅基础的具体形式将浅基础简化成刚块、板单元或梁单元的集合体。

(4) 这类体系中的上部结构可在保持其刚度和质量分布基本特点的前提下尽可能简化,以减小分析体系的规模和计算工作量。

在满足上述要求的前提下,这类体系的地震分析可完全依照第 13 章所述的方法进行,在此不需赘述。

2. 地基土体-深基础-上部结构体系的分析

这类体系分析的一个重要的特点是涉及设置于地基土体中的深基础与其周围土体的相互作用。在各种深基础形式中,桩基是最重要和广泛被采用的一种。下面,以桩基础为例说明这类体系的分析方法,其他类型的深基础可采用与桩基础相似的方法进行分析。显然,地基土体-桩-上部结构体系的地震分析要比地基土体-浅基础-上部结构体系的地震分析要复杂。按地基土体-桩-上部结构体系地震分析的主要关注点可分为两种情况：①主要关注桩身的受力和变形；②同时关注桩身和桩周土的受力和变形。

由于关注点有所不同，在两种情况下体系的分析模型应有所不同。在第一种情况下，主要关注桩身的受力和变形，则实际地基土体可不出现在分析模型中，而以力学元件（如弹簧）代替。在第二种情况下，同时关注桩身和桩周土的受力和变形，则实际地基土体必须出现在分析体系中，不能以力学元件弹簧等代替。通常，桩基中包括若干根桩，并按一定的次序排列。令在 y 方向有 n 行，x 方向有 m 列，如图 15.13(a) 所示。在建立体系分析模型时，桩基可以根据具体情况进行简化。

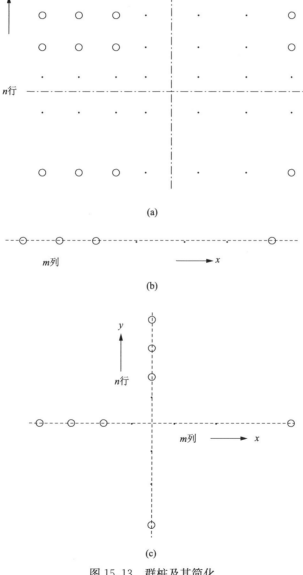

图 15.13　群桩及其简化

1) 以弹簧代替地基土体

在这种情况下,如果只对 x 方向地震动进行分析,则可将 y 方向的 n 行桩合并成一行桩,如图 15.13(b)所示。合并后桩的刚度和质量是原来单根桩的 n 倍。相应地,代表土作用的弹簧系数也为原来弹簧系数的 n 倍。如果同对 x 和 y 方向地震动进行分析,可采取相似方法处理,将 y 方向的 n 行桩合并成一行桩,将 x 方向的 m 列桩合并成一列桩,如图 15.13(b)所示。显然,在建立体系分析模型时,如果以弹簧代替地基土体,则不能考虑桩组中各桩之间的相互叠加作用,即群桩效应。

2) 实际地基土体出现在体系分析模型情况

在这种情况下,地基土体通常简化为有限元集合体。如果只对 x 方向地震动进行分析,则可像图 15.13(b)那样,将 n 行桩集合成一行桩,然后再将集合的桩视为梁单元集合体。相应地,可将地基土体简化成平面应变问题;在计算土单元刚度和质量时,在 y 方向取承台的宽度而不是取单位宽度。在此应指出,土单元与桩单元的划分要协调,它们应有公共结点。在二维情况下,公共结点应有三个自由度,即 x 方向和 z 方向的位移及绕 y 轴的转角。如果同时对 x、y 方向地震动进行分析,则应将土体简化为三维有限元集合体,承台下所有的桩简化为梁单元集合体。同样,由于土单元的划分要与桩单元划分相协调,它们应有共同的结点。在三维情况下,土单元与梁单元的公共结点应有五个自由度,即 x、y、z 方向位移及绕 x 轴和 y 轴的转角。显然,当实际地基土体出现在体系分析模型中时,能够考虑桩组中各桩之间的叠加作用,即群桩效应。

此外,无论上述哪种情况,在建立体系的上部结构的模型时,应以桩承台之上整体结构为对象来构建并确定其刚度和质量。

3. 地震时弹簧反力的确定

如果在体系的分析模型中以弹簧代替土体,还必须强调在前面第 13 章指出的一点,即在地震分析中土体也在运动,弹簧的反力 q 应等于桩土共同工作时的水平向运动 u 与自由场时土柱的水平运动 u_f 之差乘以弹簧系数 k 即

$$q = bk(u - u_f) \tag{15.82}$$

通常,将自由场的土柱简化成剪切杆单元的集合体,剪切杆单元的位移为

$$u_f = a + bz \tag{15.83}$$

改写式(15.83)得

$$u_f = \{1, z\}\{\alpha\}_f \tag{15.84}$$

式中

$$\{\alpha\}_f = \{a, b\}^T \tag{15.85}$$

将 $z = 0$ 和 $z = l$ 代入式(15.84)得

$$\{\gamma\}_{f,e} = [T]_f \{\alpha\}_f \tag{15.86}$$

式中

$$\{\gamma\}_{f,e} = \{u_{f,1} \quad u_{f,2}\}^T \tag{15.87}$$

$$[T]_f = \begin{bmatrix} 1 & 0 \\ 1 & l \end{bmatrix} \tag{15.88}$$

由式(15.86)得

$$\{\alpha\}_f = [T]_f^{-1}\{\gamma\}_{f,e} \tag{15.89}$$

将其代入式(15.84),得

$$u_f = \{1,z\}[T]_f^{-1}\{\gamma\}_{f,e} \tag{15.90}$$

将式(15.57)和式(15.90)代入式(15.82)得

$$q(z) = bk(\{1,z,z^2,z^3\}[T]^{-1}\{\gamma\}_e - \{1,z\}[T]_f^{-1}\{\gamma\}_{f,e}) \tag{15.91}$$

式(15.91)右端括号中的第一项为场地土不运动时弹簧的反力,与其相应的弹簧反力单元矩阵 $[K]_s$ 按式(15.67)和式(15.68)确定。式(15.91)右端括号中的第二项为场地土运动时修正弹簧反力,下面以 $q(z)_f$ 表示,则

$$q(z)_f = -bk\{1,z\}[T]_f^{-1}\{\gamma\}_{f,e} \tag{15.92}$$

令由 $q(z)_f$ 作用结点对梁单元的作用以 $Q_{f,1}$、$M_{f,1}$、$Q_{f,2}$ 和 $M_{f,2}$ 表示,按前述相同的方法可得

$$\begin{Bmatrix} Q_{f,1} \\ M_{f,1} \\ Q_{f,2} \\ M_{f,2} \end{Bmatrix} = -[K]_f\{\gamma\}_{f,e} \tag{15.93}$$

式中

$$[K]_f = \begin{bmatrix} k_{f,1,1} & k_{f,1,2} \\ k_{f,2,1} & k_{f,2,2} \\ k_{f,3,1} & k_{f,3,2} \\ k_{f,4,1} & k_{f,4,2} \end{bmatrix} \tag{15.94}$$

其中

$$k_{f,i,j} = bk \int_0^l f_i(z) B_{f,j}(z) dz \tag{15.95}$$

$$B_{f,j} = \{1,z\}\{T\}'_{f,j}, \qquad j=1,2 \tag{15.96}$$

式中,$\{T\}'_{f,j}$ 为矩阵 $[T]_f^{-1}$ 的第 j 列。

为按式(15.93)计算出 $Q_{f,1}$、$M_{f,1}$、$Q_{f,2}$ 和 $M_{f,2}$,必须要确定出自由场土柱各结点的水平运动 $u_{f,i}$。这可由自由场的土柱地震反应分析求出。因此,可认为地震时自由场土柱各结点的水平运动是已知量。相应地,按式(15.93)计算的 $Q_{f,1}$、$M_{f,1}$、$Q_{f,2}$ 和 $M_{f,2}$ 也是已知

量。由于 $Q_{f,1}$、$M_{f,1}$、$Q_{f,2}$ 和 $M_{f,2}$ 是结点对单元的作用力,则单元对结点的作用力为 $-Q_{f,1}$、$-M_{f,1}$、$-Q_{f,2}$、$-M_{f,2}$。这样,在建立体系求解方程时,将 $-Q_{f,1}$、$-M_{f,1}$、$-Q_{f,2}$、$-M_{f,2}$ 作为已知荷载叠加在求解方程右端的荷载向量 $\{R\}$ 中就可以。

4. 梁单元惯性矩阵的确定

按上述,为了便于确定内力,在建立体系分析模型时通常将桩简化成梁单元集合体。这样,在每个梁结点的动力方程中应考虑梁的惯性力作用。梁的惯性力作用可用梁单元的惯性矩阵表示。在前面各章均未讨论,下面来说明这个问题。从梁单元取出一微元体 dz,它所受的惯性力有两个分量,即水平运动惯性力 $\mathrm{d}F_{\rho,u}$ 及转动惯性力矩 $\mathrm{d}M_{\rho,\theta}$,如图 15.14 所示。$\mathrm{d}F_{\rho,u}$、$\mathrm{d}M_{\rho,\theta}$ 可分别按式(15.97)和式(15.98)确定:

$$\mathrm{d}F_{\rho,u} = \rho A \ddot{u} \mathrm{d}z \tag{15.97}$$

$$\mathrm{d}M_{\rho,\theta} = \rho I \ddot{\theta} \mathrm{d}z \tag{15.98}$$

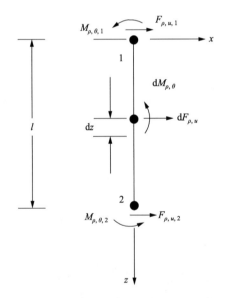

图 15.14　作用于梁单元上的惯性力和力矩

与作用于梁单元上的分布惯性力相应,结点作用于梁单元上的力可以 $F_{\rho,u,1}$、$M_{\rho,\theta,1}$、$F_{\rho,u,2}$、$M_{\rho,\theta,2}$ 表示,将其排列成一个向量,以 $\{F\}_{\rho}$ 表示,则

$$\{F\}_{\rho} = \{F_{\rho,u,1} \quad M_{\rho,\theta,1} \quad F_{\rho,u,2} \quad M_{\rho,\theta,2}\}^{\mathrm{T}} \tag{15.99}$$

假定,在梁单元两端发生虚位移 $\bar{u}_1$、$\bar{\theta}_1$、$\bar{u}_2$、$\bar{\theta}_2$,并将其排列成一个向量,以 $\{\bar{r}\}_{\mathrm{e}}$ 表示,则

$$\{\bar{r}\}_{\mathrm{e}} = \{\bar{u}_1 \quad \bar{\theta}_1 \quad \bar{u}_2 \quad \bar{\theta}_2\}^{\mathrm{T}}$$

相应地,结点作用于梁单元上的力所做的虚功 $\bar{w}_{\mathrm{e}}$ 如下:

$$\bar{w}_e = \{r\}_e^T \{F\}_\rho \tag{15.100}$$

另一方面,当梁单元两端发生位移时,根据式(15.57)和式(15.53),梁单元上任一点发生的位移 u、θ 可表示为

$$\begin{cases} u = \{1 \quad z \quad z^2 \quad z^3\} [T]^{-1} \{r\}_e \\ \theta = \{0 \quad -1 \quad -2z \quad -3z^2\} [T]^{-1} \{r\}_e \end{cases} \tag{15.101}$$

令

$$\begin{cases} \{z_1\} = \{1 \quad z \quad z^2 \quad z^3\} \\ \{z_2\} = \{0 \quad -1 \quad -2z \quad -3z^2\} \end{cases} \tag{15.102}$$

$$\begin{cases} N_{1,j} = \{z_1\} \{T\}_j' \\ N_{2,j} = \{z_2\} \{T\}_j' \end{cases} \quad j = 1,2,3,4 \tag{15.103}$$

式中,$\{T\}_j'$ 为矩阵 $[T]^{-1}$ 的第 j 列。这样,式(15.101)可写成如下形式:

$$\begin{Bmatrix} u \\ \theta \end{Bmatrix} = [N]\{r\}_e \tag{15.104}$$

其中

$$[N] = \begin{bmatrix} N_{1,1} & N_{1,2} & N_{1,3} & N_{1,4} \\ N_{2,1} & N_{2,2} & N_{2,3} & N_{2,4} \end{bmatrix} \tag{15.105}$$

将其代入式(15.98),则得

$$\begin{Bmatrix} \mathrm{d}F_{\rho,u} \\ \mathrm{d}M_{\rho,u} \end{Bmatrix} = [N]_\rho \{\ddot{r}\}_e \mathrm{d}z \tag{15.106}$$

$$[N]_\rho = \begin{bmatrix} \rho A N_{1,1} & \rho A N_{1,2} & \rho A N_{1,3} & \rho A N_{1,4} \\ \rho I N_{2,1} & \rho I N_{2,2} & \rho I N_{2,3} & \rho I N_{2,4} \end{bmatrix} \tag{15.107}$$

相应地,惯性力 $\mathrm{d}F_{\rho,u}$ 和 $\mathrm{d}M_{\rho,\theta}$ 所做的虚功 $\bar{w}_{\rho,e}$ 为

$$\mathrm{d}\bar{w}_{\rho,e} = \begin{Bmatrix} \bar{u} \\ \bar{\theta} \end{Bmatrix}^T \begin{Bmatrix} \mathrm{d}F_{\rho,u} \\ \mathrm{d}M_{\rho,\theta} \end{Bmatrix}$$

再将式(15.104)和式(15.106)代入得

$$\mathrm{d}\bar{w}_{\rho,e} = \{\dot{r}\}_e^T [N]^T [N]_\rho \mathrm{d}z \{\ddot{r}\}_e$$

由此,得整个单元惯性力的虚功 $\bar{w}_{\rho,e}$ 如下:

$$\bar{w}_{\rho,e} = \{\dot{r}\}_e^T \int_0^l [N]^T [N]_\rho \mathrm{d}z \{\ddot{r}\}_e \tag{15.108}$$

根据虚功原理,有 $\bar{w}_e = \bar{w}_{\rho,e}$,则得

$$\{F\}_{\rho} = \int_0^l [N]^{\mathrm{T}} [N]_{\rho} \, \mathrm{d}z \, \{\ddot{r}\}_e \tag{15.109}$$

令 $[M]_e$ 表示单元惯性力矩阵,根据其定义由式(15.109)得

$$[M]_e = \int_0^l [N]^{\mathrm{T}} [N]_{\rho} \, \mathrm{d}z \tag{15.110}$$

从式(15.110)可见,按上述方法确定出来的惯性力矩阵是交联的,即作用于一个结点上的惯性力不仅与该结点的运动有关,还与相邻结点的运动有关。这样,体系的总惯性矩阵 $[M]$ 也是交联的。但是,在实际分析中通常不考虑交联影响,而将体系的总惯性矩阵取为对角矩阵,其中与平移运动惯性力相应的主对角元素按集中质量法确定。这种方法的本质是假定在该结点所控制的范围内各点的平均运动加速度相同,并等于该结点的水平运动加速度。相似地,与转动惯性力矩相应的主对角元素可假定该结点所控制的范围内的各点转动角加速度是相同的。在这样的假定下,在总惯性矩阵中与转动惯性力矩相应的对角元素可按式(15.111)确定:

$$M_{i,i} = \rho I \left(\frac{l_{k-1}}{2} + \frac{l_k}{2} \right) \tag{15.111}$$

式中,l_{k-1} 和 l_k 分别为与结点 i 相邻的两个梁单元的长度。

15.7 地基基础抗震工程措施

当地基基础不能满足抗震要求时,必须采取抗震工程措施。由于场地土层条件及基础形式的不同,地基基础的抗震工程措施必须依据具体情况采取。另外,地基基础的抗震工程措施也不是唯一的,有各种方案可供选择,所采用的方案应通过综合比较来确定。实际上,在选择方案时,实际的工程经验往往起重要的作用。地基基础抗震工程措施通常要涉及许多细节,这些细节在有关抗震设计规范中有所规定,在此不宜逐一说明。本节仅就地基基础抗震工程措施的若干一般问题做些说明。

1. 选取抗震工程措施的原则

(1)前面曾指出,地基基础的震害与地基土层条件有密切关系,并且在静力作用下比较差的地基,其抗震性能也比较差。因此,许多地基无论从静力作用要求还是地震作用要求,均需要加固。对于这样的情况,必须统一考虑静力和抗震要求而采取适当工程措施。

(2)地基基础的抗震措施应在评估在指定的地震动水平下地基基础可发生的震害及危害程度的基础上采取。如果地基中含有液化的饱和砂土层,则可根据其场地液化势指数确定液化危害程度,然后采取适当的工程措施。如果地基主要是由软黏土组成的,则可估算地震引起的附加沉降量,确定其危害程度,然后采取适当的工程措施。

(3)地基基础抗震工程措施。地基基础抗震工程措施可从如下四方面采取:①选择适宜的地基基础形式;②加固地基土层,这是地基基础抗震的基本工程措施;③土体中设置排水通道;④加强上部结构,相对而言,这是地基基础抗震的辅助工程措施。下面,对于

土体加固和加强结构这两方面将进一步表述。

（4）抗震工程措施要求。所采取的抗震工程措施应满足如下要求：①在技术上可行且相对先进；②施工方便；③对周围环境影响小；④费用少；⑤充分考虑已有的与其场地土层条件相似的地基基础抗震经验。

2. 土体加固

当地基土的地震承载力不足或地基可能产生比较大的地震附加沉降时，加固地基土体是有效的抗震工程措施。加固土体是从改善土体自身力学性能而采取的工程措施。因此，将其称为地基基础抗震的基本工程措施。加固土体的方法有多种，但从抗震观点上，应满足如下要求。

（1）由于地震动是从土层向上传播的，地震对土层的影响深度要比静力的影响深度大。因此，抗震要求的土层加固深度通常要比静力要求的土层加固深度大。这样，从抗震要求上，所采取的加固方法应适用于深层加固。

（2）土体加固有两种机制：增加土的密度和增设竖向加强体。

① 增加土的密度。适用于深层增加土密度的主要方法如下。

（a）振冲法。振冲法适用于增加砂土的密度，其加固深度可达 20～30m。振冲法除增加砂土的密度，同时在砂土体中形成一系列的砂砾桩或碎石桩。这些桩不仅相当于在砂土体中设置竖向加强体，改变了土体的刚度分布，减少周围砂土所受地震应力水平，还为周围砂土提供了排水通道。

（b）强夯法。强夯法在国外称为动力固结法，这种方法更适用于增加软黏性土的密度，其加固深度也可达 20～30m。

上述两种增加土密度的方法对环境的影响主要是振动，因此当场地附近有建筑物和设备时，如果采用这两种方法，必须对振动的影响做出评估，并且在施工时要进行振动观测。

（c）砂井预压固结法。砂井预压固结法主要适用于增加软黏性土的密度。加固深度小于前两种方法的加固深度，通常可达 10m 左右。砂井不仅在预压固结时为孔隙水提供了径向排水通道，也相当于在软黏土中设置了竖向加强体，改变了土体的刚度，减小周围软黏土所受的地震应力水平。这种方法的缺点是施工期较长，软黏土密度的增加程度不一定很高。

② 增设竖向加强体。在静力下增设竖向加强体是为了建造复合地基，由于临界深度的限制，复合地基竖向加强体的长度通常为 8～10m。但是，从抗震而言，设置竖向加强体的目的是改变土体的刚度分布，以减少加强体周围土所受的地震应力水平，所设置的竖向加强体长度通常应大于 8～10m。因此，与其将设置竖向加强体视为建造复合地基，不如视为加固土体。设置竖向加强体适用于加固软黏性土体。在软黏性土体中设置的竖向加强体通常为半刚性的水泥土桩，其施工方法主要为两种方法：旋喷桩法和搅拌桩法。

比较而言，搅拌桩法的成桩质量要高一些。这两种施工对周围环境的影响主要是泥浆污染。但是，只要注重这个问题，泥浆污染是可以排除的。

3. 加强上部结构

从地基基础抗震而言,加强结构的目的是增加结构对地震引起的附加沉降的调节和适应能力,减小地震引起的附加沉降对结构物的危害。基于这样的目的,加强结构的工程措施如下。

(1) 增加结构的刚度,加强结构的整体性。这样,可有效地调节地震引起的地基附加沉降,并提高抵抗地基不均匀附加沉降的能力。刚性基础有利于抵抗地震引起的地基不均匀附加沉降。对于条形基础,在其上设置钢筋混凝土圈梁不仅会增加基础的刚度,如果发生裂缝时还能将裂缝截止于圈梁以下,使之不向上发展。

(2) 设置沉降缝。沉降缝与抗震缝不同,沉降缝要贯通基础,而抗震缝只设置在基础之上。这样,沉降缝把结构分成若干个独立工作的结构单元。设置沉降缝可增加结构对地震引起的不均匀附加沉降的适应能力,减轻对结构的危害。

4. 土体加固的现场试验和检测

由于土体加固的复杂性及每个具体工程的特殊性,对所采用的土体加固方法通常要进行现场试验和检测。现场试验和检测是在正式土体加固之前,在现场选择一个典型地段,按设计方案和施工工艺加固该地段土体,并检测加固效果。土体加固现场试验和检测的目的如下。

(1) 检验土体加固设计方案是否适当。

(2) 检验土体加固施工工艺是否可行。

(3) 检验土体加固的效果。

根据现场试验和检测的结果,对加固设计方案和施工方案予以确认、改进和完善。

如上所述,抗震对土体加固的要求要比静力作用下对土体加固的要求高。因此,在检验土体的加固效果时应更注意抗震的要求。

为了检验土体加固效果,应在加固前后进行现场土性测试及采取土样进行室内土性试验。根据加固前后测试的指标对比,可检验加固效果。关于要进行哪些现场和室内土性试验在此不做进一步表述。

15.8　桩基和土体加固对地面运动特性及场地类别的影响

1. 问题的提出

采用桩基或对地基土体加固不仅提高了地基基础本身的抗震能力,还局部地改变了场地的土层条件。按通常的认识,地面运动特性(如加速度反应谱)与场地的土层条件有关,并根据场地土层条件划分场地类别。这样,就出现了一个问题,即采用桩基或加固地基土体引起的土层条件的局部改变是否影响场地的类别。可能是由于这个问题尚未弄清楚,在我国现行的有关抗震设计规范中,对于采用桩基和进行了土体加固的场地,其场地类别仍采用按其天然场地土层条件来确定。实际上,为了回答这个问题,必须研究一系列因素对地面运动特性的影响。对于桩基,这些因素包括桩基承台的尺寸、桩断面、桩距、桩身材料的弹性模量、场地天然土层的组成及性能、输入的地震动特性等;对于土体加固,这些因素包括在平面上加固的范围、加固的深度、加固后土的性能以及场地天然土层的组成及性能、输入的地震动特性等。遗憾的是,直到目前,这方面的研究太少了,文献[8]似乎是有关这方面研究的唯一工作。该文献以桩基为例,对一系列影响地面运动的因素进行研究,虽然给出的结果是初步的,但加深了人们对这个问题的认识,同时也提供了一个解决这个问题的途径。下面,对文献[8]的工作做一概要的介绍。

2. 研究途径

1) 分析方法

如前所述,为了解决这个问题,必须要研究一系列因素对地面运动的影响,由于影响因素很多必须进行大量的工作。因此,采用数值模拟分析方法是最为快捷和经济的方法。在文献[8]中,将土体-桩-承台体系作用作为一个平面应变问题求解,如图 15.15 所示,并将这个体系面化成有限元集合体,即将土体简化成实体等参单元集合体,桩简化成梁单元集合体,承台简化成刚块。由于作为一个平面问题求解,求解时在出平面方向上取承台的宽度为计算宽度。采用复模量建立体系的动力求解方程,并在频域内求解。为了对比,对自由场地的土层也进行了求解。这样,将承台地面中心点的地震动与自由场地地面的地震动进行比较,就可以显示出桩基对地面运动特性的影响。

在分析中,土采用等效线性化模型,以近似地考虑土体的动力非线性影响。在等效线性化模型中,动剪切模量比、阻尼比与剪应变之间的关系线采用前述的 Seed 等建议的曲线。另外,桩身材料的弹性模量按工程常用的数值取 33GPa。

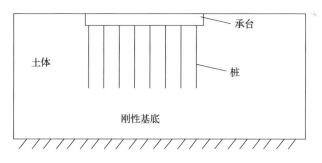

图 15.15　土-桩-承台体系

2) 考虑的因素及分析情况

(1) 场地天然土层的软硬。

天然土层的软硬可用其剪切波波速 V_s 作为定量指标表示。但是。土的剪切波波速不仅随土层而变化,还随深度而增大。但是,土层层次变化是无规律可循的,但在总的趋势上,土的剪切波波速随深度的变化可表示为

$$V_s = az^b \tag{15.112}$$

式中,a、b 是两个参数。a 越大,则 V_s 越大;相应地,土越硬,b 越大,V_s 随深度的变化越

大。为了以剪切波波速为指标考虑土软硬的影响,根据 a、b 的可能变化范围,分别指定 13 种取值,如表 15.12 所示。在表 15.12 中,根据 a、b 的数值大致可以区分出硬土、中等硬的土和软土。

表 15.12　参数 a、b 及其组合

参数	编号												
	S1	S2	S3	S4	S5	S6	S7	S8	S9	S10	S11	S12	S13
a	200	250	135	115	100	86	84.94	77.38	41.7	83.4	57.9	58.77	45.9
b	0.0	0.0	0.15	0.20	0.25	0.30	0.356	0.386	0.53	0.245	0.371	0.397	0.454
软硬程度	较硬		中等						软				

（2）土层的厚度。

场地土层的刚度不仅取决于土的软硬,还取决于土层的厚度。土层的厚度越大,其刚度越小。这里所谓的土层,是指基岩以上或土的剪切波波速达到某一指定值以上土层的厚度。为了考虑土层的影响,指定了六种土层厚度,分别为 15m、25m、40m、50m、60m 和 85m。这样,令 $z=20$m,可由式(15.112)确定出在深度 20m 范围内土层的平均剪切波波速,并根据土层厚度可确定该分析情况相应的天然场地类别,记录在案。

（3）桩长。

根据工程上实际采用的桩长范围,指定了三种桩长,分别为 15m、25m、40m。

（4）桩断面尺寸。

根据工程上通常采用的尺寸,指定了两种断面 40cm×40cm 和 60cm×60cm。

（5）桩的数目。

这里桩的数目是指在地基土体中桩的数目。当桩距指定时,桩的数目则表示桩基的范围。在此选取桩的数目分别为 11、15、19。根据工程上通常采用的桩距,取桩距为 3 倍桩径或桩断面宽度。这样,当桩数为 11、15、19,桩断面宽度为 40cm 和 60cm 时,相应的桩基宽度分别为 12m、16.8m、21.6m 和 18m、25.2m、32.4m。

这样,由土层厚度、桩长、桩断面尺寸和平面内桩的数目可组合成不同情况。表 15.13 给出了这些因素的组合。

表 15.13　土层厚度、桩长、断面尺寸和桩数的组合

参数	编号								
	G1	G2	G3	G4	G5	G6	G7	G8	G9
土层厚度/m	40	40	40	15	25	50	60	85	40
桩长/m	40	40	40	15	25	40	40	40	40
桩断面/cm²	40×40	40×40	40×40	40×40	40×40	40×40	40×40	40×40	60×60
平面内桩数目/根	19	15	11	19	19	19	19	19	11

（6）输入地震动。

从基岩输入的地震动加速度时程共三条,如表 15.14 所示。第一条为 1971 年 San Ferando 地震时在 4 台记录的一系列基岩露头的地震动加速度时程。第二条和第三条为

人造地震加速度时程,其目标反应谱为我国现行《建筑抗震设计规范》的第一类场地的设计加速度反应谱。从表 15.14 可见,从基岩输入的峰值加速度为 122.6~245.3Gal,相应的烈度为 7~8 度。

表 15.14　基岩输入的地震加速度时程

编号	输入加速度时程	峰值加速度/Gal
E1	San Ferando 地震 4 台	168.1
E2	人造波 1	122.6
E3	人造波 2	245.3

最后,将表 15.12~表 15.14 组合,共组合成 94 种分析情况。

3. 分析的初步结果

对上述 94 种情况按上述方法进行了分析。为了揭示桩基对地面运动情况的影响,将每种分析情况得到的桩基承台地面中心点的加速度与相应自由地面的加速度在如下两方面进行了比较。

1) 地面峰值加速度的比较

将由 94 种分析情况得到承台地面中心点的峰值加速度和相应的自由场地面的峰值加速度绘在一起,如图 15.16 所示。从图 15.16 可得如下认识。

(1) 在 94 种分析情况中,约 70% 情况的承台底面中心点的峰值加速度低于相应的自由场地面峰值加速度,其中多数情况的降低程度不超过 20%,但少数情况可接近 30%。

(2) 在 94 种分析情况中,约 30% 情况的承台底面中心点的峰值加速度高于相应的自由场地面峰值加速度,其增加的程度不大于 20%。

(3) 总体上,承台中心点的峰值加速度与自由场地面峰值加速度相比可能增加,也可能减少,其范围为 ±20%。但是,平均变化不大。

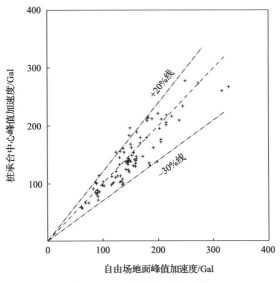

图 15.16　峰值加速度比较

遗憾的是,文献[8]没有指出承台底面中心点峰值加速度在哪些情况下低于自由场地面峰值加速度,更没有进一步研究承台底面中心点峰值加速度降低和增加的程度与哪些因素有关。

2) 地面加速度反应谱的比较

对 94 种分析情况,分别计算承台底面中心点和自由场地面的加速度反应谱,并按其天然场地类别分组,再按分组求出承台底面中心点和自由场地面的平均加速度反应谱,分别如图 15.17~图 15.19 所示。比较每类场地承台底面中心点和自由场地面的平均加速度反应谱可得如下认识。

(1) 如图 15.17 所示,二类场地的承台底面中心点和自由场地面的平均加速度反应谱几乎完全相同。因此,在二类场地条件下,桩基对地面运动加速度反应谱的影响可不予考虑。

(2) 如果将反应谱峰值对应的周期称为卓越周期,从图 15.18 可见,三类场地的承台底面中心点加速度反应谱的卓越周期大约为 0.25s,而自由场地面加速度反应谱的卓越周期大约为 0.6s,明显缩短了。相应地,与自由场地面加速度反应谱值相比,承台中心点的加速度反应谱值在短周期范围内明显地增大了,而在长周期范围则明显地减少了。

(3) 相似地,从图 15.19 可见,四类场地的承台地面中心点加速度反应谱的卓越周期约为 0.5s,而自由场地面加速度反应谱的卓越周期约为 0.6s,也明显地缩短了。同样,与自由场地面加速度反应谱相比,承台中点的加速度反应谱值在短周期范围内明显地增大了,而在长期周期范围内则明显地降低了。

(4) 由图 15.17 和图 15.18 可见,三类场地承台中心点加速度反应谱的卓越周期为 0.25s,与二类场地自由场地面加速度反应谱的卓越周期相同。相似地,由图 15.18 和图 15.19 可见,四类场地承台中心点加速度反应谱的卓越周期为 0.5s,与三类场地自由场地面加速度反应谱的卓越周期相近。因此,可以初步认为,考虑桩基的影响,可将按天然的土层条件确定的三类场地和四类场地分别提升至二类场地是有可能的。

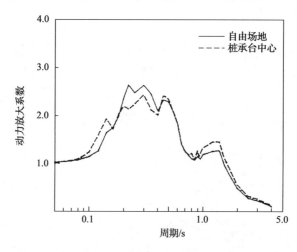

图 15.17　二类场地承台底面中心点和自由场地面的加速度反应谱

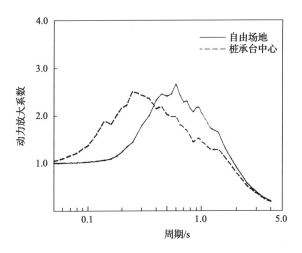

图 15.18　三类场地承台底面中心点和自由场地面的加速度反应谱

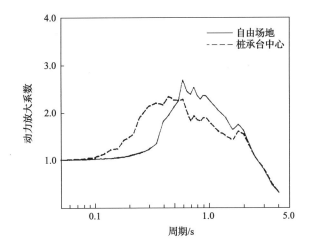

图 15.19　四类场地承台底面中心点和自由场地面的加速度反应谱

最后,应指出如下三点。

(1) 分析所采用的计算参数都是在实际工程取值的范围内选取的,分析的组合情况也达 94 种,虽然所进行的研究是初步的,但其结果不仅有助于对这个问题的认识,也对实际工程有一定的参考价值。

(2) 文献[8]只分析了桩基对地面运动的影响,但所采取的研究途径可完全用于研究土体加固对地面运动的影响。

(3) 在平均的意义上定量地研究了桩基对地面运动的影响。对于重大具体工程,则可选取实际的计算参数,按上述方法来研究桩基和土体加固对地面运动特性的影响。

思　考　题

1. 根据宏观震害说明地基基础的震害形式及机制,震害与地基土层条件的关系。

2. 为什么我国抗震设计规范中规定了一些可以不进行地震承载力校核的情况? 如何进行地震承载力校核? 在校核方法中都考虑了哪些因素?

3. 天然地基中地震附加应力由哪两部分组成? 如何应用软化模型来简化计算地震引起的地震附加沉降?

4. 试述不均匀地基的类型及其相应震害形式。如何评估不均匀地基的附加沉降及稳定性?

5. 从宏观上说明桩基震害的特点。在地震时桩和桩周围土体之间存在哪三种机制的相互作用?

6. 如何校核地震时桩基的承载力? 液化土层中桩基承载力的校核分析考虑哪两种情况? 每种情况相应于地震的哪个时刻?

7. 试述上部结构地震惯性力对单桩作用的分析方法。

8. 试述重大建筑物地基基础抗震动力分析的要求、内容、方法及所要做的具体工作。

9. 试述地基基础抗震加固的原则。土体加固的工程措施及适用条件,加强结构的工程措施及适用条件。

10. 以桩基为例说明地基土体加固对输入地震动及场地分类的影响。

参 考 文 献

[1] 抗震规范编制组地基小组. 工业与民用建筑地基基础的抗震经验//中国科学院工程力学研究所地震工程研究报告集(第三集). 北京:科学出版社,1977.

[2] 翁鹿年,谢君斐. 天津市软弱粘性土地基震陷的若干资料//唐山大地震震害(第一卷). 北京:地震出版社,1985.

[3] 王忆,张克绪,谢君斐. 地震引起的建筑物沉降的简化分析. 土木工程学报,1992,25(5):63-70.

[4] 谢君斐,石兆吉,郁寿松,等. 液化危害性分析. 地震工程与工程振动,1988,8(1):61-77.

[5] 陈国兴,李方明,丛卫民. 多层建筑物地基震陷的简化计算方法及影响因素分析. 防灾减灾学报,2004,24(1):47-52.

[6] 张克绪,谢君斐,陈国兴. 桩的震害及其破坏机制的宏观研究. 世界地震工程,1991,(2):7-20.

[7] 陈天愚,张克绪,单兴波. 弹性地基梁的修正刚度矩阵解法. 哈尔滨建筑大学学报,2000,33(2):44-48.

[8] Chen G X, Zhang K X, Xie J F. How to classify site with piles//Proceedings of International Conference of Geotechnical Engineering and Earthquake Resistant Technology in Soft Areas, Shenzhen, 1993.

第16章 土坝(堤)及挡土结构的抗震

16.1 概　　述

1. 土坝(堤)和挡土结构的特点

土坝是由当地材料建筑的一种重要的挡水结构。土坝根据其材料组成分为均质土坝和非均质土坝。均质土坝是由渗透性较低的单一土料(如粉质黏土)填筑的,多为中小型土坝,如图16.1所示。非均质土坝是由几种土料填筑而成的,大型土坝多为非均质土坝。除了建筑在基岩上的均质土坝,土坝是由坝棱体和防渗体系两部分组成的。坝棱体是保持坝体稳定性的主要部分,因此通常是由压缩性较低、抗剪强度较高的非黏性土(如砂、砂砾石等)建筑的。防渗体系分为坝体防渗体系和坝基防渗体系,坝体防渗体系又分为塑性防渗体和刚性防渗。塑性防渗体通常是由渗透性低的黏性土或沥青混凝土建筑的,而刚性防渗体通常是由钢筋混凝土建筑的。根据防渗体在坝中的位置,非均质坝通常可分为如图16.2所示的三种坝型。

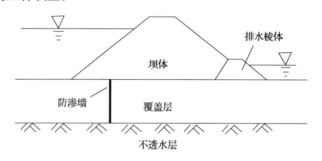

图 16.1　均质土坝

1) 心墙坝

防渗体位于坝体中央部位,如图16.2(a)所示,其上游坝棱体大部分处于饱和状态,其下游坝棱体大部分是非饱和的。

2) 斜墙坝

防渗体位于靠近上游坝面附近,如图16.2(b)所示,其上铺设砂或者砂砾石保护层,其大部分处于饱和状态,而斜墙下游坝棱体大部分是非饱和的。

3) 斜心墙坝

防渗体位于坝体中央偏上游的部位,如图16.2(c)所示,其上游坝棱体的大部分处于饱和状态,而其下游坝棱体的大部分是非饱和的。

覆盖层坝基防渗体系,现在通常为混凝土防渗墙,如图16.2所示。

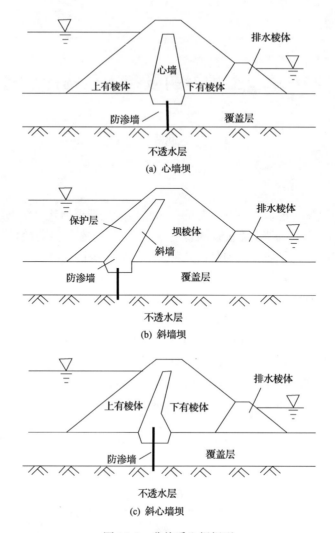

图 16.2　非均质土坝坝型

此外,关于土坝的结构还要指出如下两点。

(1) 在土坝的下游坡脚设有排水棱体,排水棱体是块石填筑的。排水棱体的作用是降低坝体的浸润线。

(2) 在粗料和细料之间设置滤层和反滤层作为过渡层,其作用是防止由渗流引起的管涌和流土。

由于下述原因,土坝处于很不利的工作条件。

(1) 土坝是由压缩性大、强度低的土为材料建筑的。

(2) 大多数土坝建筑在新近沉积松散的河床覆盖层之上。

(3) 土坝具有上、下游两个边坡,特别是上游边坡临水,处于饱和状态。

(4) 承受很大的上、下游水位差的作用,以及由此而引起的渗透力,特别是其水平分量的作用。

为了保证土坝在静力和地震作用下正常发挥其功效,必须满足以下四方面要求。

（1）坝体必须保持其稳定性，不能发生滑坡。

（2）必须保持渗流稳定性，在下游坝坡和坝基不能发生管涌和流土。

（3）坝的沉降，特别是不均匀沉降应小于允许值。

（4）坝体不能发生裂缝，特别是横向裂缝。

土堤通常指河流的防洪堤。由于土堤只在行洪期才发挥其功能，与土坝相比，其设计和施工标准通常比较低。应指出，在结构方面土堤有如下三方面与土坝不同。

（1）土堤通常像均质土坝那样由单一种土料填筑而成，在断面内没有专门的防渗体系。

（2）除长江等少数堤防，土堤的地基通常没有设置专门的防渗体系。

（3）土堤的外坡脚通常没有设置排水棱体。

（4）正因为如上三点，在行洪期土堤的浸润线高，在堤外坡脚和地面经常发生由渗流引起的管涌和流土，严重威胁土堤的安全。

挡土墙是典型的挡土结构，挡土墙体系是由挡土墙及墙后的土体组成的。挡土墙按墙体的刚度分为刚性挡土墙和柔性挡土墙，如图 16.3 所示。墙后土体对挡土墙作用为水平推力。在水平推力作用下，挡土墙沿基底面可能发生滑动，也可能发生倾覆。刚性墙通常主要靠其重力保持抗滑和抗倾覆稳定性，而柔性挡土墙则主要靠其自身的重力及其底板之上部分土体重力保持其抗滑和抗倾覆稳定性。在静力和地震作用下，挡土墙应满足如下要求。

（1）在墙后土压力作用下墙体不应发生破坏。

（2）在墙后土压力作用下墙体不应发生滑动和倾覆。

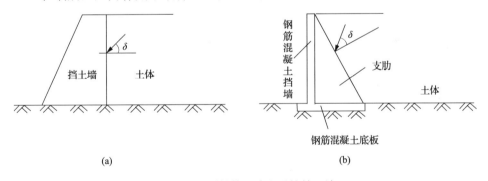

图 16.3　刚性挡土墙和柔性挡土墙

2. 土坝(堤)的震害特点及影响因素

以往修建的土坝(堤)有许多位于地震区，其中有些坝(堤)经受过地震作用。Ambraseys[1]曾经在 1960 年总结过世界上经受过地震作用的土坝震害，并认为经过正式设计和施工的土坝具有良好的抗震性能。1970 年 Seed 等[2]总结了美国和日本的土坝震害，指出了坝料和坝基土质条件对土坝的抗震性能有重要影响。文献[3]～[5]总结了 1980 年以前我国土坝的震害及其坝料和坝基土质条件的影响。这些资料虽然是 1980 年以前的，但是具有足够的代表性，下面的表述就是基于这些资料做出的。但应指出，大多数经受过地震作用的土坝(堤)的高度都是 40～50m 以下较低的土坝,高度在百米以上的土坝很少。应该说,现在对于高度在百米以上的土坝震害经验还较少。

1) 土坝(堤)震害的主要形式及机制

(1) 坝体沉降。

这是一种较普遍的震害形式,坝体沉降的主要原因是在地震作用下坝体材料或坝基覆盖土层发生体积压缩。坝体沉降降低了坝顶高程,减少了坝的超高。除此之外,坝体沉降通常是不均匀的,可能引起横向裂缝。

(2) 纵向裂缝。

这是一种普遍的震害形式。纵向裂缝可分为如下两种情况。

① 发生在坝顶邻近坝轴线部位的纵向裂缝。这种纵向裂缝上宽下窄,几乎垂直向下延伸,但深度不大。通常,这种纵向裂缝是由地震时土坝顶面之下一定范围内产生的水平拉应力引起的。

② 发生在非均质土坝中的两种坝体材料界面上部的纵向裂缝。这种裂缝通常是由于在地震作用下两种坝体材料所发生的体积压缩不同引起的。因此,在这种纵向裂缝两侧的坝面通常有一定的高差。

(3) 横向裂缝。

横向裂缝多发生在坝高或坝基覆盖层厚度发生显著变化的部位。如上所述,横向裂缝是由地震时裂缝两侧的坝体材料或坝基覆盖土层发生不均匀沉降引起的。横向裂缝是一种危害较大的震害。特别是当横向裂缝贯穿防渗体系时,水流通过横向裂缝冲刷坝体,对土坝(堤)的安全构成严重的威胁。因此,对横向裂缝必须及时发现,及时处理。

(4) 坝端与山体接合部位开裂。

这种震害主要表现为沿两者接合面发生裂缝,以及在附近部位发生的横向裂缝。但是,这种横向裂缝的发生机制要比上述的横向裂缝复杂。除了上述的横向裂缝原因,由于坝体与山体震动特性的不同,地震时两者运动的不协调也是接合部位开裂的原因之一。坝端开裂的危害类似横向裂缝,是一种必须认真对待的震害。

(5) 坝坡滑裂。

这种裂缝主要发生在坝顶面靠近坝肩部位,在坝顶沿纵向延伸较长。正因为如此,在许多情况下将其与上述纵向裂缝混淆起来。滑裂与一般纵向裂缝在形态上是不同的,主要表现如下。

① 虽然这种裂缝在坝顶沿纵向延伸较长,但发展到一定长度之后,从两端在坝坡面上发展,并可能形成一条闭合的弧线。在宏观上,显现出一个滑动体的轮廓。

② 在这种裂缝的两侧坝顶面有明显的高差。

更重要的是,滑裂与一般纵向裂缝的形成机制不同。滑裂是在地震作用过程中某些时段一部分坝体以块体的形式相对相邻坝体发生有限滑动而形成的。因此,滑裂是一种与地震时土坝(堤)体稳定性有关的震害形式。从减轻滑裂对土坝(堤)的危害而言,引起滑裂的有限滑动变形必须予以控制。

(6) 以块体形式发生的滑坡。

这种震害形式通常发生在以粉质黏土填筑的坝坡中。滑坡表明,在地震作用下坝

(堤)坡完全丧失了稳定性。滑坡以块体形式发生,说明滑落的土体的物理状态没有发生变化。因此,滑坡主要是地震引起的附加滑动力作用而产生的。从土坝(堤)抗震而言,这种震害形式是不允许发生的。

(7) 坝坡(堤)发生流滑。

这种震害形式通常发生在饱和砂或砂砾石坝坡中。流滑表明,在地震作用下坝坡完全丧失了稳定性。但是,与块体形式的滑坡有所不同,在地震作用下滑动土体的物理状态由固态转变成了液态,完全丧失了对剪切作用的抵抗。因此,流滑主要是由于地震作用使土丧失抗剪强度而产生的。显然,流滑的形态和机制完全不同于块体形式的滑坡。下面将给出坝(堤)坡发生流滑的震害实例。当然,这种震害形式也是不允许发生的。

(8) 坝基失稳。

这种震害形式主要表现为坝体下陷,并随之伴有坝坡瘫落、沿坝底面滑动、坝坡发生滑裂形成宽大的裂缝,以及在下游坝脚和地面发生喷砂冒水。坝基失稳主要是由坝基覆盖层中饱和细砂在地震作用下液化引起的。下面,将给出土坝(堤)发生坝基失稳的震害实例。显然,坝基失稳是不允许的。

(9) 通过坝体和坝基的渗流量加大。

由于地震历时很短,渗流量加大通常是在地震终止之后观测到的。渗流量加大可能是如下两个原因造成的。

① 坝体发生了横向裂缝,如果是这个原因,渗流量随时间会进一步增大,并对坝体安全构成威胁。

② 在地震作用下坝体或坝基中饱和砂土或砂砾石的孔隙水压力升高。如果是这个原因,在下游坝脚和地面通常伴有喷砂冒水,并且渗流量随时间会逐渐恢复正常,对坝体的安全没有明显的危害。

(10) 下游坡脚和地面发生喷砂冒水。

这种震害是由坝体和坝基中的饱和砂土或砂砾石孔隙水压力升高引起的,是饱和砂土或砂砾石液化的标志之一。如前所述,这种震害往往伴随其他更严重震害而发生,其危害不在于其本身,就其本身而言,喷砂冒水会随时间而消失。

(11) 坝坡局部沉陷。

当坝体中存在涵管等设施时,在涵管通过部位的上方坡面上可能出现局部沉陷或塌陷。造成这种局部沉陷有如下两种原因。

① 在地震作用下涵管发生破裂,其周围土体坍塌引起上面的坝坡沉陷。

② 在地震作用下涵管与周围土体接触面发生松动,水流通过接触面冲刷土体,引起空洞使上面的坝坡沉陷。

虽然这种坝坡的沉陷是局部的,但隐含有很大的危险,是不允许发生的。

(12) 护坡松动甚至破坏。

这种震害主要是由地震惯性作用或地震时水库的动水力压力作用引起的。由于护坡不是主体结构,这种震害对土坝(堤)的安全没有明显影响。

(13) 防浪墙断裂或倾倒。

这种震害主要是由地震惯性作用引起的。同样,由于防浪墙不是主体结构,这种震害对土坝的安全没有明显影响。

在上述的各种震害中,与土坝(堤)稳定性有关的震害包括滑裂、以块体形式发生的滑坡、流滑以及坝基丧失。显然,与土坝(堤)稳定性有关的震害可能导致严重的后果,因此将这几种震害称为严重震害,而将其他震害称为一般震害。另一方面,发生严重震害的现象较少,而发生一般震害的现象很多,特别是纵向裂缝,根据我国的土坝(堤)震害资料,纵向裂缝在一般震害中占 77.5%[6]。

2) 坝(堤)料及坝(堤)基土质条件对震害的影响

坝(堤)料及坝(堤)基土质条件对土坝(堤)震害的影响可从如下两方面说明。

(1) 不同地区的土坝震害率、严重震害率与土质条件、震级的关系。

表 16.1 给出了 1970 年云南通海地震、1975 年辽宁海城地震和 1976 年内蒙古和林格尔地震中土坝的统计资料。应指出,表 16.1 中的严重震害与前面所说的严重震害有些不同,它的范围要宽些。从表 16.1 可看出,内蒙古和林格尔的震级最低,而震害率和严重震害率最高;通海地震震级最高,而震害率和严重震害率最低;而海城地震的震级、震害率和严重震害率均处于两者之间。这样,出现了土坝的震害随地震震级增加而减轻的异常倾向。现场调查发现,和林格尔地震区的土坝是用砂壤土、轻粉质壤土填筑的,海城地震区的土坝多是用粉质黏土填筑的,而通海地区的土坝多是用残积的砾质红黏土填筑的[6]。按地震作用下土的动力性能的好坏排列,依次为通海地震区的土坝坝料、海城地震区的土坝坝料、和林格尔地震区的土坝坝料。这个排列次序与三次地震震区的土坝震害轻重的次序是一致的。

表 16.1　土坝坝料和坝基土质条件、震级对土坝震害的影响

时间	地震		震害		
	地点	震级	调查坝数	震害率/%	严重震害率/%
1970.1.5	云南通海	7.7	73	56	23
1975.2.4	辽宁海城	7.3	54	65	44
1976.4.6	内蒙古和林格尔	6.2	52	85	60

(2) 土坝(堤)料及坝基土质条件对震害形式及程度的影响。

土坝的震害资料表明,土坝坝料和坝基土质对土坝的震害形式,特别是严重震害形式有明显的影响。非饱和的砂性土、压密的黏性土坝坡的严重震害通常表现为滑裂或块体式滑坡。通海地震的 9、10 度的震区内有些土坝发生了这种破坏形式。饱和砂土、砂砾石、砂质粉土及轻粉质壤土坝坡的严重震害通常表现为流滑。表 16.2 给出了我国土坝坝坡发生流滑的实例。可以指出,迄今,地震时我国发生流滑的坝坡都是由饱和砂土、砂砾石填筑的。此外,从表 16.2 可以发现这种坝坡流滑具有如下特点。

① 可以发生在地震动水平很低,如地震烈度为 6 度,且离震中很远,甚至达 200km 的区域。

② 在发生流滑的过程中,坝料发生分离现象。

③ 有的流滑发生于地震动停止之后。

这些特点表明,坝料发生了液化。在这种情况下,地震作用对土坝稳定性的影响主要是由于饱和坝料孔隙水压力的升高和抗剪强度的相应降低或完全丧失,而不在于地震惯性力作用使滑动力矩的增加。

表 16.2　饱和砂、砂砾石坝坡发生流滑的实例

坝名	坝型	施工质量	地震	震级	震中距/km	烈度	震害
冶源	厚心墙坝	砂壳没压实	渤海	7	219	6	上游坝坡流滑
黄山	厚心墙坝	砂壳没压实	渤海	7	124	6	上游坝坡流滑
王屋	厚心墙坝	砂壳没压实	渤海	7	153	6	上游坝坡流滑
石门岭	心墙砂卵石坝壳	一般	海城	7.3	33	7	上游坝坡震后流滑
汤河	斜墙砂卵石坝壳	一般	海城	7.3	7	斜墙保护层流滑
白河	斜墙砂卵石坝壳	一般	唐山	7.8	150	6	斜墙保护层流滑

不利的坝(堤)基的土质条件也可以使坝(堤)基在地震作用下失稳,致使土坝发生坍落。根据我国的震害资料,不利的坝(堤)基土质条件主要是指坝(堤)基中含有松至中密的饱和砂层或轻粉质土层。表 16.3 给出了地震时地基失稳使土坝严重破坏的实例。从表 16.3 可见,地震时土坝(堤)失稳所引起的严重震害形式取决于饱和的砂层或轻粉质土层在坝(堤)基的埋藏位置和厚度。当埋藏较浅且以薄层形式存在时,如西克尔坝、谢菲尔德坝,严重震害表现为坝坡体沿薄层发生水平滑动;当埋藏较深层厚较大时,如陡河水库土坝,严重震害则表现为坝体沉陷和显著的有限滑动形成的宽大裂缝。

表 16.3　坝基失稳引起严重震害的实例

坝名	坝型	地震	震级	震中距/km	烈度	坝基土层	震害
西克尔	黏土铺盖	巴楚	6.3		9	坝底下有一层有 0.5~1.0m 厚分砂层	坝体沿粉砂层滑动、坍落
谢菲尔德(美国)	混凝土铺盖	圣多巴巴拉		3.5	9	一细砂层位于坝底	沿坝底面坝体滑动
陡河	均质土坝	唐山	7.8	20.0	9	在厚 5~7m 细黏土层下有一较厚砂层	最大下沉 1.6m;上下游坝坡滑裂,裂缝最大宽度为 2.2m

从上述可见,坝(堤)体和坝基中存在的饱和砂土、砂砾石和轻粉质黏土是使土坝在地震时受到严重震害的重要原因。但是,并不意味着它们不能用作坝料或不能存在于坝基之中。实际上,饱和松至中密砂土、砂砾石和轻粉质黏土引起严重震害的主要原因是在地震作用下这些土发生了液化。如果采用工程措施增加这些土的密度,则可避免发生液化及其引起的严重震害。因此,根据上述震害经验,在土坝抗震设计中必须严格控制这些土的密度。

3) 土坝抗震性能的宏观评估

根据美国、日本、南美和苏联的土坝震害资料,Seed 对各种类型的土坝抗震性能做出了评估,具体意见如下。

(1) 水力冲填坝在不利的条件下容易产生破坏。然而,当它们以合理的坡度建在良

好的地基上时,可以承受中等程度的地震动,例如,在 6.5～7 级地震产生的 $0.2g$ 水平峰值加速度作用下,不产生有害的震害。

(2) 用黏性土填筑在基岩上的土坝可以承受非常强的地震动,例如,在 8.25 级地震产生的 $0.75g\sim0.89g$ 水平峰值加速度作用下,而没有明显的震害。

(3) 实际上,任何很好填筑的土坝都能承受中等强度的地震动,例如,在 $0.2g$ 或者更高的水平峰值加速度作用下,不产生明显的影响。在实际工程中将注意力集中于坝体和坝基中含有大量饱和非黏性土的坝,这种坝料和土层的强度在地震时可大部分损失掉。

显然,上述三点评估意见对土坝的抗震设计和研究特别重要,是具有指导性的意见。

3. 土坝(堤)的抗震设计

1) 土坝(堤)抗震设计的性态目标

从前述的震害可见,在地震作用下土坝(堤)是一种易受损害的建筑物。这可能是因为土坝是以变形大、强度低的土为材料填筑的。但是,根据上述 Seed 的评估意见,一般来说,土坝具有相当好的地震稳定性。这可能是因为土坝具有很大的塑性,能承受很大的变形并消耗大量的地震能量。因此,如果以土坝在地震作用下不发生任何震害作为土坝抗震设计的性态目标是不合适的,如要求土坝在地震作用下不出现纵向裂缝在技术上就很困难。与其建筑物抗震设计相似,土坝的抗震设计也允许其发生一定程度的震害,但是必须保证其地震稳定性。必须明确,任何抗震设计都是以一定的性态要求为目标的。按目前的技术水平,土坝抗震设计的性态要求可表述如下:在指定的地震水平作用下,避免土坝发生上述的严重震害,保证土坝的地震稳定性,并控制土坝的沉降、变形及裂缝的程度。

显然,如果能达到这样的抗震设计性态要求,则可使土坝在指定的地震作用下发挥正常的功能,而所发生的震害在地震后可以很快修复。

2) 土坝(堤)抗震设计内容

土坝(堤)的抗震设计是以达到预先设定的性态要求为目标的。一座土坝的建设要经历勘察、设计和施工三个主要阶段,在这三个阶段,为达到这个目标要做一系列的工作,或者说,在这三个阶段所做的每项工作都要为达到这个目标提供保证。

概括而言,土坝的抗震设计可以分为如下相互关联的两部分工作。

(1) 抗震分析。

抗震分析结果是评估是否达到预先设定性态要求的定量依据。这样,抗震分析方法必须与所要分析现象发生的机制相对应。例如,前述曾指出了土坝坝坡在地震作用下的两种滑坡形式,即以块体形式发生的滑动和以流滑形式发生的滑坡。像下面将看到的那样,由于这两种滑坡的机制不同,必须采用不用的分析方法。

(2) 抗震工程措施。

抗震工程措施是保证抗震设计达到性态要求的重要手段。关于抗震工程措施应指出如下两点。

① 抗震工程措施应在以抗震分析结果为定量依据的评估基础上,并结合实际工程经验而采取。

② 在抗震设计中抗震工程措施决不可缺少。一方面,因为某些震害现象,如土坝的

横向裂缝,目前还缺乏适宜的分析方法;另一方面,现有的分析方法还不能将影响土坝抗震性能的一些因素定量地加以考虑。但是,根据工程经验则知道采用什么样的工程措施可减少这些因素的不利影响。

下面,按土坝抗震设计的工作次序,对每步工作所应考虑的抗震问题表述如下。

(1) 坝址选择工作。

在坝址选择工作中,包括如下两个与土坝抗震有关的问题。

① 坝址基岩设计地震动参数的确定。对需进行地震反应分析的土坝,应包括确定设计地震加速度时程。

② 坝基覆盖层的组成及密度状态。特别应注意坝基覆盖层中是否含有对地震作用敏感的土类,如松至中密状态的饱和、砂土、砂砾石、轻粉质黏土等。

(2) 坝基覆盖层的加固。

由于土坝适应变形能力较强,在静力作用下通常不需要进行坝基覆盖层加固。但是,当坝基覆盖层含有对地震作用敏感的土类,如含有饱和的松至中密的砂土时,在地震作用下饱和砂土层可能发生液化,根据液化评估的结果确定是否应进行加固。由于坝基中饱和砂土层埋藏的可能较深,层厚通常也较厚,所选择的加固方法应是可以深部加固的方法,如振冲法、水泥搅拌法和水泥旋喷桩法等。

(3) 坝型及防渗排水体系的选择。

从图 16.1 和图 16.2 可见,坝型通常决定了坝料在坝中的布置,以及在坝体中防渗排水体系的类型及位置。因此,可以将在坝型选择和防渗排水体系选择中应考虑的问题一起来表述。有利于抗震的坝型和防渗排水体系应满足如下要求。

① 坝坡的地震稳定性要高。

② 地震作用引起的坝体附加沉降要小。

③ 防渗排水系统能适应地震引起的坝体附加沉降,在地震作用下仍能发挥正常的功能。

如果坝料的填筑密度得以保证,任何坝型和防渗排水体系均能满足上述三个要求。

因此,从抗震而言,没有哪个坝型或防渗排水体系不适于在地震区采用。但是,相对而言,斜墙坝和斜心墙坝,由于非饱和坝料在断面中所占的比例大,比心墙的地震稳定性更好;但是,由于斜墙坝承受更大的地震附加沉降,与斜心墙坝和心墙坝相比,其防渗功能更容易受到损害。

以上的表述适用于碾压式土坝。但是,采用湿法填筑的土坝,如水力冲填坝、水中倒土坝等,由于其填筑密度难以保证,并且浸润线较高,断面中大部分坝料处于饱和状态,是容易遭受地震破坏的土坝坝型。因此,在地震区,特别是地震动水平高的地震区不宜采用水力冲填坝和水中倒土坝。

(4) 坝料的设计。

坝料的设计包括如下三方面。

① 坝料在坝体中的布置。坝料在坝体中的布置主要是指非均质土坝的防渗体材料、坝棱体材料、排水棱体材料及它们之间过渡层材料在坝断面中的布置。按上述,只要土坝坝型选定之后,坝料在坝体中的布置就基本确定了。

② 坝料的级配。防渗体材料及坝棱体材料的级配取决于土料场天然土料的级配,其选择性不大。坝料的级配主要是指过渡区,即滤层和反滤层材料的级配。通常,滤层和反滤层是由粗到细和由细到粗的几层组成的,并应符合下列要求:相邻两层材料的粒径比要在所要求的范围内;每层材料的不均匀系数要大于所要求的数值。

过渡层材料除了防止地震时下游坝脚发生管涌及流土,当地震作用使土坝发生横向裂缝时,还具有自动弥合横向裂缝、减轻渗透水流冲刷的作用。

③ 坝料的填筑密度。

无论在静力作用下还是地震作用下,土坝的填筑密度是一个重要的设计指标。这是因为提高坝料的填筑密度可显著地提高坝料的抗剪强度和减少其压缩性。因此,坝料的设计填筑密度必须符合要求。但是,问题通常并不在于坝料的设计填筑密度的确定,而在于施工时实际填筑密度往往不能得到严格地控制,达不到设计填筑密度的要求。因此,设计应要求进行现场碾压试验,确定适宜的碾压机械和可行的碾压工艺,并进行严格的监理,确保达到设计填筑密度要求。必须杜绝不进行压密而自由填筑情况发生,不宜采用不能控制填筑密度的填筑方法,如水力冲填坝和水中倒土坝等填筑方法。

(5) 坝料及坝基土的物理力学性能试验。

从抗震设计要求,坝料及坝基土应进行如下动力试验。

① 大型土坝的抗震设计通常要进行土坝-坝基覆盖层体系的地震反应分析。在这种情况下,要进行动力试验确定土的动力学模型参数。假如,像通常那样,土动力学模型采用等效线性化模型,则应由土动力试验确定相应的模型参数。这些已在前面表述了,不需赘述。为确定土动力学模型参数所进行的动力试验,可用动三轴试验仪或共振柱试验仪进行。

② 进行黏性土坝料及坝基中黏性土的动强度试验,以及饱和砂或砂砾石坝料及坝基中砂或砂砾石的液化试验。这些动力试验结果将用于土坝的地震稳定性分析及液化评估。动强度和液化试验通常用动三轴试验仪进行。此外,必须指出,坝料的动力试验可用重新制备的土试样进行,但坝基土的动力试验必须用原状土试样进行,用重新制备的土试样试验测得的结果没有代表性。

(6) 土坝的稳定性分析。

在土坝设计中,土坝的地震稳定性可能是设计的控制情况。按前述,土坝的地震稳定性分析方法应与破坏形式及机制相一致。通常,将土坝地震稳定性分析归纳为如下两种方法。

① 拟静力分析法。后面将对拟静力法进行更为详细的表述。在此只指出,拟静力分析法只适用于分析在地震作用下坝坡以块体形式发生的滑坡。但是,在各国土坝抗震设计实践中,通常将拟静力分析方法作为土坝地震稳定性分析的常规方法。实际上,像下面指出的那样,将拟静力分析方法作为土坝地震稳定性分析的常规方法是有条件限制的。如果这些限制条件不能满足,拟静力分析方法将给出虚假的结果。

② 动力分析方法。后面也将对动力分析方法进行更详细的表述。动力分析方法可以分析如下形式的坝坡破坏:坝坡有限滑动引起的永久水平变形;坝坡中饱和砂土液化引起的坝坡流滑;坝坡土体在体积不变条件下发生的偏应变而引起的塑性鼓胀破坏。

在此应指出,动力分析方法试图抛弃安全系数而用地震引起的附加变形来评估土坝的地震稳定性。

与拟静力分析方法相比,动力分析方法在技术上是一个大的进步,它可以提供地震时土坝性能的更多信息,并作为土坝抗震设计的依据。但是,动力分析方法要求进行大量的试验和分析工作,其中的分析工作只能采用数值分析方法来完成。

关于土坝抗震设计中拟静力分析方法和动力分析方法的应用,国际大坝委员会下属的地震委员会曾做如下建议:可能引起生命损失和大的灾害的高坝首先应按常规方法设计,然后进行动力分析来研究土坝的拟静力设计中存在的不足。对在偏僻地区的低坝应按常规的拟静力方法,根据所在地区的地震活动性选择一个常值的水平地震系数[7]。我国现行的《水工建筑物抗震设计规范》也规定高 150m 以下的土坝抗震计算按拟静力法进行,高 150m 以上的土坝应进行动力分析。在此应特别指出,我国现行的《水工建筑物抗震设计规范》做出这样规定的前提是,坝体中各种物料应达到如下压实标准,使其在地震作用下不出现孔隙水压力显著增大或液化。

(a) 黏性土和砾质土的压实度要求 1、2 级坝应不低于 95%~98%,3、4、5 级坝应不低于 92%~95%。

(b) 无黏性土的压实密度要求浸润线以上的相对密度不低于 0.7,浸润线以下的相对密度不低于 0.75~0.85;对砂砾料,当其中大于 5mm 的粗料含量小于 50% 时,应保证细料的相对密度满足前述要求。

(c) 黏粒含量小于 15% 的轻壤土、轻粉质壤土、砂壤土、粉质砂壤土等,填筑在浸润线以下时,应保证其饱和含水量小于 0.9~1.0 倍液限。

这样,如果坝基、坝体中的料物不符合上述规定,则不能只用拟静力方法分析坝坡稳定性,还应采用动力方法进行分析。在这种情况下,像上面指出的那样,拟静力分析方法可能给出虚假的结果。例如,密云水库白河主坝在设计时曾用拟静力分析法校该坝斜墙的砂砾石保护层在 8 度地震作用下的地震稳定性,其结果是稳定的。然而,在唐山地震时白河坝只受到 6 度地震的作用,水位以下的砂砾石保护层就发生了流滑。研究表明,砂砾石保护层流滑是砂砾石的含砾量低且填筑密度不够发生液化引起的。

16.2　土坝(堤)地震稳定性拟静力分析方法

1. 拟静力分析方法的要点

如前所述,拟静力分析方法是坝坡地震稳定性分析的常规方法。这个方法的基本要点如下。

(1) 将数值和方向都随时间变化的地震惯性力以一个常值的静力代替作用于土体之上,该静力作用点位于土体的质心上,在数值上等于地震系数与土体的重量之积,其作用方向为使土体滑动力或力矩增加的方向。

(2) 常值静力作用使坝坡滑动力或力矩增加,是地震时滑坡的主要原因。

(3) 地震时以块体滑动的形式发生滑坡。稳定性分析方法可以用通常的条分法进行。

任何一种坝坡地震稳定性分析的拟静力法通常都要涉及如下三个关键问题。

（1）地震系数的确定。按上述要点，由于土体的重量是一定的，则代替地震惯性力作用的静力数值将取决于地震系数。因此，确定地震系数是拟静力分析方法的一个关键问题。

（2）土的抗剪强度的确定。无论坝坡的静力稳定性分析还是地震稳定性分析，土的抗剪强度是决定土体抗滑力或力矩的主要因素。与坝坡静力稳定性分析不同，拟静力分析方法所采用的土的抗剪强度应是在静力和附加地震动力共同作用下土的抗剪强度，通常将其称为土的动抗剪强度。显然，确定拟静力分析方法中土的抗剪强度是拟静力分析方法的另一个关键问题。

（3）坝坡地震稳定性的拟静力分析法的结果必须与工程经验相符合。为此，在拟静力分析方法中通常引进一个综合影响系数。这样，综合影响系数的确定也是拟静力法的一个关键问题。

下面，对这三个问题分别做进一步的表述。

2. 地震系数的确定

按上述，代替地震水平惯性力作用的水平静力 $F_{h,s}$ 和地震竖向惯性力作用的竖向静力 $F_{v,s}$ 可按式（16.1）计算：

$$\begin{cases} F_{h,s} = k_h W \\ F_{v,s} = k_v W \end{cases} \tag{16.1}$$

式中，k_h、k_v 为地震系数；W 为土体的重量。

1）影响地震系数的因素

（1）上述的国际大坝委员会下属的地震委员会的建议，根据所在地区的地震活动性选择一个常值的水平地震系数。这表明，所在地区的地震活动性是确定地震系数的一个重要因素，但这并不意味着所选择的水平地震系数与所在地区的地面水平最大加速度系数相等，只是意味着所在地区的地面水平最大加速度越大，所选择的地震系数也应越大。

（2）土坝地基的土层条件，如坝基覆盖层的组成及厚度等。

（3）土坝的动力放大作用。

（4）地震时坝坡失稳对下游地区的影响。

实际上，上述的第一个和第三个因素是目前选择地震系数时所要考虑的最基本因素。

2）确定地震系数的途径

从目前的研究而言，确定地震系数有如下三种途径。

（1）采用经验的数值。

在美国，这个经验数值在 0.05～0.15，依所在地区而不同。Seed 对美国所采用这个经验数值的根据做过研究。最后的结论是，不断地应用这些经验数值使它具有了某些权威性，可能没有人会知道第一次为什么取这样的数值。在日本，这个经验数值在 0.12～0.25，依据所在地区、地基类型和地震引起的灾害对下游地区的影响来选取。在苏联，这个经验数值根据所在地区的地震烈度选择,当烈度为 7 度时取 0.025,8 度时取 0.05,9 度时取 0.10。在我国《水工建筑物抗震设计规范》(SDT 10—78)颁布之前也采用上述苏联的经验数值。

关于经验数值还应指出如下三点。

① 在美国和日本,地震系数沿坝高是均匀分布的常值,不考虑土坝的动力放大效应。在苏联,地震系数从坝底到坝顶按梯形或折线形增加,以考虑土坝的动力放大效应,而坝底的地震系数则按地震烈度确定。

② 由经验所确定的地震系数小于所在地区地面的水平最大地震系数。这一点可从苏联按地震烈度确定的坝底地震系数看出来。根据地震烈度与地面水平最大地震系数的统计关系,地震烈度为 7 度时地面水平最大地震系数大约为 0.10,8 度时大约为 0.20,9 度时大约为 0.40,均大于前述地震系数值。

③ 采用经验的地震系数在很多情况下可能导致安全的设计。虽然采用经验系数存在许多问题,但是当采用其他方法确定地震系数时,经验的地震系数值是其一个基本的参考值。

(2) 按刚体反应确定地震系数。

这种确定地震系数的途径是假定土坝为刚体,由刚体地震反应确定出来的土坝地震系数具有如下特点:地震系数沿坝高是均匀分布的;地震系数等于所在地区地面的水平最大设计地震系数;坝断面各点的最大加速度出现在同一时刻。

按刚性反应确定地震系数的问题在于没有哪一座坝对地震反应如同刚体那样。在此应指出,按刚体反应确定的地震系数不同于按经验法确定的沿坝高均匀分布的地震系数。如前所述,前者要大于后者。相应地,按刚体反应确定的地震系数计算的惯性力也要大于采用经验地震系数确定的惯性力。

(3) 按黏弹性反应确定地震系数。

在以往的研究中,通常按黏弹性反应确定地震系数。土坝的黏弹性反应分析通常采用剪切楔法进行,如第 9 章所述。由剪切楔法可确定出任意高度 h 处各振型的最大地震系数 $k_{i,\max}(h)$,土坝任意高度处的最大地震系数 $k_{\max}(h)$ 可按振型叠加法确定。通常,采用平方根法考虑前 4 个振型按式(16.2)计算:

$$k_{\max}(h) = \Big[\sum_{i=1}^{4} k_{i,\max}^2(h)\Big]^{\frac{1}{2}} \tag{16.2}$$

这样,由式(16.2)可确定出沿坝高地震系数的分布,得到地震系数随坝底面以上高度的增加规律。

关于按剪切楔黏弹性反应确定地震系数的方法应指出如下几点。

① 土坝的地震反应是在变形体的假定下进行的,可以考虑土坝动力放大效应对地震系数的影响。

② 由该方法得到地震系数随坝底面以上高度增加的规律与地震现场强震观测的结果相当一致。

③ 剪切楔法只考虑水平剪切作用,将土坝地震反应简化成一维问题。实际上,只有

仅考虑地震水平分量作用时,坝体中心线附近的部分坝体才只受水平剪切作用。该法虽然能求出地震系数沿坝高的分布,但认为在同一高度水平面上各点的地震系数是相同的。

④ 剪切楔法的结果取决于土的动剪切模量和阻尼比的取值。由于土坝的非均质性及土的动力非线性,坝断面各点土的动剪切模量及阻尼比是不同的。通常,在剪切楔法中只能取某种意义的平均动剪切模量和阻尼比。因此,剪切楔法不能很好地考虑土的非均质性和土的动力非线性。

⑤ 剪切楔法按式(16.2)可求出地震系数沿坝底面以上坝坡的分布。在此应指出,由式(16.2)确定出的不同高度的最大地震系数并不是在同一时刻出现的。但是,当按式(16.1)计算地震惯性力时通常忽视这一点,而认为最大地震系数是在同一时刻出现的。这样的做法高估了土体所承受的最大地震惯性力值。

⑥ 由于坝底地震系数应等于所在地区地面水平最大地震系数,加上地震系数沿坝高的放大效应,则按剪切楔黏弹性反应确定的地震系数计算的惯性力要大于按刚性反应确定的地震系数计算的惯性力。

⑦ 在上述三种确定地震系数的途径中,按剪切楔黏弹性反应确定的地震系数计算出的惯性力最大。但是,按剪切楔黏弹性反应确定的地震系数在理论上更合理,所得的地震系数随坝高的变化也与地震现场观测资料相符合。

在此应指出,将土坝作为变形体,除了按剪切楔黏弹性反应确定地震系数,如果有必要也可以采用更为完善的方法,如有限元法。采用有限元法可以更好地考虑土坝不均质性和土的动力非线性的影响。

3. 土的抗剪强度

如前所述,在地震稳定性分析中所采用的土的抗剪强度是在静力和地震力共同作用下土的抗剪强度,通常称为土的动剪切强度,以土发生破坏时作用于破坏面上的静剪应力与动剪应力之和 $\tau_{sd,f}$ 表示。土的动剪切强度可由动三轴试验测定,在试验中所施加的动荷载通常为等幅循环荷载。因此,破坏面上的动剪应力应以作用于该面上的动剪应力幅值表示,这样,有

$$\tau_{sd,f} = \tau_{s,f} + \bar{\tau}_{d,f} \tag{16.3}$$

式中,$\tau_{s,f}$ 和 $\bar{\tau}_{d,f}$ 分别为作用于破坏面上的静剪应力和动剪应力幅值。在第 7 章中给出了由动三轴试验确定 $\tau_{s,f}$ 和 $\bar{\tau}_{d,f}$ 的方法。动三轴试验结果表明,动剪切强度 $\tau_{sd,f}$ 与动荷载作用次数有关,随作用次数的增加而减小。当指定作用次数时,动剪切强度 $\tau_{sd,f}$ 与破坏面上的静剪应力比 α_s 和静正应力 σ_s 有关,在第 7 章中给出了它们之间的关系。这样,确定动剪切强度必须预先确定破坏面上的静剪应力比及静正应力。如前所述,拟静力法分析可按条分法进行。对假定滑动面进行静力稳定性分析,可求得静力稳定性安全系数 F_s。根据静力稳定性安全系数定义,作用于滑动面上的静剪应力 τ_s 可按如下公式计算:

$$\tau_s = (c + \sigma_s \tan\varphi)/F_s$$

式中,c、φ 为土的静力抗剪强度指标。因此,得滑动面上的静剪应力比 α_s

$$\alpha_s = \left(\frac{c}{\sigma_s} + \tan\varphi\right)\Big/F_s \tag{16.4}$$

按条分法,式中 σ_s 可按式(16.5)计算:

$$\sigma_s = W_i \cos\alpha_i / l_i \tag{16.5}$$

式中, W_i、α_i 及 l_i 分别为第 i 条的重量、底面与水平面的夹角及底面的长度。

4. 综合影响系数

首先指出,引进综合影响系数的目的是用来折减按式(16.1)计算得到的惯性力,以使拟静力分析方法的结果与工程实践经验相符合。因此,综合影响系数的数值小于 1.0,并在拟静力分析方法中将按式(16.1)计算的惯性力乘以综合影响系数。从上述可见,按不同途径确定的地震系数有很大不同,相应的惯性力也将有很大的不同。因此,综合影响系数的取值应取决于确定地震系数的途径,一般来说,除地震系数是按经验途径确定的,在拟静力分析方法中都要引进一个数值小于 1.0 的综合影响系数来折减按式(16.1)计算得到的惯性力。

在拟静力分析中引进综合影响系数的根据至少有如下三点。

(1) 现行的拟静力分析方法在确定地震系数时通常要参照上述剪切楔黏弹分析结果。在黏弹分析中把土视为线性黏弹体,而实际上将土视为弹塑性体更为合理。从理论上可以判断,由线黏弹性反应分析求得的地震时土体所受的力要大于土体实际所受的力。

(2) 在拟静力分析方法中,将地震期间最大的惯性力作为静力作用于土体之上。实际上,在地震期间土体所受的力在方向和数值上都是随时间变化的,最大值作用的时间只是那么一刹那,在其作用下土的变形不能充分发展。因此,在实际地震力作用下土的变形要小于在相应静力作用下土的变形。也就是说,拟静力分析结果夸大了实际地震力对土体的作用。

下面来估算这一点的影响。为了考虑这一点,在拟静力分析方法中,土的抗剪强度应采用由动三轴试验确定的动强度。按式(16.3),其中 $\bar{\tau}_{d,f}$ 为等价的等幅动剪应力幅值。按前述,它与最大的动剪应力 τ_{max} 的关系如下:

$$\bar{\tau}_{d,f} = 0.65\tau_{max}$$

式中, τ_{max} 为最大的惯性力产生的最大剪应力。这样,应把惯性力视为等价的等幅动力幅值施加于土体。按上式,等价的等幅动力幅值应等于按式(16.1)计算的惯性力的 0.65 倍。这样,仅考虑这一点,综合影响系数不应大于 0.65。

(3) 由于土体是变形体,土体中各点的最大加速度不会在同一时刻出现。但是,在按式(16.1)计算惯性力时,实际上认为土体中各点的最大加速度是同时出现的,其结果是高估了最大惯性力。

但是必须指出,关于综合影响系数并没有研究很清楚。目前,综合影响系数主要还是根据工程实践经验确定的。

5. 我国现行《水工建筑物抗震设计规范》中的拟静力分析方法

如前所述,拟静力法是土坝地震稳定性常规分析方法。我国现行《水工建筑物抗震设计规范》规定了一个拟静力分析方法。下面对该方法的要点表述如下。

1) 地震系数的确定

该分析方法基于经验和剪切楔黏弹性反应分析结果给出了地震系数沿坝高的分布，如图 16.4 所示。在图 16.4 中，以坝底面地震系数为 1.0，给出了沿坝高地震系数的放大倍数。坝底面的地震系数由地震烈度或加速度区划图确定，如表 16.4 所示。

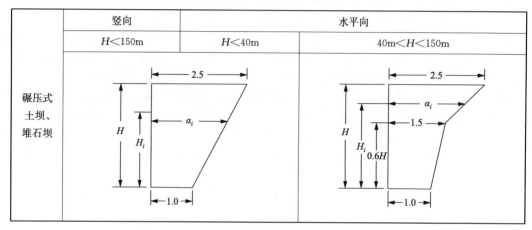

图 16.4　地震系数沿坝高的放大

表 16.4　坝底面水平地震系数 k_h

所在地区的烈度	水平地震系数 k_h
7	0.1(0.15)
8	0.2(0.25)
9	0.4

2) 综合影响系数

在该法中，综合影响系数值取 0.25。以这个数值折减表 16.4 中的地震系数，则得到与 1970 年以前我国采用的地震系数值相同。因此，该法中的综合影响系数主要是以经验为基础确定的。

3) 土体的惯性力及相应的滑动力矩

该法采用条分法进行地震稳定性分析。如图 16.5 所示，第 i 条质心所受到水平惯性力 $F_{h,i}$ 和竖向惯性力 $F_{v,i}$ 可按式(16.6)计算：

$$\begin{cases} F_{h,i} = \xi \alpha_i k_h W_i \\ F_{v,i} = \xi \alpha_i k_v W_i \end{cases} \tag{16.6}$$

式中，ξ 为综合影响系数；k_h、k_v 分别为坝底面的水平地震系数和竖向地震系数；α_i 为与第 i 条质心高度相应的地震系数放大倍数。

如果采用圆弧滑动进行分析，则需要计算由惯性力作用在第 i 条块的附加滑动力矩。由水平惯性力和竖向惯性力作用在第 i 条块产生的附加滑动力矩可按式(16.7)计算：

$$\begin{cases} M_{h,i} = \xi \alpha_i k_h W_i z_{0,i} \\ M_{v,i} = \xi \alpha_i k_v W_i x_{0,i} \end{cases} \tag{16.7}$$

式中，$x_{0,i}$、$z_{0,i}$ 分别为第 i 条块的质心与圆弧中心的水平距离和竖向距离；$M_{h,i}$ 和 $M_{v,i}$ 分别为由水平惯性力和竖向惯性力作用在第 i 条块所受的附加滑动力矩。

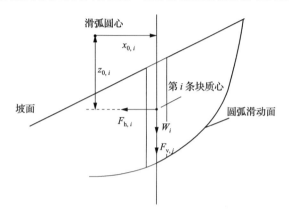

图 16.5　第 i 条块所受的惯性力及相应的附加滑动力矩

4) 土的抗剪强度

该法规定，原则上应由动三轴试验测定，特别是 1、2 级土坝。当无试验设备时，按如下建议选用静力抗剪强度指标。

(1) 压实黏性土，如果用三轴仪测定强度，应根据固结不排水剪切试验的总应力强度 R 和有效应力强度 R' 按如下原则确定：$R < R'$，取 $(R+R')/2$；$R > R'$，取 R'。如果用直剪仪测定强度，应选用固结快剪强度指标。

(2) 紧密的砂、砂砾石，采用直剪固结快剪强度指标乘以 $0.70 \sim 0.80$。

上述关于确定压密黏性土抗剪强度指标的建议，是考虑在地震作用下压密黏性土的孔隙水压力，无论是正的还是负的，不能像静力固结不排水剪切试验那样充分的发展；而关于确定紧密砂、砂砾石抗剪强度指标的建议，是考虑在地震荷载作用下紧密砂、砂砾石的正孔隙水压力要比静力直剪固结快剪试验发展得快和充分。

除此之外，该法还对坝底面竖向地震系数 k_v 和安全系数的选用做了规定。关于采用该法计算坝坡地震稳定性的公式详见现行《水工建筑物抗震设计规范》。

关于拟静力法的计算还应指出一点，即考虑地震惯性力作用的最危险的滑动面一般不与静力作用的最危险滑动面相一致。因此，在拟静力分析中只对静力作用下最危险的滑动面分析其地震稳定性是不够的。

16.3　土坝的等价地震系数及其确定

1. 土坝的等价地震系数概念

前面表述了土坝的地震系数及其随坝底面以上高度的变化，并指出了由于不同高度的最大地震系数不是在同一时刻出现的,按上述地震系数计算惯性力作为静力施加于土体时,将夸大惯性力的作用。为了考虑不同高度的最大惯性力不是在同一时刻出现的影响,以及实际的地震惯性力是一个变幅动力的影响,Seed 和 Martin 引出了等价地震系数概念[8]。

土坝等价地震系数的概念可以表述如下:如图 16.6 所示,地震作用在土坝底面以上某一高度处的水平面上产生水平剪力 $Q(t)$,Seed 和 Martin 假定该水平剪力 $Q(t)$ 是该水平面以上的土体受一个沿高度均匀分布的地震系数 $k_{eq}(t)$ 作用引起的。因此,在沿高度均匀分布的地震系数 $k_{eq}(t)$ 作用下,坝底面以上某一高度水平面上产生的水平剪力与实际地震作用在该水平面上产生的剪力相等,Seed 和 Martin 把这个沿高度均匀分布的地震系数定义为等价地震系数。

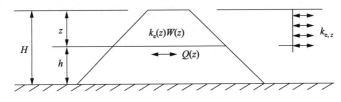

图 16.6　等价地震系数

按上述定义,由图 16.6 可得等价地震系数由式(16.8)确定:

$$k_e(z,t) = \frac{Q(z,t)}{W(z)} \tag{16.8}$$

显然,等价地震系数不仅随坝底面以上水平面的高度 h 或坝顶以下水平面的深度 z 而变化,而且还随时间而变化。下面将由式(16.8)确定的最大值定义为最大的等价地震系数,并以 $k_{e,\max}(z)$ 表示。另外,还可将变幅的地震系数时程转变成等幅的地震系数时程,其幅值以 $\bar{k}_e(z)$ 表示,则

$$\bar{k}_e(z) = 0.65 k_{e,\max} \tag{16.9}$$

2. 采用剪切楔法确定土坝的等价地震系数

假定土的剪切模量和阻尼比已知,由剪切楔法可求得土坝前 4 个振型的自振频率如下:

$$\begin{cases} \omega_1 = \dfrac{2.40}{H}\sqrt{\dfrac{G}{\rho}} = 2.40\,\dfrac{V_s}{H} \\[2mm] \omega_2 = \dfrac{5.52}{H}\sqrt{\dfrac{G}{\rho}} = 5.52\,\dfrac{V_s}{H} \\[2mm] \omega_3 = \dfrac{8.65}{H}\sqrt{\dfrac{G}{\rho}} = 8.65\,\dfrac{V_s}{H} \\[2mm] \omega_4 = \dfrac{11.79}{H}\sqrt{\dfrac{G}{\rho}} = 11.79\,\dfrac{V_s}{H} \end{cases} \tag{16.10}$$

第 i 振型的坝顶地震加速度最大幅值 $\ddot{U}_{i,\max}(0)$ 如下：

$$\ddot{U}_{i,\max}(0) = \phi_i(0)\beta_i\ddot{u}_{g,\max} \tag{16.11}$$

式中，β_i 为由加速度反应谱曲线确定出来的第 i 振型的放大系数；$\phi_i(0)$ 按式(16.12)确定：

$$\begin{cases} \phi_1(0) = 1.60 \\ \phi_2(0) = 1.06 \\ \phi_3(0) = 0.86 \\ \phi_4(0) = 0.73 \end{cases} \tag{16.12}$$

采用平方根振型叠加法得坝顶最大加速度 $\ddot{U}_{\max}(0)$ 如下：

$$\ddot{U}_{\max}(0) = \sqrt{\sum_{i=1}^{4}\ddot{U}_{i,\max}^2(0)} \tag{16.13}$$

另外，第 i 振型的最大剪应变幅值 $\gamma_{i,\max}(\xi)$ 如下：

$$\gamma_{i,\max}(\xi) = \phi_{2,i}(\xi)\frac{H}{V_s^2}\beta_i\ddot{U}_{g,\max}$$

式中

$$\xi = \frac{Z}{H} \tag{16.14}$$

$$\phi_{2,i}(\xi) = \frac{2\mathrm{J}_1(\beta_{0,i},\xi_s)}{\beta_{0,i}^2\mathrm{J}_1(\beta_{0,i})} \tag{16.15}$$

$\phi_{2,i}(\xi)$ 的值可由表 16.5 确定。同样，采用平方根振型叠加法得最大剪应变 $\gamma_{\max}(\xi)$ 如下：

$$\gamma_{\max}(\xi) = \sqrt{\sum_{i=1}^{4}\left[\beta_i\phi_{2,i}(\xi)\right]^2}\frac{H}{V_s^2}\ddot{U}_{g,\max} \tag{16.16}$$

表 16.5　$\phi_{2,i}(\xi)$ 值

$\phi_{2,i}(\xi)$	ξ										
	0	0.1	0.2	0.3	0.4	0.5	0.6	0.7	0.8	0.9	1.0
$\phi_{2,1}(\xi)$	0	0.0793	0.1557	0.2249	0.2847	0.3320	0.3661	0.3842	0.3867	0.3778	0.3458
$\phi_{2,2}(\xi)$	0	-0.0512	-0.0910	-0.1111	-0.1070	-0.0816	-0.0416	0.0034	0.0406	0.0625	0.0656
$\phi_{2,3}(\xi)$	0	0.0387	0.0570	0.0464	0.0151	-0.0178	-0.0337	-0.0261	-0.0027	0.0194	0.0267
$\phi_{2,4}(\xi)$	0	-0.0305	-0.0328	-0.0077	0.0175	0.0183	-0.0011	-0.0162	-0.0109	0.0064	0.0144

由于

$$\begin{cases} \tau_{\max}(\xi) = G\gamma_{\max}(\xi) \\ Q_{\max}(\xi) = L(\xi)\tau_{\max}(\xi) \end{cases} \tag{16.17}$$

式中，$\tau_{\max}(\xi)$ 为水平面上最大剪应力；$L(\xi)$ 为水平面长度。由此，得水平面上的最大剪力

$Q_{max}(\xi)$ 如下：

$$Q_{max}(\xi) = \sqrt{\sum_{i=1}^{4} [\beta_i \phi_{2,i}(\xi)]^2} \frac{L(\xi)}{V_s^2} G\ddot{u}_{g,max} \tag{16.18}$$

此外

$$W(\xi) = \frac{1}{2} \rho g z L(\xi)$$

将这两式代入式(16.8)，则可求得水平面以上土体的最大等价地震系数：

$$k_{e,max}(\xi) = \sqrt{\sum_{i=1}^{4} [\beta_i \phi_{2,i}(\xi)]^2} \frac{2}{\xi} \frac{\ddot{u}_{g,max}}{g} \tag{16.19}$$

将其代入式(16.9)，则可求得等幅的等价地震系数幅值 $\bar{k}_e(z)$。

按式(16.19)，坝顶的等价地震系数将成为 $\frac{0}{0}$ 不定式。应用洛必达法则，可求得

$$k_{e,max}(0) = \frac{\ddot{U}_{max}(0)}{g} = k_{max}(0) \tag{16.20}$$

式(16.20)表明，坝顶的最大等价地震系数等于坝顶地震动的最大加速度系数。但应指出，除坝顶，各水平面以上土体的最大等价地震系数并不等于该水平面处地震运动的最大加速度系数。

3. 等价地震系数沿高度的分布及在拟静力分析方法中的应用

由式(16.19)可计算出在坝底面之上某个水平面以上的土体的最大等价地震系数 $k_{e,max}(\xi)$。这样，可得到 $k_{e,max}(\xi)$ 沿高度的分布。为了表示最大等价地震系数随坝顶之下深度的变化，引进了相对最大等价地震系数概念，其定义如下：

$$\alpha_{k,e}(\xi) = k_{e,max}(\xi)/k_{e,max}(0) \tag{16.21}$$

式中，$\alpha_{k,e}(\xi)$ 为坝顶下深度为 z 水平面以上土体的相对最大等价地震系数。由大量的剪切楔计算结果，得到的 $\alpha_{k,e}(\xi)$-ξ 的关系如图 16.7 的阴影所示[8]。后来，发展了有限元法进行土坝地震反应分析。按上述等价地震系数的定义，由有限元法的分析结果也可求出土坝的等价地震系数。图 16.7 中给出了由有限元法求出的一个土坝的相对最大地震系数随坝顶面以下深度的变化。从图 16.7 可见，它处于剪切楔法计算结果的范围之内。这个比较表明，剪切楔的结果是可用的。

从前述的推导过程可看出，在确定 $k_{e,max}(\xi)$ 时考虑了水平面以上土体的最大地震运动加速度不在同一时刻出现的影响。

等价地震系数可用于拟静力分析。如图 16.8 所示，假定一个滑动面可确定每个条块底面中心点在坝顶之下深度 z_i，则可确定出相应的 ξ_i 值及由式(16.19)或图 16.7 求出最大等价地震系数 $k_{e,max}(\xi_i)$。按条分法，将滑动面分成几个块，则作用于每个条块质心的最大水平惯性力可按式(16.22)计算：

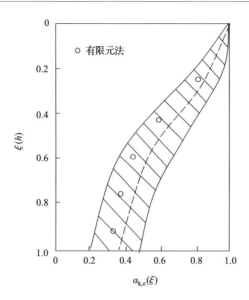

图 16.7　相对等价地震系数随坝顶面以下深度的变化

$$F_{h,i} = k_{e,max}(\xi_i)W_i \qquad (16.22)$$

从式(16.22)可见,计算作用于第 i 个条块质心上的水平惯性力时采用按第 i 条块地面中心点深度 z_i 相应的等价地震系数。相应地,由作用于每个条块质心上的水平惯性力产生的最大附加滑动力矩为

$$M_{h,i} = k_{e,max}(\xi_i)W_i z_{0,i} \qquad (16.23)$$

相应地,等幅的等价水平惯性力幅值 $\overline{F}_{h,i}$ 应按式(16.23)计算:

$$\overline{F}_{h,i} = 0.65 k_{e,max}(\xi_i)W_i \qquad (16.24)$$

等幅的等价水平惯性力产生的附加力矩的幅值则为

$$\overline{M}_{h,i} = 0.65 k_{e,max}(\xi_i)W_i z_{0,i} \qquad (16.25)$$

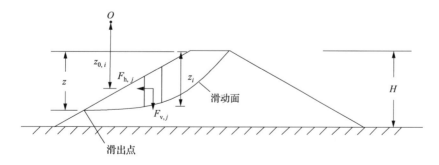

图 16.8　采用等价地震系数确定水平惯性力及相应的附加滑动力矩

显然,如果将按式(16.24)和式(16.25)确定的惯性力及相应的附加力矩作用于土条上,则意味着将变幅值的地震惯性力及相应力矩转变成了等幅往返动力作用于土条块上。

这种做法与土动强度试验所施加的等幅往返动力是相应的。在概念上,这样处理与前述的拟静力分析方法已经有大差别。

4. 土坝的非均质性及土的非线性的近似考虑

上述采用剪切楔法确定等价地震系数时,假定了土坝的动剪切模量 G 和阻尼比 λ 为常数。但是,由于在坝体中土的不均匀性及土的非线性,坝中各点土的动剪切模量和阻尼比是不同的。这样,在剪切楔法分析中必须采用某种意义上的平均动剪切模量和阻尼比。在确定平均动剪切模量和阻尼比时,可以采用等效线性化模型近似地考虑土的动力非线性。按前述等效线性化模型,土的动模量和阻尼比与其所受的动剪应变有关。假定这些关系已知,则可假定一个动应变幅值按坝体中土的类型求出与该剪应变相应的动剪切模量和阻尼比。然后,按面积加权求出平均的动剪切模量和阻尼比,并用于楔切法分析中。这样,由式(16.16)可求出坝顶面之下不同深度处的最大剪应变 $\gamma_{max}(\xi)$,与其相应的等价剪应变 $\gamma_e(\xi)$ 可取最大剪应变的 0.65 倍。由此得到的等价剪应变 $\gamma_e(\xi)$ 与上面假定的剪应变不会相等。再利用新求得的剪应变 $\gamma_e(\xi)$ 重复上述计算步骤进行迭代计算,直至相邻两次计算的误差达到允许值。经验表明,这样计算的迭代次数只需 4~5 次。

16.4　土坝(堤)地震性能的动力分析

土坝(堤)地震性能的动力分析方法是在 1970 年开始发展起来并逐渐完善的。动力分析方法建立的基础为:土工动力试验仪器的开发及应用;非线性土动力学模型的建立,包括其中模型参数的测定;计算机在土坝动力分析中的应用;数值分析方法的发展。

如前面指出的那样,动力分析方法抛弃了以滑动稳定性安全系数来评估在地震作用下土坝的性能,它可以给出多方面的资料,为全面合理地评估在地震作用下土坝的性能提供依据。像下面将看到的那样,土坝(堤)的动力分析方法与一般的动力分析方法相似。下面,对土坝的动力分析途径及工作内容进行完整的表述。

1. 选用土的静力学模型并试验确定模型参数

选用土的静力学模型的目的是将其用于土坝(堤)的静力分析之中。在选用土的静力学模型时一个重要的原则是考虑土的静力非线性。可以考虑土的静力非线性的模型很多,在工程上邓肯-张模型得到广泛的应用。当采用常泊松比时,邓肯-张模型中包括五个参数。当然,也可以采用其他的非线性土静力学模型。这些模型中的参数必须由土的静力试验测定。这样,选用土的静力学模型的另一个重要原则是模型所包括的参数最好能由常规的静力试验确定。

下面,与土的静力学模型有关的部分问题均以邓肯-张模型为例来说明。

2. 土坝(堤)的静力分析

土坝(堤)的静力分析的目的是确定土坝(堤)中的静应力。实际上,土坝(堤)的静力分析不属于动力分析的范围,但是土坝(堤)中的静应力对土的动力性能有重要的影响,必须予以考虑。应指出,人们往往对动力分析途径中的静力分析的重要性认识不足,以至忽视了这一工作内容。

所选用的土静力学模型要用于土坝(堤)的静力分析中。因此,土坝(堤)的静力分析是一种非线性分析,根据情况可采用迭代法或增量法进行,在此不再赘述。在此着重指出一点,为了方便,土坝静力分析所采用的分析体系及网格剖分应与动力分析所采用的完全一致。

3. 选用土的动力学模型并试验确定模型参数

选取的土动力学模型供土坝地震反应分析所用。由于在地震作用下土处于中到大变形阶段,表现出明显的非线性,所选取的土动力学模型应能考虑土的动力非线性。如前所述,在工程中等效线性化模型被广泛采用。这个模型在本质上是黏弹性模型,但其模量和阻尼比要与以剪应变幅值表示的受力水平相协调,可以近似地考虑土动力非线性性能。另外,所选取的动力学模型的参数应该由常规的动力试验,如动三轴试验或共振柱试验确定。

此外,也可选取其他的土动力学模型,如滞回曲线类型的弹塑性模型。但是,采用这种动力学模型进行动力反应分析的计算量很大。

4. 进行土坝(堤)的地震反应分析

进行土坝(堤)的地震反应分析的目的是确定土坝内各点地震作用引起的动应力,是土坝动力分析途径的关键步骤,可以按第 9 章所述的方法进行分析。土坝的地震反应分析要采用上面选择的土动力学模型和由动力试验确定的模型参数,以适当考虑土的动力非线性性能。

此外,土坝地震反应分析需要选择一条适当的地震加速度时程曲线。由于土坝地震反应分析体系通常包括坝基覆盖土层,所选择的地震加速度时程曲线应从坝基基岩顶面输入。如果所考虑的土坝工程进行过地震危险性分析,则地震危险性分析会提供所需要的地震加速度时程曲线;如果没进行过地震危险性分析,则应根据所在地区的地震地质条件和地震活动性人工合成一条地震加速度时程曲线,或从以往的强震记录中选择一条地震加速度时程曲线。

由地震反应分析可确定出土坝中各点的动水平剪力 $\tau_{xy,\mathrm{d}}(t)$ 和动差应力 $(\sigma_x - \sigma_y)_\mathrm{d}(t)$。在评估土坝的动力性能时,这两个动力分量具有决定的作用。

5. 进行土的动强度和饱和砂土的液化试验

如前所述,在土的动强度试验中通常在静力作用的基础上给土试样施加一个附加的等幅动力以模拟地震作用。土动强度试验的目的是确定在等幅动力作用下,土试样破坏时作用在破坏面上的动剪应力幅值或动剪应力幅值与剪静应力之和,并将它们之和定义为在地震荷载作用下土的动强度。土的动强度试验通常在动三轴仪上进行。研究表明,在指定作用次数下土的动强度是破坏面上的静剪应力比和静正应力的函数,可用以破坏面静剪应力比为参数的直线关系表示。这样,只要破坏面上的静剪应力比和静正应力已知,就可由这些直线确定出土的动强度。

　　与土的动强度试验相似,饱和砂土的液化试验的目的是确定在等幅动力作用下,饱和砂土试样液化时作用于破坏面上的动剪应力幅值或动剪应力幅值与剪静应力之和,并将它们定义为在地震荷载作用下饱和砂土的抗液化强度。同样,饱和砂土的抗液化强度与破坏面上的正应力之间的关系可用以破坏面上的静剪应力比为参数的直线关系表示。只要破坏面上的静剪应力比和静正应力已知,就可由这些直线确定出饱和砂土的抗液化强度。

　　6. 在地震作用下土坝中的破坏区或液化区的确定及其危害评估

　　1) 破坏或液化判别

　　在地震作用下土坝中的破坏区和液化区的判别应基于如下的资料来确定:土坝的静力分析结果;土坝的地震反应分析结果;土的动强度试验或饱和砂土液化试验结果。

　　2) 判别方法

　　(1) 假定地震作用以水平剪切为主的确定方法。

　　在破坏区或液化区的判别中通常假定地震作用以水平剪切为主。在这种假定下,只考虑水平地震的作用。令地震水平剪切力的等价等幅剪应力的幅值为 $\tau_{xy,d,eq}$,按前述,作用在破坏面上的等价剪应力 $\tau_{d,eq}$ 可由式(16.26)确定:

$$\tau_{d,eq} = \frac{\tau_{xy,d,eq}}{2\sigma_c + \sigma_x + \sigma_y}\sqrt{(2\sigma_c + \sigma_x + \sigma_y) - 4\tau_{xy}^2} \tag{16.26}$$

式中,σ_x、σ_y、τ_{xy} 为由静力分析求出的静应力分量;σ_c 为黏结应力

$$\sigma_c = c\cot\varphi \tag{16.27}$$

其中,c、φ 分别为黏聚力和内摩擦角。

　　另外,作用在破坏面上的静正应力 σ_s 可按式(16.28)确定:

$$\sigma_s = \frac{\sqrt{(2\sigma_c + \sigma_x + \sigma_y)^2 - 4\tau_{xy}^2}}{2(2\sigma_c + \sigma_x + \sigma_y)}\left[\sqrt{(2\sigma_c + \sigma_x + \sigma_y)^2 - 4\tau_{xy}^2} - (\sigma_{xy,max} - \sigma_{xy,min})\right] \tag{16.28}$$

式中,$\sigma_{xy,max}$、$\sigma_{xy,min}$ 分别为 σ_x、σ_y 中的大者和小者。作用在破坏面上的静剪应力比 α_s 按式(16.29)确定:

$$\alpha_s = \left|\frac{2\tau_{xy}}{\sqrt{(2\sigma_c + \sigma_x + \sigma_y)^2 - 4\tau_{xy}^2}}\right| \tag{16.29}$$

　　这样,根据式(16.28)和式(16.29)分别算出破坏面上静正应力比 σ_s 和静剪应力比 α_s 之后,由土的动强度试验或饱和砂土液化试验结果可确定出引起破坏面或液化在破坏面所需要施加的动剪应力 $\tau_{d,f}$。将其与由式(16.26)算得的在破坏面上作用的等价地震应力 $\tau_{d,eq}$ 相比较,如果

$$\tau_{d,eq} \geqslant \tau_{d,f} \tag{16.30}$$

则该点在地震作用下发生破坏或液化;否则,不液化。

(2) 同时考虑地震水平剪切 $\tau_{xy,\mathrm{eq}}$ 和差应力 $(\sigma_x - \sigma_y)_{\mathrm{eq}}$ 作用的判别方法。

与水平土层不同,由于地震波在坝面的反射作用,即使只在水平地震运动作用下坝体中也产生动差应力 $(\sigma_x - \sigma_y)_{\mathrm{d}}$。如果考虑竖向地震运动作用,动差应力将更为明显。由土坝动反应分析可分别得到 $\tau_{xy,\mathrm{d}}$ 和 $(\sigma_x - \sigma_y)_{\mathrm{d}}$ 的时程曲线。从这两个时程曲线可以确定出 $\tau_{xy,\mathrm{d}}$ 的最大幅值 $\tau_{xy,\mathrm{d,max}}$ 和 $(\sigma_x - \sigma_y)_{\mathrm{d}}$ 的最大幅值 $(\sigma_x - \sigma_y)_{\mathrm{d,max}}$。从而,可以确定出 $(\sigma_x - \sigma_y)_{\mathrm{d,max}}$ 与 $\tau_{xy,\mathrm{d,max}}$ 的比值,以及 $(\sigma_x - \sigma_y)_{\mathrm{d,max}}$ 及 $\tau_{xy,\mathrm{d,max}}$ 出现的时刻,并可发现如下两点。

① 坝中一点 $(\sigma_x - \sigma_y)_{\mathrm{d,max}}$ 与 $\tau_{xy,\mathrm{d,max}}$ 的比值与该点在坝中的位置有关。在坝中线附近的区域该比值小,而在坝脚附近的区域该比值较大。

② 坝中一点 $(\sigma_x - \sigma_y)_{\mathrm{d,max}}$ 出现的时刻与 $\tau_{xy,\mathrm{d,max}}$ 出现的时刻不相同,并且两者出现的时间差也与该点在坝中的位置有关。

在第 7 章曾表述了同时考虑动剪应力和动差应力作用的液化判别方法,在此不再重复。

3) 破坏或液化判别结果

按上述方法就可以确定在坝体和坝基中是否存在破坏区或液化区,以及所存在的破坏区或液化区在坝体或坝基中的部位、范围及程度。

(1) 部位。

按破坏区或液化区所在的部位,可能存在如下两种情况:位于土坝的边界部位以开敞的形式存在,或位于边界附近以封闭的形式存在;部位土坝的内部以封闭的形式存在。

(2) 范围。

当部位确定后,破坏区域或液化区的范围是指其大小。对于平面问题,可以在断面内破坏区或液化区所占的面积表示。

(3) 程度。

这里的程度自然是指破坏或液化的程度。按前述,破坏区或液化区中一点的破坏或液化程度以其破坏或液化势指数 IFL 表示,其定义如下:

$$IFL = 1 - \frac{\tau_{\mathrm{d,f}}}{\tau_{\mathrm{d,eq}}} \qquad (16.31)$$

对于液化区, $\tau_{\mathrm{d,eq}} \geqslant \tau_{\mathrm{d,f}}$,从式(16.31)可见, $\tau_{\mathrm{d,f}}/\tau_{\mathrm{d,eq}}$ 越小,破坏或液化势指数越大,破坏或液化程度就越高。对于一个破坏或液化区,可以其平均破坏或液化势指数表示其破坏或液化程度,如果以 $\overline{\mathrm{IFL}}$ 表示其平均破坏或液化势指数,则 $\overline{\mathrm{IFL}}$ 定义如下:

$$\overline{\mathrm{IFL}} = \frac{1}{A_{\mathrm{FL}}} \sum_{i=1}^{n} \mathrm{IFL}_i \Delta A_{\mathrm{FL},i} \qquad (16.32)$$

式中, A_{FL} 为破坏区或液化区的面积; IFL_i 为区内第 i 点的破坏或液化势指数; $\Delta A_{\mathrm{FL},i}$ 为第 i 点所控制的面积。

可以预见,破坏或液化区的平均破坏或液化势指数越高,该区的破坏或程度越重。

4) 破坏或液化区危害评估

从工程应用而言,所关心的不仅是破坏或液化区的本身,更重要的是破坏区或液化区对工程可能造成的危害。破坏或液化区对工程可能造成的危害取决于它所在的部位、范围和破坏或液化的程度。评估破坏或液化区对工程可能造成的危害的依据如下：破坏或液化区的部位；破坏或液化区的范围；破坏或液化区的破坏或液化程度；地震现场土坝震害实例。

在此必须指出，地震现场土坝震害实例在评估破坏或液化区对工程可能造成的危害的重要性时它为评估破坏或液化区对工程可能造成的危害提供参照或类比的实例。

应指出，破坏或液化区危害的评估是一个复杂的问题。目前，尚不能找到一个适当的量作为评估危害性的定量指标，只能做到综合地定性评估其危害。虽然如此，这样的评估对实际仍有重要的指导意义。

(1) 单个影响因素的等级划分。

为了定量地评估破坏或液化区的危害性，首先应按每个影响因素进行等级划分，其具体划分如下。

① 破坏或液化区部位。按破坏或液化区的部位，可将其分为如下三个等级。

(a) 很不利。如果破坏或液化区位于边界，或边界附近与边界的最小距离小于 8.0m，则认为是很不利的。

(b) 不利。如果破坏或液化区与边界的最小距离大于 8.0m 且小于 15m，则认为是不利的。

(c) 较不利。如果破坏或液化区域边界的最小距离大于 15m，则认为是较不利的。

② 破坏或液化区的范围。按破坏或液化区的范围，可将其分为如下三个等级。

(a) 影响大。如果破坏或液化区形成大片或长的条带，则认为是影响大的。

(b) 影响中等。如果破坏或液化区呈局部的若干个较大的块或较长的条段，则认为是影响中等的。

(c) 影响小。按破坏或液化区呈局部的若干个较小的块或较短个条段，则认为是影响小的。

③ 破坏或液化程度。

按破坏或液化程度，可划分成如下等级。

(a) 严重。如果破坏或液化区的平均破坏或液化势大于 0.80，则认为是严重的。

(b) 中等。如果破坏或液化区的平均破坏或液化势小于 0.80 且大于 0.20，则认为是中等的。

(c) 较轻。如果破坏或液化区的平均破坏势或液化势小于 0.20，则认为是较轻的。

(2) 破坏或液化区危害性综合评估。

如前所述，破坏或液化区危害性综合评估应根据其部位、范围、程度，以及地震现场土坝震害实例做出。破坏或液化区的危害性可分成如下三个等级。

① 严重危害。严重危害是指使土坝丧失稳定性，发生大面积塌陷或隆起，以及多条宽大裂缝，土坝的完整性受到严重的破坏。

当破坏或液化区满足如下组合情况时，可认为属于严重危害等级。

(a) 部位很不利，范围连成大片或长条带，破坏或液化程度是严重的或中等的。

(b) 部位不利，范围连成大片或长条带，破坏或液化程度是严重的。

② 中等危害。中等危害是指土坝不会丧失稳定性,但要使土坝发生较大的变形,以及多条中等宽度的裂缝,土坝的整体性受到一定的破坏。

当破坏或液化区满足如下组合情况时,可认为属于中等危害等级。

(a) 部位很不利,范围为局部的若干个较大的块或较长的条段,破坏或液化程度是中等的。

(b) 部位不利,范围为局部的若干个较大的块或较长的条段,破坏或液化程度是严重的。

③ 较轻危害。较轻危害是指使土坝发生允许的变形,以及一些小的裂缝,土坝的完整性受到较轻的破坏。

除了上述严重危害和中等危害组合情况,其他可认为属于较轻危害等级。在此应指出,上述的等级划分是可以调整的,但其等级划分基本原则应是具有一般意义的。

7. 地震作用下孔隙水压力的分析

如果坝体或坝基中含有饱和砂土,为了获得更多的信息,还应分析地震作用在饱和砂土中引起的孔隙水压力。如前所述,这里所确定的孔隙水压力是由地震剪切作用引起的,它是饱和砂土液化的主要原因。地震作用下孔隙水压力分析可按第 11 章所述的方法进行。完整的孔隙水压力分析应包括地震过程中和地震作用停止后相互关联的两个分析阶段。地震作用下孔隙水压力的分析结果可用于如下两方面。

1) 确定液化区的部位和范围

当用孔隙水压力分析结果确定液化区的部位和范围时,必须制定一个以孔隙水压力为定量指标的液化标准。如果将地震作用引起的孔隙水压力与静正应力之比定义为孔隙水压力比,按有效应力原理,当孔隙水压力比等于 1 时则发生液化。根据这个液化准则,可由地震作用孔隙水压力分析结果确定出坝体和坝基中饱和砂土的液化部位、范围和液化程度。然后,就可按前述方法评估坝体和坝基中液化区的危害。

2) 应用于土坝震后稳定性分析

土坝震害实例表明,有些含有饱和砂土的土坝,其稳定性丧失并不发生在地震作用过程中,而是发生在地震作用停止以后。地震作用停止之后,饱和砂土体中孔隙水压力重分布是土坝地震作用停止之后丧失稳定性的主要原因。这样,进行土坝震后稳定性分析是必要的。震后孔隙水压力分析结果将用于确定土坝震后稳定性分析中饱和砂土的抗剪强度。按有效应力原理,考虑地震引起的孔隙水压力的影响,震后饱和砂土的抗剪强度 τ 可按式(16.33)确定:

$$\tau = (\sigma - u)\tan\phi' \tag{16.33}$$

式中,σ、u 分别为可能破坏面的静正应力和震后孔隙水压力;ϕ' 为饱和砂土的有效抗剪强度的摩擦角。土坝震后稳定性分析将在 16.5 节进一步表述。

8. 地震引起的土坝永久变形分析

地震引起的土坝永久变形分析可以提供更多关于土坝地震性能的信息,地震引起的永久变形可作为一个表示土坝地震性能的定量指标。Newmark 就建议将有限滑动引起的水平位移作为一个定量指标代替拟静力分析法中的安全系数。地震引起的土坝永久变形可按第 12 章所述的方法进行分析,不需赘述。在此,应强调指出如下两点。

(1) 在进行地震引起的土坝永久变形分析时,首先必须根据土坝所包括的土的类型确定可能发生永久变形的机制及形式,然后再采用相应的方法进行分析。

(2) 地震引起的土坝永久变形分析结果可以给出永久变形的分布。根据永久变形的分布,可以判断出土坝最危险的部位和范围。由此得到的最危险的部位和范围通常与前面确定出来的破坏或液化区的范围相一致。遗憾地,目前仍缺乏以永久变形判断土坝地震性能的标准。原则上,也可像评估破坏或液化区危害那样,根据部位、范围和变形的大小分划出危害等级。在这方面需要根据地震现场土坝的危害实例做进一步工作。如果需要,可以向有经验的专家进行咨询。

16.5 土坝(堤)的震后稳定性

前面曾一再指出,当坝体或坝基中含有饱和砂土时,受地震作用土坝稳定性丧失可能发生在地震停止之后的某个时刻,并指出这是由于地震停止之后地震引起的孔隙水压力消散和重分布的原因。这个现象显示出进行土坝震后稳定性校核的必要性。

从整体而言,在地震停止时刻土坝中的孔隙水压力通常是最高的。地震停止后,土坝中的孔隙水压力开始进入消散阶段,总的趋势是随时间的增加,孔隙水压力逐渐降低。但是,由于地震之后孔隙水压力重分布可能出现这样一种情况,即土坝的某一部位的孔隙水压力在地震停止之后的某一时段反而会增大。这样,从土坝稳定性而言,地震停止时刻的孔隙水压力分布不一定是最危险的,而在地震停止作用之后某一时刻的孔隙水压力分布是最危险的。

从上述可见,确定地震停止之后坝内孔隙水压力分布是进行土坝震后稳定性分析的关键。地震停止后坝内孔隙水压力分布可按第 11 章所述的方法确定。如果分析中发现某些部位在某个时段内孔隙水压力反而升高了,则应对这一时段内土坝稳定性进行分析。在震后稳定性分析中,将地震停止时刻及其孔隙水压力分别作为初始时刻及初始孔隙水压力。另外,在震后稳定性分析时只考虑静力作用及地震引起的孔隙水压力的影响。

土坝震后稳定性分析虽然属于静力分析,但它要利用动力分析的结果。地震停止时刻的孔隙水压力要由动力分析来确定。因此,只有按动力分析方法解出了地震作用引起的孔隙水压力后才能进行土坝的震后稳定性分析。

下面,表述石原研而教授对日本一座尾矿坝的震后稳定性所做的简化分析。1978 年 1 月 14 日日本发生伊豆岛近海地震,震级为 7.0 级。主震后还有一系列余震,两次最大的余震发生于 1 月 15 日早晨,震级分别为 5.8 级和 5.4 级。离震中 40km 处有一座尾矿坝,在主震后 24h 发生破坏。主震在坝址产生的加速度为 250Gal,该尾矿坝是采用上游法修建的。图 16.9 给出了该坝的典型剖面及破坏后的剖面。从图 16.9 可见,该尾矿坝是由围埂和尾矿库中沉积的尾矿材料组成的。

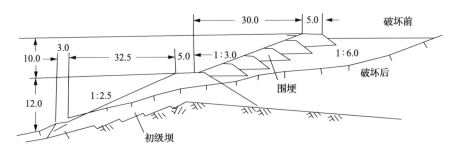

图 16.9　尾矿坝的典型剖面及破坏后剖面

石原研而为研究地震后的孔隙水压力分布,将该坝的实际断面简化成如图 16.10 所示的分析剖面。在图 16.10 中 $OEDB$ 表示堤埂断面;OB 表示地震前坝体中浸润线,与堤埂的上游边界 OB 重合;OBA 表示围埂下面的尾矿材料堆积体,OA 右侧的尾矿材料堆积体在图 16.10 中略去了;OF 表示尾矿库中尾堆积表面,并假定地下水位与尾矿库中尾矿材料堆积体表面相一致。在地震前,OA 面上的水压力分布以三角形 OAP 表示,坝底面上相应的水压力分布以三角形 ABR 表示。

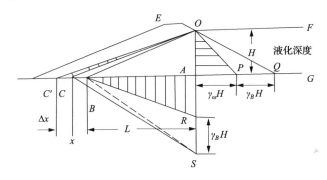

图 16.10　简化的分析断面

地震作用使 OA 右侧的尾矿堆积体发生液化,其液化深度为 H。这样,在 OA 面上产生附加的水压力,以 $\triangle OPQ$ 表示,其中 γ_B 为尾矿堆积材料的浮重度。另外,石原研而假定,OA 线左侧堤埂以下的尾矿堆积体没有液化,其中孔隙水压力的增加不是由于本身的液化而是由于 OA 右侧超孔隙水压力向左扩散而产生的。作用于底面上的附加孔隙水压力以 $\triangle BSR$ 表示。在超孔隙水压力作用下,孔隙水要向堤埂方向移动,使浸润线抬高。设抬高后的浸润线是通过 O 点的直线。这样,随浸润线的抬高其与底面的交点向左移动。设在 t 时刻从 B 点向左移动的距离以 x 表示。那么,相应的水力梯度 j 为

$$j = \frac{\gamma_B H}{\gamma_\omega (L+x)}$$

而在 Δt 时段内通过浸润线 OC 渗透过来的水量可按式(16.34)计算:

$$\Delta Q_w = k \frac{H}{2} \frac{\gamma_B H}{\gamma_\omega (L+x)} \Delta t \tag{16.34}$$

式中，k 为土的渗透系数；$H/2$ 为孔隙水运动的等价断面。设在 Δt 时段内浸润线由 OC 抬高到 OC'，使 $\triangle OC'C$ 的土体饱和，相应吸收的水量 Q 为

$$Q = \beta \frac{H}{2} \Delta x \tag{16.35}$$

式中，β 为土的储水系数，可按式(16.36)计算：

$$\beta = n(1 - s_r) \tag{16.36}$$

由式(16.34)与式(16.35)相等，得

$$\frac{\mathrm{d}x}{x} = \frac{\gamma_B k}{\gamma_\omega \beta} \frac{H}{L + x} \tag{16.37}$$

解式(16.37)得

$$\frac{x}{L} = -1 + \sqrt{1 + 2\frac{\gamma_B}{\gamma_\omega}\frac{H}{L}\frac{kt}{\beta L}} \tag{16.38}$$

由式(16.38)可求得 $\dfrac{x}{L}$ 与 $\dfrac{kt}{\beta L}$ 的关系，如图 16.11 所示。可以看出，渗透系数越大，浸润线抬的就越高。

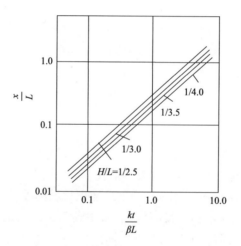

图 16.11　$\dfrac{x}{L}$-$\dfrac{kt}{\beta L}$ 关系线

对于上例，$\beta = 0.12$，$H = 7\mathrm{m}$，$k = 10^{-4}\mathrm{cm/s}$，$L = 21\mathrm{m}$，主震到破坏事件 $t = 24\mathrm{h}$，由这些数据得

$$\frac{kt}{\beta L} = 0.035$$

这样，由图 16.11 可查得 $\dfrac{x}{L} = 0.013$，$x = 0.27\mathrm{m}$。然而，这样水的浸润线抬高不会在尾矿坝堆积体中引起明显的孔隙水压力变化，一定有另外的因素在上述分析中被忽略了。

前面曾指出,渗透系数对浸润线的抬高有重要的影响。据目击者报告,在两次强余震后堤埝的下游面出现一系列的裂缝带。由于裂缝的存在,土的渗透系数要显著增加,一个有根据的数值为 2×10^{-2} cm/s。但是,两次强余震到破坏的事件为 5.5h。利用这组数据得到 $\dfrac{kt}{\beta L} = 1.57$,相应的 $\dfrac{x}{L} = 0.41, x = 8.6$m。这样的 x 值引起的浸润线抬高会使堤埝下面的尾矿堆积体中的孔隙水压力产生明显的变化。按圆弧滑动法计算出坝的安全系数与

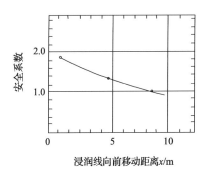

图 16.12　坝的安全系数与 x 的关系

x 的关系,如图 16.12 所示。可以看出,当 $x=8.6$m 时,坝的安全系数已降到 1.0,这与坝的破坏实际情况相符。

从上述简化分析中可看出,对于震后孔隙水压力分析,如下两点特别重要。

(1) 在地震停止之后的土坝孔隙水压力分析中,土的渗透系数的确定是非常重要的。在确定土的渗透系数时,考虑裂缝等对渗透系数的影响是必要的,但这是个很困难的问题。

(2) 在地震停止之后的土坝孔隙水压力分析中,由于排水作用,在排水边界的水位应不断抬高。相应地,排水边界的水压力在分析中也应不断升高。排水边界面的水压力变化一方面取决于排出的水量,另一方面还取决于土的储水系数 β。

应指出,在震后孔隙水压力消散阶段,饱和土体中局部孔隙水压力升高通常可能发生如下两种情况。

(1) 如上例所述情况,由于排水作用,在排水边界水位抬高引起的孔隙水压力升高。

(2) 如果不排水边界附近区域是一个孔隙水压力低压区,由于孔隙水压力要由高压区向低压区扩散,也会在某个时段发生孔隙水压力升高。

16.6　土坝应力的简化分析

从上述的土坝动力分析途径可见,若判别在地震作用下土坝中一点是否发生破坏或液化,确定出破坏或液化区的部位、范围及破坏或液化的程度,必须首先确定土坝中各点的静应力和地震作用产生的动应力。土坝的静应力可由静力分析求得,动应力可由地震反应分析求得。由于问题的复杂性,土坝的静力分析和地震反应分析通常要进行数值分析。对于大型工程,这样做是必需的,但是对于一般工程,通常不具备这样做的条件或不值得这样做。在这种情况下,可采用简化的方法近似地确定土坝的静应力和地震作用引起的动应力。

1. 土坝静应力的确定

土坝中水平面上任意一点的有效竖向正应力 σ_y 和水平向正应力 σ_x 可按式(16.39)和式(16.40)确定:

$$\sigma_y = \sum_{i=1}^{n} \gamma_i \Delta y_i \tag{16.39}$$

$$\sigma_x = \xi \sigma_y \tag{16.40}$$

式中，γ_i 为水平面以上第 i 土段的重力密度，在浸润线之下取浮重力密度；Δy_i 为第 i 段的长度；ξ 为侧压力系数，可取静止土压力系数，按式(16.40)确定：

$$\xi = 1 - \sin\phi' \tag{16.41}$$

式中，ϕ' 为土的有效摩擦角。

为确定土坝中水平面上任意点的剪应力，根据图 16.13 所示，可指出水平面上剪应力分布有如下特点。

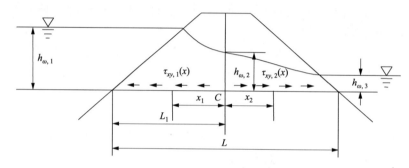

图 16.13　作用于水平面上的静剪应力

（1）在上、下游面处，静剪应力 $\tau_{xy} = 0$。

（2）在水平面上游部分剪应力方向指向上游方向，而下游部分剪应力方向指向下游方向。因此，在水平面中部某一点的静剪应力 $\tau_{xy} = 0$。按本书 16.7 节，坝体中静剪应力为零的点可按式(16.42)近似确定：

$$x/y = \frac{\tan\theta_2 - \tan\theta_1}{2} \tag{16.42}$$

式中，符号如 16.7 节图 16.25 所示。

（3）如果从水平面静剪应力为零的点作一条竖直线，则将水平面以上的坝体分成上下游两部分，如图 16.14 所示。作用于上游部分坝体的水平力包括如下两部分。

① 作用于竖向线上的土侧向压力 σ_y。

② 作用于上游面上的水压力与竖向线上的水压力之差。实际上，这个水压力差即为渗流作用于上游部分坝体的水平摩阻力。由此，可得作用于上游部分坝体上的水平力 Q_1 如下：

$$Q_1 = \sum_{i=1}^{n} \sigma_{y,i} \Delta y_i - \left(\frac{\gamma_w}{2} h_{w,1}^2 - \frac{\gamma_w}{2} h_{w,2}^2 \right) \tag{16.43}$$

式中，$h_{w,1}$ 和 $h_{w,2}$ 分别为上游面上的水位和竖向线上的水位。与上游部分坝相似，作用于下游坝体上的水平力 Q_2 如下：

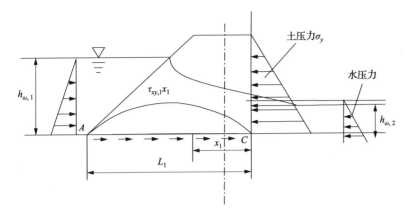

图 16.14　作用于上游坝体的部分水平力

$$Q_2 = \sum_{i=1}^{n} \sigma_{y,i} \Delta y_i + \left(\frac{\gamma_\omega}{2} h_{\omega,2}^2 - \frac{\gamma_\omega}{2} h_{\omega,3}^2 \right) \qquad (16.44)$$

式中，$h_{\omega,3}$ 为下游面上的水位。

（4）由上游部分坝体所受的水平力平衡得

$$Q_1 = \int_0^{L_1} \tau_{xy,1}(x_1) \mathrm{d}x_1 \qquad (16.45)$$

式中，$\tau_{xy,1}(x_1)$ 为水平面上游部分的静剪应力；L_1 为水平面上游部分长度。相似地

$$Q_2 = \int_0^{L-L_1} \tau_{xy,2}(x_2) \mathrm{d}x_2 \qquad (16.46)$$

式中，$\tau_{xy,2}(x_2)$ 为水平面下游部分的剪应力；L 为水平面总长度。

水平面上游部分的剪应力可假定服从正弦曲线分布。由此可得

$$\tau_{xy,1}(x) = \tau_{xy,1,\max} \sin\left(\pi \frac{x_1}{L_1} \right) \qquad (16.47)$$

式中，$\tau_{xy,1,\max}$ 和 x_1 分别为水平面上游部分的最大剪应力和从 C 点算起的长度。

相似地，水平面下游部分的剪应力分布为

$$\tau_{xy,2}(x) = \tau_{xy,2,\max} \sin\left(\pi \frac{x_2}{L-L_1} \right) \qquad (16.48)$$

式中，$\tau_{xy,2,\max}$ 和 x_2 分别为水平面下游部分的最大剪应力和从 C 点算起的长度。

根据上述水平面上静剪应力的特点，其上的静剪应力可按如下步骤确定。

（1）分别按式(16.43)和式(16.44)计算出 Q_1 和 Q_2，并注意式(16.42)中的 x 与 L_1 的关系，则可按式(16.42)确定出 L_1。

（2）将式(16.47)和式(16.48)分别代入式(16.45)和式(16.46)并完成积分可分别确定出式(16.47)和式(16.48)中的 $\tau_{xy,1,\max}$ 和 $\tau_{xy,2,\max}$。

$$\tau_{xy,1,\max} = \frac{\pi}{2L_1} Q_1 \qquad (16.49)$$

$$\tau_{xy,2,\max} = \frac{\pi}{2(L-L_1)}Q_2 \tag{16.50}$$

（3）将 $\tau_{xy,1,\max}$ 和 $\tau_{xy,2,\max}$ 分别代入式（16.47）和式（16.48），则可求得水平面上任一点的静剪应力 τ_{xy}。

2. 地震作用引起的动应力的确定

对于一般工程，认为破坏或液化是由地震的水平剪切作用引起的。如前所述，在这种情况下，只考虑水平动剪应力 $\tau_{xy,d}$ 的作用，忽略动差应力 $(\sigma_x-\sigma_y)_d$ 的作用。因此，这里只表述确定水平动剪应力的简化方法。水平动剪应力可以按如下两种方法之一确定。

1）根据等价地震系数 $k_{eq}(z)$ 确定等价动水平剪应力 $\tau_{xy,eq}$ 方法[9]

按该法确定坝顶下任意水平面上的等价水平剪应力 $\tau_{xy,eq}$ 步骤如下。

（1）按式（16.10）~式（16.13）确定出坝顶最大加速度 $\ddot{U}_{\max}(0)$，以及相应的坝顶等价加速度系数 $k_{eq}(0)$。

（2）由图16.7确定坝顶下任意水平面的等价加速度系数 $k_{eq}(z)$ 与坝顶等价加速度系数 $k_{eq}(0)$ 之比 $\alpha_{k,e}(z)$。由此，得任意水平面的等价加速度系数如下：

$$k_{eq}(z) = \alpha_{k,e}(z)k_{eq}(0) \tag{16.51}$$

（3）按式（16.52）确定作用于任意水平面上的等价水平惯性力 $Q_{eq}(z)$。

$$Q_{eq}(z) = k_{eq}(z)W(z) \tag{16.52}$$

式中，$W(z)$ 为任意水平面以上土体的重量，在浸润线之下土的重力密度取饱和重力密度。

（4）确定水平面上水平动剪应力的分布。水平面上水平动剪应力的分布应呈现如下特点：在上下坡面处等于零；在水平面中间某一点最大。如图16.15所示，令

$$\eta = \frac{l}{L}, \quad \xi = \frac{z}{H} \tag{16.53}$$

$$\alpha_\tau(\eta) = \frac{\tau_{xy,eq}(\eta)}{\tau_{xy,eq}(0,\xi)} \tag{16.54}$$

张克绪由均质土坝的有限元法地震反应分析结果，得到的 $\alpha_\tau(\eta)$-η 关系如图16.16所示。图16.16中的实线表示 $\alpha_\tau(\eta)$ 与 η 之间的平均关系。由图16.16可见，以这个平均关系线表示两者的关系不会造成较大的误差。这样，由式（16.53）第一式可确定出 η，然后就可由图16.16确定出 $\alpha_\tau(\eta)$，则水平面上任一点的等价水平剪应力 $\tau_{xy,eq}(\eta)$ 可按式（16.55）确定：

$$\tau_{xy,eq}(\eta) = \alpha_\tau(\eta)\tau_{xy,eq}(0,\xi) \tag{16.55}$$

为了按式（16.55）确定 $\tau_{xy,eq}(\eta)$，必须求出与水平面相应的 $\tau_{xy,eq}(0,\xi)$ 值。根据水平面以上土体所受的水平力平衡可得

$$\int_0^L \tau_{xy,eq}(\eta)\mathrm{d}l = Q_{eq}(z)$$

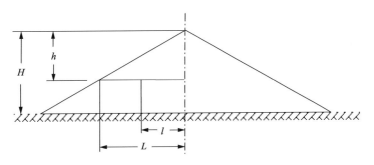

图 16.15　η、ξ 的定义

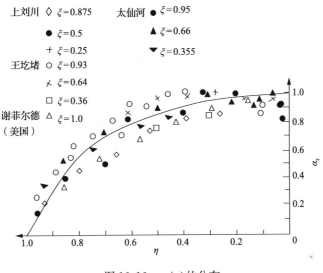

图 16.16　$\alpha_\tau(\eta)$ 的分布

将式(16.55)代入上式,简化后得

$$\tau_{xy,\mathrm{eq}}(0,\xi) = \frac{k_{\mathrm{eq}}(\xi) \cdot W(\xi)}{\displaystyle\int_0^L \alpha_\tau(\eta)\,\mathrm{d}l} \tag{16.56}$$

按图 16.16 所示的 $\alpha_\tau(\eta)$-η 关系线完成积分得

$$\tau_{xy,\mathrm{eq}}(0,\xi) = 1.33\,\frac{k_{\mathrm{eq}}(\xi) W(\xi)}{L(\xi)} \tag{16.57}$$

(5) 非均质的影响。上面给出了均质土坝水平面上等价水平剪应力的确定方法。然而,非均质土坝是最普遍的情况,其中心墙坝、斜墙坝是常见的两种坝型。这两种坝的断面通常由三种材料组成,即坝体材料、防渗体材料和两者之间的过渡层材料。由于这三种材料的软硬程度相差很大,在它们接触面两侧应力要发生陡然的变化。图 16.17 给出了一个心墙坝水平动剪应力最大值在不同材料接触面两侧的变化。该图所显示的结果表明,不均匀性对水平动剪应力分布的影响是不能忽视的。

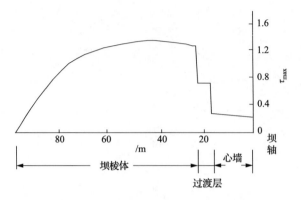

图 16.17 一个心墙坝水平面上水平剪应力最大值分布

在前面曾给出,材料的最大动剪切模量可以表示为

$$G_{\max} = kP_{\mathrm{a}}\left(\frac{\sigma_0}{P_{\mathrm{a}}}\right)^n$$

如果以 k_{h} 和 $\tau_{xy,\mathrm{eq},\mathrm{h}}$ 分别表示接触面硬的一侧材料的 k 值和等价水平剪应力,以 k_{w} 和 $\tau_{xy,\mathrm{eq},\mathrm{w}}$ 分别表示软的一侧材料的 k 值和等价水平剪应力,则 $\tau_{xy,\mathrm{eq},\mathrm{h}}/\tau_{xy,\mathrm{eq},\mathrm{w}}$ 应与 $(k_{\mathrm{h}}/k_{\mathrm{w}})^{\frac{1}{2}}$ 有一定关系。张克绪由两个非均质坝的有限计算结果得到两者的关系,如图 16.18 所示。由图 16.18 可得

$$\frac{\tau_{xy,\mathrm{eq},\mathrm{h}}}{\tau_{xy,\mathrm{eq},\mathrm{w}}} = \left(\frac{k_{\mathrm{h}}}{k_{\mathrm{w}}}\right)^{\frac{1}{2}} \tag{16.58}$$

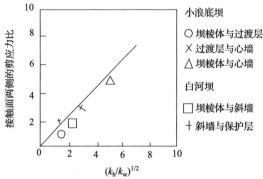

图 16.18 接触面两侧等价水平剪应力比 $\tau_{xy,\mathrm{eq},\mathrm{h}}/\tau_{xy,\mathrm{eq},\mathrm{w}}$ 两侧材料$(k_{\mathrm{h}}/k_{\mathrm{w}})^{1/2}$ 的关系

将式(16.58)左端项分子分母同除以 $\tau_{xy,\mathrm{eq}}(0,\xi)$,则得

$$\frac{\alpha_{\tau,\mathrm{h}}(\eta)}{\alpha_{\tau,\mathrm{w}}(\eta)} = \left(\frac{k_{\mathrm{h}}}{k_{\mathrm{w}}}\right)^{\frac{1}{2}} \tag{16.59}$$

这样,按式(16.59)则可以考虑非均质的影响,其步骤如下。

① 在一个坝断面内通常以坝棱体材料为主。因此假定在水平面上坝棱体材料部分的 $\alpha_{\tau}(\eta)$ 的分布仍符合图 16.16。

② 根据式(16.59)修改与其接触另一侧的 $\alpha_{\tau}(\eta)$ 值。由于在水平面上过渡层与防渗体所占的部分较小,可假定在这两部分中 $\alpha_{\tau}(\eta)$ 的分布是均匀的。这样,就得到了在水平面上修正的 $\alpha_{\tau}(\eta)$ 分布图。

③ 按水平面上修正的 $\alpha_{\tau}(\eta)$ 分布图及式(16.54)确定相应的 $\tau_{xy,\mathrm{eq}}(0,\xi)$。在式(16.56)右端项的分母 $\int_0^L \alpha_{\tau}(\eta)\mathrm{d}l$ 应按修正的 $\alpha_{\tau}(\eta)$ 分布图采用数值积分法确定。因此,所确定出的 $\tau_{xy,\mathrm{eq}}(0,\xi)$ 将不同于按(16.57)确定的值。

④ 由修正的 $\alpha_{\tau}(\eta)$ 图及相应的 $\tau_{xy,\mathrm{eq}}(0,\xi)$ 就可确定出考虑非均质影响的水平面上等价水平剪应力 $\tau_{xy,\mathrm{eq}}(\eta,\xi)$。

2) 将土坝简化成一系列相互无关的土柱的简化分析方法

地震作用引起的土坝动应力通常作为二维问题由地震反应分析确定。假如将土坝简化成一系列相互无关的土柱,对每一个土柱进行一维地震反应分析,可确定出每个土柱水平面上的动剪应力。这种方法要比土坝二维地震分析所需的费用和精力小得多。Vry-moed 和 Calzascia[10]研究了这种简化处理的可能性,他们利用 SHAKE 程序计算土柱的地震反应,采用 QUAD-4 程序计算土坝二维地震反应,取等价线性化模型对表 16.6 所示的几个土坝进行了比较分析。在比较分析中,在坝的上游坡、坝顶和下游坡分别取若干个土柱进行地震反应分析。

表 16.6 比较分析的坝例

坝名	最大坝高 /ft	输入加速度时程	输入加速度时程特性	
			峰值加速度/g	卓越周期/s
拉斐特坝	190	Seed-Iariss	0.40	0.35
查伯特坝	140	Seed-Iariss	0.40	0.35
斯通峡谷坝	240	假日旅馆	0.60	0.65
阿斯科特坝	110	多次塔夫特	0.30	0.35
布特山谷坝	75	塔夫特 S69E	0.18	0.45
克兰山谷坝	140	人造波	0.15	0.30
布克特峡谷坝	220	修正塔夫特	0.60	0.20
下圣费尔南多坝	140	巴科伊马 S16E	0.60	0.40
上圣费尔南多坝	120	巴科伊马 S16E	0.60	0.40

为了节省篇幅,这里只给出查伯特坝、阿斯科特坝和布克特峡谷坝的两种分析方法求得的最大剪应力的比较,分别如图 16.19～图 16.21 所示。从图 16.19～图 16.21 所示的结果可得到,两种方法得到的水平最大剪应力在分布和数值上是相当一致的。因此,将土坝简化成一系列相互无关的土柱进行地震反应分析求解水平地震剪应力是可行的。

在上述比较分析中,采用 SHAKE 程序计算一维土柱的地震反应。显然,也可以采用其他方法进行一维土柱的地震反应分析。

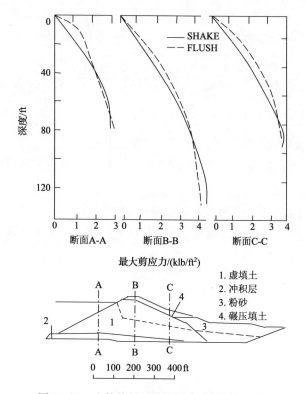

图 16.19　查伯特坝两种分析方法结果的比较

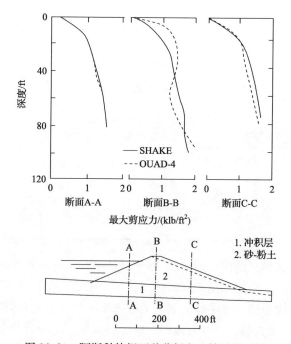

图 16.20　阿斯科特坝两种分析方法结果的比较

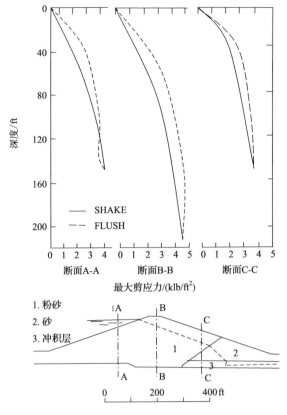

图 16.21　布克特峡谷坝两种分析方法结果的比较

16.7　尾矿坝的地震性能

1. 尾矿坝及其特点

1) 尾矿坝的功能及组成部分

在采矿工程中,开采出来的矿石所含矿物的品位较低,不能直接用来冶炼。通常,要把矿石粉碎成颗粒提取出高品位的颗粒进行冶炼。剩下的颗粒称为尾矿材料,要在一个适当的空间储存起来。储存尾矿材料的空间称为尾矿库,尾矿库通常选在一个山沟之中。为了形成一个尾矿库,首先要采用碾压法修一个土坝将尾矿库堵起来,这个坝称为初级坝。通常,采用水力管道运输方法输送尾矿材料,并将其排放到尾矿库中。在整个使用期内,要用碾压法将初级坝分期加高,以增加尾矿库的库容。最后,达到最大坝高。排放到尾矿库中的尾矿材料在重力作用下沉积在尾矿库中。尾矿材料沉积后析出来的水在库中形成一个很大的储水池,所存储的水供选矿循环利用。由于水池中的水要向下游渗透,在沉积的尾矿材料中形成浸润线。

按上述,尾矿坝由如下三部分组成。

(1) 初级坝。如前所述,初级坝应采用碾压式方法填筑,它具有如下三个功能。

① 形成最初的尾矿库容,拦蓄排放的尾矿材料。

② 排出从储水池渗透过来的水,降低浸润线。因此,初级坝应采用透水材料填筑。

③ 初级坝断面是尾矿库使用期内分期加高的基础断面。

(2)在初级坝断面基础上分期加高的坝体。这部分坝体也应采用碾压式方法填筑,其功能是扩增尾矿库的库容,拦蓄排放的尾矿材料。由于采用碾压式方法填筑,其填筑密度可以控制。

(3)沉积在尾矿库中的尾矿堆积体。在库内尾矿堆积体表面的坡度非常平缓,通常只有 1/20～1/10。如图 16.22 所示,从尾矿库水池边缘向外这段尾矿堆积体表面称为干滩,其长度称为滩长。位于干滩与浸润线之间的尾矿堆积体处于非饱和状态,位于浸润线之下的尾矿堆积体处于饱和状态。

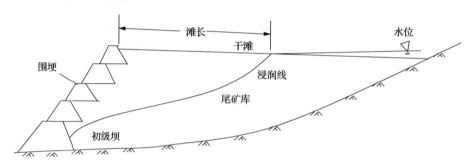

图 16.22　上游筑坝法填筑的尾矿坝

2)尾矿坝的筑坝方法及优缺点

根据分期加高坝体的方式,尾矿坝可分成如下三种类型。

(1)上游筑坝法。

沿初级坝向上游方向分期修建围埂,围埂的底面一部分坐落在前一期围埂的顶面,另一部分坐落在库内填筑的尾矿体之上,如图 16.22 所示。围埂是用填筑在尾矿库中的尾矿材料碾压填筑的,其填筑密度应达到指定的密度要求。

上游筑坝法的优点如下。

① 填筑的断面小,施工快,费用低。

② 加高的围埂断面不占用初级坝下游的土地,可节约土地。

上游筑坝法的缺点如下。

① 加高的坝体是用来扩增库容、拦蓄排放尾矿料的,由于填筑的断面小,其拦挡尾矿料的能力相对较低。

② 浸润线位置较高,距离坝下游坡面的距离较近,甚至使下游坡面发生沼泽化。为降低浸润线,通常要采用辅助的内部排水措施。

(2)下游筑坝法。

从初级坝坡顶和下游坝坡向下游方向扩大断面,如图 16.23 所示。为了排水扩大断面的底部应采用高透水性材料填筑,其他部分可采用尾矿库中的尾矿材料碾压填筑,并使其达到指定的密度要求。

与上游筑坝法相比,下游筑坝法的优点如下。

① 断面大,拦挡排放尾矿材料的能力较大。

② 浸润线与坝的外边廓线的距离较大,其上为非饱和土,特别是碾压填筑的土体面积较大,对坝的稳定性有利。

下游筑坝法的缺点如下:断面大、施工慢、费用高;增大的断面要占用初级坝下游的土地。

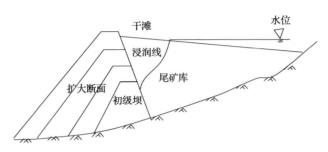

图 16.23　下游筑坝法填筑的尾矿坝

(3)中线筑坝法。

从初级坝顶及其中心线向上、下游方向同时扩大断面,如图 16.24 所示。中线筑坝法是上游筑坝法和下游筑坝法的折中方法。下游的扩大断面底部应采用高透水性材料填筑以便排水,其他部分可采用尾矿材料碾压填筑,并应达到指定的密度要求。

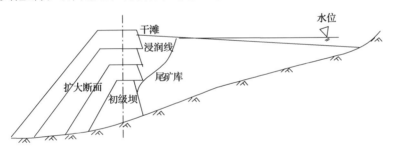

图 16.24　中线筑坝法填筑的尾矿坝

显然,中线筑坝法的优缺点介于上游筑坝法和下游筑坝法之间,不需赘述。

由于上游筑坝法具有填筑断面小、施工快、投资少又不占用初级坝下游的土地等特点,国内外现有尾矿坝大多数采用上游筑坝法填筑。

3) 尾矿坝的特点

下面仅就与稳定性有关的方面,指出尾矿坝的如下一些特点。

(1)尾矿坝断面的大部分由松至中密状态的饱和尾矿材料所占有。这部分尾矿体对尾矿坝的静力稳定性、地震稳定性及渗透稳定性具有重要的作用。像下面所述那样,在地震作用下饱和的尾矿材料的液化是尾矿坝发生震害的主要原因。

(2)初级坝及干滩之下的非饱和尾矿材料在保持尾矿坝静力稳定性及地震稳定性中起重要的作用。像下面将看到的那样,在许多情况下,可把地震时饱和尾矿材料液化所造成的危害限定在干滩范围之中。

(3)浸润线的位置决定其下饱和的尾矿材料的埋藏深度及其上的非饱和尾矿材料的

厚度。因此,浸润线的高低对尾矿坝的静力稳定性、地震稳定性及渗透稳定性具有重要的影响。浸润线与外轮廓线的最小距离是评估浸润线影响的一个重要指标。加强排水设计,尽量降低浸润线是保持尾矿坝稳定性的基本技术措施之一。

(4)干滩的长度对浸润线的位置有较大的影响。

(5)从上述可见,尾矿坝的填筑期就是其使用期。按时间尾矿坝可分三个阶段:初级坝及其排放阶段;初级坝以上及其排放阶段;使用期结束,封库阶段。

显然,在初级坝以上及其排放阶段最容易发生稳定性问题,实际也正是如此。因此,对这个阶段尾矿坝的性能应特别予以关注。

(6)排放到尾矿库中的尾矿料是在重力作用下自然沉积起来的,其沉积规律及沉积密度有很大的不确定性,不能像碾压土坝那样能预先较准确的确定。在尾矿坝设计时所做的分析是对所假定的数据进行的,其代表性较差。因此,为了确保尾矿坝的安全,应在使用期内分期进行勘察,查清排放的尾矿沉积规律及沉积密度,并进行相应的分析工作。通常,在使用期内至少应进行三次勘察和校核分析。最后一次为封库阶段的勘察和校核分析。

2. 尾矿坝的震害和影响因素

国内外,一些尾矿坝曾受到过地震作用。文献[11]总结了智利、日本和我国尾矿坝的震害,得到如下一些结论。

(1)上游法修建的尾矿坝对地震作用非常敏感,如在智利只有30~40m较短滩长的尾矿坝在6度地震作用下就发生了灾难性的破坏。正是基于这一事实,对采用上游筑坝法的正当性提出了质疑,并主张高尾矿坝采用中线筑坝法。

(2)在6度及其以上烈度的地震作用下尾矿库内堆积的尾矿材料就可能发生液化。在智利一些目击者报告,地震时库内堆积体表面部分呈悬浮状态并被激起波浪。

(3)尾矿库内堆积的尾矿材料的液化首先危害干滩。我国唐山地震时,首钢矿业公司所属的新水村尾矿坝和大石河尾矿坝受到7度的强地震作用,两个尾矿坝发生了相似的震害现象。地震后西安有色冶金勘察设计研究院对新水村尾矿坝的震害进行了调查和勘察。震害调查表明,该尾矿坝的震害主要局限在干滩上,在蓄水池边缘附近干滩的震害最重,从边缘向外逐渐减轻。从蓄水池边缘向外,按震害的形式和程度可将干滩分成如下几个区。

① 向库内滑动区。这个区与蓄水池相邻,在干滩表面之下浸润线埋藏很浅。前面曾指出,干滩表面只有1/20~1/10的内坡,尽管坡度很小,当其下的尾矿材料液化时,干滩之上的堆积体与其下液化的尾矿材料一起向蓄水池内发生有限的滑动。这样,在干滩表面形成一系列滑动裂缝,并且越靠近水池边缘,裂缝越宽也越密。

② 密集的喷砂冒水区。在向库内滑动区之外,干滩上密集地分布着喷砂冒水点,其密集度及喷口的大小向外逐渐减小。在这个区域内,虽然浸润线之上的干滩土层的厚度增加了,但液化及其危害仍较重。除此之外,在这个区域内也存在一系列裂缝。

③ 稀疏的喷砂冒水区。在密集的喷砂冒水区之外,干滩上仅稀疏地分布喷砂冒水点,并且喷口较小。在这个区域内浸润线之上干滩土层较厚,液化及其危害明显减轻。除

此之外,在这个区域还存在一些稀疏的裂缝。

④ 无震害区。在稀疏的喷砂冒水区外,几乎没有任何震害现象。在这个区域浸润线之上干滩的土层更厚了,避免了液化及其危害。

应指出,上述相邻两个区并不是截然分开。

(4) 垮坝。垮坝是一种灾难性的震害。如果尾矿坝遭受到很强的地震作用或其干滩长度短,则不能将浸润线之下尾矿堆积材料液化的危害局限于干滩范围之内,液化将危害上游筑坝法的围埂。一旦围埂发生破坏就将导致垮坝。如上述,垮坝可以发生在地震作用之后的一段时段内。在我国还没有发生过在地震作用下尾矿坝垮坝的事故,尽管有的尾矿遭受了 7 度强震作用。这表明,我国尾矿坝比国外的尾矿坝有更强的抗垮坝性能。这是因为我国遭受地震作用的尾矿坝的干滩很长,达 100m 以上,能把液化的危害局限在干滩范围之内,而不危害下游边坡上的围埂。

从上述的尾矿坝震害特点,可以得如下认识。

(1) 由于沉积在尾矿库中的尾矿材料处于松至中密状态,欲使浸润线以下的尾矿堆积材料不发生液化是难以做到的。

(2) 虽然避免浸润线之下尾矿堆积材料液化是难以做到的,但在一定的地震作用之下,将液化的危害局限于干滩范围之内而不危害下游坡上的围埂是可能的。

(3) 增加滩长和尽量降低浸润线是将液化的危害局限于干滩范围内的有效手段。实际上,从蓄水池边缘向外,随滩长的增加,干滩表面至浸润线的厚度逐渐增加,增加滩长相当于降低浸润线。增加滩长对环境会造成一定影响;降低浸润线必须采取一定的排水措施,增加工程费用。

(4) 通常认为,在地震作用期间土体处于不排水状态。在这种情况下,尾矿库内堆积体的液化范围不会超过浸润线。从干滩表面到液化区的实际深度要等于或大于从干滩表面到浸润线的深度。这样,降低浸润线控制其在干滩表面之下的深度相当于将液化深度控制到等于或大于从干滩表面到浸润线的深度。由于干滩表面的坡度很缓,可近似地视为水平表面,根据水平场地的经验,当浸润线埋深大于 6～9m 时可不考虑液化影响。因此可认为,对于一般的尾矿坝,当满足浸润线埋深大于 6～8m 的干滩范围可不考虑液化影响;对于大型尾矿坝,当满足浸润线埋深大于 8～10m 的干滩范围可不考虑液化影响。

3. 尾矿坝抗震性态要求及实现途径

根据上述尾矿坝的特点及其震害经验,尾矿坝抗震的性态要求可表述如下:将在指定地震作用下尾矿库内堆积体的液化危害局限于干滩部位,避免危害下游坡面上的围埂及由此而引发的垮坝事故。

为了达到上述的尾矿坝性态要求,应进行如下几方面工作。

(1) 总结国内外尾矿坝的震害资料,并从中吸取有益的经验。

(2) 分期进行勘察,查清尾矿材料的沉积规律及密度状态,并采取土试样以备室内试验之用。如前所述,尾矿材料是采用水力方法排放到尾矿库中的,其中的粗颗粒首先沉积下来,距下游坝面较近,而细颗粒最后沉积下来,距下游坝面较远。按沉积下来的颗粒尺寸将尾矿库中的尾矿材料分为尾中砂、尾细砂、尾粉砂、尾粉土和尾矿泥等。查清尾矿材料的沉积规律就是指查清尾中砂、尾细砂、尾粉砂、尾粉土和尾矿泥在库中的分布。在采取土样时,应分别对尾中砂、尾细砂、尾粉砂和尾粉土等采取代表性土样。

(3)进行室内静力试验及动力试验。

(4)采用适当的方法分析尾矿坝的性能,并对分析结果进行评估。根据上述,尾矿坝的震害主要是由尾矿库内尾矿堆积体液化引起的。对于这种机制的震害应采用动力法进行分析。分析的主要目的是确定液化区的部位和范围,然后结合震害经验对液化危害做出评估。动力分析方法前面已经表述了,不需赘述。

(5)根据动力法的分析结果确定是否要调整原来的设计或进一步采取工程措施以达到上述的性态要求。如果是这样,则要对新的设计方案进行重复的分析。

4. 尾矿坝液化判别简化方法

对于高尾矿坝的动力分析,尾矿材料的动力性能通常由动力试验确定,尾矿堆积体内的静应力和地震作用引起的动应力要采用数值分析方法确定。但是,对一般尾矿坝往往不具备这样做的条件或不值得这样做。因此,建立一个简化的方法确定一般尾矿坝的液化区是很有工程实际意义的。建立一个液化判别的简化方法涉及下述三个问题。

1)尾矿材料的抗液化强度

文献[12]根据国外特别是日本所完成的原状和重新制备的尾矿材料的动三轴液化试验资料,对尾矿材料的抗液化能力做了如下表述。

(1)与天然砂和粉土相比,在相同密度状态下尾矿坝材料的抗液化能力较低。

(2)原状尾矿坝材料的抗液化能力比重新制备的要高,其高出的程度至少在30%以上。

(3)同种尾矿坝材料具有很相近的抗液化能力,其变化范围较窄。例如,原状尾矿泥在20次循环作用下发生5%双幅应变所需的动应力比大约为0.25。

(4)尾矿砂抗液化能力随密度的增大而提高;而原状尾矿泥的抗液化能力则与其孔隙比几乎无关。尾矿泥的天然沉积密度随细颗粒含量的增加而减小,而细颗粒含量增加则使抗液化能力提高。可能是由于这两种相反的作用使尾矿泥的抗液化能力基本不随密度发生明显变化。

(5)尾矿坝材料的抗液化能力与平均粒径有一定关系。当平均粒径在$0.07\sim0.1$mm时抗液化能力最低,当大于或小于这个范围时,抗液化能力有所提高,特别是小于这个范围时提高尤为明显。

(6)根据原状尾矿坝材料的试验结果,石原研而建议了一个预估尾矿坝材料抗液化强度公式,即

$$R_{\mathrm{L}} = 0.88\sqrt{\frac{N}{\sigma_{\mathrm{v}}+0.7}} + 0.085\lg\left(\frac{0.50}{d_{50}}\right) \tag{16.60}$$

式中,R_{L}为在均等固结条件下20次循环作用引起5%双幅应变所需的动应力比,其定义如下:

$$R_{\mathrm{L}} = \frac{\sigma_{\mathrm{a,d}}}{2\sigma_3} \tag{16.61}$$

其中，$\sigma_{a,d}$ 为轴向动应力幅值；σ_3 为侧向固结压力。σ_v 为尾矿材料所受的有效上覆压力，以 kg/cm^2 计；N 为现场标准贯入试验测得的锤击数；d_{50} 为尾矿材料的平均粒径，以 mm 计。

(7) Garge 和 Mckay 根据原状和重新制备的尾矿材料的动三轴液化试验结果，分别给出了相对密度为 50% 的尾矿坝材料在均等固结条件下 10 次和 30 次循环作用引起液化所需应力比 R_L 与平均粒径的关系。在非均等固结条件下引起液化所需动应力比 R_{L,K_c} 按式(16.62)确定：

$$R_{L,K_c} = K_c R_L \tag{16.62}$$

式中，K_c 为固结比，等于轴向固结压力 σ_1 与侧向固结压力 σ_3 之比。由上述可见，影响尾矿材料抗液化能力的因素为：尾矿材料的密度、尾矿材料的平均粒径、尾矿材料所受的固结压力或上覆压力、尾矿材料所受的固结比、循环作用次数、尾矿材料是原状的还是重新制备的。

应指出，按式(16.60)确定尾矿材料的抗液化能力需现场测定标准贯入击数。对于新设计的尾矿坝这是不可能的。Garge 和 Mckay 所给出的关系是基于原状和重新制备的尾矿材料液化试验资料给出的，其中重新制备尾矿材料液化试验所占的比例还要多一些，用其确定原状尾矿材料的抗液化能力是不合适的。另外，以式(16.62)考虑固结比的影响也不是很妥。

基于 Garga 和 Mckay 给出的关系线，文献[11]给出了一个预估尾矿材料液化应力比的方法，并纳入《构筑物抗震设计规范》(GB 50191—93)。该法确定尾矿坝材料液化应力比的步骤如下。

(1) 按式(16.63)确定重新制备的尾矿坝材料在相对密度为 0.5 时均等固结条件下作用次数为 N 时的液化应力比 R_L：

$$R_L = 10^\eta N^\delta \tag{16.63}$$

式中

$$\begin{cases} \eta = 2.08(1.48\lg R_{L,10} - \lg R_{L,30}) \\ \delta = 2.08(\lg R_{L,30} - \lg R_{L,10}) \end{cases} \tag{16.64}$$

其中，$R_{L,10}$、$R_{L,30}$ 分别为重新制备的尾矿材料在相对密度为 0.5 时均等固结条件下作用次数分别为 10 和 30 的液化应力比，与平均粒径有关。认为 Garga 和 Mckay 关系线适用于重新制备的尾矿坝材料，由拟合 Garga 和 Mckay 关系线得

$$\begin{cases} R_{10} = 0.181\left[1 + \left(\lg \dfrac{d_{50}}{0.04}\right)^2\right]^{0.526} \\ R_{30} = 0.154\left[1 + \left(\lg \dfrac{d_{50}}{0.04}\right)^2\right]^{0.455} \end{cases} \tag{16.65}$$

(2) 考虑尾矿坝材料的相对密度 D_r，动三轴试验采用的固结比 K_c 以及填筑期等因素的影响，修正由式(16.63)确定的液化应力比：

$$R_L' = \lambda_d \lambda_{K_c} \lambda_p R_L \tag{16.66}$$

式中，R_L' 为修正后的液化应力比；λ_d 为相对密度修正系数，可按式(16.67)确定：

$$\lambda_d = \frac{D_r}{50} \tag{16.67}$$

其中，D_r 为相对密度，以百分数计；λ_{K_c} 为固结比修正系数，可按式(16.68)确定：

$$\lambda_{K_c} = 1 + (1.75 + 0.8\lg d_{50})(K_c - 1) \tag{16.68}$$

λ_p 为填筑期修正系数，按第 7 章所述，可由表 16.7 确定。

这样，按式(16.66)可确定出指定尾矿坝材料在不同固结比下动三轴试验应力比，并可按前述方法确定出液化时以破坏面上静剪应力比为参数的破坏面上的动剪应力与其静正应力的关系线，以供液化判别之用。

表 16.7　填筑期修正系数

填筑期	1 天	2 天	100 天	1 年	10 年	100 年
λ_p	1.01	1.06	1.24	1.31	1.41	1.47

2) 尾矿堆积体所受的静应力

应指出，求解静应力的目的是确定尾矿堆积体中任一点破坏面上的静剪应力比 α_s 和静正应力 σ_s。改写式(16.29)，破坏面上的静剪应力比可写成如下关系式：

$$\alpha_s = \left| \frac{2\tau_{xy}/\sigma_y}{\sqrt{\left[\dfrac{2\sigma_c}{\sigma_y} + \left(1 + \dfrac{\sigma_x}{\sigma_y}\right)\right]^2 - 4\left(\dfrac{\tau_{xy}}{\sigma_y}\right)^2}} \right| \tag{16.69}$$

同样，改写式(16.27)破坏面上的静正应力可写成如下关系式：

$$\sigma_s = \frac{\sqrt{\left[\dfrac{2\sigma_c}{\sigma_y} + \left(1 + \dfrac{\sigma_x}{\sigma_y}\right)\right]^2 - 4\left(\dfrac{\tau_{xy}}{\sigma_y}\right)^2}}{2\left[\dfrac{2\sigma_c}{\sigma_y} + \left(1 + \dfrac{\sigma_x}{\sigma_y}\right)\right]} \sigma_y \left\{ \sqrt{\left[\dfrac{2\sigma_c}{\sigma_y} + \left(1 + \dfrac{\sigma_x}{\sigma_y}\right)\right]^2 - 4\left(\dfrac{\tau_{xy}}{\sigma_y}\right)^2} \right.$$
$$\left. - \frac{1}{\sigma_y}(\sigma_{xy,\max} - \sigma_{xy,\min}) \right\} \tag{16.70}$$

从式(16.69)和式(16.70)可见，只要已知水平面上静正应力 σ_y、侧面上的静正应力与水平面上静正应力之比 σ_x/σ_y，以及水平面上静剪应力之比 τ_{xy}/σ_y，就可确定出破坏面上的静剪应力比及静正应力。

尾矿坝堆积体中的水平面上的正应力 σ_y 可按式(16.39)确定，侧面上静正应力与水平面上静正应力之比 σ_x/σ_y 等于压力系数 ξ，可按式(16.41)确定。这样，只确定出水平面上静剪应力比 τ_{xy}/σ_y，就可分别按式(16.69)和式(16.70)确定出破坏面上静剪应力比 α_s 和静正应力比 σ_s。

前面曾指出，尾矿坝内坡很平缓，上下游坡体非常不对称。因此，按上述的土坝应力简化方法确定尾矿坝的水平剪应力是不适宜的。图 16.25 给出了尾矿坝的简化断面,其中按图 16.25,文献[11]给出了确定尾矿坝静应力的简化方法。θ_1、θ_2 分别为从 y 轴到下游坡面和上游坡面的夹角,x、y 为尾矿坝体中一点的水平坐标和竖向坐标。按图 16.25,尾矿坝体中一点的竖向应力 σ_y 可按式(16.71)计算:

$$\begin{cases} \sigma_y = \gamma(y - x\cot\theta), & x \geqslant 0 \\ \sigma_y = \gamma(y + x\cot\theta), & x < 0 \end{cases} \tag{16.71}$$

水平向应力 σ_x 则为

$$\sigma_x = \xi\sigma_y \tag{16.72}$$

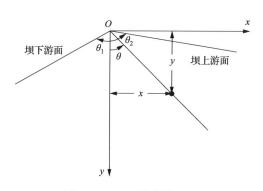

图 16.25　尾矿坝简化断面

　　首先来求尾矿坝坡面上一点水平面上的静剪应力比。以下游坝坡面为例,从坡面上取出一个微元体,如图 16.26 所示。该微元体底面所受的平均竖向应力 $\sigma_y = \dfrac{1}{2}r\Delta y$,微元体侧面所受的平均侧向应力为 $\sigma_x = \xi\sigma_y$。令 τ_{xy} 为该微元体底面所受的平均静水平剪应力,则由微元体水平向静力平衡得

$$\tau_{xy}\Delta x = \sigma_x \Delta y$$

由此,得

$$\tau_{xy} = \frac{1}{2}\xi r\cot\theta_2\Delta y$$

相应地,上游坝面水平面上静剪应力比 τ_{xy}/σ_y 如下:

$$\left|\frac{\tau_{xy}}{\sigma_y}\right| = \xi\cot\theta_2 \tag{16.73}$$

同理,可得下游坝面水平面上静剪应力比 τ_{xy}/σ_y 如下:

$$\left|\frac{\tau_{xy}}{\sigma_y}\right| = \xi\cot\theta_1 \tag{16.74}$$

　　将图 16.25 所示的简化的尾矿坝断面视为在重力作用下的弹性三角楔,则可求得满足上述边界条件的解答。进而,可确定出尾矿坝断面中任一点水平面上的静剪应力

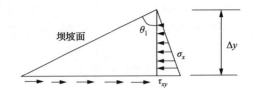

图 16.26　坝坡面上一点的受力

比 $\alpha_{s,h}$：

$$\alpha_{s,h} = \left| \frac{\xi[2x + y(\tan\theta_1 - \tan\theta_2)]}{(\tan\theta_1 - \tan\theta_2)x - 2y\tan\theta_1 + \tan\theta_2} \right| \qquad (16.75)$$

下面验证式(16.75)的正确性。

(1) 该式满足边界条件式(16.73)和式(16.74)。将上下游坡面方程式

$$x/y = \tan\theta_2, \quad x/y = -\tan\theta_1$$

分别代入式(16.73)，就可得到边界条件式(16.73)和式(16.74)。

(2) 如果坝断面是关于 y 轴对称的，y 轴上各点的水平面上剪应力比 $\alpha_{s,h} = 0$。在这种情况下，$\tan\theta_1 = \tan\theta_2$，$x = 0$。将这两个条件代入式(16.75)，就可得到 y 轴上各点的水平面上剪应力比 $\alpha_{s,h} = 0$。

另外，由式(16.75)可确定出当上、下游坝坡不对称时水平剪应力或水平剪应力比为零的线在坝体中的位置。如果水平剪应力或水平剪应力等于零，由式(16.75)得

$$2x + y(\tan\theta_1 - \tan\theta_2) = 0$$

可得

$$x/y = \frac{\tan\theta_1 - \tan\theta_2}{2} \qquad (16.76)$$

该式即为零水平剪应力线或零水平剪应力比线的方程。令该线与 y 轴的夹角为 θ_0，则得

$$\tan\theta_0 = \frac{\tan\theta_1 - \tan\theta_2}{2} \qquad (16.77)$$

从式(16.77)可见，当上、下游坝坡不对称时，在坝体中零水平剪应力线或零水平剪应力比线向缓坡方向转动，其转角为 θ_0。这一结果与力学概念是相符的。

3) 地震作用尾矿坝动应力的确定

通常，认为地震时尾矿坝堆积体的液化是动水平剪应力 $\tau_{xy,d}$ 作用引起的。地震作用引起的动水平剪应力要由尾矿坝地震反应分析确定。对于一般的尾矿坝，可不进行二维地震反应分析，而像前面所述那样，选取一系列土柱进行地震反应分析，由土柱地震反应分析确定出动水平剪应力 $\tau_{xy,d}$ 及相应的等价水平剪应力 $\tau_{xy,eq}$。

土柱的地震反应分析可用第 9 章所述的基于振型叠加法的简化分析方法。在简化分析中应进行迭代，以等效线性化模型近似考虑土的动力非线性影响。

当等价水平剪应力 $\tau_{xy,eq}$ 确定后，就可按前述方法确定出破坏面上的等价剪应力 $\tau_{d,f}$，

进而用于液化判别。

16.8　地震时土压力与重力式挡土墙地震稳定性

1. 土压力确定和挡土墙设计要求

挡土墙是一种重要的构筑物。它保持墙后的土体稳定,保护墙前的建筑物或其设施,如道路、田地、河道岸坡等。墙后土压力是作用于挡土墙上的主要荷载。作用于墙后的土压力取决于墙相对于墙后土体的位移方向及数值,如图 16.27 所示。当墙保持静止时,作用于墙后的土压力称为静止土压力;当墙离开土体运动时,随着墙的位移的增加,作用于墙后的土压力从静止土压力逐渐减小。同时,墙后的土体开始逐渐破坏,当在墙后土体中形成一个完整破坏面时,墙后的土压力达到最小值,并将其称为主动土压力。相似地,当墙向土体位移时,随着墙的位移的增加,作用于墙后的土压力从静止土压力逐渐增大。同时,墙后的土体也开始逐渐破坏,当在墙后土体中形成一个完整的破坏面时,墙后土压力达到最大值,并将其称为被动土压力。

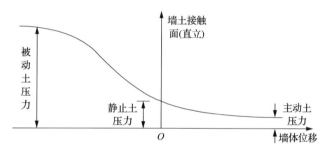

图 16.27　土压力与墙体的位移关系

从上述可见,主动土压力和被动土压力分别相应于墙后土体达到主动破坏状态和被动状态时的土压力。图 16.28 给出了墙后主动破坏土体所受的力。墙后破坏土体是靠作用于 OA 面上的墙的反力和作用于 OB 面上的土体反力保持平衡的。由于 OB 面是破坏

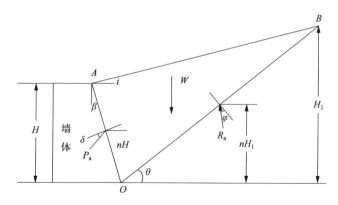

图 16.28　墙后破坏土体的力平衡(主动土压力)

面,其后土体可以提供最大的剪切抵抗,即在保持墙后破坏土体平衡中发挥最大的作用。这样,以主动土压力为例,充分发挥了墙后土体本身的抵抗作用,减小了墙反力在保持主动破坏土体平衡中的作用。显然,按这个原则确定主动土压力和被动土压力,并应用于挡土墙设计是合理的。

挡土墙的设计应满足如下方面的要求:地基承载力要求、沿基底面水平滑动稳定性要求、墙体倾覆稳定性要求、墙体不能发生破坏。

为了在挡土墙设计中进行上述分析,必须在如下四方面确定土压力:土压力的值、土压力作用方向、土压力合力作用点、土压力在墙面上的分布。

2. 静土压力的确定

地震作用引起的动土压力附加于静土压力之上作用于挡土墙。因此,在表述动土压力之前对静土压力的一些问题进行简要表述是必要的。

1) 静土压力的数值

在工程中广泛采用库仑理论确定土压力。库仑土压力理论假定墙后破坏土体的破坏面为平面,如图 16.28 所示。另外,墙土接触面也是一个破坏面。因此主动土压力和被动土压力的作用方向与墙面的法线成 δ 角,其中 δ 角为墙土接触面摩擦角。当破坏面 OB 与水平面夹角 θ 指定后,墙后破坏的土楔体 OAB 所受的静力如下。

(1) 土楔体的自重 W,数值已知,作用方向为竖直方向。

(2) 作用于墙土接触面上的墙反力,它与墙所受的土压力 P_a 和 P_p 相等,但是方向相反,其作用方向已知如前述,数值和作用点未知。

(3) 破坏土楔体后面的土体作用于破坏面 OB 上的反力 R。主动破坏土体和所受的反力 R_a 如图 16.28 所示,其方向为已知,分别在破坏面 OB 法线之下和之上成 φ 角,φ 为土摩擦角,数值和作用点未知。

下面,以主动土压力为例,表述主动土压力的确定。作用于土楔体 OAB 上的三个力 W 和 R_a 构成一个力三角形,由力三角形可确定主动压力 P_a。显然,所确定出的主动土压力 P_a 是指定破坏面 OB 与水平面之间夹角 θ 的函数。与 P_a 最大值相应的 θ 角可由式(16.78)确定:

$$\frac{\partial P_a}{\partial \theta} = 0 \tag{16.78}$$

库仑根据式(16.78),确定出了 P_a 取最大值时相应的 θ 值,并得到著名的库仑土压力公式:

$$P_a = \frac{1}{2} k_a \gamma H^2 \tag{16.79}$$

式中,k_a 为库仑主动土压力系数,按式(16.80)确定:

$$k_a = \frac{\cos^2(\varphi - \beta)}{\cos^2\beta \cos(\beta + \delta) \left[1 + \sqrt{\dfrac{\sin(\varphi + \delta)\sin(\varphi - i)}{\cos(\beta + \delta)\cos(i - \beta)}} \right]} \tag{16.80}$$

相似地,可以得到库仑被动土压力公式:

$$P_{\mathrm{p}} = \frac{1}{2} k_{\mathrm{p}} \gamma H^2 \tag{16.81}$$

式中,k_{p} 为库仑被动土压力系数,按式(16.82)确定:

$$k_{\mathrm{p}} = \frac{\cos^2(\varphi+\beta)}{\cos^2\beta\cos(\beta-\delta)\left[1+\sqrt{\dfrac{\sin(\varphi+\delta)\sin(\varphi+i)}{\cos(\beta-\delta)\cos(i-\beta)}}\right]} \tag{16.82}$$

2) 静土压力的分布及合力作用点

按式(16.79)和式(16.81),可以求得主动土压力及被动土压力的分布分别为

$$\begin{cases} P_{\mathrm{a}} = k_{\mathrm{a}} \gamma h \\ P_{\mathrm{p}} = k_{\mathrm{p}} \gamma h \end{cases} \tag{16.83}$$

即主动土压力和被动土压力按线性分布。这样,由式(16.83)可得主动土压力的合力及被动土压力的合力作用点应在基底以上墙的 1/3 处。

但是,按上述线性土压力分布或合力作用点,破坏土体并不能满足力矩平衡。这是因为土压力是由力三角形确定的,仅考虑了破坏土楔体水平力及竖向力的平衡,没有考虑力矩平衡。像 Seed 等指出的那样,静土压力的合力作用点在基底以上的高度要大于墙高的 1/3,并且其分布与线性分布也有所不同[12]。

实际上,土压力的合力作用点可以根据破坏楔体力矩平衡条件更合理地确定。设 OA 面上的合力作用点在基底面以上 nH 处,OB 面上的合力作用点在基底面以 nH_1 处,如图 16.28 所示。如以 M_W 表示破坏楔体的重量对 O 点的力矩,M_P 表示 OA 面上的合力 P_{a} 或 P_{p} 对 O 点的力矩,M_R 表示 OB 面上合力 R_{a} 或 R_{p} 对 O 点的力矩,则由破坏楔体对 O 点的力矩平衡条件得

$$M_W + M_P + M_R = 0 \tag{16.84}$$

由式(16.84)可求得 n 值。应指出,为确定式(16.84)中的 M_R,必须先确定当 θ 满足 $\dfrac{\partial P}{\partial \theta}$ 时作用于 OB 面上的土反力 R。为此,可假定一系列 θ,按力三角形计算相应的 P 值,寻找出 P 为最大值时的 θ 值,该值即为 θ_{cr}。令 $\theta = \theta_{\mathrm{cr}}$,按力三角形就可以计算出 R。文献[13]按上述方法确定了合力作用点,发现 n 值大于 1/3。由于 $n>1/3$ 时,土压力分布也不会是直线分布而应是某曲线分布形式。令

$$P = a\frac{Z}{H} + b\left(\frac{Z}{H}\right)^2 \tag{16.85}$$

近似表示主动土压力或被动土压力分布,则式(16.85)中参数 a、b 需要确定。这两个参数可以根据如下条件确定:

$$\begin{cases} \displaystyle\int_0^H \left[a\left(\frac{Z}{H}\right) + b\left(\frac{Z}{H}\right)^2 \right]\mathrm{d}z = P\cos\beta \\ M_P + \bar{M}_P = 0 \end{cases} \tag{16.86}$$

式中，P 表示主动土压力合力或被动土压力合力，按库仑公式计算；M_P 为分布力 $P_a(Z/H)$ 或 $P_p(Z/H)$ 对 O 点的力矩；$\bar{M}_P$ 为主动土压力合力 P_a 或被动土压力合力 P_p 对 O 点的力矩，可根据 P_a 或 P_p 及作用点计算。这样，由式(16.86)可确定出 a、b。从上述可见，作用于破坏土楔体上的 W、P、R 构成一个非汇交力系。当确定 P 时，先考虑力的平衡就可由力三角形确定出来，而 P 值与力矩平衡无关，力矩平衡为确定力 P 作用点提供条件。这样，按上述方法确定的力 P 及其作用点满足非汇交力系平衡的全面要求。

3. 地震作用下的土压力

1) 作用于破坏楔体上的地震惯性力及其力矩

在确定地震作用下的土压力时，将地震惯性力作为静力作用于破坏土体上。因此，在挡土墙基底面以上加速度沿墙高的分布是影响地震作用下土压力的一个重要因素。

在基底之上加速度沿墙的分布，通常有如下两种情况。

(1) 均匀分布，地震加速度系数 $k=k_0$。在这种情况下，作用于破坏楔体上的地震惯性力为

$$F_I = k_0 W \tag{16.87}$$

式中，W 为破坏土楔体重量。地震惯性力的合力作用点为破坏土楔体的重心，令其在基底以上高度为 Z_{cw}，则 $Z_{cw}/H_c=2/3$，其中 H_c 为 AB 中点在基底面以上的高度。

(2) 线性分布，地震加速度系数在这种情况下为(图 16.29)

$$k = k_0 + a\left(\frac{Z}{H}\right) \tag{16.88}$$

作用于破坏楔体上的地震惯性力为

$$F_I = \sum_{i=1}^{n} k_i \Delta W_i$$

式中，i 为将破坏楔体从下到上分成几片后第 i 片的序号；k_i 为与 i 片重心相应的地震加速度系数，由 $Z_i/H = Z_{c,i}/H_c$，按式(16.88)确定；$Z_{c,i}$ 为第 i 片重心点在基底以上的高度；ΔW_i 为第 i 片的重量。

加权平均地震加速度系数 $\bar{k}$ 可按式(16.89)确定：

$$\bar{k} = \frac{\sum_{i=1}^{n} k_i \Delta W_i}{W} \tag{16.89}$$

因此，作用于破坏楔体上的地震惯性力为

$$F_I = \bar{k} W \tag{16.90}$$

另外，在这种情况下地震惯性力合力的作用点在基底面以上的高度 $\bar{Z}_c$ 可按式(16.91)确定：

$$\bar{Z}_c = \frac{\sum\limits_{i=1}^{n} Z_{c,i} k_i \Delta W}{\bar{k} W} \tag{16.91}$$

由式(16.91)可以推断,当地震加速系数按线性分布时,地震惯性力合力的作用点要高于破坏土楔体的重心。

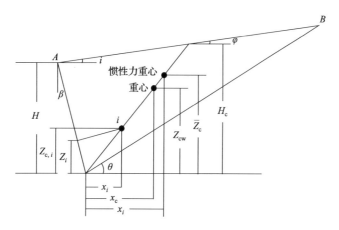

图 16.29　作用于破坏楔体上的地震惯性力及惯性力重心

下面,来确定作用于破坏楔体重力和地震惯性力的合力。如图 16.30 所示,破坏楔体所受的重力与竖向地震惯性力的合力为

$$W \pm \bar{k}_v W = (1 \pm \bar{k}_v)W$$

式中,$\bar{k}_v$ 为加权平均地震加速度系数,按式(16.89)确定。破坏楔体的水平地震惯性力为 $\bar{k}_h W$。

令

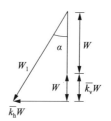

图 16.30　重力与地震
惯性力的合力

$$\tan\alpha = \frac{\bar{k}_h}{1 \pm \bar{k}_v} \tag{16.92}$$

令 W_1 为竖向力 $(1-\bar{k}_v)W$ 与水平力 $\bar{k}_h W$ 的合力,由图 16.30 得

$$W_1 = \frac{(1 \pm \bar{k}_v)W}{\cos\alpha} \tag{16.93}$$

由图 16.30 可见,合力 W_1 与竖向线成 α 角。应指出,竖向加速度可向上也可向下。

2) 考虑地震作用土压力数值

作用于破坏楔体上的三个力,以主动土压力情况为例,W_1、地震主动土压力 P_{AE} 和土体反力 R_{AE} 构成一个力三角形,如图 16.31 所示。该力三角形与竖直线成 α 角。日本学者物部长穗发现,如果将这个力三角形逆时针转动 α 角,则转动后的力三角形与静力作用

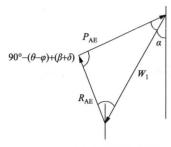

图 16.31　地震作用破坏楔体
的力三角形

下的力三角形相同。但是,土的重力密度为 $\frac{(1\pm\bar{k}_v)}{\cos\alpha}\gamma$;与竖直线成 β 角的墙面逆时针转动 α 角;与水平面成 i 角的地面逆时针转动 α 角;与水平面成 θ 角的破坏面逆时针转 α 角。

可以发现,按图 16.31 确定地震作用下与竖直线成 β 角的墙面上的土压力与确定静力下与竖向线成 $\beta+\alpha$ 角墙面上的土压力在数值上相等。按前述,在静力下与竖直线成 $\beta+\alpha$ 角的墙面上的土压力可按库仑公式计算,在计算地震作用下土压力时只要将公式中的 γ 以 $\frac{(1\pm\bar{k}_v)}{\cos\alpha}\gamma$ 代替,β 以 $\beta+\alpha$ 代替,i 以 $i+\alpha$ 代替。这样,物部长穗给出了在地震作用下与竖向面成 β 角的墙面上主动土压力 P_{AE} 的计算公式如下:

$$P_{AE} = \frac{1}{2}(1\pm\bar{k}_v)k_{AE}\gamma H^2 \tag{16.94}$$

式中,k_{AE} 为地震作用下主动压力系数,按式(16.95)确定:

$$k_{AE} = \frac{\cos^2(\varphi-\beta-\alpha)}{\cos\alpha\cos^2(\beta+\alpha)\cos(\beta+\alpha+\delta)\left[1+\sqrt{\dfrac{\sin(\varphi+\delta)\sin(\varphi-i-\alpha)}{\cos(\beta+\alpha+\delta)\cos(i-\beta)}}\right]} \tag{16.95}$$

相似地,地震作用下与竖向线成 β 角的墙面上的被动土压力 P_{PE} 的计算公式如下:

$$P_{PE} = \frac{1}{2}(1\pm\bar{k}_v)k_{PE}\gamma H^2 \tag{16.96}$$

式中,k_{PE} 为地震作用下被动土压力系数,按式(16.97)确定:

$$k_{PE} = \frac{\cos^2(\varphi+\beta+\alpha)}{\cos\alpha\cos^2(\beta+\alpha)\cos(\beta+\alpha-\delta)\left[1+\sqrt{\dfrac{\sin(\varphi+\delta)\sin(\varphi+i+\alpha)}{\cos(\beta+\alpha-\delta)\cos(i-\beta)}}\right]} \tag{16.97}$$

在此应指出,按上述方法计算出的地震作用下的主动土压力和被动土压力是重力和地震惯性力共同作用引起的。

以主动土压力为例,如令由重力 W 作用引起的土压力部分为 P_{As},称其为静力部分,其与由 W_1 作用引起的土压力 P_{AE} 之比应等于 W/W_1。由于

$$\frac{W}{W_1} = \frac{\cos\alpha}{1\pm k_v}$$

$$P_{As} = \frac{\cos\alpha}{1\pm k_v}P_{AE} \tag{16.98}$$

则得由惯性力作用引起的土压力部分 P_{Ad} 应为 $P_{AE}-P_{As}$。因此得

$$P_{\mathrm{Ad}} = \left(1 - \frac{\cos\alpha}{1 \pm k_{\mathrm{v}}}\right) P_{\mathrm{AE}} \tag{16.99}$$

在此应指出,按式(16.98)确定的静土压力与按式(16.79)确定的静土压力不相等。这是因为在地震作用下的破坏面与只在静力作用下的破坏面不是同一个面。

　　Seed 和 Whitman[12]进行了影响参数的研究。他们得到墙土之间的摩擦角 δ 和竖向加速度系数的影响是相对不重要的,并且它们的影响随地震烈度的增加而降低。但是,地震作用下主动土压力对墙后土体表面坡度 i 和土的摩擦角 φ 的变化很敏感,如图 16.32 和图 16.33 所示。他们研究的另一个重要结论指出,只有当

$$\varphi - \alpha - i \geqslant 0 \tag{16.100}$$

时,式(16.95)才能给出实数解。式(16.100)的含义是当土的摩擦角和地震系数 $\overline{k}_{\mathrm{h}}$、$\overline{k}_{\mathrm{v}}$ 给定时,墙后土体表面与水平面的夹角 i 应满足下列条件:

$$i \leqslant \varphi - \alpha \tag{16.101}$$

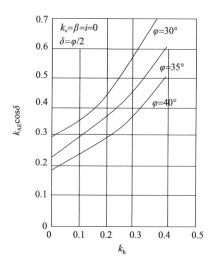

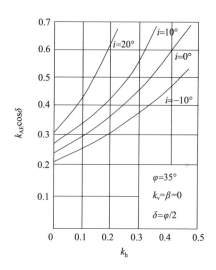

图 16.32　墙后土体摩擦角 φ 对
地震主动土压力的影响

图 16.33　墙后土体表面坡度 i 对
主地震动土压力的影响

否则,破坏土楔体的力平衡是不可能的。由式(16.100)可以得出,当土的摩擦角 φ 和墙后土体表面与水平面的夹角 i 给定时,地震加速度系数必须小于一定的数值。如果将这个水平加速度系数称为临界地震水平加速度系数,以 $k_{\mathrm{h,cr}}$ 表示,则

$$\begin{cases} \alpha_{\mathrm{cr}} = \varphi - i \\ k_{\mathrm{h,cr}} = (1 \pm k_{\mathrm{v}})\tan\theta_{\mathrm{cr}} \end{cases} \tag{16.102}$$

如果地震水平加速度系数大于临界值,墙后破坏土体楔体的平衡是不可能的。

　　当按物部公式计算地震作用下土压力时,地震加速度系数 k_0 数值的选取是一个重要问题。如果将所在地区的地面加速度的最大值取为 k_0 值,则由物部公式计算出来的土压

力过大,使挡土墙的尺寸过于保守。因此,习惯上采用一个经验系数将所在地区的地震加速度最大值折减作为 k_0 值,折减系数通常取 1/4。

3) 地震作用下土压力的合力作用点

按物部公式,地震作用下土压力的合力作用点在墙底面以上 1/3 墙高处。然而,理论和试验研究表明,地震作用下土压力的合力作用点在墙底面以上的高度要大于 1/3 墙高。Seed 和 Whitman 建议,按如下方法确定地震时土压力合力作用点[12]:其中,静土压力部分 P_{As} 的合力作用点在墙底面以上的高度取 1/3 墙高,动土压力部分 P_{Ad} 的合力作用点在墙底面以上的高度取 3/5 墙高。此外,在许多情况下,认为地震作用下土压力是均匀分布的,将地震作用下土压力 P_{AE} 的合力作用点在墙底面以上高度取 1/2 墙高。

实际上,地震作用下土压力合力作用点同样可以按破坏土楔体的力矩平衡条件更合理的确定。

(1) 地震作用下土压力 P_{AE} 的合力作用点。

由作用于土楔体上的力对 O 点的力矩平衡得

$$M_W + M_{P_{AE}} + M_{R_{AE}} + M_{IF} = 0 \tag{16.103}$$

式中, M_W 为土重量 W 对 O 点的力矩; $M_{P_{AE}}$ 是 P_{AE} 对 O 点的力矩; $M_{R_{AE}}$ 是 R_{AE} 对 O 点的力矩; M_{IF} 为地震惯性力对 O 点的力矩,设地震作用下 P_{AE} 的合力作用点在墙底面以上的高度为 nH,则由式(16.103)可确定出 n 值。

(2) 静土压力部分 P_{As} 的合力作用点。

设静土压力部分 P_{As} 的合力作用点在墙底面以上的高度为 $n_s H$,则 n_s 值可由下述力矩平衡条件可确定:

$$M_W + M_{P_{As}} + M_{R_{As}} = 0 \tag{16.104}$$

式中, $M_{P_{As}}$、$M_{R_{As}}$ 分别为静力压力部分 P_{As} 对 O 点的力矩和相应土压力 R_{As} 对 O 点的力矩。

(3) 动土压力部分 P_{Ad} 的合力作用点。

在地震作用下的土压力 P_{AE} 对 O 点的力矩应等于静土压力部分 P_{As} 对 O 点的力矩与动土压力部分 P_{Ad} 对 O 点的力矩之和,由此条件得

$$M_{P_{AE}} = M_{P_{As}} + M_{P_{Ad}} \tag{16.105}$$

设动土压力部分的合力作用点在墙底面以上的高度为 $n_d H$,则 n_d 可由式(16.105)确定出来。

文献[13]按上述方法确定出了在地震作用下土压力 P_{AE} 合力作用点在地面以上的高度,以及其中静土压力部分 P_{As} 和动土压力部分 P_{Ad} 的作用点在底面上的高度,得到了相应的 n、n_s 和 n_d 值。

4) 地震作用下土压力的分布

(1) 静土压力部分的分布。

像前述那样,假定静土压力部分的分布服从式(16.85),即

$$p_{As} = a\left(\frac{Z}{H}\right) + b\left(\frac{Z}{H}\right)^2$$

即其中系数 a、b 按式(10.106)确定:

$$\begin{cases} \int_0^H \left[a\left(\frac{Z}{H}\right) + b\left(\frac{Z}{H}\right)^2 \right] \mathrm{d}z = P_{As}\cos\beta \\ M_{p_{As}} + \bar{M}_{P_{As}} = 0 \end{cases} \tag{16.106}$$

式中, $M_{p_{As}}$ 为分布力 p_{As} 对 O 点的力矩; $\bar{M}_{P_{As}}$ 为土静压力合力 P_{As} 对 O 点的力矩。

(2) 动土压力部分的分布。

动土压力部分的分布可假定服从

$$p_{Ad} = a\left(\frac{Z}{H}\right) + b\left(\frac{Z}{H}\right)^2 + c\left(\frac{Z}{H}\right)^3 \tag{16.107}$$

式(16.107)中包含三个系数 a、b、c 可按下述三个条件确定:

$$\int_0^H \left[a\left(\frac{Z}{H}\right) + b\left(\frac{Z}{H}\right)^2 + c\left(\frac{Z}{H}\right)^3 \right] \mathrm{d}z = P_{Ad}\cos\beta$$

$$M_{p_{Ad}} + \bar{M}_{P_{Ad}} = 0 \tag{16.108}$$

$$Z = \bar{Z}_c, \quad \frac{\partial P_{Ad}}{\partial z} = 0$$

式中, $M_{p_{Ad}}$ 为分布力 p_{Ad} 对 O 点的力矩; $\bar{M}_{P_{Ad}}$ 为动土压力合力 P_{Ad} 对 O 点的力矩。

式(16.108)中的第三个条件是假定在惯性力重力 $\bar{Z}_c$ 处动土压力部分取最大值。

(3) 地震作用下土压力 P_{AE} 的分布。

地震作用下土压力 P_{AE} 的分布应等于静土压力部分的分布与动土压力部分的分布之和,即

$$P_{AE} = P_{As} + P_{Ad} \tag{16.109}$$

曹文荐在其硕士论文中,按上述方法确定了在地震作用下土压力 P_{AE}、静土压力部分 P_{As} 和动土压力部分 P_{Ad} 的作用点和分布,取得了较合理的结果。

16.9　以地震时墙体位移为准则的挡土墙抗震设计方法

16.8 节表述了挡土墙设计应满足的条件,这些条件都与强度或承载力有关。下面,表述一种以地震时墙体位移为准则的挡土墙设计方法[13]。

1. 地震时墙体的受力及沿底面滑动的屈服加速度

地震时墙体的受力如图 16.34 所示,包括:墙体的重量 W_w;墙底面反力 B,其竖向分量和水平分量分别为 N、F;地震时墙背面的土压力,以主动土压力为例,等于 P_{AE};地震时墙体运动的惯性力,其竖向分量和水平向分量分别为 $k_v W_w$ 和 $k_h W_w$,并且竖向惯性力

取向上。

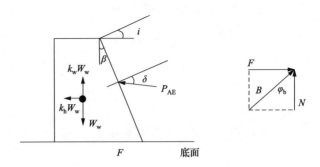

图 16.34　墙体的受力

这样,由墙体力的平衡得

$$\begin{cases} N = (1-k_{\mathrm{v}})W_{\mathrm{w}} + P_{\mathrm{AE}}\sin(\beta+\delta) \\ F = P_{\mathrm{AE}}\cos(\beta+\delta) + k_{\mathrm{h}}W_{\mathrm{w}} \end{cases} \tag{16.110}$$

当墙体沿底面发生滑动时,应满足如下条件:

$$F = N\tan\varphi_{\mathrm{b}} \tag{16.111}$$

式中, φ_{b} 为墙底面的摩擦角。将式(16.110)代入式(16.111)得

$$P_{\mathrm{AE}}[\cos(\beta+\delta) - \sin(\beta+\delta)\tan\varphi_{\mathrm{b}}] = W_{\mathrm{w}}[(1-k_{\mathrm{v}})\tan\varphi_{\mathrm{b}} - k_{\mathrm{h}}] \tag{16.112}$$

由于 $\tan\alpha = \dfrac{k_{\mathrm{h}}}{1-k_{\mathrm{v}}}$,式(16.112)可写成

$$W_{\mathrm{w}}(1-k_{\mathrm{v}})(\tan\varphi_{\mathrm{b}} - \tan\alpha) = P_{\mathrm{AE}}[\cos(\beta+\delta) - \sin(\beta+\delta)\tan\varphi_{\mathrm{b}}] \tag{16.113}$$

该式为给定的墙体沿底面发生滑动的基本方程。采用试算的方法可求得满足式(16.113)的水平加速度系数,并将其称为屈服加速度系数。如果以 $k_{\mathrm{h,y}}$ 表示,则屈服加速度 a_{y} 为

$$a_{\mathrm{y}} = k_{\mathrm{h,y}}g \tag{16.114}$$

从式(16.113)可见,墙体沿底面滑动的屈服加速度系数 $k_{\mathrm{h,y}}$ 与下列因素有关:墙底面上墙土摩擦角 φ_{b} ;墙体重量 W_{w} ;墙背面与竖向线夹角 β ;墙背面与土的摩擦角 δ ;墙后土体表面与水平面夹角 i ;土的摩擦角 φ 。

另外,改写式(16.112)可得在给定的地震作用下防止滑动所要求的墙体重量为

$$W_{\mathrm{w}} = \frac{\cos(\beta+\delta) - \sin(\beta+\delta)\tan\varphi_{\mathrm{b}}}{(1-k_{\mathrm{v}})(\tan\varphi_{\mathrm{b}} - \tan\alpha)} P_{\mathrm{AE}} \tag{16.115}$$

从式(16.115)可发现,式(16.113)的分母为零,则防止滑动所要求的墙体重量为无穷大。下面,把这个水平加速度系数定义为临界水平加速度系数,如以 k_{h}^{*} 表示,则

$$k_{\mathrm{h}}^{*} = (1-k_{\mathrm{v}})\tan\varphi_{\mathrm{b}} \tag{16.116}$$

按上述临界水平加速度系数的意义,可得到如下结论:当地震水平加速度系数大于临

界水平加速度系数时,无论将墙体重量设计成多大,都不能防止地震时墙体沿基底发生滑动。可以证明,临界水平加速度系数 k_h^* 等于墙背面所受的土压力为零,或墙背后没有土体情况下地震时墙体沿底面发生滑动的屈服加速度系数。因此,临界水平加速度系数 k_h^* 与前面按式(16.113)确定的屈服加速度系数 $k_{h,y}$ 是不相同的,并且 $k_h^* > k_{h,y}$。另外,临界水平加速度系数只与墙底面上墙土摩擦角 φ_b 有关。

2. 考虑地震时墙体沿底面滑动的必要性

如果令

$$C_{IE} = \frac{\cos(\beta+\delta) - \sin(\beta+\delta)\tan\varphi_b}{(1-k_v)(\tan\varphi_b - \tan\alpha)} \qquad (16.117)$$

则在地震作用下防止墙体沿底面滑动所要求的土体重量 W_w 为

$$W_w = C_{IE} P_{AE} \qquad (16.118)$$

如令 $k_v = 0, \alpha = 0$,则得在静力下防止墙体沿底面滑动所要求的重量 $W_{w,s}$ 如下:

$$W_{w,s} = C_I P_A \qquad (16.119)$$

式中

$$C_I = \frac{\cos(\beta+\delta) - \sin(\beta+\delta)\tan\varphi_b}{\tan\varphi_b} \qquad (16.120)$$

而静土压力 P_A,按库仑公式计算。令

$$F_w = \frac{W_w}{W_{w,s}} \qquad (16.121)$$

由式(16.121)可见,F_w 为考虑地震作用下土压力和自身惯性力作用下防止墙体沿底面滑动所要求的墙体重量与只在静土压力和自身重力作用情况下防止墙体沿底面滑动所要求的墙体重量之比。下面,将其定义为考虑地震土压力与自身惯性力作用下对墙体重量而采用的安全系数。将 W_w 和 $W_{w,s}$ 表达式代入式(16.121)得

$$F_w = F_T F_I \qquad (16.122)$$

式中

$$\begin{cases} F_T = \dfrac{k_{AE}(1-k_v)}{k_a} \\[2mm] F_I = \dfrac{C_{IE}}{C_I} \end{cases} \qquad (16.123)$$

显然,F_I 是与墙体惯性力有关的系数;F_T 是与地震作用下土压力有关的系数;k_{AE}、k_a 分别为主动地震土压力系数和静土压力,分别按物部公式和库仑公式计算。图 16.35 给出了 F_T、F_I 和 F_w 随地震水平加速度系数 k_h 的变化。比较图 16.35 所示的 F_I 与 F_T 关系线可以看出,F_I 与 F_T 具有相同的数量级。这表明,对挡土墙设计而言,墙体自身惯性力

与其所受地震土压力具有同等重要的影响,是一个不可忽略的因素。

另外,由图 16.35 可以确定出在地震情况下和静力情况下防止墙体沿底面滑动所要求的墙体重量之比。例如,当地震水平加速度 $k_h=0.4,k_v=0$ 时,由图 16.35 确定出相应的比值 $F_w=5.7$。这样,如果不允许墙体沿底面滑动,则设计出来的挡土墙断面将太大。实际上,在地震时墙体离开其后的土体向外运动是一定要发生的。

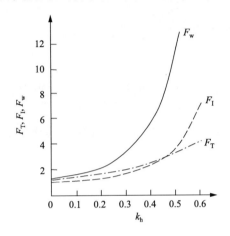

图 16.35　F_w、F_I 与 F_T 随地震水平加速度系数的变化

3. 地震时墙体沿底面滑动位移的计算

对于工程师,重要问题是确定在指定的地震作用下墙体沿底面会发生多大的滑动位移,以及如何根据位移准则来设计挡土墙。下面,来表述如何确定在指定地震作用下墙体沿底面滑动的位移数值。

在指定地震作用下墙体沿底面的滑动位移值可按前述 Newmark 方法计算。按前述 Newmark 方法,假定墙体为刚体,当所受的地震加速度大于沿底面滑动的屈服加速度时就要发生滑动,墙体滑动的加速度等于所受的地震加速度与屈服加速度之差。这样,在指定地震作用下墙体沿底面滑动的位移取决于地震加速度时程 $a(t)$ 和墙体沿底面滑动的屈服加速度 a_y。

Frankling 和 Chang 对 169 个校正后的水平加速度记录和 10 个校正后的竖向加速度记录,以及一系列人造加速度时程进行了计算分析。对于小到中等位移数值范围,可用式(16.124)近似地表示:

$$d = 0.087\,\frac{v^2}{Ag}\Big(\frac{k_y}{A}\Big)^{-4} \tag{16.124}$$

式中, d 为在指定地震作用下墙体沿底面的滑动位移,in;v 为指定地震动的最大速度,in/s。式(16.124)表明,如果加速度时程只有几次尖峰,其对挡土墙的作用可能不是破坏性的;而加速度虽小些,但超过屈服加速度次数更多或超过的持续时程更长的地震动对挡土墙更具有破坏性。这样的地震动就是速度峰值高的地震动。

4. 以墙体沿底面滑动位移为准则的挡土墙设计步骤

以墙体沿底面滑动位移为准则的挡土墙设计可以表述如下:当在地震作用下墙体沿底面滑动位移等于指定位移时,确定墙所应具有的滑动屈服加速度系数,以及与其相应的墙体断面。通常,墙体断面以墙体重量表示。下面,分如下两种情况来表述具体的设计步骤:

1) 假定墙土体系为刚体

在这个假定下,墙及其后的土体各点的地震加速度相同,并等于所在地震地面运动加速度,其以墙体位移为准则的挡土墙设计方法步骤如下。

(1) 指定一个允许的墙体滑动位移。

(2) 根据地震动参数区划图选取所在地区的地面运动最大加速度系数 A 及最大速度 v。

(3) 将指定的墙体位移、选取的地面运动加速度系数 A 及最大速度 v 代入式(16.124)中,求出相应的墙体沿底面滑动的屈服加速度系数 $k_{h,y}$。

(4) 按物部公式计算水平加速度系数等于屈服加速度系数 $k_{h,y}$ 时的土压力 P_{EA}。

(5) 将屈服加速度系数 $k_{h,y}$、相应的土压力 P_{AE} 代入式(16.113),求得相应的墙体重量 W_w。

(6) 对求得的墙体重量采用一个数值等于 $1.2\sim1.3$ 的安全系数。

(7) 将墙体的重量设计成 $(1.2\sim1.3)W_w$。

2) 假定墙土体系为变形体

实际上,墙土体系不是刚体,由于动力放大作用体系中各点的地震加速度并不相等,Nadim 和 Whitman[14] 采用平面应变有限元法研究了动力放大作用对墙体滑动位移的影响。在他们的分析模型中,考虑了土的非线性性能,在墙土接触面设置接触单元,并以 Goodman 滑动单元表示墙后土体中的破坏面。首先,他们输入不同频率的正弦形式的地面运动加速度时程计算了墙体滑动位移,并以刚体假定下的结果进行比较。如果以 R 表示考虑与不考虑墙后土体动力放大作用时墙体滑动位移的比值,以 f 表示输入地面运动加速度的频率,f_1 表示墙后土体的固有主振频率,则得 R 与 f/f_1 的关系如图 16.36 所示。从图 16.36 可见,土的阻尼的影响不大,但频率比 f/f_1 对 R 有重要影响。当频率比 f/f_1 等于 1 时,滑动位移比 R 最大,可达 $5\sim6$。这表明,墙后土体的放大作用对墙的滑动位移有不可忽略的影响。然后,他们又对塔夫特(Taft)、尤里卡(Eureka)和波尤盖特桑德(Puget Sound)三个实际地震加速度时程做了计算,并与刚塑性假定下的结果进行了比较。他们引进了放大影响因数 F,其定义如下:如果将墙底输入的地震最大水平加速度和最大速度乘以 F,然后将其代入不考虑放大作用的式(16.124)或 Wong 给出的公式中,所求得的位移将与考虑墙后土体放大作用的有限元分析结果相同。

Wong 给出的公式如下:

$$d = \frac{37v^2}{Ag\,\mathrm{e}^{-9.4(N/A)}} \tag{16.125}$$

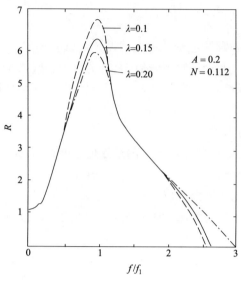

图 16.36 R-$\dfrac{f}{f_1}$ 关系

另外,以地震水平加速度的卓越周期作为 f 值,确定出频率比 f/f_1,其中,墙后土体的固有主振频率按式(16.126)确定:

$$f_1 = V_s/4H \qquad (16.126)$$

式中,V_s 为土的剪切波波速。表16.8给出了比较结果。从表16.7所示的结果可得到如下初步结论。

(1) 如果 $\dfrac{f}{f_1} \leqslant 0.25$,墙后土体的放大影响可以忽略,取 $F=1.0$。

(2) 如果 $0.25 \leqslant \dfrac{f}{f_1} < 0.70$,取 $F=1.25 \sim 1.30$。

(3) 如果 $\dfrac{f}{f_1} > 0.70$,取 $F=1.50$。

表 16.8   由实际地震加速度时程计算得到放大影响因数 F

地震	最大加速度系数	$\dfrac{f}{f_1}$	R	F(按 Richards Elms)	F(按 Wong)
塔夫特(Taft)	0.2	0.53	7.98	1.38	1.34
		0.81	13.05	1.67	1.65
		0.53	2.84	1.24	1.30
	0.3	0.90	4.79	1.37	1.50
尤里卡(Eureka)	0.2	0.5	2.62	1.21	1.19
	0.2	0.5	1.78	1.12	1.17
波尤盖特桑德 (Puget Sound)	0.2	0.86	6.58	1.46	1.46
	0.2	0.86	3.75	1.30	1.37

根据上述结果,考虑墙后土体放大作用按墙体沿底面滑动位移准则设计挡土墙的步骤如下。

(1) 指定一个允许的墙体滑动位移。

(2) 根据地震动参数区划图选取所在地区的地面运动最大加速度系数 A、最大速度 v,并确定出卓越频率 f。

(3) 按式(16.126)确定出墙后土体的主振频率,并确定频率比 f/f_1。

(4) 根据频率比 f/f_1 按上述规律确定出相应的放大因数 F。

(5) 将由第二步确定出的 A 和 v 乘以放大影响因数 F,作为修正后的最大加速度系数和最大速度。

(6) 将指定的允许墙体滑动位移及修正后的最大加速度系数和最大速度代入式(16.124)中,求得相应的墙底面滑动屈服加速度系数 $k_{h,y}$。

(7) 将求得的屈服加速度 $k_{h,y}$ 代入物部公式计算相应的地震土压力 P_{AE}。

(8) 将屈服加速度系数 $k_{h,y}$ 和由上一步求得的地震土压力 P_{AE} 代入式(16.113)中,求得相应的墙体重量 W_w。

(9) 对求得的墙体重量采用一个数值为 1.2~1.3 的安全系数。

(10) 将墙体的重量设计成 $(1.2\sim1.3)W_w$。

思 考 题

1. 试述土坝震害形式及机制,以及其坝体和坝基土质条件的影响。

2. 试述拟静力稳定分析方法的基本概念。在拟静力法中如何考虑地震作用?如何确定土的抗剪强度?在该法中为什么引进综合影响系数?如何确定该系数值?拟静力的适用条件如何?

3. 试述等价地震加速度系数的概念,确定等价地震加速度的方法,影响等价地震加速度系数的因素,等价地震加速度系数的应用。

4. 试述土坝地震性能动力分析的要求、内容、方法及主要的具体工作,以及动力分析的适用性。

5. 试述土坝地震后稳定分析的必要性,震后稳定性丧失的机制及条件,震后稳定性分析方法。

6. 试述尾矿坝的特点、震害形式及机制和影响震害的因素。

7. 试述尾矿坝地震性能的动力分析方法及尾矿坝液化判别的简化方法。

8. 试述常规计算地震时土压力的物部公式的基本假定。计算的地震时土压力分布及合力作用点与实际有何不同?

9. 试述重力式挡土墙控制位移的抗震设计方法。重力式挡土墙的滑动条件及永久水平位移如何确定?

参 考 文 献

［1］Ambraseys N N. On seismic behavior of earth dams//Proceeding of the Second World Conference on Earthquake Engineering, London, 1960.

［2］Seed H B, Makdisi F I, de Alba P. Performance of earth dams during earthquake. Journal of the Geotechnical Engineering Division, 1978, 104(7):967-994.

［3］中国科学院工程力学研究所土坝组. 土坝的震害和抗震设计问题//地震工程研究报告集(第四集). 北京:科学出版社, 1981.

［4］Gao L, Tamura C. Damage to dams during earthquakes in China and in Japan. Report of Japan-China Cooperative Research on Engineering Lessons from Recent Chinese Earthquakes Including the 1976 Tangshan Earthquake, (part 1), 1983.

［5］Zhang K X, Tamura C. Influence of dam materials on the behavior of earth dam during earthquakes. Report of Japan-China Cooperative Research on Engineering Lessons from Recent Chinese Earthquakes Including the 1976 Tangshan Earthquake (Part 2), 1984.

［6］郑顺炜. 水工建筑物抗震设计规范(SDJ 10—78)编制说明. 北京:电力工业出版社, 1981.

［7］Makdisi F I, Seed H B. Simplified procedure for estimating dam and embankment earthquake-induced deformations. Journal of the Geotechnical Engineering Division, 1978, 104(7):849-867.

［8］Seed H B, Martin G R. The seismic coefficient in earth dam design. Journal of the Soil Mechanics and Foundation Division, 1966, 92(3):25-58.

［9］Makdisi F I, Seed H B. Simplified procedure for evaluating embankment response. Journal of the Geotechnical Engineering Division, 1979, 105(12):1427-1434.

［10］Vrymoed J L, Calzascia E R. 土坝中动应力的简化确定. 谢君斐, 等, 译. 北京:地震出版社, 1985.

［11］张克绪. 尾矿坝的抗震设计研究//姚伯英, 侯忠良. 构筑物抗震. 北京:测绘出版社, 1990.

［12］Seed H B, Whitman R V. Design of Earth retaining structure for dynamic loads//Proceedings of Specialty Conference on Lateral Stresses in the Ground and Design of Earth Retaining Structures, Ithaca, 1970.

［13］Richards R, Elms D G. Seismic behavior of gravity retaining walls. Journal of the Geotechnical Engineering Division, 1979, 105(4):449-464.

［14］Nadim F, Whitman R V. Seismically induced movement of retaining walls. Journal of Geotechnical Engineering Division, 1983, 109(7):915-931.

第17章 近岸与跨河建筑物的抗震问题

17.1 概　述

本章拟表达近岸与跨河建筑物的抗震问题。这里所谓的建筑物含义要广泛些,除通常的房屋建筑,还包括桥梁建筑物、码头建筑物、船坞建筑物等。

近岸建筑物主要包括:沿河、湖、海岸的房屋建筑物,码头建筑物,船坞建筑物,沿河、湖、海岸的挡土建筑物。跨河建筑物主要是桥梁。

显然,就这些建筑物的功能而言,它们是很不同的。但是,这些建筑物有一个共同的特点,它们都邻近斜坡甚至建在斜坡之上。地震时斜坡的变形及稳定性对这些建筑物的灾害有重要的影响,甚至有决定性的作用。因此,虽然这些建筑物的功能不同,但是本书将它们作为同一类建筑物来表述其抗震问题。

从上述可见,这些建筑物不仅涉及房屋建筑,还涉及生命线工程,研究这些建筑物的抗震问题具有重要的意义。但是,现有的研究很少将这些建筑物的抗震性能与其相邻的斜坡地震时的性能联系起来。本章拟将这些建筑物与其相邻的土体作为一个体系研究它们的抗震性能。显然,这样的研究途径是很复杂的。但是,从揭示这些建筑的震害机制,建立更合理的分析方法而言,采用这样的研究途径是必需的。

在现有的地震工程著作中,几乎没有将近岸和跨河建筑的抗震问题作为单独的一章来表述。本书将这些建筑的抗震问题作为单独的一章来表述,其目的在于揭示这些建筑震害机制的共同性和相应的分析方法的相似性。

前面曾指出,与斜坡相邻甚至坐落在斜坡之上是近岸与跨河建筑的共同特点。这个共同特点决定了这些建筑处于很不利抗震的条件下。这些不利抗震的条件可表述如下。

(1) 斜坡对地震动的放大效应。

(2) 在地震前这些建筑地基中的土体已承受静水平荷载作用,其地基土体所受的剪切作用水平已达到一定程度。

(3) 地震时斜坡的变形和稳定对这些建筑产生不利影响。这一点在本章将重点表述。

(4) 由于场地处于河、湖、海沿岸,地基土的沉积年代较近,土层往往包含饱和的松至中下密的砂土、软黏土、淤泥等。按前述,这些土属于对地震作用敏感的土类。在地震作用下,饱和砂土抗剪强度可能由于液化发生降低或完全丧失,软黏土则可能发生显著的永久附加变形。

(5) 地下水位较高,甚至土层完全处于地下水位以下。

正是由于这些不利抗震的条件,像下面表述的那样,近岸与跨河建筑的震害是触目惊心的,与同一地区其他建筑物相比,其震害程度要严重得多。

17.2 近岸与跨河建筑的震害及其特点

上面曾指出,近岸与跨河建筑物的地基土层往往是由饱和的松至中下密的砂土、软黏土、淤泥等组成的,这些建筑物通常采用桩基础。另外,除近岸的房屋建筑,像码头和桥这些近岸与跨河建筑物的上部结构通常很简单,大多采用排架式、梁板式结构,受力明确。

1960 年的日本新潟地震震害调查报告、1970 年我国通海地震震害调查报告和 1976 年唐山地震震害调查报告都有关于近岸和跨河建筑震害的大量报导。这些报导显示出了近岸与跨河建筑具有相同或相类似的震害形式和特点。像下面将要看到的那样,近岸与跨河建筑物的震害主要表现为桩基础的震害,而其上部结构的震害大多是由其桩基础震害引起的。下面将以 1970 年我国海城地震和 1976 年唐山地震的震害资料为例[1,2],分别表述近岸和跨河建筑的震害。

1. 近岸建筑物的震害

沿河、湖、海岸的房屋建筑物和码头建筑物是两种典型的近岸建筑物。下面分别以这两类建筑物的震害来表述近岸建筑物的震害。

1) 近岸房屋建筑物的震害

近岸房屋建筑物的桩基通常是低承台桩基础,桩体完全埋藏在地基土体之中,其震害只有挖开之后才能发现。相对而言,关于近岸房屋建筑物桩基础的震害报导较少。在本书第 15 章曾给出了唐山地震引起的近岸房屋建筑物桩基础震害的一些实例,并指出如下的震害特点。

(1) 桩基的震害主要表现为在桩体的一侧发生环向裂缝,有的裂缝在环向可能贯通。

(2) 桩体的裂缝总是伴随着岸坡土体在地震作用下发生侧向永久变形。当环形裂缝贯通时,一侧裂缝的宽度要大于另一侧的宽度。

2) 码头建筑物的震害

码头有多种形式,这里只涉及高桩承台式码头和板桩墙式码头。其中,排架梁板式码头更为普遍,特别是大型深水码头;而板桩墙式码头还可以视为一种沿河、湖、海岸的挡土建筑物。

文献[3]根据文献[2]的资料总结了唐山地震引起的天津新港码头和海河港码头的震害。根据该文献报告的资料,关于高桩承台式码头和板桩墙式码头的震害表述如下。

(1) 高桩承台码头的震害。

从结构而言,高桩承台式码头由如下三部分组成。

① 由桩及其以上的横梁构成的排架,如图 17.1 所示。在排架之中通常包括一根向内倾斜的斜桩。排架的功能支撑上面的结构,将荷载传到斜坡之下的土体中。设置斜桩的目的是承受船只靠近泊位时撞击码头而产生的水平荷载。

② 纵梁。纵梁沿排架的垂直方向设置在排架的横梁之上。它将相邻的两榀排架连接起来,并将荷载传递给排架。

③ 承台铺面体系。承台铺面体系是指设置在纵梁之上的梁板。它的功能是形成一

个装卸运输平台,并把荷载传递给纵梁。

另外,码头还可分为单承台码头和双承台码头。从码头前沿到其后的地面如果只有一个承台及相应的排架则称为单承台码头;如果前后相邻的两个承台及相应的独立排架则称为双承台码头。双承台码头从其前沿到其后地面的长度很长,其下的岸坡的面可以较缓,斜坡土体的稳定性较好。另外,后承台桁架的横梁通常采用简支梁,以适应斜坡土体的变形。

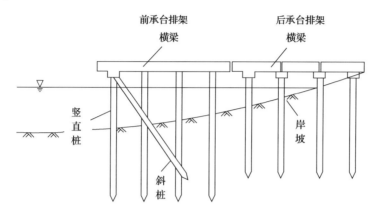

图 17.1　双承台码头及排架

天津新港由三个凸堤、四个港池组成,共 34 个泊位。码头之下岸坡的坡度为 1:3~1:4。地基土层及其物理力学指标如表 17.1 所示。从表 17.1 可见,上部土层为淤泥及淤泥质黏土,厚 15m,其间夹有薄砂层;其下为黏土层和粉细砂层,其物理力学指标比其上的淤泥及淤泥质黏土明显要好。唐山地震时码头区地段有近百处喷砂冒水点。震后测量

表 17.1　天津新港的土层及物理力学指标

指标	淤泥	淤泥及黏土	亚黏土	粉细砂
	高度+2.0~ −2.0m	高度−13.5~ −2.0m	高度−21.0~ −13.5m	高度−21.0m 以下
含水量/%	54.6	49.0	27.4	19.2
重力密度/(kg/cm³)	1.68	1.73	1.94	
空隙比	1.56	1.36	0.77	0.57
塑性指数	22.0	22.0	13.5	
液化指数	1.50	1.23	0.74	
压缩系数/(cm²/kgf)	0.133	0.119	0.029	
快剪内摩擦角/(°)	4	4	14.0	
快剪黏结力/(kgf/cm²)	0.06	0.10	0.10	
固结快剪内摩擦角/(°)	18	15.0	26.0	40.0
固结快剪黏结力/(kgf/cm²)	0.06	0.10	0.13	

表明,岸坡发生了沉降和顺坡方向的水平位移。各泊位岸坡的平均下沉量为 13cm,个别部位达 130cm。在第二凸堤根部砂井试验测得的土层的沉降和顺坡方向的水平位移随深度的变化分别如图 17.2 和图 17.3 所示。另外,在第四港池还未建码头的地方发生了一段长达 30m 的滑坡。

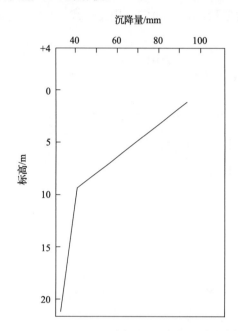

测点号	测点标高 /m	震前值 /m	震后值 /m	沉降量 /m
1	+3.5			
2	+1.2	−1.208	−1.303	0.095
3	−5.3	−5.306	−5.368	0.062
4	−9.7	−9.705	−9.746	0.041
5	−13.5	−13.502	−13.640	0.033
6	−21.8	−21.800	−21.832	0.033

图 17.2　唐山地震天津新港土层沉降(第二凸堤根部)

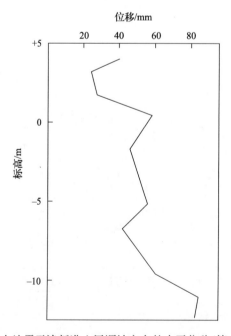

图 17.3　唐山地震天津新港土层顺坡方向的水平位移(第二凸堤根部)

从图 17.2 可见,土层的沉降量在地面最大,然后随深度迅速减小,而在 10m 以下减小的速率变低。从图 17.3 可见,土层顺坡方向的水平变形则随深度而逐渐增大,直到地面下 10m 仍在增大。这表明,土层水平变形的影响深度要大于沉降的影响深度。

天津新港高桩码头震害资料表明,直桩破坏数目的比例较小,其程度也较轻。表 17.2 给出的海河码头直桩和斜桩的震害统计资料可以说明这一点。另外,表 17.3 给出了天津新港码头前方承台斜桩的震害统计资料。从这个统计资料可以发现,天津新港码头前方承台受到不同震害程度的斜桩所占的比例大体与海河码头斜桩的相当,但远高于海河码头直桩的比例。上述资料表明,高桩码头斜桩受地震作用更容易遭受破坏。通常,斜桩与直桩的断面是相同的,它们应具有相同的承载能力。在地震作用下斜桩更容易遭受破坏表明,斜桩所承受的地震作用比直桩大。地震是以水平作用为主的,斜桩本是为承受水平作用而设置的,因此其承受的地震作用要比直桩大。另外,像上面表述那样,在地震作用下斜坡土体要发生附加沉降和水平变形,斜桩对斜坡土体的变形更为敏感,为与斜坡土变形相协调,在斜桩所产生的附加变形和附加的内力要比直桩大。因此,斜桩比直桩更容易遭受破坏是自然的。

天津新港码头震害显示,遭到震害的直桩在桩排架之中多位于靠近岸坡的位置,靠岸坡的一两根直桩最容易发生震害。直桩的破坏部位在桩的顶部,破坏形式表现为在向岸的侧面发生环形裂缝,并且桩身往往发生向岸方向的倾斜,如天津新港第 20 泊位后方承台挡土墙及直桩的破坏。位于岸坡上的挡土墙发生沉降,其上半部发生折断,靠近岸坡的

表 17.2　海河码头直桩与斜桩的震害比较

码头名称	直桩/根					斜桩/根				
	总数	完好	损坏	破坏	严重破坏	总数	完好	损坏	破坏	严重破坏
新河外运码头	116	79	9	10	18	19	0	1	10	8
新河船厂散装码头	92	91	1	0	0	27	1	0	20	6
边防站码头	32	1	12	13	6	6	0	0	0	6
八号码头	260	185	14	61	0	64	16	9	22	17
海关码头	10	6	4	0	0	4	0	2	2	0
九号码头	130	130	0	0	0	65	6	39	20	0
十号码头	138	138	0	0	0	69	4	17	48	0
涣轮厂码头	14	14	0	0	0	6	2	4	0	0
冷库码头	65	37	3	14	11	15	0	1	0	14
捕捞公司码头	57	40	2	2	13	18	11	0	5	2
于豪堡外贸码头	30	0	8	5	17	6	0	0	0	6
4 号码头 1 泊位	54	14	12	8	20	16	3	1	2	10
4 号码头 2 泊位	54	34	2	6	12	16	6	2	7	1
4 号码头 3 泊位	71	64	0	0	7	16	10	1	5	0
4 号码头 4 泊位	43	32	0	1	10	11	2	0	8	0
航道局检修厂码头	14	0	4	3	7	8	0	0	1	7

表 17.3　天津新港码头斜桩震害

泊位号	斜桩数目 /根	震害					
		基本完好		轻微		严重	
		数量	百分数/%	数量	百分数/%	数量	百分数/%
5	50	0	0	32	64	18	36
9	32	2	6	5	16	25	78
10	27	0	0	25	93	2	7
11	27	2	7	25	93	0	0
12	36	5	14	19	53	12	33
13	39	1	3	35	90	3	7
14	28	0	0	10	36	18	64
15	18	2	11	5	28	11	61
16	54	0	0	54	100	0	0
17	54	4	7	14	26	36	67
18	56	1	2	25	24	30	54
19	27	8	30	16	59	3	11
20	39	11	34	18	41	8	25
21	59	14	24	37	63	8	13
22	27	3	11	24	89	0	0
23	27	6	22	20	74	1	4
24	27	4	15	23	85	0	0

直桩发生向岸的倾斜。从这些现象可以判断出,在地震作用下岸坡土体发生了较大的沉降和顺坡方向的水平位移。

在前方承台桩排架中,斜桩可设置在最前的一根桩位处,也可设置最后的一根桩位处。但是,无论斜桩设在哪里,破坏都是发生在桩顶部位,震害的形式表现为张口状裂缝,裂缝发生在桩的背岸的侧面上,如天津新港第 14 和 15 泊位斜桩及第 7～13 泊位斜桩的破坏。从这些现象可以判断出,岸坡中的土体在地震作用下发生了明显的沉降和顺坡方向的水平位移,并且桩排架的横梁及其上梁板体系对斜桩顺从岸坡土体变形具有不可忽视的约束作用。

(2) 板桩墙式码头的震害。

板桩墙式码头由板桩及其后的锚碇结构组成,锚碇结构由锚碇桩和拉杆组成。设置锚碇结构是为了防止板桩墙向前倾斜。

唐山地震天津新港和海河港板桩墙式码头的震害主要表现为三种形式:板桩向前位移和倾斜、锚碇桩向前位移和倾斜、板桩和锚碇前后地面产生顺岸地裂缝。

中交第一航务工程局船厂板桩墙式码头的震害可以作为板桩墙式码头震害的一个典型例子。该码头全长 193m,由东、中、西三段组成,采用单锚板桩结构。东段长 53m,采用钢板桩,长为 8m、10m、13m 和 14m 不等,桩尖高程为 −4.8～−10.8m;中段长 105m,采用钢板桩,长 15～18m,桩尖高程−11.8～−14.8m;西段长 35m,采用钢筋混凝土板桩,桩长同中段。锚碇结构采用长 3.7m 的锚碇板与板桩墙距离为 15.25m,拉杆为 φ50mm 的钢杆,拉杆间距为 1.81m。板桩墙顶部设置一道钢筋混凝土帽梁。图 17.4 给出了该板桩墙式码头的结构及土层。从所示土层可见,在地面之下 3～7m 为淤泥质亚黏土层,正好处于板桩墙高度范围之内。

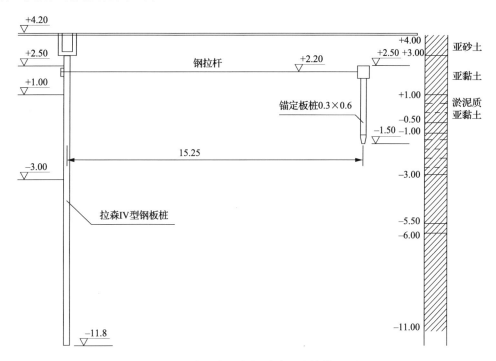

图 17.4　一航局船厂板桩墙式码头结构及土层

唐山地震时,该板桩墙式码头的震害如下。

① 在该码头所在地段的地面有 200 多处喷砂冒水点。

② 在墙后地面发生了三条顺岸地裂缝:第一条位于墙后 1～2m 处,缝宽 10～20cm;第二条位于锚碇顶部附近,缝宽 15cm;第三条在锚碇之后位于墙后 20～30m 处。

③ 板桩墙向前倾斜。

④ 板桩墙前沿向前位移,图 17.5 给出了地震引起的板桩墙前沿位移量的分布。从该图可见,在中段板桩墙前沿的位移量最大,最大值达 114cm。

地震后开挖发现,锚碇结构的拉杆处于拉紧受力状态。从上述的这些震害现象可以判断,板桩墙后的土体发生显著的位移。锚碇结构对保持墙后土体地震稳定性和减小变形起了一定的作用。但是,锚碇后面的地面出现裂缝,说明锚碇设置的位置与桩板墙的距离近了一些。

（3）岸坡土质条件对码头震害的影响。

文献[2]给出的资料表明,岸坡土质条件对码头的震害程度有重要的影响。新河船厂修船码头在唐山地震时的性能可作为一个典型的例子说明这点。该码头属于板桩墙式码

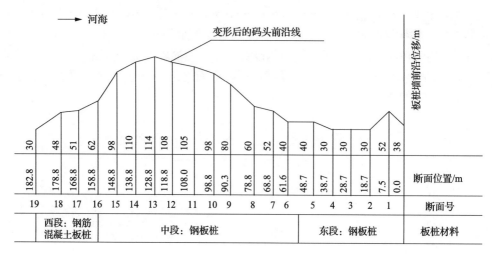

图 17.5 地震引起的一航局船厂板桩墙式码头板桩墙前沿的位移

头,其结构与一般板桩墙式码头相同,由板桩墙及其后的锚碇结构组成。板桩墙高 8.8m,板桩入土深度 7.3m,总长 16.1m。采用单锚碇体系。锚碇桩为预应力钢筋混凝土桩,间距 0.8m;拉杆为 ϕ50mm 钢杆,间距为 2.4m。锚碇桩设置在原岸坡的坡顶,与板桩墙距离 16.3m。但是,在建造该板桩墙式码头时,将原岸坡下 2m 厚的一层土挖除,并在其上铺一层 50cm 厚的砂垫层。然后在砂垫层之上和板桩墙后的空间填筑粒径 4~6cm 的废道碴石料,直到墙后地面。唐山地震时,该板桩墙式码头基本完好,墙面没有倾斜,墙后地面也没有沉降和裂缝。

但是,在该码头所在的场区有 280 多处喷砂冒水点;场区内的厂房和许多建筑发生了不同程度的震害;与其相邻有一座长 147m 的高桩承台码头,该码头的大部分斜桩发生环形裂缝或断裂,其靠近岸坡的挡土墙下沉约 15cm。显然,该高桩码头的破坏与前述的高桩承台码头的破坏相似。因此,如果这个板桩墙式码头墙后土体不是废道碴石料,也将发生与前述板桩墙码头大体相同的破坏。这表明,岸坡土质条件对码头的震害有重要的影响,加固岸坡土体会有效地减轻或避免码头的震害。

2. 跨河建筑的震害

跨河建筑物主要是桥梁。桥梁除了跨越河流,在山区常常用来跨越山谷,在城市还常常用高架桥形成立体交叉交通体系。此外,桥梁还有公路桥和铁路桥之分。同样,桥梁具有多种形式。本章所表述的桥梁震害主要是河流下游跨河的梁式公路桥的震害。如前所述,这类桥梁由于场地位于岸坡地段,土层条件也较差,所处的工作条件最不利。

跨河的梁式公路桥的结构,如图 17.6 所示,由如下四部分组合而成:桩基础,包括桩及承台;桥墩,多采用双柱式桥墩,包括两个混凝土立柱和其上的墩台;梁,架于桥墩台面之上,可以是简支梁也可以是连续梁;桥面体系。

应指出,这里虽然只表述跨河的梁式公路桥的震害,但并不失其一般意义。像下面将看到的那样,这种形式的桥梁震害主要是其桩基础的震害。尽管桥梁的形式不同,大多数跨河桥梁通常为桩基础。因此,其他形式的跨河桥梁的桩基础也会发生相似的震害。

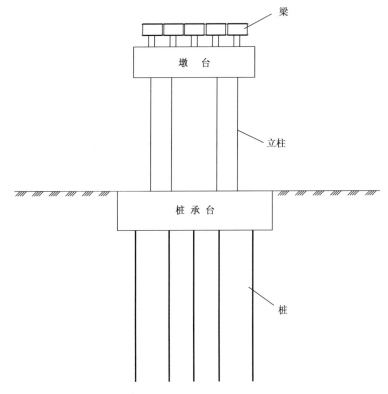

图 17.6　跨河梁式公路桥的结构

海城地震和唐山地震时有许多跨河的梁式公路桥发生了严重的震害。下面,根据海城地震和唐山地震的震害资料来表述跨河梁式公路桥的震害。

1) 地震引起的桥两岸坡土体的位移

跨河的桥梁,如果地震时两岸坡土体发生向河心方向的水平位移,将沿桥的纵向挤压桥梁,使桥梁发生震害,特别是靠近岸坡的部分。因此,地震时两岸土体向河心方向的水平位移对跨河桥梁的震害是一个特别重要的量。两岸土体向河心方向的位移使河床压缩。根据唐山地震梁式公路桥的资料,有 23 座桥梁的两岸坡土体发生了向河心方向的位移,唐山地震后测得的河床压缩量如表 17.4 所示。表中还给出了各桥梁所遭受到地震烈度、桥的跨数和跨度,以及地基土层和基础资料。从表 17.4 可发现如下特点。

(1) 河床的压缩量随所遭受到的地震烈度的增高而增大。当地震烈度为 11 度时,河床压缩量为 2～9m;10 度时,为 0.5～3m;9 度和 8 度时,最大可达 2m 以上。

(2) 在相同烈度情况下,地基土层的类型对河床压缩量有显著影响。当地基含有细、粉砂层时,河床压缩量较大,而当地基含有黏性土层,甚至是淤泥和淤泥质亚黏土时,河床压缩量较小。这可能与饱和细、粉砂液化有关。

表 17.4　唐山地震两岸土体向河心方向的位移及河床压缩量

桥名	跨河	跨数及跨度/m	烈度	河床压缩量/m	地基土层及基础
胜利桥	陡河	5×11	11	5.4	表层淤泥,其下为细砂;扩大基础
越河桥	陡河	5×10	11	9.1	粉细砂;直径为0.8m钻孔桩
女织寨桥	陡河	5×10	11	6.0	
夏庄桥	陡河	4×10	11	2.22	直径为1.0m钻孔桩
稻地桥	陡河	3×16.8	10	3.2	细砂,直径为0.9m钻孔桩
屈庄桥	陡河	5.3+2×7.4+6.0	10	1.13	
韩家河桥	陡河	4×6.6	9	1.50	亚黏土
电厂桥	陡河	5×11.5	10	0.85	长约4m木桩
电厂七一桥	陡河	7.5+3×10+7.5	10	2.35	长约10m木桩
钢厂桥	陡河	5×10.6	10	0.5	长约5m木桩
大众桥	陡河	6孔,总长88.6	10	1.2	扩大基础,木桩
王土大桥		8×8.6	8	2.45	粉细砂;直径1m,钻孔桩,长17m
王土桥		3×8.6	8	2.4	粉细砂;钻孔桩,长14m
霍泡桥	蓟运河	8.88+7×8.65+8.88	8	1.4	直径1.0m,钻孔桩,长14m
芦台桥		6+2×12+20+54 +20+2×12+6	9	1.77	灰色粉砂土,混凝土桩,长17m
闰庄桥		16×17			软塑黏土,直径为0.9m钻孔桩
汉沽桥	蓟运河	11×16	9	2.12	见下述例2
南蔡村桥		5×16	4	2.5	
于家岭桥		52+13.5	8	0.19	淤泥及淤泥质黏土,其下为黏土
泗村店桥		10×6.5	8	0.83	黏土,混凝土桩,长18.7~26m
棘柁桥		3×8.6	8	1.9	细砂,直径为0.7m钻孔桩
柏地村桥	陡河	3×16.8	10	2.7	木桩
汤家河桥		3×3.5	8	1.8	黏土,扩大基础

2) 跨河梁式公路桥的震害形式

根据海域地震和唐山地震的震害资料,跨河梁式公路桥的震害有如下几种主要形式。

(1) 桥附近场地发生喷砂冒水,两岸地面顺河方向发生多条裂缝。

(2) 桥墩及其下基础发生向河心方向的水平位移。

(3) 桥墩及其下基础发生转动。由于发生转动,各桥墩在桥的纵向呈三种形态:各桥墩向一个方向倾斜;河流中心两侧的桥墩分别向河心倾斜,呈八字形;河流中心两侧的桥墩分别向两岸倾斜,呈倒八字形。

显然,桥墩的倾斜是由岸坡土体向河心方向的水平位移引起的。桥墩的倾斜形态应与岸坡土体向河心方向的水平位移形态有关。当只有一侧河岸的土体向河心位移时,各桥墩向一个方向倾斜。当两侧河岸的土体向河心位移时,且当上层土体位移较大时呈八字形倾斜,而当下层土体位移较大时呈倒八字形倾斜。两岸土体向河心位移的形态取决于河岸的几何形状、土体的分布及性质。

（4）桥墩立柱折断。立柱沿桥的纵向折断通常发生在根部。这与桥墩之上梁及桥面体系对桥墩向河心方向位移的约束作用有关。

（5）桥墩间距或跨度的变化。由于相邻桥墩向河心方向的位移不同、倾斜不同，在同一座桥梁中有些跨度减少，而有些跨度则增大了。

（6）桥墩之上的梁和桥面体系坠落。显然，梁和桥面体系的坠落是上述五种震害的后果。

（7）桩基的桩发生折断。

（8）桥墩发生差异沉降，桥面呈起伏的波浪形。

（9）桩沉没在土层中。显然，这是由土层液化引起的。

3）跨河梁式公路桥震害事例

在文献[1]和[2]中，报道了很多跨河梁式公路桥震害的事例。下面，分别从海城地震震害资料和唐山地震震害资料中各选一例来具体说明上述跨河梁式公路桥的震害形式。

例 1　海城地震盘山公路桥震害

盘山公路桥场地土层从上到下依次为 1.5m 厚细砂层、11.5m 厚的淤泥质亚黏土、6m 厚的粉砂、7m 厚的细砂、1.0m 厚的淤泥质亚黏土、2m 厚的粉砂，再下为细砂。

盘山公路桥共 14 跨，跨度为 22.2m，总长为 315.64m。采用桩基础，每个桥墩由四根钻孔灌注桩支撑。桥墩之下的桩长为 30m，桩径为 90cm；桥台之下的桩长为 22m，桩径为 80cm。桥墩采用钢筋混凝土双柱墩台，墩高 7m，墩柱直径为 1.0m。桥墩之上架设装配式钢筋混凝土简支梁，梁断面为 T 形。特别应指出，根据灌注的混凝土体积折算的钻孔深度，实际的桩长未达到设计长度。

海城地震时，桥所在地区的地震烈度为 7 度。地震引起的土侧水平位移可由震后测得的墩台之间间距的变化来说明，如表 17.5 所示。从表 17.5 可见，大部分墩台的间距减小了，但也有增加的。将各跨间的变化加起来，可得河床的压缩量为 1.55m。在 2 月 4 日海域地震主震后，在盘山一侧的各墩双柱均产生裂纹、倾斜，桥面呈破浪起伏状，其中位于河心的 7 号墩沉入河底，8 号墩双柱折断并向河心倾斜。总体上，桥墩分别向两岸倾斜，呈倒八字形。另外，根据潜水员检查，7 号墩下的钻孔灌注桩有两根折断、两根沉没。桩发生沉没表明地下砂层发生了液化。

表 17.5　海域地震盘山公路桥墩台间距的变化

项目	跨号												
	1	2	3	4	5	6	7~8	9	10	11	12	13	14
震后墩台间距/m	22.37	22.65	21.88	21.65	21.54	22.18	44.02	22.22	22.18	22.24	22.07	22.30	22.25
墩台间距变化/m	−0.17	−0.45	0.32	0.55	0.66	0.02	0.38	−0.02	0.02	−0.04	0.13	0.10	0.05

注："−"表示墩台间距增大。

例2 唐山地震汉沽公路桥震害

汉沽公路桥地基土层资料如图17.7所示。从图可见,在两岸地面下8～10m范围存在一层厚度为3～4m的淤泥质土,该土层的上下为砂层或轻亚黏土。在河中该淤泥质黏土层暴露在河床表面。图17.7还给出了各层土的标准贯入击数。淤泥质黏土层的标准贯入击数等于零,说明该土层非常软弱。该层上下的砂层和轻亚黏土的标准贯入击数为4～6次。唐山地震时,汉沽所在地区的地震烈度为9度。在这样的地震动作用下这些砂层和轻亚黏土层发生了液化。

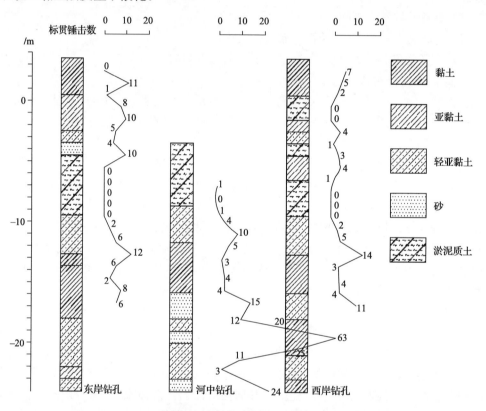

图17.7 汉沽公路桥地基土层

如表17.4所示,汉沽公路桥共11跨,跨度为16m。汉沽公路桥采用单排钻孔灌注桩基础。灌注桩直径0.8m。边墩桩长21.90m,中墩除2号墩的桩长为29.10m,其他为31.10～31.40m。桥墩为双柱式桥墩,两柱的间距为4.5m,柱间设置0.4m×0.6m的矩形断面横系梁。

唐山地震时,汉沽公路桥受到9度地震作用,震害如下。

(1) 桥址所在地段喷砂冒水比较普遍。两岸有多条顺河方向的裂缝,汉沽侧裂缝的范围达40m,天津侧裂缝的范围达100m。

(2) 两岸桥台明显向河心位移,如表17.4所示,河两岸压缩2.12m。

(3) 桥墩向汉沽岸方向倾斜,越靠近汉沽岸的桥墩倾斜越大,在汉沽岸2号墩倾角达18°50′,3号墩为11°30′,其余为5°～7°。

（4）第 2 号和第 6 号桥墩之下的桩在河底面以上 20～30cm 处向汉沽岸折断，其下还有裂纹。

（5）桩头与桥墩之间的连接处多数开裂。

（6）第 2、3、4 号桥墩横系梁以下柱体及横系梁两端均有环形裂缝。

3. 近岸与跨河建筑物震害特点

从上述，可总结出近岸与跨河建筑物震害具有如下特点。

（1）由于场地土层条件较差及功能上的要求，近岸和跨河建筑物通常采用桩基础。因此，这类建筑物震害往往表现为其桩基础的震害，而其上部结构的震害则又往往是其桩基础的震害引起的。

（2）由于场地土层条件较差，又与斜坡相邻或位于斜坡之上，近岸和跨河建筑物地段的地面通常有喷砂冒水及顺岸的裂缝发生，地面破坏一般较严重。

（3）近岸与跨河建筑物的震害几乎发生在与岸坡相垂直的平面内。桩在这个平面内发生折断、裂缝或倾斜；桥墩也在这个平面内发生折断、倾斜，呈现单向、八字或倒八字形态。

（4）近岸与跨河建筑的桩基震害总伴随有岸坡土体在顺坡方向发生水平位移。总体上，岸坡土体在顺岸方向的水平位移越大，桩基的震害越重，越靠近岸坡的桩基，其震害也越重。

（5）在烈度为 7 度的地震动作用下，近岸和跨河建筑物就可能发生触目惊心的震害，例如，海城地震盘锦地区许多桥梁桩基础及桥墩的破坏，以及由此引起的上部结构的破坏。在一般情况下，在 7 度的地震动作用下桩通常只会发生一些较轻的震害，绝不会发生折断、倾斜这样严重的震害。

17.3　近岸与跨河建筑物的震害机制及常规的抗震分析方法

1. 近岸与跨河建筑的震害机制

从上述的近岸与跨河建筑物的宏观震害特点，可以得到如下两点有关近岸与跨河建筑物震害机制的判断。

（1）通常以为，建筑物的震害是由其自身地震惯性力作用产生的。但是，这种震害机制很难解释上述近岸与跨河建筑物宏观震害的特点。因此，建筑物自身地震惯性力作用虽然是一个引起震害的因素，但不能将其视为引起近岸和跨河建筑物震害的主要因素或关键因素。

（2）上述近岸与跨河建筑物的宏观震害特点都与岸坡土体顺坡位移有关联。因此，地震时岸坡土体位移应对近岸与跨河建筑物震害负有重要的责任。

前面曾指出，桩基破坏是近岸与跨河建筑物震害的主要形式。下面分析近岸与跨河建筑物桩基在地震时的受力机制，进一步说明上述两个判断的根据。近岸和跨河建筑物桩基中的任一根桩地震时应受如下三种力的作用。

1）当地震动从基岩向上传播时，桩承受与周围土体一起运动产生的惯性力作用

桩所承受的这部分动力作用可以地震时自由场地土层中的桩所承受的动力作用来表示，如图 17.8(a)所示。显然，不管是否存在上部结构，桩总要承受这部分动力作用，并且与输入的地震运动特性、场地土层厚度、土的动力性能、桩的长度、断层尺寸、桩体材料的力学性能、桩间距等诸多因素有关。像图 17.8(b)所示那样，如果要确定这部分动力作用，必须考虑桩与周围土体的相互作用。图 17.8(b)中，$O'A'$ 为地震时不存在桩时土柱的位移 u_s；$O'A$ 为自由场地土体中桩的位移 u；$u_s - u$ 来表示地震时桩土位移差，桩土之间相互作用与该量有关；在这部分动力作用下桩所承受的动应力可由桩土位移差确定出来。

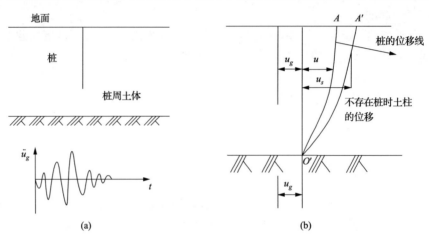

图 17.8　自由场地土层中桩所承受的动力作用及土桩相互作用

2）地震时上部结构运动惯性力的反馈作用（图 17.9）

桩所承受的这部分动力作用即是本书所谓的惯性相互作用。地震时上部结构运动惯性力的反馈作用在桩顶产生的动力包括轴向力 P、剪力 Q 和弯矩 M。显然，这些力的动力特性与输入的地震动特性、土层-桩-结构振性有关。桩在这些动力的作用下发生强迫振动，并使桩承受相应的动应力。由于作用于桩顶的力 P、Q、M 与土-桩-结构相互作用有关，那么桩所承受的相应动应力也应与土-桩-结构相互作用有关。

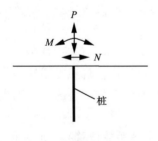

图 17.9　上部结构运动惯性力
反馈作用于桩顶上的动力

将上述两种动力作用叠加起来，就是桩所承受的由于土体-桩-上部结构体系自身惯性力产生的总的动力作用。但应指出，只有考虑土体-桩-上部结构之间的相互作用，才能正确地确定出作用于桩顶之上的 P、Q、M，这两种叠加作用才等于地震时桩实际承受的总的动力作用。因此，考虑土体-桩-上部结构之间的相互作用，正确地确定作用于桩顶之上的 P、Q、M 是一个关键问题。由于输入的地震动和作用于桩顶的 P、Q、M 均是往返的动力作用，按前所述，这种往返的动力作用不能解释上述近岸与跨河建筑物的震害特点。

3）地震时岸坡土体永久位移对桩的作用

在表述近岸与跨河建筑物震害特性时曾指出,桩基的震害总是伴随有岸坡土体永久位移的发生,特别是顺坡方向的水平永久位移。下面,以顺坡方向的水平位移为例,从受力上分析岸坡土体位移对桩的作用。为简单起见,设在斜坡土体中有一根直桩,其轴线为 NN ,其桩顶与桩承台是固接的,不考虑其上部结构,如图 17.10 所示。在地震作用下岸坡土体要发生顺坡方向的永久水平位移,假如岸坡土体中没有桩,由于永久水平位移,位于 NN 线上的土柱由 NN 线变到 $N'N'$ 。当岸坡土体设置桩时,位于 NN 线上的桩一方面受土柱位移而发生附加变形,另一方面对土柱位移将有一种阻挡作用,减小土柱的变形。由于桩与桩周围这种相互作用,当岸坡土体发生顺坡方向水平位移时,位于 NN 线上的桩和土柱的实际位移为 N_1N_1 ,如图 17.10 所示。图 17.10 中的 $N'N'$ 线与 N_1N_1 线之差为桩土位移差,这个位移差值越大,顺岸方向的永久水平位移对桩的作用也越大。由于桩在周围土体作用下发生变形,在桩体中要引起附加内力。这个附加内力是一个单方向作用的力,并且在地震期间随岸坡土体顺坡方向的水平位移的增加而增大。当岸坡土体顺坡方向的水平位移增加到一定程度时,桩可由这个附加内力作用而发生破坏。这样,上述近岸与跨河建筑物震害的特点就可得到合理的解释。因此,地震期间岸坡土体顺坡方向的水平位移在桩体引起的附加内力成为近岸与跨河建筑物震害的主要原因。这个附加内力可以由岸坡土体顺坡方向水平土体曲线 $N'N'$ 和桩体位移曲线 N_1N_1 确定出来。这个附加内力的特点如下。

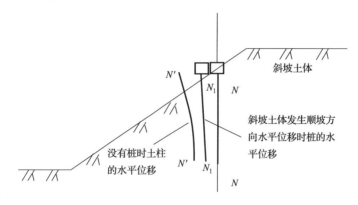

图 17.10　岸坡土体顺坡方向水平位移对桩的作用

（1）这个附加内力不是直接作用于桩上的地震惯性力的作用结果,而是地震运动惯性力作用于岸坡土体所引起的顺坡方向永久水平位移的结果。

（2）这个附加内力是单方向作用的力,随地震作用引起的岸坡土体永久位移的增加而增大。

（3）岸坡土体顺坡方向的水平位移在地震期间逐渐累积,通常在地震停止时刻达到最大。但是,由地震惯性力直接作用在桩体所产生的动内力通常在地震动最大时刻达到最大值。因此,这两种作用在桩体所产生的内力最大值不会在同一时刻出现。由岸坡土体顺坡方向永久水平位移所引起的最大附加内力不应叠加在由惯性力直接作用所引起的最大动内力之上。

（4）在上面分析中，为了便于表述，没有考虑上部结构的存在。如果存在上部结构，则上部结构对桩顶变形要产生较强的约束。这种约束对附加内力的数值沿桩的分布有重要影响。总体上，对桩顶更不利。

（5）地震期间岸坡土体除发生顺坡方向水平位移，还会发生沉降。与顺坡方向永久水平位移相似，岸坡土体沉降也会在桩体中引起单方向作用的附加内力。这样，就更加大了岸坡土体位移对桩体的作用。

在此应指出，只有地震作用达到一定水平时岸坡土体才会发生沉降和顺坡方向的永久水平位移。使岸坡土体发生沉降和顺坡方向永久水平位移所要求的地震作用水平，以及在一定地震作用水平下岸坡土体的沉降和顺坡方向的永久水平位移的大小与岸坡土层有关。前面曾指出，当岸坡中含有饱和的砂土层时，在地震作用下岸坡土体最容易发生沉降和顺坡方向的水平位移。如果地震作用不能使岸坡土体发生沉降和顺坡方向的永久水平位移，那么地震时桩只受由地震惯性力作用产生的内力。在这种动内力作用下，桩也可能发生一定程度的震害，如裂缝等，但一般不会发生破坏性的震害。

2. 常规的抗震设计方法

前面从近岸与跨河建筑物的震害特点、地震期间桩的受力等方面表述了近岸与跨河建筑物的震害机制。在此，讨论近岸与跨河建筑物震害机制的目的有如下两点。

（1）建立一个符合近岸与跨河建筑物震害机制的合理的抗震分析方法，以及有根据地评估现有抗震分析方法的适用性。

（2）选取与灾害机制相符合的减轻或避免震害的工程措施，或评估拟采用的工程措施的有效性。

按前述，地震期间近岸与跨河建筑物所承受的三种作用为：地震动从基岩向上传播时桩与桩周土运动的惯性力作用；地震期间上部结构运动的惯性力反馈作用；在地震作用下岸坡土体沉降和顺坡永久水平位移对桩的推动作用。

对于近岸和跨河建筑物的抗震设计，任何合理的分析方法和有效地减轻或避免灾害的工程措施都必须较好地考虑这三种作用。但是，像下面看到的那样，现行的近岸与跨河建筑物的常规抗震设计方法并没有注意到这一点。

现行的近岸与跨河建筑物的常规抗震分析方法可概括如下。

（1）确定桩顶的竖向变形、水平变形、转动以及水平变形与转动交联的刚度系数。

（2）将桩基简化成弹簧，其刚度系数选用上面确定的数值；将承台和墩台简化成钢块，承台和墩之间的柱简化成弹簧并确定相应的刚度系数；将上部结构梁板体系简化成钢块。然后，将近岸与跨河建筑物体系简化成一个弹簧刚块体系。

（3）采用反应谱理论和振型叠加法求出作用于桩顶的最大竖向力、剪力及弯矩。显然，这些力就是桩顶以上结构地震运动惯性力产生的反馈作用力。

（4）对桩进行拟静力分析，将上部结构运动产生的反馈力，包括最大竖向力、剪力及弯矩作为静力作用桩顶，采用 M 法或其他有根据的方法考虑桩与周围土体的相互作用，分析桩所受的内力及变形。显然，所求得的桩内力和变形是由于桩顶以上结构地震运动惯性力的反馈作用在桩中引起的内力和变形值。

（5）按上述，现行的近岸与跨河建筑物的常规抗震分析方法只考虑了上述三种作用中的一种，即上部结构地震运动地震力的反馈作用，不能考虑另外的两种作用。

这样，现行的近岸与跨河建筑物的常规分析方法存在如下两个问题。

（1）由于没有考虑地震运动向上传播时桩与周围土体地震动惯性力的作用，低估了体系惯性作用，则桩所承受的动内力和变形也被低估了。

（2）由于没有考虑在地震期间岸坡土体的沉降和顺坡方向永久水平位移对桩的作用，按常规分析方法进行抗震设计则不可能避免近岸与跨河建筑物发生上述与岸坡土体永久位移有关的震害，对于这种情况，常规分析方法是无效的。

17.4 地震时岸坡土体永久变形分析及影响范围确定

下面，将地震时岸坡土体的沉降和顺坡方向的永久水平位移统称为岸坡土体永久变形。按前述，地震时岸坡土体永久变形对桩的作用是近岸与跨河建筑物震害的一个重要原因。自然，地震时岸坡土体永久变形是影响近岸与跨河建筑物地震性能的重要因素。具体而言，确定地震时岸坡土体永久变形的目的如下。

（1）岸坡土体地震永久变形只有当地震动水平达到一定程度时才会发生。在指定的地震动水平作用下，岸坡土体是否会发生永久变形和发生多大的永久变形是评估岸坡土体永久变形危害的主要依据。

（2）当岸坡地震永久变形对近岸与跨河建筑物的危害不可忽略时，必须采取工程措施。其中被广泛采用的工程措施有如下两种。①避让。即避开岸坡地震永久变形的主要影响范围，在其范围之外布置建筑物。将沿岸地震永久变形的主要影响区域作为绿化区域或公共休闲区，如建沿岸公园等。②加固岸坡土体。通常岸坡地震永久变形的影响深度较深，所采取的加固技术应适用于深层土体加固。但是，无论避让还是加固土体都需确定其部位和范围，这就要求进行岸坡地震永久变形分析。

岸坡地震永久变形分析方法可采用第 12 章所述方法。在第 12 章所述的方法是以土单元永久应变势为基础的土体永久变形分析方法，虽然该法在理论上不是很完善的方法，但是工程上比较实用的方法，具体分析方法在此不需赘述。

下面给出一个岸坡土体地震永久变形分析算例[4]。

该算例分析了前述的汉沽公路桥岸坡土体的地震永久变形。所采用的分析体系只包括岸坡土体，不包括桩、墩及桥的上部结构，分析所采用的土层结构如图 17.7 所示。在该算例中，只分析了右岸坡土体的地震永久变形，右岸坡的坡度为 1∶4.8，河岸高度为10m，土层深度取 32m，岸坡顶和坡脚两侧参与分析的土体的外延水平距离为河岸高度的5 倍，如图 17.11(a)所示。如前指出的那样，土体地震永久变形分析是在岸坡土体静力分析和地震反应分析基础上进行的。在静力分析中土的静力学模型采用邓肯-张模型，模型参数是根据土的类型和状态描述按文献[5]选取的。在动力分析中土的动力学模型采用等效线性化模型，模型参数按土的类型和状态描述经验确定。在永久变形分析中土的永久应变势按文献[5]建议的公式及参数计算，公式形式如下：

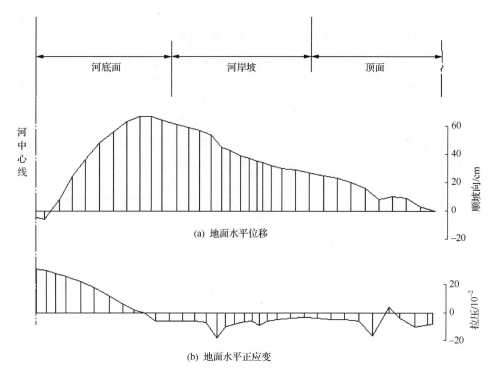

图 17.11　汉沽桥址右岸坡土体地震永久变形分析

$$\varepsilon_{a,p} = 10(N/10)^{-s_1/s_3}\left(\frac{1}{c_4}\frac{\sigma_{a,d}}{\sigma_3}\right)^{-\frac{1}{s_3}}\% \tag{17.1}$$

式中，$\sigma_{a,d}/\sigma_3$ 为轴向动应力与侧向固结压力之比，表示动剪应力作用水平

$$s_3 = c_7 + s_7(K_c - 1)$$
$$c_4 = c_6 + s_6(K_c - 1)$$

其中，s_1、c_7、s_7、c_6、s_6 为模型参数；K_c 为三轴试验固结比，表示静剪应力作用水平。在此应指出，式(17.1)是由动三轴试验结果得到的，当将其用于平面应变状态时，考虑了应力状态不同的影响。根据前述最大剪应力作用面理论在平面应力状态下，式(17.1)中的 $\sigma_{a,d}/\sigma_3$ 应用式(17.2)代替：

$$\frac{\sigma_{a,d}}{\sigma_3} = \frac{4\sqrt{K_c}\alpha_d}{\sqrt{(1+\xi)^2 - 4\alpha_s^2} - (1-\xi)} \tag{17.2}$$

式中，K_c 则应以式(17.3)代替：

$$K_c = 1 + \alpha_{s,f}(\alpha_{s,f} + \sqrt{1 + \alpha_{s,f}^2}) \tag{17.3}$$

并将其称为转换固结比。在式(17.2)和式(17.3)中

$$\alpha_d = \frac{\tau_{xy,eq}}{\sigma_{xy,max}}$$

$$\alpha_s = \frac{\tau_{xy}}{\sigma_{xy,\max}}$$

$$\xi = \frac{\sigma_{xy,\min}}{\sigma_{xy,\max}}$$

$$\alpha_{s,f} = \frac{2\alpha_s}{\sqrt{(1+\xi)^2 - 4\alpha_s^2}}$$

其中，τ_{xy}、$\tau_{xy,eq}$、$\sigma_{xy,\min}$、$\sigma_{xy,\max}$ 符号定义如前；$\alpha_{s,f}$ 为破坏面上的静剪应力比。如果在按式(17.1)计算永久变形时，将 $\sigma_{a,d}/\sigma_3$ 取为等价的动应力差 $(\sigma_{1d}-\sigma_{3d})_{eq}$ 与静力最小主应力 σ_3 之比，将 K_c 取静最大主应力与最小主应力之比是缺乏根据的。

地震反应分析输入的地震加速度时程曲线为拟合 II 类场地的人造地震波，输入地震加速度最大值为 $0.3g$。这是由于地震运动不是从基岩输入的，而是从深度为 32m 土层顶面输入的。

岸坡土体的地震永久变形采用第 12 章所述的等价结点力法分析。为了能与汉沽公桥的宏观现象对比，也为了减少篇幅，在此只给出了岸坡土体表面顺坡方向水平位移的分布及水平正应变的分布，分别如图 17.11(a) 和 (b) 所示，从所示的结果可得到如下结论。

(1) 在输入的地震作用下右岸坡土体发生了顺坡方向的水平位移，右岸坡表面上最大的顺坡方向水平位移约 1.0m。由于左岸的坡岸比右岸的陡，可断定左岸坡土体发生的顺坡方向的水平位移要大于 1.0m。两者加起来即为两岸坡的最大压缩量，应大于 2.0m。从顺坡方向水平位移分布可见，岸坡顶处的顺坡水平位移不是最大的。因此，两岸的坡顶的压缩量应小于两岸坡的最大压缩量，但应在 1.0～2.0，其数值与实际测量的河床压缩量 2.0m 是可比的。

(2) 在输入的地震作用下右岸坡顶表面的水平正应变为拉应变，其最大值接近 2%。这与两岸坡顶地面发生多条顺岸方向的裂缝相一致。

(3) 在分析中所输入的地震动参数，采用的土静力学模型和动力学模型的参数都是经验确定的，不是实测值，这些对分析结果均有相当的影响。但是，即使如此，所得到的分析结果无论在定性上还是定量上均与宏观震害现象和实测数值是可比的。因此，按第 12 章所述的土体地基永久变形分析方法确定岸坡土体地震永久变形是可行的。

(4) 根据岸坡土体地震永久变形分析结果可以绘制永久变形等值线图，并由此可确定出岸坡土体地震永久变形的影响范围。

17.5　岸坡土体地震永久变形对桩的作用分析

前面指出了，地震作用下岸坡土体的永久变形是近岸和跨河建筑物震害的主要原因之一。因此，分析岸坡土体永久变形对桩基的作用是一个重要问题。分析的主要内容包括：在岸坡土体永久变形作用下桩基发生的附加变形，在岸坡土体永久变形作用下桩承受的附加内力。

这里所要确定的桩的内力和变形是桩顺从周围土体的变形而产生的。下面，将给出两种岸坡土体地震永久变形对桩的作用的分析方法。但应指出，无论哪种分析方法均是在近岸与跨河建筑物地基-土体-桩-上部结构体系的静力分析和地震反应分析的基础上进行的。在分析之前,根据静力分析和地震反应分析结果及室内永久变形试验结果确定出土体各单元的永久变形势。在此所要表述的两种分析方法中,均假定岸坡土体中各单元的永久应变势是已知的。

1. 两步分析法

Poulos 和 Davis[6]在其著作《桩基工程》中提出了两步分析法的基本原则。虽然 Poulos 所考虑的斜坡土体的变形是由静力作用引起的,但是其原则也适用于由地震作用引起的斜坡土体变形。两步分析法是将岸坡土体地震永久变形对桩的作用分成如下两步进行分析。

第一步,假如不存在近岸与跨河建筑物,只分析岸坡土体在地震作用下产生的永久变形,确定出在地震作用下岸坡土体各点的竖向位移及顺坡方向的水平位移。这一步可按 17.4 节所述的方法进行分析。但是,像第 12 章指出那样,要完成岸坡土体地震永久变形分析必须进行一系列的试验和数值模拟分析工作,因为前面已表述过这些问题,在此仅作为一个步骤提出来,其具体方法无需赘述。

第二步,已知岸坡土体的永久变形,分析其对桩的作用,确定桩顺从岸坡土体的地震永久变形而发生的附加变形和内力。下面,将对这一步分析方法做详细的表述。

(1) 根据第一步岸坡土体地震永久变形分析结果,确定出桩轴线上土体各点的竖向变形和水平向变形。在此一定要明确,由此确定出的桩轴线上各点的竖向变形和顺坡方向的水平变形是不存在近岸和跨河建筑物情况下的变形。

(2) 桩与桩周土体的简化。将桩简化成梁单元集合体,每个梁单元结点包括三个自由度,即轴向变形、切向位移及转角。相应的作用力为轴向力、切向力和弯矩。将桩周土简化成弹簧,一端与桩的结点相连,另一端固定。这样,桩与桩周土体系的简化分析体系如图 17.12 所示。在图 17.12 中,桩顶端应施加一定的约束条件,表示承台对桩顶变形的约束,可以固接也可以铰接,在图 17.12 采用的是固接。图 17.12 中,K_e 为梁单元刚度系数,$K_{h,s}$ 为桩相对土发生水平变形时在桩的侧面上土的水平反力弹簧系数,$K_{v,s}$ 为桩相对土体发生竖向变形时在桩的侧面上土的竖向反力弹簧系数,K_b 为桩的底面上的土的竖向反力弹簧系数。

(3) 求梁单元的刚度矩阵,建立梁单元结点与结点位移的关系。梁单元的刚度矩阵可按杆件有限元法求得。如按单元局部结点 1、2 的次序,如图 17.13 所示,将单元结点和结点位移分别排成一个向量,则得

$$\{P\}_e = [K]_e\{r\}_e \tag{17.4}$$

式中,$[K]_e$ 为梁单元刚度矩阵;$\{P\}_e$、$\{r\}_e$ 分别为单元结点力和结点位移向量,其形式如下:

$$\begin{cases} \{P\}_e = \{P_1 \quad Q_1 \quad M_1 \quad P_2 \quad Q_2 \quad M_2\}^T \\ \{r\}_e = \{v_1 \quad u_1 \quad Q_1 \quad v_2 \quad u_2 \quad Q_2\}^T \end{cases} \tag{17.5}$$

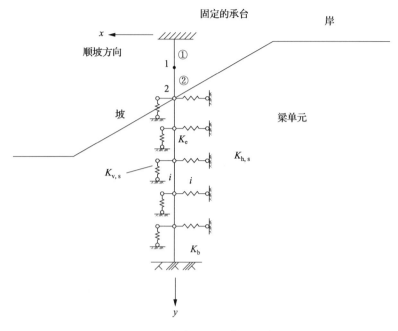

图 17.12　桩与桩周土体系的简化

其中,如图 17.13 所示,P_1、Q_1、M_1 和 P_2、Q_2、M_2 分别为结点 1 和结点 2 的轴向力、剪力和弯矩;v_1、u_1、θ_1 和 v_2、u_2、θ_2 分别为结点 1 和结点 2 的竖向位移、水平位移和转角。

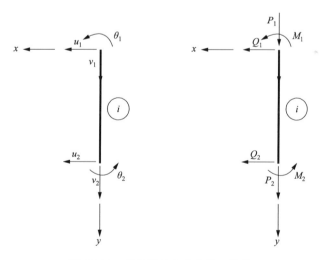

图 17.13　梁单元结点力和结点位移

(4) 确定在斜坡土体永久位移作用下桩相对土发生竖向位移和水平位移时作用于桩结点的反力。以第 i 个结点为例,设与第 i 个结点相连的水平反力弹簧系数为 $K_{h,s,i}$,竖向土反力弹簧系数为 $K_{v,s,i}$,岸坡土体地震永久变形在 i 点的竖向位移为 $v_{s,i}$,顺坡方向水平变形为 $u_{s,i}$,v_i、u_i 分别为顺从岸坡土体地震永久变形桩在 i 结点发生的变形,如图 17.14 所示。由图 17.14 可见,在 i 结点桩土竖向相对变形和顺坡方向水平变形分别为 $v_i - v_{s,i}$

和 $u_i - u_{s,i}$。由此,得相应的竖向结点力为

$$K_{v,s,i}(v_{s,i} - v_i) = K_{v,s,i}v_{s,i} - K_{v,s,i}v_i \tag{17.6}$$

同理,得相应的水平结点力为

$$K_{h,s,i}(u_{s,i} - u_i) = K_{h,s,i}u_{s,i} - K_{h,s,i}u_i \tag{17.7}$$

式(17.6)中的 $v_{s,i}$ 和式(17.7)中的 $u_{s,i}$ 已在前面由第一步岸坡土体地震永久变形分析结果确定出来了,因此式(17.6)中的 $K_{v,s,i}$、$v_{s,i}$ 和式(17.7)中的 $K_{h,s,i}$、$u_{s,i}$ 是已知的。

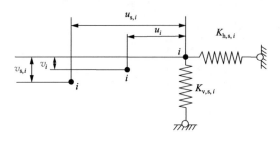

图 17.14　桩土相对变形及土反力

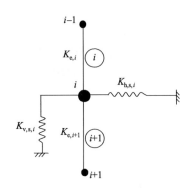

图 17.15　与第 i 结点相邻的单元对第 i 点的作用

（5）建立第 i 结点的力平衡方程。作用于第 i 个结点上的力共有三部分,如图 17.15 所示。

① 与第 i 个结点相邻的第 i 个单元在第 i 个结点上作用的竖向力、水平力和弯矩,可由第 i 个单元刚度矩阵确定出来。

② 与第 i 个结点相邻的第 $i+1$ 个单元在第 i 个结点上作用的竖向力、水平力和弯矩,可由第 $i+1$ 个单元刚度矩阵确定出来。

③ 与第 i 个结点相邻的土弹簧在第 i 个结点上的作用的竖向力和水平力,可分别由式(17.6)和式(17.7)确定出来。

考虑这三部分力的作用,可分别建立第 i 个结点的竖向力、水平力和弯矩的平衡方程,并将竖向力平衡方程中的已知项 $K_{v,s,i}$、$v_{s,i}$ 和水平力平衡方程中的已知项 $K_{h,s,i}$、$u_{s,i}$ 移到方程右端作为已知项。

（6）建立图 17.15 所示的桩土体系的求解方程并求解。对图 17.12 所示的桩土体系中的每一个结点都建立其力的平衡方程,则可得 $3 \times n$ 个方程,其中 n 是桩的结点数目。每个结点有 3 个自由度,则图 17.12 所示的体系共有 $3 \times n$ 个自由度,正好可由 $3 \times n$ 个方程求出来。

如果按体系的结点编号次序按 v、u、θ 排列成一个向量,以 $\{r\}$ 表示,则

$$\{r\} = \{v_1 \quad u_1 \quad \theta_1 \quad v_2 \quad u_2 \quad \theta_2 \quad \cdots \quad v_i \quad u_i \quad \theta_i \quad \cdots \quad v_n \quad u_n \quad \theta_n\}^{\mathrm{T}} \tag{17.8}$$

将 $3 \times n$ 个方程的系数排列成一个 $3n \times 3n$ 阶矩阵,即体系刚度矩阵,以 $[K]$ 表示,再将 $3 \times n$ 个方程的右端项排列成一个向量,以 $\{R\}$ 表示,则可将体系的求解方程写成如下形式:

$$[K]\{r\} = \{R\} \tag{17.9}$$

从前述可见,在式(17.9)的右端向量中在岸坡土体以上的桩结点相应的元素为零,而在岸坡土体中桩结点的力矩平衡方程相应的元素也应为零。

求解式(17.9)就可确定出桩顺从岸坡土体地震永久变形发生的变形。然后,可求出桩所承受的附加内力。

(7) 土弹簧反力系数 $K_{h,s}$ 和 $K_{v,s}$ 的确定。设第 i 个结点控制的桩侧面积为 S_i,其数值等于第 i 段桩和第 $i+1$ 段桩侧面积之和 1/2,则与 i 相连接的水平弹簧系数 $K_{h,s,i}$ 和竖向弹簧系数 $K_{v,s,i}$ 分别如下:

$$\begin{cases} K_{h,s,i} = k_{h,s,i}S_i \\ K_{v,s,i} = k_{v,s,i}S_i \end{cases} \tag{17.10}$$

式中, $k_{h,s,i}$ 和 $k_{v,s,i}$ 分别为单位侧面积上的水平弹簧系数和竖向弹簧系数,其数值可以根据第 i 个弹簧处土的类型确定。如果考虑埋深的影响,按 M 法 $k_{h,s,i}$ 和 $k_{v,s,i}$ 可按式(17.11)确定:

$$\begin{cases} k_{h,s,i} = M_{h,i}Z_i \\ k_{v,s,i} = M_{v,i}Z_i \end{cases} \tag{17.11}$$

式中, $M_{h,i}$ 和 $M_{v,i}$ 可根据第 i 个弹簧处土的类型确定; Z_i 为坡面以下第 i 个弹簧处的深度。

以上,假定土的反力与桩土相对位移之间的关系为线性的,则弹簧系数与桩土相对变形无关,为常数。但是,岸坡土体地震永久变形通常较大,相应的桩土相对变形也较大。在这种情况下,土的反力与桩土相对位移之间的关系通常是非线性的,并以单位面积上的土反力与桩土相对位移关系曲线来表示,如图 17.16 所示。这样, $k_{h,s}$ 和 $k_{v,s}$ 不再是常数,而随桩土相对变形的增大而减小,即 $k_{h,s}$ 和 $k_{v,s}$ 数值取决于桩土相对变形。但是,在求解之前桩土相对变形是一个未知的数值。因此,在求解时必须预先

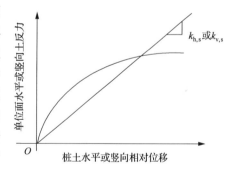

图 17.16　单位面积土反力与
桩土相对位移关系

指定一个桩土相对变形的初值,按图 17.16 所示的关系曲线确定出与所指定的初值相对应的 $k_{h,s}$ 和 $k_{v,s}$ 值,进行一次分析。由第一次分析结果,可求得新的桩土相对变形,再按图 17.16 所示关系曲线确定与新的桩土相对变形相应的 $k_{h,s}$ 和 $k_{v,s}$ 值,如此迭代计算,直至分析结果满足误差要求。

图 17.16 所示的单位面积土反力与桩土相对位移关系线可由现场试验测得或由经验确定。显然,图 17.16 所示的关系线也与土的类型有关。

从上述可见,两步分析法符合近岸与跨河建筑物桩基的破坏机制,正确地考虑了岸坡土体发生地震永久变形时桩与土体之间的相互作用。为了简单,上面只表述了岸坡土体永久变形对其中的一根单桩的影响分析方法。显然,这种分析方法也可以用来分析对群

桩的影响,只是分析体系变大了。但是,两步分析法存在如下的问题。

(1) 土弹簧系数的确定具有很大的不确定性。另外,如果考虑非线性性能,单位面积土反力与桩土相对变形关系线的合理确定是一个困难的问题。

(2) 像下面将要看到的那样,与一步分析法相比较,两步分析的计算量并不小,但分析步骤较烦琐。

2. 一步分析法

一步分析法是已知岸坡土体中各单元永久应变势之后,只做一次分析,将岸坡土体永久变形及其对近岸和跨河建筑物的桩基影响,即由于岸坡土体永久变形而在桩中产生的附加变形和内力,同时确定出来。

为了理解一步分析法,首先指出一步分析方法与上述两步分析法的不同。按第 12 章所述的软化模型或等价结点力模型,地震作用下土的永久应变认为是由土的软化作用或等价结点力作用引起的。在上述两步分析法中,在第一步岸坡土体地震永久变形分析中认为土的软化作用或等价结点力作用只由土体承受,在第二步分析中,将土体所承受的作用一部分转移给桩。最好,土的软化作用或等价结点力作用由土体和桩共同承受。如果在分析岸坡土体地震永久变形时,认为土的软化作用或等价结点力作用是由土体、桩和上部结构体系同时共同承受的,则可将上述两步分析法中的两步合并成一步,这就是所谓的一步分析法。显然,一步分析法的分析体系不只是岸坡土体,而是由岸坡土体-桩基-上部结构所构成的体系。应指出,无论是两步分析法还是一步分析法,最终土的软化作用或等价结点力作用都要由土体和桩共同承受。就这一点而言,这两种分析方法是殊途同归的。

这样,对所有要分析的近岸或跨河建筑物建立一个恰当的土体-桩基-上部结构体系就成为一步分析的关键。近岸或跨河建筑物的土体-桩基-上部结构体系的建立应满足如下要求。

(1) 通常,将近岸或跨河建筑物作为二维问题进行分析。由于所要分析的问题是岸坡土体地震永久变形的影响,而岸坡土体的永久变形主要发生在与沿岸方向相垂直的平面内,因此分析平面应取与沿岸方向相垂直的平面。

(2) 所采用的土体-桩基-上部结构的分析体系应与近岸或跨河建筑静力分析和地震反应分析所采用的土体-桩基-上部结构的分析体系相同,至少其中岸坡土体与桩基部分必须相同。这里所说的分析体系包括土体、桩和上部结构三部分。这样,当进行岸坡土体地震永久变形对桩的影响分析时,便于引用静力分析和地震反应的结果。

(3) 近岸建筑物,通常是沿岸修建的,如码头等。由于它是由位于同一岸坡土体之上的许多结构相同的排架组成的,可认为在排架间没有相互作用。因此,可选其中一榀排架相应的上部结构及其在出平面方向厚度与排架间距相等的岸坡土体来建立土体-桩-结构分析体系。在此应注意,当排架内含有斜桩时,由于斜桩和竖直桩在岸坡土体中不在同一平面内,在交叉处相互之间没有约束,也不能传力。因此,不能将二者的交叉处作为一个单元剖分的结点,如图 17.17 所示。图 17.17 中,ik 为斜桩单元,lj 为竖直桩单元,$ijkl$ 为与斜桩单元 ik 和竖直桩单元 lj 共同相邻的土单元。直桩与斜桩在土单元 $ijkl$ 内交叉,但并不交联。如果将斜桩与竖直桩交叉处取为单元剖分的结点,则在交叉部位直桩与斜桩发生交联,在交叉处斜桩与竖直相互约束并发生力的传递。这样,在体系的模拟上发生了局部错误,会影响分析结果。但是,这并不是说交叉的斜桩单元 ik 与竖直桩单元 lj 不发生相互作用。实际上,斜桩与直桩是通过与它们共同相邻的土单元发生相互作用的。

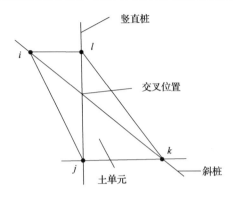

图 17.17　斜桩与竖直桩交叉处单元的剖分

　　(4) 跨河建筑物,如桥架,如果将其作为二维平面问题来分析有点勉强,但是作为三维问题,其计算工作量太大。计算工作量大主要来源于三维地震反应分析,而不是岸坡土体地震永久变形及其对桩作用分析的本身。如果作为二维平面问题分析,则应在出平面方向取厚度与桩承台在这个方向尺寸相等的土片,其上的所有的桩承台、桥墩及各跨上部结构来建立土体-桩-结构分析体系。显然,将桥简化成这样的二维问题,其分析体系也是相当大的。虽然将桥处理成二维平面问题有点勉强,但在实际问题中通常还是按二维平面问题进行分析的。当将桥作为一个二维平面问题分析时,实际上是忽略了在土片前后两个侧面对土片变形的约束。因此,作为二维平面问题分析的结果偏于安全。

　　当土体-桩-结构分析体系建立之后,只要将已知的永久应变势施加于相应土单元,则可按第 12 章所述的软化模型或等价结点力模型分析岸坡土体的永久变形和对近岸或跨河建筑物的影响,包括桩基和上部结构附加变形和内力。

17.6　岸坡土体地震永久变形对跨河与近岸建筑影响的算例

　　下面,给出一个应用上述方法分析岸坡土体地震永久变形及其影响的算例[7]。从给出的分析结果,可以评估上述分析方法的结果是否与前述的近岸与跨河建筑物的宏观震害现象相符合,并且还可以发现一些因素的影响。

1. 算例的概况

　　所分析的算例是一个码头工程,该码头由宽 140m 前方承台和宽 12.2m 后方承台组成,如图 17.18 所示。承台由梁及面板组成,梁断面高 1.2m、宽 0.4m,面板厚 0.34m。前方承台由两根斜叉桩和两根竖直桩支承,后方承台由三根竖直桩支承。桩断面尺寸为 50cm×50cm,竖直桩长 20.5m,前斜叉桩和后斜叉桩的斜度分别为 6∶1 和 3∶1。前方承台下岸坡坡面为 1∶2.5,后方承台下岸坡坡面为水平的。岸坡土层如图 17.18 所示,上数第二层为淤泥质土,属于对地震作用敏感的土类。

　　在建立土体-桩-结构分析体系时,将由梁板组成的前后承台各简化成一个刚性质量块,其中心具有三个自由度,即水平位移、竖向位移和转角。桩简化成梁单元集合体,每个结点有三个自由度,即轴向位移、切向位移和转角。土体简化成等参四边形集合体,与桩

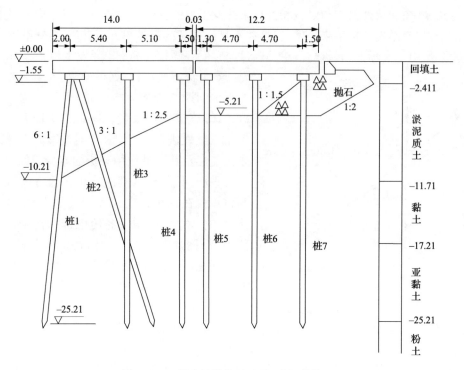

图 17.18　码头的结构及地基土层(单位:m)

共同结点具有三个自由度,即水平位移、竖向位移和转角,其他结点具有两个自由度,即水平位移、竖向位移。参与分析土体的左侧面和右侧面距前后承台边缘各 80m,假定基岩位于承台顶面之下 40m。

假定桩帽与承台的连接为固结和铰接两种情况。从基岩输入的地震波为 El-Centro 波和 Taft 波,峰值加速度为 0.25g 和 0.125g。这样,构成了表 17.6 所示的四种分析情况。

分析采用邓肯-张模型作为土的静力学模型,采用等效线性化模型作为土动力学模型,两个模型参数从略。桩的材料为钢筋混凝土,采用线弹性模型,模型参数从略。

表 17.6　分析情况

抗帽与承台连接方式	编号	输入地震波	峰值加速度/g
固接	1	El-Centro	0.25
	2	Taft	0.25
	3	Taft	0.125
铰接	4	Taft	0.125

2. 分析结果

由于篇幅的限制及为了说明问题,下面只给出典型部位的永久变形及附加内力。表 17.7 给出了在四种分析情况下由一次分析方法求得的各桩与斜坡地面交点、距后承台边缘 11m 处地面一点、前方承台中心点及后方承台中心点的水平永久位移和竖向永久位移。表 17.7 中,正的竖向位移表示沉降,正的水平位移表示顺坡方向的水平位移。表 17.8 给出了在四种分析情况下由一次分析方法求得的由岸坡土体永久变形引起各桩桩顶的轴向力、剪力和弯矩。其中,正的轴向力表示压力;正的剪力表示沿顺坡方向的水平力;正的弯矩表示逆时针转动的力矩。为了比较,还给出了由地震反应分析求得的动内力最大幅值,如表 17.8 所示。其最大值可正可负。在表 17.7 和表 17.8 中桩的序号是由前承台到后承台从左到右次序排列的。

表 17.7　岸坡土体-桩-结构的地震永久变形　　　　　　　　（单位：cm）

位置		情况 1	情况 2	情况 3	情况 4
1 号桩与坡面交点	水平	73.23	82.87	7.15	61.43
	竖直	7.45	8.90	1.90	7.89
2 号桩与坡面交点	水平	76.27	86.39	7.82	64.08
	竖直	3.45	4.16	0.89	3.93
3 号桩与坡面交点	水平	77.04	87.27	8.04	64.82
	竖直	2.03	2.43	0.50	2.67
4 号桩与坡面交点	水平	78.70	89.15	8.53	66.78
	竖直	−1.30	−1.61	−0.37	−0.05
5 号桩与坡面交点	水平	77.47	87.53	8.46	66.44
	竖直	−0.80	−0.05	0.04	−0.01
6 号桩与坡面交点	水平	77.43	87.46	8.49	66.81
	竖直	−1.50	−0.07	−0.26	−0.07
离后承台后边缘 11m 处地表	水平	77.05	87.08	10.21	71.18
	竖直	13.3	17.64	−0.12	11.46
前方承台中心	水平	81.99	93.16	9.3	70.03
	竖直	2.29	2.72	0.58	2.68
后方承台中心	水平	78.28	88.36	8.8	68.19
	竖直	−1.49	−0.72	−0.26	−0.71

表 17.8　地震反应分析求得的桩顶动内力和岸坡土体地震永久变形作用引起的桩顶附加内力

内力计算情况		地震反应分析求得动内力				岸坡土体地震永久变形引起的附加内力			
		情况 1	情况 2	情况 3	情况 4	情况 1	情况 2	情况 3	情况 4
桩 1	轴力/t	105.6	110.2	74.0	96.3	−88.6	−98.4	−17.2	−65.0
	剪力/t	2.4	2.5	1.4	2.0	6.2	7.0	1.43	1.80
	弯矩/(t·m)	9.1	9.3	5.4		−31.4	−35.0	−6.9	
桩 2	轴力/t	184.4	191.6	122.9	147.3	33.0	45.0	2.4	−21.0
	剪力/t	3.6	3.5	2.2	2.8	3.6	3.9	0.8	1.30
	弯矩/(t·m)	12.2	12.8	8.1		−16.2	−17.4	−3.8	

内力计算情况		地震反应分析求得动内力				岸坡土体地震永久变形引起的附加内力			
		情况 1	情况 2	情况 3	情况 4	情况 1	情况 2	情况 3	情况 4
桩 3	轴力/t	104.3	105.6	62.5	78.3	146.5	149.1	35.3	173.4
	剪力/t	5.9	6.2	4.1	4.8	4.9	5.6	0.9	1.40
	弯矩/(t·m)	18.2	19.1	12.3		−19.7	−22.1	−4.0	
桩 4	轴力/t	39.5	38.1	23.5	36.8	−90.5	−94.8	−20.6	−90.0
	剪力/t	33.6	35.5	23.8	21.6	10.6	14.3	0.5	0.4
	弯矩/(t·m)	80.2	85.2	55.0		−33.3	−42.8	−2.8	
桩 5	轴力/t	28.0	28.8	19.2	21.0	−17.5	−21.0	−1.0	−7.3
	剪力/t	19.5	20.3	13.2	7.3	6.9	8.9	0.1	4.8
	弯矩/(t·m)	70.2	73.0	44.6		−2.3	−0.7	−5.4	
桩 6	轴力/t	19.8	19.6	14.0	23.1	27.0	31.7	3.7	10.0
	剪力/t	10.5	11.2	8.3	15.1	8.7	10.0	1.2	10.7
	弯矩/(t·m)	14.4	14.5	5.3		−1.9	−2.1	−3.2	
桩 7	轴力/t	58.9	60.7	41.5	74.7	−10.7	−11.3	4.6	19.4
	剪力/t	9.5	10.0	7.2	13.0	11.3	13.5	1.1	11.0
	弯矩/(t·m)	13.5	13.6	5.1		1.8	2.5	−3.0	

从上述的分析结果可以得到如下结论。

(1) 从表 17.7 所示的各点水平位移可见,土体-桩-结构整个体系发生顺坡方向水平位移,最大的水平位移达 93cm。

(2) 前方承台中心点的水平位移均大于其上各桩与斜坡表面交点的水平位移。相似,后方承台中心点的水平位移也均大于其上各桩与斜坡表面交点的水平位移。这表面,在宏观上承台和桩发生了顺坡方向的倾斜,即前倾式的变形。

(3) 岸坡土体地震永久变形作用在顺坡倾斜的斜叉桩桩顶所引起的轴向力为拉力,且数值最大;其弯矩为顺时针方向的力矩。显然,该桩承受拉弯共同作用。

(4) 岸坡土体地震永久变形作用在向坡倾斜的斜叉桩桩顶所引起的轴向力为压力,但数值并不是最大;其弯矩为顺时针方向的力矩。显然,该桩承受压弯共同作用。

(5) 岸坡土体地震永久变形作用在竖向直桩所引起的轴向力有拉力和压力。3 号桩的轴向压力数值最大,4 号桩的轴向拉力数值最大。所有竖直桩承受的弯矩均为顺时针方向的力矩。因此,3 号桩承受压弯共同作用。

(6) 根据上述岸坡土体地震永久变形作用所引起的桩顶附加内力可见,无论斜叉桩还是竖直桩,在拉弯作用下发生破坏的可能性要大于在压弯作用下发生破坏的可能性,这也与震害调查结果相符合。

(7) 岸坡土体地震永久变形作用所引起的桩顶附加内力,与地震反力分析求得的桩顶动内力在数值上是可比的,因此,岸坡土体地震永久变形作用是使桩基破坏的决定因素之一。

(8) 比较岸坡土体地震永久变形作用在前承台和后承台的竖直桩中所引起的附加内

力可见,后方承台竖直桩所承受的附加内力明显小于前方承台竖直桩承受的。这与后承台竖直桩破坏比前承台竖直桩破坏较少的震害调查结果相符合。

(9) 输入的地震峰值加速度对岸坡土体地震永久变形及桩顶的附加内力数值有重要的影响。当输入的地震峰值加速度从 $0.25g$ 减小到 $0.125g$ 时,岸坡土体地震永久变形要减小 90%,桩顶附加内力约减小 75%。

(10) 输入的地震加速时程曲线形式对岸坡土体地震永久变形和桩顶内力数值也有一定的影响,其影响范围在 10% 左右。

(11) 桩顶与承台的连接形式对岸坡土体地震永久变形和桩顶附加内力有明显的影响。无论是岸坡土体地震永久变形还是桩顶附加内力,铰接情况下的数值都比固结情况下的小 15%～25%。

思　考　题

1. 试说明跨河与近岸建筑物的类型特点,以及其抗震不利的因素。

2. 从宏观震害表述跨河与近岸建筑的震害特点,以及与其震害特点相应的震害机制。影响跨河与近岸建筑物的主要因素有哪些?

3. 试述跨河与近岸建筑的现行抗震设计规范分析方法。该法是否符合跨河与近岸建筑物的震害机制?

4. 如何确定地震时斜坡土体的永久变形及影响范围? 如何确定斜坡的避让距离和加固范围?

5. 试说明斜坡土体永久变形对桩的作用的两步分析法及其优缺点。

6. 试说明斜坡土体永久变形对桩的作用的一步分析法及其优缺点。

参 考 文 献

[1] 中国科学院工程力学研究所. 海城地震灾害. 北京:地震出版社,1979.

[2] 刘恢先. 唐山大地震灾害. 北京:地震出版社,1986.

[3] 张克绪,谢君斐,陈兴国. 桩的震害及其破坏机制宏观研究. 世界地震工程,1991,(2):7-20

[4] 李明宰,张克绪,高秀兰. 地震引起的岸坡位移分析//第四届全国地震工程会议论文集(二),哈尔滨,1994.

[5] 谢君斐,石兆吉,郁寿松,等. 液化危害性分析. 地震工程与工程振动,1988,18(1):61-77

[6] Poulos H G, Davis E H. Pile Foundation Analysis and Design. New York:John Wiley & Sons,1980.

[7] 陈国兴,张克绪,王亿. 码头工程桩基震害机制解析//全国首届结构与介质相互作用学术会议论文集. 南京:河海大学出版社,1993.

第 18 章　地下工程与埋地管线抗震

18.1　震害特点及机制

为满足社会经济的快速发展、城市人口的剧速膨胀和城市环境可持续发展的需要,地下空间利用和地下工程已经成为城市基础建设的重要课题。21 世纪将是人类开发和利用"地下工程"的世纪。

地下工程是指建设于地层中的建筑物和构筑物,如地下工厂、地下商场、地下掩体、埋地生命线系统等,一般又根据地层的属性分为岩层地下工程和土层地下工程,前者是指建设在岩石中的工程,后者为建设在未固结成岩的土层中的工程。目前,岩层地下工程主要包括地下工厂、地下掩体、地下储库、水电站、山岭隧道、核废料和有毒物质处理井等建筑物和构筑物。土层地下工程多见于城市,主要有地铁、埋地管道、地下商场、人防工程、共同沟和土层隧道等系统。随着城市化带来的土地利用率提高的需要及多灾种作用下基础设施和服务系统的综合防灾减灾的需要,地下工程的建设迅速发展起来,地下工程的重要性日益显著。

地下工程的地震震害机制和相应的防震、抗震设计方法与地面结构有着明显的不同。地下工程由于受其周遭岩土介质的约束作用,在地震作用下的自振特性表现不是很显著,尤其是深埋的地下工程,其地震反应主要由周围的岩层、土层的变形控制,因此也不会产生比岩土层更为强烈的振动。因此认为,地下工程的地震破坏与它所存在的岩土介质的变形密切相关,地下工程的历史震害也证明了这点。

地下工程震害主要由地震动和地层大变形引起,以下从地下隧道和埋地管线的典型震害介绍地下工程的主要震害特征。

1. 埋地管道系统震害特征

日本关东地震(1923 年 9 月 1 日 11:58,$M=7.9$),东京市 982km 的铸铁水管破坏227 处,闸门和消防栓破坏 65 处,管道接口破坏率为 81%。横滨市(10 度)237km 的配水管接口破坏率为 100%。横须贺(10 度)35.4km 的配水管接口全部松动,显著漏水点率为 58%,显著的破坏特征是折断,接口破损或管身开裂者少[1]。

日本新潟地震(1964 年 6 月 16 日,$M=7.5$),新潟市(8 度)470km 的输水管道破坏率为 68%,主要由大面积的地裂缝和地表大位移引起。主要的震害特点是接口松动、拔出、承口开裂和管身折断、挤压变形,弯头和三通破坏严重。这次地震中,一液化区的管道表现为塑性的屈曲破坏(图 18.1)[1]。

圣费尔南多地震(1971 年 2 月 9 日,$M=6.4$),450 处煤气和供水管道破裂,平均震害为 24 处/km。大多数管道埋在深 76~150cm 的冲积砂和砾石中,11 条管线(埋在中密砂

图 18.1　新潟地震中管道的塑性屈曲

土和粉砂中)穿过地表横向位移扩展区和液化滑坡区,管道都为钢管,管段间采用承插式接口或套环,每个承口端与套环间的周边接触面为焊接连接[2,3]。

　　辽宁海城地震(1975 年 2 月 4 日 19:36,$M=7.3$),震中烈度为 9 度,海城县和营口市烈度如表 18.1 所示。这些地区的给水管道为直埋式,主要使用铸铁管(占 90%),其次为预应力混凝土管、石棉水泥管和钢筋混凝土管及少量塑料管和钢管,配水管和进户管(75mm 以下)为钢管,管段多埋设在约 5m 深的回填土中。管段结构有刚性接口(青铅、水泥、石棉水泥、水泥套箍、法兰盘、丝扣和焊接等类型都有)和柔性接口(主要包括胶圈、石棉水泥人字接口两类)。这次地震中小管径(200mm 以下)管段破坏严重,尤其刚性接口管段,其破坏也集中在接口附近。承插接口多折断和拔出,断茬齐整,一般断后拉开 3～4mm,呈拱形状,拔出的接口最大距离在 200～220mm。刚性接口的钢筋混凝土管、石棉水泥管有管身断裂。大部分法兰连接接口管顶部螺栓松动明显,但下部不明显。钢管的

表 18.1　海城地震中给水管道的震害

地点	烈度	场地类型	管材	管径/mm	管道长度/km	破坏数量/处	平均震害率/(处/km)	其他
海城县	9	III	钢管	≤50	1.14	18	15.7	埋深在 5m 以内的回填土中
			铸铁	75～200	16.7	144	8.6	
			石棉管	50～100	3.5	35	10.0	
营口县	9	I～II	钢管	≤50	31	65	2.1	新管多,地下水埋深大,场地条件好;承插式铸铁管松动 80%,石棉管破毁严重
			铸铁	75～200	26.1	26	0.9	
			石棉管	50～100			3.0	
营口市	8	III	混凝土	500	23	0	0	铸铁直径为 180～450mm,29 处坏,长 8.7km。钢管、≥50cm 管基本完好
			铸铁	75～150	5.8	110	19.0	
			石棉管	75～150	2.6	12	4.6	
盘山镇	7	III	钢管				0.7	场地条件差,液化和震陷严重;管段轴向受拉,松动和拔出,无折断
			铸铁	≥100	25.9	35	1.4	
			石棉管				1.3	

震害主要为焊接缝拉开或丝扣拉脱(多为 10~20mm)。各管段主要的震害率如表 18.1 所示。大部分钢管(>50mm)抗震性能好,破坏者主要由于土体大变形和腐蚀严重[2,4]。

在营口市区的西部和盘山镇,砂土液化区、回填土震陷区的铸铁管道破坏严重,主要表现为刚性接口(尤其水泥接头)的拔出(最大位错 220mm)和折断、法兰盘松动、铸铁管直管段的纵向开裂(最长 1.2m)等震害形式(图 18.1)。管道的破坏主要由土体的大变形引起,多表现为弯曲应变导致的破坏[4]。

唐山地震(1976 年 7 月 28 日,M_L=7.8),唐山市的给水管道总长约 220km,以灰口铸铁管为主,少量钢管、混凝土管,接头除钢管外多采用承插式(填料多为石棉水泥),少数为法兰盘连接。唐山市区直径 75~600mm 的铸铁管道平均震害为 4 处/km,极震区达 10 处/km。天津市区直径 75~600mm 的给水铸铁管道平均震害为 0.18 处/km,也为承插式接头(填料多为石棉水泥),但直径为 50mm 的钢管平均震害为 1.13 处/km。在塘沽区和汉沽区由于土层液化和震陷,震害严重,塘沽区直径 75~600mm 的给水铸铁管道平均震害为 4.18 处/km,直径为 100~200mm 的刚性接口石棉管平均震害为 30 处/km。汉沽区直径 75~150mm 的铸铁管道平均震害为 10 处/km,整个管网全部瘫痪。值得注意的是,在本次地震中,轴向与主断裂平行的管道基本上没有破坏。秦京管道 4 处破坏,其中 3 处是由与管道相交的活动断层直接引起的,屈曲褶皱破坏形式,表现为管道的压缩弯曲、皱褶、缩径和轴向的缩短[1,2]。

墨西哥地震中(1985 年 9 月 19 日,M_S=8.1),埋地管道的破坏主要与地震波和地面大变形有密切关系。一直径为 1067mm 的钢质输水管道发生压缩屈曲[3]。

美国北岭地震中(1994 年 1 月 17 日,M_W=6.7),洛杉矶的水电部门统计资料表明,三条从北加利福尼亚的供水传输系统有 15 处破坏,直径大于 600mm 的主干水管有 74 处破坏,配水管 1013 处破坏。破坏主要集中在接头处,接头多为氧乙炔焊接(1930 年前),而电弧焊接(1930 年后)表现好。大量的铸铁管、球墨铁管、石棉水泥管道和钢管的破坏率与峰值速度的大小有很好的相关性,如图 18.2 所示[3]。

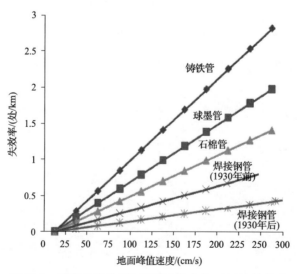

图 18.2 管道破坏类型与地面峰值速度、地震波的关系

印度洋地震(2004 年 12 月 26 日, $M_W = 9.0$),在斯里兰卡的 Polwatta Ganga,一条直径为 25cm 的沿海的跨河供水管发生了 10 处破坏,其原因是海啸冲刷。泰国的 Patong 海滩由于海啸导致的泥石流、冲毁提防的冲击而导致钢管和球墨铸铁管破坏,一些铺设在道路旁边的 HDPE 管道由于道路的冲毁而露出地表,最终被海啸所破坏。

汶川地震(2008 年 5 月 12 日, $M_S = 8.0$)中,输气系统中,6 度区的钢管发生了 145 处破坏,平均破坏为 0.3 处/km;7 度区钢管的平均震害为 3.83 处/km、PE 管 0.26 处/km;8 度区钢管平均震害为 10.65 处/km、PE 管平均震害为 3.2 处/km;9 度区钢管平均震害大于 50 处/km,其中,都江堰市区(9 度)的输气管线破损严重,停止供气 8 天。供水系统中,6 度区的灰口铸铁管平均破坏为 0.15 处/km;7 度区的灰口铸铁管平均破坏为 1.29 处/km、水泥管 0.83 处/km、钢管 0.06 处/km、PVC 管 0.61 处/km、PE 管 0.3 处/km;8 度区灰口铸铁管平均破坏为 4 处/km、水泥管 2.04 处/km、钢管 2.23 处/km、PVC 管 2.5 处/km、PE 管 0.8 处/km。引起管道破坏的主要原因是地面大变形和地质灾害,主要表现为接口和连接管件的破坏。个别塑料管、铸铁管发生管身开裂、折断,如图 18.3 所示。在白鹿镇中学附近,有一半埋地钢管由于断层引发的大位移而被拉断,如图 18.4 所示。

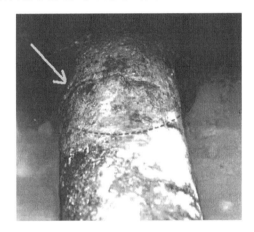

图 18.3　汶川地震中埋地供水管之管身开裂(中国地震局地球物理研究所)

宏观的震害经验表明,埋地管道的地震破坏主要与如下四个方面有密切关系[3,5]。

1) 地震波作用引起的破坏

由于地震波在管道上的传播,容易引起管道的轴向应变,该应变极易导致管道接口的破坏,表现为拉伸和压缩破坏。地震波引起管道破坏与地震运动速度、接口类型与管材种类、地震波入射方向有明显关系。一般而言,地震运动速度越快,管道破坏的可能性越大;刚性接口比柔性接口破坏更大;铸铁管较钢管、塑料管更容易发生管身破损;地震波入射方向与管道走向间的夹角为 45°~50°,管道更易破坏。

2) 地面大位移引起的破坏

地面大位移主要是液化、震陷、断层作用和斜坡失稳引起的。土层液化不仅导致地层的下沉或侧向位移,也导致管道系统由于受到浮力的作用而上升,所以液化区埋地管道的破坏几乎为 100%,尤其是刚性连接的管道系统。震陷主要发生在软土或土层的横向、竖向不均匀的地区,由于软土的向下大位移或不均匀地层地震的差异反应导致的不均匀沉

图 18.4 汶川地震中半埋地钢管由于断层引发的大位移而被拉断

降造成管道破坏。软土和土层不均匀性大的地段,埋地管道系统的破坏也重。断层作用不仅导致土层的大位移,断层应力直接作用在管道上还导致管道的破坏。断层区管道的破坏主要与断层类型、断层位移大小、管道与断层的空间位置密切相关。一般情形是,逆冲断层容易导致管道皱褶屈曲破坏,管道缩短;正断层导致管道系统的轴向拉开;走滑断层表现为管道的剪切破坏。在管道横穿断层时,断层与管道的交角为 30°～60°,管道的破坏性相对较小。铺设在斜坡附近或其内的管道系统,由于斜坡的失稳或铲削式破坏,管道破坏严重。

3) 海啸等水流冲刷的破坏作用

在地震海啸或地震导致的洪水作用下,埋地管道系统上覆的土层被冲刷,巨大的水流夹杂着泥石、岩土块等物质直接破坏管道系统。这种震害现象在印度洋地震和 2011 年日本东北部地震中曾见到。另外,在美国的近代地震中,发生了由于地震在供水管道中引起水锤现象而导致水管破坏的案例。

4) 倒塌建筑或构筑物对管道的破坏作用

2007 年的海地地震、2008 年的汶川地震都发现了倒塌建筑物或构筑物直接砸坏埋地管道系统的例子。

2. 埋地隧道结构系统的震害特征

尽管隧道结构一直被认为是抗震较好的结构形式,但在历次地震中,都曾发现隧道结构体系的破坏现象。一般认为,埋地隧道结构系统的地震破坏除了与其结构形式密切相关,主要是其围岩或周围土体的大变形引起的,尤其隧道周围的土体、岩石的不均匀变形更容易引起结构整体的破坏。例如,唐山地震中,深埋地下的煤矿隧道大部分完好,只有断层通过的地方发生了严重破坏。隧道结构体系的地震破坏主要表现出如下特征[6-10]。

1) 隧道衬砌和底顶板的破坏

日本关东地震(1923 年 9 月 1 日,M_S＝7.9)中,震区内 149 座隧道中有 93 座受到破坏,其中25座重建,破毁的情形为洞口堵塞、衬砌开裂等;1952年美国加州克恩郡7.6级的地震造成南太平洋铁路的四座隧道损坏严重,该四座隧道均与断层相交,边墙压溃、衬砌和顶板断裂;日本伊豆大岛地震(1978年1月14日,M_S=7.0)中,9座隧道破坏,横贯隧道的断裂使隧道衬砌出现了一系列破坏。中国台湾集集地震(1999年9月21日,M_S=7.3)中,台中地区57座山岭隧道有49座受到不同程度的损坏;2008年汶川特大地震(2008年5月12日,M_S=8.0)中,四川震区共有56条隧道受到不同程度的损坏,其中严重破坏有21座(图18.5～图18.7),中等破坏有12座,轻微破坏有23座,成都地铁1号线出现衬砌开裂。

图18.5　白云顶隧道衬砌破坏

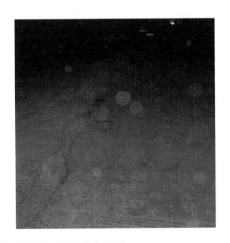

图18.6　龙溪隧道衬砌的环向和纵向开裂、底板横向开裂

2) 结构整体失稳[8]

1995年,日本阪神地震中,神户市的神户高速铁路的5座地铁车站被严重破坏,其主要的破坏原因是,由于地铁车站(大开站和上尺站)为大开间结构,地震作用下土层产生水平振动和位移,由于地铁车站上下标高(顶、底板处)的地层水平位移不一致,在车站的

图 18.7　龙溪隧道衬砌被断层错断

顶、底板间产生相对位移,车站的中柱和边柱中产生了大的剪应力和大弯矩,由于中柱和部分边柱、侧墙的抗剪强度和抗弯强度不够,从而使所有 35 根中柱在柱脚和柱顶发生剪切破坏,其中 30 根严重压溃破坏,部分边柱、侧墙发生剪切变形而破坏,丧失承载力而导致顶板塌陷,车站整体失稳,在地表产生了长 100m、宽 30m 的沉陷,最大下陷量为 3m,如图 18.8 所示。

(a) 中柱　　　　　　　　　　　　　　　　(b) 侧壁

图 18.8　神户地震中地铁车站的破坏

3) 隧道出口破毁或堵塞

由于隧道出口的支护体系设计不合理或不利的地层结构、岩石类型,地震中常常发生隧道口的构筑物破坏或被岩土体掩埋、堵塞。这种破坏类型在历次地震中都曾发现,在汶川地震和日本的多次地震中表现尤为突出,如图 18.9 所示。

隧道的地震破坏的主要因素为围岩或周围土体的大变形,其次为地震动作用引起的液化和其他次生灾害导致的,地震波作用引起的隧道直接破坏较少,其主要的破坏类型与破坏原因可以概括为表 18.2[11]。

(a) 汶川地震中烧火坪和龙溪隧道出口被堵

(b) 日本关中地震(1923)隧道口破坏

图 18.9　隧道口破坏形式

表 18.2　隧道结构的主要震害类型与破坏原因

震害类型		破坏原因	典型案例
剪断破坏	剪切	穿过隧道的断层位移直接作用所致	汶川龙溪隧道、中国台湾集集石冈坝隧道、神户谷川隧道、南非某矿石隧道
衬砌环向开裂	S波　振动方向 P波	可能是地震波中 P 波沿隧道轴向前进引致施工缝之衬砌因张力作用产生裂缝，或者由地震波中沿轴向垂直传送的 S 波引致衬砌发生斜向裂缝	汶川映秀隧道、龙溪隧道、成都地铁 1 号线、中国台湾集集三义隧道

震害类型	破坏原因	典型案例
衬砌纵向开裂	可能是地震波中沿横向垂直传送的 S 波引起衬砌于 $\theta=\pm45°$ 位置产生纵向裂缝，或者可能是地震波中沿横向 45°传送的 S 波或垂直传送的 P 波引起衬砌于 $\theta=0°$ 与 $\pm90°$位置产生纵向裂缝	中国台湾集集地震三义隧道、日本神户地震六甲与盘潼隧道、日本新潟地震鱼沼隧道、妙见隧道
衬砌单侧斜向开裂	可能是地震波中沿轴向垂直传送的 S 波引致衬砌发生斜向裂缝	汶川白云顶隧道、中国台湾集集地震三义隧道、日本和美国多次地震中均发现
侧壁挤压破坏	土体因 S 波剪切作用而产生水平位移直接作用在侧壁上	中国台湾集集地震三义隧道
底板隆起和开裂	可能是地震波中较高频率的 P 波导致隧道底拱径向位移放大	中国台湾集集地震三义隧道之通风横坑,日本神户地震六甲隧道,日本新潟地震鱼沼隧道、妙见隧道,土耳其 Bolu 隧道
洞口破损或堵塞	洞口支护不合理、设计不当和岩体失稳破坏引起	汶川地震极震区 12 座(9 度以上)、中国台湾、日本、智利和美国的地震都发现

18.2　地下结构抗震计算拟静力分析方法

地下结构抗震设计分析方法,一般分为静力法、拟静力法和动力反应分析三大类。静力法主要来源于土压力理论,最早的应用由日本学者 Mononobe 提出,称为动态地震土压力法,该方法在 20 世纪 60 年代前一直作为地下结构抗震设计的主要方法,该方法的特点在于,将周围土体在地震时对结构物所施加的动力作用用垂直、水平地震加速度系数(k_v、k_h)考虑。该方法的分析结果也具有一定的可靠度,但计算结果往往与实际观测结果有较大偏差,主要原因是该方法不能考虑土体-地下结构的互制作用,不能考虑结构在地震时随着周围土体的同步运动,当隧道具有厚的覆盖层时,所估算的地震时土压力将会过于保守等。

拟静力分析方法分为两种,即不考虑土-结构相互作用和考虑相互作用。前者由美国学者 Newmark 在 20 世纪 60 年代提出,后来经 John 和 Zahrah 等的进一步拓展而成为美国早期地铁结构抗震的主要方法,其中的 BART(Bay Area Rapid Transit)[10,12] 系统就采用了该方法。该方法忽略了地下结构和周围土介质因为刚度不同而在变形协调时所存在的相互作用,将地震波作用下自由场土介质的应变直接作为结构在地震作用下的反应变形进行计算。在概念上,这种方法反映了地下结构地震反应的主导因素是其周围土体反应这一根本特点,比地震系数法更为合理,在很多情况下可以给出地下结构地震反应应变的大致估计。这种方法最突出的优点在于,可以利用弹性波动理论,对不同种类入射波在不同入射角的情况下土体的最大可能应变做出估计,应用非常简单。但对于围岩较强而结构衬砌较弱的结构,这种方法会将结构的变形和相应的内力估计得过小,从而可能导致不安全的设计。同时,这种方法给出的仅是均匀自由场在单向传播的简谐波作用下的应变,与实际工程中遇到的边界条件往往有一定差别,应用于工程设计时若使用不慎,将会导致严重的错误。考虑土-结构相互作用的拟静力法,将地下结构和周围土介质的刚度以适当的形式加以考虑,根据二者的相对大小,以自由场的变形为基础来得到结构变形的方法,这类方法也是目前应用最为广泛的简化设计方法,此类方法有多种形式,如反应位移法、围岩应变传递法、土体抗力法等。该方法不能应用在边界条件复杂的地下结构的抗震分析中。

动力反应分析方法能合理模拟地下结构的实际地震反应。但是动力模型与边界条件的合理性决定其计算精度。由于该方法的理论基础尚未完全成熟,这种方法的计算结果只在重大的工程项目或很复杂的地下结构抗震设计时作为重要的校核手段。国内外目前通常使用拟静力计算方法。

地下结构的地震反应计算非常困难,主要原因包括:①因为是埋地结构,结构体的反应受围岩或周围土体的约束作用不能忽略,土与结构体间的地震反应存在相互影响,这种影响的机理复杂,目前没有完美的理论来揭示这个机理;②围岩和周围土体的初始应力、应变条件复杂,理论和试验模拟困难;③地下结构多为长大的线性结构体,往往跨越不同的地质、地理单元,地震波的行波效应、波导效应、场地效应等对其地震反应的计算有很大影响,因此,地下结构的抗震分析往往模型大、单元多、计算时间长等。

拟静力法的理论基础是地震时地下结构随周围土体的变形而变形,结构本身的动力特性不能反映出来,结构遭受的破坏状况主要由其变形和结构自身的延展性能决定。最早形成的拟静力计算方法雏形是 20 世纪 60 年代初,苏联学者在抗震研究中将弹性理论应用于地下结构,以此求解均匀介质中关于单连通和多连通域的应力、应变状态,得出了地下结构地震力的精确解和近似解。60 年代末,美国学者对地下结构抗震进行了较深入的研究,提出了这一设计思想。后来 Shukla 等应用弹性地基梁原理,采用拟静力法来考虑土体与结构的相互作用。70～80 年代,日本学者依据地震观测和模型试验,结合波动理论,提出了各种实用的拟静力法,丰富和完善了地下结构抗震设计理论。目前,地下结构横截面方向抗震分析中,最常用的拟静力计算方法有地震系数法、反应位移法、有限元反应加速度法。

1. 地震系数法

地震系数法的思路是将随时间变化的地震力用等代的静地震荷载代替,再用静力计算模型分析地震荷载或强迫地层位移作用下的结构内力。根据地震峰值加速度确定等价的地震静荷载,一般只计算水平地震力的作用,包括主要包括结构本身的惯性力、洞顶上方土柱的惯性力、主动侧向土压力增量和地震时坍塌及落实冲击力。在地震系数法中,对于隧道结构体系,衬砌承受的地震力主要由惯性水平地震力、洞顶土柱水平地震力、地震侧压力增量(对于浅埋及偏压隧道而言)三部分组成。这三种力分别由下列公式确定。

1) 衬砌的水平地震力

水平地震力是由地震时水平加速度引起的结构本身的惯性力,根据《铁路工程抗震设计规范》,作用于衬砌上任一质点的水平地震力为[13]

$$F_1 = \eta_\mathrm{C} K_\mathrm{h} m g \tag{18.1}$$

式中,η_C 为综合影响系数,岩石地基取 0.2、其余地基取 0.25;K_h 为水平地震力影响系数,与地震的峰值加速度有关;m 为衬砌结构质量。

2) 洞顶土柱的水平地震力

洞顶土柱水平地震力的作用点位于土柱质心,考虑最不利情况,该力通过地层弹簧直接作用在结构的顶部,对于一般隧道,该力的大小一般为

$$F_2 = \eta_\mathrm{C} K_\mathrm{h} P \tag{18.2}$$

式中,P 为隧道顶部的垂直土压力,如果隧道存在偏压或地表非水平情况,根据我国的公路隧道设计手册[14],可以按照式(18.3)计算:

$$P = \frac{\gamma}{2}\left[(h_1 + h_2)B - (\lambda_1 h_1^2 + \lambda_2 h_2^2)\tan\theta_0\right] \tag{18.3}$$

式中,λ_1、λ_2 为内、外侧地震时侧压力系数;h_1、h_2 为内、外侧拱顶水平至地面高度;θ_0 为土柱两侧非地震时的摩擦角,其值与土体类型或围岩的级别有关(参见我国的公路隧道设计手册);B 为洞室宽度;γ 为围岩重度,如图 18.10 所示。这里的内侧指的是以隧道为分界线,将地基土层分成两部分,背离地面斜坡方向侧(坡面较高侧)或偏压大的土层侧为隧道内侧,外侧则为顺坡向侧(坡面较低侧)或土体偏压小的一侧。λ_1、λ_2 及相关参数可以按式(18.4a)和式(18.4b)计算

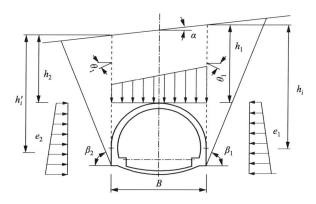

图 18.10　地表非水平的隧道围岩压力分布图

$$\begin{cases} \lambda_1 = \dfrac{(\tan\beta_1 - \tan\varphi_1)(1 - \tan\theta_1\tan\theta)}{(\tan\beta_1 - \tan\alpha)[1 + \tan\beta_1(\tan\varphi_1 - \tan\theta_1) + \tan\varphi_1\tan\theta_1]} \\[3mm] \lambda_2 = \dfrac{(\tan\beta_2 - \tan\varphi_2)(1 + \tan\theta_2\tan\theta)}{(\tan\beta_2 + \tan\alpha)[1 + \tan\beta_2(\tan\varphi_2 - \tan\theta_2) + \tan\varphi_2\tan\theta_2]} \\[3mm] \tan\beta_1 = \tan\varphi_1 + \sqrt{\dfrac{(\tan\varphi_1^2 + 1)(\tan\varphi_1 - \tan\alpha)}{\tan\varphi_1 - \tan\theta_1}} \\[3mm] \tan\beta_2 = \tan\varphi_2 + \sqrt{\dfrac{(\tan\varphi_2^2 + 1)(\tan\varphi_2 + \tan\alpha)}{\tan\varphi_2 - \tan\theta_2}} \end{cases} \tag{18.4a}$$

$$\begin{aligned} \varphi_1 = \varphi_c - \theta, \quad \varphi_2 = \varphi_c + \theta \\ \theta_1 = \theta_0 - \theta, \quad \theta_2 = \theta_0 + \theta \end{aligned} \tag{18.4b}$$

式中，θ_1、θ_2 分别为土柱内、外侧的地震时的内、外侧破裂面摩擦角，与围岩的类型有关，Ⅰ～Ⅲ类围岩一般为 0.9，Ⅳ类围岩为 0.7～0.9，Ⅴ类围岩为 0.5～0.7，Ⅵ类围岩为 0.3～0.5；φ_1、φ_2 分别为修正的地震土体或围岩的内、外侧计算摩擦角；θ 为地震角，其值大小与设防烈度有关，一般取值为 1.5（Ⅶ）、3.0（Ⅷ）、6.0（Ⅸ）；α 为斜坡坡度；β_1、β_2 分别为土柱内、外侧产生最大推力时的破裂角。

3）地震侧压力增量

对于浅埋及偏压的隧道，由于地形不平整或偏压的存在，地震作用时隧道两侧的土体常常产生侧向土压力差，该侧向土压力增量一般按式（18.5）和式（18.6）计算：

内侧（坡面高或偏压大一侧）：

$$e_{1i} = \gamma h_i(\lambda_1 - \lambda) = \gamma h_i \Delta\lambda_2 \tag{18.5}$$

外侧（坡面低或偏压小一侧）：

$$e_{2i} = \gamma h_i'(\lambda_1 - \lambda') = \gamma h_i \Delta\lambda_2 \tag{18.6}$$

式中，λ、λ' 为内、外侧非地震时侧压力系数；h_i、h_i' 为内、外侧任一点 i 至地面的距离；$\Delta\lambda_1$、$\Delta\lambda_2$ 为内、外侧土体或围岩的侧压力系数增量。

2. 反应位移法

反应位移法或响应位移法分为纵向反应位移法和横向反应位移法两种。纵向反应位移法的基本思想是将地下结构模拟为支撑在弹性地基上的杆或弹性梁,结构和土体间通过土弹簧连接或假定应变传递比,通过弹簧或应变传递比将地基力传递给结构体,最后计算出结构体的轴向和弯曲应变。考虑土体或围岩的变形特征不同,纵向反应位移法常采用拉伸模型和弯曲模型,前者模拟 P 波作用下土体或围岩对结构体的拉压作用,后者主要考虑剪切波作用下土体或围岩剪切对结构产生的挠曲或弯曲变形。横向反应位移法,也称为地基抗力系数法,该方法的基本思路是,首先计算出结构埋深处的土体或围岩的静止位移场和地震作用下的加速度和应力分布,将结构周围土体或围岩对结构的约束简化为弹簧,利用该弹簧将该位移和加速度、应力施加到结构体上,最后计算出该结构的横向应力和应变。这种方法一般将结构的横断面等效为框架结构,将地震反应计算得到的土层最大剪切应力施加于结构顶部、土层的剪切力与结构受到的最大水平地震力和动土压力之和施加在结构的底部,以此求得结构的地震反应,利用静力法计算结构的应力和变形,该方法在日本的应用广泛。反应位移方法的前提是必须首先计算出土层或隧道围岩的位移反应值。反应位移法的误差来源主要为:不管通过荷载试验还是根据地震观测结果都难以准确推定土体弹簧的刚度值,而土体弹簧刚度值的变化对结构内力的计算结果有很大的影响;反应位移法的弹簧-梁模型中,土体的等效弹簧之间是不相关的,这就使得地震时土体自身的相互作用体现不出来,造成土体对结构四周接触面的荷载分布带来误差,从而不能真实反映地震过程中土体对结构的动态力的作用,尤其与土相连的结构部位的应力畸变状况不能很好体现。

反应位移法的关键一步是计算土体和围岩地震作用下的位移场。针对这个问题,自1960 年就提出了许多模型,图 18.11 为美国 1960 年提出的一个正弦剪切波作用下自由场地的土体位移计算模型,该模型被吸收到美国地铁结构的抗震设计中,并为不同学者进一步发展,以使该模型适用于不同地震环境下的隧道抗震设计[12,15]。

上述模型虽然简单,但由于这种方法计算得到的仅是均匀自由场在单向传播的简谐波作用下的应变,如果实际工程与此模型假定的适用条件有较大的差别,计算结果将会产生很大的不合理性。因此,在此理论的基础上,一些学者提出了更为合理的不同地震波产生的轴向土体变形 ε_{ab} 估算公式:

$$\varepsilon_{ab} = \sqrt{\left(\frac{\partial u_x}{\partial x}\right)^2 + \left(\frac{\partial u_y}{\partial y}\right)^2} \tag{18.7a}$$

$$\varepsilon_{ab} = \frac{v_i}{c_i}\cos^2\varphi + R\frac{a_i}{c_i^2}\sin\varphi\cos^2\varphi \tag{18.7b}$$

式中, R 为圆形隧道半径或矩形隧道高度的一半,m; a_i 为不同类型地震波的最大加速度,m/s^2; φ 为入射波与隧道轴向的夹角; v_i 为地震运动最大速度,m/s; c_i 为周围介质内地震波的传播速度,m/s; u_x、u_y 分别为土体沿平行隧道轴向方向、垂直隧道轴向方向上的位移。

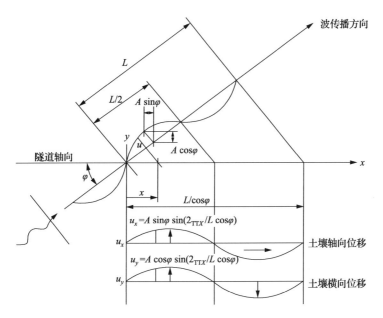

图 18.11　反应位移法中土体或围岩位移的计算模型

土弹簧系数的确定有很多方法,考虑土层的特性,一般可按式(18.8)计算:

$$K_n = \frac{2G_s}{R}C_n \tag{18.8}$$

$$C_n = \begin{cases} 1, & n=0 \\ 2, & n=1 \\ \dfrac{2n+1-2\mu(n+1)}{3-4\mu}, & n \geqslant 2 \end{cases} \tag{18.9}$$

式中,K_n 为法线方向的弹簧系数,$\mathrm{tf/m^3}$;G_s 为岩石或土的剪切模量,$\mathrm{tf/m^2}$;μ 为岩石或土体的泊松比;n 为结构变形模式的傅里叶级数,根据边界的变形特征确定,如果为线形的变形,$n=1$,简单曲线形式,$n=2$,其他复杂情况,根据变形曲线的拟合水平来确定。

求得了隧道周围土体或围岩的位移场或应变场,将此通过土弹簧作用到隧道结构上,建立简单的静力方程即可求得结构的响应,即[12]

$$[K]\{u\} = [K_s]\{\varepsilon_{ab}\} \tag{18.10}$$

式中,$[K]$ 为隧道的刚度矩阵;$\{u\}$ 为隧道的变形值;$[K_s]$ 为土体的刚度矩阵。

3. 有限元反应加速度法

有限元反应加速度法的基本模型是将土划分为二维平面应变有限元或三维弹性体单元,结构作为梁单元与其连接。计算地震荷载的方法也是要首先进行一维土层反应计算,从中抽出地下结构上、下底位置发生最大相对位移时刻随土层深度分布的水平向加速度值,然后将其以体力的方式转化成结点力施加到有限元模型的结点上。这个方法由于直接将土划分为二维平面应变有限元,不用计算土的等效弹簧刚度值,因而消除了反应位移法中推定土体弹簧刚度时带来的误差,并能够真实地反映与土相连的结构角部的应力畸变情况,计算精度比反应位移法有所提高。但是,该方法中输入的地震动荷载是从自由土层的反应加速度转换而成的,并以此求出土层的反应位移。从动力学理论上看,只是某种程度的近似,假设土层反应只有一阶振型发育时,该方法精度尚可,当遇到复杂土层时误差将会增大。也有学者使用将一维土层的反应位移强制加到有限元模型两侧边界处的方法,但该类方法并没有足够的理论依据,而且两侧边界处的土体在水平向正应力作用下发育,改变了地震时土层真实应力场的状态。

18.3 地下结构地震分析的动力法

地下结构抗震计算时,需要考虑周围土体对结构的作用。周围土体不仅对结构有作用力,还对结构产生弹性抗力并作用于结构之上。地下结构抗震计算目前使用较多的有两种分析模型体系:①连续介质模型,将地下结构和周围土体视为整体共同受力,常用于动力有限元时程分析;②荷载-结构模型,将地下结构简化为弹性地基上的框架,将地震作用下地下结构与土的动力相互作用通常用等效弹簧来表示。通过土体弹簧的弹性抗力模拟周围土层对结构的作用,常用于地下结构抗震简化计算方法中。荷载-结构模型是一种最基本的地下结构设计模型,其计算简便,广泛应用于地下结构的抗震计算。荷载-结构计算模型中,地基弹簧系数的取值非常关键,对简化模型的可靠性和计算结果的正确性都有很大影响。

这两种动力分析可按第13章所述的土体-结构动力相互作用分析方法进行,这里只对需特殊考虑的问题做些说明。

1. 结构-土体弹簧体系的分析方法

地下结构抗震简化计算方法中采用的荷载-结构模型是在 Winkler 弹性地基梁理论的基础上,将地下结构简化为框架结构,在结构周围施加法向和切向的土体弹簧,主要考虑土层变形、土层摩擦力以及结构惯性力三种地震作用。模型中法向和切向土体弹簧系数的取值非常关键,直接影响简化模型的计算结果是否可靠。

1) 法向土体弹簧系数表达式

地基基床系数又称 Winkler 系数。荷载-结构模型是基于 Winkler 弹性地基梁理论,因此法向弹簧系数与地基基床系数具有相同的物理意义,可借鉴基床系数的计算方法。对于宽度为 B 的方形板,可简化为

$$K = \frac{E}{\omega B(1-\mu^2)} \tag{18.11}$$

式中,E 和 μ 为土体的弹簧模量和泊松比;B 为基础宽度;ω 为系数,取决于基础的形状和刚度。

由于土体的泊松比一般在 $0.25\sim0.4$,将式(18.11)中的系数合并,令

$$a = \omega(1-\mu^2)$$

根据弹性理论,有

$$E = 2G(1+\mu) = 2\rho c_s^2(1+\mu) \tag{18.12}$$

式中,c_s 为土的剪切波速。则法向弹簧系数 K_n 表示为

$$K_n = \frac{2\rho c_s^2(1+\mu_s)}{Ba} \tag{18.13}$$

土体弹簧系数随结构宽度的增大而减小,随结构底板至基岩面土层厚度的增加也逐渐减小,但并非简单线性变化。可将法向地基弹簧系数表示为

地下结构底板法向弹簧

$$K_{n1} = \frac{2\rho c_s^2(1+\mu)}{a_1(Bh)^{b_1}} \tag{18.14}$$

地下结构侧墙法向弹簧

$$K_{n2} = \frac{2\rho c_s^2(1+\mu)}{a_2(Hh)^{b_2}} \tag{18.15}$$

式中,B 为地下结构横截面宽度;H 为地下结构横截面高度;h 为地下结构底板至基岩面的土层厚度;a_1、a_2、b_1、b_2 为系数。

2) 切向地基弹簧系数表达式

目前,国内外关于切向地基弹簧系数的研究较少。参照日本规范建议的公式,假设切向弹簧系数的计算公式与法向弹簧公式具有相近的形式,并用剪切模量 G 替换公式中的弹簧模量 E,则切向弹簧系数 K_v 可表示为

地下结构底板切向弹簧

$$K_{v1} = \frac{G}{a(Bh)^b} = \frac{\rho c_s^2}{a_3(Bh)^{b_3}} \tag{18.16}$$

地下结构侧墙切向弹簧

$$K_{v2} = \frac{G}{a(Bh)^b} = \frac{\rho c_s^2}{a_4(Bh)^{b_4}} \tag{18.17}$$

2. 动力有限单元法

20 世纪 80 年代中期以后,随着有限元数值模拟方法的完善,针对反应位移法的缺陷,国际上(如日本等)在许多工程中采用有限元模型分析方法,其中被广泛接受的是动力有限单元法,其基本模型是将土分割为二维平面应变有限元,结构作为梁单元与其连接。计算地震荷载的方法也是首先进行一维土层反应计算,从中确定随土层深度分布的水平向加速度值,然后将其转化成结点力离散到有限元模型的土层和梁元素各结点上。这里,地震时土单元的刚度可通过一维土层反应分析时得到的收敛剪切模量计算得出。该方法直接将土划分为二维平面应变有限元,不用计算土的弹簧刚性值,因而消除了反应位移法中确定土弹簧时所带来的误差,并能够真实地反映与土相连的结构角部的应力畸变情况,

计算精度比反应位移法有所提高。

1) 结构-土体体系

动力学问题的有限元法也同结构静力学问题一样,要把物体离散为有限个数的单元体。不过,此时在考虑单元特性时,物体所受到的荷载还要考虑单元的惯性力和阻尼力等因素。这样,在运动中的物体的单位体积上,作用的力一般可以表示为

$$\{P\} = \{P_s\} - \rho \frac{\partial^2}{\partial t^2}\{\delta\} - \nu \frac{\partial}{\partial t}\{\delta\} \tag{18.18}$$

式中,$\{P_s\}$ 是重力和其他静力;$\{\delta\}$ 是位移;$-\rho \frac{\partial^2}{\partial t^2}\{\delta\}$ 是惯性力;$-\nu \frac{\partial}{\partial t}\{\delta\}$ 是阻尼力;ρ 是材料密度;ν 是黏性系数,即单位速度下单位体积内的阻尼力。

用有限元法求解动力问题时,采用如下的位移模式:

$$\{f\} = \{N\}\{\delta\}^e \tag{18.19}$$

式中,$\{N\}$ 是形函数矩阵;$\{\delta\}^e$ 是单元结点位移列阵。

单元刚度矩阵、质量矩阵及阻尼矩阵分别为

$$[K]^e = \int [B]^T [D][B] dV$$

$$[M]^e = \int [N]^T \rho [N] dV \tag{18.20}$$

$$[C]^e = \int [N]^T v [N] dV$$

式中,$[B]$ 为应变矩阵;$[D]$ 为弹性矩阵。考虑各个结点上作用的结点力和结点荷载的平衡条件,可以建立整个结构动力平衡方程:

$$[M]\{\ddot{\delta}\} + [C]\{\dot{\delta}\} + [K]\{\delta\} = \{R\} \tag{18.21}$$

式中,$[K]$ 是结构的整体刚度矩阵;$\{\delta\}$、$\{\dot{\delta}\}$、$\{\ddot{\delta}\}$ 分别为结构的结点位移、结点速度和结点加速度的列阵;$\{R\}$ 是结构的结点荷载列阵;$[C]$、$[M]$ 是结构的整体阻尼矩阵和整体质量矩阵,是由单元的阻尼矩阵和质量矩阵对各结点集合而得。

2) 结构自振特性的计算

结构的自振特性(频率和振型)是结构动力计算中的主要内容。令 $[C]$ 和 $\{R\}$ 为零,便得到无阻尼自由振动方程:

$$[M]\{\ddot{\delta}\} + [K]\{\delta\} = 0 \tag{18.22}$$

在自由振动时,各质点作简谐振动,各结点的位移可以表示为

$$\{\delta\} = \{\delta_0\}\cos(\omega t)$$

式中,$\{\delta_0\}$ 为结点振幅列阵,即振型;ω 为与该振型对应的频率,整理可得

$$([K] - \omega^2 [M])\{\delta_0\} = 0$$

解此方程，n 阶自由度系统的自由振动方程应有 n 个固有频率 $\omega_i(i=1,2,\cdots,n)$，并且可以由

$$|[K]-\omega^2[M]|=0$$

决定，求得各阶特征值 ω_i 后，再把 ω_i 代入式 $([K]-\omega^2[M])\{\delta_0\}=0$，即可求出各阶特征向量。

3) 系统动力响应

结构系统的动力响应，主要是解系统的动力方程式(18.21)，以求得系统产生的位移、速度和加速度的值以及动荷载下物体的应力、变形问题。目前，两种方法采用的较多，一是振型叠加法，二是直接积分法。

(1) 振型叠加法。

将 n 阶自由度系统的动力方程，在求得自振频率和相应振型向量后，经振型模态矩阵变换，将式(18.21)解耦，化为互不耦合的 n 个单自由度问题，对这一组相互独立的方程组求解后，再叠加得到动力响应结果。振型叠加法就是将结构的复杂振动分解为各阶振型振动，然后求各阶振型振动再叠加。

(2) 直接积分法。

在有较复杂激振力或非比例阻尼情况下，可采用逐步积分法求动力响应问题，其基本思想是把时间离散化，如把时间区间 T 分为 $T/n=\Delta t$ 的 n 个间隔。由初始状态 $t=0$ 开始，逐步求出每个时间间隔 $\Delta t, 2\Delta t, \cdots, T$ 的状态向量(通常由位移/速度和加速度等组成)，最后求出的状态向量就是结构系统的动力响应解。在这种方法中，后次的求解是在前次解已知的条件下进行的。例如，开始时假定 $t=0$ 时的解(包括位移和速度)为已知，求出 Δt 时的解，接着再以 Δt 时刻的已知解计算 $2\Delta t$ 时刻的解，如此继续下去。但这里有个问题，即在式(18.21)中，$\{\delta\}$、$\{\dot{\delta}\}$、$\{\ddot{\delta}\}$ 是未知量，那么如何由前一状态推知下一状态？这可以对 $\{\delta\}$、$\{\dot{\delta}\}$、$\{\ddot{\delta}\}$ 的变化规律给予某种假设。对于不同的假设就形成不同方法，如线性加速度法、Wilson-θ 法等。

动力有限元能够处理介质的各向异性材料的非线形以及各种不同的边界条件等复杂问题，因而它的应用广泛。但是，由于地下结构的地震反应问题实际上是半无限域内的波动问题，而有限元将其作为有限域的问题来处理，因而存在一定的误差。为了减小误差，许多研究人员对计算域的边界进行了处理，提出了许多人工边界，以消除波在边界上的反射，常用的主要有阻尼边界、近轴边界、叠加边界、透射边界等，将它们与有限元进行结合用于地下结构抗震分析能够取得比较理想的效果。

3. 动力边界单元法

边界单元法是应用格林定理等，通过基本解将支配物理现象的域内微分方程变换成边界上的积分方程，然后在边界上离散化数值求解，其特点是主要涉及求解域边界上的信息网。边界单元法最显著的优点是使基本求解过程的维数降低了一阶，同时单元网格划分的数量显著减少，对于无限域的问题特别适合。因此，在进行地下结构的三维地震反应分析时，该法得到了广泛的应用。文献[11]曾介绍，Stmaos 和 Beskos 应用直接边界单元

法,通过对全空间的格林函数沿隧道长度方向积分,将地震波沿隧道轴向斜入射的三维动力问题转化为二维问题,并求解了行波作用下隧道的地震反应。在边界单元法中,矩阵元素分量的计算要比有限元法多得多,它对复杂边界的处理也不如有限单元法灵活。另外,在边界单元法中各个不同的有界区域必须当成均质处理,如果所讨论的问题非均质性很强,以致必须使用大量的小均质区才能适当模拟它,边界元区域性边界格式就蜕化成基本上仍作全物体子域剖分的格式了,这时边界元和有限元格式实际上彼此已无差别。

4. 耦合法

由于有限元法和边界元法在求解地下结构的地震反应时各有优点和不足之处。所以许多研究人员将有限元和边界元进行分区耦合运用,来进行地下结构的地震反应分析。它是将地下结构或结构与其附近一定范围内的土体(近域)用有限单元来模拟,而将其他区域(远域)用边界单元来模拟,然后根据边界处的协调条件来形成整个体系的运动方程。在最近十多年来,混合法在地下结构地震反应的研究中应用比较广泛。

由于土体是非线性材料,其弹性模量和泊松比随应力状态而变化,所以地下结构有限元计算的动力方程为非线性的方程组。运用增量法,非线性方程可以得到荷载、位移、应力变化的全过程资料。但计算量大,得到的解一般偏离正确解,并且其偏离程度很难判断。迭代法简单易行,有一定的适用范围,计算工作量比增量法少,但是它不能给出荷载和位移变化的全过程资料。混合法具有增量法和迭代法的优点,它可以估计每个增量步终了时解的近似程度。虽然混合法的计算工作量较大,但是得到的解可靠、精度高。在结构的抗震分析中,结构的刚度矩阵因其应力状态不同而变化,因此叠加原理已不适用,只能用逐步积分的方法来进行计算,通常采用 Wilson-θ 法和 Newmark 法。

18.4　埋地管线抗震分析

由于埋地管道系统是跨越多种地质、地理单元的网络结构系统,一个结点的破坏往往导致大面积的管网功能劣化或停止工作。结点间的破坏还有耦联破坏的特性,因此埋地管道系统的抗震分析不仅要解决结点的地震反应机制,更应该从网络的水平来合理分析管道系统的地震反应。有关埋地管线抗震分析可参考文献[16]～[20]。

国内外地震管线震害的调查表明,埋地管线在地震中的破坏受诸多方面的影响,主要包括地震烈度、场地条件、地质地理环境、地震波入射角、埋深、管材管径和管道接口形式等。概括起来有如下的一些共性的特征。

(1) 一般情况下,在地震烈度为 7 度以下时,埋地管道基本不会发生破坏;当烈度达到 7 度以上时,管道一般会遭受到明显破坏。地震烈度对地下管线的震害有显著影响。在同样场地土条件下,平均震害率随地震烈度的增大而增加。

(2) 地下管线的破坏率与场地条件有显著相关性,软弱场地的管道震害率往往高于坚硬场地中的管道震害率。基岩中破坏最轻,粗粒土中为中等程度,黏土和粉砂中的破坏最重。

(3) 管道系统在从一种土介质到另一种土介质的过渡段破坏严重。

（4）管道的震害与地震波传播方向有一定的相关性,轴向与地震波传播方向平行的管线比与传播方向垂直的管线灾害要严重些,约 2.5 倍。

（5）地下管道的破坏随埋深的增加而减小,但深埋的管道也有可能出现较严重的破坏,这主要是因为地层构成及管道结构等的影响。

（6）柔性接口的管道能够较好地适应地震波作用下所产生的变形,柔性接口的震害率明显低于刚性接口,这是因为柔性接口具有较好的延性。

（7）一般而言,管径越小,越易破坏,当管径大到一定值时,破坏率趋于不变。

（8）管材延性、强度均较高的管道震害轻,但随着地震烈度的增加,不同材质的管道损坏率趋于接近。

早期埋地管道系统的大量研究工作主要侧重于埋地管道系统结点和链条的地震反应规律,近年来整个管网的地震反应研究开始得到关注。概括起来,埋地管道系统的地震分析主要分为两类:其一是研究地震行波效应下的管道反应;其二是研究地震在导致地表大位移作用下的管道反应。以下从这两方面介绍埋地管线的抗震分析原理和方法。

1. 地震行波作用下管道反应分析

目前,地震波作用下埋地管道地震反应分析最简单的方法为 Newmark 提出的埋地管道设计方法,该法假定管道与周围土体之间无相对位移、管道应变等于土体应变,即 $\varepsilon_p = \varepsilon_g = V_{max}/(ca_c)$,这里 V_{max} 为场地最大速度,c 为地震波的传播速度,a_c 为地震波的传播方向及与波的类型有关的系数,这种方法能求出管道应变的上限值,抗震设计保守。为适用于不同类型管道抗震设计的需要,一些精细化的方法开始出现。

埋地管道系统有连续管道系统和带接头的管道系统两类,这两类可再分为直管和弯管。地震行波作用下,这些管道的地震反应规律有显著的区别。对于连续管道系统,其主要的震害表现为轴向的拉裂、轴向压缩引起的局部屈曲和弯曲破坏。埋深小于 1m 的连续管道表现为梁式屈曲破坏;埋深大于 1m 的连续管道主要表现为拉裂破坏和局部屈曲。下面以带接头的连续直管为例,说明地震波作用下的埋地管道系统的地震反应分析方法。

采用弹性地基梁模型,带接头的连续管道地震反应的模型可以用图 18.12 表示。图中,管道以接头为分界点,分成长度为 n_s 的管段,每一管段再等分离散为总数量为 n_e 的梁单元。每个小的梁单元分别在两头有一个结点。每个管道由侧向（z 方向）和轴向（x 方向）的弹簧支撑。接头由没有长度的轴向和能旋转的非线性弹簧模拟,其模量与接头类型和材质相关。对于铅充填的接口,其初始的轴向弹簧刚度为

$$AK_j = G_1 \frac{1}{t_1} \pi D d_1 \qquad (18.23)$$

式中,G_1 为铅的剪切模量;D 为管道外直径;t_1 为管厚度;d_1 为铅的充填长度。铅接头开始滑移的最小轴力,根据 O'Rourke 等的研究结果,可用式(18.24)计算:

$$F_j^s = C_a \pi D d_1 \qquad (18.24)$$

式中,C_a 为管和铅之间的黏滞强度,其值大概为 $17.7 \mathrm{kgf/cm^2}$。最大的拔出力为 2 倍的初始滑移轴力,管道失效的最小张拉位移为 0.5 倍的接头长度。接头的旋转由双线性

模型表示,初始刚度 RK_j 和第二刚度 RK_{j2} 均由试验得到,可用式(18.25)和式(18.26)计算:

$$RK_j = 1.4 \times 10^6 D^{1.37} \tag{18.25}$$

$$RK_{j2} = RK_j/6.6 \tag{18.26}$$

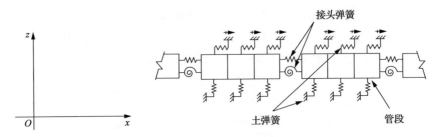

图 18.12　带接头管道系统的模型

初始转动产生滑移的最小转角为 $5.5e^{-3}$ rad,最大的转动强度为 θ_{ju} 为

$$\theta_{ju} = 2.9 \times 10^{-3} D^{1.044} \tag{18.27}$$

土弹簧为弹塑性模型,其本构关系如图 18.13 所示,其轴向土-管道间每单位长度上的最大应力为

$$f_x^u = \mu_s \gamma H \frac{1 + K_0}{2} \pi D \tag{18.28}$$

式中,μ_s 为土-管接触面上的摩擦系数,对于表面光滑的水泥管道等取 $0.9\tan\varphi$,对于表面粗糙的水泥管等取 $\tan\varphi$,其他管道取 $0.5\tan\varphi$,φ 为土层的摩擦角;γ 为土的密度;H 为管道埋深;K_0 为侧向土压力系数。初始的轴向刚度一般取为土剪切模量的 $1.50\sim2.75$ 倍,一般情形下,取 2.0 倍的土剪切模量。侧向土-管道间每单位长度上的最大应力为

$$f_z^u = \gamma H D N_{qh} \tag{18.29}$$

式中,N_{qh} 为土的水平承载率系数,它的取值与 H/D 相关,并与土的类型和相关的物理性质指标相关,可以用试验或相关的表格查找该系数的值,如图 18.14 所示。其初始的侧向刚度可用式(18.30)求解:

$$k_z = 6.667 \frac{f_z^u}{\Delta w^u} \tag{18.30}$$

式中,Δw^u 是最大侧向相对位移,与土的类型有关,通过土工试验获取。

管道的轴向和侧向位移可以由下列两个公式求解:

$$E_p A \frac{\mathrm{d}^2 u(x)}{\mathrm{d}x^2} - k_x [u(x) - u_g(x)] = 0 \tag{18.31}$$

$$E_p I \frac{\mathrm{d}^4 w(x)}{\mathrm{d}x^4} + k_z [w(x) - w_g(x)] = 0 \tag{18.32}$$

式中,E_p 为管道弹性模量;A 为横切面积;I 为管道截面的面积矩;k_x 和 k_z 分别为土弹簧

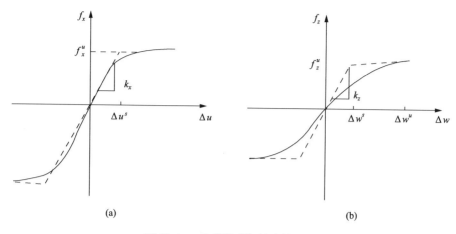

图 18.13　土弹簧弹塑性本构关系

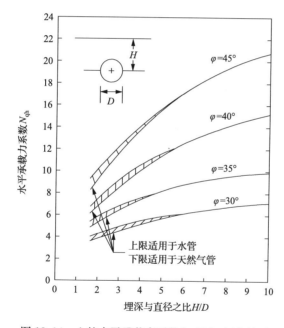

图 18.14　土的水平承载率系数与 H/D 间的关系

的初始轴向和横向刚度；u_g、w_g 分别为地层的 x 方向和 z 方向位移，由试验测定。由于每个管段结点 i_n 有六个自由度，管段单元的位移矢量可以表示为

$$\{\Delta^{\mathrm{e}}\}_z = \{u_1 \quad w_1 \quad \theta_1 \quad u_2 \quad w_2 \quad \theta_2\}^{\mathrm{T}} \tag{18.33}$$

相应的应力为

$$\{F^{\mathrm{e}}\}_z = \{F_{x,1} \quad F_{z,1} \quad M_1 \quad F_{x,2} \quad F_{z,2} \quad M_2\}^{\mathrm{T}} \tag{18.34}$$

引入 u_1 和 u_2 自由度的形函数：

$$\begin{cases} N_1^a(x) = 0.5(1-x) \\ N_2^a(x) = 0.5(1+x) \end{cases} \tag{18.35}$$

则有管段的轴向总位移 $u(x)$ 为

$$u(x) = N_1^a(x)u_1 + N_2^a(x)u_2 \tag{18.36}$$

同样道理,可以得到管段的侧向位移 $w(x)$ 为

$$w(x) = N_1^b(x)w_1 + N_2^b(x)\theta_1 + N_3^b(x)w_2 + N_4^b(x)\theta_2 \tag{18.37}$$

其中, $N_1^b(x)$ 等参数为

$$\begin{cases} N_1^b(x) = \dfrac{1}{4}(x^3 - 3x + 2) \\[2mm] N_2^b(x) = -\dfrac{1}{8}(x^2 - 1)(x - 1)L \\[2mm] N_3^b(x) = -\dfrac{1}{4}(x^3 - 3x - 2) \\[2mm] N_4^b(x) = -\dfrac{1}{8}(x^2 - 1)(x + 1)L \end{cases} \tag{18.38}$$

这里, L 为管段长度。同样道理可以求得地面的轴向和横向位移。这样就可以求解得到每一管段的轴向应力、横向应力、弯矩和轴向应变为

$$\begin{aligned} F_x &= E_p A\left(\frac{2}{L}\right)\frac{\mathrm{d}u(x)}{\mathrm{d}x} \\[2mm] F_z &= E_p I\left(\frac{2}{L}\right)^3 \frac{\mathrm{d}w^3(x)}{\mathrm{d}x^3} \\[2mm] M &= E_p I\left(\frac{2}{L}\right)^2 \frac{\mathrm{d}w^2(x)}{\mathrm{d}x^2} \\[2mm] \varepsilon(x) &= \frac{\mathrm{d}u(x)}{\mathrm{d}x}\left(\frac{2}{L}\right) \pm \frac{D}{2}\frac{\mathrm{d}w^2(x)}{\mathrm{d}x^2}\left(\frac{2}{L}\right)^2 \end{aligned} \tag{18.39}$$

接头没有侧向位移,其应力、应变也可以用下面的公式求解:

$$[K_j^e]\{\Delta_j^e\} = \{F_j^e\}$$

式中

$$\{\Delta_j^e\} = \begin{bmatrix} u_1 & \theta_1 & u_2 & \theta_2 \end{bmatrix}, \quad \{F_j^e\} = \begin{bmatrix} F_{x,1} & M_1 & F_{x,2} & M_2 \end{bmatrix} \tag{18.40}$$

$[K_j^e]$ 为 4×4 的矩阵,代表接头的刚度。

通过以上公式,即可求出管段本身、接头的总体应力和应变,通过对比相应的破坏准则,评价管道系统的抗震性能。

2. 埋地管道系统在大位移作用下的地震反应分析

埋地管道系统地震破坏的另一个主要因素是地面永久变形(PGD)。PGD 主要由断

层、滑坡、液化、震陷等因素引起。不同原因引起的 PGD,其值的确定不同。

1) 断层引起的 PGD

正断层:

$$\lg\delta_f = -4.45 + 0.63M \tag{18.41}$$

逆断层:

$$\lg\delta_f = -0.74 + 0.08M \tag{18.42}$$

平移断层:

$$\lg\delta_f = -6.32 + 0.90M \tag{18.43}$$

当断层的形式不易判断时,可以采用式(18.44)进行估算:

$$\lg\delta_f = -4.80 + 0.69M \tag{18.44}$$

式中,δ_f 为断层引起的平均位移,cm;M 为震级。

2) 滑坡引起的 PGD

$$\lg D_N = 1.460\lg I_a - 6.642a_c + 1.546 \tag{18.45}$$

$$\lg I_a = M - 2\lg R - 4.1 \tag{18.46}$$

式中,D_N 为滑坡引起的位移,cm;I_a 为烈度;M 为震级;R 为震中距。

3) 液化引起的 PGD

$$\delta = 0.75\sqrt{h}\sqrt[3]{\theta_g} \tag{18.47}$$

式中,δ 为液化引起的位移,m;h 为液化土层的厚度,m;θ_g 为液化土层隆起的最低边界与地面形成的角度,(°),其值通过试验测得。

4) 震陷引起的 PGD

堤坝地区

$$\delta = 0.11H_1H_2a_{max}/N + 20.0 \tag{18.48}$$

平原地区

$$\delta = 0.30H_1a_{max}/N + 2.0 \tag{18.49}$$

式中,δ 为震陷引起的位移,cm;H_1 为饱和砂土层的厚度,m;H_2 为堤坝的高度,m;a_{max} 为地面最大加速度值,Gal;N 为标准贯入试验 SPT 的击数值。

根据震害调查,引起管道破坏的典型永久变形可以概括为四种类型,如图 18.15 所示。大位移作用下管道的地震反应有两类基本模型,即梁模型和壳模型。应用较多的梁模型有三个:Newmark-Hall(NH)模型、Kennedy 模型和 Wang 模型。Newmark-Hall 方法认为管线应变最大的点在管线与断层的相交处,忽略了管子周围土的横向作用力和管子内的弯曲变形,管道呈现均匀的直线性变形特征,管段以纵向变形来吸收断层位移,由此产生的管道轴向内力依靠沿管线均匀分布的管土间滑动摩擦力来平衡。在该力作用下,可以计算出管道在断层作用下的几何伸长量,再根据管道的本构关系,可以计算出相应的物理伸长量,从而求得管道的最大轴向应变,通过与容许应变的比较来判定管道的性态。

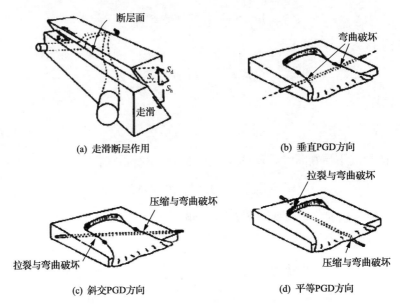

图 18.15　地表 PGD 与埋地管道系统的破坏示意图

　　Kennedy 方法也称 Newmark-Hall-Kennedy(NHK),它是对 NH 法的一种改进。美国输油、气管道抗震设计规范(ASCE,1984)采用该方法作为计算管道应力的方法。该方法也认为整个管线的最大应力应变点在与断层相交处,也忽略管道的抗弯刚度。但该方法管道变形带分段考虑,将在断层变形带内的管道变形模拟为曲线段(NH 法认为是直线段),不在变形带内的管道则简化为直线段。管土间的摩擦力沿管道不同,靠近断层变形带段的摩擦力更大。通过分别求解出两段管的几何伸长量而最终求得管道的总轴向应变(轴向应变与弯曲应变之和)来评价管道是否破坏。NHK 法虽然考虑了土对管道的侧向压力和管段的最终曲率及与之相对应的弯曲应变,但是由于其忽略了管道的弯曲刚度,多数情况下它得到的结果偏于保守。Wang 模型是一个比 Kennedy 方法更为精细的分析方法。该方法考虑管道弯曲应变及刚度,采用断层的一侧管线的变形是由弹性变形与弯曲变形的假定,管线断层附近的变形为一带有弹簧铰支座的悬臂梁的圆弧变形,离断层较远的管道变形为弹性地基梁的反应变形,管道的最大应力应变点不一定在断层上。该方法能很好地模拟断层附近管段的变形及内力,同时也能考虑管道非线性大变形。该方法相对 NH 法和 NHK 法有了很大的改进,但这三个方法均不能模拟管道受压时的变形和较大管径管道的截面大变形。针对这个问题,管道壳模型得以发展。Datta 等首先提出了管线地震断层作用下的薄壳模型,其结果认为薄壳模型能合理求解管道拉、压情形下的变形,也能考虑管道的大变形和非线性变形,计算结果与试验更为吻合。

　　这里以断层作用下管道系统的高田至郎壳模型为例,介绍大位移作用下管道的地震反应分析理论与方法。

高田至郎管道壳模型如图 18.16 所示,可以模拟管道的受压、受拉两种应力状态。

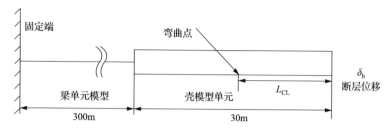

图 18.16　跨断层的埋地管线高田至郎壳模型[21,22]

断层一侧的埋地管道分成两个部分。在断层附近 30m 长的管段用壳单元进行划分,这是因为整个管线的大变形部分一般发生在断层附近的管段,用细密的壳单元划分可以提高分析管材进入非线性状态时管子应力应变的精度。当管子离断层较远时,管子的应力应变状态还在线弹性范围内,用 300m 长的梁单元进行划分,在断层作用下管子受影响的范围一般在 300m 以内,所以梁单元部分的另一端可以处理成固定端。混合采用梁单元和壳单元建立有限元模型的目的是为了提高计算效率。在考虑不同的管子和断层的交角、不同的管径与壁厚以及不同的管子材料特性对管子反应的影响之后,高田至郎用屈曲参数 a_c 对数据进行归一化处理,根据管道的实际受力情况,分别计算出管道的应变大小。

(1) 管道受压缩工况。

$$\varepsilon_c = \frac{1.27\theta^2 + 0.13\theta}{a_c} \tag{18.50}$$

(2) 管道受拉工况。

$$\varepsilon_t = \frac{0.34\theta^2 + 0.13\theta}{\sqrt{a_c}} \tag{18.51}$$

弯曲角度 θ 和屈曲参数 a_c 由式(18.52)计算:

$$\theta = \arctan\left(\frac{\Delta\sin\beta}{L_{cl} + \Delta\cos\beta}\right), \quad a_c = \frac{E/\sigma_y}{D/t} \tag{18.52}$$

式中, E 为管材的弹性模量; σ_y 为管材的塑性屈服应力; D 为管径; t 为管道壁厚; β 为管段与断层面的夹角; Δ 为断层的错距; L_{cl} 为承受断层作用的管道长度。该模型假定管道的横向位移为零,允许管子有管轴方向的位移。断层位移施加在管道的右端点,该模型没有不考虑土-结构的相互作用。为考虑不同土类对管道壳模型的地震反应影响,一些新的埋地管道壳模型也被提出,这些模型一般用三向土弹簧(轴向、水平向和垂直方向)来考虑土-结构间的相互作用,也同时考虑不同土质类型中管道的地震反应差异性。为考虑整个管道的地震反应,管道的两端不再是固定的,而通过设置弹簧和阻尼器、黏弹性边界来模拟其边界效应,这使得分析结构更加合理、真实。

18.5　地下工程与埋地管线抗震工程措施

地下工程地震破坏的主要因素是地震波和土体的大位移,在充分分析地下工程的地震破坏机理基础上,一些有效的地下工程抗震措施得到了广泛的应用。下面以埋地管道系统为例,说明地下工程抗震措施的一般原则和具体的工程措施。

抵抗活动断层对埋地管道的破坏研究最为活跃,也有一些成功的例子,如美国阿拉斯加的输油管道系统(TAP)曾成功抵御了 2002 年 11 月 3 日阿拉斯加地震中($M_S=7.9$)Denali 断层 6m 的大位移作用。目前,地下工程与埋地管线抗震的主要原则和措施如下。

(1) 浅埋或地表通过断层破裂带:断层作用下埋地管道的反应机理表明,管道系统埋深越浅,作用在管道上的土压力、纵向摩擦力越小。埋深最好不超过 1.0m。

(2) 断层面与管道轴向的夹角在 30°～80°时,管道抗震能力强,这时管道系统主要受到拉力作用。

(3) 采用高延性、壁厚度相对较大的管道通过断层:高延性的管材能抵抗较大的断层位移;壁厚大的管道抗断层位移能力强。研究结果表明,壁厚为 14mm 的管道是厚度为 10mm 的管道抗断层位移的能力 1.4 倍。一般认为,穿越断层面的管道,其壁厚不应该小于 12mm。

(4) 限制管道运动的固定端的位置与距断层破裂带的距离至少为 1.5～2.0 倍的管道可滑动的长度。

(5) 铺设方式采用下窄上宽的倒梯形管沟,并在沟内充填中等密度的砂或砂砾石作为回填土。这样可以使管道系统约束少、地表位移不容易传递到管道上。

(6) 采用弯头等柔性的接头:主要利用其较好的变形能量吸收能力,美国的埋地管道抗震设计中,倡导在 PGD 带设置合理数量的柔性接头,一般建议为单数,3 个或 5 个较为合适,并在接头处设置遥控阀门。

(7) 利用大口径的套管或隧道结构通过断层变形带,输油气管道系统一般采用在埋地管道外套设置钢管保护通过断层的管段,断层大位移直接作用在外套的钢管上,自然减轻了管段的作用。供水系统多采用隧道结构来保护供水管段,这在美国洛杉矶的供水系统中得到了应用。

(8) 在接头上设置隔震装置。目前,对接头的形式、材质和连接方式进行了系统的研究,将建筑物隔震耗能器技术经过改造后应用接头的抗震设计。

思　考　题

1. 地下工程的主要震害特征和产生机理是什么?

2. 地下工程的主要分析方法有哪些?

3. 试述埋地管道系统的梁模型和壳模型及其优缺点?

4. 地下结构抵抗 PGD 的设计原则是什么?

参 考 文 献

［1］高田至郎. 地震工学. 日本：共立出版株式会社,1991.

［2］侯忠良. 地下管线抗震. 北京：学术书刊出版社,1990.

［3］O'Rourke M J, Liu X J. Response of buried pipelines subject to earthquake effects. Buffalo：Multidisciplinary Center for Earthquake Engineering Research,1999.

［4］中国科学院工程力学研究所. 海城地震震害. 北京：地震出版社,1979.

［5］Nyman D J. Guidelines for the seismic design of oil and gas pipeline systems. New York：American Society of Civil Engineerings,1984.

［6］郑永来,杨林德,李文艺,等. 地下结构抗震. 上海：同济大学出版社,2005.

［7］阎盛海. 地下结构抗震. 大连：大连理工大学出版社,1989.

［8］Uenishi K, Sakurai S. Characteristic of the vertical seismic waves associated with the 1995 Hyogo-ken Nanbu (Kobe),Japan earthquake estimated from the failure of the Daikai underground station. Earthquake Engineering and Structural Dynamics, 2000,29(6)：813-821.

［9］Craig A. Davis . Lateral seismic pressures for design of rigid underground lifeline structures//Proceedings of Advancing Mitigation Technologies and Disaster Response for Lifeline Systems,New York, 2003：1001-1010.

［10］Southern California Rapid Transit District (SCRTD). Supplemental criteria for seismic design of underground structures. California：Metro Rail Transit Consultants, 1984.

［11］卢志杰. 隧道受震反应分析之研究. 台北：国立中央大学博士学位论文,2009.

［12］Jaw-Nan Wang. Seismic design of tunnels-a simple state-of-the-art design approach. New York：Parsons Brinck-erhoff Inc, 1993.

［13］铁道第一勘察设计院主编. 铁路工程抗震设计规范(GB 50111—2006). 北京：中国铁道出版社,2006.

［14］廖朝华,郭小红. 公路隧道设计手册. 北京：人民交通出版社,2012.

［15］Kuesel T R. Earthquake design criteria for subways. Journal of the Structural Division,1969, 95(6)：1213-1231.

［16］Takada S, Hassani N, Fukuda K. A new proposal for simplified design of buried steel pipes crossing active faults. Journal of Earthquake Engineering and Structural Dynamics, 2001, 30(8)：1243-1257.

［17］O'Rourke T D, O'Rourke M J. Pipeline response to permanent ground deformation//Lifeline Earthquake Engineering proceedings of the Fourth U. S. Conference, San Francisco,1995：288-295.

［18］Hall W J, Nyman D J, Johnson E R, et al. Performance of the Trans-Alaska- Pipeline in the Nov. 3, 2002 DENALI fault earthquake//Conference and Workshop on Lifeline Earthquake Engineering, ASCE Technical Council on Lifeline Earthquake Engineering, and Publication in the Conference Proceedings, Long Beach, 2003.

［19］Liang J W. 3-D seismic response of buried pipelines laid through fault. //Proceedings of the Fourth U. S. LEE Conference, San Francisco,1995：200-207.

［20］薛景宏. 跨断层隔震管道分析. 哈尔滨：中国地震局工程力学研究所博士学位论文,2008.

［21］Hashash Y M A, Hook J J, Schmidt B, et al. Seismic design and analysis of underground structures. Journal of Tunnelling and Underground Space Technology, 2001,16(2)：247-293.

［22］Ivanov R, Takada S. Numerical simulation of the behavior of buried jointed pipelines under extremely large fault displacements//Proceedings of Advancing Mitigation Technologies and Disaster Response for Lifeline Systems, New York,2003：717-726.

第 19 章　动力机械地基基础

19.1　概　　述

动力机械地基基础是岩土工程振动的一个重要研究课题,也是最早进行研究的课题。早在 20 世纪 30 年代,德国对动力机械地基基础问题就进行了研究。在 50 年代和 60 年代相继在苏联和美国进行了深入研究。由于这些卓有成效的研究,动力机械地基基础形成了较完整的理论体系,为工程实践提供了重要的理论基础。Barkan[1]、小理查特等[2]、普拉卡什[3]、Talaganov[4]等都对动力机械地基基础振动问题做了全面的表述。

1. 动力机械运行产生的动力作用

下面以两种典型的情况说明动力机械运行时产生的动力作用。

1) 旋转式和往复式机械运行产生的动力作用

旋转式和往复式机械的运动部分,其质量通常是不平衡的。当其绕水平轴或竖轴以一定圆频率 p 旋转时,就会产生周期性的不平衡惯性力。旋转式和往复式机械运行产生的不平衡力 $P(t)$ 可表示为

$$P(t) = P_0 \sin(pt) \tag{19.1}$$

式中,P_0 为不平衡惯性力的幅值,可按式(19.2)确定:

$$P_0 = M_e e p^2 \tag{19.2}$$

其中,M_e 为总不平衡质量;e 为总不平衡质量的质心到旋转轴的距离,即偏心距。在此应指出,不平衡惯性力作用于旋转轴上。

2) 间歇式运行机械产生的动力作用

有许多种机械,如冲床、落锤、压印机等,是按一定的时间间隔间歇式运行的,并产生一个冲击作用。通常,在下一个冲击作用之前,该冲击作用的效应已经消失了。但是,虽然如此,冲击的作用次数仍是一个重要的因素。一次冲击作用可用图 19.1 所示的冲击力表示,但是,表示这个冲击力与时间的关系是不容易得到的。图 19.1 所示资料是由精密测荷柱试验测得的冲击力与时间的关系。在试验时,将一个重 5lb(1lb=0.453592kg)的砂袋从 1ft 高处落到放置在测荷柱顶面上的荷载板上,荷载板把承受的冲击作用传递到测荷柱上,如图 19.1(a)所示。图 19.1(b)给出了测荷柱测得的冲击力与时间的关系。从图 19.1(b)可见,冲击力由零升到最大值所用时间为 0.016s,而最大值降到零所用时间为 0.014s,一个冲击作用所经历的时间很短。

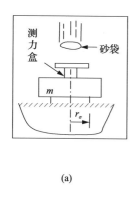

(a)

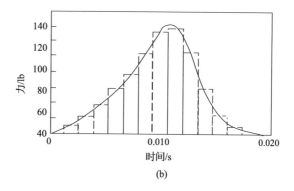

(b)

图 19.1　冲击力与时间的关系

2. 动力机械基础形式

动力机械通常采用混凝土块状实体作为其基础,其底面可为圆形、正方形、长方形等形状。根据场地土层条件,动力机械地基基础可分为如下两种主要形式。

(1) 天然地基块状实体基础,如图 19.2 所示。由图 19.2 可见,采用这种地基基础形式,其混凝土块状实体基础直接放置在天然地基之上,当然有一定的埋深。当场地土层条件较好时,应采用这种地基基础形式。

(2) 桩基块状实体基础,如图 19.3 所示。从图 19.3 可见,在这种情况下,块状实体基础实际上成为桩基的一个承台。但是,一般桩基的承台是梁或板,不需要如此之大的质量和刚块。当场地土层条件较差时,可采用这种地基基础形式。

图 19.2　天然地基块状实体基础

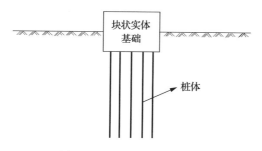

图 19.3　桩基块状实体基础

从图 19.2 和图 19.3 可见,无论采用哪种地基基础形式,动力机械都必须以一个块状实体作为基础。块状实体基础有如下两个特点。

(1) 块状实体的质量很大。很大的质量一般是控制动力机械地基基础自振特性所要求的。

(2) 块状实体的刚度非常大。由于其刚度非常大,在分析中通常将其假定为刚体。

基础的刚性大,可以减少基础本身的变形。

3. 动力机械地基基础设计要求

动力机械地基基础的设计可分为如下两种情况。

(1) 放置在基础之上的机械设备是地基基础体系的振源。

(2) 放置在基础之上的机械设备不是地基基础体系的振源,但要求外来的振动对其影响不能超过允许的界限,如电子显微镜、雷达跟踪塔等精密设备的基础。

无论哪种情况,动力机械地基基础的设计目标是确定一个满意的支承机械或设备的地基基础体系,满足机械或设备处于良好运行状态的标准及相应的要求。下面,对上述两种情况分别表述这些标准及相应的要求。

1) 机械设备是其地基基础体系的振源情况

在这种情况下,这些标准及相应的要求应包括如下方面。

(1) 承载力。基底面上的静荷载与动荷载之和应小于地基的动承载力。

(2) 沉降。静载作用引起沉降与动荷载作用引起的沉降应小于允许值,特别不允许在反复的动荷载作用下产生随作用次数累积的沉降。

(3) 极限的振动条件。极限的振动条件通常以运行频率下某些控制点的振幅极限值、峰值速度极限值或峰值加速度极限值表示。实际上,振幅极限值、峰值速度极限值或峰值加速度极限值是最常见的设计标准。下面,将对这个问题做进一步表述。

(4) 支承结构的疲劳破坏,如块状实体基础,或其下的桩基在动荷载反复作用下发生破坏。为了避免发生疲劳破坏,应使块状实体基础或其下的桩体承受的动荷载小于其疲劳承载力。

(5) 对人的生理和心理的影响。振动除对人的生理产生作用,还会对人的心理产生作用。相应地,来自生理作用和心理作用的影响分别称为振动对人的生理影响和心理影响,惊慌、恐惧等都属于振动对人的生理影响。这样,当地基基础体系的设计要考虑邻近有人时,问题就复杂了。首先,要确定人所在的地方允许的振动量级,通常是指振动对人生理影响的允许界限;然后再查明在预计的振动条件下人所在的地方是否会出现这样的量级的振动。关于振动对人生理影响的允许界限将在下面进一步表述。

2) 机械设备不是其地基基础体系的振源情况

这种情况主要是精密设备,如电子显微镜、雷达跟踪塔基础的设计标准和要求。由于机械设备本身不是振源,必须评估其场地周围的振动,然后再校核振动是否小于允许的值。一般来说,设计的允许值应由设备的所有者或制造厂家提供。如果振动大于允许值,则应采用必要的隔振措施。

3) 极限振动条件的确定

极限振动条件可以根据人对振动作用的感觉或机械和机械基础运行状态来确定。

(1) 振动对人生理上影响的界限。

如果将人对振动作用的感觉从弱到强分成不为人所感觉、略为人所感觉、易被人所感觉、令人厌烦、人感到强烈振动五个等级,图19.4给出了每个感觉等级上限振幅与振动频率之间的关系。这些关系是根据人站在振动台上并受竖向振动试验资料确定的,并被后来研究所证实,现在被广泛采用作为振动对人们生理上影响的界限。从图 19.4 可见,从为人所感觉到略为人所感觉的界限,即不为人所感觉等级的上限在双对数坐标中为斜率等于−1 的直线,相应的峰值速度约为 0.01in/s。从易被人所感觉到令人厌烦的界限,即被人所感觉等级的上限在双对数坐标中也为斜率等于−1 的直线,但相应的峰值速度为 0.1in/s。

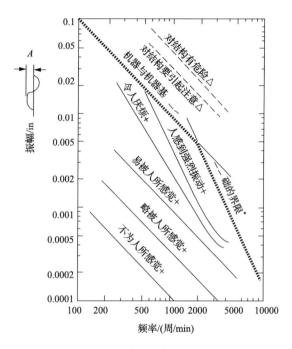

图 19.4　振动对人生理上影响的界限

此外,图 19.4 还给出了机械与机械基础安全的界限,即在指定的频率下振幅不应超过相应的界限值。从图 19.4 可看出,这个安全界限是由两条直线组成的,当频率小于 2000 周/min 时,在双对数坐标中的直线的斜率为−1,其相应的峰值速度为 1.0in/s;当频率大于 2000 周/min 时,在双对数坐标中直线的斜率更陡,相应峰值加速度为 0.5g。图 19.4 给出的机械和机械基础的安全界限,还称为劳希界限。显然,它不是机械运行良好的界限。机械运行良好的界限要比图 19.4 给出的安全界限低。

（2）机械运行状态的振动界限。

文献[5]给出了一般旋转式机械运行状态与水平峰值速度的关系,如表 19.1 所示。从表 19.1 可见,平稳状态的下限相应的水平峰值速度为 0.01in/s,与前述略为人所感觉的下限相同;稍有噪声的下限相应的水平峰值速度为 0.16in/s,与前述令人厌烦的下限相当;噪声很大的界限相应的水平峰值速度为 0.63in/s,与前述劳希界限相当。

（3）振动图或反应谱图。

从上述可见,一些极限条件是由峰值速度或峰值加速度控制的,并且还可能与振动频率有关。将极限振动条件绘制成如图 19.5 所示的形式更为方便。在图 19.5 中的一点表示四个量,即频率、位移幅值、峰值速度和峰值加速度。这样,就可将以峰值速度或峰值加

表 19.1　一般机械运行状态的振动界限

水平峰值速度/(in/s)	机械运行状态
<0.005	极平稳
0.005~0.010	很平稳
0.010~0.020	平稳
0.020~0.040	很好
0.040~0.080	好
0.080~0.160	尚可
0.160~0.315	稍有噪声
0.315~0.630	有噪声
>0.630	噪声很大

速度表示的极限条件绘在图中,在图 19.5 中给出如下几种振动的极限条件:略被人感觉的界限;令人厌烦的界限;机械和机械的希劳界限;美国矿务局关于结构防爆安全标准;结构,特别是墙在稳态振动下发生损坏或破坏的范围。其中,美国矿务局关于结构防爆安全标准,当频率低于 3 周/s 时,极限峰值速度为 2in/s,当频率高于 3 周/s 时,则极限峰值加速度为 0.1in/s。

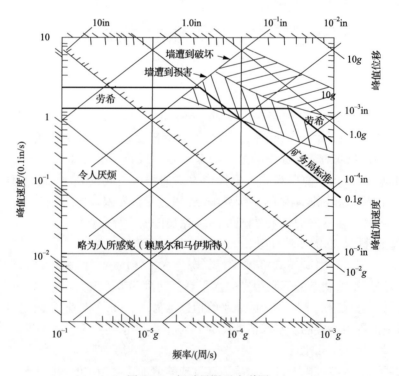

图 19.5　振动界限反应谱图

19.2 动力机械的地基基础分析体系

1. 动力机械的地基基础体系组成

动力机械的地基基础分析体系由如下三部分组成。

1) 动力机械

按上述,动力机械可能是其地基基础体系振动的振源,也可能不是其振动的振源。如果动力机械是其地基基础体系振动的振源,其运行所产生的动力作用于不平衡质量的旋转轴上。

2) 基础

动力机械基础可分为天然地基上的块状实体基础和桩基块状实体基础,分别如图 19.2 和图 19.3 所示。在这两种基础中,块状实体具有如下功能。

(1) 将机械运行产生的动力传递给其下天然地基中的土体或桩基。

(2) 块状实体具有质量、转动惯量和扭转惯量,对地基基础体系的动力特性,如自振频率有重要的影响。

对于桩基块状实体基础体系,其中桩基是一种深基础,按桩基的定义,桩基是由桩和桩周土体组成的。在动力机械地基基础体系中,桩基的功能与天然地基土体的功能相似。下面,将予以进一步说明。

3) 地基土体

对于天然地基块状实体基础体系,天然地基土体有如下功能。

(1) 支承块状基础及其上的机械,当动力作用于块状基础时在其底面提供反力,保持块状基础的动力平衡。

(2) 地基土体在块状基础底面提供的反力表明天然地基土体具有一定的刚度。因此,对天然地基基础体系的动力特性,如自振频率具有重要的影响。

(3) 当机械运行时,将块状基础传递来的能量散发出去和耗损一部分。散发出去的能量称为外耗能,与所谓的几何阻尼或辐射阻尼相对应;耗损掉的能量称为内耗能,与材料阻尼或内阻尼相对应。根据动力学常识可知,地基土体的阻尼作用对地基基础体系的动力特性,如自振频率影响很小,但是对地基基础体系的动力反应的影响是不可忽视的。

对于桩基块状实体基础体系,如前述,桩基的作用代表桩和桩周土体的总体作用。因此,桩基的功能与地基块状实体基础体系中地基土体的功能相似,也应有上述三种相应的功能,不需赘述。

2. 动力机械地基基础体系的振动形式

在进行动力机械地基基础体系动力分析之前,首先要把机械与块状实体合并成一个刚块求出其质心,运行产生的动荷载由其作用点等价地转移到该刚块的质心上。由于动荷载的作用点与刚块质心不一致,等价转移后在刚块质心上可能受如下的动力作用:竖向动力 P_v,水平向动力 P_h,绕过质心的水平轴的转动力矩 M_φ,绕过质心的竖轴的扭转力矩

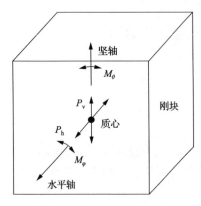

图 19.6　机械运行时作用于
刚块上的动力

M_θ，如图 19.6 所示。

这样，在动力机械运行时，刚块可能产生如下四种振动形式：竖向力 P_v 作用引起的竖向振动；水平力 P_h 作用引起的水平向振动；转动力矩 M_φ 作用引起的绕水平轴的转动振动；扭转力矩 M_θ 作用引起的绕竖向的扭转振动。

像下面将看到的那样，在上述四种振动形式中，水平向振动与绕水平轴的转动振动是交联的。

当发生上述运动时，其下的地基在刚块的底面提供相应的反力，以保持刚块的动力平衡；同时，将刚块振动传递来的能量散发出去和耗损一部分。

3. 动力机械地基基础的简化分析体系

在进行动力机械地基基础分析时，首先应对动力机械地基基础体系进行简化，建立一个简化的分析体系，然后再对简化的分析体系进行分析。按前述，可将机械与块状实体基础合并在一起简化成一个刚块，其几何和力学特性可用刚块质心的坐标、刚块的质量 M、刚块绕过质心的水平轴的转动惯量 I_φ 和绕过质心的竖轴的扭转惯量 I_θ 表示。这样，在建立简化的分析体系时，只要求对天然地基土体或桩基进行简化。这里只表述对天然地基土体的简化，对桩基的简化将在后面另做表述。

按天然地基土体的简化方法，动力机械天然地基基础的简化分析体系可分为如下三种类型。

1）黏-质-弹体系

在黏-质-弹体系中，将天然地基土体简化成一个弹簧和黏性阻尼器。这样，与其上的刚块一起构成了一个黏-质-弹体系。按前述四种刚块振动形式，相应的黏-质-弹体系分别如下。

（1）竖向振动。

将天然地基简化成并联的竖向弹簧和阻尼器，竖向弹簧的刚度系数为 K_v，阻尼器的黏滞系数为 C_v，质量为 M 的作竖向运动的刚块支撑在其上，如图 19.7 所示。

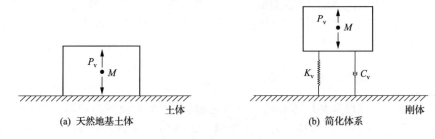

图 19.7　竖向振动黏-质-弹体系

（2）水平振动。

将天然地基简化成并联的水平弹簧和阻尼器,水平弹簧的刚度系数为 K_h,阻尼器的黏滞系数为 C_h,将质量为 M 的作水平运动的刚块与并联的水平弹簧和阻尼器相连,如图 19.8 所示。

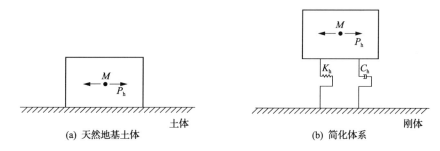

(a) 天然地基土体　　　　　　　　　　(b) 简化体系

图 19.8　水平振动黏-质-弹体系

（3）绕刚性块质心水平轴的转动振动。

将天然地基简化成并联的转动弹簧和阻尼器,转动弹簧的刚度系数为 K_φ,阻尼器的黏滞系数为 C_φ。转动惯量为 I_φ 的刚块支撑在其上,如图 19.9 所示。

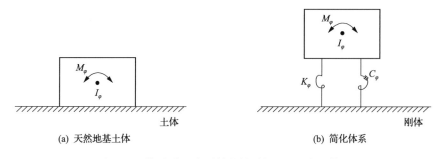

(a) 天然地基土体　　　　　　　　　　(b) 简化体系

图 19.9　绕过质心水平轴的转动振动黏-质-弹体系

（4）绕刚性块质心竖轴的扭转振动。

将天然地基简化成并联的扭转弹簧和阻尼器,扭转弹簧的刚度系数为 K_θ,阻尼器的黏滞系数为 C_θ。扭转惯量为 I_θ 的质量块与并联的扭转弹簧和阻尼器相连,如图 19.10 所示。

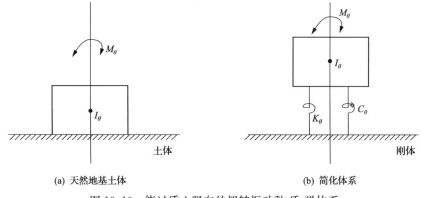

(a) 天然地基土体　　　　　　　　　　(b) 简化体系

图 19.10　绕过质心竖向的扭转振动黏-质-弹体系

按上述,在建立黏-质-弹体系时,确定表示天然地基作用的刚度系数为 K_v、K_h、K_φ、K_θ 及黏滞系数 C_v、C_h、C_φ、C_θ 的数值是最重要的工作。如前述,其中的黏滞系数应包括几何阻尼和材料内阻尼两部分。

2)刚块-均质的弹性半空间无限体体系

在该体系中,将天然地基土体简化为均质的弹性半空间无限体,刚块放置在其表面上,如图19.11所示。均质的弹性半空间无限体的力学性质由材料的质量密度 ρ、剪切模量 G、泊松比 μ 来表示。显然,材料的剪切模量 G 与天然地基土的类型有关,通常由剪切波波速 V_s 按式(19.3)确定:

$$G = \rho V_s^2 \tag{19.3}$$

土的剪切波波速可由现场试验测定。因此,按式(19.3)确定的剪切模量 G 相当于小应变时的剪切模量。

天然地基土体通常是不均匀的,由一系列土层组成。因此,测得的各层土的剪切波波速是不同的。当按式(19.3)确定剪切模量 G 时,应采各层土的某种平均剪切波波速,如等价的剪切波波速 $V_{s,eq}$:

$$V_{s,eq} = \frac{H}{\displaystyle\sum_{i=1}^{n} \frac{h_i}{V_{s,i}}} \tag{19.4}$$

式中,h_i、$V_{s,i}$ 分别为第 i 层土层厚度及剪切波波速;H 为所考虑的土层总厚度。

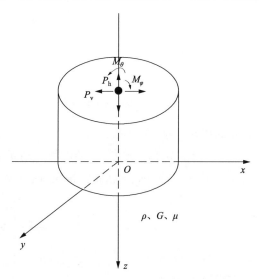

图19.11　刚块-均质弹性半空间无限体系

另外,材料的泊松比可根据现场测试的纵波波速和剪切波波速确定出。

当刚块的质心受竖向动力 P_v、水平向动力 P_h、绕过质心的水平轴转动力矩 M_φ、绕过质心竖轴扭转力矩作用 M_θ 时,刚块要发生相应的竖向振动、水平振动、绕过质心的水平轴转动振动及绕过质心竖轴扭转振动,均质弹性半空间无限体系在刚块底面提供反力,保持刚块的动力平衡,并把刚块运动传递来的能量散发出去。这样,自然就考虑了天然土体的几何阻尼作用。

3) 等价的集总参数体系

实际的动力机械地基基础体系可以认为是由非常多的质点、弹簧和阻尼器组成的体系。前述的简化的黏-质-弹体系实际上是将体系中所有的质量、弹簧和阻尼器凝缩成一个质量、一个弹簧和一个阻尼器。相应的质量、弹簧刚度系数、阻尼器的黏滞系数称为集总参数,而由它们组成的体系称为集总参数体系。因此前述的简化的黏-质-弹体系可视为一种集总参数体系。

像下面将表述的那样,如果根据均质弹性半空间理论适当地选择集总参数体系中的质量、弹簧的刚度系数和阻尼器的黏滞系数,则由集总参数体系分析可以得到与刚块-均匀弹性半空间体系分析相比的结果。也就是说,根据均质弹性半空间理论适当地选择质量、弹簧刚度系数和阻尼器黏滞系数,就可以得到一个与刚块-均质弹性半空间体系等价的集总参数体系。由此,可以看出等价集总参数体系的等价的含义及等价集总参数体系与前述简化黏-质-弹体系的异同。

从上述可见,等价的集总参数体系是黏-质-弹体系与刚块-均质弹性半空间体系相结合而建立的体系。按上述的等价的意义,等价集总参数分析方法可以视为是刚块-均质弹性半空间体系的简化分析方法。显然,如何根据刚块-均匀弹性半空间体系的分析结果适当地选择质量、弹簧刚度系数和阻尼器黏滞系数是建立等价集总参数体系的关键,下面将对这个问题进一步表述。

4. 动力机械地基基础分析内容

从设计需求,动力机械地基基础分析内容应包括如下。

(1) 确定动力机械地基基础体系各种振动形式的自振频率。根据动力学知识,体系的自振频率取决于体系的质量和刚度的分布,以及边界条件。对于上述简化的黏-质-弹体系和等价集总参数体系,图 19.7～图 19.10 所示的各种振动形式的自振频率取决于体系的弹簧刚度系数和相应的质量或转动惯量或扭转惯量。以竖向振动为例,体系竖向振动自振圆频率 ω_v 可按式(19.5)计算:

$$\omega_v = \sqrt{\frac{K_v}{M}} \tag{19.5}$$

其他振动形式的自振圆频率可采用与式(19.5)相似的公式确定。对于图 19.11 所示的刚块-均质弹性半空间体系,各种振动形式的自振频率取决于刚块与均质弹性半空间表面的接触面积、均质弹性半空间材料的力学参数 ρ、G 和 μ,以及刚块的质量、转动惯量或扭转惯量。

确定动力机械地基基础体系各种振动形式自振圆频率的目的是避免发生共振。当发现体系的自振圆频率与动荷载的圆频率相接近时,必须修改设计参数调整体系的自振圆频率,使其与动荷载的圆频率错开。

(2) 确定体系中某些控制点的振动,特别是振动幅值、峰值速度和峰值加速度。由动力学知识可知,对于上述的简化的黏-质-弹体系和等价的集总参数体系,这些量取决于动荷载的圆频率、体系自振圆频率,以及体系的阻尼。对于上述的刚块-均质弹性半空间体系,则取决表面的接触面积、均匀弹性半空间材料 ρ、G、μ,以及材料的耗能特性。像前面指出那样,体系的阻尼对其自振圆频率影响可以忽略,但是体系阻尼对这些振动量有重要的影响。

确定体系中某些控制点振动的目的是使这些点的振动满足上述极限条件的要求,即小于极限条件相应的振动幅值、峰值速度或峰值加速度。

19.3　简化黏-质-弹体系及分析方法

1. 简化黏-质-弹体系的振动方程

假定图 19.7～图 19.10 所示的各种振动形式的黏-质-弹体系中的参数已知,下面来建立相应的振动方程。

1) 竖向振动

假定作用于刚块质心的竖向动荷载形式如下:

$$P_v(t) = P_{v,0} e^{ipt} \tag{19.6}$$

令 w 为刚块质心的竖向位移,由图 19.7 所示体系中刚块的竖向动力平衡,可建立其振动方程如下:

$$M \frac{d^2 w}{dt^2} + C_v \frac{dw}{dt} + K_v w = P_{v,0} e^{ipt} \tag{19.7}$$

2) 水平振动

假定作用于刚块质心的水平动荷载形式如下:

$$P_h(t) = P_{h,0} e^{ipt} \tag{19.8}$$

令 u 为刚块质心的水平位移,φ 为刚块绕过质心水平轴的转角,由图 19.12 可得刚块底面的水平位移 u_b 如下:

$$u_b = u + h_0 \varphi \tag{19.9}$$

式中,h_0 为刚块底面到刚块质心竖向距离。相应地,刚块底面的水平速度 $\dot{u}_b$ 如下:

$$\dot{u}_b = u + h_0 \dot{\varphi} \tag{19.10}$$

在图 19.12 中作用于刚块底面上的水平弹簧力及阻尼力之和 P_b 如下:

$$P_b = k_h(u + h_0 \varphi) + C_h(\dot{u} + h_0 \dot{\varphi}) \tag{19.11}$$

由图 19.12 中刚块水平向动力平衡方程,可建立其振动方程如下:

$$M \frac{d^2 u}{dt} + C_h \frac{du}{dt} + C_h h_0 \frac{d\varphi}{dt} + K_h u + K_h h_0 \varphi = P_{h,0} e^{ipt} \tag{19.12}$$

从式(19.12)可见,刚块质心的水平振动与绕过刚块质心水平轴的转动振动相交连。

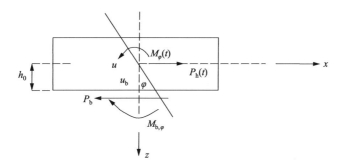

图 19.12　刚块底面的水平位移 u_b 及作用其上的水平反力 P_b 及力矩 $M_{\mathrm{b},\varphi}$

3) 绕过刚块质心水平轴的转动振动

假定作用于刚块上绕过刚块质心水平轴的转动力矩形式如下:

$$M_\varphi(t) = M_{\varphi,0}\,\mathrm{e}^{\mathrm{i}pt} \tag{19.13}$$

由图 19.12 可见,作用于刚块底面上的水平弹簧反力和阻尼力之和 P_b 对绕过质心的水平轴力矩 $M_{\mathrm{b},u}$ 如下:

$$M_{\mathrm{b},u} = K_\mathrm{h}(u + h_0\varphi)h_0 + C_\mathrm{h}(\dot u + h_0\dot\varphi)h_0 \tag{19.14}$$

另外,如图 19.12 所示,由转动弹簧和阻尼器在刚块底面上作用的力矩之和 $M_{\mathrm{b},\varphi}$ 如下:

$$M_{\mathrm{b},\varphi} = K_\varphi\varphi + C_\varphi\dot\varphi \tag{19.15}$$

这样,由绕过刚块质心水平轴转动力矩的平衡,可建立其振动方程如下:

$$I_\varphi\frac{\mathrm{d}^2\varphi}{\mathrm{d}t^2} + (C_\varphi + C_\mathrm{h}h_0^2)\frac{\mathrm{d}\varphi}{\mathrm{d}t} + C_\mathrm{h}h_0\frac{\mathrm{d}u}{\mathrm{d}t} + (K_\varphi + K_\mathrm{h}h_0^2)\varphi + K_\mathrm{h}h_0 u = M_{\varphi,0}\,\mathrm{e}^{\mathrm{i}pt} \tag{19.16}$$

从式(19.16)可见,绕过刚块质心水平轴转动振动与刚块的水平振动相交连。

下面,将水平振动方程式(19.12)和绕过刚块质心水平轴转动振动方程式(19.16)合并在一起写成矩阵形式方程如下:

$$\begin{bmatrix} M & 0 \\ 0 & I_\varphi \end{bmatrix}\begin{Bmatrix} \ddot u \\ \ddot\varphi \end{Bmatrix} + \begin{bmatrix} C_\mathrm{h} & C_\mathrm{h}h_0 \\ C_\mathrm{h}h_0 & C_\varphi + C_\mathrm{h}h_0^2 \end{bmatrix}\begin{Bmatrix} \dot u \\ \dot\varphi \end{Bmatrix}$$
$$+ \begin{bmatrix} K_\mathrm{h} & K_\mathrm{h}h_0 \\ K_\mathrm{h}h_0 & K_\varphi + K_\mathrm{h}h_0^2 \end{bmatrix}\begin{Bmatrix} u \\ \varphi \end{Bmatrix} = \begin{Bmatrix} P_{\mathrm{h},0}\,\mathrm{e}^{\mathrm{i}pt} \\ M_{\varphi,0}\,\mathrm{e}^{\mathrm{i}pt} \end{Bmatrix} \tag{19.17}$$

4) 绕过质心竖轴的扭转振动

设作用于刚块上相对过刚块质心竖轴的扭转力矩形式如下:

$$M_\theta(t) = M_{\theta,0}\,\mathrm{e}^{\mathrm{i}pt} \tag{19.18}$$

令 θ 为扭转角,由图 19.10 所示体系中刚块扭转力矩平衡,可建立扭转振动方程如下:

$$I_\theta \frac{\mathrm{d}^2\theta}{\mathrm{d}t^2} + C_\theta \frac{\mathrm{d}\theta}{\mathrm{d}t} + K_\theta\theta = M_{\theta,0}\,\mathrm{e}^{\mathrm{i}pt} \tag{19.19}$$

2. 振动方程的解答

下面,按非交联与交联两种振动情况表述振动方程式的解答。

1) 非交联振动

由上述可知,竖向振动及扭转振动为非交联振动。下面以竖向振动为例,表述非交联振动的解。设稳态振动的解如下:

$$w(t) = w_0\,\mathrm{e}^{\mathrm{i}pt} \tag{19.20}$$

注意,式(19.20)右端项中的 w_0 为复数。如以 $\mathrm{Re}(w_0)$ 和 $\mathrm{Im}(w_0)$ 分别表示 w_0 的实部和虚部,以 $\bar{w}$ 表示 w_0 的模,则

$$\begin{aligned}\mathrm{Re}(w_0) &= \bar{w}\cos\alpha_w \\ \mathrm{Im}(w_0) &= \bar{w}\sin\alpha_w\end{aligned} \tag{19.21}$$

由此,得

$$w_0 = \bar{w}(\cos\alpha_w + \mathrm{i}\sin\alpha_w) = \bar{w}\mathrm{e}^{\mathrm{i}\alpha_w}$$

即 $w_0 = \bar{w}\mathrm{e}^{\mathrm{i}\alpha_w}$,则可将 $w(t)$ 表示成如下另一种形式:

$$w(t) = \bar{w}\mathrm{e}^{\mathrm{i}(pt+\alpha_w)} \tag{19.22}$$

如果 w_0 的值已知,其模和相角 α_w 可按式(19.23)确定:

$$\begin{cases}\bar{w} = \sqrt{\mathrm{Re}^2(w_0) + \mathrm{Im}^2(w_0)} \\ \tan\alpha_w = \dfrac{\mathrm{Im}(w_0)}{\mathrm{Re}(w_0)}\end{cases} \tag{19.23}$$

下面按式(19.20)求解。由式(19.20)得

$$\begin{cases}\dot{w}(t) = \mathrm{i}pw(t) \\ \ddot{w}(t) = -p^2 w(t)\end{cases} \tag{19.24}$$

将式(19.20)和式(19.24)代入求解方程得

$$[(K_v - p^2 M) + \mathrm{i}pC_v]w_0 = P_{v,0} \tag{19.25}$$

改写式(19.25)得

$$w_0 = \frac{1}{[(K_v - p^2 M) + \mathrm{i}pC_v]}P_{v,0} \tag{19.26}$$

将式(19.26)右端分子分母均乘以 $(K_v - p^2 M) - \mathrm{i}pC_v$,则得

$$w_0 = \frac{P_{v,0}}{(K_v - p^2 M)^2 + p^2 C_v^2}[(K_v - p^2 M) - \mathrm{i}pC_v] \tag{19.27}$$

由式(19.27)得

$$
\begin{cases}
\mathrm{Re}(w_0) = \dfrac{K_\mathrm{v} - p^2 M}{(K_\mathrm{v} - p^2 M)^2 + p^2 C_\mathrm{v}^2} P_{\mathrm{v},0} \\[3mm]
\mathrm{Im}(w_0) = \dfrac{p C_\mathrm{v}}{(K_\mathrm{v} - p^2 M) + p^2 C_\mathrm{v}^2} P_{\mathrm{v},0}
\end{cases}
\tag{19.28}
$$

这样,由式(19.23)得

$$
\bar{w} = \frac{1}{\sqrt{(K_\mathrm{v} - p^2 M)^2 + p^2 C_\mathrm{v}^2}} P_{\mathrm{v},0}
\tag{19.29}
$$

$$
\tan\alpha_w = \frac{p C_\mathrm{v}}{K_\mathrm{v} - p^2 M}
\tag{19.30}
$$

与竖向振动相似,扭转振动的解如下:

$$
\theta(t) = \theta_0 \mathrm{e}^{\mathrm{i}pt}
\tag{19.31}
$$

或

$$
\theta(t) = \bar{\theta} \mathrm{e}^{\mathrm{i}(pt+\alpha_\theta)}
\tag{19.32}
$$

$$
\theta_0 = \frac{M_\theta}{(K_\theta - p^2 I_\theta)^2 + p^2 C_\theta^2} \left[(K_\theta - p^2 I_\theta) - \mathrm{i}p C_\theta \right]
\tag{19.33}
$$

$$
\begin{cases}
\mathrm{Re}(\theta) = \dfrac{K_\theta - p^2}{(K_\theta - p^2 I_\theta)^2 + p^2 C_\theta^2} M_\theta \\[3mm]
\mathrm{Im}(\theta) = \dfrac{p^2 C_\theta}{(K_\theta - p^2 I_\theta)^2 + p^2 C_\theta^2} M_\theta
\end{cases}
\tag{19.34}
$$

$$
\bar{\theta} = \frac{1}{\sqrt{(K_\theta - p^2 I_\theta)^2 + p^2 C_\theta^2}} M_\theta
\tag{19.35}
$$

$$
\tan\alpha_\theta = \frac{p C_\theta}{K_\theta - p^2 I_\theta}
\tag{19.36}
$$

2) 交联振动

设水平振动与绕过刚块质心水平轴转动振动交联方程式(19.17)的解如下:

$$
\begin{cases}
u(t) = u_0 \mathrm{e}^{\mathrm{i}pt} \\
\varphi(t) = \varphi_0 \mathrm{e}^{\mathrm{i}pt}
\end{cases}
\tag{19.37}
$$

或

$$
\begin{cases}
u(t) = \bar{u} \mathrm{e}^{\mathrm{i}(pt+\alpha_u)} \\
\varphi(t) = \bar{\varphi} \mathrm{e}^{\mathrm{i}(pt+\alpha_\varphi)}
\end{cases}
\tag{19.38}
$$

下面,来求水平振动的幅值 u 和 φ。由式(19.34)得

$$
\begin{cases}
\dot{u}(t) = \mathrm{i}pu(t) \\
\ddot{u}(t) = -p^2 u(t)
\end{cases}
\tag{19.39}
$$

$$\begin{cases} \dot{\varphi}(t) = \mathrm{i}p\varphi(t) \\ \ddot{\varphi}(t) = -p^2\varphi(t) \end{cases} \tag{19.40}$$

代入式(19.17)得

$$\begin{bmatrix} -p^2M & 0 \\ 0 & -p^2 I_\varphi \end{bmatrix}\begin{bmatrix} u \\ \varphi \end{bmatrix} + \begin{bmatrix} \mathrm{i}pC_\mathrm{h} & \mathrm{i}pC_\mathrm{h}h_0 \\ \mathrm{i}pC_\mathrm{h}h_0 & \mathrm{i}p(C_\varphi + C_\mathrm{h}h_0^2) \end{bmatrix}\begin{bmatrix} u \\ \varphi \end{bmatrix}$$

$$+ \begin{bmatrix} K_\mathrm{h} & K_\mathrm{h}h_0 \\ K_\mathrm{h}h_0 & K_\varphi + K_\mathrm{h}h_0^2 \end{bmatrix}\begin{bmatrix} u \\ \varphi \end{bmatrix} = \begin{bmatrix} P_{\mathrm{h},0} \\ M_{\varphi,0} \end{bmatrix} \tag{19.41}$$

简化式(19.41)得

$$\begin{bmatrix} K_\mathrm{h} - p^2M + \mathrm{i}pC_\mathrm{h} & K_\mathrm{h}h_0 + \mathrm{i}pC_\mathrm{h}h_0 \\ K_\mathrm{h}h_0 + \mathrm{i}pC_\mathrm{h}h_0 & (K_\varphi + K_\mathrm{h}h_0^2) - p^2 I_\varphi + \mathrm{i}p(C_\varphi + C_\mathrm{h}h_0^2) \end{bmatrix}$$

$$\begin{bmatrix} u \\ \varphi \end{bmatrix} = \begin{bmatrix} P_{\mathrm{h},0} \\ M_{\varphi,0} \end{bmatrix} \tag{19.42}$$

令

$$\begin{cases} C_{\mathrm{h},\varphi} = C_\mathrm{h}h_0 \\ K_{\mathrm{h},\varphi} = K_\mathrm{h}h_0 \\ \bar{K}_\varphi = K_\varphi + K_\mathrm{h}h_0^2 \\ \bar{C}_\varphi = C_\varphi + C_\mathrm{h}h_0^2 \end{cases} \tag{19.43}$$

式(19.42)可写成如下形式：

$$\begin{bmatrix} K_\mathrm{h} - p^2M + \mathrm{i}pC_\mathrm{h} & K_{\mathrm{h},\varphi} + \mathrm{i}pC_{\mathrm{h},\varphi} \\ K_\mathrm{h} + \mathrm{i}pC_{\mathrm{h},\varphi} & (\bar{K}_\varphi - p^2 I_\varphi) + \mathrm{i}p\bar{C}_\varphi \end{bmatrix}\begin{bmatrix} u \\ \varphi \end{bmatrix} = \begin{bmatrix} P_{\mathrm{h},0} \\ M_{\varphi,0} \end{bmatrix} \tag{19.44}$$

令

$$\begin{cases} A = K_\mathrm{h} - p^2M + \mathrm{i}pC_\mathrm{h} \\ B = K_{\mathrm{h},\varphi} + \mathrm{i}pC_{\mathrm{h},\varphi} \\ C = (\bar{K}_\varphi - p^2 I_\varphi) + \mathrm{i}p\bar{C}_\varphi \end{cases} \tag{19.45}$$

代入式(19.44)，则求得

$$\begin{cases} u_0 = \dfrac{CP_\mathrm{h} - BM_\varphi}{AC - B^2} \\ \varphi_0 = \dfrac{AM_\varphi - BP_\mathrm{h}}{AC - B^2} \end{cases} \tag{19.46}$$

令 $\mathrm{Re}(u)$、$\mathrm{Im}(u)$ 分别为 u 的实部和虚部，$\mathrm{Re}(\varphi)$ 和 $\mathrm{Im}(\varphi)$ 分别为 φ 的实部和虚部，则得

$$
\begin{cases}
\bar{u} = \sqrt{\mathrm{Re}^2(u) + \mathrm{Im}^2(u)} \\
\tan\alpha_u = \dfrac{\mathrm{Im}(u)}{\mathrm{Re}(u)}
\end{cases}
\tag{19.47}
$$

$$
\begin{cases}
\bar{\varphi} = \sqrt{\mathrm{Re}^2(\varphi) + \mathrm{Im}^2(\varphi)} \\
\tan\alpha_\varphi = \dfrac{\mathrm{Im}(\varphi)}{\mathrm{Re}(\varphi)}
\end{cases}
\tag{19.48}
$$

下面,来求交联振动自振圆频率 ω。忽略阻尼对自振特性的影响,则

$$
C_{\mathrm{h}} = 0, \quad C_\varphi = 0
\tag{19.49}
$$

及在自由动条件下

$$
P_{\mathrm{h}} = 0, \quad M_\varphi = 0
\tag{19.50}
$$

则式(19.44)变成如下形式:

$$
\begin{bmatrix}
K_{\mathrm{h}} - \omega^2 M & K_{\mathrm{h},\varphi} \\
K_{\mathrm{h},\varphi} & (\bar{K}_\varphi - \omega^2 I_\varphi) + \mathrm{i}p\bar{C}_\varphi
\end{bmatrix}
\begin{bmatrix}
u \\
\varphi
\end{bmatrix}
= 0
\tag{19.51}
$$

由式(19.51)左端系数行列式等于零的条件可得

$$
\omega_{1,2} = \frac{1}{\pi}\left(\frac{K_{\mathrm{h}}}{M} + \frac{\bar{K}_\varphi}{I_\varphi}\right) \mp \sqrt{\frac{1}{4}\left(\frac{K_{\mathrm{h}}}{M} + \frac{\bar{K}_\varphi}{I_\varphi}\right)^2 + \frac{K_{\mathrm{h},\varphi}^2}{MI_\varphi}}
\tag{19.52}
$$

3. 体系的刚度和柔度

1) 体系的刚度

下面,以竖向振动为例来表述,其他振动形式相似。

(1) 静刚度。

如果一个无质量的刚块放置在刚度系数为 K_{v} 的弹簧上,在刚块上作用的动荷载为 $P_{\mathrm{v}}(t) = P_{\mathrm{v},0}\,\mathrm{e}^{\mathrm{i}pt}$,如图 19.13 所示,则刚块的振动幅值如下:

$$
w_0 = \frac{P_{\mathrm{v},0}}{K_{\mathrm{v}}}
\tag{19.53}
$$

由式(19.53)可见,刚块的振动幅值 w_0 与作用的动荷载圆频率 p 无关,且为实数。下面,将 K_{v} 定义为体系的静刚度,为实数量,以 $K_{\mathrm{v,s}}$ 表示,由式(19.53)确定的位移幅值称为静位移幅值,为实数量,以 $w_{0,\mathrm{s}}$ 表示,则有

$$
\begin{cases}
K_{\mathrm{v,s}} = K_{\mathrm{v}} \\
w_{0,\mathrm{s}} = \dfrac{P_{\mathrm{v}}}{K_{\mathrm{v,s}}}
\end{cases}
\tag{19.54}
$$

(2) 阻抗。

如果一个无质量的刚块放置在刚度系数 K_{v} 的弹簧与黏滞系数为 C_{v} 的并联体系之

上,在刚块上作用的动荷载为 $P_v(t) = P_{v,0}e^{ipt}$,如图 19.13(b)所示,则刚块的振动幅值如下:

$$w_0 = \frac{P_{v,0}}{K_v + ipC_v} \tag{19.55}$$

由式(19.55)可见,无质量的刚块振动幅值与动荷载频率 p 有关,且为复数,下面将 $K_v + ipC_v$ 定义为体系的阻抗,以 $K_{v,I}$ 表示,相应的位移幅值 w_0 为复数,以 $w_{0,I}$ 表示,则得

$$K_{v,I} = K_v + ipC_v \tag{19.56}$$

或

$$K_{v,I} = K_v\left(1 + ip\frac{C_v}{K_v}\right) \tag{19.57}$$

$$w_{0,I} = \frac{P_v}{K_{v,I}} \tag{19.58}$$

从式(19.56)可见,振动幅值 $w_{0,I}$ 与动荷载频率有关。将式(19.56)代入式(19.58)得

$$w_{0,I} = w_{0,s}\frac{1}{1 + ip\frac{C_v}{K_v}} \tag{19.59}$$

(3) 动刚度。

如果一个质量为 M 的刚块放置在刚度系数为 K_v 的弹簧之上,在刚块上作用的动荷载为 $P_v(t) = P_{v,0}e^{ipt}$,如图 19.13(c)所示,则刚块的振动幅值可由式(19.26)确定。由式(19.26)可见

$$w_0 = \frac{1}{K_v - p^2M}P_{v,0} \tag{19.60}$$

下面,令

$$K_{v,d} = K_v - p^2M \tag{19.61}$$

式中,$K_{v,d}$ 为竖向振动动刚度。从式(19.61)可见,动刚度与激振力的频率特性有关。

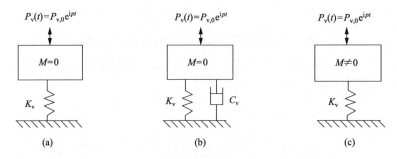

图 19.13　黏-质-弹体系的静刚度、阻抗及动刚度

4. 黏-质-弹体系参数的确定

从上述可见,黏-质-弹体系共包括三个参数,即刚块质量、弹簧刚度和阻尼器黏滞系数。这三个参数决定了黏-质-弹体系的动力特性和在动荷载作用下的反应。恰当地确定这三个参数是一项重要的工作。

1) 刚块质量的确定

刚块的质量通常取基础的质量与其上动力机械的质量之和。相应的刚块质心也根据基础的质心与动力机械的质心来确定。刚块的质心确定之后,则可确定相对其质心的转动惯量及扭转惯量。

德国土力学学会根据试验和分析认为,一部分地基土体随着基础一起运动。这部分质量称为地基土体附加质量或同相位质量,以 M_s 表示。按这一概念,刚块的质量应为基础质量、动力机械质量和地基土体附加质量之和。实际上,地基土体的附加质量随着动荷载的大小、动荷载的特性、底板面积、振动的形式、地基土的类别等因素而变化。恰当地确定地基土体附加质量 M_s 是很困难的。因此,难以在设计上采用。

2) 地基弹簧刚度的确定

黏-质-弹体系的弹簧刚度通常有两种确定方法,即弹床系数法和现场试验法。在此分别表述如下。

(1) 弹床系数法确定弹簧刚度。

在第 13 章中,表述了弹床系数法的基本概念、四种类型的弹床系数、它们之间的关系,以及由弹床系数确定刚性基础四种振动形式的地基弹簧刚度。下面,关于弹床系数法做如下进一步说明。

① 第 13 章中给出的四种弹床系数 C_τ、C_φ 和 $C_\psi(C_\theta)$ 与 C_u 的数量关系式是近似的。因此,可能在文献中见到与其不同的数量关系。我国现行的动力机械地基基础设计规范则给出下列与之有些不同的数量关系:

$$C_\tau = 0.7C_u$$
$$C_\varphi = 2.15C_u$$
$$C_\psi(C_\theta) = 1.05C_u$$

② 文献中建议的弹床系数 C_u 均是对指定的加载板面积给出的。第 13 章给出的巴尔干建议的 C_u 值相应于加载板面积 $A=10\text{m}^2$ 时的数值。按弹性理论,弹床系数 C_u 可按式(19.62)近似确定:

$$C_u = \frac{1.13E}{(1-\mu)\sqrt{A}} \qquad (19.62)$$

该式表明,弹床系数 C_u 与加载板面积的平方成反比。因此,当采用巴尔干建议的 C_u 值时,应按式(19.62)进行面积修正,即将巴尔干相对加载板面积 $A=10\text{m}^2$ 的建议值乘以 $\sqrt{\dfrac{10}{A}}$,A 以 m^2 计。

我国现行动力机械地基基础设计规范给出了相应的加载板基面积 $A=20\text{m}^2$ 时弹床

系数 C_u 与土类及其承载力特征值 f_k 之间的关系。另外,根据和多个现场试验资料及实测资料,发现弹床系数 C_u 与加载板面积 A 的关系如下:当 $A \geqslant 20\text{m}^2$ 时,C_u 值变化不大;当 $A \leqslant 20\text{m}^2$ 时,C_u 值与加载板面积的立方成反比。这样,首先根据土类及其承载力特征值确定加载板面积为 20m^2 时的弹床系数值。然后,如果加载板面积 $A \leqslant 20\text{m}^2$,则应进行面积修正,将其乘以 $\sqrt[3]{\dfrac{20}{A}}$,A 以 m^2 计;如果加载板面积 $A > 20\text{m}^2$,则不需要面积修正。

从上述可见,在定性上弹床系数 C_u 随加载板面积的增大而减小,但在定量上如何减小规律则有不同的表示关系。

③ 弹床系数 C_u 是弹床系数法的基本量。巴尔干建议的 C_u 值是根据静力反复压载试验确定的。为了证明由静力反复压载试验测得的弹床系数 C_u 可以用作为动力机械地基的弹床系数值,采用测得的 C_u 值确定竖向振动弹簧刚度 K_v,计算出自由振动频率,并与试验测得频率进行了比较。根据 15 个比较实例发现,实测频率平均为计算频率的 97%,变化范围为 85%～121%,比较结果是令人满意的。因此,巴尔干建议的 C_u 值在国外被广泛推荐。

④ 弹床系数 C_u 应与动力机械地基中土体所受的动力作用水平有关。通常,动力作用水平以土所承受的剪应变幅值表示。普拉卡什给出了当压载板面积 $A = 1.5 \times 0.75\text{m}^2$,平均围压为 1kg/cm^2 时的弹床系数 C_u 与剪应变幅值 γ 的关系,如图 19.14 所示。实际上,动力机械地基中各点所承受的剪应变幅是不同的,在此可将图 19.14 中的剪应变理解为基础块下一定范围内剪应变幅值的平均值。尽管有很大的离散,但从图 19.14 可得出如下三点结论。

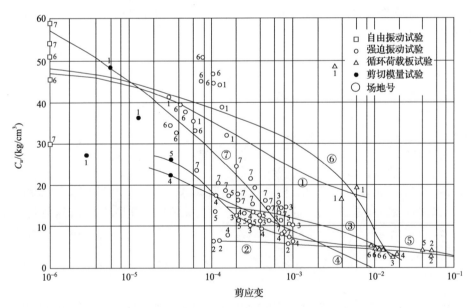

图 19.14　荷载面积 $A = 1.5 \times 0.75\text{m}^2$ 时弹床系数 C_u 与剪应变关系

(a) 随剪应变的增大,弹床系数 C_u 明显减小。

(b) 所示资料的剪应变范围为 $10^{-5} \sim 10^{-3}$,而大多数在 $10^{-5} \sim 10^{-4}$。前面曾指出,土的屈服剪应变大约为 10^{-4}。因此,在动力机械地基中有一部分土体承受的剪应变有可能大于屈服剪应变,而产生一定的永久变形。

(c) 由于动力机械地基中土所承受的剪应变大多处于 $10^{-5} \sim 10^{-3}$,因此,动力机械地基中土的模量应该根据这样的应变范围确定。通常,由现场试验测定它的剪切波波速 V_{s} 确定剪切模量相应于剪应变为 10^{-6} 时的剪切模量。这样,在动力机械地基基础分析采用由现场试验测定的剪切波波速 V_{s} 确定的剪切模量可能偏高了,剪应变在 $10^{-5} \sim 10^{-4}$ 时的剪切模量为其 $60\% \sim 70\%$。

(2) 由现场试验确定地基弹簧刚度。

由现场试验确定地基弹簧刚度是最希望的方法。现场试验测定地基弹簧刚度方法的基本原理如下:由试验资料确定刚块-地基土体体系的自振频率 f,根据自振频率的计算公式,反求出地基弹簧刚度。以竖向振动为例,竖向振动的自振频率公式如下:

$$f = \frac{1}{2\pi} \sqrt{\frac{K_{\mathrm{v}}}{M}} \tag{19.63}$$

由此得

$$K_{\mathrm{v}} = 4\pi^2 f^2 M \tag{19.64}$$

式中, M 为质量,取加载板重量及其上试验设备的重量之和。

确定地基弹簧刚度有自由振动试验方法和强迫振动试验方法两种。

① 自由振动试验方法。

自由振动试验的设备和操作方法都很简单。

(a) 试验设备。

压载板及重块,通常为钢筋混凝板及混凝土重块;拾振器,通常为加速度计;放大器;数值采集板;计算机;显示及输出设备。

(b) 试验方法及步骤。

ⓐ 整平试验场地,主要是整平放置压载板的地面。

ⓑ 将压载板放置在整平的地面上,并在其上放置重块,使重块的重心与压载板重心在同一竖直线上。

ⓒ 确定下压载板尺寸、压载板及其上重块的重量。

ⓓ 将拾振器固定在压载板上,并按图 19.15 将试验设备连接好。

ⓔ 调试试验仪器,使其处于正常工作状态。

ⓕ 用铁锤或木棒竖直打击压载板和重块的中心点,使地基土体及其上的压载板和重块体系发生自由振动。

ⓖ 设置在压载板上的拾振器记录下自由振动,并将拾振器信号输入放大器放大,再将其输入数值采集数,由采集板变成数值信号输入计算机存储器。

ⓗ 将测到的自由振动时程曲线由输出设备显示出来。

(c) 试验资料的分析。

输出的自由振动时程曲线是自由振动试验的基本资料。它是一条如图 19.16 所示的衰减振动曲线,由该曲线可确定自由振动的周期 T 及相应的频率为 f。将 f 代入式(19.64)就可确定地基弹簧刚度 K_{v}。应指出,这个弹簧刚度是与试验压载板面积相应的弹簧刚度,在应用时应进行面积修正。

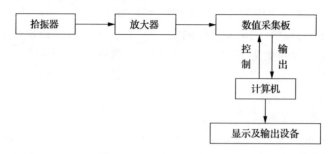

图 19.15　自由振动试验测试设备

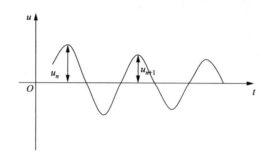

图 19.16　自由振动试验测得的振动曲线

②　强迫振动试验方法。

自由振动试验方法通常只能测定竖向振动弹簧刚度。强迫振动试验方法不仅可以测定竖向振动弹簧刚度,也可以测定绕水平转动振动弹簧刚度和绕竖轴扭转振动弹簧刚度。

强迫振动试验的设备和方法要比自由振动试验方法复杂。

(a) 试验设备。

ⓐ　激振器:激振器主要由机座和偏心质量块组成。

机座:支撑激振器的各部分,由于它具有一定的重量,可保证在一定激振下激振器不跳离地面。

偏心质量块:通常设置两组或四组,分别绕两个水平轴转动。调整偏心质量块的偏心角和转动方向则可以实现竖向激振、转动激振和扭转激振。

竖向激振方式:将两个轴上的偏心块偏心方向均竖直向上设置,然后分别绕左右两轴反向转动,如图 19.17(a)所示。

转动激振方式:将左轴上的偏心块偏心方向竖直向上设置,右轴上的偏心块偏心方向竖直向下设置,然后分别绕左右两轴反向转动,如图 19.17(b)所示。

扭转激振方式:扭转激振方式只能用四组偏心块的激振器实现,两组块的激振器一般不能实现。用四组偏心块激振器实现扭转激振方式如下:将左轴上的两个偏心块偏心方向水平设置,但一个向左另一个向右,右轴上的两个偏心块的设置方法与左轴上的相同,然后左右两轴反向转动,如图 19.17(c)所示。

ⓑ　变向和变速箱:改变左右两轴转动方向及调整两轴的转动速度。由于动荷载是由

偏心块转动而产生的,所以可利用变速箱调节动荷载的圆频率 p。

　　ⓒ 拾振器。

　　ⓓ 放大器。

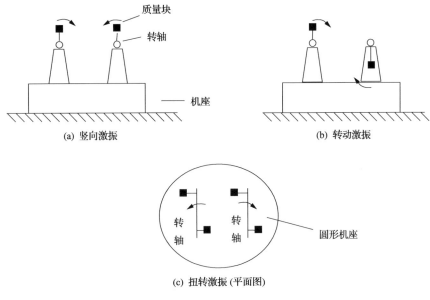

图 19.17　激振方式

　　ⓔ 数值采集板。

　　ⓕ 计算机。

　　ⓖ 显示和输出设备。

　　(b) 试验方法及步骤。

　　ⓐ 与自由振动试验步骤ⓐ相同。

　　ⓑ 按所要求的激振方式设置相应的偏心块,调节变向变速箱使偏心块按相应的方向转动。

　　ⓒ 确定下压载板尺寸,并按所要求的激振方式,确定和记录下相应的质量或转动惯量或扭转惯量。

　　ⓓ 与自由振动试验步骤ⓓ相同。

　　ⓔ 与自由振动试验步骤ⓔ相同。

　　ⓕ 调节变速箱使激振频率等于指定的圆频率,然后开动激振器使地基土体和其上的激振器体系按指定的圆频率发生强迫振动。

　　ⓖ 与自由振动试验相同,但拾振器记录下来的振动是强迫振动时程。

　　ⓗ 将测得的稳态强迫振动时程曲线由输出设备显示出来,并确定出稳态振动幅值。

　　ⓘ 保持动力幅值不变,重复ⓕ～ⓗ步骤,进行下一个指定圆频率的试验。

　　(c) 试验资料的分析。

　　强迫振动试验的基本资料是振动幅值与强迫力圆频率 p 的关系曲线。根据动力学知识,最大幅值相应的强迫力频率 f 与体系自由频率相等,如图 19.18 所示。这样,就确定出体系自振圆频率。以竖向振动为例,将其代入式(19.64)就确定出相应的 K_v。其他振动形式与竖向振动相似,不需赘述。

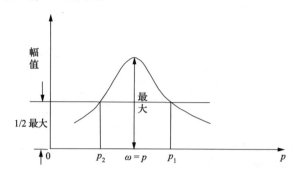

图 19.18　振动幅值与强迫力圆频率的关系

3) 阻尼比的确定

在计算分析中通常不用黏性系数,而采用阻尼比。在黏-质-弹体系中,如前所述,耗能包括几何耗能和内耗能,在计算中采用的阻尼比应是这两部分耗能相应的阻尼比之和。在黏-质-弹体系中阻尼比通常按如下两种方法确定。

（1）经验方法确定。

阻尼比与振动的形式有关。不同振动形式相应的阻尼比经验数值如下:竖向振动可取 0.15;水平和绕水平轴转动的交联振动,其第一振型可取 0.08,第二振型可取 0.12;扭转振动可取 0.12.

（2）现场试验确定。

阻尼比应尽量由现场试验确定。由现场试验确定的阻尼比自然是上述两种机制相应阻尼比之和。

① 现场自由振动试验确定阻尼比。

根据自由振动测得的自由振动时程曲线可确定对数衰减率,由对数衰减率确定阻尼比的方法,前面已表述过,在此不再赘述。

② 现场强迫振动试验确定阻尼比。

根据强迫振动试验测得的幅值与强迫力圆频率关系曲线,可确定体系的自振圆频率 ω 及与 1/2 最大幅值相应的两个强迫力圆频率 p_1、p_2。由 ω、p_1、p_2 确定阻尼比的方法,前面已表述过,在此不再赘述。

19.4　刚块-均质弹性半空间体系

1. 求解步骤

将动力机械地基基础体系简化成刚块-半空间体系的求解方法分为如下两步。

（1）求解放置在均质弹性半空间无限体表面上的无质量刚块的振动,确定均质弹性半空间无限体体系的阻抗,即刚度和几何阻尼。

（2）以上步求得的阻抗代替均质弹性半空间体施加于有质量刚块的底面,求有质量刚块的振动。由于第一步求得的阻抗只包括几何阻尼,因此在这一步分析还必须将内阻尼补充考虑进去。

实际上,上述分析方法就是第 13 章中所述的一种子结构分析方法。从上述可见,按刚块-均质弹性半空间体系求解动力机械地基基础体系振动,其中第一步是关键的一步,也是难度很大的一步。一旦均质弹性半空间体的阻抗确定之后,第二步求解则是容易的。因此,本节主要表述如何由无质刚块-均质弹性半空间体系确定均质弹性半空间体的阻抗。

上述分析方法,以竖向振动为例,可用图 19.19 来说明。图 19.19(a)为一个放置在均质弹性半空间无限体表面上的无质量圆盘在动荷载 $P_{\mathrm{v}}(t) = P_{\mathrm{v},0}\mathrm{e}^{ipt}$ 作用下的振动问题,设无质量圆盘的竖向振动为 $w(t)$,并且

$$w(t) = w_0\mathrm{e}^{ipt} \tag{19.65}$$

另外,令半空间无限体的刚度为 K_{v},黏滞系数为 C_{v},则可建立无质量圆的振动方程为

$$K_{\mathrm{v}}w(t) + C_{\mathrm{v}}\frac{\mathrm{d}w(t)}{\mathrm{d}t} = P_{\mathrm{v},0}\mathrm{e}^{ipt} \tag{19.66}$$

将式(19.65)代入,则得

$$(K_{\mathrm{v}} + ipC_{\mathrm{v}})w_0 = P_{\mathrm{v},0}$$

则均质弹性半空间体的阻抗

$$K_{\mathrm{v}} + ipC_{\mathrm{v}} = \frac{P_{\mathrm{v},0}}{w_0} \tag{19.67}$$

由于 P 已知,只要求出无质量刚性圆盘的振幅 w_0 就可确定出阻抗 $K_{\mathrm{v}} + ipC_{\mathrm{v}}$。这一点正是前面指出的求均匀弹性半空间体阻抗的关键和困难所在。

图 19.19(b)给出了放置在均质弹性半空间表面上有质量刚性圆盘在竖向荷载 $P_{\mathrm{v}}(t) = P_{\mathrm{v},0}\mathrm{e}^{ipt}$ 作用下的振动问题。由有质量刚性圆盘的竖向动力平衡得

$$M\frac{\mathrm{d}^2w(t)}{\mathrm{d}t^2} = P_{\mathrm{v}}(t) - R(t) \tag{19.68}$$

式中,$R(t)$ 为均质弹性半空间体的反力

$$R(t) = K_{\mathrm{v}}w(t) + C_{\mathrm{v}}\frac{\mathrm{d}w(t)}{\mathrm{d}t} \tag{19.69}$$

将其代入动平衡方程得

$$M\frac{\mathrm{d}^2w(t)}{\mathrm{d}t^2} + C_{\mathrm{v}}\frac{\mathrm{d}w(t)}{\mathrm{d}t} + K_{\mathrm{v}}w(t) = P_{\mathrm{v}}\mathrm{e}^{ipt} \tag{19.70}$$

式(19.70)即为第二步求解方程。

应指出,式(19.70)在形式上与前述的黏-质-弹体系的振动方程相同。但是,像下面将看到的那样,式(19.70)中的 C_{v}、K_{v} 是随动荷载的圆频率而变化的,而黏-质-弹体系中的 C_{v}、K_{v} 是不随动荷载的圆频率而变化的。

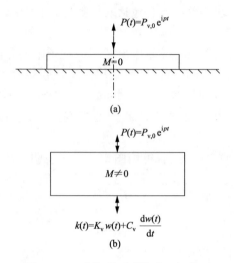

图 19.19　刚块-均质弹性半空间体系

2. 确定均质弹性半空间阻抗的理论基础

以竖向振动为例,按均质弹性半空间理论求解图 19.19(a)所示的问题,严格的方法应同时求出无质刚性圆盘的竖向振动及在圆盘底面上的竖向应力分布。但是,这是很困难的。通常,假定圆盘底面上的竖向应力分布,然后再求圆盘的竖向振动。当圆盘底面上的竖向应力分布假定之后,可以应用拉姆给出的动力布辛涅斯克解求圆盘底面上各点的竖向振动。

由上述的求解途径可见,拉姆给出的动力布辛涅斯克解是确定均质弹性半空间阻抗的理论基础。所谓的动力布辛涅斯克解如图 19.20(a)所示,它给出了在均质弹性半空间表面上一点作用一个单位竖向动荷载 e^{ipt} 时,均质弹性半空间各点的动位移分量。同时,拉姆也给出了在均质弹性半空间表面上一点作用一个单位水平动荷载 e^{ipt} 时,均质弹性半空间各点的动位移分量,如图 19.20(b)所示。关于布辛涅斯克和拉姆给出的解答具体形式,在此就不给出了。

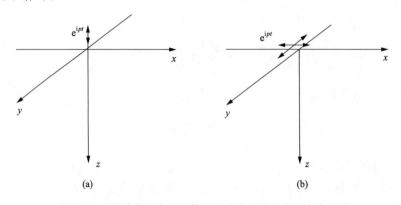

图 19.20　均质弹性半空间体的动布辛涅斯克解和拉姆问题

从上述思路可见,在确定均质弹性半空间无限体阻抗时,如下两个问题至关重要。

(1) 如何假定刚性圆板底面上的应力分布。以竖向振动为例,通常有三种假定。

① 马鞍形分布,相当于刚性底板情况,如图 19.21(a)所示:

$$\sigma_z(t) = \frac{P_{\mathrm{v},0}\exp(\mathrm{i}pt)}{2\pi r_0 \sqrt{r_0^2 - r^2}} \tag{19.71}$$

② 均匀分布,相当于底板刚度为零情况,如图 19.21(b)所示:

$$\sigma_z(t) = \frac{P_{\mathrm{v},0}\exp(\mathrm{i}pt)}{\pi r_0^2} \tag{19.72}$$

③ 抛物线分布,相当于柔性底板情况,如图 19.22(c)所示:

$$\sigma_z(t) = \frac{2P_{\mathrm{v},0}(r_0^2 - r^2)\exp(\mathrm{i}pt)}{\pi r_0} \tag{19.73}$$

显然,在均匀分布和抛物线分布情况下,荷载中心点的位移要比边缘大;在鞍马形分布情况下,加荷面积上的位移趋于均匀。

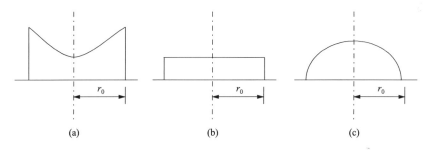

图 19.21　圆盘底面上压力分布

(2) 如何根据加载面上的位移确定刚性圆盘的位移,通常有如下两种选择。

① 以加载面中心点代表圆盘的位移。对于均匀和抛物线这两种分布,由于加载面中心点的位移比边缘上的大,则高估了刚性圆盘的位移;相应地,低估了均匀弹性半空间体的阻抗。

② 以加载面上位移的某种平均值代表圆盘的位移。显然,这是更合理的方法。豪斯纳建议以动力所做的功为权数求加载面上的平均位移。

3. 竖向振动的刚度和阻抗

假定

$$w(t) = \frac{P_{\mathrm{v},0}}{Gr_0} f_{\mathrm{v}} \mathrm{e}^{\mathrm{i}pt} \tag{19.74}$$

式中, f_{v} 称为竖向振动位移函数。由于 $\dfrac{P_{\mathrm{v},0}}{Gr_0}$ 的量纲为长度,则 f_{v} 为无量纲函数。将式(19.74)代入式(19.66)得

$$K_v + ipC_v = \frac{Gr_0}{f_v} \tag{19.75}$$

从式(19.74)可见,f_v 为复数,则可令

$$f_v = f_{v,1} + if_{v,2} \tag{19.76}$$

将其代入式(19.75)得

$$\begin{cases} K_v = Gr_0 \dfrac{f_{v,1}}{f_{v,1}^2 + f_{v,2}^2} \\[2mm] C_v = -\dfrac{Gr_0}{P} \dfrac{f_{v,2}}{f_{v,1}^2 + f_{v,2}^2} \end{cases} \tag{19.77}$$

下面,引进无量纲频率 a_0

$$a_0 = \frac{Pr_0}{\sqrt{\dfrac{G}{\rho}}} = \frac{Pr_0}{V_s} \tag{19.78}$$

则

$$C_v = -\frac{r_0^2}{a_0} \sqrt{C\rho} \frac{f_{v,2}}{f_{v,1}^2 + f_{v,2}^2} \tag{19.79}$$

这样,只要位移函数确定出来,就可由式(19.75)~式(19.77)计算出阻抗。

下面,表述应用动力布辛涅斯克解确定位移函数 $f_{v,1}$ 和 $f_{v,2}$ 的方法和步骤。

(1) 在无质量刚性圆盘上作用单位动荷载 e^{ipt}。

(2) 选定一种压力分布,通常均匀分布或刚性基底分布,确定出 $\sigma_z(x, y)$。

(3) 确定作用于 x、y 点的集中力 $\sigma_z(x, y)dxdy$。

(4) 根据动力布辛涅斯克解,确定作用于 x、y 点的集中力 $\sigma_z(x, y)dxdy$ 在圆盘底面上一点 x_1、y_1 引起的位移,并以 $W'(x, y, x_1, y_1)$ 表示。

(5) 如以 $W(x_1, y_1)$ 表示整个加载面上的力在 x_1、y_1 点上引起的位移,则

$$W(x_1, y_1) = \int_s W'(x, y, x_1, y_1)dxdy$$

(6) 按上式计算出加载面上的各点位移,然后求其平均值,并以 $\bar{W}$ 表示。由于 $\bar{W}$ 是复数,则

$$\bar{W} = \bar{W}_1 + i\bar{W}_2$$

(7) 根据式(19.74),当无质量刚性圆盘上作用单位动荷载 e^{ipt} 时,其位移为

$$\frac{1}{Gr_0}f_v e^{ipt}$$

并且

$$\frac{1}{Gr_0}f_v = \bar{W}$$

（8）由上式得

$$\begin{cases} f_{\mathrm{v}} = Gr_0\bar{W} \\ f_{\mathrm{v},1} = Gr_0\bar{W}_1, \quad f_{\mathrm{v},2} = Gr_0\bar{W}_2 \end{cases} \tag{19.80}$$

应指出，位移函数 $f_{\mathrm{v},1}$ 和 $f_{\mathrm{v},2}$ 是无量纲频率 a_0 和泊松比 μ 的函数。按上述方法，Bycroft[6]确定了刚性圆形和矩形基础下地基的位移函数 $f_{\mathrm{v},1}$ 和 $f_{\mathrm{v},2}$，如图 19.22 所示。图 19.22 只给出了 a_0 为 0～1.5 时的 $f_{\mathrm{v},1}$、$f_{\mathrm{v},2}$ 值。a_0 从 0 到 1.5 是实用范围，在这个范围内可能出现最大反应。从图 19.22 可见，$f_{\mathrm{v},1}$ 和 $f_{\mathrm{v},2}$ 均随泊松比 μ 的增大而减小。如果定义一个新的位移函数 F_{v}，令

$$\begin{cases} F_{\mathrm{v}} = \dfrac{4}{1-\mu}f_{\mathrm{v}} \\ F_{\mathrm{v},1} = \dfrac{4}{1-\mu}f_{\mathrm{v},1}, \quad F_{\mathrm{v},2} = \dfrac{4}{1-\mu}f_{\mathrm{v},2} \end{cases} \tag{19.81}$$

则 $F_{\mathrm{v},1}$、$F_{\mathrm{v},2}$ 几乎与 μ 无关。Lysmer 和 Richart[7]将图 19.22 中的 $f_{\mathrm{v},1}$ 和 $f_{\mathrm{v},2}$ 转换成 $F_{\mathrm{v},1}$ 和 $F_{\mathrm{v},2}$，如图 19.23 所示。另外，还给出了 a_0 为 0～8 时的 $F_{\mathrm{v},1}$ 和 $F_{\mathrm{v},2}$ 的数值，如图 19.24 所示。从图 19.22～图 19.24 可见，$f_{\mathrm{v},1}$、$f_{\mathrm{v},2}$、$F_{\mathrm{v},1}$、$F_{\mathrm{v},2}$ 均为无量纲频率 a_0 的函数。由此，可得到如下几点认识。

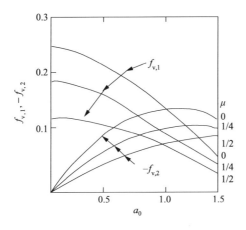

图 19.22　位移函数 $f_{\mathrm{v},1}$、$f_{\mathrm{v},2}$ 与 a_0、μ 的关系

（1）当 V_{s}/r_0 一定时，a_0 随动荷载频率 p 而变化。因此，若作出 $f_{\mathrm{v},1}$、$f_{\mathrm{v},2}$、$F_{\mathrm{v},1}$、$F_{\mathrm{v},2}$ 与 a_0 的关系线，要设定一系列动荷载频率 p，对每一个动荷载频率重复上述（1）～（8）步骤求出相应的 $f_{\mathrm{v},1}$、$f_{\mathrm{v},2}$、$F_{\mathrm{v},1}$、$F_{\mathrm{v},2}$ 值。

（2）由于 $f_{\mathrm{v},1}$、$f_{\mathrm{v},2}$ 值随无量纲频率 a_0 变化，因此由式（19.83）求得的半空间无限体弹簧的刚度 K_{r} 及黏滞系数 C_{r} 也应随无量纲频率 a_0 而变化。由于在 a_0 中，V_{s}/r_0 代表半空间无限体及无质量刚盘的特性，p 代表动荷载圆频率的特性。这样，半空间无限体的弹簧刚度 K_{r} 和黏滞系数 C_{r} 不仅取决于半空间无限体本身，还取决于荷载的频率 p。在前述黏-质-弹体系中，弹簧刚度及黏滞系数均为常数，不随动荷载圆频率而变化。这就是黏-

质-弹体系与半空间无限体系的本质区别。

对于其他振动形式也可得到上述两点,后面不再重复。

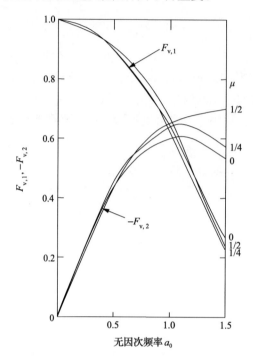

图 19.23　位移函数 $F_{v,1}$、$F_{v,2}$ 与 a_0、μ 的关系($0 \leqslant a_0 \leqslant 1.5$)

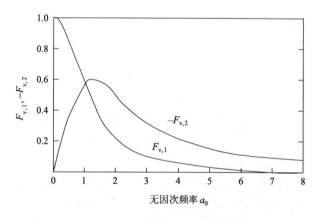

图 19.24　位移函数 $F_{v,1}$、$F_{v,2}$ 与 a_0 的关系($0 \leqslant a_0 \leqslant 8$)

如果动荷载的圆频率 $p=0$,则 $a_0=0$,相应的 $K_r(0)$ 以 $K_{r,s}$ 表示,称为静刚度。如令 $f_{v,1}(0)$ 和 $F_{v,1}(0)$ 表示 $a_0=0$ 时的 $f_{v,1}$ 和 $F_{v,1}$ 值,则由式(19.75)得

$$K_{r,s} = Gr_0 \frac{1}{f_{v,1}(0)} \qquad (19.82)$$

或

$$K_{\mathrm{r,s}} = \frac{4Gr_0}{1-\mu}\frac{1}{F_{\mathrm{v,1}}(0)}$$

由于 $F_{\mathrm{v,1}}(0)=1.0$，则

$$K_{\mathrm{r,s}} = \frac{4Gr_0}{1-\mu} \tag{19.83}$$

$$f_{\mathrm{v,1}} = \frac{1-\mu}{4} \tag{19.84}$$

采用相同的方法可确定刚性正方形基础下地基位移函数 $f_{\mathrm{v,1}}$ 和 $f_{\mathrm{v,2}}$，如图 19.25(a)所示[6,8]，以及刚性矩形基础下地基位移函数 $f_{\mathrm{v,1}}$ 和 $f_{\mathrm{v,2}}$，如图 19.25(b)所示。

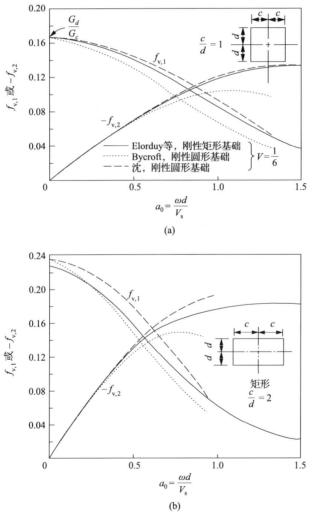

图 19.25　刚性正方形基础及矩形基础下地基的竖向位移函数

4. 水平振动的刚度和阻抗

应指出,在实际问题中,水平振动总是伴随转动振动的。这里作为一个理想情况研究。如果假定的无质量刚性圆盘的厚度趋于零,则会产生纯水平振动。在这种情况下,如果在刚性圆盘上作用的水平动荷载为

$$P_{\rm h}(t) = P_{\rm h,0}\,{\rm e}^{{\rm i}pt} \tag{19.85}$$

则刚性圆盘的水平振动可写成如下形式:

$$u(t) = \frac{P_{\rm h,0}}{Gr_0} f_{\rm h}\,{\rm e}^{{\rm i}pt} \tag{19.86}$$

式中, $f_{\rm h}$ 称为水平向振动位移函数,为无量纲函数。将式(19.86)代入无质量刚盘水平振动方程,则得

$$K_{\rm h} + {\rm i}pV_{\rm h} = \frac{Gr_0}{f_{\rm h}} \tag{19.87}$$

由于 $f_{\rm h}$ 为复数,则可写成

$$f_{\rm h} = f_{\rm h,1} + {\rm i}f_{\rm h,2} \tag{19.88}$$

将其代入式(19.87),得

$$\begin{cases} K_{\rm h} = Gr_0\,\dfrac{f_{\rm h,1}}{f_{\rm h,1}^2 + f_{\rm h,2}^2} \\[3mm] C_{\rm h} = -Gr_0\,\dfrac{f_{\rm h,2}}{f_{\rm h,1}^2 + f_{\rm h,2}^2} \end{cases} \tag{19.89}$$

将 a_0 代入式(19.89)第二式,得

$$C_{\rm h} = -\frac{r_0^2}{a_0}\sqrt{G\rho}\,\frac{f_{\rm h,1}}{f_{\rm h,1}^2 + f_{\rm h,2}^2} \tag{19.90}$$

式(19.90)中的 $f_{\rm h,1}$ 和 $f_{\rm h,2}$ 可采用求 $f_{\rm v,1}$ 和 $f_{\rm v,2}$ 相似的方法和步骤确定。如令

$$\begin{cases} F_{\rm h,1} = \dfrac{32(1-\mu)}{7-8\mu} f_{\rm h,1} \\[3mm] F_{\rm h,2} = \dfrac{32(1-\mu)}{7-8\mu} f_{\rm h,2} \end{cases} \tag{19.91}$$

当 $\mu = \dfrac{1}{3}$ 时,函数 $F_{\rm h,1}$ 和 $F_{\rm h,2}$ 随 a_0 的变化如图 19.26 所示。

如令 $\rho=0$ 时的 $f_{\rm h,1}$、$f_{\rm h,2}$ 分别以 $f_{\rm h,1}(0)$、$f_{\rm h,2}(0)$ 表示,$F_{\rm h,1}$、$F_{\rm h,2}$ 以 $F_{\rm h,1}(0)$、$F_{\rm h,2}(0)$ 表示,相应的 $K_{\rm h}(0)$ 以 $K_{\rm h,s}$ 表示,称为静刚度,则得

$$K_{\rm h,s} = Gr_0\,\frac{1}{f_{\rm h,1}(0)} \tag{19.92}$$

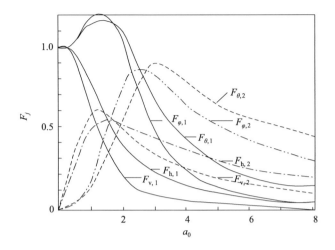

图 19.26　$F_{v,1}$、$F_{v,2}$、$F_{h,1}$、$F_{h,2}$、$F_{\varphi,1}$、$F_{\varphi,2}$、$F_{\theta,1}$、$F_{\theta,2}$ 与 a_0 的关系

或

$$K_{h,s} = \frac{32(1-\mu)}{7-8\mu} G r_0 \frac{1}{F_{h,1}(0)}$$

由于 $F_{h,1}(0)=1$，则

$$\begin{cases} K_{h,s} = \dfrac{32(1-\mu)}{7-8\mu} G r_0 \\ f_{h,1}(0) = \dfrac{7-8\mu}{32(1-\mu)} \end{cases} \tag{19.93}$$

5. 转动振动的刚度及阻抗

令作用于无质量刚盘上的绕水平轴转动的力矩 M_φ 如下：

$$M_\varphi(t) = M_{\varphi,0}\,\mathrm{e}^{ipt} \tag{19.94}$$

在 $M_\varphi(t)$ 作用下刚性圆盘绕水平轴转动振动可写成如下形式：

$$\varphi(t) = \frac{M_{\varphi,0}}{G r_0^3} f_\varphi\,\mathrm{e}^{ipt} \tag{19.95}$$

式中，f_φ 称为绕水平轴转动函数，为无量纲量。将式(19.95)代入无质量圆盘绕水平轴转动振动方程，则得

$$K_\varphi + ipC_\varphi = \frac{G r_0^3}{f_\varphi} \tag{19.96}$$

由于

$$f_\varphi = f_{\varphi,1} + f_{\varphi,2} \tag{19.97}$$

将其代入式(19.96)得

$$\begin{cases} K_\varphi = Gr_0^3 \dfrac{f_{\varphi,1}}{f_{\varphi,1}^2 + f_{\varphi,2}^2} \\[3mm] C_\varphi = -Gr_0^3 \dfrac{f_{\varphi,2}}{f_{\varphi,1}^2 + f_{\varphi,2}^2} \end{cases} \tag{19.98}$$

将 a_0 代入式(19.98)第二式,得

$$C_\varphi = -\frac{r_0^4}{a_0} \sqrt{G\rho} \, \frac{f_{\varphi,2}}{f_{\varphi,1}^2 + f_{\varphi,2}^2} \tag{19.99}$$

式(19.97)中的 $f_{\varphi,1}$ 和 $f_{\varphi,2}$ 可采用求 $f_{v,1}$ 和 $f_{v,2}$ 相似的方法和步骤确定。如令

$$\begin{cases} F_{\varphi,1} = \dfrac{8}{3(1-\mu)} f_{\varphi,1} \\[3mm] F_{\varphi,2} = \dfrac{8}{3(1-\mu)} f_{\varphi,2} \end{cases} \tag{19.100}$$

当 $\mu = \dfrac{1}{3}$ 时,函数 $F_{\varphi,1}$ 和 $F_{\varphi,2}$ 随 a_0 的变化如图 19.26 所示。相似地,可得到绕水平轴转动的静刚度 $K_{\varphi,s}$ 和相应的 $f_{\varphi,1}(0)$ 如下:

$$\begin{cases} K_{\varphi,s} = \dfrac{8}{3(1-\mu)} Gr_0^3 \\[3mm] f_{\varphi,1}(0) = \dfrac{3(1-\mu)}{8} \end{cases} \tag{19.101}$$

6. 扭转振动的刚度及阻抗

令作用于无质量刚盘上绕竖轴的扭转力矩 M_θ 如下:

$$M_\theta(t) = M_{\theta,0}\, \mathrm{e}^{\mathrm{i}pt} \tag{19.102}$$

在 $M_\theta(t)$ 作用下,刚性圆绕竖轴的扭转振动可写成如下形式:

$$\phi_\theta(t) = \frac{M_{\theta,0}}{Gr_0^3} f_\theta \, \mathrm{e}^{\mathrm{i}pt} \tag{19.103}$$

式中,f_θ 为绕竖轴扭转函数,为量纲量。将式(19.103)代入无质量圆盘绕竖轴扭转振动方程式,则得

$$K_\theta + \mathrm{i}p C_\theta = \frac{Gr_0^3}{f_\theta} \tag{19.104}$$

由于

$$f_\theta = f_{\theta,1} + \mathrm{i} f_{\theta,2} \tag{19.105}$$

将其代入式(19.104)得

$$\begin{cases} K_\theta = Gr_0^3 \dfrac{f_{\theta,1}}{f_{\theta,1}^2 + f_{\theta,2}^2} \\[3mm] C_\theta = -\, Gr_0^3 \dfrac{f_{\theta,2}}{f_{\theta,1}^2 + f_{\theta,2}^2} \end{cases} \tag{19.106}$$

将 a_0 代入式(19.106)第二式得

$$C_\theta = -\frac{r_0^4}{a_0}\sqrt{G\rho}\,\frac{f_{\theta,2}}{f_{\theta,1}^2 + f_{\theta,2}^2} \tag{19.107}$$

式(19.105)中的 $f_{\theta,1}$ 和 $f_{\theta,2}$ 可采用与求 $f_{v,1}$、$f_{v,2}$ 相似的方法和步骤确定。如令

$$\begin{cases} F_{\theta,1} = \dfrac{16}{3} f_{\theta,1} \\[3mm] F_{\theta,2} = \dfrac{16}{3} f_{\theta,2} \end{cases} \tag{19.108}$$

函数 $F_{\theta,1}$ 和 $F_{\theta,2}$ 随 a_0 的变化如图 19.26 所示。相似地,可得绕竖轴扭转的静刚度 $K_{\theta,s}$ 和相应的 $f_{\theta,1}(0)$ 如下:

$$\begin{cases} K_{\theta,s} = \dfrac{16}{3} Gr_0^3 \\[3mm] f_{\theta,1}(0) = \dfrac{3}{16} \end{cases} \tag{19.109}$$

19.5　等价的集总参数体系及分析方法

按前述,等价的集总参数体系是一个黏-质-弹体系,体系中的弹簧刚度和阻尼器的黏滞系数不随动荷载的圆频率而改变,但是其计算结果与根据半空间无限体理论建立起来的方程,如式(19.70)的计算结果相当一致。下面,把这样的黏-质-弹体系的弹簧刚度和阻尼器的黏滞系数称为等价的弹簧刚度和等价的黏滞系数。

1. 竖向振动的等价集总参数体系——Lysmer 比拟法[9]

Lysmer 研究了由半空间无限理论得到的弹簧刚度 K_v 和阻尼器黏滞系数 C_v 随 a_0 的变化,他发现,可将竖向振动的等价弹簧刚度 $K_{v,eq}$ 和 $C_{v,eq}$ 取成如下数值:

$$\begin{cases} K_{v,eq} = K_{v,s} \\[3mm] C_{v,eq} = \dfrac{3.4 r_0^2}{1-\mu}\sqrt{G\rho} \end{cases} \tag{19.110}$$

则相应体系的竖向振动方程为

$$M\ddot{W} + \frac{3.4 r_0^2}{1-\mu}\sqrt{G\rho}\,\dot{W} + \frac{4Gr_0}{1-\mu}W = P_{v,0}\,\mathrm{e}^{ipt} \tag{19.111}$$

将式(19.111)改写成如下形式:

$$\ddot{W} + \frac{1}{M} \frac{3.4 r_0^2}{1-\mu} \sqrt{G\rho} \dot{W} + \frac{1}{M} \frac{4Gr_0}{1-\mu} W = \frac{P_v}{M} e^{ipt} \tag{19.112}$$

由前述,临界黏滞系数为

$$C_r = 2\sqrt{MK_{v,eq}} = 2\sqrt{\frac{4r_0 GM}{1-\mu}}$$

则与等价黏滞系数相应的阻尼比为

$$\lambda_{v,eq} = \frac{C_{v,eq}}{C_r} = \frac{3.4 r_0^2 \sqrt{G\rho}}{1-\mu} \frac{1}{4} \sqrt{\frac{1-\mu}{r_0 GM}}$$

引进质量比

$$\begin{cases} b_v = \dfrac{M}{\rho r_0^3} \\ B_v = \dfrac{1-\gamma}{4} b_v \end{cases} \tag{19.113}$$

则得

$$\lambda_{v,eq} = \frac{0.425}{\sqrt{B_v}} \tag{19.114}$$

则式(19.112)可写成

$$\ddot{W} + 2\omega_v \lambda_{v,eq} \dot{W} + \omega_v^2 W = \frac{P_{v,0}}{M} e^{ipt} \tag{19.115}$$

式中,ω_v 为体系自振圆频率

$$\omega_v = \sqrt{\frac{4}{M} \frac{Gr_0}{1-\mu}}$$

将式(19.113)代入得

$$\omega_v = \frac{V_s}{r_0} \frac{1}{\sqrt{B_v}} \tag{19.116}$$

由式(19.78)可见

$$a_0 = \frac{1}{\sqrt{B_v}} \frac{p}{\omega_v}$$

由上述竖向振动的等价集总参数体系求得的放大系数与半空间无限体体系求得的放大系数的比较如图 19.27 所示。按前述,放大系数 β 定义为动位移幅值与静位移幅值之比,静位移幅值按式(19.117)计算:

$$W_s = \frac{P_{v,0}}{K_{v,s}} \tag{19.117}$$

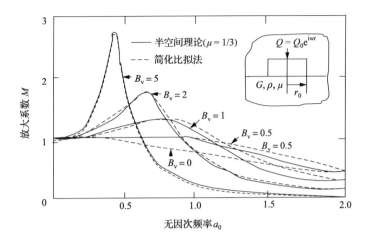

图 19.27　竖向等价集总参数体系与半空间无限体体系结果的比较

从图 19.27 可见,当 $B_v \geqslant 1.0$ 时两者是相当一致的。

2. 水平振动的等价集总参数体系——Hall 比拟法[10]

Hall 采用与 Lysmer 相似的方法,将水平振动的等价集总参数体系的弹簧刚度 $K_{h,eq}$ 和 $C_{h,eq}$ 取成如下数值:

$$\begin{cases} K_{h,eq} = K_{h,s} \\ C_{h,eq} = \dfrac{18.4(1-\mu)}{7-8\mu} r_0^2 \sqrt{G\rho} \end{cases} \tag{19.118}$$

则相应体系的水平振动方程为

$$M + \frac{18.4(1-\mu)}{7-8\mu} r_0^2 \sqrt{G\rho} + \frac{32(1-\mu)}{7-8\mu} Gr_0 = P_{h,0} e^{ipt} \tag{19.119}$$

将式(19.119)改写成如下形式:

$$\ddot{u} + \frac{1}{M} \frac{18.4(1-\mu)}{7-8\mu} r_0^2 \sqrt{G\rho} \dot{u} + \frac{1}{M} \frac{32(1-\mu)}{7-8\mu} Gr_0 u = \frac{P_{h,0}}{M} e^{ipt} \tag{19.120}$$

由前述,临界黏滞系数为

$$C_r = 2\sqrt{MK_{h,eq}} = 2\sqrt{\frac{32(1-\mu)}{7-8\mu} r_0 GM}$$

则与 $C_{h,eq}$ 相应的阻尼比为

$$\lambda_{h,eq} = \frac{C_{h,eq}}{C_r} = \frac{18.4(1-\mu)}{7-8\mu} r_0^2 \sqrt{G\rho} \frac{1}{2} \sqrt{\frac{7-8\mu}{32(1-\mu)r_0 GM}}$$

引入质量比

$$\begin{cases} b_{\mathrm{h}} = \dfrac{M}{\rho\, r_0^3} \\[2mm] B_{\mathrm{h}} = \dfrac{7-8\mu}{32(1-\mu)}b_{\mathrm{h}} \end{cases} \tag{19.121}$$

代入得

$$\lambda_{\mathrm{h,eq}} = \frac{0.288}{\sqrt{B_{\mathrm{h}}}} \tag{19.122}$$

这样,式(19.120)可改写成

$$\ddot{u} + 2\omega_{\mathrm{h}}\lambda_{\mathrm{h}}\dot{u} + \omega_{\mathrm{h}}^2 u = \frac{P_{\mathrm{h,0}}}{M}\mathrm{e}^{\mathrm{i}pt} \tag{19.123}$$

式中,ω_{h} 为体系自振圆频率

$$\omega_{\mathrm{h}} = \sqrt{\frac{1}{M}\frac{32(1-\mu)}{7-8\mu}G r_0}$$

进而可得

$$\omega_{\mathrm{h}} = \frac{1}{\sqrt{B_{\mathrm{h}}}}\frac{V_{\mathrm{s}}}{r_0} \tag{19.124}$$

及

$$a_0 = \frac{1}{\sqrt{B_{\mathrm{h}}}}\frac{\rho}{\omega_{\mathrm{h}}}$$

　　由上述水平向振动的等价集总参数体系求得的放大系数与半空间无限体体系求得的放大系数的比较如图 19.28 所示。按前述,放大系数定义为动位移幅值与静位移幅值之比。静位移幅值按式(19.125)计算:

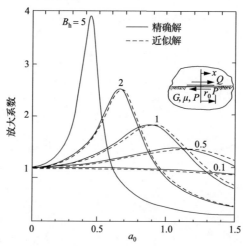

图 19.28　水平振动等价集总参数体系的结果与半空间无限体体系结果的比较

$$U_s = \frac{P_{h,0}}{K_{h,s}} \tag{19.125}$$

由图 19.28 可见,两者是相当一致的。

3. 转动振动的等价集总参数体系——Hall 比拟法[10]

Hall 将转动振动的等价集总参数体系中等价弹簧刚度 $K_{\varphi,eq}$ 和黏滞系数 $C_{\varphi,eq}$ 分别取成如下形式:

$$\begin{cases} K_{\varphi,eq} = K_{\varphi,s} \\ C_{\varphi,eq} = \dfrac{0.80 r_0^4 \sqrt{G\rho}}{(1-\mu)(1+B_\varphi)} \end{cases} \tag{19.126}$$

式中

$$\begin{cases} b_\varphi = \dfrac{I_\varphi}{\rho r_0^5} \\ B_\varphi = \dfrac{3(1-\mu)}{8} b_\varphi \end{cases} \tag{19.127}$$

则相应体系的转动振动方程为

$$I_\varphi \ddot{\varphi} + \frac{0.80 r_0^4 \sqrt{G\rho}}{(1-\mu)(1+B_\varphi)} \dot{\varphi} + \frac{8 G r_0^3}{3(1-\mu)} \varphi = M_{\varphi,0} \, e^{ipt} \tag{19.128}$$

将式(19.128)改写成如下形式:

$$\ddot{\varphi} + \frac{1}{I_\varphi} \frac{0.80 r_0^4 \sqrt{G\rho}}{(1-\mu)(1+B_\varphi)} \dot{\varphi} + \frac{1}{I_\varphi} \frac{8 G r_0^3}{3(1-\mu)} \varphi = \frac{M_{\varphi,0}}{I_\varphi} e^{ipt} \tag{19.129}$$

由前述,临界黏滞系数为

$$C_r = 2\sqrt{I_\varphi K_{\varphi,eq}} = 2\sqrt{I_\varphi \frac{8 G r_0^3}{3(1-\mu)}}$$

则与 $C_{\varphi,eq}$ 相应的阻尼比

$$\lambda_{\varphi,eq} = \frac{C_{\varphi,eq}}{C_r} = \frac{0.80 r_0^4 \sqrt{G\rho}}{(1-\mu)(1+B_\varphi)} \frac{1}{2} \sqrt{\frac{3(1-\mu)}{8 G r_0^3 I_\varphi}}$$

将式(19.127)代入得

$$\lambda_{\varphi,eq} = \frac{0.15}{(1+B_\varphi)\sqrt{B_\varphi}}$$

这样,式(19.132)可改写成如下形式:

$$\ddot{\varphi} + 2\lambda_{\varphi,eq} \omega_\varphi \dot{\varphi} + \omega_\varphi^2 \varphi = \frac{M_{\varphi,eq}}{I_\varphi} e^{ipt} \tag{19.130}$$

式中，ω_φ 为体系自振圆频率

$$\omega_\varphi = \sqrt{\frac{1}{I_\varphi} \frac{8Gr_0^3}{3(1-\mu)}}$$

将式(19.127)代入得

$$\omega_\varphi = \frac{V_s}{r_0} \frac{1}{\sqrt{B_\varphi}} \tag{19.131}$$

及

$$a_0 = \frac{1}{\sqrt{B_\varphi}} \frac{\rho}{\omega_\varphi}$$

由上述转动振动等价集总参数体系求得的放大系数与半空间无限体体系求得的放大系数的比较如图 19.29 所示。按前述，放大系数定义为动位移幅值与静位移幅值之比。静位移幅值 φ_s 按式(19.132)计算：

$$\varphi_s = \frac{M_{\varphi,0}}{K_{\varphi,s}} \tag{19.132}$$

由图 19.29 可见，两者是相当一致的。

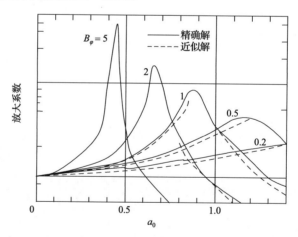

图 19.29　转动振动等价集总参数体系的结果与半空间无限体体系结果的比较

4. 扭转振动的等价集总参数体系

振扭转动等价集总参数体系的等价弹簧刚度 $K_{\theta,eq}$ 和等价黏滞系数 $C_{\theta,eq}$ 可分别取成如下形式：

$$\begin{cases} K_{\theta,eq} = K_{\theta,s} \\ C_{\theta,eq} = \dfrac{\sqrt{K_{\theta,s} I_\theta}}{1 + 2b_\theta} \end{cases} \tag{19.133}$$

式中

$$b_\theta = \frac{I_\theta}{\rho r_0^5} \tag{19.134}$$

则相应体系的扭转振动方程为

$$I_\theta \ddot{\theta} + \frac{\sqrt{k_\theta I_\theta}}{1 + 2b_\theta} \dot{\theta} + \frac{16}{3} r_0^3 G\theta = M_{\theta,0}\, e^{ipt} \tag{19.135}$$

由前述

$$C_r = 2\sqrt{I_\theta K_\theta}$$

则与 $C_{\theta,\mathrm{eq}}$ 相应的阻尼比为

$$\lambda_{\theta,\mathrm{eq}} = \frac{\sqrt{K_\theta I_\theta}}{1 + 2b_\theta} \frac{1}{2\sqrt{K_\theta I_\theta}} = \frac{0.5}{1 + 2b_\theta} \tag{19.136}$$

这样,式(19.135)可改写成

$$\ddot{\theta} + 2\lambda_{\theta,\mathrm{eq}}\omega_\theta \dot{\theta} + \omega_\theta^2 \theta = \frac{M_\theta}{I_\theta} e^{ipt} \tag{19.137}$$

式中,ω_θ 为体系自振圆频率

$$\omega_\theta = \sqrt{\frac{16}{3} \frac{r_0^3 G}{I_\theta}}$$

将式(19.135)代入得

$$\omega_\theta = \frac{V_s}{r_0} \frac{1}{\sqrt{B_\theta}} \tag{19.138}$$

式中

$$B_\theta = \frac{3}{16} b_\theta \tag{19.139}$$

及

$$a_0 = \frac{\rho}{\omega_\theta} \frac{1}{\sqrt{B_\theta}}$$

5. 等价集总参考体系汇总

按上所述,各种振动形式的等价集总参数体系的等价弹簧刚度和等价阻尼比可以汇总成表 19.2。

表 19.2   等价集总参数体系的弹簧刚度和阻尼比

振动形式	等价弹簧刚度	等价阻尼比
竖向振动	$\dfrac{4}{1-\mu}Gr_0$	$\dfrac{0.425}{\sqrt{B_v}}$
水平振动	$\dfrac{32(1-\mu)}{7-8\mu}Gr_0$	$\dfrac{0.288}{\sqrt{B_h}}$
转动振动	$\dfrac{8}{3(1-\mu)}Gr_0^3$	$\dfrac{0.15}{(1+B_\varphi)\sqrt{B_\varphi}}$
扭转振动	$\dfrac{16}{3}Gr_0^3$	$\dfrac{0.5}{1+2b_\theta}$

19.6   影响地基刚度和阻抗的因素

前面,对均质弹性半空间无限体理论的表述是在如下两个条件下进行的:刚性盘的形状为圆形;刚性盘放置在半空间无限体表面。

实际上,动力机械基础底面的形状不一定是圆形的,如可以是正方形、长方形或多边形;动力机械基础也不会放置在半空间表面,总要有一定的埋深。此外,动力机械基础之下的土层的厚度总是有限的,土层越厚,越接近半空间无限体。那么,土层需要多厚才能应用上述半空间无限体的解呢? 下面,来讨论这三个问题。

1. 基础形状的影响

矩形是工程上常用的基础形状。埃洛特等采用均质弹性半空间理论分别估算了长宽比 c/d 为 1 和 2 两种情况下的位移函数 $f_{v,1}$ 和 $f_{v,2}$ 与 a_0 的关系,如图 19.24 中的实线所示。其中,a_0 按式(19.140)确定:

$$a_0 = \frac{\omega d}{V_s} \tag{19.140}$$

如果将矩形转换成等面积的圆,可以得到一个等价的半径 $r_{0,eq}$,按沈和白克劳夫特的方法可求得与等价半径 $r_{0,eq}$ 相应的 $f_{v,1}$ 和 $f_{v,2}$ 与 a_0 的关系,如图 19.25 相应曲线所示。其中,a_0 按下式确定:

$$a_0 = \frac{\omega r_{0,eq}}{V_s}$$

从图 19.25 可见,这些曲线大致相同。因此,当按半空间无限体体系分析时,可将矩形转换成等效半径为 $r_{0,eq}$ 的圆来近似分析。适用条件为矩形的长宽比 $c/d \leqslant 2.0$。显然,对于不同的振动形式,与矩形相应的等价圆半径 $r_{0,eq}$ 不同,表 19.3 给出了不同振动形式的等价圆半径 $r_{0,eq}$ 的确定公式。

表 19.3 矩形的等价圆半径

振动形式	$r_{0,\text{eq}}$	说明
竖向振动	$r_{0,\text{eq}} = \sqrt{\dfrac{4cd}{\pi}}$	
水平振动	$r_{0,\text{eq}} = \sqrt{\dfrac{4cd}{\pi}}$	
转动振动	$r_{0,\text{eq}} = \sqrt[4]{\dfrac{16cd^3}{3\pi}}$	绕与 d 边垂直的轴转动
扭转振动	$r_{0,\text{eq}} = \sqrt[4]{\dfrac{16cd(c^2+d^2)}{6\pi}}$	

因此,如果采用等价集总参数体系进行分析,则可将矩形转换成等价的圆形,按半径为等价半径的圆进行分析。等价半径根据基础的运动形式按表 19.3 确定。

此外,矩形基础的等价集总参数体系的弹簧刚度,即弹性半空间弹簧的静刚度,也可按表 19.4 确定,其中的 β 为不同振动形式相应的形状影响系数,可根据矩形的边长比 d/c 由图 19.30 所示的曲线确定。在此请注意,转动轴与矩形的 d 边垂直。

表 19.4 在弹性半空间表面上矩形刚性盘地基弹簧静刚度[1]

振动形式	弹簧刚度	说明
竖向振动	$K_{v,s} = \dfrac{G}{1-\mu}\beta_v\sqrt{4cd}$	c、d 分别为基础底面的 $\dfrac{1}{2}$ 宽度和
水平向振动	$K_{h,s} = 4(1+\mu)G\beta_h\sqrt{cd}$	长度;β_v、β_h 和 β_φ 由图 19.30 确定
转动振动	$K_{\varphi,s} = \dfrac{G}{1-\mu}\beta_\varphi 8cd^3$	

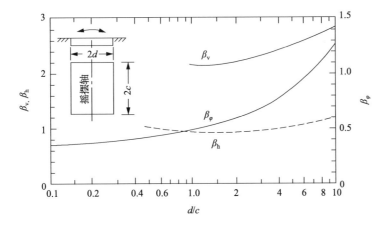

图 19.30 表 19.4 中形状影响系数与矩形边长比 d/c 的关系

2. 基础埋深的影响

图 19.31 给出了放置在半空间无限体表面的基础竖向刚度 K_v 与埋深为 H 的基础的竖向刚度 $K_{v,h}$ 的比较[11]。从直观上可看出，对于有一定埋深的基础，其运动不仅受到其底面 a-a 以下无限土体的抵抗，还会受到其底面以上周围土层的抵抗。因此可判断，基础埋深的影响增加了地基弹簧的刚度和黏滞系数。从能量而言，对于有一定埋深的基础，基础运动的能量一部分传递给 a-a 面以上的土层，一部分传给 a-a 面以下的无限土体。这样，与放置在半空间表面的基础相比较，传递给 a-a 面以下无限土体的能量减小了，基底面的变形也随之减小，相应的地基刚度则随之增加。应指出，基础不仅通过其侧向边界将能量传递给 a-a 面以上其周围的土层，还会通过底面将能量传递给 a-a 面以上其周围的土层。这样，即使基础与 a-a 面以上土层不直接接触，在基础与其周围土层的侧面没有力的传递，其地基弹簧刚度及黏滞系数也会增加。

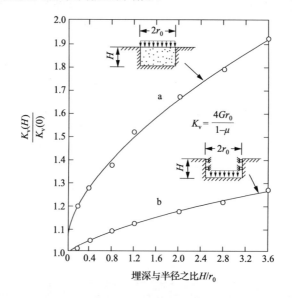

图 19.31 埋深对竖向振动弹簧刚度的影响

1）基础埋深对竖向振动地基弹簧刚度的影响

卡尔德采用有限元法研究了埋深的影响，他分析了图 19.31 所示的两种情况。情况 a 相应于考虑侧向边界和基底两种传递作用的影响；情况 b 相应于只考虑基底传递作用的影响。图 19.31 给出了两种情况下基础埋深为 H 时的竖向振动弹簧静刚度 $K_v(H)$ 与基础放置在表面时的静刚度 $K_v(0)$ 的比值与基础埋深比 H/r_0 的关系。从图 19.31 可见，无论哪种情况，其静刚度比均随埋深比的增加而增加。但是，底面传递的影响只占总影响 20%～30%，侧面传递的影响占 70%～80%。显然，侧面的影响是更主要的。图 19.31 所示的结果为考虑基础埋深对竖向振动弹簧刚度的影响提供了指导。当分析埋深为 H 的基础振动时，可将其视为放置在表面上的基础。然后根据埋深由图 19.31 确定出相应刚度比及相应的将基础放置于表面时的刚度再进行分析。

2) 基础埋深对几何阻尼的影响

上面,表述了基础埋深对地基弹簧刚度的影响,地基的弹簧刚度随埋深而增大。基础埋深除对地基弹簧刚度影响,还对地基土体几何阻尼有相当的影响。由于基础的侧面与 a-a 面以上的土层相接触,则基础向土体传递能量的面积增加了。这样,基础运动的能量可以更多地向外传播出去。相应地,增加了地基土体的几何阻尼,以及相应的阻尼器的黏滞系数和阻尼比。基础埋深使地基弹簧刚度增加,应表现在共振频率的增加,而基础埋深地基几何阻尼增大,则应表现在共振时振幅的减小。总的来说,部分埋深基础的共振频率增高了而共振时振幅减小了。对于在机械设计标准范围内的振动,埋深可使振幅减小 10%~25%。应指出,这样数量的减小是由埋深使刚度和阻尼均有所增加共同影响的。但是,埋深对各种振动形式的几何阻尼的定量影响尚待进一步研究。

3) 基础埋深对水平和转动交联振动的影响

基础埋深对水平和转动交联振动的影响更为重要。从理论上可以推断,基础埋深对水平和转动交联振动的影响也应包括侧向边界传递和底面传递两种。但是,关于基础埋深对水平和转动交联振动的影响研究还没有如图 19.31 那样的结果。根据上述埋深对基础振动影响的两种机制,可采用如下两种相应的方法来考虑埋深对水平和转动交联振动的影响。

(1) 按将基础放置表面情况确定地基弹簧刚度,然后乘以一个大于 1.0 的系数,以考虑基底面传递的影响。在没有进一步研究结果时,参照上述基底传递对竖向振动的研究结果,可以将这个系数取为 1.2~1.3。

(2) 在基础与土接触的侧面中心点上设置一个抵抗水平变形的弹簧和阻尼器以及抵抗转动变形的弹簧和阻尼器,如图 19.32 所示,来模拟 a-a 面以上基础周围土层对基础的作用,以考虑侧面传递的影响。根据文献[12]的研究结果,抵抗水平变形的弹簧刚度和阻尼器的黏滞系数可按式(19.141)确定:

$$\begin{cases} K_{\mathrm{h,s}} = K_{\mathrm{h,s}}(0) \dfrac{H}{r_0} k_{\mathrm{h,s}} \\ C_{\mathrm{h,s}} = K_{\mathrm{h,s}}(0) \dfrac{H}{r_0} a_0 c_{\mathrm{h,s}} \end{cases} \tag{19.141}$$

式中

$$K_{\mathrm{h,s}}(0) = G_{\mathrm{d}} r_0 \tag{19.142}$$

$K_{\mathrm{h,s}}$ 和 $C_{\mathrm{h,s}}$ 与 a_0 有关,按表 19.5 确定。抵抗转动变形的弹簧刚度和阻尼器黏滞系数按式(19.143)确定:

$$\begin{cases} K_{\varphi,\mathrm{s}} = K_{\varphi,\mathrm{s}}(0) \dfrac{H}{r_0} k_{\varphi,\mathrm{s}} \\ C_{\varphi,\mathrm{s}} = K_{\varphi,\mathrm{s}}(0) \dfrac{H}{r_0} a_0 c_{\varphi,\mathrm{s}} \end{cases} \tag{19.143}$$

式中

$$K_{\varphi,s}(0) = G_d r_0^3 \tag{19.144}$$

$k_{\varphi,s}$ 和 $c_{\varphi,s}$ 按表 19.5 确定。式(19.142)和式(19.144)中的 G_d 为 a-a 面以上土层的动剪切模量。

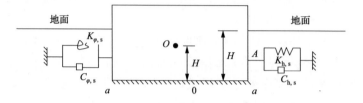

图 19.32　a-a 面以上基础周围土层对基础的作用

表 19.5　$k_{h,s}$、$c_{h,s}$ 及 $k_{\varphi,s}$、$c_{\varphi,s}$ 的确定

μ	公式	使用范围	参数的常值
0.0	$k_{h,s} = 153a_0 - 3630a_0^2 + 3948a_0^3 - 1934a_0^4 + 3488a_0^5$	$0 \leqslant a_0 \leqslant 0.2$	$k_{h,s} = 3.60$
	$k_{h,s} = 0.2328a_0 + \dfrac{3.609a_0}{a_0 + 0.06159}$	$0.2 \leqslant a_0 \leqslant 1.5$	
	$c_{h,s} = 7.334a_0 + \dfrac{0.8652a_0}{a_0 + 0.008704}$	$0 \leqslant a_0 \leqslant 1.5$	$c_{h,s} = 8.20$
0.25	$k_{h,s} = -1.468\sqrt{a_0} + 5.662\sqrt[4]{a_0}$	$0 \leqslant a_0 \leqslant 0.20$	$k_{h,s} = 4.00$
	$k_{h,s} = 2.474 + 4.119a_0 - 4.320a_0^2 + 2.057a_0^3 - 0.362a_0^4$	$0.20 \leqslant a_0 \leqslant 2.0$	
	$c_{h,s} = 0.830a_0 + \dfrac{41.59a_0}{3.90 + a_0}$	$0 \leqslant a_0 \leqslant 1.5$	$c_{h,s} = 9.10$
0.40	$k_{h,s} = -1.796\sqrt{a_0} + 6.539\sqrt[4]{a_0}$	$0 \leqslant a_0 \leqslant 0.2$	$k_{h,s} = 4.10$
	$k_{h,s} = 2.824 + 4.776a_0 - 5.539a_0^2 + 2.445a_0^3 - 0.394a_0^4$	$0.20 \leqslant a_0 \leqslant 2.0$	
	$c_{h,s} = 0.96a_0 + \dfrac{56.55a_0}{4.68 + a_0}$	$0 \leqslant a_0 \leqslant 1.5$	$c_{h,s} = 10.60$
全部 μ 值	$k_{\varphi,s} = 3.142 - 0.4215a_0 - 4.209a_0^2 + 7.165a_0^3 + 4.667a_0^4 + 1.093a_0^5$	$0 \leqslant a_0 \leqslant 1.5$	$k_{\varphi,s} = 2.50$
	$c_{\varphi,s} = 0.0144a_0 + 5.2363a_0^2 - 4.177a_0^3 + 1.643a_0^4 + 0.2542a_0^5$		$c_{\varphi,s} = 1.80$

在此应注意,由于抵抗水平变形的弹簧和阻尼器的反力作用于地基与土层接触面的中心点 A 上,则 A 点的水平变形为

$$u_A = u_0 + \left(H_0 - \frac{H}{2}\right)\varphi$$

式中,u_0、H_0 分别为刚块质心的高度和水平位移。

由于 A 点与刚块质心不在同一高度上,所以,抵抗水平变形的弹簧和阻尼器的反力相对于刚块质心将产生一个力矩。当相对于刚块质心建立力矩平衡方程时必须考虑这个力矩作用。

3. 基底面以下土层厚度的影响

在许多情况下,土层的厚度是有限的,其下为基岩,与前述的均质弹性半空间无限体有较大的不同。在这种情况下,可以将动力机械地基基础简化成放置在表面上的刚块、厚度为 H 的土层,以及其下为无限刚性的半无限体体系,如图 19.33 所示。图 19.33 所示的体系与前述的均质弹半空间无限体体系相比较有如下两点不同。

(1) 由于在土层之下为无限刚性的半无限体不发生变形,所以图 19.33 所示体系的地基弹簧刚度增大了。相应地,该体系的共振频率应随之增高。

(2) 当刚块发生运动时,通过其下土层发散出去的能量在其下无限刚性半无限体表面发生反射,又反馈到土层中。这样,图 19.33 所示体系散发出去的能量减小。相应地,该体系的几何阻尼及阻尼比减小了,共振时的振幅应随之增大。

以上就是基底面以下土层厚度的影响及机制。土层厚度 H 越小,其影响则越大。

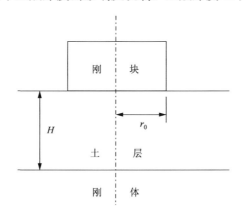

图 19.33　地基为有限厚度土层的情况

1) 有限土层厚度对竖向振动的影响

(1) 对地基弹簧刚度的影响。

Bycroft[6] 采用位于弹性层表面上的无质量圆形刚盘振动理论研究了有限土层厚度对竖向振动的影响。他在研究中,采用上述刚性基底压力分布,假定几个厚度比 H/r_0,计算了相应的基底面的平均静位移 Z_s,并求出了与前述均质半空间无限体体系的平均静位移 $Z_{s,\infty}$ 之比,如图 19.34 所示。该比值的倒数即为土层为 H 的地基弹簧静刚度 K_s,其与前述均质半空间无限体体系地基弹簧刚度 $K_{s,\infty}$ 之比,如图 19.34 中虚线所示。从图 19.34可见,弹簧刚度比均大于 1.0,并且当土层厚度比趋于零时,刚度比趋于无限大。但是,在土层厚度比从 0 到 2 范围内,刚度比迅速下降到 1.5 左右,然后逐渐趋于 1.0。

假定几个厚度比 H/r_0 对不同的质量比 b 求解出相应的自振频率(即共振频率)及相应的无量纲频率 a_0,然后,绘制出不同厚度比 H/r_0 时质量比 b 与相应的共振无量纲频率 a_0 的关系线,如图 19.35 所示[13]。从图 19.35 可见,共振无量纲频率随厚度比的减小而

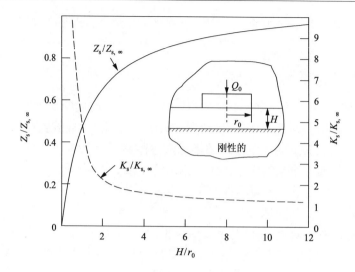

图 19.34 土层厚度比对地基弹簧刚度的影响

增大。从地基弹簧刚度的影响而言,从图 19.34 和图 19.35 均可看出,当 $H/r_0 \geqslant 3$ 时,可将有限厚度土层视为半空间无限体。

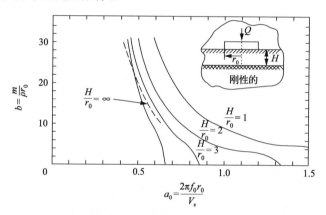

图 19.35 土层厚度比对竖向振动共振无量纲频率的影响

(2) 对地基几何阻尼的影响。

Warburton 还假定不同的层厚比和质量比计算了共振时的放大系数。表 19.6 给出了 $\mu = \dfrac{1}{4}$ 时层厚比对共振时放大系数的影响。从表 19.6 可见,当层厚比大于 2 时,共振时放大系数随层厚比的减小而增加。但是,表 19.6 给出的共振时放大系数值非常大。必须指出,这样大的放大系数不仅是由层厚比减小,几何阻尼随之减小引起的,也是由层厚比的减小,地基弹簧刚度增加,相应的静位移减小引起的。前面曾指出,当层厚比大于 3 时,地基弹簧刚度相当接近半空间无限体体系的地基弹簧刚度。在这种情况下,放大系数的增大应主要是几何阻尼减小引起的。从表 19.6 所示的结果可见,当层厚比大于 3 时,其共振时的放大系数仍高于按半空间无限体系确定的放大系数。这表明,从层厚比对几何阻尼的影响而言,只有当层厚比更大时才能将其视为半空间无限体。

表 19.6　层厚比对放大系数的影响 $\left(\mu=\dfrac{1}{4}\right)$

$\dfrac{H}{r_0}$	共振时放大系数				
	$b=0$	$b=5$	$b=10$	$b=20$	$b=30$
1	∞	5.0	11.4	29.5	28.9
2	∞	8.0	16.1	30.6	40.8
3	∞	4.7	9.5	23.7	36.0
4	∞	3.4	5.9	15.6	27.9
∞	1.0	1.21	1.60	2.22	2.72

应指出,Warburton 的研究没有考虑材料的内阻尼。在实际工程问题中,必须考虑土层的内阻尼。如果考虑了土层的内阻尼,层厚比对放大系数的影响将会减小,不会像表 19.6 所示的那么大。

2) 有限土层厚度对扭转振动的影响

Arnold 等[14]和 Bycroft[6]根据放置在弹性层表面上刚性圆盘振动理论研究了土层厚度对扭转振动的影响。与竖向振动相似,求得了质量比 B_θ 与共振无量纲频率 a_0 之间的关系线,如图 19.36 所示。从图 19.36 可见,随层厚比的减小,共振无量纲频率增加了。这表明,相应的地基弹簧刚度也随之增加了。同时,从图 19.36 还可见,当 $H/r_0 \geqslant 1.0$ 时,共振无量纲频率的增加很小,即从层厚比对地基弹簧刚度的影响而言,当 $H/r_0 \geqslant 1.0$ 时就可将有限土层视为半空间无限体。在扭转振动情况下,这个层厚比要比在竖向振动情况下相应的层厚比小。

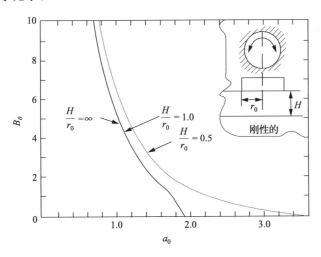

图 19.36　层厚比对扭转振动共振无量纲频率的影响

另外,还给出了层厚比对共振时放大系数的影响。对于无质量的刚性圆盘,即 $B_\theta=0$ 情况,层厚比对共振的放大系数的影响如下:当 $H/r_0=0.5$ 时,放大系数等于 2.6;当 $H/r_0=1.0$ 时,放大系数等于 1.6;当 $H/r_0=\infty$ 时,放大系数等于 1.0。

从上述资料可见,放大系数随层厚比的减小而增加。由于层厚比大于 1.0 时,扭转振动的地基弹簧刚度增加很小,所以当层厚比大于 1.0 时放大系数的增加主要是地基几何阻尼减小引起的。

19.7　冲击荷载下地基基础的振动

前面表述了旋转式和往返式机械地基基础体系的振动问题,这种机械产生的周期性荷载可以用 Pe^{ipt} 来表示。下面,来表述冲击式机械地基基础体系的振动问题。这类机械产生的动荷载是冲击荷载,其体系的振动是由冲击荷载作用引起的。

1. 冲击式机械地基基础体系及简化

重锤是一种主要的冲击式机械。以重锤地基基础体系为例,该体系由如下几部分组成:地基土体;刚性基础块;砧座;设置在刚性基础块和砧座之间的弹性垫层;机架,可设置在刚性基础块或砧座上;重锤,分为落锤或气动锤。

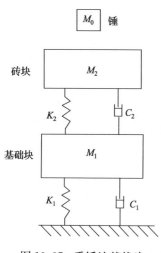

图 19.37　重锤地基基础
体系的简化

在该体系中,地基土体可简化成并联的弹簧和阻尼器,弹簧刚度 K_1 和阻尼器的黏滞系数 C_1 可按前述方法确定。刚性基础放置在并联的弹簧和阻尼器上。在确定刚性基础块质量 M_1 时,如果机架设置在其上,则应将机架的质量计入。砧座可假定为刚性块,在确定其质量 M_2 时,如果机架设置在其上,则应将机架的质量计入。设置在刚性基础块和砧座之间的弹性垫层可简化成并联的弹簧和阻尼器,其刚度和黏滞系数分别为 K_2 和 C_2。这样,重锤地基基础体系可简化为如图 19.37 所示的分析体系。从 19.37 可见,这个体系是一个两自由度体系,这是与前面讨论的机械地基基础体系的一个不同点。在图 19.37 所示的分析体系中,地基弹簧刚度 K_1 和阻尼器黏滞系数 C_1 可按前述的弹床系数法、半空间无限体理论或等价集总参数法确定。垫层弹簧的刚度系数 K_2 按式(19.145)确定:

$$K_2 = E\frac{b}{A_2} \tag{19.145}$$

式中,b、A_2 分别为垫层厚度及面积;E 为垫层材料的弹性模量;黏滞系数 C_2 按式(19.146)确定:

$$C_2 = cA_2 \tag{19.146}$$

式中,c 为垫层材料的单位面积黏滞系数。

2. 简化体系的求解方程

简化体系的求解方程可由质量块 M_1 和 M_2 的竖向动力平衡建立,其具体形式如下:

$$\begin{cases} M_1\ddot{W}_1 + C_1\dot{W}_1 + C_2(\dot{W}_1 - \dot{W}_2) + K_1 W_1 + K_2(W_1 - W_2) = 0 \\ M_2\ddot{W}_2 + C_2(\dot{W}_2 - \dot{W}_1) + K_2(W_2 - W_1) = P(t) \end{cases} \tag{19.147}$$

式中，W_1、$\dot{W}_1$、$\ddot{W}_1$ 和 W_2、$\dot{W}_2$、$\ddot{W}_2$ 分别为刚块 M_1 和刚块 M_2 的位移、速度和加速度；$P(t)$ 重锤对砧座的锤击力。

3. 重锤锤击作用的考虑

在分析中，重锤的锤击作用可按如下两种方法考虑。

(1)确定在锤击的作用下砧座上的动力时程，并将其作为式(19.147)第二式的 $P(t)$ 代入体系的求解方程中。采用这种方法来考虑锤击作用，实际上认为体系在强迫力 $P(t)$ 作用下发生强迫振动，尽管 $P(t)$ 的作用时间很短。图 19.1 给出了一条实测 $P(t)$ 时程曲线。但是，正像前面指出的那样，对一个实际工程问题，确定相应的 $P(t)$ 时程曲线是一项困难的工作。

如果采用这种方法考虑锤击作用，在求解方程式(19.147)时，其初始条件如下：

$$\begin{cases} W_1 = 0, \quad W_2 = 0 \\ \dot{W}_1 = 0, \quad \dot{W}_2 = 0 \end{cases} \tag{19.148}$$

采用上述这种考虑锤击作用的方法，对图 19.1 的模型试验进行了分析。对于图 19.1(a)所示的试验模型，分析体系图 19.37 退化成单质点体系，即没有 M_2、K_2、C_2，图 19.1(b)所示的冲击力 $P(t)$ 直接施加于 M_1 上。其求解方程为

$$M_1\ddot{\omega}_1 + C_1\dot{\omega}_1 + K_1\omega_1 = P(t) \tag{19.149}$$

简化分析体系的有关参数如下：圆形基础半径 $r_0 = 6\text{in}$；刚性基础块质量 $W_1 = 150\text{lb}$；地基土(砂)的重力密度 $\gamma = 109\text{lb/ft}^3$；地基土剪切模量 $G = 3400\text{lb/in}^2$；地基土泊松比 $\mu = 0.25$；地基弹簧静刚度 $K_1 = \dfrac{4Gr_0}{1-\mu} = 108800\text{lb/in}$；修正质量比 $B = \dfrac{1-\mu}{4}\dfrac{W_1}{\gamma r_0} = 2.07$；阻尼比 $\lambda = \dfrac{0.245}{\sqrt{B}}$。

采用逐步积分法求解式(19.149)可得刚性基础块的位移时程和加速度时程曲线，如图 19.38 所示，图 19.38 中还给出了实测的加速度时程曲线。比较可见，计算与实测结果相当一致。这表明，如果能正确地确定冲击荷载 $P(t)$ 的时程曲线，采用这种方法考虑冲击作用可以得到满意的结果。

(2) 将锤击作用视为一种扰动，图 19.37 所示的简化体系在这个扰动作用下处于一种初始运动状态。锤击作用后，扰动解除，体系发生自由振动。当按式(19.147)求解体系自由振动时，将扰动作用下体系的初始运动状态作为初始条件。由于确定冲击力 $P(t)$ 时程的困难，在工程实际问题中通常采用这种方法考虑冲击作用。

按上述，这种方法考虑锤击作用的关键步骤是确定在锤击作用下简化体系所处的初始运动状态。重锤对砧座的作用可视为一个撞击问题。按撞击问题的基本原理，撞击前后两碰撞物体的动量之和不变。设 $V_{T,i}$、$V_{T,a}$ 分别为撞击前后锤的运动速度，V_a 为撞击后

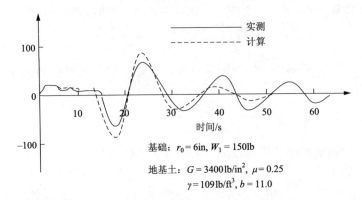

图 19.38 受冲击作用的地基基础实验模型的计算与实测结果

砧块的速度,由于撞击前砧块的运动速度等于零,由碰撞问题的基本原理得

$$M_0 V_{\mathrm{T,i}} = M_0 V_{\mathrm{T,a}} + M_2 V_\mathrm{a} \tag{19.150}$$

式中,撞击前锤的速度 $V_{\mathrm{T,i}}$ 可根据锤的类型按下述方法确定。

① 落锤

$$V_{\mathrm{T,i}} = \eta \sqrt{2gh} \tag{19.151}$$

式中,h 为锤的落距;η 为落锤效率,可取 0.9。

② 气动锤

$$V_{\mathrm{T,i}} = \eta \sqrt{2gh \frac{P_\mathrm{M} A_\mathrm{C} + W_0}{W_0}} \tag{19.152}$$

式中,h 为落下部分的最大行程;P_M 为气缸最大进气压力;A_C 为气缸活塞面积;W_0 为垂落下部分的重量;η 为落锤效率,根据巴尔干对双动锤的现场实测资料,η 在 $0.45 \sim 0.8$,平均可取 0.65。这样,式(19.150)左端是已知的,但其右端锤击后锤的速度 $V_{\mathrm{T,a}}$ 和砧座的速度 V_a 均是未知的。因此,还必须引入另外一个关系式。根据撞击定律,两个相互碰撞的物体,碰撞后的相对速度与碰撞前相对速度之比,称为撞击系数,以 e 表示,则

$$e = \frac{V_\mathrm{a} - V_{\mathrm{T,a}}}{V_{\mathrm{T,i}}}$$

将其代入式(19.150)得

$$V_\mathrm{a} = V_{\mathrm{T,a}} \frac{1 + e}{1 + \dfrac{W_2}{W_0}}$$

撞击系数 e 取决于锻件的温度,以及锤头和钻头材料的塑性。在锤击中锻件温度降低,锻件变硬,e 增大接近 0.5。

如果 e 已知,则可求出锤击后砧块的速度 V_a 如下:

$$V_a = V_{T,i} \frac{1+e}{1+\dfrac{W_2}{W_0}} \tag{19.153}$$

式中，e 取决于锤和砧座材料弹性性质及锤件的温度。巴尔干建议，e 取 0.5。这样，可将由式(19.153)确定的锤击后砧座的运动速度 V_a 作为刚块 M_2 的初始运动速度 $\dot{w}_2$。

由于锤击后，简化分析体系处于自由运动状态，则方程为

$$\begin{cases} M_1 \ddot{w} + C_1 \dot{w}_1 + C_2(\dot{w}_1 - \dot{w}_2) + K_1 w_1 + K_2(w_1 - w_2) = 0 \\ M_2 \ddot{w}_2 + C_2(\dot{w}_2 - \dot{w}_1) + K_2(w_2 - w_1) = 0 \end{cases} \tag{19.154}$$

求解的初始条件如下：

$$\begin{cases} w_1 = 0, \quad \dot{w}_1 = 0 \\ w_2 = 0, \quad \dot{w}_2 = V_a \end{cases}$$

同样，采用逐步积分法可求得由锤击引起的刚性块 M_1 和 M_2 的自由振动时程曲线。

在设计时，通常只需要确定体系的自由频率和最大运动幅值。对于自由振动，其最大幅值为第一个幅值。由于阻尼对自由振动的频率及最大运动幅值的影响可以忽略不计，则自由振动方程式(19.154)可简化为

$$\begin{cases} M_1 \ddot{w}_1 + K_1 w_1 + K_2(w_1 - w_2) = 0 \\ M_2 \ddot{w}_2 + K_2(w_2 - w_1) = 0 \end{cases} \tag{19.155}$$

19.8　动力机械桩基基础的振动

当场地土层条件较差时，动力机械基础往往采用桩基础。桩基的荷载-位移曲线表明，桩基的抵抗力的发挥随变形的增大而增加。但是，动力机械的桩基允许运动位移很小。因此，桩必须在很小的运动位移下发挥必要的抵抗力，否则它是无效的。这就是说，对于动力机械的桩基，重要的是确定其刚度，而对于一般桩基，重要的是确定其承载力。

桩基的抵抗是由周围土的支承提供的，与土的动力性能有关。由前述可知，土的动力性能取决于所受的动力作用水平，即剪应变的大小。在动力机械基础下的土通常处于小变形工作状态，基本上显示出近似弹性性能。因此，可用弹性解来估计动力机械桩基的反应。

动力机械桩基基础体系通常简化成黏-质-弹体系。因此，对于动力机械桩基基础振动问题，关键的工作是确定桩基的弹簧刚度、阻尼器的黏滞系数或阻尼比，以及放置在并联的弹簧和阻尼器之上的刚性块的质量或相应的质量矩。关于这些参数的确定方法表述如下。

1) 刚性块质量或相应的质量矩

由于桩基的刚度很大，其上部的振动相位与承台、基础块以及设备的振动相位可视为相同。因此，在确定桩基的刚性块质量时，除计入承台、基础块和设备的质量，还应计入桩基的一部分质量。这部分质量称为参振当量质量，以 M_b 表示，并按式(19.156)确定：

$$M_{\mathrm{b}} = L_{\mathrm{r}} ab \frac{F}{g} \tag{19.156}$$

式中，a、b 为承台的长度和宽度；L_{r} 为参考长度，与桩长 L 有关，当 $L \leqslant 10\mathrm{m}$ 时，$L_{\mathrm{r}} = 1.8\mathrm{m}$，当 $L \geqslant 15\mathrm{m}$ 时，$L_{\mathrm{r}} = 2.4\mathrm{m}$，当 $10\mathrm{m} < L < 15\mathrm{m}$ 时，$L_{\mathrm{r}} = 1.8 + 0.12(L_{\mathrm{r}} - 10)\mathrm{m}$；$F$ 为土和桩平均重力密度，可近似取土的重力密度。

对于转动和扭转振动形式，在确定相应的刚块质量矩时，应将与参振当量质量 M_{b} 相应的质量矩计入。

2) 桩基的弹簧刚度的确定

各种振动形式下桩基的弹簧刚度最好由现场试验确定。如无条件的，也可按下述方法计算。以竖向振动为例，单桩的弹簧刚度 $k_{\mathrm{p,v}}$ 的计算公式如下：

$$k_{\mathrm{p,v}} = \sum_i C'_{\tau,i} A_{\tau,i} + C'_{\mathrm{b}} A_{\mathrm{b}} \tag{19.157}$$

式中，$C'_{\tau,i}$ 为桩周第 i 层土的当量抗剪刚度系数；$A_{\tau,i}$ 为与第 i 层土相应的桩侧表面积；C'_{b} 为桩尖处土的当量抗压刚度系数；A_{b} 为桩的底面积。土的当量抗剪切刚度系数 $C'_{\tau,i}$ 和当量抗压刚度系数 C'_{b} 可按现行的《动力机器基础设计规范》选取。

设桩基是由几根桩组成的，则整个桩基的竖向弹簧抗压刚度 $K_{\mathrm{p,v}}$ 如下：

$$K_{\mathrm{p,v}} = nk_{\mathrm{p,v}} \tag{19.158}$$

其他振动形式桩基的弹簧刚度可参考现行的《动力机器基础设计规范》按相应的方法确定。

下面，来说明式(19.157)中当量抗剪刚度系数 C'_{τ} 和当量抗压刚度系数 C'_{b} 的概念。以当量抗剪刚度系数为例，按弹系数法，当桩发生竖向位移时，单位侧面积提供的抗力 p_{v} 如下：

$$p_{\mathrm{v}} = C_{\tau} S_{\mathrm{p,s}} \tag{19.159}$$

式中，C_{τ} 为土的剪切强度系数；$S_{\mathrm{p,s}}$ 为桩侧面处桩土相对竖向位移。但是，桩的刚度是相对桩顶变形定义的，应求顶发生单位变形时单位侧面积所提供的抵抗力。因此，必须将式(19.159)中的桩土相对变形 $S_{\mathrm{p,s}}$ 转换成桩顶变形 S_{p}。令桩土相对变形与桩顶变形关系如下：

$$S_{\mathrm{p,s}} = \zeta S_{\mathrm{p}} \tag{19.160}$$

式中，ζ 为折减系数，随深度而变化。将其代入式(19.159)得

$$p_{\mathrm{v}} = C_{\tau} \zeta S_{\mathrm{p}}$$

由此得当量剪切刚度系数 C'_{τ} 如下：

$$C'_{\tau} = \zeta C_{\tau} \tag{19.161}$$

当量剪切刚度系数为桩顶发生单位变形时第 i 层土单位侧面提供的抵抗力。

下面，讨论一下折减系数 ζ。

令在 p_{v} 作用下桩顶的变形为 $S(p)$，则第一段底面的变形为 $S(1)$，则

$$S(1) = S(p) - \Delta S(1)$$

式中，$\Delta S(1)$ 为第一段桩的压缩变形，可用如下公式近似地计算：

$$\Delta S(1) = \frac{p_{v}}{A_{p}E_{p}} h_{1}$$

式中，A_{p}、E_{p} 分别为桩断面积及桩身材料的弹性模量。由此，得

$$\zeta(1) = 1 - \frac{\Delta S(1)}{S(p)}$$

$$\Delta \zeta(1) = \frac{\Delta S(1)}{S(p)} = K_{p,v} \frac{h_{1}}{A_{p}E_{p}}$$

相似地，如图 19.39 所示，可得

$$S(i) = S(i-1) - \Delta S(i)$$

式中，$S(i-1)$、$S(i)$ 分别为第 i 段的顶面或底面的变形；$\Delta S(i)$ 为第 i 段的压缩变形，可按式(19.162)近似地计算：

$$\Delta S(i) = \frac{P_{v}(i-1)}{A_{p}E_{p}} h_{i} \tag{19.162}$$

式中，$P_{v}(i-1)$ 为作用于第 i 段桩顶面的竖向力，按如下公式计算：

$$P_{v}(i-1) = P_{v} - \sum_{j=1}^{i-1} C'_{\tau,j} A_{\tau,j}$$

由于

$$C'_{\tau,j} = \zeta(j) C_{\tau,j}$$

则得

$$P_{v}(i-1) = P_{v} - \sum_{j=1}^{i-1} \zeta(i) C_{\tau,j} A_{\tau,j} \tag{19.163}$$

式中

$$\begin{cases} \zeta(i) = \zeta(i-1) - \Delta \zeta(i) \\ \Delta \zeta(i) = \dfrac{\Delta S(i)}{S(p)} \\ S(p) = \dfrac{P_{v}}{K_{v,p}} \end{cases} \tag{19.164}$$

式(19.162)～式(19.164)即为计算 $\zeta(i)$ 的递推公式。

从计算公式可见，在桩顶 ζ 值等于 1，然后随深度减小。另外，ζ 值还取决于荷载 P_{v}、桩的断面积、抗体材料的弹性模量和各土层的 C_{τ} 值等诸多因素。还应指出，按递推公式还包括 ζ 本身，这就要求假定 ζ 的分布进行迭代计算。

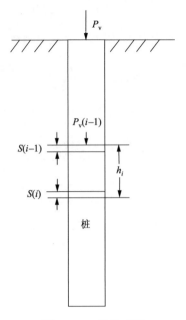

图 19.39　桩的变形

19.9　动力机械地基基础振动的数值分析

对于大型动力机械设备的地基基础,特别是基础底面大埋深的情况,要求考虑地基土层的不均质性以及更好地考虑埋深的影响,则可能需要进行数值分析。实际上,动力机械地基基础体系是一个土-结构相互作用体系,可采用前述的相互作用分析方法进行数值分析。当动力机械基础采用桩基时,采用数值分析更为适当。下面,只对动力机械地基基础振动的数值分析有关的问题做必要表述。

1. 动力机械地基基础体系数值分析简化

1) 设备和基础块的简化

通常,将设备和基础块合并在一起简化成刚块。刚块的运动以其质心的平动和绕过质心的轴的转动表示。这样,刚块具有六个自由度,即质心在 x、y、z 坐标轴方向的位移 u_f、v_f、w_f,以及绕过质心两个水平轴的转角 φ_x、φ_y 及绕过质心竖轴的扭转角 θ,如图 19.40 所示。刚块的质心的坐标以 x_0、y_0、z_0 表示,作用于刚块质心上的力为 $R_{f,x}$、$R_{f,y}$、$R_{f,z}$,绕 x、y、z 轴转动的力矩为 $M_{f,x}$、$M_{f,y}$、M_θ。下面,令

$$\{r_f(t)\} = \{u_f(t) \quad v_f(t) \quad w_f(t) \quad \varphi_x(t) \quad \varphi_y(t) \quad \theta(t)\} \qquad (19.165)$$

$$\{R_f(t)\} = \{R_{f,x}(t) \quad R_{f,y}(t) \quad R_{f,z}(t) \quad M_{f,x}(t) \quad M_{f,y}(t) \quad M_\theta(t)\} \qquad (19.166)$$

式中,$\{r_f(t)\}$、$\{R_f(t)\}$ 分别为刚块质心的位移向量和质量向量。

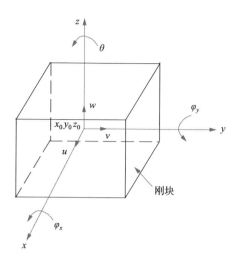

图 19.40　刚块中心点的运动

2) 地基土体的简化

由于有限元法的固有优点,岩土工程数值分析通常采用有限元法。地基土体简化成有限元的集合体。作为三维问题,有限元的每个结点有三个自由度,即在 x、y、z 三个方向的位移 u、v、w。如果采用桩基,地基土体仍简化成有限集合体,桩简化成梁单元。作为三维问题,梁单元的每个结点有六个自由度,即沿 x、y、z 三个方向的位移 u、v、w 及绕 x、y 轴的转动 φ_x、φ_y 及绕竖轴的扭转 θ。这样,当采用桩基时,地基土体与桩基体系包括两类单元:一类是不与桩共用的结点,这类结点只有三个自由度;另一类是与桩共用的结点,这类结点有六个自由度。在进行数值分析时,要把地基体系中的所有结点编号,并按结点编号次序把每个结点的运动分量排列成一个向量,称为地基体系的位移向量,下面以 $\{r\}$ 表示。相应地,地基中不与桩共同的结点有三个结点力,即沿 x、y、z 方向的力;而与桩共同的结点有六个力作用,即沿 x、y、z 方向的力,以及绕 x 轴、y 轴的转动力矩和绕 z 轴的扭转力矩。同样,可按结点编号顺序把每个结点的力分量排列成一个向量,称为地基体系的结点力向量。

3) 边界的处理

动力机械地基基础简化分析体系的边界主要是由于在数值分析中截取有限土体参与分析而形成的,这样,就在土体的侧面及底面形成了一个边界。当离基础块很远时,通常将其取为固定边界,但是,为了减少在边界处反射的影响,在位于边界上的土体结点与刚性边界之间设置阻尼器,吸收由震源传递来的能量,模拟几何阻尼作用,关于黏性边界的细节在此不再详述。

2. 动力机械地基基础简化体系数值分析的子结构方法

作为一个土-结构相互作用问题,动力机械地基基础数值分析方法也有两种途径:整体分析方法和子结构分析方法。由于动力机械地基基础振动通常作为一个线性弹性问题求解,以及便于与前述其他分析方法相比较,通常采用子结构求解方法。按前述,子结构求解方法的关键步骤是求解无质量刚性块下地基的刚度和阻抗。为了表述简单又不失一般性,下面以地基土体中不包括桩的情况为例来表述。

1) 地基中结点的编号

当按子结构法分析时,为计算方便,地基中结点的编号应遵循下述原则:首先将位于基础块与土体接触面上的结点进行编号,然后接续将其他结点编号。下面令位于接触面上的结点数目为 n_1,其他的结点数目为 n_2,则总结点数 $N = n_1 + n_2$。

2) 无质量刚性块-地基土体体系振动方程

设在埋深为 H 的无质量刚性块底面第 i 点作用一组阻力 $R_{x,i}(t)$、$R_{y,i}(t)$ 及 $R_{z,i}(t)$,如图 19.41 所示。将这组作用力排成一个向量,并假定随时间按 e^{ipt} 变化,则

$$R_b(t) = \{R_{x,1} \quad R_{y,1} \quad R_{z,1} \quad \cdots \quad R_{x,i} \quad R_{y,i} \quad R_{z,i} \quad \cdots \quad R_{x,n_1} \quad R_{y,n_1} \quad R_{z,n_1}\}^T e^{ipt}$$

$$(19.167)$$

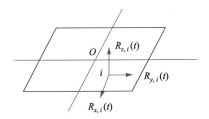

图 19.41 无质量刚块底面第 i 点作用荷载及作用力

式中,$R_{x,i}$、$R_{y,i}$、$R_{z,i}$ 为作用力的幅值。如果把无质量刚性块底面中心的振动分量排成一个向量,以 $\{r_1(t)\}$ 表示,则在稳态振动状态下,可写成如下形式:

$$\{r_1(t)\} = \{u_{1,1} \quad v_{1,1} \quad w_{1,1} \quad \cdots \quad u_{1,i} \quad v_{1,i} \quad w_{1,i} \quad \cdots \quad u_{1,n_1} \quad v_{1,n_1} \quad w_{1,n_1}\}^T e^{ipt}$$

$$(19.168)$$

式中,$u_{1,i}$、$v_{1,i}$、$w_{1,i}$ 为无质量刚性块底面上第 i 结点各振动分量的振幅。相应地,如果以 $\{r_2(t)\}$ 表示地基中各结点振动分量,则在稳态振动状态下,可写成如下形式:

$$\{r_2(t)\} = \{r_2\} e^{ipt} \tag{19.169}$$

下面,将地基土体部分作为子结构,其有限元动力平衡方程为

$$[M]\{\ddot{r}(t)\} + [C]\{\dot{r}(t)\} + [K]\{r(t)\} = \{R(t)\} \tag{19.170}$$

式中,$[M]$、$[C]$、$[K]$ 分别为地基土体的质量矩阵、阻尼矩阵和刚度矩阵,由于施加了黏性边界,其中阻尼矩阵 $[C]$ 还包括几何阻尼的影响;$\{R(t)\}$ 为载荷向量,除位于接触面上的结点荷载不为零,其他全部为零,并可写成如下形式:

$$\{R(t)\} = \{R\} e^{ipt} \tag{19.171}$$

式中,$\{R\}$ 为结点荷载幅值向量,除位于接触面的结点载荷幅值不为零,其他全部为零。将式(19.169)及式(19.171)代入式(19.170),则得

$$(-p^2[M] + \mathrm{i}p[C] + [K])\{r\} = \{R\} \tag{19.172}$$

3）动刚度矩阵的凝缩及接触面刚度矩阵

令

$$[\underline{K}] = ([K] - p^2[M] + \mathrm{i}p[C]) \tag{19.173}$$

式中，$[\underline{K}]$ 称为地基土体的动刚度矩阵。为了求得位于接触面上结点的力与接触面上结点的位移的关系，必须将体系中不在接触面上结点相应的部分消除，这个过程称为矩阵的凝缩。按前述，位于接触面上结点的编号为 1 至 n_1，并且在向量 $\{R\}$ 中与前 n_1 个结点相应的元素不为零，而与其他结点相应的元素为零。这样，可将动刚度矩阵 $[\underline{K}]$ 写成如下分块形式：

$$\begin{Bmatrix} \underline{K}_{11} & \underline{K}_{12} \\ \underline{K}_{21} & \underline{K}_{22} \end{Bmatrix} \begin{Bmatrix} r_1 \\ r_2 \end{Bmatrix} = \begin{Bmatrix} R_\mathrm{b} \\ 0 \end{Bmatrix} \tag{19.174}$$

式中，$\underline{K}_{11}$ 为只与接触面上结点相应部分；$\underline{K}_{22}$ 为只与不在接触面上结点相应部分；$\underline{K}_{12}$、$\underline{K}_{21}$ 为两部分结点交联部分；r_1 为与接触面上结点相应的位移幅值向量；r_2 为与不在接触面上结点相应的位移幅值；R_b 为式（19.167）中底面上结点荷载幅值向量。改写式（19.174）得

$$\begin{cases} \underline{K}_{11} r_1 + \underline{K}_{12} r_2 = \{R_\mathrm{b}\} \\ \underline{K}_{21} r_1 + \underline{K}_{22} r_2 = 0 \end{cases} \tag{19.175}$$

由式（19.175）第二式得

$$r_2 = -\underline{K}_{22}^{-1} \underline{K}_{21} r_1$$

将其代入式（19.175）第一式得

$$[\underline{K}_{11} - \underline{K}_{22}^{-1} \underline{K}_{21}]\{r_1\} = \{R_\mathrm{b}\}$$

令

$$[\underline{K}]_\mathrm{b} = [\underline{K}_{11} - \underline{K}_{22}^{-1} \underline{K}_{21}] \tag{19.176}$$

则

$$[\underline{K}]_\mathrm{b}\{r_1\} = \{R_\mathrm{b}\} \tag{19.177}$$

由式（19.177）可见，$[\underline{K}]_\mathrm{b}$ 为柔性基础情况下接触面动刚度矩阵。从式（19.173）可见，动刚度矩阵为复数矩阵，以上的运算均为复数运算。

4）地基土体弹簧刚度及黏滞阻尼

下面，将无质量刚性块底面质心所受的动力幅值排成一个向量，用 $\{R_\mathrm{f}\}$ 表示，则

$$\{R_\mathrm{f}\} = \{R_{\mathrm{f},x} \quad R_{\mathrm{f},y} \quad R_{\mathrm{f},z} \quad M_{\mathrm{f},x} \quad M_{\mathrm{f},y} \quad M_\theta\}^\mathrm{T} \tag{19.178}$$

另外，设接触面上第 i 个结点力的幅值为 $F_{\mathrm{b},i}$，它具有三个分量；即 $F_{\mathrm{b},x,i}$、$F_{\mathrm{b},y,i}$、$F_{\mathrm{b},z,i}$，则

$$\{F_{\mathrm{b},i}\} = \begin{cases} F_{\mathrm{b},x,i} \\ F_{\mathrm{b},y,i} \\ F_{\mathrm{b},z,i} \end{cases} \tag{19.179}$$

第 i 个结点力 $\{F_{\mathrm{b},i}\}$ 相对绕过刚块质心 x 轴、y 轴及 z 轴的力矩，如以逆时针转为正，可按如下公式计算：

$$\begin{cases} M_{\mathrm{fb},x,i} = -(z_i - z_0)F_{\mathrm{b},y,i} + (x_i - x_0)F_{\mathrm{b},z,i} \\ M_{\mathrm{fb},y,i} = -(z_i - z_0)F_{\mathrm{b},z,i} + (x_i - x_0)F_{\mathrm{b},x,i} \\ M_{\mathrm{fb},z,i} = -(z_i - z_0)F_{\mathrm{b},x,i} + (x_i - x_0)F_{\mathrm{b},x,i} \end{cases}$$

如果将结点力 $F_{\mathrm{b},i}$ 对刚块质心的作用力幅值排列成一个向量，并以 $\{F_{\mathrm{fb},i}\}$ 表示，则

$$\{F_{\mathrm{fb},i}\} = \begin{cases} F_{\mathrm{fb},x,i} \\ F_{\mathrm{fb},y,i} \\ F_{\mathrm{fb},z,i} \\ M_{\mathrm{fb},x,i} \\ M_{\mathrm{fb},y,i} \\ M_{\mathrm{fb},\theta,i} \end{cases} = \begin{bmatrix} 1 & 0 & 0 \\ 0 & 1 & 0 \\ 0 & 0 & 1 \\ 0 & -(z_i-z_0) & -(x_i-x_0) \\ -(z_i-z_0) & 0 & -(y_i-y_0) \\ -(x_i-x_0) & -(x_i-x_0) & 0 \end{bmatrix} \begin{cases} F_{\mathrm{b},x,i} \\ F_{\mathrm{b},y,i} \\ F_{\mathrm{b},z,i} \end{cases}$$

令

$$[T_i] = \begin{bmatrix} 1 & 0 & 0 \\ 0 & 1 & 0 \\ 0 & 0 & 1 \\ 0 & -(z_i-z_0) & x_i-x_0 \\ z_i-z_0 & 0 & -(y_i-y_0) \\ -(x_i-x_0) & y_i-y_0 & 0 \end{bmatrix}$$

则

$$\{F_{\mathrm{fb},i}\} = [T_i]\{F_{\mathrm{b},i}\} \tag{19.180}$$

令接触面上所有结点的结点力对无质量刚块质心的作用力幅值以向量 $\{F_{\mathrm{fb}}\}$ 表示，则

$$\{F_{\mathrm{fb}}\} = \{R_{\mathrm{fb},x} \quad R_{\mathrm{fb},y} \quad R_{\mathrm{fb},z} \quad M_{\mathrm{fb},x} \quad M_{\mathrm{fb},y} \quad M_{\mathrm{fb},\theta}\}^{\mathrm{T}} \tag{19.181}$$

由于

$$\{F_{\mathrm{fb}}\} = \sum_i^{n_1} \{F_{\mathrm{fb},i}\}$$

则

$$\{F_{\mathrm{fb}}\} = [T]\{F_{\mathrm{b}}\}$$

式中，$\{F_{\mathrm{b}}\}$ 为底面所有结点力幅值排成的向量。

$$[T] = \begin{bmatrix} T_1 & T_2 & \cdots & T_i & \cdots & T_n \end{bmatrix}$$

由刚块的动力平衡得

$$[T]\{\underline{K}\}_{\mathrm{b}}\{r_1\} = \{R\}_{\mathrm{f}} \tag{19.182}$$

式中，$\{R\}_{\mathrm{f}}$ 为刚块质心的力和力矩幅值排成的向量。

另一方面，式(19.182)中的 $\{r_1\}$ 为接触面上结点的位移幅值向量，设其上第 i 个结点的位移分量幅值为 $r_{1,i}$，则

$$\{r_{1,i}\} = \begin{Bmatrix} u_{1,i} \\ v_{1,i} \\ w_{1,i} \end{Bmatrix} \tag{19.183}$$

式中，$u_{1,i}$、$v_{1,i}$、$w_{1,i}$ 可用无质量刚性块质心的位移来表示。由式(19.165)得无质量刚性块底面中心点的位移幅值 $\{r\}_{\mathrm{f}}$ 如下：

$$\{r\}_{\mathrm{f}} = \{u_{\mathrm{f}} \quad v_{\mathrm{f}} \quad w_{\mathrm{f}} \quad \varphi_x \quad \varphi_y \quad \theta\}^{\mathrm{T}} \tag{19.184}$$

则得

$$\begin{Bmatrix} u_{1,i} \\ v_{1,i} \\ w_{1,i} \end{Bmatrix} = \begin{bmatrix} 1 & 0 & 0 & 0 & z_i - z_0 & -(x_i - x_0) \\ 0 & 1 & 0 & -(z_i - z_0) & 0 & y_i - y_0 \\ 0 & 0 & 1 & x_i - x_0 & -(y_i - y_0) & 0 \end{bmatrix} \{r\}_{\mathrm{f}}$$

注意式(19.180)得

$$\{r_{1,i}\} = [T_i]^{\mathrm{T}}\{r\}_{\mathrm{f}} \tag{19.185}$$

由此得

$$\{r_1\} = [T]^{\mathrm{T}}\{r\}_{\mathrm{f}} \tag{19.186}$$

将式(19.186)代入式(19.182)得

$$[T]\{\underline{K}\}_{\mathrm{b}}[T]^{\mathrm{T}}\{r\}_{\mathrm{f}} = \{R\}_{\mathrm{f}}$$

令

$$[\underline{K}]_{\mathrm{f}} = [T]\{\underline{K}\}_{\mathrm{b}}[T]^{\mathrm{T}} \tag{19.187}$$

则

$$[\underline{K}]_{\mathrm{f}}\{r\}_{\mathrm{f}} = \{R\}_{\mathrm{f}} \tag{19.188}$$

由于 $[\underline{K}]_{\mathrm{f}}$ 为复数矩阵，可以将其分为实部和虚部写成如下形式：

$$[\underline{K}]_{\mathrm{f}} = [K]_{\mathrm{f}} + \mathrm{i}[C]_{\mathrm{f}} \tag{19.189}$$

显然，矩阵 $[K]_{\mathrm{f}}$ 和 $[C]_{\mathrm{f}}$ 的元素分别为地基弹簧刚度和黏滞系数。从上述推导可见，地基土体的不均匀性、基础的埋深、基底面的形状、材料的内阻尼及几何阻尼等因素的影响均已包括在其中。

显然,地基弹簧刚度矩阵$[K]_f$为6×6矩阵。当向量$\{R\}_f$和$\{r\}_f$的元素分别按式(19.181)和式(19.184)的次序排列时,应具有如下形式:

$$
[K]_f = \begin{bmatrix}
k_{11} & 0 & 0 & 0 & k_{15} & 0 \\
0 & k_{22} & 0 & k_{24} & 0 & 0 \\
0 & 0 & k_{33} & 0 & 0 & 0 \\
0 & k_{42} & 0 & k_{44} & 0 & 0 \\
k_{51} & 0 & 0 & 0 & k_{55} & 0 \\
0 & 0 & 0 & 0 & 0 & k_{66}
\end{bmatrix} \tag{19.190}
$$

与$[K]_f$相似,$[C]_f$也是6×6矩阵,并应具有与$[K]_f$相同的形式。

5)无质量刚性块的振动方程

由无质量刚性快的动力平衡得其共振方程如下:

$$
[C]_f\{\dot{r}(t)\}_f + [K]_f\{r(t)\}_f = \{R\}_f e^{ipt} \tag{19.191}
$$

应指出,式(19.191)是对无质量刚性块底面中心点建立的。

6)有质量刚性块的振动方程

下面,对质心建立有质量刚性块的振动方程。

(1)x方向水平振动与绕过质心y方向水平轴的转动振动方程如前所述,这两种振动是交联的,其振动方程如下:

$$
\begin{cases}
M\ddot{u} + c_{11}\dot{u} + [c_{15} + (z_b - z_0)c_{11}]\dot{\varphi}_y + k_{11}u + [k_{15} + (z_b - z_0)c_{11}]\varphi_y = R_{f,y}e^{ipt} \\
I_y\ddot{\varphi}_y + c_{55}\dot{\varphi}_y + [c_{51} + (z_b - z_0)c_{11}]\dot{u}_y + k_{11}\varphi_y + [k_{51} + (z_b - z_0)k_{11}]u = M_{f,y}e^{ipt}
\end{cases}
$$
$$\tag{19.192}$$

(2)y方向水平振动与绕过质心x方向水平轴的振动方程式,这两种振动也是交联的,其振动方程式如下:

$$
\begin{cases}
M\ddot{V} + c_{22}\dot{V} + [c_{24} + (z_b - z_0)c_{11}]\dot{\varphi}_x + k_{11}V + [k_{24} + (z_b - z_0)k_{22}]\varphi_x = R_{f,x}e^{ipt} \\
I_x\ddot{\varphi}_x + c_{44}\dot{V} + [c_{42} + (z_b - z_0)c_{22}]\dot{V} + k_{11}\varphi_x + [k_{42} + (z_b - z_0)k_{22}]V = M_{f,x}e^{ipt}
\end{cases}
$$
$$\tag{19.193}$$

(3)z方向的振动方程

$$
M\ddot{\omega} + c_{33}\dot{\omega} + k_{33}\omega = R_{f,z}e^{ipt} \tag{19.194}
$$

(4)绕过质心的竖轴扭转振动方程

$$
I_\theta\ddot{\theta} + c_{66}\dot{\theta} + k_{66}\theta = M_{f,\theta}e^{ipt} \tag{19.195}
$$

关于这些方程的求解方法无需在此赘述。

19.10　动力机械减振及基础隔振

1. 机械基础减振与隔振

1) 减振

机械减振是指在机械与其基础之间设置减振装置,以减小机械及其基础的振动。常用减振装置包括橡胶合成的衬垫、弹簧或弹簧阻尼器等。减振装置可以简化成相应的力学元件。当设置减振装置时,在简化的动力机械地基基础的分析体系中应将减振装置相应的力学元件包括在内。这样,只要减振装置相应的力学元件的参数确定,则可以按前述方法进行分析。因此,关于机械基础减振在此不做更多的表述。

2) 隔振

动力机械基础的振动要通过地基土体向周围传播,并对周围的环境产生影响。如果在其影响范围内存在需要保护的对象,如精密仪器等,则应在机械基础与保护对象之间设置一些屏障阻止波的传播,减小屏障之外的地面的振动,使受保护对象所遭受到的振动是允许的。这就是所谓的隔振。

采用屏障隔振的基本原理是波的反射、散射。由波动理论可知,在不同介质界面处发生的波反射、折射取决于两种介质的力学参数。在固体与固体的界面,P 波和 S 波都能通过,但是一部分波可能反射回来。在固体与液体的界面,只有 P 波能通过,这样由 S 波传播的能量则不能通过固体与液体界面。在固体与孔隙的分界面,P 波和 S 波都不能通过。相应地,由 P 波和 S 波传播的波能都不能通过固体与孔隙的界面。传播能量越小,界面的屏障作用就越大。因此,最有效的屏障是孔隙。

2. 机械基础振动在地表面的衰减规律

机械基础的振动主要是在靠近半空间表面有限深度范围的土体中传播的。如前所述,这种波称为表面波。由于几何阻尼的作用,在表面上表面波竖向分量的振动幅值随距离的增大而减小,并可以表示为

$$w = w_1 \sqrt{\frac{r_1}{r}} \tag{19.196}$$

式中, r_1、r 分别为从振源到已知振幅点和未知振幅点的距离; w、w_1 分别为已知振幅点和未知振幅点的振幅。但是,除了几何阻尼作用,土体还存在材料阻尼作用,因此,现场实测的振幅衰减要比按式(19.196)计算的快,如图 19.42 所示。图 19.42 中,连接"·"的虚线为实测结果,而实线为式(19.196)结果。因此,在衰减规律中还必须考虑材料阻尼的影响,并将衰减规律表示成如下形式:

$$w = w_1 \sqrt{\frac{r_1}{r}} e^{-\alpha(r-r_1)} \tag{19.197}$$

式中, α 为土的能量吸收系数。选取适当的 α 值可以很好地模拟图 19.42 的实例资料,如

实线曲线所示。巴尔若干建议，α 取值为 $0.01\sim0.04(1/\text{ft})$。

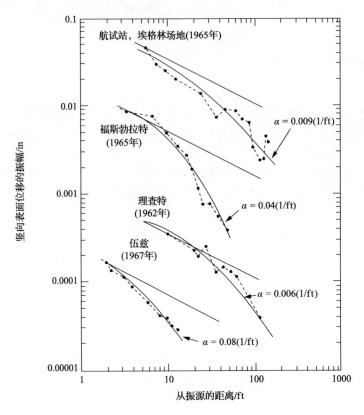

图 19.42　振动在地表面的衰减

此外，振动随距离衰减还与振动的频率有关。振动的频率越高，衰减得越快。考虑到这一因素的影响，衰减公式为

$$w = w_0 \sqrt{\frac{r_0}{r}\left[1 - \xi\left(1 - \frac{r_0}{r}\right)\right]}\,\mathrm{e}^{-f\alpha_0(r-r_0)} \tag{19.198}$$

式中，r_0 为圆形基础半径，m；w_0 为基础振动幅值，mm；ξ 为与 r_0 有关的系数，如表 19.7 所示；f 为机械的工作频率，对于冲击机器基础采用基础自振频率；α_0 为土的能量吸收系数，如表 19.8 所示。

表 19.7　系数 ξ 的值

土类	基础半径 r_0/m							
	≤0.5	1	2	3	4	5	6	≥7
一般土	0.85~0.99	0.7	0.6	0.55	0.45	0.40	0.35	0.15~0.25
饱和土	0.85~0.99	0.65~0.70	0.50~0.55	0.45~0.50	0.35~0.40	0.30~0.35	0.25~0.30	0.10~0.20
岩石	0.90~0.99	0.85~0.90	0.80~0.85	0.75~0.80	0.70~0.75	0.65~0.70	0.60~0.65	0.40~0.50

表 19.8　土的能量吸收系数

土类	$a_0/(10^{-3}\,\mathrm{s/m})$	附注
岩石为页岩,石灰岩,砂岩(覆盖层 1.5~2.5m)	0.40~0.50 0.60~0.80	① 同一状态土的地基,振动设备大者(如160kN),a_0 取小值,振动设备小者取较大值;试验用(机械式)激振器,表中 a_0 值乘以1.5~3.0 ② 同等情况下,土的孔隙比大者,a_0 取大值,孔隙比小者,取小值
软塑黏性土	0.40~0.50	
中密块石、卵石	0.875~1.15	
可塑黏性土、粉土和中密粗砂	1.02~1.25	
软塑黏性土、粉土和稍密中、粗砂	1.30~1.50	
淤泥质黏土、粉土和饱和松散细砂	1.25~1.35	
新近沉积黏性土、粉土和非饱和松散砂	1.85~2.15	

3. 机械基础隔振

1) 隔振的类型

根据屏障设置的位置,隔振可分为主动隔振和被动隔振。主动隔振是在振源附近设置屏障,如隔振沟,阻隔振源的振动向外传播,对振源周围都能起到屏蔽作用,如图 19.43 所示。被动隔振是在被保护对象附近设置屏障,如隔振沟,阻隔从外面输入的振动,通常只对特定的被保护对象起到屏蔽作用,如图 19.44 所示。

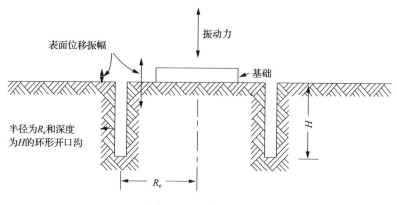

图 19.43　主动隔振

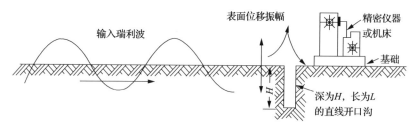

图 19.44　被动隔振

2) 隔振沟的设计参数及影响因素

无论主动隔振还是被动隔振,隔振沟设计的最主要的参数为隔振沟的深度和长度。在主动隔振情况下,隔振沟是围绕振源环形或弧形布置的,其长度则以隔振沟的半径及弧形角度来表示。由于振动主要是由表面波传播的,设置的隔振沟深度与长度应该与表面波波长有关。下面,将隔振沟的深度 H 和长度 L 与表面波波长之比,即 H/L_R 与 L/L_R 分别称为比深度和比长度。隔振沟设计的主要内容是确定比深度和比长度。

表面波的波长 L_R 可按式(19.199)确定:

$$L_R = \frac{1}{f} V_R \tag{19.199}$$

式中,V_R 为表面波波速,与土的类型及形状有关;f 为振源的振动频率。因此,当比深度和比长度确定之后,隔振沟的深度 H 和长度 L 与表面波波速成正比,而与振动频率成反比。这表明,土的类型及状态、机械振动的频率对所要求的隔振沟深度 H 和长度 L 有重要影响。

3) 主动隔振沟尺寸的确定

从定性而言,主动隔振沟的比深度和比长度越大,其隔振的效果就越好。隔振的效果可用振幅衰减率和屏蔽影响面积来表示。振幅衰减率定义为同一点设置隔振沟之后的振幅与没设置隔振沟振幅之比;屏蔽影响面积与隔振沟的半径及过其两端半径的夹角有关,可按如下方法确定。

当隔振沟为完全围绕振源的环形时,屏蔽影响面积为内径等于隔振沟的半径、外径等于 $10L_R$ 的环形面积。

当隔振沟为部分围绕振源的弧形时,屏蔽影响面积为一个由两条圆弧和两条半径所围成的,其中一个圆弧的半径等于隔振沟的半径,另一个圆弧半径等于 $10L_R$,而这两条半径与过隔振沟两端的半径之间的夹角为 $45°$。

这里所要确定的隔振沟的尺寸应为使屏蔽影响面积内各点的振幅衰减率均达到指定数值要求的最小尺寸。根据现场试验研究的结果,如果将振幅衰减率指定为 0.25,当隔振沟的半径与表面波波长之比等于或小于 1.0 时,隔振沟的比深度应达到 0.6。如果指定的振幅衰减率更小,则要求比深度更大。

在此应指出,由于表面波在地面以下随深度按指数规律衰减,则随隔振沟的深度增加,其隔振效果增加得越来越小。因此,当比深度达到一定数值后,进一步增加比深度不会增加隔振效果。

4) 被动隔振沟尺寸的确定

在被动隔振情况下,隔振沟在平面的布置应与振源到保护对象中点的连线相垂直,其屏蔽影响面积为以隔振沟的中点为圆心、以其长度的一半为半径所画的半圆的面积,如图 19.45所示。图 19.45 还给出了由试验测得的振幅衰减率。可以看出,在隔振沟后屏蔽影响面积内的大部分区域的振幅衰减率小于 0.25。但是,应指出如下两点。

(1) 在隔振沟后面,隔振沟端部附近的振幅衰减率仍很大,可达 0.5 以上。

(2) 在隔振沟前面,隔振沟端部附近和中部发生了放大作用,即振幅衰减率大于 1.0。

　　根据现场试验研究结果,如果将振幅衰减率指定为 0.25,并且隔振沟离振源的距离在 $2L_R$ 与 $7L_R$ 之间时,比深度大约应为 1.33。另外,为了达到相同的隔振效果,隔振沟的比面积应随其距振源的距离 R 的增大而增大,当距离 $R = 2L_R$ 时,比面积至少为 2.5;当 $R = 7L_R$ 时,比面积至少为 6。隔振沟比面积定义为比深度乘以比长度。

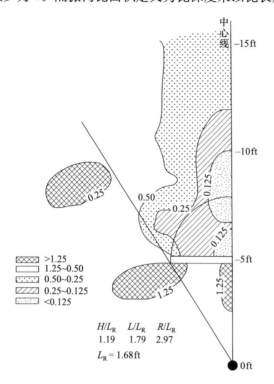

图 19.45　被动隔振的屏蔽影响面积及现场测试结果

　　在此,关于隔振还应指出如下两点。

　　(1)因为纵波和剪切波都不能通过隔振沟,采用隔振沟作屏障的隔振效果是最好的。理论和试验均证明了隔振沟的宽度对隔振效果的影响可以忽略。但是,隔振沟的宽度对隔振沟的施工方法和自身的稳定具有重要的影响。为保持隔振沟的稳定性曾采用膨润土泥浆填充隔振沟。毫无疑问,采用这种措施增加了隔振沟的稳定性但降低了隔振效果,因此需要做进一步的研究。

　　(2)鉴于隔振沟的自身稳定性问题,采用单排或多排薄壁衬砌的圆形孔洞代替隔振沟是一个希望的方案。但是,这个隔振效果需要进一步研究。

思　考　题

　　1. 动力机械基础所受的动荷载有哪两种类型? 这些动荷载在动力机械基础上产生哪几种力的作用?

　　2. 动力机械地基基础通常有哪些主要类型? 地基土体通常的受力水平及所处的工作状态如何?

3. 试述动力机械基础动力分析的目的和要求。

4. 试述动力机械地基基础的组成体系。体系有哪几种振动形式？通常分析体系的简化模型有几种类型？

5. 黏-质-弹模型都包括哪些参数？其中黏性阻尼主要表示哪两种阻尼作用？试建立各种振动形式相应的振动方程。有哪些振动形式的振动方程是交联的？黏-质-弹模型的适用条件如何？

6. 试说明地基静刚度和动刚度的概念。动刚度的主要特点是什么？

7. 试述地基刚度系数及阻尼比的现场测试方法。基础底面积对测试结果有何影响？

8. 什么是半空间无限体动力布辛涅斯克解？如何利用布氏解确定各种振动形式的地基刚度和阻尼比？布氏解的适用条件如何？

9. 试述等价集总参数体系建立的基础。什么是莱斯默等价？如何确定几种运动形式的等价地基刚度与阻尼比？

10. 试述基础平面尺寸及埋深对地基刚度的影响及埋深对刚度影响的机制。

11. 如何分析在冲击荷载下动力机械基础的振动？

12. 动力机械桩基础有哪几种刚度？有哪些刚度是交联的？如何现场测试桩基的刚度？

13. 试述动力机械地基基础振动的数值求解方法。如何确定地基的动刚度？如何进行动力凝缩？

14. 试述动力机械引起的振动的衰减规律。什么是减振？什么是隔振？

15. 试述隔振的原理。什么是积极隔振？什么是消极隔振？都有哪些隔振工程措施？

参 考 文 献

[1] Barkan D D. Dynamic of Base and Foundations. New York: McGraw-Hill Book Co, 1962.

[2] 小理查特 R E, 伍兹 B D, 小霍尔 J R. 土与基础的振动. 徐攸在译. 北京: 中国建筑工业出版社, 1976.

[3] 普拉卡什 S. 土动力学. 北京: 水利电力出版社, 1984.

[4] Talaganov K. Soil and foundation dynamic. Skopje: Fourteenth International Twelve-Week Course on Aseismic Design and Construction Cadac/95, 1995.

[5] Baxter R L, Bernhard D L. Vibration tolerance for industry//Plant Engineering and Maintenance Conference, Detroit, 1967.

[6] Bycroft G N. Forced vibrations of a rigid circular plate on a semi-infinite elastic space and on an elastic stratum. Philosophical Transactions of the Royal Society, 1956, 248: 327-368.

[7] Lysmer J, Richart F E. Dynamic response of footings to vertical loading. Journal of the Soil Mechanics and Foundations Division, 1966, 92(1): 65-91.

[8] Elorduy J, Nieto J A, Szekely E M. Dynamic response of bases of arbitrary shape subjected to vertical loading. Proceeding of International Symposium on Wave Propagation and Dynamic Properties of Earth Materials, Albuquerque, 1967.

[9] Lysmer J. Vertical motion of rigid footings. Ann Arbor: University of Michigan, 1965.

［10］ Hall J R. Coupled rocking and sliding oscillations of rigid circular footings//Proceeding of International Symposium on Wave Propagation and Dynamic Properties of Earth Materials, Albuquerque, 1967.

［11］ Kaldjian M J. Discussion of design procedures for dynamically loaded foundations. Journal of the Soil Mechanics and Foundations Division, 1969, 95(1): 364-366.

［12］ Beredugo Y C, Novak M. Coupled horizontal and rocking vibration of embeded footings. Canadian Geotechnical Journal, 1972, 9: 477-497.

［13］ Warburton G B. Forced vibration of a body upon an elastic stratum. Journal of Applied Mechanics Transaction, 1957, 24: 55-58.

［14］ Arnold R N, Bycroft G N, Warburton G B. Forced vibrations of a body on an infinite elastic solid. Journal of Applied Mechanics Transaction, 1955, 77: 391-340.

第 20 章　列车行驶引起路基的振动

20.1　引　　言

研究列车行驶引起路基振动的目的是探讨与振动作用有关的路基稳定性、服役性与病害问题,其中病害问题包括病害的成因机理、演化过程、发展趋势、主控因素、控制措施等。病害调查与成因分析表明,列车振动作用可能导致路基病害的形成与发展。主要原因在于:①振动作用使路基土(填料)的结构损伤、弱化、破坏,降低路基土体承载力与稳定性;②振动作用逐渐引起地下水向路基表层或浅层迁移,并引起路基表层的饱和土体发生液化或形成橡皮泥。在软土、湿陷性黄土、盐渍土、吹填土、冻土等特殊土地区,由这两种原因导致的路基病害更加突出,浅地下水、可液化土场地条件尤其如此。近年来,寒区路基行车振动反应研究发现[1-3],列车振动作用利于地下未冻水向冻结峰面迁移,如图 20.1所示,从而加剧路基冻害,特别是在高寒深季节,冻土区丰富浅地下水场地列车长期行驶、反复振动更加剧了地下未冻水向冻结峰面迁移[4]。鉴于上述,列车行驶路基振动反应问题日益受到重视,并成为一个研究的热点课题。对于寒区铁路路基病害防治的研究与实践,过去一直聚焦于冻融作用与防控措施,而今越来越关注行车引起的振动。2000 年以来,为科学合理考虑列车行驶条件下路基振动反应与稳定性问题,凌贤长等将土动力学、冻土力学的理论与方法引入寒区路基病害防治与稳定控制研究中,逐步创立了一个新的研究方向,即列车行驶冻土场地路基振动反应与稳定性[4-23],拓展了冻土动力学、寒区铁路路基工程的研究范畴。

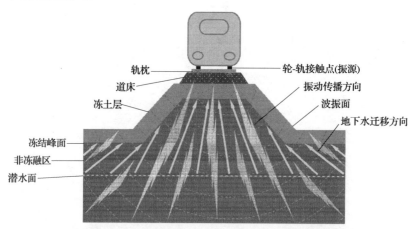

图 20.1　列车行驶振动引起地下未冻水向冻结峰面迁移示意图

与地震荷载相比,轨道交通振动荷载虽然也是由一系列频率与振幅不同的简谐波组成的随机振动荷载,但是交通荷载与地震荷载之间存在显著不同:①地震自下向上传播,而轨道交通振动则自上向下传播;②地震只有一个位置不变的震源,而在列车行驶中,每个轮-轨接触点均为一个移动的振源,形成一个由多个振源组成的移动荷载;③地震下路基中某一点仅有一个振源波作用,轨道交通振动下路基中某一点则受到多个振源波的叠加作用;④地震频率低于或远低于轨道交通振动频率;⑤地震波的波形与轨道交通振动波的波形存在较大差别,如图 20.2 所示,并且一次地震只有一个峰值加速度与对应的一个卓越频率,而一次行车振动则存在多个峰值加速度与对应的多个卓越频率;⑥一次地震只有一种震源机制,或为发震断层处于高地应力集中状态的锁固端发生瞬时破坏而释放大量弹性势能,或为处于高水平地应力状态的岩石或岩层发生瞬时诱发破坏而释放大量弹性势能,而一挂列车通过的振动则具有多种复杂的振源机制,包括机车系统振动、车辆系统振动、机车-车辆连接系统振动、悬挂系统振动、传动系统振动、转向系统振动、轮对系统振动等;⑦轨道交通振动与路基、场地之间存在复杂的耦合互馈效应,若考虑这种耦合互馈效应,则必须将其构建一个列车-轨道-道床-路基-场地动力体系,列车行驶通过轨道(道床)引起路基振动,路基振动又反过来通过轨道(道床)对列车振动产生一定影响,而地震作用则不存在如此复杂的耦合互馈效应过程。

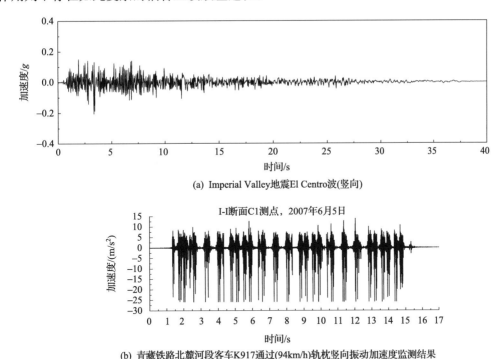

(a) Imperial Valley地震El Centro波(竖向)

(b) 青藏铁路北麓河段客车K917通过(94km/h)轨枕竖向振动加速度监测结果

图 20.2　地震波形与轨道交通振动波形比较

目前,列车行驶引起路基振动的主要研究内容有:①列车行驶的振动机制、振源特性、影响因素;②相应的研究途径、分析理论、模拟方法;③路基振动的基本特征、传播规律、影响因素;④相应的研究途径、分析理论、模拟方法;⑤避免或减轻路基振害的技术途径、工程措施。

21 世纪是高速轨道交通与重载轨道交通大发展的新时代[24,25],货运重载化、客运高速化已成为当今各铁路大国两大发展趋势。我国现今的铁路客运高速化水平已是世界领先水平,成为我国外交的备受世人瞩目的一张名片。我国高铁系统技术最全面、集成能力最强、运营里程最长(超过 13000km)、运行速度最高、在建规模最大,最高试验时速达520km/h,最高设计时速达 380km/h,最高实际运行时速达 320～350km/h,实际运行时速未来 10 年将突破 400km/h,未来 20 年有望突破 500km/h。铁路货运重载化是货物运输现代化的一个重要标志,目前世界铁路重载运输的轴重可达 40t、牵引质量普遍达20000t、单元列车净载重达 $4 \times 10^7 t$。我国重载铁路单元列车牵引质量超过 10000t、轴重高达 37t,2020 年将形成 8 纵、9 横的重载铁路网络格局(总里程达 30000km),大轴重、高牵引、大运量、快速度将成为我国铁路重载运输的发展方向。随着铁路货运的轴重不断加大、客运的速度不断提高,与路基的变形、沉降、稳定性等密切相关的动力学问题日益突出。高速铁路、快速客运专线对路基变形的控制限值极其严格,如无渣轨道要求工后路基沉降不超过 15mm、过渡段路基沉降差不超过 5mm、轨道纵向不平顺不大于 1/1000、轨道高低不平顺不超过 2mm(20m 弦长)[24,25]。特别是重载铁路具有轴重大、牵引质量大、年运量大、车流密度高、单列车体多等特点,因而对路基作用的动载强度大、受载频度高、单列通过时间长,引起路基的荷载效应强、应力幅值大、振动持时长,导致路基结构的强度、刚度、稳定性等安全储备不断下降,使得路基各种病害出现的概率加大、危害性加剧、使用寿命缩短。此外,在软弱土、盐渍土、吹填土、湿陷性黄土、膨胀土、可液化土、冻土等特殊土及浅地下水场地条件下,由于存在多因素耦合互馈效应,由高速行驶、重载行驶所产生的长期反复振动作用使路基土的强度降低,对路基结构的破坏作用大。列车行驶路基的振动反应和稳定控制是研究起步较晚的两个新的课题,目前对这两个课题的认识还很不足,存在较多进一步探索与解决的问题。

20.2　路基本体工程

铁路路基是支承轨道且传递列车荷载的一种构筑物,包括路基本体、路基防护、加固结构、支挡结构、排水设施,后四者统称为附属工程。路基本体分为填筑路堤、开挖路堑、天然路基。路堤高于天然地面,由土、石填筑而成,路堤的顶面为路基面、两侧为边坡;路堑低于天然地面,开挖山体或垄岗形成,路堑的堑底为路基面、两侧为边坡;在地层稳定性与承载力均满足要求的水平或近似水平场地,不经填筑、开挖,直接以天然土体做路基,天然地面视为路基面。一般情况下,路基本体具有一定路基面宽度与路基边坡坡度,并要求采用一定路基填料,中国高速铁路与快速客运专线分为有砟轨道、无砟轨道,二者单线路堤的标准断面如图 20.3 所示[26-28]。

路基面的中部覆盖道砟而形成道床(供铺置轨道)、两侧未覆盖道砟而做路肩。道床宽度因轨距、轨道标准不同而异;路肩宽度主要取决于路基本体的土质或填料条件、横断面形式。路基面宽度也是路基本体的一项重要标准,不仅决定铁路的占地面积,还影响筑路的工程造价。各国铁路对路基面宽度均有具体规定。针对标准轨的新建铁路,中国规定[26-28]:单线铁路的直线区间,路基面宽度为 5.9～7.9m,路肩宽度为路堤不小于 0.8m、路堑不小于 0.6m;双线铁路的直线区间,两线中心距为 4～4.2m;铁路的曲线区间、路基面宽度据曲线半径相应增宽。日本新干线的路肩宽为 1.2m。

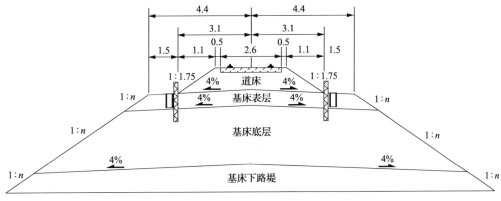

(a) 单线有砟轨道路堤标准断面

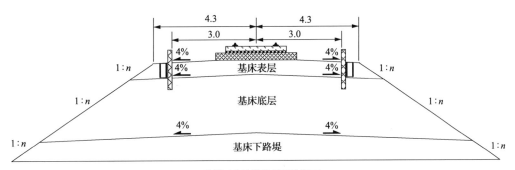

(b) 单线无砟轨道路堤标准断面

图 20.3　单线有砟轨道与无砟轨道路堤典型断面(单位:m)

路基边坡坡度直接影响路基本体稳定性,坡度与边坡高度、土质或填料条件关系密切。中国铁路规定[26-28]:边坡高度小于 20m 且地质条件良好,路堤边坡据填料类型、边坡高度而采用 1 ∶ 1.3～1 ∶ 1.75 的坡度,路堑边坡可采用 1 ∶ 0.1～1 ∶ 1.75 的坡度;边坡高度大于 20m,据土质或填料的物理力学性质确定安全坡度。

路基填料一般就地采取。若当地土石料不能用作填料,必须采用按照一定质量要求配制的填料,特别是路基顶部填料因直接受列车荷载作用而必须严格控制。中国铁路的路基填料依据适用性分为 A 级、B 级、C 级、D 级,A 级为优质填料(如粗粒无黏性土),B级为良好填料(如细粒含量小于 30% 的混合土、砂黏土),C 级为限制使用填料(如细粒含量超过 30% 的混合土、粉砂土),D 级一般为禁止使用填料(如黏粉土、黏土、有机土)。基床表层应选用 A 级或 B 级填料,若不得不用 C 级填料,则要求填料的液限不大于 32、塑性指数不大于 12。日本新干线对基床填料的规定:最大粒径小于 75mm,通过 74μm 网眼的土粒占土总重的 2%～20%,通过 420μm 网眼的土粒超过土总重的 40%,匀质系数大于 6,液限小于 35,塑性指数小于 9。

20.3　列车行驶路基振动反应现场监测

现场监测可以获得列车行驶对路基振动输入的荷载特点、基本类型、影响因素,以及路基振动反应的基本特征、传播过程、衰减规律、影响因素等方面的实测资料,从而为室内试验、模型试验、理论分析、数值模拟等各项后续研究提供必要的实测依据与验证标准。有关列车行驶路基振动反应现场监测的内容可参考文献[5]～[7]、[9]、[11]、[16]、[29]、[30]。现场监测的内容与要点如下。

(1) 列车行驶路基不同层位的加速度反应,也可监测速度反应、位移反应,但是在路基振动反应与稳定性分析中,监测加速度反应更有意义,通过加速度反应监测结果的时间一次数值积分、二次数值积分可分别得到满足精度要求的速度反应、位移反应,而根据速度反应、位移反应监测结果的时间一次数值微分、二次数值微分,得到加速度反应的精度较低。

(2) 采用便携式警用测速仪监测行车速度,并努力获得列车的载重与轴重、机车与车辆类型、机车与车辆节数、轨道类型与结构形式等信息。

(3) 监测路基土体的湿度、地温(冻土路基)、孔隙水压力、地下水位、沉降变形等,若存在自然边坡、路堑边坡、路堤边坡等支挡结构,也要求监测支挡结构的土压力、位移、沉降等。

(4) 合理选择现场监测的典型路段,每一路段设计一个监测断面,此外,为了比较不同路段的路基振动反应,应根据不同路基形式选择场地及路基填料等若干路段进行监测。

(5) 对所选择的监测路段,还应依据勘察与设计资料,详细查明路基结构、土的类型、填料类型、分层厚度与场地的地层组成、地下水位、冻融状态等,据此合理设计监测断面、布置传感器,为了获得每一测点完整成套的监测数据,每一测点均应布置加速度、温度、湿度、孔隙水压力、竖向沉降、水平位移等传感器,测点竖向间距、水平间距不要求过密而要求合理,一般情况下,测点竖向间距以 35～45cm 为宜、水平间距以 40～50cm 为宜。

(6) 各种传感器的选择以确保成活、稳定性、耐久性且满足量程范围、频率范围要求为基本标准,高寒低温条件下监测要求各种传感器适应当地极端低温条件,列车行驶钢轨振动加速度频率有的超过 2000Hz,因此传感器的可测频率应大于这一值。

(7) 各种传感器均应在振动条件下可靠标定,若进行寒区路基振动监测,还应对传感器进行当地冬季最低地温条件下标定。

(8) 新建路基可在筑路施工中按照监测设计方案将各种传感器妥善布置于路基内部至表层,而既有路基只能将各种传感器布置于路基表层,根据路基表层各项监测结果,采用岩土工程反演技术,推算路基内部不同层位的各项相应值。

(9) 为了分析振动传播衰减规律与影响因素,在监测路基振动反应的同时,还应一并监测钢轨、轨枕、道床、场地的振动反应,各种传感器必须可靠布置而确保振动作用下不发生滑移、沉陷,根据过去的监测经验,高寒极端低温条件下可采用"冰冻"方法将加速度等传感器可靠布置于钢轨、轨枕上。

(10) 至少应完成一个完整年度(冻融循环)的监测,每一季度的监测频次据实际需要而定,一般情况下,初冻结期、深冻结期、融冻期、丰水期应适当加密监测次数。

(11) 现场监测的采样时步依据行车对路基输入振动的频率而合理确定,根据过去的监测经验,路基监测的采样时步可设定为 0.01～0.02s,钢轨、轨枕监测的采样时步不低于 0.001s。

(12) 据现场监测结果,分析路基振动反应的基本特征、传播过程、衰减规律、影响因素,频谱较多分析傅里叶谱、反应谱,但是根据过去的分析经验,对于列车行驶路基振动反应的频谱分析,做源自于声学的 1/3 倍频程谱分析更有意义。下面仅对 1/3 倍频程谱与相关的加速度幅值(加速度最大值、加速度有效值)的概念做简要介绍。

为了更好地刻画列车行驶路基振动响应的复杂随机过程的规律与衰减特性,应采用加速度幅值的两个重要指标——加速度最大值 $|a_i|_{\max}$、加速度有效值 $|a_i|_{\mathrm{val}}$,即

$$\begin{cases} |a_i|_{\max} = \max\{|a_{ij}|\}, & i=1,2,3,\cdots,m;\ j=1,2,3,\cdots,n \\[2mm] |a_i|_{\mathrm{val}} = \dfrac{1}{n}\sqrt{\sum_{j=1}^{n}|a_{ij}|^2}, & i=1,2,3,\cdots,m;\ j=1,2,3,\cdots,n \end{cases} \tag{20.1}$$

式中,i 为监测点序号,i 的坐标记为 (x,y,z),x 为垂直于铁路延伸方向的水平坐标轴(向右方向为正方向),y 为平行于铁路延伸方向的水平坐标轴(以列车行驶方向为正方向),z 为竖向坐标轴(竖直向上为正方向);m 为监测点数目;n 为一挂列车通过加速度监测的采样数;j 为一挂列车通过加速度监测的采样序号。

1/3 倍频程谱由一系列中心频率及其所在频带信号的有效值构成,相邻两个中心频率之比为 $2^{1/3}$,所在频带的上限频率与下限频率之比为 $2^{2/3}$,即

$$\begin{cases} f_0 = \sqrt{f_1 f_u} \\ f_u = 2^{1/3} f_1 \\ \beta = (f_u - f_1)/f_0 \simeq 23.16\% \\ f_c = 1000 \times 2^{n/3}, & n=0,\pm1,\pm2,\cdots,\infty \\ a_r = \sqrt{\int_{f_1}^{f_u} S_a(f)\,\mathrm{d}f} \end{cases} \tag{20.2}$$

式中,f_0 为 1/3 倍频程中心频率;f_u 为 1/3 倍频程下限频率;f_1 为 1/3 倍频程上限频率;β 为 1/3 倍频程中心带宽;f_c 为 1/3 倍频程中心频率;a_r 为 1/3 倍频程中心频率对应频段 $f_1 \sim f_u$ 的加速度有效值;S_a 为功率谱密度函数;f 为频率。

为了认识列车行驶路基振动反应的加速度特征、衰减规律、影响范围与 1/3 倍频程谱应用的意义,作为一个例子,以下给出北京—哈尔滨铁路王岗—五家段列车行驶路基振动反应深冻结期(2011 年 1 月)、正常期(2011 年 7 月)现场监测的加速度时程与数据处理结果。图 20.4 为两个监测断面的加速度计布置(A1～A8、B1～B8 为加速度计,V_s 为面波波速)。图 20.5 为客车 K1548 通过测点 B3～B8 振动反应竖向加速度时程 $a_z(t)$ 监测结果,可见,随着测点与轨道之间水平距离的增加,列车行驶路基振动反应竖向加速度快速衰减,至距离路堤坡脚 10m 左右加速度已衰减很小。图 20.6 为据不同列车行驶下 B3～

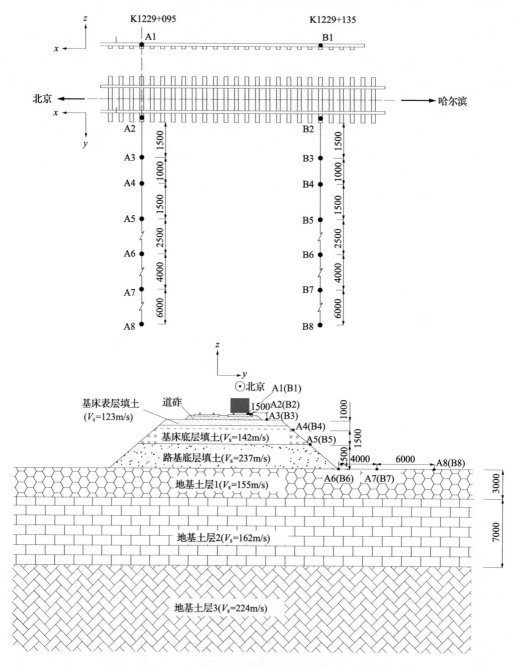

图 20.4 监测断面与加速度计布置(单位:mm)

B8 振动反应竖向加速度时程 $a_z(t)$ 监测结果计算的加速度有效值 $|a_i^z|_{val}$ 水平衰减规律，可见，随着测点与上行线、下行线中心之间水平距离的增加，加速度有效值 $|a_i^z|_{val}$ 衰减速度较快，特别是距离中心 10m 之内衰减速度很快，而 10m 之外衰减缓慢，超过 15m 接近于零。图 20.7 为列车行驶路基振动反应竖向加速度 1/3 倍频程谱，可见，正常期，客车 K554 通过路基竖向加速度峰值反应随距离轨道越近而越大且对应的 1/3 倍频中心频率的卓越频率越小，同一测点不同列车通过路基竖向加速度峰值反应以货车最大（轴重越大，反应越大）、高速动车次之、特快客车或普通客车最小（速度越快，反应越大）且对应的 1/3 倍频中心频率的卓越频率有越来越高的变化趋势。

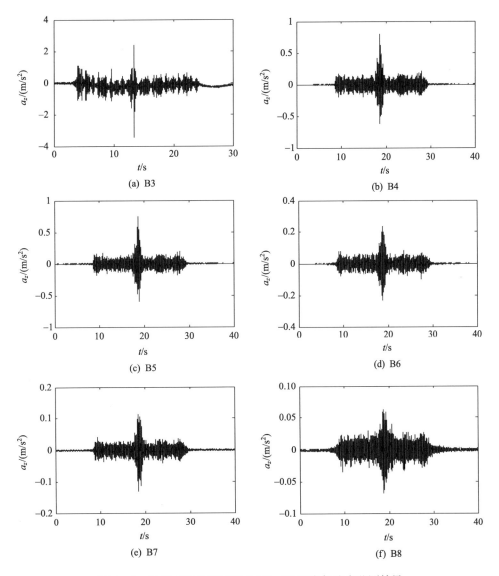

图 20.5　客车 K1548 通过测点 B3～B8 竖向加速度监测结果

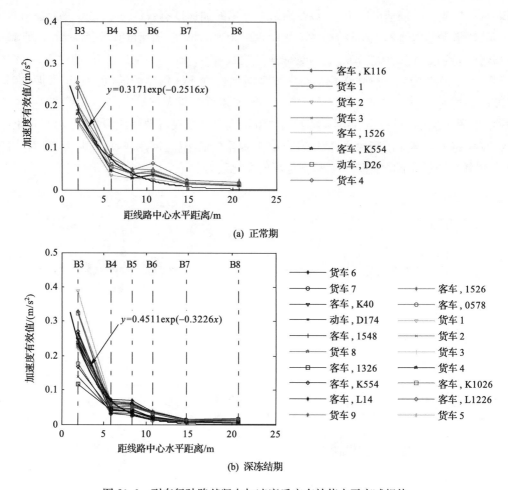

(a) 正常期

(b) 深冻结期

图 20.6　列车行驶路基竖向加速度反应有效值水平衰减规律

　　对于特殊土场地、浅地下水场地、多年冻土场地、深季节冻土场地、深路堑路基、高路堤路基等路段，或其他具有潜在运行危险路段，或新技术应用中试路段，除了做上述一个完整冻融循环的现场监测之外，有的还需要进行 3 个以上完整冻融循环的现场监测，即长期监测。长期监测的研究内容、研究目的、监测项目、技术要点与上述现场监测基本一致，只是针对铁路运行过程长期考察路基振动反应、稳定性、影响因素，不过还应监测路基长期沉降变形与支挡结构长期变形、变位、土压力等，从而为与振动有关的路基稳定控制、病害治理提供必要的长期监测依据，并为新建路基的科学设计与合理施工提供长期监测参考依据。列车行驶路基振动反应的加速度与相关的各项指标要求至少连续监测 3 年以上，每一季度的监测频次据实际需要而定，一般情况下，初冻结期、深冻结期、融冻期、丰水期应适当加密监测次数。特别应指出，长期监测必须可靠埋置各种传感器，并确保传感器成活且性能稳定 3 年以上。

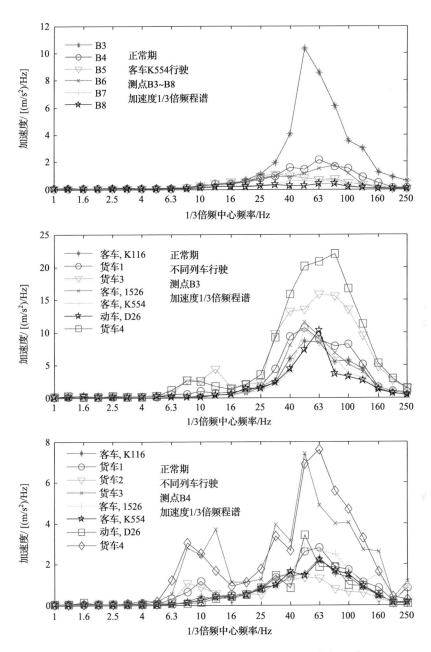

图 20.7　列车行驶路基振动反应竖向加速度 1/3 倍频程谱

20.4　列车振动作用下路基土动力性能试验

为了获得分析所需的成套数据,应在现场监测或长期监测路段采取路基土样或填料样制备试件,针对列车行驶对路基振动输入的荷载特点,采用共振柱或动三轴进行列车荷载作用下路基土的动力性能试验。文献[8-13,15,17-20,29,30]研究了行车振动下土或填料的各项动力性能、性能指标与影响因素,主要包括动应变时程、动蠕变特性、动强度特性、动长期强度、动应力-动应变关系、动强度准则等,为理论分析与数值模拟提供必要的试验依据、计算参数、本构模型、强度准则等。动力性能试验要点如下。

(1) 根据工程勘察结果与路基填筑设计方案,合理确定试件制备的干容重、压实度、含水量。

(2) 根据列车行驶路基振动的现场监测结果确定试验施加的动荷载特性,具体采用道床底部振动反应的现场监测结果(若为无砟轨道,则采用轨枕垫板底部振动反应的现场监测结果),若试验仪器只能在轴向输入简谐波,则应依据行车对路基振动输入的现场监测结果,按照输入动能等效原理合理确定轴向施加动力输入的简谐波(要求简谐波的频率与现场监测振动的主频带基本一致),动力性能与动力学参数试验的轴向加载方程见式(20.3),动蠕变试验的轴向力方程见式(20.4)。

$$\sigma(t) = \sigma_3 + \sigma_a + \sigma_{dn}\sin(2\pi ft) \tag{20.3}$$

$$\sigma(t) = \sigma_3 + \sigma_a + \sigma_d\sin(2\pi ft) \tag{20.4}$$

式中,$\sigma(t)$ 为轴向加载的应力时程;σ_3 为试件固结压力;$\sigma_3 + \sigma_a$ 为试验围压(σ_a 依据试验设计方案合理确定);σ_{dn} 为动力性能与动力学参数试验每一级轴向动载幅值;σ_d 为动蠕变试验每一级轴向动载幅值;n 为试验轴向动荷载的施加级数($n=1,2,\cdots$);f 为轴向动荷载的频率;t 为时间。

(3) 对于季节冻土区路基,应分别进行低温动力试验和常温动力试验,低温动力试验的负温条件采用当地初冻结期、深冻结期、春融期地温的现场监测结果,常温动力试验可在 0℃以上某一温度下进行。

(4) 对于多年冻土区路基,将不同季节自基床表层→基床底层→基床之下路基不同深度地温的现场监测结果作为低温动力试验的试验温度。

(5) 结合动力试验,应一并进行常规土质学试验、土力学试验,此外对冻土区路基还应进行冻土物理学试验、冻土静力学试验(如低温静三轴试验),静三轴试验与动三轴试验平行制备试件。

(6) 动力试验的围压依据取样位置合理确定。

(7) 动力试验的轴向荷载强度的确定还应适当考虑取样位置的上覆土压力。

(8) 动蠕变试验,在合理确定的某一轴向振动输入下,至少往返振动 20 万次结束试验。

(9) 动应力-动应变关系试验、动强度试验,应采用逐级多次循环加载方式,合理确定初始加载的强度与各级加载的级差,以某一级荷载下变形连续发展而不停止作为试验的结束标准,另一种情况,某一级荷载之后,后续能够加的荷载越来越小,可以逐步减小级差进行 3～4 级荷载试验,结束试验。

(10) 以上各项试验的试件规格、制备方法、固结条件、养护标准等应依据相关试验规程或规范执行。

（11）根据试验结果，系统分析路基土或填料的动力性能与影响因素，并确定相应的各项性能指标值，合理选择或建立动力变形的本构关系。

作为例子，图 20.8 给出了哈尔滨—满洲里铁路（滨洲铁路）安达段路基粉质黏土（最优含水量 $\omega_\kappa = 16.8\%$，塑限 $\omega_P = 18.0\%$，液限 $\omega_L = 33.0\%$，塑性指数 $I_P = 15.0$）的动力性能与动力学参数试验结果，图 20.9 给出了青藏铁路北麓河段路基黏土（干重度 $\gamma = 18.0\text{kN/m}^3$，塑限 $\omega_P = 20.8\%$，液限 $\omega_L = 39.3\%$，塑性指数 $I_P = 18.5$）的动力学参数试验结果。图中，τ_d 为动剪应力，γ_d 为动剪应变，σ_3 为试验围压，θ 为试验温度，ω 为土样含水量，f 为轴向输入动荷载频率，λ 为阻尼比，G_d 为动剪切模量，G_{dmax} 为最大动剪切模量，α_G 为动剪切模量比。

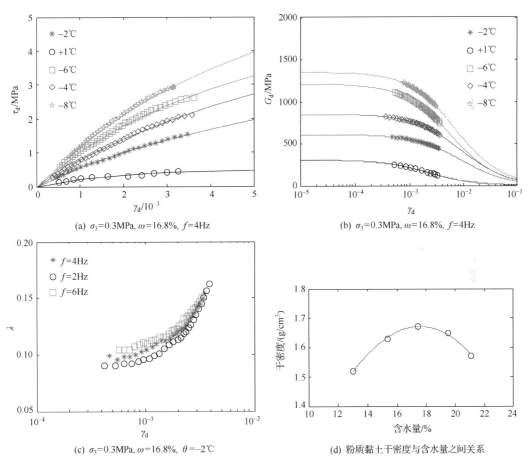

(a) $\sigma_3=0.3\text{MPa}$，$\omega=16.8\%$，$f=4\text{Hz}$

(b) $\sigma_3=0.3\text{MPa}$，$\omega=16.8\%$，$f=4\text{Hz}$

(c) $\sigma_3=0.3\text{MPa}$，$\omega=16.8\%$，$\theta=-2℃$

(d) 粉质黏土干密度与含水量之间关系

图 20.8　滨州铁路安达段路基粉质黏土动力性能与动力学参数试验结果

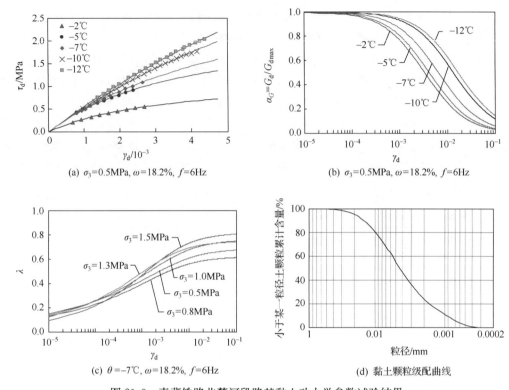

图 20.9　青藏铁路北麓河段路基黏土动力学参数试验结果

20.5　列车行驶路基振动反应模型试验

现场监测、长期监测即原型试验,虽然具有监测结果真实性强或完全真实的极大优势,但是也因投入大且受限于客观条件、管理规定而不一定能够如愿实施或难以实施。例如,对青藏铁路多年冻土场地路基做振动反应现场监测、长期监测因受高原极端气候影响而实施十分困难;广州学者做东北高寒深季节冻土区铁路路基振动反应现场监测也很困难;对高速铁路做路基振动反应现场监测因严格管理规定而很难实施;对既有铁路做路基内部振动反应现场监测因无法埋入传感器而不能实施。因此,作为实施不了现场原型试验的一种可行的弥补措施,模型试验便发挥作用。此外,模型试验可以根据需要而改变不同的初始条件、边界条件、冻融条件、补水条件、土层条件、振动条件等,实现多种因素耦合效应下的各种试验。鉴于上述,在列车行驶路基振动反应问题研究中,除了现场监测、长期监测之外,模型试验不失为一种重要的研究途径。模型试验要点如下。

(1) 根据研究的内容、目的与拟检测的项目,进行合理的方案设计,精心制备模型(试验体),妥善布置传感器。

(2) 由于实际的路基属于半无限空间体地基,所以在模型设计中,无需追求严格的"相似设计",而事实上模型路基与原型路基也"相似"不了。

(3) 尽可能合理模拟实际的开放系统很重要,如模拟降雨入渗应自路基表层开始补水、模拟地下水入渗应妥善控制地下水位且自路基底部与地下水位线之下四周补水、模拟自然冻结过程应自路基表层开始降温、模拟自然融冻过程应自路基表层开始升温等,入渗补水总量、单位时间补水量、降温速度、升温速度、最低负温、衡温时间等均要求依据实际情况合理控制。

(4) 采用激振器自路基表层加振动荷载,因此试验体的四周、底部均应设置一定厚度吸收激振波的吸能层(如厚度不小于 10cm 的海绵层),以吸收传至土箱壁的激振波,尽可能降低激振波通过土箱壁发生的多次反射效应。

(5) 采用实际路基的土料或换填料且以压实度、含水量(最优含水量)作为控制标准制备试验体,制备的试验体至少静置固结 7 天再进行试验,若做模拟自然开放系统试验,则经过 7 天固结后的试验体,还需要根据试验设计的地下水位、降雨强度(降雨持时,降雨开始时间)、降温条件(升温条件)等要求,进行开放系统试验。

(6) 事先预估要求监测物理量的最大值、最大频率,据此合理确定所选择传感器的量程范围、频率范围。

(7) 各种传感器均应在动力条件下标定(可在振动台上标定),埋于地下水位之下的传感器应做水下标定,埋于冻融层中传感器应做负温下标定,标定后的传感器应做可靠的防水密封处理。

(8) 由于试验体的有效范围有限,应精心确定监测点,监测点与传感器布置不求多、但求必要且有效,若监测点过密、传感器过多,不仅不同监测点之间产生由传感器引起的振动互馈效应,还影响试验体的自振特性,一般情况下,动力模型试验,不同监测点之间竖向间距、水平间距以不小于 25cm 为宜。

(9) 各种传感器的容重不超过或接近所在的土层或换填料层的容重,若某种传感器(如加速度计)的容重明显大于所在的土层或换填料层的容重,则应将这种传感器封装于有机玻璃盒中(传感器可靠粘贴固定于有机玻璃盒内壁),要求有机玻璃盒与传感器一体的容重不超过或接近所在的土层或换填料层的容重。

(10) 各种传感器应精心稳妥稳固布置,以避免振动中因传感器发生滑移而使监测数据失真或发生零点漂移。

(11) 采用列车行驶路基振动现场监测数据(即道床底部振动反应的现场监测数据,若为无砟轨道,则采用轨枕垫板底部振动反应的现场监测数据),控制激振器的激振,若激振器只能进行简谐振动,则应采用输入动能等效原理合理确定激振器简谐振动的振幅(要求激振频率与现场监测振动的主频带基本一致)。

(12) 在激振器传动杆与路面之间垫一块刚性垫板(钢板或混凝土板),垫板的规格一般为 10cm×10cm 方板或 ϕ10cm 圆板,并在垫板底部设置一个拾振计,以记录实际输入路基的激振波。

(13) 根据同类试验经验,试验体有效监测区域的边界距离土箱壁不小于 20cm,如图 20.10 所示,因此各种传感器均应布置于有效监测区域之内。

(14) 制备试验体之前通过白噪声扫描检测空箱的自振特性,正式试验之前再一次采用白噪声扫描检测试验体的自振特性,用于试验结果分析。

(15) 试验的激振工况不宜过多,一般以 3~4 个工况为宜,这是由于每一次激振均对试验体的结构、含水量、密实度等产生一定影响,进而影响不同工况激振下检测结果的可比性,因此应精心设计必要的试验工况。

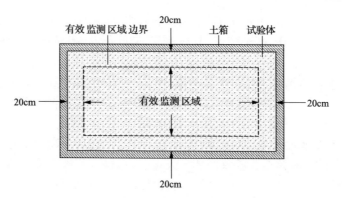

图 20.10　土工动力模型试验有效监测区域示意图

根据试验结果,系统分析路基的动力性能、振动反应特征与主要影响因素,若具有相应试验路段的列车行驶路基振动反应的现场监测或长期监测数据,应将模型试验结果与原型试验结果结合起来分析。此外,在可能情况下,最好将模型试验与现场监测、数值模拟结合起来进行综合分析。

20.6　列车行驶路基振动反应数值分析概述

1. 问题的提出

近十几年来,世界各铁路大国轨道交通正向客运高速化、货运重载化方向快速迈进。随着铁路运行的速度不断提高、轴重不断增大,列车行驶引起的路基振动反应与相关的土动力学问题越来越受到关注。目前,对这一问题的研究可以归结为五大类方法,即解析分析方法、经验模型预测方法、数值模拟方法、现场监测方法(含长期监测)、模型试验方法。

解析分析方法是将行车振动作用简化为一种移动荷载,只考虑列车荷重,将轨道、路堤简化为地基梁且视路基为 Winkler 地基或半空间地基,据此进行路基振动反应分析。然而,采用解析分析行车路基振动反应,由于必须对问题的几何特性、材料特性做较多简化假定,与实际差距较大,并且在复杂条件获得闭合解非常困难。

经验模型预测方法具有个例性强、普适性差、各相关项物理意义不明确或无物理意义,并且需要很多事例支撑,尤其是因行车条件、轨道结构、路基形式、场地条件等差异,致使根据某条铁路的某一路段资料建立的列车行驶路基振动反应分析的经验预测模型很难直接用于其他铁路或同一条铁路其他路段行车路基振动反应分析,因此经验模型预测方法推广空间很有限且目前正在逐步被摒弃。

模型试验存在重塑土结构破坏、脱离实际环境、数据随机性大、结果代表性差等诸多缺陷,并且由轨枕传至路基中的实际振动与试验所加振动之间的差异无法避免,因此根据模型试验分析行车路基振动反应存在显著不足。

现场监测(长期监测)虽然具有实际环境中真实条件的强烈特色,监测结果置信度高、可靠性大,可为理论分析与数值模拟提供必要的机理认识、实测依据、客观参数且验证成果的可靠性,从而确保成果的实用价值与推广性,但是存在监测方案设计困难(因现场不确定性隐蔽因素导致)、传感器合理选择困难(因不同使用环境下传感器性能不稳定性导致)、传感器可靠布置困难(因现场施工粗放性导致)、传感器耐久性难以保证(因传感器性能与现场施工粗放性两方面导致)、采集数据随机性大、监测费用大且历时长等较多问题,并且有时难以稳妥实施。

　　数值模拟方法具有能够很好考虑复杂多变的几何条件、边界条件、初始条件、材性条件、编组条件、行车条件、荷载条件、轨道条件、路基条件、场地条件等且各种条件可控性强、可变性大等诸多优势,并且能够在较短时间内完成较多工况的模拟分析,数值模拟与现场监测、长期监测、模型试验相结合恰好可以弥补彼此的不足,将使研究工作既具有理论深入探索且形成一般规律性认识的特点,又具有很好的实践指导意义,从而保证研究投入的效益最大化。此外,由于算法与现代计算机技术高度发达,在列车行驶路基振动反应分析与相关的土动力学问题研究中,数值模拟方法日益获得越来越多、越来越广泛的应用,成为解决各种复杂条件下轨道交通动力学与路基稳定性问题的一种行之有效的方法。

　　2. 数值分析方法

　　下面,按文献[4,8,10,12,29-31]表述列车行驶路基振动反应分析的数值方法。列车行驶路基振动反应分析的数值分析有两种方法,即一步简化分析方法、两步分析方法。一步简化分析方法:将列车行驶对路基的振动作用,以作用于路基上的假定动荷载表示,分析在假定的动荷载作用下路基的振动反应;在路基振动反应分析体系中,只包括路基-场地的土体体系,不包括车辆-轨道体系,因此这种分析方法不能考虑车辆体系与轨道-路基-场地土体体系之间的动力相互作用。两步分析方法:第一步是整体简化分析,目的是确定行车作用于轨枕上的动荷载,采用一个模拟车辆-轨道-路基-场地土体体系的总体简化模型,车辆、轨道、路基、场地土体被模拟为黏-质-弹体系,因此可以考虑车辆-轨道-路基-场地土体体系之间动力相互作用;第二步是路基-场地土体体系细化分析,目的是确定行车作用下路基与场地土体的动力性能,将路基、场地土体假定为有限元集合体,并将第一步分析确定的作用于轨枕上的动荷载施加于体系上,可以考虑土的动力非线性性能。作为一个例子,下面系统介绍基于翟婉明的车辆-轨道统一耦合动力学模型[31],建立的两步分析方法。由于两步分析方法需要很长篇幅表述,为了方便,下面将两步分析方法分两节分别表述。

　　3. 模拟的因素与模型的构建

　　应指出,列车行驶路基振动反应分析的关键在于科学合理的数值模拟。下面将简述与模拟和模型构建关系密切的一些重要问题。

　　1) 车辆体系模拟与建模

　　在 20.1 节中已详细阐述,与地震相比,列车行驶振动的振源机制、传递机构较复杂且振动的影响因素、激励类型较多,因此切合实际模拟行车振动荷载难度很大。列车行驶振源模拟要点如下。

　　(1) 详细查明行车振动的产生机构、传递机构,以及不同机构之间的连接形式,如轮对系统悬挂类型、车体与转向架之间连接形式、转向架与轮对之间连接形式、机车与车辆之间连接形式、不同车辆之间连接形式等。

　　(2) 结合轨道形式,分析行车振动的激励类型,如列车的制动激励、加速激励、轨道不平顺激励、宽轨缝激励、谐波型激励等。

（3）将列车的机车系统、车辆系统、悬挂系统、轮对系统，以及行车振动的产生机构、传递机构、机构连接形式等，分别合理抽象为物理模型且建立整车动力体系的力学元件系统，并进行数值实现（即形成科学合理的数值模型）。

（4）车辆体系中各组成部分之间相互连接方式与动力传递机制。

（5）车辆体系是一个以常水平速度行驶的动力体系。

（6）通常将车辆体系简化成黏-质-弹动力体系。

2）路基-场地土体体系模拟

按照分析步骤与分析目的，路基-场地土体体系可以采用不同模拟方法。在第一步整体简化分析中，可以将路基-场地土体体系简化成黏-质-弹动力体系；而在第二步路基-场地土体体系细化分析中，通常将路基、场地土体假定为有限元集合体。

3）体系中各组成部分之间动力传递模拟

无论是第一步整体简化分析还是路基-场地土体体系细化分析，都包括很多组成部分，各部分之间均存在动力传递，即动力相互作用。各部分的动力传递由连接各部分的力学元件及连接结点模拟。因此，在选择力学元件及结点类型时，必须考虑各部分之间动力传递机制。

4）两步分析方法体系力学模型

基于上述考虑，凌贤长和朱占元参照文献[31]，建立了一个两步分析方法的体系力学模型，如图20.11所示。在图20.11中，上部图为第一步整体简化分析的体系模型，下部图为第二步路基-场地土体体系细化分析的体系力学模型。此外，图中还给出了这两步分析之间的关系。

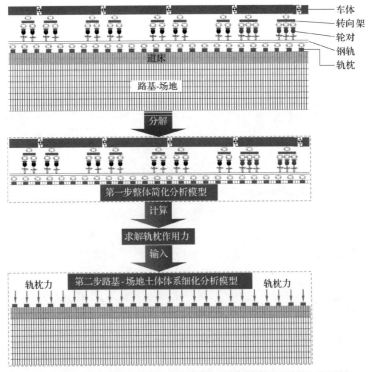

图 20.11　列车-钢轨-轨枕-道床-路基-场地体系两步分析示意图

20.7　第一步整体简化分析

如上述,第一步整体简化分析,目的是考虑车辆-轨道-路基-场地土体体系之间的动力相互作用,确定列车行驶作用于轨枕上的振动荷载,因此对这个体系建立一个合理的简化模型与相应的振动方程极其重要。

1. 车辆体系简化动力模型与振动微分方程

参照翟婉明[31]的车辆-轨道垂向耦合统一模型,将轨枕、道床、路基及其下土体简化为多质点体系,将每一转向架、每一轮子、每一车体也简化为质点,不同车体之间、车体与转向架之间、转向架与轮子之间、轮子与钢轨之间、钢轨与轨枕之间、轨枕与道床之间、道床与路基之间、不同轨枕质点之间均为并联弹簧阻尼器连接,钢轨视为连续无限长 Euler梁,如此,得到体系的动力学模型,如图 20.12 所示。

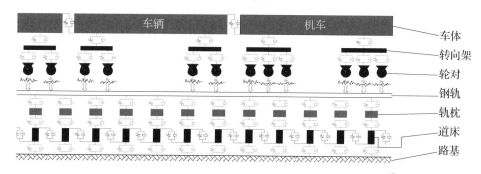

图 20.12　列车-轨道-路基-场地土体体系简化动力学模型

基于翟婉明[31]的车辆-轨道统一耦合动力学模型,合理考虑机车与车辆之间的耦合相互作用、多节车辆之间的耦合相互作用,形成列车-轨道竖向耦合动力学模型,即列车-轨道体系简化动力学模型,如图 20.13 所示,机车与客车车厢、机车与货车车厢均被模拟成一个以速度 V 在轨道上运行的刚体。设车体刚块的质量为 M_c、点头转动惯量为 J_c,转向架刚块的质量为 M_t、点头惯量为 J_t,轮对刚块的质量为 M_w,一系悬挂的刚度为 K_{s1}、阻尼为 C_{s1},二系悬挂的刚度为 K_{s2}、阻尼为 C_{s2}。依据车辆类型的不同,列车-轨道竖向耦合动力学模型进一步分为三种不同类型,即客车车厢-轨道竖向耦合动力学模型、货车车厢-轨道竖向耦合动力学模型、机车-轨道竖向耦合动力学模型。下面以客车车厢-轨道竖向耦合动力学模型为例,介绍客车行驶竖向振动微分方程的建立方法。

客车车厢-轨道竖向耦合动力学模型见图 20.13,考虑车厢的沉浮运动(Z_c)与点头运动(β_c)、前后构架的沉浮运动(Z_{t1},Z_{t2})与点头运动(β_{t1},β_{t2})、四个轮对的竖向振动(Z_{w1},Z_{w2},Z_{w3},Z_{w4}),共计 10 个自由度。下面,为方便,以每个刚块的转动惯量来代表相应的刚块,取第 j 节车厢为对象(图 20.13)。

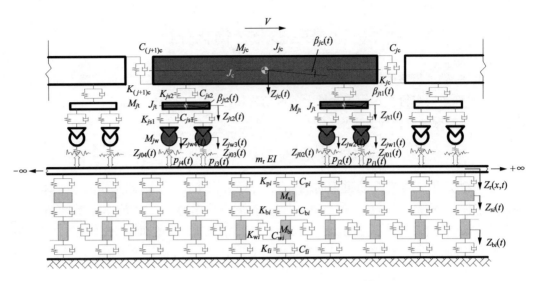

图 20.13　客车车厢-轨道竖向耦合动力学模型

由刚块 J_c 的竖向动力平衡,得到第 J 节车厢的浮沉运动方程为

$$M_{jc}\ddot{Z}_{jc} + (2C_{js2} + C_{jc} + C_{(j+1)c})\dot{Z}_{jc} + (C_{jc} - C_{(j+1)c})l_{jcx}\dot{\beta}_{jc} + (2K_{js2} + K_{jc} + K_{(j+1)c})Z_{jc}$$

$$+ (K_{jc} - K_{(j+1)c})l_{jcx}\beta_{jc} - C_{js2}\dot{Z}_{jt1} - C_{js2}\dot{Z}_{jt2} - C_{jc}\dot{Z}_{(j-1)c} - C_{(j+1)c}\dot{Z}_{(j+1)} + C_{jc}l_{(j-1)cx}\dot{\beta}_{(j-1)c}$$

$$- C_{(j+1)c}l_{(j+1)cx}\dot{\beta}_{(j+1)} - K_{js2}Z_{jt1} - K_{js2}Z_{jt2} - K_{jc}Z_{(j-1)c} - K_{(j+1)c}Z_{(j+1)} + K_{jc}l_{(j-1)cx}\beta_{(j-1)c}$$

$$- K_{(j+1)c}l_{(j+1)cx}\beta_{(j+1)c} = M_{jc}g$$

$$(20.5)$$

由刚块 J_c 的转动力矩平衡,得到第 j 节车厢的点头运动方程为

$$J_c\ddot{\beta}_{jc} + (2C_{js2}l_{jc}^2 + C_{jc}l_{jcx}^2 + C_{(j+1)c}l_{jcx}^2)\dot{\beta}_{jc} + (C_{jc} - C_{(j+1)c})l_{jcx}\dot{Z}_{jc}$$

$$+ (2K_{js2}l_{jc}^2 + K_{jc}l_{jcx}^2 + K_{(j+1)c}l_{jcx}^2)\beta_{jc} + (K_{jc} - K_{(j+1)c})l_{jcx}Z_{jc} - C_{js2}l_{jc}\dot{Z}_{jt1} + C_{js2}l_{jc}\dot{Z}_{jt2}$$

$$- C_{jc}l_{jcx}\dot{Z}_{(j-1)c} + C_{(j+1)c}l_{jcx}\dot{Z}_{(j+1)c} + C_{jc}l_{jcx}l_{(j-1)cx}\dot{\beta}_{(j-1)c} + C_{(j+1)c}l_{jcx}l_{(j+1)cx}\dot{\beta}_{(j+1)c} - K_{js2}l_{jc}Z_{jt1}$$

$$+ K_{js2}l_{jc}Z_{jt2} - K_{jc}l_{jcx}Z_{(j-1)c} + K_{(j+1)c}l_{jcx}Z_{(j+1)c} + K_{jc}l_{jcx}l_{(j-1)cx}\beta_{(j-1)c}$$

$$+ K_{(j+1)c}l_{jcx}l_{(j+1)cx}\beta_{(j+1)c} = 0$$

$$(20.6)$$

由刚块 J_{t1} 的竖向动力平衡,得到第 j 节车厢的前转向架的浮沉运动方程为

$$M_{jt}\ddot{Z}_{jt1} + (C_{js2} + 2C_{js1})\dot{Z}_{jt1} + (K_{js2} + 2K_{js1})Z_{jt1} - C_{js2}\dot{Z}_{jc} - K_{js2}Z_{jc} -$$

$$C_{js1}\ddot{Z}_{jw1} - C_{js1}\dot{Z}_{jw2} - K_{js1}Z_{jw1} - K_{js1}Z_{jw2} - C_{js2}l_{jc}\dot{\beta}_{jc} - K_{js2}l_{jc}\beta_{jc} = M_{jt}g$$

$$(20.7)$$

由刚块 J_{t1} 的转动力矩平衡,得到第 j 节车厢的前转向架的点头运动方程为

$$J_{jt}\ddot{\beta}_{jt1} + 2C_{js1}l_{jt}^2\dot{\beta}_{jt1} + 2K_{js1}l_{jt}^2\dot{\beta}_{jt1} - C_{js1}l_{jt}\dot{Z}_{jw1}$$

$$+ C_{js1}l_{jt}\dot{Z}_{jw2} - K_{js1}l_{jt}Z_{jw1} + K_{js1}l_{jt}Z_{jw2} = 0$$

$$(20.8)$$

由刚块 J_{t2} 的竖向动力平衡,得到第 j 节车厢的后转向架的沉浮运动方程为

$$M_{jt}\ddot{Z}_{jt2} + (C_{js2} + 2C_{js1})\dot{Z}_{jt2} + (K_{js2} + 2K_{js1})Z_{jt2} - C_{js2}\dot{Z}_{jc} - K_{js2}Z_{jc} -$$
$$C_{js1}\ddot{Z}_{jw3} - C_{js1}\dot{Z}_{jw4} - K_{js1}Z_{jw3} - K_{js1}Z_{jw4} + C_{js2}l_{jc}\dot{\beta}_{jc} + K_{js2}l_{jc}\beta_{jc} = M_{jt}g \quad (20.9)$$

由刚块 J_{t2} 的转动力矩平衡,得到第 j 节车厢的后转向架的点头运动方程为

$$J_{jt}\ddot{\beta}_{jt2} + 2C_{js1}l_{jc}^2\dot{\beta}_{jt2} + 2K_{js1}l_{jt}^2\beta_{jt2} - C_{js1}l_{jt}\dot{Z}_{jw3}$$
$$+ C_{js1}l_{jt}\dot{Z}_{jw4} - K_{js1}l_{jt}Z_{jw3} + K_{js1}l_{jt}Z_{jw4} = 0 \quad (20.10)$$

由刚块 J_{w1} 的竖向动力平衡,第 j 节车厢的第一轮对的竖向振动方程为

$$M_{jw}\ddot{Z}_{jw1} + C_{js1}\dot{Z}_{jw1} + K_{js1}Z_{jw1} - C_{js1}\dot{Z}_{jt1} - K_{js1}Z_{jt1}$$
$$- C_{js1}l_{jt}\dot{\beta}_{jt1} - K_{js1}l_{jt}\beta_{jt1} + 2P_{j1}(t) - M_{jw}g = F_{j01}(t) \quad (20.11)$$

由刚块 J_{w2} 的竖向动力平衡,第 j 节车厢的第二轮对的竖向振动方程为

$$M_{jw}\ddot{Z}_{jw2} + C_{js1}\dot{Z}_{jw2} + K_{js1}Z_{jw2} - C_{js1}\dot{Z}_{jt1} - K_{js1}Z_{jt1}$$
$$- C_{js1}l_{jt}\dot{\beta}_{jt1} + K_{js1}l_{jt}\beta_{jt1} + 2P_{j2}(t) - M_{jw}g = F_{j02}(t) \quad (20.12)$$

由刚块 J_{w3} 的竖向动力平衡,第 j 节车厢的第三轮对的竖向振动方程为

$$M_{jw}\ddot{Z}_{jw3} + C_{js1}\dot{Z}_{jw3} + K_{js1}Z_{jw3} - C_{js1}\dot{Z}_{jt2} - K_{js1}Z_{jt2}$$
$$- C_{js1}l_{jt}\dot{\beta}_{jt2} - K_{js1}l_{jt}\beta_{jt2} + 2P_{j3}(t) - M_{jw}g = F_{j03}(t) \quad (20.13)$$

由刚块 J_{w4} 的竖向动力平衡,第 j 节车厢的第四轮对的竖向振动方程为

$$M_{jw}\ddot{Z}_{jw4} + C_{js1}\dot{Z}_{jw4} + K_{js1}Z_{jw4} - C_{js1}\dot{Z}_{jt2} - K_{js1}Z_{jt2}$$
$$- C_{js1}l_{jt}\dot{\beta}_{jt2} + K_{js1}l_{jt}\beta_{jt2} + 2P_{j4}(t) - M_{jw}g = F_{j04}(t) \quad (20.14)$$

式中, l_{jcx} 为第 j 节车辆(车体)长度之半,m; l_{jc} 为第 j 节车辆定距之半,m; l_{jt} 为第 j 节转向架固定轴距之半,m; K_{jc} 为第 j 节车辆与第 $j-1$ 节车辆之间连接刚度,N/m; C_{jc} 为第 j 节车辆与第 $j-1$ 节车辆之间连接阻尼,N/m; $P_{ji}(t)$ 为第 j 节车辆单侧车轮与轨道之间竖向相互作用力 $(i=1\sim4)$; $F_{j0i}(t)$ 为第 j 节车辆各轮对处激振力函数 $(i=1\sim4)$ 。式 (20.11)~式(20.14)中的 $P_{ji}(t)(i=1,2,3,4)$ 的确定方法将在后面给出。

2. 轨道体系简化动力模型与振动微分方程[31]

1) 轨道体系动力模型

轨道包括钢轨、轨枕、道床。在模型图 20.12 和图 20.13 中,钢轨被视为支撑于一系列离散的并联弹簧阻尼器上的无限长 Euler 梁,各个并联弹簧阻尼器表示轨枕下垫层作用,分别以 K_{pi} 、 C_{pi} 表示弹簧的刚度、阻尼器的黏滞系数。各个并联弹簧阻尼器下连模拟轨枕的刚块 S_i ,刚块 S_i 的质量为 M_{Si} 。模拟刚块 S_i 放置于刚度为 K_{bi} 、黏滞系数为 C_{bi} 的并联弹簧阻尼器上,这种并联弹簧阻尼器表示道床的作用。此外,在下面分析中,分别以 m_r 、 EI 表示单位长度钢轨的质量、抗弯刚度。

2) 钢轨振动微分方程

理论上,将钢轨视为连续无限长 Euler 梁,而实际上,则将钢轨处理为有限长简支梁,并将这段长度称为轨道计算长度,以 l 表示。研究表明[28],若轨道的计算长度 l 满足下面要求,即第一节车厢的第一轮对激振点到钢轨前一简支点的距离和最后一节车厢的最后轮对激振点到钢轨后一简支点的距离均不低于 30m,可以获得满意的计算结果。钢轨的计算模型如图 20.14 所示,$P_{ji}(j=1\sim m;i=1\sim 4,6)$ 为第 j 节车辆的第 i 轮对作用于钢轨上的力(随车辆以速度 V 向前移动),为了方便,以 P_{ji} 代表该轮对;$F_{rsi}(i=1\sim N)$ 为轨道支点反力,N 为计算长度 l 范围轨道支点总数;l_{jcx} 为第 j 节车辆的车厢长度之半;l_{jc} 为定距之半;l_{jt} 为转向架固定轴距之半;ox 为固结于钢轨上的固定坐标系。第 j 节车辆(车厢)各轮对的运动坐标分别为

$$x_{pj1}(t)=x_0+\sum_{k=j+1}^{m}2l_{kcx}+l_{kcx}+l_{jc}+l_{jt}+Vt \qquad (20.15)$$

$$x_{pj2}(t)=x_0+\sum_{k=j+1}^{m}2l_{kcx}+l_{kcx}+l_{jc}-l_{jt}+Vt \qquad (20.16)$$

$$x_{pj3}(t)=x_0+\sum_{k=j+1}^{m}2l_{kcx}+l_{kcx}-l_{jc}+l_{jt}+Vt \qquad (20.17)$$

$$x_{pj1}(t)=x_0+\sum_{k=j+1}^{m}2l_{kcx}+l_{kcx}-l_{jc}-l_{jt}+Vt \qquad (20.18)$$

式中,x_0 为起始时刻最后一节车厢尾部的固定坐标;t 为运行时间变量;m 为一挂列车的车厢数(即机车与车辆数)。各轨枕支点坐标为

$$x_i=il_s, \qquad i=1\sim N \qquad (20.19)$$

式中,l_s 为轨枕间距。

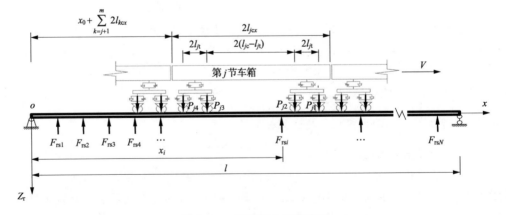

图 20.14　钢轨受力分析模型

设钢轨的振动位移变量为 $Z_r(x,t)$、弹性模量为 E、阻尼为 C_d、截面惯量为 I,则钢轨的竖向振动微分方程为

$$EI\, \frac{\partial^4 Z_r(x,t)}{\partial x^4} + m_r\, \frac{\partial^2 Z_r(x,t)}{\partial t^2} + C_d\, \frac{\partial Z_r(x,t)}{\partial t}$$

$$= -\sum_{i=1}^{N} F_{rsi}(t)\delta(x-x_i) + \sum_{j=1}^{m}\sum_{s=1}^{n} P_{js}(t)\delta(x-x_{pjs}) \tag{20.20}$$

$$F_{rsi}(t) = K_{pi}[Z_r(x,t) - Z_{si}(t)] + C_{pi}[\dot{Z}_r(x,t) - \dot{Z}_{si}(t)] \tag{20.21}$$

式中，$Z_{si}(t)$ 为轨枕的振动位移，m；n 为单节车体的轮对数（车辆为 4、机车为 6）；m_r 为钢轨的单位长度质量；$\delta(x-x_i)$、$\delta(x-x_{pjs})$ 为 δ 函数。

式 (20.20) 为四阶偏微分方程。为了进行数值分析，需要将式 (20.20) 转化为二阶常微分方程组，可以采用 Ritz 方法进行这种变换。为此，引入钢轨正则振型坐标 $q_k(t)$，应用简支梁的正则振型函数，得到相应于图 20.14 的钢轨受力分析模型条件的钢轨振型为

$$Y_k(x) = \sqrt{\frac{2}{m_r l}}\sin\frac{k\pi x}{l} \tag{20.22}$$

则式 (20.20) 的解可以写成

$$Z_r(x,t) = \sum_{k=1}^{NM} Y_k(x) q_k(t) \tag{20.23}$$

式中，NM 为截取的模态阶数，要求截取频率超过所分析的钢轨的有效频率 2 倍以上，可以取 $NM=0.5N$，N 为轨道计算长度 l 范围内的支点数。将式 (20.23) 代入式 (20.20)，整理简化得到钢轨竖向振型坐标二阶常微分方程为

$$\ddot{q}_k(t) + \frac{C_d}{m_r}\dot{q}_k(t) + \sum_{i=1}^{N} C_{pi}Y_k(x_i)\sum_{h=1}^{NM} Y_h(x_i)\dot{q}_h(t) + \frac{EI}{m_r}\left(\frac{k\pi}{l}\right)^4 q_k(t)$$

$$+ \sum_{i=1}^{N} K_{pi}Y_k(x_i)\sum_{h=1}^{NM} Y_h(x_i)q_h(t) - \sum_{i=1}^{N} C_{pi}Y_k(x_i)\dot{Z}_{st}(t) \tag{20.24}$$

$$- \sum_{i=1}^{N} K_{pi}Y_k(x_i)Z_{si}(t) = \sum_{j=1}^{m}\sum_{s=1}^{n} P_{js}(t)Y_k(x_{pjs})$$

式中，$k=1\sim NM$。

3）轨枕振动微分方程

根据模型轨枕的刚块的受力状态，不难写出轨枕竖向振动方程，即

$$K_{pi}[Z_r(x_i,t) - Z_{si}(t)] + C_{pi}[\dot{Z}_r(x_i,t) - \dot{Z}_{si}(t)]$$

$$- K_{bi}[Z_{si}(t) - Z_{bi}(t)] - C_{bi}[\dot{Z}_{bi}(t) - \dot{Z}_{bi}(t)] = M_{st}\ddot{Z}_{si}(t) - M_{si}g \tag{20.25}$$

将钢轨竖向动位移表达式代入式 (20.25)，并整理，得到轨枕竖向振动方程为

$$M_{si}\ddot{Z}_{si}(t) + (C_{pi} + C_{bi})\dot{Z}_{si}(t) + (K_{pi} + K_{bi})Z_{si} - C_{bi}\dot{Z}_{bi}(t)$$

$$- K_{bi}Z_{bi}(t) - C_{pi}\sum_{h=1}^{NM} Y_h(x_i)\dot{q}_h(t) - K_{pi}\sum_{h=1}^{NM} Y_h(x_i)q_h(t) = M_{st}g,\qquad i=1\sim N$$

$$\tag{20.26}$$

4）道床振动微分方程

道床的第 i 离散块（质量为 M_{bi}）受到 4 种力作用，即上方轨枕对道床作用力 F_{bsi}、下方路基对道床作用力 F_{bfi}、左侧道床刚块剪切作用力 F_{bbli}、右侧道床刚块剪切作用力 F_{bbri}，计算式分别为

$$F_{bsi} = K_{bi}[Z_{si}(t) - Z_{bi}(t)] + C_{bi}[\dot{Z}_{si}(t) - \dot{Z}_{bi}(t)] \tag{20.27}$$

$$F_{bfi} = K_{fi}Z_{bi}(t) + C_{fi}\dot{Z}_{bi}(t) \tag{20.28}$$

$$F_{bbli} = K_{\omega i}[Z_{bi}(t) - Z_{b(i-1)}(t)] + C_{\omega i}[\dot{Z}_{bi}(t) - \dot{Z}_{b(i-1)}(t)] \tag{20.29}$$

$$F_{bbri} = K_{\omega i}[Z_{bi}(t) - Z_{b(i+1)}(t)] + C_{\omega i}[\dot{Z}_{bi}(t) - \dot{Z}_{b(i+1)}(t)] \tag{20.30}$$

由道床的第 i 离散块 bi 的竖向动力平衡，可以建立运动方程，即

$$F_{bsi} - F_{bfi} - F_{bbli} - F_{bbri} = M_{bi}\ddot{Z}_{bi}(t) - M_{bi}g \tag{20.31}$$

将式（20.27）～式（20.30）代入式（20.31），并整理，得到道床竖向振动微分方程，即

$$M_{bi}\ddot{Z}_{bi}(t) + (C_{bi} + C_{fi} + 2C_{\omega i})\dot{Z}_{bi}(t) + (K_{bi} + K_{fi} + 2K_{\omega i})Z_{bi}(t) - C_{bi}\dot{Z}_{si}(t)$$
$$- K_{bi}Z_{si}(t) - C_{\omega i}\dot{Z}_{b(i+1)}(t) - K_{\omega i}Z_{b(i+1)}(t) - C_{\omega i}\dot{Z}_{b(i-1)}(t) - K_{\omega i}Z_{b(i-1)}(t) = M_{bi}g \tag{20.32}$$

式中，$i=1\sim N$。式（20.32）求解的边界条件为 $Z_{b0} = \dot{Z}_{b0} = 0$，$Z_{b(N+1)} = \dot{Z}_{b(N+1)} = 0$。其中，$Z_{b0}$、$\dot{Z}_{b0}$，$Z_{b(N+1)}$、$\dot{Z}_{b(N+1)}$ 分别为轨道两端点的竖向位移和速度。

由式（20.15）～式（20.32）可见，轨道竖向振动微分方程的阶数为 $NM+2N$。

3. 路基-场地土体体系简化动力模型与振动微分方程

在整体简化分析中，路基-场地土体体系分析的简化动力模型与道床分析的简化动力模型一致，相应的体系振动微分方程的建立方法与道床振动微分方程的建立方法也相同。采用水平分层分布的刚块，将路基-场地土体体系离散为刚块的集合体，如图 20.15 所示，各个刚块之间动力相互作用（含第一层刚块与道床刚块之间动力相互作用）表示为并联弹簧阻尼器模型，路基土体与道床之间动力相互作用模拟为并联弹簧阻尼器模型，每一个刚块均受到相邻的上方刚块、下方刚块、左侧刚块、右侧刚块 4 个力作用，每个力均通过并联弹簧阻尼器的变形计算。第 n 层的第 i 刚块的质量为 M_{ni}，第 i 刚块与相邻的左侧刚块、右侧刚块连接的并联弹簧阻尼器模型的弹性系数为 k_{ni}、黏滞阻尼系数为 c_{ni}，第 i 刚块与相邻的上方刚块、下方刚块连接的并联弹簧阻尼器模型的弹性系数为 K_{ni}、黏滞阻尼系数为 C_{ni}。在路基-场地土体体系内部，各个水平连接的并联弹簧阻尼器模型的弹性系数为 k_{ni}、黏滞阻尼系数为 c_{ni} 的取值均保持为某一相同的定值，各个竖向连接的并联弹簧阻尼器模型的弹性系数为 K_{ni}、黏滞阻尼系数为 C_{ni} 的取值均保持为另一相同的定值；而路基-场地土体体系的第一层刚块与道床体系的刚块连接的各个竖向并联弹簧阻尼器模型的弹性系数为 K_{1i}、黏滞阻尼系数为 C_{1i} 的取值，虽然也保持为某一相同的定值，但是不同于路

基-场地土体体系内部各个竖向连接的并联弹簧阻尼器模型的弹性系数 K_{ni}、黏滞阻尼系数 C_{ni} 的取值。根据上述路基-场地土体体系的简化动力模型,可以方便建立体系的振动微分方程,在此不赘述。

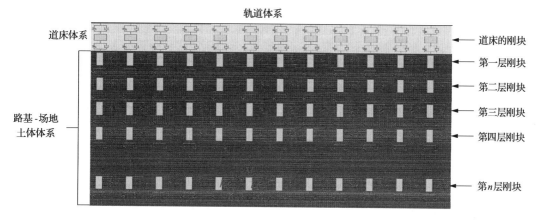

图 20.15　路基-场地土体体系耦合动力学模型

4. 车辆-轨道体系动力耦合关系(轮轨作用力 $P_{ji}(t)$ 确定方法)[31]

车辆子系统与轨道子系统之间竖向动力耦合作用,通过轮-轨竖向接触作用实现。轮-轨竖向接触作用力,可以按照赫兹非线性弹性接触理论确定,即

$$P(t) = \left[\frac{1}{G}\delta Z(t)\right]^{3/2} \tag{20.33}$$

式中,G 为轮-轨竖向接触常数,$\mathrm{m/N^{2/3}}$;$\delta Z(t)$ 为轮-轨之间竖向接触作用的弹性压缩量。锥形踏面轮子的轮-轨竖向接触常数 G 的计算式见式(20.34),磨耗型踏面轮子的轮-轨竖向接触常数 G 的计算式见式(20.35)。轮-轨之间竖向接触作用的弹性压缩量 $\delta Z(t)$ 包括轮子的静压缩量,可以通过轮-轨接触点处的轮子与钢轨之间的竖向位移差直接确定,见式(20.36)。

$$G = 4.57R^{-0.149} \times 10^{-8} \tag{20.34}$$

$$G = 3.86R^{-0.115} \times 10^{-8} \tag{20.35}$$

$$\delta Z(t) = Z_{\omega js}(t) - Z_r(x_{pjs}, t), \qquad j = 1 \sim m;\ s = 1, n \tag{20.36}$$

式中,R 为轮子的半径,m;$Z_{\omega js}(t)$ 为 t 时刻车辆 j 第 s 轮子的竖向位移,m;$Z_r(x_{pjs}, t)$ 为 t 时刻车辆 j 第 s 轮子下钢轨的竖向位移,m;m 为车辆总数;n 为车辆 j 的轮对数。$\delta Z(t) < 0$,表明轮子与钢轨脱离,此时轮-轨作用力 $P(t) = 0$。若轮-轨接触面存在竖向位移不平顺 $Z_0(t)$ 输入,则轮-轨作用力计算式见式(20.37),相应的轮-轨接触应力 $\sigma(t)$ 计算式见式(20.38)。

$$P_{js} = \begin{cases} \left\{\dfrac{1}{G}\left[Z_{\omega js}(t) - Z_r(x_{pjs}, t) - Z_0(t)\right]\right\}^{3/2}, & \text{轮-轨接触} \\ 0, & \text{轮-轨脱离} \end{cases} \tag{20.37}$$

$$\sigma(t) = S[P(t)]^{1/3} \tag{20.38}$$

式中,S 为由 Hertz 理论决定的应力常数,$N^{2/3}/m^2$,在 $R=0.15\sim0.6m$ 时按照式(20.39)和式(20.40)计算:

$$S = 2.49R^{-0.251} \times 10^7, \qquad 锥形踏面轮子 \tag{20.39}$$

$$S = 1.49R^{-0.376} \times 10^7, \qquad 磨耗型踏面轮子 \tag{20.40}$$

5. 车辆-轨道动力耦合系统激励模型(行车在轮-轨之间引起激励作用)[31]

车辆-轨道竖向动力耦合系统振动的根源在于轮-轨系统的激扰作用,总体上可以分为两大类型,即确定性激扰、非确定性激扰。确定性激扰则由车辆、轨道两个方面某些特定因素造成,车辆方面因素主要为轮子擦伤、轮子踏面几何不圆、轮子偏心等;轨道方面因素复杂,既有轨道几何状态方面因素,如轨道几何不平顺、轨面波浪形磨耗、钢轨低接头、错牙接头等,又有轨下基础缺陷方面因素,如轨枕空吊、道床板结、路基刚度突变等。非确定性激扰主要为轨道几何随机不平顺。根据激扰因素的作用性质,轮-轨系统激励也可划分为四种类型,即脉冲型激扰、谐波型激扰、动力型激扰、随机型激扰。有关激励模型的理论详见文献[31],作为范例,下面仅介绍青藏铁路的宽轨缝脉冲激扰、随机高低不平顺激扰。

轮子通过接头轨缝、轨面剥离等钢轨的缺陷部位,因轮子瞬时转动中心的突然改变而导致轮子对轨道产生一个竖向下冲速度,这种下冲速度又因轮子驶离这些缺陷部位而即刻消失,如此的作用效果使轮-轨系统形成突发性、反复性的冲击与振动,称为脉冲型激扰,数值模拟中多以冲击速度方式向轮-轨系统输入激励,也可采用动位移输入方式。由图 20.16 可见,在列车低速运行状态下,当轮子滚至轨缝始点 A 时,将绕 A 点旋转至轮子 B 点而撞击轨面,之后又迅速绕 B 点旋转而进一步对钢轨施加冲击作用,直到恢复正常滚动状态。由图 20.17 可见,在列车高速运行状态下,轮子滚至 A 点,将脱离钢轨而在空中旋转且向前惯性运动、向下跌落,最终在 B 点接触轨面而对钢轨施加冲击作用。

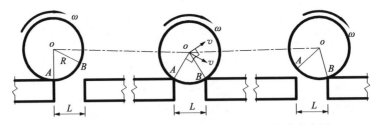

图 20.16　列车低速运行状态下宽轨缝轮子运动示意图

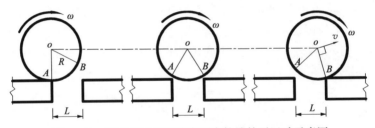

图 20.17　列车高速运行状态下宽轨缝轮子运动示意图

由此可见,随着列车运行速度由低到高变化,轮子运转对宽轨缝冲击特征将在某一冲击临界速度 v_{cr0} 下发生突变。这种冲击临界速度 v_{cr0} 表达式为[31]

$$v_{cr0} = \sqrt{\mu R} \tag{20.41}$$

式中, μ 为轮子向下跌落的加速度, $\mu = (M_1 + M_2)g/M_2$, M_1、M_2 分别为机车或车厢体系的弹簧两端的质量。

列车运行速度较低 ($v \leqslant v_{cr0}$) 状态下,冲击速度 v_0 表达式为

$$v_0 = (1 + \gamma) \frac{L}{2R} v \tag{20.42}$$

式中, γ 为轮子旋转惯量转换为往复惯量的系数[28]。可见,在列车低速运行状态下,轮子对钢轨的冲击速度与轨缝长度 L 和行车速度 v 成正比、与轮径 R 成反比。

列车运行速度较高 ($v \leqslant v_{cr0}$) 状态下,冲击速度 v_0 表达式为

$$v_0 = \frac{L}{v + \sqrt{\mu R}} \left[\mu + \gamma v \sqrt{\frac{\mu}{R}} \right] \tag{20.43}$$

可见,在列车较高速运行状态下,轮子对钢轨的冲击速度也与轨缝长度 L 正比,但是随着行车速度 v 增加而略有下降,最终趋于恒定值,即

$$\bar{v}_0 = \lim_{v \to \infty} v_0 = \gamma L \sqrt{\frac{\mu}{R}} \tag{20.44}$$

轨道随机高低不平顺的激扰,可以采用动位移输入方式,直接将实测的里程高低不平顺值代入式(20.37)即可。

应指出,对于有缝轨道,在列车运行中,轮子对轨缝的冲击是一种重要的激励作用,因此精准确定冲击速度 v_0 对于科学计算冲击激励极其重要。

6. 列车-轨道-路基-场地动力耦合系统数值求解

根据以上建立的车辆体系竖向振动微分方程、轨道体系竖向振动微分方程、路基-场地土体体系竖向振动微分方程、车辆-轨道体系竖向动力耦合关系(轮轨作用力确定方法)、车辆-轨道竖向动力耦合系统激励模型(行车在轮-轨之间引起激励作用),可以将列车-轨道-路基-场地竖向耦合系统的动力方程写成

$$[M]\{\ddot{X}\} + [C]\{\dot{X}\} + [K]\{X\} = \{P\} \tag{20.45}$$

式中, $[M]$、$[C]$、$[K]$ 分别为列车-轨道-路基-场地竖向动力耦合系统的质量矩阵、阻尼矩阵、刚度矩阵; $\{X\}$、$\{\dot{X}\}$、$\{\ddot{X}\}$ 分别为竖向动力耦合系统的广义位移、广义速度、广义加速度矢量; $\{P\}$ 为竖向动力耦合系统的广义荷载矢量。

动力方程式(20.45)的经典求解方法有两种:隐式法和显式法。隐式法主要有 Newmark-β 法、Houbolt 法、Wilson-θ 法、Hilber-Hughesα 法、Hilber-Hughesβ-θ 配置法、Park 方法等。其中,Wilson-θ 法也称为 Wilson-θ 逐步积分法,属于一种常用的求解方法,当

$\theta \geqslant 1.37$（一般取 $\theta = 1.4$）时，无条件稳定收敛，因此方便求解方程式（20.45）。根据现场监测结果，列车行驶振动频率很高，要求计算时步至少小于 0.0005s，否则保证不了计算精度。Wilson-θ 逐步积分法的具体过程，在有关土动力学著作中均有详细阐述，在此不赘述。

7. 列车-轨道系统耦合动力学模型参数选择

上述列车-轨道系统竖向耦合动力学模型是在翟婉明的车辆-轨道垂向统一模型基础上改进而来，主要加入了考虑列车动力编组方式、车辆之间动力相互作用，并考虑了钢轨的内阻尼对无限长 Euler 梁振动反应的影响，因而模型参数选择可参考翟婉明等的研究成果。作为一个例子，针对青藏铁路设计轴重[32,33]，参考翟婉明等的研究成果，列车车辆模型参数取值如表 20.1 所示；青藏铁路北麓河多年冻土场地路段采用 50kg 有缝钢轨、Ⅱ型轨枕 1800 根/km、450mm 厚道砟，轨道模型参数取值如表 20.2 所示。

表 20.1　青藏铁路列车车辆模型参数

符号	名称	单位	客车车厢 YZ25T	货车车厢 C62A	客车机车 NJ2	货车机车 DF8B
M_c	车体质量	kg	48000	77000	69500	69500
M_t	构架质量	kg	2200	1130	22850	22850
M_w	轮对（簧下）质量	kg	1900	1200	2750	2750
J_c	车体点头惯量	kg·m²	2312000	1200000	1833000	1833000
J_t	构架点头惯量	kg·m²	2200	760	49788	49788
K_{s1}	一系悬挂刚度（每轴）	N/m	2130000		3400000	3400000
K_{s2}	二系悬挂刚度	N/m	800000	10640000	3350000	3350000
C_{s1}	一系悬挂阻尼（每轴）	N·s/m	120000		120000	120000
C_{s2}	二系悬挂阻尼	N·s/m	217400	140000	80000	80000
l_c	车辆定距之半	m	9	4.25	6	6
l_t	转向架轴距之半	m	1.2	0.875	2.15	1.8
l_{cx}	车厢长度之半	m	13.3	8	11	11
R	车轮滚动圆半径	m	0.4575	0.42	0.625	0.525
W	轴重	kg	15000	21015	21950	21950

表 20.2　青藏铁路北麓河多年冻土场地路段轨道模型参数

符号	名称	参数取值	符号	名称	参数取值
M_r	钢轨质量	51.5kg/m	ρ_b	道床密度	1950kg/m³
I	钢轨惯性矩	2.037×10^{-5} m⁴	h_b	道床厚度	0.45m
E	钢轨弹性模量	2.059×10^5 MPa	α	道床内摩擦角	35°
K_p	轨下垫层刚度	1.2×10^5 kN/m	E_b	道床弹性模量	120MPa
C_p	轨下垫层阻尼	124 kN·s/m	C_b	道床离散阻尼	124kN·s/m
M_s	轨枕质量	251kg	K_w	道床剪切刚度	78400kN/m
l_s	轨枕间距	0.556m	C_w	道床剪切阻尼	80kN·s/m
l_b	轨枕底面宽度	0.273m	E_f	路基土的模量	27.7~290MPa/m
l_e	半轨枕有效支承长度	0.950m	C_f	路基土阻尼	31150N·s/m

当不考虑相邻道床椎体相互作用时,文献[31]根据道床锥体受荷假设[31],在轨道振动中,道床实际上以各轨枕支承面下近似锥体范围的质量参振,如图 20.18 所示。一个轨枕支点下的道床参振质量由式(20.46)确定;道床支承刚度由式(20.47)确定,路基支承刚度由式(20.48)确定。

$$M_b = \rho_b h_b \left[l_e l_b + (l_e + l_b) h_b \tan\alpha + \frac{4}{3} h_b^2 \tan^2\alpha \right] \qquad (20.46)$$

$$K_b = \frac{2(l_e - l_b)\tan\alpha}{\ln\left(\dfrac{l_e}{l_b} \dfrac{l_b + 2h_b\tan\alpha}{l_e + 2h_b\tan\alpha} \right)} E_b \qquad (20.47)$$

$$K_f = (l_e + 2h_b\tan\alpha)(l_b + 2h_b\tan\alpha) E_f \qquad (20.48)$$

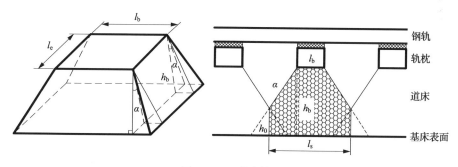

图 20.18　道床模型

当考虑两个相邻道床锥体发生相互作用时,需要对上述的道床参振质量参数计算式、道床支承刚度参数计算式、路基支承刚度参数计算式进行修正[31]。根据图 20.18 的几何关系,锥体重叠部分高度为 $h_0 = h_b - (l_s - l_b)/(2\tan\alpha)$,因此修正后的道床参振质量参数、道床支承刚度参数、路基支承刚度参数的计算式分别为

$$M_b' = \rho_b \left[l_b h_b (l_e + h_b\tan\alpha) + l_e(h_b^2 - h_0^2)\tan\alpha + \frac{4}{3}(h_b^3 - h_0^3)\tan^2\alpha \right] \quad (20.49)$$

$$K_{b}' = \frac{\left[2l_{s}(l_{e}-l_{b})(l_{s}-l_{b}+2l_{e}+2h_{b}\tan\alpha)\tan\alpha\right]E_{b}}{2l_{s}(l_{e}-l_{b})(l_{b}-l_{s}+2h_{b}\tan\alpha)+(l_{s}-l_{b}+2l_{e}+2h_{b}\tan\alpha)\ln\dfrac{l_{e}l_{s}}{l_{b}(l_{e}+l_{s}-l_{b})}}$$

$$\tag{20.50}$$

$$K_{f}' = l_{s}(l_{e}+2h_{b}\tan\alpha)E_{f} \tag{20.51}$$

20.8　第二步路基-场地土体体系细化分析

通过上述第一步整体简化分析,可以求出列车行驶轨枕作用力时程,将其作为作用于轨枕上的动荷载,可以进行第二步路基-场地土体体系细化分析,即列车行驶下路基-场地土体体系振动反应的动力有限元细化仿真分析。这一步分析依据的数值模型为轨枕-道床-路基-场地土体体系耦合动力学模型,可以为图20.19所示的三维实体单元集合体模型,也可简化为图20.20所示的平面单元集合体模型,具体建模方法与一般土工问题动力有限元分析基本一致,在此不赘述。关于轨枕-道床-路基-场地土体体系耦合动力学模型,应说明三点:①由于列车行驶对路基输入的振动力的频率较高,要求剖分计算域的路基单元的尺寸尽量小,特别是路基表层单元,相应的计算时步也要很小,至少小于0.0005s,否则保证不了计算精度;②为了有效解决无限域的能量逸散问题,计算域人工边界处理可以采用有传递边界、无反射边界、透射边界、黏性边界、无限单元边界等;③轨枕采用实体单元或梁单元,振动作用于钢轨支撑点,如

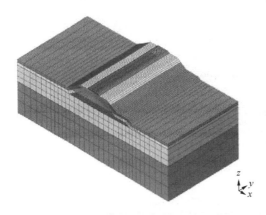

图20.19　青藏铁路北麓河段DK1137路基-场地土体体系三维动力有限元分析模型

图20.21所示。

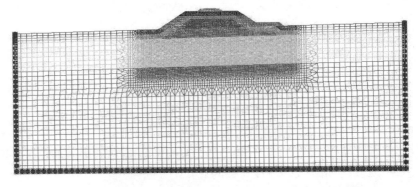

图20.20　青藏铁路北麓河段DK1137+700平面单元集合体模型

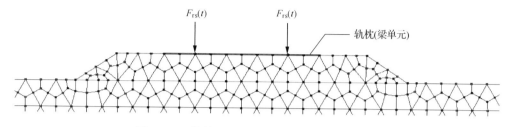

图 20.21　轨枕梁单元与轨枕作用力 $F_{rs}(t)$ 输入

路基-场地土体体系振动反应数值模拟要点如下。

（1）根据现场监测结果，行车路基振动反应以竖向为主（z 方向振动）、次之为横向（y 方向振动，即垂直线路方向水平振动）、纵向最小（x 方向振动，即平行线路方向水平振动），因此行车路基振动反应分析，既可做 yz 平面问题分析，也可做 xyz 三维问题分析，但是平面问题分析无法考虑行车对路基输入振动荷载的移动过程。

（2）根据现场监测结果，行车引起的振动在路基-场地土体体系中的明显影响范围与建议的计算域截取边界如图 20.22 所示。

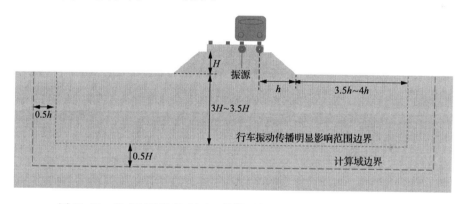

图 20.22　列车行驶路基-场地土体体系振动反应分析计算域截取范围

（3）计算域四周竖向侧边界、水平底边界均应处理为阻尼吸收边界或透射边界，以尽可能减小输入振动波因边界反射而产生的叠加效应，但是若采用动力有限元方法与动力无限元方法联合进行行车路基振动反应分析，则可以避免解决边界效应的困难。

（4）行车对路基-场地土体体系作用是一个长期反复的振动过程，除了弹性与塑性变形之外，还可能存在不可忽略的动力蠕变变形，因此必要时应考虑路基-场地土体体系振动变形的时效性。

（5）在 xyz 坐标系中，进行行车路基振动反应三维分析，还应模拟行车对路基输入振动的移动过程，并且合理选择振动输入模式。

（6）应依据输入路基随机振动的波长范围，合理确定剖分计算域的单元尺寸。

（7）根据行车路基振动反应的现场监测数据，验证所建立的数值模拟与相应的计算程序的可靠性。

这样，针对若干典型的代表性路段行车振动反应，合理建立数值模拟（计算程序），通过不同工况下路基振动反应的反复数值模拟，并结合现场监测、长期监测、模型试验等试验实测结果，系统研究行车路基振动反应的基本特征、传播过程、衰减规律、影响范围与主控因素等，主控因素一般包括与车辆条件有关的车型、载重、轴重、速度、加速、制动等，与轨道-路基条件有关的轨道、道床、基床表层、基床底层、路基本体等，以及与场地条件有关的地层结构、土层性质、地下水、冻融状态等。

20.9 轨枕作用力与路基-场地土体中动应力

列车行驶路基-场地土体体系振动反应分析，一般包括动位移、速度、加速度与相应的反应谱、傅里叶谱、1/3 倍频程谱，以及动应变、动应力与沉降变形、强度破坏等分析。但是，在振动反应分析中，路基-场地土体体系动应力问题很重要且受到重视，这是因为动应力直接影响列车荷载下路基变形、稳定性与失稳防控措施。下面，以一个例子表述列车行驶路基-场地土体体系振动反应的动应力特性。

1. 合理确定行车在土体中引起动应力的重要性

列车行驶下路基所受的外荷载（即作用于路基面上的力）包括两部分：一是钢轨、轨枕、道床等重力，即静荷载；二是行车的轮载力通过轨道、道床传递至路基面上的动力，即振动荷载。长期以来，在普通铁路路基设计中，不考虑动荷载的作用时程而将其简化处理为一个静荷载。目前，在高速铁路与铁路快速客运专线路基设计中，则取振动峰值平均值加入静荷载中，并且仅局限于基床表层 70cm 范围。这种考虑行车振动荷载的方法存在如下四方面重要缺陷。

（1）认为路基受力最大时破坏，事实上路基破坏取决于应力状态，而非受力大小。可以借助图 20.23 说明这一点：①假定路基土体中某一点初始应力状态莫尔圆为 O'（无行车振动作用），对应的初始主应力为 σ'_1、σ'_3，远离破坏包络线，见图 20.23(a)，则这点不破坏；②若在行车振动作用下，因初始主应力 σ'_1、σ'_3 分别有一个动应力附加增大值 $\Delta\sigma^d_1$、$\Delta\sigma^d_3$ 而增大为 σ'''_1、σ'''_3，致使应力莫尔圆变为 O'''，与破坏包络线相切，见图 20.23(a)，则这点破坏；③若在行车振动作用下，初始主应力 σ'_1、σ'_3 也可能分别有一个动应力附加减小值 $\Delta\sigma^d_1$、$\Delta\sigma^d_3$ 而减小为 σ''_1、σ''_3，致使应力莫尔圆变为 O''（虚线圆），同样与破坏包络线相切，见图 20.23(a)，则这点也破坏；④此外，如图 20.23(b) 所示，若路基土体中某一点在某一时刻的应力状态以莫尔圆 O' 表示，而在另一时刻的应力状态以莫尔圆 O' 表示，虽然 $\sigma''_1 > \sigma'_1$、$\sigma''_3 > \sigma'_3$，但是因莫尔圆 O' 远离破坏包络线而不破坏、因莫尔圆 O' 与破坏包络线相切而破坏；⑤如图 20.23(b) 所示，即使在同一莫尔圆 O' 上，由于点 A 与点 B 代表的应力状态不同（在莫尔圆 O' 上所在的位置不同），致使点 A 的应力状态发生破坏、点 B 的应力状态不破坏。

（2）未考虑行车在路基土体中引起动应力作用的时效性，而这种动应力作用的时效性可能使土体发生显著的时程累积变形，变形累积到一定程度必然导致路基破坏或因累积变形过大而使路基失去使用功能。

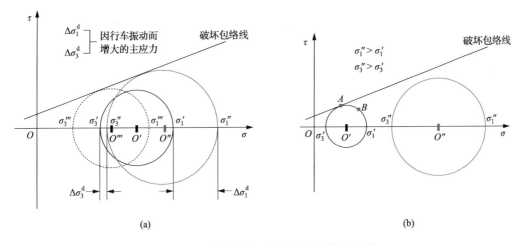

图 20.23　莫尔圆表示应力状态变化示意图

（3）认为列车荷载是一种均布荷载且未考虑荷载的移动过程，而事实上，列车行驶对路基面作用的荷载属于由一系列点荷载组成的移动荷载，即移动多点振源波（每一个轮-轨接触点均为一个振源点，各个振源点均随列车行驶而移动）作用下的移动荷载。因此，将行车荷载简化成均布荷载，将不能考虑列车荷载的多点作用及行车过程对土体中应力的影响。

（4）将行车振动荷载简化成静荷载而与轨道结构重力、列车重力等静荷载简单叠加，而理论上，行车的随机振动作用过程与不变的静力作用过程之间叠加并不满足数学的加法原理，详见文献[34]和[35]。

鉴于上述，列车行驶对路基的振动作用必须进行动态分析（即动力时程分析），科学计算因行车振动作用而在路基中产生的动应力的大小、分布规律、衰减过程与影响因素。

2. 轨枕作用力特点与传递

列车行驶在路基-场地土体中引起的动应力的数值、频率、波形等与行车作用于钢轨上的振动荷载（即轨枕作用力）特点关系密切。因此，有必要表述一下行车作用于钢轨上的振动荷载的特点与传递问题。

如图 20.24 所示，在轮载力 P 作用下，钢轨的竖向挠曲变形（图中虚曲线）的影响范围与轮载力大小、钢轨刚度、轨枕刚度、道床刚度、路基等有关，轮载力越大、钢轨等刚度大，钢轨竖向挠曲变形影响范围越小；反之，则影响范围越大，影响范围一般为 7 根轨枕宽度，即轮载力 P 由 7 根轨枕分担。轮载力 P 分摊到每根轨枕上的支承力，可以通过有关计算求解，也可采用简化方法假定。由于第 4 根轨枕分摊的支承力已很小，所以假定轮载力 P 由 5 根轨枕分担，日本假定每根轨枕分摊的支承力分别为 $0.1P$、$0.2P$、$0.4P$、$0.2P$、$0.1P$，见图 20.24。

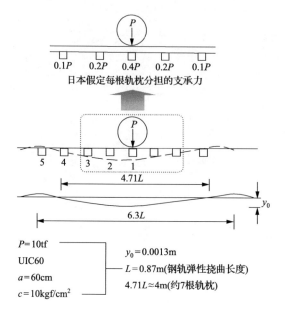

图 20.24　振动荷载分担与钢轨挠曲变形[26]

　　现场实测结果表明,列车行驶轨枕作用力虽然也是随机振动荷载,但是显著不同于地震荷载:其一,轨枕作用力具有多峰值的脉冲式振动特征;其二,轨枕作用力频率很高,一般超过 10Hz,甚至达到 1000Hz。图 20.25 给出了秦沈铁路客运专线钢轨支点反力现场实测值,图 20.26 给出了青藏铁路北麓河 DK1137+700 段客车通过时宽轨缝附近竖向轨枕作用力时程的现场实测值与频谱分析结果(路堤路基、轨枕 338、车次 K917、速度 94km/h),图 20.27 给出了滨州铁路安达段 K124+118 客车通过时无缝轨道竖向轨枕作用力时程模拟结果(路堤路基、同一轨枕 11、两种编组、三种速度)。由这些实测资料可见:①轨枕作用力的峰值时刻与行车轴重通过轨枕的时刻相对应,振动的优势频率分布于 10Hz 之内;②轨枕作用力的大小受轴重、速度影响最显著,轴重越大、速度越快,轨枕作用力越大;③列车编组多少对轨枕作用力也有一定影响,同一种类型列车(如货车、客车),同一行驶速度下,编组越多,轨枕作用力越大;④进一步研究表明,轨枕作用力的大小还受轨道结构、道床刚度、路基形式、冻融状态等多种因素影响。

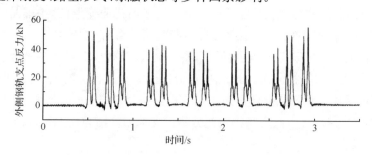

图 20.25　秦沈客运专线钢轨支点反力现场实测值[31]

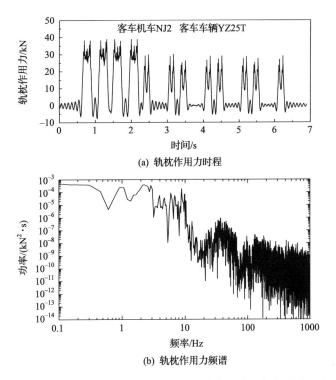

(a) 轨枕作用力时程

(b) 轨枕作用力频谱

图 20.26　青藏铁路北麓河 DK1137＋700 段竖向轨枕作用力现场实测值与频谱分析结果

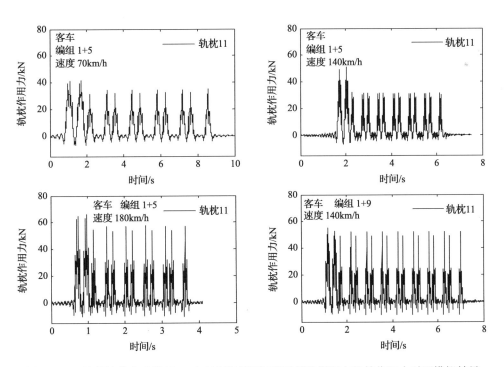

图 20.27　滨州铁路安达段 K124＋118 客车通过时无缝轨道竖向轨枕作用力时程模拟结果

3. 路基-场地土体中动应力特性

1) 动应力时程与频谱

现场监测与数值模拟结果表明,行车在路基-场地土体中引起的动应力特性与轨枕作用力特性基本一致,动应力的大小、时变特性主要取决于轴重、轨枕作用、行车速度,此外还与轨道结构、道床刚度、路基形式、冻融状态等因素关系密切。图 20.28(a)为某一高速铁路列车行驶下路基顶面竖向动应力现场监测结果[36],属于一种单向脉冲应力波,随着在路基中深度的增加,这种单向脉冲应力将转化为图 20.28(b)的形式。

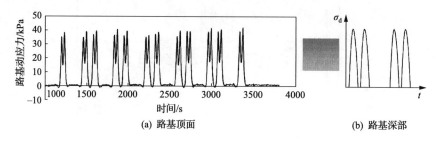

(a) 路基顶面　　　　　　　　　　　(b) 路基深部

图 20.28　列车行驶下路基中动应力时程[36]

青藏铁路北麓河段冬季客车行驶(K917、94km/h)路基中动压应力时程与频谱如图 20.29 所示。由此可见:①客车机车(型号 NJ2、轴重 22t)通过时路基顶面最大动压应力(45.11kPa)显著大于客车车辆(型号 YZ25T、轴重 15t)通过时路基顶面最大动压应力(27.3kPa),说明轴重是影响路基动压应力的主要因素,轴重越大,路基振动反应越大;②路基顶面动应力反应的峰值时刻与转向架通过的时刻对应,振动优势频率分布于 10Hz 之内,轨枕作用在频率 46.9Hz 附近出现峰值;③路基动应力反应随深度增加而衰减;④由于土层对高频振动的耗能与滤波作用,致使高频振动消失,多年冻土层的振动优势频率分布于 3Hz 之内。

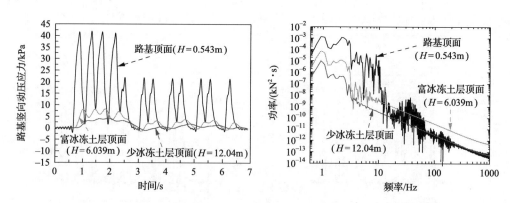

图 20.29　青藏铁路北麓河段(冬季)客车行驶路基动压应力时程与频谱

研究表明,在多年冻土区,列车行驶速度与场地的冻融状态、冻层厚度对路基动压应力频谱成分的优势频段的影响较大。不同行车速度下,春季青藏铁路北麓河段的路基顶面、富冰冻土层顶面、少冰冻土层顶面的动压应力反应的频谱分析结果如图 20.30 所示。由此可见：①20km/h 行车速度下，路基动压应力反应的优势频段沿深度基本不衰减且保持在 2.3Hz 之内，见图 20.30(a)；②而随着行车速度不断加大，路基顶面的优势频段连续变宽且显著向高频发展，但是路基深部优势频段变宽、向高频发展较慢，见图 20.30(b)～(h)，说明速度越快，冻土层(富冰冻土层、少冰冻土层)的优势频段的高频部分衰减越大；③无论低速行驶还是高速行驶，同一行车速度下，由路基顶面→富冰冻土层→少冰冻土层，优势频段的反应明显逐步减小，并且路基顶面的反应显著大于富冰冻土层顶面、少冰冻土层顶面的反应，见图 20.30(a)～(h)。产生这种现象的原因：由于土层与冻土层的阻抗作用、滤波作用，使行车速度较快时路基深部对振动反应受耗散效应、滞后效应的影响较大，速度越快，这两种作用越大，特别是对高频振动的衰减作用因速度越快而越大。

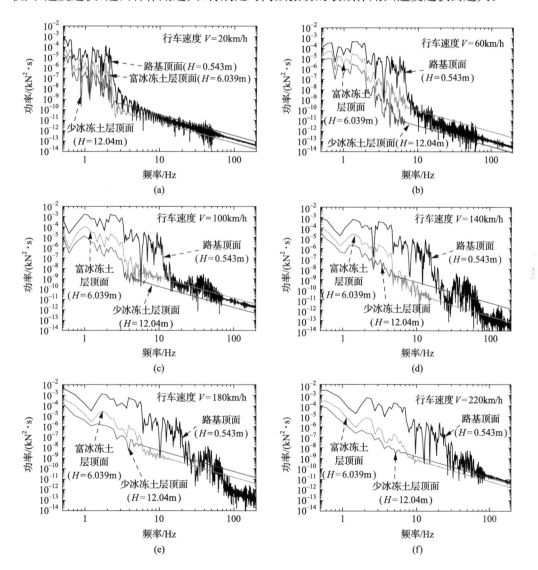

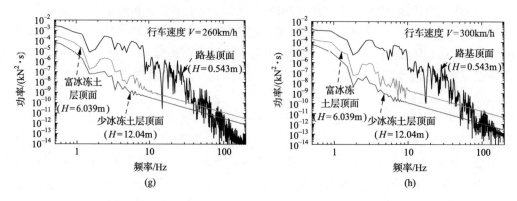

图 20.30　青藏铁路北麓河段(春季)客车行驶速度对路基动压应力反应频谱成分影响

2) 动偏应力路径

列车行驶在路基-场地土体中引起的动应力可以分解为动球应力、动偏应力。因为土体的破坏是剪切性质的破坏,当偏斜变形发生到一定程度时土体便发生破坏,而偏斜变形是由偏应力作用引起的;偏应力包括剪应力和差应力两部分,二者称为偏应力二分量。一般情况下,在动应力作用过程中,不只是哪一个动偏应力分量起作用,而是两个动偏应力分量同时起作用,并且两个分量的组合对动偏应力作用存在重要影响。

下面,将表示在动偏应力作用过程中,动剪应力与动差应力之间变化关系的曲线,称为动偏应力路径。以平面问题为例,动偏应力的分量分别为动剪应力 τ_{xz}、动正应力差 $(\sigma_z - \sigma_x)/2$,物理意义如图 20.31 所示。

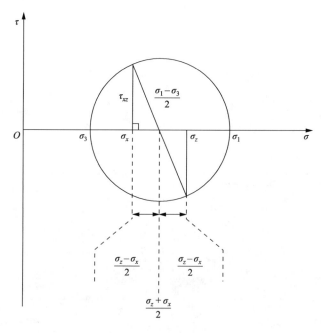

图 20.31　动偏应力二分量物理意义示意图

　　下面,以青藏铁路北麓河段多年冻土场地路基为例,讨论列车行驶过程中,路基-场地土体中动应力途径。工程概况:北麓河,历年最高气温为 23.2℃,历年最低气温为 −37.7℃,历年平均气温为 −5.2℃,历年平均地温为 −1.8～−0.4℃,冻结期长达 7～8 个月(9 月～次年 4 月),多年冻土层厚度为 6～8m,上限深度为 1.6～2.4m,季节融化层厚度为 1～2m,属于含厚层地下冰的多年冻土层(厚层地下冰分布广泛),多年冻土层上限之下 1～3m 为含土冰层(体积含冰量超过 50%,厚度为 1～2m、最厚达 3m),含土冰层之下一定深度范围分布饱冰冻土、富冰冻土,再往下便分布多冰冻土、少冰冻土(体积含冰量小于 50%);青藏铁路北麓河段为普通道砟路堤单线铁路,路堤填土高度为 2.5～4.5m,道砟层厚 0.45m,50kg 有缝钢轨、1800 根/km Ⅱ型轨枕。算例的路基形式、路堤高度、地层组成、计算域范围、有限元剖分、坐标系设定等如图 20.32 所示,根据 2007 年 6 月 4 日的冻结状态进行路基-场地体系温度场模拟,针对青藏客车 K917 次以 94km/h 速度行驶进行路基-场地体系振动反应的动应力计算与动应力路径分析(三维分析),编组形式 KC 前部 1 节机车车头、中部 4 节客车车厢、后部 1 节电车车厢,机车 6 个轮轴荷载、车厢 4～6 个轮轴荷载,考察的土单元位于轨道正下方埋深 3.16m,如图 20.32 所示。

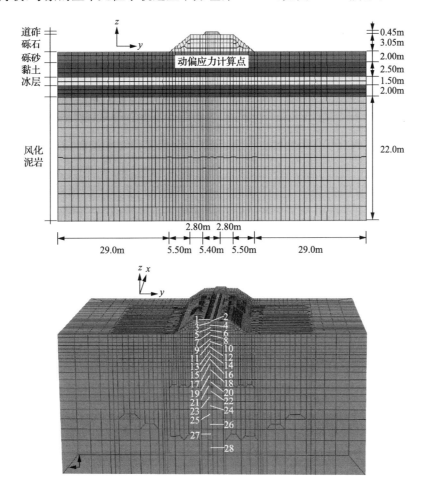

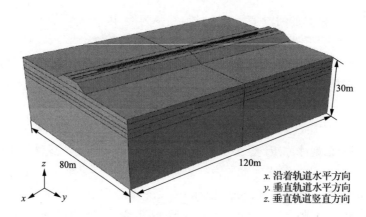

图 20.32　行车过程中路基-场地土体动力反应与动偏应力路径分析算例概况

图 20.33 为所考察的土单元中三个动应力分量的时程计算结果。根据土单元与行驶中客车的相对位置、轴重影响,可以将动应力时程划分为三个阶段:第 I 阶段,客车从初始位置开始移动,由前部机车的全部轮轴荷载在土单元中引起的动应力时程,对应幅值最大的 1 个完整的大循环周期;第 II 阶段,由中部 4 节客车车厢的全部轮轴荷载在土单元中引起的动应力时程,对应幅值最小的开始半个大循环周期、中间 3 个完整的大循环周期、结束半个大循环周期;第 III 阶段,由后部电车车厢的全部轮轴荷载在土单元中引起的动应力时程(对应 1 个幅值较大的大循环周期),直至全列远离土单元在土单元中引起的动应力时程(对应幅值快速衰减、直至殆尽的多个循环周期)。

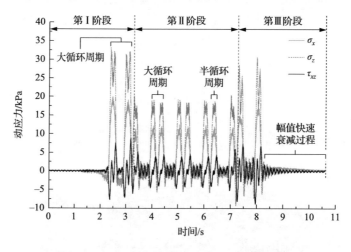

图 20.33　列车行驶土单元中三个动应力时程

根据图 20.33 动应力时程的动偏应力路径的计算结果如图 20.34 所示。列车行驶时路基中存在较多高频振动,致使动偏应力路径的计算曲线较振荡且形状很不规整,见图 20.34(a),因此,采用高频滤波方法,将所计算的动应力路径曲线滤波至 5Hz 之下,滤波后的动偏应力路径曲线见图 20.34(b),曲线光滑、呈"苹果"状、变化规律清晰。对比图 20.34(a)与(b)可以看出,滤波使动偏应力的两个分量 τ_{xz}、$(\sigma_z - \sigma_x)/2$ 的幅值显著减小,但是滤波前、后动偏应力路径的曲线形状、变化趋势基本一致,即高频滤波并不影响滤波后的曲线对动偏应力路径变化规律的显示,而动偏应力路径分析的主要目的也正是寻求列车行驶路基-场地土体中动偏应力路径的变化规律。按照上述方法,根据图 20.34(b)可以进一步确定出与图 20.33 动应力时程的第 Ⅰ 阶段、第 Ⅱ 阶段、第 Ⅲ 阶段分别对应的动偏应力路径,如图 20.35(a)、图 20.36(a)、图 20.37(a)所示。根据图 20.35(a)、图 20.36(a)、图 20.37(a)的动偏应力路径的详解过程,又可以分别确定出各自最大动主应力轴的旋转过程,如图 20.35(b)、图 20.36(b)、图 20.37(b)所示,图中的 α 由式(20.52)计算:

$$\alpha = \frac{1}{2}\arctan\frac{2\tau_{xz}}{\sigma_z - \sigma_x} \tag{20.52}$$

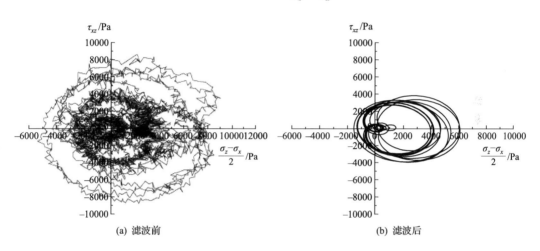

图 20.34　列车行驶过程中路基土单元动偏应力路径

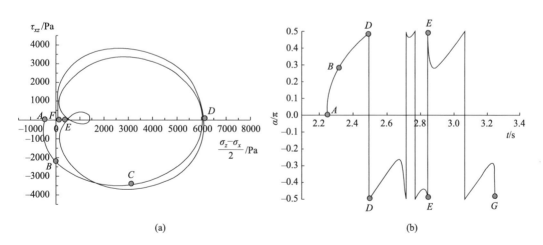

图 20.35　第 Ⅰ 阶段动偏应力路径与最大动主应力轴旋转示意图

由图 20.35 可见:①前部机车到达的初始时刻,土单元中初始动偏应力状态点为 A 点,初始最大动主应力轴方向接近于水平方向,对应第一组轮轴荷载距离土单元较远而引起的动偏应力;②随着第一组轮轴荷载向土单元连续靠近,动剪应力 τ_{xz} 在负向逐渐增大

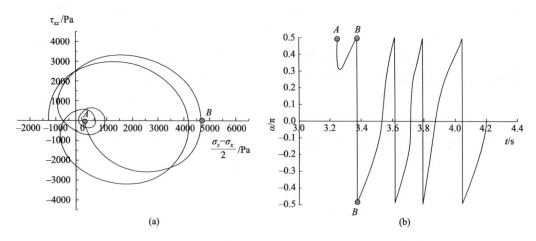

图 20.36　第Ⅱ阶段动偏应力路径与最大动主应力轴旋转示意图

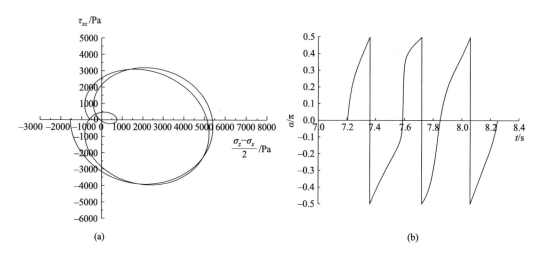

图 20.37　第Ⅲ阶段动偏应力路径与最大动主应力轴旋转示意图

（动剪应力的绝对值逐渐增大）、动正应力差 $(\sigma_z - \sigma_x)/2$ 在负向逐渐减小（动正应力差的绝对值减小，说明 σ_x 的绝对值逐渐增大、而 σ_z 的绝对值逐渐减小），同时初始接近于水平方向的最大动主应力轴开始发生顺时针旋转，到达 B 点，动正应力差为零，处于瞬时动纯剪切状态，最大动主应力轴旋转 $\pi/4$；③第一组轮轴荷载向土单元继续靠近，到达 C 点，动剪应力达到最大值且处于非动纯剪切状态、非动单剪状态，最大动主应力轴进一步旋转；④第一组轮轴荷载移动至土单元的正上方，到达 D 点，只存在动正应力作用且动正应力差达到最大值，而动剪应力变为零，最大动主应力轴旋转 $\pi/2$ 而与 z 轴重合；⑤在第一组轮轴荷载越过且远离土单元过程中，动偏应力路径不再恢复至初始动应力状态，最大动主应力轴在 z 轴附近经过两次摆动而再次与 z 轴重合，这也许是因为多个轮轴荷载叠加作用且存在不可恢复变形耗能作用，之后，继续进入第Ⅰ阶段的第 2 次循环。

　　由图 20.36 可见：①第Ⅱ阶段动偏应力路径的起始点 A 对应于第Ⅰ阶段动偏应力路径的第 2 次循环的结束点 F，最大动主应力轴在 z 轴附近摆动后再次与 z 轴重合（B 点）；

②前部机车通过后,最大动主应力轴便跨越 z 轴且继续顺时针旋转至水平方向,此时第一节客车车厢的第一组轮轴荷载移动至土单元正上方,之后最大动主应力轴一直顺时针旋转;③由于受多个轮轴荷载叠加、变形耗能、轴重变化、动应力变化等影响,最大动主应力轴经过两次微旋转 180° 之后,开始第 Ⅱ 阶段的第 2 次循环。

由图 20.37 可见,第 Ⅲ 阶段为最后一节电车车厢通过时的动偏应力路径,由两组轮轴荷载引起路基中土单元的动应力变化,两次循环间隔中最大主应力轴一次旋转 180°,而每一次循环的动偏应力路径与第 Ⅱ 阶段第 2 次循环的动偏应力路径相同,但是最大动主应力轴旋转与第 Ⅰ 阶段最大动主应力轴旋转并非一般理解的互为相反过程,主要因为前部机车(第 Ⅰ 阶段)与电车(第 Ⅲ 阶段)之间轴重不同(即荷载模型的不完全对称性)、多个轮轴荷载叠加作用不同,此外也与变形耗能不同有关。

应指出,列车行驶路基-场地土体体系振动反应的动偏应力路径与所考察应力点的位置之间存在一定关系,以上作为一个例子,仅对位于轨道正下方埋深 3.16m 土单元表述了动偏应力路径与最大动主应力轴旋转问题。

20.10 轨枕下路基土体中动应力最大值及其分布规律

第 1 章已指出,无论哪一种动荷载,其最大值总是一个重要的要素,通常被作为表示动荷载作用的一个定量指标。列车行驶振动作用下,在路基-场地土体中,在动应力最大幅值大的区域中的土体,所受到的动力作用大,相应产生的变形也大,对路基的动力性能有重要影响。因此,应表述一下行车在路基-场地土体中产生的动应力最大值及其分布规律。

1. 一般分布规律

在列车行驶振动作用下,作用于轨枕顶面的竖向动力通过轨枕、道床向路基-场地土体体系中传播。图 20.38 为竖向动力在单根轨枕下 xz 断面(即沿着铁路延伸方向的纵断面)向道床-路基-场地土体体系中的传播分布情况。由图 20.38 可以看出,道床中钢轨支点附近应力集中明显,行车振动对路基的影响主要在轨枕下 6m 左右的椭圆形区域,基床表面最大动压应力呈现马鞍形分布。另外,图 20.38 还表明:①左侧为木头轨枕的支撑力在路基-场地体系中的传播分布情况,右侧为混凝土轨枕的支撑力在路基-场地体系中的传播分布情况;②木头轨枕可视为柔性板,轨枕底面与道床顶面之间的接触压力近似均匀分布;③混凝土轨枕可视为刚性板,轨枕底面与道床顶面之间的接触压力分布比较复杂,刚性板底面压力值(应力值)为平均值 P_u 的 95%~125%。根据 Boussinesq 理论计算,轨枕底压力(应力)在路基中传播的等压力线呈"钟形"曲线,如图 20.38 所示,木头轨枕与混凝土枕支撑下路基-场地土体体系中等应力线的数值在较浅深度范围(如道床范围)有一定差别,同一深度以混凝土轨枕下应力值较小(混凝土轨枕底面存在应力集中),而当深度达到距离轨枕底面 60cm 左右时,两种轨枕支撑下的应力分布已无明显差别。美国实测也表明,在路基面之下埋深 30cm 处实测的压应力值与 Boussinesq 理论的计算值偏差大,但是在 60cm 深度则较一致,深度达到轨枕宽度的 3 倍(即距离轨枕底约 70cm),沿着线

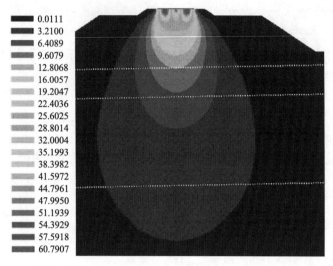

(a) 青藏铁路北麓河段路基动压应力最大值分布(冬季，K917，V=94km/h)

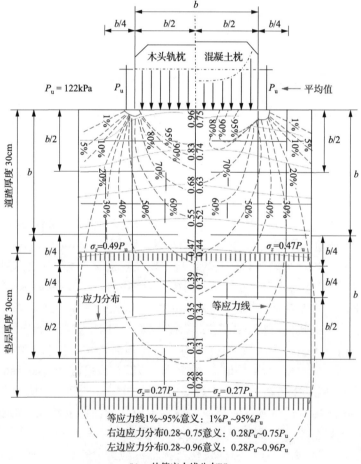

(b) σ_z的等应力线分布[36]

图 20.38　单根轨枕的支撑力在路基-场地体系中传播分布情况(单位：kPa)

路纵向压应力分布比较均匀,如图 20.39 所示。应指出,在列车行驶过程中,路基中动应力与动应力最大值分布均随振源(即轮-轨接触点)移动而沿线路方向连续移动,如图 20.40 所示。

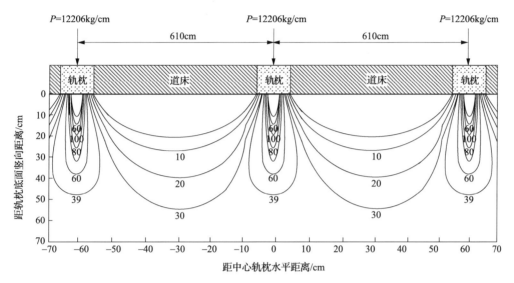

图 20.39　列车行驶路基中竖向动压应力分布实测结果(美国)(单位:kPa)[26]

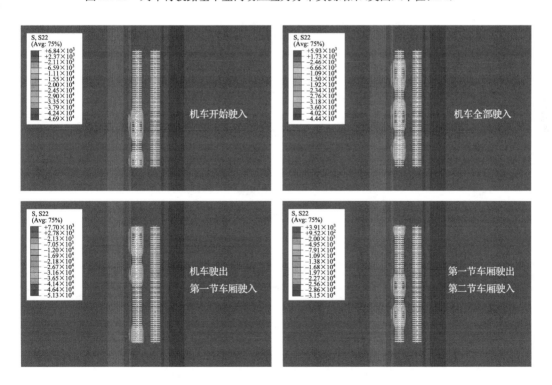

图 20.40　滨州线安达段列车行驶路基表面竖向动应力分布云图模拟结果

(显示振源移动过程,客车:T507,速度:140km/h,编组:1 机车 + 10 车厢)

　　一般情况下,在列车行驶振动作用下,路基面上动压应力的最大值位于轨枕正下方(线路纵断面)和钢轨正下方(线路横断面),而两侧较小。计算路基中动应力分布,通常假定轨枕底面动应力均匀分布,从轨枕两端、两侧以 ϕ 角向下扩散,如图 20.41 所示(图中 P 为行车作用于轨枕上的振动力)。扩散角 $\phi \approx 30° \sim 45°$,各国取值不同,中国取 35°,日本、德国、俄罗斯等取 45°,美国少数学者取 20°。具体计算在一般文献资料或规范中均可查到,在此不赘述。

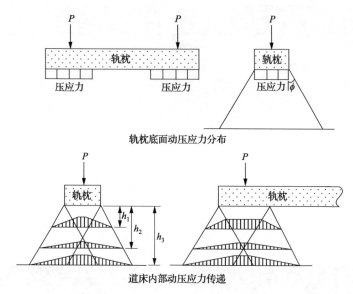

图 20.41　轨枕底面动压应力分布与道床内部竖向压应力传递示意图

　　路基面动压应力及其沿埋深分布与机车类型、车辆类型、行车速度、轨道结构、路基形式、填料性质、场地条件、冻融状态、线路不平顺等多种因素有关。具体确定途径除了理论计算或数值模拟之外,世界各国均进行了大量现场实测,图 20.42 为各国现场实测结果汇总。虽然测试条件各不相同,但是图 20.42 可以给出一个统计认识。图 20.43 为青藏铁

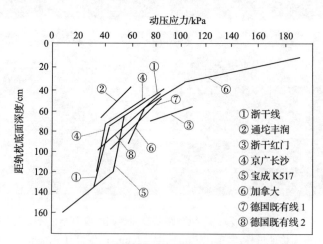

图 20.42　列车行驶路基中动压应力现场实测结果[26]

路北麓河段的数值模拟结果。综合国内外的实测数据,测得的路基面动压应力最大幅值范围一般为 50～70kPa,最大值可达 110kPa。

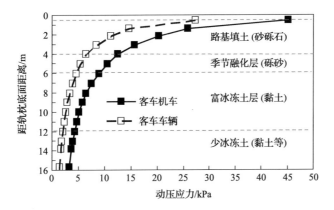

图 20.43　青藏铁路北麓河段客车行驶路基中动压应力数值模拟结果(冬季,客车 K917,速度 94km/h)

2. 路基面动压应力及其分布简化计算方法

合理确定列车行驶下路基面动压应力是路基振动反应与稳定性分析、建设设计与稳定控制中的一个重要问题,研究与实践中备受关注。日本铁路路基设计(日本道床厚度为 25～30cm),采用图 20.44 所示的简化计算图,假设传递到路基面上的动应力在全部受荷面积上均匀分布,据此计算路基面上平均动压应力。轮载力按照动轮载计算,普通线路计算见式(20.53),无缝线路计算见式(20.54),规定 $P_d/P_s \leqslant 1.8$。式(20.53)、式(20.54)未包括道床、钢轨、轨枕等路基面上轨道结构自重力,因此路基面荷载计算中需要考虑进去。

$$P_d = P_s(1 + 0.5V/100) \tag{20.53}$$

$$P_d = P_s(1 + 0.3V/100) \tag{20.54}$$

式中, P_d 为动轮载; P_s 为静轮载; V 为行车速度,km/h;系数 0.5、0.3 为与速度相关的动力冲击系数,即速度影响系数。

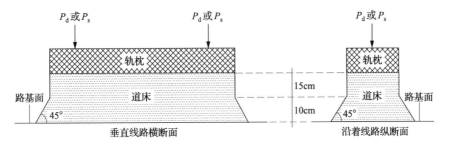

图 20.44　路基面平均动压应力简化计算图示

若采用图 20.24 所示的荷载分担作用,则单个轮载力通过钢轨、轨枕、道床传递到路基面上动压力沿线路纵向的分布如图 20.45 所示,图中 L 为线路横断面方向路基受荷载长度之半,简化成 5 个均布矩形荷载,每个矩形荷载的平均动压应力可以按照式

(20.55)计算：

$$P_r = P_R/S \tag{20.55}$$

式中，P_r 为平均动压应力；P_R 为每个轨枕面分担的支承力；S 为动压应力分布面积之半，即线路横断面方向路基面受荷载面积之半，若每根轨枕沿线路方向断面宽度为 B，则 $S = BL$。事实上，路基面上动压应力分布并非均匀，但是因为计算路基面上动压应力分布的一个重要目的是在设计基床结构时计算路基面的弹性变形，所以按照均布矩形荷载计算弹性变形比较简便，并具有工程要求的一定安全储备。

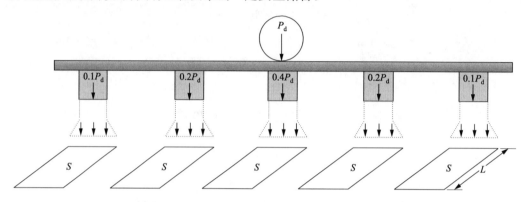

图 20.45　单轮载力作用下路基面上动应力分布示意图

日本根据实测数据并结合理论分析，给出了路基面动压应力与列车行驶速度之间的关系曲线与相应的半经验公式，如图 20.46 所示。

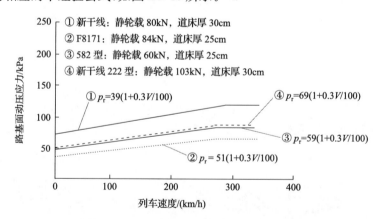

图 20.46　路基面动压应力与列车行驶速度之间关系

我国根据现场实测与理论分析，并参考日本的简化计算方法，在《京沪高速铁路线桥隧站设计暂行规定》中，规定按照图 20.47 计算路基面动压应力最大值 σ_{dmax}，作为高速铁路路基设计荷载，计算式为

$$\sigma_{dmax} = 0.26 P_s (1 + \alpha v) \tag{20.56}$$

式中，σ_d 为路基面动压应力，kPa；α 为线路系数，高速无缝线路取 $\alpha = 0.003$，中速无缝线路取 $\alpha = 0.004$；P_s 为机车、车辆静轴重，kN；v 为设计时速，km/h，$v > 300$km/h，仍然按

照 300km/h 计。

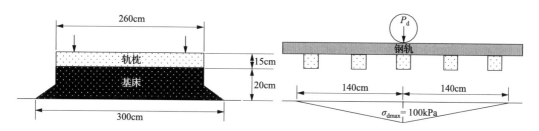

图 20.47　中国高速铁路路面动压应力分布示意图

依据式(20.56)计算,京沪高速铁路($P_s = 200$kN,枕距 $a = 60$cm,最高速度 $V = 350$km/h)路基面动压应力最大值 $\sigma_{dmax} \approx 100$kPa(路基面动压应力与列车速度之间关系见图 20.48),秦沈铁路快速客运专线($P_s = 220$kN,枕距 $a = 60$cm,最高速度 $V = 200$km/h,$\alpha = 0.003 \sim 0.004$)路基面动压应力最大值 $\sigma_{dmax} \approx 92 \sim 103$kPa。

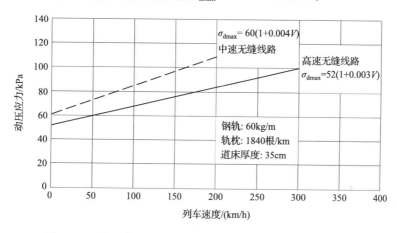

图 20.48　京沪高速铁路路基面动压应力与列车速度之间关系

思　考　题

1. 轨道交通振动作用与地震作用相比较,二者荷载特性有何异同点?

2. 简述轨道交通振动作用下土的动力性能的主要特征,如何区别于地震作用下土的动力性能?

3. 列车-轨道-路基-场地体系属于一个具有动力、时变、互馈三大效应的复杂耦合作用的统一动力体系,具体体现在哪些方面?

4. 列车行驶振动的激励类型有哪些?

5. 列车行驶轨道-路基-场地体系振动反应与振动传播衰减的主要影响因素有哪些?

6. 路基-场地冻融状态对列车行驶振动作用有何影响?

7. 减轻列车行驶对路基稳定性影响的基本途径与有效措施有哪些?

8. 简述列车行驶下路基中动应力状态变化的一般规律与主要特征。

9. 高速铁路无砟轨道与有砟轨道对列车行驶振动荷载、路基振动反应有何影响?

10. 无缝线路与有缝线路对列车行驶振动荷载、路基振动反应有何影响?

11. 简述高速铁路路基设计中对行车振动作用的考虑方法及其缺陷。

12. 简述普通铁路路基设计中对行车振动作用的考虑方法及其缺陷。

13. 简述采用数值方法进行列车行驶振动荷载模拟与路基振动反应分析的若干要点。

14. 列车行驶振动作用对地下水迁移、冻融作用有何影响?

参 考 文 献

[1] Sheng D, Zhang S, Yu Z W, et al. Assessing frost susceptibility of soils using PCHeave. Cold Regions Science and Technology,2013,95(2013):27-38.

[2] Sheng D, Zhang S, Niu F J, et al. A potential new frost heave mechanism in high-speed railway embankments. Cold Regions Science and Technology,2013,64(2):144-154.

[3] 田亚护,刘建坤,彭丽云. 动、静荷载作用下细粒土的冻胀特性实验研究. 岩土工程学报,2010,32(12):1882-1887.

[4] 王子玉,凌贤长,惠舒清,等. 深季节冻土区列车行驶路基振动数值模拟研究. 防灾减灾工程学报,2014,34(1):1-6.

[5] Ling X Z, Wang L N, Zhang F, et al. Field experiment on train-induced embankment vibration in seasonally-frozen regions of Daqing, China. Journal of Zhejiang University Science A,2010,11(8):596-605.

[6] Ling X Z, Chen S J, Zhu Z Y, et al. Field monitoring on the train-induced vibration response of track structure in the Beiluhe permafrost region along Qinghai-Tibet railway in China. Cold Regions Science and Technology,2010,60(1):75-83.

[7] Ling X Z, Zhang F, Zhu Z Y, et al. Field experiment of subgrade vibration induced by passing train in a seasonally frozen region of Daqing. Earthquake Engineering and Engineering Vibration,2009,8(1):149-157.

[8] Ling X Z, Zhu Z Y, Zhang F, et al. Dynamic elastic modulus for frozen soil from the embankment on Beiluhe Basin along the Qinghai-Tibet railway. Cold Regions Science and Technology,2009,57(1):7-12.

[9] Zhu Z Y, Ling X Z, Wang Z Y, et al. Experimental investigation of the dynamic behavior of frozen clay from the Beiluhe subgrade along the QTR. Cold Regions Science and Technology,2011,69(1):91-97.

[10] Zhu Z Y, Ling X Z, Chen S J, et al. Analysis of dynamic compressive stress induced by passing trains in permafrost subgrade along Qinghai-Tibet railway. Cold Regions Science and Technology,2011,65(3):465-473.

[11] Zhu Z Y, Ling X Z, Chen S J, et al. Experimental investigation on the train-induced subsidence prediction model of Beiluhe permafrost subgrade along the Qinghai-Tibet railway in China. Cold Regions Science and Technology, 2010,62(1):67-75.

[12] 凌贤长,王子玉,张锋,等. 京哈铁路路基冻结粉质黏土动剪切模量试验研究. 岩土工程学报,2013,35(S2):38-43.

[13] 王立娜,凌贤长,李琼林,等. 列车荷载下青藏冻结粉质黏土变形特性试验研究. 土木工程学报,2012(S1):42-47.

[14] 朱占元,凌贤长,陈士军,等. 青藏铁路列车行驶引起的轨枕竖向作用力研究. 哈尔滨工业大学学报,2011,43(6):6-10.

[15] 朱占元,凌贤长,胡庆立,等. 动力荷载长期作用下冻土振陷模型试验研究. 岩土力学,2009,30(4):955-959.

[16] 朱占元,凌贤长,张锋,等. 季节冻土区夏季轨道结构振动反应现场监测研究. 哈尔滨工业大学学报,2009,41(12):282-286.

[17] 朱占元,凌贤长,胡庆立,等. 中国青藏铁路北麓河路基冻土动应变速率试验研究. 岩土工程学报,2007,29(10):1472-1476.

［18］朱占元,陈士军,凌贤长,等. 人造多晶冰的动力学参数试验研究. 岩土工程学报,2013,35(4):762-766.

［19］Wang L X,Hu Q L,Ling X Z,et al. Test study on unfrozen water content and thermal parameters of Qinghai-Tibet railway frozen silty clay. Journal of Harbin Institute of Technology,2007,39(10):1660-1663.

［20］Zhu Z Y,Ling X Z,Yu Y,et al. Experiment study on axial strain rate of frozen soil under cyclic dynamic load//Recent Development of Geotechnical and Geo-Environmental Engineering in Asia:4th Asian Joint Symposium on Geotechnical and Geo-Environmental Engineering. Dalian,2006:101-106.

［21］田立慧,凌贤长,王立娜,等. 青藏铁路高温多年冻土区列车行驶路基长期永久变形数值模拟研究. 地震工程学报,2015,36(4):850-856.

［22］惠舒清,耿琳,凌贤长,等. 列车荷载下巴准重载铁路高路堤路基累积变形研究. 防灾减灾工程学报,2014,34(6):700-711.

［23］丁茂廷,耿琳,凌贤长,等. 巴准重载铁路高路堤边坡稳定性分析. 防灾减灾工程学报,2014,34(3):283-288.

［24］卢乃宽. 世界高速铁路建设发展趋势. 中国铁路,2000,(3):19-24.

［25］何华武. 快速发展的中国高速铁路. 中国铁路,2006,(7):23-31.

［26］王其昌. 高速铁路土木工程. 成都:西南交通大学出版社,2009.

［27］铁道第一勘测设计院. 铁路路基设计规范(TB 10001—2005). 北京:中国铁道出版社,2005.

［28］卢祖文. 高速铁路轨道技术综述. 铁道工程学报,2007,24(1):41-54.

［29］朱占元. 青藏铁路列车行驶多年冻土场地路基振动反应与振陷预测. 哈尔滨:哈尔滨工业大学博士学位论文,2009.

［30］陈士军. 青藏线含融化夹层和地下冰冻土路基列车行驶振动响应. 哈尔滨:哈尔滨工业大学博士学位论文,2013.

［31］翟婉明. 车辆-轨道耦合动力学. 3 版. 北京:科学出版社,2007.

［32］黄强. 青藏铁路(格拉段)机车车辆总体技术条件的研究. 中国铁路,2002,(3):41-47.

［33］李瑞淳,朱彦. 青藏铁路客车研制方案的探讨. 中国铁路,2002,(12):57-59.

［34］凌贤长,张克绪. 在二维应力状态下土体地震动偏应力的特征. 地震工程与工程振动,1999,19(3):57-63.

［35］凌贤长,张克绪. 在二维应力状态下地震触发砂土液化动应力条件. 地震工程与工程振动,2000,20(2):85-91.

［36］赵学思. 高速铁路路基体计算中的列车荷载模拟问题研究. 铁道勘察,2007,(3):55-56.

第 21 章　波浪荷载作用下岩土工程振动问题

21.1　概　　述

1. 波浪荷载及其对海底土层的作用

波浪荷载是由一次风暴所产生的波浪引起的。一次风暴可能产生几千个波浪。典型的波浪周期为 5～20s。波浪荷载的大小取决于波高,越强的风暴所产生的波高就越高,相应的波浪荷载就越大,但是,越强的风暴出现的概率越小。与地震荷载相似,在设计中采用的波浪荷载是与某一指定概率相应的风暴所引起的。

波浪荷载与地震荷载相比,具有如下相同之处。

(1) 作用次数或持续时间都是有限的。

(2) 幅值都是随机变化的,但在实际问题中通常都简化成等幅的循环荷载。

(3) 不仅荷载的数值随时间变化,作用方向还按一定周期变化,即两者都是交变荷载。顺便指出,动荷载不一定有作用方向的改变,只要荷载的数值随时间变化就称其为动荷载,如交通荷载就没有作用方向的改变。

从动荷载的三要素而言,波浪荷载与地震荷载相比具有如下的不同之处。

(1) 波浪荷载的周期更长,频率更低。如前述,波浪的周期主要为 5～20s,而地震荷载周期主要为 0.2～1s。

(2) 波浪荷载的作用次数更多,持续的时间更长。如前述,波浪荷载的作用次数可达几千次,持续时间为几小时至一天,而地震荷载的作用次数为几十次,持续时间为几十秒。

波浪荷载对海底土层的作用可分如下两种情况表述。

1) 海底场地自由土层

在这种情况下,波浪荷载作为一种竖向荷载作用于海底土层表面上,它是一种表面荷载,如图 21.1 所示。这与地震对海底场地自由土层的作用不同。地震运动产生的惯性力作用于土体中的每一点,它是一种体积力。

另外,波浪要以一定的速度向前推进,因此波浪荷载是一种以一定速度向前移动的荷载。波浪荷载在土层表面下一点所引起的动应力取决于该点与波浪荷载的相对位置。如果从土层中取出一个波长的土体,其中一个土单元与波浪荷载有四种典型的相对位置,如图 21.2 所示。图 21.2(a)所示的情况是一个对称问题,$\sigma_{z,\mathrm{w}}$ 和 $\sigma_{x,\mathrm{w}}$ 为主应力,$\tau_{zx,\mathrm{w}} = 0$;图 21.2(b)所示的情况是一个反对称问题,$\sigma_{z,\mathrm{w}} = 0$,$\sigma_{x,\mathrm{w}} = 0$,$\tau_{zx,\mathrm{w}}$ 为最大剪应力;图 21.2(c)所示的情况也是一个对称问题,$\sigma_{z,\mathrm{w}}$ 和 $\sigma_{x,\mathrm{w}}$ 为主应力,其数值与图 21.2(a)相同而方向相反,$\tau_{zx,\mathrm{w}} = 0$;图 21.2(d)所示情况也是一个反对称问题,$\sigma_{z,\mathrm{w}} = 0$,$\sigma_{x,\mathrm{w}} = 0$,$\tau_{zx,\mathrm{w}}$ 为最大剪应力,其数值与图 21.2(b)相同而方向相反。

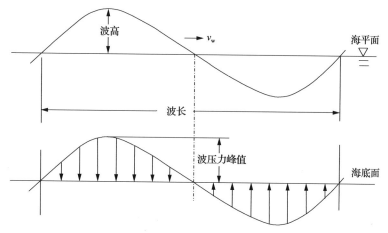

图 21.1　波浪及其作用于海底土层表面上的压力

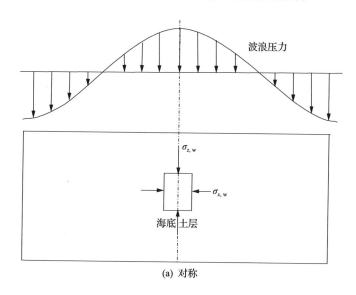

(a) 对称

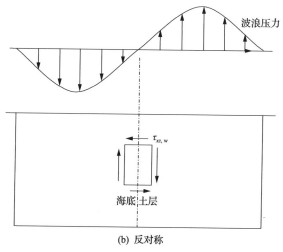

(b) 反对称

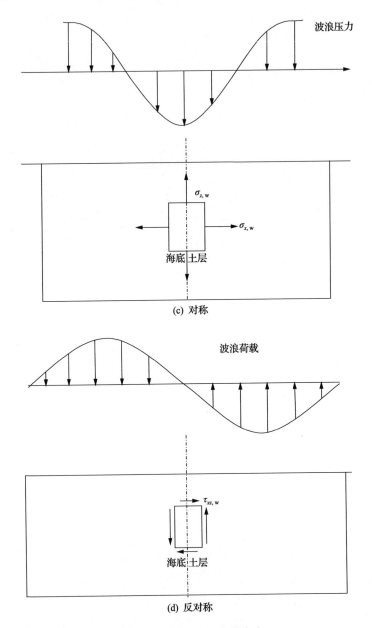

图 21.2　海底土层中的应力

从上述结果,可得如下的认识。

(1) 波浪荷载在海底土层中引起的偏应力分量中的差应力 $\sigma_{z,\mathrm{w}} - \sigma_{x,\mathrm{w}}$ 和剪应力 $\tau_{xz,\mathrm{w}}$ 分量的数值相当,其中哪一个对土的作用均不可忽略。然而,通常地震作用以水平剪切为主,忽略差应力 $\sigma_{z,\mathrm{w}} - \sigma_{x,\mathrm{w}}$ 的作用。

(2) 根据图 21.2 所产生的结果可绘制差应力 $\sigma_{z,\mathrm{w}} - \sigma_{x,\mathrm{w}}$ 和 τ_{xz} 随时间的变化关系,如图 21.3(a)和(b)所示。从图可见,差应力的相位与剪应力相差 $\pi/2$。

(3) 由于剪应力 $\tau_{xz,\mathrm{w}}$ 的存在,波浪荷载在海底土层中引起的应力,其主应力方向随时间而改变。在一个周期内差应力 $\sigma_{z,w} - \sigma_{x,w}$ 与剪应力 $\tau_{xz,w}$ 构成了如图 21.3(c)所示的旋转施加方式。

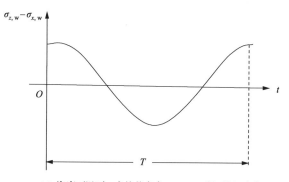

(a) 海底面以下一点的差应力 $\sigma_{z,w} - \sigma_{x,w}$ 随时间 t 变化

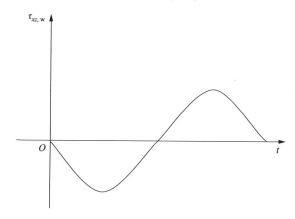

(b) 海底面以下一点的剪应力分量 $\tau_{xz,w}$ 随时间 t 变化

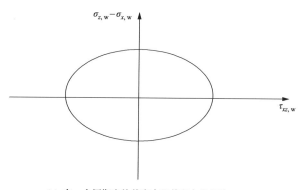

(c) 在一个周期内的差应力和剪应力的变化

图 21.3　波浪荷载引起的差应力 $\sigma_{z,w} - \sigma_{x,w}$ 分量及剪应力分量 $\tau_{xz,w}$ 的轨迹线

2) 波浪对海洋工程地基中土体的作用

波浪对海洋工程地基中土体的作用比较复杂。在这种情况下,由于向前推进的波浪受到阻挡,波浪将以水平的冲击力作用于结构上,引起结构的振动。结构再将波浪的冲击力及结构振动的惯性力作用于基础或桩承台的底面上,并传到地基土体中。按这种认识,

显然这是一个复杂的土-结构动力相互作用问题。基础或桩承台底面所承受的力包括竖向力、水平力及力矩,不仅取决于波浪的冲击力,还与土-结构体系的振动有关。但是,无论如何,对于这种情况,确定波浪冲击作用在基础或桩承台底面上产生的力应是一个关键点。在实际问题中,波浪冲击作用在基础或桩承底面上产生的力通常采用某种简化方法确定。在下面的表述中,均假定波浪冲击作用在基础或承台底面产生的力是已知的。

2. 波浪荷载下岩土工程振动问题

1) 在波浪荷载下土的动力性能

波浪荷载与地震荷载都是有限作用次数的动荷载,它们之间有许多相同之处,因此可以采用与地震荷载下土的动力性能研究相似的方法进行研究。波浪荷载下土的动力性能的主要研究手段是试验,特别是动三轴试验。在试验中,以等幅循环荷载来模拟波浪荷载。

但是,在试验研究中必须考虑前述的波浪荷载与地震荷载的不同之处。考虑两者的不同,在模拟波浪荷载作用试验中应该在如下条件下进行。

(1) 动荷载的作用次数应达到 500~1000 次。

(2) 动荷载的周期应在 10~20s 选取,通常可选用 10s。

除此之外,如前所述,虽然作用于海底表面上的波浪荷载是一个竖向的压力波,但在海底土层中一点所产生的偏应力是由相位差为 $\pi/2$ 的差应力 $\sigma_{z,\mathrm{w}} - \sigma_{x,\mathrm{w}}$ 和剪应力 $\tau_{xz,\mathrm{w}}$ 两个分量组成的。因此,在模拟波浪荷载作用的试验中,应该同时考虑这两个偏应力分量的作用。但是,现在的动力试验设备难以实现这种加载方式,试验只能在只施加动差应力(如动三轴试验),或是只施加动剪应力(如动剪切试验)的加荷方式下进行。因此,关于在偏应力的两个分量共同作用下土的动力性能的试验研究少有报道。

2) 波浪荷载作用下海底土层的动力分析

在波浪荷载作用下海底土层的动力分析目的在于确定海底表面以下土体中的动应力与动应变。与土体地震反应分析不同,波浪荷载作用下海底土层的动力分析是一个源问题。波浪荷载作用下海底土层的动力分析有两个途径:按均质弹性半空间无限体理论求解;按数值模拟方法求解。

按均质弹性半空间无限体理论求解,不能考虑海底土成层的不均匀性、土的动力非线性等性能,以及土的材料阻尼作用。后面将对这两种分析途径做进一步表述。

3) 在波浪荷载作用下地基稳定性评估

如果波浪荷载作用在基础底面上产生的力已经确定,考虑波浪荷载作用下地基稳定性评估可采用与地震作用相似的方法进行。如前述,波浪荷载作用在基础底面上产生的力通常采用简化方法确定。

4) 波浪荷载作用下桩的性能分析

海洋工程往往采用高桩承台基础。波浪荷载作用在桩承台底面产生竖向力、切向力及力矩。如果波浪荷载作用在桩承台底面产生的这些力是已知的,则可用适当方法将其分配到承台之下的每根桩的桩顶。一旦将桩承台底面上的力分配到其下每根桩的桩顶,则桩基的性能分析问题就简化成单桩的性能分析问题。单桩在桩顶水平荷载和力矩作用下的性能与桩土相互作用有关。在桩-土接触面上,桩-土相互作用通常以 P-Y 曲线表示,与通常弹性系数法相比较,P-Y 曲线可以考虑桩-土相互作用的非线性。下面,将对桩-土相互作用 P-Y 曲线做进一步表述。

5) 波浪荷载作用下桩-土-结构的相互作用分析

如前所述,波浪在向前推进时受到结构的阻挡就会以水平冲击力的形式作用于结构的某一部分。如果波浪的水平冲击力的时程及作用于结构上的位置已知,则可作为一个源问题按第 13 章所述的方法进行桩-土-结构相互作用分析。这样的桩-土-结构相互作用分析通常采用数值方法进行分析。

波浪荷载作用下桩-土-结构相互作用分析与地震作用下的相互作用分析相似,可以采用整体分析方法也可采用子结构法。由于桩-土-结构体系通常是一个空间体系,简化的整体分析体系的规模仍是很大的,但是可以考虑地基土体的非均质性及土的力学非线性性能。波浪荷载的子结构分析方法只包括两步,即确定地基的阻抗,对于桩基则是确定桩在海底面处的阻抗,以及包括桩基的阻抗作用的结构动力分析。但是,子结构分析方法不能考虑海底土的不均匀性以及土的动力学性能的非线性。

在波浪荷载作用下桩-土-结构体系发生振动,其中位于泥面以上水面以下部位的结构,在振动时要与周围的水体发生相互作用。水面以下的结构与周围水体的相互作用会改变桩-土-结构体系的动力特性,即会增加体系的基本振动周期。与此相关联,会减小体系振型的阻尼比。这一点,正是水中的桩-土-结构动力相互作用与陆上的桩-土-结构动力相互作用的一个重要差别。在实际问题中,水下结构与周围水体的动力相互作用可用附加于结构之上的质量和阻尼来考虑。因此,无论采用整体分析途径还是子结构分析途径,在进行桩-土-结构相互作用分析时必须在水下的结构之上施加附加质量和阻尼。关于附加质量和阻尼的确定方法在此不拟进一步表述。

这样,只要给定波浪对结构的冲击力的时程及其作用相应的部位,并注意上述的一些特点,就可按第 13 章所述的方法进行波浪荷载作用下桩-土-结构动力相互作用分析。因此,本章对这个问题不再做进一步表述。

6) 海底面以下砂土层的液化评估

作用于海底面的波浪压力在海底面以下的砂层中产生数值很大及作用次数在几百上千次的循环应力。在这样的循环应力作用下,海洋工程场地海底面以下砂土层是否可能发生液化则需要进行评估。

地震作用下场地砂土层的液化评估已在前面表述过,其原则和方法可作为波浪荷载作用下海底面以下砂土层液化评估的借鉴。但是,在借鉴地震作用下场地砂土层的液化评估时,必须注意这两种情况的差别。在波浪荷载作用下海底面以下砂土层液化评估中,如何借鉴地震作用下场地砂土层的液化评估方法,以及如何考虑这两种情况的差别在本章将做进一步的表述。

21.2　作用于海底面上的波浪荷载

前面已经指出,波浪荷载作为一个表面荷载作用于海底表面上,但是波浪的形状是不规则的,波高和波长都是变化的。因此,确切的确定波浪在海底面上产生的压力的大小和分布是困难的。在实际问题中,波浪作用于海底面上的压力通常以一定的速度向前推进的等幅的谐波表示。设波荷载的幅值为 P_0。则作用于海底上的波浪压力可表示为如下形式:

$$P(t,x) = P_0 \cos\left[-\frac{2\pi}{L_{\mathrm{w}}}(x - V_{\mathrm{w}}t)\right] \tag{21.1}$$

式中,P_0 为波浪压力幅值;V_{w} 为波浪向前推进的速度;L_{w} 为波长;x 为表面上一点的 x 方向坐标。

令

$$n = \frac{2\pi}{L_{\mathrm{w}}}, \quad T = \frac{L_{\mathrm{w}}}{V_{\mathrm{w}}} \tag{21.2}$$

式中,T 为波浪的周期,则

$$\frac{2\pi}{L_{\mathrm{w}}}V_{\mathrm{w}} = \frac{2\pi}{T} = p$$

式中,p 为波浪的圆频率。将这些关系代入波浪压力公式,则得

$$P(t,x) = P_0 \cos(nx - pt) \tag{21.3}$$

由式(21.1)可知,只要已知波浪荷载幅值,则作用在海底表面上的波浪荷载分布就确定了。可以想象,波浪荷载的幅值 P_0 应该随波高的增高而增大,另外还应该与水深有一定关系,并可用式(21.4)表示:

$$P_0 = \gamma_{\mathrm{w}} \frac{H}{L} \frac{1}{\cos\left(\dfrac{2\pi h}{L_{\mathrm{w}}}\right)} \tag{21.4}$$

式中,γ_{w} 为海水的重力密度;H 为与指定概率水平相应的有效波高;h 为水深;L_{w} 按式(21.5)确定:

$$L_{\mathrm{w}} = \frac{gT^2}{2\pi} + \tan\frac{2\pi h}{L_{\mathrm{w}}} \tag{21.5}$$

其中,g 为重力加速度;T 为与指定概率水平的波高相应的波浪周期。由于波长 L_{w} 等于周期 T 乘以波浪向前推进时的速度 V_{w},则由式(21.2)可得

$$V_{\mathrm{w}} = \frac{L_{\mathrm{w}}}{T} \tag{21.6}$$

在上述各式中,与指定概率水平相应的波高 H、周期 T 以及水深 h,可由所在地区海洋风浪观测资料确定,对此不做进一步表述。

对于图 21.2(a)所示的在长度等于一个波长的海底表面上的波浪压力分布,根据式(21.3)可表示成如下形式:

$$P(x) = P_0 \cos(nx), \qquad -\frac{L_{\mathrm{w}}}{2} \leqslant x \leqslant \frac{L_{\mathrm{w}}}{2}$$

对于图 21.2(b)所示的在长度等于一个波长的海底面上的波浪压力分布可表示成如下形式：

$$P(x) = P_0 \sin(nx), \qquad -\frac{L_w}{2} \leqslant x \leqslant \frac{L_w}{2}$$

相似地,可以得到图 21.2(c)和图 21.2(d)所示的波浪压力分布公式,在此不再逐一给出。

除此之外,当将波浪压力作为一个变幅的压力,波浪压力的另一种表示方法是以其能量谱来表示的。波的能量谱为某一频率的能量含量随频率的分布,在此,不拟对波的能量谱做进一步表述。

21.3　在波浪荷载下海底土的动力特性

1. 波浪荷载作用下土动力试验特点

在波浪荷载下海底土的动力性能可采用室内试验和现场试验方法进行测试和研究。室内的动力试验设备和方法与第 5 章所表述的相同。但是,在试验时必须考虑波浪荷载的特点。按上述,在试验中应考虑的波浪荷载的特点主要包括如下几点。

(1)周期更长,5~20s。像下面将要表述的那样,在这个周期范围内,周期对试验结果的影响可以忽略。波浪荷载下动力试验通常可采用周期为 10s。

(2)作用次数更多,可达几百上千次。按第 7 章所述,随作用次数的增大,引起破坏需要的动力幅值趋于稳定。作用次数主要影响表现在几百次之内,波浪荷载下动力试验的作用次数应达到 500 次较为适当。

(3)波浪荷载作用的持续时间可在几个或十几个小时,是地震荷载作用的持续时间的上千倍,虽然如此,仍假定在波浪荷载作用期间土处于不排水状态。相应地,在波浪荷载下土的动力试验在不排水条件下进行。但应指出,在波浪荷载下土的动力试验在不排水条件下进行,对于黏土可能是合适的。但是,由于砂土等渗透性能较好的土,在几个小时的持续作用期间一定会有孔隙水从砂土体排出,因此,在不排水条件下的试验可能给出保守的结果。

(4)波浪荷载在海底面以下土层中所引起的动偏应力是由幅值相等、相位相差 $\pi/2$ 的动差应力 $\sigma_{z,w} - \sigma_{x,w}$ 和动剪应力 $\tau_{xz,w}$ 组成的。在试验中,应同时施加相位差为 $\pi/2$ 的动差应力 $\sigma_{z,w} - \sigma_{x,w}$ 和动剪应力 $\tau_{xz,w}$。但是,现有的动力试验难以实现这样的加载方式,只能施加动差应力 $\sigma_{z,w} - \sigma_{x,w}$,如动三轴仪,或只能施加动剪应力 $\tau_{xy,w}$,如动剪切仪。这样,当将动三轴试验或动剪切试验结果应用于波浪荷载时,必须考虑实际土体中一点的受力状态与动三轴试验和动剪切试验土样的受力状态的不同。

与地震荷载动力试验相似,波浪荷载的室内动力试验分为四种:土动应力-应变关系试验;土动强度试验,包括砂土的液化试验;土动孔隙水压力试验;土永久变形试验。其中,后三种试验可合并在一起进行。

第一种试验通常在均等固结条件下进行;后三种试验不仅要在均等固结条件下进行,

还要在非均等固结条件下进行,以考虑初始剪应力对土的强度、孔隙和永久变形特性的影响。

与地震荷载作用下的土动力性能现场试验相同,波浪荷载下土动力性能现场试验主要是现场剪切波波速试验。现场剪切波波速试验是测试土在小变形状态下的剪切波波速 V_s,它是描写在小变形状态下土动力性能的重要指标。在陆上,土的剪切波波速试验通常采用单孔逐层检波法进行。但是,单孔逐层检波法不适用于测试海底面以下土的剪切波波速,海底面以下土的剪切波波速通常采用跨孔法进行测试。这样,海底面以下土的剪切波波速测试费用较高。

2. 波浪荷载下土的动力试验研究

如前所述,作用次数更多、频率更低是波浪荷载与地震荷载的主要不同之处。模拟地震荷载作用的动力试验作用次数很少超过 100 次,而频率通常取 1Hz。下面,表述一个模拟波浪荷载的动力试验研究结果[1],其试验结果有助于了解作用次数和频率对土的动力性能的影响。

试验的土试样是用高岭土制备的。土的液限为 82%,塑限为 42%,比重为 2.62。制备的土样在竖向压力为 12.5lb/in² 下固结,固结后的平均含水量为 74%,变化范围为 ±1%。

1) 不固结不排水静力三轴试验及加荷速率的影响

为了将波浪荷载下土的动力性能与静荷载作用下土的力学性能相比较,首先进行不固结不排水静三轴试验。静三轴试验步骤如下。

(1) 安装土试样。

(2) 在不排水条件下使土试样承受 17lb/in² 的各向均匀压力,持续作用 50min,使土试样在各向均等压力作用下达到稳定。

(3) 均匀地增加轴向荷载,并使土试样在 10min 内发生剪切破坏。

由上述静三轴试验测得的土试样破坏时的平均主应力差 $(\sigma_1-\sigma_3)_f$ 为 5.5lb/in²,变化范围为 ±0.5lb/in²。令差应力比为 $(\sigma_1-\sigma_3)/(\sigma_1-\sigma_3)_f$,绘制差应力比与相应的轴向应变 ε_a 之间的关系,其变化范围如图 21.4 的虚线所示。

另外,为了解加荷载速率对静力试验结果的影响,采用更高的加荷速率做了两个试验,使土试样在 5～10s 发生剪切破坏。与在 10min 内剪切破坏的试样结果相比较发现如下两点。

(1) 在 5～10s 剪切的土试样静强度 $(\sigma_1-\sigma_3)_f$ 要比在 10min 内剪坏的静强度 $(\sigma_1-\sigma_3)_f$ 高 35%,变化范围为 32%～39%。

(2) 在 5～10s 剪坏的土试验测得的应力比 $(\sigma_1-\sigma_3)/(\sigma_1-\sigma_3)_f$ 与应变的关系线均落在图 21.4 所示的虚线范围内,即静力试验测得的 $(\sigma_1-\sigma_3)/(\sigma_1-\sigma_3)_f$-$\varepsilon_a$ 关系线与荷载速率无关。

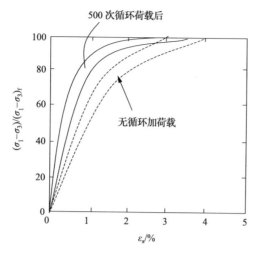

图 21.4　静三轴试验测得的差应力比与轴向应变关系线

2）在波浪荷载下的土的动力试验结果及作用次数的影响

（1）在各向均等初始压力下的波浪荷载试验结果。

① 试验方法。

在各向均等初始压力下的波浪荷载试验的前两个步骤与静力三轴试验相同。但试验的第三个步骤是在各向均等初始压力的基础上在轴向施加压缩循环荷载，轴向压缩循环荷载随时间按正弦规律变化。在每一个土试样的试验中，保持轴向压缩循环荷载的幅值不变，但不同土试样的试验采用轴向循环荷载的幅值不同。试验采用的轴向荷载的频率为 0.1Hz。这样，在一个土试样的试验中，土试样承受的轴向应力变化如图 21.5 所示。在每一个土试样试验中，测量随轴向循环压力作用次数增加轴向变形的增长。在试验中，轴向荷载的循环最大作用次数为 500 次。

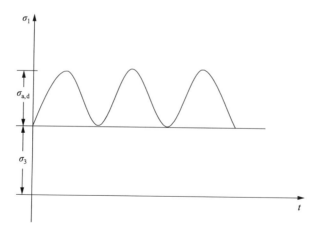

图 21.5　在各向均等初始压力下动力试验过程中的轴向应力

② 试验结果及循环次数的影响。

在前面表述的动力试验研究中，循环应力比定义为循环应力的幅值（半幅）$\sigma_{a,d}$ 除以 2

倍的侧向固结 σ_3，即 $\sigma_{a,d}/(2\sigma_3)$。但是，在该试验研究中，采用了不同的循环应力比定义，其确定方法如下。

（a）根据试验确定出第一次轴向循环应力作用引起的土试样最大轴向应力压缩应变。

（b）在图 21.4 所示的差应力比与轴向应变关系线上确定与该轴向压缩应变相应的差应力比，并将其定义为循环应力比。

该试验研究采用这样定义的循环应力比是为了便于与静力试验结果相比较及用静力试验结果表示。

这样，对每一个土样的试验可以确定出相应的循环应力比，以及在这个循环应力比作用下应变随作用次数的增加，轴向压缩应变的增长过程，如图 21.6 所示。在图 21.6 中给出了三种不同循环应力比（81%、71%、63%）下轴向压缩应变随作用次数的发展过程。从图 21.6 可看出如下两点。

（a）在指定的循环应力比下，轴向压缩应变随作用次数的增多而增大。

（b）轴向压缩应变随作用次数增大的速率随循环应力比的增大而增大。

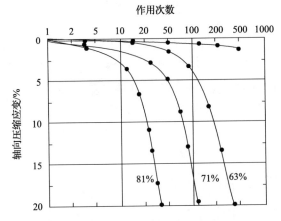

图 21.6　在指定循环应力比作用下轴向应变与作用次数之间的关系

另外，指定轴向应变 ε_a，则可由图 21.6 确定出达到指定应变 ε_a 所要求的循环应力比及相应的作用次数，如图 21.7 所示。图 21.7 给出了轴向应变分别达到 1%、5% 和 10% 时所要求的循环应力比及相应的作用次数。从图 21.7 可看出如下三点。

（a）位于同一曲线上的任意两点，它们对土的作用是等价的。令位于 1% 轴向应变曲线上两点 A、B，A 点的循环应力比为 $[(\sigma_1-\sigma_3)/(\sigma_1-\sigma_3)_f]_A$，作用次数为 N_A，B 点的循环应力比为 $[(\sigma_1-\sigma_3)/(\sigma_1-\sigma_3)_f]_B$，作用次数为 N_B。土试样受到的循环应力比为 $[(\sigma_1-\sigma_3)/(\sigma_1-\sigma_3)_f]_A$ 时在 N_A 次作用下所产生的变形与土试样受到的循环应力比为 $[(\sigma_1-\sigma_3)/(\sigma_1-\sigma_3)_f]_A$ 时在 N_B 次作用下所产生的变形相同，均为 1%。

（b）达到指定的轴向应变所要求的循环应力比随相应的作用次数的增大而减小。

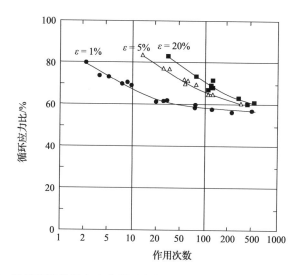

图 21.7　达到指定的轴向应变所要求的循环应力比与相应的作用次数关系

（2）在各向非均等初始压力下的波浪荷载试验结果。

在各向非均等初始压力下的波浪荷载试验方法如下：当土试样安装好之后，在不排水状态下首先施加各向均等的压力，并达到 17lb/in^2，然后再增加轴向压力，使其达到指定的初始差应力比，并持续作用 50min，使土样在各向非均等初始压力下达到稳定。土样在各向非均等初始压力下达到稳定之后，再施加循环荷载，并满足如下要求。

① 循环荷载相对于初始轴向荷载的变化是对称的。

② 循环荷载施加后，轴向应力仍为压应力，以保持最大主应力方向不发生改变。

这样，在各向非均等初始压力下的动力试验过程中，轴向应力的变化如图 21.8 所示。试验是在 4 个指定的初始差应力比（40%、50%、60% 和 70%）下完成的。为分析试验资料，引进了初始差应力比、循环应力比及总差应力比的概念，它们分别定义为 $(\sigma_1 - \sigma_3)/(\sigma_1 - \sigma_3)_f$、$\sigma_{a,d}/(\sigma_1 - \sigma_3)_f$、$[(\sigma_1 - \sigma_3) + \sigma_{a,d}]/(\sigma_1 - \sigma_3)_f$。按上述定义，为确定总的差应力比及循环应力，必须确定静强度，即破坏时的静总应力 $(\sigma_1 - \sigma_3)_f$。确定 $(\sigma_1 - \sigma_3)_f$ 的方法如下。

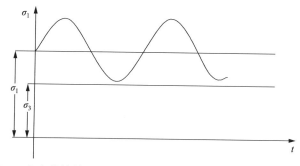

图 21.8　各向非均等初始压力下动力试验期间土试样承受的轴向应力

① 确定施加初始差应力 $\sigma_1 - \sigma_3$ 后土样发生的轴向应变，并根据静力三轴试验测得的

差应力比 $(\sigma_1-\sigma_3)/(\sigma_1-\sigma_3)_f$ 与轴向应变 ε_a 关系线,确定与初始差应力作用引起的轴向应变相应的差应力比。

　　② 已知初始差应力及与其相应的差应力比,则可由初始差应力比定义确定出土的强度,即破坏时的差应力 $(\sigma_1-\sigma_3)_f$。

　　③ 已知初始差应力 $\sigma_1-\sigma_3$ 及循环应力幅值,则根据前述的定义,分别确定出初始差应力比、循环应力比及总差应力比。

　　根据各向非均等初始压力下的动力试验结果,可以绘出在指定初始差应力比下达到指定应变 2%,以及土发生破坏(即轴向应变达到 20%)所要求的总差应力比与作用次数的关系,分别如图 21.9 及图 21.10 所示。从图 21.9 可得到如下认识。

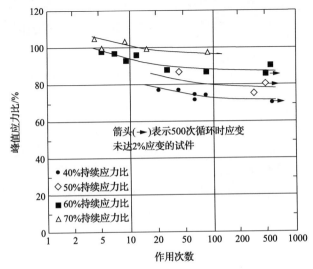

图 21.9　在指定的初始差应力比下土样达到指定应变要求的总的差应力比与作用次数关系

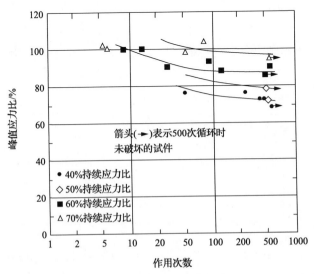

图 21.10　在指定初始差应力比下土试样达到破坏所要求的总的差应力与作用次数关系

① 在指定的初始差应力比下,使土发生破坏所要求的总的差应力比随相应的作用次数的增加而减小。但是,当作用次数大于 500 以后,破坏所要求的总的差应力的减小是很有限的,可不考虑。

② 在指定的作用次数下,使土发生破坏所要求的总的差应力比随初始差应力比的增大而增大。

另外,根据试验结果还可确定出,在指定作用次数下达到指定应变所要求的循环应力比与初始差应力比之间的关系,如图 21.11 所示。从图 21.11 可见,在所要求的总应力比中,循环应力比随初始差应力比的增加而减小。但是,循环应力比减小的幅度要明显小于初始差应力比增大的幅度,例如,初始差应力比增大 30%,相应的循环应力比只减少 10%。

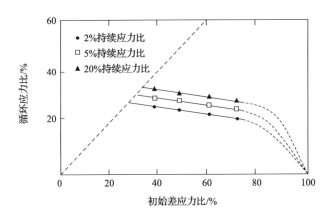

图 21.11　在 500 次循环作用下土试样达到指定轴向应变要求循环应力比与初始差应力比的关系

3）荷载频率对试验结果的影响

除了进行 0.1Hz 的循环荷载试验,为了解频率对土动力性能的影响,还进行了若干 0.05Hz 的循环荷载试验。试验结果表明,采用 0.05Hz 的试验结果与采用 0.1Hz 的循环荷载试验结果没有明显的差别。这表明,在波浪荷载的频率范围内,可采用 0.1Hz 的循环荷载进行试验,而不必考虑循环荷载频率对土动力性能的影响。

3. 临界应力比概念

前面,由图 21.6 曾指出,在指定的循环应力比作用下,当作用次数增加时,轴向变形的发展速率随循环应力比的增大而增加。但是,当循环应力小于某一数值时,如 56%,轴向变形随作用次数增加到一定值后趋于稳定,即不再随作用次数而增加,如图 21.7 所示。从图 21.7 可见,与 1% 轴向应变相应的曲线逐渐趋于水平线,而当作用次数达到 500 次时,可认为轴向变形不再随作用次数而增加,此时相应的循环应力比大约为 56%。下面,把这样的循环应力比称为临界循环应力比。根据上述,临界循环应力比定义如下:当循环应力比小于某一个数值时,在作用次数达到一定之后,轴向变形会达到稳定而不再随作用次数而增加,该循环应力比称为临界循环应力比。显然,当循环应力比小于和等于临界循环应力比时,在作用次数达到一定后变形会稳定下来,不会由于作用次数继续增加而导致破坏。

在此应指出,除临界循环应力比本身的数值,还有两个参数与临界循环应力比有关,即在临界循环应力比作用下产生的稳定变形数值,以及达到稳定变形所需要的作用次数。

相似地,可绘出在指定的初始差应力比下土的轴向应变达到 2% 时所要求的总的差应力比与作用次数关系,如图 21.9 所示。从图 21.9 可以看出,与各向均等初始压力下的试验结果相似,在各向非均等初始压力下也存在一个临界总差应力比,但临界总差应力比随指定的初始差应力比的增大而增大。从图 21.9 可确定,当指定的初始差应力比为40%、50%、60% 和 70% 时,相应的临界总差应力比分别为 71%、78%、85% 和 92%。

为验证临界总差应力比概念的正确性,做了两个验证试验。第一个试验,初始差应力比为 50%,所施加的总的差应力比为 73%,比相应的临界总差应力比小 5%,试验显示,土试样经受了 9000 多次循环作用而没有临近破坏的迹象。第二试验,初始差应力比为 60%,所施加的总的差应力比为 83%,比相应的临界总差应力比小 2%,试验显示,土试样经受了 2000 多次循环作用而没有临近破坏的迹象。

21.4　海洋土的剪切波波速

前面曾指出,剪切波波速是土的一个重要的力学指标。土的剪切波波速可由现场试验测试。但应指出,陆上通常采用的单孔逐层检波试验方法不适用于海洋土。海洋土剪切波波速现场试验方法与陆上相比,不但技术上难度大而且费用也高得多。因此,分析现有的海洋土剪切波波速的实测资料,建立确定海洋土剪切波波速的经验公式,用以预估海洋土的剪切波波速是有意义的。

首先,讨论一下影响土剪切波波速的因素对分析土剪切波波速实测资料是有益的。根据土的力学性能常识,可以指出影响土剪切波波速的因素如下。

1) 土的类型

不同类型的土的剪切波波速有很大的差别,因此在分析土的剪切波波速资料时,必须按土类分别进行分析。

2) 土的状态

同一类的土由于状态不同,剪切波波速也会有很大的差别。描写土状态的原位试验指标有标准贯入试验击数、静力触探试验的阻力等。比较而言,标准贯入试验击数更容易获得,通常以标准贯入试验击数 N 来表示土的状态。

3) 土所受的上覆压力

同一类状态相同的土,由于所受上覆压力不同,剪切波波速也会有相当的差别。由于土所受的上覆压力与土的埋深有关,在许多情况下,则以土的埋深代替土所受的上覆压力。但是,土所受的上覆压力不仅取决于土的埋深,还取决于地下水位的埋深。因此,以土埋深代替上覆压力,忽略了地下水位埋深的影响,而将上覆压力作为一个影响因素则可同时考虑土的埋深和地下水埋深的影响。还应指出,这里所谓的上覆压力是有效的上覆压力。

4）土的超固结比

同一类状态相同的土，当上覆压力相同但超固结比不同时，其剪切波波速也会有所差异。超固结比越大，侧向压力系数越大，则剪切波波速越大。但是，有关超固结比对土剪切波波速的影响资料很少，这里不对这个因素进行分析。

在现有的确定土剪切波波速的经验公式中，大多数是按土类给出剪切波波速与标准贯入试验击数的经验关系，或按土类给出剪切波波速与埋深的经验关系。显然，这两种形式的经验公式都没有全面地考虑剪切波波速的影响因素。在下面表述的分析中，将同时考虑标准贯入试验击数 N 与上覆压力 σ_v 对剪切波波速 V_s 的影响，并建立相应的经验公式。

文献[2]分析了渤海某区块的现场剪切波波速试验资料。在分析中，将土分成如下三种土类：黏性土、粉质土、砂土，并将剪切波波速 V_s 与标准贯入试验锤击数 N 和上覆压力 σ_v 的关系以下列经验公式表示。

$$V_s = AN^b \sigma_v^c \tag{21.7}$$

分析的目的是按土类确定出式(21.7)中 A、b、c 三个参数。

1）黏性土

黏性土剪切波波速共有 61 个样本。剪切波波速的数值变化范围为 113～467m/s；标准贯入试验击数的变化范围为 1～25 击；上覆压力的数值变化范围为 6.8～114t/m²。由回归分析给出的黏性土剪切波波速经验公式如下：

$$V_s = 80.54 N^{0.716} \sigma_v^{0.188} \tag{21.8}$$

该式的相关系数为 0.932，标准差为 32.4m/s。图 21.12 给出了按式(21.8)计算的剪切波波速与实测剪切波波速的比较。

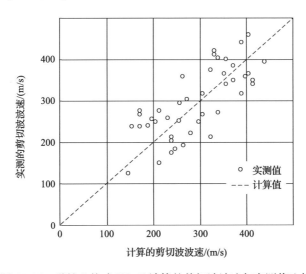

图 21.12 黏性土按式(21.8)计算的剪切波波速与实测值比较

2）粉质土

粉质土剪切波波速共有 18 个样本。剪切波波速的数值变化范围为 265～461m/s；标准贯入试验击数的变化范围为 19～44 击；上覆压力数值的变化范围为 8～118.6t/m²。由回归分析给出的粉质土剪切波波速经验公式如下：

$$V_s = 99.48N^{0.189}\sigma_v^{0.135} \tag{21.9}$$

该式的相关系数为 0.844，标准差为 33.1m/s。由式（21.9）计算的粉质土剪切波波速与实测值的比较如图 21.13 所示。

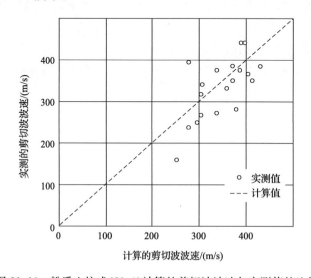

图 21.13　粉质土按式（21.9）计算的剪切波波速与实测值的比较

3）砂土（细沙、粉砂、微细砂）

砂土剪切波波速共有 68 个样本。剪切波波速数值范围为 100～496m/s；标准贯入试验击数的范围为 8～100 击；上覆压力数值范围为 4.1～111.1t/m²。由回归分析给出的砂土剪切波波速经验公式如下：

$$V_s = 82.55N^{0.224}\sigma_v^{0.122} \tag{21.10}$$

该式的相关系数为 0.761，标准差为 58.2m/s。由式（21.10）计算的剪切波波速与实测值的比较如图 21.14 所示。

上述结果表明，黏性土的相关系数最高，粉质土次之，砂土最小，都具有较好的相关程度。相应地，黏性土中误差大于 20% 的只占 3%，20%～10% 的占 24%，小于 10% 的占 73%；粉质土中误差大于 20% 的为零，20%～10% 的占 20%，小于 10% 的占 78%；砂土中误差大于 20% 的为 25%，20%～10% 的占 38%，小于 10% 的占 37%。

文献［3］按土类对陆上土的剪切波波速进行了回归分析，确定出了黏性土、粉质土和砂土的系数 A、b、c，如表 21.1 所示。从表 21.1 可得如下结论。

（1）无论陆上土还是海洋土，参数 A 的数值都是粉质土最大，砂土次之，黏性土最小，具有明显的规律性。

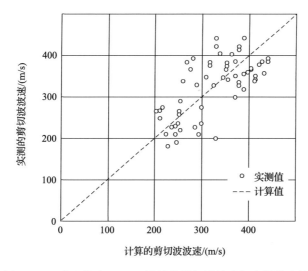

图 21.14　砂土按式(21.10)计算的剪切波波速与实测值比较

（2）参数 b、c 没有明显的规律性，但参数 b 的数值范围为 $0.08\sim0.26$，参数 c 的数值范围为 $0.12\sim0.29$。

表 21.1　海洋土和陆上土参数 A、b、c 的数值比较

参数	黏性土		粉质土		砂土	
	海洋土	陆上土	海洋土	陆上土	海洋土	陆上土
A	80.54	62.50	99.48	107.13	82.55	84.63
b	0.176	0.263	0.189	0.078	0.224	0.179
c	0.188	0.286	0.135	0.236	0.122	0.229

21.5　波浪压力对海底土层作用的半空间无限体解法

前面曾指出，波浪压力会使海底土层承受很大的循环应力。下面表述，按半空间无限体理论确定波浪压力在海底土层中引起的循环应力的方法。

1. 基本假定

（1）假定海底面为水平的，土体为均质弹性半空间无限体，波浪荷载作用在海底土层中所引起的振动波在土层中不发生反射、折射等现象。

（2）波浪是以速度 V_w 向前推进的无限等幅波列。

（3）假定波浪压力以式(21.3)表示。

（4）假定波浪压力对海底土体的作用可以简化成平面应变问题。

2. 求解方法

1）基本方程

前面曾给出了平面应变问题的波动方程。假定 u、w 分别代表水平方向和竖向的位移，将平面应变问题的波动方程重新写成如下形式：

$$\begin{cases} \rho \dfrac{\partial^2 u}{\partial t^2} = (\lambda + G) \dfrac{\partial e}{\partial x} + G \nabla^2 u \\[3mm] \rho \dfrac{\partial^2 w}{\partial t^2} = (\lambda + G) \dfrac{\partial e}{\partial z} + G \nabla^2 w \end{cases} \tag{21.11}$$

式中

$$\begin{cases} e = \dfrac{\partial u}{\partial x} + \dfrac{\partial w}{\partial z} \\[3mm] \nabla^2 = \dfrac{\partial^2}{\partial x^2} + \dfrac{\partial^2}{\partial z^2} \end{cases} \tag{21.12}$$

引进势函数 φ、ψ，并且

$$\begin{cases} u = \dfrac{\partial \varphi}{\partial x} + \dfrac{\partial \psi}{\partial z} \\[3mm] w = \dfrac{\partial \varphi}{\partial z} - \dfrac{\partial \psi}{\partial x} \end{cases} \tag{21.13}$$

按胡克定律

$$\begin{cases} \sigma_x = \lambda \left(\dfrac{\partial u}{\partial x} + \dfrac{\partial w}{\partial z} \right) + 2G \dfrac{\partial u}{\partial x} \\[3mm] \sigma_z = \lambda \left(\dfrac{\partial u}{\partial x} + \dfrac{\partial w}{\partial z} \right) + 2G \dfrac{\partial w}{\partial z} \\[3mm] \tau_{zx} = G \left(\dfrac{\partial v}{\partial x} + \dfrac{\partial u}{\partial x} \right) \end{cases} \tag{21.14}$$

将式(21.13)代入式(21.11)得

$$\begin{cases} \dfrac{\partial^2 \varphi}{\partial t^2} = V_{\mathrm{p}}^2 \nabla^2 \varphi \\[3mm] \dfrac{\partial^2 \psi}{\partial t^2} = V_{\mathrm{s}}^2 \nabla^2 \psi \end{cases} \tag{21.15}$$

式中，V_{p}、V_{s} 分别为土的纵波波速和剪切波波速。

令

$$\beta^2 = V_{\mathrm{p}}^2 / V_{\mathrm{s}}^2 \tag{21.16}$$

$$\tau = V_{\mathrm{p}} t \tag{21.17}$$

则(21.15)可改成如下形式：

$$\begin{cases} \dfrac{\partial^2 \varphi}{\partial \tau^2} = \nabla^2 \varphi \\[3mm] \beta^2 \dfrac{\partial^2 \psi}{\partial \tau^2} = \nabla^2 \psi \end{cases} \tag{21.18}$$

根据式(21.17)，τ 的量纲为长度。

2) 基本方程的求解

以下表述的求解方法参考了史奈登所著《傅里叶变换》[4]的第 9 章中所述的内容。前面曾指出，作用于海底面上的波浪压力是沿 x 方向以速度 V_w 推进的行进波，并以式(21.3)表示。下面引进变量 $\bar{u}$，令

$$\bar{u} = nx - pt \tag{21.19}$$

则式(21.3)可写成

$$P(\bar{u}) = P_0 \cos\bar{u}$$

由于

$$p = \frac{2\pi}{L_w} V_w$$

如果令

$$\beta_1 = \frac{V_w}{V_p} \tag{21.20}$$

则得

$$pt = n\beta_1 \tau$$
$$\bar{u} = n(x - \beta_1 \tau) \tag{21.21}$$

这样，φ 应为 $\bar{u}$、z 的函数，即

$$\varphi = \varphi(\bar{u}, z)$$

令

$$\varphi = F_1(z) F_2(\bar{u}) \tag{21.22}$$

由于

$$\frac{\partial^2 \varphi}{\partial t^2} = F_1(z) \frac{\partial^2 F_2}{\partial u^2}(n^2 \beta_1^2)$$

$$\frac{\partial^2 \varphi}{\partial x^2} = F_1(z) \frac{\partial^2 F_2}{\partial u^2}(n^2)$$

$$\frac{\partial^2 \varphi}{\partial z^2} = \frac{\partial^2 F_1(z)}{\partial z^2} F_2(\bar{u})$$

将上述三个表达式代入式(21.18)第一式，则得

$$\begin{cases} \ddot{F}_1(z) - A^2 F_1(z) = 0 \\ n^2(1-\beta_1^2)\ddot{F}_2(\bar{u}) + A^2 F_2(\bar{u}) = 0 \end{cases} \tag{21.23}$$

令

$$F_2(\bar{u}) = Be^{r\bar{u}}$$

代入式(21.23)第二式,得

$$n^2(1-\beta_1^2)r^2 + A^2 = 0$$

则得

$$\begin{cases} r = \pm\,\mathrm{i}\,\dfrac{A}{n\,(1-\beta_1^2)^{1/2}} \\ F_2(u) = C_1 e^{\mathrm{i}\frac{A}{n(1-\beta_1^2)^{1/2}}\bar{u}} + C_2 e^{-\mathrm{i}\frac{A}{n(1-\beta_1^2)^{1/2}}\bar{u}} \end{cases} \tag{21.24}$$

令

$$F_1(z) = B_1 e^{qz}$$

代入式(21.23)第一式,得

$$q^2 - A^2 = 0$$

则得

$$\begin{cases} q = \pm A \\ F_1(z) = B_1 e^{-Az} + B_2 e^{Az} \end{cases} \tag{21.25}$$

当 $z \to 0$ 时,解应是有界的,则

$$\begin{cases} B_2 = 0 \\ F_1(z) = B_1 e^{-Az} \end{cases} \tag{21.26}$$

将式(21.24)的第二式及式(21.26)的第二式代入式(21.22),得

$$\varphi = \left(C_1 e^{\mathrm{i}\frac{A}{n(1-\beta_1^2)^{1/2}}\bar{u}} + C_2 e^{-\mathrm{i}\frac{A}{n(1-\beta_1^2)^{1/2}}\bar{u}} \right) e^{-Az} \tag{21.27}$$

相似地,令

$$\psi = G_1(z)G_2(u) \tag{21.28}$$

代入式(21.18)第二式,并令

$$\beta_2 = \beta\beta_1 \tag{21.29}$$

则得

$$\begin{cases} \ddot{G}_1(z) - D^2 G_1(z) = 0 \\ n^2(1-\beta_2^2)\ddot{G}_2(\bar{u}) + D^2\ddot{G}_2(\bar{u}) = 0 \end{cases} \tag{21.30}$$

同理,得

$$
\begin{cases}
G_2(u) = E_1 \mathrm{e}^{\mathrm{i}\frac{D}{n(1-\beta_2^2)^{1/2}}\bar{u}} + E_2 \mathrm{e}^{-\mathrm{i}\frac{D}{n(1-\beta_2^2)^{1/2}}\bar{u}} \\
G_1(z) = H_1 \mathrm{e}^{-Dz}
\end{cases}
\tag{21.31}
$$

将式(21.31)代入式(21.28)得

$$
\psi = \left(E_1 \mathrm{e}^{\mathrm{i}\frac{D}{n(1-\beta_2^2)^{1/2}}\bar{u}} + E_2 \mathrm{e}^{-\mathrm{i}\frac{D}{n(1-\beta_2^2)^{1/2}}\bar{u}} \right) \mathrm{e}^{-Dz}
\tag{21.32}
$$

如果令

$$
\begin{cases}
\alpha_1 = \dfrac{A}{n\ (1-\beta_1^2)^{1/2}} \\
\alpha_2 = \dfrac{D}{n\ (1-\beta_2^2)^{1/2}}
\end{cases}
\tag{21.33}
$$

则得

$$
\begin{cases}
\varphi = (C_1 \mathrm{e}^{\mathrm{i}\alpha_1\bar{u}} + C_2 \mathrm{e}^{-\mathrm{i}\alpha_1\bar{u}}) \mathrm{e}^{-Az} \\
\psi = (E_1 \mathrm{e}^{\mathrm{i}\alpha_2\bar{u}} + E_2 \mathrm{e}^{-\mathrm{i}\alpha_2\bar{u}}) \mathrm{e}^{-Dz}
\end{cases}
\tag{21.34}
$$

将式(21.34)代入式(21.13)得

$$
\begin{cases}
u = \mathrm{i}\alpha_1 n (C_1 \mathrm{e}^{\mathrm{i}\alpha_1\bar{u}} - C_2 \mathrm{e}^{-\mathrm{i}\alpha_1\bar{u}}) \mathrm{e}^{-Az} - D(E_1 \mathrm{e}^{\mathrm{i}\alpha_2\bar{u}} + E_2 \mathrm{e}^{-\mathrm{i}\alpha_2\bar{u}}) \mathrm{e}^{-Dz} \\
w = -A(C_1 \mathrm{e}^{\mathrm{i}\alpha_1\bar{u}} + C_2 \mathrm{e}^{-\mathrm{i}\alpha_1\bar{u}}) \mathrm{e}^{-Az} - \mathrm{i}\alpha_2 n (E_1 \mathrm{e}^{\mathrm{i}\alpha_2\bar{u}} - E_2 \mathrm{e}^{-\mathrm{i}\alpha_2\bar{u}}) \mathrm{e}^{-Dz}
\end{cases}
\tag{21.35}
$$

从式(21.35)可见,在 u、w 中有六个待定的未知数,即 C_1、C_2、A 及 E_1、E_2、D。这六个参数可根据边界条件按下述方法确定。

(1) $z = 0$, $\tau_{xz} = 0$。

由该条件得

$$
\frac{\partial u}{\partial z} + \frac{\partial w}{\partial x} = 0
$$

由式(21.35)计算出 $\dfrac{\partial u}{\partial z}$、$\dfrac{\partial w}{\partial x}$,并代入上式得

$$
2A\mathrm{i}\alpha_1 n C_1 \mathrm{e}^{\mathrm{i}\alpha_1\bar{u}} = (D^2 + \alpha_2^2 n^2) E_1 \mathrm{e}^{\mathrm{i}\alpha_2\bar{u}}
$$

$$
-2A\mathrm{i}\alpha_1 n C_2 \mathrm{e}^{-\mathrm{i}\alpha_1\bar{u}} = (D^2 + \alpha_2^2 n^2) E_2 \mathrm{e}^{-\mathrm{i}\alpha_2\bar{u}}
$$

由此得

$$
\begin{cases}
\alpha_1 = \alpha_2 = \alpha \\
E_1 = \dfrac{2A\mathrm{i}\alpha n}{D^2 + \alpha^2 n^2} C_1 \\
E_2 = -\dfrac{2A\mathrm{i}\alpha n}{D^2 + \alpha^2 n^2} C_2
\end{cases}
\tag{21.36}
$$

式中,α 待定。

将式(21.36)代入式(21.35)得

$$u = \mathrm{i}\alpha n \left(\mathrm{e}^{-Az} - \frac{2AD}{D^2 + \alpha^2 n^2} \mathrm{e}^{-Dz} \right) (C_1 \mathrm{e}^{\mathrm{i}\alpha\bar{u}} - C_2 \mathrm{e}^{-\mathrm{i}\alpha\bar{u}}) \tag{21.37}$$

$$w = -A \left(\mathrm{e}^{-Az} - \frac{2\alpha^2 n^2}{D^2 + \alpha^2 n^2} \mathrm{e}^{-Dz} \right) (C_1 \mathrm{e}^{\mathrm{i}\alpha\bar{u}} + C_2 \mathrm{e}^{-\mathrm{i}\alpha\bar{u}}) \tag{21.38}$$

(2) $z = 0, \sigma_z$ 已知。

按式(21.3)及式(21.19)、式(21.21)得

$$\sigma_{z,z=0} = P_0 \cos\bar{u}$$

由于

$$\cos\bar{u} = \frac{1}{2}(\mathrm{e}^{\mathrm{i}\bar{u}} + \mathrm{e}^{-\mathrm{i}\bar{u}})$$

则

$$\sigma_{z,z=0} = \frac{1}{2} P_0 (\mathrm{e}^{\mathrm{i}\bar{u}} + \mathrm{e}^{-\mathrm{i}\bar{u}}) \tag{21.39}$$

由式(21.37)及式(21.38)计算出 $\dfrac{\partial u}{\partial x}$、$\dfrac{\partial u}{\partial z}$ 及 $\dfrac{\partial w}{\partial x}$、$\dfrac{\partial w}{\partial z}$，然后代入式(21.14)第二式得

$$\sigma_{z,z=0} = \left\{ \left[(\lambda + 2G)A^2 - \alpha^2 n^2 \lambda \right] - 2G \frac{2\alpha^2 n^2 AD}{D^2 + \alpha^2 n^2} \right\} (C_1 \mathrm{e}^{\mathrm{i}\alpha\bar{u}} + C_2 \mathrm{e}^{-\mathrm{i}\alpha\bar{u}})$$

将其与式(21.39)比较得

$$\alpha = 1 \tag{21.40}$$

$$C_1 = C_2 = C = \frac{P_0}{2} \frac{1}{\left[(\lambda + 2G)A^2 - \lambda n^2 \right] - 2G \dfrac{2n^2 AD}{D^2 + n^2}} \tag{21.41}$$

再将式(21.40)代入式(21.33)得

$$\begin{cases} A = n(1 - \beta_1^2)^{\frac{1}{2}} \\ D = n(1 - \beta_2^2)^{\frac{1}{2}} \end{cases} \tag{21.42}$$

进而得

$$\sigma_z = C \left\{ \left[(\lambda + 2G)A^2 - \lambda n^2 \right] \mathrm{e}^{-Az} - 2G \frac{2n^2 AD}{D^2 + n^2} \mathrm{e}^{-Dz} \right\} (\mathrm{e}^{\mathrm{i}\bar{u}} + \mathrm{e}^{-\mathrm{i}\bar{u}}) \tag{21.43a}$$

或

$$\sigma_z = 2C \left\{ \left[(\lambda + 2G)A^2 - \lambda n^2 \right] \mathrm{e}^{-Az} - 2G \frac{2n^2 AD}{D^2 + n^2} \mathrm{e}^{-Dz} \right\} \cos\bar{u} \tag{21.43b}$$

$$\sigma_x = C \left\{ \left[-(\lambda + 2G)n^2 + \lambda A^2 \right] \mathrm{e}^{-Az} + 2G \frac{2n^2 AD}{D^2 + n^2} \mathrm{e}^{-Dz} \right\} (\mathrm{e}^{\mathrm{i}\bar{u}} + \mathrm{e}^{-\mathrm{i}\bar{u}}) \tag{21.44a}$$

或

$$\sigma_x = 2C\left\{\left[-(\lambda+2G)n^2+\lambda A^2\right]\mathrm{e}^{-Az} + 2G\frac{2n^2AD}{D^2+n^2}\mathrm{e}^{-Dz}\right\}\cos\overline{u} \tag{21.44b}$$

$$\tau_{xz} = -C\left[2nAG(\mathrm{e}^{-Az}-\mathrm{e}^{-Dz})\right](\mathrm{e}^{i\overline{u}}-\mathrm{e}^{-i\overline{u}}) \tag{21.45a}$$

或

$$\tau_{xz} = -2C\left[2nAG(\mathrm{e}^{-Az}-\mathrm{e}^{-Dz})\right]\sin\overline{u} \tag{21.45b}$$

$$\sigma_z-\sigma_x = C\left\{2G\left[(A^2+n^2)\mathrm{e}^{-Az}-\frac{2n^2AD}{D^2+n^2}\mathrm{e}^{-Dz}\right]\right\}(\mathrm{e}^{i\overline{u}}+\mathrm{e}^{-i\overline{u}}) \tag{21.46a}$$

或

$$\sigma_z-\sigma_x = 2C\left\{2G\left[(A^2+n^2)\mathrm{e}^{-Az}-\frac{2n^2AD}{D^2+n^2}\mathrm{e}^{-Dz}\right]\right\}\cos\overline{u} \tag{21.46b}$$

这样，由式(21.45)和式(21.46)可求得在波浪作用下海底土体的剪应力分量 τ_{xz} 和差应力分量 $\sigma_x-\sigma_z$。

3）关于剪应力分量及差应力分量的最大值

（1）最大值的计算。

根据式(21.45)和式(21.46)可求得剪应力分量的最大值 $\tau_{xz,max}$ 及差应力分量最大值 $(\sigma_x-\sigma_z)_{max}$ 分别如下：

$$\tau_{xz,max} = 4CnAG(\mathrm{e}^{-Az}-\mathrm{e}^{-Dz}) \tag{21.47}$$

$$(\sigma_x-\sigma_z)_{max} = 4CG\left[(A^2+n^2)\mathrm{e}^{-Az}-\frac{2n^2AD}{D^2+n^2}\mathrm{e}^{-Dz}\right] \tag{21.48}$$

从式(21.47)和式(21.48)可见，剪应力分量的最大值 $\tau_{xz,max}$ 与差应力分量的最大值 $(\sigma_x-\sigma_z)_{max}$ 仅随深度而改变，而与 x 无关。

（2）一点的剪应力分量与差应力分量的组合关系。

由式(21.45)、式(21.46)及式(21.47)、式(21.48)可将剪应力分量和差应力分量分别写成如下形式：

$$\begin{cases} \tau_{xz} = \tau_{xz,max}\sin\overline{u} \\ \sigma_z-\sigma_x = (\sigma_x-\sigma_z)_{max}\cos\overline{u} \end{cases} \tag{21.49}$$

从式(21.49)可见，一点的剪应力分量的相位与差应力分量的相位之差为 $\dfrac{\pi}{2}$。式(21.49)是一个椭圆参数方程，将参变量 $\overline{u}$ 消除，则得一点在同一时刻的剪应力分量与差应力分量之间的关系如下：

$$\left(\frac{\tau_{xz}}{\tau_{xz,max}}\right)^2 + \left[\frac{\sigma_z-\sigma_x}{(\sigma_x-\sigma_z)_{max}}\right]^2 = 1 \tag{21.50}$$

如图 21.3(c)所示，$\tau_{xz,max}$ 和 $(\sigma_x-\sigma_z)_{max}$ 分别为椭圆的两个轴长。

（3）剪应力及差应力的计算。

由于剪应力及差应力的最大值只与 z 有关而与 x 无关，为简单起见，可假定 $x=0$，按式(21.47)及式(21.48)分别计算出 $x=0$ 线上各点的剪应力分量最大值及差应力分量最大值。然后,按一定的时间间隔假定一系列的 t 值,则可按式(21.49)计算出 $x=0$ 线上各点在不同时刻的剪应力分量数值及差应力分量数值。

由于 $x=0$ 线上各点的剪应力分量及差应力分量将以速度 V_w 沿 x 方向传播,则在 $x=0$ 线上各点 t 时刻的剪应力分量及差应力分量将在 $t+\Delta t$ 时刻到达 $x=d$ 线上相应的各点,其中 $\Delta t=d/V_w$。这表明, $x=d$ 线上各点的剪应力分量及差应力分量的最大值随时间的变化规律与 $x=0$ 线上各点的相同。

4) 影响波浪荷载对海底土层作用的因素

从式(21.43)~式(21.45)可以看出,参数 n、A、D、λ、G 直接影响波浪压力对海底土层的作用。根据这些参数的定义,可以指出影响波浪压力对海底土层作用的因素如下。

(1) 波浪荷载特性的影响。

波浪荷载特性可用四个参数表示:幅值 P_0;传播速度 V_w 或推进速度;周期 T 或圆频率 p;波长 L_w。

由于 $L_w=TV_w$,在传播速度 V_w、周期 T 和波长 L_w 这三个参数之中只有两个独立变量。

关于波浪荷载特性的影响可指出如下三点。

① 随幅值 P_0 的增长,波浪压力对海底土层的作用越大。

② 传播速度 V_w、周期 T 及波长 L_w 通过参数 n、A、D 影响海底土层中的剪应力分量最大值和差应力分量最大值。由于这三个参数是相互关联的,它们对剪应力幅值和差应力幅值的影响是较复杂。

③ 传播速度 V_w、周期 T 及波长 L_w 通过参数 A、D 还影响剪应力分量的最大值和差应力分量的最大值随深度 z 的变化。

(2) 海底土的力学特性影响。

海底土的力学特性参数包括六个参数:拉梅常数 λ;剪切模量 G;泊松比 μ;纵波波速 V_p;剪切波波速 V_s;土的质量密度 ρ。

但应指出,在前五个参数中只有两个是独立的,而土的质量密度是一个独立的参数。因此,在上述六个力学参数中只有三个是独立的。

关于土的力学特性参数的影响可指出如下四点。

① 土的力学参数 λ、G 直接影响剪应力分量的最大值及差应力分量的最大值。在此应指出,泊松比 μ 的影响已包括在参数 λ、G 的影响之中。

② 土的纵波波速 V_p 及剪切波波速 V_s 通过参数 A、D 影响剪应力分量的最大值及差应力分量的最大值。

③ 土的纵波波速 V_p 及剪切波波速 V_s 通过参数 A、D 还影响剪应力分量最大值及差应力分量最大值随土深度的变化。

④ 土的质量密度 ρ 通过纵波波速 V_p 和剪切波波速 V_s 影响剪应力最大值及差应力最大值随深度 z 的变化,但是,土的质量密度相对其他参数而言是一个变化范围较小的量。

5) 波浪压力在海底土层中引起土振动的传播机制

从上述推导可见,波浪压力在海底土层中引起的振动是由膨胀波及畸变波共同传播的。在计算位移 u、w 和 σ_x、σ_z 的公式中,凡与参数 A 和函数 e^{-Az} 有关的项表示膨胀波传播的影响,而凡与参数 D 和函数 e^{-Dz} 有关的项表示畸变波传播的影响。

21.6　波浪压力对海底土层作用的数值分析方法

前面表述了采用均质弹性半空间无限体理论分析波浪压力对海底土层的作用。但应指出,均质弹性半空间无限体理论的缺点如下。

(1) 实际的海底土体是由成层的土层组成的,均匀半空间无限体理论不能考虑海底土体的成层不均匀性。

(2) 土的动力性能具有明显的非线性,均质弹性半空间理论不能考虑海底土体的动力非线性性能。

(3) 均质弹性半空间理论只能分析波浪荷载对水平海底面以下土体的作用。

(4) 均质弹性半空间理论不能考虑有限土层厚度的影响。

除了采用均质弹性半空间理论,还可以采用数值方法分析波浪压力对海底土层的作用。数值分析方法可以考虑海底土体的成层不均匀质和土的动力非线性。另外,数值分析还可以分析波浪压力对海底斜坡的作用。

波浪荷载对海底土层作用的数值分析方法如下。

1. 基本假定

(1) 作用于海底面上的压力为以指定速度 V_w 向前推进的周期荷载,在水平方向无限延伸。

(2) 海底土体是由水平成层的土层组成的,在水平方向无限延伸。

(3) 土的动力学性能可以用等效线性化模型表示,或用滞回曲线类型的弹塑性模型表示。

2. 分析体系的简化

在上述假定下,可以将海底土层沿波浪的传播方向 x 按波长分成许多段。在波浪荷载作用下,下一个土段中的位移和应力应是前一个土段的位移和应力经过 $\Delta t = T$ 时段传播到该土段的结果。利用这样一个特点,可以只取一个波长的土段进行分析,在分析时在表面上施加以速度 V_w 在 x 方向推进的行波荷载 $P_0\cos(nx - pt)$,如图 21.15 所示。

在岩土工程中通常采用的数值分析方法为有限元法。假定所分析的土段是有限元集合体。由于土体是水平成层的,通常将分析土体划分成矩形单元。

3. 边界的处理

如图 21.15 所示,所分析的土体包括三个边界,即两侧面边界及底面边界。在分析时必须对这两种边界进行处理,其处理方法如下。

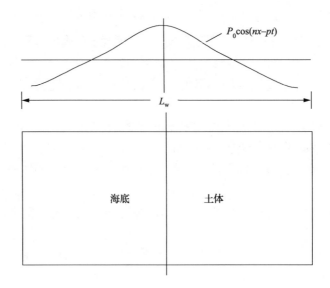

图 21.15　简化的分析体系

1) 两侧边界的处理

前面曾指出,问题的解答将在 x 方向按波长分段呈现出周期性。假如在分析时将 x 方向长度等于波长的土体等分成 k 列单元,则共有 $k+1$ 列结点。土体左侧边界上的结点为第一列,右侧边界上的结点为第 $k+1$ 列。设第一列结点的 x 坐标为 x_1,第 $k+1$ 列结点的 x 坐标为 x_{k+1},则有

$$x_{k+1} = x_1 + L_w$$

因此,左侧边界上的结点的位移 u_1、v_1 应等于右侧边界上的结点位移 u_{k+1}、v_{k+1},即

$$\begin{cases} u_1 = u_{k+1} \\ v_1 = v_{k+1} \end{cases} \tag{21.51}$$

另外,如在右侧边界之外增设一列土单元,即 $k+1$ 列土单元,相应地,应在右侧边界之外设置一列结点,即 $k+2$ 列结点。设第二列结点的 x 坐标为 x_2,第 $k+2$ 列土结点的 x 坐标为 x_{k+2},则

$$x_{k+2} = x_2 + L_w$$

因此,第 $k+2$ 列结点的位移 u_{k+2}、v_{k+2} 应等于左侧第二列结点的位移 u_2、v_2,即

$$\begin{cases} u_{k+2} = u_2 \\ v_{k+2} = v_2 \end{cases} \tag{21.52}$$

这样,分析体系共包括 $k+1$ 列土单元和 $k+2$ 列土结点,如图 21.16 所示,并且应满足式(21.51)和式(21.52)所示的条件。考虑到式(21.51)和式(21.52)所示的条件,分析体系共有 k 列结点的位移是待求解的向量,并可将其取为第 $2\sim k+1$ 列结点的位移。具体的处理技巧将在下面进一步表述。

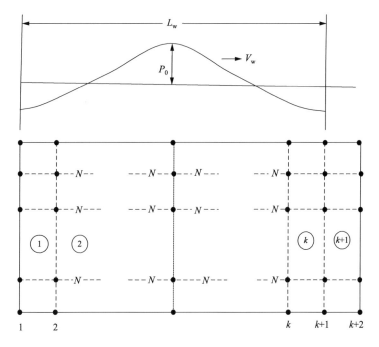

图 21.16　两侧边界的处理

2) 底面边界的处理

底面边界根据土层之下基岩的埋深可分为如下两种情况。

（1）土层之下基岩埋深较浅情况。

在这种情况下,可将分析土体底面取至基岩的顶面,并假定基岩是刚体。这样,在分析土体底面上的任一个结点 m 的位移可取为零,即 $u_m = 0, v_m = 0$,如图 21.17(a)所示。

（2）土层之下基岩埋深较深情况。

在许多情况下,在海底土层很厚,可达上百米,甚至基岩埋深不清楚。在这种情况下,分析土体的底面不宜或无法取至基岩顶面,而通常将土体底面取至 2～3 个波长的深度。但是,由于其下仍为变形的土体,不能如前一种情况那样将底面上结点的位移取为零,而是待求的未知量。为了考虑底面之下土体向下辐射能量的影响,通常在土体底面上采用

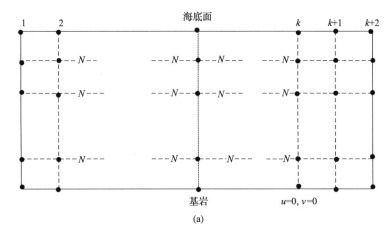

(a)

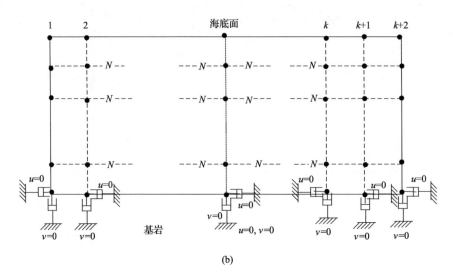

图 21.17　分析土层底面边界的处理

黏性边界,即土体底面与基岩之间设置黏滞阻尼器,并假定基岩顶面上结点的位移为零,如图 21.17(b)所示。从图 21.17(b)可见,土体底面上的每一个结点都与一个竖向阻尼器和水平阻尼器相连,分别吸收结点竖向运动和水平运动的能量。黏滞阻尼器的黏性系数可按前述黏性边界的方法来确定,在此不需赘述。

4. 求解方程的建立及求解

下面来建立数值求解方程。如图 21.17 所示,将结点按列的次序排列,设每列有 p 个结点,共 $k+2$ 列,则得结点位移向量 $\{r\}$ 如下:

$$\{r\} = \{r_{1,1} \quad r_{2,1} \quad \cdots \quad r_{i,1} \quad \cdots \quad r_{p,1} \quad \cdots \quad r_{1,k+2} \quad r_{2,k+2} \quad \cdots \quad r_{i,k+2} \quad \cdots \quad r_{p,k+2}\}^{\mathrm{T}}$$

$$(21.53)$$

其中

$$\{r_{i,j}\} = \begin{Bmatrix} u_{i,j} \\ v_{i,j} \end{Bmatrix} \tag{21.54}$$

式中,下标 j 表示列号;i 表示在每列中的点号。

令

$$\{r_1\} = \{r_{1,1} \quad r_{2,1} \quad \cdots \quad r_{i,1} \quad \cdots \quad r_{p,1}\}^{\mathrm{T}} \tag{21.55}$$

$$\{r'\} = \{r_{1,2} \quad r_{2,2} \quad \cdots \quad r_{i,2} \quad \cdots \quad r_{p,2} \quad \cdots \quad r_{1,k+1} \quad r_{2,k+1} \quad \cdots \quad r_{i,k+1} \quad \cdots \quad r_{p,k+1}\}^{\mathrm{T}}$$

$$(21.56)$$

$$\{r_{k+2}\} = \{r_{1,k+2} \quad r_{2,k+2} \quad \cdots \quad r_{i,k+2} \quad \cdots \quad r_{p,k+2}\}^{\mathrm{T}} \tag{21.57}$$

如前所述,$\{r'\}$ 是所要求解的未知量。如果按有限元法建立了体系的总刚度矩阵 $[K]$,则可写成分块形式,则得

$$[K]\{r\} = \begin{bmatrix} K_{11} & K_{12} & K_{13} \\ K_{21} & K_{22} & K_{23} \\ K_{31} & K_{32} & K_{33} \end{bmatrix} \begin{Bmatrix} r_1 \\ r' \\ r_{k+2} \end{Bmatrix} \tag{21.58}$$

令

$$[K] = \begin{bmatrix} K_1 \\ K_2 \\ K_3 \end{bmatrix} \tag{21.59}$$

则

$$[K]\{r\} = \begin{bmatrix} K_1 \\ K_2 \\ K_3 \end{bmatrix} \{r\}$$

令

$$[K_2] = \begin{bmatrix} K_{21} & K_{22} & K_{23} \end{bmatrix} \tag{21.60}$$

则得

$$[K_2]\{r\} = [K_{21}]\{r_1\} + [K_{22}]\{r'\} + [K_{23}]\{r_{k+2}\} \tag{21.61}$$

由式(21.55)及式(21.57)得

$$\begin{cases} \{r_1\} = \{r_{1,k+1} \quad r_{2,k+1} \quad \cdots \quad r_{i,k+1} \quad \cdots \quad r_{p,k+1}\}^{\mathrm{T}} \\ \{r_{k+2}\} = \{r_{1,2} \quad r_{2,2} \quad \cdots \quad r_{i,2} \quad \cdots \quad r_{p,2}\}^{\mathrm{T}} \end{cases} \tag{21.62}$$

将其代入(21.61)则得

$$[K_2]\{r\} = [K_{21}]\{r_{k+1}\} + [K_{22}]\{r'\} + [K_{23}]\{r_2\} \tag{21.63}$$

如果将式(21.63)右端的 $[K_{22}]$ 写成如下分块形式:

$$[K_{22}] = \begin{bmatrix} K_{22}^{(1)} & K_{22}^{(2)} & K_{23}^{(3)} \end{bmatrix} \tag{21.64}$$

则得

$$[K_{22}]\{r'\} = [K_{22}^{(1)}]\{r_2\} + [K_{22}^{(2)}]\{r_{3-k}\} + [K_{22}^{(3)}]\{r_{k+1}\} \tag{21.65}$$

式中，$\{r_{3-k}\}$ 表示第 $3 \sim k$ 列结点的位移向量。这样式(21.61)可写成如下形式:

$$[K_2]\{r\} = [K_{23}]\{r_2\} + [K_{22}^{(1)}]\{r_2\} + [K_{22}^{(2)}]\{r_{3-k}\} + [K_{22}^{(3)}]\{r_{k+1}\} + [K_{21}]\{r_{k+1}\}$$

令

$$\begin{cases} [\bar{K}_{23}] = [K_{23}] + [K_{22}^{(1)}] \\ [\bar{K}_{21}] = [K_{22}^{(3)}] + [K_{21}] \end{cases} \tag{21.66}$$

则

$$[K_2]\{r\} = [\bar{K}_{23}]\{r_2\} + [K_{22}^{(2)}]\{r_{3-k}\} + [\bar{K}_{21}]\{r_{k+1}\} \tag{21.67}$$

如果令

$$[\bar{K}_2] = \begin{bmatrix} \bar{K}_{23} & K_{22}^{(2)} & \bar{K}_{21} \end{bmatrix} \tag{21.68}$$

则得

$$[K_2]\{r\} = [\bar{K}_2]\{r'\} \tag{21.69}$$

同理,可得

$$[C_2]\{\dot{r}\} = [\bar{C}_2]\{\dot{r}'\} \tag{21.70}$$

$$[M_2]\{\ddot{r}\} = [\bar{M}_2]\{\ddot{r}'\} \tag{21.71}$$

这样,体系的求解方程如下:

$$[\bar{M}_2]\{\ddot{r}'\} + [\bar{C}_2]\{\dot{r}'\} + [\bar{K}_2]\{r'\} = \{R(t)\} \tag{21.72}$$

式中,$\{R(t)\}$ 为荷载向量。在该向量中只有与土层表面上的结点相应的元素不为零。t 时刻作用于土层表面上结点的荷载可根据该时刻作用于土层表面上的波浪压力按一般有限元法确定。在此无需赘述。

体系的求解方程式(21.72)通常可采用逐步积分法求解。逐步积分法求解式(21.72)的方法已在前面表述过了,无需赘述。

5. 海底土体动力性能非线性的考虑

采用适当的土的非线性动力模型就可在分析中考虑土动力非线性性能。通常,可采用等效线性化模型或滞回曲线类型的弹塑性模型。如前所述,当采用等效线性化模型时,应采用迭代法按全量求解方程(21.72);当采用滞回曲线类型的弹塑性模型时,应采用增量法按增量求解方程式(21.72)。具体的求解方法已在前面表述过了,不需赘述。

21.7　海底砂土层液化判别方法

1. 波浪荷载与地震荷载对海底砂土层作用的异同

前面曾对地震荷载作用下饱和砂土的液化判别做了详细的表述。在研究波浪荷载作用下水平海底面之下的饱和砂土液化问题时,自然会想到引用地震荷载作用下饱和砂土液化的研究成果。但是,在这样做之前,必须明确波浪荷载与地震荷载对砂土层作用的异同。只有弄清楚了这一点,才能在波浪荷载作用下的液化判别中恰当地引用地震荷载作用下液化判别的研究成果,并做出必要的补充或修改。

根据前述,波浪荷载与地震荷载对砂土层作用的异同可概括为如下几点。

(1) 这两种荷载作用的相同之处在于在海底土体中都引起动水平剪应力,并可简化成等幅的循环剪应力。这一点正是将地震砂土液化的研究成果引进到波浪荷载作用下液化研究中的依据。

（2）这两种荷载作用的不同之处如下三点。

① 通常认为地震作用以水平剪切为主，在液化判别中通常只考虑动水平剪应力的作用，而忽略动差应力的作用。但是，如前所述，波浪荷载作用在海底土体中不仅引起动水平剪应力，还会引起不可忽略的动差应力，而且这两个动偏应力分量的相位差等于 $\frac{\pi}{2}$，构成如图 21.3 所示的旋转式的加荷方式。显然，这是这两种荷载作用的最主要的不同。因此，在波浪荷载作用下的液化研究中必须同时考虑动偏应力的这两个分量的作用。

② 两种荷载的作用次数相差很多。地震的作用次数与震级有关，但作用次数通常为 $10\sim30$ 次，而波浪的作用次数与风暴的等级有关，但作用次数在 1000 次以上。从前述的试验结果可知，作用次数越大，砂土的抗液化能力越低，即引起液化所要求的动应力幅值越小。

③ 两种荷载的作用周期或频率相差也很大。地震作用的频率为 $0.1\sim10\mathrm{Hz}$，通常可简化为周期为 $1\mathrm{s}$ 的等幅循环荷载。波浪作用的频率为 $0.2\sim0.05\mathrm{Hz}$，通常可简化成周期为 $10\mathrm{s}$ 的等幅循环荷载。因此，在模拟波浪荷载作用下的液化试验研究中所施加的动应力周期应比模拟地震荷载作用的更长。

2. 波浪荷载作用下砂土液化判别方法

回顾一下，地震作用下砂土液化判别有如下两种基本途径。

（1）基于现场液化调查资料的液化判别方法。

（2）基于土体动力反应分析与室内液化试验相结合的判别方法。

第一种液化判别方法必须建立在大量的现场液化调查资料的基础上。但是，可利用的在波浪荷载下海底土的现场液化调查资料很少，难以建立相应的经验的液化判别方法。在这种情况下，波浪荷载作用下的砂土判别只好采用上述第二种方法。如果采用上述第二种判别方法应包括如下三项工作。

（1）在波浪荷载作用下土体的动力分析的目的是确定波浪荷载作用在土体中引起的动水平剪应力 $\tau_{xz,\mathrm{d}}$ 和动差应力 $(\sigma_z-\sigma_x)_\mathrm{d}$。前面已经表述过在波浪荷载作用下土体的动力分析方法，在此不再赘述。在下面的表述中，假定波浪荷载作用在土体中引起的动水平剪应力 τ_{xz} 和动差应力 $\sigma_z-\sigma_x$ 是已知的。

（2）模拟波浪荷载作用室内液化试验。试验的目的是确定在波浪荷载作用下砂土的抗液化强度，即引起砂土液化所需要施加的动应力的大小。在模拟波浪荷载作用的液化试验中，所施加的动力作用的周期和次数应与波浪荷载的相对应。此外，应采用原状结构的砂土试样进行试验。因此，必须在勘探中采取原状结构的试样。在波浪荷载作用下砂土液化试验通常可在动三轴仪上进行。如前所述，假定在波浪荷载作用期间海底土样处于不排水状态，则液化试验应在不排水条件下施加轴向动荷载。按第 7 章所述的方法，液化试验的最终结果可表示为在指定作用次数下液化时破坏面上的动剪应力 $\tau_{\mathrm{d,f}}$ 与该面上静正应力 σ_s 之间的关系，如图 21.18 所示。在下面的表述中，假定图 21.18 所示的液化试验结果已由试验获得。

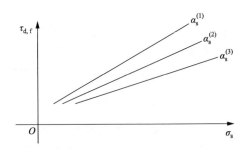

图 21.18　破坏面上动剪应力 $\tau_{d,f}$ 与其上静正应力 σ_s 的关系线

如果忽略荷载周期的影响,波浪荷载作用下饱和砂土的抗液化强度可以根据大量的地震荷载作用下饱和砂土的抗液化强度资料来近似地确定。在指定初始剪应力比下,引起液化所需要的动剪应力比 α_d 与作用次数 N 的关系可以表示成如下形式:

$$\alpha_d = aN^b \tag{21.73}$$

式中,a、b 为两个待定的参数,可由模拟地震荷载作用下饱和砂土抗液化资料来确定。确定出参数 a、b 后,将波浪荷载相应的作用次数代入式(21.73),则可确定出在波浪荷载作用下与指定初始剪应力比相应的液化动剪应力比。

(3) 将波浪荷载作用下的动力分析结果与模拟波浪荷载作用的液化试验结果结合,建立液化判别式。原则上,在波浪荷载作用下液化判别式与地震作用的相同,即

$$\tau_d \geqslant \tau_{d,f} \tag{21.74}$$

式中,τ_d 为土在波浪荷载作用下破坏面上的动剪应力;$\tau_{d,f}$ 为液化时破坏面上的动剪应力,如图 21.18 所示。这样,如果按式(21.74)判别液化,必须根据在波浪荷载作用下土所受的静应力及动应力确定出可能的破坏面及其上的静应力比 σ_s 及动应力 τ_d。然后,再根据所确定出的破坏面上的静剪应力比 α_s 及静正压应力 σ_s 由图 21.18 确定出 $\tau_{d,f}$。

下面,表述海底土层在静应力及动应力作用下破坏面及其应力分量的确定方法。海底面以下土层中土所受的静应力可按 K_0 条件确定:

$$\begin{cases} \sigma_1 = \sigma_z = \sum_i \gamma_i h_i \\ \sigma_3 = \sigma_x = K_0 \sigma_z \\ \tau_{xz} = 0 \end{cases} \tag{21.75}$$

式中,K_0 为静止土压力系数;γ_i 为土的重力密度,通常取浮重力密度。由式(21.75)可见,水平面及侧面分别为静力最大和最小主应力面。

另外,假定由波浪荷载作用下土体动力分析已确定出海底面之下土层中的动差应力 $(\sigma_z - \sigma_x)_d$ 及动剪应力 $\tau_{xz,d}$,并表示成式(21.49)。在液化分析中,可只分析 $x=0$ 线以上的各点,则式(21.49)可改写成如下形式:

$$\begin{cases} (\sigma_z - \sigma_x)_d = (\sigma_z - \sigma_x)_{max} \cos(pt) \\ \tau_{xz,d} = -\tau_{xz,max} \sin(pt) \end{cases} \tag{21.76}$$

　　按前述,可将最大动剪切作用面作为破坏面。在波浪荷载作用下土的最大动剪切作用面的确定方法原则上与前述地震作用的相同。但是,在确定波浪荷载作用下最大动剪切作用面时要同时考虑动差应力 $(\sigma_z - \sigma_x)_d$ 及动剪应力 $\tau_{xz,d}$ 的共同作用,因此在具体方法上较繁复。下面来表述确定在波浪荷载作用下最大动剪切作用面及其上应力分量的步骤。

　　① 将时间 t 从零至 $T/4$ 按时间间隔 $\Delta t = 0.1T/4$ 设定一系列值。

　　② 对每一个设定的时间按式(21.76)计算出相应的差应力 $(\sigma_z - \sigma_x)_d$ 和剪应力 $\tau_{xz,d}$。

　　③ 根据土单元的静应力 $\sigma_z = \sigma_1$、$\sigma_x = \sigma_3 = K_0\sigma_z$、$\tau_{xz} = 0$ 绘出相应的静力莫尔圆 O_s,如图 21.19 所示。图 21.19 中的 A_1 点代表水平面,即静应力的最大主应力面。

　　④ 将按式(21.76)计算出的差应力 $(\sigma_z - \sigma_x)_d$ 的一半及剪应力 $\tau_{xz,d}$ 附加于 A_1 点之上,并绘制附加动差应力及动剪应力之后的摩尔圆 $O_{s,d}$,如图 21.19 所示。图 21.19 中的 A_2 点代表水平面在莫尔圆 $O_{s,d}$ 的位置。

　　⑤ 设一个面与水平面成 β 角,则 B_1 点和 B_2 点分别代表与水平面成 β 角的面在静力莫尔圆 O_s 和莫尔圆 $O_{s,d}$ 上的位置。

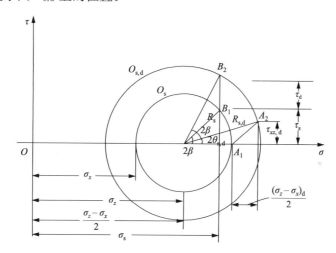

图 21.19　海底土层中土的静应力莫尔圆及附加动偏应力作用后的合成莫尔圆

　　⑥ 根据图 21.19,作用在与水平面成 β 角的面上的静正应力 σ_s 和静剪应力 τ_s 可按式(21.77)计算:

$$\begin{cases} \sigma_s = \dfrac{1}{2}(1 + K_0)\sigma_z + R_s\cos2\beta \\ \tau_s = R_s\sin2\beta \end{cases} \tag{21.77}$$

式中,R_s 为静力莫尔圆的半径,按式(21.78)确定:

$$R_s = \frac{1}{2}(1 - K_0)\sigma_z \tag{21.78}$$

　　作用于该面上的静动合成剪应力 $\tau_{s,d}$ 可按式(21.79)确定:

$$\tau_{s,d} = R_{s,d}\sin2(\theta_{s,d} + \beta) \tag{21.79}$$

式中，$R_{s,d}$ 为静动合成应力圆的半径，按式(21.80)确定：

$$R_{s,d} = \left\{\left[\frac{(1-K_0)\sigma_z + (\sigma_z - \sigma_x)_d}{2}\right]^2 + \tau_{xz,d}^2\right\}^{1/2} \tag{21.80}$$

$$2\theta_{s,d} = \arctan\left[\frac{2\tau_{xz,d}}{(1-K_0)\sigma_z + (\sigma_z - \sigma_x)_d}\right] \tag{21.81}$$

由式(21.77)和式(21.79)得该面上的动剪应力 τ_d 如下：

$$\tau_d = R_{s,d}\sin2(\theta_{s,d} + \beta) - R_s\sin2\beta \tag{21.82}$$

由此，得该面上的动剪应力比 α_d 如下：

$$\alpha_d = \frac{R_{s,d}\sin2(\theta_{s,d} + \beta) - R_s\sin2\beta}{\frac{1}{2}(1+K_0)\sigma_z + R_s\cos2\beta} \tag{21.83}$$

⑦ 从式(21.83)可见，对指定时刻 t，该面上的动剪应力比 α_d 是该面与水平面夹角 β 的函数。为了寻求在指定 t 时刻的最大剪切作用面及相应的 β 角，应假定一系列 β 的值，按式(21.83)计算出每个 β 相应的动剪应力比，则可得到最大的动剪应力比 α_d，以及相应的 β 角、静正应力 σ_s 和静剪应力 τ_s。

⑧ 按上述相同的方法，重复步骤②～⑦，对前面设定的每一个时刻均确定出最大动剪切作用面，以及相应的动剪应力 τ_d、静剪应力比 α_s、静正应力 σ_s。

最后，来表述海底土层一点的液化判别。

第一，确定出每一个指定时刻的破坏面，即最大剪切作用面及其应力分量之后，则可根据该面上的静剪应力比 α_s 及静正应力 σ_s 由图 21.18 确定出引起液化在破坏面上必须施加的动剪应力 $\tau_{d,f}$。

第二，根据式(21.73)确定在所指定的每一个时刻是否达到了液化条件。

第三，如果在所指定的时刻中，只要有一个时刻达到了液化条件，则该点发生液化；否则，没发生液化。

由上述可见，在波浪荷载作用下由于要同时考虑动差应力 $(\sigma_z - \sigma_x)_d$ 和动剪应力 $\tau_{xz,d}$ 的作用，其液化判别方法要比地震荷载下通常只考虑动剪应力 $\tau_{xz,d}$ 作用的方法繁复了许多。但是，由于可采用计算机计算，完成液化判别并不困难。

思　考　题

1. 描写波浪的要素有哪些？请写出确定波浪压力的公式。

2. 波浪压力对海底土层有哪些作用？波浪压力在海底土层中引起的附加动应力有哪些特点？

3. 波浪荷载作用下土动力试验应做哪些特殊的考虑？作用次数及频率对试验结果有何影响？试述临界应力的概念及确定方法。

4. 试述确定海洋土剪切波波速的试验公式应考虑哪些因素,并给出相应的经验公式。

5. 试述当按半空间无限体确定波浪压力对海底土层的作用时的求解方法。如何推出最大动压应力及动剪应力公式?

6. 试述确定波浪压力对海底土层作用的数值分析方法。如何选取计算区域? 在计算区域的底面和两侧面应做如何处理? 为什么要做这样的处理?

7. 海底土层在波浪荷载作用下的液化判别与地震作用下的判别有哪些异同? 如何考虑两种情况下的不同? 试述在波浪荷载作用下海底土层的液化判别方法。

参 考 文 献

［1］Motherwell J T,Wright S G.海洋波浪荷载对软粘土性能的影响.谢君斐,等,译.北京:地震出版社,1985.

［2］国家地震局工程力学研究所,中国海洋石油总公司渤海石油公司.渤海湾石油开发区地基液化评价,1996.

［3］王治琨,王绍博.剪切波速与标准贯入击数的经验关系及其在地震工程中的应用//第四届全国地震工程会议论文集.哈尔滨,1994.

［4］史奈登 L N.傅里叶变换.何衍璿,张燮,译.北京:科学出版社,1958.

第 22 章　爆炸等冲击荷载对土体的作用

22.1　概　述

1. 冲击荷载的类型及特点

爆炸等冲击荷载是动荷载的一种重要类型。在第 2 章曾表述过这类动荷载的特点。根据前述,这类动荷载的特点可概述如下。

(1) 整个荷载的作用时间很短,通常只有几至几十毫秒。

(2) 只有一次冲击作用。

(3) 整个荷载的时程由升压和降压两个时段组成,并且在升压时段荷载的增加速率非常高,升压时段要比降压时段短很多。

前面曾指出了动荷载的两种效应,即速率效应和疲劳效应。但是,对于爆炸荷载,只有速率效应。爆炸等冲击荷载的特性可用三个指标表示:升压时段的长度、最大压强、降压时段的长度。这三个特性指标取决于冲击荷载的发生机制,如爆炸、锤击等。通常,由爆炸引起的冲击荷载的升降速率较高,作用的时段则很短,降压时段的长度为降压时段的 2~5 倍。

在研究爆炸等冲击动荷载对土体的作用时,首先必须确定这三个特性指标。通常,这三个特性指标由实际观测资料确定。由实际观测可以获得爆炸等冲击荷载的时程曲线,采用曲线拟合的方法可以进一步给出爆炸等冲击荷载时程曲线的数学表达式。显然,最简化的时程曲线是如图 22.1 所示的两段直线。

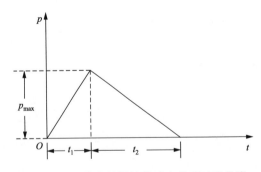

图 22.1　最简化的爆炸等冲击荷载时程曲线

升压时段:

$$\begin{cases} p = at, & t \leqslant t_1 \\ a = \dfrac{p_{\max}}{t_1} \end{cases}$$

(22.1)

降压时段：

$$p = \rho_{max} - b(t - t_1), \quad t > t_1$$

$$b = \frac{p_{max}}{t_2} \tag{22.2}$$

按爆炸荷载对土体的作用部位,可分成如下两种情况。

1) 作用于土体表面的冲击荷载

在这种情况下,冲击作用从土体表面向其下的土体传播,并可进一步分成如下两种情况。

(1) 均匀作用于无限表面上的冲击荷载。空中核爆炸发生的冲击波对地面的作用通常可简化成这种情况。最典型的情况为地面是无限水平面,如图 22.2 所示。

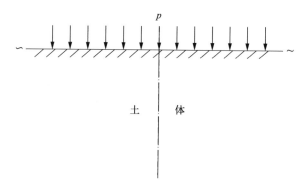

图 22.2　均匀作用于无限水平地面上的爆炸荷载

(2) 在无限表面上局部作用的冲击荷载,如图 22.3 所示。重锤夯实或强夯对地面的作用可简化成这种情况。

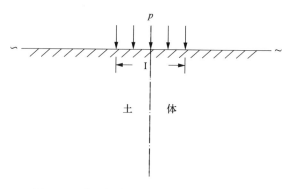

图 22.3　在无限表面上局部作用的冲击荷载

2) 作用于土体内部的冲击荷载

冲击荷载作用于土体内部的一个封闭的表面上,如图 22.4 所示。地下爆炸则属于这种情况。在这种情况下,冲击作用从爆炸源向周围土体和地表面传播,并在表面发生反射。

这两种情况均涉及冲击作用在土体中的传播,而冲击作用在土体中的传播机制是其中的一个重要问题。

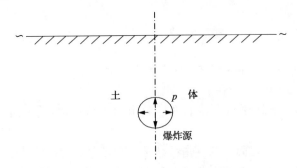

图 22.4　作用于土体内部的冲击荷载

2. 在冲击荷载作用下土的变形状态及模拟试验

冲击作用在土体中引起的变形和应力以波的形式传播,其传播方式与在冲击荷载作用下土的变形状态有关。在冲击荷载作用下土的变形状态与冲击荷载类型有关,可分成如下两种状态。

1) 不能发生侧向变形的状态

在冲击荷载作用下土不能发生侧向变形,只能发生竖向压缩变形,如图 22.2 所示,作用于无限水平表面上的均匀爆炸荷载所引起的土体变形就属于这种变形状态。如果将土体视为弹性体,那么竖向压缩变形在土体中沿 Z 轴方向传播,并取决于土的动压缩模量 $E_{c,d}$,它与土的动弹性模量 E_d 的关系如下:

$$E_{c,d} = \frac{1-\mu_d}{1-\mu_d-2\mu_d^2}E_d \tag{22.3}$$

式中,μ_d 为土的动泊松比。

2) 发生侧向变形的状态

在冲击荷载作用下能发生侧向变形,如图 22.3 和图 22.4 所示的情况则属于这种变形状态。在这种变形状态下,土体不仅能发生竖向变形,还会发生侧向变形,即不仅会发生压缩变形,还会发生偏斜变形。如果将土体视为弹性体,则这种变形在土体中的传播取决于的土动模量 E_d 和动泊松比 μ_d。

在冲击荷载作用下土的动力性能应由动力试验来测定。但是,试验的设备应根据上述土所处变形状态而不同。

如果在冲击荷载作用下土处于不能发生侧向变形的状态,则土的动力性能应采用冲击荷载单轴压缩仪来测试。与静力单轴压缩仪相比,冲击荷载单轴压缩仪多了一个施加轴向冲击荷载的装置。在冲击荷载单轴试验中,土样放置在刚性试样盒中,在轴向静荷载和冲击荷载作用下只能发生轴向压缩变形,而不能发生侧向变形。当将土试样安装于试样盒中之后,冲击荷载动单轴压缩试验的加载步骤如图 22.5 所示。

(1) 分级施加指定的静轴向荷载,并测量在每级荷载下稳定的轴向压缩变形。这一步与静单轴压缩试验相同。

（2）当最后一级静轴向荷载施加到指定数值并且变形稳定后，分级施加指定的轴向冲击荷载，测量在冲击荷载作用过程中试样发生动轴向变形。

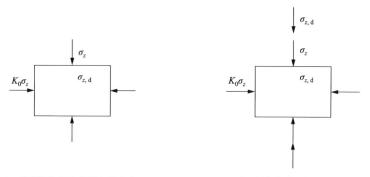

(a) 分级施加指定的轴向静应力σ_z (b) 分级施加指定的轴向冲击应力$\sigma_{z,d}$

图 22.5　冲击荷载单轴压缩试验的加荷步骤

如果在冲击荷载作用下土处于可以发生侧向变形状态，则土的动力性能应采用冲击荷载三轴仪进行测试。冲击荷载三轴仪与通常动三轴仪不同之处在于其动荷装置所发生的动荷载是冲击荷载，而是不通常的循环荷载。当将土试样安装于三轴室内之后，冲击荷载三轴试验的加载步骤如图 22.6 所示。

（1）在排水条件下施加指定的各向均等的固结压力 σ_3，并测量在 σ_3 作用下发生的轴向变形和体积变形。

（2）当在各向均等固结压力 σ_3 作用下土试样变形稳定后，在排水条件下分级施加轴向静应力至指定值，并测量在各级轴向静应力作用下发生的轴向变形和体积变形。

（3）当施加最后一级轴向静应力并且变形稳定后，在不排水条件下施加指定的轴向冲击荷载，并测量在轴向动荷载作用过程中土样的动轴向变形。如果试验的土试样是饱和的，还应测量在轴向冲击作用下土试样发生的孔隙水压力。

从上述可见，在冲击荷载三轴试验中，冲击荷载是在不排水条件下施加的。这是由于冲击荷载作用的时间很短，来不及排水。显然，在不排水条件下冲击荷载作用引起的饱和土的体积变形是土中孔隙水和土颗粒的体积压缩之和。由于这部分体积压缩很小，在土体变形计算时往往忽略不计。但是，这部分体积变形在压缩波的传播中具有重要的作用，是不可忽略的。

3. 冲击荷载对土体及土体中结构的作用

无论冲击荷载是作用在土体表面上还是内部的一个封闭的面积上，土体一方面要将冲击作用传播出去，假如土体中有结构存在，则将冲击作用传播到结构，在结构中所引起附加的内力和变形；另一方面土体还要承受由于冲击作用在自身中引起的附加动应力和变形。显然，指定的冲击荷载作用在土体中结构引起的附加动应力和变形以及土体自身承受的附加动应力和变形都与冲击作用在土体中传播有关，并受土的动力性能等因素的影响。

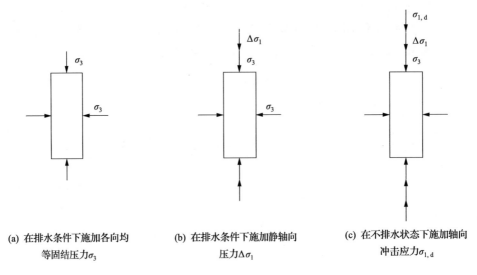

(a) 在排水条件下施加各向均　　　(b) 在排水条件下施加静轴向　　　(c) 在不排水状态下施加轴向
　　 等固结压力σ_3　　　　　　　　　压力$\Delta\sigma_1$　　　　　　　　　　冲击应力$\sigma_{1,d}$

图 22.6　冲击荷载三轴试验的加荷步骤

这样,从工程观点,对于受冲击作用的土体应提出如下问题。

(1) 在冲击作用下土体发生的附加变形是否是允许的?

(2) 在冲击荷载下土体承受的附加动应力是否会引起破坏?

相似地,对于受冲击作用的土体中结构应提出如下问题。

(1) 冲击作用在土体中结构所引起的附加变形是否是允许的?

(2) 冲击荷载作用在土体中结构引起的附加内力是否会引起结构破坏?

解决这些问题的途径与在地震作用下相应问题的解决途径相似,包括一系列的试验和分析计算工作,在此不需赘述。但是,与地震作用不同,有关的动力试验和分析均应在冲击荷载作用下进行。

4. 在冲击荷载作用下土体或土体-结构体系的动力分析

在冲击荷载作用下土体或土体-结构体系的动力分析是解决上述问题的一项重要工作。下面,对这个问题做一个概括的说明,而对一些具体的问题将在本章后面各节中表述。

(1) 冲击荷载作用下土体或土体-结构体系的动力分析与地震荷载作用的相同,应在静力分析的基础上进行。由静力分析求得的静应力不但是确定土动力模型参数的必要资料,而且在冲击荷载作用下土体或结构的破坏是在静应力和冲击荷载引起的附加动应力共同作用下发生的,因此静力分析结果也是土体或结构破坏分析所必要的资料。土体或土体-结构体系的静力分析方法,在此不需赘述。

(2) 必须选取一个能够描述在冲击荷载作用下土的非线性动力学模型,并正确地确定模型参数。这个问题将在 22.2 节表述。

(3) 必须正确地确定冲击荷载的三个要素:峰值压力、升压时段和降压时段的长短,以及冲击荷载作用的时程。

（4）必须将实际的土体或土体-结构体系理想化，建立一个能代表其实际动力性能的动力分析体系模型。这一点与前述地震分析的相似。但是，如果采用数值分析方法，必须对参与分析土体的边界做适当的处理，如黏性边界等，以考虑几何阻尼的影响。

（5）无论冲击荷载是作用于土体表面还是内部的一个封闭的面积上，在冲击荷载作用下土体或土体-结构体系的动力分析都是一个源问题。因此，冲击荷载作用下土体或土体-结构体系的动力性能可以按源问题的动力方程求解。考虑冲击荷载作用的特点，对其求解方法应指出如下两点。

① 宜于采用逐步积分法在时域求解。

② 逐步积分法的时间步长应很短。通常，冲击荷载总的历时只有几十毫秒，其积分步长不应大于 1ms，与地震反应分析通常采用的时间步长 0.01s 要短得多。

在此应指出，爆炸荷载下土的动力性能以及爆炸荷载对土体及其中结构的作用研究始于 1940 年。核爆炸促进了这个问题的研究，相信美国及苏联在这方面进行了很多工作。但是，很遗憾，由于涉及机密，公布的资料很少。

22.2　在爆炸等冲击荷载作用下土的动力学模型及动强度

1. 爆炸荷载作用下土所处的工作状态

爆炸荷载通常是一种作用很强烈的荷载。按距爆炸荷载作用点的距离，土体所处的作用状态大致可分成如下三个区域。

（1）在紧邻爆炸荷载作用点的区域，土处于大变形阶段，表现出流动或破坏状态。

（2）在距爆炸荷载作用点较近的区域，土主要处于中等变形阶段，表现出明显的非线性性能，如弹塑性性能。

（3）在距爆炸荷载作用点较远的区域，土处于小变形阶段，表现出线性性能，如拟弹性或弹性性能。

按上述，在爆炸荷载作用下，在其作用点周围土体可处于不同的变形阶段，相应地，表现出不同的力学性能。线弹性模型只适用于距爆炸荷载作用点较远区域中的土体，在紧邻爆炸荷载作用点和距爆炸荷载作用点较近区域中的土体，应采用非线性力学模型来描述其动力性能。

2. 在侧限变形状态下土的动力学模型

如图 22.2 所示，在这种情况下土处于侧限变形状态。与这种变形状态相应的土动力学模型可按冲击荷载单轴压缩试验资料来建立。按 Nelson 等[1] 由冲击荷载单轴压缩试验资料确定的压应力与竖向压缩应变的关系曲线如图 22.7 所示。从图 22.7 可看出，在侧限变形状态下受冲击荷载作用土的应力-应变关系线具有如下特点。

（1）通常，升压阶段的压应力与竖向压缩应变关系线是一条先向上凸然后再向下凸的曲线。

（2）降压阶段的压应力与竖向压缩应变关系线基本是一条很陡的直线，只是在压力很低时关系线的斜率有所减小。

（3）如果将降压阶段压应力与竖向压缩应变关系线简化成一条直线，其斜率要明显大于升压阶段的压应力与竖向压缩应变关系线的初始斜率。

（4）降压阶段的压应力及竖向压缩应变关系线与横轴相交，交点 A 的压缩应变即为在一次冲击荷载作用下土发生的永久压缩变形 $\varepsilon_{c,B,p}$，而 B、A 两点的压缩应变差即弹性压缩应变 $\varepsilon_{c,B,e}$，如图 22.7 所示。

（5）升压阶段的压应力-竖向压缩应变关系线与降压阶段的压应力-竖向压缩应变关系线所围成的面积等于一次冲击荷载作用下土所损耗的能量，即图 22.7 中的 Δw。

（6）如果升压阶段的压应力-竖向压缩应变关系线由图 22.7 所示的上凸段和下凸段两段组成，则在上凸段，其动压缩模量随压缩应变的增大而降低，即呈现刚度减退现象；而在下凸段，其动压缩模量随压缩应变的增大而增大，即呈现刚度强化现象。显然，两段的分界点应为升压阶段压力与压缩应变关系线的拐点。

（7）在侧限变形状态下，虽然随最大冲击压应力 $\sigma_{c,max}$ 的增大，相应的压缩应变 $\varepsilon_{c,max}$ 也增大，但土不会发生破坏。

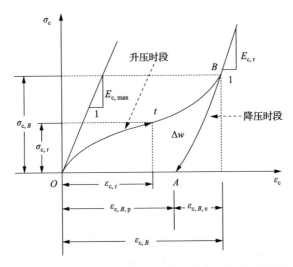

图 22.7　侧限变形状态下冲击荷载作用的典型应力-应变关系线

从图 22.7 所示可见，在侧限变形状态下受冲击荷载作用土的压应力-压应变关系线应满足如下控制条件。

（1）升压时段的控制条件。

① 当 $\sigma_c = 0$ 时，$\varepsilon_c = 0$。

② 当 $\sigma_c = 0$ 时，$E_c = E_{c,max}$。

③ 设上凸段与下凸段的连接点为 t，则当 $\sigma_c = \sigma_{c,t}$ 时，$\varepsilon_c = \varepsilon_{c,t}$；当 $\sigma_c = \sigma_{c,t}$ 时，$E_c = E_{c,t}$，其中 $E_{c,t}$ 为连接点的切线模量。

（2）降压时段的控制条件。

当冲击压应力从升压时段某一点降到零时，压缩应变不为零而等于永久压缩应变 $\varepsilon_{c,p}$。

　　上述的控制条件共包括如下控制参数:初始动压缩模量 $E_{c,max}$;升压阶段中上凸段与下凸段连接点的坐标 $\sigma_{c,t}$ 与 $\varepsilon_{c,t}$;升压阶段中上凸段与下凸段连接点的切线动模量 $E_{c,t}$;降压时段压应力-压应变关系线的斜率 $E_{c,r}$。这些控制参数可由图 22.7 所示的冲击荷载单轴压缩试验测得的滞回曲线确定。假定这些参数已经确定出来,则可按下述方法建立侧限变形状态下受冲击荷载作用的土的力学模型。

　　1) 升压时段的压应力-压应变关系

　　(1) 上凸时段的压应力与压应变关系可表示为

$$\sigma_c = \varepsilon_c(a + \alpha\varepsilon_c^m) \tag{22.4}$$

式中,a、α、m 为三个待定参数,其中 $\alpha < 0$,$m < 1$。确定这三个参数的条件如下。

　　① 当 $\varepsilon_c = 0$ 时,$\dfrac{d\sigma_c}{d\varepsilon_c} = E_{c,max}$。由此得

$$a = E_{c,max} \tag{22.5}$$

　　② 当 $\sigma_c = \sigma_{c,t}$ 时,$\varepsilon_c = \varepsilon_{c,t}$。由此得

$$\sigma_{c,t} = \varepsilon_{c,t}(E_{c,max} + \alpha\varepsilon_{c,t}^m)$$

改写得

$$-\lg\alpha - m\lg\varepsilon_{c,t} = \lg(E_{c,max} - \sigma_{c,t}/\varepsilon_{c,t}) \tag{22.6}$$

　　③ 当 $\sigma_c = \sigma_{c,t}$ 时,$E_c = E_{c,t}$,由此得

$$E_{c,max} + \alpha(m+1)\varepsilon_{c,t}^m = E_{c,t}$$

改写得

$$-\lg\alpha - \lg(m+1) - m\lg\varepsilon_{c,t} = \lg(E_{c,max} - E_{c,t}) \tag{22.7}$$

联立求解式(22.6)和式(22.7),可确定出 m 和 α 值。由此得升压上凸时段的压应力-压应变关系式如下:

$$\sigma_c = \varepsilon_c(E_{c,max} + \alpha\varepsilon_c^m) \tag{22.8}$$

而切线动压缩模量 $E_{c,d}$ 可按式(22.9)确定:

$$E_{c,d} = E_{c,max} + \alpha(m+1)\varepsilon_c^m \tag{22.9}$$

　　(2) 下凸时段的压应力-压应变关系可表示为

$$(\sigma_c - \sigma_{c,t}) = (\varepsilon_c - \varepsilon_{c,t})\big[b + \beta(\varepsilon_c - \varepsilon_{c,t})^n\big] \tag{22.10}$$

式中,b、β、n 为三个待定的参数,其中 $\beta > 0$,$n > 1$。与上凸时段相似,确定这三个参数的条件如下。

　　① 当 $\sigma_c = \sigma_{c,t}$ 时,$\dfrac{d\sigma_c}{d\varepsilon_c} = E_{c,t}$。由此,得

$$b = E_{c,t} \tag{22.11}$$

② 当 $\sigma_c = \sigma_{c,B}$ 时,$\varepsilon_c = \varepsilon_{c,B}$。由此,得

$$\sigma_{c,B} - \sigma_{c,t} = (\varepsilon_{c,B} - \varepsilon_{c,t})[E_{c,t} + \beta(\varepsilon_{c,B} - \varepsilon_{c,t})^n] \tag{22.12a}$$

或

$$\lg\beta + n\lg(\varepsilon_{c,B} - \varepsilon_{c,t}) = \lg\left(\frac{\sigma_{c,B} - \sigma_{c,t}}{\varepsilon_{c,B} - \varepsilon_{c,t}} - E_{c,t}\right) \tag{22.12b}$$

③ 当 $\sigma_c = \sigma_{c,B}$ 时,$E_{c,d} = E_{c,t}$,由此得

$$\lg(E_{c,B} - b) = \lg\beta + \lg(n+1) + n\lg(\varepsilon_{c,B} - \varepsilon_{c,t}) \tag{22.13}$$

联立求解式(22.12)和式(22.13),则可确定出 β、n 值。由式(22.12a)可确定出升压下凸段的切线压缩模量 $E_{c,d}$ 如下:

$$E_{c,d} = E_{c,t} + \beta(n+1)(\varepsilon_c - \varepsilon_{c,t})^n \tag{22.14}$$

2) 降压时段的应力-应变关系

如图 22.7 所示,降压时段的应力-应变可取成直线关系,即

$$(\sigma_c - \sigma_{c,B}) = E_{c,r}(\varepsilon_c - \varepsilon_{c,B}) \tag{22.15}$$

式中,$E_{c,r}$ 为降压时段的模量。可按式(22.14)确定,当由试验可确定出压应力从 B 点降到零时的永久应变 $\varepsilon_{a,p}$,则 $E_{c,r}$ 可由式(22.16)确定:

$$E_{c,r} = \frac{\sigma_{c,B}}{\varepsilon_{c,B} - \varepsilon_{c,p}} \tag{22.16}$$

由于降压时段的应力-应变为直线关系,则从 B 点开始降压时段动模量 $E_{c,d}$ 为常数,等于 $E_{c,r}$。但是,$E_{c,r}$ 随降压开始点 B 而改变。

3) 影响模型参数的因素

毫无疑问,土的类型和状态对模型参数具有重要的影响。对于指定的土,影响模型参数的主要因素是土的状态及冲击荷载作用之前土所受的竖向静应力 σ_z。对于指定的土,竖向静应力 σ_z 越大,土就越密实,在冲击荷载作用下的变形应越小。这样,静竖向应力 σ_z 对模型参数的影响应表现如下。

(1) 随静竖向应力 σ_z 的增大,模型参数 $E_{c,\max}$、$E_{c,t}$ 及 $E_{c,r}$ 应增大。

(2) 静竖向应力 σ_z 对模型参数 α、m、β、n 也应有所影响。

为确定静应力 σ_z 对模型参数 $E_{c,\max}$、$E_{c,t}$、$E_{c,r}$、α、m、β、n 的影响规律,应在指定的一系列静竖向应力 σ_z 下进行冲击荷载单轴压缩试验。显然,为了得到可靠的影响规律,至少应指定 5 个静竖向应力 σ_z。对每一个指定的静竖向应力的试验按上述方法确定出模型参数值,就可建立模型参数与静竖向应力的关系。

此外,像上面指出的那样,降压时段的模量 $E_{c,r}$ 除受静竖向应力 σ_z 影响,还要受降压开始点的影响。

在实际问题中,竖向静应力 σ_z 就是上覆压力 σ_v。在进行冲击荷载作用下土体动力分析时,应根据静力分析确定的上覆压力 σ_z 来确定模型参数的数值。由于上覆压力 σ_z 随深度而增大,相应的模型参数 $E_{c,\max}$、$E_{c,t}$,$E_{c,r}$ 将随深度增大。

3. 在允许侧向变形状态下的土的动力学模型

允许侧向变形是土在爆炸等冲击荷载作用下较为普遍的变形状态。除图 22.3 和图 22.4 所示的情况,图 22.8 所示的斜坡土体在空中核爆炸荷载作用下的变形也属于这种状态。

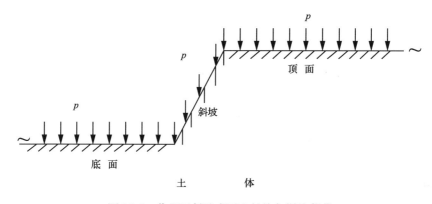

图 22.8　作用于斜坡表面上的均匀爆炸荷载

如前述,在这种变形状态下土的动力学模型应根据冲击荷载三轴试验资料确定。冲击荷载三轴试验的加荷步骤已在前面表述过了。根据 Nelson,冲击荷载三轴试验的应力-应变关系曲线如图 22.9 所示[1]。从图 22.9 可见,在这种变形状态下受冲击荷载作用土的应力-应变关系曲线特点如下。

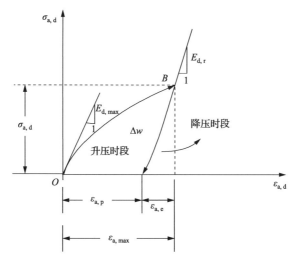

图 22.9　允许侧向变形状态下受冲击荷载作用土的应力-应变关系

(1) 升压时段的应力-应变关系是条上凸的曲线,在原点处的切线模量为最大,等于 $E_{d,max}$。

(2) 降压时段的应力-应变关系是一条很陡的曲线,在降压起始点的切线模量为最大,等于 $E_{d,r}$。

（3）降压起始点的切线模量 $E_{d,r}$ 明显大于升压时段在原点处的切线模量 $E_{d,max}$。

（4）降压时段的应力下降为零时，相应的应变不为零，而等于 $\varepsilon_{a,p}$，即为冲击荷载作用引起的土的永久应变。

（5）升压时段的应力-应变关系线与降压时段应力-应变关系线所围成的面积为受冲击荷载作用土耗损的能量 Δw。

（6）前面曾指出，处于侧限变形状态下的土在冲击荷载作用下不会发生破坏。与侧限变形状态下不同，当允许发生侧向变形时，土在冲击荷载作用下可能发生破坏。因此，如果允许侧向变形，升压时段的压应力不能沿应力-应变关系一直增大，最大只能达到破坏时的压应力。下面，以 $\sigma_{d,f}$ 表示破坏时的压应力。

根据冲击荷载三轴试验结果建立土的在允许侧向变形状态下的动应力-应变关系的控制条件如下。

（1）当 $\varepsilon_a = 0$ 时，切线模量 $E_d = E_{d,max}$。

（2）当 $\sigma_{a,d} = \sigma_{a,d,B}$ 时，$\varepsilon_a = \varepsilon_{a,B}$。

（3）当 $\varepsilon_{a,d} = \sigma_{a,d,B}$ 时，降压时段的切线模量 $E_d = E_{d,r}$。

（4）在降压时段，当 $\sigma_{a,d} = 0$ 时，$\varepsilon_a = \varepsilon_{a,p}$。

在上述控制条件中，$E_{d,max}$、$E_{d,r}$、$\varepsilon_{a,p}$ 以及 $\sigma_{a,d,B}$ 和 $\varepsilon_{a,B}$ 可由冲击荷载下三轴试验资料测得。假定这参数为已知，下面来建立在允许侧向变形状态下受冲击荷载作用土的动力学模型。

1）升压时段的应力-应变关系

由于轴向动应力沿升压时段的应力-应变关系线增加不能超过破坏的轴向动应力，则假定升压时段的应力-应变服从双曲线关系，即

$$\sigma_{a,d} = \frac{\varepsilon_{a,d}}{a + b\varepsilon_{a,d}} \tag{22.17}$$

这是一个熟知的关系式，式中

$$a = 1/E_{d,max} \tag{22.18}$$

$$b = \frac{1}{\sigma_{a,d,ult}} \tag{22.19}$$

其中，$\sigma_{a,d,ult}$ 为土的最终强度，即 $\varepsilon_{a,d} \to \infty$ 时 $\sigma_{a,d}$ 的值。这样，满足了 $\sigma_{a,d}$ 值沿升压时段的应力-应变关系增大而不超过一定的强度值。式（22.17）中的 b 值可根据 $\varepsilon_{a,d} = \varepsilon_{a,B}$ 时，$\sigma_{a,d} = \sigma_{a,B}$ 的条件来确定。由这个条件可得到

$$\sigma_{a,d,B} = \frac{\varepsilon_{a,B}}{a + b\varepsilon_{a,B}}$$

将式（22.18）代入，改写上式得

$$b = \frac{1}{\sigma_{a,d,B}} - \frac{1}{E_{d,max}\varepsilon_{a,B}} \tag{22.20}$$

改写式（22.17），得

$$\sigma_{a,d} = E_{d,max} \frac{\varepsilon_{a,d}}{1 + \dfrac{b}{a}\varepsilon_{a,d}}$$

令

$$\varepsilon_{a,r} = \frac{a}{b} \tag{22.21}$$

式中，$\varepsilon_{a,r}$ 为升压时段的参考应变，则得

$$\sigma_{a,d} = E_{d,max} \frac{\varepsilon_{a,d}}{1 + \dfrac{\varepsilon_{a,d}}{\varepsilon_{a,r}}} \tag{22.22}$$

而由式(22.18)和式(22.21)得

$$\varepsilon_{a,r} = \frac{\varepsilon_{a,d}\sigma_{a,d,B}}{E_{d,max}\varepsilon_{a,B} - \sigma_{a,d,B}} \tag{22.23}$$

在升压阶段切线动模量 E_d 可由式(22.24)确定：

$$E_d = E_{d,max} \frac{1}{\left(1 + \dfrac{\varepsilon_{a,d}}{\varepsilon_{a,r}}\right)^2} \tag{22.24}$$

2) 降压时段的应力-应变关系

降压时段的应力-应变关系可以采取与升压时段相似的数字关系式：

$$\sigma_{a,d} - \sigma_{a,B} = E_{a,r} \frac{\varepsilon_{a,d} - \varepsilon_{a,B}}{1 + \dfrac{\varepsilon_{a,d} - \varepsilon_{a,B}}{\varepsilon'_{a,r}}} \tag{22.25}$$

式中，$\varepsilon'_{a,r}$ 为降压时段的参考应变，可由 $\sigma_{a,d} = 0$，$\varepsilon_{a,d} = \varepsilon_{a,p}$ 条件确定。由此条件得

$$\varepsilon'_{a,r} = \frac{\sigma_{a,d,B}(\varepsilon_{a,d,p} - \varepsilon_{a,B})}{\sigma_{a,d,B} + E_{a,r}(\varepsilon_{a,d,p} - \varepsilon_{a,B})} \tag{22.26}$$

由式(22.26)得降压时段的切线模量 E'_d 如下：

$$E'_d = E_{d,r} \frac{1}{1 + \left(\dfrac{\varepsilon_{a,d} - \varepsilon_{a,d,max}}{\varepsilon'_{a,r}}\right)^2} \tag{22.27}$$

3) 影响模型参数的因素

与侧限变形状态相似，在允许侧向变形状态下受冲击荷载作用土的动力学模型参数 $E_{d,max}$、$\varepsilon_{a,r}$ 及 $E_{d,r}$、$\varepsilon'_{a,r}$ 取决于土所受的静固结压力 σ_0，即有效静平均正应力 σ_0。随静平均正应力 σ_0 的增大，$E_{d,max}$、$\varepsilon_{a,r}$ 及 $E_{d,r}$、$\varepsilon'_{a,r}$ 均增大。为研究这些参数与静平均正应力 σ_0 的关系，应指定一系列固结压力 σ_3 并在均等固结条件下进行冲击荷载三轴试验。然后，根据每个指定固结压力 σ_3 的试验资料按上述方法确定相应的模型参数，就可建立这些参数与静平均正应力 σ_0 的关系。此外，从式(22.26)和式(22.27)可见，降压时段的模型参数 $E_{d,r}$ 还会受降压时段起始点的压力的影响。

这样,在实际问题中,在允许侧向变形状态下受冲击荷载作用的土动学模型参数应根据土体静力分析结果给出的静平均正应力 σ_0 来确定。另外,降压时段的模型参数 $E_{a,r}$、$\varepsilon'_{a,r}$ 的确定还要考虑降压起始点的影响。

上面,分别建立了侧限变形状态和允许侧向变形状态在冲击荷载作用下土的滞回曲线类型的弹塑性模型。应指出,在建立上述动弹塑性模型时没有引用二倍法准则,因此所建立的动弹塑性模型是一种非曼率准则的模型。

此外,文献[1]~[3]以经典的增量塑性理论为基础研究了在冲击荷载下土的动力学模型,有兴趣的读者可以参考。但应指出,在这些研究中均以静力试验资料为依据,如选取的屈服函数与静荷载作用下的相同,而其中的参数也是由静荷载试验确定的。因此,在这些文献中没有考虑在动荷作用下土的动力性能的特点。

4. 在冲击荷载作用下土的动强度

前面曾指出,在侧限变形状态下土受冲击荷载作用不会发生破坏,而在允许侧向变形状态下土受冲击荷载作用可能会发生破坏。因此,在冲击荷载作用下土的动强度应该由冲击荷载三轴试验来测定。与循环荷载下土的动强度相似,冲击荷载下土的动强度也应该取决于破坏面上的静正应力 σ_s 和静剪应力比 α_s。因此,冲击荷载三轴试验也应该在指定的不同固结比 K_c 和指定的不同侧向固结压力 σ_3 下进行。由冲击荷载三轴试验可以测定在指定的固结比 K_c 和固结压力 σ_3 下一次冲击作用达到破坏标准所要施加的最大轴向压应力 $\sigma_{a,f}$。为了由试验资料确定 $\sigma_{a,f}$,必须指定一个破坏标准。从工程实用而言,可将最大轴向压应变达到某一指定数值 $\varepsilon_{a,f}$(如 5%)作为破坏标准。显然,如果试验所施加的冲击荷载幅值 $\sigma_{a,d,max}$ 小于 $\sigma_{a,f}$,则在破坏之前土试样进入降压时段。为了确定达到破坏准则所要施加的最大压应力,必须设定一系列的最大轴向冲击压应力 $\sigma_{a,d,max}$ 进行试验,并测量土试样所产生的相应的最大轴向压应变 $\varepsilon_{a,d,max}$。根据试验结果绘制 $\sigma_{a,d,max}$-$\varepsilon_{a,d,max}$ 关系线,并确定出与指定的破坏准则相应的最大轴压应力,即为引起土试样破坏的最大轴向压应力 $\sigma_{a,f}$,如图 22.10 所示。

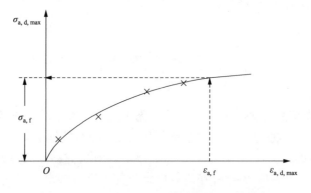

图 22.10　$\sigma_{a,d,max}$-$\varepsilon_{a,d,max}$ 关系线及 $\sigma_{a,f}$ 的确定

根据定义,在冲击荷载作用下土的动强度应是土达到破坏条件时在破坏面上作用的

最大动剪应力 $\tau_{d,f}$ 或静剪应力 τ_s 与最大剪应力之和 $\tau_s + \tau_{d,f}$。这样,与循环荷载三轴试验相似,必须确定土试样破坏面的位置及在其上作用的静正应力 σ_s、静剪应力 τ_s,以及最大动剪应力 τ_d。由冲击荷载三轴试验结果确定破坏面的位置及其上作用的应力分量的方法与循环荷载三轴试验相同,可按第 7 章所述的方法来确定,在此无需赘述。这样,与循环荷载作用下动强度相似,冲击荷载作用下的动强度可以表示成如图 22.11 所示的形式,图中的 α_s 为破坏面静剪应力比。

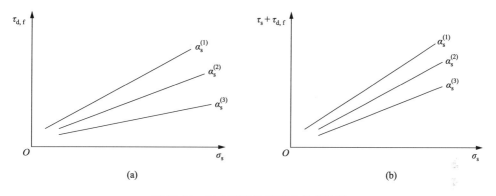

图 22.11　冲击荷载作用下土的动强度

根据第 7 章所述,为了获得如图 22.11 所示的冲击荷载作用下土的动强度关系线,至少要指定三个固结比 K_c 值和三个固结压力 σ_3 值进行冲击荷载三轴试验,而在每一个指定的固结比和固结压力下还要指出 $3\sim5$ 个最大冲击轴向压应力进行试验,以绘制出图 22.10 所示的关系线,确定土试样破坏时的最大轴向压应力 $\sigma_{a,f}$。因此,冲击荷载下三轴动强度试验的工作量是很大的。对于一种土,通常又要进行 $40\sim50$ 个试样的试验。

22.3　爆炸等作用引起的冲击波在饱和土体中的传播

1. 土骨架与孔隙水体系

当一种冲击荷载作用于土体时,冲击作用将以波的形式在土体中传播。如果将土视为理想的弹性体,冲击作用在土体中的传播应服从第 9 章所述的理论。然而,实际的饱和土是由土骨架和充满流体的孔隙组成的。由于土骨架与孔隙中流体之间的相互作用,波在土体中的传播将表现出特殊的规律。Biot[4,5] 系统地研究了波在饱和土体中的传播问题。

对于一般三维问题,土骨架体系中每一点共有 15 个未知数:三个位移 u、v、w;六个应变 ε_x、ε_y、ε_z、γ_{xy}、γ_{yz}、γ_{zx};六个应力 σ_x、σ_y、σ_z、τ_{xy}、τ_{yz}、τ_{zx}。

孔隙水体系中每一点共有 5 个未知数:三个运动速度 $\bar{u}_w$、$\bar{v}_w$、$\bar{w}_w$,按孔隙断面定义;一个体应变 ε_w,定义为单位水体积压缩量,单位土体积中孔隙水的压缩量等于 $n\varepsilon_w$,n 为土的孔隙度;一个压力 p,按全断面定义,与土力学渗流理论相同。

在此应注意,这里所采用的孔隙水运动速度为真速度,是按孔隙的断面定义的。孔隙的断面等于全断面乘以土的孔隙度 n。在土力学渗流理论中,渗流速度与这里采用的真速度不同,渗流速度是孔隙水相对土骨架的运动速度,并且是按全面定义的。如果以 $\dot{u}_{s,w}$、$\dot{v}_{s,w}$、$\dot{w}_{s,w}$ 表示渗流速度,则渗流速度与孔隙水的真速度之间的关系如下:

$$\dot{u}_{s,w} = n(\bar{\dot{u}}_w - u)$$
$$\dot{v}_{s,w} = n(\bar{\dot{v}}_w - v) \qquad (22.28)$$
$$\dot{w}_{s,w} = n(\bar{\dot{w}}_w - w)$$

这样,饱和土体中共有 20 个未知数。欲求解这 20 个未知数,需要 20 个方程。

另外,在下面的表述中假定土孔隙中的水是可压缩理想流体,即不具有黏性,因此不考虑孔隙水的黏性力。

2. 在饱和土体中土骨架与孔隙水之间的相互作用

在动力作用下,饱和土的土骨架与孔隙水之间存在两种相互作用。

1) 土骨架与孔隙水之间的惯性力耦合引起的相互作用

这种相互作用是由土骨架与孔隙水的运动加速度 $\ddot{u}$、$\bar{\ddot{u}}_w$,$\ddot{v}$、$\bar{\ddot{v}}_w$,$\ddot{w}$、$\bar{\ddot{w}}_w$ 不相等而引起的。为了考虑惯性相互作用,引进了一个表观附加质量密度 ρ_A。以 x 方向为例,考虑表观附加质量密度后,单位土体中土骨架的惯性力可按式(22.29)计算:

$$\rho'_s\ddot{u} + \rho_A(\ddot{u} - \bar{\ddot{u}}_w) = (\rho'_s + \rho_A)\ddot{u} - \rho_A\bar{\ddot{u}}_w \qquad (22.29)$$

式中,ρ'_s 为单位土体中颗粒的质量,即土的干密度,与土颗粒的质量密度 ρ_s 的关系如下:

$$\rho'_s = (1-n)\rho_s \qquad (22.30)$$

相似地,单位土体中孔隙水在 x 方向的惯性力可按式(22.31)计算:

$$\rho'_w\bar{\ddot{u}}_w + \rho_A(\bar{\ddot{u}}_w - \ddot{u}) = (\rho'_w + \rho_A)\bar{\ddot{u}}_w - \rho_A\ddot{u} \qquad (22.31)$$

式中,ρ'_w 为单位土体中孔隙水的质量,与水的质量密度 ρ_w 的关系如下:

$$\rho'_w = n\rho_w \qquad (22.32)$$

在此应指出,引进表观附加质量密度后单位饱和土的总的惯性力并不改变,仍为 $\rho'_s\ddot{u} + \rho'_w\bar{\ddot{u}}_w$,但是改变了总的惯性力在土骨架和孔隙水之间的分配。

2) 饱和土中固相与液相体积变形耦合引起的相互作用

(1) 将土视为水土混合物时的相互作用。

当饱和土中的固相土颗粒悬浮于孔隙水中时,可将土视为土颗粒与水的混合物。对于水土混合物,其质量密度 ρ_{mix} 如下:

$$\rho_{mix} = \frac{\gamma_w}{g}\frac{G_s + e}{1+e} \qquad (22.33)$$

式中, γ_w 为水的重力密度; G_s 为土的比重。显然, ρ_{mix} 即为土的饱和质量密度 ρ_{st}。设水土混合物承受的各向均等压力为 p, 则水土混合物的压缩量应等于水在 p 的压缩量与土颗粒在 p 作用的压缩量之和。设 B_{mix} 为水土混合物的体积压缩模量, B_w 为水的体积压缩模量, B_s 为土颗粒的压缩模量, 则得

$$\frac{p}{B_{mix}} = n\frac{p}{B_w} + (1-n)\frac{p}{B_s}$$

简化得

$$B_{mix} = \frac{B_w B_s}{nB_s + (1-n)B_w} \tag{22.34}$$

相应地, 在混合物中压缩波的波速 V_{mix} 为

$$V_{mix} = \sqrt{\frac{B_{mix}}{\rho_{mix}}} \tag{22.35}$$

(2) 将土视为土骨架和孔隙水体系时的相互作用。

实际上, 饱和土中的固相土颗粒并不是悬浮在孔隙水中的, 一般情况下不能将饱和土视为水土混合物。在饱和土中固相土颗粒相互连接形成了一个多孔的土骨架, 饱和土中液相的水存在于孔隙之中, 两者发生相对运动。这样, 应把饱和土视为由土骨架和孔隙水两个相关联的体系组成的。相应地, 在饱和土中存在两个应力和变形体系, 一个是土骨架的应力和变形体系, 另一个是孔隙水的压力和运动体系。这两个应力和变形体系一方面应服从各自的规则而变化, 另一方面又相互关联和影响。但是, 当将孔隙水视为可压缩的理想流体时, 则孔隙水不能承受剪应力和发生剪切变形, 土骨架和孔隙水之间的应力和变形之间的交联应表现在平均正应力和体积变形的交联上。

土骨架与孔隙水之间的交联引起的相互作用可由饱和土中不发生渗流条件下的体积变化连续性条件确定。

设单位水体积的体应变为 ε_w, 单位土颗粒体应变为 ε_s, 则单位土体中孔隙水的体积变形为 $n\varepsilon_w$, 土颗粒的体积变形为 $(1-n)\varepsilon_s$。如果以 ε 表示单位土体积的变形, 则得

$$\varepsilon = n\varepsilon_w + (1-n)\varepsilon_s \tag{22.36}$$

在上述的混合物体系中, 单位土体中孔隙水和土颗粒的体积变形是在混合物所受的压力下发生的。当将土视为土骨架和孔隙水组成的体系时, 单位土体中的孔隙水和土颗粒的体积变形是在孔隙水压力下发生的。因此, 单位土体积变形 ε 也是在孔隙水压力下发生的。这样式(22.36)中的 ε 可表示成

$$\varepsilon = \frac{p}{B_{mix}} \tag{22.37}$$

式中, p 为孔隙水压力。将式(22.37)代入式(22.36)得

$$\frac{p}{B_{mix}} = n\varepsilon_w + (1-n)\varepsilon_s$$

改写得

$$p = nB_{\mathrm{mix}}\varepsilon_{\mathrm{w}} + (1-n)B_{\mathrm{mix}}\varepsilon_{\mathrm{s}} \tag{22.38}$$

由于

$$B_{\mathrm{w}}\varepsilon_{\mathrm{w}} = B_{\mathrm{s}}\varepsilon_{\mathrm{s}} = p$$

得

$$\varepsilon_{\mathrm{w}} = \frac{B_{\mathrm{s}}}{B_{\mathrm{w}}}\varepsilon_{\mathrm{s}}$$

将其代入式(22.36)得

$$\varepsilon = \left(1 - n + n\frac{B_{\mathrm{s}}}{B_{\mathrm{w}}}\right)\varepsilon_{\mathrm{s}}$$

将上式代入式(22.38)得

$$p = nB_{\mathrm{mix}}\varepsilon_{\mathrm{w}} + \frac{1-n}{1 - n + n\dfrac{B_{\mathrm{s}}}{B_{\mathrm{w}}}}B_{\mathrm{mix}}\varepsilon \tag{22.39}$$

令

$$\begin{cases} c_{\mathrm{R}} = nB_{\mathrm{mix}} \\[3mm] c_{\mathrm{Q}} = \dfrac{1-n}{1 - n + n\dfrac{B_{\mathrm{s}}}{B_{\mathrm{w}}}}B_{\mathrm{mix}} \end{cases} \tag{22.40}$$

得

$$p = c_{\mathrm{R}}\varepsilon_{\mathrm{w}} + c_{\mathrm{Q}}\varepsilon \tag{22.41}$$

3. 冲击作用在饱和土体中的传播方程

1) 动力平衡方程

(1) 土骨架的动力平衡方程。

下面,令正应力以压应力为正,则土骨架的动力平衡方程如下:

$$\begin{cases} -\left(\dfrac{\partial \sigma_x}{\partial x} + \dfrac{\partial \tau_{xy}}{\partial y} + \dfrac{\partial \tau_{xz}}{\partial z}\right) = [(1-n)\rho_{\mathrm{s}} + \rho_{\mathrm{A}}]\ddot{u} - \rho_{\mathrm{A}}\bar{\ddot{u}}_{\mathrm{w}} \\[3mm] -\left(\dfrac{\partial \tau_{xy}}{\partial x} + \dfrac{\partial \sigma_y}{\partial y} + \dfrac{\partial \tau_{yz}}{\partial z}\right) = [(1-n)\rho_{\mathrm{s}} + \rho_{\mathrm{A}}]\ddot{v} - \rho_{\mathrm{A}}\bar{\ddot{v}}_{\mathrm{w}} \\[3mm] -\left(\dfrac{\partial \tau_{xz}}{\partial x} + \dfrac{\partial \tau_{yz}}{\partial y} + \dfrac{\partial \sigma_z}{\partial z}\right) = [(1-n)\rho_{\mathrm{s}} + \rho_{\mathrm{A}}]\ddot{w} - \rho_{\mathrm{A}}\bar{\ddot{w}}_{\mathrm{w}} \end{cases} \tag{22.42}$$

(2) 孔隙水动力平衡方程。

$$\begin{cases} -\dfrac{\partial p}{\partial x} = (n\rho_{\mathrm{w}} + \rho_{\mathrm{A}})\bar{\ddot{u}}_{\mathrm{w}} - \rho_{\mathrm{A}}\ddot{u} \\[3mm] -\dfrac{\partial p}{\partial y} = (n\rho_{\mathrm{w}} + \rho_{\mathrm{A}})\bar{\ddot{v}}_{\mathrm{w}} - \rho_{\mathrm{A}}\ddot{v} \\[3mm] -\dfrac{\partial p}{\partial z} = (n\rho_{\mathrm{w}} + \rho_{\mathrm{A}})\bar{\ddot{w}}_{\mathrm{w}} - \rho_{\mathrm{A}}\ddot{w} \end{cases} \tag{22.43}$$

上述三个方程可简化成一个方程。将这三个方程分别对 x、y、z 微分再相加,并注意到

$$\begin{cases} \varepsilon = -\left(\dfrac{\partial u}{\partial x} + \dfrac{\partial v}{\partial y} + \dfrac{\partial w}{\partial z}\right) \\[3mm] \varepsilon_{\mathrm{w}} = -\left(\dfrac{\partial \bar{u}_{\mathrm{w}}}{\partial x} + \dfrac{\partial \bar{v}_{\mathrm{w}}}{\partial y} + \dfrac{\partial \bar{w}_{\mathrm{w}}}{\partial z}\right) \end{cases}$$

则得

$$-\left(\frac{\partial^2}{\partial x^2} + \frac{\partial^2}{\partial y^2} + \frac{\partial^2}{\partial z^2}\right)p = -(n\rho_{\mathrm{w}} + \rho_{\mathrm{A}})\ddot{\varepsilon}_{\mathrm{w}} + \rho_{\mathrm{A}}\ddot{\varepsilon} \tag{22.44}$$

2）应力-应变关系

（1）考虑孔隙水体应变影响的土骨架的应力-应变关系为

$$\begin{cases} \sigma_x = 2G\varepsilon_x + \lambda\varepsilon + c_{\mathrm{Q}}\varepsilon_{\mathrm{w}} \\ \sigma_y = 2G\varepsilon_y + \lambda\varepsilon + c_{\mathrm{Q}}\varepsilon_{\mathrm{w}} \\ \sigma_z = 2G\varepsilon_z + \lambda\varepsilon + c_{\mathrm{Q}}\varepsilon_{\mathrm{w}} \\ \tau_{xy} = G\gamma_{xy}, \quad \tau_{yz} = G\gamma_{yz}, \quad \tau_{zx} = G\gamma_{zx} \end{cases} \tag{22.45}$$

式中,$c_{\mathrm{Q}}\varepsilon_{\mathrm{w}}$ 项表示孔隙水体积变形对土骨架正应力的影响。

（2）考虑土体积应变影响的孔隙水压力与土骨架和孔隙水的体应变的关系。

孔隙水压力与土骨架和孔隙水的体应变关系即为前面建立的式(22.41)。

3）应变-位移关系

（1）土骨架的应变-位移关系为

$$\begin{cases} \varepsilon_x = -\dfrac{\partial u}{\partial x}, \quad \varepsilon_y = -\dfrac{\partial v}{\partial y}, \quad \varepsilon_z = -\dfrac{\partial w}{\partial z} \\[3mm] \gamma_{xy} = -\left(\dfrac{\partial u}{\partial y} + \dfrac{\partial v}{\partial x}\right), \quad \gamma_{yz} = -\left(\dfrac{\partial v}{\partial z} + \dfrac{\partial w}{\partial y}\right), \quad \gamma_{zx} = -\left(\dfrac{\partial w}{\partial x} + \dfrac{\partial u}{\partial z}\right) \end{cases} \tag{22.46}$$

式中,右端的负号是由于令正应力以压应力为正而加的。

（2）孔隙水体应变速率 $\dot{\varepsilon}_{\mathrm{w}}$ 与运动速率的关系为

$$\dot{\varepsilon}_{\mathrm{w}} = -\left(\frac{\partial}{\partial x}\dot{\bar{u}}_{\mathrm{w}} + \frac{\partial}{\partial y}\dot{\bar{v}}_{\mathrm{w}} + \frac{\partial}{\partial z}\dot{\bar{w}}_{\mathrm{w}}\right) \tag{22.47}$$

这样,共可建立 20 个方程,正好可求解前面指出的饱和土体积的 20 个未知数。

4. 求解方程的简化和波的分解

将式(22.45)、式(22.46)和式(22.41)代入式(22.42)得

$$\begin{cases} [(1-n)\rho_{\mathrm{s}} + \rho_{\mathrm{A}}]\ddot{u} - \rho_{\mathrm{A}}\ddot{\bar{u}}_{\mathrm{w}} = -(G+\lambda)\dfrac{\partial\varepsilon}{\partial x} + G\,\nabla^2 u - c_{\mathrm{Q}}\dfrac{\partial\varepsilon_{\mathrm{w}}}{\partial x} \\[3mm] [(1-n)\rho_{\mathrm{s}} + \rho_{\mathrm{A}}]\ddot{v} - \rho_{\mathrm{A}}\ddot{\bar{v}}_{\mathrm{w}} = -(G+\lambda)\dfrac{\partial\varepsilon}{\partial y} + G\,\nabla^2 v - c_{\mathrm{Q}}\dfrac{\partial\varepsilon_{\mathrm{w}}}{\partial y} \\[3mm] [(1-n)\rho_{\mathrm{s}} + \rho_{\mathrm{A}}]\ddot{w} - \rho_{\mathrm{A}}\ddot{\bar{w}}_{\mathrm{w}} = -(G+\lambda)\dfrac{\partial\varepsilon}{\partial z} + G\,\nabla^2 w - c_{\mathrm{Q}}\dfrac{\partial\varepsilon_{\mathrm{w}}}{\partial z} \end{cases} \tag{22.48}$$

将式(22.48)中的三个方程分别对 x、y、z 微分并相加,则得

$$-[(1-n)\rho_s+\rho_A]\ddot{\varepsilon}+\rho_A\overline{\ddot{\varepsilon}}_w=-(2G+\lambda)\nabla^2\varepsilon-c_Q\nabla^2\overline{\varepsilon}_w \qquad (22.49)$$

另外,将式(22.41)代入式(22.44),则得

$$-(n\rho_w+\rho_A)\overline{\ddot{\varepsilon}}_w+\rho_A\ddot{\varepsilon}=-c_R\nabla^2\varepsilon_w-c_Q\nabla^2\varepsilon \qquad (22.50)$$

式(22.48)的三个方程及式(22.50)是求解饱和土体波传播问题的基本方程。式(22.49)和式(22.50)分别为在饱和土体中由土骨架和由孔隙水传播的两种压缩波方程,并可发现这两种压缩波是相互交联的。式(22.49)和式(22.50)的左端表示土骨架与孔隙水惯性力的相互作用,右端表示土骨架和孔隙水体变形要协调而产生的作用。改写式(22.49)和式(22.50)得

$$\frac{\partial^2\varepsilon}{\partial t^2}-\frac{\rho_A}{(1-n)\rho_s+\rho_A}\frac{\partial^2\varepsilon_w}{\partial t^2}=\frac{2G+\lambda}{(1-n)\rho_s+\rho_A}\nabla^2\varepsilon+\frac{c_Q}{(1-n)\rho_s+\rho_A}\nabla^2\overline{\varepsilon}_w$$

$$\frac{\partial^2\varepsilon_w}{\partial t^2}-\frac{\rho_A}{n\rho_w+\rho_A}\frac{\partial^2\varepsilon}{\partial t^2}=\frac{c_R}{n\rho_w+\rho_A}\nabla^2\overline{\varepsilon}_w+\frac{c_Q}{n\rho_w+\rho_A}\nabla^2\varepsilon_s$$

令

$$\begin{cases} V_p=\sqrt{\dfrac{2G+\lambda}{(1-n)\rho_s+\rho_A}} \\[4mm] V_w=\sqrt{\dfrac{c_R}{n\rho_w+\rho_A}} \end{cases} \qquad (22.51)$$

式中,V_p 为在饱和土中由土骨架传播的压缩波波速;V_w 为在饱和土中由孔隙水传播的压缩波波速。由于土骨架与孔隙水的交联作用,从式(22.51)可见,这两个波速均与表观附加质量密度 ρ_A 有关。因此,按式(22.51)计算得到的波速 V_w 与通常水的压缩波波速不相等。将式(22.51)代入上两式,则得

$$\begin{cases} \dfrac{\partial^2\varepsilon}{\partial t^2}-\dfrac{\rho_A}{(1-n)\rho_s+\rho_A}\dfrac{\partial^2\varepsilon_w}{\partial t^2}=V_p^2\nabla^2\varepsilon+\dfrac{c_Q}{(1-n)\rho_s+\rho_A}\nabla^2\overline{\varepsilon}_w \\[4mm] \dfrac{\partial^2\varepsilon_w}{\partial t^2}-\dfrac{\rho_A}{n\rho_w+\rho_s}\dfrac{\partial^2\varepsilon}{\partial t^2}=V_w^2\nabla^2\overline{\varepsilon}_w+\dfrac{c_Q}{n\rho_w+\rho_A}\nabla^2\varepsilon \end{cases} \qquad (22.52)$$

另外,将式(22.48)第一式和第二式分别对 y 和 x 微分,再相减得

$$[(1-n)\rho_s+\rho_A]\frac{\partial^2}{\partial t^2}\left(\frac{\partial u}{\partial y}-\frac{\partial v}{\partial x}\right)-\rho_A\frac{\partial^2}{\partial t^2}\left(\frac{\partial\overline{u}_w}{\partial y}-\frac{\partial\overline{v}_w}{\partial x}\right)=G\nabla^2\left(\frac{\partial u}{\partial y}-\frac{\partial v}{\partial x}\right)$$

$$(22.53)$$

令

$$\begin{cases} w_z=-\dfrac{1}{z}\left(\dfrac{\partial u}{\partial y}-\dfrac{\partial v}{\partial x}\right) \\[4mm] \overline{w}_{w,z}=-\dfrac{1}{z}\left(\dfrac{\partial\overline{u}_w}{\partial y}-\dfrac{\partial\overline{v}_w}{\partial x}\right) \end{cases}$$

式中，w_z、$\bar{w}_{w,z}$ 分别为土骨架和孔隙水绕 z 轴的转动。将上式代入式(22.53)，则得

$$\left[(1-n)\rho_s + \rho_A\right]\frac{\partial^2 w_z}{\partial t^2} - \rho_A \frac{\partial^2 \bar{w}_{w,z}}{\partial t^2} = G\,\nabla^2 w_z \tag{22.54}$$

由于孔隙水不能承受剪切作用，孔隙水绕 z 轴转动的惯性力 $\rho_A\dfrac{\partial^2 \bar{w}_{w,z}}{\partial t^2}$ 也应由土骨架承受。这两部分惯性力即为转动运动时孔隙水对土骨架的惯性作用，应与左端第一项中的 $\rho_A\dfrac{\partial^2 w_z}{\partial t^2}$ 相等，即

$$\rho_A \frac{\partial^2 w_z}{\partial t^2} = n\rho_w \frac{\partial^2 \bar{w}_{w,z}}{\partial t^2} + \rho_A \frac{\partial^2 w_{w,z}}{\partial t^2}$$

由此，得

$$\bar{w}_{w,z} = \frac{\rho_A}{n\rho_w + \rho_A} w_z \tag{22.55}$$

将式(22.55)代入式(22.54)，则得

$$\left[(1-n)\rho_s + \frac{n\rho_w}{n\rho_w + \rho_A}\rho_A\right]\frac{\partial^2 w_z}{\partial t^2} = G\,\nabla^2 w_z$$

令

$$V_s = \left[\frac{G}{(1-n)\rho_s + \dfrac{n\rho_w}{n\rho_w + \rho_A}\rho_A}\right]^{1/2} \tag{22.56}$$

将其代入上式得

$$\frac{\partial^2 w_z}{\partial t^2} = V_s^2\,\nabla^2 w_z \tag{22.57}$$

相似地，可以得到

$$\frac{\partial^2 w_x}{\partial t^2} = V_s^2\,\nabla^2 w_x \tag{22.58}$$

$$\frac{\partial^2 w_y}{\partial t^2} = V_s^2\,\nabla^2 w_y \tag{22.59}$$

式中

$$\begin{cases} w_x = -\dfrac{1}{z}\left(\dfrac{\partial v}{\partial z} - \dfrac{\partial w}{\partial y}\right) \\[2mm] w_y = -\dfrac{1}{z}\left(\dfrac{\partial w}{\partial x} - \dfrac{\partial u}{\partial z}\right) \end{cases} \tag{22.60}$$

式(22.57)～式(22.59)为剪切波在饱和土体中的传播方程。其中，V_s 为由土骨架传播的剪切波传播速度。由于考虑了土骨架与孔隙水之间的惯性相互作用，按式(22.56)计

算的剪切波波速 V_s 受表观附加质量密度的影响。

在上述推导中,引进了表观附加质量密度 ρ_A。参数 ρ_A 与土的颗粒组成和渗透性有关,是一个比较难确定的参数。

正如文献[6]的第 5 章所指出的那样,上述比奥理论的价值主要是定性的。它揭示了在饱和土体中存在三种类型波,即由土骨架和孔隙传播的压缩波及由土骨架传播的剪切波,并推导出这三种波的波速。结果表明,这三种波速与相应的土的压缩波波速、水的压缩波波速和土的剪切波波速等是不同的。

22.4 在排水条件下考虑液-固相耦合饱和土体的动力分析

Biot[7]首先研究了动力作用在饱和土体中引起的变形,并被认为是考虑液-固相耦合土体动力分析的经典性工作。下面来表述这个问题,但在表述方式上有些不同。

1. 在排水条件下饱和土的土骨架与孔隙水相互作用机制

在下面的表述中,假定孔隙水为理想可压缩的流体,不考虑其黏性力。另外,假定土颗粒是不可压缩的。前面曾指出,当研究在不排水条件下波在饱和土体中传播时,土颗粒的压缩性是不可忽略的。但在排水条件下进行饱和土体动力分析时则可忽略土颗粒的压缩性。采用这样的假定不会影响求解的精度,但可使求解方程及系数大为简化。

在饱和土体中孔隙水压力的分布是不均匀的,在排水条件下孔隙水通过土孔隙要从高孔隙水压力区域向低孔隙水压力区域流动,这种孔隙水流动现象称为渗透。当发生渗透现象时,饱和土的土骨架与孔隙水之间的耦合表现为孔隙水对土骨架的推动作用,以及土骨架对孔隙水的后拖作用。因此,在排水条件下,由渗流在土骨架与孔隙水之间引起的耦合具有主导作用。在此应指出,在 22.3 节的表述中,土骨架与孔隙水之间也有相对位移,但是它是由土骨架和孔隙水之间的相对振动引起的,并不是孔隙水相对土骨架的流动引起的。

渗流引起的土骨架与孔隙水之间的相互作用可由孔隙水动力平衡方程来确定。当不考虑孔隙水运动的惯性力时,由该方程求得的单位土体中土骨架与孔隙水之间相互作用力在 x、y、z 方向的分量 $f_{s,w,x}$、$f_{s,w,y}$、$f_{s,w,z}$ 的数值如下:

$$\begin{cases} f_{s,w,x} = -\dfrac{\partial p}{\partial x} \\[2mm] f_{s,w,y} = -\dfrac{\partial p}{\partial y} \\[2mm] f_{s,w,z} = -\dfrac{\partial p}{\partial z} \end{cases} \quad \text{或} \quad \begin{cases} f_{s,w,x} = \gamma_w j_x \\[2mm] f_{s,w,y} = \gamma_w j_y \\[2mm] f_{s,w,z} = \gamma_w j_z \end{cases} \tag{22.61}$$

式中,j_x、j_y、j_z 为 x、y、z 方向孔隙水的水力坡降。显然,孔隙水对土骨架作用力的方向与孔隙水流动方向一致,而土骨架对孔隙水作用力的方向则与孔隙水流动方向相反。在这种情况下,土骨架与孔隙水之间的作用力数值只与孔隙水压力梯度有关。但是,当考虑孔

隙水运动的惯性力时,以 x 方向为例,如图 22.12 所示,孔隙水动力平衡方程如下:

$$\begin{cases} -\dfrac{\partial p}{\partial x} - f_{s,w,x} = \rho'_w \dfrac{\partial^2 u_w}{\partial t^2} \\[2mm] -\dfrac{\partial p}{\partial y} - f_{s,w,y} = \rho'_w \dfrac{\partial^2 v_w}{\partial t^2} \\[2mm] -\dfrac{\partial p}{\partial z} - f_{s,w,z} = \rho'_w \dfrac{\partial^2 \bar{w}_w}{\partial t^2} \end{cases} \tag{22.62}$$

由此得

$$\begin{cases} f_{s,w,x} = -\dfrac{\partial p}{\partial x} - \rho'_w \dfrac{\partial^2 \bar{u}_w}{\partial t^2} \\[2mm] f_{s,w,y} = -\dfrac{\partial p}{\partial y} - \rho'_w \dfrac{\partial^2 \bar{v}_w}{\partial t^2} \\[2mm] f_{s,w,z} = -\dfrac{\partial p}{\partial z} - \rho'_w \dfrac{\partial^2 \bar{w}_w}{\partial t^2} \end{cases} \tag{22.63}$$

由式(22.62)可见,在发生渗流的情况下,土骨架与孔隙水之间的相互作用力的数值不仅与孔隙水压力梯度有关,还与孔隙水运动的惯性力有关。

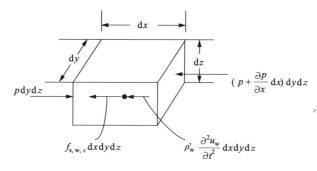

图 22.12　孔隙水在 x 方向的作用力

2. 考虑流透作用求解冲击对饱和土体作用的基本方程

1) 动力平衡方程

(1) 土骨架动力平衡方程。

$$\begin{cases} -\left(\dfrac{\partial \sigma_x}{\partial x} + \dfrac{\partial \tau_{xy}}{\partial y} + \dfrac{\partial \tau_{xz}}{\partial z}\right) + f_{s,w,x} = \rho'_s \ddot{u} \\[2mm] -\left(\dfrac{\partial \tau_{xy}}{\partial x} + \dfrac{\partial \sigma_y}{\partial y} + \dfrac{\partial \tau_{yz}}{\partial z}\right) + f_{s,w,y} = \rho'_s \ddot{v} \\[2mm] -\left(\dfrac{\partial \tau_{xz}}{\partial x} + \dfrac{\partial \tau_{yz}}{\partial y} + \dfrac{\partial \sigma_z}{\partial z}\right) + f_{s,w,z} = \rho'_s \ddot{w} \end{cases} \tag{22.64}$$

(2) 孔隙水动力平衡方程。

孔隙水动力平衡方程即前述的式(22.62)。

2) 应力-应变关系

(1) 土骨架的应力-应变关系方程。

$$\begin{cases} \sigma_x = 2G\epsilon_x + \lambda\epsilon, & \tau_{xy} = G\gamma_{xy} \\ \sigma_y = 2G\epsilon_y + \lambda\epsilon, & \tau_{yz} = G\gamma_{yz} \\ \sigma_z = 2G\epsilon_z + \lambda\epsilon, & \tau_{zz} = G\gamma_{zz} \end{cases} \tag{22.65}$$

(2) 孔隙水压力与单位土体土骨架体应变及孔隙水排水量之间关系。

孔隙水压力与单位土体土骨架体应变及孔隙水排水量之间的关系可由饱和土体积变化连续性条件确定。在发生渗流情况下,在 Δt 时段内单位土体存在如下几种体积变化。

① 由土骨架应力 σ_x、σ_y、σ_z 作用引起的单位土体土骨架体积变化,其变化速率为 $\dot{\epsilon}$。

② 由孔隙水压 p 作用引起的单位土体孔隙水体积变化,其变化速率为 $n\dot{\epsilon}_w$。

③ 由渗流引起的从单位土体中孔隙水的排出量,其变化速率以 $\dot{\epsilon}_{w,f}$ 表示。如果令孔隙水相对于土骨架在 x、y、z 方向上的运动速度分别为 $\dot{u}_{s,w}$、$\dot{v}_{s,w}$、$\dot{w}_{s,w}$,则

$$\dot{\epsilon}_{w,f} = \frac{\partial \dot{u}_{s,w}}{\partial x} + \frac{\partial \dot{v}_{s,w}}{\partial y} + \frac{\partial \dot{w}_{s,w}}{\partial z} \tag{22.66}$$

式中, $\dot{u}_{s,w}$、$\dot{v}_{s,w}$、$\dot{w}_{s,w}$ 按式(22.28)定义。

根据发生渗流情况下饱和土体积变形相容条件得

$$\dot{\epsilon} = n\dot{\epsilon}_w + \dot{\epsilon}_{w,f} \tag{22.67}$$

改写式(22.67)得

$$\dot{\epsilon} - \dot{\epsilon}_{w,f} = n\frac{1}{B_w}\dot{p}$$

令

$$\frac{1}{M} = n\frac{1}{B_w} \tag{22.68}$$

则

$$\dot{p} = M(\dot{\epsilon} - \dot{\epsilon}_{w,f}) \tag{22.69}$$

3) 应变-位移关系

(1) 土骨架应变与位移关系。

土骨架应变与位移关系同式(22.46)。

(2) 孔隙水的渗流速度与孔隙水运动速度及土骨架位移速度之间的关系。

孔隙水的渗流速度与孔隙水运动速度及土骨架位移速度之间的关系同式(22.28)。

4) 渗透定律

由于孔隙水压力分布不均匀,孔隙水从高孔隙水压力区向低孔隙水压力区流动。孔隙水相对土骨架的流动速度在 x、y、z 方向的分量 $\dot{u}_{s,w}$、$\dot{v}_{s,w}$、$\dot{w}_{s,w}$ 可由达西定律确定:

$$\dot{u}_{s,w} = kj_x, \quad \dot{v}_{s,w} = kj_y, \quad \dot{w}_{s,w} = kj_z$$

式中，k 为土的渗透系数。孔隙水压力降坡 j_x、j_y、j_z 可分别按如下公式确定：

$$j_x = -\frac{1}{\gamma_w}\frac{\partial p_w}{\partial x}, \quad j_y = -\frac{1}{\gamma_w}\frac{\partial p_w}{\partial y}, \quad j_z = -\frac{1}{\gamma_w}\frac{\partial p_w}{\partial z}$$

将其代入上式得

$$\begin{cases} \dot{u}_{s,w} = -\dfrac{k}{\gamma_w}\dfrac{\partial p_w}{\partial x} \\[2mm] \dot{v}_{s,w} = -\dfrac{k}{\gamma_w}\dfrac{\partial p_w}{\partial y} \\[2mm] \dot{w}_{s,w} = -\dfrac{k}{\gamma_w}\dfrac{\partial p_w}{\partial z} \end{cases} \tag{22.70}$$

3. 以土骨架位移和孔隙水压力为未知数的求解方程

由上述的基本求解方程，可简化出以土骨架位移和孔隙水压力为未知数的求解方程。将应力-应变关系及应变-位移关系代入(22.64)第一式得

$$G\nabla^2 u - (\lambda+G)\frac{\partial \varepsilon}{\partial x} + f_{s,w,x} = \rho'_s \ddot{u}$$

再将式(22.63)第一式代入得

$$G\nabla^2 u - (\lambda+G)\frac{\partial \varepsilon}{\partial x} - \frac{\partial p}{\partial x} - \rho'_w \frac{\partial^2 \bar{u}_w}{\partial t^2} = \rho'_s \frac{\partial^2 u}{\partial t^2}$$

由于

$$\dot{u}_w = \dot{u} + (\dot{\bar{u}}_w - \dot{u})$$

$$\dot{\bar{u}}_w - \dot{u} = \frac{\dot{u}_{s,w}}{n}$$

$$\rho_w = \frac{\rho'_w}{n}, \quad \rho_{st} = \rho'_s + \rho'_w$$

式中，ρ_{st} 为土的饱和质量密度。将这三个关系式代入上式得

$$G\nabla^2 u - (\lambda+G)\frac{\partial \varepsilon}{\partial x} - \frac{\partial p}{\partial x} = \rho_{st}\ddot{u} + \rho_w \ddot{u}_{s,w}$$

再将式(22.70)代入上式得

$$G\nabla^2 u - (\lambda+G)\frac{\partial \varepsilon}{\partial x} - \left(1 - \frac{k}{g}\frac{\partial}{\partial t}\right)\frac{\partial p}{\partial x} = \rho_{st}\ddot{u} \tag{22.71a}$$

同理得

$$\begin{cases} G\nabla^2 v - (\lambda+G)\dfrac{\partial \varepsilon}{\partial y} - \left(1 - \dfrac{k}{g}\dfrac{\partial}{\partial t}\right)\dfrac{\partial p}{\partial y} = \rho_{st}\ddot{v} \\[3mm] G\nabla^2 w - (\lambda+G)\dfrac{\partial \varepsilon}{\partial z} - \left(1 - \dfrac{k}{g}\dfrac{\partial}{\partial t}\right)\dfrac{\partial p}{\partial z} = \rho_{st}\ddot{w} \end{cases} \tag{22.71b}$$

另外将式(22.66)代入式(22.69)得

$$\dot{p} = M\dot{\varepsilon} - M\Big(\frac{\partial \dot{u}_{s,w}}{\partial x} + \frac{\partial \dot{v}_{s,w}}{\partial y} + \frac{\partial \dot{w}_{s,w}}{\partial z} \Big)$$

再将式(22.70)代入上式得

$$\dot{p} = M\dot{\varepsilon} + M\frac{k}{\gamma_w}\Big(\frac{\partial^2 p}{\partial x^2} + \frac{\partial^2 p}{\partial y^2} + \frac{\partial^2 p}{\partial z^2} \Big)$$

改写得

$$M\dot{\varepsilon} + M\frac{k}{\gamma_w}\nabla^2 p = \frac{\partial}{\partial t}p \qquad\qquad (22.72)$$

式(22.71)和式(22.72)即为以土骨架位移 u、v、w 和孔隙水压力 p 为未知数的求解方程。但应注意,式(22.71)和式(22.72)的右端是未知的。

4. 方程的求解方法及一些说明

式(22.71)和式(22.72)通常采用数值方法求解,如有限元法。具体的数值求解方法不在此做进一步叙述。在此应指出如下三点。

(1) 上面推导出了以 u、v、w、p 为未知量的求解方程。这种形式的求解方程共包括四个方程。除此之外,还可建立以 u、v、w、$\dot{u}_{s,w}$、$\dot{v}_{s,w}$、$\dot{w}_{s,w}$ 为未知量的求解方程。这种形式的求解方程包括六个方程。显然,以 u、v、w、p 为未知量的求解方程更为简便,因此在实际问题中更普遍地被采用。

(2) 由于土的渗透系数 k 很小,渗透速度 $\dot{u}_{s,w}$、$\dot{v}_{s,w}$、$\dot{w}_{s,w}$ 也较小。因此,在实际问题中可忽略孔隙水相对土骨架运动加速度 $\ddot{u}_{s,w}$、$\ddot{v}_{s,w}$、$\ddot{w}_{s,w}$。这样,在式(22.71)左端与 k/g 有关的项可取为零,则式(22.71)得以简化。

(3) 应特别指出,在上述推导中,假定土骨架的应力-应变关系为线弹性关系,只能考虑动平均正应力作用引起的孔隙水压力。因此,由式(22.71)和式(22.72)求得的孔隙水压力 p 不包括动剪切作用所引起的孔隙水压力。式(22.71)和式(22.72)可用来求解动力固结问题、排水引起的土体沉降等问题。由第7章可知,使饱和砂土发生振动液化的孔隙水压力是动剪切作用引起的,因此所求得的孔隙水压力不能作为判别砂土振动液化的指标。如果采用的土骨架应力-应变关系可以考虑剪胀(或剪缩)的性能,并按上述方法建立相应的求解方程,则可以求得动剪切引起的孔隙水压力并用来判别液化。这样的土骨架力学模型应是一个动力弹塑性模型。但是目前关于这样的动力弹塑性模型的研究还很少。

22.5　爆炸等冲击荷载对土体作用的分析

在分析爆炸荷载对土体的作用时,通常不考虑土骨架与孔隙水之间的相互作用,而采用第9章所述的方法进行分析。如果有必要考虑土骨架与孔隙水的相互作用,则可按

22.4 节所述的方法进行分析。当按 22.4 节所述的方法考虑土骨架与孔隙水相互作用时,其分析通常是线弹性分析。

前面,图 22.2～图 22.4 和图 22.8 分别给出了几种爆炸或冲击荷载对土体作用的典型情况。图 22.2 所示的情况为均布的爆炸荷载对水平成层土体的作用情况。在这种情况下,土体不能发生侧向变形,可以简化成一维问题,取单位面积土柱进行分析。但是,在图 22.3 和图 22.8 所示的情况,在爆炸荷载作用下土体可以发生侧向变形,并且由于冲击荷载作用的局部性或土体几何轮廓的变化必须作为二维或轴对称问题进行分析。因此,下面将按不能发生侧向变形的一维土柱问题和允许侧向变形的二维或轴对称问题分别表述在爆炸或冲击荷载作用下土体的动力分析。

1. 一维土柱问题的分析

爆炸荷载对不能发生侧向变形的单位面积土柱作用的分析可按前述第 9 章的基本方法进行,这里只需做一些必要的补充说明。

1) 分析体系的建立

在建立分析体系时有如下两个问题需要说明。

(1) 将单位面积的土柱理想成为图 22.13 所示的杆单元集合体。为了考虑土的分层不均匀性,在剖分土柱时要将相邻两层土的分界面作为剖分的结点。然后,再对每层土进行剖分,每段土柱的长度以 3～5m 为宜。

(2) 单位面积土柱的计算深度取决于基岩的埋藏深度。如果基岩的埋藏深度很大,则可取假想的基岩埋藏深度,通常取土的剪切波波速达 500m/s 处的深度。但是,无论将土柱的计算深度取至实际的基岩深度还是假想的基岩深度都应在土柱的底部设置一个黏性阻尼器,以考虑几何阻尼的影响。

2) 杆单元刚度及结点集中质量的确定

根据结构力学,第 j 段杆单元的刚度 K_j 可按式(22.73)确定:

$$K_j = \frac{E_{c,d,j}}{l_j} \tag{22.73}$$

式中, $E_{c,d,j}$ 为第 j 段杆单元相应土层的土动压缩模量,其确定方法在下面表述; l_j 为第 j 段杆单元的长度。

第 j 个结点集中的质量 M_j 可按式(22.74)确定:

$$M_j = \frac{1}{2} (\rho_{j-1} l_{j-1} + \rho_j l_j) \tag{22.74}$$

式中, ρ_{j-1} 和 ρ_j 分别为第 $j-1$ 和第 j 段土柱的质量密度,非饱和土取天然质量密度,饱和土取饱和质量密度。

3) 土的动力学模型及动压缩模量 $E_{c,d}$ 的确定

由于在爆炸荷载作用下不能发生侧向变形,在分析中应采用 22.2 节所述的在侧限变形状态下的动力学模型。这个模型是一个滞回曲线类型的弹塑性模型,在求解方程时应按增量法进行。因此,在按式(22.73)确定杆单元的刚度 K 时,其中的动压缩模量 $E_{c,d}$

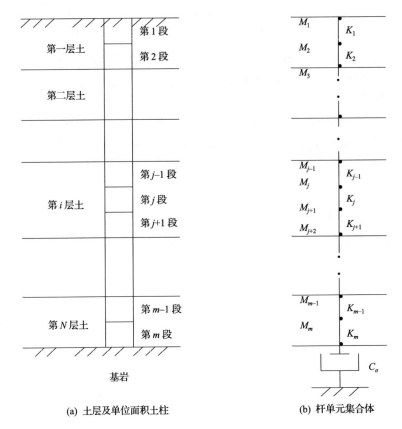

(a) 土层及单位面积土柱 (b) 杆单元集合体

图 22.13 单位面积土柱的理想化

应分别在升压段和降压段取其切线模量。具体的方法已在前面表述了,不需赘述。

在此应强调指出,在侧限变形情况下的滞回曲线应由在爆炸或冲击作用下的动单轴压缩试验来测定。

4) 求解方程及求解方法

根据图 22.13 可建立一维土柱体系的求解方程如下:

$$[M]\{\Delta\ddot{w}\} + [C]\{\Delta\dot{w}\} + [K]\{\Delta w\} = \{\Delta R\} \tag{22.75}$$

式中,$[M]$ 为体系的质量矩阵,其形式为对角矩阵;$[C]$ 为与几何阻尼相应的体系阻尼矩阵,只有主对角线上最后一个元素不为零,其他全部为零,其中黏性系数 c_σ 按黏性边界的要求来确定;$[K]$ 为体系的刚度矩阵,由单元刚度叠加而成,其形式为三对角矩阵;$\{\Delta w\}$、$\{\Delta\dot{w}\}$、$\{\Delta\ddot{w}\}$ 分别为质点位移、速度、加速度增量向量;$\{\Delta R\}$ 为荷载增量向量,只有第一个元素不为零,其数值等于 $p_{t+\Delta t} - p_t$。

方程式(22.75)建立后可采用前述的逐步积分法求解。由于爆炸荷载的升压时段很短,为了能很好描写升压时段内土体的应力和变形过程,在升压时段必须要有足够的计算步数。假如在升压时段的计算步数为 n,则时间步长为 $\Delta t = t_1/n$。这样确定的时间步长要比地震反应分析通常采用的时间步长(0.01s)短得多。但应指出,当由式(22.75)求

解出 Δt 时段的 $\{\Delta w\}$ 后,就可确定该时段的第 j 个单元的压应力增量 $\Delta \sigma_j$ 如下:

$$\Delta \sigma_j = E_{c,d,j} \frac{\Delta w_{j+1} - \Delta w_j}{l_j} \tag{22.76}$$

5)一维的土柱解的应用

按上述方法求得的一维土柱解答至少有如下两方面应用。

(1)按常规的方法分析空中爆炸荷载对地下结构的影响时,可分为两步:①确定爆炸荷载通过土体作用于地下结构上的动荷载;②分析在确定的动荷载作用下地下结构的内力和变形。显然,第一步是关键。在确定爆炸荷载通过土体作用于地下结构上的动荷载时,作为第一次近似,可认为不存在地下结构。这样,就可根据上述的一维土柱的解及地下结构的埋深确定爆炸荷载通过土体作用于地下结构上的动荷载。

(2)当采用数值方法分析爆炸荷载对斜坡土体、地下结构等作用时,必须对参与计算的土体侧边界加以处理,以考虑几何阻尼的影响。在处理参与计算的土体侧边界时,必须知道远离斜坡和地下结构处的土体在爆炸荷载作用下发生的运动。这时,可将由一维土柱分析确定的运动作为远处土体的运动。

2. 可发生侧向变形的二维平面应变或轴对称问题的分析

如前所述,对无限表面上局部作用冲击荷载情况如图 22.3 所示,空中爆炸作用于斜坡土体情况如图 22.8 所示,以及爆炸源位于土体内部情况如图 22.4 所示,应按可发生侧向变形的二维平面问题进行分析。这些问题的求解方法基本上是相同的,通常必须采用数值方法求解。具体的数值求解方法已在第 9 章中表述了。这里只对考虑爆炸或冲击作用所做的一些特别处理加以补充说明。下面,以空中爆炸荷载对斜坡土体的作用分析为例,来进行具体的表述。

1)分析体系的建立

在建立斜坡土体的分析体系时,要从土体中截取一部分参与计算。这部分参与计算的土体的边界为两个侧面及其底面。底面可取至基岩顶面或假想的基岩顶面,两个侧向可分别从坡脚和坡顶向两侧取 2~3 倍土层厚度。在建立分析体系时,假设参与计算的土体为有限单元集合体。但是,为了考虑几何阻尼的影响,在边界的结点上要设置阻尼器,即将边界处理成黏性边界,如图 22.14 所示。从图 22.14 可见,在边界上的每个结点设置两个阻尼器,其中一个阻尼器的黏性系数为 C_σ,吸收相对压缩运动的能量;另一个阻尼器的黏性系数为 C_τ,吸收相对剪切运动的能量,阻尼器的黏性系数按黏性边界要求确定。在底面上的阻尼器的一端与底面边界上的结点相连,另一端与基岩或假想基岩上相应的结点相连;在侧面上的阻尼器的一端与侧面上的结点相连,但是另一端则与一维土柱相对的结点相连。这样,参与计算的土体与附加于两侧面之外的土柱构成了如图 22.14 所示的分析体系。由于在两侧边界之外设置的土柱的运动代表远离侧向边界处土体的运动,所以两侧边土柱在爆炸荷载或冲击荷载作用下的运动必须先单独求解。然后,将求得的运动赋予图 22.14 中土柱的相应结点,作为已知量。

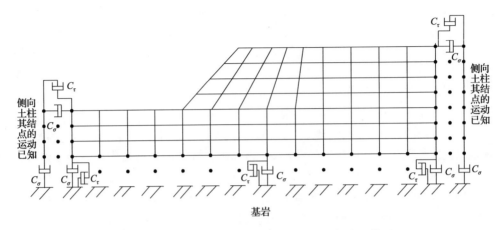

图 22.14 在空中爆炸荷载作用下斜坡土体的分析体系

2) 土的动力学模型及切线模量

由于在爆炸和冲击荷载作用下土体可发生侧向变形,在分析计算中必须采用 22.2 节所述的允许侧向变形的土动力学模型,并分别在升压或降压阶段确定其切线模量 $E_{\rm d}$,不需赘述。但是,允许侧向变形动力学模型的滞回曲线必须由在爆炸或冲击作用下的动三轴试验来测定。

3) 体系的求解方程及求解方法

体系的求解方程可由结点的动力平衡条件建立。但是,采用的土动力学模型是滞回曲线类型的弹塑性模型,所建立的求解方程应是增量形式的方程,其形式如下:

$$[M]\{\Delta \ddot{r}\} + [C]\{\Delta \dot{r}\} + [K]\{\Delta r\} = \{\Delta R\} + [C]_{\rm b}\{\Delta \dot{r}\}_{\rm b} \qquad (22.77)$$

式中,$\{\Delta r\}$、$\{\Delta \dot{r}\}$、$\{\Delta \ddot{r}\}$ 分别为结点位移、速度和加速度增量向量,其中第 j 结点的位移、速度、加速度增量 Δr_j、$\Delta \dot{r}_j$、$\Delta \ddot{r}_j$ 如下:

$$\Delta r_j = \{\Delta u_j \quad \Delta w_j\}^{\rm T} \quad \Delta \dot{r}_j = \{\Delta \dot{u}_j \quad \Delta \dot{w}_j\}^{\rm T}, \quad \Delta \ddot{r}_j = \{\Delta \ddot{u}_j \quad \Delta \ddot{w}_j\}^{\rm T}$$

$[M]$ 为体系的质量矩阵,为对角形式的矩阵;$[C]$ 为体系的阻尼矩阵,只有在主对角线上与边界点位移相应的元素不为零;$[K]$ 为体系的刚度矩阵,可由单元刚度叠加而成,在计算单元刚度时采用切线模量;$\{\Delta R\}$ 为荷载增量向量,只有与斜坡表面上的结点竖向位移相应的元素不为零,其数值可由 $t + \Delta t$ 时刻冲击波压强 $p_{t+\Delta t}$ 和 t 时刻冲击波压强 p_t 之差确定出来;$\{\Delta \dot{r}\}_{\rm b}$ 为辅助的速度增量向量,只有与边界面上的结点位移相应的元素不为零,其数值如下:

$$\{\Delta \dot{r}\}_{\rm b} = \{\Delta(\dot{u}_{j,{\rm b}} - \dot{u}'_{j,{\rm b}}) \quad \Delta(\dot{w}_{j,{\rm b}} - \dot{w}'_{j,{\rm b}})\}^{\rm T}$$

式中,$\Delta(\dot{u}_{j,{\rm b}} - \dot{u}'_{j,{\rm b}})$、$\Delta(\dot{w}_{j,{\rm b}} - \dot{w}'_{j,{\rm b}})$ 分别为与边界结点相对的土柱上的节点和底面上结点的速度分量的增量。$[C]_{\rm b}$ 为黏性边界相应的阻尼矩阵。

方程式(22.77)可采用逐步积分法求解。在此,所要说明的是,对每一时间步长的求解必须先求解两侧土柱在爆炸或冲击荷载作用下的运动,然后作为已知量赋予土柱的结点。这样,就可确定出式(22.77)右端第二项的数值。

4）二维问题解的应用

二维问题的解至少有如下两方面的应用。

（1）评估在爆炸或冲击荷载作用下土体自身的稳定性，或破坏区的部位和范围。以图 22.8 所示的斜坡土体为例，在空中爆炸作用下斜坡土体要产生附加的动剪应力。这样，在静剪应力和动剪应力共同作用下斜坡土体可能发生滑动破坏，或在斜坡土体中形成一个破坏区。如果采用动力法分析斜坡土体在爆炸荷载作用下的稳定性，则必须由二维分析确定爆炸荷载在土体中产生的动应力。斜坡土体中的动应力确定之后，可按本书第 16 章所述的方法评估它在爆炸荷载下的稳定性。

另外，按第 12 章所述方法，二维分析还可以给出在爆炸荷载下斜坡土体的永久变形。永久变形也是评估在爆炸荷载作用下斜坡土体性能的一个重要的定量指标。

（2）如果斜坡之下存在地下结构，需要评估爆炸荷载对地下结构的影响。在评估对地下结构的影响时，需要确定爆炸通过斜坡土体对地下结构的作用。作为第一次近似，可不考虑地下结构的存在，进行斜坡动力分析并将地下结构与土体边界面相应的动应力施加于地下结构与土体的边界面上。然后，再分析地下结构在附加的边界动荷载作用下产生的内力和变形，并将其作为评估爆炸荷载对斜坡之下地下结构影响的依据。

22.6　爆炸等冲击荷载对地下结构的作用分析

爆炸对地下结构的作用可能有两种情况：空中爆炸荷载通过土体对地下结构的作用；土体内部爆炸荷载通过土体对地下结构的作用。

评估爆炸荷载对地下结构的作用可分不考虑和考虑土-结构相互作用两种方法。

1. 不考虑土-结构相互作用的方法

不考虑土-结构相互作用的方法，如前所述，包括如下两步骤。

（1）假定在土体中不存在地下结构，采用前述的方法分析爆炸荷载对土体的作用，确定出相应于地下结构和土体界面上的动应力。

（2）将确定出来的动应力施加在地下结构与土体界面上作为附加荷载，分析在附加荷载作用下地下结构产生的内力和变形。

2. 考虑土-结构相互作用的方法

考虑土-结构相互作用的方法是将土体及其中的结构作为一个体系，分析爆炸荷载对这个体系的作用。因此，这是一个动力相互作用问题，可按第 13 章所述的方法进行分析。但是，在进行爆炸荷载作用下土-结构相互作用分析时，应注意爆炸荷载的特点、土的动力学模型以及边界的特点。考虑这些特点所要注意的问题已在 22.5 节中表述了，现归纳如下。

（1）求解方程应采用逐步积分法求解。积分的时间步长应取为

$$\Delta t = \frac{t_1}{n} \tag{22.78}$$

式中，t_1 为爆炸荷载在升压时段的长度；n 为描写升压时段内应力、变形变化所要求的计算点数，通常不少于 20 个点。

（2）在分析中必须采用爆炸荷载下土的动力学模型。土的滞回曲线应由爆炸荷载作用下动三轴试验确定。在分析中应分别在升压或降压阶段由滞回曲线确定相应的切线模量。

（3）应在参与分析土体的边界上设置阻尼器以考虑几何阻尼的影响，如图 22.14 所示。阻尼器的黏性系数应由黏性边界的要求确定。

<h2 style="text-align:center">思 考 题</h2>

1. 爆炸等冲击荷载过程分哪两个阶段及其特点？表征爆炸等冲击荷载的特性指标是什么？

2. 在爆炸等冲击荷载下土有哪两种变形状态？列举每种变形状态的实例。

3. 根据土体的变形状态如何试验测定在爆炸等冲击荷载下土的动力性能？在每种变形状态下测得的应力-应变关系线的特点是什么？

4. 在爆炸等冲击荷载下土的动力学模型参数受哪些因素影响？定性地影响规律如何？

5. 如何测试在冲击荷载下土的动强度？爆炸等冲击荷载对土动强度的影响与循环荷载有什么异同？

6. 考虑液-固相耦合作用求解波在饱和土体中传播的基本方程是由哪些组成的？由这些方程推导出来在饱和土体中存在哪些类型的波？相应的波速公式是什么？

7. 考虑排水渗透作用求解在动荷载作用下饱和土体变形和应力的基本方程是由哪些组成的？如何简化出以土骨架位移和孔隙水压力为未知数的求解方程？

8. 在什么情况下可以按一维土柱来分析爆炸等冲击荷载对土体的作用？由一维土柱求得的解有什么用处？

9. 在什么情况下必须按平面应变二维问题分析爆炸荷载对土体的作用？其解答有什么用处？

10. 分析爆炸等冲击荷载对地下结构作用有哪两种方法？

<h2 style="text-align:center">参 考 文 献</h2>

[1] Nelson I, Baron M L, Sandler I. Mathematical models for geological materials for wave propagation studies. U S: Department of Commerce, Springfield, 1971.

[2] Dimaggio E L, Sandller I. Material model for granular soils. Journal of the Engineering Mechanics Division, 1971, 97(3): 935-950.

[3] Baron L M, Nelson I, Sandller I. Influence of constitutive models of ground motion predictions. Journal of the Engineering Mechanics Division, 1973, 99(16): 1181-1200.

[4] Biot M A. Theory of propagation of elastic waves in a fluid-saturated porous solid, I: Low frequency range. Journal of the Acoustical Society of America, 1956, 28: 168-178.

[5] Biot M A. Theory of propagation of elastic waves in a fluid-saturated porous solid，Ⅱ：Higher frequency range. Journal of the Acoustical Society of America，1956,28：179-191.

[6] 小理查德 F E，伍兹 R D. 土与基础的振动. 徐攸在，徐国彬，曾国熙，等，译. 北京：中国建筑工业出版社，1976.

[7] Biot M A. Mechanics of deformation and acoustic propagation in porous media. Journal of Applied Physics，1962，33：1482-1498.

第23章　桩基力学性能的动力检测

23.1　概　　述

1. 单桩动力检测的目的及内容

桩基是基础工程中广泛采用的一种深基础形式,通常由单桩组成。单桩的性能一方面取决于桩身的刚度和承载力,另一方面取决于桩侧和桩端土所提供的反力。在指定的荷载作用下桩应满足如下要求。

(1) 桩的变形应小于允许值。

(2) 桩身应不发生破坏。

(3) 桩周土提供的反力要足够大,不能在桩土接触面发生破坏。

现在,大多数桩是由钢或钢筋混凝土制成的。如果桩身的质量得以保证,那么在指定荷载作用下,桩身通常不会发生破坏。但是,在桩施工时可能发生一定的质量问题,例如,在桩身某一部位混凝土疏松甚至出现空洞;打入的混凝土桩在从桩底反射回来的拉应力波作用下可能发生裂缝等。如果桩身存在缺陷,不仅会影响桩传递荷载的功能,在荷载作用下还可能发生自身破坏,桩身是否存在缺陷通常称为桩的完整性。因此,一根桩施工完毕后,对它的完整性应该有所了解,而动力检测是确定桩完整性的重要方法之一。

由桩的工作机制可知,作用于桩体上的荷载是由桩侧和桩端提供的土反力平衡的。土反力随桩变形的增大而增大,当变形达到一定数值时两者达到平衡。使桩发生单位变形,在桩顶所需施加的力称为桩的刚度。显然,桩的刚度不仅取决于桩身还取决于桩周土。桩的刚度是决定在指定荷载作用下桩的变形的一个重要的力学指标,而动力检测是确定单桩动刚度的重要方法之一。

同样,由桩的工作机制可知,如果土在桩侧和桩端不能提供足够大的反力来平衡施加于桩顶上的荷载,桩将沿桩土接触面发生破坏。通常,将土在桩侧和桩端所能提供的最大反力称为桩的极限承载力。施加于桩体的荷载必须小于桩的极限承载力,并且还要保持一定的安全度。因此,单桩的承载力是一个与刚度同样重要,甚至更重要的力学指标,也应该予以恰当地确定,而动力检测也是确定单桩静承载力的方法之一。

综上所述,桩的动力检测内容包括桩身完整性检测和单桩力学性能指标的检测。在单桩力学指标检测中,单桩的动刚度和静承载力是重要的检测项目。

2. 单桩动力检测的基本原理及设备

单桩动力检测已有专著,可参考文献[1]。单桩动力检测的基本原理是在桩顶施加一个冲击动荷载或谐波荷载,并检测桩对冲动荷载或谐波荷载作用的反应。例如,在冲击荷载作用下桩产生的贯入度,即在一次冲击荷载作用下的入土深度;或在谐波荷载作用下桩体之下某个断面的应力或运动速度的时程曲线。然后,采用适当的方法分析这些测试资料,确定桩的完整性或力学性能指标。这样,单桩的检测包括如下两项工作。

1) 现场动力试验

现场动力试验的目的是检测单桩对施加于桩顶上的动荷载的反应,如前面所说的那些量。现场动力试验的设备由如下两部分组成。

(1) 激振装置。

现场动力荷载检测的激振装置可分为如下两类。

① 产生冲击荷载的锤击装置。锤击装置比较简单,由以下部分构成:落锤、起吊支架、起吊机械、垫块。

② 产生谐波荷载的激振装置。这是一种专门设计的激振装置。激振力是由绕水平轴转动的偏心质量块的离心力提供的。激振器通常设有两个水平轴。这样,调整两个轴上偏心质量块之间的初始夹角和转动方向就可以产生多种形式的激振力。另外,激振器水平轴的转动频率应该是可调的。通常,激振器由以下部分组成:机座;水平轴;偏心质量块;调频装置;动力设备,如电机或柴油机等。

(2) 测量设备。

在冲击荷载作用下桩的贯入度测量很简单。这里所表述的测量设备主要是指测量桩顶下某一断面应力或运动速度所需的测量设备,它由以下部分组成。

① 应力计或拾振器。设置在桩顶之下指定断面处,在动荷载作用下,它们会发生一个模拟的电信号并输出来。

② 放大器。放大器与应力计或拾振器相连接,将传来的模拟电信号放大。

③ 数据采集装置。数据采集装置一端与放大器相连接,另一端与计算机相连接。数据采集装置将放大器传来的模拟电信号转变成数值信号,并按指定的采样频率将数值信号存放起来。采样频率定义为每秒采取的数值个数,由计算机控制。

④ 计算机。在桩基动力试验中计算机有三个功能:控制数值采集装置工作,如采样频率等;存储和显示测定量的时程曲线;按一定的方法分析所测定量的时程曲线,以确定桩的完整性或桩的力学性能指标。

2) 分析现场试验测定的资料

分析现场试验测定的资料是桩基动力检测的另一项重要的工作。分析所采用的方法取决于所要检测的目标和所测定的资料。但是应指出,无论哪种情况所采用的分析方法必须建立在一定的理论框架之上,具体将在下面详细表述。

3. 桩基动力检测方法的分类及适用性

根据桩基所受到的动荷载作用水平,可将桩基动力检测方法分为低应变法和高应变法。如果在施加于桩顶的动荷作用下,桩处于弹性工作状态,桩土之间不发生相对变形,这样的动力检测方法称为低应变法。如果在施加于桩顶的动荷载作用下,桩处于弹塑性工作状态,桩土之间发生相对变形,这样的动力检测方法称为高应变法。

在低应变试验方法中,施加于桩顶的动力作用水平较低,动荷载通常采用敲击方法或激振器施加于桩体。由于桩处于弹性工作状态,低应变法一般用来测试桩的完整性或桩的最大动刚度。采用低应变测试单桩承载力的适用性,从一开始就受到质疑。原因在于低应变检测中桩处于弹性工作状态,而承载力是桩处于破坏状态的性能,以弹性工作状态的测试资料推测桩处于破坏状态的性能是不可行的。现在,低应变法试验不适于测试桩承载力已基本在业内取得共识。

在高应变法试验中,应使桩处于弹塑性工作状态,甚至进入破坏阶段,桩土发生相对变形。因此,施加于桩顶的动荷载水平必须很高,通常采用重锤锤击方法来施加。在高应变试验中,在锤击作用下桩体发生一定的贯入度,因此桩的承载力检测宜采用高应变法。但应指出,现行高应变法试验所采用的锤击设备,使承载力达到上千吨的桩处于弹塑性工作阶段仍是困难的。对于这样的桩,采用通常高应变法的锤击设备并不一定能实现真正的高应变。

4. 动力检测法的优缺点

目前,一致认为,现场压桩试验是确定单桩刚度和承载力最有效的方法。但是,现场压桩试验的费用是很高的,通常只按规定做很少几根桩的试验。与现场压桩试验相比,动力检测的优点为:费用低;快捷;可进行大量试验。

但是,动力检测试验的资料通常需要采用一定的方法进行分析。这样,分析给出的结果取决于分析方法的合理性。实际上,采用的分析方法总是以一定假设条件为基础建立的,不可能考虑所有因素的影响,甚至还可能忽略某些重要因素的影响。因此,在一般情况下,由动力检测试验获得的结果可能有相当大的误差。在实际问题中,应对动力检测得到的结果进行必要的评估,然后再使用。

本节最后指出,本章主要表述单桩的动力学性能的检测,即桩的动刚度和承载力的动力检测问题,有关桩完整性动力检测可参考文献[2]。

23.2 单桩动刚度及阻尼比的现场检测

单桩的动刚度及阻尼比可采用低应变法测定。如果动荷载采用敲击法施加于桩顶,桩产生自由振动,根据测得的自由振动资料确定其动刚度和阻尼比;如果动荷载采用激振器施加于桩顶,桩产生强迫振动,根据测得的强迫振动资料确定其动刚度及阻尼比。单桩桩体具有如下六个自由度及相应的刚度:沿 z 轴方向竖向位移,相应的竖向位移刚度 K_z;沿 x、y 方向水平位移,相应的水平位移刚度 K_x、K_y;绕水平轴 x、y 转动,相应的转动刚度为 $K_{\varphi,x}$、$K_{\varphi,y}$;绕 z 轴扭转,相应的扭转刚度 K_θ。

下面分别介绍这几种刚度的动力检测方法。

1. 竖向变形刚度及阻尼比的测试

1) 自由振动法

自由振动法可采用锤子敲击桩顶面中心,使桩产生竖向振动,并测量桩顶面的自由振动。根据测得的桩顶面振动衰减曲线可确定竖向自由振动频率 f_z 及对数衰减率 Δ_z。由此,可进一步确定出桩竖向位移刚度 K_z 及阻尼比 λ_z,,具体方法详见第 6 章。

2) 强迫振动法

强迫振动法采用激振器在桩顶施加竖向动荷载。将激振器固定在桩顶面,并使激振器底面的中心与桩顶面中心一致,如图 23.1 所示。在试验时,将两个轴上的偏心质量块与竖直线的初始夹角均调为零,然后相向转动。这样,只产生竖向振动力作用于桩顶面。设每个轴上的偏心质量块的个数为 n,每个偏心质量块的不平衡质量为 m_e,则作用于桩顶面上的竖向动荷载 Q 为

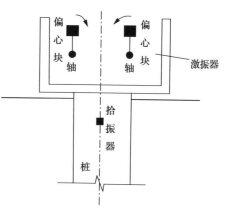

$$\begin{cases} Q = Q_0 \sin(pt) \\ Q_0 = 2nm_e ep^2 \end{cases} \quad (23.1)$$

式中,Q_0 为竖向动荷载幅值;e 为偏心质量块质心到转轴的距离;p 为激振器振动圆频率。

图 23.1　竖向变形刚度及阻尼比测试

在强迫振动法试验中,保持 Q_0 不变指定一系列的 p 值,测量在每个 p 值下桩顶的振动幅值 A_0。这样,就可得到一条 A_0-p 关系线。根据 A_0-p 关系线就能确定出竖向变形刚度 K_z 及相应的阻尼比 λ_z,具体方法详见第 6 章。

在强迫振动法试验中,既要改变 p 值又要保持 Q_0 值不变。从式(23.1)的第二式可见,如改变 p 值则必须改变偏心质量块的个数 n 或每个偏心质量块的不平衡质量 m_e。偏心质量块的个数 n 及每个偏心质量块的不平衡质量 m_e 应满足

$$nm_e = \frac{Q_0}{2p^2 e} \quad (23.2)$$

2. 绕水平轴 x 或 y 的转动刚度及阻尼比的测试

绕水平轴 x 或 y 的转动刚度及阻尼比的测试通常采用激振器在桩顶面施加一个动弯矩,施加的方法如图 23.2 所示。将两个轴上的偏心质量块与竖向线的初始角分别调成

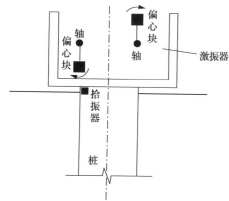

图 23.2　绕水平轴 x 或 y 转动刚度及阻尼比测试

为 0 和 180°,然后同向转动。这样,只产生一个力矩 M_φ 作用于桩顶面,其数值为

$$\begin{cases} M_\varphi = M_{\varphi,0} \sin(pt) \\ M_{\varphi,0} = 2nm_e ep^2 b \end{cases} \quad (23.3)$$

式中,$M_{\varphi,0}$ 为动力矩幅值;b 为转轴与桩顶面中心点的水平轴 x 或 y 的距离。测试时,在桩顶面的边缘设置一个拾振器测量该处的竖向振动。由于该处的竖向振动是桩顶面转动产生的,该处的竖向振动可以表示桩顶面的转动。保持 $M_{\varphi,0}$ 不变而改变 p 值,则可由试验获得竖向振动幅值 A_0 与 p 的关系。由 A_0-p 关

系线,就可确定桩绕水平轴 x 或 y 转动的刚度 $K_{\varphi,x}$、$K_{\varphi,y}$ 和相应的阻尼比 $\lambda_{\varphi,x}$、$\lambda_{\varphi,y}$。在试验中为保持 $M_{\varphi,0}$ 不变,偏心质量块的个数 n 及每个质量块的不平衡质量 m_{e} 应满足

$$nm_{e} = \frac{M_{\varphi,0}}{2ep^{2}b} \tag{23.4}$$

3. 扭转刚度及阻尼比的测试

扭转刚度及阻尼比的动力检测试验应采用激振器在桩顶施加动扭矩。为了只在桩顶产生扭矩,需要四个质量块。转轴、偏心质量块的初始位置及转动方向如图 23.3 所示。

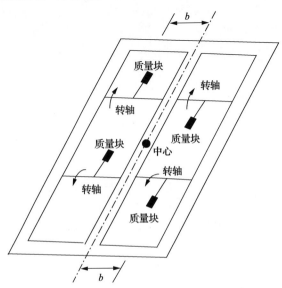

图 23.3   扭转刚度检测试验激振器偏心质量块的设置和扭转方向

施加于桩顶面的扭转弯矩 M_{θ} 由式(23.5)确定:

$$\begin{cases} M_{\theta} = M_{\theta,0}\sin(pt) \\ M_{\theta,0} = 4nm_{e}ep^{2}b \end{cases} \tag{23.5}$$

在桩顶面边缘处设置拾振器,测量该处由扭转引起的水平振动。在试验时,保持 $M_{\theta,0}$ 不变,改变 p 就可测量水平振动幅值 A_{0} 与 p 的关系线。根据 A_{0}-p 关系线,则可确定出抗扭刚度和相应的阻尼比。在试验时,为改变 p 并保持 $M_{\theta,0}$ 不变,偏心质量块的个数 n 及每个质量块的不平衡质量 m_{e} 应满足

$$nm_{e} = \frac{M_{\theta,0}}{4ep^{2}b} \tag{23.6}$$

4. 沿 x 或 y 方向的水平变形刚度及阻尼比测试

水平变形刚度及阻尼比的检测试验通常也采用激振器转动施加水平动荷载。偏心质量块的初始位置及转动方向如图 23.4 所示。从图 23.4 可见,由于转动轴比桩顶面高出

h 的距离,桩顶面在受到水平力作用的同时,还要受到动弯矩和动竖向力作用。桩顶受到的水平力如下:

$$\begin{cases} H = H_0 \sin(pt) \\ H_0 = 2nm_e e p^2 \end{cases} \qquad (23.7)$$

桩顶所受的弯矩如下:

$$\begin{cases} M_\varphi = M_{\varphi,0} \sin(pt) \\ M_{\varphi,0} = 2nm_e e p^2 h \end{cases} \qquad (23.8)$$

所受到的动竖向力如下:

$$\begin{cases} Q_z = Q_{z,0} \sin(pt) \\ Q_{z,0} = 2nm_e e p^2 \end{cases} \qquad (23.9)$$

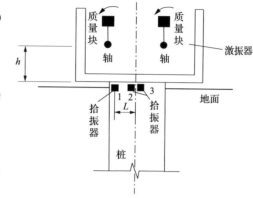

图 23.4 沿 x、y 方向水平变形刚度及阻尼比测试

在试验时,在桩顶面下中心线处设置两个拾振器,一个测量动水平力引起的水平振动,另一个测量动竖向力引起的竖向振动。另外,在桩顶面的下边缘处再设置拾振器,测量动弯矩引起的竖向振动。保持动水平力幅值 H_0 不变而改变 p 则可测得与 p 相对应的水平振动幅值 u_0。

当改变 p 时,为保持动水平力幅值 H_0 不变,nm_e 必须满足

$$nm_e = \frac{H_0}{2ep^2} \qquad (23.10)$$

这样,由试验可测得 H_0-p 关系线。然后,就可按强迫振动法确定水平变形刚度和阻尼比。由试验可同时测得由动弯矩作用引起的振动幅值 $A_{\varphi,0}$,并可由式(23.11)确定出相应的转角幅值 φ_0

$$\varphi_0 = \frac{A_{\varphi,0}}{L} \qquad (23.11)$$

式中,L 为拾振器与桩轴线的水平距离。

5. 在水平力和弯矩共同作用下桩的性能

在分析桩在水平荷载或弯矩作用下的性能时,通常将桩简化成梁构件,桩顶面的水平变形刚度与转动是交联的。在桩顶固结条件下,由于交联作用,如果桩顶面发生水平位移,在桩顶面不仅要引起水平力,还会引起弯矩;同样,如果桩顶面发生转动,在桩顶面不仅引起弯矩,还会引起水平力。

考虑桩的水平变形和转动变形交联作用,可将桩简化成抵抗水平变形的弹簧,其刚度为 K_x,抵抗弯曲变形的弹簧,其刚度为 K_φ,以及关联弹簧,其刚度为 $K_{x,\varphi}$,如图 23.5 所示。

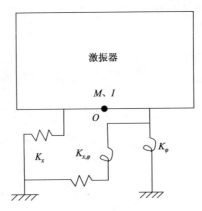

图 23.5　在激振器产生的水平动荷载和动弯矩作用下桩的简化模型

由图 23.5 可建立放置在桩顶面上激振器动力平衡方程如下：

$$\begin{cases} M\ddot{u} + K_x u + K_{x,\varphi}\varphi = H_0 \sin(pt) \\ I\ddot{\varphi} + K_\varphi \varphi + K_{x,\varphi} u = M_{\varphi,0} \sin(pt) \end{cases} \quad (23.12)$$

式中，u 为激振器质心的水平位移；φ 为激振器绕过桩顶面中心 O 点的 x 轴的转角；M、I 分别为激振器的质量和相对过桩顶面中心 O 点的 x 轴的转动惯量；H_0、$M_{\varphi,0}$ 分别为作用于 O 点的水平力幅值和力矩幅值。

令

$$\begin{cases} u = u_0 \sin(pt) \\ \varphi = \varphi_0 \sin(pt) \end{cases} \quad (23.13)$$

代入式(23.12)得

$$\begin{cases} (-p^2 M + K_x)u_0 + K_{x,\varphi}\varphi_0 = H_0 \\ (-p^2 I + K_\varphi)\varphi_0 + K_{x,\varphi}u_0 = M_{\varphi,0} \end{cases}$$

改写得

$$\begin{cases} u_0 K_x + \varphi_0 K_{x,\varphi} = H_0 + p^2 M u_0 \\ \varphi_0 K_\varphi + u_0 K_{x,\varphi} = M_{\varphi,0} + p^2 I \varphi_0 \end{cases} \quad (23.14)$$

令

$$\begin{cases} \bar{H}_0 = H_0 + p^2 M u_0 \\ \bar{M}_{\varphi,0} = M_{\varphi,0} + p^2 I \varphi_0 \end{cases}$$

代入式(23.14)得

$$\begin{cases} u_0 K_x + \varphi_0 K_{x,\varphi} = \bar{H}_0 \\ \varphi_0 K_\varphi + u_0 K_{x,\varphi} = \bar{M}_{\varphi,0} \end{cases} \quad (23.15)$$

由上述检测试验,对每一个 p 值都可以获得一个相应的 u_0、φ_0、$\bar{H}_0$、$\bar{M}_{\varphi,0}$ 值。这样,如果试验的 p 值数目为 m,则可得到以下四个数组:

$$\{u_0\} = \{u_0^{(1)}, u_0^{(2)}, \cdots, u_0^{(i)}, \cdots, u_0^m\}$$

$$\{\varphi_0\} = \{\varphi_0^{(1)}, \varphi_0^{(2)}, \cdots, \varphi_0^{(i)}, \cdots, \varphi_0^m\}$$

$$\{\bar{H}_0\} = \{\bar{H}_0^{(1)}, \bar{H}_0^{(2)}, \cdots, \bar{H}_0^{(i)}, \cdots, \bar{H}_0^m\}$$

$$\{\bar{M}_{\varphi,0}\} = \{\bar{M}_{\varphi,0}^{(1)}, \bar{M}_{\varphi,0}^{(2)}, \cdots, \bar{M}_{\varphi,0}^{(i)}, \cdots, \bar{M}_{\varphi,0}^m\}$$

利用这些资料采用最小二乘法来拟合式(23.15)便可确定出 K_x、K_φ 及 $K_{x,\varphi}$。

按上述方法求得的刚度系数,虽然在实测的 u_0、φ_0 中包括了阻尼的影响,但是动力方程式(23.12)中没有考虑阻尼,因此会产生一定的误差。如果在动力方程中考虑阻尼,则有

$$\begin{cases} M\ddot{u} + C_x\dot{u} + K_xu + C_{x,\varphi}\dot{\varphi} + K_{x,\varphi}\varphi = H_0\sin(pt) \\ I\ddot{\varphi} + C_\varphi\dot{\varphi} + K_\varphi\varphi + C_{x,\varphi}\dot{u} + K_{x,\varphi}u = M_{\varphi,0}\sin(pt) \end{cases} \tag{23.16}$$

令

$$\begin{cases} u = A_u\sin(pt) + B_u\cos(pt) \\ \varphi = A_\varphi\sin(pt) + B_\varphi\cos(pt) \end{cases} \tag{23.17}$$

将式(23.17)代入式(23.16)第一式,得

$$(-p^2M + K_x)[A_u\sin(pt) + B_u\cos(pt)] + pC_x[A_u\cos(pt) - B_u\sin(pt)]$$
$$+ K_{x,\varphi}[A_\varphi\sin(pt) + B_\varphi\cos(pt)] + pC_{x,\varphi}[A_\varphi\cos(pt) - B_\varphi\sin(pt)]$$
$$= H_0\sin(pt)$$

将含 $\sin(pt)$ 和含 $\cos(pt)$ 的项分别整理在一起,则得

$$\begin{cases} (-p^2M + K_x)A_u - pC_xB_u + K_{x,\varphi}A_\varphi - pC_{x,\varphi}B_\varphi = H_0 \\ (-p^2M + K_x)B_u + pC_xA_u + K_{x,\varphi}B_\varphi + pC_{x,\varphi}A_\varphi = 0 \end{cases} \tag{23.18}$$

同理,将式(23.17)代入式(23.16)第二式,得

$$\begin{cases} (-p^2I + K_\varphi)A_\varphi - pC_\varphi B_\varphi + K_{x,\varphi}A_u - pC_{x,\varphi}B_u = M_{\varphi,0} \\ (-p^2I + K_\varphi)B_\varphi + pC_\varphi A_\varphi + K_{x,\varphi}B_u + pC_{x,\varphi}A_u = 0 \end{cases} \tag{23.19}$$

另外,由式(23.17)得

$$\begin{cases} u_0^2 = A_u^2 + B_u^2 \\ \varphi_0^2 = A_\varphi^2 + B_\varphi^2 \end{cases} \tag{23.20}$$

令

$$\begin{cases} \bar{H}_{0,1} = H_0 + p^2MA_u \\ \bar{H}_{0,2} = p^2MB_u \end{cases} \tag{23.21}$$

$$\begin{cases} \bar{M}_{\varphi,0,1} = M_{\varphi,0} + p^2 IA_\varphi \\ \bar{M}_{\varphi,0,2} = p^2 IB_\varphi \end{cases} \tag{23.22}$$

改写式(23.18)及式(23.19)得

$$\begin{cases} A_u K_x - pC_x B_u + K_{x,\varphi} A_\varphi - pC_{x,\varphi} B_\varphi = \bar{H}_{0,1} \\ B_\varphi K_x + pC_x A_u + K_{x,\varphi} B_\varphi + pC_{x,\varphi} A_\varphi = \bar{H}_{0,2} \end{cases} \tag{23.23}$$

$$\begin{cases} A_\varphi K_\varphi - pC_\varphi B_\varphi + K_{x,\varphi} A_u - pC_{x,\varphi} B_u = \bar{M}_{\varphi,0,1} \\ B_\varphi K_\varphi + pC_\varphi A_\varphi + K_{x,\varphi} B_u + pC_{x,\varphi} A_u = \bar{M}_{\varphi,0,2} \end{cases} \tag{23.24}$$

再分别将式(23.23)、式(23.24)的两式合并得

$$\begin{cases} (A_\mu + B_\mu)K_x - pC_x(B_\mu - A_\mu) + K_{x,\varphi}(A_\varphi + B_\varphi) - pC_{x,\varphi}(B_\varphi - A_\varphi) = \bar{H}_{0,1} + \bar{H}_{0,2} \\ (A_\varphi + B_\varphi)K_\varphi - pC_x(B_\varphi - A_\varphi) + K_{x,\varphi}(A_\mu + B_\mu) - pC_{x,\varphi}(B_\mu - A_\mu) = \bar{M}_{\varphi,0,1} + \bar{M}_{\varphi,0,2} \end{cases}$$

$$\tag{23.25}$$

这样,就可采用搜索和最小二乘法由试验资料来确定刚度 K_x、K_φ、$K_{x,\varphi}$ 及相应的黏性系数 C_x、C_φ、$C_{x,\varphi}$。具体步骤如下。

(1)由试验可测得 u_0、φ_0,但是不能直接测得 A_u、B_u 和 A_φ、B_φ,为确定 A_u、B_u 和 A_φ、B_φ,假定一个 α 值,令 $A_u = \alpha u_0$、$A_\varphi = \alpha\varphi_0$,再按式(23.20)确定出相应的 B_u 和 B_φ 值。

(2) 根据试验资料可以确定出与假定的 α 值相应的8个数组:

$$\{A_u\} = \{A_u^{(1)}, A_u^{(2)}, \cdots, A_u^{(i)}, \cdots, A_u^{(m)}\}$$

$$\{B_u\} = \{B_u^{(1)}, B_u^{(2)}, \cdots, B_u^{(i)}, \cdots, B_u^{(m)}\}$$

$$\{A_\varphi\} = \{A_\varphi^{(1)}, A_\varphi^{(2)}, \cdots, A_\varphi^{(i)}, \cdots, A_\varphi^{(m)}\}$$

$$\{B_\varphi\} = \{B_\varphi^{(1)}, B_\varphi^{(2)}, \cdots, B_\varphi^{(i)}, \cdots, B_\varphi^{(m)}\}$$

$$\{\bar{H}_{0,1}\} = \{\bar{H}_{0,1}^{(1)}, \bar{H}_{0,1}^{(2)}, \cdots, \bar{H}_{0,1}^{(i)}, \cdots, \bar{H}_{0,1}^{(m)}\}$$

$$\{\bar{H}_{0,2}\} = \{\bar{H}_{0,2}^{(1)}, \bar{H}_{0,2}^{(2)}, \cdots, \bar{H}_{0,2}^{(i)}, \cdots, \bar{H}_{0,2}^{(m)}\}$$

$$\{\bar{M}_{0,\varphi,1}\} = \{\bar{M}_{0,\varphi,1}^{(1)}, \bar{M}_{0,\varphi,1}^{(2)}, \cdots, \bar{M}_{0,\varphi,1}^{(i)}, \cdots, \bar{M}_{0,\varphi,1}^{(m)}\}$$

$$\{\bar{M}_{0,\varphi,2}\} = \{\bar{M}_{0,\varphi,2}^{(1)}, \bar{M}_{0,\varphi,2}^{(2)}, \cdots, \bar{M}_{0,\varphi,2}^{(i)}, \cdots, \bar{M}_{0,\varphi,2}^{(m)}\}$$

(3) 以上述8个数组为已知数据采用最小二乘法拟合式(23.25)确定 K_x、K_φ、$K_{x,\varphi}$、C_x、C_φ、$C_{x,\varphi}$。

(4) 将 K_x、K_φ、$K_{x,\varphi}$、C_x、C_φ、$C_{x,\varphi}$ 代入式(23.18)和式(23.19)联立求出 A_u、B_u、A_φ、B_φ。

(5) 计算所求得的 A_u、B_u、A_φ、B_φ 与第一步由假定值 α 值确定的误差,并与允许值比较。如果大于允许误差,则应假定另一个 α 值重复上述步骤再做一次计算;如果在允许误差内,则完成求解。

23.3　确定单桩承载力的动力打桩公式

1. 动力打桩公式的理论基础及影响因素

单桩承载力是桩基设计的一个重要指标。除了单桩承载力静载试验,人们一直在寻求更经济和简便的方法来确定单桩承载力。动力打桩公式就是其中之一,它是以牛顿撞击定律为理论框架建立起来的,根据贯入度确定单桩承载力。贯入度定义为一次锤击作用下桩的入土深度,通常以 S 表示。在动力打桩公式中,假定桩的动承载力与静承载力相等。以 R_u 表示承载力,则将桩贯入 S 所要做的功等于 R_uS,它应等于一次锤击能量的一部分。如果能够正确地确定这部分能量,并在现场测出桩的贯入度,就可确定出单桩的承载力。动力打桩公式大多是 1960 年前提出的,所建立的公式不能考虑锤击的动力过程。现在,已发展出能更好地考虑锤击动力过程的确定单桩承载力的方法。像下面将看到的那样,动力打桩公式也能给出与这些方法精度几乎相同的结果,且更为方便。因此,本章仍将动力打桩公式作为一部分内容来表述。

如上面指出,一次锤击作用的能量只有一部分用于将桩贯入土中做功。这部分锤击能量受到许多因素的影响,而这些因素也要影响由动力打桩公式确定出来的承载力。其中,主要的影响因素为:落锤过程中机械的能量损耗;锤击时桩帽、垫层的变形,特别是塑性变形所吸收的能量;锤击时桩体变形所要求的能量;锤击时桩周土体变形所需要的能量,或传递给桩周围土体的能量。

因此,在建立动力打桩公式时必须恰当地考虑这些因素的影响。但是,这些因素的影响是比较复杂的,往往要用一些经验系数来考虑。

2. 动力打桩公式的一般推导

动力打桩公式的一般推导是由 Taylor 教授提出的。如果以有效系数 e_f 考虑落锤时机械能量损耗的影响,以撞击效率系数 e_{iv} 考虑桩帽、垫层变形所消耗能量的影响,则撞击时传递给桩顶面上的能量 E_z 可按式(23.26)之一确定:

$$
\begin{cases}
E_z = e_f e_{iv} WH \\
E_z = e_{iv} \dfrac{WV^2}{2g}
\end{cases}
\tag{23.26}
$$

式中,W、H 分别为锤重和锤的下落高度;V 为锤击前的速度,可现场测定。由于锤击前锤的速度 V 已包括了锤下落过程中机械能量损耗的影响,在式(23.26)的第二式中不再包括有效系数 e_f。

假定锤和桩均为刚体,当桩顶设置桩帽和垫层时,锤击后锤和桩体系所具有的动能以 E_d' 表示,撞击前锤所有的动能以 E_d 表示,则撞击效率系数定义为 E_d'/E_d。当桩顶不设置桩帽时,撞击后锤和桩的速度为 $V_{h,p}$,则锤和桩体系的动能为 $\dfrac{1}{2} \dfrac{W + W_p}{g} V_{h,p}^2$。当桩顶设置桩帽时,撞击时锤的速度仍为 $V_{h,p}$,但由于设置了桩帽和垫层,桩的速度应小于 $V_{h,p}$,

设等于 $nV_{h,p}$，则锤和桩体系的动能为 $\dfrac{1}{2g}\big[WV_{h,p}^2 + W_p(nV_{h,p})^2\big]$，由此得撞击效率系数 e_{iv} 为

$$e_{iv} = \frac{W + n^2 W_p}{W + W_p} \tag{23.27}$$

式中，n 为弹性恢复系数；W_p 为桩的重量。由此得

$$E_z = e_f \frac{W + n^2 W_p}{W + W_p} HW \tag{23.28}$$

另一方面，当将桩贯入土中的同时，桩要发生弹性变形和塑性变形，分别以 $\Delta S_{e,p}$ 和 $\Delta S_{p,p}$ 表示，如图 23.6 所示，发生弹性变形和塑性变形所做的功为 $\dfrac{1}{2}\Delta S_{e,p} R_u$ 和 $\Delta S_{p,p} R_u$。如果不计桩周土变形所消耗的功，则

$$E_z = R_u(S + \Delta S_{e,p} + \Delta S_{p,p}) \tag{23.29}$$

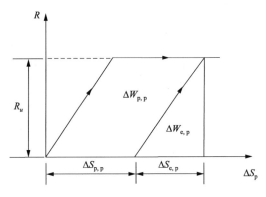

图 23.6　桩的变形及变形能

桩的弹性变形可按式（23.30）确定：

$$\Delta S_{e,p} = c \frac{R_u L}{A E_p} \tag{23.30}$$

式中，c 为桩实际弹性变形与按侧面不受约束的弹性压杆计算的弹性变形之比；A、L 分别为桩的截面面积和长度；E_p 为桩的弹性模量。将式（23.28）及式（23.30）代入式（23.29）得

$$R_u = e_f \frac{W + n^2 W_p}{W + W_p} \frac{HW}{S + c \dfrac{R_u L}{2AE} + \Delta S_{p,p}} \tag{23.31}$$

从上面推导可看出，式（22.31）没有考虑桩周土变形所要做的功，而且桩的塑性变形 $\Delta S_{p,p}$ 及系数 c 还需要进一步确定。因此，实际应用的动力打桩公式是一般公式（23.31）的进一步简化。大多数简化动力打桩公式具有如下形式：

$$R_u S + \xi \frac{1}{2} \frac{R_u^2 L}{AE_p} = e_f e_{iv} HW \tag{23.32}$$

式中，ξ 为经验系数。

3. 典型的动力打桩公式及其适用性

美国"工程新闻"曾收集到 450 个动力打桩公式，我国"海洋石油"1978 年第 4 期"波动方程在桩基工程中应用"的译文专刊中曾转载了其中一些著名的打桩公式，如表 23.1 所示。这些公式中所包括的系数分别在表 23.2～表 23.4 给出。

表 23.1　著名的动力打桩公式

公式名称	R_u 的公式	说明
Sanders	$\dfrac{HW}{S}$	
Engineering News	$\dfrac{HW}{S+C}$	C：吊锤取 1.0in；蒸汽锤取 0.1in；非常重锤取 $0.1W_p/W$in
Eytelwein(Dutch)	$\dfrac{WH}{S} \dfrac{W}{W+W_p}$	
Weisbach	$-\dfrac{SAE_p}{L} + \sqrt{\dfrac{2HWAE_p}{L} + \left(\dfrac{SAE_p}{L}\right)^2}$	
Hiley	$e_f \dfrac{W+n^2 W_p}{W+W_p} \dfrac{HW}{S+1/2(C_1+C_2+C_3)}$	式中的 e_f、n 和 C_1、C_2、C_3 见表 23.2～表 23.4
Janbu	$\dfrac{1}{K_u} \dfrac{WH}{S}$	$K_u = C_a(1+\sqrt{1+\lambda_0/C_a})$，$C_a = 0.75 + 0.15W_p/W$，$\lambda_0 = WHL/AE_pS^2$
Danish	$e_f \dfrac{WH}{S+\left(2e_f\dfrac{WH}{AE_p}\right)^{1/2}}$	e_f 值见表 23.2
Gates	$4.0\sqrt{e_f HW}\lg(25/S)$	W 单位为公吨，H、S 单位为 cm

表 23.2　锤的有效系数 e_f

锤类型	e_f
由触发器投掷的吊锤	1.00
由绳索和绞盘开动的吊锤	0.75
Mckiernan-Terry 单动锤	0.85
Warring-Vulcan 单动锤	0.75
差动锤	0.75
Mckiernan-Terry、Industrial Brownhoist、National 和 Union 双动锤	0.85
Diesel 锤	1.00

表 23.3　恢复系数 n 值

桩类型	桩头条件	吊锤、单动锤或 Diesel 锤	双动锤
预应力混凝土桩	设置有合成塑料或绿心形硬纸垫盘的盔盖填料	0.4	0.5
	设置有木质垫盘的盔盖和填料	0.25	0.4
	桩上只设置一个垫		0.5
钢桩	设置有标准塑料或绿心形纸垫盘的锤帽	0.5	0.5
	设置有木垫盘的锤帽	0.3	0.3
	直接打在桩上		0.5
木桩	直接打在桩上	0.25	0.4

表 23.4　Hiley 公式中的 C_1、C_2、C_3

锤垫材料	容易贯入	中等贯入	难贯入	很难贯入
木桩的桩头	0.05	0.10	0.15	0.20
混凝土桩头上桩帽内有 3~4in 填料	0.05~0.07	0.10~0.15	0.15~0.22	0.20~0.30
在预制混凝土桩头上有 1/2~1in 的垫子	0.025	0.05	0.075	0.10
钢桩或钢筒设钢盖帽，内含有木质填料	0.04	0.08	0.12	0.16
猛烈撞击的 Monotube 桩在两个 3/8in 的钢板之间设有 3/16in 的红硬纸盘	0.02	0.04	0.06	0.08
钢桩或钢管桩头	0	0	0	0

注：C_1：考虑桩头和桩帽瞬时无收缩；C_2：$C_2 = R_u L / AE_p$；C_3：考虑地面振动瞬时压缩，正常值为 0.1in，范围从弹性土的 0.2 到坚硬土的 0 值。

许多研究者将动力打桩公式求得的承载力和现场压桩试验测得的承载力做了比较。发现，"工程新闻"公式和 Eytelwein 公式是不可靠的，Janbu、Hiley、Danish 公式较好，其中 Janbu 公式更可靠。图 23.7 给出了动力打桩公式结果与后面将要表述的 Smith 波动方程方法结果的比较。图中的 μ 为实测承载力与计算承载力之比。从图可看出，Danish、Hiley 和 Janbu 公式的结果与 Smith 波动方程的结果相当接近，而 Eytelwein 公式的结果

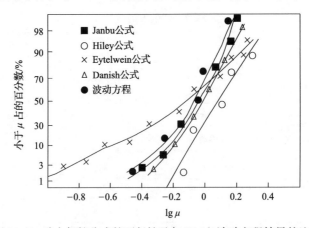

图 23.7　动力打桩公式的可行性及与 Smith 波动方程结果的比较

则相差较大。

23.4　单桩性能检测的 Smith 波动方程法

应用波动方程分析打桩首先是 Issacs 和 Granvilk 在 1930 年提出的[3]。太沙基早在 1943 年对动力打桩公式的诠释中就曾指出:"为获得锤击对桩贯入的影响资料,必须考虑撞击而引发的振动"。实际上,每次锤击将产生一个压力波在桩体中向下传播,并通过桩土接触面向桩周土传播。这样,整个桩长所受的应力不是同时的,而各点的运动也是不一样的。因此,采用波动理论进行打桩分析无疑是正确的方式。但是,直到 1960 年,以 Smith 为代表,采用波动理论分析打桩过程才得到充分的发展,并逐步应用到实际工程中。从 1960 到 1970 年,一些学者对波动理论分析打桩的方法和工程应用进行了许多研究,其中包括 Smith[4]、Engeling[5]、Tavenas 和 Audibere[6]、Ramey 和 Hudgins[7] 等的工作。此外,Forehand 和 Reese[8]、Coyle 等[9] 的工作也具有参考价值。在我国"海洋石油" 1978 年第 4 期"波动方程在桩基工程中的应用"译文专刊中载入了具有代表性的研究。下面,将表述这些结果。

毫无疑问,Smith 的工作是基础性工作,主要表现在三个方面:建立了一个桩周土的弹-塑性模型;建立了一个简化的桩-土波动分析体系;对简化的桩-土波动分析体系建立了数值求解方法。这样,Smith 提供了一个按波动理论分析打桩过程的手段,借助这个手段又研究了以下问题:根据贯入度确定单桩承载力;打桩在桩体引起的动应力,特别是最大拉应力;打桩机具和附属设备对打桩效率的影响。

下面,分别来表述 Smith 的主要工作。

1. 桩周土的动力弹-塑性模型

自由杆的纵向振动方程如下:

$$\frac{\partial^2 u}{\partial t^2} = \left(\frac{E}{\rho}\right)\frac{\partial^2 u}{\partial z^2} \tag{23.33}$$

式中,u 为纵向位移;E 为杆材料的动弹性模量;ρ 为杆材料的密度;t 为时间;z 为纵坐标。但是,桩不是自由杆,其侧面和端部受土的阻力作用。设土的阻力为 $R(z)$,则桩的纵向振动方程为

$$\frac{\partial^2 u}{\partial t^2} = \left(\frac{E}{\rho}\right)\frac{\partial^2 u}{\partial z^2} \mp R(z) \tag{23.34}$$

式中,"∓"号表示土的阻力是向下或向上的,与运动方向相反。应指出,桩的贯入量是打桩时桩土之间相对运动产生的,是一种塑性变形。因此,要采用波动理论研究贯入度与承载力之间的关系,所采用的土动力模型必须是一种弹塑性模型。Smith 提出土的动反力 R 由如下两部分组成。

(1) 由于土变形而产生的静反力。

Smith 假定由变形而产生的土的静反力与土变形之间的关系服从弹性理想塑性模

型,土静反力 R_s 与变形 u 之间的关系如图 23.8(a)所示。从 O 点开始加载直到荷载等于屈服荷载 R_u 的 A 点,在 OA 段土的变形与反力之间的关系是线弹性的。从 A 点之后土开始屈服,直到卸荷点 B,在 AB 段,土的反力保持常数而变形增加,土的反力与变形之间的关系是理想塑性的。从 B 点开始进入卸荷反向加载阶段直到 D 点,在 D 点荷载达到 $-R_u$,在 BD 段,土反力与变形之间的关系也是线弹性的。当反力加载达 D 点之后,土开始反向屈服直到反向卸荷点 E,在 DE 段土的反力与变形之间的关系也是理想塑性的。从 E 点反向卸荷和加荷直到 G 点,在 EG 段土反力与变形之间的关系是线弹性的。这样,在一个加荷-卸荷-反向加荷-卸荷过程中,土反力与变形关系线 $OABCDEFG$ 形成了一个滞回曲线。这个滞回曲线所围成的面积等于在一次加卸载过程的耗能。因此,采用图 23.8(a)所示的土反力及变形关系可自然地考虑阻尼的影响。按上述,图 23.8(a)所示的土反力模型含有两个参数:土的屈服变形 Q 和屈服荷载 R_u,或静刚度系数 K' 和 Q,或 K' 和 R_u。如果给定参数 Q、R_u,则可以确定出土的静刚度系数 K' 如下:

$$K' = \frac{R_u}{Q} \tag{23.35}$$

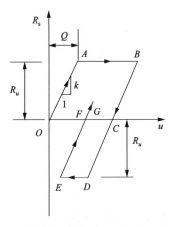

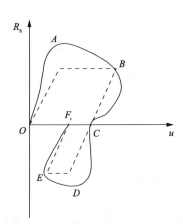

(a) 土反力与变形关系　　　　　　　　(b) 考虑速率效应土反力与变形关系

图 23.8　土动力模型

(2) 由土变形速率效应引起的附加动反力。

打桩是一个动力过程,打桩作用引起的加荷速率是非常高的,由于速率效应要产生附加的动反力,Smith 假定这部分附加动反力 R'_a 与土的变形速度 V 成正比,可表示为

$$R'_a = R_s(JV) \tag{23.36}$$

式中, J 为与速率效应有关的动阻力系数。考虑速率效应引起的附加动反力后,土的动反力 R 与变形之间的关系如图 23.8(b)所示。由于在 O、C、F 点 R_s 等于零,则在这三点 R'_a 也等于零,而在 B、E 两点由于变形达到最大值,相应的变形速度为零,则在这两点 R'_a 也为零。

表 23.5 给出了各种土的屈服变形 Q 和桩端阻力系数 $J(p)$ 的数值。桩侧的动阻力系数 J 要小于同类土桩端动力系数。如以 $J(p)$ 表示桩端动力系数,通常,按式(23.27)确定桩侧动阻力系数:

$$J = \frac{1}{3} J(p) \tag{23.37}$$

如果按式(23.35)确定静刚度系数,则要给定参数 R_u。实际上,对于指定的一种土,参数 R_u 应是一个给定的数值。但是,在此进行打桩分析的目的是要确定 R_u 与贯入度 S 之间的关系,或调整 R_u 来拟合锤击试验测得的贯入度。这样,参数 R_u 则是一个调整量,如何调整将在后面表述。

表 23.5　各种土的 Q、$J(p)$ 值及侧壁抵抗所占的比例

土类	Q/in	$J(p)$/(s/in)	侧壁抵抗所占比例/%
粗砂	0.10	0.15	35
砂混合物	0.10	0.15	75~100
细砂	0.10	0.15	100
砂和黏土或卢姆,至少 50% 的桩长在砂中	0.20	0.20	25
下卧有硬层的粉土或细砂	0.20	0.20	40
下卧有硬层的砂或砾石	0.50	0.15	25

2. 打入桩的桩-土简化分析体系

如图 23.9(a)所示,实际的打入桩体系由桩锤、锤垫(或锤帽)、桩帽、桩垫、桩和桩周土体组成。为了用数值法解这个体系的波动方程,Smith 将这个实际体系简化成图 23.9(b)所示的离散体系。在这个离散体系中,重块 $W(1)$ 表示刚性锤,重块 $W(2)$ 表示刚性桩帽;重块 $W(3)$ 表示地面以上的桩段;重块 $W(4) \sim W(n)$ 表示地面以下各桩段。设置在重块 $W(1)$ 和 $W(2)$ 之间的弹簧 $K(1)$ 表示在锤和桩帽之间的锤垫的刚度;设置在重块 $W(2)$ 和重块 $W(3)$ 之间的弹簧 $K(2)$ 表示在桩帽和地面以上桩段之间的桩垫及地面以上桩段的刚度;弹簧 $K(3) \sim K(n-1)$ 表示地面以下各桩段的刚度。图 23.9(b)中的 $R(i)$ 表示桩周土作用于地面下各桩段的反力。因此,只要将 $K(i)$、$W(i)$ 及作用于地面下各重块的土反力 $R(i)$ 确定出来,简化的分析体系就建立了。

1) $W(i)$ 的确定

$W(1)$ 等于锤的质量,$W(2)$ 等于桩帽的质量,$W(3)$ 等于地面以上桩段的质量,$W(4) \sim W(n)$ 等于地面以下各桩段的质量。

2) $K(i)$ 的确定

(1) $K(1)$ 的确定。

$K(1)$ 表示锤垫的刚度,在确定其刚度时应考虑锤垫材料的塑性变形。锤垫材料的

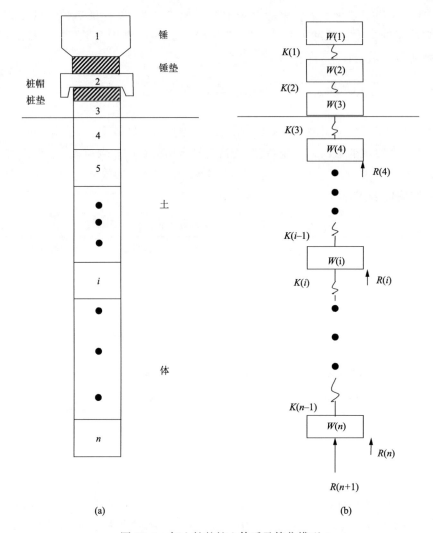

(a)　　　　　　　　　　　　　　(b)

图 23.9　打入桩的桩土体系及简化模型

加荷-卸荷关系线如图 23.10 所示。设 $K_1(1)$ 为锤垫层的加荷刚度,则

$$K_1(1) = E\frac{A_1}{D_1} \tag{23.38}$$

式中,E 为垫层材料的弹性模量,如表 23.6 所示;A_1、D_1 分别为锤垫的面积和厚度。从图 23.10 可见

$$\frac{\triangle DBC}{\triangle OBC} = \frac{DC}{OC} = \frac{BC/K_2(1)}{BC/K_1(1)} = \frac{K_1(1)}{K_2(1)}$$

式中,$K_1(2)$ 为锤垫层的卸荷刚度。由上式得

$$K_2(1) = \frac{K_1(1)}{\dfrac{\triangle DBC}{\triangle OBC}}$$

令

$$e^2 = \frac{\triangle DBC}{\triangle OBC} \tag{23.39}$$

则得

$$K_2(1) = \frac{K_1(1)}{e^2} \tag{23.40}$$

式中，e 为材料的恢复系数，如表 23.6 所示。

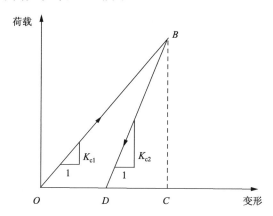

图 23.10　垫层在加荷-卸荷时的荷载-变形关系线

表 23.6　各种垫层材料的割线弹性模量及恢复系数

材料	E	e
Micarta 塑料	450000	0.80
橡胶(Green)	45000	0.50
石棉瓦	45000	0.50
柏木胶合板	35000	0.40
松木胶合板	25000	0.30
Gum	30000	0.25

(2) $K(2)$ 的确定。

$K(2)$ 是桩垫刚度系数 $K_c(2)$ 与地面以上桩段刚度系数 $K_p(2)$ 串联组成的复合弹簧的刚度系数。由力学元件串联条件得

$$\frac{1}{K(2)} = \frac{1}{K_c(2)} + \frac{1}{K_p(2)}$$

改写得

$$K(2) = \frac{K_c(2)K_p(2)}{K_c(2) + K_p(2)} \tag{23.41}$$

式中，$K_c(2)$ 与 $K(1)$ 相似，分别按加荷和卸荷两种情况来确定；$K_p(2)$ 为地面上桩段的

刚度系数,桩段刚度系数的确定方法将在下面表述。

(3) 地面以下桩段刚度 $K(i)$ 的确定。

假定桩是线弹性体,则

$$K(i) = \frac{EA_i}{l_i} \tag{23.42}$$

式中,E 为桩材料的弹性模量;A_i、l_i 分别为第 i 段桩的断面积和长度。

3) 土反力 $R(i)$ 和 $R(n+1)$ 的确定

(1) 桩侧阻力 $R(i)$ 的确定。

按前述的土动力模型,土的反力取决于与第 i 段桩相邻土体的刚度 $K(i)$、动阻力系数 $J(i)$、刚块的位移 u 及速度 V,以及与第 i 段桩相邻土体所处的工作阶段。假如与第 i 段桩相邻土体的极限阻力 $R_u(i)$ 已设定,则由式(23.35)可确定出相应的静刚度 $K'(i)$。无论土处于哪个工作阶段,土反力 $R(i)$ 可写成如下统一形式:

$$\begin{cases} R(i) = R_s[1 + J(i)V(i)] \\ R_s = K'(i)[u(i) - u_p(i)] \end{cases} \tag{23.43}$$

式中,$u_p(i)$ 为与第 i 段桩相邻土的塑性变形,应分段确定。

在 OA 段:

$$u_p(i) = 0 \tag{23.44}$$

在 AB 段:

$$u_p(i) = u(i) - Q \tag{23.45}$$

在 BCD 段,$u_p(i)$ 保持不变,即

$$u_p(i) = u_B(i) - Q \tag{23.46}$$

在 DE 段:

$$u_p(i) = u(i) + Q \tag{23.47}$$

在 EFG 段,$u_p(i)$ 保持不变,即

$$u_p(i) = u_E(i) + Q \tag{23.48}$$

(2) 桩端阻力 $R(n+1)$ 的确定。

设桩端极限阻力 $R'_u(p)$ 已确定,则桩端土的静刚度 $K'(p)$ 如下:

$$K'(p) = \frac{R_u(p)}{Q} \tag{23.49}$$

这样,与桩侧阻力相似,可按其所处的工作阶段来确定桩端阻力 $R(n+1)$,具体方法不再详述。

3. 简化分析体系的动力平衡方程及数值解法

以第 i 刚块为例,由第 i 刚块的动力平衡得

$$M(i)\ddot{u}(i,t) = K(i-1)[u(i-1,t)-u(i,t)]-K(i)[u(i,t)-u(i+1,t)]-R(i,t)$$
$$\tag{23.50}$$

由于

$$\begin{cases} \ddot{u}(i) = [V(i,t)-V(i,t-1)]/\Delta t \\ M(i) = \dfrac{W(i)}{g} \end{cases} \tag{23.51}$$

将式(23.51)代入式(23.50),则得

$$V(i,t) = V(i,t-1) + \{K(i-1)[u(i-1,t)-u(i,t)]$$
$$-K(i)[u(i,t)-u(i+1,t)]-R(i)\}\frac{g\Delta t}{W(t)} \tag{23.52}$$

式中, $u(i-1,t)$、$u(i,t)$、$u(i+1,t)$ 按式(23.53)确定:

$$\begin{cases} u(i-1,t) = u(i-1,t-1) + \Delta t V(i-1,t-1) \\ u(i,t) = u(i,t-1) + \Delta t V(i,t-1) \\ u(i+1,t) = u(i+1,t-1) + \Delta t V(i+1,t-1) \end{cases} \tag{23.53}$$

$R(i)$ 按式(23.43)确定。

式(23.52)和式(23.53)即为简化体系的数值求解方程。方程求解的初值条件如下:

$$\begin{cases} u(i,0) = 0 \\ V(1,0) = V_e \\ V(i \neq 1,0) = 0 \end{cases} \tag{23.54}$$

式中, V_e 为锤击前落锤的速度。

分析从 $t = \Delta t$ 开始,逐步计算。在每个时间步长内对每个刚块按式(23.52)和式(23.53)计算 t 时刻刚块的速度 $V(i)$、$u(i)$ 及按式(23.44)～式(23.48)计算其塑性变形 $u_p(i)$。如果结果满足如下两个条件,则终止计算。

(1) $u_p(n)$ 达到最大值,这表示贯入度达到了最大值。

(2) 全部质量块速度同时为零或负值,即向上,这表示整体开始向上运动。

求解时选取的时间步长 Δt 应满足稳定性要求,满足稳定性要求的最大时间步长称为临界时间步长,Smith 建议可按式(23.55)之一确定:

$$\begin{cases} \Delta t_{cr} = \dfrac{1}{19.648} \sqrt{\dfrac{W(i+1)}{K(i)}} \\ \Delta t_{cr} = \dfrac{1}{19.648} \sqrt{\dfrac{W(i)}{K(i)}} \end{cases} \tag{23.55}$$

实际采用的时间步长 Δt 宜取 $\frac{1}{2}\Delta t_{cr}$。

4. 桩极限反力 R_u 的分配

对于指定的打桩设备和桩土体系,总的土极限反力 R_u 与贯入度 S 存在一定关系。如前所述,在此分析计算的目的是确定总的土极限反力 R_u 与贯入度 S 存在一定关系,或调整总的土极限反力 R_u 来拟合现场打桩实测的贯入度。因此,在分析中将总的土极限反力作为一个调整的量。但是,将总的土极限反力设定后,存在如下两个分配问题。

(1) 桩侧与桩端的阻力分配。

桩侧与桩端提供的阻力之比与土类有关。桩侧阻力所占的百分比可参考表 23.5 确定。设桩端提供的阻力所占的比例为 η,则桩端土的刚度 $K'(p)$ 为

$$K'(p) = \frac{\eta R_u}{Q(p)} \tag{23.56}$$

(2) 桩侧提供的阻力沿桩长的分布。

当 η 确定后桩侧提供的总阻力为 $(1-\eta)R_u$,桩侧阻力沿桩长的分布可假定为三角形分布、均匀分布或任意分布。但只要假定了桩侧阻力沿桩长的分布,就可确定出每段桩所受的侧阻力 $R_u(i)$,并确定出相应的土的侧刚度系数 $K'(i)$。

5. 打桩分析结果

波动理论分析打桩可提供如下三个方面的结果。

1) 桩的极限阻力 R_u 与贯入度之间的关系

假定一系列的 R_u 值,按上述分析方法可以获得 R_u 与贯入度 S 关系线。但是,通常将贯入度 S 以贯入单位深度所需的击数 N 来代替。这样,就可根据分析结果绘出 R_u-N 关系线。这个关系线将受一些因素影响。在打桩设备一定的条件下,影响 R_u-N 关系线的主要因素为:桩端阻力所占的比例 η;桩侧阻力沿桩长的分布形式;屈服变形值 Q;桩端动阻力系数值 $J(p)$ 或桩侧动阻力系数 $J(i)$。

桩端阻力所占的比例 η 对 R_u-N 关系线的影响如图 23.11 所示。可见,R_u-N 关系线对 η 值的变化不敏感。如果 η 值假设得不是很正确,对分析结果的影响较小。另外,桩侧阻力沿桩长的分布形式对分析结果的影响也较小。

屈服变形值 Q 对 R_u-N 关系线的影响如图 23.12 所示。从图 23.12 可见,Q 值从 0.01 变化到 0.1 时,R_u-N 关系曲线只有很小的变化。由表 23.5 可见,Q 的典型数值为 0.10~0.15。采用这样的典型数值进行近似分析,对结果的精度不会有大的影响。

动阻力系数 $J(p)$ 对 R_u-N 关系线的影响如图 23.13 所示。与 η、Q 值的影响相比,$J(p)$ 对 R_u-N 关系线的影响较为明显。$J(p)$ 值越小,R_u-N 关系线位置越低,即在相同贯入度下,$J(p)$ 值减小,土所应提供的抵抗就越大。但是,从表 23.5 可见,$J(p)$ 的典型数值为 0.15,采用这样的数值进行分析对结果的精度亦不会有大的影响。

以上是与桩周土有关参数对 R_u-N 关系线的影响。除此之外,与打桩设备有关的因素也会对 R_u-N 关系线有影响。在打桩设备的诸参数中锤击能量是一个重要参数。

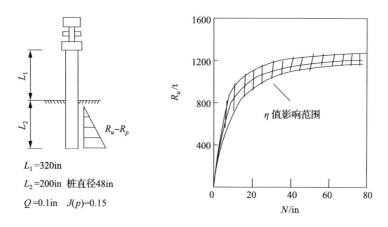

图 23.11 桩端荷载比 η 对 R_u-N 关系线的影响

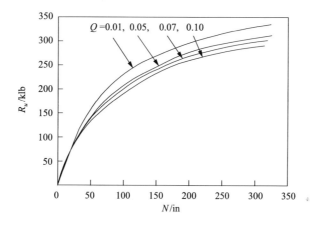

图 23.12 屈服变形值 Q 对 R_u-N 关系线的影响

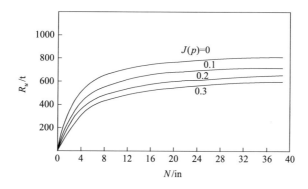

图 23.13 动阻力系数 $J(p)$ 对 R_u-N 关系线的影响

图 23.14 给出了锤击能量对 R_u-N 关系线的影响。从图 23.14 可见,锤击能量对 R_u-N 关系线的影响是明显的。锤击能量越大,R_u-N 关系线的位置就越高,即在相同极限反力条件下,锤击能量越大,贯入单位深度所需的击数就越少。

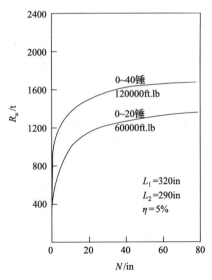

图 23.14　打桩机具的锤击能量对 R_u-N 关系线的影响

假如由波动方程分析确定出桩土体系的 R_u-N 关系,则可根据现场实例的贯入单位深度的 N 值由 R_u-N 关系确定出桩的承载力。Sorenson 和 Hansen 对 78 个压桩试验进行了对比研究,Lowery 对 31 个压桩试验进行了对比研究,以确定上述波动方程法确定桩承载力的可靠性。根据他们的对比研究结果可认为,波动方程分析提供的承载力至少与最好的动力打桩公式的结果一样。在 23.3 节,图 23.7 给出的动力打桩公式与波动分析结果的比较可以说明这一点。Lowery 认为,波动方程分析桩的结果可达到如下精度:砂中的桩,±25%;黏土中的桩,±40%;砂和黏土中的桩,±15%。

2) 打桩在桩身引起的应力

由打桩波动分析,可以计算出锤击在桩身引起的动应力。图 23.15 给出了桩顶和桩中点的计算应力和实测应力的比较,图中压应力为负,拉应力为正。从图 23.15 可见,实

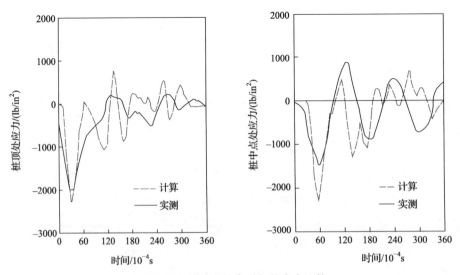

图 23.15　打桩在桩身引起的应力比较

测的压应力最大值出现在桩顶,而拉应力最大值出现在桩中点,而计算的压应力和拉应力最大值均出现在桩顶。在数值上,计算的与实测的最大压应力非常接近,而计算的最大拉应力要比实测的高。实际上,桩侧土的阻力分布应对打桩引起的桩身应力有相当大的影响。考虑问题的复杂性,由波动分析求得的打桩引起的桩身应力结果是可以接受的。

3) 为选择适当的打桩机具提供依据

在桩的设计中,通常将桩的承载力 R_u 和所要求的贯入度 S 作为控制目标。在这种情况下,要选择一个相匹配的打桩机具。图 23.14 给出了由打桩分析求得的不同打桩机械的 R_u-N 曲线。这样,就可以根据所要求的 R_u、N 数值确定出相匹配的打桩机具,主要是锤击能量。

6. 土反力模型改进

从上述可见,在打桩分析中,建立一个适当的土反力模型是关键。Smith 所建立的土反力模型是一个线弹性-理想塑性模型。线弹性-理想塑性模型的土反力-变形关系是实际土反力-变形关系线的简化。按 Smith 土反力模型,只有屈服后土桩才发生塑性变形。实际上,从受力开始土的变形就是由弹性和塑性变形两部分组成的。现场压桩曲线是土反力-变形关系线的一个真实写照。大量的现场压桩曲线是一条逐渐弯曲的上凸曲线,并且趋近一条水平线。显然,Smith 土反力模型给出的土反力-变形关系线与实际的土反力-变形关系线有很大的差别。为了建立一条更接近实际的土反力-变形关系线,文献[10]收集了大量现场压桩试验资料,并拟合所收集的荷载-沉降曲线,认为土反力-变形关系可以用如图 23.16 所示的双曲线表示,即

$$R = K_{max} \frac{u}{1 + K_{max} u / R_{ult}} \tag{23.57}$$

式中, K_{max} 为最大刚度; R_{ult} 为最终土反力,即 u 趋于无穷大时土反力。设 R_u、u_u 分别是桩破坏时桩的反力和变形,则

$$R_u = f_r R_{ult} \tag{23.58}$$

式中, f_r 为破坏比。

将式(23.58)代入式(23.57)得

$$R = K_{max} \frac{u}{1 + K_{max} \dfrac{f_r u}{R_u}} \tag{23.59}$$

令 $R = R_u$, $u = u_u$,代入式(23.59)得

$$K_{max} = \frac{R_u}{(1 - f_r) u_u} \tag{23.60}$$

令

$$u_r' = \frac{R_u}{K_{max}} \tag{23.61}$$

由式(23.60)得

$$u'_r = (1 - f_r)u_u \qquad (23.62)$$

将式(23.60)～式(23.62)代入式(23.59)得

$$R = \frac{R_u}{(1 - f_r)u_u} \frac{u}{1 + \dfrac{f_r}{1 - f_r} - \dfrac{u}{u_u}} \qquad (23.63)$$

式(23.63)即为图 23.17 所示加荷段 OA 的土反力-变形的关系线,其中包括三个参数: R_u、u_u 和 f_r,R_u、u_u 如图 23.16 所示。

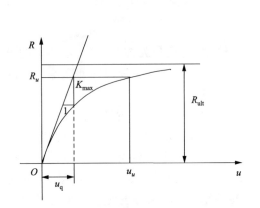

图 23.16　双曲线土反力模型

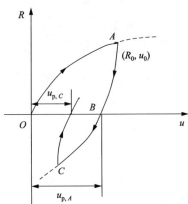

图 23.17　双曲线土反力模型的滞回曲线

如果从加载曲线上一点 A 开始卸荷,令这点的反力和变形分别为 R_0、u_0,根据 Pyke 模型,可得卸荷反向加载段 ABC 的土反力-变形的关系线如下:

$$R = R_0 + \frac{R_u}{(1 - f_r)u_u} \frac{u - u_0}{1 + \dfrac{f_r}{(1 - f_r)(\mp 1 - f_r R_0 / R_u)} \dfrac{u - u_0}{u_u}} \qquad (23.64)$$

式中,如果 $u < u_0$,分母中的"$\mp$"号取"$-$";如果 $u > u_0$,分母中的"$\mp$"号取"$+$"。

根据式(23.64)还可以确定出从 (u_0, R_0) 点卸荷时土的塑性变形 u_p。令式(23.64)中的 $R = 0$,所求出的相应变形即为塑性变形。由此,可计算出贯入度。这样,土反力变形滞回曲线如图 23.17 所示。图中的 $u_{p,A}$、$u_{p,C}$ 分别为从 A 点到 C 点卸荷时土的塑性变形。

此外,可采用 Smith 土反力模型相似方法考虑变形速率对土反力的影响,在此不需详述。

文献[10]在波动法分析中采用上述土反力模型,分析了大量现场压桩试验资料,并将由波动法分析求得的桩的承载力与由现场压桩试验确定的承载力进行了对比,发现大多数的误差在±20%之内,仅有少数误差达到±30%。

23.5　桩基承载力检测的波形拟合法

波形拟合法也是以打桩波动分析为基础的一种预测单桩承载力方法。从上述可知，Smith 法是以打桩贯入度 S 为拟合目标的一种预测单桩承载力的方法。但是，打桩波动分析不仅能给出贯入度，还可以给出锤击在桩身引起的轴向应力以及桩的运动，如运动速度。如果能记录下锤击在桩的某个断面引起的轴向应力或运动速度，也可以将这些量作为拟合的目标来确定单桩承载力。

在此应指出，这些方法的共同点都是以某个实测的量作为拟合目标来确定单桩承载力的。Smith 法所拟合的目标，即贯入度是一个量值，而波形拟合法所拟合的目标是某个量的时间过程。显然，拟合一个量的时间过程要比只拟合一个量值更为严格。从理论上讲，由拟合一个量的时间过程确定的单桩承载力应比只拟合一个量值所确定的单桩承载力更为可靠。但是，是否真的如此，还取决于能否做到很好地拟合实测量的时间过程。

由于锤击设备是一定的，波形拟合法是通过调整土的动力模型参数来使打桩波动分析所给出的某个量的时间过程与其实测的时间过程相一致，即达到所要求的精度。但是，如何调整土的动力模型参数，则取决于土的动力模型。Smith 的反力模型可调整的参数为：总的土反力 R_u；桩端土反力在总土反力 R_u 中所占的比例 η；桩侧土反力沿桩长的分布；屈服变形值 Q；动阻力系数 J。

此外，垫层材料弹性模量 E 及恢复系数 e 也是可调整的参数。

上述这些参数对拟合所起的作用并不是同等的，通常要进行参数影响分析，寻找出哪些参数的影响大，哪些参数的影响较小。这样，在拟合时先调整影响大的参数，然后再调整影响较小的参数。

由 23.4 节可知，对于 Smith 反力模型，将参数按影响大小排序，依次为：设定的总的土反力；动阻力系数 J；屈服变形值 Q；桩端反力比值 η 及侧阻沿桩长的分布。

在拟合时首先应按上述次序调整参数。一个量的时间过程的拟合至少应包括两方面要求：在整个时间过程中最大量值的拟合；在整个时间过程中波形的拟合。

最大量值的拟合是首要的，主要依靠调整总的土反力初步达到。在初步完成最大值拟合后，再进一步拟合波形。在波形拟合中依次调整动阻力系数 J、屈服变形值 Q 等。

这样，一个量的时间过程的拟合总是从一组假定的初始参数开始的，这组初始参数可根据经验设定。设定的初始参数将影响参数的调整次数，即拟合的计算量，但对拟合的结果不会有什么影响，都可达到指定的拟合要求。应指出，如果只调整土动力模型参数不能达到所要求的拟合程度时，则应调整垫层材料的参数，特别是垫层材料的恢复系数。恢复系数影响桩帽传递给桩顶的锤击能量及锤击作用时间，因此垫层材料的恢复系数对所拟合量的最大值及波形会有相当的影响。

上面以 Smith 土反力模型为例，表述了在指定的土动力模型下调整参数拟合实测波形的问题。毫无疑问，如果采用不同的土动力模型，其拟合效果是不同的。对于波形拟合，在锤击作用下土反力随变形增加的发展过程是很重要的。比较而言，上述的双曲线土反力模型比 Smith 土反力模型能更好地描述土反力随变形的发挥过程。因此，采用双曲线土反力模型应比采用 Smith 土反力模型取得更好的拟合效果。与 Smith 土反力模型相似,双曲线土反力模型参数按其影响的大小依次为:总的土反力 R_u、动阻力系数 J、破坏比 f_r、破坏时的位移 u_u、桩端阻力在总阻力所占的比例 η、桩侧阻力沿桩长的分布。

从上述可见,这两个土反力模型对拟合起决定性影响的参数是相同的,都是 R_u。因此,这两个模型只存在哪个更好一些的差别,而不是哪个适用、哪个不适用的问题。

波形拟合作为一个反问题,由于不能提供足够多的约束条件,拟合出来的参数并不是唯一的。幸运的是,在上述诸多影响因素中,总的土反力 R_u 具有强势的影响,拟合出来的总土反力 R_u 都处于一定的数值范围内,由此引起的误差是可以接受的。但应指出,拟合出来的其他参数可能有很大的不确定性,如桩侧阻力的分布。因此,除非施加更多的约束条件,采用现行的波形拟合法确定桩侧阻力沿桩长的实际分布是不可能的。

思 考 题

1. 什么是低应变检测法和高应变检测法? 它们的适用条件如何? 为什么说低应变检测法不适用于检测单桩承载力?

2. 单桩有哪几种动刚度? 其他哪种变形是交联的?

3. 如何调整激振器偏心块的初始位置和转动反向以在桩顶施加竖向力、力矩、扭矩和水平力?

4. 考虑水平变形和转动交联,如何根据测试资料确定水平变形刚度、转动刚度及水平变形与转动交联刚度?

5. 动力打桩公式的理论基础是什么? 动力打桩公式的一般形式是如何建立的? 哪几个公式的可靠性较好?

6. 试述 Smith 土反力模型。双曲线土反力模型有哪些改进?

7. Smith 如何建立打入桩的简化分析体系?

8. Smith 如何建立简化分析体系的数值求解方程? 数值求解的时间步长如何确定?

9. Smith 土反力模型参数对分析结果有何影响?

10. Smith 如何根据实测贯入度确定单桩承载力? 能到达怎样的精度?

11. 波形拟合法确定单桩承载力与 Smith 法有何不同?

参 考 文 献

[1] 王雪峰,吴世明. 基桩的动测技术. 北京:科学出版社,2001.

[2] 陈凡,徐天平. 基桩质量检测技术. 北京:中国建筑工业出版社,2003.

[3] Isaac D V. Reinforced concrete pile formulae. Transactions of Institute of Engineering, 1931,12:312.

[4] Smith E A L. Pile-driving analysis by the wave equation. Journal of the Soil Mechanics and Foundations Division, 1960,86(4):35-64.

[5] Engeling P. Drivability of long piles//Proceeding of Offshore Technology Conference, Houston, 1974.

[6] Tavenas F A, Audibert K M E. Application of the wave equation analysis to friction piles in sand. Canadian Geotechnical Journal, 1977,14(1):34-51.

［7］Ramey G E，Hudgins A P. Sensitivity and accuracy of the pile wave equation. Ground Engineering，1977，10(7)：
45-47.

［8］Forehand P W，Reese J L. Prediction of pile capacity by the wave equation. Journal of the Soil Mechanics and
Foundation Division，ASCE，1964，(2)：1-26.

［9］Coyle H M，Foye R，Bartoskewitz R E. Wave equation analysis of instrumented piles using measured field data. 海
洋石油，(3)，1979.

［10］王幼清，张克绪. 桩波动分析土反力模型研究. 岩土工程学报，1994，16(2)：92-97.